界面科学——超润湿/疏水材料

曾 晖 刘海峰 主编

杨 涛 李国滨 副主编

科学出版社

北 京

内 容 简 介

本书是作者多年教学和科研经验的总结，主要围绕界面材料的超疏水和超疏油基本原理及应用，介绍了超润湿界面的制备、作用机制和工业应用。本书分绪论(第 1 章)、理论基础(第 2 章)、合成方法(第 3～8 章)、应用(第 9～16 章)以及展望(第 17 章)五个部分进行介绍，并结合作者多年指导研究生开展项目积累的经验，重点介绍了海洋防污、抗污传感器、抗覆冰涂层、超疏水棉织物、超疏水不锈钢材料、反常润湿材料的制备技术。

本书立足于培养材料学方面尤其是涉及界面科学研究方面的专业性人才，可作为工科和师范类院校的材料专业、化学工程专业、应用化学专业的高年级本科生和研究生的教学用书，也可作为研究院所或企业科技人员的参考书、高年级中学生的课外读物。

图书在版编目(CIP)数据

界面科学：超润湿/疏水材料 / 曾晖，刘海峰主编. —北京：科学出版社，2023.11

ISBN 978-7-03-076896-4

Ⅰ. ①界…　Ⅱ. ①曾…　②刘…　Ⅲ. ①表面化学　Ⅳ. ①O647.11

中国国家版本馆 CIP 数据核字(2023)第 213715 号

责任编辑：杨　震　杨新改/责任校对：杜子昂
责任印制：赵　博/封面设计：东方人华

科学出版社 出版
北京东黄城根北街 16 号
邮政编码：100717
http://www.sciencep.com
北京中科印刷有限公司印刷
科学出版社发行 各地新华书店经销

*

2023 年 11 月第　一　版　开本：787×1092　1/16
2024 年　8 月第二次印刷　印张：33
字数：765 000

定价：198.00 元

(如有印装质量问题，我社负责调换)

《界面科学——超润湿/疏水材料》编委会

序

本书从界面科学出发，首次较为系统地阐述了界面科学作用现象，各种润湿表面构造的基本性质、润湿和疏水材料的制备，包括表面的构造方法、作用原理、性能应用，列举了多种润湿材料在国民经济领域的应用实例。针对性强，题材新颖。

本书列举了界面科学技术——润湿和超润湿材料在工农业生产、日用化学工业、纺织轻工、环保材料、食品、电子行业以及基础学科研究等国民经济各个部门的应用实例，可对从事相关工作的研究人员和读者有所启示。一旦我们掌握了界面科学技术相关的知识，并运用于实际工作中，就能够进行科技创新，从事各种产品的升级换代，创造更多新的、性能更优异的超润湿材料产品。从广义上来说，这就推动了我国国民经济的高质量发展，更好地满足了我国人民日益对美好生活的向往和愿望。

当前，我国人民在党的正确坚强领导下，在为促进我国相应科学技术发展，实现中华民族伟大复兴的中国梦的目标而奋斗，去实现“碳达峰”“碳中和”，完成绿色、生态环保的光荣艰巨任务。其中重要的途径和措施之一是科技创新。这就为界面科学技术研究提供了广阔的天地。例如研究高效率的油水分离材料，或者使材料更新换代，提供节水、节能、节电又绿色低碳环保的产品。从当前来讲本书对读者具有现实意义，有举一反三的作用，具有实用性。

以上是本人的肤浅看法，供读者参考。

2022 年夏于广州

前　言

界面科学主要研究不同材料相互接触的界面发生的反应，如化学反应、物理化学变化等，是现代工业发展过程中应用极为广泛的一门学科，特别是对工业催化、胶体化学、超分子化学、化工新材料、腐蚀与防护等各个交叉学科发展起到重要的作用。在其发展的过程中，很大一部分研究都是围绕液体材料在界面上的铺展性展开的，教育工作者和科学工作者主要也是围绕这种特性展开基础理论研究和应用研究。本书围绕作者多年来在胶体与界面的教学科研工作内容，对材料的润湿与反润湿的应用研究进行了重点介绍。本书第 4～8 章由刘海峰老师撰写，第 5 章和第 6 章由王伟贤参与部分增补，第 8 章由王义珍参与部分资料增补，第 9 章部分内容由刘景参与增补，第 10 章由王义珍参与增补，第 11 章由杨涛教授组织团队撰写主要内容，第 12 章由李国滨和刘海峰负责组织撰写。第 11～16 章的部分内容是基于笔者课题组硕士研究生李国滨、李金辉、林顺姣、黎根盛、靳计灿、李瑞、王伟贤、刘景、张理仁、金熙的课题研究。其余章节感谢以下科研助手和研究生同学的参与工作：李金辉、李瑞、林顺姣、李国滨、黎根盛、靳计灿、王伟贤、刘景、王朋辉、王奎宇；此外，还要感谢王义珍和林锐参与了第 2～5 章的部分内容撰写，感谢彭湘承对本书进行了大量的校稿工作。

在撰写过程中，参考了国内外众多同行所做的大量相关研究工作，恕不一一列出。由于编者学识有限，如没有理解文献作者深邃的学术思想，并有曲解的情况，还望谅解并批评指正。本书内容涉及众多交叉学科，难免有理解不到之处，希望读者不吝赐教。

衷心感谢科学出版社对本书出版给予的大力支持，本书的出版，也是基于多年在界面科学的一些研究，希望在对研究生涯的回顾整理过程中，本身也能对界面科学的理解更为深入，也希望自己的研究可为有志于从事该行业的同仁给予启发和借鉴，为后面的接任者和学生留下一些有用的知识。

此书收尾之时，通读全篇，发现科学知识之浩瀚，人难免有力尽之时，多处章节仍有遗憾，尚有补漏补新的热点没有写入。希望后继有志于该学科研究者能将此内容补全补齐，让界面科学在中国有更大的发展。

本书可供化学、化工、材料专业的学生或者工程专业的研究人员使用。

由于编者水平有限，书中难免有不足之处，恳请读者批评指正。

曾　晖

2021 年 6 月

于中山大学珠海校区海滨红楼

目　录

第1章　绪　　论

1.1　自然界的启发

表面润湿性是固体表面的重要特征之一，它是由材料表面的化学组成和微观几何结构共同决定的。润湿是自然界中最常见的现象之一，如水滴在玻璃上的铺展、雨滴对泥土的浸润等，而一些具有特殊润湿性能的现象引起了科研工作者的关注，比如出淤泥而不染的荷叶、能在水面上自由行走的水黾(měng)、具有各向异性超疏水性质的水稻叶、具有自清洁性质的蝴蝶翅膀、具有防雾功能的蚊子复眼、能在干旱环境生长的仙人掌和沙漠甲壳虫、高黏附的壁虎脚以及具有水下自清洁性的鲨鱼皮和鱼鳞等。对自然界中这些动植物表面润湿性进行研究，揭示表面润湿性与其结构和成分之间的关系，可以引导人们模拟和制造具有类似性能的仿生材料，这些新型材料可广泛应用于生活、农业、工业、医疗、建筑、航空航天、海洋防污等领域，且发挥着日益重要的作用。

1.1.1　自然界中的润湿现象

(1)具有自清洁功能的荷叶表面　自然界中的超润湿现象早为人们所熟知，其中最具代表性的就是荷叶上表面的疏水现象(如图 1-1 所示)，水落在荷叶表面会聚集成一滴滴的水珠，但不铺展开。随着风起，水珠在荷叶上来回地滚动，同时将荷叶表面的灰

图 1-1　荷叶以及落在叶上的水滴

尘、泥土等污染物收集起来一并落入周围的水中，从而达到自清洁的目的。“出淤泥而不染，濯清涟而不妖”正是古人对荷叶的这种超疏水自清洁特性的描述，而近代科研工作者称之为“荷叶效应”(lotus effect)。玫瑰花瓣除了具有超疏水性这一特征外，还具有很大的黏附力：花瓣表面上的水滴呈球形，即使花瓣倒置水滴也不会滚落(如图 1-2 所示)，此现象被称为“花瓣效应”(petal effect)；另外，松萝凤梨、泥苔藓等都显示出超亲水特性；等等。

图 1-2　玫瑰花和黏附在花瓣上的水滴

(2)沙漠里的仙人掌　在被称为“不毛之地”的沙漠里，仙人掌却能够无惧恶劣的环境生存，生生不息(如图 1-3 所示)，这是因为仙人掌在干旱的环境中，叶子进化成了针状，这些针状叶子的表面还有一层蜡质层，可以有效减少水分的蒸发。而且研究发现：向仙人掌表面洒水，棘状突起能够凝聚空气中的雾气并通过毛细管作用进行水收集。

(3)能在水上自由行走的水黾　水黾是一种在湖水、池塘、水田和湿地中常见的小型水生昆虫，被形象地称为“池塘中的溜冰者”，它不仅可以轻易地站在水面上，而且还能在水面上快速滑行、跳跃，却不会划破水面浸湿腿脚，即使被远远大于自身重量的水滴砸到也不会沉入水中(如图 1-4 所示)。

图 1-3　仙人掌

图 1-4　在水上自由行走的水黾

(4)高黏附力的壁虎脚 壁虎可以方便地在光滑垂直墙壁和天花板上自由行走而不会摔落，这是因为壁虎脚有很大的黏附力。研究发现：壁虎脚掌覆盖有数百万根亚微米级角蛋白毛，使壁虎脚和墙或天花板表面之间有很大的接触面积，通过积累的范德瓦耳斯力作用，使壁虎脚有高黏附力，能够贴在任意角度的表面[1]。

(5)能集水的沙漠甲壳虫和蜘蛛丝 西非纳米布沙漠里生活着一种甲壳虫(图 1-5)，这种甲壳虫掌握了一种独特的取水方法使其在干旱的沙漠中得以生存[2]。蜘蛛丝也具有从空气中有效收集水的能力，起雾的早晨或雨后，常会有晶莹的露珠挂在蜘蛛丝上(图 1-6)[3]。

图 1-5 沙漠甲壳虫

图 1-6 蜘蛛丝的集水现象

(6) 鲨鱼皮和鱼鳞在水下的自清洁性　鲨鱼作为海洋中的游泳悍将，其快速的游动能力很大程度上得益于其表皮的特殊润湿性，该特性可以有效降低近壁面湍流流动，从而起到减阻作用；鱼鳞在水下也表现出了良好的自清洁和减阻的性能[4]。

(7) 蚊子复眼的防雾功能　蚊子的复眼具有极强的疏水性，可以阻止雾滴在蚊子眼睛的表面附着和凝聚，从而给蚊子带来清晰的视野，使蚊子可以在雾气和潮湿的环境中保持卓越的视觉。蚊子除了眼睛外，其腿部也呈现出超疏水特性，使其能在水面安全起飞、降落并自由行走。

(8) 蝴蝶翅膀的超疏水性　蝴蝶翅膀表面具有各向异性的浸润性，水滴沿着蝶翼向外时易于滚动，而相反方向则呈现黏滞特性，不能滚动，使水滴可以定向地脱落而不影响飞行。

上述看似平淡无奇的自然现象后面，都呈现了一定的科学规律，它们之间存在一种共性，就是表面润湿性能的变化。科研工作者通过研究发现，生物材料和生物表面特性是由表面结构、形貌、物理与化学等属性共同作用的结果，许多材料表面往往还表现出多功能特性。这些神奇的表面结构和功能不仅能够使具有该类表面的生物更好地存在于自然中，也为科研工作者探索自然界的奥秘提供了启示。因此，研究人员努力地寻求着这些现象背后的奥妙，进行相关研究。在系统了解生物体功能及其工作原理后，研究者揭示和总结了自然界的功能化界面材料，如具有超疏水、低黏附和自清洁性的荷叶表面[5]，具有各向异性超疏水性的水稻叶片[6]，具有自清洁性的蝴蝶翅膀[7]，耐受性好的超疏水水黾腿，具有防雾功能的蚊子复眼以及高黏附、可转化黏附和具有自清洁性质的壁虎脚。这些特殊的界面现象为开展仿生研究提供了很好的思路。

1.1.2　超润湿材料定义

润湿性通常指固体表面上的气体被液体取代的过程，即液体在固体表面铺展的过程。目前，研究人员通常用液体在固体表面可以测得的静态接触角（contact angle，CA，θ）和滚动角（sliding angle，SA，α）大小来表征固体材料表面的润湿性。

静态接触角的定义为：如图 1-7 所示，在平衡状态条件下，在气-液-固三相交界点处所作的气-液界面的切线与固-液交界线之间的夹角 θ。接触角由表面张力决定，固体表面液滴的接触角是固气液界面间表面张力平衡的结果，这种平衡让整个体系的总能量趋于最小，从而使液滴在固体表面呈稳定状态。

滚动角与接触角相类似，是表征一个特定表面润湿性的重要方法，也是常用的一种测量材料表面润湿性的方法。滚动角是指液滴在倾斜表面上刚好发生滚动时，倾斜表面与水平面所形成的临界角度，以 α 表示。如图 1-8 所示，当液滴放置在固体倾斜表面而达到一种滚动前的临界状态时，固体表面倾斜的角度就是滚动角。滚动角越小，固体表现出来的疏液性越好。

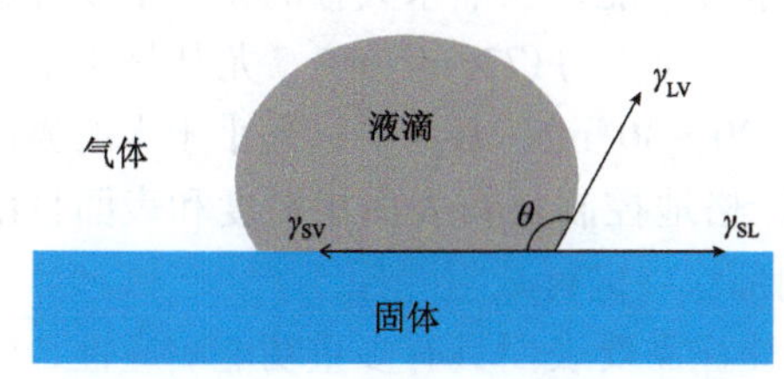

图 1-7 接触角示意图

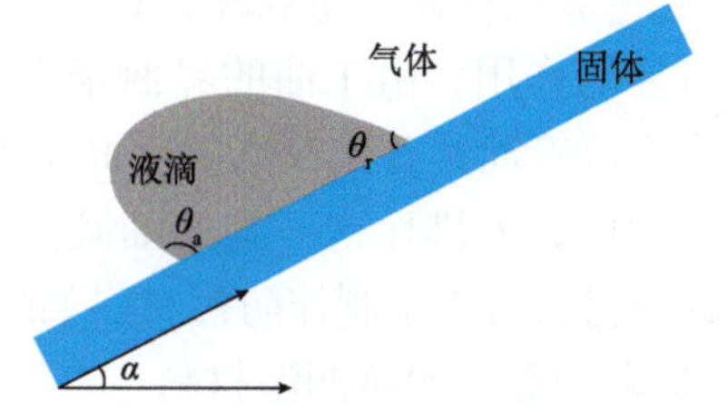

图 1-8 滚动角示意图

按照液滴在固体材料表面接触角的大小的不同，研究人员将固体材料进行如下分类：

(1) 当接触角 θ=0°时，液体在固体表面完全铺展，称这种材料为完全润湿材料；

(2) 当接触角 0°<θ<90°时，液体能润湿固体表面，称这种材料为亲液材料，θ<10°时，固体表面为超亲液表面，称这种材料为超亲液材料；

(3) 当接触角 90°<θ<150°时，液体难以润湿固体表面，称这种材料为疏液材料；

(4) 当接触角 θ>150°且滚动角 α<10°时，称这种材料为超疏液材料，荷叶表面就是超疏水材料的典型代表；

(5) 当接触角 θ=180°时，液体在固体表面完全不润湿，称这种材料为完全不润湿材料。

超润湿材料表面具有多种可能的超润湿性状态。首先，在空气中的光滑固体表面上，主要有四种基本的润湿状态：亲水、疏水、亲油和疏油，对固体表面进行结构化和低表面能处理后，在空气中就可产生四种极端的润湿状态：超亲水、超疏水、超亲油和超疏油。在上述四种极端润湿状态下，如果将空气环境换成水或者油环境，又可衍生出另外四种极端润湿状态：水下超疏油、水下超亲油、油下超疏水和油下超亲水。

典型超润湿材料举例[8]：

(1) 超疏水材料　当材料表面的接触角大于 150°且滚动角小于 10°时，称此物质表面为超疏水表面。自然界中，荷叶和蝴蝶翅膀的自清洁性、水稻叶片上水滴的各向异性和蚊子复眼的防雾性等都是因为其表面的超疏水性。超疏水材料是一种对水具有排斥性的材料，水滴在其表面无法滑动铺展而保持球形滚动状，从而达到滚动自清洁的效果，被广泛应用于防雾、防细菌黏附等领域。

(2) 超亲水材料　当材料的表面接触角接近 0°时，称为超亲水表面。超亲水表面可以吸收水或使其瞬间铺展，快速蒸发。自然界中，松萝凤梨通过其超亲水叶面上银灰色的绒毛状鳞片直接摄取生长所需的养料和水分，泥炭藓则是通过其超亲水叶面的多孔表面结构直接吸收水分，鱼鳞在空气中表现出超亲水性而在油污中表现出超疏油性。超亲水材料可应用于油水分离，在含油废水的处理中发挥着越来越重要的作用。

(3) 超亲-超疏材料　超亲-超疏材料表面同时含有亲水和疏水区域。沙漠甲壳虫的背部具有特殊的两亲性，当其亲水表面收集空气中的水汽后，经由疏水性表面运至口中以达到减少损耗的目的。受其启发，研究人员结合多种生物体的特性，设计出一种高性能仿生材料，能够高效收集空气中的水分，用于解决如沙漠地区干旱缺水的问题。

(4) 超双疏材料　超双疏材料具有抗油、拒水等功能，在油水共存的条件下发挥着非常重要的作用，由于油的界面张力要小于水的界面张力(72 mN/m)，尤其是正十六烷、十二烷等油具有比较低的界面张力(范围在 20～30 mN/m)，要远远小于水的界面张力。因此，要排斥这一类的油滴，必须更加严格地控制材料表面粗糙度和表面自由能。这类材料可用于制作防污材料如疏油管道内部涂层进行减阻降耗。

(5) 多功能化的超润湿材料　在实际应用中往往需要表面具有多重功能响应性，因此多功能化的超润湿材料也是应用研究中一个重要的分支。一般而言，常见超润湿材料的多功能化可分为两类：一类是与对液体润湿性的响应性有关，主要是制备超疏水/超疏油、超疏水/超亲油可逆转变的响应材料；另一类则是制备具有 pH 响应、光透性高以及具有导电性的多功能超润湿材料。

1.2　润 湿 材 料

1.2.1　润湿体系的理论研究

自然界中超润湿现象引起了科研工作者的研究兴趣。尤其近十几年来，科研工作者以当今世界在能源、环境、资源以及健康等领域的重大需求为导向，深入研究材料表面润湿机理，取得了一系列有特色和创新意义的研究成果。对于润湿体系的研究，无论是在基础理论还是在实践应用等方面都取得了很大的进步[9]。

(1) Young's 方程：首先，在理论研究上，针对光滑平整、化学成分均匀、各向同性且无化学反应的表面，英国科学家 Thomas Young 在 1805 年首次利用热力学平衡关系推导出理想固体表面的静态接触角与界面张力之间的关系，也就是后来著名的 Young's 方程[10]。基于 Young's 方程，对亲液疏液体表面的分界线定为 90°。

(2) Wenzel 状态：Young's 方程是理想状态下的表面张力平衡方程，仅适用于光滑均匀的固体表面。但在实际应用中，并不存在绝对光滑的材料表面，表面总会或多或少地存在一定的粗糙结构，而粗糙结构势必会影响 Young's 方程对表面润湿性的判断。1936 年，美国科学家 Wenzel 在 Young's 方程的基础上引入了粗糙度的概念，对 Young's 方程进行了修订，得到 Wenzel 方程[11]。在 Wenzel 模型中，假设固体表面的粗糙结构完全被液体充满，在恒温恒压的平衡状态下，固液界面的微小变化会引起体系自由能的变化，得出了表观接触角 θ_r 和本征接触角 θ 之间的关系：

$$\cos\theta_{\mathrm{r}} = r \cdot \cos\theta$$

其中，粗糙度因子 r 的引入使人们认识到材料表面几何形貌对润湿性的调控有着至关重要的意义，固体表面粗糙度的增加会使固体表面的亲疏水性变大：对于亲水表面，表面粗糙度越大其表面越亲水；对于疏水表面，表面粗糙度越大则表面越疏水。

(3) Cassie-Baxter 状态：Wenzel 方程揭示了粗糙表面表观接触角与本征接触角之间的关系，然而在疏水粗糙表面与液体的接触中，液体很难完全浸润固体表面，这种情况下与固体表面相接触的包括了液体与空气，对于非均相由不同化学成分组成的粗糙表面Wenzel方程并不适用。1944年，Cassie和Baxter在Wenzel的基础上，引入了表面组成分量把匀质粗糙表面的情况延伸到不匀质的粗糙表面上，进一步拓展了润湿方程，得到著名的Cassie-Baxter方程[12]：

$$\cos\theta_{\mathrm{r}} = f_1\cos\theta_1 + f_2\cos\theta_2$$

其中，f_1、f_2为两组分的单位表观面积分数，加和为1；θ_1和θ_2分别为两种组分的本征接触角。单位表观面积分数结合粗糙度，是对表面结构特征的进一步量化。

(4)介稳的混合润湿状态：Wenzel模型和Cassie模型是对Young's方程的重要补充，也是超润湿体系重要的理论基础，对理解液滴在固体表面的润湿性提供了理论指导，但二者的适用范围也是有局限的。最近的研究结果表明，早期的Wenzel模型和Cassie模型并不能完全解释多级微纳复合结构表面润湿状态的复杂性。在对实际的粗糙表面进行润湿性研究时发现，当液滴处于平衡状态时，液滴的表观接触角并不存在唯一的值，这与Wenzel模型和Cassie模型中接触角存在唯一解是相互矛盾的，这可能是由液滴在表面铺展的过程中需要克服表面不平而产生的能垒所导致。因而一些学者提出了“亚稳态”思想，他们认为，在粗糙表面或化学构成不均匀的表面，润湿系统在Wenzel模型和Cassie模型的稳态间存在着亚稳态，液滴的表观接触角在一定范围内变化。有些学者用热力学方法分析了液滴在微纳复合结构表面可能存在的所有状态，包括不同稳定润湿状态和从亚稳态到稳定态转型中的过渡态；有的学者还给出了相应的能量表达式及表观接触角方程，但大部分研究都是针对某一种或几种润湿状态进行特定的分析，对微纳复合结构表面有几种润湿状态还存在争议。到目前为止，与超润湿现象有关的理论研究还有待完善，为了进一步揭示固体表面的润湿机制，科研工作者还需要做更多的努力。

其次，在实验观察和制备上，扫描电子显微镜(SEM)等先进微观结构观察设备的使用为界面科学应用领域研究创造了物质条件。1997年，Barthlott和Neinhuis对荷叶表面进行了详细的研究，提出荷叶表面的超疏水性是由荷花叶子上微米结构的乳突和表面的蜡状物所共同作用的结果[13,14]。到2002年，中国科学院化学研究所江雷课题组进一步发现，在荷叶表面的微米乳突上面还存在纳米结构，这种微纳米尺度复合的阶层结构(hierarchical structure)才是荷叶表面超疏水的根本原因，也正是这种特殊结构使荷叶表面具有自清洁特性[15]，微米结构或纳米结构与微米/纳米多尺度结构的区别可以通过Wenzel以及Cassie-Baxter的理论解释。Verho等[16]也证实了微米/纳米多尺度结构对超疏水性的重要作用。随后，科研人员开始关注和研究更多的天然表面，发现花生叶、美人蕉叶、水稻叶、芋头叶、油菜叶、玫瑰花等众多植物叶面具有超疏水性表面。其中有些由于微结构在排列方向和属性上的差异，还表现出特殊的润湿性、黏附力和功能，例如，水稻叶表面的各向异性结构使水滴只能定向地滚动，玫瑰花瓣则在表现出很大接触角的同时，还具有很大的黏附力。

受植物叶片和花瓣表面具有超疏水现象的启发，科研人员开始研究昆虫表面。研究发现，一些昆虫的表面也具有一定的超疏水性，如水黾的腿部、蚊子的复眼和腿部、蝉翼等都具有超疏水性。江雷课题组的研究[17]揭开了水黾能在水上自由行走这种神奇功能的秘密：水黾是通过其腿部独特的微纳复合阶层结构来实现其超疏水和高表面支撑力，使其能够在水面上如同在地面上一样行走、奔跑、跳跃。水黾的腿表面有着许多具有定向排列的疏水微米刚毛，每个刚毛上还存在着螺旋状排列的纳米级沟槽，空气被有效地吸附在沟槽的缝隙内，在水黾的腿部表面形成一层稳定的空气层，从而呈现出超疏水特性。Gao 等通过对蚊子眼睛的研究发现[17]，蚊子的复眼排列有紧密的六边形小眼，而在每个小眼上都排列有紧密的六边形突起，这种独特的复合结构使得蚊子的复眼拥有了极强的疏水性和防雾的特殊功能，即使暴露在潮湿环境中，蚊子眼睛表面仍能保持干燥清晰的视觉，研究人员还通过模拟蚊子复眼的结构，采用光刻法制得人造蚊子复眼。另外，研究表明，蚊子腿部的超疏水特性是由三级复合微纳米阶层结构吸附空气形成气膜引起的。Waston 等[18]研究了蝉翼表面的微观结构，发现蝉翼上排列有六角形填充阵列结构，以 200～1000 nm 的间距分布，这种特殊的结构使蝉翼具有超疏水性能。Waston 还发现，白蚁体毛表面分布的凹槽和微凸结构形成的微纳米粗糙结构，是其具有优异超疏水性的主要原因。Parker 和 Lawrence[19]对纳米布沙漠甲虫的集水原理进行了研究，发现沙漠甲壳虫的翅膀上有一种超级亲水纹理(superhydrohpilic riblets)，同时还有一种超级防水凹槽(superhydrophobic riblets)，它们共同合作从环境中吸取水蒸气，依靠其亲水表面的微米级特殊结构收集雾中的水滴，疏水表面的微米级特殊结构则有助于让水珠滑落到甲壳虫的嘴中供其饮用。江雷课题组研究了蜘蛛(*Uloborus walckenaerius*)蛛丝的水收集能力后发现，“湿后重构”的纤维以周期性纺锤节为特征，纺锤节由随机的纳米纤维构成，被排列整齐的纳米纤维结点分隔开。这种结构中纺锤节和结点之间产生一个表面能量梯度，并作用在与纺锤节或结点相接触的水滴上，使水滴上的压力产生一个差别，这样可以确保水能在结点周围不断凝结，然后被给养到纺锤节上，在那里积聚成悬挂起来的大水滴。该团队还发明了一种新型人造亲水纤维，可以像蜘蛛丝那样从薄雾中凝结收集水汽到其表面，该纤维材料对于在干旱缺水区域从雾气中收集淡水或用于工业过滤等领域具有重要的应用前景[20]。

除空气之外的其他介质，关于水下或者油下浸润性的研究近年来同样备受关注。2009 年，Liu 等[4]首次报道了鱼皮表面具有水下超疏油自清洁的性质，发现鱼鳞表面分布着径向排列的长 100～300 μm、宽 30～40 μm 微乳突，这些粗糙结构的表面被一层亲水性黏液覆盖，从而达到疏油污的目的。之后，研究者们开始关注非气相体系的浸润性研究，例如充满液体的光滑表面、可开关控制的水下疏油表面[21]。除了二维平面，Jiang 等[22]还将二元协同概念延伸到了一维纳米通道和纤维领域。

1.2.2 材料表面改性方法

随着人们对固体表面润湿机理的研究不断深入和实验制备技术的创新应用，具有超润湿性能的界面材料获得了空前的发展，具有不同特性的仿生超润湿表面不断被研发和制造出来，越来越多的超润湿材料已广泛应用在不同的领域之中。人造疏水材料特别是超疏水材料近几十年来逐渐成为研究热点，所挖掘的应用领域也非常广泛。超疏水材料由于其特殊的表面润湿性可用于制备自清洁的油漆和窗户玻璃、抗结冰的户外设备、防雾化光学器件、防腐蚀的金属材料、不沾水的纤维织物、水收集等多功能的材料，另外在绿色打印、减阻和增浮的船舶、传感器以及油水分离等领域也有重要的应用前景，并受到人们越来越多的关注。

对于超疏水表面的构筑，主要通过以下两种方式予以实现：一种方法是在具有低表面能的材料基底表面上构筑微纳多级的粗糙结构；另一种方法是在具有粗糙结构的表面用低表面能物质进行修饰。目前，超疏水表面的制备技术趋于逐渐成熟，几乎可以在所有的材料上制备出超疏水表面，所用方法主要集中于表面微观结构的制备和调控。随着实验制备技术的发展，一些高精密仪器和优良的低表面能物质得到应用，研究人员已经能够制备出不同形貌粗糙结构的超疏水表面。常用的制备方法包括表面刻蚀法、沉积法、溶胶-凝胶法、静电纺丝法、模板法、层层自组装、水热法、喷涂法等方法。

1.2.3 高黏附性超疏水材料

尽管制备类似于“荷叶效应”的具有排水能力的超疏水表面备受关注，但在超疏水表面众多的特性当中，黏附性的研究也显得极为重要，因为表面的黏附性直接决定了液体在超疏水表面上的动态行为，近年来制备高黏附超疏水表面引起了越来越多研究人员的兴趣。高黏附超疏水材料的应用也很广泛，其表面虽然不具有自清洁功能，但在微米尺度上操纵液滴方面具有奇妙的应用，可以在微流体系统、液体无损转移和生物技术等方面发挥重大作用[23]。

Feng 等[24]探索了玫瑰花瓣的微观结构，揭示了玫瑰花瓣高黏附特性的原理，研究结果表明，表面微米乳突结构主要影响玫瑰花瓣的超疏水性，而纳米折叠结构则是导致玫瑰花瓣具有高黏附力的关键因素。以玫瑰花瓣为模板，利用聚乙烯醇和聚苯乙烯进行二次赋形成功制备得到类玫瑰花瓣结构的高黏附超疏水膜。他们还发现百合花和葵花等花瓣的复制仿生结构也具有类似的超疏水高黏附特性。

壁虎脚也有着自清洁、超疏水以及对水的高度黏附性能。Jin 等[25]利用一种简单的模板覆盖法首次制备出超疏水性且具有高黏附性的聚苯乙烯纳米管阵列膜。研究表明，水滴在这种膜表面具有很大的黏附力，即使翻转或倒置，也不会滚落。制备得到的这种具有高黏附力的阵列聚苯乙烯纳米管膜在结构与性能上都类似于壁虎的脚底，它可以在微量水滴从超疏水表面到普通亲水表面的传输上起到“机械手”的作用。Dai 等[26]进一步利用等离子体增强型化学气相沉积和快速加热相结合的方法得到类壁虎脚结构垂直排列的单壁纳米碳管干胶片。Ge 等[27]利用有机聚合物包裹垂直排列的多壁纳米碳管阵列，并利用溶剂浸泡制备出具有多尺度结构的仿壁虎柔性贴片，这种新型的黏合材料具有与壁虎脚底刚毛类似的结构和功能，对许多物体表面(包括 Teflon®)都具有较强的黏附力并且能够反复粘贴、扯下，其黏附强度是壁虎脚的 4 倍。Qu 等[28]利用低压化学气相沉积方法制备了结构可控的直立型多壁纳米碳管阵列，进而研制出具有强吸附和易脱离性能的纳米碳管仿生壁虎脚材料，每平方厘米的阵列面积上拥有 100 亿个以上的直立纳米碳管，其密度远远高于壁虎脚刚毛末端的纳米分枝密度。这些纳米碳管阵列对接触物表面没有特殊要求，不仅能在玻璃等光滑的物体表面产生强吸附力，而且在其他粗糙或疏水物体的表面也一样适用。这种新型的纳米碳管阵列仿生壁虎脚将在航空、航天、电子封装、高温黏接等领域具有巨大的应用前景。

1.2.4 润湿性可调控转换材料

由于单一的润湿性和水黏附性很难满足日常生活和工业应用的要求，越来越多的研究者着重研究具有可控润湿性和水黏附性的超疏水表面，主要通过调节膜层结构和改变表面化学成分来实现。Song 等[29]报道了利用不同氟硅烷修饰激光刻蚀制备微纳结构硅表面，得到了黏附性差异很大的超疏水表面。此外，Lai 等[30]还发展了一种表面分子自组装技术，首次在氟硅烷(PTES)溶液中加入适量的硝基纤维素(0～0.02 mg/mL)对海绵状纳米结构 TiO_2 膜层进行表面自组装，发现这种共修饰技术可改变表面化学成分，以此实现了疏水表面的黏滞性显著调控，成功在同一表面构筑了类“壁虎脚”和类“荷叶”两种对水滴具有显著黏滞力差异的超疏水性表面。该方法可推广至其他材料表面，并在微流体中的液体传输、智能涂层和自清洁表面有着广泛应用前景。2017 年 5 月，美国莱斯大学研制出可用于超级电容器等电子元器件的激光诱导石墨烯材料，该材料在空气或氧气中具有超亲水性，而在氩气或氢气环境下则具有超疏水性，可通过控制气体环境实现超疏水-超亲水的可逆调控[31]。

除从表面形貌结构和表面化学成分两方面着手之外，很多外界因素也在很大程度上影响固体表面的润湿性。而且越来越多的研究者通过调节外界因素条件来控制固体表面的润湿性和黏附性。目前已经通过多种外界刺激方式，如光、电、磁、热和 pH 值等实现了表面浸润性的可逆转变。这类多响应材料在药物输运、传感器和微流体开关等方面具有广阔的应用前景。

Zhu 等[32]利用简易水热法和分子自组装技术得到了超疏水 ZnO 纳米棒膜层，通过紫外光照射一定时间和加热或暗态存放一定时间(低表面能有机膜层自我重组)，可制备得到黏附性可控的超疏水功能膜层。Li 等[33]利用具有光响应特性的聚合物分子实现了对超疏水表面黏附性的调节，他们在具有微柱阵列结构的硅衬底上旋涂偶氮苯材料，当用不同波长的光照射后，虽然液滴在表面接触角始终保持在 150°左右，但是表面黏附力却发生明显改变，这是由于聚合物在光照射下会发生可逆的顺反结构，导致表面在光刺激下呈现出不同的界面性质。

研究表明，基于光和电的协同作用可以实现更为有效快速的固体表面浸润性控制。Tian 等[34]提出了一种基于垂直基底生长的超疏水 ZnO 纳米棒阵列表面构筑光电协同液体图案化浸润的方法，在低于电浸润阈值电压的条件下，通过图案化的光照来实现液体图案化浸润，该方法可以实现通过光的图案化来精确控制液体图案化，在液体复印、微流体器件等方面具有重要的价值。

江雷课题组[35,36]报道了在可控磁场下具有黏附性磁场响应变化特性的超顺磁性液滴，以及其在无损磁流体运输方面的运用。在磁场作用下或铁磁性表面被磁化后，超顺磁微流体在表面上即被黏住，表面表现出了高黏附特性，撤掉磁场或表面去磁化后，超顺磁微流体在超疏表面上又可自由滚动，表明表面又恢复到了最初的低黏附状态。这种磁场调控的黏附性可潜在运用于微区化学或生物反应、微量分析和原位检测。

Sun 等[37]利用表面诱导原子转移自由基聚合的技术在基底上制备了聚异丙基丙烯酰胺膜，这种薄膜具有温度响应的润湿性。日本龙谷大学 Uchida 等[38]报道了光致二芳基乙烯微晶表面不同温度下形貌调控及表面黏附性研究，结果表明，可调控得到类荷叶低黏附性和类玫瑰花瓣高黏附性表面。

由于具有出色的动态可控调节能力，响应性功能表面在各个领域尤其是智能研究领域表现出巨大价值。目前，响应性功能表面已经在世界范围内引起了科研人员的高度关注，成为一个活跃的前沿研究领域。

1.2.5 超疏油材料

随着对超疏水表面材料研究的不断深入和实际应用的需求，超疏油表面材料的研究也受到研究者越来越多的关注，超疏油表面的制备成为在超疏水功能表面研究之后的一个热点。超疏油表面是指对油的接触角大于 150°的表面，具有自清洁、耐腐蚀、低摩擦、减阻和抗黏附等优异特性，在人们的日常生活和工农业生产中具有十分重要的意义和广泛的应用前景。例如，超疏油表面用于石油管道的内壁可以有效降低石油与管道间的摩擦阻力，防止石油黏附在管壁上，从而减少运输过程中的能耗，并防止管道被堵塞；超疏油纺织物可以制备成具有自净性质的拒油家具布、拒油防护服、餐桌布等；超疏油表面可以提高金属材料的防腐蚀性、减阻性、抗氧化性、耐污浊性等；将具有超疏水-超疏油的表面材料用于船舶外壳和燃料储罐，可以达到防污和防腐的效果；将超疏油材料用于微型水上交通工具，能够增强交通工具在油污污染水域的负载能力。超疏油表面材料在生活中的应用领域正在不断拓展，应用前景广阔。

然而，由于油的表面张力比水小，尤其是一些具有极低界面张力的有机溶剂(如正十六烷、环己烷等)，使得超疏油表面的制备比超疏水表面更加困难，超疏油材料领域的进展远没有超疏水方面的发展迅速。为此，研究人员在不断地探索自然界中生物表面的特殊结构和润湿性间的关系，建立了一些润湿方程和模型，努力寻找新的表面修饰化学物质，为更好地实现超疏油表面的实际应用做了诸多理论及实验研究。

由于油的表面能远低于水，制备疏油表面通常需要含氟基团的存在，与碳氢化合物、硫醇和有机硅材料相比，含氟的物质拥有更低的表面能和更好的疏油性。而这些含氟基团一般采用以下几种方法引入材料表面[39]：

(1) 第一种方法是先构筑微观粗糙结构，再使用含氟物质形成组装层来降低表面能，这是在金属基底上制备超疏油表面的常用技术路线。例如，铝、铜等就可以采用电化学或者化学刻蚀的方法使其表面具有粗糙结构，随后再采用氟硅烷修饰从而获得超疏油性能。Kim 等[40]利用电化学刻蚀和多壁二氧化钛管复合在钛表面形成了微纳米复合结构，该表面在全氟辛基硅烷修饰后，丙三醇的接触角大于 150°，与只具有纳米结构的表面相比，微纳米复合结构使得该表面的疏油性能大大提升。Jiang 等[41]在铝基底上通过化学刻蚀和氟化修饰剂全氟癸基三氯硅烷得到超双疏铝表面，通过调控酸刻蚀的时间进而调控其润湿性。这种刻蚀法同样适用于铜、锌和镍等金属基底表面，Wen 等[42]

受此启发通过在铜片上进行简单的氧化过程构筑 CuO/Ag 的多层片状结构，后经全氟癸基硫醇修饰得到超双疏铜片表面。

(2)第二种方法是先氟化处理后，再在材料表面构筑微观粗糙结构。这种情况下，一般是先合成氟化的高分子物或者纳米颗粒，然后将它们通过旋涂、喷涂、浸润涂覆、静电纺丝、溶胶-凝胶转换或者其他物理方式整合到固体材料表面上，这样就可以构筑一种带有低表面能物质层的粗糙结构。Chen 等[43]通过溶剂热法和自组装功能化处理合成了花状的超双疏 1*H*,1*H*,2*H*,2*H*-全氟辛基三氯硅烷(FOTS)-TiO_2 纳米粉末，超双疏 FOTS-TiO_2 纳米粉末表现出了对正癸烷(表面张力为 23.8 mN/m)的疏油性。与其他超双疏表面相比，由于该粉末卓越的超双疏性，研究者能够设计简单且通用的方法将粉末黏合在不同基底表面上，负载超双疏粉末的基底表现出了很好的机械耐受性、防污及抗结冰性能。

(3)第三种方法是一步法合成超疏油表面，即微观粗糙结构构筑和表面氟化处理同时进行，这种方法相对简单，也经常被使用。Xi 等[44]提出了一种一步电沉积方法，以十四酸为电解液，在一系列电子导电的基底如铜、钛、铁、铝等材料上制备超疏水表面，如果用全氟癸酸替代十四酸，可以制备得到超疏油表面，这种表面形成了一种由纳米片状结构组成的花状结构。另有研究者在氟化硅烷存在的条件下通过一步气相法在聚吡咯表面得到了导电性的超疏油表面。

如前所述，固体表面的润湿性能受到表面自由能和表面结构的控制，疏油表面可以认为是在超疏水表面上进一步提高疏液性能而得到的，所以常用于制备超疏水表面的方法，如沉积法、模板法、刻蚀法、喷涂法、静电纺丝法、溶胶-凝胶法等也可以用于疏油表面的制备。但由于一些油的极低界面张力，一般的多级微纳米结构似乎无法实现对油的强排斥作用，要排斥这些油滴，必须更加严格地控制表面形貌特征和表面物质自由能。目前，国内外一些科研人员对这一领域开展了一系列的研究工作，并在构筑技术和作用机理等方面取得了一些重要进展。

2007 年，美国麻省理工学院的 Tuteja 等[45-47]首次从形貌设计的角度出发，采用多步刻蚀和静电纺丝的方法制备出了两种带有方形和圆形“帽子”状结构。从实验和理论上总结出：具有凹角曲率微观形貌的表面+低表面能含氟物质，这种组合更有利于实现表面的超双疏性。延续这一思路，该研究小组接连取得了一系列进展，利用静电纺丝法在织物表面制备了具有外延凹角形貌的聚二甲基硅氧烷(PDMS)+ 50wt%多面体低聚倍半硅氧烷(POSS)复合超双疏涂层，所得表面的表面能低至 11.5 mN/m[48]。2009 年，Liu 等[4]以鱼鳞作为天然模板制备得到了不含氟的仿生结构的水下超疏油聚合物膜，他们通过聚二甲基硅氧烷进行一次赋形，得到具有鱼鳞结构的模板，再用聚合物的单体溶液原位聚合进行二次成形，得到具有类鱼鳞结构的水下超疏油聚合物膜。该聚合物膜不仅复制了鱼鳞的微纳米复合结构，在水下也表现出跟鱼类似的低黏附超疏油特性，即对油的接触角大于 150°。2012 年，Grigoryev 等[49]利用模板辅助的电沉积法得到了带有半圆形“帽子”的微米级镍线，不但可以达到超双疏的效果，而且还可以通过外部磁场的方向和大小来控制最后所得“帽子”形镍线的生长取向，从而实现表面润湿性从超双疏到亲水的梯度控制。2013 年，Tan 等[50]利用金属有机骨架(MOF)材料的自组装，通过二次生长法同样在 AAO 模板上得到了具有“蘑菇”状 NH_2-MIL-53(Al)针柱。2014 年，Kim 等[51]提出了一种双重凹角结构的“大头钉”状超双疏表面，并且从理论分析和实验上分别证明了其具有极佳的超双疏性能，与之前单一的凹角形超双疏表面相比，这种双重结构具有更好的机械稳定性以及润湿稳定性，可以排斥具有极低表面张力的含氟液体。同年，Zeng 等[52]通过沉积 CuO 在织物和泡沫多孔基底上后，经过氟化硫醇修饰得到具有疏水疏油性能的海绵和织物。同样在织物上，2017 年，Li 等[53]采用两步浸渗的方法制备了超双疏棉纤维织物表面，首先将具有一定粗糙度的棉织物浸渗于水解法制备的 SiO_2 纳米溶液中，获得纳米颗粒协同的微纳双重表面结构，然后将其浸渗在1*H*,1*H*,2*H*,2*H*-全氟辛基三氯硅烷(FOTS)和聚偏氟乙烯-六氟丙烯共聚物(PVDF-HFP)溶液中使之原位生长在织物表面，最后获得具有超双疏表面的棉织物纤维，并且制备的织物表面在气体等离子体刻蚀后具有良好的自修复功能和耐紫外辐射性。另外，在 2013 年，Zhou 等[54]通过湿化学的方法在织物上包覆含氟的高分子和二氧化硅纳米颗粒，获得具有很强机械稳定性和化学自修复性的超双疏纤维织物；2018 年，在自修复超双疏表面的研究方面也取得了进展。同年，Liu 等[55]合成了一种在全水相条件下的耐候性好并且具有自修复功能的超双疏涂层，研究发现超双疏涂层即使经过氧气等离子体处理后，涂层表面仍具有良好的疏水和疏油性能，这是由于表面层全氟烃基链分解产生了大量的含氧基团。以上都是近些年在超双疏表面研究领域极具代表性的研究成果，可以简单地代表超疏油材料的发展方向。

除设计和构造具有良好超疏油性能的表面之外，研究人员还致力于发展超疏油表面的创新性应用，使其具有更广阔的实用性，其中主要包括防污、制备介孔纳米颗粒、油滴的运输、转移及操纵等方面。

虽然基本掌握了超疏油表面的原理、设计和制备，但在实际应用中依然面临机械强度弱、化学稳定性差、制备方法复杂、不可大规模制备和成本高等各种问题。同时，目前制备超疏油表面所用的修饰剂基本上皆为含氟的长链高分子，对人体和环境有危害。如何通过简单、低廉的方法来大规模制备稳定的、不含氟的多功能超疏油表面将是未来研究的重点[56,57]。

1.3 润湿材料的研究发展方向

近年来在润湿材料的发展中，科研工作者始终坚持基础研究和应用研究相结合、仿生理念与材料制备技术相结合，通过向自然学习，揭示自然界中各种动植物超润湿现象形成的机理，为超润湿材料的研发提供科学依据。由此人们已经制备了很多高效的疏水或疏油表面，超润湿材料的研究也取得了一系列进展，不仅可以在实验室条件下制备，还向工业化规模生产等方向发展。此外，增材制造、材料计算与模拟仿真等技术的应用，大大简化了材料表面微结构的设计、构造与控制难度，使超润湿材料的制备快速精准、结构和性能可控，实现了材料制备工艺、结构、性能等参量或过程的定量描述，缩短了材料研制周期，降低了研发成本，多学科交叉融合将成为超润湿材料技术今后发展的主要方向。

但是，传统的超润湿性材料因机械耐久性、化学稳定性、抗油污性、制备复杂等性能和成本问题仍不能满足实际应用的要求，因此，开发廉价、高性能、多功能的超润湿性材料仍是目前该研究领域的热点。未来超润湿材料的研究发展方向将主要聚焦于以下几个方面[58]。

(1) 开发稳定耐久性的超润湿材料。超润湿材料的润湿性一般由表面粗糙度和表面化学组成两个因素决定。固体表面几何形貌的构建是多样化的，其表面微观粗糙结构的形状和粗糙度的大小多种多样，而这种微观粗糙结构通常存在强度低、机械性能差等问题，在使用过程中容易被外力损坏而丧失超润湿性，另外，在一些场合或长期使用中，材料表面也可能被环境污染物沾染，导致超润湿性能变差，从而减少材料的使用寿命。耐久性是长时间保持超润湿性的关键，也是制约超润湿材料实际应用的主要因素。

如何利用简单有效的方法构建具有可自我修复的超疏水膜层，从而获得性能持久优异的超疏水性界面材料也是当前研究的一大热点。2017 年 4 月，美国密歇根大学开发出由“氟化聚氨酯弹性体”和“F-POSS”疏水分子互溶形成的自愈型超疏水涂层材料。该材料类似橡胶的质感使其比以往的材料更有弹性，略微柔软的表面可有效降低表面受到物理损伤的概率。这种涂层具有化学自愈特性，当表面被磨损时，新的分子将自然地迁移到损伤处以实现自愈合。涂层拥有数百次损伤后自愈的能力，甚至可在被磨损、刮擦、烧烤、离子清洗、平整、超声处理和化学腐蚀后仍能恢复性能。2017 年 5 月，德国弗莱堡大学开发出一种具有多层结构的自愈型超疏水涂层，这种超疏水材料表面具有类似蛇褪去外皮的特性，可实现表面受损后超疏水性的自愈，为新型耐久自愈型超疏水材料的研发提供了新思路。

还可研发在不同环境下使用的具有优异浸润性能的超润湿材料，增强材料表面的机械耐磨性、化学稳定性和耐候性，从而增加其使用寿命，避免因频繁更换而造成环境的二次污染。

(2) 开发更多环境友好型的超润湿材料。开发使用更多环境友好型的材料，如选用生物质材料作为基材，这种材料密度小、孔隙度和比表面积大、易降解、原料易得、价格低廉。不但回收利用了即将废弃的生物质材料，而且使生物质材料与高分子材料、无机纳米材料、油水分离材料等得到较好的复合，充分发挥各自的优点，并进一步提升了生物质材料的附加值。

(3) 向多功能性和可调控的智能型超润湿材料方向发展。目前，超疏水材料的研发已不局限于获得超疏水的单一性能，而是向着多功能、具有响应特性、可调控的智能化方向发展。将材料表面的特殊润湿性，如超疏水、超亲水、超亲油、超疏油等进行多元组合，从而实现智能化协同、可调控和相分离材料的制备，将极大拓展超疏水材料的应用范围，如利用具有超疏水和超疏油特性的超双疏材料可实现水性和油性液体的防护，利用超亲水/超疏油或超疏水/超亲油材料对油和水截然相反的润湿性可实现油水的分离。

具有光、电、磁、温度、pH 以及多重刺激响应的智能材料因其可转变、可控的表面润湿特性近年来受到科研人员的广泛关注，为超润湿材料多功能化的实现创造了条件，使得超润湿材料在向工业化的实际应用中又前进了一步，对于建筑、涂饰、生物医学、污水处理等领域都有重要的意义。

(4)开发出形式多样的超润湿材料。在超润湿体系中，超疏水表面是科研人员关注和研究最多的，随着研究的不断深入和实际应用的需求，人们对于超润湿体系已经不仅仅局限于超疏水表面材料，更希望通过构筑特定的微观结构和合成新的修饰剂，制备出更多具有特殊润湿性的功能化表面。其中空气中超亲水表面、水下超疏油表面、油下超疏水表面、油下超亲水表面等在自清洁和海洋防污方面的应用吸引了人们的广泛关注，为超润湿领域开辟了新的方向。

(5)控制成本，实现规模化工业化生产。制备超疏水材料主要是通过改造材料表面的粗糙度，并构建适当的微纳结构和改变材料表面的化学组成，进而降低表面自由能来实现的。制备过程常要用到一些贵重设备和材料，制备工艺复杂或不够稳定，导致生产成本偏高。因此，开发出具有普适性且可大规模生产的方法对超疏水表面的推广具有重要的意义。

(6)继续深入研究各种超润湿现象的机理，彻底了解各种形态表面微纳米结构的几何形貌、尺寸对超润湿性能的影响，开发出能够制备超润湿表面的新技术、新手段，为大规模人工制备实用化的超润湿材料打下坚实的理论基础。

1.4　发展润湿调控材料的意义

近年来，润湿材料在人类社会诸多领域的应用越来越常见，从日常生活中的纺织品、手机显示屏、食品包装盒，到建筑物外墙和玻璃、医疗器械、微控流技术、细胞培养等方面，处处都可见到超润湿材料应用的影子。通过不同方式构筑的超润湿材料由于其独特的理化性质，可以实现自清洁、防雾、抗结冰、液体减阻、防反射、可逆性黏附等各种特殊功能特性，使其在基础研究和工农业生产、建筑、日常生活、化工、医学、电子器件、微流体控制、航海、航空航天、国防等众多领域中都具有重要应用价值，在解决环境、健康、能源和医疗等方面的问题中起着非常重要的作用。

(1)防腐蚀。金属锈蚀问题导致的电子器件或设备失效，每年都会给全球带来上千亿美元的损失，而超疏水涂层可为金属锈蚀问题提供一种有效的解决方式。例如，超双疏界面材料可涂在轮船的外壳、燃料储备箱上，达到防污、防蚀的效果。

(2)自清洁和防污。自清洁是超疏水材料直接受自然界动植物超疏水表面自清洁现象启示的典型应用，在工业领域拥有极大的应用价值。一方面，超疏水材料利用水滴在表面上表现出大接触角和小滚动角的特点，在滚动过程中可以将表面的细小尘埃颗粒等杂质带走，达到清洁表面、防止表面积尘污染的目的；另一方面，表面在液体污染物中依然可以保持表面的干燥和清洁。这种性能可以应用到衣物和玻璃等表面，制备自清洁和防污材料，可有效解决清洁高处玻璃、水下船舶等成本高昂以及人力浪费的难题。自清洁涂层在玻璃以及纺织品等材料上的商业化应用也已带来了显著的经济效益和环境效益。

(3)防雾。雾气是自然界普遍存在的现象，在寒冷或高温度环境中，一般的固体表面都会生成一层雾气，从而影响材料的光学性能，对玻璃、镜子等光学设备的使用有着极大的干扰和影响。据相关研究报道，蚊子以及苍蝇等昆虫的复眼结构具有很好的防雾作用，受其启发科研人员已制备出多种具有表面低黏附力的超疏水防雾材料，可以使冷凝液滴自发离开材料表面，达到防雾效果。

(4) 抗结冰结霜。生活和工业中金属表面易受到结冰的困扰，导致设备运行负担加重和腐蚀损坏，尤其是电缆电线等容易因结冰导致信号被干扰且增加电线负重；覆冰问题对公路、飞机、雷达等其他室外设施设备的正常运行会造成严重的影响和干扰，而传统的除冰手段需要花费大量的人力物力。研究人员发现超疏水表面具有很好的抗结冰性能，可以通过水滴在基体表面的自移除，延迟结冰时间和减小冰点表面的附着强度从而实现抗结冰性能。

(5) 抗细菌黏附。超疏水性表面可以减少细菌在材料表面的黏附，阻止生物膜的形成，可以避免使用杀菌剂造成的细菌抗药性增强或因大量使用抗菌金属离子对环境造成不利影响。

(6) 水收集。亲水材料容易吸收空气中的水汽，但一般的材料表面形成冷凝液滴后，不能及时地流走而聚在一起，从而影响水汽的进一步冷凝。通过对沙漠甲壳虫背部微观的研究而仿造出的超亲水和超疏水混合相间结构材料可大大提高水收集的效率：超亲水结构负责水雾的捕捉收集而超疏水结构则可以使冷凝液滴脱落，从而不断收集空气中的水蒸气。

(7) 油水分离。油水分离是超润湿材料的重要应用。近年来海洋原油污染问题引起了严重的环境污染和生态破坏，迫切需要一种高效、低廉、环境友好的方法来进行油水分离。一般超疏水-超亲油和超亲水-水下超疏油的多孔材料由于其独特的界面性质，可以对油水混合物进行高效的分离，达到治理污水的目的。

(8) 流体减阻。超疏水表面具有减阻效果，在提高管道传输效率、降低水下航行体和微流体器件中流动阻力等方面有着广阔的应用前景，流体减阻对于船舶和液体输送等工业领域具有重要的意义。例如：用于石油管道的运输过程中，可以防止石油对管道壁黏附；用于液化天然气输送时可以避免管壁水合物的聚集阻塞管道，从而减少运输过程中的损耗，并防止管道堵塞。

(9) 除了上面介绍的应用之外，超润湿材料还在防霉、食品包装、印刷、耐火阻燃、乳液分离等诸多领域发挥着重要的作用。随着科学技术的迅猛发展和生活水平的日益提高，各行业对材料结构和性能的要求越来越高，借助于材料表面制备工艺和仿生学研究的日益发展，人们可以研发和制造出更多具有各种优异功能特性的超润湿材料，这些材料也将在越来越多的领域中表现出广阔的应用前景，给人们的日常生活和工业生产带来极大的便利和高附加产值。

思 考 题

1.1 水黾为什么可以轻易地在水面上移动?

1.2 举例说出自然界中具有代表性的亲水或疏水效果的动植物。

1.3 什么是超亲液表面?

1.4 什么是超疏水材料?

1.5 空气中可产生的极端润湿状态有哪些?

1.6 润湿性可调控材料可从哪些设计点入手?

1.7 发展润湿调控材料的意义有哪些?

1.8 在铁锅表面倒一些油并加热，铁锅表面为什么不容易生锈?

1.9 我们所常用的胶黏剂为什么不容易黏结塑料件?

1.10 在水果和蔬菜的运输中，如何保持物品新鲜?

1.11 请解释缓蚀剂的作用机理。

1.12 古话说“水银泻地，无孔不入”，这句话反映了什么样的科学道理? “水银泻地”有什么危害?

1.13 什么是界面化学?

1.14 什么是界面科学?

1.15 界面科学与其他学科的关系是什么?

1.16 查阅文献，解释为什么蜘蛛丝可以收集水。

1.17 准备两个硬币，一杯自来水，一杯滴加有三四滴洗洁精的自来水，两个塑料滴管。分别用滴管在硬币表面逐滴滴加，哪个硬币表面能承载更多的液体? 为什么?

1.18 润湿现象如何在节约能源方面起到作用? 举例说明。

1.19 润湿剂的定义是什么? 润湿剂具有什么样的特点?

1.20 为什么具有支链结构的非离子表面活性剂润湿性能优异?

1.21 请阐述洗涤与润湿的联系。

参考文献

[1] Gao X, Yan X, Yao X, et al. The dry-style antifogging properties of mosquito compound eyes and artificial analogues prepared by soft lithography[J]. Advanced Materials, 2007, 19: 2213-2217.

[2] 周威, 陈立, 杜京城, 等. 仿生雾水收集材料: 从基础研究到性能提升策略[J]. 化工学报, 2020, 71(10): 4532-4552.

[3] Han B, Huang Y, Li R, et al. Bio-inspired networks for optoelectronic applications[J]. Nature Commun, 2014, 5: 5674-5680.

[4] Liu M, Wang S, Wei Z, et al. Bioinspired design of a superoleophobic and low adhesive water/solid interface[J]. Advanced Materials, 2009, 21: 665-669.

[5] Sun T, Qing G, Su B, et al. Functional biointerface materials inspired from nature[J]. Chemical Society Reviews, 2011, 40: 2909-2921.

[6] Bixler G D, Bhushan B. Bioinspired rice leaf and butterfly wing surface structures combining shark skin and lotus effects[J]. Soft Matter, 2012, 8: 11271-11284.

[7] Zheng Y, Gao X, Jiang L. Directional adhesion of superhydrophobic butterfly wings[J]. Soft Matter, 2007, 3: 178-182.

[8] 梁涵玉. 超润湿材料及其应用[J]. 当代化工研究, 2019, 39(3): 132-134.

[9] 王鹏伟, 刘明杰, 江雷. 仿生多尺度超浸润界面材料[J]. 物理学报, 2016, 65(18): 186801.

[10] Young T. An essay on the cohesion of fluids philosophical transactions[J]. Philosophical Transactions of the Royal Society A: Mathematical Physical And Engineering Sciences, 1805, 95: 65-87.

[11] Wenzel, Robert N. Resistance of solid surfaces to wetting by water[J]. Transactions of the Faraday Society, 1936, 28 (8) :988-994.

[12] Cassie A B D, Baxter S. Wettability of porous surfaces[J]. Transactions of the Faraday Society, 1944, 40: 546-551.

[13] Barthlott W, Neinhuis C. Purity of the sacred lotus, or escape from contamination in biological surfaces[J]. Planta, 1997, 202: 1-8.

[14] Neinhuis C, Barthlott W. Characterization and distribution of water-repellent, self-cleaning plant surfaces[J]. Annals of Botany, 1997, 79: 667-677.

[15] Feng L, Li S, Li Y, et al. Super-hydrophobic surface: From natural to artificial[J]. Advanced Materials, 2002, 14: 1857-1860.

[16] Verho T, Korhonen J T, Sainiemi L,et al. Reversible switching between superhydrophobic states on a hierarchically structured surface[J]. Proceedings of the National Academy of Sciences, USA, 2012, 109 (26) : 10210-10213.

[17] Gao X, Jiang L. Water-repellent legs of water striders[J]. Nature, 2004, 432: 36.

[18] Watson G S, Watson J A. Natural nano-structures on insects—Possible functions of ordered arrays characterized by atomic force microscopy[J]. Applied Surface Science, 2004, 235 (1/2) : 139-144.

[19] Parker A R, Lawrence C R. Water capture by a desert beetle[J]. Nature, 2001, 414 (6859) :33-34.

[20] Zheng Y M, Bai H, Huang Z B, et al. Directional water collection on wetted spider silk[J]. Nature, 2010, 463: 640-643.

[21] Wong T S, Kang S H, Tang S K, et al. Bioinspired self-repairing slippery surfaces with pressure-stable omniphobicity[J]. Nature, 2011, 477 (7365) :443-447.

[22] Liu M J, Xue Z X, Liu H, et al. Surface wetting in liquid-liquid-solid triphase systems: Solid-phase-independent transition at the liquid-liquid interface by Lewis acid-base interactions[J]. Angewandte Chemie International Edition, 2012, 124 (33) :8473-8476.

[23] 赖跃坤, 陈忠, 林昌健. 超疏水表面黏附性的研究进展[J]. 中国科学:化学, 2011, 41 (4) :609-628.

[24] Feng L, Zhang Y A, Xi J M, et al. Petal effect: A superhydrophobic state with high adhesive force[J]. Langmuir, 2008, 24: 4114-4119.

[25] Jin M H, Feng X J, Feng L, et al. Superhydrophobic aligned polystyrene nanotube films with high adhesive force[J]. Advanced Materials, 2005, 17: 1977-1981.

[26] Qu L, Dai L. Gecko-foot-mimetic aligned single-walled carbon nanotube dry adhesives with unique electrical and thermal properties[J]. Advanced Materials, 2007, 19: 3844-3849.

[27] Ge L H, Sethi S, Ci L J, et al. Carbon nanotube-based synthetic gecko tapes[J]. Proceedings of the National Academy of Sciences, USA, 2007, 104: 10792-10795.

[28] Qu L T, Dai L M, Stone M, et al. Carbon nanotube arrays with strong shear binding-on and easy normal lifting-off[J]. Science, 2008, 322: 238-242.

[29] Song X Y, Zhai J, Wang Y L, et al. Fabrication of superhydrophobic surfaces by self-assembly and their water-adhesion properties[J]. Russian Journal of Physical Chemistry B, 2005, 109: 4048-4052.

[30] Lai Y K, Lin C J, Huang J Y, et al. Markedly controllable adhesion of superhydrophobic spongelike nanostructure TiO_2 films[J]. Langmuir, 2008, 24: 3867-3873.

[31] 刘兰兰. 美国莱斯大学激光诱导石墨烯制备超级电容器[J]. 电源技术, 2015 (3) : 441-442.

[32] Zhu X T, Zhang Z Z, Men X H, et al. Fabrication of an intelligent superhydrophobic surface based on ZnO nanorod arrays with switchable adhesion property[J]. Applied Surface Science, 2010, 256: 7619-

7622.

[33] Li C, Zhang Y, Ju J, et al. *In situ* fully light-driven switching of superhydrophobic adhesion[J]. Advanced Functional Materials, 2012, 22: 760-763.

[34] Tian D, Chen Q, Nie FQ, et al. Patterned wettability transition by photoelectric cooperative and anisotropic wetting for liquid reprography[J]. Advanced Materials, 2009, 21: 3744-3749.

[35] Hong X, Gao X, Jiang L. Application of superhydrophobic surface with high adhesive force in no lost transport of superparamagnetic microdroplet[J]. Journal of the American Chemical Society, 2007, 129(6):1478-1479.

[36] Cheng Z J, Feng L, Jiang L. Tunable adhesive superhydrophobic surfaces for superparamagnetic microdroplets[J]. Advanced Functional Materials, 2008, 18: 3219-3225.

[37] Sun T, Wang G, Feng L, et al. Reversible switching between superhydrophilicity and superhydrophobicity[J]. Angewandte Chemie International Edition, 2004, 43(3): 357-360.

[38] Uchida K, Nishikawa N, Izumi N, et al. Phototunable diarylethene microcrystalline surfaces: Lotus and petal effects upon wetting[J]. Angewandte Chemie International Edition, 2010, 49: 5942-5944.

[39] Butt H-J, Semprebon C, Papadopoulos P, et al. Design principles for superamphiphobic surfaces[J]. Soft Matter, 2013, 9(2): 418-428.

[40] Kim H, Noh K, Choi C, et al. Extreme superomniphobicity of multiwalled 8 nm TiO_2 nanotubes[J]. Langmuir, 2011, 27(16): 10191-10196.

[41] Jiang T, Guo Z. A facile fabrication for amphiphobic aluminum surface[J]. Chemistry Letters, 2015, 44: 324-326.

[42] Wen Q, Guo F, Peng Y, et al. Simple fabrication of superamphiphobic copper surfaces with multilevel structures[J]. Colloids & Surfaces A: Physicochemical & Engineering Aspects, 2018, 539: 11-17.

[43] Chen L, Guo Z, Liu W. Biomimetic multi-functional superamphiphobic FOTS-TiO_2 particles beyond lotus leaf[J]. ACS Applied Materials & Interfaces, 2016, 8: 27188-27198.

[44] Xi J, Feng L, Jiang L. A general approach for fabrication of superhydrophobic and superamphiphobic surfaces[J]. Applied Physics Letters, 2008, 92(5):053102.

[45] Tuteja A, Choi W, Ma M, et al. Designing superoleophobic surfaces[J]. Science, 2007, 318(5856): 1618-1622.

[46] Bellanger H, Darmanin T, Elisabeth T D G, et al. Chemical and physical pathways for the preparation of superoleophobic surfaces and related wetting theories[J]. Chemical Reviews, 2014, 114(5):2694-2716.

[47] Tuteja A, Choi W, Mckinley G H, et al. Design parameters for superhydrophobicity and superoleophobicity[J]. MRS Bulletin, 2008, 33(8):752-758.

[48] Pan S, Kota A K, Mabry J M, et al. Superomniphobic surfaces for effective chemical shielding[J]. Journal of the American Chemical Society, 2012, 135(2):578-581.

[49] Grigoryev A, Tokarev I, Kornev K G, et al. Superomniphobic magnetic microtextures with remote wetting control[J]. Journal of the American Chemical Society, 2012, 134(31):12916-12919.

[50] Tan T T Y, Reithofer M R, Chen E Y, et al. Tuning omniphobicity via morphological control of metal-organic framework functionalized surfaces[J]. Journal of the American Chemical Society, 2013, 135(44):16272-16275.

[51] Liu T, Kim C J. Turning a surface superrepellent even to completely wetting liquids[J]. Science, 2014, 346(6213): 1096-1100.

[52] Zeng J, Wang B, Zhang Y, et al. Strong amphiphobic porous films with oily-self-cleaning property beyond nature[J]. Chemistry Letters, 2014, 43: 1566-1568.

[53] Li D K, Guo Z G, et al. Hydrophobic and tribological behaviors of a poly(*p*-phenylene benzobisoxazole) fabric composite reinforced with nano-TiO_2[J]. Journal of Applied Polymer Science, 2017, 134: 45077.

[54] Zhou H, Wang H, Niu H, et al. Robust, Self-healing superamphiphobic fabrics prepared by two-step coating of fluoro-containing polymer, fluoroalkyl silane, and modified silica nanoparticles[J]. Advanced Functional Materials, 2013, 23(13):1664-1670.

[55] Liu M, Hou Y, Li J, et al. Robust and self-repairing superamphiphobic coating from all-water-based spray[J]. Colloids & Surfaces A: Physicochemical & Engineering Aspects, 2018, 553: 645-651.

[56] 彭珊. 超疏水-超双疏材料的制备及其性能研究[D]. 广州: 华南理工大学, 2015.

[57] 陈立伟. 几种仿生超润湿性材料的制备及性能研究[D]. 武汉: 湖北大学, 2017.

[58] 何金梅, 何姣, 袁明娟, 等. 高稳定性超疏水材料研究进展[J]. 化工进展, 2019, 38(7): 3013-3027.

第2章 理　　论

固体表面的润湿性是材料的重要性质之一，描述这种性质最直接的方式是表面能和表面张力。通过研究表面能和表面张力，建立相应的理论模型，将对制备不同润湿功能的表面有重要的指导意义。

2.1 基本理论

2.1.1 界面与表面

界面是指密切接触且互不相溶的两相间的过渡区，包括气-液界面、气-固界面、液-固界面、液-液界面、固-固界面；而表面则是任意一相与真空的界面，但通常将密切接触的两相中的一相为气相时产生的界面叫表面，比如气-液表面、气-固表面。

通常所研究的界面也好，表面也好，从数学研究的角度，都可以简化成两种不同相态的物质接触的几何平面。从某一角度，这种几何平面通常默认是没有厚度且绝对光滑的。

但实际上，界面是有一定厚度的(从几个分子厚度到几十个微米)，而且平面并不是光滑的(具有一定的粗糙度)。并且，从实际的现象看，尤其是气-界面、液-液界面，这两个界面都存在着一相的分子进入另一相的动态过程。另外一方面，如果一相的分子存在体相内，其与相邻分子的相互作用力是相同的。但是当分子处于界面时，其一方面受到同相性质相同的分子的作用，另一方面也受到不同性质的分子的作用，也就是说将界面的分子视为一个质点，其所处的力作用场在各个方向并不是均匀的。这种作用力的不同导致了界面能，这种界面对材料的整体性能有明显的和决定性的影响，例如生活中见到的腐蚀、断裂、老化、黏合、流动，都发生在本书所提及的界面上，因此，对这一类的研究具有非常重要的研究意义。

2.1.2 表面张力与表面自由能

表面自由能是指在恒温、恒压、恒体积情况下，可逆地增加体系的表面积所做的非体积功，或者是处于表面的粒子比内部粒子多出来的能量。

表面张力是指作用于液体或固体表面使表面积缩小的力，它是界面张力的其中一种，专指液相与空气的界面张力。表面张力通常存在于两相不互溶的液体界面上，或者存在于液体的自由表面，其单位为 N/m。

表面张力与表面自由能的数值是相同的，但彼此之间的物理意义是不同的，表面张力是指分子间力的相互作用，而表面自由能是指形成表面时所产生的能量变化。

2.1.2.1 表面张力的测定方法

表面张力的测定方法分为静态法和动态法[1,2]。静态法主要有毛细管上升法、旋滴法、悬滴法、最大气泡压力法、Wilhelmy 吊片法等；动态法包括振荡射流法、毛细管波法等。其中毛细管上升法和最大气泡压力法不能用来测液-液界面张力，而最大气泡压力法、Wilhelmy 吊片法、振荡射流法、毛细管波法可用于测定动态表面张力[3]。

1) 毛细管上升法

将一支毛细管插入液体中，液体将沿毛细管上升，升到一定高度后，毛细管内外液体将达到平衡状态，液体就不再上升了。此时，液面对液体所施加的向上的拉力与液体向下的力相等。则表面张力：

$$\gamma = \frac{\rho g h r}{2\cos\theta} \tag{2-1}$$

式中，γ 为表面张力，r 为毛细管的半径，h 为毛细管中液面上升的高度，ρ 为测量液体的密度，g 为当地的重力加速度，θ 为液体与管壁的接触角。

若毛细管管径很小，而且 $\theta=0$ 时，则式(2-1)可简化为

$$\gamma = \frac{1}{2}\rho g h r \tag{2-2}$$

毛细管上升法是一种重要的测定方法，它不仅理论齐全，而且实验条件可严格把控。另外，毛细管上升法也可用于测定动态表面张力[4,5]。虽然毛细管上升法是应用最多的方法之一，但是也存在一些缺陷：①毛细管的内径要求均一且能够准确测定内径数值；②液体与管壁的接触角不易测量；③液体的纯度会对测量结果造成影响；④测量需要较多的液体才能获得水平基准面，而基准面的确认会造成一定的误差。

基于上述的缺陷，Sugden 于 1921 年提出了差分毛细管上升法以作为改进[4,6,7]。用两支同质异径的毛细管插入被测液体，用第三支管标定液面的基线，这样就可不用测量液体半液面高度 h_0，从而降低测量误差。

毛细管长度常数为

$$a^2 = \frac{2\gamma}{\rho g} \tag{2-3}$$

两支毛细管中液面上升的半液面的高度差 $h_1 - h_2$ 用 Rayleigh 公式：

$$h = h_0 + \frac{r}{3} - 0.1288\frac{r^2}{h_0} + 0.1312\frac{r^3}{h_0^2} \tag{2-4}$$

关联后，毛细管长度常数可表示为

$$a^2 = \frac{h_1 - h_2}{1/r_1 - 1/r_2} \tag{2-5}$$

则计算方程为

$$\gamma = \frac{(h_1 - h_2)\rho g}{2(1/r_1 - 1/r_2)} \tag{2-6}$$

表面张力可通过式(2-6)计算得到。式中，r_1、r_2分别为两毛细管的半径。该方法可达到±0.1 mN/m 的测量精度，而且测量用液少。另外，它还适用于高温[6,8]、低温且高压条件下的表面张力的测定[9,10]。

2)最大气泡压力法

若在密度为ρ的液体中，插入一个半径为r的毛细管，深度为t，经毛细管吹入一极小的气泡，其半径恰好与毛细管半径相等。此刻，气泡内压力最大。根据拉普拉斯公式，气泡最大压力为

$$p_{\mathrm{m}} = \rho g t + \frac{2\gamma}{r} \tag{2-7}$$

即

$$\gamma = \frac{1}{2} r (p_{\mathrm{m}} - \rho g t) \tag{2-8}$$

最大气泡压力法由 Simon 于 1851 年提出，后来由 Canter 与 Jaeger 分别从理论和实际的角度出发加以发展[11]。此法设备简单、操作方便，不需要完全润湿。它既可以测量静态表面张力，也可用于测量动态表面张力，测量的有效时间范围大，温度范围宽。

差分最大气泡压力法最早是由 Sugden 于 1921 年提出的并给出计算公式，后经 Cuny 和 Wolf 等不断改进[12]。其原理是：两个同质异径的毛细管插入被测液体中，气泡从毛细管中通过后达到液体中，测量两个毛细管中气泡的最大压力 p_1 和 p_2，表面张力是压力差函数，计算公式为

$$\gamma = \frac{\Delta p / 2 + (\rho_1 - \rho_{\mathrm{g}}) g \left[(r_2 - r_1)/3 - \Delta d / 2 \right] + g (r_2^3 - r_1^3)(\rho_1 - \rho_{\mathrm{g}})^2 / 24\gamma}{1/r_1 - 1/r_2} \tag{2-9}$$

式中，Δp为两毛细管的压差，Δd为两毛细管插入液面的高度差。

差分最大气泡压力法比差分毛细管上升法具有更好的重复性。

3)悬滴法

悬滴法是根据在水平面上自然形成的液滴的形状来计算表面张力。在一定平面上，液滴形状与液体表面张力和密度有直接关系。由拉普拉斯公式，描述在任意的一点P曲面内外压差为

$$\gamma \left(\frac{1}{r_1} + \frac{1}{r_2} \right) = p_0 + (\rho_l - \rho_g) g z \tag{2-10}$$

式中，r_1、r_2 为液滴的主曲率半径；z 为以液滴顶点 O 为原点，液滴表面上 P 的垂直坐标；p_0 为顶点 O 处的静压力。

定义：

$$S=\frac{d_s}{d_e} \tag{2-11}$$

式中，d_e 为悬滴的最大直径，d_s 为离顶点距离为 d_e 处悬滴截面的直径。

再定义：

$$H=\beta\left(\frac{d_e}{b}\right)^2 \tag{2-12}$$

则得

$$\gamma=\frac{\left(\rho_1-\rho_g\right)gd_e^2}{H} \tag{2-13}$$

式中，b 为液滴顶点 O 处的曲率半径。此式最早由 Andreas、Hauser 和 Tucker 提出[13]，若相应与悬滴的 S 值得到的 $1/H$ 为已知，即可求出表(界)面张力。应用 Bashforth-Adams 法，即可算出作为 S 的函数的 $1/H$ 值，数据可参考相关文献。因为可采用定期摄影或测量 d_s/d_e 数值随时间的变化，悬滴法可方便地用于测定表(界)面张力(图 2-1)。

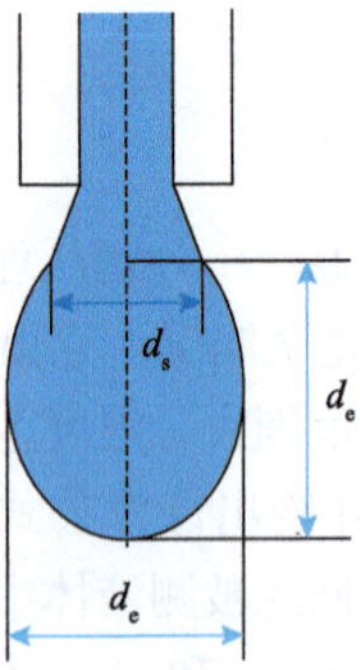

图 2-1　悬滴示意图及其特征尺寸

4) Wilhelmy 吊片法

前已述及，表面张力是作用于单位长度上的力。这一原理可直接用于表面张力的测量。将一长度为 l、厚度为 l' 的薄片(Wilhelmy plate)浸入液面，当拉起此薄片时，沿其周边将受到表面张力的作用，如图 2-2 所示。设液体对此薄片的接触角为 θ，若拉破液面所需的力为 F，则 F 必与表面张力平衡：$F=2\gamma\cos\theta(l+l')$，于是有

$$\gamma=\frac{F}{2\cos\theta\left(l+l'\right)} \tag{2-14}$$

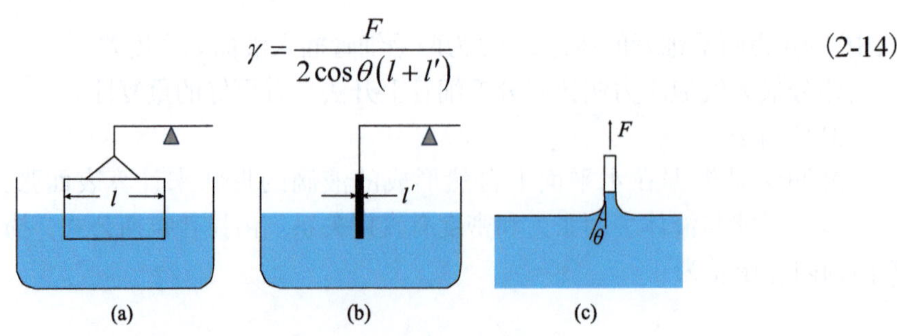

图 2-2　Wilhelmy 吊片法示意图

然而准确地测定接触角并非易事。通常用很薄的铂片、云母片或者玻璃瓶作为吊片，并将表面打毛以增加其对液体的润湿性，使液滴的接触角可能为零。并且l'相对于l可忽略不计。于是式(2-14)简化为

$$\gamma = \frac{F}{2l} \tag{2-15}$$

吊片法是迄今商业表面张力仪所采用的经典方法，当θ为零时，无需任何校正。但其缺点是对θ不为零的液体，需要知道θ，这一点很困难。

该方法也可用于测定油/水界面张力，操作是在水层上加油，即用油取代液体上面的空气，形成油/水界面，然后将吊片放到界面以下再拉起。需要注意的是，油层应该足够厚，以保证在拉起液膜时吊片边缘不露出油层。

5) Du Noüy 环法

如果用一铂金圆环代替吊片，同样可以测定表面张力，此法称为 Du Noüy 环法。如图 2-3(a)所示。设环内的内半径为R'，环丝半径为r，则环的内外周长分别为$2\pi R'$和$2\pi(R'+2r)$。当环被拉起时，环的内周和外周都受到表面张力的作用。若液体完全润湿圆环，而环被拉起时液体呈理想状态，如图 2-3(b)所示，则拉力F与表面张力有如下关系：

$$F = \gamma\left[2\pi R' + 2\pi(R'+2r)\right] = 4\pi\gamma(R'+r) \tag{2-16}$$

令$R=R'+r$为圆环的平均半径，则上式变为

$$F = 4\pi R\gamma \tag{2-17}$$

然而实际情况远非如此理想，如图 2-3(c)所示。若使式(2-17)成立，需要引入校正因子f，即

$$\gamma = fF/(4\pi R) \tag{2-18}$$

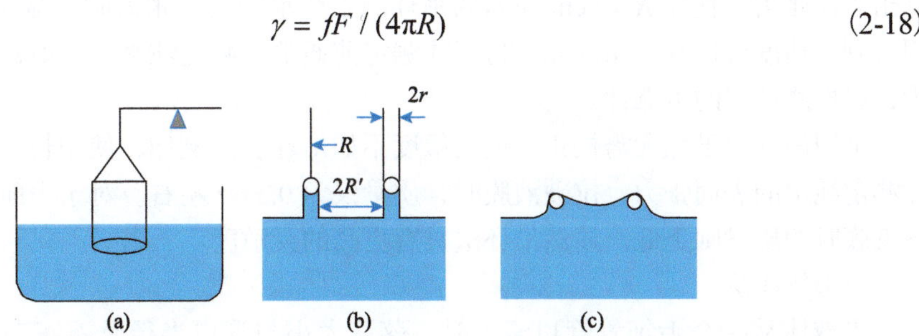

图 2-3　Du Noüy 环法测表面张力示意图

研究表明，校正因子f是R/r及R^3/V的函数，这里V为圆环带起来的液体的体积，可由$F=mg=V\rho g$计算，其中ρ为液体的密度。

对一定尺寸的环，R/r为定值，此时校正因子与实测的拉力F的大小成某种关系。因此获得校正因子的另一种方法是，先测出拉开液膜所需的力F，按式(2-19)求

出表面张力γ'：

$$\gamma' = \frac{F}{4\pi R} \tag{2-19}$$

再将γ'代入适当的公式(具体公式和R/r有关)求出f，然后由式(2-20)求得表面张力：

$$\gamma = \gamma' f \tag{2-20}$$

例如国内常用的一种铂金环，直径$R \approx 1\,\text{cm}$，$r \approx 0.03\,\text{cm}$，实验得到校正因子$f$与$\gamma'$的关系为

$$f = 0.7250 + \sqrt{\frac{0.01452\gamma'}{C^2\Delta\rho} + 0.04534 - \frac{1.679}{R/r}} \tag{2-21}$$

式中，C为圆环的平均周长$(2\pi R)$；$\Delta\rho$为两相的密度差。当测定液体的表面张力时，气相的密度可忽略不计，$\Delta\rho$即为液相的密度。

类似于吊片法，该法也可用于测定油/水界面张力，计算时$\Delta\rho$为水相和油相的密度差。

当没有商品表面张力仪时，可以利用电子天平自制表面张力仪。方法是选用一台万分之一精度(分辨率为0.0001 g)的电子天平，放在一个平台上，通常天平的底部有一个挂钩，在平台上开一个孔，对准挂钩，用一根金属丝一头连接挂钩，另一头挂上Wilhelmy 吊片或 Du Noüy 环，在平台下面放一个升降台，升降台上放一个玻璃夹套，与一个恒温水浴相连，将测定物放在夹套内，上升升降台，使吊片或吊环浸入被测溶液，然后使升降台缓慢下降，观察液膜拉破所需最大重量，将重量转换成力F，再根据吊片或吊环的周长转换成单位长度上的力，查出校正因子，或计算校正因子，即可计算出表面张力。使用$R = 1\,\text{cm}$左右的吊环测定纯水的表面张力时，最大质量约为 1 g，因此测量精度可达 0.01 mN/m。再正式测定前通常先测定纯水或其他标准液体的表面张力，以检测仪器的可靠性。

采用吊片法虽然无需校正，但灵敏度不如吊环法。例如，使用长度为 2.5 cm 的吊片测定纯水的表面张力，拉破液膜时，质量仅为0.37 g左右。对于表面活性剂溶液，拉破液膜时的质量则更低。显然吊环法具有更高的灵敏度。

6)滴体积法

当液体从一个毛细管管口滴落时，落滴大小与管口半径及液滴表面张力有关，表面张力越大，液滴越大。若液滴自管口完全脱落，则落滴质量m与表面张力γ有如下关系：

$$mg = 2\pi R\gamma \tag{2-22}$$

式中，g为重力加速度；π为圆周率；R为毛细管口半径(cm)，当液体能润湿端面时，R指端头的外径，反之为内径。然而液滴自管口滴落总是有一些残留，如图 2-4 所示，

残留液体有时可多达整体液滴的 40%，因此式(2-22)必须修正后才可应用。将式(2-22)改写成

$$mg = k2\pi R\gamma \tag{2-23}$$

$$\gamma = \frac{1}{2\pi k} \cdot \frac{mg}{R} = F \cdot \frac{mg}{R} \tag{2-24}$$

该法亦可演变为滴重法，连续滴 n 滴，用天平称出质量 m，测 $m = nV\rho$。式中，$F = 1/(2\pi k)$ 为校正因子。研究表明，F 是 V/R^3 的函数（V 为落滴的体积），而与滴管材料、液体密度、液体黏度等因素无关。根据测到的落滴体积和管口半径，查下 F-V/R^3 表即可获得 F 值，再代入液体密度 ρ，即可计算表面张力：

$$\gamma = F \cdot \frac{V\rho g}{R} \tag{2-25}$$

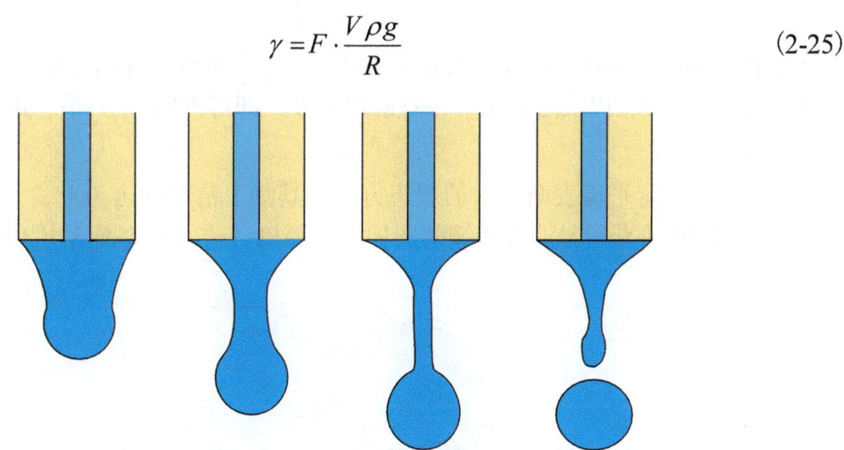

图 2-4 滴体积法落滴示意图

滴体积法的特点是简单易行。用一根 0.2 mL 的移液管，将锥形部分切掉一块，使断面直径达到 0.2～0.4 cm，用砂纸蘸水磨平，再用细砂纸蘸水磨光，即可用来测定。测定时将被测溶液放入 100 mL 的量筒，量筒置于恒温缸中，用与量筒大小匹配的软木塞或橡皮塞，使滴管穿过塞子，与一个针筒相连。使得滴管头部插入液面以下，用针筒吸液体至最大刻度，然后将滴管提至液面上，滴下一滴液体以清除管壁外侧所带的液滴，接着将管口残留液体全部拉入管中，读出液面的起始刻度。控制针筒使管内液体慢慢滴下，读出最终刻度。根据刻度差和液滴的滴数计算单个液滴的体积，查出校正因子，即可计算出表面张力。该方法也可用于测定油/水界面张力。当需要使油在水中成滴时要采用 U 形弯管。

滴体积法所测表面具有一定的动态特性，因为液滴滴落时总有一部分表面是新形成的。对表面活性剂体系，平衡时间的体积尽量达到其最大体积，并给予充分的平衡时间，尤其对低浓度体系，不过手工控制有一定难度。

目前已有基于滴体积原理的界面张力仪，测定达到了自动化程度，通过采用特定的管口形状设计，使得液滴滴落时没有残留，因此无需校正，同时平衡时间可以自动控制，可应用于测定动态和平衡表(界)面张力。

7)躺滴法

图 2-5 为液滴与另一低密度液(气)相中在固体表面上的躺滴，亦称无柄液滴(sessile drop)，对于这种液滴，容易测量的参数是赤道半径 x_c 和赤道至顶点的距离 h，而 b 值难以测定。为此 Bashforth-Adams 表中给出 x_c / b 作为 β 的函数，于是

$$\gamma = \frac{\Delta \rho g x_c^2}{\beta\left[f(\beta)\right]} \tag{2-26}$$

式中，

$$f(\beta) = \frac{x_c}{b} \tag{2-27}$$

x_c 可以精确测定，问题回到如何求 β。方法之一是将液滴照片的形状与一系列已知 β 值的理论图形相比较，以求出 β 值。一旦确定了 β，即可查出 $f(\beta)$ 值，进而根据式(2-26)求出表面张力。

躺滴法是测定平衡表面张力的理想方法，其测定精度可达 0.1%。目前已有商品仪器，可通过摄像头获得悬滴或躺滴的图像，计算机自动处理数据给出界面张力值。

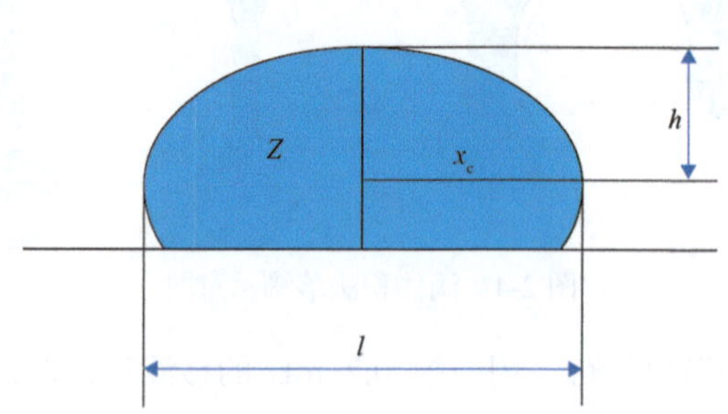

图 2-5 躺滴法示意图及其特征尺寸

2.1.2.2 表面自由能定义及其测定方法

1. 表面自由能的热力学定义

通常热力学讨论的体系往往忽略界面部分，而界面热力学研究的着眼点恰恰是界面，故选定的热力学体系为界面相和相邻的两相构成的不均匀的多相体系。与一般体系相比，界面热力学体系增加了强度变量 γ 和广度变量 A^s (界面面积)。在热力学变化过程中，多了一种能量传递形式——界面功 $\gamma \mathrm{d}A^s$ [14]。

(1) 狭义定义　保持体系温度、压力、组成不变时，增加单位表面积，体系 Gibbs 自由能的变化。

例如，以两相平衡体系为研究对象，对于纯组分析体系：

$$\mathrm{d}G = -S\mathrm{d}T + V\mathrm{d}P + \gamma \mathrm{d}A$$

故

$$\gamma = \left(\frac{\partial G}{\partial A}\right)_{T,P} \tag{2-28}$$

(2)广义定义 保持体系相应变量不变时，增加单位表面积，体系热力学函数的变化。由于选取的体系不同，表面自由能的热力学定义有如下几种。

以两相平衡体系为研究对象，有

$$\mathrm{d}U = T\mathrm{d}S - P\mathrm{d}V + \gamma\mathrm{d}A + \sum_i \mu_i \mathrm{d}n_i$$

$$\mathrm{d}H = T\mathrm{d}S + P\mathrm{d}V + \gamma\mathrm{d}A + \sum_i \mu_i \mathrm{d}n_i$$

$$\mathrm{d}F = -S\mathrm{d}T - V\mathrm{d}P + \gamma\mathrm{d}A + \sum_i \mu_i \mathrm{d}n_i$$

$$\mathrm{d}G = -S\mathrm{d}T + V\mathrm{d}P + \gamma\mathrm{d}A + \sum_i \mu_i \mathrm{d}n_i$$

故

$$\gamma = \left(\frac{\partial U}{\partial A}\right)_{S,V,n_i} = \left(\frac{\partial H}{\partial A}\right)_{S,P,n_i} = \left(\frac{\partial F}{\partial A}\right)_{T,V,n_i} = \left(\frac{\partial G}{\partial A}\right)_{T,P,n_i} \tag{2-29}$$

表面自由能γ为在一定条件下，增加单位表面积时体系内能、焓、Helmholtz 自由能和 Gibbs 自由能的增量。

若以界面相位研究体系，有

$$\mathrm{d}U^s = T\mathrm{d}S^s - P\mathrm{d}V^s + \gamma\mathrm{d}A + \sum_i \mu_i \mathrm{d}n_i^s$$

$$\mathrm{d}H^s = T\mathrm{d}S^s + V^s\mathrm{d}P + \gamma\mathrm{d}A + \sum_i \mu_i \mathrm{d}n_i^s$$

$$\mathrm{d}F^s = -S\mathrm{d}T^s - P\mathrm{d}V^s + \gamma\mathrm{d}A + \sum_i \mu_i \mathrm{d}n_i^s$$

$$\mathrm{d}G^s = -S\mathrm{d}T^s + V^s\mathrm{d}P + \gamma\mathrm{d}A + \sum_i \mu_i \mathrm{d}n_i^s$$

故

$$\gamma = \left(\frac{\partial U^s}{\partial A}\right)_{S^s,V^s,n_i^s} = \left(\frac{\partial H^s}{\partial A}\right)_{S^s,P,n_i^s} = \left(\frac{\partial F^s}{\partial A}\right)_{T,V^s,n_i^s} = \left(\frac{\partial G^s}{\partial A}\right)_{T,P,n_i^s} \tag{2-30}$$

表面自由能γ为在一定条件下，增加单位表面积时界面相的内能、焓、Helmholtz 自由能和 Gibbs 自由能的增量。

若以相界面为研究体系，则由于$V^s = 0$，故

$$dU^\sigma = dH^\sigma = TdS^\sigma + \gamma dA + \sum_i \mu_i dn_i^\sigma$$

$$dF^\sigma = dG^\sigma = -SdT^\sigma + \gamma dA + \sum_i \mu_i dn_i^\sigma$$

故

$$\gamma = \left(\frac{\partial U^\sigma}{\partial A}\right)_{S^\sigma, n_i^\sigma} = \left(\frac{\partial H^\sigma}{\partial A}\right)_{S^\sigma, n_i^\sigma} = \left(\frac{\partial F^\sigma}{\partial A}\right)_{T, n_i^\sigma} = \left(\frac{\partial G^\sigma}{\partial A}\right)_{T, n_i^\sigma} \tag{2-31}$$

表面自由能γ为在一定条件下，增加单位表面积时相界面的内能、焓、Helmholtz 自由能和 Gibbs 自由能的增量。

1）对表面自由能γ的讨论

若以界面相为研究体系，对单组分体系，恒温、恒压时，有

$$dG^s = \gamma dA + \mu dn^s$$

积分，有

$$G^s = \gamma A + \mu n^s$$

变换，得

$$\gamma = \frac{G^s}{A} - \frac{n^s}{A}\mu \tag{2-32}$$

式(2-32)等号右边第一项为单位面积表面相中的物质所具有的 Gibbs 自由能；第二项为单位面积表面相中所含的物质在处于本体相时所具有的 Gibbs 自由能。γ为指定温度和压力下，构成单位表面相的纯物质所具有的 Gibbs 自由能比其在内部时所具有的 Gibbs 自由能多出的量，是过剩量——比表面自由能。γ是 Gibbs 自由能的变化值，所以有确定的值。

若以相界面为研究体系，对单组分体系，有

$$dG^\sigma = -S^\sigma dT + \gamma dA$$

恒温、恒压下，积分：

$$\gamma = \frac{G^\sigma}{A}$$

故表面自由能γ为单位表面积 Gibbs 表面中的物质在指定条件下的 Gibbs 自由能值。由于 Gibbs 表面上的物理量本身便是过剩量，因此此处的γ即为一个过剩量。

2) 表面热力学函数

对于 Gibbs 相界面，界面熵、界面焓、界面内能和界面自由能分别为

$$S^{\sigma}=\left(\frac{\partial S}{\partial A}\right)_{T,P}, \quad H^{\sigma}=\left(\frac{\partial H}{\partial A}\right)_{T,P}, \quad U^{\sigma}=\left(\frac{\partial U}{\partial A}\right)_{T,P}, \quad G^{\sigma}=\left(\frac{\partial G}{\partial A}\right)_{T,P}=\gamma \tag{2-33}$$

对 Gibbs 表面，有

$$\mathrm{d}U^{\sigma}=\mathrm{d}H^{\sigma}=T\mathrm{d}S^{\sigma}+\gamma\mathrm{d}A+\sum_{i}\mu_{i}\mathrm{d}n_{i}^{\sigma}$$

$$\mathrm{d}F^{\sigma}=\mathrm{d}G^{\sigma}=-S\mathrm{d}T^{\sigma}+\gamma\mathrm{d}A+\sum_{i}\mu_{i}\mathrm{d}n_{i}^{\sigma}$$

恒温下积分，有

$$U^{\sigma}=H^{\sigma}=TS^{\sigma}+\gamma A+\sum_{i}\mu_{i}n_{i}^{\sigma}$$

$$F^{\sigma}=G^{\sigma}=\gamma A+\sum_{i}\mu_{i}n_{i}^{\sigma}$$

因此

$$G^{\sigma}=H^{\sigma}-TS^{\sigma} \tag{2-34}$$

3) 纯液体表面的热力学关系

(1) 表面熵　若以 Gibbs 表面为研究对象，对于单组分体系，有 $V^{\sigma}=0$，$n^{\sigma}=0$。因此

$$\mathrm{d}G^{\sigma}=-S\mathrm{d}T^{\sigma}+\gamma\mathrm{d}A$$

故

$$S^{\sigma}=\left(\frac{\partial S^{\sigma}}{\partial A}\right)_{T}=\left(\frac{\partial \gamma}{\partial T}\right)_{A}$$

这表明，恒温下 Gibbs 表面增加单位表面积时所增加的熵值，即表面熵，可以通过测定表面张力 γ 随温度的变化来测定。

将此式代入到 $G^{\sigma}=H^{\sigma}-TS^{\sigma}$ 中，有

$$H^{\sigma}=G^{\sigma}+TS^{\sigma}=\gamma-T\left(\frac{\partial \gamma}{\partial T}\right)_{A} \tag{2-35}$$

对于一般液体，γ 随温度的升高而降低。因此，随温度升高，表面熵增加，表面便稀薄，混乱度增大，分子排列无序。同时，可以看出，$H^{\sigma}>\gamma$。

(2) 表面能和表面焓　对于两相平衡体系，有

$$\gamma=\left(\frac{\partial F}{\partial A}\right)_{T,V,n_i}=\left(\frac{\partial (U-TS)}{\partial A}\right)_{T,V,n_i}=\left(\frac{\partial U}{\partial A}\right)_{T,V,n_i}-T\left(\frac{\partial S}{\partial A}\right)_{T,V,n_i}$$

对于两相平衡体系，恒温、恒容、恒定体系组成时，有

$$\mathrm{d}F = -S\mathrm{d}T + \gamma \mathrm{d}A$$

因此

$$\left(\frac{\partial S}{\partial A}\right)_{T,V,n_i} = \left(\frac{\partial \gamma}{\partial T}\right)_{A,V,n_i}$$

$$\gamma = \left(\frac{\partial U}{\partial A}\right)_{T,V,n_i} + T\left(\frac{\partial \gamma}{\partial T}\right)_{A,V,n_i}$$

所以

$$\left(\frac{\partial U}{\partial A}\right)_{T,V,n_i} = \gamma - T\left(\frac{\partial \gamma}{\partial T}\right)_{A,V,n_i} \tag{2-36}$$

式中，$\left(\frac{\partial U}{\partial A}\right)_{T,V,n_i}$ 为液体的总表面能；γ 为表面自由能，是表面形成过程中以功的形式获得的能量，也就是扩展单位界面时的可逆功；$-T\left(\frac{\partial \gamma}{\partial T}\right)_{A,V,n_i}$ 为界面形成过程中的热效应，叫作界面热。

由上式可知，表面自由能大于γ。同样：

$$\gamma = \left(\frac{\partial G}{\partial A}\right)_{T,P,n_i} = \left(\frac{\partial (H - TS)}{\partial A}\right)_{T,P,n_i} = \left(\frac{\partial H}{\partial A}\right)_{T,P,n_i} - T\left(\frac{\partial S}{\partial A}\right)_{T,P,n_i}$$

恒压、恒定体系组成时，

$$\mathrm{d}G = -S\mathrm{d}T + \gamma \mathrm{d}A$$

故

$$\left(\frac{\partial S}{\partial A}\right)_{T,P,n_i} = -\left(\frac{\partial \gamma}{\partial T}\right)_{A,P,n_i}$$

所以

$$\gamma = \left(\frac{\partial H}{\partial A}\right)_{T,P,n_i} + T\left(\frac{\partial \gamma}{\partial T}\right)_{A,P,n_i}$$

故

$$\left(\frac{\partial H}{\partial A}\right)_{T,P,n_i} = \gamma - T\left(\frac{\partial \gamma}{\partial T}\right)_{A,P,n_i} \tag{2-37}$$

表面焓大于γ。

2. 表面自由能的测定方法

表面能理论中的表面指的是两种物质相接触的界面，严格讲固体或液体的表面实际为固体或液体与空气接触的界面，常见的界面包括气-固界面、气-液界面、固-液界面、固-固界面、液-液界面，由于扩散作用不存在气-气界面。对于在物质内部的分子，四周被相同的分子所包围，其受到周围分子均匀作用力，但在界面上的分子则处在不均匀力场中，因此界面层会表现出一些特殊性质。由于界面分子受力不均匀，因此使分子从内部移动到表面上，增加物体的表面积就必须克服物质内部分子之间的分子作用力，该过程需要外界对其做功，外界对体系做的功为表面能。表面能的基本定义是，在恒温、恒压的条件下使物体增加单位表面积，外界对体系做的功。广义的表面能或者可以理解为：在体系保持温度、压力和组成不变时，每增加单位表面积时，Gibbs 自由能的增加值。

据 D. Owens 和 R. Wendt 提出的方法，相的界面张力可以分为极性分量 r_p 和非极性分量 r_d（色散分量）两部分。固液两相间的界面自由能 r_{sl} 与固液表面自由能的极性和非极性分量的关系可由 OWRK 法表示[15]：

$$r_{sl} = r_s + r_l - 2(r_s^d + r_l^d)^{\frac{1}{2}} - 2(r_s^p + r_l^p)^{\frac{1}{2}} \tag{2-38}$$

式中，r_s^d 和 r_l^d 分别为固体和液体的色散分量，r_s^p 和 r_l^p 分别为固体和液体的极性分量。结合杨氏方程，式(2-38)可以写成接触角与表面能的关系：

$$r_l(1+\cos\theta)/2(r_l^d)^{\frac{1}{2}} = (r_s^d)^{\frac{1}{2}} + (r_s^p)^{\frac{1}{2}}(r_l^p / r_l^d)^{\frac{1}{2}} \tag{2-39}$$

选择两种已知表面张力和极性、非极性色散分量的液体，通过测量其在固体上的接触角，就可以计算出固体的表面能和极性、色散分量。

2.1.3 固体表面

2.1.3.1 固体表面特点

1）表面原子活动性小

液体表面与液体内部分子及气相中的分子时刻处于剧烈交换运动中。根据分子运动论和设水分子截面积为 0.1 nm^2，可以计算出 25℃时每个水分子在水面上的停留时间仅为 1×10^{-7} s。

而常温(室温)下，金属钨原子在钨表面的停留时间长达 10^{24} 年，这意味固体表面上的原子几乎处于完全不动的状态。不仅如此，在液体和固体表面上，分子或原子沿表面进行二维运动，也有大致相似的结果，即液体表面分子做二维运动，远较固体表面原子做二维运动要激烈得多。

举个例子：如果在静止水面用物件滑动一下，水面会快速形成荡漾的波纹，很快又会恢复原来静止的状态；但对固体而言，将固体表面划一道痕，新痕造成的新表面会保持其形成的形状和状态很长一段时间，这种状态不一定是平衡态，但达到平衡需要极长的时间。

2）固体表面势能不均匀

固体表面不同区域的原子密度、原子性质可能不同，故势能分布可能是不均匀的。即使是同一种晶体，不同晶面的势能分布也不相同。

2.1.3.2 固体表面张力和表面自由能

液体表面张力和表面自由能是从力学和热力学角度出发，对同一种表面现象的两种说法。

固体表面自由能(常简称表面能)定义：形成单位固体新表面外力所做的可逆功。但不可笼统地将固体表面能与表面张力等同起来，这是因为：

(1)固体表面存在各向异性，形成不同单位晶体做的功可不相等。

(2)固体原子的流动性极小，形成新固体表面时，表面上的原子仍处于原来位置，这是热力学不平衡态，表面原子重排至平衡态需要很长时间。

(3)在不改变原子数目的条件下，固体表面通过拉伸原子间距离可以改变固体表面积的大小。显然，此时的表面能不是将内部原子拉到表面做的可逆功。

(4)固体表面实际存在的不规则性、不完整性和不均匀性，使得在不同区域、不同位置的表面原子微环境有差异，受到周围原子的相互作用力也不同，故使不同区域的表面能不同。

由于上述原因，在讨论固体表面性质时多用“表面能”的提法。即使有文献仍使用“固体表面张力”这一术语，但仍然指的是“表面能”。固体的表面能具有一定平均值的意义，文献中给出的固体表面能数据都是用一定实验方法在特定条件下对某种固体物质所测出的平均结果。

2.1.3.3 低表面能固体和高表面能固体

常见有机液体的表面张力和有机固体的表面能都在 100 mN/m 以下。故定义表面能小于 100 mN/m 的固体为低表面能固体，如聚合物和固态有机物。

无机物固体和金属固体的表面能多大于 100 mN/m，称为高表面能固体。从热力学角度，固体的表面能同样也有趋于减小的倾向，高表面能固体更易于被外界物质吸附而降低表面能。

固体表面能至今没有精确、通用的测定方法，目前文献采用一些方法都是相对于一定条件和体系的，对同一固体用不同方法所得结果可相差很大。

2.1.3.4 固-气界面吸附

物理学上固相和气相是两个完全不同的相。固-气界面处是两相交织的部分，它们按一定比例分配，这种分配就是吸附(adsorption)或化合(chemical combination)。气体停留在固体表面上称为气体在固体表面的吸附。被吸附的物质称为吸附物或吸附质(adsorbate)，具有吸附能力的固体称为吸附剂(adsorbent)[16]。

1. 物理吸附

物理吸附主要是由分子间的范德瓦耳斯力引起的，作用力的强度较弱。吸附时产生的吸附热较低。物理吸附对象无选择性，可吸附各种气体，但吸附量有差异。物理吸附的稳定性较差，因此在物理吸附发生后会存在脱附，且这种脱附速度较快。物理吸附不需要活化能，因此吸附速率不受温度影响。

2. 化学吸附

化学吸附：吸附剂表面分子和被吸附分子发生了化学反应，产生新的化学键，在红外/紫外-可见光光谱中会出现新的特征吸收带。

化学吸附的特点：

(1)吸附剂与吸附质分子间产生的新化学键；吸附热较高，接近化学反应热，一般在 40 kJ/mol 以上；

(2)吸附有选择性，固体表面的活性位只吸附特定的气体分子；

(3)吸附很稳定，一旦吸附就不易解吸；

(4)吸附是单分子层的；

(5)吸附需要活化能，温度升高，吸附和解吸速率加快。

有可能同时发生物理吸附和化学吸附。由于吸附过程放热，所以不论是物理吸附还是化学吸附，吸附量会随着温度的升高而降低。

2.1.3.5 固-气吸附热力学

气-固界面的重要特性是固体对气体的吸附作用。固体界面上的原子或分子与液体界面分子相似，受到的力是不平衡的，因此也有界面张力和界面自由焓。任何界面都有自发降低界面能的倾向。由于固体原子或分子不能自由移动，固体界面难以收缩，只能通过降低界面张力来降低界面能，这就是固体界面产生吸附作用的根本原因。

单位质量固体吸附气体的体积或物质的量称为吸附量。若用体积计，则其表达式为

$$q = \frac{V}{m_S}$$

式中，q 为吸附量，m^3/g；V 为单位质量气体的体积，m^3；m_S 为固体的质量，g。

若用物质的量计，吸附量的表达式可以表示为

$$q = \frac{m_G}{m_S}$$

式中，q 为吸附量，mol/g；m_G 为气体物质的量，mol。

1. 吸附曲线

当吸附过程达到平衡，吸附量是温度和吸附质压力的函数。即

$$q = f(T, p)$$

在一定温度下，改变气体压力，测定该压力下的平衡吸附量并作曲线，此曲线称为吸附等温曲线，表示为 $q = f(p)$，如图 2-6(a)所示。

同理，在压力恒定时，吸附量随温度的变化曲线称为吸附等压曲线，如图 2-6(b)所示。

吸附量恒定时，压力随温度的变化曲线称为吸附等量曲线。

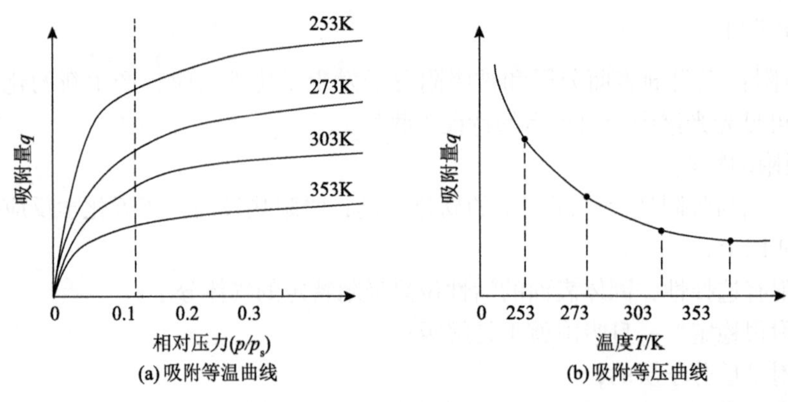

图 2-6　等温、等压吸附曲线

等温、等压和等量 3 类吸附曲线是相互联系的，其中任一类曲线都可用来表征吸附规律，使用最多的是吸附等温曲线。

吸附等温曲线一般有 5 种类型，如图 2-7 所示。其中：

Ⅰ类吸附等温曲线，当相对压力达到一定数值后，吸附量趋于饱和，固体表面微孔直径在 2.5 mm 以下的单层吸附常表现为此类吸附。

Ⅱ类吸附等温曲线常称为 S 形等温线，常发生在吸附剂孔径大小不一的多分子层吸附。

Ⅲ类吸附等温曲线存在于吸附剂和吸附质相互作用很弱的吸附。图 2-7(b)、(c)表明了非孔或大孔径吸附剂上的吸附，反映多层吸附或毛孔凝结，吸附量可认为不受限。

Ⅳ类吸附等温曲线为多孔吸附剂发生多层分子吸附过程。在压力较高时，出现毛细凝聚现象。

Ⅴ类吸附等温曲线发生在多层分子吸附过程中，有毛细凝结现象。图 2-7(d)、(e)所示为孔性吸附剂(不是微孔或不全是微孔)上的吸附，吸附层受孔大小限制。

吸附等温曲线可帮助了解吸附剂和吸附质之间相互作用强弱、吸附剂表面性质以及孔大小、形状和孔径分布等信息。

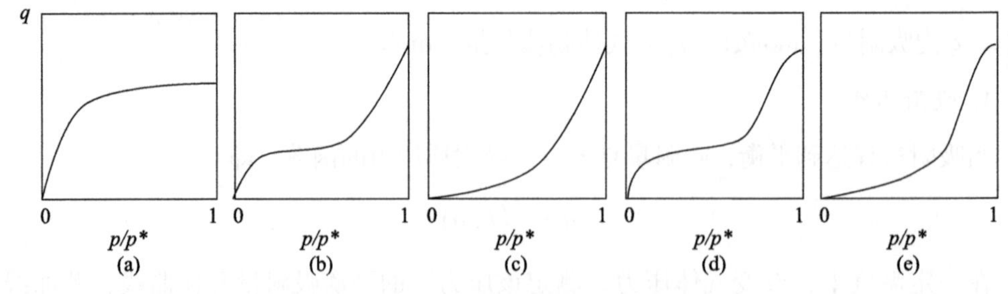

图 2-7　固-气吸附等温曲线类型

(a) Ⅰ类吸附等温曲线；(b) Ⅱ类吸附等温曲线；(c) Ⅲ类吸附等温曲线；(d) Ⅳ类吸附等温曲线；(e) Ⅴ类吸附等温曲线

2. 吸附热力学

在一定的温度和压力下，吸附过程的表面自由焓变化 $\Delta G<0$ 时，吸附自发进行。

固体表面吸附气体分子时，气体分子运动混乱程度降低，熵变$\Delta S<0$。根据热力学公式：

$$\Delta G=\Delta H-T\Delta S$$

吸附热$\Delta H<0$，表明等温吸附过程是放热过程。吸附热的大小反映了吸附固体表面与被吸附分子的作用强弱。化学吸附的吸附热远大于物理吸附热，表明物理吸附强度要远低于化学吸附。吸附热可分为积分吸附热和微分吸附热。

积分吸附热是在吸附平衡中，已经被气体覆盖的那部分表面的平均吸附热，它反映了在吸附过程中，长时间的热量变化平均值。通常所指的物理吸附或化学吸附即为此值。在等温和等体积下，积分吸附热Q_{i}可表示为

$$Q_{\mathrm{i}}=\left(\frac{Q}{q}\right)_{T,V}$$

式中，q为吸附气体的物质的量。

微分吸附热是在已经吸附一定量吸附质的基础上再吸附少量气体时所释放的热量，它反映了吸附过程中某一瞬间的热量变化。由于固体表面形貌及性质的不均匀，吸附热会随着表面覆盖度θ的不同而变化，故在吸附过程中，任一瞬间的吸附热并不相同。在等温和等体积条件下，微分吸附热定义为

$$Q_{\mathrm{d}}=\left(\frac{\partial Q}{\partial q}\right)_{T,V}=\left(\frac{\partial Q}{\partial \theta}\right)_{T,V}$$

积分吸附热是不同覆盖度下的微分吸附热的平均值。

根据吸附等量线作$\ln p$-$1/T$图，可以得到一条直线，由该直线斜率可计算出等量吸附热Q_{e}，即

$$\frac{\partial \ln p}{\partial T}=\frac{Q_{\mathrm{e}}}{RT^2} \quad 或 \quad \ln p=-\frac{Q_{\mathrm{e}}}{RT}+B$$

式中，B为积分次数；R为理想气体常量，约为 8.314 J/(mol·K)。微分吸附热与等量吸附热的关系为

$$Q_{\mathrm{d}}=Q_{\mathrm{e}}-RT$$

吸附热测试方法：

(1)量热法　用量热计测量已知气体在一定量固体表面上吸附所引起的温度升高，根据热容可以计算出吸附热。

(2)气相色谱法　以吸附剂为固定相，根据被测液体的相对保留时间或者保留体积计算吸附热。

对吸附量的测量通常是在一定温度下将吸附剂放在气体环境中，达到吸附平衡后的吸附量。分别测出不同吸附平衡分压及其对应的吸附量，可得到吸附等温曲线。

吉布斯吸附公式是表征吸附作用的最基本公式。根据吸附前后界面张力的变化可

以计算吸附量，得到界面上吸附分子的状态信息。有固体参与形成的界面中，准确测定其界面能十分困难。但实际上，可对易测得的吸附量应用吉布斯公式，了解因吸附所引起的界面能的变化。

实际界面是成分和性质不均匀的相间过渡区域，在界面中不同的位置，界面浓度就不相同，因而确定界面浓度与体相浓度之差(即吸附量)十分困难。

吉布斯将界面相视组成和性质都是均匀的，并规定在此位置上某一化学成分的表面过剩量(吸附量)为 0。换言之，即认为表面过剩为 0 的这一化学成分在界面上和体相内的浓度相等，即可计算其他化学成分的表面过剩量。

由恒温恒压条件下，表面热力学能量的变化可得到吉布斯吸附公式基本形式：

$$-\mathrm{d}\gamma = \sum \frac{n_i}{A}\mathrm{d}\mu_i = \sum \Gamma_i \mathrm{d}\mu_i$$

式中，γ 为表面张力；A 为表面积；n_i 为化学成分 i 的表面物质的量；μ_i 为化学成分 i 的化学势；Γ_i 为单位表面上化学成分 i 的过剩量，即表面吸附量或表面浓度，$\Gamma_i = {}^{n_i}\!/_{A}$。

上式展开，得

$$-\mathrm{d}\gamma = \Gamma_1 \mathrm{d}\mu_1 + \Gamma_2 \mathrm{d}\mu_2 + \Gamma_3 \mathrm{d}\mu_3 + \cdots$$

采用吉布斯的规定，若化学成分 1 的表面过剩量 $\Gamma_1 = 0$，则

$$-\gamma = \sum \Gamma_i^{(1)} \mu_i$$

对于理想溶液和理想气体，分别有

$$\mu_i = RT\ln c_i$$

$$\mu_i = RT\ln p_i$$

对于化学成分 2 体系，若化学成分 1 为主要化学成分，第 2 化学成分的吸附量记作 $\Gamma_2^{(1)}$，由上述两式得

$$\begin{cases} \Gamma_2^{(1)} = -\dfrac{1}{RT}\dfrac{\mathrm{d}\gamma}{\mathrm{d}\ln c_2} \\ \Gamma_2^{(1)} = -\dfrac{1}{RT}\dfrac{\mathrm{d}\gamma}{\mathrm{d}\ln p_2} \end{cases}$$

即

$$\begin{cases} -\mathrm{d}\gamma = RT\Gamma_2^{(1)}\mathrm{d}\ln c_2 \\ -\mathrm{d}\gamma = RT\Gamma_2^{(1)}\mathrm{d}\ln p_2 \end{cases}$$

式中，$\Gamma_2^{(1)}$ 的常用单位是 mol/cm^2。由以上公式可推知：

当 $\mathrm{d}\gamma/\mathrm{d}c$ 或 $\mathrm{d}\gamma/\mathrm{d}p<0$ 时，$\Gamma_2^{(1)}>0$，即为正吸附；当 $\mathrm{d}\gamma/\mathrm{d}c>0$ 时，$\Gamma_2^{(1)}<0$，即为负吸附。

对于稀溶液和单化学成分的吸附，可认为表面过剩量 $\Gamma_2^{(1)}$ 即为实际测出的吸附量(表观吸附量)，因此上述公式中 $\Gamma_2^{(1)}$ 用 Γ 表示，c_2 和 p_2 分别用 c 和 p 来代替。

吸附和平衡是吸附分离科学技术的基础之一，决定了吸附剂对吸附质分子的最大吸附容量和吸附选择性。吸附等温曲线是吸附平衡的具体特征，是吸附分离装置设计所必需的参数。

3. 吸附方程

由于吸附曲线的复杂和多样性，至今还没有一个简单的定量理论根据吸附剂和吸附质的已知物理化学常数来预测吸附曲线。通过动力学途径可推导以下吸附等温方程。

1) Freundlich 吸附等温式

Freundlich 通过实验总结出等温吸附的吸附量与压力之间的关系如下：

$$q=kp^n \tag{2-40}$$

式中，q 为气体吸附量；p 为气体平衡压力；k 和 n 在一定温度下对指定体系而言是常数，其中 $0<n<1$。对式(2-40)求对数，可得

$$\ln q=\ln k+n\ln p$$

因此，在对数坐标下，Freundlich 关系式为直线。利用实验数据可以作 $V-p$ 曲线，利用测量曲线的斜率和截距方法求得 k 和 n。Freundlich 公式中的参数 k 和 n 由于是结合实验结果获得的，因此准确度较高，被广泛应用。

2) Langmuir 吸附等温方程

1916 年，Langmuir 提出单分子层吸附理论，基本假设如下：①固体表面对气体分子只发生单分子层吸附；②固体表面各处的吸附能量均等；③被吸附分子之间不存在相互作用；④吸附平衡是动态平衡。

若表面由 n 个吸附位组成，已被占的位置为 n_1 个，空位为 n_2 个，则 $n_2=n-n_1$，凝结(吸附)速度正比于空位 n_2 和压力 p，由于蒸发(解吸)速率正比于 n_1，所以达到平衡时，有

$$k_1n_2p=k_1\left(n-n_1\right)p=k_2n_1 \tag{2-41}$$

凝结(吸附)系数：

$$k_1=\frac{N_{\mathrm{A}}A}{\sqrt{2\pi MRT}}$$

蒸发(解吸)系数：

$$k_2=\frac{1}{\tau_0}\mathrm{e}^{-q/(RT)}$$

将表面覆盖率$\theta = n_1 / n$代入式(2-41)中，整理可得

$$\theta = \frac{k_1 p}{k_2 + k_1 p} = \frac{bp}{1 + bp} \tag{2-42}$$

式中，b为常数，$b = k_1 / k_2$，式(2-42)称为 Langmuir 吸附等温方程。将式(2-42)绘制成曲线，如图 2-8 所示。

从图 2-8 可以看出：①在p很小或吸附能力很弱时，$bp \ll 1$，因此$\theta \approx bp$，即θ与p近似成线性；②在p很大或吸附能力很强时，$bp \gg 1$，$\theta \approx 1$，即被吸附分子铺满表面；③中等压力和吸附能力时，$\theta \propto p^m$，m为 0～1 之间的拟合常数。

设某一时刻固体表面的覆盖率为θ，如图 2-9 所示。若设q为平衡吸附量，q_{m}为饱和吸附量，则$\theta = q / q_{\mathrm{m}}$，代入式(2-42)得

$$q = q_{\mathrm{m}} \theta = q_{\mathrm{m}} \frac{bp}{1 + bp}$$

或

$$\frac{1}{q} = \frac{1}{q_{\mathrm{m}}} + \frac{1}{q_{\mathrm{m}} b} \cdot \frac{1}{p}$$

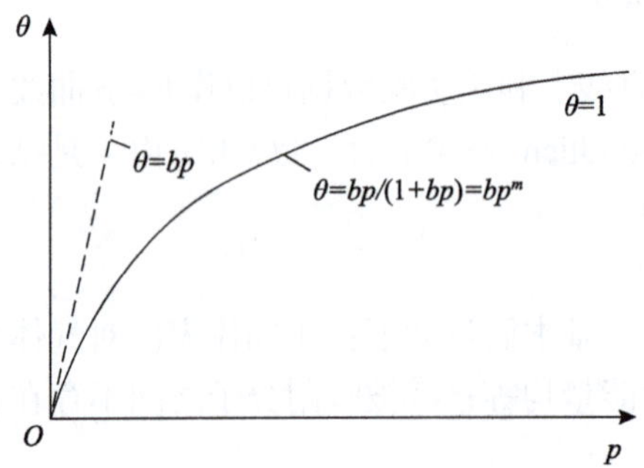

图 2-8　Langmuir 吸附等温方程曲线

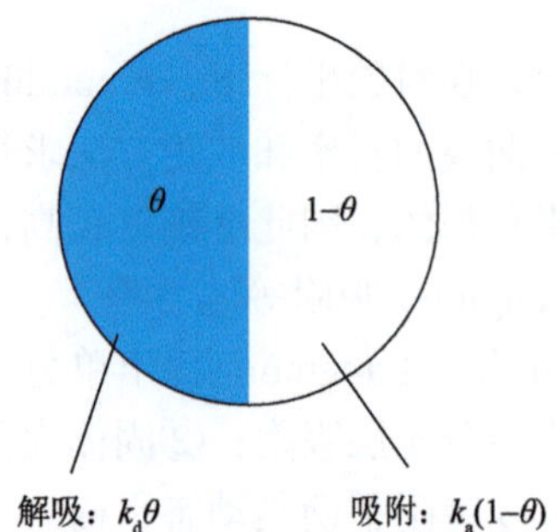

图 2-9　吸附平衡常数或吸附系数

若已知饱和吸附量，即可求得单个吸附质分子的横截面积a_{m}或吸附剂的表面积A_{s}：

$$A_{\mathrm{s}} = \frac{q_{\mathrm{m}}}{q_0} N_{\mathrm{A}} a_{\mathrm{m}}$$

式中，N_{A}为阿伏伽德罗常数；q_0为每摩尔吸附质的量(可以用体积、物质的量或质量表示)。

3) BET 方程

a. BET 方程概述

实验证明大部分固体对气体的吸附并不是单分子层吸附，物理吸附往往存在多分子层吸附，因此 Langmuir 吸附等温式不适用。1938 年，Brunauer、Emmett 和 Teller 在

Brunauer 单分子吸附理论基础上提出了多分子层吸附理论，简称 BET 理论。该理论采纳了下列假设：①固体表面是均匀的，吸附是定位的；②被吸附的气体分子间无相互作用；③吸附与脱附建立起动态平衡。已吸附的单分子层的表面还可以通过分子间力再吸附第二层、第三层……，即吸附是多分子层的，但并不一定等一层完全吸附满后才开始吸附下一层；各相邻吸附层之间存在着动态平衡，达到平衡时，各分子层的覆盖面积保持一定；第一吸附层源自固体表面与气体分子间的相互作用，其吸附热为 Q_1，第二层以上的吸附都是源自吸附质分子之间的相互作用，吸附热接近于被吸附分子的凝聚热 Q_L。因此，第二层以上的吸附热是相同的，而第一层与其他各层的吸附热是不同的。

BET 理论假设吸附依靠分子间力，表面与第一层吸附是靠该类分子同固体的分子间力，第二层吸附、第三层吸附……之间是靠该类分子本身的分子间力，由此形成多层吸附。

在 BET 理论中，设裸露的固体表面积为 S_0，吸附单分子层的表面积为 S_1，双层的为 S_2……。S_0 层吸附了气体分子则成为单气体分子层，S_1 层吸附的气体分子则又成为裸露表面，平衡时裸露表面的吸附速度和单分子层脱附速度相等。以此类推，假定吸附层为无限层，经数学处理后可得到如下的 BET 吸附等温式：

$$\frac{p}{V(p_0-p)}=\frac{1}{V_{\mathrm{m}}c}+\frac{c-1}{V_{\mathrm{m}}c}\frac{p}{p_0} \tag{2-43}$$

或

$$\theta=\frac{V}{V_{\mathrm{m}}}=\frac{cx}{(1-x)(1+cx-x)} \tag{2-44}$$

式中，p 为气体平衡分压；p_0 为相同吸附温度下吸附质(吸附气体)的饱和蒸气压力；$x=p/p_0$，为相对压力；V 为平衡压力 p 下被吸附体积；V_{m} 为固体表面吸附气体覆盖率。以上两式适用于相对压力 $p/p_0=0.05\sim0.35$ 的范围，用于测量固体如催化剂表面的比表面积。

式(2-43)和式(2-44)中有两个常数 c 和 V_{m}，所以称为二常数 BET 公式。

当吸附发生在多孔固体表面上时，由于孔内吸附层数受一定的限制，不可能无限层厚，若吸附层只有 n 层，则可导出三常数 BET 公式：

$$\theta=\frac{V}{V_{\mathrm{m}}}=\frac{cx}{1-x}\left[\frac{1-(n+1)x^n+nx^{n+1}}{1+(c-1)x-cx^{n+1}}\right] \tag{2-45}$$

若 $n\to\infty$，上式即为二常数 BET 公式；若 $n=1$，则转变为 Langmuir 吸附等温式。

b. BET 方程对各类吸附等温线的解释

用 BET 方程可以对各类吸附等温线做出解释。

第Ⅰ类吸附等温线为 Langmuir 型[图 2-7(a)]，符合单分子吸附模型。如上所述，

BET 公式中 $n=1$ 即成为 Langmuir 吸附等温式。但需要指出的是，除了单分子层吸附表现为第Ⅰ类吸附外，当吸附剂仅有 2～3 nm 以下微孔时，虽然发生多层吸附与毛细孔凝聚现象，其吸附等温线仍可表现为第Ⅰ型。这是因为当相对压力从零开始逐步增加时，发生了多层吸附，同时也发生了毛细孔凝聚，使吸附量很快增加，呈现饱和吸附。

第Ⅱ类吸附等温线呈 S 形[图 2-7(b)]，前半段上升缓慢，呈现上凸的形状，这相当于第一层吸附放出的热 Q_1 远大于气体凝聚热 Q_L，BET 公式中 $c \gg 1$。在吸附的开始阶段 $x \ll 1$，式(2-44)可简化为

$$V = \frac{V_m cx}{1+cx}$$

对上式分别求一阶导数和二阶导数：

$$\frac{dV}{dx} = \frac{V_m c}{(1+cx)^2} > 0$$

$$\frac{d^2V}{dx^2} = \frac{2V_m c^2}{(1+cx)^3} < 0$$

表明这一段曲线呈上凸的形状。至于后半段出现的迅速上升，是因为发生了毛细管凝聚作用。

第Ⅲ类吸附等温线是上凹的[图 2-7(c)]。若第一层吸附热 Q_1 比气体凝聚热 Q_L 小得多，即 $Q_1 \ll Q_L$，则 $c \ll 1$，在 x 不大时，二常数 BET 公式[式(2-44)]可转化为

$$V = \frac{V_m cx}{(1-cx)^2} \approx \frac{V_m cx}{(1-2x)}$$

对上式分别求一阶导数和二阶导数：

$$\frac{dV}{dx} = \frac{V_m c}{(1-2x)^2} > 0$$

$$\frac{d^2V}{dx^2} = \frac{4V_m c}{(1-2x)^3} > 0$$

此时曲线向上凹，这就解释了第Ⅲ类吸附等温线。至于吸附等温线后半段发生的情况，可以用第Ⅱ类同样的理由解释。至于对第Ⅳ类和第Ⅴ类吸附等温线的解释[图 2-7(d)、(e)]，可将第Ⅳ类和第Ⅱ类对照，第Ⅴ类和第Ⅲ类对照，有所区别的只是在发生第Ⅳ类、第Ⅴ类吸附等温线的吸附剂中，其大孔的孔径范围有上限，即没有某一孔径以上的孔。因此，高的相对压力时出现饱和吸附的现象，吸附等温线又变得平衡。

BET 吸附等温式与实验数据的偏差情况是低压所得的吸附量偏低，高压下偏高，这是由于 BET 模型与 Langmuir 模型一样，没有考虑固体表面不均一性以及被吸附分子

间的相互作用等因素的影响。

通常二常数 BET 公式相对压力 $x = 0.05 \sim 0.35$。当 $x < 0.05$ 时，相对压力太小，建立不了多层吸附，甚至单层吸附也未完成，不均一性突出。当 $x > 0.35$ 时，则毛细管凝聚现象显著，出现偏差。对三常数 BET 公式[式(2-45)]，适用范围为 $x = 0.35 \sim 0.60$。

c. 基于 BET 方程的气体吸附法来测定固体的比表面积

BET 模型常被用来测定固体的比表面积。由式(2-43)可知，若作 $\dfrac{p}{V(p_0 - p)}$ 关于 $\dfrac{p}{p_0}$ 的图，应得到一直线$\left(\dfrac{p}{p_0} = 0.05 \sim 0.35\text{内为线性}\right)$。直线的斜率 K 和截距 B 分别为

$$K = \frac{c-1}{V_m c}$$

$$B = \frac{1}{V_m c}$$

由斜率 K 和截距 B 可计算出固体表面被单分子层覆盖时所需的气体体积 V_m：

$$V_m = \frac{1}{K + B}$$

设单分子层中每一个被吸附的分子所占的面积为 a_m，吸附剂质量为 W，则比表面积 A_s 可表示为

$$A_s = \frac{V_m N_A a_m}{V_0 W} \tag{2-46}$$

式中，V_m 为折算成标准状况的单分子层气体体积；N_A 为阿伏伽德罗常数；V_0 为标准状态下气体的摩尔体积。

测定比表面积时常用的吸附质是氮气和氩气。通常氮气的 $a_m = 0.162\ \text{nm}^2$；氩气的 $a_m = 0.138\ \text{nm}^2$。用 BET 法测定比表面积吸附释放出的热远大于其凝聚热，$c \gg 1$，式(2-43)可简化为

$$\frac{p}{V(p_0 - p)} = \frac{1}{V_m}\frac{p}{p_0}$$

选定一个适当的平衡压力，测定其相应的吸附体积，在 BET 图中可得到一点，将此点与原点连成直线，即可从斜率求出 V_m，测得比表面积。

还有一种 B 点法测比表面积。对第Ⅱ类吸附等温线如图 2-10 所示，随着相对压力由小变大，曲线先直线上升，然后从开始向 V 轴突出。P. Emmett 等将此类等温线的扭转点，即第二段直线部分的开始点称为 B 点，将 V_B 视作单分子饱和吸附量 V_m 来计算比表面积，这就是所谓的 B 点法。人们对这一方法做了很多研究和比较，表明在第Ⅱ类

吸附等温线中，V_B代替V_m的误差一般不会大于 10%。C越大，第Ⅱ类吸附等温线的B点越明显，V_B也就越易求出。第Ⅲ类吸附等温线不存在转折点，也不能用B点法。对大多数固体的低温液氮吸附来讲，都呈现第Ⅱ类吸附等温线，因此较易求出V_B。

4. 毛细管凝结与吸附带滞后

1)毛细管凝结

吸附质的温度低于临界点温度时，吸附类型一般为多分子层的物理吸附。如果吸附剂是多孔固体，则可能发生两种情况：一是吸附层的厚度被限制；二是增加了毛细管凝结的可能性。

毛细管凝结(capillary condensation)现象可用图 2-11 所示的半径为r的圆筒形孔来说明，当该孔处于某气体吸附质的环境中时，管壁先吸附一部分气体，吸附层厚度为t。如果该气体冷凝后的液体对孔壁润湿，则随着该气体相对压力的逐渐增加，吸附层厚度逐渐增加，所余留下的孔心半径r_K(开尔文半径)逐渐减少。

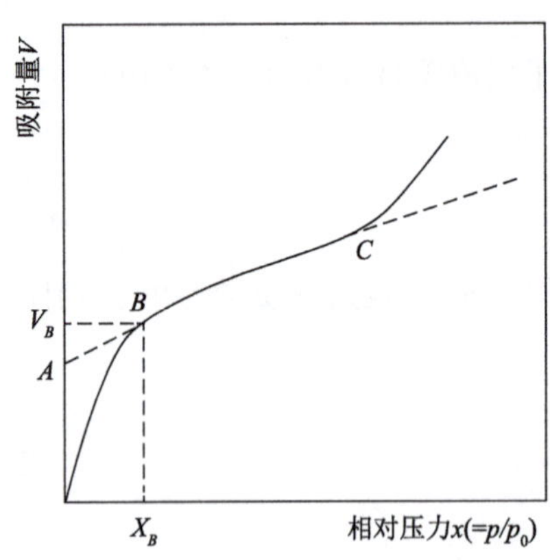

图 2-10 典型第Ⅱ类吸附等温线的B点

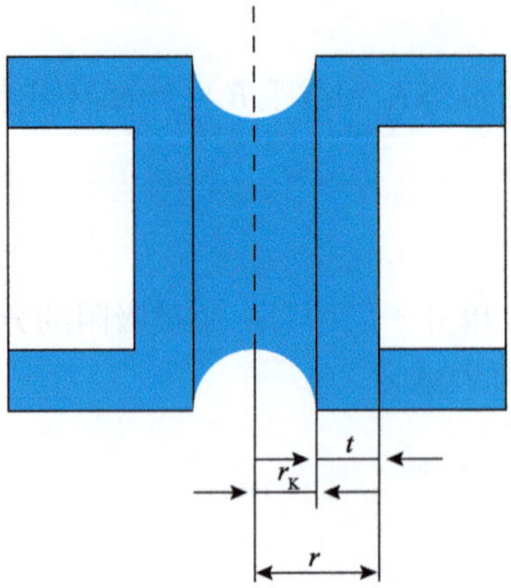

图 2-11 圆筒形的毛细管凝结

如果接触角为零，则有

$$RT\ln P = RT\ln\frac{p}{p_0} = -\frac{2\gamma V_L}{r_K} \tag{2-47}$$

式中，P为相对压力，$P = p/p_0$，其中p_0是饱和蒸气压力；γ为表面压力；V_L为液体的摩尔体积，$V_L = M/\rho$，其中M为摩尔质量，ρ为液体密度；负号对应凹形弯月面(反之，凸形弯月面为正面压力)，如图 2-11 所示。式(2-47)即为开尔文(Kelvin)公式。从式(2-47)可知，半径r越大，发生毛细管凝结的相对压力P就越高。当达到吸附质的饱和蒸气压力时，$P=1$，所有孔隙都将被液态吸附质填满，即$V_L = 0$。

根据开尔文公式，当气体的相对压力与余留孔心半径的关系符合该公式时，气体便在此孔隙内凝结，此时的相对压力称为临界压力，发生毛细管凝结的孔半径称为临界半径。

2) 吸附滞后

多孔固体的吸附由于毛细管凝结往往导致吸附滞后现象，如图 2-12 所示。图中，ac 表示吸附曲线，即气体相对压力增加吸附量增加。在 c 点，全部孔发生了毛细管凝结。如果此时降低压力，由开尔文公式可知，相应孔隙中的液体蒸发，同时发生脱附。随着相对压力减少，吸附量减少。对许多吸附体系而言，常发生吸附曲线与脱附曲线不相重合的现象，称为吸附滞后，cb 称为脱附曲线。显然在同一平衡压力下，吸附和脱附时表面吸附气体量不相同。

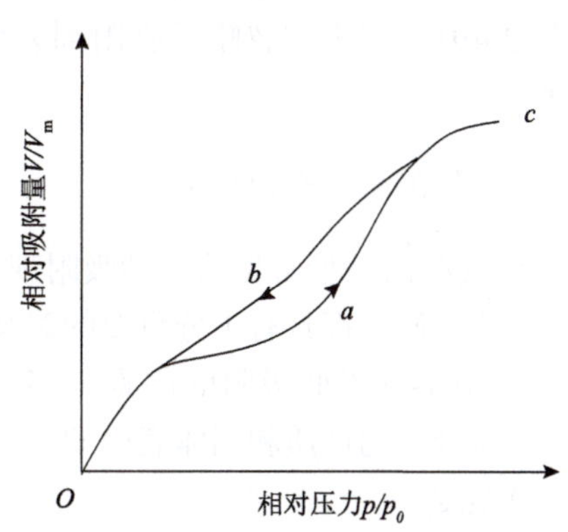

图 2-12　吸附滞后曲线

图 2-13 给出了几种孔模型。图(a)是墨水瓶状孔模型，它表示孔半径随孔的深度逐渐增大的一般情况。吸附质刚开始在孔中凝结时，由较大的孔径 r_0 决定凝结压力。当孔完全填满后，脱附的压力则由较小孔径 r_d 所决定，也就是说，墨水瓶状孔将滞留一部分吸附质。如果实际固体中有较多的墨水瓶状孔，则将出现开口的吸附滞后曲线，如图 2-13(e)所示。

图 2-13(d)、(e)是考虑了多分子层的另一种吸附质滞后模型。当吸附层厚度为 t，相应于某一临界半径的圆筒形孔达到临界压力 p 时，在该孔内发生毛细管凝结。对于这种圆筒形弯曲面，有一个曲率半径为无穷大，如果接触角等于 0，即 $r_K = r - t$，由开尔文公式可得到吸附-凝结的相对临界压力为

$$p_a = \exp\left(-\frac{2\gamma V_L}{r_K RT}\right) \tag{2-48}$$

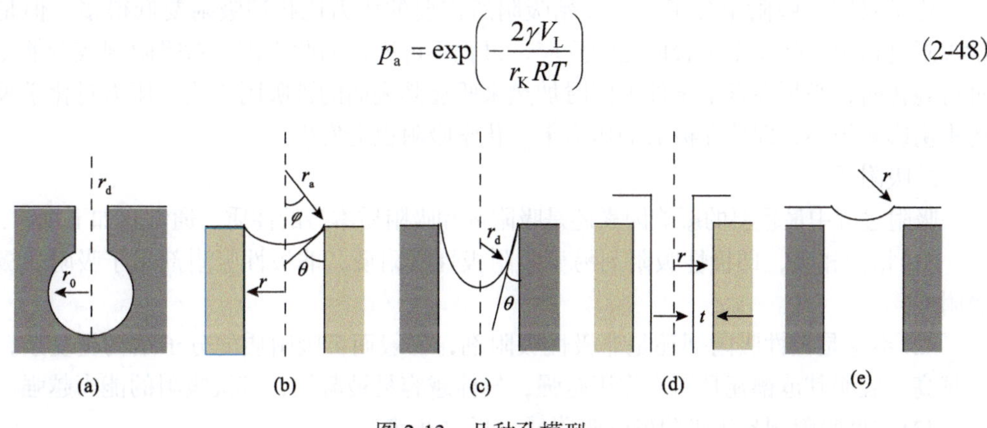

图 2-13　几种孔模型

当孔完全润湿后，液面 2 弯成凹月面，如图 2-13(e)所示，可以看成球面的一个部分，则脱附(蒸发)的相对临界压力为

$$p_d = \exp\left(-\frac{2\gamma V_L}{rRT}\right) \tag{2-49}$$

因为 $p<1$，所以 $p_a > p_d$，即吸附质体积相同时，吸附时的相对压力高于脱附时的

相对压力。这一结果定性地与实验中所观察到的滞后现象一致。但是很难从定量上使用式(2-49)，因为它忽略了吸附剂表面的气体吸附质与凝结的液态吸附质本体之间的差别。

2.1.3.6 影响固-气吸附的因素

固-气吸附是最常见的一种吸附现象，研究固-气界面吸附规律及影响因素，对工业生产和科学研究都具有十分重要的意义。

影响固-气界面吸附的因素很多，主要有外界条件如温度和压力，以及体系的性质、气体分子的性质和固体表面的性质。

1) 温度

气体吸附是放热过程，因此不论是物理吸附还是化学吸附，当温度升高时，吸附量都减少，但并不是温度越低越好。在物理吸附中，要发生明显的吸附作用，一般温度要控制在气体的沸点附近，例如，一般的吸附剂(活性炭、硅胶等)要在 N_2 的沸点 –195.8℃附近才吸附氮气，而室温下这些吸附剂不吸附氮气。如 H_2，沸点为–252.5℃，在室温下，基本不被常规吸附剂所吸附，但是在 Ni 或者 Pt 则可以被化学吸附。所以温度不但影响吸附量，而且影响吸附速率和吸附类型。

2) 压力

吸附质压力增加时，不论物理吸附还是化学吸附，吸附量和吸附速率都会增加。

物理吸附类似于气体的液化，可随压力的改变发生可逆变化。通常在物理吸附中，当相对压力 $p/p_0 > 0.01$ 时，才有比较明显的吸附；当 $p/p_0 \approx 0.1$ 时，可形成单层饱和吸附，当相对压力较高时易形成多层吸附。

化学吸附只吸附单分子层，开始吸附所需要的压力比物理吸附要低得多。但是化学吸附过程中实际发生了表面化学反应，过程不可逆。因此当需要对吸附剂或者催化剂进行纯化时，必须在真空条件下同时加热来驱逐其表面的被吸附物质。压力对化学吸附的平衡影响极小，即使在极低的压力下，化学吸附也会发生。

3) 吸附质

吸附过程中最重要的影响因素还是吸附剂和吸附质本身的性质。通常有如下规律：

(1) 相似相吸，即极性吸附剂易于吸附极性吸附质，非极性吸附剂易于吸附非极性吸附质；

(2) 不论是极性吸附剂还是非极性吸附剂，一般而言吸附质的分子结构越复杂，沸点越高，表明其范德瓦耳斯力作用越强，气体越容易被凝结，其被吸附的能力越强。

(3) 酸性吸附剂易于吸附碱性吸附质，反之亦然。

此外对于吸附剂来说，吸附剂的孔隙大小不仅影响其吸附速度，而且直接影响其吸附热，进而直接影响吸附量。硅胶具有很强的吸水能力，但是孔扩后表面积急剧降低，对蒸汽的吸附量急剧减小。

2.1.3.7 动态过程中的固-气界面

固-气界面在摩擦学中有一个典型相关现象：摩擦过程。相对运动的摩擦副都工作在大气环境中，伴随摩擦产生能量损失，表面温度升高，易与空气的氧结合发生氧化。气体的吸附是摩擦氧化的初期过程，摩擦使金属表面能升高，从而增加氧气吸附。摩擦氧化既可能引起润滑不良，也可能形成自修复性氧化膜改善润滑。

气-固界面在摩擦学中的另一个典型例子是类金刚石(diamond like carbon，DLC)薄膜产生超低摩擦系数。1971 年，Aisenberg 和 Chabot 等首次采用碳离子束沉积合成出 DLC 薄膜，由于它具有良好的力学性能、较高的硬度、较好的化学稳定性和超低的摩擦系数，迅速引起了学者们的广泛关注。

气源成分对 DLC 薄膜摩擦学性能影响的机理可以用表面的化学键原理进行解释。一方面，DLC 薄膜暴露出来σ自由悬键。另一方面，残余π键是引起 C═C 双键形成的主要原因，而 C═C 双键会增进滑动过程中的摩擦效应。高浓度的 H_2 气氛可以消除 sp^2 键，防止π-π键的形成，形成 C—H 键而非 C═C 双键，从而有效降低摩擦。

Erdmir 等提出了化学吸附引起σ自由悬键钝化的理论。氢化类 DLC 薄膜在干燥氮气环境下的表面静电力对摩擦起着主要作用。因为氢原子的自由电子会与碳原子的σ自由悬键配对，电荷密度转移到远离表面的一侧，因而带正电的氢质子更接近于薄膜表面，从而在滑动的界面处产生静电排斥力，静电排斥力平衡了范德瓦耳斯力，因而获得低摩擦力。2004 年，Dag 和 Ciraci 观察到了干燥 N_2 气氛下两个氢化的金刚石(001)面强烈的排斥力。由于氢化类 DLC 薄膜的 C—H 键拓扑结构与不同的氢化金刚石表面相似，证明了氢对于大多数碳膜的摩擦性能起着关键作用。潮湿空气中，无氢化类 DLC 薄膜的摩擦系数比在干燥氮气或真空氛围下低。原因在于薄膜中的碳原子以 sp^3 键与周围的 3 个碳原子相连，第 4 个键则悬浮在表面。当薄膜暴露在空气中时，自由悬键被吸附的 H_2O、O_2、H_2 所饱和钝化。若在惰性或真空中，表面吸附物产生解吸，σ悬键暴露后与对偶面形成共价键，从而引起高摩擦力。

2.1.4 润湿行为

润湿作用是固体表面上一种液体取代另一种与之不相混溶液体的过程，是一种常见的界面现象，可分为沾湿、浸湿和铺展三种情况。

(1)沾湿 液体与固体由不接触到接触，气-液界面与气-固界面变为固-液界面的过程。单位面积、一定温度压力下，该过程的吉布斯函数变化为

$$\Delta G = \gamma_{\mathrm{ls}} - \gamma_{\mathrm{gs}} - \gamma_{\mathrm{gl}} \tag{2-50}$$

式中，γ_{ls}、γ_{gs}、γ_{gl} 分别表示液-固、气-固和气-液界面张力。令 $W_{\mathrm{a}} = -\Delta G$，则有

$$W_{\mathrm{a}} = -\Delta G = -\gamma_{\mathrm{ls}} + \gamma_{\mathrm{gs}} + \gamma_{\mathrm{gl}} \tag{2-51}$$

式中，W_{a} 为黏附功，$W_{\mathrm{a}} \geqslant 0$ 是液体沾湿固体的条件。它表示液固沾湿时体系对环境所做的最大功，其值越大，体系越稳定，即液固沾湿性越好。

(2)浸湿 将固体完全浸入液体中，气-固界面变为液-固界面的过程。单位面积、

一定温度压力下，该过程的吉布斯函数变化为

$$\Delta G = \gamma_{ls} - \gamma_{gs} \tag{2-52}$$

令 $W_i = -\Delta G$ ，则有

$$W_i = -\Delta G = \gamma_{gs} - \gamma_{ls} \tag{2-53}$$

式中，W_i 为浸润功，$W_i > 0$ 是液体自动浸湿固体的条件。它在润湿作用中又称为黏附张力，常用 A 表示，其值越大，固体表面上的液体越容易被气体取代。

(3) 铺展　固-液界面取代气-固界面，同时液体表面扩展的过程。单位面积、一定温度压力下，该过程的吉布斯函数变化为

$$\Delta G = \gamma_{ls} + \gamma_{gl} - \gamma_{gs} \tag{2-54}$$

令 $S = -\Delta G$ ，则有

$$S = -\Delta G = \gamma_{gs} - \gamma_{ls} - \gamma_{gl} \tag{2-55}$$

式中，S 为铺展系数，$S > 0$ 是液体在固体表面上自动铺展的条件。当 $S > 0$ 且液体的量充足时，液体就会连续地从固体表面上取代气体直至自动铺满。

由以上各式可知，对于同一体系，$W_a > W_i > S$ ，故只要 $S > 0$ ，则 W_a 、W_i 也一定大于零，即只要液体能在固体上铺展，就也一定能沾湿和浸湿固体。

在实际应用中，由于界面张力 γ_{gs} 、γ_{ls} 无法测定，所以采用可由实验测得的接触角来表征固体表面的润湿性能。

2.1.4.1　高能固体表面的润湿性质

生活中常见到此类现象，如玻璃表面被水润湿、金属表面被润滑油润湿。这类现象中的高能固体表面常被表面张力低的液体润湿，因为固体的表面能也有自动变小的趋势，但由于固体不能像液体一样缩小表面积(或者可认为固体也是有缩小表面积的过程，但达到这种缩小表面积的过程需要极长的时间周期)，所以固体表面被适宜的液体润湿(吸附低表面张力的液体)，可以降到固体体系表面能。

2.1.4.2　低能固体表面的润湿性质

Zisman[17]研究了同一低能固体表面上系列有机液体的接触角，实验结果表明，接触角的余弦是液体表面张力的单调函数，其接触角随着液体表面张力降低而减少，并可求得润湿临界表面张力 γ_C 。

$$\cos\theta = a - b\gamma_{LV} = 1 - \beta(\gamma_{LV} - \gamma_C) \tag{2-56}$$

临界表面张力 γ_C 是表征低能固体表面润湿性的最重要的经验参数，其物理意义是

只有表面张力小于或等于γ_C的液体才能在此固体表面上自发铺展。

2.1.4.3 浸湿热

润湿过程所放出来的热量称为浸湿热或者润湿热，单位为 mJ/m^2，这个过程也可以理解成固-气界面被固-液界面取代的过程，此过程中的单位表面自由能变化G_i为

$$G_i = \gamma_{SL} - \gamma_{SV} = \gamma_{LV}\cos\theta \tag{2-57}$$

浸湿热Q_i和浸湿焓变H_i为

$$-Q_i = H_i = H_{SL} - H_{SV} \tag{2-58}$$

与杨氏方程联立可得

$$-Q_i = H_i = \left[-\gamma_{LV} + T\left(\frac{\partial \gamma_{LV}}{\partial T}\right)_P\right]\cos\theta + T\gamma_{LV}\left(\frac{\partial \gamma_{LV}}{\partial T}\right)_P \tag{2-59}$$

求得表面张力及接触角的温度系数，就可求出浸湿热。

2.2 接触角模型

当液体在固体表面达平衡状态时，会保持一定的液体形状，从三相交点处作液-气界面的切线，此切线与固-液界面之间的夹角θ即为接触角，如图 2-14 所示。接触角模型主要有杨氏(Young's)方程、Wenzel 模型和 Cassie-Baxter 模型三种。

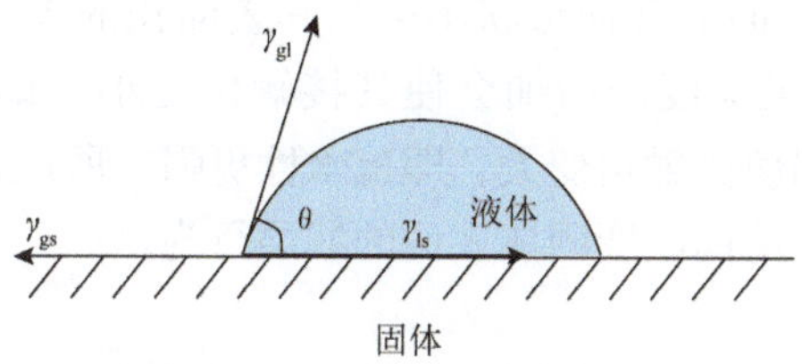

图 2-14 液体在固体表面的接触角及受力情况

2.2.1 经典润湿理论

1) Young's 方程

1805 年，T. Young[18]提出在理想、光滑平坦的表面上气-固、液-固、气-液三界面的自由能与接触角的关系为

$$\gamma_{gs} = \gamma_{ls} + \gamma_{gl}\cos\theta_e \tag{2-60}$$

式中，γ_{gs}、γ_{ls}、γ_{gl}分别表示气-固、液-固、气-液界面张力；θ_e为材料的本征接触角。而γ_{ls}也可以由下式表示：

$$\gamma_{gs} = \gamma_{ls} + \gamma_{gl} - 2\sqrt{\gamma_{gs}\gamma_{gl}} \tag{2-61}$$

则 Young's 方程可以变形为

$$\cos\theta_e = \frac{2\sqrt{\gamma_{gs}\gamma_{gl}} - \gamma_{gl}}{\gamma_{gl}} \tag{2-62}$$

θ_e<90°说明材料表面是润湿状态，θ_e>90°说明材料表面是不润湿的，θ_e=0°或者不存在平衡接触角则为铺展状态；由于真实表面具有一定的粗糙度，Young's 接触角与实际值之间存在一定的误差。

2) Wenzel 模型

绝对光滑表面是一种理想表面，现实中是不存在的。从微观角度出发，任何物体的表面都存在一定粗糙度。Wenzel 认为当材料表面化学组成均一时，其真实面积大于表观面积，于是他提出了一种新的理论模型——Wenzel 模型[19]：

$$\cos\theta_w = r\frac{\left(\gamma_{gs} - \gamma_{ls}\right)}{\gamma_{gl}} = r\cos\theta_e \tag{2-63}$$

式中，r为粗糙因子，是实际接触面积与表观接触面积之比（$r \geqslant 1$）；θ_w为 Wenzel 状态下的表观接触角。

Wenzel 方程是从两个基本假设出发：一是基底的表面粗糙度与液滴的大小相比可以忽略不计；二是基底表面的几何形状不影响其表面积的大小。根据 Wenzel 方程可知，当θ_e<90°时，表面粗糙度的增加会使其接触角变小，即亲水性更强；当θ_e>90°时，表面粗糙度的增加则使接触角变大，即疏水性更强。所以可以通过改变表面的粗糙度来调控接触角的大小，从而改变固体表面的润湿行为。

3) Cassie-Baxter 模型

Cassie 和 Baxter[20]在分析了大量自然界中的超疏水表面后，提出了一种不同于 Wenzel 模型的润湿模型，认为液滴在粗糙的表面上是一种复合状态。粗糙表面的凹槽不会被液体完全润湿，因为这些凹槽中存在气体，从而形成固-液-气三相复合结构，其表面自由能为

$$\mathrm{d}G = f_s\left(\gamma_{ls} - \gamma_{gs}\right)\mathrm{d}x + \left(1 - f_s\right)\gamma_{gl}\mathrm{d}x + \gamma_{gl}\mathrm{d}x\cos\theta^* \tag{2-64}$$

式中，f_s为固液接触界面与总接触界面的面积比（恒小于等于1）。当液体在表面达到平衡时，即$\mathrm{d}G = 0$，得到表观接触角与本征接触角的关系为

$$\cos\theta^* = f_s\left(1 + \cos\theta_e\right) - 1 \tag{2-65}$$

式(2-65)是假设液滴所润湿固体部分是光滑的，若考虑所润湿固体部分的粗糙度，则上述关系修正为

$$\cos\theta^* = rf_s\cos\theta_e + f_s - 1 \tag{2-66}$$

式中，r 为所润湿固体部分的粗糙度。可以看出，若表面具有合适的 f_s 和 r，则可能使用亲水材料制备超疏水表面，使用亲油材料制备超疏油表面。

2.2.2 润湿滞后现象

Wenzel 模型和 Cassie-Baxter 模型阐明了表面粗糙度对液体润湿行为的影响。连同解释光滑表面液体润湿行为的 Young's 方程，它们已经被广泛地应用于静态接触角的测量，目前接触角测试方法通常为图像分析法和称重法(图 2-15 和图 2-16)，其中应用最广泛是图像分析法。而对于憎液行为的动态润湿行为的评估，Furmidge[21]提出了 Furmidge 方程来解释动态润湿行为。

$$mg\sin\alpha = \sigma\omega\left(\cos\theta_r - \cos\theta_a\right) \tag{2-67}$$

式中，m、σ 和 ω 分别是液滴的质量、表面张力和接触圆宽度，g 是重力加速度，α 是滑动角(SA)，θ_a 和 θ_r 分别是前进角和后退角。

Furmidge 方程主要反映的是流体在固体表面的滞后现象，低 SA 或者滞后角(θ_a 和 θ_r 的差值)表明液滴具有低黏附性并且易于滑动。对于 Cassie-Baxter 模型，液滴的实际接触面积远小于表观面积，往往导致较小的 SA；而 Wenzel 模型中，液滴与固体接触的实际面积往往更大，因此预计会产生更大的 SA[22]。

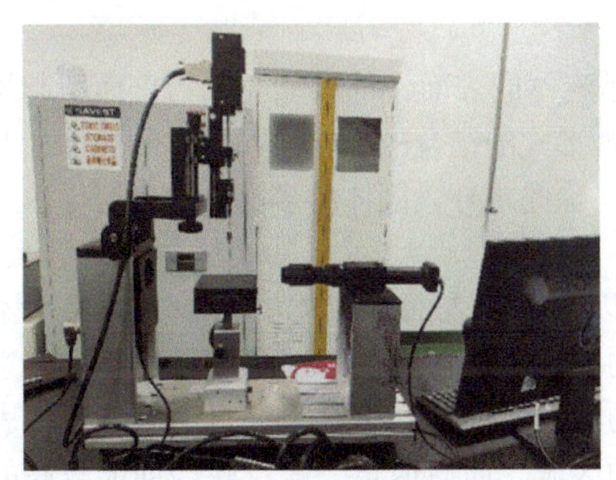

图 2-15 图像分析法测接触角仪器

图 2-16 称重法测接触角仪器

1) 前进角、后退角及滚动角

固液气三相接触线向前推移时的接触角为前进角，以 θ_a 表示；固液气三相接触线收缩时的接触角为后退角，以 θ_r 表示，如图 2-17 所示。一般情况下，前进角大于后退角，两者的差值 $\Delta\theta = \theta_a - \theta_r$ 表示接触角的滞后性。

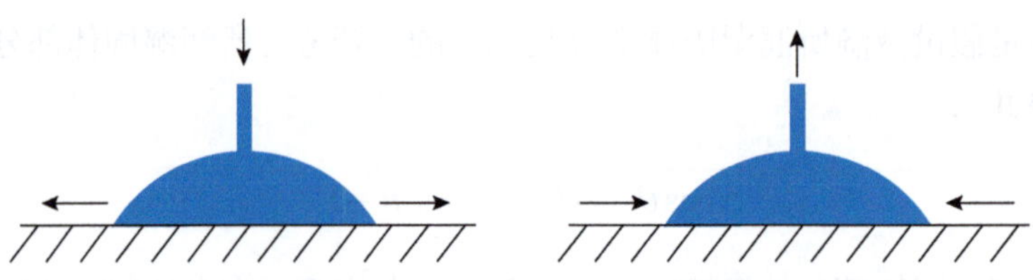

图 2-17 前进角 θ_a 和后退角 θ_r

滞后性导致水滴在倾斜度不够的表面上静止，当表面倾斜度增大到一定程度，重力的作用使水滴的前进角因前倾变形增加，而后退角因液面回缩而减小；当前进角和后退角同时达到最大值和最小值时，水滴就会自动下滑，此时对应的表面倾斜角即为滚动角，如图 2-18 所示。滞后越小，水滴就越易滚动。

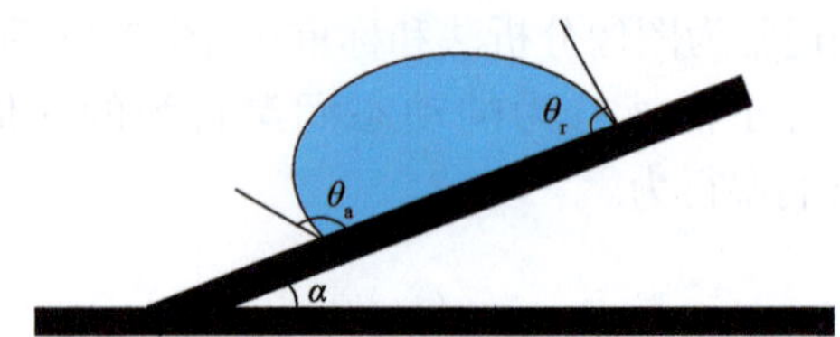

图 2-18 滚动角（α）与接触角滞后（$\theta_a-\theta_r$）的示意图

2）滞后现象的主要影响因素

影响接触角滞后的因素主要分为热力学因素和动力学因素。其中，热力学因素主要包括以下内容：

(1) 固体表面的粗糙性　固体表面粗糙程度是造成接触角滞后的重要因素。由 Wenzel 方程可知，当 θ_e <90°时，表面的粗糙化会使接触角变小；当 θ_e >90°时，表面的粗糙化则使接触角变大。

(2) 固体表面的不均匀性　无论是固体还是液体的表面，都可能受到污染而引起接触角的滞后。这种表面污染往往受到吸附或其他形式的结合的影响，在固体和液体相互接触或与气体接触时产生，形成不均匀的表面。除此之外，固体的多晶性等也会导致形成不均匀的表面。

表面的不均匀性引起接触角的滞后，是因为固体表面对液体的亲和力的大小不同，前进角一般反映与液体亲和力弱的部分的固体表面性质，后退角则反映与液体亲和力强的部分的固体表面性质。另外，表面的不均匀性还会引起表面自由焓或其他表面性质的改变，前进角一般反映表面能较低的区域，而后退角一般反映表面能较高的区域。

影响接触角滞后的动力学因素主要包括液体在表面的流动及渗透、材料表面的形变等：当液滴在固体表面附着时，液体分子就会向固体表面渗透，在渗透的过程中，液体分子体积越小就越容易产生渗透，则体系表现出来的现象就是接触角滞后现象越明显。

2.3 表面构造原理

润湿性是材料表面的重要理化性质，而影响材料表面润湿性的主要影响因素有表面能和表面结构[23-26]。

1）表面能

如前所述，表面能是表面的粒子比内部粒子多出来的能量，而它的高低将直接影响表面的润湿性。众所周知，界面是两相交界处的一个区域，在这个区域内，包含多层两相的分子。界面区域的组分并不是固定不变的，凝聚相内部分子捕获能量后可以向界面扩散，而界面内的粒子也同样如此，这种稳态是一种相对稳定的状态。

若想获得裸露的表面，则必须通过做功将接触的两相分开，其中获得单位面积裸露表面所做的功称为黏附功 W_a，其大小由界面处两相的分子作用力决定，分子间的相互作用力越强，黏附功越大。若界面自由能为 γ_{12}，分开两相后的相表面自由能分别为 γ_1、γ_2，则黏附功 W_a 为[27,28]

$$W_a = \gamma_1 + \gamma_2 - \gamma_{12} \tag{2-68}$$

而 Good 和 Girifalco 认为两相之间的黏附功可表示为[29]

$$W_a = 2\phi\sqrt{\gamma_1\gamma_2} \tag{2-69}$$

式中，常数 ϕ 反映了物质之间的相互作用，在经典表面能理论中 ϕ 取值为 1，因此固-液界面自由能可以表示为

$$\gamma_{sl} = \gamma_s + \gamma_l - 2\sqrt{\gamma_s\gamma_l} \tag{2-70}$$

将式(2-70)代入 Young's 方程可以得到

$$\cos\theta = \frac{2\sqrt{\gamma_s}}{\sqrt{\gamma_l}} - 1 \tag{2-71}$$

因此，若想得到疏液的固体表面，则固体表面能应该小于液体的表面自由能的 1/4；而为了得到亲液表面，固体表面自由能理应大于液体表面自由能。固体表面自由能能动的改变将导致表面润湿性的变化，而固体表面自由能的改变在于表面原子或原子基团的性质及排布情况，因此可以通过表面修饰或改变表面分子性质来实现润湿性的改变[30]。

2）表面结构

表面结构对表面润湿性的影响是至关重要的，甚至可以仅仅通过改变表面微观结构实现对表面润湿性的转变。自 1997 年起，人们首次认识到荷叶表面的突起微观结构对其超疏水性的重要性后[31]，学术界便涌现出了一大批关于微观结构对表面润湿性影响的学术成果。2002 年，研究人员归纳总结了前人的学术成果，首次提出了多尺度微

观结构对表面润湿性有着至关重要影响的观点[32]。

研究人员通过对自然表面如荷叶、蝉翼等的大量研究[33-38]，已经总结出了一些指导构建多尺度微观结构的理论模型。Patankar 等[39]以 Wenzel 方程和 Cassie 方程为基础，通过模拟荷叶效应，提出了一种“具有二级负荷结构的柱形沟槽”模型。该模型的多尺寸微观结构分为两级：第一级为尺寸为 $a*a$ 的方柱阵列(如图 2-19 所示，方柱的高度为 H，柱间距均为 b)；第二级结构是基于生长在第一级结构上的小柱，两种结构在较大范围内均整齐分布。

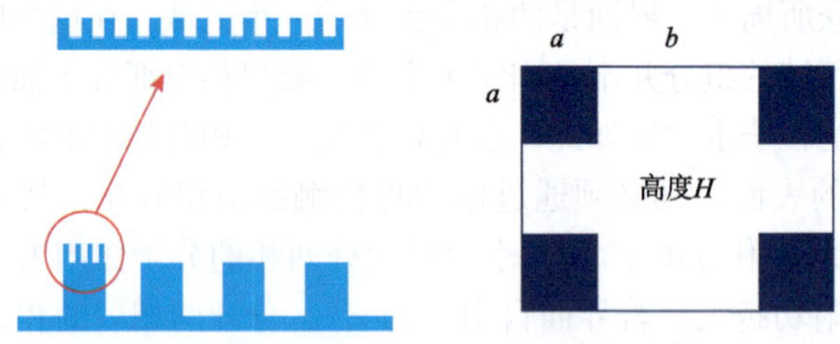

图 2-19 具有二级负荷结构的柱形沟槽

虽然这种模型比较简单，难以涵盖所有超润湿材料的表面微观结构，但是它能很好地阐释多级结构对材料润湿性的影响。并且，在随后的研究中得到了证实且补充了这种模型。如 Bhushan 等[40]通过对树叶的研究，发现二级结构对材料润湿性的影响比一级结构更大。此外，Herminghaus[41]也提出，即使是亲水材料，通过构建多级微观结构，也可以变为超疏水材料。这些理论的提出，为制备超润湿材料提供了重要的理论指导。

综上所述，表面化学组成及微观表面结构的构筑是实现材料表面超润湿性的有效途径。江雷等[42]以此为基础，提出了表面化学组成及微观表面结构的构筑的协同作用，共同影响材料表面润湿性的观念，且提出了构建仿生超润湿材料的三个原则：①微米-纳米级层级结构(或者称为多尺寸微观结构)决定了涂层呈现出超疏液性还是超亲液性；②微米-纳米级层级结构的排列和去向决定了液体在涂层界面的润湿状态(包括 Wenzel 状态、Cassie 状态和中间过渡状态)和运动行为；③液体本质润湿临界点(intrinsic wetting threshold)也影响了它在涂层界面的润湿性。

2.3.1 超疏水或超双疏表面

根据经典表面自由能理论，若想得到疏液的固体表面，则固体表面自由能应该小于液体的表面自由能的 1/4，而实现表面自由能的降低在于表面化学组成的改变。迄今为止，文献中报道的低表面能物质一般为碳氢化合物、硫醇、有机硅化合物或含氟物质[43]。而超疏水表面多是采用碳氢化合物、硫醇或有机硅化学物质改性的，超双疏表面一般采用含氟物质改性，因为与碳氢化合物、硫醇或有机硅材料相比，氟化或全氟材料由于氟的固有特性而具有更高的疏油性[44]。另外，疏油性已被证明非常依赖于固体表面氟化链的长度，氟化链越长疏油性越强[45,46]。但是长全氟化链已经被证实具有毒性、非环境友好型，因此，对于使用氟化物及相关环保原料构建具有超疏油特性的表面仍旧是一大挑战[47,48]。

固体表面自由能的降低不足以实现表面的超疏水或超双疏性，需要借助微观结构的构筑才能够有效地增强疏水或疏油性，从而实现超疏水或超双疏性[49,50]。

2.3.2 超亲水/水下超疏油表面

超亲水/水下超疏油表面是一种超双亲表面，首次由江雷课题组报道[33]。受到自然表面鱼鳞水下抗油污现象的启发，江雷课题组研究了超亲水/水下超疏油材料的制备，并揭示了这类表面抗油污的原理就是基于在水中捕获了水分子，表面形成了一层水膜，从而阻止油的侵入。

对于超亲水/水下超疏油材料的设计[51]，根据杨氏方程，空气中油的接触角及水下油的接触角公式为

$$\cos\theta_{\mathrm{o}} = \frac{\gamma_{\mathrm{sv}} - \gamma_{\mathrm{so}}}{\gamma_{\mathrm{ov}}} \tag{2-72}$$

$$\cos\theta_{\mathrm{ow}} = \frac{\gamma_{\mathrm{sw}} - \gamma_{\mathrm{so}}}{\gamma_{\mathrm{ow}}} \tag{2-73}$$

式中，γ_{sv}、γ_{so}和γ_{ov}分别是固-气、固-油和油-气界面的表面张力，γ_{sw}和γ_{ow}分别是固-水界面和油-水界面的表面张力。结合上述公式和杨氏方程，水下接触角也可写为

$$\cos\theta_{\mathrm{ow}} = \frac{\gamma_{\mathrm{ov}}\cos\theta_{\mathrm{o}} - \gamma_{\mathrm{wv}}\cos\theta_{\mathrm{w}}}{\gamma_{\mathrm{ow}}} \tag{2-74}$$

已知油的表面张力小于水的表面张力，因此对于亲水表面来讲，$\gamma_{\mathrm{ov}}\cos\theta_{\mathrm{o}}$小于$\gamma_{\mathrm{wv}}\cos\theta_{\mathrm{w}}$。所以空气中亲水表面在水下通常是疏油的，表面的疏油性会随着空气中亲水性的增加而增加[51,52]。此外，影响水下超疏油性的另一个重要因素是表面微纳米结构。表面捕获水分子，而水被困于微纳米层次结构中，形成一个新的复合界面，从而具有疏油性。

2.3.3 超亲水/超疏油表面

超亲水/水下超疏油材料是一种极为理想的油水分离材料，但是在经典表面能理论中，它是一种不可能实现的材料，所以这一类材料在过去发展相当缓慢，鲜少人关注。直到 2008 年，Okada 等[53]首次获得了油接触角大于水的表面，其才重新走进人们的视野。

近几年来，关于超亲水/超疏油材料的形成，研究者们提出了许多假设理论，这些理论在一定程度上推进了超亲水/超疏油材料的发展，例如："Flip-Flop" 理论、液体渗透理论等。

1）“Flip-Flop”理论

“Flip-Flop”理论，是 2008 年 Okada 课题组首次提出的。他们将这一现象解释为表面重构或表面重组现象，即“Flip-Flop”理论：当材料表面具有两种不同润湿性的基团，与水接触时，表面极性亲水基团会翻转于表面占据主导地位，使得材料表面显示亲水性，而当与油接触时，则不会发生这种现象，因此油具有更大的接触角。这类材料后续的研究也多沿用这一理论解释[54-57]。虽然“Flip-Flop”理论能够解释一些现象，但是在现实研究中并没有观察到表面重构或重组的证据。Kota 等[58]试图通过比较空气中与水下的表面形貌变化来证实“Flip-Flop”理论，但是实验证明过程中未能说明表面形貌的变化是由于涂层膨胀还是由于表面重组造成的。所以目前“Flip-Flop”理论仍旧处于一种假设状态。

2）液体渗透模型

液体渗透模型是一种基于间隙及表面的亲水基团和疏水基团所提出的理论模型。液体渗透模型的提出者 Brown 等基于此，认为表面超亲水/超疏油性的形成是由于亲水基团在于双疏表面的底部，水分子在亲水基团的吸引下透过双疏分子层的间隙而实现超亲水性，而对于油由于疏水基团的拦截而无法透过，导致超疏油性[59]。Wang 等[60]为了证实该理论，测试了正十六烷和水在 Zdol/Si 表面 24 h 内接触角的变化规律，他们的实验结果支持了这种模型：水接触这种表面后，很快可以润湿该固体表面；但是正十六烷接触角在 24 h 后才从 70°降低至 20°。因此，Wang 等[61]认为，当正十六烷或水接触表面后立即测量接触角，会呈现出亲水疏油的润湿现象。但是如果在相对长的一段时间后测量，正十六烷也可以渗透浸入涂层，呈现出明显的接触角降低的现象。虽然这一理论具有一定的深度，但是无法给出双疏层间隙小于水分子的证据，另外它也无法解释不是通过逐层自组装制备表面的润湿性。

3）其他理论假设

Tang 等[62]认为表面分子发生断链导致亲水缺陷的产生，而这些缺陷的存在实现了表面超亲水/超疏油性。另外还有研究者[63]认为超亲水/超疏油表面的形成是由于表面基团不稳定，发生分解形成高度亲水基团。这一理论无法解释游离的亲水基团对油类润湿性的影响，而且无法解释表面物质发生分解的原因，缺乏有效的实验证据等[64]。

上述的理论都有一定的见解，但是大多基于假设，缺乏有效的实验证据，不足以说明超亲水/超疏油现象的形成。Pan 等[65]基于 Owens 和 Fowkes 等提出的液体在材料表面的润湿行为是由分子间的作用力造成的[66-68]。他们认为当表面具有很高的非色散表面自由能和较低的色散表面自由能分量时，亲水性和疏油性可以共存。已知分子间作用力主要分为氢键作用和范德瓦耳斯力。范德瓦耳斯力又进一步分为色散力、诱导力、取向力。其中，氢键作用、取向力、诱导力被归为表面张力的极性力部分，即非色散表面自由能；而色散力被归为非极性力部分，即色散表面自由能。根据这些可将杨氏方程改写为

$$\gamma_1(1+\cos\theta)=2\sqrt{\gamma_s^d\gamma_1^d}+2\sqrt{\gamma_s^p\gamma_1^p} \tag{2-75}$$

常见的油性物质极性较弱，因此油性物质与材料表面作用张力中的极性力部分可以忽略不计，因此油性物质在材料表面的润湿方程可改写为

$$\cos\theta_{o}=\frac{2\sqrt{\gamma_{s}^{d}}}{\sqrt{\gamma_{o}}}-1 \tag{2-76}$$

而对于不可以忽略的极性溶剂，润湿方程可改写为

$$\cos\theta_{w}=\frac{2\sqrt{\gamma_{s}^{d}\gamma_{w}^{d}}+2\sqrt{\gamma_{s}^{p}\gamma_{w}^{p}}}{\gamma_{w}-1} \tag{2-77}$$

式中，上标为d表示表面张力中的非极性力部分，上标为p表示表面张力的极性力部分；s代表固体，w代表水，l代表液体，o代表油。

由此可见，制备亲水疏油的反常润湿材料，不仅要在材料表面嫁接氟碳链等低表面能的基团，还要保留涂层上羧基、羟基等亲水基团，从而使材料中的极性力和非极性力部分取得平衡，实现亲水疏油。同时，为了进一步提高亲水疏油性，根据 Wenzel 和 Cassie-Baxter 模型，需要构建表面几何微观结构。Pan 等[65]通过比较具有不同比率的色散和非色散表面自由能(SFE)的表面润湿性证实了这一点。该课题组基于此理论使用不同的材料制造出了超亲水/超疏油材料，进一步证实了该理论的可行性。

思　考　题

2.1　Wenzel 模型的优势和缺点在哪里？

2.2　Cassie-Baxter 模型增加了哪些方面的考虑？

2.3　超疏水表面的构筑有哪些方式？

2.4　什么是表面自由能？

2.5　表面张力有哪些测定方法？

2.6　简述表面自由能的热力学定义。

2.7　简述固体表面自由能的定义。

2.8　高表面能固体的特点？

2.9　前进角与后退角的关系？滞后现象的影响因素？

2.10　如何使得某一固体表面具有亲水和疏油性？从公式解释。

2.11　请阐述液体的黏附功、浸润功、铺展系数与接触角的关系。

2.12　一些液体表面张力不大，却不能在高能表面铺展，为什么？

2.13　生活中冲奶粉、冲咖啡、冲泡粉末药剂等会遇到颗粒物的润湿问题，颗粒之间的润湿请用接触角理论解释一下。

2.14　固体临界表面张力 γ_{C} 与润湿的关系是什么？

2.15　如何测定液体在固体粉末表面的接触角？

2.16　表面和界面的含义有区别吗？

2.17 松软土壤雨后容易塌陷，为什么？

2.18 物理吸附与化学吸附的本质区别？

2.19 范德瓦耳斯力分为几种？

2.20 吸附热的物理意义？

2.21 Langmuir 等温线通常用来表征什么材料？

2.22 表面张力与表面自由能的区别？

2.23 如何实现超双疏界面？

2.24 超亲水/水下疏油表面的构造？

2.25 超疏水或超双疏表面的构造原理？

2.26 超亲水/水下超疏油表面的构造原理？

2.27 超亲水/超疏油表面的构造原理？

2.28 设计一种表面活性剂结构，使其润湿效果最好，并作解释(该参考答案不固定)。

2.29 试述一下超亲水/超疏油表面的构造原理。

2.30 高分子聚合物的碳氢链引入杂原子会影响润湿性，请给以下基团对表面张力降低的影响排序：①—CF_3；②—CF_2H；③—CFH_2。

2.31 物理吸附与化学吸附的主要区别是什么？

2.32 物理吸附与化学吸附的共同特点是什么？

2.33 固体表面张力越低，则越难被液体浸润，这种说法是对还是错？

2.34 润湿液体在毛细管中上升的高度与液体表面张力成正比还是反比？

2.35 已知 20℃下，V=0.0563 cm^3，V/R^3=10.22，所用液体密度为 0.9982 g/cm^3，求对应的表面张力。

参考文献

[1] 赵世民. 表面活性剂——原理、合成、测定及应用[M]. 北京: 中国石化出版社, 2017.

[2] 颜肖慈, 罗明道. 界面化学[M]. 北京: 化学工业出版社, 2004.

[3] 崔正刚. 表面活性剂、胶体与界面化学基础(第二版)[M]. 北京: 化学工业出版社, 2021.

[4] 尹东霞, 马沛生, 夏淑倩. 液体表面张力测定方法的研究进展[J]. 科技通报, 2007(3): 424-429.

[5] Hunsel J V, Bleys G, Joos P. Adsorption kinetics at the oil/water interface[J]. Journal of Colloid and Interface Science, 1986, 114(2): 432-441.

[6] Duan Y Y, Shi L, Zhu M S, et al. Surface tension of trifluoroiodomethane (CF_3I)[J]. Fluid Phase Equilibria, 1999, 154(1): 71-77.

[7] Sugden S. The surface tension of surface tension from the rise in capillary tubes[J]. Chemical Society Reviews, 1921, 119(11): 1483-1492.

[8] Lin H, Duan Y Y. Surface tension of difluoromethane (R-32)+1,1,1,2,3,3,3-heptafluoropropane(R-227ea) from (253 to 333)K[J]. Journal of Chemical and Engineering Data, 2005, 50(1): 182-186.

[9] Nadler K C, Zollweg T A, Streett W B, et al. Surface tension of argon + krypton from 120 to 200 K[J]. Journal of Colloid And Interface Science, 1988, 122(2): 530-536.

[10] Baidakov V G, Kaverin A M. Capillary constant and the surface tension for nitrogen-helium

solutions[J]. Russian Journal of Physical Chemistry, 2004, 78(6): 1000-1002.
[11] 于军胜, 唐季安. 表(界)面张力测定方法的进展[J]. 化学通报, 1997, 60(11): 11-15.
[12] Rosenthal A J, Thome S N. Surface tension as a controlled variable in mechanical dishwashing[J]. Journal of the American Oil Chemists' Society, 1986, 63(7): 931-934.
[13] Andreas J M, Hauser E A, Tucker W B. Boundary tension by pendent drops[J]. Journal of Physical Chemistry, 1938, 42: 1001-1019.
[14] 刘洪国, 孙德军, 郝京诚. 新编胶体与界面化学[M]. 北京: 化学工业出版社, 2021.
[15] Owens D K, Wendt R C. Estimation of the surface free energy of polymers[J]. Journal of Applied Polymer Science, 1969, 13(8): 1741-1747.
[16] 肖进新, 赵振国. 表面活性剂应用原理[M]. 北京: 化学工业出版社, 2015.
[17] Zisman W A. Contact angle, Wettability and adhesion[J]. Advances in Chemistry Series, 1964, 43: 1-51.
[18] Young T. An essay on the cohesion of fluids[J]. Philosophical Transactions of the Royal Society of London, 1805, 95: 65-87.
[19] Wenzel R N. Resistance of solid surfaces to wetting by water[J]. Industrial & Engineering Chemistry, 1936, 28(8): 988-994.
[20] Cassie A B D, Baxter S. Wettability of porous surfaces[J]. Transactions of the Faraday Society, 1944, 40: 546-551.
[21] Furmidge C. Studies at phase interfaces. I. The sliding of liquid drops on solid surfaces and a theory for spray retention[J]. Journal of Colloid Science, 1962, 17(4): 309-324.
[22] Zhang S, Huang J, Cheng Y, et al. Bioinspired surfaces with superwettability for anti-icing and ice-phobic application: Concept, mechanism, and design[J]. Small, 2017: 1701867.
[23] Zhang X, Shi F, Niu J, et al. Superhydrophobic surfaces: From structural control to functional application[J]. Journal of Materials Chemistry, 2008, 18(6): 621-633.
[24] Feng X J, Jiang L. Design and creation of superwetting/antiwetting surfaces[J]. Advanced Materials, 2010, 18(23): 3063-3078.
[25] Cui Z, Yin L, Wang Q J, et al. A facile dip-coating process for preparing highly durable superhydrophobic surface with multi-scale structures on paint films[J]. Journal of Colloid and Interface Science, 2009, 337(2): 531-537.
[26] Sheen Y C, Huang Y C, Liao C S, et al. New approach to fabricate an extremely super-amphiphobic surface based on fluorinated silica nanoparticles[J]. Journal of Polymer Science Part B: Polymer Physics, 2010, 46(18): 1984-1990.
[27] 德鲁・迈尔斯. 表面、界面和胶体——原理及应用[M]. 吴大诚, 朱谱新, 王罗新, 等译. 北京: 化学工业出版社, 2005: 326-327.
[28] 黄穗楚. 基于表面能分析的超亲水/超疏油共存模型的研究及验证[D]. 哈尔滨: 哈尔滨工业大学, 2018.
[29] Girifalco L A, Good R J. A theory for the estimation of surface and interfacial energies. I. Derivation and application to interfacial tension[J]. The Journal of Physical Chemistry, 1957, 61(7): 904-909.
[30] Bain C D, Whitesides G M. Cheminform abstract: Correlations between wettability and structure in monolayers of alkanethiols adsorbed on gold[J]. Journal of The American Chemical Society, 1988, 19(38): 3665-3666.
[31] Barthlott W, Neinhuis C. Purity of the sacred lotus, or escape from contamination in biological surfaces[J]. Planta, 1997, 202: 1-8.
[32] Feng L, Li S, Li Y, et al. Super-hydrophobic surfaces: From natural to artificial[J]. Advanced Materials, 2002, 14: 1857-1860.

[33] Liu M, Wang S, Wei Z, et al. Bioinspired design of a superoleophobic and low adhesive water/solid interface[J]. Advanced Materials, 2009, 21(6): 665-669.

[34] Guo Z, Liu W. Biomimic from the superhydrophobic plant leaves in nature: Binary structure and unitary structure[J]. Plant Science, 2007, 172(6): 1103-1112.

[35] Guo C W, Feng L, Zhai J, et al. Large-area fabrication of a nanostructure-induced hydrophobic surface from a hydrophilic polymer[J]. ChemPhysChem, 2004, 5(5): 750-753.

[36] Chen H, Zhang P, Zhang L, et al. Continuous directional water transport on the peristome surface of *Nepenthes alata*[J]. Nature, 2016, 532(7597): 85-89.

[37] Hu D L, Chan B, Bush J. The hydrodynamics of water strider locomotion[J]. Nature, 2003, 424(6949): 663-666.

[38] Wang S, Yang Z, Gong G, et al. Icephobicity of penguins spheniscus humboldti and an artificial replica of penguin feather with air-infused hierarchical rough structures[J]. The Journal of Physical Chemistry C, 2016, 120(29): 15923-15929.

[39] Patankar N. Transition between superhydrophobic states on rough surfaces[J]. Langmuir, 2004, 20: 7097.

[40] Bhushan B, Hung Y. Micro and nanoscale characterization of hydrophobic and hydrophilic leaf surface[J]. Nanotechnology, 2006, 17: 2758.

[41] Herminghaus S. Roughness-induced non-wetting[J]. Europhysics Letters, 2000, 52(2): 165-170.

[42] Liu M, Wang S, Jiang L. Nature-inspired superwettability systems[J]. Nature Reviews Materials, 2017, 2(7): 1-17.

[43] Chen L, Guo Z, Liu W. Outmatching superhydrophobicity: Bio-inspired re-entrant curvature for mighty superamphiphobicity in air[J]. Journal of Materials Chemistry A, 2017, 5: 14480-14507.

[44] Wen G, Guo Z G, Liu W. Biomimetic polymeric superhydrophobic surfaces and nanostructures: From fabrication to applications[J]. Nanoscale, 2017, 9: 3338-3366.

[45] Honda K, Yamaguchi H, Kobayashi M, et al. Surface molecular aggregation structure and surface properties of poly(fluoroalkyl acrylate) thin films[J]. Kōbunshi Rombun Shū, 2008, 64(4): 55-62.

[46] Honda K, Morita M, Sakata O, et al. Effect of surface molecular aggregation state and surface molecular motion on wetting behavior of water on poly(fluoroalkyl methacrylate) thin films[J]. Macromolecules, 2016, 43(1): 454-460.

[47] Conder J M, Hoke R A, Wolf W D, et al. Are PFCAs bioaccumulative? A critical review and comparison with regulatory criteria and persistent lipophilic compounds[J]. Environmental Science & Technology, 2008, 42(4): 995-1003.

[48] Houde M, Martin J W, Letcher R J, et al. Biological monitoring of polyfluoroalkyl substances: A review[J]. Environmental Science & Technology, 2006, 40(11): 3463-3473.

[49] Sun T, Wang G, Liu H, et al. Control over the wettability of an aligned carbon nanotube film[J]. Journal of the American Chemical Society, 2003, 125(49): 14996-14997.

[50] Zhang W, Yu Z, Zhuo C, et al. Preparation of super-hydrophobic Cu/Ni coating with micro-nano hierarchical structure[J]. Materials Letters, 2012, 67(1): 327-330.

[51] Qiu L, Sun Y, Guo Z. Designing novel superwetting surface for high-efficiency oil-water separation: Design principles, opportunities, trends and challenges[J]. Journal of Materials Chemistry A, 2020, 8: 16831-16853.

[52] Zarghami S, Mohammadi T, Sadrzadeh M, et al. Superhydrophilic and underwater superoleophobic membranes: A review of synthesis methods[J]. Progress in Polymer Science, 2019, 98: 101166.

[53] Okada A, Nikaido T, Ikeda M, et al. Inhibition of biofilm formation using newly developed coating

materials with self-cleaning properties[J]. Dental Materials Journal, 2008, 27(4): 565-572.

[54] Yang J, Zhang Z, Xu X, et al. Superhydrophilic-superoleophobic coatings[J]. Journal of Materials Chemistry, 2012, 22: 2834-2837.

[55] Yang J, Song H, Yan X, et al. Superhydrophilic and superoleophobic chitosan-based nanocomposite coatings for oil/water separation[J]. Cellulose, 2014, 21(3): 1851-1857.

[56] Saito T, Tsushima Y, Sawada H. Facile creation of superoleophobic and superhydrophilic surface by using fluoroalkyl end-capped vinyltrimethoxysilane oligomer/calcium silicide nanocomposites: Development of these nanocomposites to environmental cyclical type-fluorine recycle through formation of calcium fluoride[J]. Colloid & Polymer Science, 2015, 293(1): 65-73.

[57] Sumino E, Saito T, Noguchi T, et al. Facile creation of superoleophobic and superhydrophilic surface by using perfluoropolyether dicarboxylic acid/silica nanocomposites[J]. Polymers for Advanced Technologies, 2015, 26(4): 345-352.

[58] Kota A K, Kwon G, Choi W, et al. Hygro-responsive membranes for effective oil-water separation[J]. Nature Communications, 2012, 3(8): 1025.

[59] Brown P S, Bhushan B. Bioinspired, roughness-induced, water and oil super-philic and super-phobic coatings prepared by adaptable layer-by-layer technique[J]. Reports, 2015, 5: 14030.

[60] Lei L, Wang Y, Gallaschun C, et al. Why can a nanometer-thick polymer coated surface be more wettable to water than to oil?[J]. Journal of Materials Chemistry, 2012, 22: 16719-16722.

[61] Wang Y, Knapp J, Legere A, et al. Effect of end-groups on simultaneous oleophobicity/hydrophilicity and anti-fogging performance of nanometer-thick perfluoropolyethers (PFPEs) [J]. RSC Advances, 2015, 5(39): 30570-30576.

[62] Tang H, Fu Y, Yang C, et al. A UV-driven superhydrophilic/superoleophobic polyelectrolyte multilayer film on fabric and its application in oil/water separation[J]. RSC Advances, 2016, 6: 91301-91307.

[63] Qu M, Ma X, He J, et al. Facile selective and diverse fabrication of superhydrophobic, superoleophobic-superhydrophilic and superamphiphobic materials from kaolin[J]. ACS Applied Materials & Interfaces, 2016, 9(1): 1011-1020.

[64] Xu Z, Yan Z, Wang H, et al. A superamphiphobic coating with ammonia-triggered transition to superhydrophilic and superoleophobic for oil-water separation[J]. Angewandte Chemie, 2015(54): 4527-4530.

[65] Pan Y, Huang S, Li F, et al. Coexistence of superhydrophilicity and superoleophobicity: Theory, experiments and applications in oil/water separation[J]. Journal of Materials Chemistry A, 2018, 6: 15057-15063.

[66] Li F, Wang Z, Huang S, et al. Flexible, durable, and unconditioned superoleophobic/superhydrophilic surfaces for controllable transport and oil-water separation[J]. Advanced Functional Materials, 2018: 1706867.

[67] Fowkes F M. Additivity of intermolecular forces at interfaces. I. Determination of the contribution to surface and interfacial tensions of dispersion forces in various liquids[J]. Journal of Physical Chemistry, 1963, 67(12): 2538-2541.

[68] Fowkes F M. Attractive forces at interfaces[J]. Industrial & Engineering Chemistry, 1964(56): 40-52.

第3章 水 热 法

3.1 概 述

3.1.1 概念和分类

水热法(hydrothermal synthesis)是指在较高温度(100～1000℃)和较高压力(1 MPa ～1 GPa)条件下，在水溶液或蒸汽等流体中进行有关化学反应的合成方法[1,2]。在特制的高压釜等密闭反应器中，通过对反应体系加热、加压，创造了一个高温、高压反应环境，使得难溶或不溶的物质溶解，并重结晶而进行无机合成和材料处理。水热法近年来已广泛应用于纳米材料的合成，与其他粉体制备方法相比，水热法合成纳米材料的纯度高、晶粒发育好，避免了因高温煅烧或者球磨等后处理引起的杂质和结构缺陷。

按研究对象和目的不同，水热法可分为水热晶体生长、水热合成、水热反应、水热处理、水热烧结等[3]，分别用来生长各种单晶[4-7]，制备超细、无团聚或少团聚、结晶完好的陶瓷粉体[8-12]，完成某些有机反应或对一些危害人类生存环境的有机废弃物质进行处理，以及在相对较低的温度下完成某些陶瓷材料的烧结等。

按设备的差异，水热法又可分"普通水热法"和"特殊水热法"。所谓"特殊水热法"指在水热条件反应体系上再添加其他作用力场，如直流电场、磁场(采用非铁电材料制作的高压釜)、微波场等。作为一种较为成熟的方法，水热法不仅在实验室中得到了应用和持续的研究，而且已实现了产业规模化的人工水晶水热生长[13]。

3.1.2 发展历程

最早采用水热法制备材料的是1845年K. F. Eschafhautl以硅酸为原料在水热条件下制备石英晶体。早期水热法主要用于人工矿石的生长研究[14]，地质学家采用水热法制备得到了许多矿物，到1900年已制备出约80种矿物。1900年以后，G. W. Morey开始进行相平衡研究，建立了水热合成理论，研究了众多矿物系统，并将其用于功能材料的研究。

1930年，德国的I. G. Faben在此基础上合成出了第一块祖母绿晶体。奥地利的Lechleitner以浅色刻面绿柱石为原料，经水热法在绿柱石表面长出一薄层祖母绿。直到1965年，美国Linde公司首先实现了水热法合成祖母绿商业化生产。其后，一些公司虽坚持生产水热法合成祖母绿，但产量非常有限[15]。

目前人工合成宝石晶体的方法主要有焰熔法[16]、壳熔法[17]、高温超高压法[18]、助熔剂法[19]、冷坩埚熔壳法[20]、水热法[21]等。水热法是一种非限制性生长晶体的方法，它是将待生长晶体原料溶解在高温高压环境的水溶液中，并采取适当的技术措施使之达到过饱和状态而在籽晶上结晶的方法。水热法生长的晶体具有热应力小、位错密度低、晶体结构完整、缺陷少、化学纯度高、光学均匀性好等优点。通过水热法合成的产物具有纯度高、分散性好、晶形好且可控、成本低等特点，因此被广泛用于形貌可控的功能材料[22]。

水热法主要用于地球科学研究，后来逐渐用于单晶生长等材料的制备领域。此后，随着材料科学技术的发展，水热法在制备超细(纳米)颗粒，合成新材料、新结构和亚稳相，制备无机薄膜、微孔材料以及超润湿材料等方面都得到了广泛应用。

在材料合成中，水热法是一种常见的方式，特别是该方法不用高温灼烧，更是让水热法的发展具有良好前景。

(1)加快水热法合成高品质晶体的产业化。

(2)加快合成功能晶体的开发研究，充分发挥水热法生长晶体化学纯度高、内应力小、位错密度低、光学均匀性好的优势，合成出高质量的功能晶体，如磷酸钛氧钾(KTP)、铌酸锂(LNO)、钽酸锂(LTO)等。

(3)充分利用水热法在合成纳米材料上的优势开发纳米晶体。

(4)高压釜技术的创新。目前对反应釜的技术创新方向：一是增大高压釜反应腔的尺寸，使其能生长出更大尺寸的晶体；二是制造出耐更高温度、耐更大压力、适应不同矿化剂的高压釜，以适应新型晶体生长的需要[15]。

(5)活泼的金属材料，反应时间较长，进行大规模的工业制备有一定困难，这是此方法不可避免的缺点。所以优化制备工艺，向低温低压发展成为此方法的核心问题[23]。

(6)在水热合成技术上进一步发展引入其他制备方法，如超临界水热合成、微波水热法、有机溶剂-水热法、溶胶/凝胶-水热法。

超临界流体(SCF)是指温度及压力都处于临界温度和临界压力之上的流体，在超临界状态下，物质有近似于液体的溶解特性以及气体的传递特性，其黏度约为普通液体的 1%～10%，扩散系数则约为普通液体的 10～100 倍，而密度则比常压气体大 10^2～10^3 倍。能被用作 SCF 溶剂的物质很多，除水之外，还有二氧化碳、一氧化氮、乙烷、庚烷、氨等物质。超临界流体的相图如图 3-1 所示。

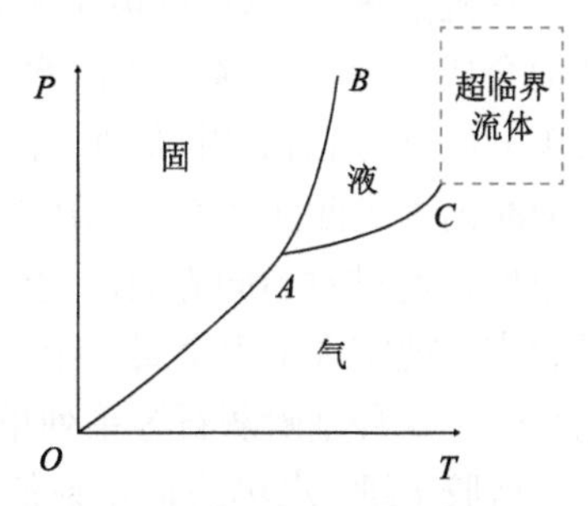

图 3-1 超临界流体相图

超临界水(SCW)是指温度和压力分别高于其临界温度(647 K)和临界压力(22.1 MPa)，而密度高于其临界密度(0.32 g/cm^3)的水。SCW 具有特殊的溶解度、易改变的密度、较低的黏度、较低的表面张力和较高的扩散性；与非极性物质如烃类、戊烷、己烷、苯和甲苯等有机物可完全互溶，氧气、氮气、CO、CO_2 等气体也都能以任意比例溶于超临界水中；类似于中等极性的有机溶剂，许多在常温常压下不溶的有机物和气体在超临界水中都有较好的溶解度，有的可增加几个数量级，像氧气等甚至可与超临界水无限混溶。

超临界水热合成技术是将超临界流体技术引入传统的水热合成方法中。超临界水热合成广泛用于制备金属氧化物及其复合物，具有以下特点：工艺条件、制备方法、设备加工要求都简单易行，能量消耗相对较低；产品的粒径可通过控制反应的过程参数有效控制，并且微粒粒径分布范围较窄；整个实验过程无有机溶剂的参与，环保性能良好，是可持续发展的“绿色化学”；物料在反应器内混合，瞬间达到反应所要求的温度和压力，反应时间很短；生成的金属氧化物在超临界水中的溶解度很低，全部以超细微粒的形式析出，便于分离。

微波水热法是由美国宾夕法尼亚大学的 Roy 提出的。微波水热法的显著特点是可以将反应时间大大缩短，反应温度也有所下降，利用微波的温度弥补了水热法中温度不足的缺陷，从而在水热过程中能以更低的温度和更短的时间完成晶核的形成和生长。反应温度的降低和反应时间的缩短，也有效控制了产物微晶粒的进一步长大，利于制备超细粉体材料。

微波加热是一种内加热，具有加热速度快、加热均匀无温度梯度、无滞后效应等特点。凝聚液态物质在微波场中的行为与其自身的极性密切相关，也就是与物质的偶极矩在电场中的极化过程密切相关。物质的介电常数越大，吸收微波的能力越强，在相同时间内的升温越大。

有机溶剂-水热法是指在水热体系中加一定量的有机溶剂与水共同组成反应介质的改进的水热法[24]。该法常被用于合成水滑石材料。吴健松等以 $MgCl_2·6H_2O$、$AlCl_3·6H_2O$、Na_2CO_3 为原料，采用“乙二醇-水热法”组装了规整的超分子结构镁铝水滑石超分子，考察了该方法对水滑石晶形、结构、分散性和规整性的影响，结果表明，如果在水热体系中加入体积分数为 15%的乙二醇，在 80℃下反应 16 h 即可组装得到晶形好、板层结构显著、规整性好、分散性好且具有超分子结构的镁铝水滑石[25]。

有机溶剂-水热法可被用于合成纤维状纳米材料(纤维状材料有时也称“晶须”)及其他合成材料。崔斌等[26]以水与油酸钠、油酸、正丁醇为溶剂，制备出表面包裹油酸的单分散立方相钛酸钡纳米晶，晶粒平均尺寸为 6.0 nm；以乙醇、油酸和水为溶剂，以油酸钠为表面活性剂，利用金属离子与表面活性剂分子间普遍存在的离子交换与相转移原理，通过对不同界面的化学反应的控制，以“液相-固相-溶液”相转移、相分离的机制成功地实现了贵金属、半导体、磁体、介电体、荧光纳米晶与有机光电半导体、导电高分子及羟基磷灰石等系列单分散纳米晶的合成。

溶胶/凝胶-水热法是先制备出溶胶或凝胶后再经水热处理得到所需的粉体，这种方法制得的粉体综合了溶胶-凝胶和水热两种方法的优势，粉体产物较为均匀，且通过使用此法制备粉体，可有效避免颗粒因加热而晶粒长大或带入其他杂质。在该制备方法中，应注意凝胶的特殊性，在水热处理前，不能使凝胶溶于水，否则将无法再进行水热处理，且溶胶的形成过程中较难把控凝胶成型速度，故此法不适用于大规模制备，但在实验室制备上被广泛采用。

3.1.3 优缺点

水热法在合成纳米功能材料方面具有如下优点：①水热法主要采用中低温(100～240℃)液相控制，能够以单一步骤完成产物的合成与晶化，工艺较简单，不需要高温处理即可得到晶型完整、粒度分布均匀、分散性良好的产品，从而相对降低能耗；②适用性广泛，既可制备出超微粒子，又可制备粒径较大的单晶，还可以制备无机陶瓷薄膜；③原料相对价廉易得，成本相对较低，同时所得产品物相均匀、纯度高、结晶良好、产率高，并且产品形貌与大小可控，而且在生长的晶体中，能均匀地进行掺杂；④可调节晶体生长的环境气氛，通过改变反应温度、压力、反应时间等因素，在水热过程中可有效地控制反应和晶体生长。

水热法的局限性：往往只适用于氧化物功能材料或少数一些对水不敏感的化合物的制备与处理，而对其他一些对水敏感(与水反应、水解、分解或不稳定)的化合物材料的制备与处理就不适用。

3.2 原理及装置

3.2.1 原理

水热法常用氧化物或者氢氧化物或凝胶体作为前驱体，以一定的填充比进入高压釜，它们在加热过程中溶解度随温度升高而增大，最终导致溶液过饱和，并逐步形成更稳定的新相。反应过程的驱动力是最后可溶的前驱体或中间产物与最终产物之间的溶解度差，即反应向吉布斯焓减小的方向进行。在水热条件下，水是一种非常好的溶剂，绝大多数反应物在高压下均能完全或部分溶解于水，从而促使反应在液体上或气相中进行，水有时还作为化学组分参与反应，是反应和重排的促进剂，同时在液态或气态下水还是传递压力的媒介。

水热生长体系中的晶粒形成可分为三种类型："均匀溶液饱和析出"机制、"溶解-结晶"机制和"原位结晶"机制。

(1)"均匀溶液饱和析出"机制　由于水热反应温度和体系压力的升高，溶质在溶液中溶解度降低并达到饱和，以某种化合物结晶态形式从溶液中析出。当采用金属盐溶液为前驱体，随着水热反应温度和体系压力的增大，溶质(金属阳离子的水合物)通过水解和缩聚反应，生成相应的配位聚集体(可以是单聚体，也可以是多聚体)，当其浓度达到过饱和时就开始析出晶核，最终长大成晶粒。

(2)"溶解-结晶"机制　当选用的前驱体是在常温常压下不可溶的固体粉末、凝胶或沉淀时，粉体晶粒的形成经历了"溶解-结晶"两个阶段。

在水热条件下，所谓"溶解"是指水热反应初期，前驱体微粒之间的团聚和连接遭到破坏，从而使微粒自身在水热介质中溶解，以离子或离子团的形式进入溶液，进而成核、结晶而形成晶粒；"结晶"是指当水热介质中溶质的浓度高于晶粒的成核所需要的过饱和度时，体系内发生晶粒的成核和生长，随着结晶过程的进行，介质中用于结晶的物料浓度又变得低于前驱体的溶解度，这使得前驱体的溶解继续进行。如此反复，只要反应时间足够长，前驱体将完全溶解，生成相应的晶粒。

上述观点已得到了实验的验证。以 TiO_2 和 $Ba(OH)_2·8H_2O$ 为前驱体，在加直流电场中水热法制备钛酸钡粉体系统。在反应初期，随着反应温度的升高，前驱体 TiO_2 粒子在水热介质中逐渐溶解，$Ba(OH)_2·8H_2O$ 的溶解度也迅速增大，使得体系中带电离子数不断增多，通过体系的电流也就不断增大。在一定的温度下，$BaTiO_3$ 晶粒生长反应随即发生。反应温度越高，反应时间越长，TiO_2 粒子溶解越充分；同时 $BaTiO_3$ 晶粒生长反应进行得越完全，参加反应的 OH^-就越多。因此，随着反应的进行，体系中的带电离子大量减少，通过体系的电流也就迅速减小了[13]。

(3)“原位结晶”机制　当选用常温常压下不可溶的固体粉末、凝胶或沉淀为前驱体时，如果前驱体和晶相的溶解度相差不是很大时，或者“溶解-结晶”的动力学速度过慢，则前驱体可以经过脱去羟基(或脱水)，原子原位重排而转变为结晶态。

水热条件下纳米晶粒的形成是一个复杂过程，环境相中物质的相互作用，固-液界面上物质的迁移和反应，晶相结构的组成、外延与异化可看作是这一系统的三个子系统，它们之间存在物质与能量的交换，存在着强的相互作用。根据经典的晶体生长理论，水热条件下纳米晶粒的形成过程包括以下几个阶段。①溶解阶段：营养料在水热介质中溶解，以离子、分子团的形式进入溶液；②输运阶段：由于体系中存在十分有效的热对流以及溶解区和生长区之间的浓度差，这些离子、分子或离子团被输运到生长区；③生长基元(离子、分子或离子团)在界面上的吸附、分解与脱附；④吸附物质在界面上的运动；⑤结晶(③、④、⑤统称为结晶阶段)。

水热条件下生长的晶体晶面发育完整，晶体的结晶形貌与生长条件密切相关，同种晶体在不同的水热生长条件下可能有不同的结晶形貌。简单套用经典晶体生长条件理论不能很好地解释许多实验现象。因此在大量实验的基础上产生了“生长基元”理论模型。“生长基元”理论模型认为在上述②输运阶段，溶解进入溶液的离子、分子或离子团之间发生反应，形成具有一定几何构型的聚合体——生长基元。生长基元的大小和结构与水热反应条件有关。生长基元模型将晶体的结晶形貌、晶体的结构和生长条件有机地统一起来，很好地解释了许多实验现象。

梅秀锋等[27]采用水热法在 180℃下反应 24 h 合成了黄铁矿型 FeS_2 纳米晶体材料，并且纯度和结晶度高。张建明[28]发现，铝添加到水化硅酸钙的形成过程中，会优先于钙质材料反应，并从水化产物的排列有序度上对水化产物的微观形貌进行改变。徐光亮等[29]发现 MgO 可促进水化硅酸钙的形成，有利于托勃莫来石向硬硅钙石，*Z* 相向白钙沸石的转化，Mg^{2+}优先固溶于水化硅酸钙中，随温度的升高，固溶量增大，固溶后剩余的 Mg^{2+}在 200℃以下形成 $Mg(OH)_2$，240℃以上形成蛇纹石，Mg^{2+}的固溶将影响水化硅酸钙的形貌；但在实际情况中 MgO 含量是远高于实验条件的，所以有必要从热力学角度去研究高 MgO 含量的条件下(C-S-A-M-H，M-MgO)体系中各物质含量变化对水化产物之间形成转化机制[30]。

3.2.2 装置

水热法合成采用的主要装置为高压反应釜，它是实现高温高压水热合成的基本设备。在水热法制备材料中，使用的釜的温度、压力承载范围是 1～1000℃和 109 MPa，承压件因其工作环境特别，使用中应确定安全性，为确保安全，应将密封系统和防控装置设计于釜的结构中。高压容器一般用特种不锈钢制成，釜体内壁做特殊防腐处理，或采用化学惰性材料作为釜内衬材料，如 Pt、Au 等贵金属和聚四氟乙烯等耐酸碱材料。高压容器的类型可根据实验需要加以选择或特殊设计，在材料选择上，要求机械强度大、耐高温、耐腐蚀和易加工，设计要求结构简单、便于开装和清洗、密封严密、安全可靠。

近年来，水热设备有了很大的改进和发展。采用微波加热源和用高强度有机材料制作的双层反应釜(内层由聚四氟乙烯内芯)和不锈钢外套两部分构成，即形成了所谓的微波-水热法，聚四氟乙烯内芯不仅可以提供密闭的反应空间，而且还能够耐强酸强碱等腐蚀性化学物质，可以满足合成一些材料所需要的特殊条件。水热法所合成的纳米晶粒分散性好、尺寸分布均匀。根据所加入的原料配比量，还可以合成具有一定化学计量比组成的复合材料[31]。

目前高压容器分类主要有以下几种：

(1)按压强产生方式分为内压釜(靠釜内介质加温形成压强，根据介质填充度可计算其压强)和外压釜(压强由釜外加入并控制)；

(2)按加热方式分为外热高压釜(在釜体外部加热)和内热高压釜(在釜体内部安装加热电炉)；

(3)按实验体系分为高压釜(用于封闭体系的实验)、流动反应器和扩散反应器(用于开放系统的实验，能在高温高压下使溶液缓慢地连续通过反应器，可随时提取反应液)等。

高压反应釜在材料合成中有以下特点：

(1)抗腐蚀性好，反应过程中无有害物质溢出，对环境基本无污染，使用安全；

(2)在升温、升压后，能快速无损地溶解在常规条件下难以溶解的一些试剂及含有挥发性元素的试剂；

(3)内有聚四氟乙烯内芯，可耐酸和碱等强腐蚀性物质；

(4)结构合理，在材料制备方面操作简单、方便；

(5)相对于其他条件较为苛刻的反应容器，反应温度较低，一般在 200℃以下，从而大大降低了反应过程中的能源消耗[28]。

图 3-2 是国内实验室常用于无机合成的简易水热反应釜实物图，釜体和釜盖用不锈钢制造，反应釜体积较小(<100 mL)也可直接在釜体和釜盖设计丝扣，直接相连，以达到较好的密封性能。内衬材料是聚四氟乙烯，因此使用温度应低于聚四氟乙烯的软化温度(250℃)。

图 3-3 是带搅拌装置的高压高温反应釜，釜体和釜盖用 $1Cr_{18}Ni_9Ti$ 不锈钢制造。依靠较高的加工精度和光洁度，达到良好的密封效果。釜盖上设有压力表及爆破片等装

置，可保证高压釜正常操作和安全运转；测温用的铂电阻伸入釜腔内测温，另一端接反应釜控制仪，以数字显示釜内温度；外加热炉为圆桶形，炉体内装有桶形硅炉芯，加热电阻丝串联其中，用电缆线与控制仪相连；控制仪可显示釜内温度，调节加热电压及设定保温温度等；釜腔是聚四氟乙烯(Teflon)内衬。进气装置可通入惰性气体增加釜内压力，也可以通入气体反应物或在非水介质除氧。

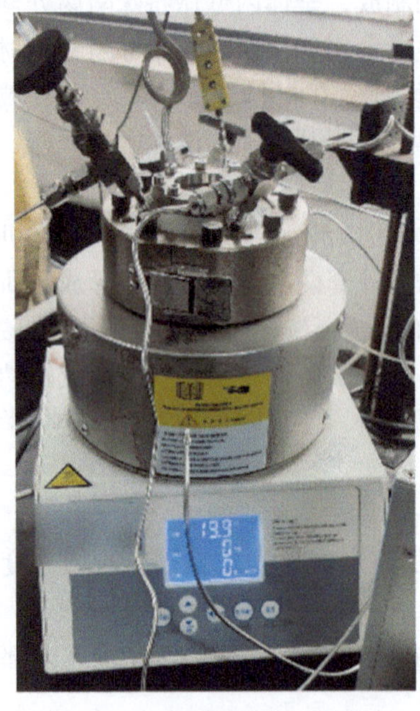

图 3-2　简易高压反应釜实物图

图 3-3　带搅拌装置高压高温反应釜

3.3　水 热 技 术

3.3.1　晶体生长

与其他方法相比较，水热晶体生长有如下特点：①水热晶体是在相对较低的热应力条件下生长，因此其位错密度远低于在高温熔体中生长的晶体；②水热晶体生长使用相对较低的温度，因而可获得其他方法难以得到的物质的低温同质异构体；③水热法晶体生长是在一密闭系统中进行，可以控制反应气氛而形成氧化或还原反应条件，实现其他方法难以获取的物质某些物相的生成；④水热反应体系存在溶液的快速对流和十分有效的溶质扩散，因此水热晶体具有较快的生长速率[13]。

3.3.2　晶体生长技术

3.3.2.1　温差技术

温差技术是水热法晶体生长最常用的技术。晶体生长所需的过饱和度是通过降低生长区的温度来实现的(就物质具有正溶解度温度系数而言)。其生成原理是在高温高压下的原料晶体溶解与再结晶过程，通过控制高压釜内原料溶解和晶体结晶区的温差使晶体溶解后的溶液产生对流，在温度相对较低的结晶区形成过饱和状态，在籽晶片上析晶并结晶生长成新晶体[32]。为了保证可在溶解区和生长区之间建立起合适的温度梯度，所用的管状高压釜反应腔长度与内径比应在 16∶1 以上[13]。

3.3.2.2 降温技术

采用降温技术时，结晶反应是在不存在溶解区和生长区之间温差的情况下发生的。晶体生长所需的过饱和度是通过逐步降低溶液的温度而获取的，体系中不存在强迫对流，向结晶物的物料输运主要由扩散来完成。随着溶液温度的逐步降低，大量的晶体在釜内自发成核、结晶和生长。这种技术的缺点是难以控制生长过程和引入籽晶，因此可将降温技术与温差技术结合使用[13]。

3.3.2.3 亚温相技术

亚温相技术主要用于低溶解度化合物晶体的生长。采用此项技术的基础是物质结晶生长的物相与所采用的营养料物相在水热条件下溶解度的差异。水热晶体生长所用的营养料通常是由在所选取的反应条件下热力学不稳定的化合物，或者由结晶物质的同质异构体组成。当体系中存在结晶物质的同质异构体时，亚温相的溶解度必然大于稳定相。由于亚稳相的溶解造成了稳定相的结晶和生长，这种技术也常与温差技术和降温技术结合使用[13]。

3.3.2.4 分置营养料技术

分置营养料技术用于至少含有两种组分的复杂化合物单晶的生长，不同组分的营养料分置在高压釜内不同的区域。高压釜下部通常放置容易溶解和传输的组分，上部放置难溶解的组分。在溶解阶段，放置在下部的组分通过对流被传输到高压釜上部区域，并与另一种组分反应，结晶并生长成单晶[13]。

3.3.2.5 前驱体和溶剂分置技术

前驱体和溶剂分置技术是在水热法生长 SbO_4 晶体中发展起来的，特别适用于生长含有相同或同一族的且具有不同价态的离子晶体。所用的高压釜中间有一隔板，隔板一侧放置 Sb_2O_3(锑离子为三价)，选用 KF 水溶液作为反应介质，隔板另一侧放置 Sb_2O_5(锑离子为五价)，选用 KHF_2+H_2O 水溶液作为反应介质。又如生长 α-$BiNbO_4$ 晶体，前驱体 Bi_2O_3 和 Nb_2O_5 分置于隔板两侧，并选用不同的反应介质以获得两种前驱体相近的溶解度，最后在隔板顶端的多孔小容器内结晶生长。改变小容器壁上孔的数量和大小可获得晶体生长适宜的过饱和度[13]。

3.3.3 粉体制备

目前，利用水热法制备纳米颗粒较为集中的研究是颗粒制备与表征，其制备方法按反应原理可以分为如下几种类型。

3.3.3.1 水热氧化

即以金属单质或金属盐为前驱体，利用高温高压水(溶液或溶剂)与金属或合金直接发生水热反应生成对应的金属氧化物粉体。在常温常压溶液中，不容易被氧化的物质，可以通过将其置于高温高压条件下来加速氧化反应的进行。例如，以金属钛粉为前驱体，以水为反应介质，在一定的水热条件(温度：高于 450℃；压力：100 MPa；反应时间：3 h)下，得到锐钛矿型、金红石型 TiO_2 晶粒和钛氢化物 TiH_x(x=1.924)的混合物；将反应温度提高到 600℃以上，得到的是金红石和 TiH_x(x=1.924)的混合物；反应温度高于 700℃，产物则完全是金红石 TiO_2 晶粒[13]。

3.3.3.2 水热沉淀

在通常条件下，某些化合物无法或很难生成沉淀，而在水热条件下却易于生成新的化合物沉淀[1]，在高温高压下沉淀后经抽滤、干燥后得到产物。水热沉淀的一个典型例子是采用 $ZrOCl_2$ 和尿素 $CO(NH_2)_2$ 混合水溶液为反应前驱体，经水热反应得到了立方相和单斜相 ZrO_2 晶粒混合粉体，晶粒线度为十余纳米。在水热反应过程中，首先尿素受热分解，使溶液 pH 值增大，从而形成 $Zr(OH)_4$，进而生成 ZrO_2[13]。

3.3.3.3 水热合成

水热合成可理解为以一元金属氧化物或盐在水热条件下反应合成二元甚至多元化合物，其优点是可在很宽的范围内改变参数，使两种或两种以上的化合物起反应，合成新的化合物。例如：在工业硫酸钛液中加入乙醇单甲醚，经水解水热和煅烧制备出了金红石型 TiO_2，粒径约为 35～42 mm[33]。又如：以 Bi_2O_3 和 GeO_2 粉体为前驱体，水热法可制得 $Bi_4Ge_3O_{12}$ 微晶粒(晶粒线度为数个微米)[13]。

3.3.3.4 水热分解

某些化合物在水热条件下分解成为新的氧化物，如以钛酸丁酯为反应前驱体，用有机溶剂水热法合成高分散的纳米级锐钛矿型 TiO_2 粉体[34]。又如天然钛铁矿的主要成分是：TiO_2 53.61%；FeO 20.87%；Fe_2O_3 20.95%；MnO 0.98%。在 10 mol/L KOH 溶液中，温度 500℃、压力 25～35 MPa 下，经 63 h 水热处理，天然钛铁矿可完全分解，产物是磁铁矿 $Fe_{3-x}O_3$ 和 $K_2O\cdot4TiO_2$。检测表明在此条件下得到的磁铁矿晶胞参数(a=0.8467 nm)大于符合化学计量比的纯磁铁矿的晶胞参数(a=0.8396 nm)。这是由于 Ti^{4+}在晶格中以替位离子形式存在，形成 $Fe_{3-x}O_3Fe_2TiO_4$ 固溶体。在温度 800℃、压力 30 MPa 下，水热处理 24 h，则可得到符合化学计量比的纯磁铁矿粉体[13]。

3.3.3.5 水热晶化

水热条件下能促使一些非晶化合物脱水结晶，如含水铈化物转变为晶体 CeO_2。

Roy 等[35]采用微波-水热法，把 0.5 mol/L $TiCl_4$ 溶液加入到 1～3 moL/L 盐酸溶液中，在加热温度为 164℃高压釜中反应半小时，可得到金红石型 TiO_2 超微颗粒。而采用普通的加热方法，在同样条件下，即使反应 72 h，也得不到纯相的金红石型 TiO_2。不够理想的是，得到的粉体尺寸偏大(约 255 nm 以上)[1]。

此外，还有水热脱水、水热阳极氧化、水热化学-机械反应(带搅拌装置)等粉体制备技术[13]。

3.3.4 薄膜制备

3.3.4.1 单晶外延膜制备技术

倾斜反应技术常被用于水热法制备单晶外延膜。在设定的反应温度达到以前，将籽晶(衬底)保持在气相里，避免与溶液接触，以防止衬底的腐蚀。当反应温度达到设定值，且溶液达到饱和，即将高压釜倾斜以使衬底与溶液接触[13]。浙江大学的任召辉等[36]发明了一种单晶钛酸锶薄膜的制备方法。该方法是以硝酸锶[$Sr(NO_3)_2$]、钛酸四正丁酯(TBOT)作为主要原料，氢氧化钠(NaOH)作为矿化剂，通过调配各项原料物质的量，采用水热法实现钛酸锶($SrTiO_3$)单晶薄膜的合成。

3.3.4.2 多晶薄膜制备技术

近年来，水热法被用来制备多晶薄膜的主要原因是它不需要高温灼烧处理即可实现由无定形向结晶态的转换。对于溶胶-凝胶等其他湿化学方法，这一工艺过程是必不可少的，但是同时易形成薄膜开裂、脱落等宏观缺陷。

水热法制备多晶薄膜技术分为两类，一类是加直流电场的水热反应，即所谓水热电化学法。将经过仔细抛光的钛金属片(薄膜衬底)作为阳极，Pt 金属片作为阴极，采用 0.5 mol/L $Ba(OH)_2$ 水溶液作为反应介质，通过电极的电流密度调节到 10～100 mA/cm^2，当反应温度高于 100℃时，即可得到表面无宏观缺陷、呈金属光泽的 $BaTiO_3$ 薄膜，膜厚为 0.1 μm。另一类是普通水热反应，如以单晶硅(100)片作为衬底，分别在衬底两面溅射厚度为 500 Å 的钛金属层，然后将其悬挂在高压釜内，选用 $Ba(OH)_2$ 水溶液为反应介质、经 200℃、8 h 水热反应，也可得到表面均匀、无宏观缺陷、呈金属光泽的钙钛矿型 $BaTiO_3$ 薄膜，膜厚约为 0.7～1.0 μm[13]。

3.4 影 响 因 素

3.4.1 前驱体

水热法前驱体的选择关系到最终粉体的质量、制备工艺的复杂程度、粉体晶粒的合成机制。

水热法所选的前驱体与最终产物在水热溶液中应有一定的溶解度差，以推动反应向粉体生成的方向进行；前驱体不与衬底反应；前驱体所引入的其他元素及杂质，不参与反应或仍停留在水热溶液中，而不进入粉体成分，以保证粉体的纯度。另外，还应考虑制备工艺因素。

水热制备方法所选用的前驱体主要有：①可溶性金属盐溶液；②固体粉末，即制备多元氧化物粉体时，可直接选用相应的金属氧化物和氢氧化物固体粉末作为前驱体；③氢氧化物胶体，即制备金属氧化物粉体时，在相应的可溶性金属盐溶液中加入过量的碱得到氢氧化物胶体，经反复洗涤除去阴离子后作为前驱体；④胶体和固体粉末混合物。

3.4.2 合成介质

由于水热法涉及的化合物在水中的溶解度都很小，因而常常在体系中引入称之为矿化剂(mineralizer)的物质。矿化剂通常是一类在水中的溶解度随温度的升高而持续增大的化合物，如一些低熔点的盐、酸和碱，加入矿化剂不仅可以提高溶质在水热溶液中的溶解度，而且可以改变其溶解度温度系数。例如，在100～400℃范围内，$CaMoO_4$在纯水中的溶解度随温度的升高而减小，如果在体系中加入高溶解度的盐(NaCl、KCl)，其溶解度不仅提高了一个数量级而且溶解度温度系数由负值变为正值。另外，某些物质溶解度温度系数的符号改变除了与所加入的矿化剂种类有关，还与溶液中矿化剂的浓度有关。

实验如在空气中进行反应，在有些情况下可能会与空气中的氧发生副反应，所以在实验中采取一些预防措施就可以减少上述反应。在惰性气体(如氮气、氦气等)下进行反应就可防止此类反应的发生。

3.4.3 合成条件

3.4.3.1 温度

水热反应温度能够影响化学反应过程中的物质活性，影响生成物的种类。从动力学的原理可知，微观晶粒的成长速度与温度、压力这两个因素密切相关，温度越高、压力越大，晶粒的运动、生长速度也就越快。当晶粒填充度一定时，反应温度越高，晶体生长速率与温度成正比；而当反应温度一定时，填充度越大，体系压力越高，晶体生长速率也会越快；而当反应温度(指溶解区温度)和填充度一定时，ΔT越大，反应速率也随之越快；在反应温度一定时，填充度越大，晶体生长速率也越快。这一机理在晶粒的制备中有着重要的指导意义，但温度对于晶粒的生长也不完全遵循正比例的关系，温度过高、压力过大，结晶过程中，易造成晶粒过大等缺陷，这对重结晶而言是不利的。

反应温度还影响生成物的晶粒粒度，实验结果表明当反应时间一定时，水热反应温度越高，晶粒平均粒度越大，粒度分布范围越宽。在温差和其他物理、化学条件恒定的情况下，晶体生长速率一般随着温度的提高而加快。各种不同的晶粒有着适宜的温度区间，在此温度区间内，温度的升高对晶粒的生长有着促进作用，但超过这一温度区间上限，晶粒反倒粗大而且对于能源的消耗过大。故在生产实际中，应尽可能寻找到这一适宜的温度区间，对结晶过程起到真正的指导作用。

3.4.3.2 压强

在水热实验中，压强不仅是选择反应设备的标准，而且还会影响反应物的溶解度和溶液的值，从而影响反应速率以及产物的形貌和粒径。在一定温度和溶剂浓度条件下，高压釜内的压强高低取决于填充度的大小，填充度越大，压强就越大。人们往往通过调节填充度的大小来控制压强。

3.4.3.3 pH 值

酸碱度在晶体生长、材料合成与制备以及工业处理等过程中扮演着极为重要的角色，它会影响过饱和度、动力学、形态、颗粒大小等。改变溶液的 pH 值，不但可以影响溶质的溶解度，影响晶体的生长速率，更重要的是改变了溶液中生长基元的结构，并最终决定晶体的结构、形状、大小和开始结晶的温度。因此，在进行水热反应时，必须调节好溶液的 pH 值，促进反应进程，提高产物性能。

3.4.3.4 反应时间

晶粒粒度会随着水热反应时间的延长而逐渐增大；同时，水热处理时间与晶粒的生长速度是正比关系，水热时间越长，微晶结晶过程越趋于完整，晶粒均匀度较高。

3.4.3.5 分散剂和加料方式

在水热法反应过程中，为促进前驱粉体的晶化速度、缩小微晶粒度的直径大小、提高均匀度，通常会在生产过程中加入适量的分散剂；此外适量分散剂的加入还可提高原料的转化率。

3.4.3.6 杂质

水热反应中，杂质可改善物质的性能。在生长晶体时以适当比例掺入特定的杂质可以改变生成晶体的结构和颜色，以获得具有某种特殊性能的晶体材料。杂质不仅能改变晶体的结构和颜色，还会影响晶体的形貌。

3.4.4 相关问题

3.4.4.1 安全性

水热条件下的晶体生长或材料合成需要能够在高压下容纳高腐蚀性溶剂的反应器，需要能被规范操作以及在极端温度压强条件下可靠的设备。由于反应条件的特殊性，致使水热反应相比较其他反应体系而言具有如下缺点：①反应过程和效果不直观，无法观察晶体生长和材料合成的过程，只能通过生成的晶体的形态和结构了解晶体的生长信息；②对生产设备的依赖性较强，设备要求耐高温高压的钢材，耐腐蚀的内衬，技术难度大，温压控制严格，成本高；③安全性差，加热时密闭反应釜中流体体积膨胀，能够产生极大的压强，存在较大的安全隐患。

3.4.4.2 反应机理

目前，晶体生长机理的理论体系在某些晶体生长实践中得到了应用，起到了一定的指导作用。但是，迄今为止，几乎所有的理论或模型都没有完整给出晶体结构、缺陷、生长形态与生长条件四者之间的关系，因此与制备晶体技术研究有较大的距离，在实际应用中存在很大的局限性。要弄清晶体结构、缺陷、生长形态与生长条件四者之间关系，首先，要把握生长条件的变化。水热反应在介质中进行，那么介质的状况就一定会对晶体的生长有着重要的影响，介质的离子浓度直接影响前驱体的溶解度，从而影响反应速率，导致晶体形貌的改变；另一方面由于溶液的离子浓度变化使得 pH 值发生改变，而反应时的 pH 值难以测定。

3.4.4.3 溶剂热合成反应

研究人员在水热过程中制备出纯度高、晶型好、形态以及粒径大小可控的纳米微粒。同时，由于反应在密闭的高压釜中进行，有利于有毒体系的合成反应。但是水热法存在有明显的不足，往往只适用于氧化物材料或少数一些对水不敏感的硫化物的制备。所以在水热的基础上，以有机溶剂代替水，在新的溶剂体系中设计出新的合成路线，扩大了水热的应用范围，此类反应称为溶剂热。

水热合成研究特点之一是由于研究体系一般处于非理想非平衡状态，因此应用非平衡热力学研究合成化学问题。在高温高压下，水处于临界或超临界状态，反应活性提高。物质在水中的物性和化学反应性能均有很大的变化，因此水热反应大大异于常态。一系列中、高温高压水热反应的开拓及其在此基础上开发出来的溶剂热合成，已成为目前多数无机功能材料、特种组成与结构的无机化合物以及凝聚态材料，如超微粒、溶胶与凝胶、单晶等合成的越来越重要的途径。

3.5 材料制备

3.5.1 金属超疏水表面

水热法已成功用于制备金属超疏水表面。在水热法中，材料表面的微观结构是在高温或高压下的水环境中形成的，用于制造表面微观结构的化学物质只有 H_2O 或者稀 H_2O_2[37]，因此被认为是一种环境友好型的方法[38]。

张万强等[39]采用水热法将纯铜网置于纯水中加热，铜网表面与水发生反应先生成氧化亚铜，氧化亚铜随后进一步被氧化生成氧化铜颗粒覆盖在铜网表面，增加了铜网表面粗糙度，然后将粗糙铜网浸泡于硫醇溶液中进行低表面能修饰，最终得到了可用于油水分离的超疏水铜网(图 3-4、图 3-5)，接触角高达 166°。

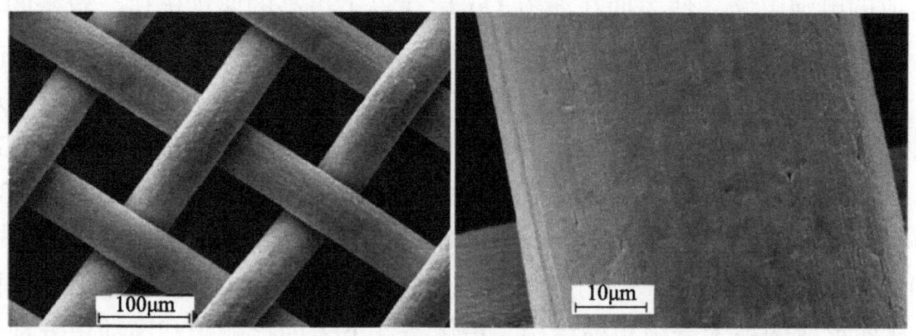

图 3-4 原始铜网的 SEM 图[39]

图 3-5 铜网在不同温度下反应 24 h 的 SEM 图[39]

Li 等[40]采用水热法将经过 120℃纯水高压粗糙化处理后的锌片浸入到含有 1*H*,1*H*,2*H*,2*H*-全氟辛基三氯硅烷(PFOTES)的乙醇溶液中进行疏水化处理，得到了表面接触角高达 156°的疏水表面。从腐蚀的角度看，由于氧化物/氢氧化物保护层的形成，水热法也较刻蚀法更有利。

Ou 等[37]利用水热法在轻金属(Mg、Al、Ti 合金等)表面制备了氧化物或氢氧化物层，并用 PFOTES 处理，得到超疏水性的金属表面。由于水热法处理会在金属表面形成氧化物/氢氧化物保护层，因此制备的超疏水金属材料具有更好的耐腐蚀性能，较刻蚀法更加有利[37]。

Zang 等[41]通过水热合成技术将预先合成的 TiO_2 涂覆在 AZ91D 镁合金上构造了粗糙表面，然后在此表面上通过超声辅助化学镀与自组装的方法结合了一层铜镀层，先获得了具有超亲水性质的表面，随后用正十二烷硫醇进行低表面能处理，得到了具有超疏水性质的表面，表面与水的静态接触角为 158.7°±4.3°，滚动角小于 1°。研究发现，虽然 Cu 的电极电位高于 Mg，会加速 Mg 合金的腐蚀，但由于 TiO_2 的修饰，切断了 Cu/Mg 组成的电池电路，使表面在涂覆 Cu 后获得了更高的腐蚀电位，致密的 Cu 镀层可以阻止水和腐蚀性离子(如 Cl^-)的渗透。此合成方法简便易行，经过低表面能处理后的超疏水表面具有优异的防腐蚀效果，能够广泛应用于镁基合金的疏水防腐处理。

钱志强等[42]用硬脂酸与三水硝酸铜配制成反应液，然后将经过打磨的 AZ31B 镁合金片和反应溶液置于不锈钢高压釜中，通过一步水热反应制备得到超疏水 AZ31B 镁合金片表面。超疏水表面由镁(Mg)、硬脂酸镁($C_{36}H_{70}MgO_4·2H_2O$)和碱式硝酸铜[$Cu(NO_3)_2·3Cu(OH)_2$]组成，水热过程中硬脂酸镁与碱式硝酸铜不断地化学沉积在镁合金表面，从而形成微纳米分级粗糙结构，最优条件下表面接触角和滚动角分别为 163.3°和 2.8°，具有良好的耐腐蚀性能、耐酸碱性能和稳定性。图 3-6 为最佳水热温度(80℃)和水热时间(30 min)下，制备得到的具有超疏水性质的镁合金表面 SEM 图。从图(a)可以看出，纯镁合金表面只有经砂纸打磨后留下的划痕，图(b)～(d)为镁合金超疏水表面的 SEM 图，可以看到超疏水表面由尺寸不一、随机分布的微米级团簇聚集而成，各个团簇间存在有较大的空隙。从单个微米级团簇的放大照片[图 3-6(c)、(d)]中可以看到，微米级团簇形似花朵，并且由大量径向取向的竖条形纳米片组成，这些随机填充竖条形状纳米片，厚度约为 30～60 nm，长度约为 200～500 nm，表明在镁合金超疏水表面由微米级团簇和纳米级竖条形纳米片组成了微纳米分级粗糙结构，其与荷叶结构相似。这种分级微/纳米结构是镁合金表面形成超疏水状态的结构基础。

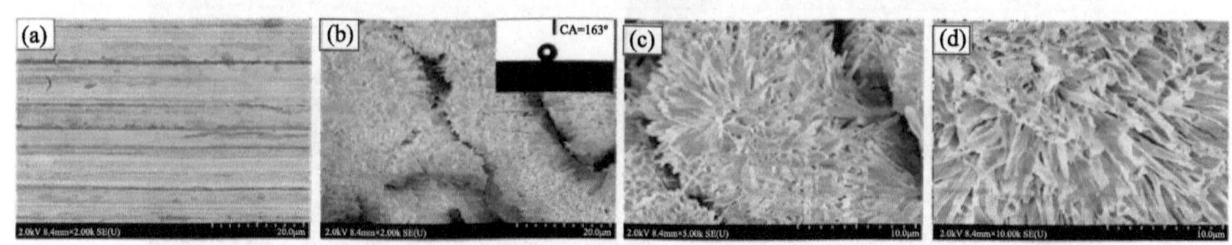

图 3-6　镁合金超疏水 SEM 图[42]

(a) AZ31B 基体；(b)～(d) 超疏水表面不同放大倍数：(b) 2000 倍、(c) 5000 倍和 (d) 10000 倍

王芳等[43]以氢氧化钠和醋酸锌为原料，通过水热反应制备得到具有微纳米结构的氧化锌纳米棒，并将其处理到铝片表面，然后用硬脂酸对铝片进行低表面能改性，得到的铝片表面具有优异的超疏水性能，接触角超过 163°，滚动角小于 3°，在 pH=4 和 pH=12 的溶液中浸泡 7 天或经过 2000 次循环摩擦仍能保持超疏水性能，具有良好的机械稳定性及耐酸碱腐蚀能力。

Zhang 等[44]利用水热法将 5083 铝合金片和全氟辛酸水溶液置入高压反应釜中，在 120℃下加热 4 h 以上，获得了超疏水铝合金片，该表面微观形貌呈现为片状微结构，水滴在表面的接触角约为 166°，如图 3-7 所示。

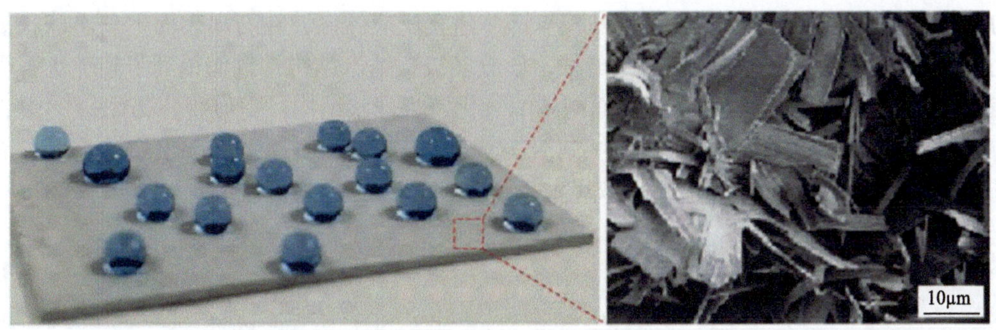

图 3-7 水滴在超疏水铝合金片表面的照片及超疏水铝合金片表面的 SEM 图[44]

通常情况下，铝合金在空气中会形成一层钝化膜从而隔绝空气与内部金属的接触，这层钝化膜对铝合金起到了一定的防腐作用，但在一些钝化膜易被破坏且不容易恢复的环境中铝合金容易遭受腐蚀。陈晓航等[45]选用加工性能较好的铝合金 5052 为基底材料，将 $CeCl_3 \cdot 7H_2O$ 和 $CO(NH_2)_2$ 配制成混合溶液与铝合金在水热反应釜中发生反应，在铝合金表面生成了微纳米棒状粗糙结构，然后将铝合金放入硬脂酸乙醇溶液中，将硬脂酸自组装到铝合金表面得到超疏水膜层，接触角能达到 155.5°，在模拟海水溶液中保护效率能达到 99.6%，如图 3-8 所示。该方法可推广到其他金属及合金的疏水防腐处理，具有很好的应用前景。

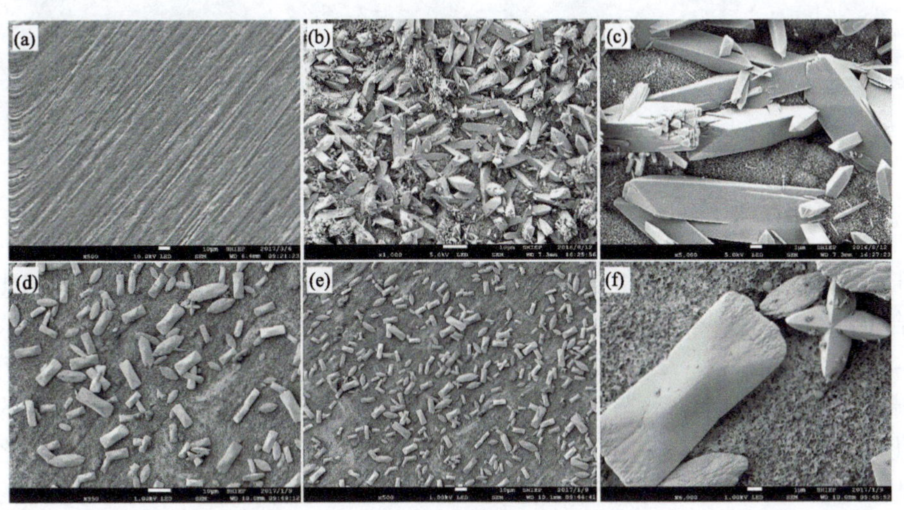

图 3-8 不同铝合金表面的扫描电镜图[45]

(a)空白表面；(b)、(c)9 h 水热处理后的表面；(d)～(f)6 h 水热处理后的表面

冯伟等[46]采用一步水热法，通过六水合硝酸锌[$Zn(NO_3)_2 \cdot 6H_2O$]和六亚甲基四胺($C_6H_{12}N_4$)在锌片表面反应，生成了六方晶系纤锌矿型结构的 ZnO 纳米棒，构造出微观粗糙结构，再经硬脂酸溶液浸泡进行低表面能修饰得到了超疏水的锌片表面，能够降低冰粒在表面的黏附力，具有一定的延缓水滴结冰和防覆冰的性能。

王泽等[47]以粗糙表面的石墨为基底，先采用纳秒激光刻蚀在石墨表面构建粗糙结构(图 3-9)，然后采用水热法使甲酰胺与锌片建立反应体系，在石墨表面生长出球状氧化锌纳米颗粒，进一步增加表面粗糙度，形成多级微纳米结构，进而得到了超疏水石墨表面。结果表明，在粗糙的石墨表面制备的氧化锌为球状结构，类似蒲公英(图 3-10)，与水的接触角为 155°。球状结构的氧化锌不仅可使粗糙的石墨表面产生超疏水性，而且可以作为光催化剂用于对苯酚的降解。

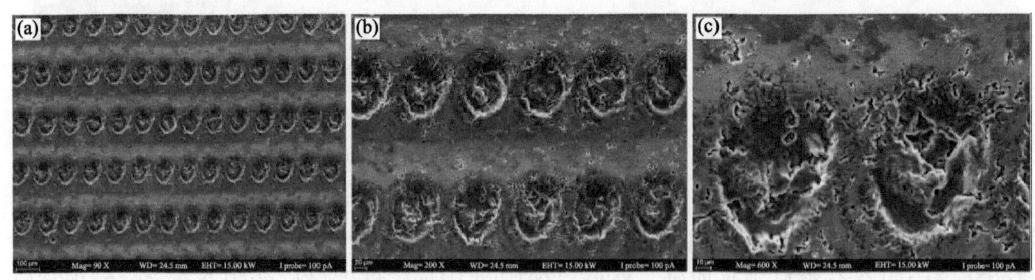

图 3-9　激光构建的粗糙石墨表面在不同放大倍数下的形貌[47]

图 3-10　球状氧化锌在不同放大倍数下的形貌[47]

3.5.2　木材超疏水表面

王爽等[48]以钛酸四丁酯和乙烯基三乙氧基硅烷为原料，以 1∶1 的钛硅摩尔比配制成混合溶液，通过水热反应在杉木表面生成了一层涂层，赋予了杉木表面超疏水性能(图 3-11)。该表面材经 72 h 湿热老化实验之后，表面结构几乎不改变，老化后仍能保持超疏水特性，表面水滴静态接触角仍可达 150.5°，滚动角小于 5°，具有良好的耐湿热老化性能；经超声处理 30 min 后仍保持良好的超疏水性能，涂层与木材表面之间的附着力良好；在 pH=2 盐酸溶液中浸泡 8 h 后水滴接触角仍可达 150°，具有较好的耐酸性能。该方法制备的涂层在木材家具的防腐、防湿热老化领域具有良好的发展前景。

木材超疏水功能化修饰将对拓宽木材使用范围、提高木材及木质材料使用寿命意义重大。科研工作者在利用水热法进行木材超疏水功能化方面也取得了较大进展[49,50]。

Gao 等[51]通过低温水热合成法，在木材表面构建出一层 TiO_2 颗粒层，随后再经过十七氟癸基三甲氧基硅烷低表面能改性后，得到接触角达 152.9°的超疏水木材。经研究发现，此超疏水木材还表现出了抗酸(0.1 mol/L 盐酸)、耐 150℃高温及在紫外照射下仍保持超疏水性等特性。

图 3-11 (a)杉木横截面电镜图及接触角测试图；(b)、(c)水热法处理后木材表面低倍高倍电镜图及接触角测试图[48]

Fu 等[52]以硝酸锌和六亚甲基四铵水溶液与表面覆盖有均匀氧化锌晶核薄层的木材进行水热反应，获得了表面覆盖有氧化锌纳米棒阵列的超疏水木材，该表面与水滴接触角达 153°[图 3-12(a)、(b)]。无机氧化物粒子本身不具有疏水基团，Sun 等[53]使用水热反应引入十二烷基硫酸钠对木材表面生长的纳米二氧化钛粒子进行了低表面能修饰，获得了水滴接触角达 154°的超疏水木材[图 3-12(c)]。为了进一步提高纳米粒子的粗糙度，Wang 等[54]利用硫酸铁和尿素，通过水热反应，在木材表面生成了球形α-FeOOH 规整排列组成的微纳米二级结构薄膜，然后使用十八烷基三氯硅烷为低表面能修饰剂，制得了水接触角达 158°、滚动角约 4°的超疏水性木质基表面[图 3-12(d)]。研究结果表明：具有微纳米结构的球状α-FeOOH 涂层均匀一致地沉积在了木质基表面，十八烷基三氯硅烷分子与α-FeOOH 涂层发生了化学结合；并发现样品放置在空气环境中 3 个月，或于室温条件下浸泡在 pH 值为 12 的氢氧化钠或 pH 值为 2 的盐酸溶液中 2 h 仍维持超疏水性。

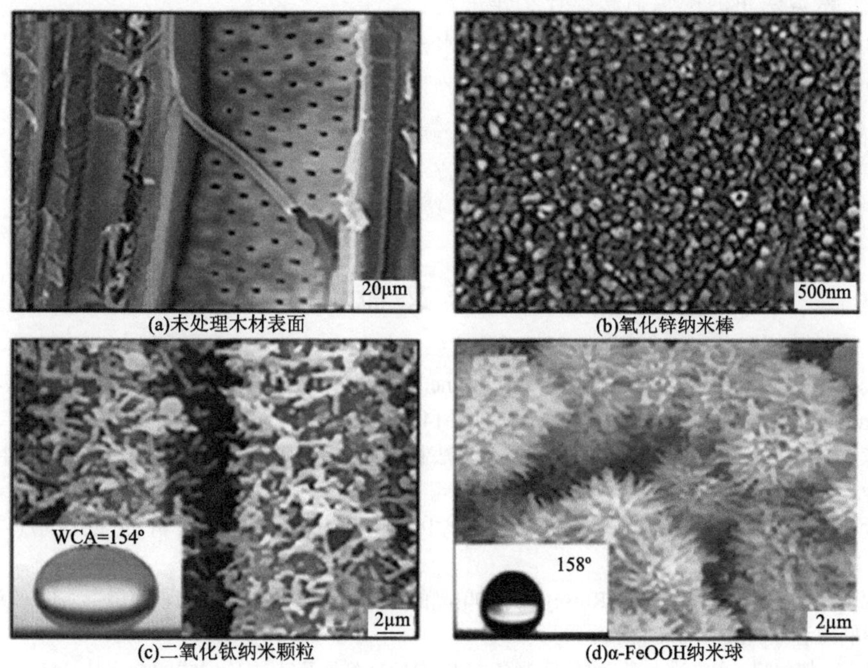

图 3-12 水热法构建超疏水木材表面

使用水热反应一般至少需要两步，即首先构建粗糙的表面结构，再进行低表面自由能修饰。为了使制备工艺简单，利于工业化应用，Liu 等[55]在水热反应过程中加入长链疏水物质与其他催化基团，阻止氧化物颗粒快速结晶从而生成均匀的纳米级精细结构，最终通过一步水热法制备了水滴接触角达 153°、滚动角>10°的超疏水木材。同时，这一方法还可以应用于制备超疏水滤纸和棉布。

3.5.3 织物超疏水表面

姚盼盼等[56]以 $NaAlO_2$ 和 $Al(NO_3)_3$ 为原料，采用反应时间更短、反应温度更低的微波水热法制备了 Al_2O_3 纳米颗粒并沉积到棉织物表面构造纳米级粗糙结构，然后将织物浸入硬脂酸的乙醇溶液中进行低表面能处理，使织物具有了超疏水性能，微波水热法处理对棉织物的物理机械性能无明显影响，不会影响使用性能。

思 考 题

3.1 水热法的概念？

3.2 水热法的原理是什么？

3.3 水热法的反应器使用过程要注意什么？

3.4 水热法的优点有哪些？

3.5 如何考虑水热法前驱体的选择？

3.6 水热氧化法要注意什么问题？

3.7 水溶法中的矿化剂起到什么作用？

3.8 使用内衬底材质为聚四氟乙烯的水热反应釜，应该注意什么问题？

3.9 水热法有什么局限性？

3.10 水热法若选用过氧化氢做溶剂，需要注意什么？

3.11 水热法反应釜使用安全操作规范？

3.12 根据实验室安全，水热釜操作区域一般要贴什么标志进行安全警示？

参 考 文 献

[1] Matson D W, Linehan J C, Bean R M. Ultrafine iron oxide powders generated using a flow-through hydrothermal process[J]. Materials Letters, 1992, 14(4): 222-226.

[2] 李竟先, 吴基球, 庄志强. TiO_2 纳米颗粒水热法制备研究进展及反应机理的初步研究[J]. 中国陶瓷工业, 2001(2): 29-33.

[3] 祝大伟, 尚鸣, 顾万建, 等. 水热法在材料合成中的应用及其发展趋势[J]. 硅谷, 2014, 7(17): 126, 116.

[4] 卢福华, 刘心宇, 李东平, 等. $RbBe_2BO_3F_2$ 单晶的水热法生长晶体形态和表面微形貌的研究[J]. 超硬材料工程, 2015, 27(2): 46-50.

[5] 路伟伟, 贺鹤鸣, 李文进, 等. 水热法制备 $U_3F_{12}(H_2O)$单晶及其对 X 射线的响应特性[J]. 西南科技

大学学报, 2019, 34(3): 33-38.
[6] 温家慧. 水热法生长钼酸锌单晶体及其性质研究[D]. 桂林: 桂林理工大学, 2017.
[7] 张梦雪. 水热法生长磷酸铁锂单晶及其性质研究[D]. 桂林: 桂林理工大学, 2018.
[8] 胡艳华, 宋艳, 李禄, 等. 水热条件对溶胶-水热法合成 PZT 陶瓷粉体的影响[J]. 人工晶体学报, 2017, 46(6): 1021-1025, 1033.
[9] Dem, Yanets L N, Li L E, Uvarova T G. Zinc oxide: Hydrothermal growth of nano- and bulk crystals and their luminescent properties[J]. Journal of Materials Science, 2006, 41(5): 1439-1444.
[10] Chen D, Jiao X, Gang C. Hydrothermal synthesis of zinc oxide powders with different morphologies[J]. Solid State Communications, 1999, 113(6): 363-366.
[11] Ismail A A, El-Midany A, Abdel-Aal E A. Application of statistical design to optimize the preparation of ZnO nanoparticles via hydrothermal technique[J]. Materials Letters, 2005, 59(14/15): 1924-1928.
[12] Emadi H, Salavati-Niasari M, Sobhani A. Synthesis of some transition metal (M: $_{25}$Mn, $_{27}$Co, $_{28}$Ni, $_{29}$Cu, $_{30}$Zn, $_{47}$Ag, $_{48}$Cd) sulfide nanostructures by hydrothermal method[J]. Advances in Colloid and Interface Science, 2017, 246.
[13] 施尔畏, 夏长泰, 王步国, 等. 水热法的应用与发展[J]. 无机材料学报, 1996(2): 193-206.
[14] 陈妍. 水热法在无机非金属粉体材料制备中的应用[J]. 科学技术创新, 2020(17): 168-169.
[15] 周卫宁. 我国水热法生长高档宝石晶体的现状及发展趋势[J]. 珠宝科技, 2002(2): 27-28.
[16] 王楠, 赵青, 贾建国. 一种焰熔法宝石生产用球形空心氧化铝粉的化学制备方法[P]. 中国: CN103359763A, 2013-10-23.
[17] 陈庆汉. 壳熔法生长蓝宝石单晶的进展[J]. 宝石和宝石学杂志, 2012, 14(3): 17-21.
[18] 王凯悦, 丁森川. 高温高压硼掺杂金刚石辐照缺陷的生长晶面依赖性研究[J]. 人工晶体学报, 2020, 49(2): 217-221.
[19] 姚淑华, 张航飞, 吕洋洋, 等. 一种具有高载流子浓度的 SnSe 晶体及其生长方法和应用[P]. 中国: CN110129878B, 2021-03-19.
[20] 杭寅, 张书隆, 何明珠, 等. 一种稀土倍半氧化物激光晶体生长方法[P]. 中国: CN111041558A, 2020-04-21.
[21] 周鹏飞, 张威, 赵思凯, 等. Cu^{2+}诱导黄铁矿合成α-Fe_2O_3 纳米多面体的生长机理[J]. 东北大学学报(自然科学版), 2020, 41(3): 408-412.
[22] Wan Y, Chen M, Wei L, et al. The research on preparation of superhydrophobic surfaces of pure copper by hydrothermal method and its corrosion resistance[J]. Electrochimica Acta, 2018, 270: 310-318.
[23] 韩一平, 杨晓东, 王庆成, 等. 金属基底超疏水表面仿生制备研究进展[J]. 吉林工程技术师范学院学报, 2019, 35(6): 89-93.
[24] 吴健松, 肖应凯, 梁海群. 改进的水热法在无机非金属材料制备中的应用[J]. 化学通报, 2012, 75(4): 306-311.
[25] 吴健松, 肖应凯, 罗肖丽, 等. 规则镁铝水滑石超分子的组装及其结构分析[J]. 化学通报, 2009, 72(11): 1003-1007.
[26] 崔斌, 王训, 李亚栋. 单分散钛酸钡纳米晶的制备[J]. 高等学校化学学报, 2007(1): 1-5.
[27] 梅秀锋, 孟秀清, 吴锋民. 水热法合成二硫化亚铁纳米片及性能研究[J]. 浙江师范大学学报(自然科学版), 2015, 38(4): 392-396.
[28] 张建明. 铝掺杂的水化硅酸钙结构及微观形貌研究[D]. 武汉: 武汉理工大学, 2011.
[29] 徐光亮, 赖振宇, 钱光人, 等. MgO 对钙硅体系水热反应产物的影响研究[J]. 硅酸盐学报, 2000(2): 100-104.
[30] Wang Q, Chen Y, F Li, et al. Microstructure and properties of silty siliceous crushed stone-lime aerated concrete[J]. Journal of Wuhan University of Technology, 2006, 21(2): 17-20.

[31] 张永兴, 叶英杰, 刘忠良, 等. 水热合成反应釜在材料物理专业课程设计中的应用[J]. 牡丹江师范学院学报(自然科学版), 2014(1): 48-50.

[32] 刘盛浦, 孙玉坤, 郭兴忠, 等. 高品质光学级单面生长石英晶体的生长技术研究[J]. 人工晶体学报, 2019, 48(1): 64-69.

[33] 陈代荣, 孟永德, 樊悦朋. 由工业硫酸钛液制备 TiO_2 纳米微粉[J]. 无机化学学报, 1995(3): 228-231.

[34] 唐培松, 洪樟连, 周时凤, 等. 可见光波段高光催化活性纳米 TiO_2 制备及性能[J]. 稀有金属材料与工程, 2004(z1): 4.

[35] Komarneni S, Roy R, Li Q H. Microwave-hydrothermal synthesis of ceramic powders[J]. Materials Research Bulletin, 1992, 27(12): 1393-1405.

[36] 任召辉, 武梦姣, 陈嘉璐, 等. 一种单晶钛酸锶薄膜的制备方法[P]. 中国: CN109879310A, 2019-06-14.

[37] Ou J, Hu W, Xue M, et al. Superhydrophobic surfaces on light alloy substrates fabricated by a versatile process and their corrosion protection[J]. ACS Applied Materials & Interfaces, 2013, 5(8): 3101-3107.

[38] 顾强, 陈英, 陈东, 等. 金属超疏水表面的制备及应用研究进展[J]. 材料保护, 2018, 51(9): 100-107.

[39] 张万强, 樊静文, 练艳艳, 等. 水热法制备超疏水铜网及其油水分离性能研究[J]. 许昌学院学报, 2020, 39(2): 69-72.

[40] Li L, Zhang Y, Lei J, et al. A facile approach to fabricate superhydrophobic Zn surface and its effect on corrosion resistance[J]. Corrosion Science, 2014, 85: 174-182.

[41] Zang D, Zhu R, Zhang W, et al. Corrosion resistance: Corrosion-resistant superhydrophobic coatings on Mg alloy surfaces inspired by lotus seedpod[J]. Advanced Functional Materials, 2017, 27(8): 1605446.

[42] 钱志强, 葛飞, 刘海宁, 等. 一步水热法构筑镁合金超疏水表面及其性能研究[J]. 聊城大学学报(自然科学版), 2019, 32(1): 38-43.

[43] 王芳, 周宝玉, 冯伟, 等. 耐磨铝基超疏水材料的制备及其动态冷凝行为[J]. 材料研究学报, 2020, 34(4): 277-284.

[44] Zhang B B, Wang J, Zhang J. Bioinspired one step hydrothermal fabricated superhydrophobic aluminum alloy with favorable corrosion resistance[J]. Colloids and surfaces A: Physicochemical and Engineering Aspects, 2020, 589: 124469.

[45] 陈晓航, 陈寞静, 闵宇霖, 等. 水热法制备铝合金超疏水表面及电化学性能研究[J]. 电化学, 2018, 24(1): 28-35.

[46] 胡良云, 冯伟, 李文, 等. 水热法制备超疏水防冰氧化锌表面[J]. 湖北理工学院学报, 2016, 32(5): 46-51.

[47] 王泽, 徐修玲, 叶霞, 等. 基于激光烧蚀和水热法的超疏水表面制备[J]. 铸造技术, 2012, 33(8): 936-938.

[48] 王爽, 刘明, 贾闪闪, 等. 超疏水木材老化性能初步探究[J]. 中南林业科技大学学报, 2017, 37(4): 104-108.

[49] 刘明, 吴义强, 卿彦, 等. 木材仿生超疏水功能化修饰研究进展[J]. 功能材料, 2015, 46(14): 14012-14018.

[50] 刘峰, 王成毓. 木材仿生超疏水功能化制备方法[J]. 科技导报, 2016, 34(19): 120-126.

[51] Gao L, Yun L, Zhan X, et al. A robust, anti-acid, and high-temperature–humidity-resistant superhydrophobic surface of wood based on a modified TiO_2 film by fluoroalkyl silane[J]. Surface & Coatings Technology, 2015, 262: 33-39.

[52] Fu Y, Yu H, Sun Q, et al. Testing of the superhydrophobicity of a zinc oxide nanorod array coating on wood surface prepared by hydrothermal treatment[J]. Progress in Chemistry, 2012, 66(6): 739-744.

[53] Sun Q, Yun L, Liu Y. Growth of hydrophobic TiO_2 on wood surface using a hydrothermal method[J]. Journal of Materials Science, 2011, 46(24): 7706-7712.

[54] Wang S, Wang C, Liu C, et al. Fabrication of superhydrophobic spherical-like α-FeOOH films on the wood surface by a hydrothermal method[J]. Colloids and Surfaces A: Physicochemical and Engineering Aspects, 2012, 403: 29-34.

[55] Liu M, Qing Y, Wu Y, et al. Facile fabrication of superhydrophobic surfaces on wood substrates via a one-step hydrothermal process[J]. Applied Surface Science, 2015, 330: 332-338.

[56] 姚盼盼, 邢彦军. 微波法制备 Al_2O_3 超疏水棉织物的研究[J]. 印染助剂, 2013, 30(6): 32-35.

第 4 章　溶胶-凝胶法

4.1　概　　述

溶胶(sol)是具有液体特征的胶体体系，分散的粒子是固体或者大分子，大小在 1～100 nm 之间。凝胶(gel)是具有固体特征的胶体体系，被分散的物质形成连续的网状骨架，骨架空隙中充有液体或气体，凝胶中分散相的含量很低，一般在 1%～3%之间，特殊的网架结构赋予了凝胶很高的比表面积。

溶胶-凝胶法是通过水解缩合反应，将前驱体形成溶胶-凝胶的一种新型的制备杂化材料的方法。该方法利用含高化学活性组分的化合物作前驱体，在液相下将这些原料均匀混合，并进行水解、缩合反应，在溶液中形成稳定的溶胶体系，溶胶经老化后胶体粒子间缓慢聚合，形成三维空间网络结构的凝胶，凝胶网络间充满了失去流动性的溶剂，如图 4-1 所示。凝胶经过干燥、烧结固化制备出分子乃至微纳结构的材料。溶胶-凝胶法具有操作简便、反应温度低、低污染、易于成膜等特点[1,2]，但通常所使用的原料较贵且制备过程较长。

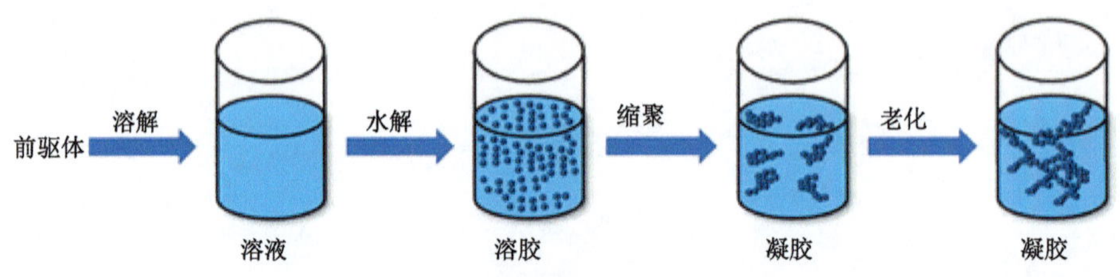

图 4-1　溶胶-凝胶反应过程示意图

溶胶-凝胶法作为杂化材料的重要化学合成方法，其起源可追溯到 1846 年，Elbelmen 首次通过溶胶-凝胶法研究了四乙氧基硅烷(TEOS)的水解和缩合反应，但当时这种方法并没有得到重视[3]。1939 年，Geffchen 证实了金属烷氧基化合物制备氧化薄膜的可行性，溶胶-凝胶法才得到更多的关注[4]。另外，该方法可以缩短干燥时间，受到学术界和工业界的广泛关注[5]。20 世纪 80 年代，溶胶-凝胶法迎来了发展的高峰期，一大批关于溶胶-凝胶的基础研究和应用研究文献陆续被报道，同时该方法也被广泛地应用于制备各种材料如生物材料[6,7]、催化剂载体[8-10]、超导材料[11]、薄膜及涂层材料[12-14]等。进入 21 世纪，该学科的发展更为迅速，研究更为宽泛、更为精深[15]。溶胶-凝胶法在整个材料合成领域中显示出了巨大的优越性和极为广阔的应用前景。

利用溶胶-凝胶法制备超润湿材料目前已有诸多的报道，主要是利用溶胶-凝胶过程的粉体或者薄膜材料，加以改性修饰，进而制备出各种功能表面材料[16]。溶胶-凝胶法作为一种迅速兴起的制备功能材料技术，能够将不同种类的添加剂，包括有机功能材料等分散在溶胶基质中，经过热处理后变得致密，同时这种均匀分布的状态仍旧保持不变，并且表现出材料的独特性。

4.2　原理及装置

4.2.1　原理

溶胶-凝胶法的基本原理是将金属醇盐或者无机盐又或者两者的混合物作为前驱体，经过有机溶剂或者水的溶解形成均匀的混合物，在催化剂(如酸、碱)的作用下，前驱体水解或醇解，形成多价的水解(醇解)产物后进行缩合，进而形成溶胶。在水解阶段，金属成分可任意组合或掺杂，获得各种性能的复合溶胶体系。然后改变条件(如 pH 值、温度或蒸发溶剂)，使溶胶粒子进一步长大，形成空间网状结构，这时体系失去流动性，形成“凝胶”[17]。酸催化条件下醇盐的水解-缩聚反应机理如图 4-2 所示。

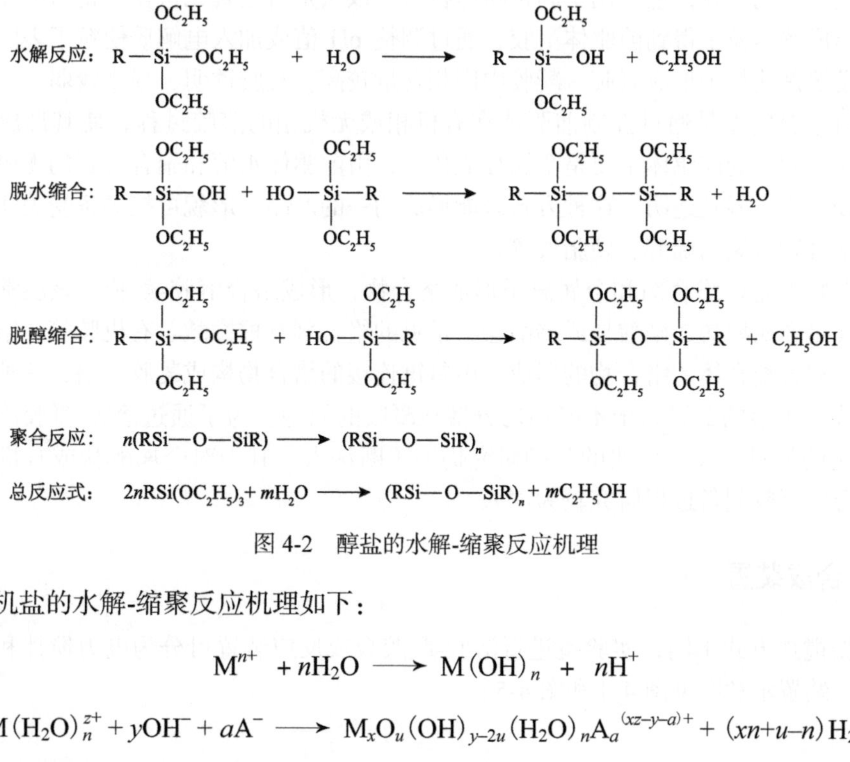

水解反应：
$$\begin{array}{c} OC_2H_5 \\ | \\ R-Si-OC_2H_5 \\ | \\ OC_2H_5 \end{array} + H_2O \longrightarrow \begin{array}{c} OC_2H_5 \\ | \\ R-Si-OH \\ | \\ OC_2H_5 \end{array} + C_2H_5OH$$

脱水缩合：
$$\begin{array}{c} OC_2H_5 \\ | \\ R-Si-OH \\ | \\ OC_2H_5 \end{array} + \begin{array}{c} OC_2H_5 \\ | \\ HO-Si-R \\ | \\ OC_2H_5 \end{array} \longrightarrow \begin{array}{c} OC_2H_5 \quad OC_2H_5 \\ | \qquad\quad | \\ R-Si-O-Si-R \\ | \qquad\quad | \\ OC_2H_5 \quad OC_2H_5 \end{array} + H_2O$$

脱醇缩合：
$$\begin{array}{c} OC_2H_5 \\ | \\ R-Si-OC_2H_5 \\ | \\ OC_2H_5 \end{array} + \begin{array}{c} OC_2H_5 \\ | \\ HO-Si-R \\ | \\ OC_2H_5 \end{array} \longrightarrow \begin{array}{c} OC_2H_5 \quad OC_2H_5 \\ | \qquad\quad | \\ R-Si-O-Si-R \\ | \qquad\quad | \\ OC_2H_5 \quad OC_2H_5 \end{array} + C_2H_5OH$$

聚合反应：　$n(RSi-O-SiR) \longrightarrow (RSi-O-SiR)_n$

总反应式：　$2nRSi(OC_2H_5)_3 + mH_2O \longrightarrow (RSi-O-SiR)_n + mC_2H_5OH$

图 4-2　醇盐的水解-缩聚反应机理

无机盐的水解-缩聚反应机理如下：

$$M^{n+} + nH_2O \longrightarrow M(OH)_n + nH^+$$

$$xM(H_2O)_n^{z+} + yOH^- + aA^- \longrightarrow M_xO_u(OH)_{y-2u}(H_2O)_nA_a^{(xz-y-a)+} + (xn+u-n)H_2O$$

其中，A^-为凝胶过程中所加入的酸根离子；M^{z+}可通过 O^{2-}、OH^-或 A^-与配体桥联。当

x=1 时，形成单核聚合物；x>1 时，形成多核聚合物。

溶胶-凝胶法制备材料的方式各异，其产生的机制大概分为以下三种：传统胶体型、无机聚合物型以及络合型，具体形成方式如图 4-3 所示[18]。

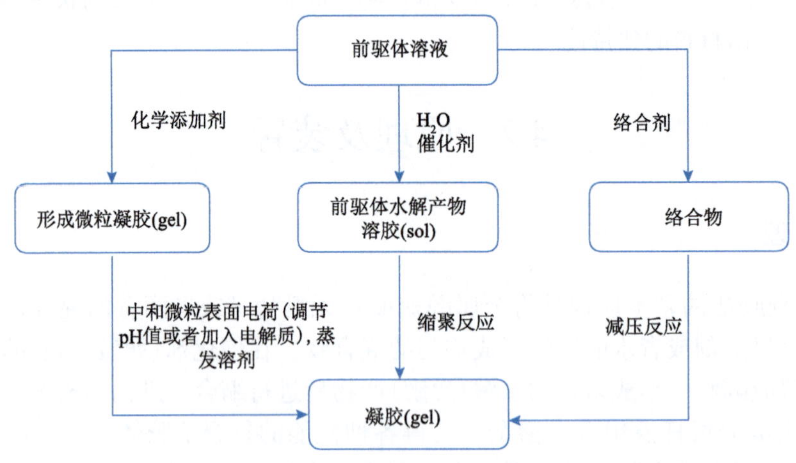

图 4-3　凝胶形成的不同方式[18]

传统胶体型是通过控制前驱体沉淀过程，形成颗粒，颗粒聚集形成稳定的溶胶，再经过蒸发得到凝胶，主要用于制备粉体材料。该法是由金属无机化合物与添加剂之间的反应形成密集粒子得到前驱体溶胶，通过调整 pH 值或加入电解质使粒子表面电荷中和，蒸发溶剂使粒子形成凝胶，凝胶中固相含量较高，凝胶透明，强度较弱。

无机聚合物型是通过控制前驱体在有机相或无机相的溶胶过程，使其形成均匀的凝胶。该法常用的前驱体主要是金属烃氧化物，由前驱体水解和聚合得到的无机聚合物构成凝胶网络，凝胶透明。这种方式因能形成均一的产品、形貌可控等备受关注，该法常用的聚合物有聚乙烯醇、硬脂酸等。

络合物型是以络合剂和金属离子形成络合物，形成络合溶胶-凝胶。该法常用的前驱体主要是金属醇盐、硝酸盐或醋酸盐，常见的络合剂有柠檬酸、有机胺等。络合反应导致较大混合配合体的络合物的形成，由氢键连接的络合物构成凝胶网络，这种方式有力地解决了不溶的金属离子不能均匀分散在凝胶的问题。为了通过溶胶-凝胶法制备出更加优越的材料，关于该法的基础研究仍旧不断深入，其中对金属醇盐或有机硅的水解、缩合的凝胶制备过程研究较为深入。

4.2.2　合成装置

根据搅拌方式不同，实验室进行溶胶-凝胶合成反应装置可分为电力搅拌和磁力搅拌两种，装置示意图见图 4-4 和图 4-5。

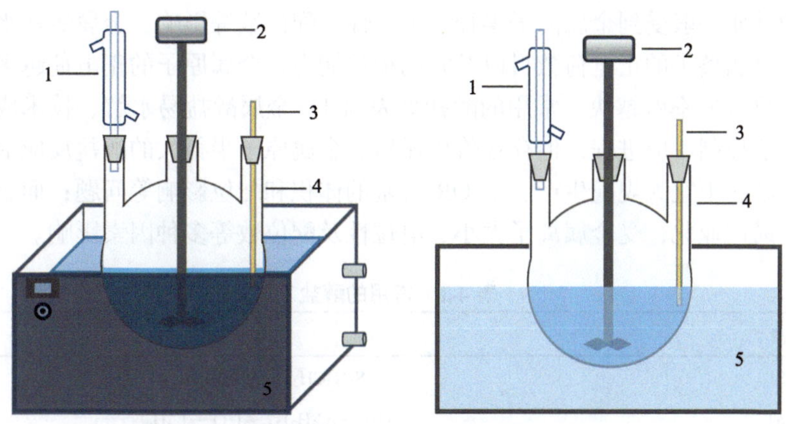

图 4-4　溶胶-凝胶合成反应示意图（电力搅拌）

1. 回流装置；2. 电力搅拌器；3. 温度计；4. 反应容器；5. 恒温水浴装置

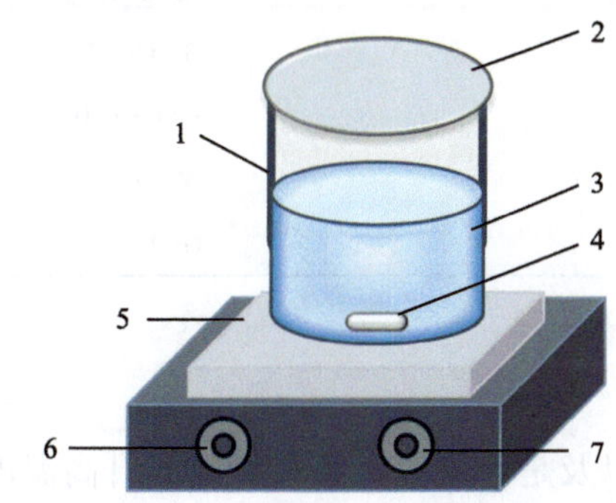

图 4-5　溶胶-凝胶合成反应示意图（磁力搅拌）

1. 反应容器；2. 密封盖；3. 反应溶液；4. 磁力搅拌子；5. 加热平整；6. 温度调节器；7. 搅拌子转速调节器

工业生产用溶胶-凝胶合成装置，一般包括反应釜、固态和液态原料输送系统、电解装置、搅拌装置以及控制系统；反应釜内设置有温度传感器，原料送料系统包括定量测量装置，并与控制系统相连接，实现了溶胶-凝胶的高品质、自动化生产。

4.3　制备工艺因素

溶胶-凝胶法合成制备材料工艺过程主要包括溶液的溶胶化、凝胶化-成型和固化处理制得成品三个阶段，每一步的工艺及影响因素的变化都会产生不同的结果[19,20]。在溶胶化合成阶段的工艺影响因素包括前驱体的选择、反应物配比、反应温度和时间、溶液 pH 值的控制、金属离子半径以及络合剂和催化剂的性质；凝胶化-成型阶段的影响因素为老化方式和老化时间；固化阶段则要考虑选择干燥方法及热处理工艺。

4.3.1　前驱体选择

目前制备溶胶常用的材料是金属醇盐和无机盐。金属醇盐是溶胶-凝胶的基础，它在溶剂中的性质一般受到金属离子半径、电负性、配位数等影响。金属醇盐水解及缩合主要取决于金属离子的正电荷数目以及它的配位能力，金属原子的正电荷越多，配位能力越强，其反应速率就越快。常用的醇盐见表 4-1。金属醇盐易水解、技术成熟、可通过调节 pH 值控制反应进程，但存在价格昂贵、金属原子半径大的醇盐反应活性极大、空气中易水解、不宜大规模生产、受 OR 烷基的体积和配位影响等问题；而金属无机盐价格低廉、易产业化，受金属离子大小、电位性及配位数等多种因素影响。

表 4-1 常用的醇盐

阳离子	醇盐
Si	$Si(OCH_3)_4$，$Si(OC_2H_5)_4$
Al	$Al(O—iC_3H_7)_3$，$Al(O—sC_4H_9)_3$
Ti	$Ti(O—iC_3H_7)_4$，$Ti(OC_4H_9)_4$，$Ti(OC_5H_7)_4$
B	$B(OCH_3)_3$
Ge	$Ge(OC_2H_5)_4$
Zr	$Zr(O—iC_3H_7)_4$
Y	$Y(OC_2H_5)_3$
Ga	$Ga(OC_2H_5)_2$

4.3.2 反应温度及时间

反应温度对凝胶时间以及是否凝胶有直接影响，升高温度，体系中分子的平均动能增加，分子运动速率提高，相对应的水解速度也随之增大，胶粒分子动能增加，碰撞的概率也随之增大，从而导致溶胶时间缩短；另外温度的升高导致溶剂的挥发也随之加快，相当于增加了反应物的浓度，也在一定程度上加快了溶胶速率，但是温度升高也将导致生成的溶胶相对不稳定，加速了溶胶的凝胶化过程。因此一般溶胶的生成，都是在较低温度(室温)下进行。反应时间越长，越有利于溶胶的生成，反应也越充分。但是反应时间太长也不利于溶胶的生成，反而导致溶胶胶粒过大。同时反应时间过长，成本也随之增加，不利于生产。

4.3.3 溶剂的性质

不同溶剂对醇盐的水解缩合影响是不一样的，例如使用醇作为溶剂时，醇盐中的—OR 基可能与醇溶剂中的—OR 互相交换，会造成醇盐水解活性的变化。因此，同种醇盐选用不同的溶剂，其水解速率、胶凝时间也随之改变。另外溶剂的种类还会影响湿凝胶的干燥，如溶剂的饱和蒸气压高，易挥发，则导致干燥速率过快，容易引起凝胶开裂等问题。

4.3.4 加料速度

金属醇盐遇水容易发生水解凝固，因此滴加速率会明显地影响溶胶时间。滴加速率越快，凝胶速率也越快，同时速率过快会造成局部水解过快而导致生成沉淀，而且存在一部分溶胶未水解，进而导致无法获得均一的凝胶，所以反应时多辅以均匀搅拌，以保证得到均一的溶胶-凝胶。

4.3.5　催化剂的性质与浓度

金属醇盐虽然遇水容易发生水解，但是加入相应的催化剂能够使金属醇盐水解速率加快，水解得更加彻底，其中较为常用的催化剂为盐酸和氨水。另外不同的催化剂之间对水解进程有着不一样的影响。以 TEOS 为例，在酸性条件下，以氟化物为催化剂时，由于氟离子电负性强，且半径较小，可以直接对硅原子进行亲核取代，因此水解速度较快。当以氯化物为催化剂时，由于氯离子离子半径较大，难以进攻硅原子发生亲核反应，所以只能借助 H^+使得 TEOS 中一个—OR 质子化，导致电子云向—OR 基团发生偏移，使得硅原子核的另一侧的空间间隙增大且呈现亲电子性，电负性较强的氯离子得以进攻硅原子。氯离子进攻的困难导致 TEOS 的水解速率明显慢于氟化物催化，对于溴化物、碘化物更是如此。当使用碱作为催化剂时，由于阴离子 OH^-的半径小，可对 TEOS 发动亲核进攻且中间过程少，故此水解速率很快，且水解产物多为 $Si(OR)(OH)_3$ 或者 $Si(OH)_4$。此外，金属醇盐与水、溶剂之间的互溶性较差，所以过低的酸性将导致它们三者之间的不混溶，使得水解反应无法正常进行。

4.3.6　水与金属醇盐的量比

水与金属醇盐量比多以水与金属醇盐之间的摩尔比 R 来表示，反应体系中 R 值大小对醇盐水解缩合的产物有着重要影响，醇盐水解缩合的产物为低交联线性产物。酸性条件下，R 值较小时，反应体系中的水不足以使 TEOS 水解，因此需要依靠硅醇脱水缩合产生的水继续发生水解，聚合则以脱醇聚合为主，反应受到水解控制。R 值较大时，有利于提高 TEOS 的水解速度，水解产物多以 $Si(OR)_2(OH)_2$ 较多。此时的聚合以脱水缩合为主，反应向多维度方向进行，形成的交联产物为三维短链交联结构。碱性条件下，R 值较小时，由于反应体系的水的不足量及硅原子周围—OR 基团的位阻效应导致水解速度慢。R 值较大时，由于—OR 位阻效应，初始水解速度慢，一旦第一个—OH 置换成功将大大提高水解速度，且水解产物多为 $Si(OR)(OH)_3$ 或 $Si(OH)_4$。聚合以脱水缩合为主，但是位阻效应很大，聚合速度较慢。另外当 R 值大小不恰当时，如果反应物的浓度及催化剂浓度偏高，聚合速度的加快会导致颗粒生长过快，形成过大的颗粒，因它们之间的静电吸引力过大导致无法凝胶，形成二氧化硅颗粒的悬浮液。所以恰当的 R 值，有利于保持硅醇盐恰当的水解速度和聚合速度。

4.4　材 料 制 备

溶胶-凝胶法制备超润湿材料已有诸多报道，主要是利用溶胶-凝胶过程制备粉体，薄膜或者凝胶材料，加入修饰形成超润湿材料。

4.4.1 超疏水材料

溶胶-凝胶反应条件容易控制，反应前驱体种类多样，因而被广泛应用于超疏水材料表面的制备[21]，且通过溶胶-凝胶法获得的表面粗糙度只需要改变材料的组成就可以很轻易地修改。Latehe 等[22]利用甲基三乙氧基硅烷(MTES)作为疏水改性剂，通过溶胶-凝胶过程，在玻璃基底表面制备了多孔的超疏水二氧化硅薄膜，孔径在 250～300 nm，且当 MTES/TEOS=0.43 时，水的接触角可达 160°。Hui 等[23]制备了颗粒尺寸为 80～100 nm 的二氧化硅溶胶涂覆在玻璃表面，然后利用蜡烛内焰在表面沉积一层碳层，碳颗粒约 30 nm，反复叠加，分别制备了 3 层和 5 层的粗糙结构的薄膜，并发现了一种同心圆环的粗糙结构，再经过化学气相沉积的三甲基氯硅烷修饰，得到了较为稳定的超疏水表面。钱红雪等[24]将全氟辛基三乙氧基硅烷(FAS)改性的二氧化硅颗粒与有机蒙脱土(OMMT)混合制成溶胶，采用浸渍提拉法制备了具备超疏水性能的复合涂层，最大接触角达 155°，研究发现 OMMT 的加入对表面疏水性能并没有很大的影响，但是使得制备成本降低，且涂层与基底之间的黏附力增强。Shang 等[25]先用溶胶-凝胶法，分别以不同组成的二氧化硅溶胶为前驱体，在玻璃基底上构建了硅基薄膜，通过控制各种 SiO_2 前驱体的溶胶-凝胶处理过程中的水解和缩合反应调整表面粗糙度；再用两种自组装单层膜分别修饰改性膜表面，得到多种光学透明的、接触角为 165°的超疏水薄膜。刘建峰等[26]以 TEOS 和 MTES 为前驱体，在含氟硅聚氨酯丙烯酸酯(FSiPUA)复合乳液中进行水解缩合反应，制备了一种具有微/纳双级粗糙度结构的超疏水 FSiPUA/SiO_2 杂化涂层。利用有机高分子聚合物 FSiPUA 作为成膜物质，改善了涂层的成膜性，但制备过程耗时长，这对于涂层的实际生产应用不利。随着 MTES/TEOS 摩尔比增加，杂化涂层的表面粗糙度逐渐下降，疏水性先增大后减小；随着 FSiPUA 复合乳液用量增加，涂层的成膜性逐渐变好；当(TEOS +MTES)∶C_2H_5OH∶$NH_3{\cdot}H_2O$∶AMP-95 的摩尔比为 1∶6.67∶1.83∶0.24、MTES/TEOS 摩尔比值为 5、FSiPUA 复合乳液用量为 20%时，涂层具有超疏水特性，其水接触角和滚动角分别为 161.5°和 2.8°，涂层表面对水滴具有优异的不黏附性，如图 4-6 所示。

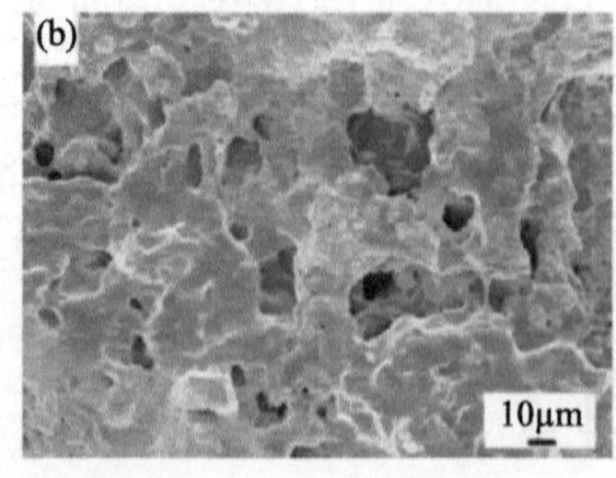

图 4-6 不同 MTES/TEOS 摩尔比的涂层 SEM 图[26]

(a) R=5；(b) R=7；(c) 图(a)放大 5 倍后的图

由于溶胶-凝胶法反应条件容易控制，反应前驱体种类多样，反应生成的颗粒物等尺寸、表面形貌及粗糙度容易控制，在木材等多种基底上大量用于构建超疏水表面[27]，而且通过溶胶-凝胶法构建的微纳米级薄膜结构通常含有硅等化学性质稳定的氧化物，因此对温度、酸碱性等有良好的抗性。Wang 等[28]采用溶胶-凝胶法，在木材表面原位合成了二氧化硅纳米球颗粒，随后利用化学气相沉积法用十三氟辛基三乙氧基硅烷(POTS)表面修饰后，获得了水滴接触角达 164°，滚动角≤3°的超疏水性的木质基表面，使木材具有疏水性，尺寸稳定性提高，抗风化能力增强，可为木材提供有效的保护。梁金等[29]同样通过溶胶-凝胶法在木材表面原位生长一层类似于荷叶表面凸起结构的纳米二氧化硅薄膜，然后采用乙烯基三乙氧基硅烷进行低表面能修饰，获得了水滴接触角达 150.6°的超疏水木材，且具有很小的滚动角，如图 4-7、图 4-8 所示。

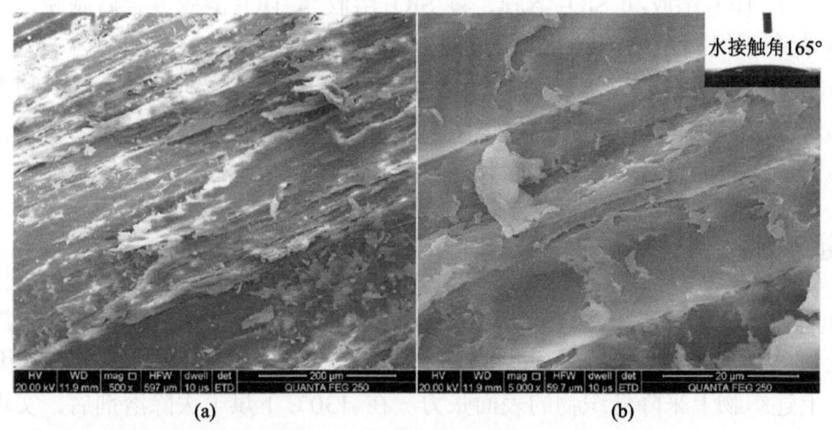

图 4-7　纯木材的低倍(×500)(a)和高倍(×5000)(b)SEM 图[29]

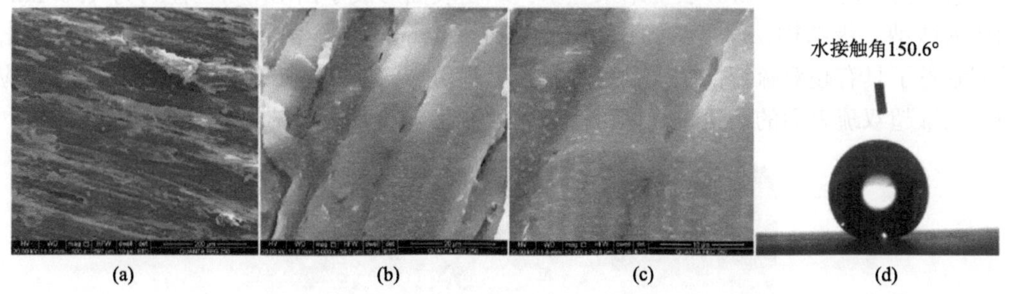

图 4-8　超疏水木材的低倍(×500)(a)和高倍[×5000(b)、×10000(c)]SEM 图及接触角测试图(d)

4.4.2　超亲水材料

目前，在用溶胶-凝胶法制备超亲水表面时，应用 TiO_2 进行研究的制备实例比较多，Euvananont 等[30]以钛酸四异丙酯为前驱体，异丙醇、乙醇、丙酮为溶剂，采用溶胶-凝胶法在酸催化条件下制备了 TiO_2 涂层，将所得 TiO_2 溶胶通过旋涂、浸涂和丝网印刷技术涂覆在玻璃表面，得到具有光催化性能的超亲水 TiO_2 涂层。

Chen 等[31]通过无模板溶胶-凝胶法制备了多孔结构的 ZnO/TiO_2 复合溶胶，采用旋

涂法制备了 ZnO/TiO_2 复合涂层，将涂层先后经过 110℃和 500℃热处理 30 min 后得到多孔结构的超亲水涂层，这种复合涂层在无光条件下接触角可达 1.8°，实现超亲水性，该表面具有防雾和自清洁的功能，在无光照条件下仍可达到超亲水状态。

余家国等[32]以 TEOS 和钛酸乙酯(TEOT)为原料，通过溶胶-凝胶工艺在玻璃表面制备了均匀透明的 TiO_2/SiO_2 复合纳米薄膜，其亲水能力较纯 TiO_2 大大增强，当 SiO_2 含量为 10%～20%时，获得了润湿角为 0°的超亲水性薄膜。陶玉红[33]首先用溶胶-凝胶法制备了改性 SiO_2 溶胶，然后与丙烯酸共聚得到有机-无机杂化材料，置换溶剂并调节 pH 值后，制得水性有机-无机杂化超亲水涂料，其涂装后的表面附着力为 0 级，铅笔硬度达到 7H，在 200℃耐热 1 h 后涂层表面未发生色变。Ren 等[34]通过溶胶-凝胶法制备出厚度约为 100 nm 的超亲水性 SiO_2/TiO_2 复合表面，对基材具有良好的附着力。冯文辉等[35]制备了 TiO_2 溶胶和 SiO_2 溶胶，将 SiO_2 溶胶与 TiO_2 溶胶混合后制膜，实验证明添加 SiO_2 有利于提高水在 TiO_2 表面的动态铺展速度，最佳 SiO_2 添加量为 15%。

Huang 等[36]采用溶胶-凝胶法对氧化石墨烯进行改性，分别得到了层状和无层状的氧化石墨烯涂层，从涂层表面扫描电镜图中发现，较之于层状氧化石墨烯涂层，无层状氧化石墨烯涂层表面具有更大粗糙度和孔隙率，具备超亲水性。

4.4.3 超双疏材料

Zhou 等[37]将 TEOS 和氟硅烷(FAS)在碱性条件下水解形成纳米二氧化硅溶胶，滴涂于涤纶织物上，然后将溶解聚偏四氟乙烯-六氟丙烯(PVDF-HFP)的二甲基甲酰胺溶液滴涂在上述织物上来降低织物的表面张力。在 130℃下烘干去除溶剂后，实现了超双疏性能，对水、豆油和正己烷的接触角分别达到了 172°、165°和 160°，滑动角均低于 7°。电子扫描显微镜(SEM)表征结果显示：织物表面形成了由 SiO_2(粒径约为 150 nm)构成的微纳二级结构，厚度约为 250 nm。Hayase 等[38]结合溶胶-凝胶法和硫醇-烯点击反应制备了具有超双疏特性的大孔硅块，该材料可漂浮于水或有机液体之上，将有望应用于三维超双疏表面的构筑、气体可透过膜的制备等，其表面结构见图 4-9 所示。

图 4-9 溶胶-凝胶法制得的超双疏表面的扫描电镜图[38]

目前，进行低表面能改性的物质多为毒性较大的氟化物，Xu 等[39]将棉纤维织物分布浸于壳聚糖溶液和改性的有机硅醇溶胶中，并采用毒性较小的 1*H*,1*H*,2*H*,2*H*-全氟辛基三甲氧基硅烷(PFOMS)作为低表面能改性剂，得到的超双疏织物具有蓬松的海绵纳米孔凹角结构，与水、食用油及十六烷的接触角分别达 164.4°、160.1°和 156.3°。处理后的织物拉伸强度、透气性、白度等物理性质几乎没有改变。

Wu 等[40]采用一种结合低表面和高表面能 SiO_2 纳米粒子的新方法，通过溶胶-凝胶法制备了具有超疏水和超疏油的高机械强度表面涂层。研究发现，在低和高表面能 SiO_2 纳米颗粒之间摩尔比为 2∶4 时，表面具有最佳的超疏油性和力学性能。此时水滴在其表面的接触角达到 166°，此时微观结构与表面接触角如图 4-10 和图 4-11 所示。

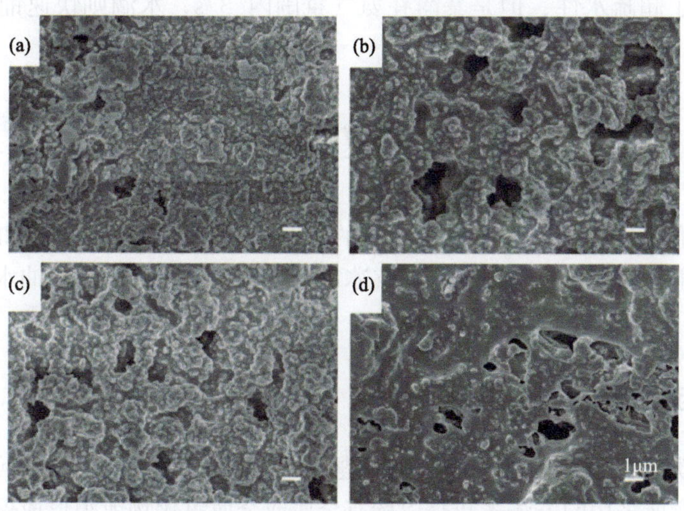

图 4-10　制得涂层 FESEM 形貌[40]

(a) TGS 1∶5；(b) TGS 2∶4；(c) TGS 3∶3；(d) TGS 6∶0

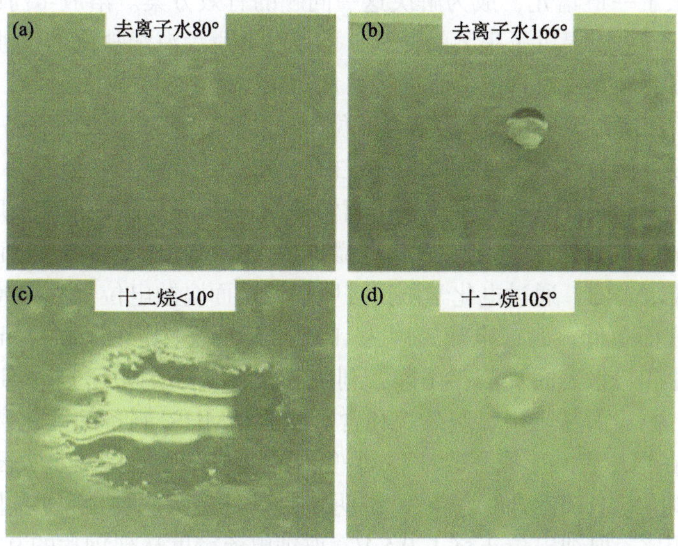

图 4-11　水和十二烷液滴在 GFRE 基板上时的表面接触角[40]

(a)、(c) 无涂层；(b)、(d) 涂有 TGS 2∶4 涂层

4.4.4 智能响应材料

日本冈山大学 Miyake 等[41]利用溶胶-凝胶法将 TiO_2 涂覆在载玻片上。通过紫外(UV)辐照后，原本水下疏油的表面增强为水下超疏油性，并且对油滴显示出极低的黏滞力。UV 辐射前，油滴在钛网表面的接触角为 144°±9.6°。而当 UV 辐射后，油滴的接触角到达了 165°±1.9°。Ma 等[42]通过钛酸丁酯、二氧化钛纳米颗粒、含氟物质形成的溶胶涂覆在织物表面制备了 pH 响应的智能织物。经过 pH=1 酸处理，织物表面显示超疏水性，而经过碱处理后，织物表面去质子化，水接触角近似为 0°。Xu 等[43]基于二氧化钛纳米颗粒和七氟壬酸改性二氧化钛溶胶得到了氨敏性的涂层。该织物在空气中展现出了超疏水性，但是暴露在氨气氛围内 3 s，水滴则快速铺展，接触角近似 0°。

4.5 应　　用

具有特殊润湿性的功能表面对于人类的生产生活有着重要的意义和应用价值。目前超润湿材料主要应用于防腐蚀、防雾抗冰霜、流体减阻、自清洁、油水分离、生物医药等领域。

4.5.1 腐蚀与防护

腐蚀是人类生产生活所面临的巨大难题，每年都会造成上千万的巨大经济损失。目前为止，防腐所采用的方法多数是以稀有金属或金属氧化物镀膜形成保护层来实现防腐目的，但是由此带来的高成本和环境影响是不容忽视的。近年来，超润湿材料的兴起无疑给防腐带来了一道曙光，成为解决这一问题的有效方案。溶胶-凝胶法制备的超润湿涂料为保护不同金属提供了很大的便利，不仅能够避免海洋盐汽的腐蚀，还可以有效地防止酸碱性腐蚀性介质对管道的腐蚀等，从而减少经济损失[44]。

Liang 等[45]利用传统 Stober 法结合原位生长法，在铝基底表面制备了一层 55 μm 厚的膜层，水接触角为 155°，并研究了在 3.5% NaCl 溶液中腐蚀行为，结果表明基底的腐蚀电位有很大的正移，显示了优越防腐蚀性能。Weng 等[46]利用有机氟化聚丙烯酸酯与甲基三乙氧基硅烷水解杂化二氧化硅微球混合形成溶胶，将溶胶旋涂到冷轧钢表面，获得了超疏水表面。通过电化学测试表明，该表面腐蚀电位仅为–490 mV，比裸露的钢片和疏水表面更低，腐蚀电流密度为 14.8 $\mu A/cm^2$，相当于 0.02 mm/a 的腐蚀速率，远低于裸片和疏水表面。莫春燕等[47]利用低表面能物质硬脂酸将 TiO_2 纳米颗粒表面修饰，与十二氟庚丙基三甲氧基硅烷和含氢硅油(PMHS)制备的氟化含氢硅油混合。用溶胶-凝胶法在钢片表面形成了改性 TiO_2/氟化含氢硅油复合超疏水表面。该表面与水的静态接触角为 155°，滚动角为 8°，说明涂层具备超疏水性能。通过电化学测试表明，与裸钢片相比，腐蚀电位正移了 0.5 V，腐蚀电流密度从裸钢片的 9.15×10^{-4} A/cm^2 下降至 8.98×10^{-6} A/cm^2，减小了 2 个数量级，而相比纯 PMHS 的 2.67×10^{-5} A/cm^2，减小了1个数量级，显示出较好的耐腐蚀性能。

莫春燕等[48]利用低表面能物质硬脂酸将 TiO_2 纳米粒子表面有机化，并以十二氟庚基丙基三甲氧基硅烷和含氢硅油为原料制备了氟化含氢硅油，将改性后的 TiO_2 与氟化含氢硅油混用，用溶胶-凝胶法在铝基底上形成了改性 TiO_2/氟化含氢硅油复合超疏水表面，该表面与水的静态接触角为 152°，滚动角为 7°，说明涂层具备超疏水性能。电化学测试结果表明，与裸铝相比，其腐蚀电位从–926 mV 正移至–576 mV，腐蚀电流密度从 4.68×10^{-5} A/cm^2 下降至 9.07×10^{-6} A/cm^2，显示出良好的耐腐蚀性，见图 4-12 和图 4-13。

图 4-12 氟化含氢硅油(a)和纳米 TiO_2/氟化含氢硅油(b) SEM 形貌[48]

图 4-13 改性 TiO_2/氟化含氢硅氧烷涂层表面的水滴照片[48]

4.5.2 防雾抗冰霜

起雾结霜结冰是自然界常见的现象，它不仅给人们生产生活带来好处，同时也带来了诸多麻烦，甚至灾害，以至于给社会生产带来巨大的损失。于是研究人员开始寻求有效的解决途径，而超润湿表面展现出的优良性能，让研究人员看到了难题解决的希望。通过大量的研究表明表面润湿性能够影响水雾的凝结及冰的附着，超润湿性材料表面能够有效地降低冰的附着力以及水的冰点从而达到防覆冰的效果，能够有效防止水雾的凝结从而达到防雾效果。目前这些超润湿表面已经在车窗后视镜、医疗器械等方面得到了商业应用[49]。

Li 等[50]利用全氟硅氧烷改性二氧化硅制备了具有超疏水性的涂层薄膜。在室外、测试温度为–3℃至 1℃、相对湿度为 87%～91%、风速为 5.9～6.6 m/s 的条件下，测试 6 h 后，表面只出现了零散的结冰现象，表现出良好的防覆冰效果。Jumg 等[51]利用改性后的抗冻蛋白引入到铝片表面，形成超疏水表面，使得水难以在含有抗冻蛋白的铝片表面结冰。即使铝片在低温环境下也没有出现结冰现象，水滴在表面结冰的温度可降至–25℃。Huang 等[52]利用溶胶-凝胶法以钛酸四丁酯为原料，制备出了多孔 TiO_2 薄膜。该表面表现出超亲水性，具有良好的防雾性能。王强峰等[53]将二氧化硅引入树杈状聚酰胺酯中制备了超亲水改性聚酰胺酯聚合物涂层。实验结果表明，在–5℃的条件下，延长的结冰时间是疏水涂层 3 倍，冰黏附力仅为 0.33 N，并且可持续发挥防覆冰性能。

4.5.3 流体减阻

航海或者航空航行过程中，流体阻力带来的影响是能耗的增加，根据理论的计算，在能源和航速不变的条件下，阻力减少 10%，航程可增加 11.1%，所以减阻是实现远航程的有效途径[54,55]。超疏水表面减阻是近几年来兴起的一种减阻技术，它具有简便、经济及防污等特点，在流体减阻方面具有广阔的前景[56]。

Moaven[57]等利用原钛酸丁酯水解制备溶胶，稀释后喷涂在盘型铝基板上形成分级的微米/纳米结构，达到超疏水的效果。在雷诺数 10^5～2×10^6 范围内对层流和湍流减阻效果分别高达 30%和 50%。Liu 等[58]通过溶胶-凝胶法制备了密度为 1～2 mg/m^2 的氟化二氧化硅，获得了具有超疏水性的无机-有机复合膜，自愈性能达到 70.29%。此外，该无机-有机复合膜还具有出色的减阻性能，减阻效率高达 27.7%。Tang 等[59]研究了通过溶胶-凝胶法制备的不同孔径的超亲水性的多孔 TiO_2 薄膜减阻或增阻的可能性。测试过程中，TiO_2 薄膜中的 PEG2000 添加量从 0.25 g 增加至 2 g 时，使用 12～25 mm 的球测试，发现减阻效率分别从–17.9%增加到 8.6%和–16.8%增加到 9.4%。

4.5.4 自清洁

超润湿表面是一种具有特殊润湿性的功能性表面，它具备与其他普通表面所不具备的功能——自清洁。自清洁是指表面的污染物或尘埃在重力、风、雨水和太阳光等自然外力的作用下能够自脱除或者降解的一种功能性表面[60]。这种功能性表面不仅降低了清洁成本，还降低了高空作业的安全隐患。自清洁材料在建筑建材、管道运输、电子设备及光电行业等具有广阔的应用前景[61,62]。

Kumar 等[63]利用硅酸四乙酯作为硅源，γ-(甲基丙烯酰氧)丙基三甲氧基硅烷和十七氟癸基三甲氧基硅烷作为改性剂，在玻璃表面形成了超疏水涂层，水接触角达到 160°以上，研究自制了泥土、油、炭黑和沙子以及盐混合的污染物，进行抗污试验，试验后，表面自清洁效果达到 96%，自清洁效果理想。Zhang 等[64]利用全氟烷基硅氧烷、硅酸四乙酯以及甲基硅氧烷得到含氟硅溶胶，制备了透光率达到 99.8%以上的超疏水薄膜，有望应用在高性能激光聚变系统。Lv 等[65]基于聚苯硫醚(PPS)基体制备了坚固的自清洁防腐蚀超疏水涂层，水接触角高达 161°。测试过程中，该涂层浸入泥浆溶液中 100 次，仍具有良好的自清洁效果，并且该涂层具有优异的机械稳定性。

4.5.5 油水分离

油水混合物作为一种来源广泛的常见环境污染物，不仅造成了严重的经济损失，而且对生态环境有着难以磨灭的危害，所以油水分离及水净化技术对环境和资源的保护非常重要。膜分离法是目前应用油水分离最佳的方式之一，它具有可控性强、过程无相变、操作简单灵活、单级分离效率高、能耗低、反应速率快和不产生二次污染等优点[66]。

Jiang 等[67]利用溶胶-凝胶法在不锈钢网上涂覆了一层聚丙烯酸铵水凝胶，得到了超亲水-水下超疏油涂层，该涂层在水下的油接触角为 155.3°，水下油水分离效率高达 99%以上，展现出优异的油水分离效率，并且该涂层可重复利用。Hui 等[68]在碱性条件下，运用溶胶-凝胶法以有机硅丙烯酸共聚物(SAS)和硅溶胶为原料，进行原位生长硅溶胶颗粒，接着通过简单喷涂制备了具有超疏水性能的复合涂层。该涂层对基底展现出普遍的适应性。涂层耐酸碱、耐有机溶剂、耐紫外老化和耐高温性能好，能够承受至少 200 次的磨损。当所制备的材料应用油水分离时，分离效率在 99%以上，并且可重复多次工作。Yuan 等[69]以剑麻纤维素为主要原料，利用溶胶-凝胶法获得了纤维素@SiO_2 气凝胶，碳化形成 BCS 气凝胶，然后原位组装 MnO_2 纳米片，制备出可压缩、多功能的 HBCSM 气凝胶。该材料展现出优异的超疏水性能，水的接触角可达 155°，然而在强酸碱条件下不具备超疏水性能。HBCSM 气凝胶弹性好，可极大地提高回收率，另外油水分离能力强，可实现 120.4 g/g 的吸附量。

Su 等[70]用 TEOS 和 PDMS(OH)作为反应物，采用气液溶胶-凝胶方法，在盐酸作为催化剂的条件下，在聚酯纺织品上制造了高度耐用且坚固的聚二甲基硅氧烷和二氧化硅超疏水表面。这是基于利用 TEOS 的水解和缩合生成二氧化硅；随着二氧化硅和 PDMS(OH)之间的极端极性差异以及微聚集的二氧化硅和 PDMS(OH)之间的 Si—OH 基团的进一步交联反应，逐渐形成微聚集的二氧化硅，然后构建足够的粗糙度。重要的是，超疏水性聚酯纺织品作为吸收材料或过滤管进一步用于油水分离，具有高分离效率和高重复使用性。制造超疏水纺织品的方法简单而高效，并且不需要特殊的设备、化学品或气氛。此外，该方法不涉及氟化和有机溶剂，非常有利于环境安全和保护。

Huang 等[71]通过一步溶胶-凝胶法将氧化石墨烯与亲水性聚乙烯亚胺发生交联反应，制备出层状氧化石墨烯薄膜(LGM)和无层状氧化石墨烯薄膜(NLGM)，NLGM 表面相比于 LGM 具有更高的粗糙度和孔隙率(如图 4-14 所示)，并展现出超亲水和水下超疏油特性，油水分离率超过 99%。

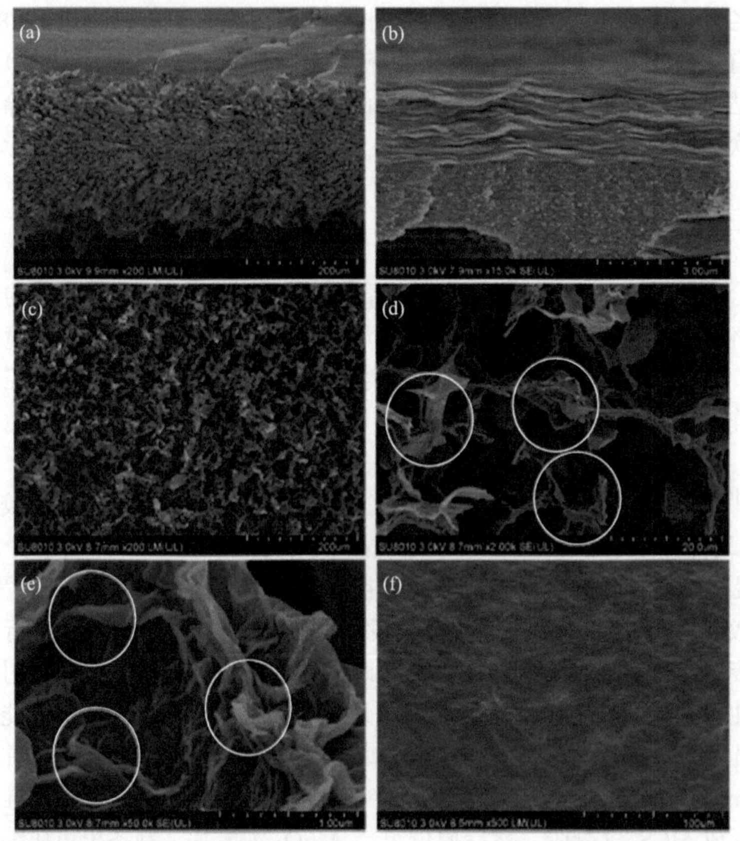

图 4-14 NLGM(a)和 LGM(b)的横截面 SEM 图；NLGM[(c)～(e)]和 LGM(f)的顶视 SEM 图[71]

4.5.6 生物医药领域

对于应用到医学生物领域的材料，材料表面与生物的相容性是非常重要的，当这些材料进入生物体内时，为了减轻生物体的痛苦并且减少材料表面对蛋白质和细菌的吸附生长，对这些材料进行表面处理是最有效的方式。超润湿材料在这方面具有广阔的前景，尤其是超亲水涂层。超亲水涂层具有良好的生物相容性和生物活性，因此在这些材料表面涂覆超亲水涂层能够很好解决这个问题。

二氧化钛是一种良好的生物兼容材料，在生物医学领域应用非常广泛。在紫外线的照射下，二氧化钛不仅能够清除表面污渍，而且还展现出优良的超亲水性质。Ogawa等[72-74]在研究中发现，经过紫外线照射的二氧化钛表面展现出超亲水特性，同时在该材料表面，清蛋白和纤维蛋白能够有效地被吸附，进一步提高了造骨细胞的附着和繁殖能力，更加有利于骨细胞的堆积和成长。他们认为超亲水二氧化钛的生物活性不仅与紫外线照射污渍清除有关，还得益于超亲水性质。Jin 等[75]研究发现纤维表面形成二氧化钛薄膜经过 1*H*,1*H*,2*H*,2*H*-全氟辛基三甲氧基硅烷(PFOTMS)的表面改性形成了超疏水和高疏油的表面，能够有效地抑制溶源性大肠杆菌的黏附。

思 考 题

4.1 溶胶-凝胶法的概念?

4.2 溶胶-凝胶法的原理?

4.3 溶胶-凝胶法要滴加水时，要注意什么问题?

4.4 溶胶-凝胶法使用的催化剂适用范围?

4.5 溶胶-凝胶法制备疏水涂层时如何控制表面粗糙度?

4.6 溶胶-凝胶法制备超亲水材料要常引入哪类粒子? 超双疏常引入哪类物质?

4.7 溶胶-凝胶法用在腐蚀防护上的优势是什么?

4.8 溶胶-凝胶法制备的超疏水和超亲水表面可以防雾吗?

4.9 防冰和疏冰的区别?

4.10 溶胶-凝胶法的一个缺点是陈化时间过长，试想有什么方法解决?

4.11 溶胶-凝胶法中硅烷偶联剂的使用要注意什么?

4.12 溶胶和凝胶有什么区别?

4.13 溶胶有什么特点?

4.14 凝胶形成的条件是什么?

4.15 影响溶胶-凝胶形成的因素?

参 考 文 献

[1] Hench L L, West J K. The sol-gel process[J]. Chemical Reviews, 1990, 90(1): 33-72.

[2] 甘国友, 郭玉忠, 苏云生. 溶胶-凝胶法薄膜制备工艺及其应用[J]. 昆明理工大学学报, 1997(1): 142-145.

[3] Brinker C J, Scherer G W. Sol-Gel Science: The Physics and Chemistry of Sol-Gel Processing[M]. Houston: Gulf Professional Publishing, 1990.

[4] 何琼, 许向东, 温粤江, 等. 溶胶凝胶制备氧化钒薄膜的生长机理及光电特性[J]. 物理学报, 2013, 62(5): 337-343.

[5] 王庆庆, 王锦玲, 姜胜祥, 等. 溶胶-凝胶法设计与制备金属及合金纳米材料的研究进展[J]. 物理化学学报, 2019, 35(11): 1186-1206.

[6] Hu Q, Li Y, Zhao N, et al. Facile synthesis of hollow mesoporous bioactive glass sub-micron spheres with a tunable cavity size[J]. Materials Letters, 2014, 134(1): 130-133.

[7] Ji L, Jell G, Dong Y, et al. Template synthesis of ordered macroporous hydroxyapatite bioceramics[J]. Chemical Communications, 2011, 47(32): 9048-9050.

[8] John H, Hema R, David P. A non-hydrolytic route to organically-modified silica[J]. Chemical Communications, 1999, (1): 81-82.

[9] Crouzet L, Leclercq D, Mutin P H, et al. Incorporation of siloxane and cyclophosphazene units into metal oxides by a nonhydrolytic sol-gel route[J]. MRS Online Proceeding Library Archive, 1998, 519: 51-56.

[10] 武志刚, 赵永祥, 许临萍, 等. 镍含量对 NiO/SiO_2 气凝胶性能的影响[J]. 无机化学学报, 2002(9): 949-952.

[11] 汪形艳, 王先友, 黄伟国. 溶胶-凝胶模板法合成 MnO_2 纳米线[J]. 材料科学与工程学报, 2005(1): 112-115.

[12] Dhere S L, Latthe S S, Kappenstein C, et al. Transparent water repellent silica films by sol-gel process[J]. Applied Surface Science, 2010, 256(11): 3624-3629.

[13] Li Y, Zhu X, Zhou X, et al. A facile way to fabricate a superamphiphobic surface[J]. Applied Physics A: Materials Science and Processing, 2014, 115(3): 765-770.

[14] Tsay C Y, Wang M C, Chiang S C. Characterization of $Zn_{1-x}Mg_xO$ films prepared by the sol-gel process and their application for thin-film transistors[J]. Journal of Electronic Materials, 2009, 38(9): 1962-1968.

[15] 武志刚, 高建峰. 溶胶-凝胶法制备纳米材料的研究进展[J]. 精细化工, 2010, 27(1): 21-25.

[16] 赵立强, 南泉, 全贞兰, 等. 溶胶-凝胶法制备超疏水表面的研究进展[J]. 低温与特气, 2015, 33(5): 1-5.

[17] Zhang Y H, Li Y, Fu S Y, et al. Synthesis and cryogenic properties of polyimide-silica hybrid films by sol-gel process[J]. Polymer, 2005, 46(19): 8373-8378.

[18] 吴刚, 谭志良, 郭丽. 溶胶-凝胶技术用于有机-无机杂化涂料的研究进展[J]. 现代涂料与涂装, 2018, 21(8): 28-32.

[19] 葛建华, 王迎军, 郑裕东, 等. 溶胶凝胶法在聚合物/无机纳米复合材料中的应用[J]. 材料科学与工程学报, 2004, 22(3): 442-445.

[20] 潘建平, 彭开萍, 陈文哲. 溶胶-凝胶法制备薄膜涂层的技术与应用[J]. 腐蚀与防护, 2001, 22(8): 339-342.

[21] Ye Y, Liu Z, Liu W, et al. Superhydrophobic oligoaniline-containing electroactive silica coating as preprocess coating for corrosion protection of carbon steel[J]. Chemical Engineering Journal, 2018, 348: 940-951.

[22] Dhere S L, Latthe S S, Kappenstein C, et al. Transparent water repellent silica films by sol-gel process[J]. Applied Surface Science, 2010, 256(11): 3624-3629.

[23] Hui T, Yang T, Chen Y. Synthesis and characterization of carbon/silica superhydrophobic multi-layer films[J]. Thin Solid Films, 2010, 518(18): 5183-5187.

[24] 钱红雪, 何少剑, 林俊. 二氧化硅/有机蒙脱土复合超疏水涂层的制备及其性能研究[J]. 中国科技论文, 2013, 8(12): 1239-1242.

[25] Shang H M, Wang Y, Limmer S J, et al. Optically transparent superhydrophobic silica-based films[J]. Thin Solid Films, 2005, 472(1): 37-43.

[26] 刘建峰, 肖新颜. 溶胶-凝胶法超疏水含氟硅聚氨酯丙烯酸酯/SiO_2 杂化涂层的制备[J]. 高分子材料科学与工程, 2014, 30(6): 130-135.

[27] Tadanaga K, Morinaga J, Matsuda A, et al. Superhydrophobic-superhydrophilic micropatterning on flower-like alumina coating film by the sol-gel method[J]. Chemistry of Materials, 2000, 12(3): 590-592.

[28] Wang S, Liu C, Liu G, et al. Fabrication of superhydrophobic wood surface by a sol-gel process[J]. Applied Surface Science, 2011, 258(2): 806-810.

[29] 梁金, 吴义强, 刘明. 溶胶-凝胶原位生长制备超疏水木材[J]. 中国工程科学, 2014, 16(4): 87-91.

[30] Euvananont C, Junin C, Inpor K, et al. TiO_2 optical coating layers for self-cleaning applications[J]. Ceramics International, 2008, 34(4): 1067-1071.

[31] Chen Y, Zhang C, Huang W, et al. Synthesis of porous ZnO/TiO_2 thin films with superhydrophilicity and photocatalytic activity via a template-free sol-gel method[J]. Surface & Coatings Technology, 2014, 258: 531-538.

[32] 余家国, 赵修建. 超亲水 TiO_2/SiO_2 复合薄膜的制备和表征[J]. 无机材料学报, 2001, 16(3): 529-534.

[33] 陶玉红. 有机-无机杂化材料制备超亲水涂料及梯度润湿涂层[D]. 广州: 华南理工大学, 2012.

[34] Ren D S, Cui X L, Shen J, et al. Study on the superhydrophilicity of the SiO_2/TiO_2, thin films prepared by sol-gel method at room temperature[J]. Journal of Sol-Gel Science and Technology, 2004, 29(3): 131-136.

[35] 冯文辉, 管自生, 蒋峰芝, 等. 超亲水 TiO_2 和 TiO_2-SiO_2 表面的动态润湿性[J]. 高等学校化学学报, 2003 (7): 745-747.

[36] Huang T, Zhang L, Chen H, et al. Sol-gel fabrication of a non-laminated graphene oxide membrane for oil/water separation[J]. Journal of Materials Chemistry A, 2015, 3 (38): 19517-19524.

[37] Zhou H , Wang H , Niu H , et al. Robust, self-healing superamphiphobic fabrics prepared by two-step coating of fluoro-containing polymer, fluoroalkyl silane, and modified silica nanoparticles[J]. Advanced Functional Materials, 2013, 23 (13): 1664-1670.

[38] Hayase G, Kanamori K, Hasegawa G, et al. A superamphiphobic macroporous silicone monolith with marshmallow-like flexibility[J]. Angewandte Chemie International Edition, 2013, 52: 10788-10791.

[39] Xu B, Ding Y, Qu S, et al. Superamphiphobic cotton fabrics with enhanced stability[J]. Applied Surface Science, 2015, 356 (30): 951-957.

[40] Wu X, Fu Q, Kumar D, et al. Mechanically robust superhydrophobic and superoleophobic coatings derived by sol-gel method[J]. Materials & Design, 2016, 89: 1302-1309.

[41] Sawai Y, Nishimoto S, Kameshima Y, et al. Photoinduced underwater superoleophobicity of TiO_2 thin films[J]. Langmuir the ACS Journal of Surfaces & Colloids, 2013, 29 (23): 6784-6789.

[42] Ma L, He J, Wang J, et al. Functionalized superwettable fabric with switchable wettability for efficient oily wastewater purification, *in situ* chemical reaction system separation, and photocatalysis degradation[J]. ACS Applied Materials & Interfaces, 2019, 11 (46): 43751-43765.

[43] Xu Z, Zhao Y, Wang X, et al. A superamphiphobic coating with an ammonia-triggered transition to superhydrophilic and superoleophobic for oil-water separation[J]. Angewandte Chemie International Edition, 2015, 54 (15): 4527-4530.

[44] 李硕, 李婷婷, 张轲, 等. 超疏水涂料在自清洁与防腐蚀方面的应用[J]. 平顶山学院学报, 2015, 30 (2): 63-68.

[45] Liang J, Hu Y, Wu Y, et al. Facile formation of superhydrophobic silica-based surface on aluminum substrate with tetraethylorthosilicate and vinyltriethoxysilane as co-precursor and its corrosion resistant performance in corrosive NaCl aqueous solution[J]. Surface & Coatings Technology, 2014, 240: 145-153.

[46] Weng C J, Peng C W, Chang C H, et al. Corrosion resistance conferred by superhydrophobic fluorinated polyacrylate-silica composite coatings on cold-rolled steel[J]. Journal of Applied Polymer Science, 2012, 126 (S2): E48-E55.

[47] 莫春燕, 郑燕升, 王发龙, 等. 超疏水 TiO_2/含氢硅油复合涂层制备及其金属防腐性能研究[J]. 塑料工业, 2015, 43 (3): 102-106, 114.

[48] 莫春燕, 郑燕升, 王发龙, 等. TiO_2/氟化含氢硅油超疏水防腐涂层的制备及性能[J]. 中国表面工程, 2015, 28 (2): 132-137.

[49] Liang T, Li H, Lai X, et al. A facile approach to UV-curable super-hydrophilic polyacrylate coating film grafted on glass substrate[J]. Journal of Coatings Technology and Research, 2016, 13: 1115-1121.

[50] Li X, Yang B, Zhang Y, et al. A study on superhydrophobic coating in anti-icing of glass/porcelain insulator[J]. Journal of Sol-Gel Science and Technology, 2014, 69 (2): 441-447.

[51] Jung W, Gwak Y, Davies P L, et al. Isolation and characterization of antifreeze proteins from the antarctic marine microalga *Pyramimonas gelidicola*[J]. Marine Biotechnology, 2014, 16 (5): 502-512.

[52] Huang W, Chen Y, Yang C, et al. Ph-driven phase separation: Simple routes for fabricating porous TiO_2 film with superhydrophilic and anti-fog properties[J]. Ceramics International, 2015, 41 (6): 7573-7581.

[53] 王强峰, 张庆华, 詹晓力. 改性 PAMAM 超亲水聚合物的制备及其防覆冰性能研究[J]. 功能材料, 2018, 49 (11): 11168-11173.

[54] 张宇文. 鱼雷外形设计[M]. 西安: 西北工业大学出版社, 1998.

[55] 任刘珍，胡海豹，宋保维，等. 超疏水表面水下减阻研究进展[J]. 数字海洋与水下攻防，2020, 3(3): 204-211, 177.

[56] Lee C, Choi C H, Kim C J. Superhydrophobic drag reduction in laminar flows: A critical review[J]. Experiments in Fluids, 2016, 57(12): 1-20.

[57] Moaven K, Rad M, Taeibi-Rahni M. Experimental investigation of viscous drag reduction of superhydrophobic nano-coating in laminar and turbulent flows[J]. Experimental Thermal & Fluid Science, 2013, 51: 239-243.

[58] Liu Y, Liu J, Tian Y, et al. Robust organic-inorganic composite films with multifunctional properties of superhydrophobicity, self-healing and drag reduction[J]. Industrial & Engineering Chemistry Research, 2019, 58: 4468-4478.

[59] Tang L, Zeng Z, Wang G, et al. Investigation on superhydrophilic surface with porous structure: Drag reduction or drag increasing[J]. Surface and Coatings Technology, 2017, 317(Complete): 54-63.

[60] 刘萍，林益军，艾陈祥，等. 自清洁表面研究进展[J]. 涂料工业，2016, 46(5): 76-80.

[61] 赵立强，南泉，全贞兰，等. 溶胶-凝胶法制备超疏水表面的研究进展[J]. 低温与特气，2015(5): 1-5.

[62] 何庆迪，蔡青青，史立平，等. 自清洁涂料的技术发展[J]. 涂料技术与文摘，2012, 33(7): 30-34.

[63] Kumar D, Wu X H, Fu Q T, et al. Development of durable self-cleaning coatings using organic-inorganic hybrid sol-gel method[J]. Applied Surface Science, 2015, 344: 205-212.

[64] Zhang X, Lin M, Lin L, et al. Sol-gel preparation of fluoro-containing ORMOSIL antireflective coating with resistance simultaneously to hydrophilic and oleophilic pollutants[J]. Journal of Sol-Gel Science&Technology, 2015, 74: 698-706.

[65] Lv C, Wang H, Liu Z, et al. A sturdy self-cleaning and anti-corrosion superhydrophobic coating assembled by amino silicon oil modifying potassium titanate whisker-silica particles[J]. Applied Surface Science, 2018, 435(MAR. 30): 903-913.

[66] 袁腾. 超亲水超疏油复合网膜的制备及其油水分离性能研究[D]. 广州：华南理工大学，2015.

[67] Xue Z, Wang S, Lin L. et al. A novel superhydrophilic and underwater superoleophobic hydrogel-coated mesh for oil/water separation[J]. Advanced Materials, 2011, 23: 4270-4273.

[68] Ye H, Zhu L, Li W, et al. Simple spray deposition of the water-based superhydrophobic coatings with high stability for flexible applications[J]. Journal of Materials Chemistry A, 2017, 5(20): 10. 1039. C7TA02118F.

[69] Yuan D, Zhang T, Guo Q, et al. Recyclable biomass carbon@SiO_2@MnO_2 aerogel with hierarchical structures for fast and selective oil-water separation[J]. Chemical Engineering Journal, 2018, 351: 622-630.

[70] Su X, Li H, Lai X, et al. Vapor-liquid sol-gel approach to fabricating highly durable and robust superhydrophobic polydimethylsiloxane@silica surface on polyester textile for oil-water separation[J]. ACS Applied Materials & Interfaces, 2017, 9(33): 28089-28099.

[71] Huang T F, Hanc L, Chen H L, et al. Sol-gel fabrication of a non-laminated graphene oxide membrane for oil/water separation[J]. Journal of Materials Chemistry A, 2015, 3(38): 19517 -19524.

[72] 徐弘. 溶胶-凝胶法制备 SiO_2 超亲水涂层的研究[D]. 哈尔滨：哈尔滨工业大学，2019.

[73] Iwasa F, Hori N, Ueno T, et al. Enhancement of osteoblast adhesion to UV-photo-functionalized titanium via an electrostatic mechanism[J]. Biomaterials, 2010, 31(10): 2717-2727.

[74] Miyauchi T, Yamada M, Yamamoto A, et al. The enhanced characteristics of osteoblast adhesion to photofunctionalized nanoscale TiO_2 layers on biomaterials surfaces[J]. Biomaterials, 2010, 31(14): 3827-3839.

[75] Jin C, Jiang Y, Niu T, et al. Cellulose-based material with amphiphobicity to inhibit bacterial adhesion by surface modification[J]. Journal of Materials Chemistry, 2012, 22(25): 12562-12567.

第5章 沉 积 法

5.1 概 述

沉积法是构造润湿表面的一种重要方法，该方法通过置换反应或阴极还原在基体材料上沉积纳米颗粒等以形成粗糙结构，基于不同的材料和沉积条件能够获得不同的表面形貌，诸如纳米针状物、纳米颗粒物等，从而使基材表面具有不同的润湿特性。化学沉积法因具有成本低、工艺可重复性好等特点，可以直接有效地构建合适的表面粗糙度，因此被广泛应用于超润湿表面的制备。根据沉积机理的不同，沉积法可划分为以下三类：物理气相沉积(physical vapor deposition，PVD)、化学气相沉积(chemical vapor deposition，CVD)和等离子体气相沉积(plasma chemical vapor deposition，PCVD)[1]。其中化学沉积技术形成的基材表面结构重复性好，其表面耐酸碱性也较好，但是化学沉积法也存在着一定的缺陷，即化学物质的有害性和较差的表面耐磨性。化学沉积法可用于金属、玻璃等硬度较大的基底，尤其是在金属抗腐蚀方面应用较广，也可用于纤维等柔性基底，广泛适用于不同材质基底的超润湿改性。

根据沉积方法的不同，沉积法主要分为化学气相沉积和电化学沉积两类。

化学气相沉积(CVD)是一种化学气相生长法，主要是通过把含有构成薄膜元素的一种或几种化合物的单质气体供给基片，利用加热、等离子体、紫外光以及激光等能源提供能量，使前驱体发生气化[2,3]，借助气相作用或在基板表面的化学反应(热分解或化学合成)生长形成固态的薄膜。应用 CVD 法可以制备单晶、多相或非晶态无机薄膜、金刚石薄膜、超导薄膜、透明导电薄膜以及某些敏感功能薄膜。除制备薄膜外，CVD 法还可用于制备粉末、纤维等材料，用于半导体工业、电子器件、光子及光电子工业等诸多领域。

电化学沉积是利用电解池原理，将阳极(通常是活泼金属)和阴极(通常是需要处理的基底材料)浸在含有金属离子的电解液中，在两个电极之间施加一定的电势，阳极发生氧化反应而溶解，阴极发生还原反应使金属离子沉积在其表面形成涂层。

5.2 化学气相沉积法

5.2.1 基本概念

化学气相沉积是把构成薄膜元素的一种或几种气态反应物或液态反应物的蒸气及

反应所需其他气体引入反应室，在基底表面发生化学反应，并把固体产物沉积到表面生成薄膜的过程。该方法可用于具有复杂形状的基体，制得的薄膜组成可控、膜层重复性好、膜层均匀、适用范围广，且制备出的表面能够与基体牢固结合，是改变表面性能和微观结构的有效方法。但化学气相沉积法对设备要求高，制备的膜层的厚度薄、耐磨损和耐机械损伤的能力差，较大程度上限制了其工程化应用。

19 世纪 80 年代，CVD 法首次应用于提高白炽灯灯丝强度，并由此产生了许多专利；接下来 50 年，CVD 法主要用于高纯难熔金属的制备，如 Ta、Ti、Zr 等；现代 CVD 技术萌芽于 20 世纪 50 年代，当时主要应用于制作刀具的涂层；1960 年，CVD 技术被引入半导体工业；1963 年，等离子体 CVD 被用于电子工业；1968 年，CVD 碳化物涂层用于工业应用，Nishizawa 课题组首次使用低压汞灯研究了光照射对固体表面上沉积 P 型单晶硅膜的影响，开启了光沉积的研究[4]；1972 年，Nelson 和 Richardson 用 CO_2 激光聚焦束沉积碳膜[5]，开始了激光化学气相沉积的研究；19 世纪 80 年代，CVD 法被用于制备 DLC 膜；Deryagin 和 Fedoseev 等在 1970 年引入原子氢开创了激活低压 CVD 金刚石薄膜生长技术[6]，80 年代在全世界形成了研究热潮。目前 CVD 技术在电子[7]、机械[8]等工业部门中发挥了巨大作用，特别是对一些如氧化物[9]、碳化物[10]、金刚石[11]和类金刚石等功能薄膜[12]和超硬薄膜[13]的沉积。

5.2.2 分类

按沉积温度划分，化学气相沉积法可分为低温(200～500℃)[14]、中温(500～1000℃)[15]和高温(1000～1300℃)[16]沉积法；按反应温度划分，可分为热壁[17]和冷壁[18]沉积法；按反应激活方式可分为热激活和冷激活两种方式。

按生长设备，化学气相沉积法可分为闭管[19]和开管[20]两种。闭管外延在密封容器内，源和衬底置于不同温度区。在源区，挥发性中间产物由于温差及压差，通过对流和扩散输运到衬底区，在衬底区产物沉积，反应产生的输运剂再返回到源区，如此不断循环使外延生长得以继续。闭管型设备简单，可获得近化学平衡态的生长条件，但生长速度慢，装片少，主要用于基础研究。开管外延是用载气将反应物蒸气由源区输运到衬底区进行化学反应和外延生长，副产物则被载气携带排出系统。开管系统中的化学反应偏离平衡态较大，可在常压或低压条件下进行，适于大批量生产。

按反应室内压力，化学气相沉积法可分为常压化学气相沉积(APCVD)[21]、低压化学气相沉积(LPCVD)[22]和超高真空/化学气相沉积(UHV/CVD)[23]。APCVD 的生长压强约 10^5 Pa，即一个大气压，其特点是不需要复杂精密设备，在常压下进行，操作简单，淀积速率高，沉积薄膜组成及结构可控。采用常温常压 CVD 技术改性制得的超疏水膜层相较于溶胶-凝胶法等液相法制得的膜层，疏水性、均匀性、化学稳定性和耐候性更优异，但该方法制得膜层较薄，耐冲击和磨损能力弱，图 5-1 为 APCVD 反应器示意图。LPCVD 的生长压强一般为 10～10^3 Pa，降低工作室的压力可以提高反应气体和反应产物通过边界层的扩散能力，提高反应气体浓度，该方法是表面反应速度控制的，因为在较低的气压下(大约 133.3 Pa)，气体的扩散速率比在一个大气压下的扩散速率高出很多倍，与 APCVD 相比，LPCVD 法制备薄膜的沉积速率高、膜性能好、成本低；UHV/CVD 是 20 世纪 80 年代后期在低压 CVD 基础上发展起来的一种新的外延生长技术，本底真空一般达 10^{-7} Pa，在低温、低压下进行。UHV/CVD 外延生长技术不仅具有高质量薄膜生长能力，还具有产量大、易于工业化生产等优点；所生长材料均匀性好，结构完整，界面过渡陡峭。

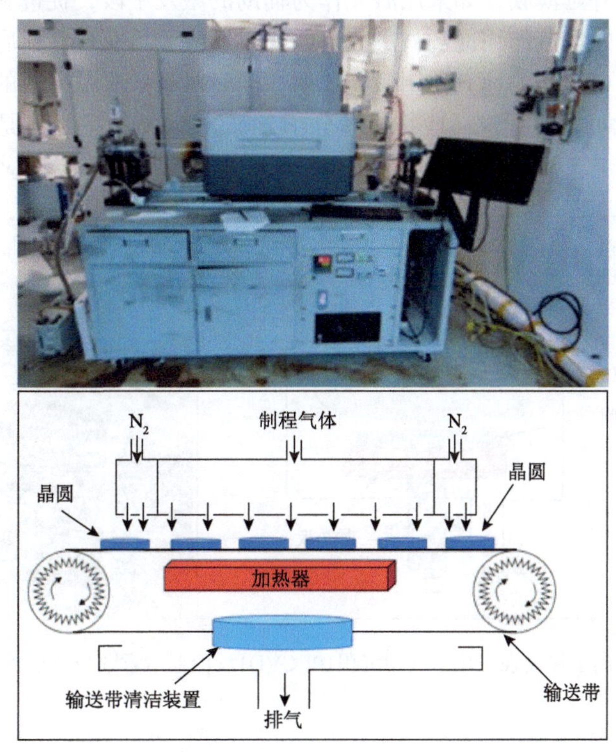

图 5-1 常压化学气相沉积(APCVD)反应器实体图(上)和示意图(下)

按能量增强辅助方法则可将化学气相沉积法分为等离子体增强型化学气相沉积(PECVD)和光增强化学气相沉积(P-CVD)。PECVD 是将低气压气体放电等离子体应用于 CVD 中的技术，使用辉光放电等离子体的能量来产生并维持化学反应。PECVD 是在反应室内设置高压电场，除对工件加热外，还借助反应气体在外加电场作用下的放电，使其成为等离子体状态，成为非常活泼的激发态分子、原子、离子和原子团等，降低了反应的活化能，促进了化学反应，从而在基底材料表面形成薄膜。PECVD 的反应气压与 LPCVD 的气压差不多(5～500 Pa)，但 PECVD 可以显著降低反应温度。例如，用 $TiCl_4$ 和 CH_4 靠常规加热沉积 TiC 膜层的温度为 1000～1050℃，而采用 PECVD 法，可将沉积温度降至 500～600℃，因为等离子体可以促进气体分子的分解、化合、激发和电离过程，促进反应活性基团的形成，因而显著降低了反应沉积温度、缩短了反应时间，使热力学上难以发生的反应变为可能，促进了化学反应的进行。PECVD 具有成膜温度低、致密性好、结合强度高等优点，可用于非晶态膜和有机聚合物薄膜的制备，虽然相较于常温常压 CVD 在制得超疏水膜层的膜厚、膜层致密性、疏水性等方面有一定优势，但其需要借助昂贵的专业设备和严苛的制备条件，以至于在大规模工业生产中推广不具备优势。图 5-2 为 PECVD 反应器示意图。P-CVD 是指利用一定波长的光照射衬底区及源气进口到衬底之间的区域，使源气分子发生光激活和光分解，使反应能够进行，同时光照衬底区也产生新的吸附效应和提高原子的表面迁移率，最终在较低的温度下发生反应，形成外延薄膜，如采用激光作为辅助的激发手段，促进和控制 CVD 反应过程，激光对衬底的加热作用促进衬底表面的化学反应，可实现在衬底表面薄膜的选择性沉积，即只在需要沉积的地方才用激光照射，同时可有效降低衬底的沉积温度，激光中的高能量光子也可直接促进反应物气体分子分解。P-CVD 的特点是不需要高真空、设备比较简单，和 PECVD 相比，没有高能粒子产生的衬底损伤，反应的可控性好。

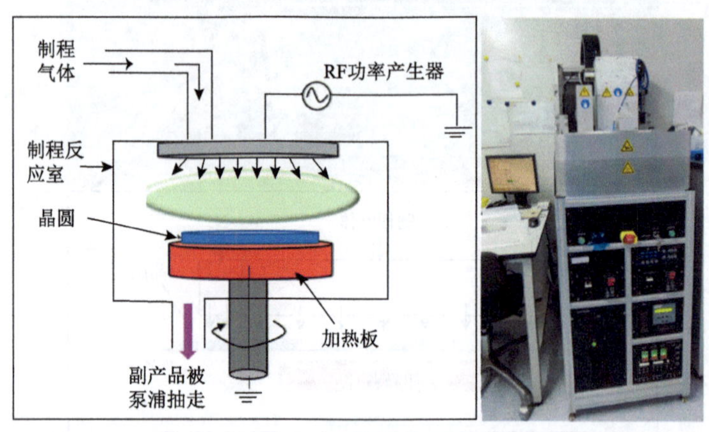

图 5-2　等离子体增强型化学气相沉积(PECVD)反应器示意图(左)和实物图(右)

5.2.3　特点

无论是哪种类型的 CVD，沉积得以顺利进行必须满足下列基本条件：需要使用气态物质作为反应物质，在沉积温度下，反应物具有足够高的蒸气压，并能以适当的速度被引入反应室；源物质要经过化学气相反应生成所需要的材料，反应产物除了形成固态薄膜物质外，都必须是挥发性的；沉积物本身的蒸气压应足够低，以保证在整个沉积反应过程中能使其保持在加热的衬底上，衬底材料本身的蒸气压在沉积温度下足够低；需要相对较高的气体压力环境；通常需要热、电磁场或光等的作用，促使化学反应的进行。

化学气相沉积法的优点：设备操作简单，灵活性强，维护方便；既可制作多种金属、合金、非金属薄膜，又可制作多组分合金薄膜；成膜速率高，每分钟可达几微米至几百微米，可批量制备；反应可在常压或低真空进行，绕镀性好，可在复杂形状的基体上以及颗粒材料上镀制；制备出的薄膜纯度高、致密性和均匀性好、残余应力小、结晶良好，可以较好地控制涂层的密度、纯度、结构和晶粒度；薄膜生长温度低于材料的熔点；薄膜表面平滑；辐射损伤小，可用于金属-氧化物半导体(MOS)器件。

化学气相沉积法的缺点：尽管化学气相沉积适用范围更广，但是所用沉积的仪器一般较为复杂和昂贵，需要控制变量多。参与沉积的反应源和反应后的气体可能具有一定的腐蚀性，易燃、易爆或有毒，反应尾气中还可能有粉末状以及碎片状的物质，需环保措施；反应温度太高，一般在 900～1200℃范围内，被处理的工件在如此高的温度下，会变形、会出现晶粒长大、会出现基材性能下降；对基片进行局部表面镀膜时很困难，不如液相沉积法方便。因此，更快速率的电化学沉积，为解决沉积速过慢的问题提供了思路。

CVD 法主要应用于两大方向：①制备涂(镀)层，改善和提高材料或零件的表面性能(提高或改善材料或部件的抗氧化、耐磨、耐蚀以及某些电学、光学和摩擦学性能)；②开发新型结构材料或功能材料(制备纤维增强陶瓷基复合材料、C/C 复合材料等；制备纳米材料；制备难熔材料的粉末、晶须、纤维；制备功能材料)。

目前 CVD 技术在保护膜层、微电子技术、太阳能利用、光纤通信、超导技术、制备新材料等许多方面得到广泛应用。随着工业生产要求的不断提高，CVD 法的工艺及设备得到不断改进，不仅启用了各种新型的加热源，还充分利用了等离子体、激光、电子束等辅助方法，降低了反应温度，使其应用范围更加广阔。CVD 法今后应该朝着减少有害生成物，提高工业化生产规模的方向发展。此外，使 CVD 法的沉积温度更加低温化，对 CVD 过程更精确地控制，开发厚膜沉积技术、新型膜层材料以及新材料合成技术，也将会成为今后研究的主要课题。

5.3 电化学沉积法

5.3.1 基本概念

电化学沉积利用离子在外加电场作用下发生氧化还原反应，把待沉积的样本与直流电源的阴极相连，阳极一般为惰性电极或者与沉积液成分相同的金属材料。金属盐溶液作为主盐，含有待沉积的金属离子，离子在电场的作用下会在待沉积样本的不同部位上固定，形成有一定粗糙结构的沉积表面。与化学气相沉积法相比，电化学沉积的优势在于可通过调整电沉积参数精确控制表面粗糙结构的形成，使制备的表面更均匀，制备过程易于控制[24,25]。电沉积法是适用于在任何金属基底表面构建超疏水结构的一种高效方法，相对于化学沉积，该法更加适合应用于金属抗腐蚀的保护，但却无法应用于非导电材料，如纤维、橡胶、玻璃、纸张等，因此应用范围较窄[26,27]。另外，由于低表面能物质与涂层的接枝不牢，电沉积法制备涂层的低表面能物质大多利用浸渍方法吸附在涂层表面，经过外界摩擦破坏之后会出现一定程度的损伤；另一方面是粗糙结构往往比较脆弱、机械性能较差，当受到外力冲击或机械摩擦作用时，很容易遭到损伤，增强涂层的机械性能是今后电沉积法制备过程需要攻克的一大难题。

电化学沉积法发展历程：在电化学中，金属的电化学沉积学是一种最古老的学科。在电场的作用下，金属的电沉积发生在电极和电解质溶液的界面上，沉积过程含有相的形成现象。

金属的电化学沉积实验在引进能产生直流电的电源以后，电镀很快成为一种重要的技术。金属电沉积的基本原理就是关于成核和结晶生长的问题。1878 年，Gibbs 在他的著名的不同体系的相平衡研究中，建立了成核和结晶生长的基本原理和概念。20 世纪初，Volmer、Kossel、Stransko、Kaischew、Becker 和 Doring 利用统计学和分子运动模拟改进了该基本原理和概念。按照这些早期的理论，成核步骤不仅要求一个新的三维晶体成核，而且要求完美的单晶表面的层状二维生长。对于结晶理论的一个重要改进是由 Avrrami 提出的结晶动力学，他认为在成核和生长过程中有成核中心的重复碰撞和相互交迭。在 1949 年，Frank 提出在低的过饱和状态下的一个单一晶面成长会呈螺旋状生长。Cabrera 和 Frank 等考虑到在成长过程中吸附原子的表面扩散作用，完善了螺旋成核机理。

5.3.2 分类

根据工作条件不同，电沉积法可分为直流电沉积[28]、脉冲电沉积[29]、扫描电沉积[30]以及复合电沉积[31]等。

直流电沉积法是采用直流电源进行沉积的过程。新晶核的生成和晶体的成长是电沉积过程中非常关键的步骤，主要取决于吸附表面的扩散速率和电荷传递反应速率，这两个步骤会直接影响涂层晶粒的大小。如果阴极表面具有高表面扩散速率，电荷传递反应相对较慢，导致少量原子吸附以及电势过低，这有利于晶体的成长；相反，低的表面扩散速率和大量的吸附原子以及高的过电势，都将增加成核速率。电解液的组成和沉积时间会影响吸附表面的扩散速率和电荷传递反应速率，因此这两个因素都是影响直流电沉积的关键因素。

脉冲电沉积是采用脉冲电流进行沉积的过程，能控制镀层的结构和化学成分，与直流电沉积相比，脉冲电沉积更容易得到纳米晶镀层。采用脉冲电流时，由于存在脉冲间隔，使增长的晶体受到阻碍，减少了外延生长，生长的趋势也会发生改变，从而不易形成粗大的晶体。可通过控制脉冲电沉积时的波形、频率、通断比及平均电流密度等参数使纳米镀层获得特殊性能。

与传统电沉积法相比，扫描电沉积的沉积速率快几倍，且具有较高的加工电流密度和良好的液相传质效果。该方法常用于制备铁磁性材料的超疏水涂层，通过调节电磁铁的电流可以改变磁场强度，从而实现对纳米颗粒的吸附控制。在沉积过程中，施加高电流密度可以将溶液通过喷嘴喷射到基体上。此外，该方法可以根据需要调整喷嘴形状和工件扫描路径，实现选择性沉积[32]。该方法具有成本低、工艺简单、易于实施和环境安全等优点。

其他常见的电沉积法还有热喷涂沉积[33]、射流电沉积[34]、电刷镀电沉积[35,36]等。

按沉积设备不同，电沉积方法又可分为双槽法[37]和单槽法[38]。双槽法是在含有不同电解质溶液的电解槽中交替电镀得到多层膜的方法。现在，多层膜的制备大都采用单槽法。单槽法是将两种或几种活性不同的金属离子以合适的配比加入到同一电解液中，控制沉积电位或电流，使其在一定范围内周期性变化，得到成分和结构周期性变化的膜层。

5.3.3 特点

电化学沉积的优点：①可在各种结构复杂的基体上均匀沉积，适用于各种形状的基体材料，特别是异型结构件；②电化学沉积通常在室温或稍高于室温的条件下进行，因此非常适合制备纳米结构；③通过控制工艺条件(如电流、溶液 pH 值、温度、浓度、组成、沉积时间等)可精确控制沉积层的厚度、化学组成和结构等；④沉积速度可由电流来控制，电流越大，沉积速度越快；⑤是一种经济的沉积方法，设备投资少、工艺简单、操作容易、环境安全、生产方式灵活，适于工业化大规模生产。

电化学沉积法的缺点：用电沉积法制备理想的、复杂组成的薄膜材料较为困难。另外，对于基体表面上晶核的生成和长大速度难以控制，制得的化合物半导体薄膜多为多晶态或非晶态，性能不高。

在超疏水材料制备上，电化学沉积的方法通过较短的时间就可以获得较好的超疏水表面，涂层化学成分均衡统一，对生成的微观结构有一定可控性，有较好地进行大规模工业化制造的前景，而且可以通过在电沉积液中直接添加某些低表面能物质而达到一步电沉积制备超疏水表面的效果，有效克服了工艺复杂、成本增加的缺点，但存在与基底结合能力较差，抗磨损能力一般的缺点，是进一步研究的重点方向。

5.4 原理及装置

5.4.1 化学气相沉积法

5.4.1.1 基本原理

化学气相沉积的基本原理是以化学反应为基础，利用气态的先驱反应物质，通过原子分子间化学反应在基片表面形成固态薄膜的一种技术。CVD 实质上是一种气相物质在高温下通过化学反应而生成固态物质并在衬底上成膜的方法。挥发性的金属卤化物或金属有机化合物等与 H_2、Ar 或 N_2 等载气混合后，均匀地输运到反应室内的高温衬底上，通过化学反应在衬底上形成薄膜。

简单来说，化学气相沉积就是将两种或两种以上的气态原材料导入到一个反应室内，使它们相互之间发生化学反应，形成一种新的材料并沉积到基体表面上。反应物多为金属氯化物，先被加热到一定温度，达到足够高的蒸气压，用载气(一般为 Ar 或 H_2)送入反应器。如果某种金属不能形成高压氯化物蒸气，就代之以有机金属化合物。在反应器内，基底材料或用金属丝悬挂，或放在平面上，或沉没在粉末的流化床中，或本身就是流化床中的颗粒。化学反应器中生成产物就会沉积到基底材料表面，废气(多为 HCl 或 HF)被导向碱性吸收或冷阱回收。除了需要得到的固态沉积物外，化学反应的生成物都必须是气态沉积物，本身的饱和蒸气压应足够低，以保证它在整个反应、沉积过程中都一直保持在加热的衬底上。

在 CVD 过程中，只有发生在气相-固相交界面上的反应才能在基体上形成致密的固态薄膜。CVD 中的化学反应受到气相与固相表面的接触催化作用，产物的析出过程也是由气相到固相的结晶生长过程。在 CVD 反应中，基体和气相间要保持一定的温度差和浓度差，由二者决定的过饱和度产生晶体生长的驱动力。

5.4.1.2 反应类型

最常见的几种 CVD 反应类型有：热分解反应[39]、化学合成反应[40]、化学输运反应等。

1）热分解反应

热分解反应为吸热反应，采用单一气源。该方法在简单的单温区炉中，在真空或惰性气体保护下加热基体至所需温度后，导入反应物气体使之发生热分解，最后在基体上沉积出固体涂层。热分解反应的主要优点是能够在低温下实现外延生长，热解反应不可逆，不存在卤化物的气相腐蚀作用，因而对衬底的腐蚀不严重，对异质外延生长尤为有利。主要问题是源物质的选择（固相产物与薄膜材料相同）、确定分解温度、气态反应物的纯度、成本和安全使用等。

反应通式： $AB(g) \xrightarrow{Q} A(s) + B(g)$

下面是一些具体例子及其反应式：

（1）氢化物： $SiH_4 \xrightarrow{700\sim1000℃} Si + 2H_2\uparrow$

（2）金属有机化合物： $2Al(OC_3H_7)_3 \xrightarrow{420℃} Al_2O_3 + 6C_3H_6 + 3H_2O\uparrow$

其中，M—C 键能小于 C—C 键，广泛用于沉积金属和氧化物薄膜。金属有机化合物的分解温度非常低，扩大了基片选择范围以及避免了基片变形问题。

（3）氢化物和金属有机化合物系统：

$$Ga(CH_3)_3 + AsH_3 \xrightarrow{630\sim675℃} GaAs + 3CH_4\uparrow$$

$$Cd(CH_3)_2 + H_2S \xrightarrow{475℃} CdS + 2CH_4\uparrow$$

（4）其他气态络合物、复合物（贵金属、过渡金属沉积）：

$$Pt(CO)_2Cl_2 \xrightarrow{600℃} Pt + 2CO\uparrow + Cl_2\uparrow$$

$$Ni(CO)_4 \xrightarrow{140\sim240℃} Ni + 4CO\uparrow$$

2）化学合成反应

化学合成反应是指两种或两种以上的气态反应物在热基片上发生的相互反应。①最常用的是氢气还原卤化物来制备各种金属或半导体薄膜；②选用合适的氢化物、卤化物或金属有机化合物来制备各种介质薄膜。化学合成反应法需要用到两种或两种以上气源，比热分解法的应用范围更加广泛，可用于制备单晶、多晶和非晶薄膜，容易进行掺杂。具体有以下几种反应形式：

(1)还原或置换反应：　　$SiCl_4 + 2H_2 \xrightarrow{1000℃} Si + 4HCl\uparrow$

(2)氧化或氮化反应：　　$SiH_4 + B_2H_6 + 5O_2 \xrightarrow{400℃} B_2O_3 + SiO_2 + 5H_2O\uparrow$

(3)水解反应：　　$2AlCl_3 + 3H_2O \longrightarrow Al_2O_3 + 6HCl\uparrow$

3)化学输运反应

化学输运反应是将薄膜物质作为源物质(无挥发性物质)，借助适当的气体介质(输运剂)与之反应而形成气态化合物，这种气态化合物经过化学迁移或物理输运到与源区温度不同的沉积区，在基片上再通过逆反应使源物质重新分解出来。

输运反应通式为：　　$A + XB \underset{沉积区}{\overset{源区}{\rightleftharpoons}} ABX$

其中，A 为固态源物质，气体化合物 XB 为输运剂。

具体的一些反应实例：

$$Ge(s) + I_2(g) \underset{沉积区}{\overset{源区}{\rightleftharpoons}} GeI_2$$

$$Zr(s) + I_2(g) \underset{沉积区}{\overset{源区}{\rightleftharpoons}} ZrI_2$$

$$ZnS(s) + I_2(g) \underset{沉积区}{\overset{源区}{\rightleftharpoons}} ZnI_2 + \frac{1}{2}S_2$$

5.4.1.3　*反应热力学和动力学分析*

热力学分析可作为确定 CVD 工艺参数的参考。CVD 热力学分析的主要目的是预测某些特定条件下某些 CVD 反应的可行性(化学反应的方向和限度)，热力学计算不仅可以预测化学反应进行的可能性，还可以提供化学反应的平衡点位置以及各种工艺条件对平衡点位置影响的重要信息。在温度、压强和反应物浓度给定的条件下，热力学计算能从理论上给出沉积薄膜的量和所有气体的分压，但是不能给出沉积速率，为实现这一目的，需要在给定温度、压力、初始化学组成的前提下求解反应达到平衡时各组分的分压或浓度。

化学气相沉积法反应动力学分析是一个把反应热力学预言变为现实，使反应实际进行的问题，它是研究化学反应的速度和各种因素对其影响的科学。掌握 CVD 反应室中的流体动力学是相当重要的，因为它关系到反应剂输运(转移)到衬底表面的速度，也关系到反应室中气体的温度分布，温度分布对于薄膜淀积速率以及薄膜的均匀性都有着重要的影响。

动力学的因素决定了上述过程发生的速度以及它在有限时间内可进行的程度，CVD 反应动力学分析的基本任务是：通过实验研究薄膜的生长速率，确定过程速率的控制机制，以便进一步调整工艺参数，获得高质量、厚度均匀的薄膜。

薄膜的生长过程取决于气体与衬底间界面的相互作用，一般 CVD 反应过程涉及的动力学环节主要包括气相传输、气相反应与气相沉积等过程，示意图见图 5-3。

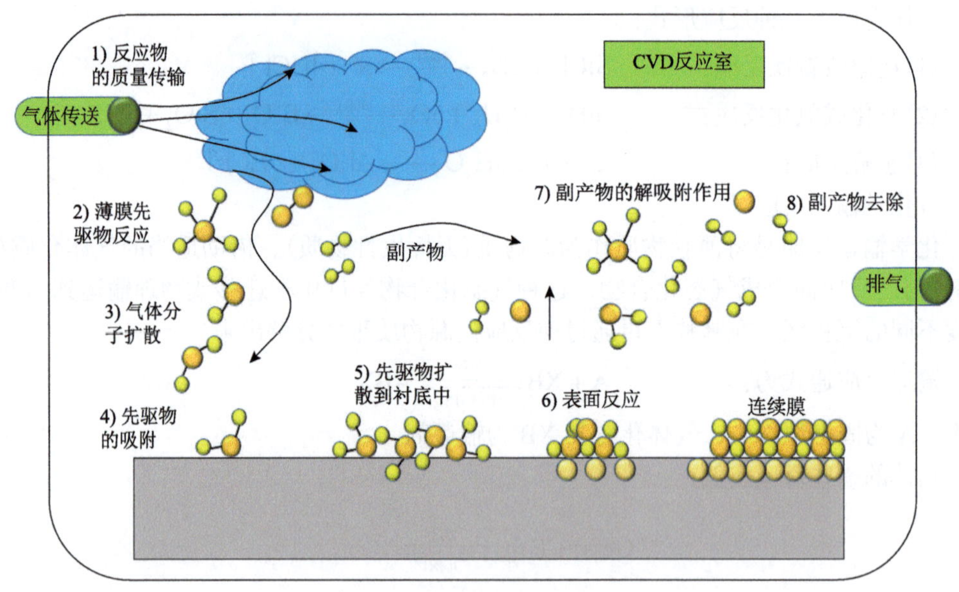

图 5-3　CVD 动力学分析示意图

(1) 气体的输运：反应气体从入口区域流动到衬底表面的淀积区域，气体的输运过程对薄膜的沉积速度、薄膜厚度的均匀性、反应物的利用效率等有重要影响。气体在 CVD 系统中有强制对流和气体的自然对流两种宏观流动，强制对流是指外部压力造成的压力梯度使气体从压力高向压力低的地方流动，自然对流是指气体温度的不均匀性引起的高温气体上升、低温气体下降的流动。

(2) 气相化学反应：CVD 系统中，气体在到达沉底表面之前，温度已经升高，并开始了分解和化学反应的过程，它与气体流动与扩散等现象一起，影响着薄膜的沉积过程，气相化学反应导致膜先驱物(组成膜最初的原子或分子)和副产物的形成。

(3) 气体组分的扩散：在 CVD 过程中，衬底表面附近存在一个气相边界层。气相中各组分只有经扩散过程通过边界层，才能参与薄膜表面的沉积过程；同样，反应的产物也必须经扩散过程通过边界层，才能离开薄膜表面。

(4) 表面吸附及表面化学反应：气体组分在扩散至薄膜表面之后，还要经过表面吸附、表面扩散、表面反应、反应产物脱附等过程，才能完成薄膜的沉积过程。吸附、反应、脱附过程的快慢可能成为薄膜沉积过程的控制性环节，如 Si 的沉积过程中，表面吸附的 H 会阻碍进一步的吸附过程，从而降低 Si 薄膜的沉积速率。

(5) 表面扩散：在薄膜表面，能量曲线表现为与物质表面结构相关的周期性，而被吸附的分子或原子一般处于能量较低的势阱中，因此，吸附分子或原子要扩散就必须克服相应的能垒。

(6) 表面脱附及薄膜结构与成分的最终形成。

(7) 气态副产物和未反应的反应剂扩散离开衬底表面。

(8) 副产物排出反应室(进入主气流区被排除系统)。

5.4.1.4 装置

1. 闭管沉积系统 CVD 装置

闭管外延是将原材料、衬底、输运剂一起放在密闭容器中，容器抽空或充气。沉积过程中首先把一定量的反应物和适当的基体分别放在反应器的两端，抽空后充入一定的输运气体，然后密封，再将反应器置于双温区炉内，使反应管内形成温度梯度。温度梯度造成的负自由能变化是传输反应的推动力，所以物料从闭管的一端传输到另一端并沉积下来。在理想情况下，闭管反应器中所进行的反应其平衡常数值应接近于 1。图 5-4 为闭管式气相沉积反应器示意图。

闭管法的关键环节在于反应器材料选择、装料压力计算、温度选择和控制等。其优点是污染的机会少，不必连续抽气保持反应器内的真空，可以沉积蒸气压高的物质；缺点则是材料生长速率慢，不适合大批量生长，一次性反应器，生长成本高，管内压力检测困难等。

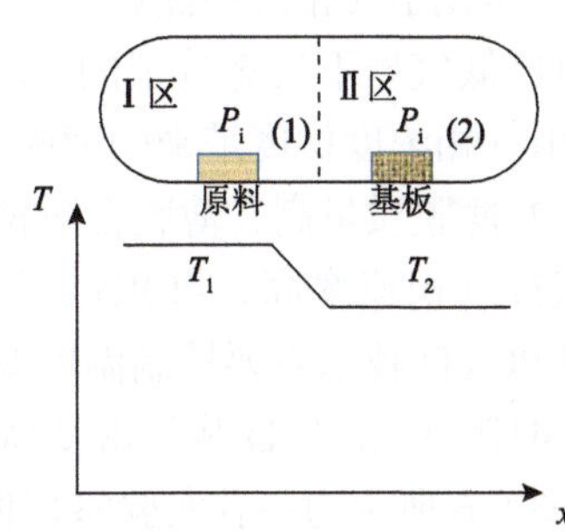

图 5-4 闭管式气相沉积反应器示意图

2. 低压化学气相沉积系统

早期 CVD 技术以开管系统为主，即常压化学气相沉积(atmosphere pressure CVD，APCVD)。近年来，CVD 技术令人注目的新发展是低压 CVD(low pressure CVD，LPCVD)技术。LPCVD 原理与 APCVD 基本相同，主要差别是：低压下气体扩散系数增大，使气态反应物和副产物的质量传输速率加快，形成薄膜的反应速率增加。LPCVD 广泛用于沉积掺杂或不掺杂的氧化硅、氮化硅、多晶硅、硅化物薄膜，Ⅲ～Ⅴ族化合物薄膜以及钨、钼、钽、钛等难熔金属薄膜。LPCVD 设备示意图见图 5-5。

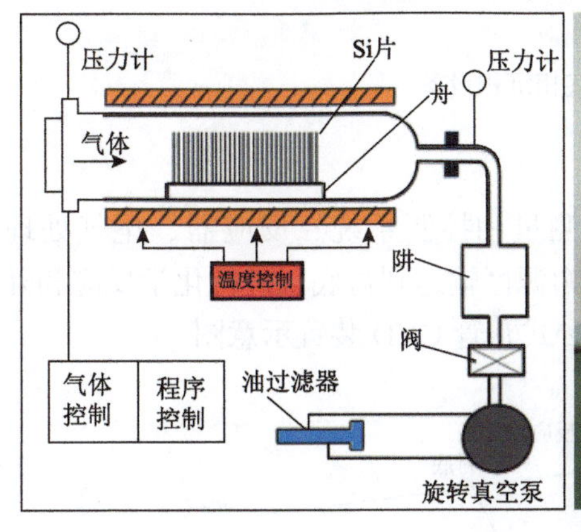

图 5-5 LPCVD 设备示意图(左)和实体图(右)

LPCVD 设备一般由以下几个主要系统组成：

(1) 前驱体升华及输送系统，即源供给装置，将反应气体供给到所述反应腔体中。

(2) 反应热解区，即反应腔体，由金属密封底座、工件旋转磁流体密封机构、工件支撑、气体管路、气体喷管、多层石英罩及感应加热线圈组成。有的设备为了重复利用化学分解反应产生的相关气体，从而尽可能减少废气的排放，专门配有一个再生及冷凝收集区，该收集区一般由再生腔体、再生加热炉、气体管路、再生隔板、隔热屏、冷凝收集区等组成。

(3)真空及尾气处理系统。

(4)加热系统及测温系统。

(5)电控系统，主要对加热和测温系统、气体流量、托盘转速、腔体压力进行精准有效的控制。系统进行自动监测和保护，包括温度监测与保护、真空系统监测与保护等。

低压化学气相沉积优点：

(1)低气压下气态分子的平均自由程增大，反应装置内可以快速达到浓度均一，消除了由气相浓度梯度带来的薄膜不均匀性。

(2)薄膜质量高，薄膜台阶覆盖良好，结构完整性好，针孔较少。

(3)沉积速率高，沉积过程主要由表面反应速率控制，对温度变化极为敏感，所以，LPCVD 技术主要控制温度变量。LPCVD 工艺重复性优于 APCVD。

(4)卧式 LPCVD 装片密度高，生产效率高，生产成本低。

图 5-6 所示为一款实验室用低压化学气相沉积设备外观图。

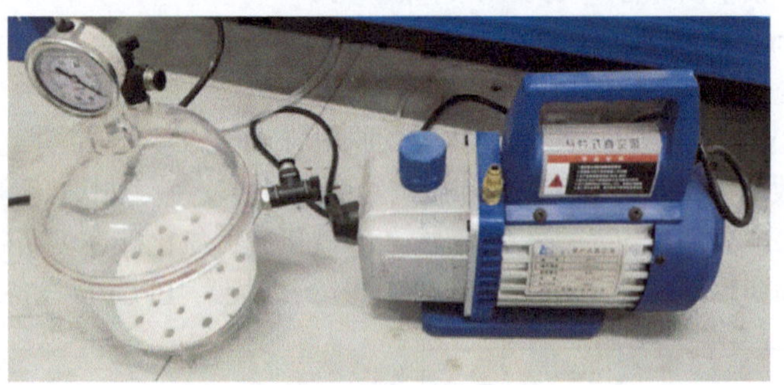

图 5-6　低压化学气相沉积设备

3. 开管沉积系统 CVD 装置

开管系统主要包括气体净化系统、气体测量和控制系统、反应器、尾气处理系统、抽气系统等，该装置用载气将反应物蒸气由源区输运到衬底区进行化学反应和外延生长，副产物被载气携带排出系统，图 5-7 为卧式开管 CVD 装置示意图。

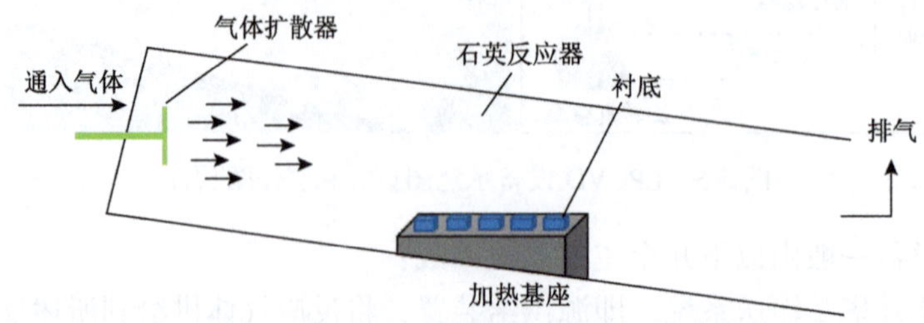

图 5-7　卧式开管化学气相沉积系统示意图

开管体系 CVD 工艺的特点：能连续地供气和排气，物料的运输一般是靠惰性气体来实现的。反应总处于非平衡状态，而有利于形成薄膜沉积层(至少有一种反应产物可连续地从反应区排出)。在大多数情况下，开口体系是在一个大气压或稍高于一个大气压下进行的，但也可在真空下连续地或脉冲地供气及不断地抽出副产物，有利于沉积厚度均匀的薄膜。开口体系的沉积工艺容易控制，工艺重现性好，工件容易取放，同一装置可反复多次使用。

4. 等离子体化学气相沉积系统

在普通 CVD 技术中，产生沉积反应所需要的能量是各种方式加热衬底和反应气体，因此，薄膜沉积温度一般较高，多数在 900～1000℃，这样容易引起基板变形和组织上的变化，从而易降低基板材料的机械性能，基板材料与膜层材料在高温下会相互扩散，形成某些脆性相，降低了两者的结合力。

如果能在反应室内形成低温等离子体，如辉光放电，则可以利用在等离子体状态下粒子具有的较高能量，为化学气相反应提供所需的激活能，使沉积温度降低。这种等离子体参与的化学气相沉积称为等离子体增强型化学气相沉积(plasma enhanced CVD, PECVD)，其是利用辉光放电的物理作用来激活化学气相沉积反应的 CVD 技术，既包括化学气相沉积技术，又有辉光放电的增强作用，既有热化学反应，又有等离子体化学反应。等离子体在 CVD 中起到如下作用：①将反应物气体分子激活成活性离子，降低反应温度；②加速反应物在表面的扩散作用，提高成膜速率；③对基片和薄膜具有溅射清洗作用，溅射掉结合不牢的粒子，提高了薄膜和基片的附着力；④由于原子、分子、离子和电子相互碰撞，使形成的薄膜的厚度均匀。PECVD 设备示意图见图 5-8 所示。

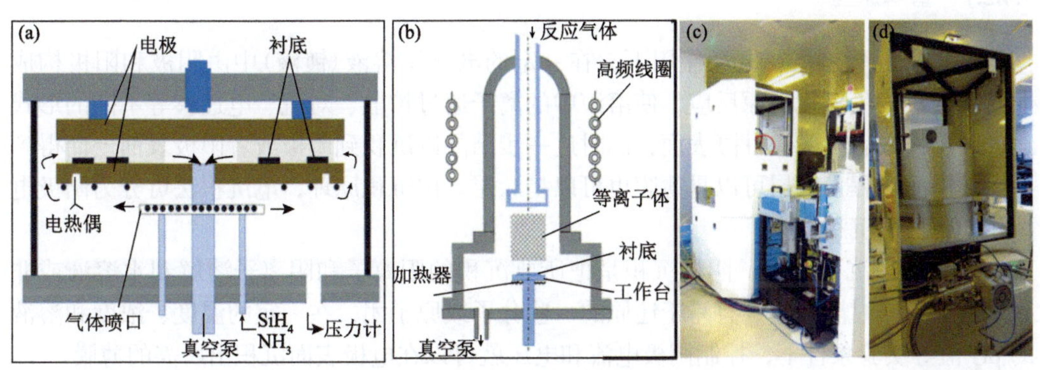

图 5-8 PECVD 设备示意图

(a)电容耦合的射频 PECVD 装置；(b)电感耦合的射频 PECVD 装置；(c)和(d)分别为对应的实物图

等离子体化学气相沉积系统主要由供气系统、真空系统、控压系统、自动化控制系统几大部分组成，图 5-9 所示为一款商用等离子体增强型化学气相沉积设备外观图。

图 5-9 等离子体增强型化学气相沉积设备

等离子体增强型化学气相沉积的优点：①低温成膜（300～350℃），对基片影响小，避免了高温带来的膜层晶粒粗大及膜层和基片间形成脆性相；②低压下形成薄膜，膜厚及成分较均匀、针孔少、膜层致密、内应力小，不易产生裂纹；③扩大了 CVD 应用范围，特别是在不同基片上制备金属薄膜、非晶态无机薄膜、有机聚合物薄膜等；④薄膜的附着力大于普通 CVD。

等离子体增强型化学气相沉积的缺点：①化学反应过程十分复杂，影响薄膜质量的因素较多，工作频率、功率、压力、基板温度、反应气体分压、反应器的几何形状、电极空间、电极材料和抽速等相互影响；②参数难以控制；③反应机理、反应动力学、反应过程等还不十分清楚。

PECVD 现广泛应用于微电子学、光电子学、太阳能利用等领域，主要用来制备化合物薄膜、非晶薄膜、外延薄膜、超导薄膜等，特别是集成电路卡（IC）技术中的表面钝化和多层布线。

5.4.2 电化学沉积法

5.4.2.1 基本原理

电化学沉积是指在电场作用下，在一定的电解质溶液（镀液）中由阴极和阳极构成回路，通过发生氧化还原反应，使溶液中的离子通过扩散、对流、电迁移等不同的形式运动到阴极或者阳极（工件）表面，同时进一步结晶以沉积到阴极或者阳极表面上而得到所需镀层的过程，镀层可以是薄膜也可以是涂层。按沉积原理，电沉积法可分为阳极电沉积和阴极电沉积。

阴极还原沉积机理：阴极沉积是把所要沉积的阳离子和阴离子溶解到水溶液或非水溶液中，同时溶液中含有易于还原的一些分子或原子团，在一定的温度、浓度和溶液的 pH 值等实验条件下，控制阴极电流和电压就可以在电极表面沉积出所需的薄膜。

阳极氧化沉积机理：阳极沉积一般在较高的 pH 值溶液中进行，一定的电压下溶液中的低价金属阳离子在阳极表面被氧化成高价阳离子，然后高价阳离子在电极表面与溶液中的 OH^-生成氢氧化物或羟基氧化物，进一步脱水生成氧化物薄膜。在阳极反应中，金属在适当的电解液中作为阳极，金属或石墨作为阴极。当电流通过时，金属阳极表面被消耗并形成氧化涂层，也就是氧化物长在金属阳极表面。

电沉积方法制备薄膜按其所用电能的供给方式可分为恒电流法和恒电压法。恒电流法是采用恒电流电解，此法的数学模型的理论分析较为简单。但是，恒电流法电解时，电极电位容易受外界影响而波动，因而得不到均匀的镀层，而采用恒电压法可以避免上述问题。恒电压法是将电解时的电极电压恒定在某一值，使镀液中一种金属离子发生电化学还原而析出；当电极电压恒定在另一值时，镀液中另一种金属离子还原析出，如此交替改变电压，以形成金属多层膜。

电化学沉积的电解质体系：水溶液体系、有机溶液体系、熔盐体系。

水溶液体系：把所需要沉积的阳离子和阴离子溶解在水溶液中，同时溶液中含有易于还原的一些分子或原子团，在一定的温度、浓度和 pH 值等条件下，控制电流和电压，就可在电极表面电化学沉积出各种氧化物薄膜，大部分溶液体系为水溶剂体系。

有机溶剂体系：将所需沉积的阳离子和阴离子溶解在有机溶剂中，再添加一些促进沉积的添加剂，即形成了有机溶液体系。它一般用于制备在水溶液中无法实现的或沉积效果不太好的氧化物薄膜。

水-有机混合溶剂体系：在有些氧化物的电化学沉积中，用单一的水溶剂或有机溶剂均得不到满意的氧化物薄膜，主要原因是金属离子在水溶液中不稳定，或者有机溶剂中缺少合适的还原剂，为了扬长避短，研究人员采用了水-有机混合溶剂体系，克服了上述两者的缺点，并成功地制备出了相关氧化物。

熔盐体系：用熔盐作为电沉积槽液，具有液态浓度范围广、电化学窗口大等特点。

5.4.2.2 装置

电沉积技术是一种应用广泛的金属沉积技术，主要用于金属基体的涂覆，以改善金属表面的外观、耐磨损和耐腐蚀等特性。电沉积过程是一种电化学过程，也是氧化-还原过程，其研究的重点是“阴极沉积”。图 5-10 所示为实验室典型电沉积装置示意图。

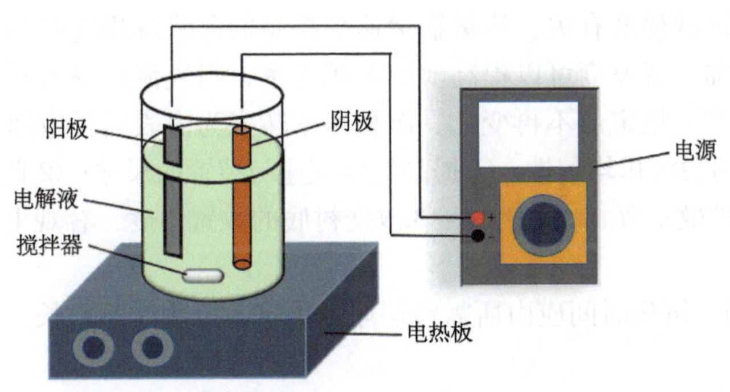

图 5-10 实验室电沉积装置示意图

阳极和阴极(通常是被涂覆的基体)浸在含有金属离子的电解液中，在两个电极之间施加一定的电势，阳极发生氧化反应而溶解，阴极发生还原反应使金属离子沉积在其表面形成涂层。

5.5 影响因素

5.5.1 化学气相沉积法

化学气相沉积首先是通过将反应物的气态分子输送到沉积室，然后由该气态反应物在热的基体表面发生化学反应从而生成固态沉积物。通过改变气体成分或反应室的流场、压力、温度等参数可以得到具有特定性质的膜层。

(1) 气体成分　气体中的微量氧、水蒸气等氧化性组分对沉积过程有很大影响，有氧存在时，沉积物的晶粒剧烈长大，并有分层现象产生，故选用气体不仅纯度要高(如氢气要求 99.9%以上，$TiCl_4$ 的纯度要高于 99.5%)，而且在通入反应室前必须经过净化，以除去其中的氧化性成分。

(2) 温度　薄膜的沉积速率是由表面反应速率控制的，而衬底的温度对沉积速率有较大影响，因为表面化学反应对温度的变化非常敏感。一般情况下，表面化学反应控制型 CVD 过程的沉积速率随温度升高而加快；当温度升高到一定程度时，由于反应速度的加快，输运到表面的反应物质的数量低于表面反应所需的数量，这时沉积速率转为由质量输运控制，反应速度不再随温度变化而变化；有些特别情况，沉积速率会随温度升高而先升高后下降，原因在于化学反应的可逆性。若反应在正向为放热反应，净反应速率随温度上升出现最大值，温度持续升高会导致逆向反应速度超过正向反应速度，薄膜沉积变为刻蚀的过程，温度过高不利于反应产物的沉积；若反应在正向为吸热反应，正反应激活能较高，净反应速率随温度升高单调上升，温度过低不利于反应产物的沉积。相应地，在薄膜沉积室设计方面形成了热壁式和冷壁式的两种 CVD 装置，以减少反应产物在器壁上的不必要沉积。

(3) 主气流速度　质量输运过程是通过气体扩散完成的，扩散速度与气体的扩散系数和边界层内的浓度梯度有关。质量输运速率控制的薄膜沉积速率与主气流速度的平方根成正比，增加气流速度可以提高薄膜沉积速率，当气流速率大到一定程度时，薄膜的沉积速率达到一稳定值不再变化，沉积速率转变为由表面反应速度控制。可采取以下措施来提高薄膜沉积均匀性：①提高气体流速与装置的尺寸；②调整装置内的温度分布，从而影响扩散系数 D 的分布；③改变衬底的放置角度，客观上强制提高气体的流动速度。

(4) 沉积时间　沉积时间应由所需镀层厚度决定，沉积时间愈长，所得膜层愈厚，反之膜层愈薄。

5.5.2 电化学沉积法

金属电沉积的难易程度以及沉积物的结构形态不仅与沉积金属的性质有关，而且与电解质的组成、pH 值、温度、电流密度等因素有关，故可以通过电流密度、电沉积电压、电沉积时间、电解液添加剂和电解液的组成等多种参数来控制超疏水涂层的制备。

(1)电解质溶液　氧化物的沉积量受溶液浓度影响较大，在其他条件相同时，溶液主盐含量越高，氧化物沉积量就越大。此外，溶液浓度还对镀层的表面形貌、结构、组成及其他性质都有很大的影响。

新晶核的生成和晶体的成长是电沉积过程中非常关键的步骤，主要取决于吸附表面的扩散速率和电荷传递反应速率，这两个步骤会直接影响涂层晶粒的大小。如果阴极表面具有高表面扩散速率，电荷传递反应相对较慢，导致少量原子吸附以及电势过低，这有利于晶体的成长；相反，低的表面扩散速率和大量的吸附原子以及高的过电势，都将增加成核速率。电解液的组成和沉积时间会影响吸附表面的扩散速率和电荷传递反应速率，因此这两个因素都是影响电沉积的关键因素。

在电解液中加入游离络合剂和其他添加剂可改变镀层的性质。游离酸存在于单盐溶液中，并依其含量高低可分为高酸度和低酸度两类镀液。在高酸度电解液中，游离酸能在一定程度上提高阴极极化，并防止主盐水解或氧化，提高电解液电导率。但游离酸浓度过高时，主盐溶解度下降，浓差极化趋势增强。低酸度电解液中，游离酸浓度过低易引起主盐水解或发生沉淀，过高则导致大量析氢，电流效率下降。游离络合剂具有增大阴极极化，促进结晶细化和保持电解液稳定的作用，并能降低阳极极化使其正常溶解。但过量的游离络合剂将降低电流效率，使沉积速度下降。有机表面活性剂对电沉积过程的动力学特征有较大影响，它可以在电极表面产生特性吸附，增大电化学反应阻力，使金属离子的还原反应受到阻滞而增大电化学过电位，或通过它在某些活性较高、生长速度较快的晶面上优先吸附，促使金属吸附原子沿表面做较长距离的扩散，从而增大结晶过电位。有时有机表面活性剂可在界面与络合物缔合，增大活化能而对电极过程产生阻化作用，这些行为对新晶核的形成是有利的。此外，有机表面活性剂对电解液的整平性光、亮度、润湿性及沉积层的内应力及脆性等都有较大影响。在单盐电解液中加入一些无机添加剂，其作用一般是增大溶液导电率以改善其分散能力，或是起缓冲作用，稳定 pH 值以避免电极表面碱化而形成氢氧化物或碱性盐析出。有时无机添加剂是为防止主盐水解，降低内应力或增加光亮度等目的而加入的。一般无机添加剂对阳极极化的影响不是很显著。

(2)pH 值　在水溶液中进行电化学沉积薄膜时，pH 值直接影响电极上进行的电化学反应及随后在电极表面上进行的化学反应。通常，只有在一定的 pH 值范围内，各种薄膜才能在电极表面上沉积。当溶液的 pH 值不同时，从同一种溶液中可以沉积出组成和结构完全不同的氧化物产物。

(3)沉积电压和电流　各种薄膜只能在一定范围的电位和电流条件下才能得到，因为每种物质的氧化物还原均在一定条件下才能发生。一般来说，过电位越大，沉积时所需电流密度也就越大。恒电流沉积时过电位随时间延长而逐渐增大；恒电位沉积时，电流密度随时间延长而逐渐变小，无论是恒电流还是恒电位沉积，氧化物沉积量随时间延长而逐渐增加，但只有在电化学沉积初期与理论值比较接近时，随反应时间推移，二者偏差越来越大。

电化学沉积过程中，两电极之间所施加的外加电压的大小是影响薄膜质量的重要因素之一。在电解液、基底材料、两电极之间的距离等影响因素一致的条件下，外加电压越大，电极间的电场强度越大，电解液中有机溶液的极化速率以及离子的移动速度就越快，且溶液中极化的自由离子也更多，则薄膜沉积速度明显加快且薄膜质量更好、更均匀。

(4) 温度　镀液升温使放电离子活化，电化学极化降低，粗晶趋势增强。某些情况下镀液温度升高，稳定性下降，水解或氧化反应容易进行。但当其他条件有利时，升高镀液温度不仅能提高盐类的溶解度和溶液的导电性，还能增大离子扩散速度、降低浓差极化，从而提高许用电流与阴极电流效率。此外，温度升高对减少沉积层含氢量和降低脆性也有利。

另外在电沉积过程中，通过搅拌可促使溶液对流，减薄界面扩散层厚度而使传质步骤得到加快，对降低浓差极化和提高极限电流有显著效果。

5.6 材 料 制 备

5.6.1 超疏水材料

5.6.1.1 化学气相沉积法

Li 等[41]通过化学气相沉积法，在石英基底上制备了具有蜂窝状、柱状、岛状等各种图案结构的阵列碳纳米管薄膜；研究表明，这些膜表面均具有超疏水性，与水的接触角都大于 160°，滚动角小于 5°；而产生这种高接触角、低滚动角的原因，与表面纳微米结构的阶层排列有关。李书宏等[42]通过化学气相沉积法，在蓝宝石上制备了具有微纳米粗糙结构的 ZnO 薄膜，该超疏水-超亲水表面对紫外光具有响应性：用紫外光对表面进行照射后，表面呈超亲水性，其接触角小于 5°；而将该表面避光放置一段时间或经过加热处理后，表面又恢复原来的超疏水性，其接触角约为 164°。Lau 等[43]利用等离子体增强型化学气相沉积法，首先在硅片上制备了具有柱状结构的阵列碳纳米管膜，然后在该表面上用化学气相沉积法覆盖一层聚四氟乙烯，制得的超疏水膜的接触角达到了 170°。Song 等[44]通过 CVD 法，在硅表面沉积氨丙基三甲氧基硅烷，得到氨基功能化表面。该自组装膜表面的润湿性可以通过不同链长的脂肪酸改性修饰调控。结合该自组装膜与表面粗糙度，可得到静态表观接触角为 159°的超疏水表面。

Huang 等[45]将不锈钢片浸泡在硫酸镍和过硫酸钾的混合溶液中，在不锈钢片表面沉积出直径几百纳米的球状结构[图 5-11(a)、(b)]，经全氟辛酸修饰后，获得接触角约为 158°的超疏水不锈钢片表面。Jia 等[46]将镁合金片浸泡在硝酸银溶液中，使镁合金表面沉积出如图 5-11(c)所示的微纳米级粗糙结构，该粗糙结构由直径 2～3 μm 的微球结构组成，微球结构表面不规则地排列着厚度约为 100 nm 的薄片，该表面经硬脂酸修饰后，可获得接触角约为 153°的超疏水镁合金表面。Zhu 等[47]将铜片浸泡在硝酸银溶液中，使铜片表面沉积出珊瑚状的粗糙结构，如图 5-11(d)所示。经全氟辛酸修饰后，获得了接触角约为 163°的超疏水铜片表面。

图 5-11 利用化学沉积法制造超疏水表面[45-47]

(a)经过化学沉积加工后不锈钢表面的 SEM 照片；(b)不同液体在超疏水不锈钢表面的照片；(c)经过化学沉积法加工后镁合金表面的 SEM 照片；(d)经过化学沉积法加工后铜表面的 SEM 照片

Ishizaki 等[48]利用微波等离子体增强型化学气相沉积的方法在 AZ31 镁合金表面制备了接触角大于 150°的超疏水表面，在沉积过程中发现，随着沉积时间延长，表面粗糙度提高(图 5-12)、疏水性能增强。

图 5-12 不同沉积时间下镁合金表面三维形貌[13]

(a)10 min；(b)20 min；(c)30 min

Zhuang 等[49]采用 CVD 方法制备了黏合剂环氧树脂(EP)和聚二甲基硅氧烷(PDMS)的复合材料。EP 层在基材上提供了牢固黏附的微米/纳米结构，而 PDMS 用于后处理以降低表面能。该项研究通过气溶胶辅助化学气相沉积(AACVD)法在一定温度、沉积时间和基材范围内进行了 EP 膜的沉积。开发了一种新颖的动态沉积温度法来创建多层周期性的微/纳米结构，从而显著提高了表面机械耐久性。材料表面接触角为 160°，而水滴滑动角经常<1°。严格的砂纸磨损测试表明，超疏水性能得以保持，并具有出色的坚固性，同时进行了磨损、防腐蚀(pH=1～14，72 h)和紫外测试，显示出薄膜具有良好的环境稳定性。清除各种污染性粉末和水性染料的表面时证明了自清洁行为。这种用于制造高度耐用的超疏水性聚合物薄膜的灵活简便的方法为 AACVD 的可扩展性和低成本生产提供了良好的应用前景。

5.6.1.2　电化学沉积法

Shen 等[50]通过扫描电沉积技术在阴极制备了超疏水镍镀层，初始时镀层表面有菜花状的团簇生成，不具有超疏水性质，但在空气中暴露一周后，水滴接触角达到 155.4°，且滑动角只有 6.5°。Shen 等[51]采用一种磁场诱导选择性扫描电沉积技术在阴极制备了超疏水镍镀层，并通过调节磁场强度改变镀层的密度，从而影响镀层的疏水性。结果表明，刚制备的镀层只具备疏水性质，在空气中暴露 5 d 后，原始镀层变为超疏水表面，其接触角达 155.4°。

She[52]等采用电沉积的方法在 AZ91D 镁合金表面镀镍，然后再镀锌，之后在碱性溶液中进行电化学阳极处理，得到粗糙的 CuO 表面，再使用月桂酸改性，其制备方案如图 5-13 所示。通过该方案制备的超疏水涂层的接触角为 155.5°、滚动角为 3°，在质量分数为 3.5%的 NaCl 水溶液中的耐腐蚀性能良好；通过对涂层的划线网格试验(ASTM D 3359-78)和显微硬度试验发现，该膜具有良好的附着力，达 ASTMD 3359-78 标准的 4B 级；通过显微硬度检测发现，所得试样的显微硬度为(247±19)HV，表明该涂层的机械稳定性良好。

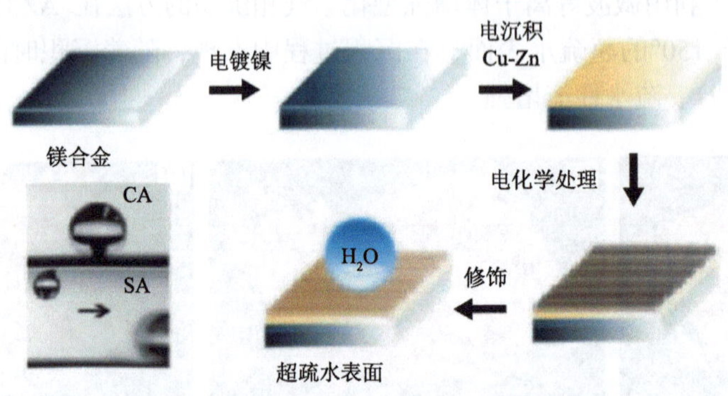

图 5-13　AZ91D 镁合金超疏水涂层制备流程图[52]

Kang 等[53]通过在混有硝酸铈、硬脂酸和乙醇的混合液中电沉积镁基底制备出超疏水表面，由于在制备表面粗糙度的过程中加入了低表面能硬脂酸，因此电沉积后的表面是超疏水的。该电沉积方法只需 1 min 就可以生成超疏水表面。实验发现，该方法在 30 V 电压下形成的表面疏水性和抗腐蚀性最佳，CA 可达 159.6°，可承受强碱性环境与 500 mm 砂纸磨损，但是不能承受强酸性环境。该电沉积过程示意图如图 5-14 所示。

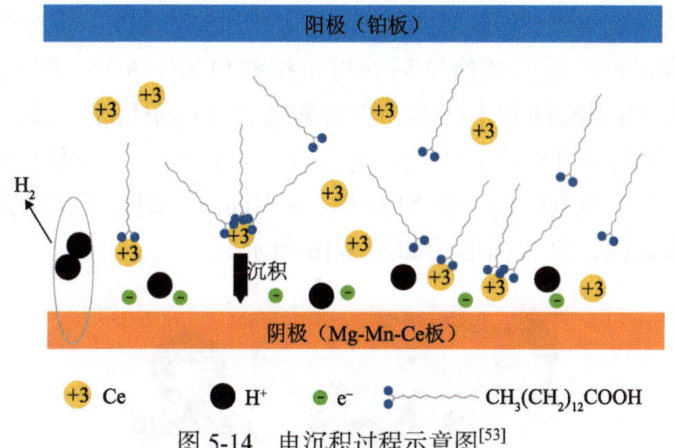

图 5-14 电沉积过程示意图[53]

Zheng 等[54]利用电沉积技术，在镁合金表面形成超疏水结构，实验利用 $Mg(NO_3)_2$ 和硬脂酸乙醇溶液作为电解液，并研究溶液的浓度对于超疏水接触角的影响。由于电沉积过程中产生的硬脂酸镁具有长链结构，使超疏水表面既有粗糙的结构，又有较低的表面能，无需后续处理，且对环境无污染。硬脂酸与硝酸镁的摩尔比为 10∶1 时，制得的表面的耐腐蚀性最好。Yang 等[55]采用一步电沉积技术，将 Cu 基体连入含有 NiCl 和肉豆蔻酸的乙醇电解液中进行电沉积快速制备超疏水 Ni 膜，通过调整沉积时间，所得超疏水表面最大 CA>160°、SA<3°，镀 Ni 后的纯 Cu 表面堆积着花状的团簇，变得更加粗糙。这种独特的结构有助于收集大量空气，并在水滴下形成气垫，从而防止液体接触 Cu 衬底，达到良好的抗腐蚀效果。另一方面，该镀层成分由晶体 Ni 和肉豆蔻酸镍组成，该成分自身具有降低表面能的特性，因此无需后续处理。

Tan 等[56]利用电化学沉积法在铁片表面沉积出大量的微米级叠层晶体，形成微观粗糙结构，经硬脂酸修饰后，获得接触角约为 154°的超疏水表面，如图 5-15(a)所示。Liu 等[57]将镁合金片放入含有六水合硝酸铈和肉豆蔻酸的乙醇混合溶液中进行电化学沉积，沉积出珊瑚状的粗糙结构，由于肉豆蔻酸为低表面能物质，因此通过一步电化学沉积即可获得接触角约为 160°的超疏水镁合金片表面，如图 5-15(b)所示。Su 等[58]采用电化学沉积法在铜表面沉积镍纳米粒子，形成了松锥状的团簇粗糙结构，经 1*H*,1*H*,2*H*,2*H*-全氟癸基三乙氧基硅烷修饰后，获得接触角达到 162°的超疏水铜表面，如图 5-15(c)所示。电化学沉积法具有成本低廉、制备过程简单的特点，但通过电化学沉积法制备的超疏水表面易磨损，机械强度较差。

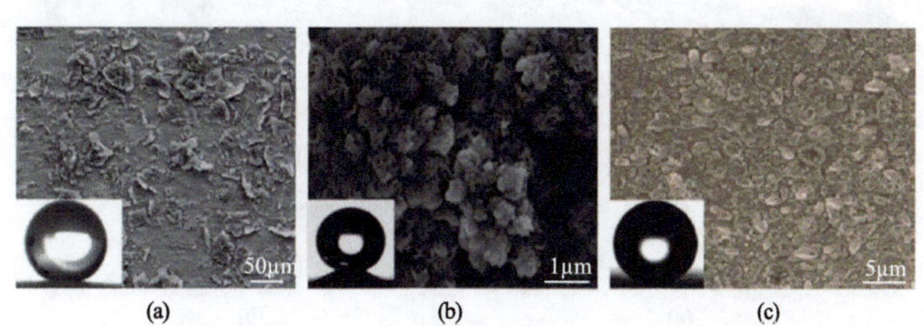

图 5-15 利用电化学沉积法制备超疏水表面[56-58]

(a)经电化学沉积后铁表面的 SEM 图；(b)经电化学沉积后镁合金表面的 SEM 图；(c)经电化学沉积后铜表面的 SEM 图

Li 等[59]在 AZ31 镁合金表面经化学镀镍制备 Ni 的过渡层，后经电化学镀钴制备出具有蕨叶状的结构，再经硬脂酸修饰后获得了接触角为 156.2°、滚动角约为 1°的超疏水表面。Zhao 等[60]以硝酸镁和十四酸为电沉积液，在阴阳极上一步法制备了超疏水膜层，获得的试样接触角为 152.6°，滚动角低于 1°。Liu 等[61,62]利用无水电沉积的方法，选取十四酸的乙醇溶液为电解质，在 Mg-Mn-Ce 表面一步制备了接触角为 159.8°、滚动角约为 2°的超疏水表面，其表面形貌如图 5-16 所示。

图 5-16 电沉积法制备获得的超疏水表面及其与水的接触角[62]

5.6.2 超亲水材料

Liu 等[63]通过金催化化学沉积的方法制备出超疏水的 ZnO 表面，其接触角达到 164.3°，在紫外光下可转变为超亲水状态，将该表面放入黑暗环境中或者在加热条件下又恢复到超疏水状态，同时该表面也具有很强的附着力、良好的稳定性和耐久性。Rico 等[64]采用 PVD 法和 PECVD 法制备出二氧化钛涂层，当采用紫外光对其进行照射后，可达到超亲水状态，将其放回到黑暗环境中，涂层又恢复到原来的状态。扫描电镜显示该涂层的表面具有多孔结构，同时微观上呈纤维状，具有较高的粗糙度(图 5-17)。Wilkinson 等[65]利用组合大气压力气相沉积法制备出 TiO_2-VO_2 薄膜，通过改变原料 $TiCl_4$ 和 VCl_4 等比例制备出梯度复合薄膜，在紫外光的照射下，这些薄膜都可以转变为超亲水状态。

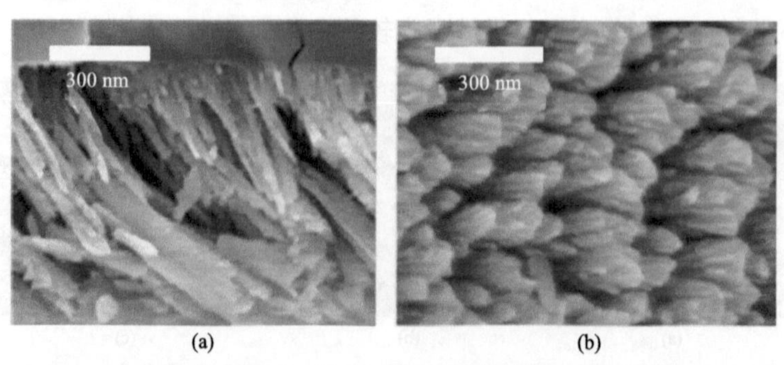

图 5-17 通过 PVD 法制备的 TiO_2 薄膜的横截面图(a)和正面图(b)[64]

利用 CVD 可以将疏水性物质蒸发沉积到超亲水性物质表面，由于疏水性物质在超亲水表面沉积的膜非常薄，几乎不影响其表面的微观形貌，仅仅将其表面的亲水性物质覆盖住，因此可以形成超亲水向超疏水的转变过程。例如，Lopez-Torres 等[66]利用层层自组装（LbL）方法以聚丙烯胺盐酸盐（PAH）和磷酸钠（PSP）为原料制备出接触角可以达到 0°的超亲水涂层，再通过化学沉积法将 1*H*,1*H*,2*H*,2*H*-全氟辛基三乙氧基硅烷（POTS）蒸发沉积到其表面，涂层表面可由超亲水性转变为超疏水状态（图 5-18）。Lin 等[67]用热丝化学气相沉积法（HWCVD）制备了均匀细密的 TiO_2/纳米硅薄膜，制备出来的涂料膜在可见光下具有超亲水性质。McSporran 等[68]利用有机金属化学气相沉积法，对铟钽氧化物（$InTaO_4$）和掺杂镍的铟钽进行热处理制备出结晶薄膜，在紫外光的照射下，其接触角会减小到 0°。Zhang 等[69]首先利用水热法将氧化铈沉积在铝合金表面上构造粗糙度，可达到超亲水状态；然后在氧化铈表面涂覆一层疏水性的 1*H*,1*H*,2*H*,2*H*-全氟辛基三乙氧基硅烷，铝合金表面性质由超亲水转变为超疏水，并具有优良的耐腐蚀性能。

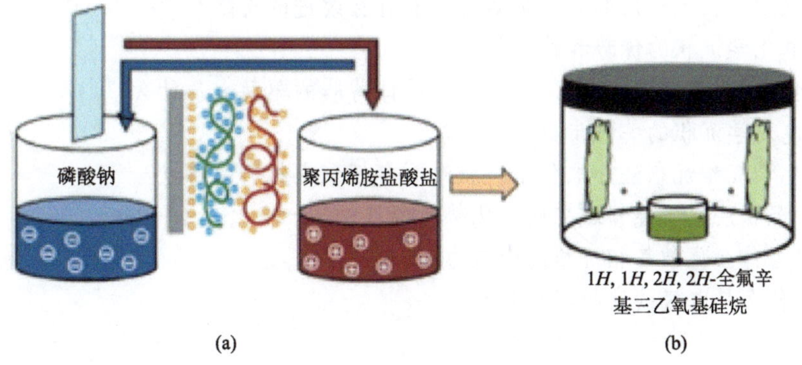

图 5-18 超亲水涂层的制备（a）及其向超疏水转变（b）的示意图[66]

5.6.3 超双疏材料

通过化学气相沉积法形成的具有阵列结构的纳米管薄膜，在疏水剂处理表面后得到超双疏薄膜。胡云楚等[70]发明了将棒状纳米纤维素以静电植绒的方式在基底表面定向种植，经含氟疏水剂修饰后，可获得超双疏自清洁表面，利用该方法可大面积构筑超双疏表面。

在超双疏纺织品研究方面，Wang 等[71]以 3,4-乙烯二氧噻吩（EDOT）、氟化癸基多面体低聚倍半硅氧烷（FD-POSS）和 1,1,2,2-四氢全氟癸基三甲氧基硅烷（FAS）为原料，通过 CVD 法制备了性能优良的超双疏导电纺织品，其与水和十六烷的接触角分别为 169°和 156°，表面电阻为 0.8～1.2 $k\Omega/m^2$。涂层中的 FD-POSS 和 FAS 对导电性能的影响很小，但显著提高了纺织品的洗涤和磨损稳定性。超双疏纺织品可以承受至少 500 次标准洗涤和 10000 次磨损，导电性在洗涤和磨损后略有降低，但超双疏性能未发生改变。此外，超双疏纺织品具有很好的自修复能力，可以自动修复化学损伤，恢复表面的液体排斥性。Aminayi 等[72]采用纳米粒子气相沉积和分子气相沉积技术制备了超双疏棉织物。用三甲基铝/水纳米粒子对表面进行粗化，然后用（十六烷基-1,1,2,2-四氢辛基）三氯硅烷改性，赋予棉织物独特的超双疏性能。与湿化学沉积法相比，该方法可以精确地控制所用的化学物质和涂层的厚度，从而在保持纺织品原有性能的同时，最大限度地减少废物的产生。Wang 等[73]采用疏水 SiO_2 纳米粒子和甲基苯基有机硅树脂对涤纶织物进行浸渍，再经 O_2 等离子体处理和全氟三氯硅烷气相沉积，制备了耐久性超双疏涤纶织物。该织物对水、乙二醇和十六烷的接触角分别为 170°、165°和 163°。

思 考 题

5.1 沉积法的概念？
5.2 沉积法的分类？
5.3 化学气相沉积法的原理？
5.4 电化学沉积的原理？
5.5 化学气相沉积法的缺点是哪些？有什么改进的思路？
5.6 电化学沉积的优势和缺点是什么？
5.7 化学气相沉积法在固体表面生长晶体薄膜的驱动力是什么？
5.8 电化学沉积的关键步骤是哪个？
5.9 化学气相沉积法和电化学沉积法制备超疏水材料的特点？
5.10 沉积法在服装领域应用的优势是什么？
5.11 为什么化学气相沉积的内应力低？
5.12 什么是电极的法拉第过程？

参 考 文 献

[1] 李慕勤, 李俊刚, 吕迎. 材料表面工程技术[M]. 北京: 化学工业出版社, 2010.
[2] 戴达煌, 周克崧, 袁镇海. 现代材料表面技术科学[M]. 北京: 冶金工业出版社, 2004.
[3] 常健, 郑蕾, 彭徽, 等. 等离子体激活电子束物理气相沉积 NiCoCrAlY 涂层的制备及微观组织结构研究[J]. 真空科学与技术学报, 2012, 32(8): 746-750.
[4] Nishizawa J, Saito M. Mechanism of chemical vapor deposition of silicon[J]. Journal of Crystal Growth, 1981, 52: 213-218.
[5] Nelson L S, Richardson N L. Formation of thin rods of pyrolytic carbon by heating with a focused carbon dioxide laser[J]. Materials Research Bulletin, 1972, 7(9): 971-975.
[6] Deryagin B V, Fedoseev D V. Epitaxial synthesis of diamond in the metastable region[J]. Russian Chemical Reviews, 1970, 39(9): 1661-1671.
[7] 全盛. 石墨烯电极制备及其器件应用研究[D]. 成都: 电子科技大学, 2017.
[8] 王忠恕. 化学气相沉积在机械工业中的应用[J]. 热加工工艺, 1983(2): 54-59.
[9] 高倩. 大面积氧化物薄膜材料的微纳结构可控制备与性能调控技术[D]. 杭州: 浙江大学, 2014.
[10] 刘钰, 章慧云. 硬质合金刀具表面化学气相沉积 TiC 过程的控制[J]. 铸造技术, 2017, 38(8): 1895-1897.
[11] 徐帅, 李晓普, 丁玉龙, 等. 化学气相沉积金刚石微球的生长机制研究[J]. 金刚石与磨料磨具工程, 2018, 38(5): 1-5.
[12] 陈冲, 费振义, 亓永新, 等. 射频辉光放电等离子体辅助化学气相沉积法制备类金刚石碳膜工艺

与性能表征[J]. 金刚石与磨料磨具工程, 2009(5): 7-12.

[13] 徐彬, 郭岩, 马胜利, 等. 脉冲直流等离子体增强化学气相沉积制备 Si-C-N 纳米超硬薄膜研究[C]//中国机械工程学会. 第六届全国表面工程学术会议论文集, 2006: 466-470.

[14] 郭俊杰. 低温化学气相沉积金属钛膜及其抗腐蚀研究[D]. 北京: 中国科学院大学(中国科学院过程工程研究所), 2020.

[15] 张尚宏, 张勇, 朱权, 等. 中温金属有机化学气相沉积制备 TiO_2 涂层及其抑焦性能研究[J]. 化学研究与应用, 2017, 29(7): 1006-1011.

[16] 张丽, 齐海涛, 徐永宽, 等. 高温化学气相沉积法制备致密碳化钽涂层[J]. 功能材料, 2017, 48(6): 6183-6186, 6192.

[17] 魏芹芹. 硅基磁控溅射 Ga_2O_3/Al_2O_3 膜氨化反应自组装法和热壁 CVD 法制备 GaN 薄膜的研究[D]. 济南: 山东师范大学, 2004.

[18] 邓波. 冷壁化学气相沉积法制备纳米碳管[D]. 西安: 西北工业大学, 2004.

[19] Uishinaga T, 高瑛. 用开管和闭管法气相生长单磷化硼[J]. 国外信息显示, 1973(3): 22-25.

[20] 吴长树, 张光华, 宋炳文, 等. 开管气相外延法生长碲镉汞晶膜[J]. 红外技术, 1991(6): 15-17.

[21] 赵毅. 无氢硅烷常压化学气相沉积 SiO_x 薄膜在晶体硅太阳能电池制造中的应用[J]. 山西化工, 2021, 41(5): 27-28, 34.

[22] 李淑萍, 张志利, 付凯, 等. 基于原位等离子体氮化及低压化学气相沉积-Si_3N_4 栅介质的高性能 AlGaN/GaN MIS-HEMTs 器件的研究[J]. 物理学报, 2017, 66(19): 287-293.

[23] 赵灵智, 胡社军, 李伟善, 等. 真空气相沉积法制备 $LiFePO_4$ 薄膜的研究进展[J]. 广东化工, 2007(10): 56-58, 63.

[24] Wu Y, Sugimura H, Inoue Y, et al. Preparation of hard and ultra water-repellent silicon oxide films by microwave plasma-enhanced CVD at low substrate temperatures[J]. Thin Solid Films, 2003, 435(1/2): 161-164.

[25] Chen A, Peng X, Koczkur K, et al. Superhydrophobic tin oxide nanoflowers [J]. Chemical Communications, 2004(17): 1964-1965.

[26] 韩一平, 杨晓东, 王庆成, 等. 金属基底超疏水表面仿生制备研究进展[J]. 吉林工程技术师范学院学报, 2019, 35(6): 89-93.

[27] 赵美蓉, 周惠言, 康文倩, 等. 超疏水表面制备方法的比较[J]. 复合材料学报, 2021, 38(2): 361-379.

[28] 桑付明, 黄明湖, 程瑾宁. 糖精钠对直流电沉积纳米镍层性能及组织的影响[J]. 材料保护, 2010, 43(9): 4-5, 12, 76.

[29] 毕金莲. 脉冲电沉积 Cu/In/Ga 金属预制层硒化硫化制备 CIGSe 薄膜的研究[D]. 天津: 南开大学, 2017.

[30] 宫凯, 黄因慧, 田宗军, 等. 块体多孔金属镍的逐层扫描喷射电沉积制备[J]. 材料工程, 2009(8): 63-67.

[31] 詹中伟, 葛玉麟, 田礼熙, 等. 搅拌速度和颗粒尺寸对复合电沉积 Ni-cBN 复合量的影响及机理分析[J]. 电镀与精饰, 2022, 44(1): 1-5.

[32] Gong K, Xu G Q, Tian Z J. Preparation and characterization of bulk porous nickel fabricated by novel scanning jet electrodeposition[J]. Applied Mechanics and Materials, 2014, 532: 562-567.

[33] 詹捷, 孙智富, 叶宏, 等. 火焰喷涂与快速电沉积复合涂层及研究[C]. 海峡两岸第二届工程材料研讨会论文集, 2004: 275-276.

[34] 赵阳培. 射流电铸快速成型纳米晶铜工艺基础研究[D]. 南京: 南京航空航天大学, 2005.

[35] 裴国喜. 电刷镀电沉积过程浅析[J]. 材料保护, 1985(6): 38-39, 42.

[36] 叶雄, 王猛, 谭俊. 电刷镀与喷射电沉积制备纯钴镀层的对比[J]. 电镀与环保, 2018, 38(3): 7-9.

[37] 顾超, 朱宏喜, 任凤章, 等. 双槽电沉积法制备 Cu/Ag 纳米多层膜制备及研究[J]. 表面技术, 2011, 40(4): 4-7.

[38] 朱宏喜，顾超，任凤章. 单槽脉冲电沉积制备铜/镍纳米多层膜及其性能[J]. 电镀与涂饰，2012, 31(10): 7-10.

[39] 冯庆. 超声雾化热分解气相沉积法制备 TiO_2 薄膜的气敏特性研究[J]. 真空科学与技术学报，2010, 30(4): 385-389.

[40] 王鑫，王文杰，邓加军，等. 化学气相沉积法控制合成单层 $MoSe_2$ 薄膜[J]. 中国科技论文，2018, 13(18): 2082-2086.

[41] Li S H, Li H J, Wang X B. et al. Super-hydrophobicity of large-area honeycomb-like aligned carbon nanotubes[J]. Journal of Physical Chemistry B, 2002, 106 (36): 9274-9276.

[42] 李书宏，冯琳，李欢军，等. 柱状结构阵列碳纳米管膜的超疏水性研究[J]. 高等学校化学学报，2003(2): 340-342.

[43] Lau K K S, Bico J, Teo K B K, et al. Superhydrophobic carbon nanotube forests[J]. Nano Letters 2003, 3 (12): 1701-1705.

[44] Song X, Zhai J, Wang Y, et al . Self-assembly of amino-functionalized monolayers on silicon surfaces and preparation of superhydrophobic surfaces based on alkanoic acid dual layers and surface roughening[J]. Journal of Colloid and Interface Science, 2006, 298(1): 267-273.

[45] Huang L, Song J L, Lu Y, et al. Superoleophobic surfaces on stainless steel substrates obtained by chemical bath deposition[J]. Micro & Nano Letters, 2017, 12(2): 76-81.

[46] Jia J, Fan J F, Xu B S, et al. Microstructure and properties of the superhydrophobic films fabricated on magnesium alloys[J]. Journal of Alloys and Compounds, 2013, 554: 142-146.

[47] Zhu J Y, Zhang L P, Dai X J, et al. One-step fabrication of a superhydrophobic copper surface by nano-silver deposition[J]. AIP Advances, 2020, 10(7): 075111.

[48] Ishizaki T, Hieda J, Saito N, et al. Corrosion resistance and chemical stability of super-hydrophobic film deposited on magnesium alloy AZ31 by microwave plasma-enhanced chemical vapor deposition[J]. Electrochimica Acta, 2010, 55(23): 7094-7101.

[49] Zhuang A, Liao R, Lu Y, et al. Transforming a simple commercial glue into highly robust superhydrophobic surfaces via aerosol-assisted chemical vapor deposition[J]. Applied Materials & Interfaces, 2017, 9(48): 42327-42335.

[50] Shen L D, Fan M Z, Qiu M B, et al. Superhydrophobic nickel coating fabricated by scanning electrodeposition[J]. Applied Surface Science, 2019, 483: 706-712.

[51] Shen L D, Xu M Y, Jiang W, et al. A novel superhydrophobic Ni/Nip coating fabricated by magnetic field induced selective scanning electrodeposition [J]. Applied Surface Science, 2019, 489: 25-33.

[52] She Z X, Li Q, Wang Z W, et al. Novel method for controllable fabrication of a superhydrophobic CuO surface on AZ91D magnesium alloy [J]. ACS Applied Materials & Interfaces, 2012, 4(8): 4348-4356.

[53] Liu Q, Chen D, Kang Z. One-step electrodeposition process to fabricate corrosion-resistant superhydrophobic surface on magnesium alloy[J]. ACS Applied Materials & Interfaces, 2015, 7(3): 1859-1867.

[54] Zheng T, Hu Y, Pan F, et al. Fabrication of corrosion-resistant superhydrophobic coating on magnesium alloy by one-step electrodeposition method[J]. Journal of Magnesium and Alloys, 2019, 7(2): 193-202.

[55] Yang Z, Liu X, Tian Y. Fabrication of super-hydrophobic nickel film on copper substrate with improved corrosion inhibition by electrodeposition process[J]. Colloids & Surfaces A: Physicochemical & Engineering Aspects, 2019, 560: 205-212.

[56] Tan J Y, Hao J J, An Z Q, et al. Simple fabrication of superhydrophobic nickel surface on steel substrate via electrodeposition[J]. International Journal of Electrochemical Science, 2017, 12(1): 40-49.

[57] Liu Y, Xue J, Luo D, et al. One-step fabrication of biomimetic superhydrophobic surface by

electrodeposition on magnesium alloy and its corrosion inhibition[J]. Journal of Colloid and Interface Science, 2017, 491: 313-320.

[58] Su F, Yao K. Facile fabrication of superhydrophobic surface with excellent mechanical abrasion and corrosion resistance on copper substrate by a novel method[J]. ACS Applied Materials & Interfaces, 2014, 6(11): 8762-8770.

[59] Li W, Kang Z X. Fabrication of corrosion resistant superhydrophobic surface with self-cleaning property on magnesium alloy and its mechanical stability[J]. Surface and Coatings Technology, 2014, 253: 205-213.

[60] Zhao T T, Kang Z X. Simultaneously fabricating multifunctional superhydrophobic/superoleophilic coatings by one-step electrodeposition method on cathodic and anodic magnesium surfaces[J]. Journal of the Electrochemical Society, 2016, 163(10): 628-635.

[61] Liu Q, Kang Z X. One-step electrodeposition process to fabricate superhydrophobic surface with improved anticorrosion property on magnesium alloy[J]. Materials Letters, 2014, 137: 210-213.

[62] Liu Q, Chen D X, Kang Z X. One-step electrodeposition process to fabricate corrosion-resistant superhydrophobic surface on magnesium alloy[J]. ACS Applied Materials & Interfaces, 2015, 7(3): 1859-1867.

[63] Liu H, Feng L, Zhal J, et al. Reversible wettability of a chemical vapor deposition prepared ZnO film between superhydrophobicity and superhydrophilicity[J]. Langmuir, 2004, 20(14): 5659-5661.

[64] Rico V, Romero P, Hueso J L, et al. Wetting angles and photocatalytic activities of illuminated TiO_2 thin films[J]. Catalysis Today, 2009, 143(3-4): 347-354.

[65] Wilkinson M, Kafizas A, Bawaked S M, et al. Combinatorial atmospheric pressure chemical vapor deposition of graded TiO_2-VO_2 mixed-phase composites and their dual functional property as self-cleaning and photochromic window coatings[J]. ACS Combinatorial Science, 2013, 15(15): 309-319.

[66] Lopez-Torres D, Elosua C, Hernaez M, et al. From superhydrophilic to superhydrophobic surfaces by means of polymeric layer-by-layer films[J]. Applied Surface Science, 2015, 351: 1081-1086.

[67] Lin C Y, Fang Y K, Kuo C H, et al. Design and fabrication of a TiO_2/nano-silicon composite visible light photocatalyst[J]. Applied Suface Science, 2006, 253(2): 898-903.

[68] McSporran N, Rico V, Borras A, et al. Synthesis of undoped and Ni doped in TaO_4 photoactive thin films by metal organic chemical vapor deposition[J] . Surface and Coatings Technology, 2007, 201(22-23): 9365-9368.

[69] Zhang K, Wu J S, Chu P P, et al. A novel CVD method for rapid fabrication of superhydrophobic surface on aluminum alloy coated nanostructured cerium-oxide and its corrosion resistance[J]. International Journal of Electrochemical Science, 2015, 10(8): 6257-6272.

[70] 胡云楚，梁金，王洁，等. 一种超双疏自清洁表面精细纳米结构的人工种植方法[P]. 中国: CN103143493A, 2013-06-12.

[71] Wang H, Zhou H, Gestos A, et al. Robust, electro-conductive, self-healing superamphiphobic fabric prepared by one-step vapour-phase polymerisation of poly(3,4-ethylenedioxythio-phene) in the presence of fluorinated decyl polyhedral oligomeric silsesquioxane and fluorinated alkyl silane[J]. Soft Matter, 2013, 9(1): 277-282.

[72] Aminayi P, Abidi N. Imparting super hydro/oleophobic properties to cotton fabric by means of molecular and nanoparticles vapor deposition methods[J]. Applied Surface Science, 2013, 287; 223-231.

[73] Wang Y, Bhushan B. Wear-resistant and antismudge superoleophobic coating on polyethylene terephthalate substrate using SiO_2 nanoparticles[J]. ACS Applied Materials & Interfaces, 2014, 7(1): 743-755.

第6章 涂 覆 法

6.1 概 述

在基片表面盖上一层材料，如浸渍、喷涂或旋涂等方法一般都是在基片表面覆盖一层光致抗蚀剂。例如，在聚碳酸酯(PC)表面涂覆一层物质，可用以增强抗腐蚀能力、抗划伤能力和油墨印刷的附着力，其实 PC 的表面很光滑，一般来说电镀和印刷都是比较困难的，因此需要经过一些表面处理，涂覆就是其中一种。在实际生产中，涂覆技术简单来讲就是往其表面覆盖一层膜，早期人们一般仅仅用刷子在材料表面手工涂刷，现在可以用大型的涂覆机自动涂覆，这是科学技术不断进步的结果。

由于涂覆工艺多种多样，下面以最典型的热喷涂工艺为例来简述涂覆技术的发展。

1882 年，德国人采用简单的装置将金属液喷射成粉末，这是最初的热喷涂法；1910 年，瑞士科学家 Schoop 将低熔点金属的熔体喷射在工件表面而形成涂层，热喷涂技术由此而诞生[1]；1920 以后开始使用电弧喷涂[2]；1930～1940 年期间出现了火焰粉末喷涂工艺；1950 年以后自熔合金粉末和复合粉末的研究成果，结束了单一线材喷涂局面，同时诞生了火焰喷焊工艺。美国 Union Carbride Co 公司相继成功研究出爆炸喷涂和等离子体火焰喷涂枪[3]；1960～1970 年期间，各种热喷涂技术均已成熟，不仅能喷涂金属、陶瓷，还能喷涂塑料及其复合材料；1981 年，美国 Browning Engineering 公司研制成功新的超音速火焰喷枪[4]。

涂覆法可用于制备超疏水表面，这主要是在基底的表面喷涂或者沉积一层具有低表面能的颗粒，使表面具备超疏水效果。所用基底可以是金属、木材、纤维等基底，涂覆的方式可以分为固体喷涂、液体喷涂、化学沉积等方式。目前，该种方法尤其是液体喷涂的方法已经应用于实验室与工业生产中。涂覆法的优势在于操作简单、适用范围广、成本低廉，可以实现大规模生产。然而，目前市面上的超疏水涂料以液体溶剂为主，这些涂料中的化学成分通常具备挥发性和刺激性，容易对人体造成伤害，且一般难以清洗。另一方面，涂覆使用的试剂一般是不透明的，具有一定润湿性，因此很难适用于玻璃和纸张这种基底[5]。

近年来，随着纳米技术的发展与应用，以纳米颗粒为涂料的粉末喷涂技术为解决溶液喷涂法带来的环境污染问题提供了可替代方案。该方法一般是通过带电粒子的静电作用，使粉末附着在基材上，形成超疏水涂层。粉末喷涂法主要包括静电涂覆法和等离子体喷涂法。静电喷涂是利用高压静电发生器所形成的静电场，将被喷涂的金属工件作为高压正极，塑料粉末经传送系统输入喷枪由作为高压负极的喷口喷出，喷出的塑料粉末带负电，在静电场作用下轰击工件表面，在工件表面沉积成均匀的粉末层，再经加热塑化、冷却而得到均匀的塑料涂层。等离子体喷涂法，是通过热喷涂技术将熔化的材料沉积到基材上形成颗粒。等离子体喷涂法具备高沉积速率、简单的可操作性及可熔化几乎所有类型材料的能力而被广泛应用。在超疏水表面的制备方面，通常以溶液前驱体为原料进行等离子体喷涂工艺。等离子体腔中注入的溶液前驱体，经过空气动力捣碎、溶剂挥发、溶质沉淀、热解、烧结和加热等过程，可以形成微纳级别的碎片和颗粒，产生微观结构的超疏水涂层[6,7]。

6.2 原理及装置

关于涂覆工艺，经过多年发展和多次改进，发展的工艺种类繁多，下面介绍常见的涂覆工艺及其所需要的涂覆装置。

(1)喷涂法：通过喷枪或者碟式雾化器，借助压力或离心力，分散均匀而微细的雾滴，喷涂于被涂物表面的涂装方法。可分为空气喷涂、无空气喷涂、静电喷涂以及上述基本喷涂形式的各种派生方式，如大流量低压力雾化喷涂、热喷涂、自动喷涂、多组喷涂等。

(2)浸涂法：将被涂物体全部浸没在盛有涂料的槽中，经过很短的时间，再从槽中取出，并将多余的涂液重新流回槽内。浸涂的特点是生产效率高、操作简单、涂料损失少，适用于小型的五金零件、钢质管架、薄片以及结构比较复杂的器材或电气绝缘体材料等。

(3)旋转涂覆法：依靠工件旋转时产生的离心力及重力作用，将落在工件上的涂料液滴全面流布于工件表面的涂覆过程。

(4)其他涂覆工艺：超滤涂覆，制备超疏水表面，一般可以利用中空纤维膜，将制备好的具有疏水性质的微小颗粒涂覆在膜外表面，构筑微纳米粗糙结构，制备超疏水表面。

上述介绍的是最常见的传统涂覆工艺，但是传统涂覆方式有一定的缺点，比如有气泡、波浪、毛刷脱毛、排笔涂太慢、精度无法控制、整件浸泡太浪费涂料、速度慢、喷枪喷要夹具保护、飘洒太多等。所以相比传统涂覆，自动涂覆机就相对高效很多，比如选择性自动涂覆机已成为涂覆的主流设备；根据实际应用的需求，涂覆机在保证有效涂覆面积的同时还需要缩小体积，以满足不同的场地条件，提高流水线的产出量。

除了传统的使用喷枪喷涂技术，还有采用热喷涂技术[8]、等离子体喷涂[9]实现超疏水金属表面的制备。

热喷涂是利用热源将喷涂材料加热至熔融状态，并通过气流吹动使其雾化高速喷射到零件表面，以形成喷涂层的表面加工技术[10]，在这些过程中，细微而分散的金属或非金属的涂层材料，以一种熔化或半熔化状态沉积到经过制备的基体表面，形成某种喷涂沉积层。涂层材料可以是粉状、带状、丝状或棒状的。热喷涂枪由燃料气、电弧或等离子体弧提供必需的热量，将热喷涂材料加热到塑态或熔融态，再经受压缩空气的加速，使受约束的颗粒束流冲击到基体表面上。冲击到表面的颗粒，因受冲压而变形，形成叠层薄片，黏附在基体表面，随之冷却并不断堆积，最终形成一种层状的涂层。该涂层因涂层材料的不同可实现耐高温腐蚀、抗磨损、隔热、抗电磁波等功能。

按涂层形成过程和形成原理，可分为四个阶段：①喷涂材料被加热达到熔化或半熔化状态；②融滴雾化阶段，喷涂材料熔化后，在高速气流的作用下，熔滴被击碎成小颗粒呈雾状；③飞行阶段，细小的雾状颗粒在气流的推动下向前飞行，颗粒获得一定的动能；④在产生碰撞瞬间，颗粒的动能转化成热能赋予基材，并沿预处理的凹凸不平的表面产生变形，变形的颗粒迅速冷凝并产生收缩，呈扁平状黏结在基材表面。热喷涂过程中，最先冲击到工件表面的颗粒变形为扁平状，与工件表面凹凸不平处产生机械咬合。后来的颗粒打在先行颗粒的表面上也变为扁平状，并产生机械结合，逐渐堆积成涂层。

涂层的结合机理：①机械结合，熔融状态的喷涂粒子在与基体表面碰撞时，其变形粒子与基体表面的凹凸粗糙面机械地咬合，此为“抛锚效应”。②物理结合，涂层与基体表面的黏附是由范德瓦耳斯力或次价键所引起的，范德瓦耳斯力是中性原子或分子之间的结合力。③化学或显微冶金结合，当基体表面被高温微粒熔化并与它们发生反应而形成金属间化合物时，涂层和基体表面的结合为化学结合；当喷涂粒子与基体表面原子形成相互扩散时，就称为显微冶金结合。

目前常用的热喷涂技术主要有火焰喷涂、爆炸热喷涂、超音速热喷涂、等离子体喷涂、激光热喷涂、电弧喷涂。

火焰喷涂：利用各种可燃烧气体放出的热进行的热喷涂称火焰喷涂（见图 6-1，图 6-2），氧-乙炔焰粉末喷涂因其具有设备简单、操作简便、应用广泛灵活、适应性强、修复速度快、成本低、噪声小等特点，是目前热喷涂技术中应用最广泛的一种。火焰喷涂就是利用氧-乙炔焰作热源，用专用喷枪（见图 6-2）把线材或合金粉末加热到熔化或半融化状态后以高速状态喷到经预处理的零件表面上，再用火焰使涂层重新熔化后熔焊在零件表面上[11,12]。

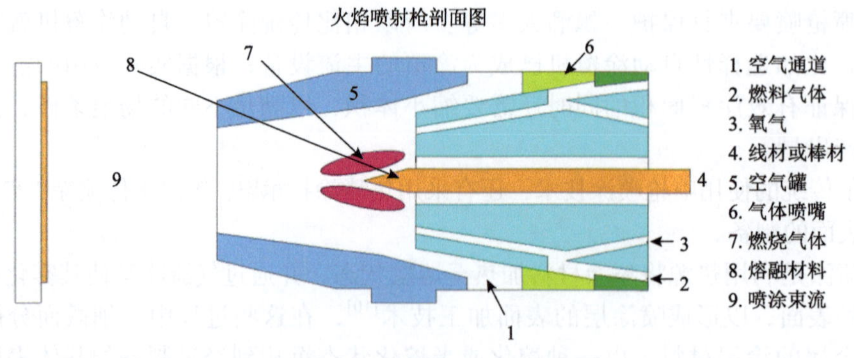

图 6-1　气体火焰喷涂示意图

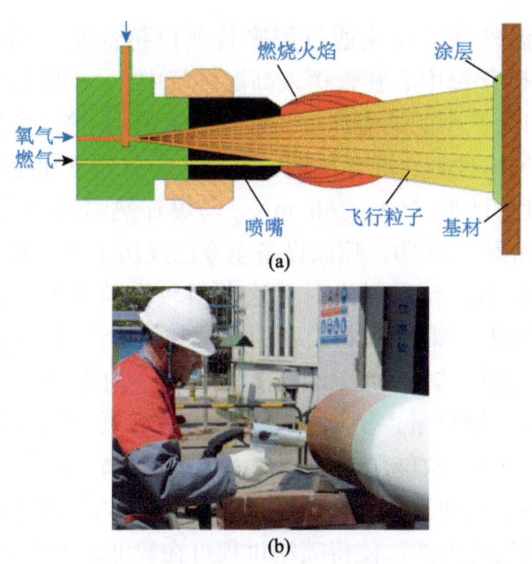

图 6-2 (a)气体火焰粉末喷涂示意图；(b)火焰喷涂

爆炸热喷涂：利用氧气和乙炔气点火燃烧，造成气体膨胀而产生爆炸，释放出热能和冲击波，热能使喷涂粉末熔化，冲击波则使熔融粉末以 700～800 m/s 的速度喷射到工件表面上形成涂层[13,14]。示意图和实物图见图 6-3。

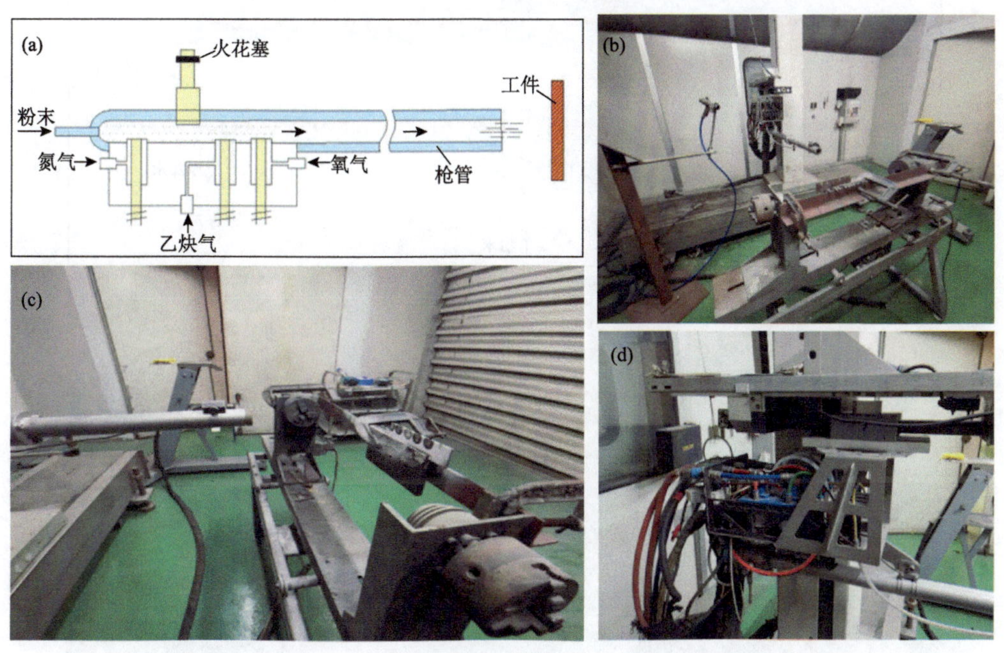

图 6-3 爆炸热喷涂示意图(a)及实物图(b)～(d)

超音速热喷涂：包括超音速氧气火焰喷涂(high velocity oxy-fuel，HVOF)和超音速空气火焰喷涂(high velocity air-fuel，HVAF)2 种[15-17]。燃料气体(氢气、丙烷、丙烯或乙炔-甲烷-丙烷混合气体等)与助燃剂(O_2)以一定的比例导入燃烧室内混合，爆炸式燃烧，因燃烧产生的高温气体以高速通过膨胀管获得超音速。同时通入送粉气(Ar 或 N_2)，定量沿燃烧头内碳化钨中心套管送入高温燃气中，一同射出喷涂于工件上形成涂层。在喷涂机喷嘴出口处产生的焰流速度一般为音速的 4 倍，即约 1520 m/s，可高达 2400 m/s(具体与燃烧气体种类、混合比例、流量、粉末质量和粉末流量等有关)。粉末撞击到工件表面的速度估计为 550～760 m/s，与爆炸热喷涂相当。该技术及设备由美国的 Browning 公司最先研制成功，喷涂设备至今已经历了 3 个阶段的更新换代[18]。第一、二代设备的功率偏小，粒子射出时无法获得较高的速度，涂层与基底结合强度较低，整体性能不够理想。第三代对设备的功率和结构设计进行了较大改进，使粒子飞行速度大幅度提高，涂层结合强度和性能显著改善。由于 HVOF 系统需要使用气体燃料和氧气助燃剂产生大量热量，例如典型工艺参数需氧气流量为 0.9438 m^3/min，每瓶氧气只能维持 5～6 min，故能源消耗较大，生产成本较高[19]。为此，美国、英国、日本等进行了研发改进，改进后的 HVAF 系统使用压缩空气代替价格昂贵的纯氧气作助燃气体，且喷枪采用气冷方式，使得喷涂过程可在较低温度下完成，大幅降低了生产成本，这是热喷涂技术上的一项革新[20]。示意图和实物图见图 6-4。

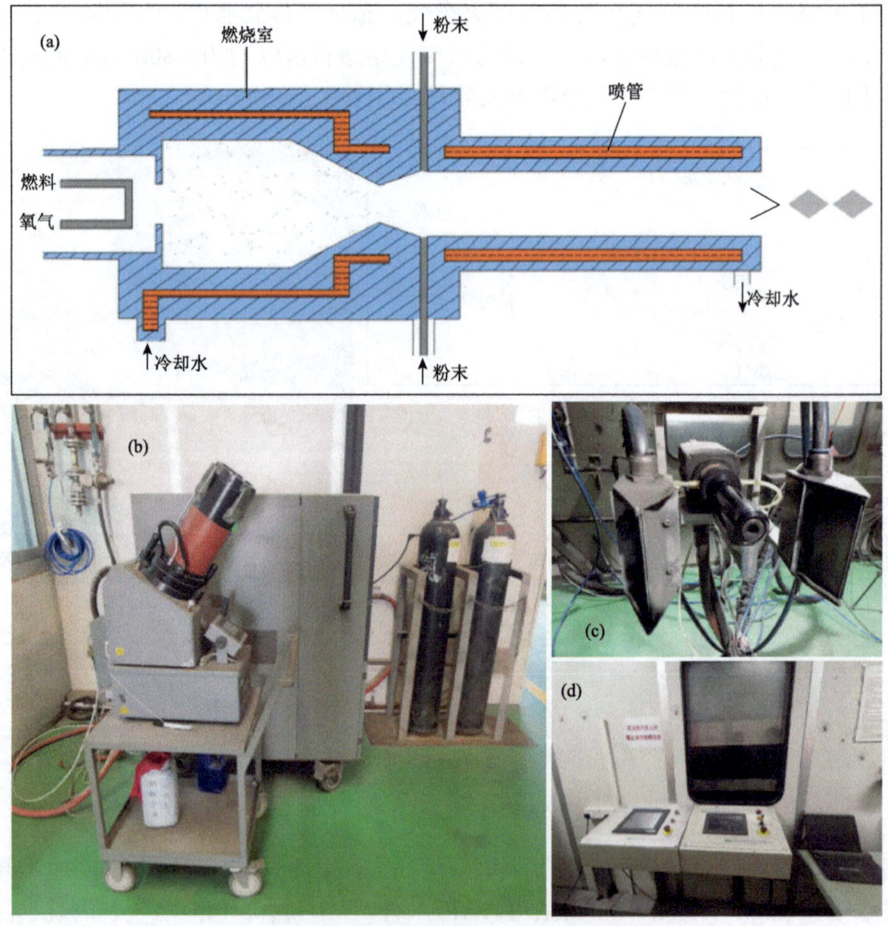

图 6-4　超音速热喷涂示意图(a)及实物图(b)～(d)

等离子体喷涂：利用等离子体焰流，即非转移等离子弧作热源，将喷涂材料加热到熔融或高塑性状态，在高速等离子体焰流引导下高速撞击工件表面，并在工件表面形成涂层的表面处理技术。正极接在喷嘴上，工件不带电，在阴极和喷嘴的内壁之间产生电弧，工作气体(氩气、氮气或氢气等)通过阴极和喷嘴之间的电弧而被电离为等离子体，等离子体射流经过含有冷却介质的喷嘴时，由于喷嘴孔径减小产生机械压缩效应，而等离子体电弧外围在冷却介质作用下温度骤降，产生热收缩效应，在机械和热收缩的双重作用下等离子体以高速高压状态撞击并与基材结合[21,22]。等离子体焰的温度很高，其中心温度可达 30000 K，焰流速度在喷嘴出口处可达 1000～2000 m/s，但速度随着距离增加迅速衰减。粉末由送粉气送入火焰中被熔化，并由焰流加速得到高于 150 m/s 的速度，喷射到基体材料上形成膜。等离子体喷涂原理示意图及高能等离子体喷涂实物图见图 6-5。

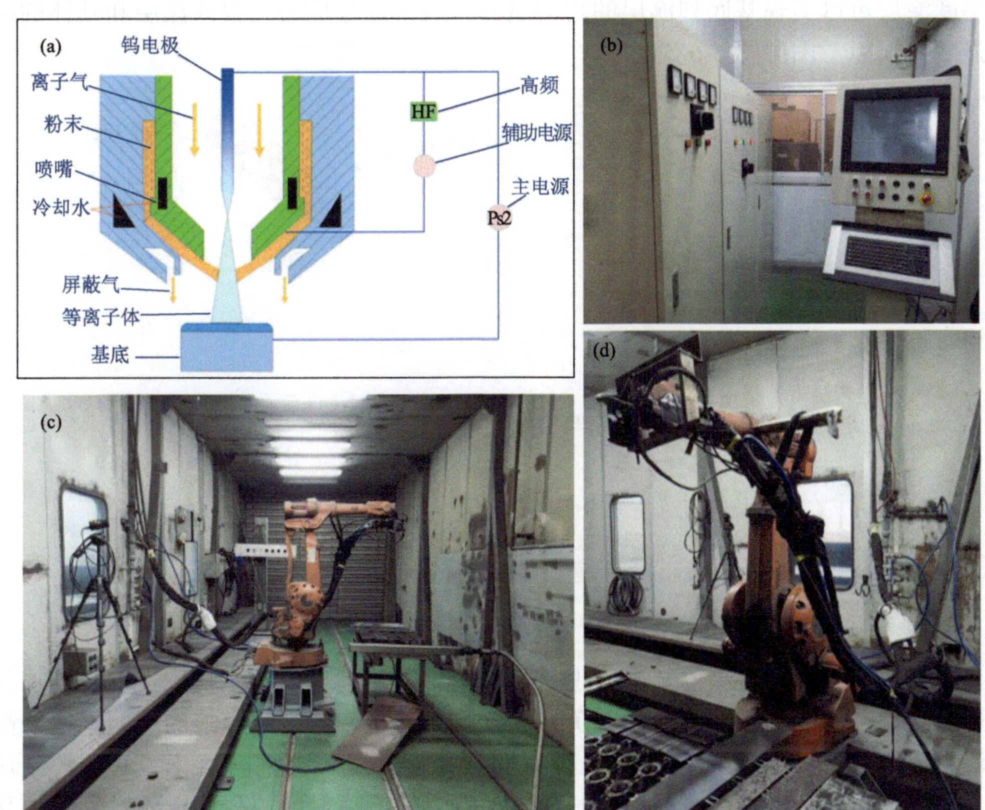

图 6-5 等离子体喷涂原理示意图(a)及高能等离子体喷涂实物图(b)～(d)

激光热喷涂：把高密度能量的激光束朝着接近于零件的基体表面的方向直射，基体同时被一个辅助的激光加热器加热，这时，细微的粉末以倾斜的角度被吹送到激光束中熔化黏结到基体表面，形成了一层薄的表面涂层，与基体之间形成良好的结合(喷涂环境可选择大气气氛或惰性气体气氛，或真空下进行)。火焰喷涂或等离子体喷涂后的涂层由于喷涂过程中部分粒子没有完全融化，导致涂层含有大量孔隙，并且熔融状态的颗粒在基底表面以片状或锯齿状堆积，涂层表面凹凸不平，致密性差，容易逐层脱落，而激光热喷涂多用于涂层的重熔处理[23-27]。激光热喷涂的高密度能量能够促使涂层中的颗粒充分熔融，涂层与基体的结合界面由机械结合转为冶金结合，使涂层微观组织结构发生改变，降低涂层的孔隙率，减少涂层的层状堆积结构，提高涂层的致密度，从而使涂层的耐磨损、耐腐蚀性能得到改善[28-31]。但激光热喷涂也存在一些不足，例如涂层材料的抗热冲击性和韧性差，激光重熔过程中的急剧加热、冷却易产生裂纹；急剧加热使涂层中的气体膨胀形成气孔和裂纹等缺陷；涂层材料和基体材料相容性较差，热传导率低的涂层材料因局部加热而容易剥离[32,33]。可通过改变涂层的材料成分，控制喷涂工艺参数和涂层形状等方法改善上述问题，如添加稀土元素和低熔点陶瓷材料可以有效减少涂层的裂纹和孔隙，并防止裂纹的扩展；降低喷涂温度可以有效缓解涂层裂纹的产生和扩展；采用梯度涂层可以实现基底到涂层的均匀过渡，缓解涂层应力，提高涂层和基体的结合强度[34]。示意图见图 6-6。

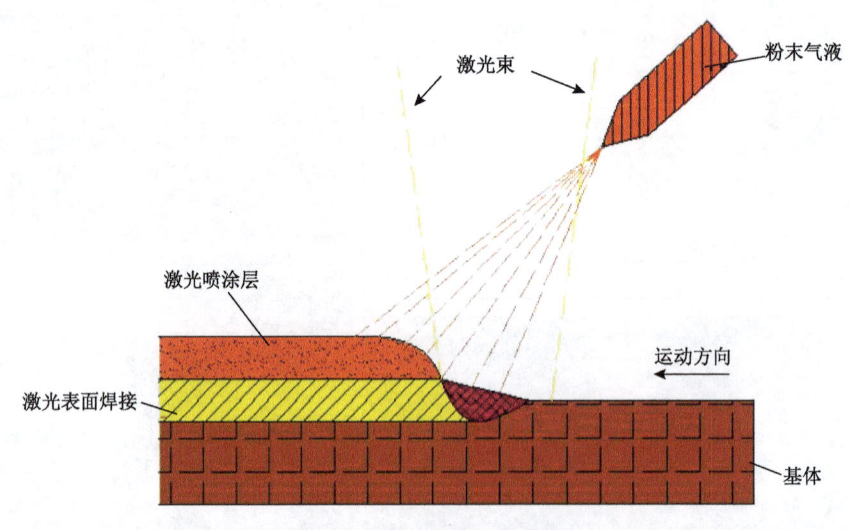

图 6-6 激光热喷涂示意图

电弧喷涂：电弧喷涂的基本原理是将两根被喷涂的金属丝作自耗性电极，连续送进的两根金属丝分别与直流的正负极相连接。在金属丝端部短接的瞬间，由于高电流密度，使两根金属丝间产生电弧，将两根金属丝端部同时熔化，在电源作用下，维持电弧稳定燃烧；在电弧发射点的背后由喷嘴喷射出的高速压缩空气使熔化的金属脱离金属丝并雾化成微粒，在高速气流作用下喷射到基材表面而形成涂层[35]。高速电弧喷涂具有工艺成熟、成本低、效率高、操作简单等优点，并且喷涂设备便于携带，因而广泛应用于户外工程施工[36-39]，尤其由超音速电弧喷涂得到的涂层在耐磨、耐高温、耐腐蚀等方面具有优异的性能，被广泛用于材料表面强化和保护修复[40,41]。示意图见图 6-7。

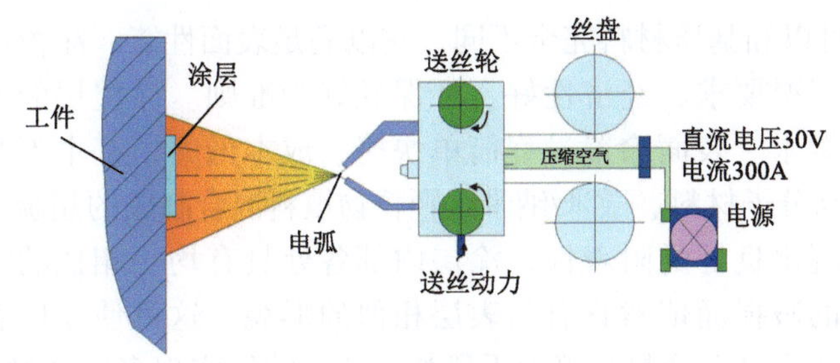

图 6-7 电弧喷涂示意图

6.3 影响因素和特性

用涂覆法制备超润湿材料时，影响因素是多种多样的，比如涂覆工艺的不同，对材料的润湿性影响就很大，使用涂覆机所生产的超润湿材料有更大的概率达到生产目的。以喷涂为例，探讨影响目标产品质量的主要因素如下所述。

(1)附着力：表示涂膜与基层的黏合力，涂膜与被涂面之间通过物理化学作用结合的坚牢程度，被涂面可以是裸底材也可以是涂漆底材。

(2)黏度：指涂料的黏稠度，可以使用油漆黏度测量仪器测量。黏度是涂料性能中的一个重要指标，对于涂料的存储稳定性、施工性能和成膜性能有很大影响。涂料太稠就不容易涂刷，而太稀又容易流坠，因此涂料的黏度要控制在一定的范围内。

(3)细度：指涂料内颗粒的大小和分散的均匀程度。细度大小直接影响涂膜表面的平整性、光泽和透水性等。一般来说，涂料越细制造成本越高。

下面以浸涂工艺制备超亲水材料为例来探讨涂覆工艺的普遍特性：用塑料 PVC 为基体，选用非晶态纳米 SiO_2 粒度为 8～12 nm。首先将非晶态 SiO_2 用超声波分散在丙酮中，然后将塑料基体放入分散好的丙酮当中，充分浸没 10 min 后，再将塑料基体取出放入真空干燥箱中静置 30 min，重复操作 3 次即可得到实验样品。同时以表面镀铜的试样，与表面未处理的试样作为参考，利用扫描电镜[42]和接触角测量仪对各试样界面微观形貌进行观察和接触角测量。结果显示：纳米涂覆后的亲水性>镀铜的>未处理的表面。对于接触角<90°的低表面能的塑料而言，表面的粗糙性是接触角大小的决定性因素，而纳米涂覆可以明显地提升 PVC 表面的粗糙度，让接触角大幅度降低，从而达到提高塑料表面润湿性的目的。通过这个简单的实验，可以与其他制备润湿涂料的工艺对比可知，利用涂覆法制备超润湿材料相对来说工艺简单，并没有那么复杂或者条件那么苛刻，对于工业大批量生产以及真实的环境适应性更强。

6.4 材 料 制 备

6.4.1 超疏水材料

表面涂覆是在基质表面上形成一种膜层，以改善表面性能的技术。涂覆层的化学成分、组织结构可以和基质材料完全不同，它以满足表面性能、涂覆层与基质材料的结合强度能适应工况要求、经济性好、环保性好为准则。涂覆层的厚度可以是几毫米，也可以是几微米。表面涂覆过程简单快捷、成本低廉，基本不受基材材料及形状的限制[43]。以高分子材料、微米/纳米级颗粒物填料混合制成的超疏水复合涂料，在各类基材上均展现出良好的附着性，涂层内部各处具有均一相似的结构，当受到机械破坏时，暴露的破损面依然具有与表层相似的形貌，这可使涂层表面的机械性能保持稳定[44]。超疏水复合涂料与喷涂手段相结合，能够实现多种基材上的大规模超疏水表面构建，对于破损的表面，还可以通过补涂的方式进行快速修复，是目前最具应用前景的超疏水表面构建策略之一[45,46]。

Li 等[47]在对大气等离子体喷涂的研究中偶然发现，使用 Fe-Ni-Cr 混合粉末在特定的条件下喷涂可以得到具有类“荷叶状”的复合微米级分层粗糙表面，如图 6-8(a)所示。通过对这种“荷叶状”结构的形成机制进行研究发现，喷涂过程中尺寸较大的颗粒部分熔化，在基材表面冷却凝固后形成了微米级的粗糙结构；尺寸较小的颗粒完全熔化，与基材表面撞击飞溅凝固形成亚微米级的粗糙结构；另外一些尺寸极小的颗粒不能进入火焰中心，导致熔化不完全，这也是产生亚微米级粗糙结构的原因之一[48-50]。喷涂结束后，利用月桂酸溶液对涂层进行低表面能修饰，等离子体喷涂制备的多级粗糙涂层和化学吸附的月桂酸分子的协同作用使涂层具有超疏水性，在 140℃加热处理后达到最佳超疏水状态，在 200℃加热处理后依然能保持其超疏水性。涂层形貌及超疏水性能如图 6-8(d)所示。

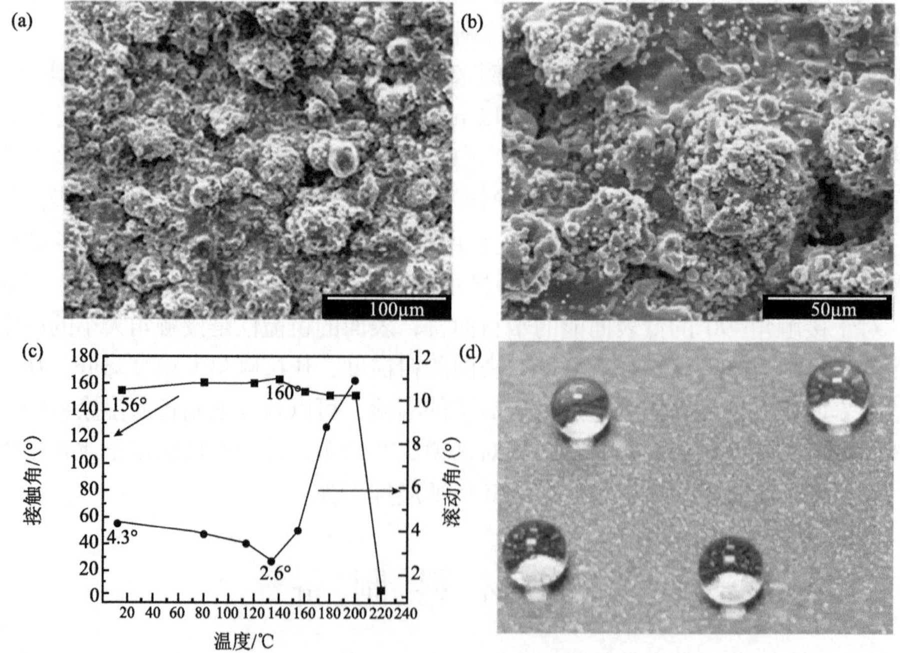

图 6-8　利用大气等离子体喷涂制备的 Fe-Ni-Cr 超疏水金属涂层喷涂后的(a)低倍和(b)高倍扫描电镜图；(c)随温度变化的接触角和滚动角；(d)涂层表面的水滴[47]

Wu 等[51]开发了一种反向浸渍工艺(IIP)，如图 6-9 所示，先将环氧树脂涂覆至铝基底上，在树脂未固化前采用空气喷涂法将含有氧化铝和经含氟硅烷偶联剂改性的树脂悬浮液涂覆于基底表面，在一定温度下固化即可获得具有超疏水性的纳米复合涂层，涂层与基底之间具有优异的黏附力和机械强度，可以经受 600 次 3M 高黏性胶带的循环剥离、20 m 的砂纸磨损(载荷为 5 kPa，砂纸粒度为 80 目)以及 600g 从 110 cm 下落的沙粒冲击，此外，该涂层能够在高腐蚀性介质中保持稳定，如氢氧化钠和盐酸溶液。反向浸渍工艺极大地增强了涂层的机械耐久性，使其在自清洁、防覆冰和防污领域有着广泛的应用前景。

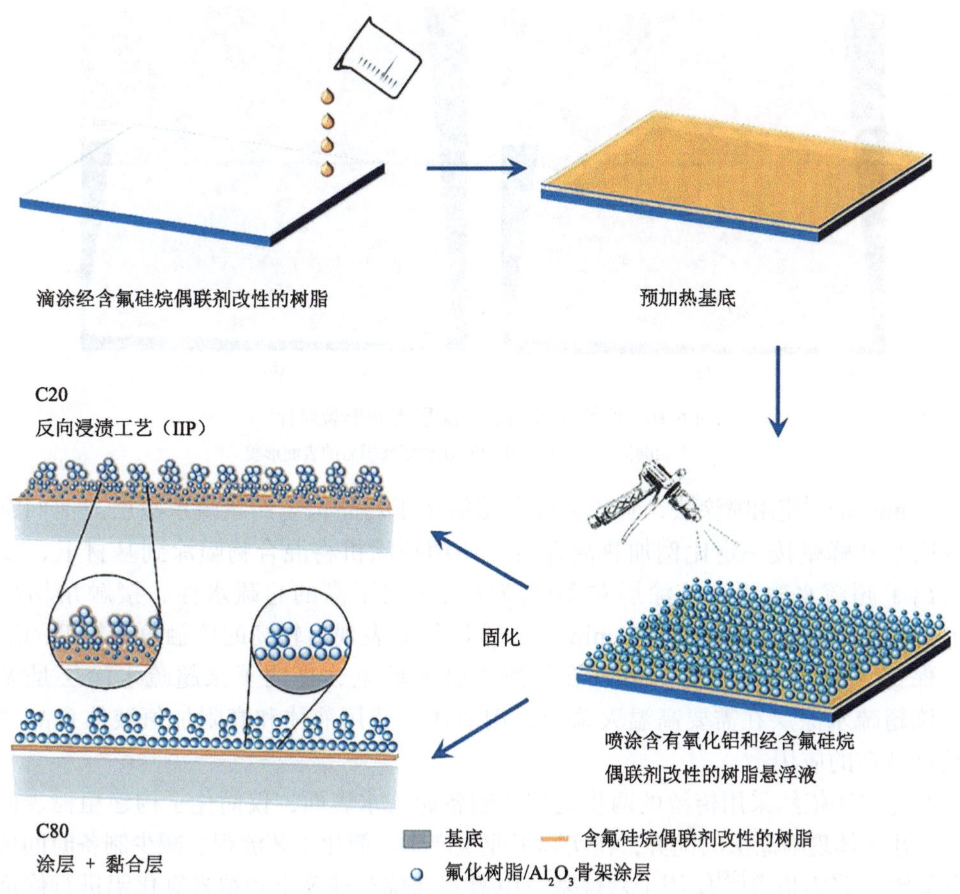

图 6-9 两种超疏水纳米复合涂层的制备[51]

样品 C20 和 C80 分别对应于基材预热 20 min 和 80 min，圆形图显示了这两种涂层的结构差异

Saffar 等[52]使用两步法在铜表面构建了超疏水涂层。首先通过在铜表面涂覆 ZnO 涂层来产生微米和纳米尺度的粗糙结构，然后将样品浸入含有 SiO_2 的 PTFE 悬浮液中以降低表面能，固化后得到了具有超疏水性能的纳米复合层。ZnO/PTFE-SiO_2 纳米复合涂层使铜基体的水接触角从 45°增加到 164°；该薄膜在 pH=5 和 pH=8 的环境下表现出良好的化学耐久性，在 pH=11 时，疏水性被破坏；在–8℃的恒定温度下对涂层的抗覆

冰性能进行了测试，结果表明超疏水涂层使铜表面结冰时间从 70 s 延长到 500 s，可将其应用于输电线路的自清洁防覆冰涂层。

Wang 等[53]通过在搅拌条件下向十六烷基三甲基溴化铵与乙醇的水溶液中加入硅油，制得含有硅油内容物的介孔小球，实验通过喷涂制得超疏水涂层，其疏水角为 168°，接触角为 1.4°，而由不含硅油的介孔小球制备的涂层则没有超疏水性。实验观察到，当涂层受到机械破坏时，小球壳体发生破裂，球体中包裹的低表面能硅油可流出，并迁移至破损的表面，恢复其低表面能特性，磨损试验前后的涂层照片如图 6-10 所示。

图 6-10　磨损试验前后的涂层表面形貌对比[53]

(a)表面磨损前的形貌；(b)200 次砂纸磨损后的表面形貌

Zhang 等[54]使用喷涂法，制备了可食用的用于食品包装的超疏水涂层。他们将咖啡木质素和蜂蜡按一定比例加热混合后，使用喷涂机将混合物喷涂到基材上，成功制备出了超疏水表面。该涂层对多种液体表现出了高的超疏水性，接触角均高于 150°。在经过 120℃热处理 60 min 后，涂层仍能表现出较高的接触角和较低的滚动角，保持了超疏水性能。另外，在细胞毒性实验上，证明了该超疏水涂层是无毒的。该超疏水涂层在需要高温灭菌的医用液体、药用液体和高附加值液体食品等领域具有潜在的应用。

上述方法依然采用传统的两步处理法制备超疏水表面，仅简化了构建粗糙表面的步骤，并未体现喷涂法的优势，在实际工业生产中，简化工艺流程、减少制备时间成本十分关键。张雪梅等[55]使用十六烷基三甲氧基硅烷对硅藻土和纳米氧化铝进行修饰，并与环氧树脂混合配制成喷涂液，采用一步喷涂法在多种基底表面进行喷涂，喷涂后的样品在 120℃下固化后即可得到表面静态接触角达 163.4°的超疏水涂层。涂覆有该涂层的样品在 pH=1 和 pH=14 的腐蚀性溶液中浸泡 7 天后虽然表面结构受到一定程度的破坏，但经打磨后仍具有优异的超疏水性能，由于超疏水涂层在溶液与涂层间形成了“空气垫”，再加上涂层的阻隔保护，形成了“双重”保护膜，能够有效地将腐蚀性溶液与基底材料阻隔开，从而大大地提高了表面的耐腐蚀性能；超疏水特性还赋予了涂层一定的减阻效果，涂覆超疏水涂层的木块在水面滑动速度明显高于普通木块，提高了 30.23%；以不锈钢网为基底进行喷涂后可进行油水混合物简单高效的分离；该涂层还具有优异的表面自清洁和抗覆冰性能。这在防水自清洁纺织品、金属表面的防腐、流体机械的减阻及电力网络的防覆冰领域具有重要的现实意义。

Swain 等[56]以 Ni 和 Ti 粉末为原料，采用等离子体一步喷涂法在低碳钢基底表面制备了超疏水涂层。通过对涂层进行表征，发现所制备的涂层表面具有 165°的接触角和 8°±1°的滑动角，并且涂层与基底之间结合强度较高，在 40.85 MPa 的高载荷下才会使超疏水性失效，Ni-Ti 等离子体涂层比一步浸渍法制备的超疏水涂层具有更好的耐腐蚀性能。但经 400℃高温处理、砂纸磨损以及用强酸和强碱处理后涂层就会失去超疏水性，因此涂层的耐久性还需进一步提高。

超疏水表面在耐腐蚀领域的应用：Wan 等[57]通过氯化铈溶液浸泡和低表面能修饰，在铝片表面获得超疏水二氧化铈涂层，图 6-11(a)为超疏水铝片耐腐蚀示意图及极化曲线。极化曲线显示，该超疏水涂层表面的自腐蚀电流密度(4.765×10^{-8} A/cm^2)要比普通铝表面(2.731×10^{-5} A/cm^2)低 3 个数量级，表明该超疏水涂层能有效提高铝片的耐腐蚀性。Xun 等[58]先将镁合金片浸泡在低浓度硫酸锰溶液中，随后浸泡在高浓度硫酸锰溶液中，取出后对镁合金片进行低表面能修饰，最终获得了超疏水镁合金片。图 6-11(b)为超疏水镁合金片耐腐蚀示意图及极化曲线。极化曲线显示，超疏水镁合金表面的自腐蚀电流密度(2.703×10^{-8}A/cm^2)要比普通镁合金表面(1.222×10^{-6} A/cm^2)低 2 个数量级，表明该超疏水表面能有效提高镁合金片的耐腐蚀性。

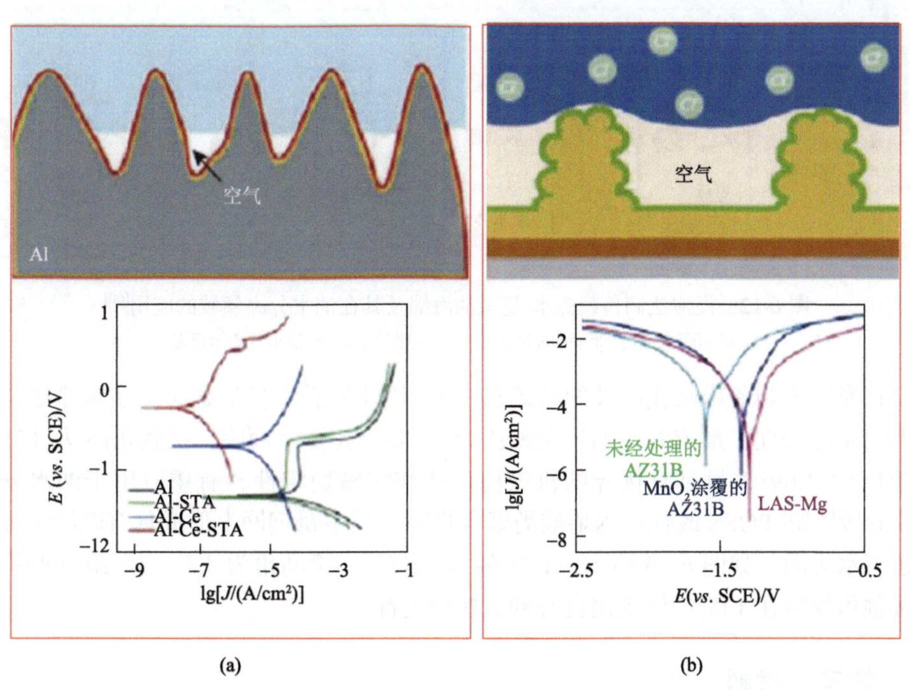

图 6-11 耐腐蚀示意图和不同铝表面的极化曲线

(a)铝表面耐腐蚀示意图和极化曲线[57]；(b)镁合金表面耐腐蚀示意图和极化曲线[58]

邱道远等[59]利用环氧树脂(E44)和改性聚偏氟乙烯(PVDF)的作用，以改性纳米级二氧化钛(TiO_2)和全氟乙烯丙烯共聚物(FEP)疏水低表面能物质为主要填料，采用简单喷涂工艺制备了超疏水涂层。研究表明，制得的涂层对水的静态接触角和滚动角分别为 151°和 5°，并用不同 pH 值溶液进行电化学测试，发现腐蚀时间为 180 h 时接触角仍有 130°左右，具备强疏水效果。这种超疏水涂层为腐蚀耐热材料领域的研究提供了新的视野。

超疏水表面在油水分离领域的应用：Liu 等[60]通过一步浸泡法将普通聚氨酯海绵浸泡在硬脂酸铜乙醇溶液中，得到超疏水-超亲油海绵[图 6-12(a)]，但是海绵的储存能力有限，其吸油量受到很大限制。因此该研究小组设计了一种由超疏水-超亲油海绵和玻璃容器组成的吸油器[图 6-12(b)]，与仅使用海绵吸油相比，吸油器不需要实验人员手动挤压海绵及浮油回收。吸油器使用如图 6-12(c)所示，浮油首先会被超疏水-超亲油海绵吸收，随后油在海绵内会由于重力向下流动，最终流入吸油器的玻璃容器内，完成油水分离。

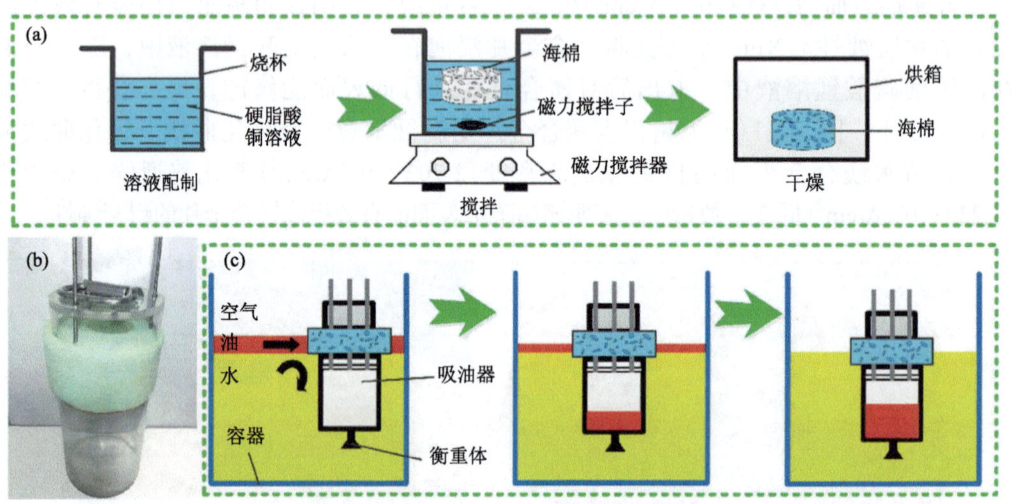

图 6-12　浸泡法制备超疏水-超亲油海绵及其在油水分离领域的应用[60]

(a)超疏水-超亲油海绵的制造工艺；(b)吸油器；(c)油水分离示意图

Lin 等[61]先制备出氟化改性的超疏水 SiO_2 纳米颗粒，然后通过一步喷涂法将其喷涂于不同基体表面，形成致密的聚偏氟乙烯(PVDF)超疏水薄膜，接触角高达 171.8°，滚动角仅为 1.69°，且具有优异的机械稳定性和酸碱稳定性，有望应用于油水分离领域。Guo 等[62]将 POSS 改性的丙烯酸类聚合物喷涂到不锈钢网上形成具有微纳米分层结构的超疏水表面，如图 6-13 所示，其接触角为 153°、滚动角为 4.5°，经 20 次磨损循环后，接触角保持在 145°，体现出良好的机械稳定性。

6.4.2　超亲水材料

Yang 等[63]采用喷涂工艺在不锈钢丝网上构筑了一种超亲水/水下超疏油性纳米复合涂层，可应用于各种基材，例如金属、玻璃等。这种复合材料由亲水性聚二烯丙基二甲基氯化铵(PDDA)、疏油性全氟辛酸钠(PFO)和 SiO_2 纳米颗粒组成，记为 PDDA-PFO/SiO_2。

图 6-13 一步喷涂法在不锈钢网上制备的超疏水表面[62]

(a)原始不锈钢网低倍数形貌；(b)原始不锈钢网高倍数形貌；(c)超疏水不锈钢网低倍数形貌；(d)超疏水不锈钢网高倍数形貌

当水和油最初与 PDDA-PFO/SiO_2 涂覆的表面接触时，它们都形成了位于基材表面的球形液滴，这表明该材料具有两亲性。分层粗糙形态与 PDDA-PFO 的亲水-疏油基团的协同作用使喷涂表面能够同时显示超亲水和超疏油特性。由于水诱导的分子重排，水分子能够迅速穿透材料表面。在油的存在下，界面总是被高浓度的氟基团占据，导致表面具有超疏油性。

壳聚糖(CTS)是一种天然无毒、可生物降解的多糖，目前已被应用于多个领域。由于其结构中存在可质子化的胺基，CTS 可与含氟表面活性剂反应，是制备超亲水/水下超疏油表面的理想材料。Yang 等[64]通过在不锈钢丝网上喷涂 CTS-PFO/SiO_2 纳米复合材料制备了超亲水/水下超疏油性涂层。在 CTS-PFO/SiO_2 涂层上，由于水分子重排和毛细管效应，水滴能迅速渗透网膜。由于涂层中存在非极性化合物，界面被氟化成分占据，网膜在水下表现出超疏油性，油滴在 CTS-PFO/SiO_2 涂层上的黏附性极低。因此网膜具有优异的抗污性能和较高的分离效率。与传统的油/水分离材料相比，CTS-PFO/SiO_2 涂层采用壳聚糖作为材料，具有易于回收的特点。因此，CTS-PFO/SiO_2 涂层是处理工业含油污水和清理溢油的良好选择。

6.4.3 超双疏材料

Li 等[65]采用两步浸渗的方法制备了超双疏棉纤维织物表面。首先将 SiO_2 纳米粒子涂覆在棉织物表面，获得纳米颗粒协同的微纳双重表面结构，然后再用 1*H*,1*H*,2*H*,2*H*-全氟辛基三氯硅烷(FOTS) 和聚偏氟乙烯-六氟丙烯(PVDF-HFP)共聚物溶液进行表面改性，最后获得具有超双疏表面的棉织物纤维，其对水、菜籽油和正十六烷的接触角分别为 158°、152°和 153°。该超双疏棉织物具有良好的化学稳定性、机械耐久性、自洁性以及自修复性，并且制备的织物表面在气体等离子体刻蚀后具有良好的自修复功能和耐紫外辐射性，应用前景广阔。

Xu 等[66]将硅醇凝胶涂覆在棉织物上，然后用 1*H*,1*H*,2*H*,2*H*-全氟辛基三甲氧基硅烷(PFOTMS)改性，制备了超双疏棉织物。PFOTMS 不仅是一种能够降低棉织物表面能的改性剂，更是增强涂层耐磨损、耐洗涤稳定性的黏合剂。经过处理的超双疏棉织物对水、食用油和十六烷的抗润湿性较好，接触角分别达到 164.4°、160.1°和 156.3°。制备的超双疏棉织物具有良好的耐磨性和较高的洗涤耐久性，可承受 10000 次的磨损和 30 次的机洗，且不改变超双疏性能。此外，超双疏棉织物的制备过程对其拉伸强度、白度和透气性等物理性能几乎没有影响。

Zhou 等[67]将正硅酸乙酯(TEOS)和氟硅烷(FAS)在碱性条件下水解形成纳米二氧化硅(SiO_2)溶胶，滴涂于涤纶织物上，然后将溶解 PVDF-HFP 的二甲基甲酰胺溶液滴涂在上述织物上以降低其表面张力。在 130℃下烘干去除溶剂后，实现了超双疏性能，对水、豆油和正己烷的接触角分别达到了 172°、165°和 160°，滑动角均低于 7°。电子扫描显微镜(SEM)表征结果显示，织物表面形成了由 SiO_2(粒径约为 150 nm)构成的微纳二级结构，厚度约为 250 nm。采用全氟壬酸-六氟丙烯(HFA-FAS)将 SiO_2 纳米粒子低表面能改性后直接滴涂于织物上也可得到超双疏表面，对水和正己烷的接触角分别达到了 166°±3.7°和 155.9°±2.1°。织物上滴涂未经修饰的低表面能的 SiO_2 纳米颗粒时，对水和油的接触角均为 0°。

Qian 等[68]通过电子转移催化剂再生原子转移自由基聚合(activators regenerated by electron transfer for atom transfer radical polymerization，ARGET-ATRP)法，以甲基丙烯酸甲酯(MMA)、C_6SMA 为单体，合成了嵌段共聚物 PMMA-*b*-PC_6SMA。将其涂覆在棉布、聚氨酯海绵等基材上均展现出优异的超疏液性(图 6-14)。

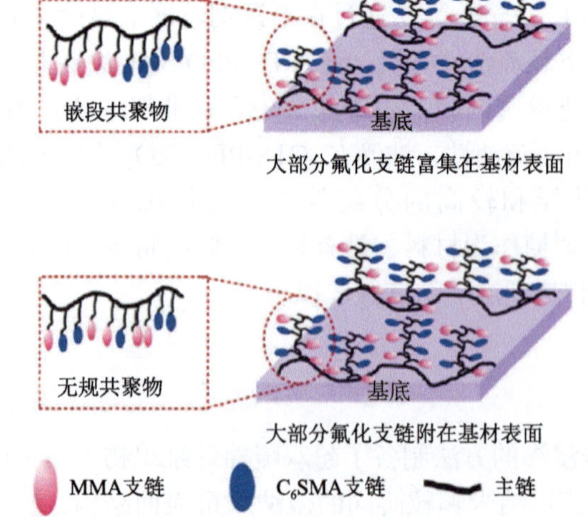

图 6-14　具有疏水/油性能的嵌段共聚物 PMMA-*b*-PC_6SMA 和无规共聚物 PMMA-*co*-PC_6SMA 在基材表面分布示意图[68]

在木材防腐方面，日常一般使用表面涂覆等技术对木材进行油漆、覆膜处理。许多油漆及成膜物质具有疏水性能，如果通过加入其他纳米粒子改变薄膜表面结构用于仿生构建超疏水木材，因其操作简单、成本较低，在生产及应用方面将具有极大的优势[69]。吴义强等[70,71]将硅油和硅烷化合物混合液涂覆在木材表面后使其具备了超疏水性能；他们还将制备的疏水物质热压入木材表面获得了水滴接触角>150°、滚动角<10°的超疏水木材。为了提高超疏水涂层与处理表面的结合强度，Hsieh 等[72]将平均直径为 20 nm 的二氧化硅粒子与全氟烷基甲基丙烯酸共聚物混合喷洒在松木表面，获得了水滴接触角达 168°且疏油角达 153°的超双疏木材。

思 考 题

6.1 涂覆法的概念?

6.2 热喷涂的原理?

6.3 涂覆法效果的影响因素主要有哪些?

6.4 涂覆法中热喷涂为什么成为其工业应用中的重要方法?

6.5 在金属材料表面通过涂覆法形成超亲水表面有哪些特点?

6.6 浸涂法有哪些特点? 适合用于哪些材料? 缺点是什么?

6.7 旋转涂覆仪(匀胶机)的工作原理? 使用过程要注意什么?

6.8 旋转涂覆仪的真空泵的作用?

6.9 热喷涂的材料预处理步骤请查阅资料，并简述各步骤作用。

6.10 热喷涂常用的喷涂粉末有哪些?

6.11 超音速热喷涂有什么特点?

6.12 热喷涂的优点有哪些?

参 考 文 献

[1] Fauchais P L, Heberlein J V R, Boulos M I. Thermal spray fundamentals: from powder to part[M]. Berlin: Springer, 2014.

[2] Li C J, Li W Y. Effect of sprayed powder particle size on the oxidation behavior of MCrAlY materials during high velocity oxygen-fuel deposition[J]. Surface & Coatings Technology, 2003, 162(1): 31-41.

[3] Yang G, Cronin P, Heberlein J V, et al. Experimental investigations of the anode boundary layer in high intensity arcs with cross flow[J]. Journal of Physics D: Applied Physics 2006, 39 (13), 2764-2774.

[4] Santacruz I, Ferrari B, Nieto M I. Graded ceramic coatings produced by thermogelation of polysaccharides[J]. Materials Letters, 2004, 58(21): 2579-2582.

[5] 赵美蓉, 周惠言, 康文倩, 等. 超疏水表面制备方法的比较[J]. 复合材料学报, 2021, 38(2): 361-379.

[6] Jordane H, Jiang C, Gell M G. The solution precursor plasma spray (SPPS) process: A review with energy considerations[J]. Journal of Thermal Spray Technology, 2015, 24(7): 1153-1165.

[7] Cai Y, Coyle T, Azimi G, et al. Superhydrophobic ceramic coatings by solution precursor plasma

spray[J]. Scientific Reports, 2016, 6: 24670.

[8] 孙小东, 刘刚, 李龙阳, 等. 热喷涂锌铝合金超疏水涂层的制备及性能[J]. 材料研究学报, 2015, 29(7): 523-528.

[9] 魏要丽, 杨亮. 等离子喷涂制备超疏水镀层的研究[J]. 现代化工, 2015, 35(9): 67-68, 70.

[10] 徐滨士. 表面工程[M]. 北京: 机械工业出版社, 2000: 34.

[11] 张磊, 张清明. 球阀金属球体表面喷涂工艺[J]. 阀门, 2017(6): 16-18.

[12] 张绍亮. 氧乙炔火焰喷涂(焊)工艺及其应用[J]. 当代农机, 2011(7): 72-73.

[13] 李俊辰, 付俊波, 何勇, 等. 爆炸喷涂的研究进展及发展趋势[J]. 热加工工艺, 2020, 49(14): 20-24.

[14] 孙家枢, 郝荣亮, 钟志勇. 热喷涂科学与技术[M]. 北京: 冶金出版社, 2013.

[15] 田欣利, 王志健. 超音速火焰喷枪设计理论与数值模拟的研究进展[J]. 焊接学报, 2002, 23(1): 93-97.

[16] 王志健, 田欣利. 超音速火焰喷涂理论与技术的研究进展[J]. 兵器材料科学与工程, 2002, 25(3): 62-65.

[17] 神和彦. 根据数据模拟探讨喷嘴形状对超音速火焰喷涂工艺的影响[J]. 热喷涂技术, 1998(3): 55-57.

[18] Herman H. Plasma spray deposition processes[J]. MRS Bulletin, 1988, 13(12): 60-67.

[19] 韩冰源, 徐文文, 朱胜, 等. 面向等离子喷涂涂层质量调控的工艺优化方法研究现状[J]. 材料导报, 2021, 35(21): 21105-21112.

[20] 任媛, 董昕远, 孙浩, 等. 清除大气等离子喷涂 CuNi 熔滴氧化物效应[J]. 金属学报, 2022, 58(2): 206-214.

[21] 朱昱, 魏金栋, 周燕琴, 等. 等离子喷涂技术研究现状[J]. 现代化工, 2016, 36(6): 46-50.

[22] 洪敏, 王善林, 陈宜, 等. 低压等离子喷涂技术及研究现状[J]. 精密成形工程. 2020, 12(3): 146-153.

[23] 花国然, 黄因慧, 赵剑峰, 等. 激光熔覆纳米 Al_2O_3 等离子喷涂陶瓷涂层[J]. 中国有色金属学报, 2004, 14(2): 199-203.

[24] 何康康, 田宗军, 王东生, 等. 钛合金表面激光重熔等离子喷涂陶瓷涂层研究[J]. 热处理技术与装备, 2008, 29(6): 42-45.

[25] 龚志强, 吴子健, 刘焱飞, 等. 激光重熔离子喷涂 Al_2O_3-13%TiO_2 涂层的组织结构[J]. 中国表面工程, 2011, 24(1): 12-15.

[26] 陆益军, 王晓妮, 孙倩, 等. 激光重熔等离子喷涂 NiCr-Cr_3C_2 涂层显微组织和性能研究[J]. 陶瓷学报, 2011, 32(3): 368-371.

[27] 王文杰. 发动机涂层制备技术研究[J]. 热加工工艺, 2011, 40(2): 144-147.

[28] 王玲, 陈志刚, 朱小蓉, 等. 激光重熔对火焰喷涂法制备 Ni-WC 复合涂层耐磨性能的影响[J]. 中国激光, 2008, 35(2): 281-286.

[29] 李明喜, 李生存, 修俊杰, 等. WC-Cr_3C_2-Ni 超音速火焰喷涂涂层的激光热处理[J]. 热处理, 2009, 24(6): 27-30.

[30] 钱建刚, 张家祥, 李淑青, 等. 镁合金表面等离子喷涂 Al 涂层及激光重熔研究[J]. 稀有金属材料与工程, 2012, 41(2): 360-363.

[31] Sidhu B S, Puri D, Prakas H S. Mechanical and metallurgical properties of plasma sprayed and laser remelted Ni-Cr and Stellite coatings [J]. Journal of Materials Technology, 2005, 159(3): 347-355.

[32] Gonzalez R, Cadenas M, Fernandez R, et al. Wear behavior of flame sprayed NiCrBSi coating remelted by flame or by laser [J]. Wear, 2007, 262: 301-307.

[33] 刘立群, 周泽华, 王泽华. 激光重熔处理等离子喷涂陶瓷涂层的研究现状及展望[J]. 陶瓷学报, 2012, 33(2): 235-239.

[34] 何新天, 刘建雄, 吴正宇. 镀层激光处理的研究现状[J]. 热加工工艺, 2011, 40(10): 150-153.

[35] 谭国龙, 白宇, 刘明, 等. 热喷涂用丝材及其喷涂工艺的研究进展[J]. 材料导报, 2023(5): 1-17.

[36] Hauer M, Krebs S, Kroemmer W, et al. Correlation of residual stresses and coating properties in arc-sprayed coatings on different substrates for maritime applications[J]. Journal of Thermal Spray Technology, 2020, 29: 1289-1299.

[37] 王金辉. 电弧喷涂锌铝合金涂层的防腐机理和应用现状[J]. 化工管理, 2017, 19: 176-177.

[38] Fang J J, Li Z X, Shi Y W. Microstructure and properties of TiB_2-containing coatings prepared by arc spraying[J]. Applied Surface Science, 2008, 254(13): 3849-3858.

[39] 冯上宾, 贾丽娜, 张花蕊, 等. Q235 上电弧喷涂 Zn55Al 涂层在 3.5%NaCl 溶液中的腐蚀行为[J]. 稀有金属材料与工程, 2019, 48(4): 1087-1095.

[40] Cui C, Ye F X, Song G R. Laser surface remelted of Fe-based alloy coatings deposited by HVOF[J]. Surface & Coatings Technology, 2012, 206(8-9): 2388-2395.

[41] Gedzevicius I, Valiulis A V. Analysis of wire arc spraying process variables on coatings properties[J]. Materials Processing Technology, 2006, 175(1-3): 206-211.

[42] Liu S H, Li C X, Zhang H Y, et al. A novel structure of YSZ coatings by atmospheric laminar plasma spraying technology[J]. Scripta Materialia 2018, 153: 73-76.

[43] Wu X, Wyman I, Zhang G W, et al. Preparation of superamphiphobic polymer-based coatings via spray- and dip-coating strategies[J]. Progress in Organic Coatings, 2016, 90: 463-471.

[44] Chen K, Wu Y, Zhou S X, et al. Recent development of durable and self-healing surfaces with special wettability[J]. Macromol Rapid Commun, 2016, 37(6): 463-485.

[45] Ye H, Zhu L Q, Li W P, et al. Constructing fluorine-free and cost-effective superhydrophobic surface with normal-alcohol-modified hydrophobic SiO_2 nanoparticles[J]. ACS Applied Materials & Interfaces, 2017, 9(1): 858-867.

[46] 张秩鸣, 陈寅, 孙振新, 等. 超疏水复合涂层的机械性能研究进展[J]. 表面技术, 2021, 50(1): 277-286.

[47] Li Z, Zheng Y, Cui L. Preparation of metallic coatings with reversibly switchable wettability based on plasma spraying technology [J]. Journal of Coatings Technology and Research, 2012, 9(5): 579-587.

[48] Xiong H, Zheng L-L, Sampath S, et al. Melting/oxidation behavior of in-flight particles in plasma spray processes[C]. Proceedings of the ASME International Mechanical Engineering Congress and Exposition, F, 2002 .

[49] Zeng Z, Kuroda S, Era H J S, et al. Comparison of oxidation behavior of Ni-20Cr alloy and Ni-base self-fluxing alloy during air plasma spraying [J]. Surface & Coatings Technology, 2009, 204(1/2): 69-77.

[50] Brossard S, Munroe P, Tran A, et al. Effects of substrate roughness on splat formation for Ni-Cr particles plasma sprayed onto aluminum substrates [J]. Journal of Thermal Spray Technology, 2010, 19(5): 1131-1141.

[51] Wu B, Lyu J, Peng C, et al. Inverse infusion processed hierarchical structure towards superhydrophobic coatings with ultrahigh mechanical robustness[J]. Chemical Engineering Journal, 2020, 387: 124066.

[52] Saffar M A, Eshaghi A, Dehnavi M R. Fabrication of superhydrophobic, self-cleaning and anti-icing ZnO/PTFE-SiO_2 nano-composite thin film[J]. Materials Chemistry and Physics, 2021, 259(1-2): 124085.

[53] Wang T, Bao Y, Gao Z P, et al. Synthesis of meso-porous silica-shell/oil-core microspheres for common waterborne polymer coatings with robust superhydrophobicity[J]. Progress in Organic Coatings, 2019, 132: 275-282.

[54] Zhang Y, Bi J, Wang S, et al. Functional food packaging for reducing residual liquid food: Thermo-resistant edible super-hydrophobic coating from coffee and beeswax[J]. Journal of Colloid and Interface

Science, 2019, 533: 742-749.
[55] 张雪梅，梅新奇，王广，等. 喷涂法制备超疏水涂层及其在多种基底表面的应用研究[J]. 化工新型材料, 2022, 50(1): 277-281, 286.
[56] Swain B, Pati A R, Mallick P, et al. Development of highly durable superhydrophobic coatings by one-step plasma spray methodology[J]. Journal of Thermal Spray Technology, 2021, 30(1): 405-423.
[57] Wan B B, Ou J F, Lv D M, et al. Superhydrophobic ceria on aluminum and its corrosion resistance[J]. Surface and Interface Analysis, 2016, 48(3): 173-178.
[58] Xun X W, Wan Y Z, Zhang Q C, et al. Low adhesion superhydrophobic AZ31B magnesium alloy surface with corrosion resistant and anti-bioadhesion properties[J]. Applied Surface Science, 2020, 505: 144566.
[59] 邸道远，汪怀远，朱艳吉. 耐腐蚀耐热超疏水 TiO_2 复合涂层制备与性能研究[J]. 化工新型材料, 2017, 45(5): 253-255.
[60] Liu Z A, Wang X Y, Gao M Q, et al. Unpowered oil absorption by a wettability sponge based oil skimmer[J]. RSC Advances, 2016, 6(91): 88001-88009.
[61] Lin J Y, Lin F, Liu R, et al. Scalable fabrication of robust superhydrophobic membranes by one-step spray-coating for gravitational water-in-oil emulsion separation[J]. Separation and Purification Technology, 2020, 231: 9.
[62] Guo D, Hou K. Xu S, et al. Superhydrophobic-superoleophilic stainless steel meshes by spray-coating of a POSS hybrid acrylic polymer for oil-water separation[J]. Journal of Materials Science, 2018, 53(9): 6403-6413.
[63] Yang J, Zhang Z, Xu X, et al. Superhydrophilic-superoleophobic coatings[J]. Journal of Materials Chemistry, 2012, 22(7): 2834.
[64] Yang J, Song H, Yan X, et al. Superhydrophilic and superoleophobic chitosan-based nanocomposite coatings for oil/water separation[J]. Cellulose, 2014, 21(3): 1851-1857.
[65] Li D, Guo Z. Versatile superamphiphobic cotton fabrics fabricated by coating with SiO_2/FOTS[J]. Applied Surface Science, 2017, 426: 271-278.
[66] Xu B, Ding Y, Qu S, et al. Superamphiphobic cotton fabrics with enhanced stability[J]. Applied Surface Science, 2015, 356: 951-957.
[67] Zhou H, Wang H, Niu H, et al. Robust, self-healing superamphiphobic fabrics prepared by two-step coating of fluoro-containing polymer, fluoroalkyl silane, and modified silica nanoparticles[J]. Advanced Functional Materials, 2013, 23(13): 1664-1670.
[68] Qian T Wang J, Cheng T, et al. A novel block copolymer with excellent amphiphobicity synthesized via ARGET-ATRP[J]. Journal of Polymer Science Part A: Polymer Chemistry, 2016, 54(13): 2040-2049.
[69] 刘明，吴义强，卿彦，等. 木材仿生超疏水功能化修饰研究进展[J]. 功能材料, 2015, 46(14): 14012-14018.
[70] 彭万喜，吴义强. 超疏水木材[P]. 中国: ZL201020223508. 5, 2011-05-18.
[71] 彭万喜，吴义强，卿彦. 一种超疏水木材及其制备方法[P]. 中国: ZL200810030688. 2, 2008-08-06.
[72] Hsieh C T, Chang B S, Lin J Y. Improvement of water and oil repellency on wood substrates by using fluorina-ted silica nanocoating[J]. Applied Surface Science, 2011, 257(18): 7997-8002.

第7章 刻 蚀 法

7.1 概　　述

所谓刻蚀，是用化学或物理方法有选择性地从硅片表面去除不需要的材料的过程[1]。随着微制造工艺的发展，广义上来讲，刻蚀成了通过溶液、反应离子或其他机械方式来剥离、去除材料的一种统称，成为微加工制造的一种普适叫法。

对于刻蚀工艺，往往把它分为湿法刻蚀和干法刻蚀两大类。湿法刻蚀主要是指化学刻蚀，是一个纯粹的化学反应过程，是利用液态化学试剂或溶液与待刻蚀材料之间通过化学反应进行刻蚀的方法；电化学刻蚀也是化学刻蚀法的一种，是根据电化学原理，将所刻蚀材料作为阳极，在电解液和电流的作用下进行氧化还原反应，从而在材料表面形成具有微纳结构的粗糙表面，再经过低表面能处理便可得到超疏水表面[2]，与其他技术相比，湿法化学刻蚀是一种易操控，适用于大规模生产超疏水表面的方法[3]。而干法刻蚀，则被认为是所有不涉及化学腐蚀液体的刻蚀技术或者材料加工技术，主要指等离子体刻蚀和激光刻蚀。激光刻蚀法是通过激光对加工表面进行选择性刻蚀，从而制备出所需的低表面能粗糙形貌，达到超疏水效果；等离子体刻蚀是采用高频辉光将反应气体激活为活性粒子对材料表面进行的刻蚀。

刻蚀法可以直接、有效地构建表面粗糙结构，因此被广泛地应用于制备超润湿材料表面。由于该方法可直接在基底的表面进行改性，所以不用担心涂层中界面黏结性问题，其所制备的超润湿材料表面的稳定性和耐蚀性较好，可保持表面性质的持久性，避免了涂覆法中基材与涂层之间界面的易腐蚀问题。

等离子体刻蚀和光刻蚀技术可以制备规则的微/纳结构，但仪器昂贵、成本高、制备的疏水表面面积较小。湿法化学刻蚀则在制备过程中会产生一定的化学污染，对环境造成不好的影响。

另外，在超润湿材料制备中，酶刻蚀也是会用到的一种刻蚀方法，主要用于织物表面粗糙结构的构建。

7.2 原理及影响因素

7.2.1 化学刻蚀

7.2.1.1 机理

化学刻蚀法是在表面诱导随机粗糙度的方法，较多地应用于金属表面粗糙结构的构造。刻蚀过程中通过将目标表面浸泡在强酸、强碱或其他溶液刻蚀剂中，利用刻蚀液自身的腐蚀性和金属与合金的晶格缺陷或合金不同成分之间的耐腐蚀性能的差异，通过试剂与材料表面接触对加工表面进行选择性刻蚀，从而在材料表面加工出所需要的粗糙微纳米结构，再经过低表面能处理便可制得超疏水表面。这个过程涉及的主要是化学反应，包括氧化反应和还原反应等。化学刻蚀法具有操作简单等优点，但同时也存在刻蚀均匀性差、安全性能低等缺点。在化学刻蚀中，以酸或碱为刻蚀剂进行刻蚀比较常见[4]。化学刻蚀剂中一般包括三种成分：①腐蚀剂；②改性剂(如乙醇、丙三酮)，用以减弱电离作用，使刻蚀过程更可控；③氧化剂[5]。刻蚀剂中的一种成分有时会起到两种作用，如在硝酸类的刻蚀剂中，硝酸既起腐蚀作用，又起氧化作用。

化学刻蚀是一种较为成熟的构筑超疏水表面的方法，即使面对不同的基体对象，只要选择合适的刻蚀剂、配比与试验条件，就有可能用相似的试验方法与步骤达到目的。虽然这种方法制备超疏水表面的过程中有一定的随机性，且制备过程中需掌控的条件变量众多，但较好地弥补了激光刻蚀等其他方法所具有的设备昂贵、不适合大面积加工的缺陷。虽然化学刻蚀法有其独特的优势，但也存在一些不容忽视的问题，如表面疏水性能的稳定性与疏水性能的分析过程。

相比于其他超疏水制备技术，湿法化学刻蚀是一种简便快捷的方法，制作工艺简单，不需要复杂设备，成本低廉，适用于大规模超疏水表面的生产[3]，但制备过程中用到的刻蚀液多为强酸强碱溶液，所产生的化学污染会对环境造成影响，以及对实验生产人员有一定危害。溶液浓度等参数在刻蚀过程中一直变化，造成试验的可控性差等。采用酸碱刻蚀的方法制备超疏油表面，目前主要是在 Si 表面进行刻蚀，金属基体的超疏油表面的制备则鲜有报道。

7.2.1.2 影响因素

化学刻蚀过程中，刻蚀溶液中离子的浓度、黏度、刻蚀时间及温度等因素均会对材料的性能造成影响。

(1)刻蚀液浓度对刻蚀效果的影响　一般来说，随着离子浓度增加，材料的润湿效果先上升后下降，这可能是由于当刻蚀溶液中离子浓度较低时，只能在材料表面形成不规则的块状结构和简单且分界不明显的细小粗糙结构，而不能形成多层次结构，达不到超疏水状态；当离子浓度增加时，可以形成双重粗糙度相结合的阶层结构，实现了材料表面具有超疏水性能；随着离子浓度的进一步增加，刻蚀程度过大，已经产生的层次结构被破坏，因而表面的疏水性能降低[6]。

在刻蚀过程中，随着反应的进行，刻蚀液的浓度降低会对刻蚀速率产生一定的影响。Xiang 等[7]使用 NaOH 溶液刻蚀低碳钢表面的 Zn-Ni 镀层，由于 Zn 具有较为活泼的化学性质，表面的 Zn 被腐蚀，而 Ni 得以保留，从而制备出具有疏水性质的表面微结构，反应前 Ni、Zn 的质量分数分别为 18.17%、81.83%，经过 50 min 反应后，两者质量分数变为 41.75%、58.25%(图 7-1)。从质量分数变化图中可以看出，在反应的前 10 min，两者的质量分数变化较大；10 min 后，由于刻蚀液浓度的降低，Ni、Zn 质量分数变化曲线的斜率明显减小。

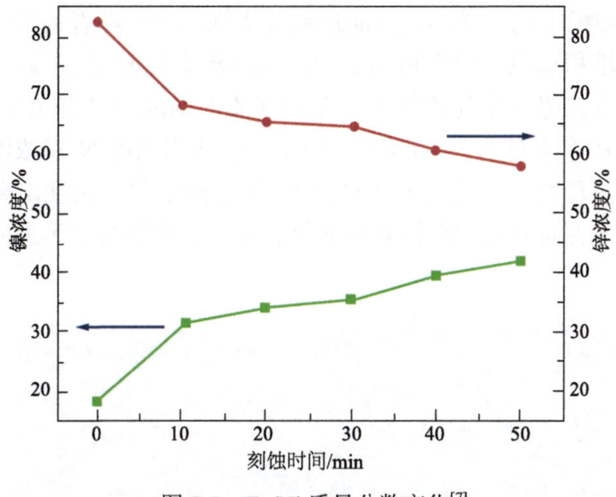

图 7-1 Zn/Ni 质量分数变化[7]

同时，刻蚀液浓度的不同也会带来刻蚀后试样表面疏水性能的差异。Zhao 等[8]将 $FeCl_3$ 与 HCl 配合使用作为刻蚀液，在不锈钢表面构筑疏水微结构。实验中，对 $FeCl_3$ 浓度进行改变，在刻蚀 20 min 后，不同浓度条件下的试样接触角有较大差异(图 7-2)。在刻蚀过程中，刻蚀液浓度过低会造成试样表面的微结构不够致密或是刻蚀深度不够，不能达到良好的疏水效果；而刻蚀液浓度过高，又会将试样表面的微结构破坏，出现刻蚀过度的情况。

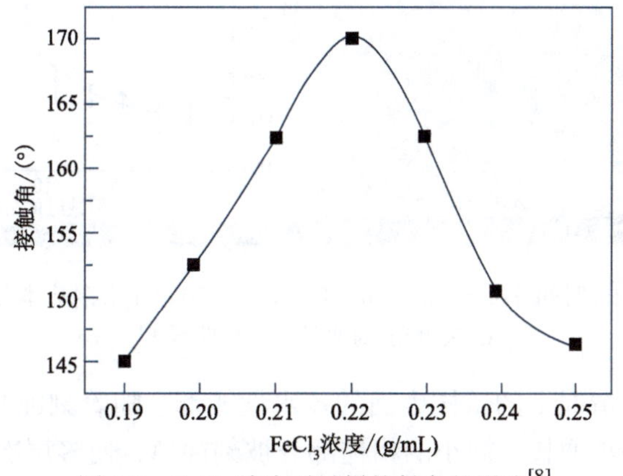

图 7-2 $FeCl_3$ 浓度对试样接触角的影响[8]

(2) 刻蚀液的黏度对刻蚀效果的影响　刻蚀液的黏度越小，流动性能越好，蚀刻过程越易进行，随着刻蚀过程的进行，刻蚀液黏度会有所增加[9]，因此在配制化学刻蚀液时可适当降低刻蚀液的黏度。

(3) 温度的影响　温度越高，反应速率越快，因此刻蚀速率随温度升高而加快，但温度太高可能会造成刻蚀液中组分挥发或比例失调，过高的温度也会破坏已经形成的理想结构，因此刻蚀温度一般控制在 50℃左右即可[9]。

(4) 刻蚀时间影响　化学刻蚀过程中，反应时间与表面微结构的形貌、尺寸具有密切关系。刻蚀时间对材料疏水性能的影响同样也呈现先上升后下降的趋势，刻蚀时间较短时，刻蚀产生的粗糙结构较微小，从而造成疏水性较差；随着刻蚀时间增加，材料表面的粗糙结构逐渐堆积形成多层次粗糙结构，表面疏水性增加，Pan 等[10]用 CTAB 与 HNO_3 配制成刻蚀液，超声振荡条件下，在铜基体上刻蚀出具有超疏水性能的微-纳双重结构。由于 CTAB 泡沫对 NO_3^-的吸引，使得在泡沫周围的 NO_3^-浓度较高，形成局部浓度差，在超声振荡环境下，吸附了 NO_3^-的泡沫逐渐细化，刻蚀出微小结构。随着刻蚀时间的延长，试样表面的微结构越来越细化、致密，从而带来了表面疏水性能的提升(图 7-3)。

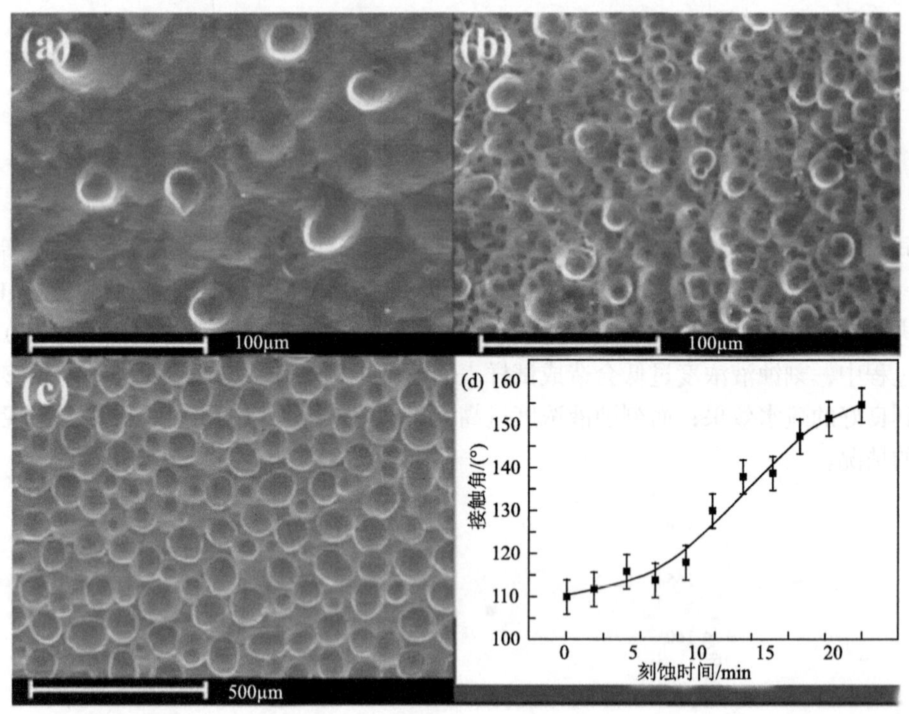

图 7-3　不同刻蚀时间 [(a) 8 min；(b) 14 min；(c) 20 min]下铜基体表面 SEM 图与 (d) 接触角-刻蚀时间变化曲线[10]

然而，并非所有情况下的试样表面的疏水性能都会随着刻蚀时间的延长而提高。随着刻蚀时间的进一步增长，微小的粗糙部分被刻蚀掉，使多层次结构被破坏，疏水性又出现减小的趋势[6]。Zhao 等的研究表明[8]，由于过长的刻蚀时间对已有疏水微结构的破坏，试样表面的疏水性能会随着刻蚀时间的增加，呈现先增加后下降的现象(图 7-4)。这是由于反应时间的过度延长，有时会使刻蚀出的微小孔洞、沟壑等结构逐渐连通、扩大，进而破坏表面结构的疏水性能。

(5) 不同刻蚀方法对基体表面微结构也会产生不同的影响　常见的化学刻蚀方法可笼统分为一步法与两步法。一步法多利用基体材料的自身缺陷，使用位错刻蚀等手段，仅通过一次刻蚀步骤使基体表面具有多级结构。两步法则一般先构筑基体表面的微米级结构，再构筑纳米级的凹坑、孔洞等。同时，两步法也便于将化学刻蚀法与其他方法配合使用，因此有研究者将机械加工或电化学腐蚀等方法与化学刻蚀相结合进行两步法刻蚀，

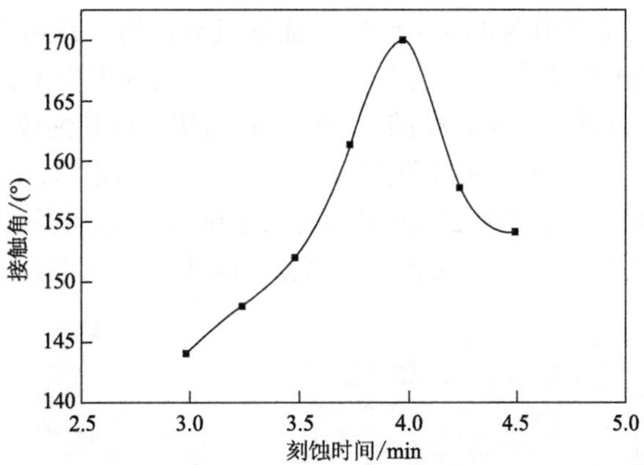

图 7-4 不锈钢表面刻蚀时间与接触角的关系[8]

如先在基体表面进行喷丸或喷砂处理[6]，或是利用电化学腐蚀构筑纳米级结构[5]。Tian等[11]先用盐酸与硝酸的混合液在不锈钢表面刻蚀出微米结构，再将不锈钢试样作为阳极，以高氯酸和乙二醇溶液为电解液，进行电化学腐蚀，以构筑更微小的结构。Qian等[12]针对铝、铜、锌表面，配制了不同的位错刻蚀液，将不同试样浸入与之对应的位错刻蚀液中，通过一次刻蚀浸泡，使试样表面存在位错缺陷的部位优先被刻蚀，利用基体材料自身缺陷，自发地形成具有超疏水性能的粗糙微结构(图 7-5)。

图 7-5 刻蚀不同时间[(a) 5s；(b) 10s；(c) 15s]后铝表面形貌以及(d)试样表面宏观疏水性能(接触角 156°)[12]

Esmaeilirad 等[13]先使用 NaOH 去除铝表面的氢氧化物，并刻蚀出类似圆锥形的微结构，再用盐酸与醋酸混合的刻蚀液在表面微结构上刻蚀出微米孔洞[图 7-6(a)]，使试样表面具有超疏水性能。其中，醋酸对裸露的铝有很好的刻蚀效果，但却不能与氧化铝反应，因此需要在刻蚀液中加入盐酸去除试样表面的氧化层。Gray-Munro 等[14]先将镁铝锌箔在 80℃反应条件下浸泡在 2%的 H_2SO_4 溶液中 4 min，再浸入 20%的 H_2O_2 溶液 150 s，通过这种两步法在镁铝锌箔表面刻蚀出类似荷叶表面的多级微结构[图 7-6(b)]。

图 7-6　两步法刻蚀后的试样表面[13,14]

(a)铝试样表面；(b)镁试样表面

7.2.1.3　电化学刻蚀

电化学刻蚀也是化学刻蚀法的一种。电化学刻蚀是根据电化学原理，将所刻蚀材料作为阳极，在中性电解液和电流的作用下进行氧化还原反应，从而在材料表面形成具有微纳结构的粗糙表面。化学刻蚀主要用刻蚀液浓度和时间的变化来控制表面微观结构，但铝片表面反应剧烈，难以控制。而电化学加工可通过加工电压、电流、时间等条件诱导金属表面晶界位错优先溶解来调节表面的微观结构，有效提高刻蚀过程的可控性，图 7-7 是用电化学刻蚀法制备超疏水表面的实验装置示意图[15]。

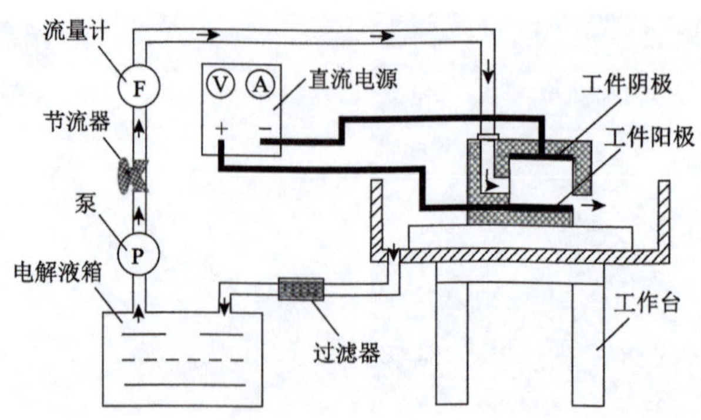

图 7-7　电化学刻蚀法制备超疏水表面实验装置示意图[15]

Xu 等[16]用电化学刻蚀法在镁合金表面制备出接触角为 165.2°、滚动角为 2°的超疏水表面。Song 等[17,18]利用电化学刻蚀法在氯化钠、硝酸钠电解液中刻蚀铝、铜等表面制备出具有微纳米结构的粗糙表面，经过氟硅烷修饰后呈现出优异的超疏水性能。Lu 等[19]使用溴化钠电解液对钛表面进行电化学刻蚀，经氟硅烷修饰后的表面对甘油和十六烷的接触角分别为 156.1°和 152.4°。

电化学刻蚀法具有制备过程简单、操作安全、成本低廉的特点，使用电解液为中性电解液，对环境影响小等优点。但是该方法只能加工导电材料，难以加工活泼性较弱的金属，仅用于金属基体超疏水疏油表面的制备。使用该方法制备超疏油表面多需要再次处理构建特殊凹角或者悬臂结构，这影响了刻蚀效率，增加了制备过程的不确定性。

7.2.2 激光刻蚀

7.2.2.1 原理

激光刻蚀是用来将计算机设计的微小复杂图案刻在硅基片上的一种技术[20]，同时因其可以较好地控制材料表面的结构和形貌，亦被广泛用于制造超疏水表面。激光刻蚀法是一种物理方法，其基本原理是将高能量激光光束(一般为紫外激光、光纤激光)聚焦成极小光斑照射到材料表面上，激光光束在焦点处具有很高的功率密度，可使被照射的材料表面在光电或光热的作用下引发一系列的化学键断裂和反应，发生的时间顺序随材料的不同而不同。

激光刻蚀法是一种简单、非接触、选择性的制造方法，可应用于各种材料，包括金属、陶瓷、半导体和聚合物等。激光选择性刻蚀既可在材料表面制备不同图案化微纳结构，同时，在该过程中也可诱导材料表面的成分发生变化。在仿生材料、微电子和海洋装备等领域，激光刻蚀法拥有极大的发展潜力和应用价值。刻蚀法避免了涂覆法中基材与涂层之间界面的易腐蚀问题，但最大的缺点在于制备时间长、可能会降低基底强度、难以刻蚀化学性质非常稳定或者硬度过大的衬底等，对于不平整的表面刻蚀效果也不理想，加上高能放射设备结构和光刻工艺复杂，技术要求高，设备昂贵，成本较高，且疏水涂层机械耐久性差，相比较于湿法刻蚀，激光刻蚀的刻蚀速率也较低，无法满足超大批量的生产。

近年来，随着超快激光技术的迅猛发展，一种基于飞秒或皮秒激光器的刻蚀技术为激光刻蚀法开辟了更大的应用空间。Pan 等[21]通过皮秒激光技术，对不锈钢表面进行修饰，制备出一种用于抗菌的超疏水微纳十字槽形表面。该表面制备过程及其形貌如图 7-8 和图 7-9 所示。该表面最佳扫描间距为 30 μm，激光扫描三次后表面接触角(contact angle，CA)可达 163°。该表面形成的空气层可以抵抗硬物质撞击和划伤，且可以浸泡在 NaCl 溶液中 30 天依然具有疏水性。该表面同时具有水下超疏氧特性，从而起到抑制细菌繁殖作用。

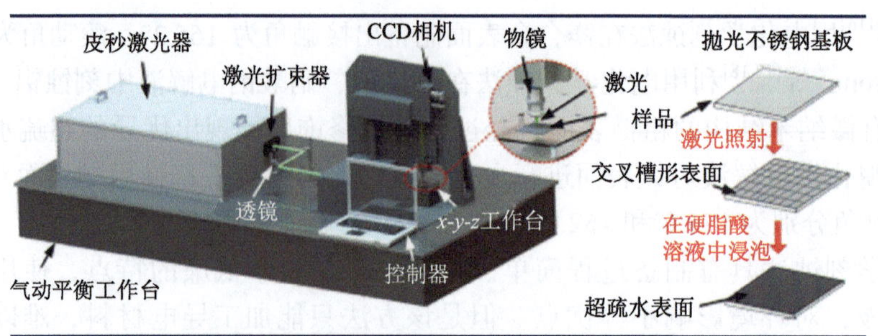

图 7-8 激光刻蚀实验步骤及处理示意图[21]

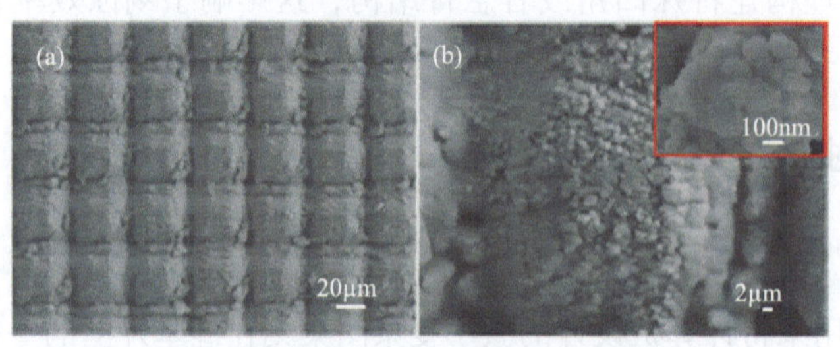

图 7-9 疏水表面的交叉槽结构 SEM 图像[21]

7.2.2.2 装置

激光刻蚀设备一般主要由送料系统、加工系统、定位系统、激光系统、除尘系统和控制系统组成。图 7-10 和图 7-11 为激光刻蚀设备示意图和激光刻蚀系统图。送料系统由进片台和出片台组成，配备一系列带滚轮的旋转轴，步进电机驱动传送轴，带动旋转轴和滚轮同步转动，基片在滚轮上水平传输。加工系统中通过直线电机和直线导轨控制激光头做 X 方向运动，基片做 Y 方向运动。除尘系统在刻蚀区一侧采用吹气设备把刻蚀产生的尘埃吹离刻蚀区域，在相反的一侧采用吸气设备吸收气体及尘埃。

由于连续激光和长脉冲激光作用于材料时，主要过程为热作用过程，难以获得精细的微纳结构，因此目前在制作超疏水表面时，主要采用短波长和短脉冲类型的激光器，激光波长越短、脉宽越短，越容易获得更为精细的结构。近年来，随着超短脉冲技术的发展和应用，利用材料对超快激光的非线性吸收效应，可突破光学衍射极限，获得远小于激光聚焦光斑尺寸的加工精度，同时激光作用时间短，导致加工过程中的热效应极低，加工质量较高[22]。

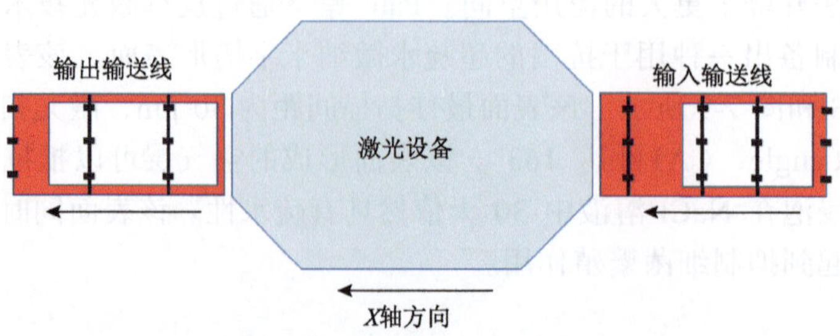

图 7-10 激光刻蚀设备示意图

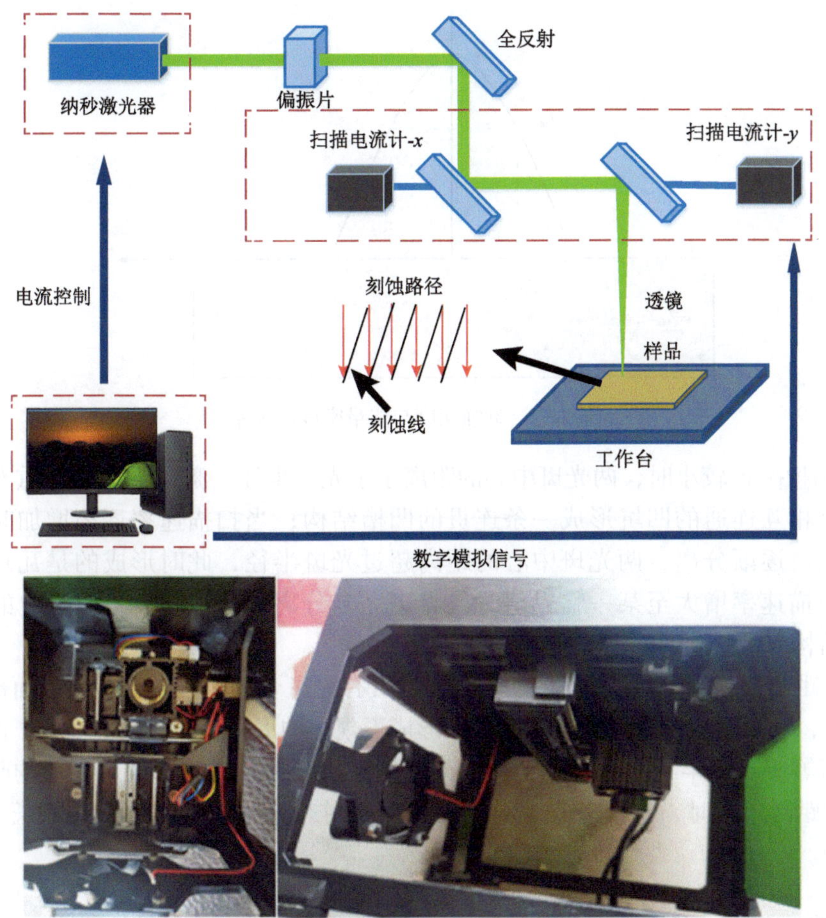

图 7-11 激光刻蚀系统

7.2.2.3 影响因素

激光刻蚀产生的微结构的形貌与尺寸则与激光刻蚀参量密切相关。激光刻蚀是通过高能激光束将热量传输到材料表面，使光斑照射区域内发生熔融、汽化，从而形成微结构。微结构的形貌与尺寸则与激光加工参量密切相关，通过改变能量密度、扫描速率、扫描间距等工艺参量可获得不同形貌和尺寸的表面微结构，提高表面疏水效果[23]。

根据不同脉冲时间可以将激光分为飞秒激光、皮秒激光、纳秒激光以及长脉冲激光。其中飞秒激光、皮秒激光和纳秒激光因脉冲时间短，材料表面的热影响区域小，可用于刻蚀表面微结构[23]。大部分激光器所产生的光束是高斯光束，各处能量密度在空间上分布不均匀[24]。中心处的能量密度值 I_0 最高，刻蚀深度最大，能量密度随着远离中心线变得越来越小，刻蚀深度也逐渐变浅，直至阈值 I_{th}(刻蚀材料所需的最小能量密度)处，减小的能量密度已经不足以刻蚀材料表面，如图 7-12 所示。激光能量密度直接影响了微结构的深度，使用较高的能量密度，则能提高 I_0 值，刻蚀深度变大，可增大微结构的尺寸。

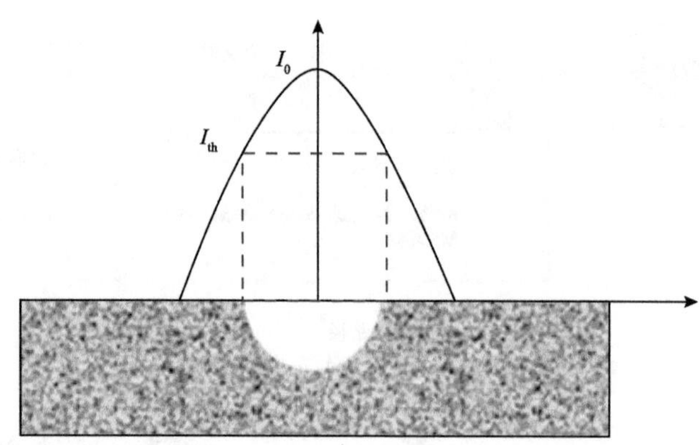

图 7-12　刻蚀深度与能量密度的关系

扫描速率 v 较小时，两光斑中心的距离小于光斑半径，激光光斑相互重叠，刻蚀出一个个相互连通的凹坑形成一条连贯的凹槽结构；当扫描速率逐渐增加时，重叠的激光光斑逐渐分离，两光斑中心的距离超过光斑半径，此时形成的是瓦片状微结构；当扫描速率增大至某一临界值时，光斑完全分离，刻蚀出一个个独立的凹坑形成点阵结构。

扫描距离 u 较小时，光斑相互重叠，当所有光斑全部相互重叠时，表面被完整地刻蚀一遍，由于熔渣的溅射与凝固，表面形成不规则的形貌；扫描距离增大，两光斑中心的距离等于光斑半径，由于光斑中心刻蚀的深边缘处较浅，形成三角形的凸起微结构；扫描距离较大时，光斑完全分离，在两道激光扫射路径之间会生成一条长方形的凸起微结构。

7.2.3　等离子体刻蚀

7.2.3.1　原理

等离子体刻蚀法(inductively coupled plasma etch，ICPE)是集成电路制造中的关键工艺之一，其目的是完整地将掩膜图形复制到硅片表面，范围涵盖前端 CMOS 栅极(gate)大小的刻蚀，以及后端金属铝的刻蚀及 Via 和 Trench 的刻蚀。在今天没有一个集成电路芯片能在缺乏等离子体刻蚀技术情况下完成。刻蚀设备的投资在整个芯片厂的设备投资中约占 10%～12%比重，它的工艺水平将直接影响到最终产品质量及生产技术的先进性。

最早报道等离子体刻蚀的技术文献于 1973 年在日本发表，并很快引起了工业界的重视。至今还在集成电路制造中广泛应用的平行电极刻蚀反应室(reactive ion etch，RIE)是 1974 年提出的设想。

等离子体刻蚀是化学过程和物理过程共同作用的结果。等离子体刻蚀通常是在等离子体刻蚀机中进行[1]，包括圆筒形等离子体刻蚀机、高密度等离子体刻蚀机等。等离子体刻蚀的原理是运用暴露在电子区域的氧、氮、氨气、氩气等非聚合性气体形成等离子体，所产生的等离子体与材料表面发生反应并产生刻蚀作用，在材料表面形成一定的粗糙形貌，从而提高材料表面的疏水性能[7]，具体可以概括为以下几个步骤。

(1)在真空低压条件下，ICP 射频电源产生的射频输出到环形耦合线圈，以一定比例的混合刻蚀气体、反应气体在射频功率的激发下经耦合辉光放电电离并产生高密度的等离子体，等离子体主要是由电子、离子以及活性反应基团(如活性自由基)组成。

(2)在下电极的射频(RF)作用下，这些活性粒子扩散到所需刻蚀的部位。

(3)这些等离子体通过电场加速释放足够的力量与表面驱逐力而紧黏合材料或蚀刻表面。等离子体对材料的刻蚀可分为物理刻蚀和化学刻蚀两种形式。物理刻蚀是通过加速离子对基片表面的撞击，将基片表面的原子溅射出来，以离子能量的损失为代价，达到刻蚀目的。化学反应刻蚀是反应等离子体在放电过程中产生许多离子和化学活性中性物质即自由基，这些中性物质是活跃的刻蚀剂，它与被刻蚀物质表面发生化学反应并形成挥发性的反应生成物[25]。刻蚀过程中，被刻蚀物被置于偏置电极上，一个直流偏压会在等离子体和该偏置电极之间形成，并使带正电的反应气体离子加速撞击被刻蚀物质表面，这种离子轰击可大大加快表面的化学反应，以及反应生成物的脱附，从而导致很高的刻蚀速率，正是由于离子轰击的存在才使得各向异性刻蚀得以实现。

(4)反应生成物以气体形式脱离被刻蚀物质表面从真空管路被抽走[26]。等离子体与被刻蚀材料进行反应，形成挥发性反应物后被去除，从而在被刻蚀材料表面得到具有不同粗糙度的表面结构。

等离子体刻蚀技术是一种制备粗糙表面直接有效的方法，具有很高的刻蚀速率，而且刻蚀后能够获得良好的物理形貌。通过改变刻蚀时间和射频功率可制备不同结构的粗糙表面，对材料的内部结构不产生影响，能保持其固有的性质，但粗糙表面的力学强度较低，导致超疏水性能的稳定性差，随着放置时间的增加，其效果逐渐减弱。目前等离子体刻蚀多用于硅基底上制备超疏水表面领域。该方法虽然有广泛的适用范围，但是等离子体刻蚀设备昂贵、工艺复杂、效率低，不便于超疏水表面的大规模生产。

目前，已探索出不同种类的气体来做等离子体刻蚀，其中使用 O_2、Ar 和 CF_4 更易在表面刻蚀出粗糙结构。Takahashi 等[27]在对比了四种常见气体作为等离子体刻蚀得到的聚四氟乙烯表面的形貌和润湿性后发现，CF_4 和 O_2 均能使表面接触角超过 150°，通过控制 CF_4 刻蚀时间，可以得出接触角超过 160°的超疏水表面。Barshilia 等[28]利用 Ar 与 O_2 混合等离子体对聚四氟乙烯表面刻蚀 4 h，获得平均粗糙度为 1.58 mm、接触角为 158°的超疏水表面。Aulin 等[29]利用等离子体刻蚀硅片，在表面构建出柱状或者线状多孔悬挂微细结构，经十三氟辛烷基氯硅烷修饰后，原来的亲油表面变为疏油表面，对于蓖麻油、十六烷和癸烷，滚动角均低于 20°。

7.2.3.2 装置

图 7-13 为等离子体刻蚀设备的剖面示意图，主要包括预真空室、刻蚀腔、供气系统和真空系统四部分[26]。

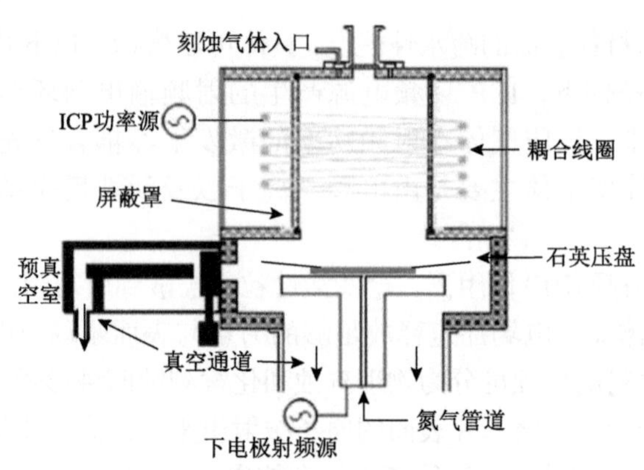

图 7-13　等离子体刻蚀设备结构图[26]

预真空室的作用是确保刻蚀腔内维持在设定的真空度，不受外界环境(如粉尘、水汽)的影响，将危险性气体与洁净厂房隔离开来。它由盖板、机械手、传动机构、隔离门等组成。

刻蚀腔体是 ICP 刻蚀设备的核心结构，它对刻蚀速率、刻蚀的垂直度以及粗糙度都有直接的影响。刻蚀腔的主要组成有上电极、ICP 射频单元、射频单元、下电极系统、控温系统等。上电极下表面布满均匀小孔，它的功能是将刻蚀气体均匀输送到 ICP 腔体的圆截面，以便等离子体的制备。ICP 射频单元主要由射频发生器、匹配网络、射频电缆以及耦合线圈、隔离装置组成。在 ICP 射频单元作用下，刻蚀气体经辉光放电，耦合感生出大量的等离子体。射频单元由射频发生器、匹配网络和射频电缆组成，射频电缆的另一端接到下电极底部，提供等离子体的偏转电压。下电极系统主要包括下电极板、基座、石英压盘、氦气单元、下电极冷却系统等结构，其主要作用是将射频发生器提供的能量加到基片上。控温系统是为了对刻蚀腔的温度进行精准的控制，从而保证刻蚀的均匀性和重复性。

供气系统用于提供精确的气体种类和流量，向刻蚀腔体输送各种刻蚀气体，通过压力控制器(PC)和质量流量控制器(MFC)精准地控制气体的流速和流量。气体供应系统由气源瓶、气体输送管道、控制系统、混合单元等组成。各种刻蚀气体最初都单独存放在气源瓶内，纯度达到 99.9%以上，经由控制系统输送到混合单元，再送到刻蚀腔内，产生等离子体；气体输送管道包括两部分：一是刻蚀气体从气源瓶往刻蚀腔的输送，另外一部分是刻蚀产生的挥发性气体的排空线；气体控制系统包括阀门、质量流量控制器、压力控制器等；混合单元将各刻蚀气体在该单元进行混合，形成一定比例的均匀混合气体，再进入 ICP 射频单元，感应耦合形成等离子体。

真空系统有两套，分别用于预真空室和刻蚀腔体。预真空室由机械泵单独抽真空，只有在预真空室真空度达到设定值时，才能打开隔离门，进行传送片。刻蚀腔体的真空由机械泵和分子泵共同提供，刻蚀腔体反应生成的气体也由真空系统排空。

7.2.3.3　影响因素

等离子体刻蚀过程中，射频功率、极板功率、自偏压和气体流量等因素会对刻蚀速率产生影响。自偏压是刻蚀工艺参数综合作用的结果，一般情况下，射频功率和极板功率都会影响自偏压，从而对刻蚀过程产生影响。由于自偏压是由等离子体中离子与电子的巨大速度差异所致，在射频功率和反应室压力不变的情况下，等离子体中离子和电子的数量基本不变，所以改变气体流量不会对自偏压产生影响，自偏压与极板功率成正比关系，因此二者对刻蚀速率的影响是相同的。刻蚀速率开始是随着自偏压的增大而增大，但自偏压达到一定值后，刻蚀速率反而有所下降，其原因是自偏压增大时，离子获得了较大的加速度，由于轰击能量的增加，对硅片曲解离子轰击的速率也就提高了。自偏压过大，即极板电压过大，会导致等离子体中离子壳层的厚度增大，进而影响离子入射到基片表面方向上的一致性，这种由离子入射角产生的分散性使刻蚀速率降低，尽管离子的轰击能量还在增加，但总体的刻蚀速率却在下降[30]。

具体来说，影响ICP刻蚀速率的工艺因素主要有以下三个方面。

(1)ICP射频功率。在刻蚀腔体内气体流量、腔体压力、下电极射频功率和温度不变的情况下，随着ICP射频功率增加，刻蚀速率加快。当ICP射频达到一定的功率后，再增加ICP射频功率，刻蚀速率反而会降低。其原因为：当ICP射频功率从小变大时，产生的等离子体密度也越大，就会有越多的离子和自由基去刻蚀，刻蚀速率也就相应加快。由于刻蚀气体流量一定，当ICP射频功率达到一定值后，刻蚀气体离子化程度不再增加之后，再增加ICP射频功率，中性粒和腔体侧壁碰撞以及离子之间的碰撞机会大增，反而导致刻蚀速率变慢。

ICP射频功率对端面陡直度也有这样的影响，即ICP射频功率较小时，等离子体密度不足，均匀性不强，则刻蚀侧壁比较粗糙，底部有缓坡。随着其功率增加，等离子体密度增加，基片刻蚀侧壁逐渐变得光洁，侧壁底部也变得陡直。但再加大ICP射频功率，等离子体的密度过高，物理轰击作用加强，等离子体的方向性变差，侧壁又变得比较粗糙。

(2)射频功率。在刻蚀腔体内气体流量、腔体压力、ICP射频功率和下电极温度不变的情况下，随着下电极射频功率增加，刻蚀速率加快，侧壁也会变得陡直光洁。其原因是：在射频源功率比较小时，等离子体能量小，等离子体方向性不强，则速率慢，侧壁光洁度差，增加射频功率，使得等离子体的能量增加，与基片表面发生反应的机会也增加。并且随着等离子体能量的增加，物理轰击作用加强，生成物被等离子体从基片表面脱落的概率增大，刻蚀速率就越快。射频功率的增加，等离子体的方向性随之加强，从而使侧壁变得陡直光洁起来。

(3)压力。在刻蚀腔体内气体流量、ICP射频功率、下电极射频功率和温度不变的情况下，改变刻蚀腔体内压力，刻蚀的速率随着压力的增大而减小。压力增大以后，刻蚀腔内等离子体碰撞概率增加了，经过碰撞，等离子体的速度变慢，其轰击基片的力度就大大减弱，基片表面形成硬膜，导致刻蚀速率的下降。

7.2.4 酶刻蚀

纺织品具有良好的柔韧性、高比表面积，易于生产，单根纤维的直径能够达到微米甚至纳米级别，这种天然优势结合简单的深加工可以很容易地获得微纳米结构的表面，为超疏水界面的形成提供了非常有利的条件[31,32]。

Chen 等[33]通过原子层沉积对 TiO_2 颗粒进行包覆，实现了层次化的粗糙结构，成功构建了疏水真丝织物。但制备工艺复杂，疏水效果有限。还可利用等离子体蚀刻法、表面接枝和浸渍涂层等方法，在真丝织物上构造粗糙度并降低表面能[34-38]。虽然已报道的超疏水纤维具有优异的油/水分离性能，但从可持续发展的角度来看，在原材料选择和制备工艺方面仍存在一些不足，如在制备过程中需要使用严格的实验设备、较高的反应温度或使用有机溶剂[31]，由于其不可生物降解的性质，在丢弃后会造成环境二次污染，不符合材料工业可持续发展的概念[39,40]。

酶刻蚀作为一种生态友好的方法，已经有大量研究将其应用于织物表面粗糙结构的构建。在众多纺织品中，真丝纤维作为一种天然蛋白质纤维，具有良好的光泽、保暖性、生物降解性和可再生性等优异性能，使其成为纺织品中质量最好的织物。Yan 等[31]用酶对真丝织物进行刻蚀，然后用甲基三氯硅烷（MTCS）和化学气相沉积（CVD）法对其进行表面改性，制备出水接触角为 156.7°、滑动角为 8.5°的超疏水 MTCS@酶蚀表面，同时最大限度地降低了其对物理力学性能的影响。棉织物也因其具有生物降解性、可再生性、低成本和良好的透气性等优点，被广泛用作超疏水油/水分离材料的生态友好基材[41-43]。

随着人们逐渐意识到环保的重要性，“绿色生产”成为关注的焦点，酶刻蚀作为一种符合绿色发展理念、顺应发展潮流的方法，在未来的研究和应用中显示出巨大的发展潜力。

酶刻蚀过程中，相比其他处理方法中使用的无机/有机化合物，酶的稳定较差，温度、pH 值、酶浓度、表面活性剂、处理时间等均会对疏水性能造成影响。酶的活性随温度升高而升高，但温度过高会使酶发生变性，导致酶部分或全部失活，处理效果不理想。pH 值的大小可以决定酶分子的电离状态，从而影响酶的偶联性及其底物的性质[44]，不同的酶所适应的最佳 pH 值不同，如纤维素酶和果胶酶在酸性环境下稳定性较好[45,46]，而蛋白酶在中性至碱性条件下稳定性较好[47]。

7.3　材料制备

7.3.1　超疏水材料

7.3.1.1　化学蚀刻

化学刻蚀法是利用金属基底与刻蚀液发生化学反应，在基底表面形成微观粗糙结构的方法。李倩等[48]用 NaOH 溶液对涤纶织物表面进行化学刻蚀产生粗糙结构，然后用十六烷基三甲氧基硅烷（HDTMS）通过浸渍-焙烘的方法进行低表面能修饰，得到了超疏水涤纶表面。研究发现，涤纶织物经过碱刻蚀后，纤维表面带有部分—OH 和—COOH，而 HDTMS 在乙醇溶液中水解形成的 Si—OH 可以和涤纶纤维表面的部分—OH 及—COOH 反应，增强 HDTMS 与涤纶纤维之间的结合力，从而使得织物的疏水性更耐久。赵树国等[49]用合金板作为阳极，铜板作为阴极，在 NaCl 水溶液中通过电化学刻蚀的方法在合金板表面构造出了微纳粗糙结构，刚制备出的合金表面因处理过程中留下的水分，水滴落到表面上时，微结构中残留的水分会迅速和水滴结合，吸引水滴进入微结构内，导致疏水效果并不理想，在空气中放置一段时间后，表面由于被空气氧化而产生一层钝化膜，阻碍水滴进一步润湿表面。Saleh 等[50]利用硫酸溶液在不锈钢网的网丝表面刻蚀出如图 7-14(a)所示的微纳米级粗糙结构，该不锈钢网经十八烷基三氯硅烷修饰后，接触角约为 166°，超疏水性较好。Xiao 等[51]利用盐酸在铝片表面刻蚀出台阶状的粗糙结构，如图 7-14(b)所示。经 3-巯丙基三乙氧基硅烷修饰后，获得超疏水性，水滴在其表面的接触角约为 163°。Liu 等[52]利用氨水溶液对铜片表面进行化学刻蚀，生成了柳絮状的粗糙结构，如图 7-14(c)所示，经硬脂酸修饰后获得接触角约为 157°的超疏水表面。

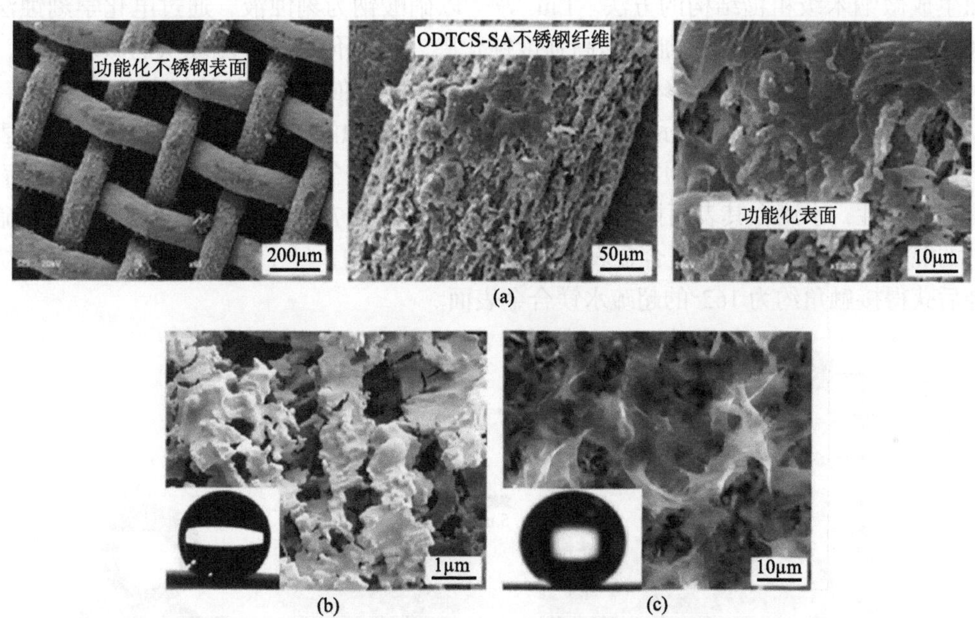

图 7-14 利用化学刻蚀法制造超疏水表面

(a)经化学刻蚀后不锈钢网的 SEM 照片[50]；(b)经化学刻蚀后不锈钢网的 SEM 照片[51]；(c)经化学刻蚀后铜网的 SEM 照片[52]

Xue 等[53]采用碱刻蚀的方法，在聚对苯二甲酸乙二醇酯单层织物的纤维表面刻蚀出丰富的凹点结构。由于聚对苯二甲酸乙二醇酯织物结构是由聚对苯二甲酸乙二醇酯纤维排布编织而成，因而此处将该单层织物作为由一维结构单元构筑的二维超疏水材料进行分析表征。聚对苯二甲酸乙二醇酯纤维表面的凹点结构以及织物纤维本身的结构构成了多尺度材料表面。将该表面通过浸涂的方式用聚二甲基硅氧烷改性后，由于多尺度结构的存在，显示出优异的超疏水特性。经测试，该表面接触角为 160°，滚动角为 8°。将该样品表面与尼龙织物表面在 45 kPa 载荷作用下对磨，以往复刮擦 100 mm 作为一个刮擦循环，经 3000 个刮擦循环后，如图 7-15 所示，该织物表面被严重磨损，但是依然有较大的接触角测量值。此外，该超疏水单层织物经 120 次洗涤之后，表面的疏水特性不会丧失。该样品表面同时具有优异的耐酸碱性以及耐紫外老化等特性，充分反映出该表面优异的耐刮擦特性[54]。

图 7-15 纤维织物刮擦测试前后表面形貌照片[53]

电化学刻蚀法是将基底表面置于阳极使其发生电化学反应，刻蚀基底表面并在表面生成微纳米级粗糙结构的方法。Liu 等[55]以硝酸钠为刻蚀液，通过电化学刻蚀法在 $30Cr_2Ni_2WVA$ 航空钢表面加工出高强度钝化膜。该钝化膜具有珊瑚状的微观结构，经十三氟辛基三乙氧基硅烷修饰后获得超疏水性，水滴在其表面的接触角约为 165°，滚动角约为 5°，如图 7-16 所示。Lu 等[56]以高氯酸为刻蚀液，利用电化学刻蚀法在铝表面构建了珊瑚状的微纳米级粗糙结构，经 1*H*,1*H*,2*H*,2*H*-全氟癸基三乙氧基硅烷修饰后获得超疏水性，水滴在其表面接触角约为 167°，如图 7-17 所示。Li 等[57]以氯化钠和硝酸钠的混合溶液为刻蚀液在镁合金表面构建微观粗糙结构，经十三氟辛基三乙氧基硅烷修饰后获得接触角约为 162°的超疏水镁合金表面。

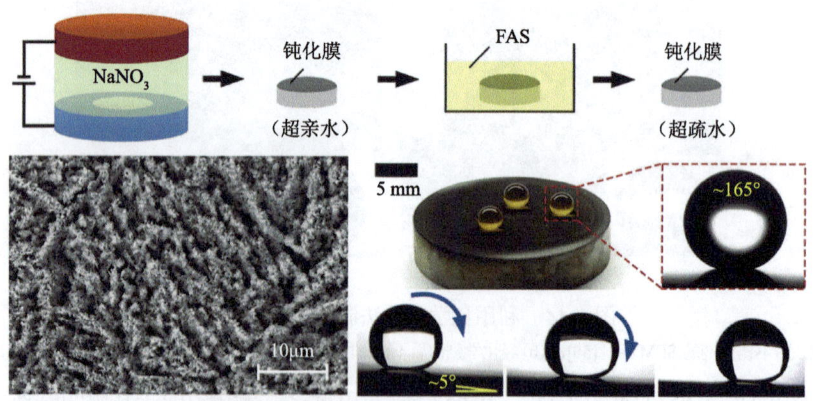

图 7-16 电化学刻蚀法示意图、电化学刻蚀后航空钢表面的 SEM 图及水滴在超疏水航空钢表面接触角[55]

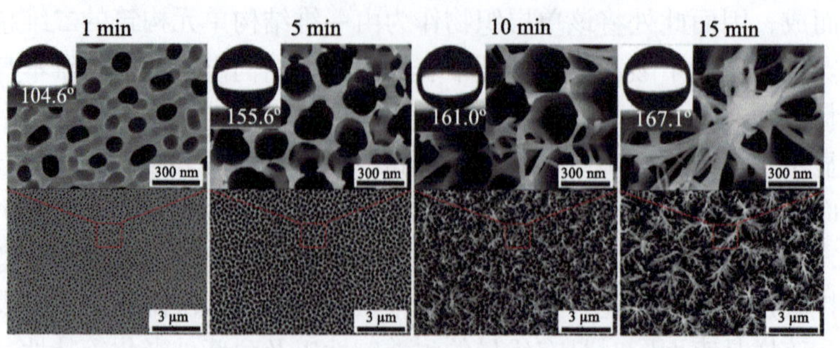

图 7-17 不同时间电化学刻蚀后铝表面的 SEM 图[56]

7.3.1.2 激光刻蚀

1) 纳秒激光

纳秒激光的脉冲宽度通常为 1～100 ns，由于其成本远低于超快激光，被广泛应用于工业生产。He 等[58]采用波长 355 nm、脉宽 25 nm 的紫外激光一步刻蚀法在金属钨的表面制备出了类似荷叶表面的微观结构。通过调整激光能量密度、扫描速度和重复频率各项激光参数，最终在钨的表面形成了尺寸小于 10 μm 的微米级粗糙结构的超疏水表面，见图 7-18(a)，表面的最大接触角可达 162°，对应的滚动角仅为 1°。而且这种方法在激光刻蚀表面之后就得到了低黏附的超疏水表面，无需后续化学修饰改变材料的表面能。Alexandre 等[59]采用纳秒红外激光作用于不锈钢表面，通过后续化学修饰，获得了具有微纳米复合结构的超疏水表面，见图 7-18(b)，该表面在与水接触时表现出良好的稳定性和持久性。Tang 等[60]采用脉宽为 20 ns 的紫外激光器在黄铜表面制备了微纳米复合结构，见图 7-18(c)，激光作用后的样品置于大气环境两周后，材料表面显示出优良的超疏水性，这是由于黄铜的主要成分为铜和锌，激光刻蚀后的金属表面在静置过程中与空气中的氧气反应生成具有疏水性的金属氧化物，最终获得 161°的接触角和 4°的滚动角。而在纯铜方面，Chun 等[61]采用脉宽 20 ns 的紫外激光对金属铜进行刻蚀后，再采用无水乙醇进行低温退火，见图 7-18(d)，光加工过程所产生的亲水性的 CuO 在退火后会转变为疏水性的 CuO，最终获得 165°的接触角和 9°的滚动角。从以上研究可以看出，单独采用纳秒激光作用于材料后，材料表面的热效应较明显，存在着材料的熔化和飞溅，部分材料在纳秒激光作用后表面会产生纳米级的细小颗粒，但颗粒的尺寸、形状及分布状态难以做到可控，同时受光学衍射极限影响，纳秒激光所制备的结构的精度受到限制，同时需要辅助特殊的化学修饰工艺来获得超疏水性。此外，对于透明硬脆性材料和低熔点的有机材料，纳秒激光并不适合[22]。

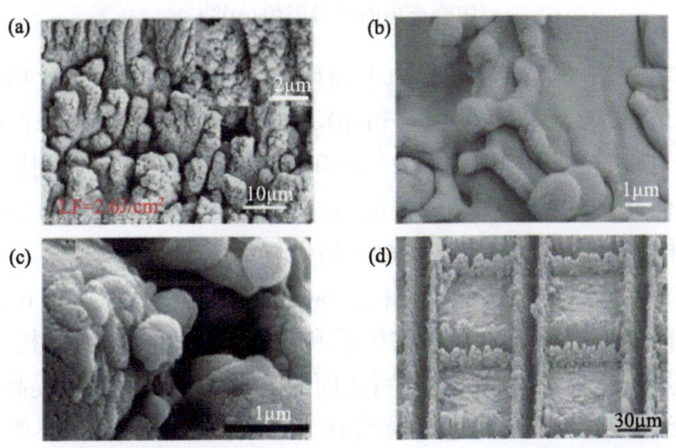

图 7-18 (a)纳秒激光在钨表面制备微纳结构[58]；(b)纳秒激光在不锈钢表面制备的超疏水结构[59]；(c)纳秒紫外激光在金属表面制备微纳米复合结构[60]；(d)红外纳秒激光在纯铜表面制作超疏水结构[61]

2) 皮秒激光

相对于纳秒激光，皮秒激光的脉冲宽度更窄，加工时间更短，可以快速地在各种材料表面刻蚀出极其精细的微纳结构。Jagdheesh 等[62]采用脉宽 6.7 ps、频率 200 kHz 的皮秒激光在不锈钢和钛合金基板进行刻蚀，通过参数的调整在两种金属表面均获得了具有规则粗糙结构的表面，见图 7-19，接着利用氟硅烷对上述表面进行修饰，获得了接触角大于 150°的不锈钢和钛超疏水表面。Sun 等[63]提供了一种皮秒激光选择性刻蚀铝合金基底制备超疏水/超亲水混合图案的简便方法。利用皮秒激光选择性刻蚀，再用硬脂酸溶液对表面进行修饰，制备的超疏水图案表面的接触角最大可达到 159°，同时超亲水表面的亲水性也极佳。Long 等[64]将红外皮秒激光作用后的铝合金置于不同气体环境下，观察材料表面润湿性能的变化，结果显示当将样品置于充满有机物质的气氛中时，激光作用后的微纳结构表面可实现由超亲水向超疏水的性能转变，其主要原因为微纳米结构吸收了气体中的有机物，降低了表面的自由能。

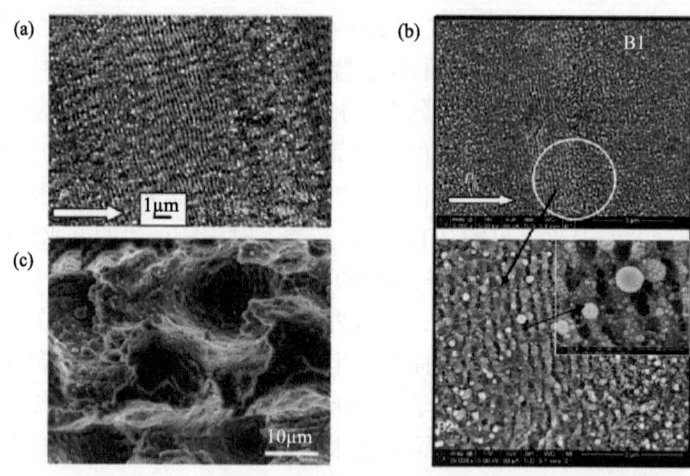

图 7-19　皮秒激光作用于不锈钢表面显微形貌(a)[62]、钛合金表面显微形貌(b)[63]、铝合金表面显微形貌(c)[64]

此外，为了实现超疏水表面的快速大面积制备，林澄[65]采用皮秒激光在磨具钢表面制备大面积凹坑结构，见图 7-20(a)和(b)，再分别利用压铸和压印的方法在铝合金[图 7-20(c)和(d)]和硅橡胶表面[图 7-20(e)和(f)]制备大面积锥状周期性微纳结构，通过压铸，未经任何修饰的铝合金表面接触角达到 134°，并显示出较强的黏附性，而硅橡胶压印后表面接触角达到 155.5°，接触滞后角仅为 1.4°。

此外，对于非金属氧化物的陶瓷材料，Jagdheesh[66]采用脉宽为 6.7 ps 的紫外皮秒激光器在氧化铝陶瓷表面分别构筑了沟槽状和孔洞状的两种微纳结构(图 7-21)，在不采用修饰剂的工艺下，激光烧蚀后的材料表面的疏水性能获得明显提高，最终两种结构下均可获得 151°的接触角。该工艺的优势在于采用皮秒激光时，热效应较低，避免了热应力所产生的裂纹。

以上研究结果表明，与纳秒激光相比，采用皮秒激光制作超疏水表面时，材料的选择性和加工精度获得明显提升，纳米结构也更为丰富，同时热效应的降低使得部分纳米结构实现可控，如单向纳米条纹的产生，即便是硬脆性材料，也可实现高质量的加工[22]。

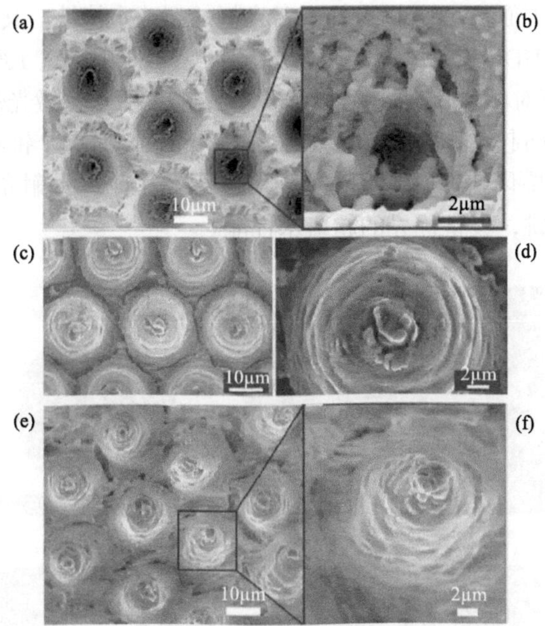

图 7-20 激光制造磨具钢压印模板及压印铝合金、硅橡胶表面形貌[65]

(a)皮秒激光加工磨具钢后 SEM 图；(b)皮秒激光加工磨具钢后单个凹坑显微结构；(c)铝合金压铸后表面凸起结构；(d)铝合金压铸后单个凸起显微结构；(e)硅橡胶表面凸起结构；(f)单个凸起高倍显微结构

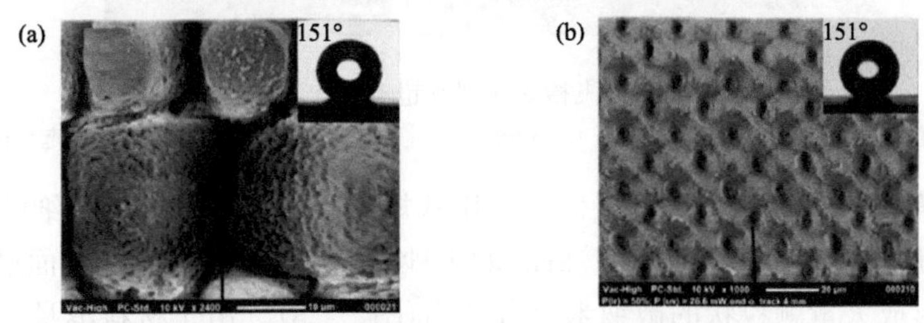

图 7-21 激光刻蚀氧化铝陶瓷表面形貌[66]

(a)微沟槽结构；(b)微孔洞状结构

3)飞秒激光

相对于皮秒激光，飞秒激光拥有更小的热效应和加工精度，常用于直接制备硅和聚二甲基硅氧烷(polydimethylsiloxane，PDMS)等非金属材料的超疏水表面。飞秒激光刻蚀材料表面，对表面有更小的热累积效应，且加工精度和效率更佳。所以，飞秒激光常用在聚合物材料和超薄材料润湿性表面的织构。采用激光刻蚀获得一定的表面微纳米复合结构后，接着再利用低表面能的化学试剂对表面进行处理，就制备了具有超疏水/亲水性能的理想表面。Toosi 等[67]通过飞秒激光在不锈钢表面进行烧蚀，获取相应的表面图案，之后通过热压印方法，在热塑性聚合物[如高密度聚乙烯(high-density polyethylene，HDPE)、PLA、PVC]表面压印该烧蚀的图案，复制出双层超疏水表面。其中，为了提高 PVC 和 HDPE 的疏水性，他们通过气相沉积技术沉积了一层薄薄的氟烷基硅烷涂层，从而降低表面能，该表面形貌和粗糙度受到各种激光参数的高度影响。

这几种模板所形成的表面 CA>160°，均具备良好的超疏水特性。其中，由于 PLA 表面具备双重粗糙度，比 HDPE 的疏水性更强。Zorba 等[68]使用脉宽 180 fs 的飞秒激光器在频率 1 kHz 的状态下对硅片表面进行刻蚀，如图 7-22 所示，激光烧蚀后形成了类似荷叶表面的微纳米复合凸起结构，凸起尺寸约为 10 μm，同时单个锥状凸起上分布着纳米量级的复杂结构，硅烷化处理后，水滴接触角达到约 154°，接触角滞后值约为 5°，水珠甚至可以在表面弹跳，具备优异的超疏水性能。

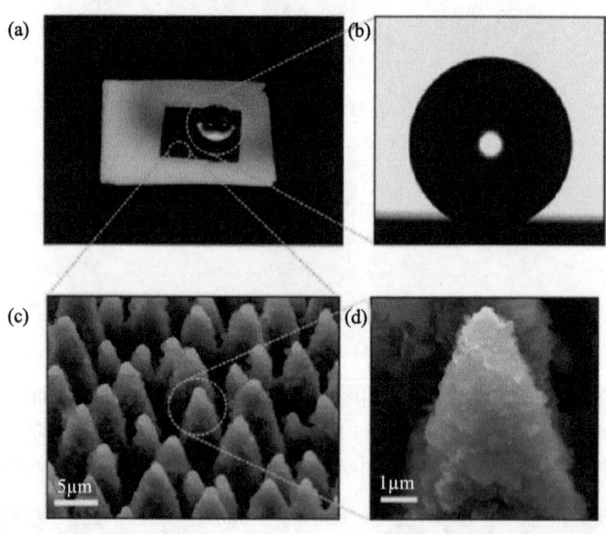

图 7-22　飞秒激光制备超疏水硅表面[68]

(a)超疏水表面宏观照片；(b)接触角测试图；(c)激光烧蚀后硅表面 SEM 显微结构；(d)单个凸起结构高倍显微图

PDMS 为高分子聚合物，熔点低，采用常规的激光器难以获得精细的表面结构，Yoon 等[69]使用脉宽 150 fs、频率 1 kHz 的飞秒激光对该类型材料的表面进行刻蚀，可在材料表面形成大量颗粒状的微纳米复合结构(图 7-23)，由于材料本身表面能较低，无需后续处理，可获得 165°的接触角和 2.1°的滚动角。

图 7-23　PDMS 微纳米周期性结构[69]

Moradi 等[70]对飞秒激光在不锈钢表面制作超疏水结构进行了系统的研究，通过对不同加工参数下微纳结构的测试和观察，分析了激光能量密度和扫描速度对最终加工形貌的影响[图 7-24(a)]，以及材料表面形貌对超疏水性能的影响[图 7-24(b)和(c)]。

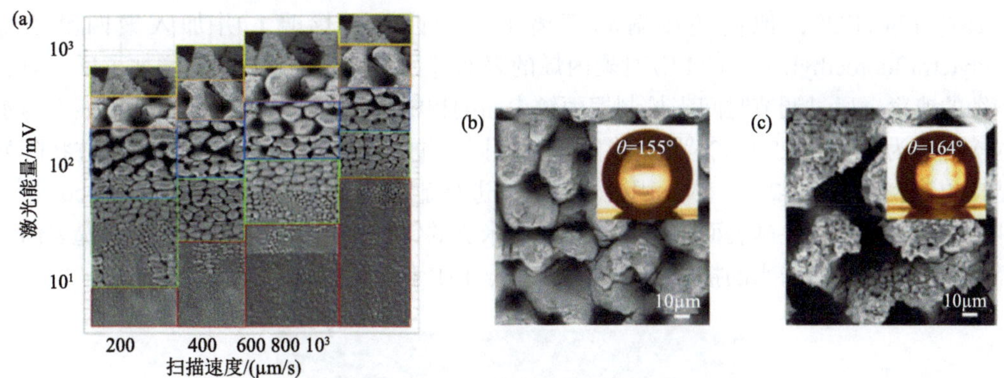

图 7-24 飞秒激光在不锈钢表面制备超疏水表面微观结构[70]

(a)激光能量密度和扫描速度对材料表面结构的影响；(b)激光能量密度为 77.1 J/cm^2 时，表面形貌及超疏水性能；(c)激光能量密度为 184 J/cm^2 时，表面形貌及超疏水性能

以上研究表明，在采用激光制备超疏水表面时，飞秒激光使材料的加工质量、精度及选择范围获得进一步的提升，几乎可在任意材料表面获得所需的微纳结构图案，刻蚀的表面无任何热效应的产生，同时加工过程的非线性吸收效应克服了透明材料对纳秒和皮秒激光吸收率低的问题，且无需担心结构制备过程中热效应对微纳结构的破坏，在不考虑加工成本的情况下，是最为理想的超疏水表面结构制备手段[22]。

7.3.1.3 等离子体刻蚀

Teshima 等[71]采用选择性氧等离子体刻蚀技术在聚对苯二甲酸乙二醇酯(PEP)基片表面形成纳米结构。然后利用有机硅烷为前驱体，通过低温化学气相沉积(LTCVD)或等离子体增强型化学气相沉积(PECVD)在刻蚀后的聚对苯二甲酸乙二醇酯(PET)基片上沉积一层疏水层，以降低其表面能。表面修饰后的基材透明，水接触角大于 150°，在保持 PET 基材的光学透明性的同时还具有超疏水性能。Balu 等[72]先用氧等离子体对纤维素的无定形区域进行选择性刻蚀，构造出粗糙表面，再将五氟乙烷用等离子体增强化学气相沉积的方法沉积到刻蚀表面上，与通过聚合物接枝、纳米颗粒沉积或其他手段产生的粗糙结构相比，通过刻蚀得到的粗糙结构与表面固有的粗糙结构形成的多级微纳米结构更加坚固，制备的超疏水纤维素表面具有更好的耐久性。Youngblood 等[73]利用射频氩等离子体对聚丙烯(PP)表面进行刻蚀，同时进行氟碳等离子体的刻蚀和溅射，得到具有氟化和粗糙结构的聚丙烯表面，接触角达到 170°；霍正元等[74]使用等离子体刻蚀法对聚丙烯表面进行刻蚀处理，使材料表面产生多孔结构，表层存在一定的粗糙度。随后将甲基丙烯酸十二氟庚酯(G04)接枝聚合到处理过的聚丙烯基材表面，探讨了等离子体刻蚀对接枝率的影响，发现刻蚀在一定程度上提高了接枝率，进而提高了接触角，接触角超过 150°。

McCarthy 等[75]等通过等离子体聚合的方法，利用丙烯酸七氟丁酯(2,2,3,3,4,4,4-heptafluorobutyl acrylate，HFBA)在对苯二甲酸乙二醇酯(polyethylene terephthalate，PETP)表面上制备了超疏水七氟丙烯酸酯薄膜，其表面与水的接触角(前进角/后退角)

为 θ_a/θ_r=174°/173°；他们还用射频等离子体刻蚀聚丙烯膜，并加入聚四氟乙烯(polytetrafluoroethylene，PTFE)对聚丙烯的表面进行氟化改性，PTFE 增加了反应离子刻蚀的速率，通过调节时间来控制聚丙烯表面的粗糙度和氟化程度，经氟化后表面与水的接触角为 θ_a/θ_r=172°/169°[76]。他们[77]还利用光刻蚀的方法制备了具有微米级柱状阵列结构的硅表面(图 7-25)，然后用硅烷偶联剂进行疏水处理得到超疏水表面；Bico 等[78]利用模板刻蚀法，在硅表面上制备了具有微米级的针状、孔状及条状结构的粗糙表面，经氟化处理后表面与水的接触角分别为 167°、131°和 151°。

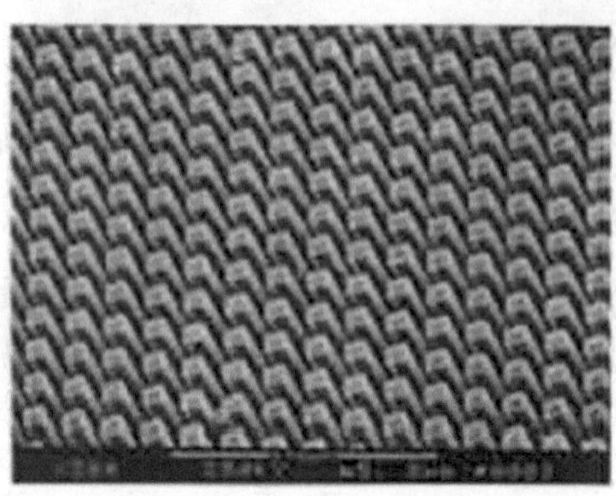

图 7-25　等离子体刻蚀硅片形成的微米级柱状体的形貌[77]

7.3.1.4　酶刻蚀

Lai 等[31]采用环境友好的酶刻蚀方法，通过木瓜蛋白酶蚀刻在真丝织物表面构造粗糙结构，然后在 70℃下用甲基三氯硅烷(MTCS)通过简单的热化学气相沉积工艺进行低表面能改性，探究了酶的浓度、处理时间和温度对刻蚀表面性能的影响。复合超疏水真丝织物具有良好的自洁能力，对织物的柔软度、色泽等内在性能影响相对较小。此外，经循环磨损和洗涤试验证明，硅烷处理后的织物具有优异的机械耐久性。复合超疏水棉织物在油水分离方面也表现出很高的效率。通过酶解来刻蚀基片的简易技术在其他纤维素基片上有着广泛的潜在应用。Zeng 等[79]也通过纤维素酶刻蚀棉织物产生粗糙度，然后在表面涂覆热固性环氧化大豆油，最后用硬脂酸与环氧大豆油的环氧基发生开环反应接枝到织物表面进行低表面能改性，最终得到了超疏水棉织物。超疏水棉织物具有优异的耐久性，表面超疏水性能够经受机械磨损、胶带剥离、超声、化学腐蚀和低/高温处理，这是由于酶刻蚀产生的表面粗糙结构与共价键合的低能物质更加稳定。超疏水棉织物具有良好的油水分离性能，分离效率高，油通量大。用酶刻蚀制备的超疏水织物具有优异的机械稳定性、化学稳定性、环保性以及优异的油水分离性能，可作为含不可再生和有害化学品的油水分离材料的环境友好替代品。

7.3.2　超亲水材料

杨显猴等[80]先用 HCl 溶液对不锈钢网进行刻蚀，产生了大量纳米级凹槽，提供了水下超疏油表面所必需的微纳级粗糙结构，然后在刻蚀后的不锈钢上吸附葡萄糖酸(GA)，成功制备了超亲水/水下超疏油的葡萄糖酸改性不锈钢网(GAG 钢丝网)。网膜在空气中时水滴接触角为 0°，在水下油滴在表面的接触角大于 150°。如图 7-26(c)、(d)所示，GAG 钢丝网能够有效地分离多种油水混合物，经过 40 次分离循环后网膜的分离效率仍达到 99.5%以上。用 GAG 钢丝网分离具有腐蚀性的油水混合物，经过多次分离循环后，其分离效率仍达到 99.6%以上，证明该网膜具有良好的稳定性。该制备方法简单、绿色、省时、成本低，制得的 GAG 钢丝网油水分离性能优异，具有良好的力学性能及耐酸碱性，在处理油水混合物方面具有良好的应用前景。制备过程无需使用任何电器和机械设备，适合大规模工业生产。

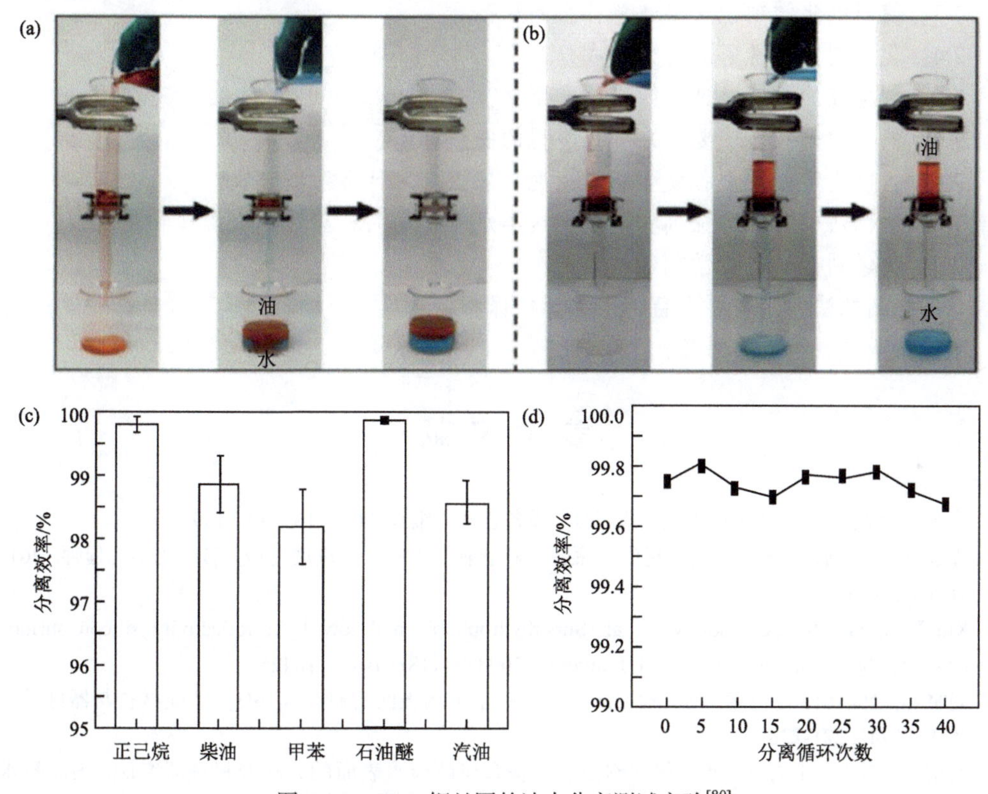

图 7-26 GAG 钢丝网的油水分离测试实验[80]

(a)未经处理的铁丝网分离油水混合物；(b)GAG 钢丝网分离正己烷/水混合物；(c)GAG 网对己烷、菜籽油、甲苯、石油醚和汽油混合物的分离效率；(d)经过 40 次分离正己烷/水混合物后的 GAG 钢丝网的分离效率

Du 等[81]使用波长为 355 nm 的纳秒激光在聚酰亚胺(PI)薄膜上直接刻蚀，制备出了混合的超疏水/亲水图案。其中超疏水表面的接触角最大可达 153°，超亲水图案表面的接触角最小几乎为 0°。

7.3.3 超双疏材料

Jiang 等[82]在固体 Al 基底上通过化学刻蚀和氟化修饰剂全氟癸基三氯硅烷得到超双

疏铝表面。研究者通过调控酸刻蚀的时间进而调控其润湿性。这种刻蚀法同样适用于 Cu、Zn 和 Ni 等金属基底表面。Wen 等[83]受此启发通过在铜片上进行简单的氧化过程构筑 CuO/Ag 的多层片状结构，后经全氟癸基硫醇得到超双疏铜片表面。此外，超双疏铜片表现出了很好的抗腐蚀性能。

思 考 题

7.1 电化学刻蚀的原理？

7.2 酶刻蚀法的概念？

7.3 使用电化学刻蚀法要注意什么问题？

7.4 化学刻蚀剂常用的有哪些成分？

7.5 刻蚀液的黏度对刻蚀的影响有哪些？

7.6 电化学刻蚀区域要张贴什么类型的安全标识？

7.7 当电化学刻蚀设备发生着火情况，应该采用什么手段灭火？

7.8 刻蚀法中常用腐蚀剂和氧化剂这类危险化学品，应该怎么管理和使用？

7.9 化学刻蚀和电化学刻蚀的区别？

7.10 刻蚀法对于需要保留的表面如何保护？

7.11 激光刻蚀法的原理？

参 考 文 献

[1] 陈海军, 魏宏杰. 干法刻蚀工艺与设备[J]. 设备管理与维修, 2020(13): 137-139.

[2] 曹京宜, 张海永, 李佳欢, 等. 超疏水涂层在航空航天领域研究进展与应用[J]. 化学工程师, 2017, 31(1): 57-60.

[3] Xiu Y, Zhang S, Yelundur V, et al. Superhydrophobic and low light reflectivity silicon surfaces fabricated by hierarchical etching[J]. Langmuir, 2008, 24(18): 10421-10426.

[4] 刘晓燕, 赵雨新, 赵海谦, 等. 刻蚀法制备超疏水金属表面的研究综述[J]. 功能材料与器件学报, 2019, 25(4): 221-228.

[5] 刘韬, 底月兰, 王海斗, 等. 化学刻蚀法制备金属超疏水表面的方法及机理研究[J]. 表面技术, 2019, 48(11): 226-235.

[6] 陈志军, 雷李玲, 杨清香, 等. 超疏水铜表面的制备及其润湿行为研究[J]. 轻工学报, 2019, 34(5): 47-54.

[7] Xiang T, Zhang M, Li C, et al. A facile method for fabrication of superhydrophobic surface with controllable water adhesion and its applications[J]. Journal of Alloys and Compounds, 2017, 704: 170-179.

[8] Zhao E L, Li Y Q, Gao L G. et al. Anti-corrosion properties of a bioinspired superhydrophobic surface on stainless steel[J]. International Journal of Electrochemical Science, 2017, 10: 9855-9864.

[9] 刘镇权, 吴培常, 林周秦, 等. AS-301 型酸性蚀刻液蚀刻机理、影响因素[J]. 印制电路信息, 2018, 26(9): 42-46.

[10] Pan L, Dong H, Bi P. Facile preparation of super-hydrophobic copper surface by HNO_3 etching technique

with the assistance of CTAB and ultrasonication[J]. Applied Surface Science, 2010, 257(5): 1707-1711.

[11] Tian G Y, Xing Z J, Xie Y E, et al. Aluminum and stainless steel base bionic super-hydrophobic surface preparation technology using in space instruments[C]. 2017 Chinese Automation Congress. New York: IEEE Press, 2017: 5690-5694.

[12] Qian B, Shen Z. Fabrication of superhydrophobic surfaces by dislocation-selective chemical etching on aluminum, copper, and zinc substrates[J]. Langmuir: the ACS Journal of Surfaces & Colloids, 2005, 21(20): 9007-9009.

[13] Esmaeilirad A, Rukosuyev M V, Jun M B G. et al. A cost-effective method to create physically and thermally stable and storable super-hydrophobic aluminum alloy surfaces[J]. Surface and Coatings Technology, 2016, 285: 227-234.

[14] Gray-Munro J, Campbell J. Mimicking the hierarchical surface topography and superhydrophobicity of the lotus leaf on magnesium alloy AZ31[J]. Materials Letters, 2017, 189: 271-274.

[15] 徐文骥, 窦庆乐, 孙晶, 等. 基于电化学加工方法的铝基超疏水表面制备技术研究[J]. 中国机械工程, 2011, 22(19): 2354-2359.

[16] Xu W, Song J, Sun J, et al. Rapid fabrication of large-area, corrosion-resistant superhydrophobic Mg alloy surfaces[J]. ACS Applied Materials Interfaces, 2011, 3(11): 4404-4414.

[17] Song J, Xu W, Lu Y, et al. Rapid fabrication of superhydrophobic surfaces on coppers ubstrates by electrochemical machining[J]. Applied Surface Science, 2011, 257(24) : 10910-10916.

[18] Song J, Xu W, Liu X, et al. Electrochemical machining of super-hydrophobic Al surfaces and effect of processing parameters on wettability[J]. Applied Physics A, 2012, 108(3): 559-568.

[19] Lu Y, Song J, Liu X, et al. Preparation of superoleophobic and superhydrophobic titanium surfaces via an environmentally friendly electrochemical etching method[J]. ACS Sustainable Chemistry & Engineering, 2012, 1(1): 102-109.

[20] Pease R F, Chou S Y. Lithography and other patterning techniques for future electronics[J]. Proceedings of the IEEE, 2008, 96(2): 248-270.

[21] Pan Q, Cao Y, Xue W, et al. Picosecond laser-textured stainless steel superhydrophobic surface with an antibacterial adhesion property[J]. Langmuir, 2019, 35(35): 11414-11421.

[22] 杨焕, 曹宇, 李峰平, 等. 激光制备超疏水表面研究进展[J]. 光电工程, 2017, 44(12): 1160-1168, 1252.

[23] 顾江, 叶霞, 范振敏, 等. 激光刻蚀法制备仿生超疏水表面的研究进展[J]. 激光技术, 2019, 43(4): 57-63.

[24] 吴勃. 金属仿生功能微结构的激光制备与研究[D]. 镇江: 江苏大学, 2011.

[25] 郑志霞, 冯勇建, 张春权. ICP 刻蚀技术研究[J]. 厦门大学学报(自然科学版), 2004(S1): 365-368.

[26] 雷宇. 感应耦合等离子体刻蚀机的原理与故障分析[J]. 电子工业专用设备, 2017, 46(5): 59-62.

[27] Takahashi T, Hirano Y, Takasawa Y, et al. Change in surface morphology of polytetrafluoroethylene by reactive ion etching[J]. Radiation Physics and Chemistry, 2011, 80(2): 253-256.

[28] Barshilia H C, Gupta N. Superhydrophobic polytetrafluoroethy1ene surfaces with leaf-like micro-protrusions through Ar+O_2 plasma etching process[J]. Vacuum, 2014, 99: 42-48.

[29] Aulin C, Yun S H, Wågberg L, et al. Design of highly oleophobic cellulose surfaces from structured silicon templates[J]. ACS Applied Materials & Interfaces, 2009, 1 (11): 2443-2452.

[30] 陈晓南, 杨培林, 庞宣明, 等. 等离子体刻蚀中工艺参数对刻蚀速率影响的研究[J]. 西安交通大学学报, 2004(5): 546-547.

[31] Cheng Y, Zhu T, Li S, et al. A novel strategy for fabricating robust superhydrophobic fabrics by environmentally-friendly enzyme etching[J]. Chemical Engineering Journal, 2019, 355: 290-298.

[32] J Zimmermann, Reifler F A, Fortunato G, et al. A simple, one-step approach to durable and robust superhydrophobic textiles[J]. Advanced Functional Materials, 2008, 18 (22): 3662-3669.
[33] Chen F X, Yang H, Xin L, et al. Facile fabrication of multifunctional hybrid silk fabrics with controllable surface wettability and laundering durability[J]. ACS Applied Materials & Interfaces, 1944, 8 (8): 5653-5660.
[34] Aslanidou D, Karapanagiotis I, Panayiotou C. Superhydrophobic, superoleophobic coatings for the protection of silk textiles[J]. Progress in Organic Coatings, 2016, 97: 44-52.
[35] Oh J H, Ko T J, Moon M W, et al. Nanostructured superhydrophobic silk fabric fabricated using the ion beam method[J]. RSC Advances, 2014, 4 (73): 38966-38973.
[36] 白雪. 自修复超疏水表面的构筑及性能研究[D]. 西安: 陕西科技大学, 2017.
[37] 李杨, 汪家道, 樊丽宁, 等. 聚酯织物表面耐用超疏水涂层的制备及在油水分离中的应用[J]. 物理化学学报, 2016, 32 (4): 990-996.
[38] Zhang W F, Lu X, Xin Z, et al. A self-cleaning polybenzoxazine/TiO_2 surface with superhydrophobicity and superoleophilicity for oil/water separation[J]. Nanoscale, 2015, 7 (46): 19476-19483.
[39] Gu J, Xiao P, Chen P, et al. Functionalization of biodegradable pla non-woven fabric as superoleophilic and superhydrophobic material for efficient oil absorption and oil/water separation[J]. ACS Applied Materials & Interfaces, 2017, 9 (7): 5968-5973.
[40] Hu C, Liu S, Li B, et al. Micro-/nanometer rough structure of a superhydrophobic biodegradable coating by electrospraying for initial anti-Bioadhesion[J]. Advanced Healthcare Materials, 2013, 2 (10): 1314-1321.
[41] Liu Y Y, Xin J H, Choi C H. Cotton fabrics with single-faced superhydrophobicity[J]. Langmuir, 2012, 28: 17426-17434.
[42] Li J, Yan L, Zhao Y Z, et al. Correction: One-step fabrication of robust fabrics with both-faced superhydrophobicity for the separation and capture of oil from water[J]. Physical Chemistry Chemical Physics, 2015, 17 (16): 6451-6457.
[43] Ma W S, Zhang D Q, Duan Y, et al. Highly monodisperse polysilsesquioxane spheres: Synthesis and application in cotton fabrics[J]. Journal of Colloid and Interface Science, 2013, 392: 194-200.
[44] Wu J, Cai G, Liu J, et al. Eco-friendly surface modification on polyester fabrics by esterase treatment[J]. Applied Surface Science, 2014, 295: 150-157.
[45] 刘淑强, 吴改红, 李敏, 等. 纤维素酶对蚕丝/大麻织物性能的影响[J]. 毛纺科技, 2017, 45 (11): 19-22.
[46] 石文奇, 甘厚磊, 陈玉波, 等. 果胶酶处理剑麻纤维的工艺探讨及性能表征[J]. 印染助剂, 2015, 32 (7): 38-40, 44.
[47] 贺枫, 卓仁禧, 刘立建, 等. 固定化木瓜蛋白酶的制备和性质研究[J]. 高分子学报, 2000 (5): 637-640.
[48] 李倩, 徐丽慧, 张健国, 等. 碱刻蚀涤纶织物构筑超疏水表面[J]. 上海纺织科技, 2015, 43 (9): 39-43.
[49] 赵树国, 陈阳, 马宁, 等. 电化学刻蚀法制备铝合金超疏水表面及其润湿性转变[J]. 表面技术, 2018, 47 (3): 115-120.
[50] Saleh T A, Baig N. Efficient chemical etching procedure for the generation of superhydrophobic surfaces for separation of oil from water[J]. Progress in Organic Coatings, 2019, 133: 27-32.
[51] Xiao X Y, Xie W, Ye Z H. Preparation of corrosion-resisting superhydrophobic surface on aluminium substrate[J]. Surface Engineering, 2018, 35 (5): 411-417.
[52] Liu W, Xu J, Han J, et al. A novel combination approach for the preparation of superhydrophobic surface

on copper and the consequent corrosion resistance[J]. Corrosion Science, 2016, 110: 105-113.

[53] Xue C H, Li Y R, Zhang P, et al. Washable and wear-resistant superhydrophobic surfaces with self-cleaning property by chemical etching of fibers and hydrophobization[J]. ACS Applied Materials & Interfaces, 2014, 6: 10153-10161.

[54] 薛峭, 张晖, 朱宏伟, 等. 长效超疏水纳米复合材料研究进展[J]. 中国科学: 物理学力学天文学, 2018, 48(9): 094605.

[55] Liu Z A, Zhang F, Chen Y, et al. Electrochemical fabrication of superhydrophobic passive films on aeronautic steel surface[J]. Colloids and Surfaces A: Physico-Chemical and Engineering Aspects, 2019, 572: 317-325.

[56] Lu Z, Wang P, Zhang D. Super-hydrophobic film fabricated on aluminium surface as a barrier to atmospheric corrosion in a marine environment[J]. Corrosion Science, 2015, 91: 287-296.

[57] Li X J, Yin S H, Huang S, et al. Fabrication of durable superhydrophobic Mg alloy surface with water-repellent, temperature-resistant, and self-cleaning properties[J]. Vacuum, 2020, 173: 109172.

[58] He H, Qu N, Zeng Y. Lotus-leaf-like microstructures on tungsten surface induced by one-step nanosecond laser irradiation[J]. Surface & Coatings Technology, 2016, 307: 898-907.

[59] Emelyanenko A M, Shagieva F M, Domantovsky A G, et al. Nanosecond laser micro- and nanotexturing for the design of asuperhydrophobic coating robust against long-term contact with water, cavitation, and abrasion[J]. Applied Surface Science, 2015, 332: 513-517.

[60] Tang T, Shim V, Pan Z Y, et al. Laser ablation of metal substrates for super-hydrophobic effect[J]. Journal of Laser Micro/Nanoengineering, 2011, 6(1): 6-9.

[61] Chun D M, Ngo C V, Lee K M. Fast fabrication of superhydrophobic metallic surface using nanosecond laser texturing and low-temperature annealing[J]. CIRP Annals, 2016, 65(1): 519-522.

[62] Jagdheesh R, Pathiraj B, Karatay E, et al. Laser-induced nanoscale superhydrophobic structures on metal surfaces[J]. Langmuir: the ACS Journal of Surfaces & Colloids, 2011. 27(13): 8464-8469.

[63] Sun K, Yang H, Xue W, et al. Tunable bubble assembling on a hybrid superhydrophobic-superhydrophilic surface fabricated by selective laser texturing[J]. Langmuir, 2018, 34(44): 13203-13209.

[64] Long J Y, Zhong M L, Zhang H J, et al. Superhydrophilicity to superhydrophobicity transition of picosecond laser microstructured aluminum in ambient air[J]. Journal of Colloid and Interface Science, 2015, 441: 1-9.

[65] 林澄. 皮秒激光制备大面积金属类荷叶结构及其超疏水压印研究[D]. 北京: 清华大学, 2014.

[66] Jagdheesh R. Fabrication of a superhydrophobic Al_2O_3 surface using picosecond laser pulses[J]. Langmuir, 2014, 30(40): 12067-12073.

[67] Toosi S, Moradi S, Ebrahimi M, et al. Microfabrication of polymeric surfaces with extreme wettability using hot embossing[J]. Applied Surface Science, 2016, 378: 426-434.

[68] Zorba V, Stratakis E, Barberoglou M, et al. Biomimetic artificial surfaces quantitatively reproduce the water repellency of a lotus leaf[J]. Advanced Materials, 2008, 20(21): 4049-4054.

[69] Yoon T O, Shin H J, Jeoung S C, et al. Formation of superhydrophobic poly(dimethysiloxane) by ultrafast laser-induced surface modification[J]. Optics Express, 2008, 16(17): 12715-12725.

[70] Moradi S, Kamal S, Englezos P, et al. Femtosecond laser irradiation of metallic surfaces: Effects of laser parameters on superhydrophobicity[J]. Nanotechnology, 2013, 24(41): 415302.

[71] Teshima K, Sugimura H , Inoue Y, et al. Transparent ultra water-repellent poly(ethylene terephthalate) substrates fabricated by oxygen plasma treatment and subsequent hydrophobic coating[J]. Applied Surface Science, 2005, 244(1-4): 619-622.

[72] Balu B, Breedveld V, Hess D W. Fabrication of “roll-off” and “sticky” superhydrophobic cellulose surfaces via plasma processing[J]. Langmuir: the ACS Journal of Surfaces and Colloids, 2008, 24(9): 4785.
[73] Youngblood J P, McCarthy T J. Ultrahydrophobic polymer surfaces prepared by simultaneous ablation of polypropylene and sputtering of poly(tetrafluoroethylene) using radio frequency plasma[J]. Macromolecules, 1999, 32(20): 6800-6806.
[74] 霍正元, 陈枫, 杨晋涛, 等. 利用室温等离子体预处理和紫外光引发接枝聚合构造聚丙烯超疏水表面研究[J]. 科技通报, 2009, 25(6): 711-714.
[75] Chen W, Fadeev A Y, Hsieh M C, et al. Ultrahydrophobicand ultralyophobic surfaces: Some comments and examples [J]. Langmuir, 1999, 15(10): 3395-3399.
[76] Youngblood J P, Mccarthy T J. Ultrahydrophobic polymer surfaces prepared by simultaneous ablation of polypropylene and sputtering of poly(tetrafluoroethylene) using radio frequency plasma[J]. Macromolecules, 1999, 32(20): 6800-6806.
[77] Oner D, McCarthy T J. Ultrahydrophobic surfaces. effects of topography length scales on wettability[J]. Langmuir, 2000, 16: 7777-7782.
[78] Bico J, Marzolin C, Quéré D. Pearl drops[J]. Europhysics Letters, 1999, 47(2): 220-226.
[79] Cheng Q Y, Zhao X L, Weng Y X, et al. Fully sustainable, nanoparticle-free, fluorine-free, and robust superhydrophobic cotton fabric fabricated via an eco-friendly method for efficient oil/water separation[J]. ACS Sustainable Chemistry & Engineering, 2019, 7(18).
[80] 杨显猴, 王自远, 曹静静, 等. 高通量葡萄糖酸改性不锈钢网的制备及其油水分离性能研究[J]. 高校化学工程学报, 2018, 32(6): 1465-1472.
[81] Du Q, Ai J, Qin Z, et al. Fabrication of superhydrophobic/superhydrophilic patterns on polyimide surface by ultraviolet laser direct texturing[J]. Journal of Materials Processing Technology, 2018, 251: 188-196.
[82] Jiang T, Guo Z. A facile fabrication for amphiphobic aluminum surface[J]. Chemistry Letters, 2015, 44(3): 324-326.
[83] Wen Q, Guo F, Peng Y, et al. Simple fabrication of superamphiphobic copper surfaces with multilevel structures[J]. Colloids & Surfaces A: Physicochemical & Engineering Aspects, 2018, 539: 11-17.

第8章 静电纺丝法

8.1 概　　述

静电纺丝法是一种简单而通用的纳米材料制备技术，通过表面电荷之间的静电排斥力，从黏弹性流体中制备连续的直径从几十纳米到数十微米的超细纤维。目前已有多种材料通过静电纺丝法成功地制备出直径低至数十纳米的纳米纤维，包括合成高分子、天然高分子、共混高分子、金属氧化物、陶瓷材料等[1]。除了具有光滑表面的固体纳米纤维之外，静电纺丝还适用于制备具有多孔、中空、核壳或芯鞘结构等特殊形貌的纳米结构。对这种纳米纤维的表面或内部可以进一步功能化，方法就是在静电纺丝过程中或之后用第二相或纳米颗粒进行进一步修饰。此外，可通过调节相关电纺装置或调控静电纺丝工艺参数，控制其排列、堆叠或折叠而组装成有序的阵列或分层纳米纤维结构，且静电纺丝纳米纤维具有孔隙小、孔隙率高、比表面积大的优点，故被应用于环境保护、药物输送、组织工程学、再生医学、智能纺织品、催化剂、传感器、能量收集/转化/存储等诸多领域[2]。

静电纺丝的概念最早是由 Zeleny 在 1917 年提出的[3]。1934 年，Formhals 首次在专利中提出该技术，他设计了一套聚合物溶液在强电场下喷射进行纺丝的加工装置，并详细介绍了利用高压静电制备聚合物纤维的原理，这成为静电纺丝技术制备纤维的开端[4]。20 世纪 60 年代，Taylor[5]分析了临界电压的参数和一定电场强度作用下喷丝口处液滴的形变等，进一步深化了对静电纺丝的认识。1966 年，Simons 在专利中叙述了用静电纺丝技术制备超细超轻无纺布的装置，且发现黏度高时，纤维连续，黏度低时，纤维短且细[6]。1981 年，Larrondo 和 Manley 将聚乙烯和聚丙烯熔体纺成连续的纤维，研究发现，直径取决于电场、操作温度和熔融体黏度，与喷丝嘴直径无明显关系[7]。1995 年，Reneker 课题组开始对静电纺丝进行研究[8]，探讨了静电纺丝过程的不稳定性[9,10]，同期伴随纳米技术的不断提升，静电纺丝技术逐渐受到业界的广泛关注。1999 年，Fong 等对静电纺丝纳米纤维串珠现象及微观结构做了研究[11,12]。2003 年，全面系统地研究了静电纺丝超细纤维微观形貌的影响因素、表征、过程参数的改进，以及静电纺丝制取纳米纤维后通过煅烧制备无机氧化物超细纤维等[13]。2009 年，Yeum 带领的课题组开始研究混合溶液的静电纺丝[14,15]，从而使一些功能性的基团能够更好地分散在聚合物中，制备出具有一定功能的、性能优良的复合纳米纤维，进一步扩大了纳米纤维的应用，使静电纺丝技术在产业化上迈出一大步。

进入 21 世纪后，静电纺丝技术的加工范围涵盖了大量的人工合成材料和天然材料，应用范围涉及材料学、能源、电子防护等领域。到目前为止，论文报道的通过静电纺丝制备的纳米纤维的聚合物就有 100 多种，证明了静电纺丝技术在制备纳米材料上的优势[16]。近

10 年，静电纺丝的研究主要集中在开发静电纺丝纳米纤维的原料、多组分聚合物的静电纺丝、静电纺丝射流的不稳定模型及纳米纤维在过滤材料[17]、生物医药工程[18]等中的应用。

8.2 原理及装置

8.2.1 原理

在静电纺丝工艺过程中，将聚合物溶液加上几千至几万伏的高压静电，从而在毛细管和接地的接收装置间产生一个强大的电场力。当电场力施加于液体的表面时，会在表面产生电流，同种电荷相斥导致了电场力与液体的表面张力的方向相反。这样，当电场力施加于液体的表面时，将产生一个向外的力，对于一个半球形状的液滴，这个向外的力与表面张力的方向相反。如果电场力的大小等于高分子溶液或熔体的表面张力时，带电的液滴就悬挂在毛细管的末端并处在平衡状态。随着电场力的增大，毛细管末端呈半球状的液滴在电场力的作用下将被拉伸成圆锥状，锥角为 49.3°，这就是泰勒(Taylor)锥。当电场力超过一个临界值后，排斥的电场力将克服液滴的表面张力形成射流，而在静电纺丝过程中，液滴通常具有一定的静电压并处于一个电场当中。因此，当射流从毛细管末端向接收装置运动时，就会出现加速现象，这也导致了射流在电场中的拉伸，最终在接收装置上形成具有固态性质的无纺布状的纳米纤维。所用装置如图 8-1 所示[19]。

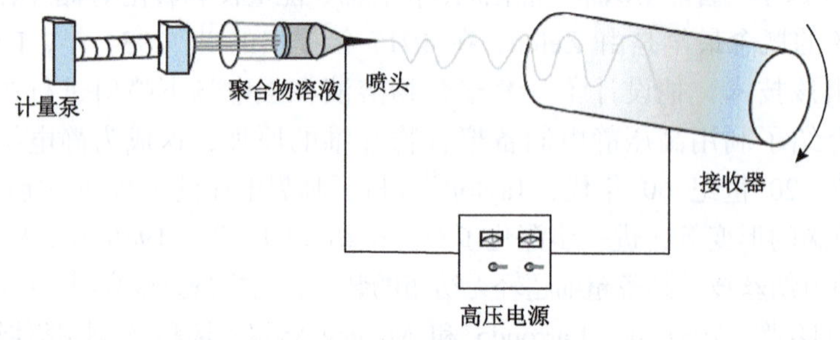

图 8-1 静电纺丝装置示意图[19]

现在，已经有近百种天然高分子和合成聚合物通过静电纺丝技术被制成了纳米纤维，其应用范围涉及多个领域，如过滤材料、生物医药材料、组织工程支架及催化剂载体材料、航天器材和光电器件等。

8.2.2 装置

溶液静电纺丝法发展较早，相关的研究较多，目前已投入市场规模化生产的溶液静电纺丝设备有两大类，分别为多针头静电纺丝设备与无针静电纺丝设备。相对于实验室的传统单针头静电纺丝机，这些新设备大大提高了纳米纤维的生产效率。多针头静电纺丝技术是在单针静电纺丝装置的基础上增加针头数量而产生对应数量的泰勒锥，从而有效提高纺丝效率，实现批量化生产，多针头的分布主要有直线式、矩阵式和圆环式三种。接收器常见的有双滚筒循环传动或多滚筒单向传动。在单针静电纺丝装置的基础上增加针头数量时就要增加电压，导致电场相互干扰增强。若针头的电场强度不均衡，外部针头射流则发生偏移，使得生产出的纳米纤维膜形态不一致且纤维细度不均匀，从而影响纤维的质量。另外，多针头静电纺丝装置还存在针头易堵塞、难清洗、维修困难等问题[20]。

随着静电纺丝技术的不断发展，除了多针头静电纺丝技术之外，无针静电纺丝技术也快速发展起来。无针静电纺丝技术不需要借助针头形成泰勒锥，是利用其他附加的外力或者静电力自身使得纺丝液膜产生泰勒锥而进行连续纺丝的方法。根据射流激发单元是否运动，无针静电纺丝技术大致可分为旋转式和非旋转式两大类。通常旋转式静电纺丝技术可以在小单位面积内产生大量射流，提高纳米纤维的产量，但同时由于溶剂挥发，纺丝时间过长就会积累一层聚合物薄膜，影响纺丝效果。此外，电极在旋转时容易使纺丝液飞溅，造成溶液的浪费，同时也会飞溅到纤维膜上而降低品质[21]。

另外，熔体静电纺丝不需要借助溶剂，通过加热使聚合物熔融达到一定黏度后电纺，解决了溶剂挥发造成的环境污染，是绿色安全的纺丝方法。熔体静电纺丝法在国内外研究较少，因很多聚合物熔点太高或者没有熔点，所以应用范围小。

一般的静电纺丝装置主要由三个部分组成：高压电源、溶液储存和喷射进样装置、接收装置。相对应可以分为 5 个过程：流体带电、泰勒锥的形成、射流的细化、射流的不稳定和纤维的接收[22]。纺丝液通过注射泵从喷丝头中挤出形成小滴，小滴在高压电作用下变成锥形，在超过某一临界电压后进一步激发形成射流，射流在空气中急剧振荡和鞭动，从而拉伸细化，最终沉降在接收装置上，如图 8-2 所示[23]。

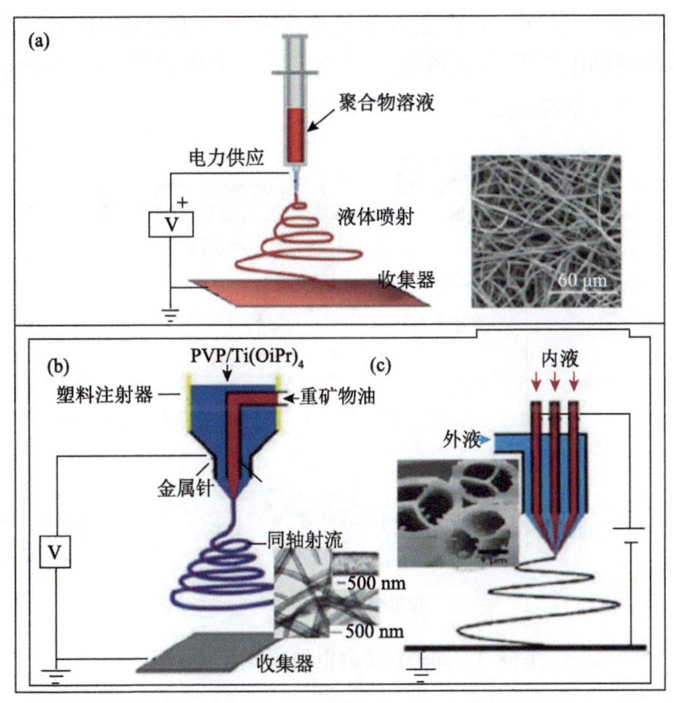

图 8-2　静电纺丝装置示意图[23]

(a) 单针头静电纺丝；(b) 同轴静电纺丝；(c) 多流道静电纺丝

8.2.3 高压电源

高压电源提供产生纺丝液射流的高压电，通常为 1～30 kV，电源的两极分别连接在喷丝头和接收装置。根据电源性质的不同，可分为直流和交流高压电源两种，都可用于静电纺丝。

直流高压电在电纺过程中通常采用感应充电的方式，即将直流高压电直接接在喷丝头上，接收装置接地或反之。电压极性对纺丝过程影响不大，实验室多采用高压正电纺丝。交流电电纺可显著提高射流鞭动的稳定性，纤维变粗但有序性增加，同时也可在绝缘的接收装置上有较大的接收面积，但在纺丝过程中交流电频率不易调整(要考虑每次的实验条件：温湿度、溶液性质等)。

8.2.4 进样装置

进样装置由纺丝液、喷丝头和注射泵组成，喷丝头与外接高压电源连接。纺丝液一般为聚合物溶液、熔融物和溶液凝胶等，喷丝头通常是内径为几十微米的金属针头，同时也包括同轴喷头和多通道喷丝头，注射泵用于调控纺丝液进样速率。

喷丝头的作用就是在纺丝过程中产生纺丝小液滴，提供射流激发位点。一般分为无针头和针头两种不同的喷丝体系，其中针头体系根据针头数量和形式的不同，还可以进一步分为单头、同轴、并列式、多头等不同的形式。

单针头：单针头最常见，根据需要可选择不同型号的针头。

同轴针头：同轴电纺的一个优点在于可以突破单头体系的限制，将一些难以直接电纺的聚合物通过同轴电纺装置制备纳米纤维。另一个优势是通过将核层选择性移除，还可以制备中空纳米纤维结构，如图 8-3 所示。

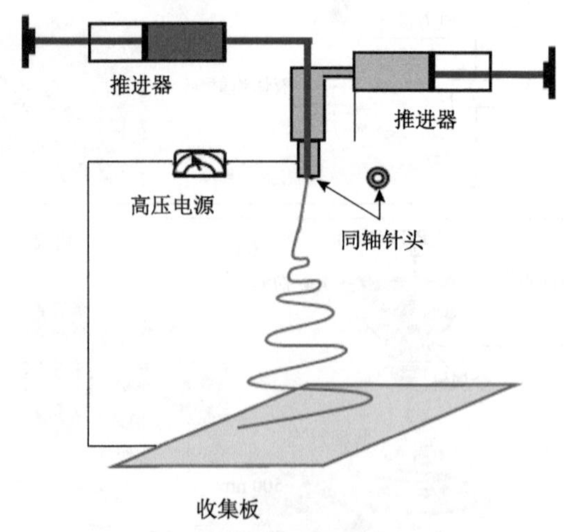

图 8-3 同轴针头静电纺丝装置示意图

并列式针头：并列式针头体系是一种结构简单却易于实现功能化纳米纤维制备的喷丝头体系。它将不同的聚合物溶液通过紧密靠在一起的并列式针头同时进行射流激发，在电纺过程中平行射流融合，得到多根纤维互相连接的束状单根纤维，因此特别适合制备双组分聚合物纤维，如图 8-4 所示。

多针头：在并列式针头装置的基础上，进一步增大针头间的距离就发展为多针头体系，针头数量从 2 个到十几个不等，也称为平行静电纺丝，如图 8-5 所示。

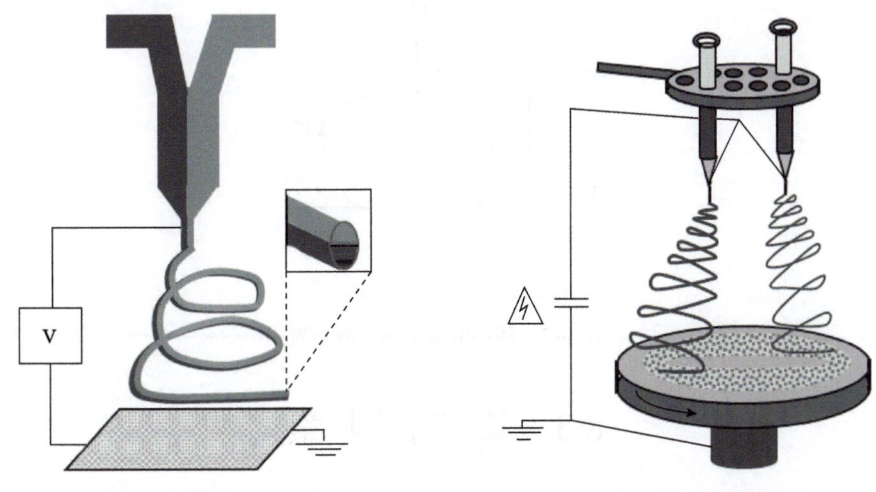

图 8-4　并列式针头体系　　　　图 8-5　多针头纺丝体系

8.2.5　接收装置

接收装置用于收集电纺纤维，可根据具体的需求灵活调整。常规接收装置主要包括平板、滚筒、间隔收集装置、转盘、金属丝鼓、凝固浴等。根据电纺丝过程中喷丝头及接收装置之间是否存在相对运动，又可分为静态接收和动态接收两种接收方式。

(1) 常规接收装置：由于电纺过程中鞭动的不稳定性，收集到的纤维常为无规堆积的无纺布形式。通过改变接收装置，可以得到其他不同的纤维聚集形式，如图 8-6 所示。

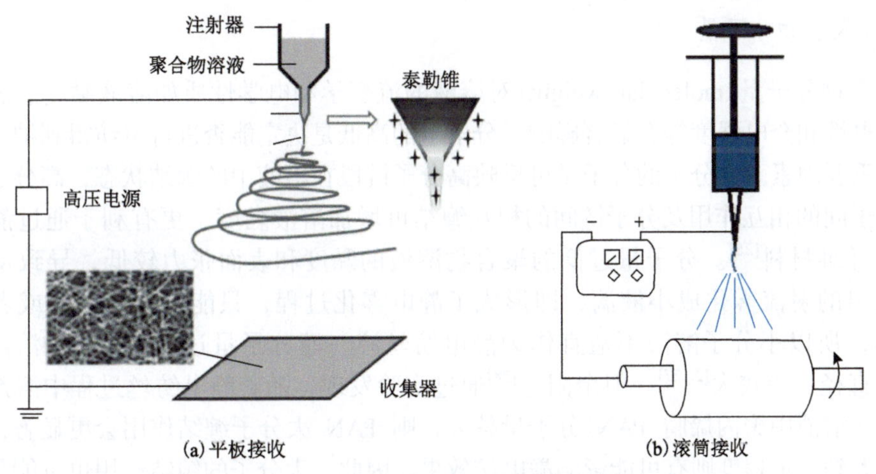

图 8-6　静电纺丝常规接收装置

(2) 辅助接收装置：在射流鞭动细化过程中，主要受到电场力的作用，因此通过引入接收装置改变电场形状或者引入其他场如磁场，就能调控射流运动轨迹，达到可控收集的目的，如图 8-7 所示。

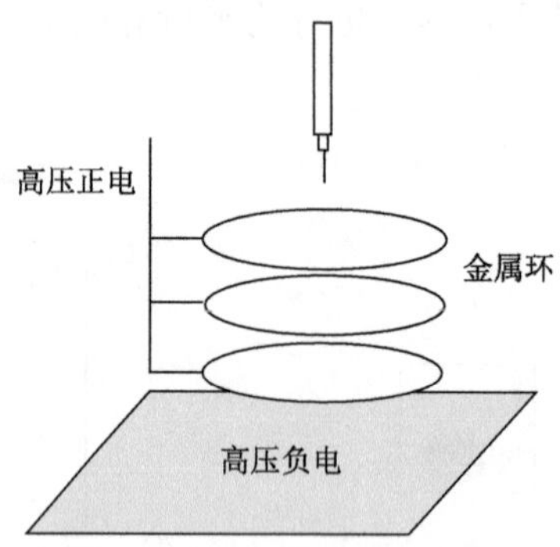

图 8-7　环形电极辅助接收装置

8.3 影 响 因 素

静电纺丝过程看似简单，但其影响参数众多，Persano 等[24]详细讨论了静电纺丝参数对纳米纤维结构的影响。静电纺丝纤维的表面性能如纤维直径、纤维形态以及表面上的微纳米尺度双级结构在很大程度上也取决于静电纺丝过程中的参数调控，通过不同的工艺参数条件可得到不同直径、形貌和表面二级结构的超细纤维/粒子。静电纺丝操作参数主要包括溶液性质(聚合物的分子量、溶液的浓度和黏度、导电性、表面张力、溶剂等)、工艺参数(施加电压、喷丝头直径、固化距离、进样速率等)和环境参数(操作温度、空气湿度)三个方面。

8.3.1 纺丝液性质

8.3.1.1 聚合物分子量

聚合物分子量(molecular weight)对溶液的流变学和电学性质如溶液黏度、表面张力、导电性和介电强度等有显著影响，分子量的高低是决定能否进行电纺得到纳米材料的一个重要因素。高分子的分子量可反映高分子链段在溶液中的缠结状态，高分子量聚合物分子间的相互作用及分子链间的相互缠结可增加溶液黏度，更有利于通过静电纺丝制得纤维材料[25]。分子量过低的聚合物溶液的黏度和表面张力较低，导致从泰勒锥顶喷出的射流雾化成小液滴，即形成了静电雾化过程，只能得到气溶胶或者聚合物微球，所以小分子溶液不适宜作为静电纺丝液，而分子量过高的聚合物溶液获得的纤维直径一般较大[26,27]。但余阳等[28]通过实验发现，随着静电纺丝过程中溶剂的挥发，纺丝溶液中聚丙烯腈(PAN)分子量越大，则 PAN 大分子缠结作用会更显著，当缠结作用大到一定程度则有可能影响静电纺效果。因此，大分子的缠结作用也可能是造成

PAN 不可纺的重要原因。

8.3.1.2　纺丝液浓度和黏度

静电纺丝过程中射流的牵伸会受溶液浓度及黏度(viscosity)的影响。如果高分子浓度低，则在电场力和表面张力的作用下，纤维在还未到达接收端就会被牵伸成片段状，从而形成单独的微球或者串珠状结构。当高分子溶液浓度增加，超过一个临界值后，分子间的缠联程度增加，溶液张力松弛的时间比较长。缠结的高分子在电场力作用下，被牵伸取向而在微球间形成纤维，抑制了静电纺丝过程中溶液射流的断裂，由此可得连续的纤维[26]。

在一定的黏度范围内，随着溶液黏度的增加，串珠形状逐渐从球转变为纺锤形，使得到的纤维逐渐均匀，但一般直径也是增加的。在低黏度情况下，所获得的静电纺丝纤维直径小是因为高分子链段的运动能力较强，在电场力作用下容易被牵伸，随着高分子含量的提高，由于高分子链段运动受限，虽然会使射流的稳定性提高，但溶液的黏度抑制了纤维的牵伸细化，从而造成纤维直径变大，纤维直径分布也变宽，而且随着溶液黏度的增加，需要逐步提高电压才能实现静电纺丝。如果溶液黏度进一步提高又会很难得到连续的纤维，因为高黏度溶液很难从喷丝口喷出形成连续的射流。研究表明，存在与聚合物相关的适合于静电纺丝的最佳黏度范围，而这种性质对纤维的形貌有显著影响[29]。

溶液的浓度过低会导致其黏度极低，导致高分子链之间的缠结作用减弱，射流自身的表面张力减小，射流所受的电场力增加，则不能获得稳定而连续的射流，甚至无法形成射流而变成液滴，从而得到“串珠”或“纺锤状”纤维 [27]。赵敏等[30]选取了 0.263 kg/L、0.338 kg/L、0.425 kg/L、0.526 kg/L 4 种质量浓度的聚乙烯吡咯烷酮(PVP)/乙醇溶液，采用自制点对点的静电纺丝装置进行实验，结果表明，当溶液质量浓度为 0.263 kg/L 时，得到的纤维膜有许多串珠，当溶液的质量浓度增加到 0.338 kg/L、0.425 kg/L 后，串珠迅速减少，几乎不可见。

如果溶液的浓度升高则其黏度随之增大，使纳米纤维不能充分地拉伸细化，导致得到的纤维直径变大且直径分布变宽。汪成伟[31]在其他工艺参数相同的情况下，分别采用质量浓度为 0.04 g/mL、0.06 g/mL 和 0.08 g/mL 的 PVP 聚合物溶液进行电纺实验，得到的纳米纤维平均直径分别为 518 nm、609 nm、740 nm。如果继续增加溶液浓度，导致其黏度过大，溶液将会因溶剂量过少而在喷口处凝结堵塞针头，造成不可纺。每种聚合物溶液都有其最佳的可纺黏度范围，在可纺的黏度范围内逐渐增大溶液的浓度，提高黏度，才能得到理想的纤维形态。

8.3.1.3　纺丝液电导率

静电纺丝是在高压电场下完成的，所以具有导电能力是溶液静电纺丝所必备的条件，否则静电力将无法克服表面张力，形成射流。改变溶液的电导率对电纺的影响是两方面的，一方面是改变了库仑力，另一方面改变了静电作用力。可以通过选择高导电性的溶剂和加入盐或电解质来提高纺丝液的导电性。盐的加入以两种方式影响静电纺丝过程：①它增加了高分子溶液中的离子数量，因此增加了射流中表面电荷的密度和电场中的静电作用力；②同时也导致射流表面切向电场减弱。许多研究表明通过添加盐，纳米纤维的形态得到改善，而且纤维直径也有所降低[32,33]。

喻祺等[34]在研究不同离子液体对聚丙烯腈(PAN)/*N*,*N*-二甲基甲酰胺(DMF)电纺溶液性质的影响时发现，离子液体添加量为1～10 mol/L时，溶液电导率随离子液体添加量的增加而大幅度提高。此后，随离子液体含量的增加，离子液体出现了结晶析出并黏附在纤维表面的现象，使PAN纤维表面由光滑转变为粗糙。这是由于导电性的过度增加，导致电场力过大，针头喷射出来的溶液量增加，纺丝过程中溶剂不能完全挥发，纤维毡上出现大量“液堆”，无法成纤，可见导电性不是越强越好。

8.3.1.4 纺丝液表面张力

由静电纺丝的原理可知，当静电力大于溶液的表面张力时才能形成喷射细流，且在喷射过程中，表面张力促使射流形成串珠结构，而静电力可促进射流拉伸变细。因此，可通过降低溶液的表面张力来提高纺丝效果。通常采用加入表面张力低的溶剂或添加表面活性剂的方法来降低表面张力。唐珊等[35]向溶质质量分数为15%的聚苯乙烯(PS)/*N*,*N*-二甲基甲酰胺(DMF)溶液中添加质量分数为1.4%的阳离子型表面活性剂十六烷基三甲基溴化铵(CTAB)，使其表面张力从49.29 mN/m降低至47.12 mN/m。

8.3.1.5 溶剂种类

溶液静电纺丝首先要让聚合物溶解于溶剂中。溶剂体系可以是单组分，也可以是多组分，甚至是非溶剂混合。不同溶剂的组合能够改变聚合物分子链溶胀和缠结状态，从而对静电纺丝纤维形貌产生影响。在良溶剂中，聚合物分子链溶胀充分，流体力学体积较大，因此发生分子链缠结的浓度要低于用不良溶剂配制的聚合物溶液，因此在不同溶剂中聚合物适合于静电纺丝的浓度范围是不同的[36]。高分子也可以通过无溶剂体系进行电纺，如熔融电纺、热交联电纺、紫外交联电纺、超临界二氧化碳电纺等[37]。近年也有研究者利用低共融溶剂进行静电纺丝[38,39]。

8.3.2 工艺参数

静电纺丝过程中，可通过调节工艺参数制备不同形貌的纳米纤维。这些参数主要包括电压、固化距离、纺丝液流量等。

8.3.2.1 施加电压

增加电压可以使纺丝更容易进行，有利于形成直径较小的纳米纤维。通常针对某一特定高分子溶液，随着施加电压的增加，针尖的液体会逐渐从球形液滴转变成泰勒锥，将转变为泰勒锥的电压称为临界电压。不同高分子溶液的临界电压不同。通常随着电压的增加，纤维直径会由于电荷斥力的增加而降低。但是过高的电压会提高射流的不稳定性，增加射流在电场中的运动速度，缩短其在静电场中的停留时间，导致纤维的直径增大，过高的电压也会导致泰勒锥减小，从而导致串珠的形成[40]。也有报道随着电压升高，纤维直径增加的研究，可能是由于电压增高，射流长度增加，从而引起纤维直径的增加[41]。

王龙[42]通过实验研究了在四个不同电压(24 kV、28 kV、30 kV、34 kV)下进行静电纺丝对 PCL/PLA 纳米纤维形貌的影响，当电压从 24 kV 升到 28 kV 时，纤维的平均直径减小，从(211±60) nm 降低到(145±33) nm；电压从 28 kV 升高到 30 kV 时，射流的不稳定性提高，导致纤维的直径增大，从(145±33) nm 增大到(209±63) nm；当电压继续增大到 34 kV 时，导致纤维中存在较多的串珠，也使纤维的直径加粗。

8.3.2.2　固化距离

固化距离指喷丝头与接收装置之间的距离。固化距离的大小同时影响着电场强度和射流中溶剂的挥发程度，对于电纺稳定性的调节也是十分重要的。固化距离增加，电场强度减小，射流被拉伸的时间延长，溶剂挥发较彻底，有利于形成小直径的纳米纤维，但距离太远会引起接收端纤维沉降面积增加，而且纤维会寻找更近的接地端沉降；固化距离缩短，虽然电场强度增大，但拉伸时间减小，溶剂因挥发的距离降低导致挥发不彻底，射流不能充分干燥和牵伸，纤维易出现并溶现象或呈扁平状[43]，容易导致串珠的形成。

8.3.2.3　纺丝液流量

静电纺丝过程中，高分子溶液超过某个特定的流速时，能够形成泰勒锥，此时的流速称为临界流速。Taylor 早在 1969 年就指出，溶液在针管中流速太小，不足以补偿射流喷出所带走的物质的量时，是无法维持泰勒锥形状的，会导致射流不稳定，得不到理想的纤维形貌[44]。多数研究表明，在一定范围内随着流速的增加，纤维的直径是增加的[45]。但是流速过慢或过快均不利于纳米纤维的形成，当流速过小时，容易形成内置射流，也就是在针尖外部观察不到泰勒锥，在针尖内部由于流速较低，溶液补充的速度小于纳米纤维形成的速度，因此不断有新的射流形成。此时射流是不稳定的，容易形成直径分布宽的纳米纤维。当流速过大时，在针尖能够观察到由于液滴的重力作用导致液滴从针尖分离开，此时在接收到的纳米纤维中也能观察到大的聚集体。蔡志江等[46]通过实验证实了该结论，他将溶液推进速率从 1 mL/h 增加到 3 mL/h，则纤维平均直径从 372 nm 增大到 413 nm。这是由于纤维所受静电拉伸力不变，纤维总长度也保持不变，当推进速率增大，增加的溶质就会在纤维直径上体现，表现为纤维直径增大。

8.3.3　环境参数

环境参数主要是指静电纺丝过程中的温度和湿度，温湿度的变化会对上述提及的聚合物溶液参数产生一定的影响。温度的升高对电纺过程最直接的影响是降低了高分子溶液的黏度和表面张力，提高溶液的导电性，也会促进溶剂的挥发，加速分子的运动，有利于降低纳米纤维的直径，这一点对于实现天然高分子水溶液的静电纺丝十分有利[26,27]。刘伟伟[47]

分别选取 200℃、220℃、240℃、260℃的料筒温度对熔体进行静电纺丝制备聚丙烯(PP)纳米纤维，随着料筒温度的升高，得到的 PP 纤维平均直径逐渐减小。

湿度则主要影响电纺过程中聚合物射流上所带电荷的耗散速度。当湿度较高时，射流上的电荷在纺丝过程中耗散过快，导致聚合物在电场中受到的牵伸作用减弱；湿度过低，溶剂挥发过快会导致溶液在喷丝头位置干燥，容易堵塞针头，使纺丝无法顺利进行。Pelipenko 等[48]研究了湿度对聚乙烯醇(PVA)、聚氧化乙烯(PEO)以及 PVA/透明质酸、PEO/壳聚糖纳米纤维直径的影响，发现湿度从 4%提高到 60%后，PVA 纤维的直径从 667 nm 降低到了 161 nm，而 PEO 纤维的直径从 252 nm 降低到 75nm。Bak 等[49]学者比较了 30%和 60%湿度下电纺得到的胶原蛋白纳米纤维，发现湿度更高的条件下纤维直径更低。

结合相关领域应用需求，在静电纺丝过程中，一般较为理想的产物需具备以下条件[50]：纤维/粒子的直径均一且可控、纤维/粒子表面形貌结构规整及可收集到均匀的分散粒子或连续的单根纤维；然而，到目前为止这三种目标产物的制备都不易实现。因为当外加电压一定时，那么溶液黏度将是影响纤维/粒子直径的重要参数，而较大直径的纤维/粒子是由高黏度溶液所制备；但是一般而言，随着外加电压的减小纤维直径会随之增大(尽管这种影响不如高分子溶液浓度那么直接)。另外，当使用现有的电纺设备去控制形成均一直径的纤维时[51]，其中，“泰勒锥”的形成通常与喷丝头的孔径一致，那么大家或许会觉得“泰勒锥”的变化是影响喷射流形成的主要因素；而结果正如预测的一样，当通过减小喷丝头孔径而使“泰勒锥”变小时，最终得到的静电纺丝纤维直径也会随之减小[52]。

8.4 材 料 制 备

8.4.1 超疏水材料

如前面章节所述，当前人工制造超疏水表面主要有两种途径：一种是在具有低表面能的疏水性材料表面构建粗糙结构；另一种是首先构建微纳米粗糙表面，然后在其表面覆盖低表面能物质。其中，如何在固体表面构筑微纳米双级粗糙结构是制备超疏水表面材料的关键。静电纺丝作为一种新兴技术在构筑微纳米尺度双级粗糙结构方面具有独特优势。通过该技术可以制备直径为几十纳米至几微米的超细纤维，已有数百种高聚合物被纺织为纳米纤维。因此，静电纺丝法制备超疏水微纳米纤维材料也受到人们的广泛关注。基于静电纺丝技术制备的超疏水纤维材料在油水分离、电极材料、服装材料、自清洁表面等诸多方面展现了潜在应用价值[36]。

Chen 等[53]电纺掺入 10,12-二十五烷二炔羧酸(PCDA)的聚氨酯(PU)纤维，然后将得到的纤维膜置于紫外光照射下，PCDA 在 PU 纤维上发生原位聚合得到聚乙二炔(PDA)，利用 PDA 来增加材料表面的粗糙度，获得了具有超疏水亲油的功能性膜。实验结果表明，该膜分离效率大于 99%，渗透通量可达 0.0639 L/(m^2·h·Pa)，同时该膜具有显著的持久性，可长时间使用，其制备过程和不同的 PU 膜照片如图 8-8 所示。

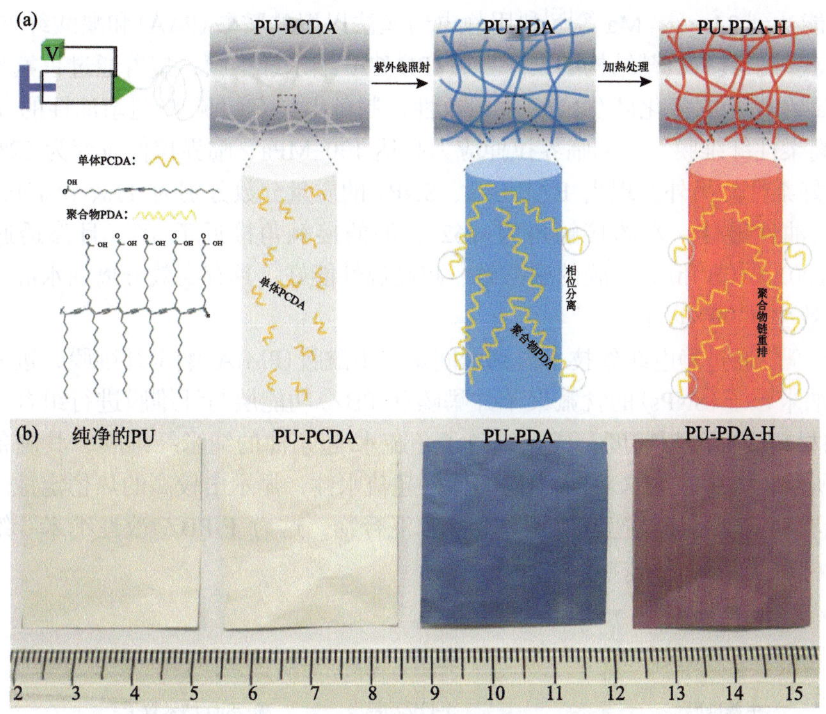

图 8-8　超疏水亲油 PU-PDA 纤维膜合成过程 (a) 和不同的 PU 膜照片 (b)[53]

Liu 等[54]通过冷冻静电纺丝和冻干煅烧法获得了表面具有多孔的二氧化硅微/纳米纤维膜，经过六甲基二硅氮烷改性，制备出了多孔的超疏水/超亲油性的二氧化硅微/纳米纤维膜。对比聚苯乙烯 (PS) 和莰烯含量的影响发现，PS 浓度较低时，纺丝易断，气孔不明显；PS 浓度过高，导致结构疏松易断，另外随着纺丝浓度的增加，膜面积先增大后减小。同时，随着莰烯浓度的增加，膜的孔数也随之增加，但是增加到 2 mL 时，形成的气孔过大，导致膜煅烧后断裂不连续，见图 8-9。相较于传统的膜，多孔的纳米纤维膜固持力更小，超疏水性能更佳。当应用于油水分离时，吸附能力高达 43.7 g/g，多次

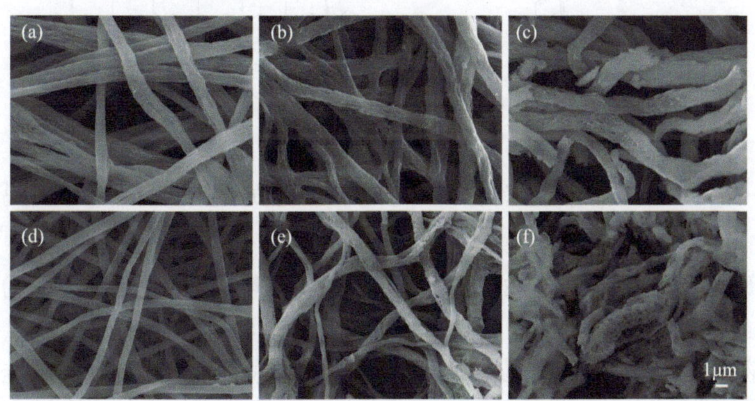

图 8-9　冷冻静电纺丝法制备多孔 SiO_2 微/纳米纤维膜的电镜扫描图[54]

不同聚苯乙烯 (PS) 和莰烯含量：(a) 15 wt% PS；(b) 20 wt% PS；(c) 25 wt% PS；(d) 0 mL 莰烯；(e) 1 mL 莰烯；(f) 2 mL 莰烯

工作后仍能达到 34 g/g。Ma 等[55]利用静电纺丝法以聚酰胺酸(PAA)和醋酸纤维素(CA)为原料，获得了具有核鞘结构的聚酰亚胺(PI)/CA 纳米纤维膜，接着通过重氟苯并噁嗪(BAF-btfa)和纳米二氧化硅(SNPs)表面改性，制备出具有超疏水/超亲油性的 PI/CA/F-PB/SNP 高柔性纤维膜。膜的临界拉伸应力高达 130 MPa、临界拉伸应变为 52%，说明膜具有很好柔性。另外发现当 BAF-btfa、SNPs 的质量分数分别为 1%、4%时，膜的超疏水/超亲油性最佳，水的接触角为 162°，油的接触角接近于 0°，且渗透通量高达(3106.2±100) L/(m^2·h)。该膜的耐酸碱、耐高温性能好，具有高效分离油水混合物的能力，分离效率在 99%以上。

Tang 等[56]通过静电纺丝技术得到聚间苯二甲酰胺(PMIA)纳米纤维膜，进一步将含有 SiO_2 纳米粒子(SNPs)的含氟聚苯并噁嗪(F-PBZ)功能层与纤维膜进行组合，利用功能层增加材料表面的粗糙度，成功制备了超疏水/超亲油的纳米纤维膜，其制备过程如图 8-10 所示。该膜在 80℃的水中仍能保持超疏水性，显示出较高的热稳定性。此外该膜在重力驱动下就可以快速有效地分离油水混合物，这为 F-PBZ 改性纳米纤维膜的设计和开发提供了新的思路。

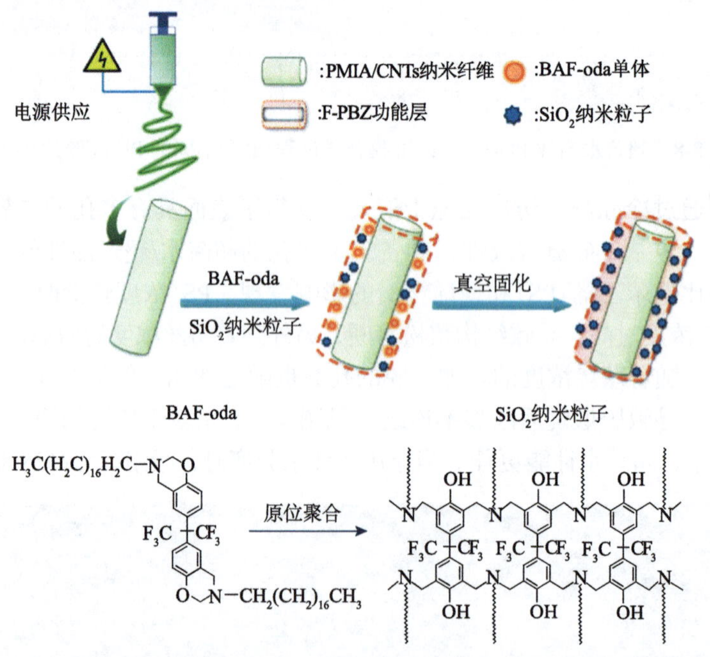

图 8-10 F-PBZ/SiO_2 NPs 修饰的 PMIA 纳米纤维膜的合成过程及其形成机理[56]

BAF-oda：含氟苯并噁嗪单体

Zhang 等[57]受自然界形态学的启发，利用蛙卵结构来增加纤维膜表面的粗糙度。首先通过静电纺丝技术得到聚酰亚胺(PI)纤维膜，随后将纤维膜浸泡在聚二甲基硅氧烷(PDMS)溶液和二氧化硅纳米颗粒(SNPs)悬浮液中，最后经过热处理生成蛙卵结构纤维膜，其制备原理如图 8-11 所示。经过实验分析发现，该膜具有超疏水性和超亲油性，与水的接触角高达 155.75°，在重力的驱动下就可以对油水混合物进行分离。经过 20 个分离周期后，膜的分离效率仍然大于 99.55%，且通量在 0.044 L/(m^2·h·Pa)以上，这表明该膜具有优异的重复使用性能。同时该膜具有较高的稳定性，可耐高温、耐酸碱，扩大了其在溢油事故、含油废水和废液处理中的应用范围。

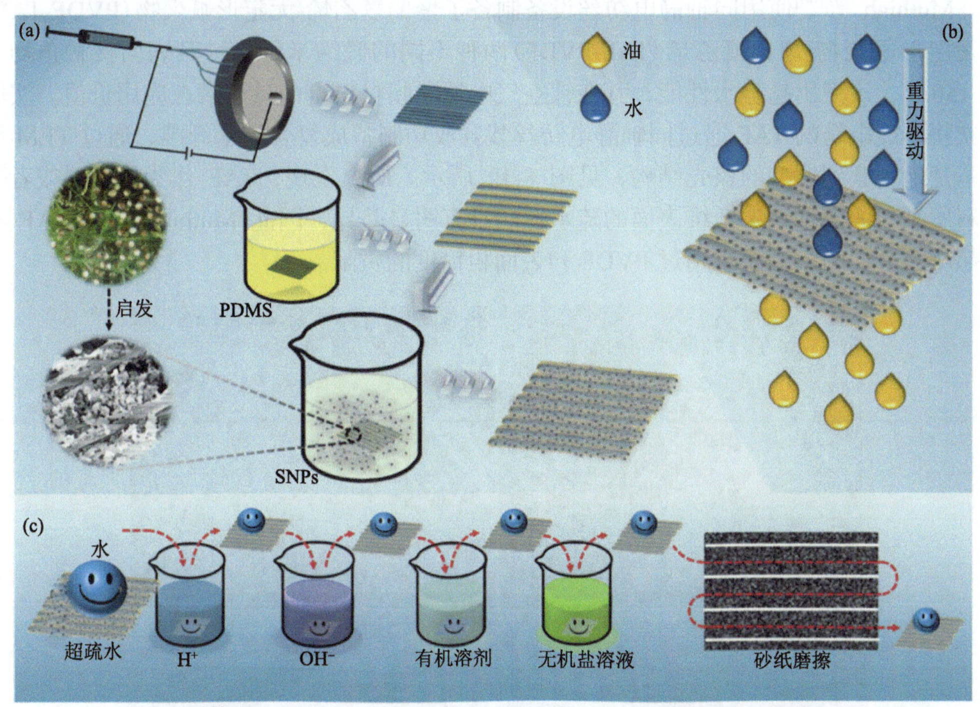

图 8-11　超疏水/超亲油纳米纤维膜的合成过程(a)、分离性能(b)和稳定性(c)[57]

聚偏氟乙烯(PVDF)是一种疏水性的线性聚合物，具有低表面自由能、强疏水性、高化学惰性和较高的抗拉伸强度等特性。近年来，基于静电纺丝技术制备 PVDF 超疏水微纳米纤维薄膜受到国内外科研工作者的广泛关注。利用静电纺丝技术制备出的 PVDF 超疏水薄膜可用于膜蒸馏用膜、质子交换膜、电池隔膜和油水分离滤膜等，在环保、医药、冶金、食品加工等领域有广泛的应用前景[36]。Dong 等[58]通过 PVDF/DMAC/丙酮-SiO_2 纳米颗粒共混溶液进行静电纺丝，生成了具有多层次表面粗糙的 PVDF 纳米纤维膜，并进一步使用低表面能物质氟硅烷(FAS)对 PVDF 纤维膜表面进行修饰，使复合 PVDF-SiO_2 纳米纤维膜具有超疏水性。实验结果表明，SiO_2 加入量对 PVDF 纤维膜表面水接触角具有显著影响，当共混液中 SiO_2 质量分数从 0 增加到 8.0%时，FAS 改性纳米纤维膜的静态水接触角从 130.4°显著增加到 160.5°。

Wang 等[59]将 PVDF 与环氧硅烷改性的 SiO_2 纳米颗粒混合作为前驱液进行静电纺丝，制备得到了一种具有低滚动角(SA)和高静态水接触角(CA)的耐用超疏水表面，具有良好的自清洁性能。为了提高粗糙度，将改性的二氧化硅纳米颗粒引入 PVDF 前驱体溶液中，实验发现，在静电纺丝过程中，纳米尺度的 SiO_2 颗粒镶嵌在微尺度的 PVDF 纤维表面形成不规则的突起，从而形成一个微纳米双级结构。此外，利用环氧硅烷共聚物对 SiO_2 纳米颗粒的表面进行了改性，使 SiO_2 纳米颗粒能够黏附在微尺寸 PVDF 的表面。通过水下浸没试验，SiO_2 纳米颗粒不能轻易地从 PVDF 中分离出来，从而达到耐久性的效果。随着改性二氧化硅纳米颗粒含量的增加，接触角从 145.6°增加到 161.2°，滚动角则下降到 2.17°，说明制备的纤维膜具有良好的超疏水效果。

Muthiah 等[60]使用同轴静电纺丝设备制备了聚偏氟乙烯-无定形氟聚物（PVDF-TAF）和无定形氟聚物-聚偏氟乙烯（TAF-PVDF）两种不同的微纳米纤维，其表面接触角均大于 150.0°，表现出超疏水性能，其在锂空气电池隔膜材料方面具有潜在应用价值。实验首次将不能电纺的 TAF 通过同轴静电纺丝装置成功制备成复合纳米纤维，通过 TEM 可以清楚地观察到典型的核壳结构，见图 8-12 所示。研究发现，TAF 作为核材料或者壳材料所制备的两种纳米纤维表面的疏水性能没有明显差异，因此 Muthiah 认为 TAF 对于超疏水方面的影响没有超过 PVDF 和表面粗糙度的贡献。

图 8-12　同轴静电纺丝法制备 TAF-PVDF 微/纳米纤维的 SEM 和 TEM 显微放大图[60]
放大（a）10000 倍、（b）20000 倍的 SEM 图；放大（c，d）30000 倍的 TEM 图

李芳等[61]采用静电纺丝技术制备了超疏水超亲油具有空心微球结构的 PVDF 纳米纤维，并研究了不同结构的 PVDF 纳米纤维对润滑油的吸附性能。以三元体系 PVDF/*N*,*N*-二甲基甲酰胺/H_2O 作为静电纺丝前驱体溶液，随着去离子水在静电纺丝溶液中的均匀性增加，纳米纤维逐渐变为空心球体与纳米级纤维复合的二级微纳米结构，从而显著提高了 PVDF 纤维膜的表面粗糙度，见图 8-13，当水含量达到 2.5%时，得到的纤维表面与水的接触角为 153.55°，并且纤维表面与润滑油的接触角为零，呈现出显著的超疏水超亲油性能，其吸油率达到 21.48 g/g。

Liu 等[62]将 ZnO 纳米颗粒掺杂到 PVDF 静电纺丝前驱体溶液中进行电纺，进一步经过氨处理得到粗糙的 PVDF 纳米纤维膜。当 ZnO 质量分数为 8.0%时，PVDF 纤维表面水接触角最大值可达 171.0°±1.5°，呈现出优异的超疏水性能，此外，所制备超疏水

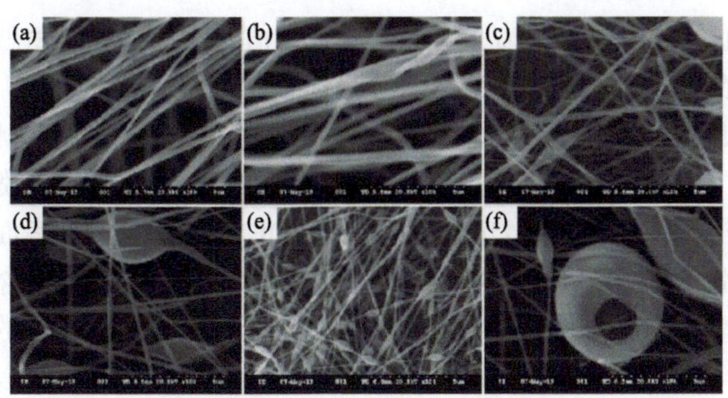

图 8-13　不同含水量的电纺丝溶液所制得的 PVDF 纳米纤维的 SEM 图[61]
(a) 0%；(b) 0.5%；(c) 1.0%；(d) 1.5%；(e) 2.0%；(f) 2.5%

PVDF 膜在经过多次循环后，还表现出了良好的耐久性、防污性能和油水分离能力。研究发现所制备超疏水 PVDF 膜可经历多次循环使用，表现出优异的耐久性、防污性能和油水分离能力，在过滤、油水分离、防污等大规模应用中具有潜在的应用价值。

王缤冰等[63]在 PVDF 和 DMF 前驱体溶液中加入适量 PEO 和微量 H_2O，通过静电纺丝过程中 PVDF 和 PEO 发生了相分离，从而制备出具有微纳二级结构的 PVDF 多孔纳米纤维，其表面水接触角高达 158.2°，呈现出良好的超疏水特性。将 PVDF 多孔纳米纤维作为溢油吸附材料时，具有良好的重复吸油性能，其对润滑油、柴油、植物油和汽油的吸油率分别高达 24.2 g/g、11.8 g/g、14.0 g/g 和 8.4 g/g，吸油能力远高于普通的 PVDF 膜，且具有良好的重复使用性能。图 8-14 为所制备的多孔 PVDF 纤维毡对漂浮在水面上的着色汽油吸油过程的照片。

图 8-14　多孔 PVDF 纤维毡对水面上的着色汽油的清理过程[63]

An 等[64]通过静电纺丝技术将具有超疏水性的聚二甲基硅氧烷(PDMS)聚合物微球杂化到 PVDF-HFP(六氟丙烯)电纺丝(E-PH)膜上，制备了 PDMS/PVDF 复合纳米纤维薄膜，所制得的膜与商业 PVDF 膜相比，其疏水性能和粗糙度显著增强，表面水接触角达到 155.4°。实验结果表明，PDMS/PVDF 复合纳米纤维薄膜可实现完全的除色和纯水生产，在工业染料废水处理中具有潜在的应用前景。

Muhamad-Sarih 等[65]研究了在聚苯乙烯中加入一系列含氟端基添加剂对制备超疏水表面的影响。添加剂在静电纺丝的过程中会游移，导致表面疏水性的增加。他们具体研究了添加剂中含氟端基的数量和含氟端基添加剂分子数对表面疏水性的影响。结果表明，低分子量的含氟端基添加剂或增加氟端基的数量能够增大表面的疏水性能。表面接触角最大时的添加剂浓度约为 4%。当大于这个数值时表面的接触角就会降低，这可能是因为添加剂的浓度过大造成聚集，不能游移到表面。

Wang 等[66]使用先进的传送带电纺装置，将多孔 PS 微球、串珠状 PVDF 纤维与 PAN 纤维共混，制备了拉伸性能优良的大尺寸超疏水复合膜。在电喷涂过程中，三种纤维相互混合均匀，其中的 PS 微球及串珠状 PVDF 纤维用来增加表面粗糙度，使复合膜具有超疏水性能，大直径 PAN 纤维用来改善薄膜的力学性能。包含 PS 微球和串珠状 PVDF 纤维的表面的静态接触角达到 155°，随着亚微米 PAN 纤维的增加，静态接触角的值有所下降，从 155°下降为 140°，同时复合膜的拉伸强度从 1.14 MPa 提高到了 4.12 MPa。

Hardman 等[67]使用四氢呋喃为纺丝溶剂，将含氟端基的聚合物添加到聚苯乙烯中进行原位改性，通过静电纺丝技术制备出了超疏水纤维，通过进一步的配比研究，得到静态接触角为158°的超疏水表面。研究表明：氟端基添加剂在静电纺丝过程中迁移到了表面，这有利于超疏水表面的形成，增加氟端基聚合物的量有利于疏水角的增加，但当氟端基聚合物浓度高于4%时，静态接触角减小，因为当浓度增加时，添加剂分子在体系内形成聚集体而不能迁移到表面。

Song 等[68]以 TEOS 和 PVDF 为原料，采用静电纺丝制备出了超疏水纳米纤维膜，接触角达到 156°，热处理使 PVDF 的结晶度提高；同时，PVDF 高分子链与 TEOS 形成的互穿网络结构显著提高了纤维膜的耐溶剂性和机械强度，可承受的最大摩擦力为 72 mN，见图 8-15。这种超疏水膜可用于防水织物、工业零件、工程外壳材料等领域。

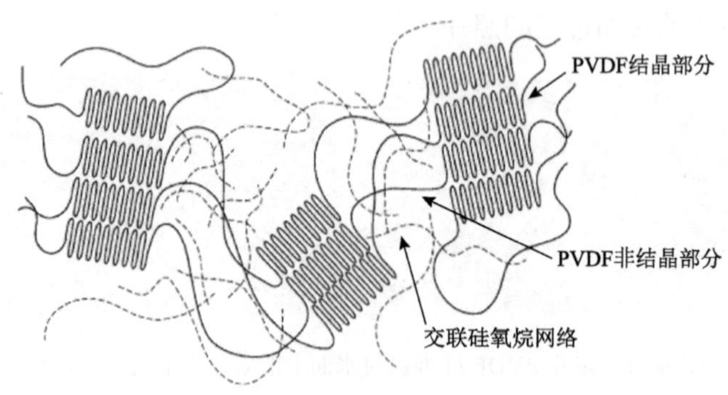

图 8-15　PVDF 与 TEOS 的交联示意图[68]

Zhao 等[69]采用静电纺丝和层层自组装技术，在棉织物表面形成聚(丙烯胺盐酸盐)(PAH)/SiO_2 多层膜，再经硅烷修饰，制备了耐久超疏水棉织物，通过调节膜的层数来控制棉纤维表面形态，由于各层膜间的静电作用，棉织物在机器 30 次洗涤后，水接触角仍在 150°以上，具有良好的耐久性。

有机超疏水纤维膜在应用中存在不能耐高温的缺点，如 PS 在 100℃以上时就会发生变形，而 PVDF 的热变形温度在 112～145℃，从而限制了其应用范围。静电纺丝无机微纳米纤维膜可以在更高温度下工作，因此无机疏水性纳米纤维膜的研究近期得到了人们的广泛关注[36]。无机纤维超疏水膜的制备首先使用静电纺丝法制备无机纳米纤维材料前驱体，增加材料表面微纳二级粗糙结构，而后使用低表面自由能物质进行修饰增强其超疏水性能。滕乐天等[70]使用醋酸锌为前驱体，PVA 为可纺高聚物，通过静电纺丝技术制得醋酸锌/PVA 复合纤维膜，后经 700℃高温煅烧后得到表面粗糙结构的无机 ZnO 纤维膜，然后将 ZnO 纳米纤维膜浸入十三氟辛基三乙氧基硅烷（FAS）溶液中进行表面修饰，得到低表面自由能的 ZnO 纳米纤维膜，所得 ZnO 纳米纤维膜表面静态接触角高达 151.0°，表现出超疏水特性，见图 8-16。

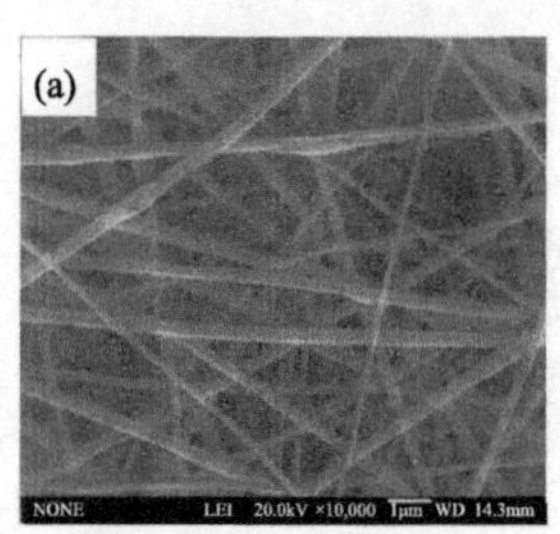

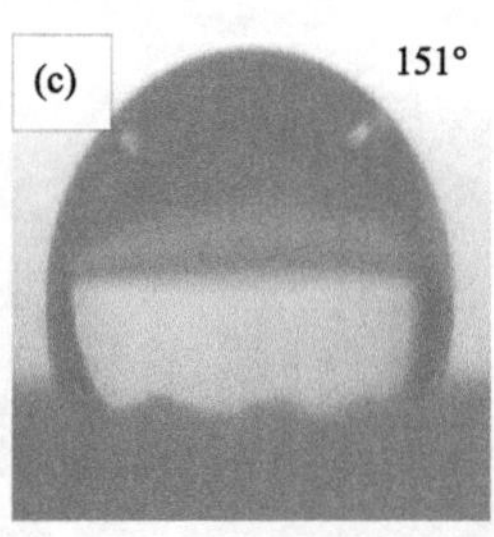

图 8-16　(a)修饰前和(b)FAS 溶液修饰后的 ZnO 纳米纤维 SEM 图；(c)FAS 溶液修饰后的水接触角[70]

汤玉斐等[71]采用静电纺丝法制备了 SiO_2 纳米纤维膜，后经六甲基硅氮烷(HMDS)改性后具备了超疏水/超亲油特性，SiO_2 微纳米纤维膜具有较多的孔隙和较高的比表面积，经 HMDS 改性后其表面粗糙结构结合疏水亲油的—$Si(CH_3)_3$ 基团使得纤维膜获得超疏水/超亲油特性，其水接触角高达 153.7°，水滚动接触角为 8.2°，表面油接触角为 0°，其最高耐受温度为 450℃，且具有较好的耐腐蚀性能，该无机 SiO_2 基质纤维膜有望作为油水分离器材的主要部件材料。王丽芳等[72]利用静电纺丝技术制备了超疏水、低滚动角的 TiO_2 纤维网膜，先通过简单的静电纺丝技术制备粗糙 PVP/钛凝胶复合膜，而后在 450℃高温煅烧，进而使用廉价的低表面自由能物质硅油煅烧同步修饰，得到表面沉积颗粒的 TiO_2 纳米纤维网膜，见图 8-17，其表面水静态接触角为 154.5°±1.7°、水滚动角小于 5.0°。这种材料有望在防水织物、无损失液体运输和微流体等领域发挥较好的应用。

膜蒸馏(MD)是废水处理、海水淡化、药物加工和食品加工的一项重要技术，MD 中所用材料的一个重要性能是其疏水特性，近年来由于静电纺丝技术的发展给蒸馏膜的制备带来很多新的思路[73-76]。Ren 等[77]提供了一种以聚甲基丙烯酸甲酯(PMMA)为载体聚合物的电纺聚二甲基硅氧烷(PDMS)膜的方法，研究了 PMMA 浓度、PDMS 与 PMMA 质量比和静电纺丝过程的主要参数(电压和进注速率)对膜性能的影响，得到了水接触角(WCA)高达 163°的超疏水膜。将超疏水 PDMS/PMMA 膜进一步应用于膜蒸馏工艺进行脱盐，在长期 MD 过程(24 h)中获得了 39.61 L/(m^2·h)的高渗透通量及 99.96%的优良排盐率。Attia 等[78]将 PVDF 电纺形成的微珠结构和非氟化氧化铝(Al_2O_3)纳米粒子静电喷涂结合得到 WCA 为 154°的串珠结构超疏水膜。制备的 PVDF 膜具有更高的通量，其多孔串珠结构和超疏水性适用于气隙膜蒸馏(AGMD)，该膜可长时间(工作时长达 30 h)用于空气隙膜蒸馏。

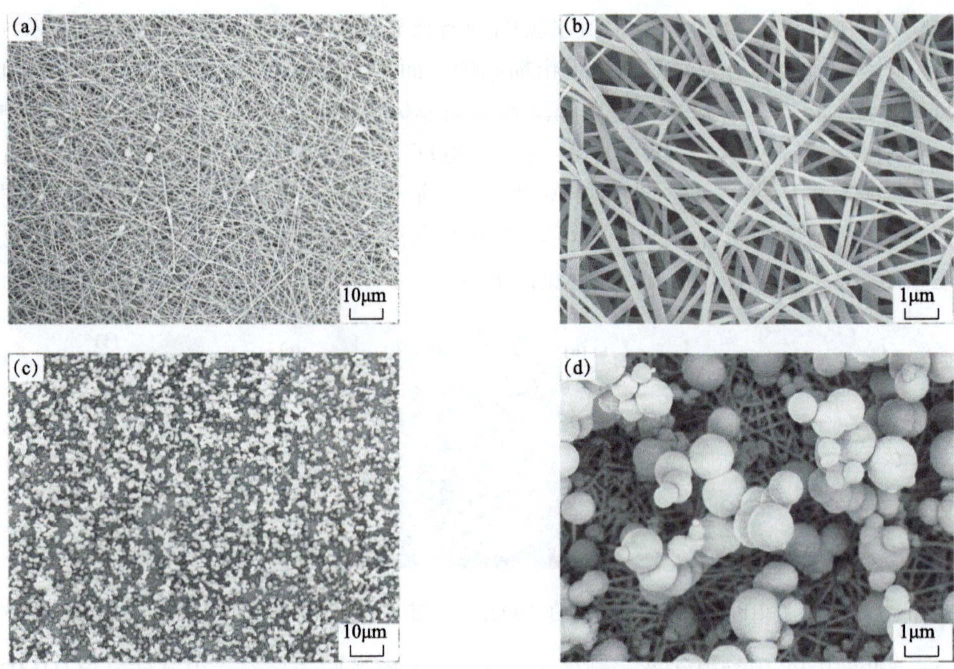

图 8-17 TiO_2复合纤维膜经硅油高温煅烧之前(a, b)和之后(c, d)的形貌图[72]

Deng 等[79]制备了一种基于分层结构的等规聚丙烯(iPP)涂层和静电纺丝聚偏氟乙烯(PVDF)纳米纤维载体的超疏水双层互锁复合膜，如图 8-18 所示。通过真空过滤将 iPP 过滤在 PVDF 膜上构造微/纳米微球表面，从而得到 WCA 为 157.2°的超疏水膜。该复合膜具有优异的超疏水性能和优异的防污性能，这得益于其低表面自由能材料和分层粗糙度的协同效应，中间过渡连锁区结晶 iPP 微球涂层和 PVDF 纳米纤维赋予合成复合膜具有优异的结构完整性，从而显著提高其机械性能。该膜具有高渗透通量和耐久性，适用于高盐度印染废水的 MD。

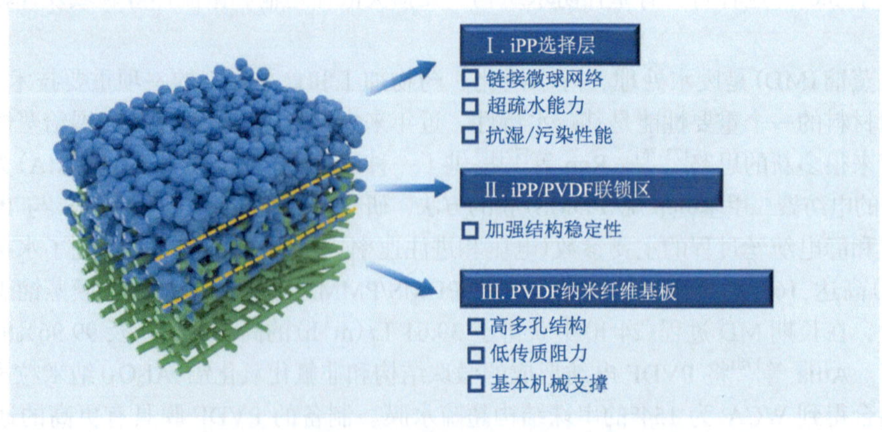

图 8-18 iPP/PVDF 双层互锁复合膜结构示意图[79]

Woo 等[80]将不同浓度(0～10%，质量分数)的石墨烯(G)加入静电纺丝聚偏氟乙烯共六氟丙烯(PH)膜中，获得坚固的超疏水纳米复合膜。实验结果表明，石墨烯的加入显著提高了膜的结构和性能，其最佳浓度为 5%，所制得纳米复合膜孔隙率为 88%，水接触角为 162°，该膜具有更稳定的通量和更好的抗盐性能，在盐水分离和 MD 膜上具有良好的应用前景。G/PH 电纺纳米纤维膜蒸馏脱盐过程示意图如图 8-19 所示。

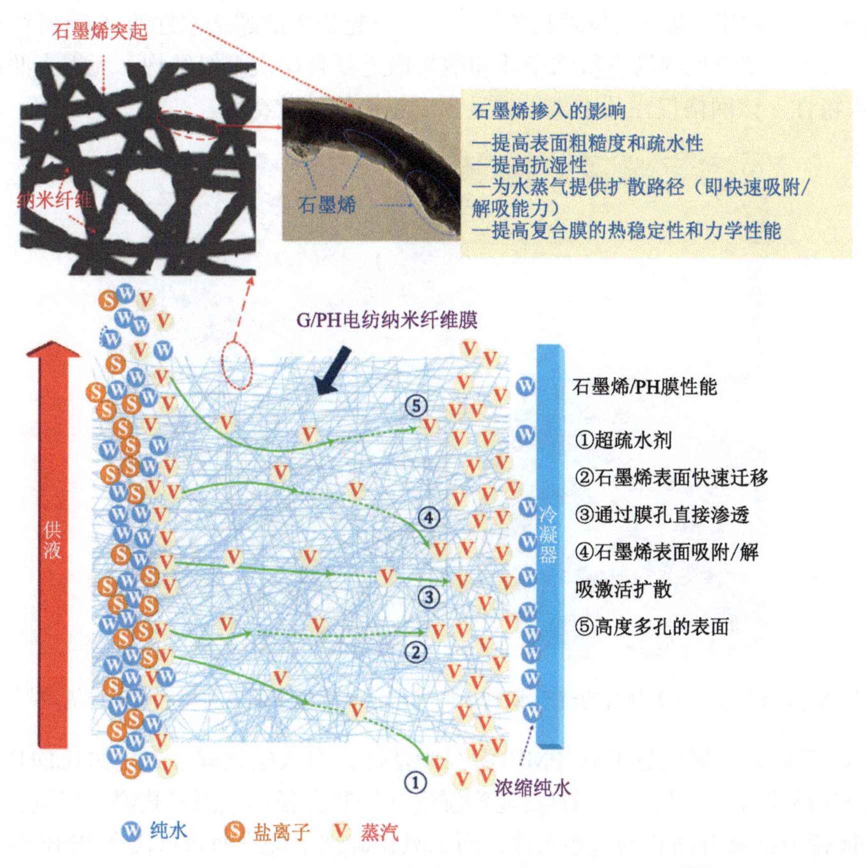

图 8-19　G/PH 电纺纳米纤维膜蒸馏脱盐过程示意图[80]

静电纺丝技术也用于制备防腐材料，但电纺制备的涂层结合力差，表面的超疏水结构易被破坏，同时电纺不适用于结构复杂的大型零件和零件内壁的防腐，不适用于大批量的零件防腐，因而电纺超疏水材料在防腐涂层上的研究相对较少。Radwan 等[81]采用一步静电纺丝技术制备了一种针对铝防腐的保护性超疏水 PVDF-ZnO 纳米复合涂层，所制备涂层的水接触角和接触角滞后率分别为 155°±2°和 4.5°±2°。此外，与喷涂的 PVDF-ZnO 涂层相比，静电纺丝涂层中 ZnO 纳米颗粒的浓度仅为六分之一，在不使用任何分散剂的情况下，氧化锌纳米颗粒也可以获得更好的分布。腐蚀实验结果表明，超疏水 PVDF-ZnO 涂层对铝的防腐效率优于 PVDF 涂层。

Cui 等[82]利用静电纺丝技术在铝基材上制备了 PVDF/硬脂酸(SA)纳米纤维涂层，

电化学腐蚀试验结果表明，超疏水 PVDF/SA 纳米纤维涂层具有长期保存金属基底的防腐性能，即使在 3.5% NaCl 溶液中浸泡 30 天后，依然具有优异的防腐性能。该文献还报道了一种简便、可控的静电纺丝技术，可在金属基底上制备 PVDF/硬脂酸纳米纤维，以实现长期防腐保护。

8.4.2 超亲水材料

Jiang 等[83]采用静电纺丝技术制备了一种具有超快扩散超亲水性的 TiO_2 纤维网，见图 8-20 所示，该纤维网具有特殊微孔和纳米通道复合层次多级结构，无需光照即可实现超亲水特性。该网格仅在几十毫秒内显示出超快的扩散特性。

图 8-20 静电纺丝法制备的超亲水 TiO_2 纤维网：实物和不同放大位数电镜扫描图[83]

Lv 等[84]以聚三聚氰胺甲醛(PMF)海绵为基体，引入层状双氢氧化物(LDH)和二氧化硅电纺丝纳米纤维，制备得到具有超润湿性和控制孔径的坚固多孔聚三聚氰胺甲醛海绵。LDH 使海绵具有固有的超亲水性，而二氧化硅纳米纤维通过搭接在 PMF 骨架上将原先的大孔分隔成若干个小孔，实现对材料孔径的调控。该方法可使原始海绵中固有的大孔隙从 109.50 μm 迅速减少到 23.35 μm，同时将孔隙率保持在 97.8%以上。然后利用戊二醛蒸气(GA vapor)将 SiO_2 纳米纤维和 PMF 骨架进行化学交联，增强多级结构的稳定性。最后利用多巴胺/聚乙烯亚胺(PDA/PEI)共沉积和水热法在 PMF 骨架和纳米纤维上生长层状双氢氧化物(LDH)纳米卷，得到超亲水和水下超疏油的 3Si-PMF/LDH 复合物，其制备过程如图 8-21 所示。所得到的不同孔径的改性海绵可以有效分离广泛的油/水混合物，包括表面活性剂稳定的乳剂，仅通过重力作用，渗透通量最大可达 3×10^5 L/(m^2·h·bar)，拒油率在 99.46%以上。这种孔径调控技术有望提供一种低成本、易于放大的方法，构建一系列能够高效分离油/水混合物的过滤材料。

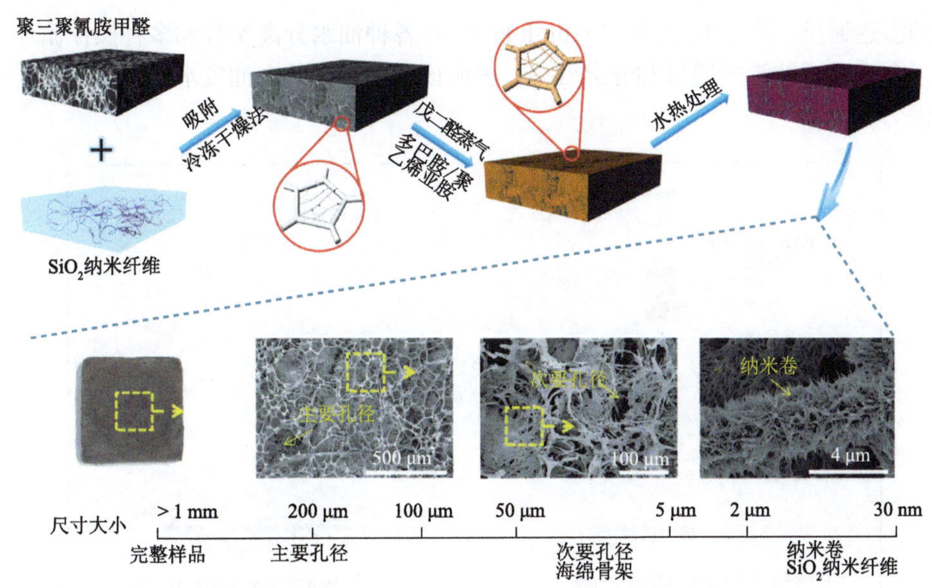

图 8-21　3Si-PMF/LDH 海绵的制备步骤和结构示意图及其实物和不同放大倍数电镜扫描图[84]

Hong 等[85]报道了一种简便而有效的在基底上堆积具有均匀多孔结构的纳米纤维膜的方法，他们将醋酸纤维素(CA)进行湿法静电纺丝，最后收集在洁净的纸上成膜，合成基本过程如图 8-22(a)所示。该膜表现出良好的水下超疏油性和较强的化学稳定性，可用于连续高通量分离大量的油/水混合物，油水分离过程如图 8-22(b)所示，分离效率超过 99%。使用单一膜进行重复的油/水分离，其间滤液中的油含量保持极低(2.9×10^{-7})。在压力驱动分离过程中，分离通量达到 120000 L/(m^2·h)。

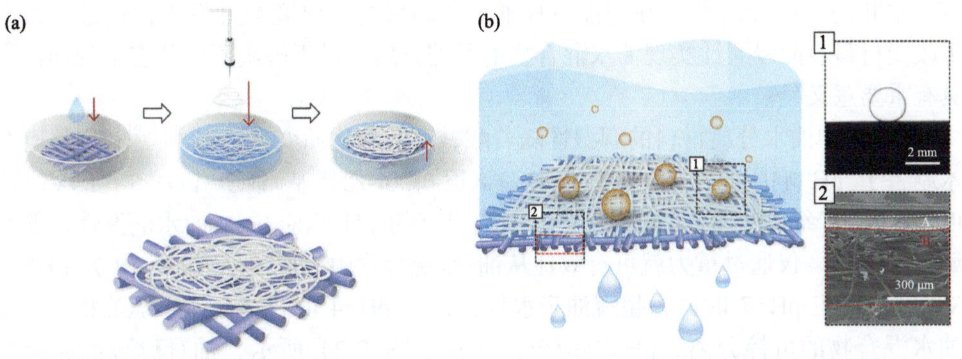

图 8-22　(a)纳米纤维膜的合成工艺；(b)水下超疏水纳米纤维膜油水分离示意图[85]
插图 1：水下的油接触角(OCA)；插图 2：纳纤化纤维素(NFC)膜的横断面扫描电子显微镜图

Zhang 等[86]报道了一种通过用电纺聚丙烯酸接枝聚偏氟乙烯(PAA-*g*-PVDF)纳米纤维装饰不锈钢网状而制备得到的一种超亲水和水下超疏油的超薄微孔膜，其纺丝工艺过程如图 8-23 所示。纳米纤维层的网状结构减小了不锈钢网的孔径，不仅提高了其耐油压性，同时保持了分离区的高活性和网滤膜的高渗透特性，油水分离实验发现该复合膜具有较高的渗透通量，高达 0.53574 L/(m²·h·Pa)。在各种油水分离实验和多种操作循环中，实现了令人满意的渗透通量和分离效率，表明该膜在实际的含油废水处理中具有巨大的应用潜力。

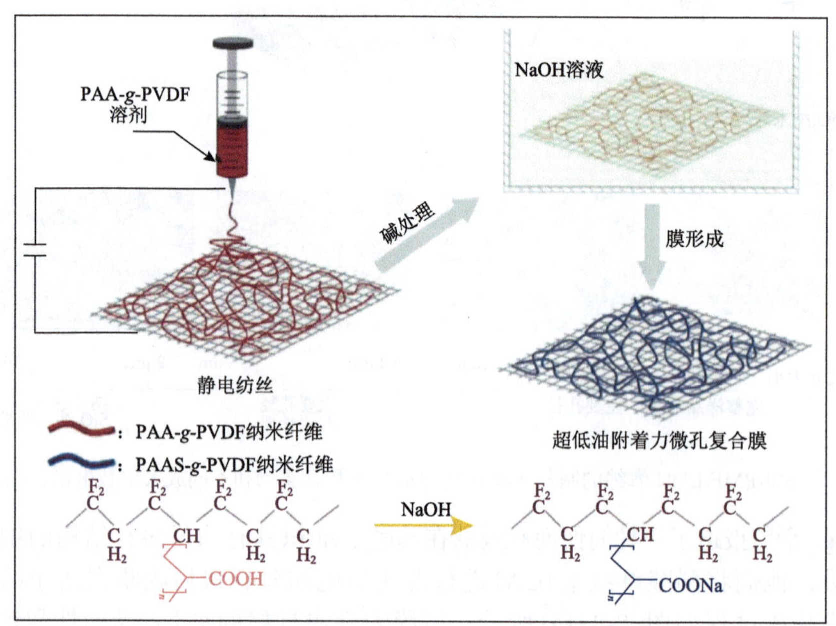

图 8-23　SSA-PAAS-g-PVDF 复合膜的合成工艺[86]

随着对特殊润湿性理论研究的深入，还存在一些具有响应润湿性的油水分离材料，这种材料可以根据外界条件的变化(如 pH、光照和温度)来控制表面浸润性，从而实现油水相的可控分离[87]。在智能可控油水分离材料的研究与开发中，通过在特定条件下改变材料表面浸润性实现油水混合物的可控分离，对于解决不同状态下的油污染问题具有重要意义[88]。

pH 响应型油水分离材料的润湿性随着酸碱度的变化而变化。Li 等[89]利用静电纺丝技术制备了 pH 响应的聚(二甲基硅氧烷)嵌段-聚(4-乙烯基吡啶)(PDMS-*b*-P4VP)毡。PDMS-*b*-P4VP 纤维垫厚度约 250 μm，具有良好的 pH 响应开关油/水润湿性，能够通过调整 pH 值，仅通过重力就可有效地从油/水混合物中分离出油或水，电纺 PDMS-*b*-P4VP 纤维毡在 pH=7 时，为超疏油亲水状态；在 pH=4 时，为超亲水疏油状态，实现了油水混合物的可控分离，pH 响应分离过程如图 8-24 所示，油(己烷)的通量约为 9000 L/(h·m²)，水的通量约为 27000 L/(h·m²)。

具有超润湿特性的光响应材料，特别是偶氮基类材料，由于其对润湿性变化的智能性能，已被用于废水处理。光响应型油水分离材料在分离油水混合物时，只需调节光照即可改变材料表面的浸润性，且具有污染少、润湿性转变快的优点。Qu 等[90]对聚多巴胺(PDA)预处理的多孔网进行了改进，将纳米银松针和氨基偶氮苯(AABN)修饰在聚多巴胺(PDA)预处理的多孔网上，实现了从高疏水到高亲水的可逆光响应润湿性转变，其

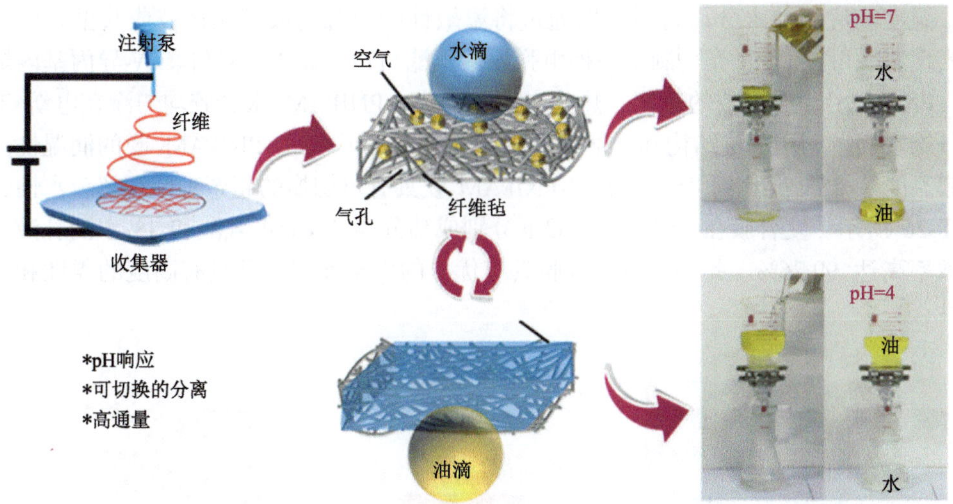

图 8-24　静电纺丝过程的示意图和纤维毡 pH 响应润湿性转换示意图[89]

制备和光响应过程如图 8-25 所示。接触角在可见光下约为 150.0°，在 365 nm 紫外光下约为 10.0°，这种材料实现了光响应分离油水混合物的目的。此外，改性智能材料具有良好的去除效率、可重复使用性和物理/化学稳定性，在燃料回收、遥控油水分离和航天资源再生等领域具有广阔的实际应用前景。

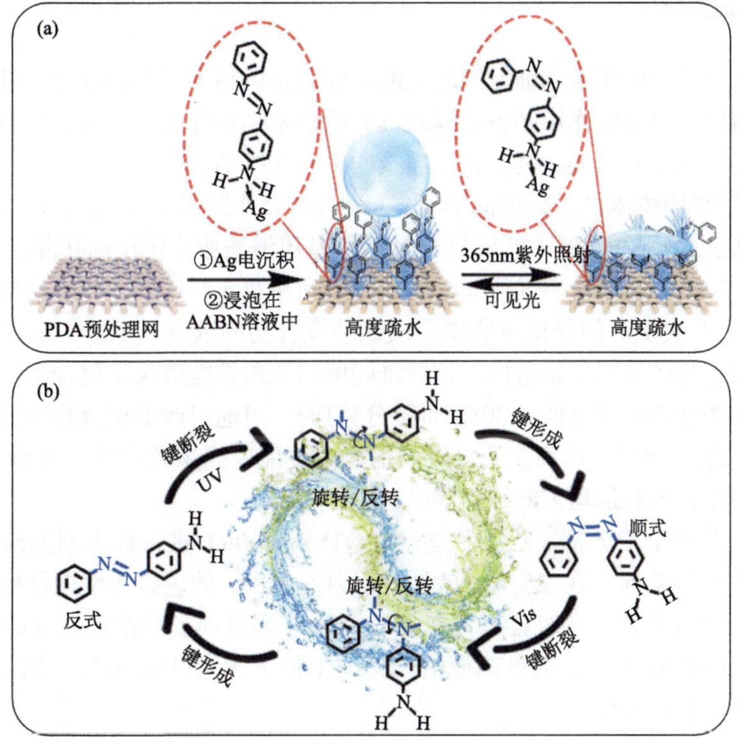

图 8-25　PDA 预处理网的制备 (a) 和光响应润湿性转换 (b) 示意图[90]

温度响应型油水分离材料可以通过将温敏性的聚合物或基团接枝或共聚到分子链上实现温敏可控。Ou 等[91]制备一种由弹性聚氨酯(TPU)微纤维网和聚(*N*-异丙基丙烯酰胺)(PNIPAM)组合而成的坚固、热响应聚合物膜，PNIPAM 水凝胶均匀涂在电纺 TPU 微纤维表面，利用分层结构和增加表面粗糙度，增强了 TPU-PNIPAM 膜的润湿性。随着膜温度从 25℃变化到 45℃，TPU-PNIPAM 膜具有可切换的超亲水性和超疏水性，如图 8-26 所示。复合膜在 25℃和 45℃下分别成功分离 1%油水乳液和 1%水油乳液，分离效率高达 99.26%。此外，该复合膜具有优异的力学性能，并具有高度的柔性和机械韧性。

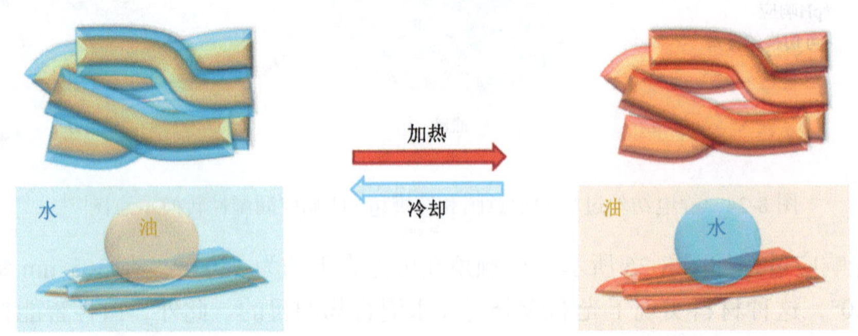

图 8-26　TPU-PNIPAM 膜在不同温度下润湿性转换示意图[91]

8.4.3　超双疏材料

静电纺丝是近 30 年来逐渐发展起来的一种制备微纳米纤维的方法，可以直接从熔体或聚合物溶液通过静电作用制备连续的具有微纳米结构纤维，且易于调节纤维直径，得到孔隙率高、比表面积大、具有相互连接的多孔纤维结构[92]。

Choi 等[93]采用单体 2,2,2-甲基丙烯酸三氟乙酯聚合得到聚 2,2,2-三氟乙基甲基丙烯酸酯 (PTFEMA)纳米纤维网，然后与 *N*,*N*-二甲基甲酰胺按一定比例共混，在 20 kV 条件下以 0.2 mL/h 的进料速率进行静电纺丝，得到超双疏纤维膜，纤维膜与水和十六烷的接触角均超过 150°。但是该方法要多次调节聚合物的浓度、电压、电流等参数，而且对不同的聚合物体系不具普适性。该纤维膜的超双疏性能取决于聚合物溶液的浓度，当聚合物溶液浓度不超过 24%～30%(质量分数)时，可通过改变聚合物溶液浓度来调节纤维直径和纤维的间隙，从而改变纤维膜的润湿性能，当聚合物质量分数为 26%时，会形成具有最小直径且最均匀的纤维网络，见图 8-27。

Liu 等[94]采用全氟癸基三乙氧基硅烷(POTS)将 ZnO 进行低表面能改性，然后与 PVDF 以一定比例共混，在 25 kV 条件下以 1.5 mL/h 的进料速率进行静电纺丝，在 80℃干燥后得到具有超双疏性能的纤维膜，与水、润滑油、豆油和甘油的接触角达到 164°、159°、158°和 158°。通过调控电压、纳米粒子含量可以调控纤维的直径和粗糙度，进一步调控其润湿性。

图 8-27 静电纺丝法构筑的超双疏表面的电镜图像[93]

为了增加表面粗糙度，同轴静电纺丝常被用来制备超双疏纤维膜。Huang 等[95]将 SiO_2 纳米粒子分散在聚乙烯醇(PVA)溶液中，采用同轴静电纺丝技术制备了具有芯鞘结构的纤维膜，之后用 FAS 对纤维膜进行低表面能改性以达到超双疏性能，见图 8-28。采用同轴静电纺丝法所制备的纤维膜的微观结构中含有特殊的纺锤结构，具有更加优异的疏水疏油能力。

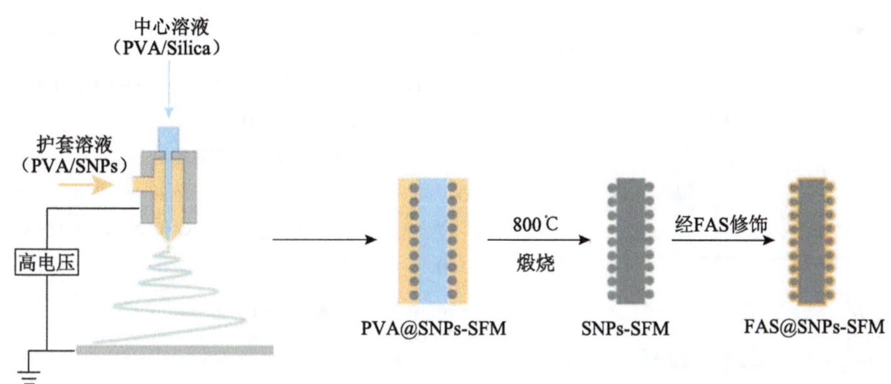

图 8-28 同轴静电纺丝法制备超双疏纤维膜示意图[95]

为了改善该方法并确保所构建表面的力学稳定性和热稳定性，Ganesh 等[96]用静电纺丝方法在玻璃基板上构建了聚乙烯乙酸酯和二氧化钛杂化纳米纤维，经 500℃下煅烧基板后得到大米状的纳米级结构表面，见图 8-29，疏水化处理后对水和十六烷的接触角为 166°和 138°。严格来讲，此表面并未达到超双疏，但其具备了优异的自清洁性、力学稳定性和热稳定性，有望进行实际应用。

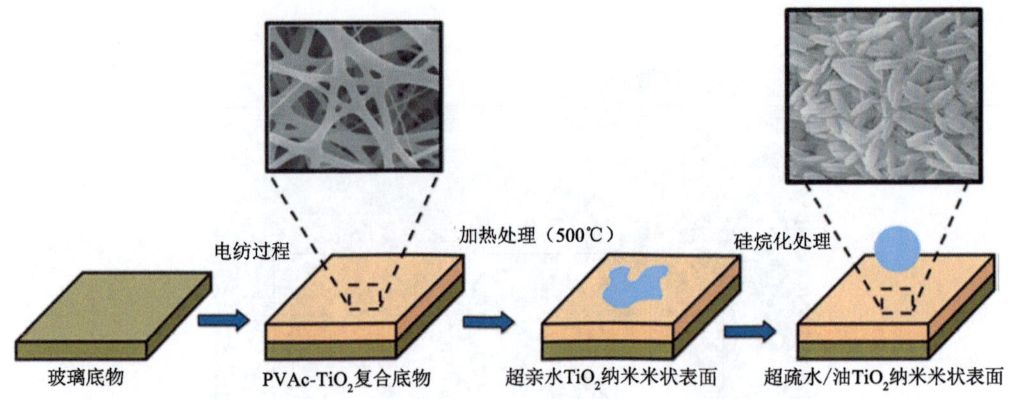

图 8-29 玻璃基板超双疏水性涂层的制作工艺流程图(本图未按比例绘制)[96]

Wang 等[97]在温度(25±2)℃、湿度 45%±2%、25 kV 及进料速度 1 mL/h 的条件下，同时对聚丙烯腈(PAN)/氟化聚氨酯(FPU)及聚氨酯(PU)/FPU 两种混合溶液进行静电纺丝，成功制得具有高过滤性能和优越防污性能的超双疏纤维膜，见图 8-30。在静电纺丝过程中，聚合物浓度对所制得的纤维形貌有极大的影响。随着加入 FPU 量的增加，纤维的直径逐渐减小，表面粗糙度逐渐增大。当 PAN 与 FPU 质量浓度分别为 11%、1%时，纤维膜与水和油的接触角分别达到 154°和 151°。所制备的超双疏纤维膜可应用于高效微粒空气过滤器、超低渗透空气过滤器和呼吸保护设备中，对于油气溶胶颗粒，过滤效率为 99.9%。

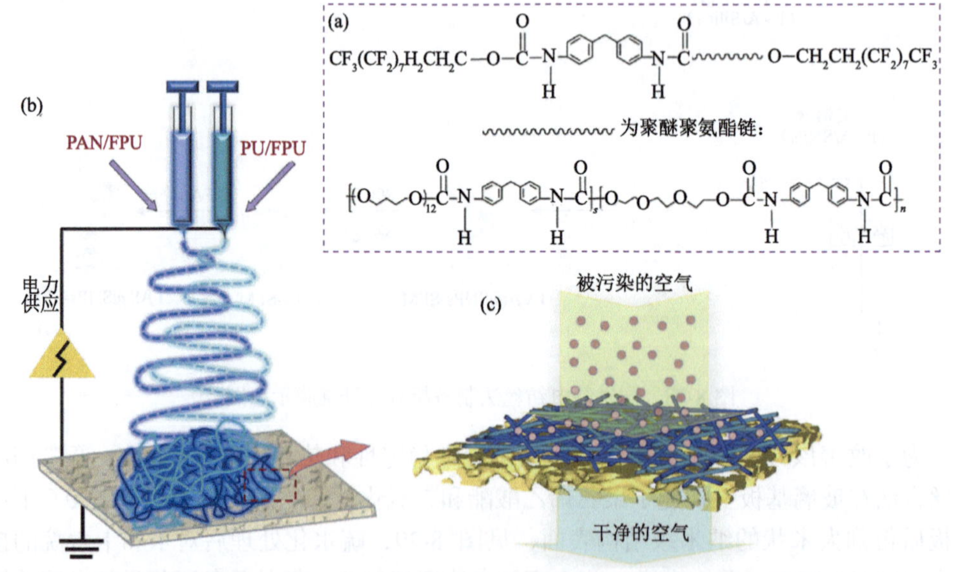

图 8-30 (a)合成的 FPU 化学结构；(b)超双疏纤维膜的制备过程；(c)对气溶胶颗粒的过滤过程[97]

Wang 等[98]以新型 FPU 和 SiO_2 纳米颗粒为原料，通过静电纺丝法制备了具有良好防水和透气性能的超双疏纳米纤维膜。合成膜的润湿性可以通过调节表面组成和层次结构来控制，当 FPU 和 SiO_2 纳米颗粒质量浓度分别为 18%和 1%时，在 15 kV 条件下对混合液进行静电纺丝，制备得到的超双疏纤维膜透气性好，与水和甘油的接触角分别达到 165°和 151°。纤维表面具有纳微二元粗糙结构，比表面积达到 4.34 m^2/g。该超双疏纳米纤维膜在防护服、生物分离、水净化、组织工程、微流控系统等领域具有潜在应用价值。

虽然静电纺丝法可以有效调控微观结构，但制备的超双疏纳米纤维膜一般较脆，缺乏韧性，不耐摩擦，而且制备过程中影响因素较多，易受环境的影响，常需使用非常高的电压。

思考题

8.1　静电纺丝法的原理?

8.2　聚合物分子量对静电纺丝的影响有哪些?

8.3　纺丝液黏度对静电纺丝的影响?

8.4　纺丝液表面张力对静电纺丝的影响?

8.5　溶剂对静电纺丝的影响?

8.6　纺织品的润湿要考虑哪些因素?

8.7　静电纺丝过程的溶剂后续处理要注意什么?

8.8　使用静电纺丝设备中要注意什么? 需设置什么警示标识?

8.9　静电纺丝涉及高温、高压，请简述实验安全注意事项。

8.10　一维纳米材料的制备方法有哪些?

8.11　静电纺丝法中一个工业化扩展难题就是聚合物在目前可供选择的溶剂中溶解度不够理想，请试述一下你的解决思路。

参考文献

[1] Pisuchpen T, Chaim-Ngoen N, Intasanta N, et al. Tuning hydrophobicity and water adhesion by electrospinning and silanization[J]. Langmuir, 2011, 27(7): 3654-3661.

[2] Guo Y Q, Xu G J, Yang X T, et al. Significantly enhanced and precisely modeled thermal conductivity in polyimide nanocomposites with chemically modified graphene via *in situ* polymerization and electrospinning-hot press technology[J]. Journal of Materials Chemistry C, 2018, 6: 3004-3015.

[3] Schlecht S, Tan S, Yosef M, et al. Toward linear arrays of quantum dots via polymer nanofibers and nanorods[J]. Chemistry of Materials, 2005, 17(4): 809-814.

[4] Formhals A. Process and apparatus for preparing artificial threads: US, 1975504[P]. 1934.

[5] Taylor G. Disintegration of water drops in an electric field[J].Proceedings of the Royal Society of London, 1964, 280(1382): 383-397.

[6] Simons H L. Process and apparatus for producing patterned nonwoven fabrics: US, 3280229[P]. 1966.

[7] Larrondo L, St. John Manley R. Electrostatic fiber spinning from polymer melts. I. Experimental observations on fiber formation and properties[J]. Journal of Polymer Science: Polymer Physics Edition,

1981, 19(6): 909-920.

[8] Doshi J, Reneker D H. Electrospinning process and applications of electrospun fibers[J]. Journal of Electrostatics, 1995, 35: 151-160.

[9] Spivak A F, Dzenis Y A, Reneker D H. A model of steady state jet in the electrospinning process[J]. Mechanics Research Communications, 2000, 27(1): 37-42.

[10] Reneker D H. Bending instability of electrically charged liquid jets of polymer solutions in electrospinning [J]. Applied Physics, 2000 , 87(9): 4531-4547.

[11] Fong H, Chun I, Reneker D H. Beaded nanofibers formed during electrospinng [J]. Polymer, 1999, 40: 4585-4592.

[12] Buchko C J, Chen L C, Shen Y, et al. Processing and microstructural characterization of porous biocompatible protein polymer thin films [J]. Polymer, 1999, 40: 7397-7407.

[13] 杨恩龙, 王善元, 李妮, 等. 静电纺丝技术及其研究进展[J]. 产业用纺织品, 2007(8): 7-10, 14.

[14] Ji H M, Lee H W, Karim M R, et al. Electrospinning and characterization of medium-molecular-weight poly (vinyl alcohol) /high-molecular-weight poly (vinyl alcohol)/montmorillonite nanofibers[J]. Colloid & Polymer Science, 2009, 287(7): 751-758.

[15] Park J H, Karim M R, Kim I K, et al. Electrospinning fabrication and characterization of poly (vinyl-alcohol) /montmorillonite/silver hybrid nanofibers for antibacterial applications[J]. Colloid & Polymer Science, 2010, 288(1): 115-121.

[16] Yarin A L, Koombhongse S, Reneker D H. Bending instability in electrospinning of nanofibers[J]. Journal of Applied Physics, 2001, 89(5): 3018-3026.

[17] Wang L, Yu Y, Chen P C, et al. Electrospinning synthesis of C/Fe_3O_4 composite nanofibers and their application for high performance lithium ion batteries[J]. Journal of Power Sources, 2008, 183(2): 717-723.

[18] Sill T J, Von Recum H A. Electrospinning: Applications in drug delivery and tissue engineering[J]. Biomaterials, 2008, 29(13): 1989-2006.

[19] Gu J W, Lv Z Y, Wu Y L, et al. Dielectric thermally conductive boron nitride/polyimide composites with outstanding thermal stabilities via *in-situ* polymerization-electrospinning-hot press method[J]. Composites Part A: Applied Science and Manufacturing, 2017, 94: 209-216.

[20] Liang W C, Hou J, Fang X C, et al. Synthesis of cellulose diacetate based copolymer electrospun nanofibers for tissues scaffold[J]. Applied Surface Science, 2018, 443: 374-381.

[21] Simonsen G, Strand M, Øye G. Potential applications of magnetic nanoparticles within separation in the petroleum industry[J]. Journal of Petroleum Science and Engineering, 2018, 165: 488-495.

[22] Rutledge G C, Fridrikh S V. Formation of fibers by electrospinning[J]. Advanced Drug Delivery Reviews, 2007, 59(14): 1384-1391.

[23] Pielichowska K. Phase change materials for thermal energy storage[J]. Progress In Materials Science, 2014, 65(10): 67-123.

[24] Persano L, Camposeo A, Tekmen C, et al. Industrial upscaling of electrospinning and applications of polymer nanofibers: A review[J]. Macromolecular Materials & Engineering, 2013, 298(5): 504-520.

[25] 袁文婕. 表面改性静电纺丝 PCU 支架用于小口径血管的研究[D]. 天津: 天津大学, 2013.

[26] 邓伶俐. 基于静电纺丝技术的明胶复合纳米纤维的构建及其应用研究[D]. 杭州: 浙江大学, 2019.

[27] 周建华, 陈锋, 丁玎. 静电纺丝技术制备纳米纤维的影响参数研究进展[J]. 科技与创新, 2019(16): 34-35, 37.

[28] 余阳, 陈泉源, 周美华. 不同分子量聚丙烯腈的制备及其高压静电纺丝研究[J]. 高分子通报, 2012(2): 64-72.

[29] Haider A, Haider S, Kang I K. A comprehensive review summarizing the effect of electrospinning parameters and potential applications of nanofibers in biomedical and biotechnology[J]. Arabian Journal of Chemistry, 2018, 11(8): 1165-1188.

[30] 赵敏, 潘福奎, 郭宪英. PVP/乙醇体系下的静电纺丝工艺参数对成纤性状的影响[J]. 青岛大学学报(工程技术版), 2011, 26(2): 43-50.

[31] 汪成伟. 基于静电纺丝技术的纳米纤维制备工艺及其应用研究[D]. 苏州: 苏州大学, 2016.

[32] Zong X H, Kim K, Fang D F, et al. Structure and process relationship of electrospun bioabsorbable nanofiber membranes [J]. Polymer, 2002, 43(16): 4403-4412.

[33] Choi J S, Lee S W, Jeong L, et al. Effect of organosoluble salts on the nanofibrous structure of electrospun poly(3-hydroxybutyrate-*co*-3-hydroxyvalerate) [J]. International Journal of Biological Macromolecules, 2004, 34(4): 249-256.

[34] 喻祺, 邱志明, 程慰, 等. 离子液体对静电纺丝成型及电纺纤维形貌的影响[J]. 材料导报, 2011, 25(21): 24-28.

[35] 唐珊, 樊炜炜, 刘传桂, 等. 不同表面活性剂对静电纺丝超细纳米纤维的性能影响[J]. 轻工机械, 2018, 36(3): 1-7, 23.

[36] 李芳, 李其明. 静电纺丝法制备超疏水微纳米纤维的研究进展[J]. 辽宁石油化工大学学报, 2018, 38(4): 1-9.

[37] Zhang B, Yan X, He H W, et al. Solvent-free electrospinning: Opportunities and challenges[J]. Polymer Chemistry, 2017, 8(2): 333-352.

[38] Mano F, Aroso I M, Barreiros S, et al. Production of poly(vinylalcohol)(PVA) fibers with encapsulated natural deep eutectic solvent(NADES) usingelectrospinning [J]. ACS Sustainable Chemistry & Engineering, 2015, 3(10): 2504-2509.

[39] Mano F, Martins M, Sa-Nogueira I, et al. Production of electrospun fast-dissolving drug delivery systems with therapeutic eutectic systems encapsulated in gelatin[J].AAPS Pharm Sci Tech, 2017, 18(7): 2579-2585.

[40] Ki C S, Baek D H, Gang K D, et al. Characterization of gelatin nanofiber prepared from gelatin-formic acid solution[J]. Polymer, 2005, 46(14): 5094-5102.

[41] Baumgarten P K. Electrostatic spinning of acrylic microfibers[J]. Journal of Colloid and Interface Science, 1971, 36(1): 71-79.

[42] 王龙. 静电纺丝法制备 PCL-PLA 纳米纤维及其在生物材料方面的研究[D]. 广州: 广东工业大学, 2013.

[43] 李欣, 孟家光, 门明峰. 纤维素/PVA 再生纤维静电纺丝影响因素[J]. 上海纺织科技, 2017, 45(10): 28-30.

[44] Taylor G I. Instability of jets, threads, and sheets of viscous fluid[C]//Applied Mechanics: Proceedings of the Twelfth International Congress of Applied Mechanics, Stanford University, August 26-31, 1968. Berlin, Heidelberg: Springer, 1969: 382-388.

[45] Zargham S, Bazgir S, Tavakoli A, et al. The effect of flow rate on morphology and deposition area of electrospun nylon 6 nanofiber [J]. Journal of Engineered Fibers and Fabrics, 2012, 7(4): 42-49.

[46] 蔡志江, 贾建茹, 郭杰, 等. 静电纺丝制备聚吲哚导电纳米纤维及其性能表征[J]. 高分子材料科学与工程, 2016, 32(1): 137-141.

[47] 刘伟伟. 熔体静电纺丝法制备高分子纤维材料的实验研究[D]. 青岛: 青岛科技大学, 2013.

[48] Pelipenko J, Kristl J, Jankovic B, et al. The impact of relative humidity during electrospinning on the morphology and mechanical properties of nanofibers[J]. International Journal of Pharmaceutics, 2013, 456(1): 125-134.

[49] Bak S Y, Yoon G J, Lee S W, et al. Effect of humidity and benign solvent composition on electrospinning of collagen nanofibrous sheets[J]. Materials Letters, 2016, 181: 136-139.
[50] 李卫昌. 静电纺丝/静电喷雾制备生物医用材料[D]. 广州: 华南理工大学, 2017.
[51] Ma Z, Kotaki M, Yong T, et al. Surface engineering of electrospun polyethylene terephthalate (PET) nanofibers towards development of a new material for blood vessel engineering[J]. Biomaterials, 2005, 26(15): 2527-2536.
[52] Huang Z M, Zhang Y Z, Kotaki M, et al. A review on polymer nanofibers by electrospinning and their applications in nanocomposites[J]. Composites Science & Technology, 2003, 63(15): 2223-2253.
[53] Chen L, Wu F, Li Y, et al. Robust and elastic superhydrophobic breathable fibrous membrane with *in situ* grown hierarchical structures[J]. Journal of Membrane Science, 2018, 547: 93-98.
[54] Liu Z W, Tang Y F, Zhao K, et al. Superhydrophobic SiO_2 micro/nanofibrous membranes with porous surface prepared by freeze electrospinning for oil adsorption[J]. Colloids & Surfaces A: Physicochemical & Engineering Aspects, 2019, 568: 356-361.
[55] Ma W J, Guo Z F, Zhao J T, et al. Polyimide/cellulose acetate core/shell electrospun fibrous membranes for oil-water separation[J]. Separation and Purification Technology, 2017, 177: 71-85.
[56] Tang X M, Si Y, Ge J L, et al. *In situ* polymerized superhydrophobic and superoleophilic nanofibrous membranes for gravity driven oil-water separation[J]. Nanoscale, 2013, 5(23): 11657-11664.
[57] Zhang M J, Ma W J, Wu S T, et al. Electrospun frogspawn structured membrane for gravity-driven oil-water separation[J]. Journal of Colloid and Interface Science, 2019, 547: 136-144.
[58] Dong Z Q, Ma X H, Xu Z L, et al. Superhydrophobic modification of PVDF-SiO_2 electrospun nanofiber membranes for vacuum membrane distillation[J]. RSC Advances, 2015, 5(83): 67962-67970.
[59] Wang S, Li Y, Fei X, et al. Preparation of a durable superhydrophobic membrane by electrospinning poly (vinylidene fluoride) (PVDF) mixed with epoxy-siloxane modified SiO_2 nanoparticles: A possible route to superhydrophobic surfaces with low water sliding angle and high water contact[J]. Journal of Colloid and Interface Science, 2011, 359(2): 380-388.
[60] Muthiah P, Hsu S H, Sigmund W. Coaxially electrospun PVDF-teflon AF and teflon AF-PVDF core-sheath nanofiber mats with superhydrophobic properties[J]. Langmuir the ACS Journal of Surfaces & Colloids, 2010, 26(15): 12483-12487.
[61] 李芳, 贾坤, 李其明, 等. 静电纺丝制备超疏水/超亲油空心微球状 PVDF 纳米纤维及其在油水分离中的应用[J]. 化工新型材料, 2016, 44(3): 223-225.
[62] Liu Z, Wang H, Wang E, et al. Superhydrophobic poly(vinylidene fluoride) membranes with controllable structure and tunable wettability prepared by one-step electrospinning[J]. Polymer, 2016, 82: 105-113.
[63] 王缤冰, 李芳, 牛君强, 等. 静电纺丝制备 PVDF 多孔纳米纤维及其在吸油中的应用[J]. 材料科学与工程学报, 2022, 40(1): 148-153.
[64] An A K, Guo J, Lee E J, et al. PDMS/PVDF hybrid electrospun membrane with superhydrophobic property and drop impact dynamics for dyeing wastewater treatment using membrane distillation[J]. Journal of Membrane Science, 2016, 525: 57-67.
[65] Hardman S J, Muhamad-Sarih N, Riggs H J, et al. Electrospinning superhydrophobic fibers using surface segregating end-functionalized polymer additives[J]. Macromolecules, 2011, 44(16): 6461-6470.
[66] Wang S, Yang Y, Zhang Y, et al. Fabrication of large-scale superhydrophobic composite films with enhanced tensile properties by multinozzle conveyor belt electrospinning[J]. Journal of Applied Polymer Science, 2014.
[67] Hardman S J, Muhamad-Sarih N, Riggs H J, et al. Electrospinning superhydrophobic fibers using surface segregating end-functionalized polymer additives [J]. Macromolecules, 2011, 44(44): 6461-6470.

[68] Song H P, Song M L, Ho S L, et al. Robust superhydrophobic mats based on electrospun crystalline nanofibers combined with a silane precursor[J]. ACS Applied Materials & Interyfaces, 2010, 2(3): 658-662.

[69] Zhao Y, Tang Y W, Wang XG, et al. Superhydrophobic cotton fabric fabricated by electrostatic assembly of silica nanoparticles and its remarkable buoyancy[J]. Applied Surface Science, 2013, 256(22): 6736-6742.

[70] 滕乐天，赵康，金龙，等. 静电纺丝法制备 ZnO 纳米纤维膜及其超疏水性能[J]. 中国陶瓷，2014, 50(11): 12-15, 24.

[71] 汤玉斐，高淑雅，赵康，等. 静电纺丝法制备超疏水/超亲油 SiO_2 微纳米纤维膜[J]. 人工晶体学报，2014, 43(4): 929-936.

[72] 王丽芳，赵勇，江雷，等. 静电纺丝制备超疏水 TiO_2 纳米纤维网膜[J]. 高等学校化学学报，2009, 30(4): 731-734.

[73] 刘谦，李新梅，卢彩彬，等. 静电纺丝制备超疏水功能材料研究进展[J]. 化工新型材料，2021, 49(7): 23-27.

[74] Zhu Z, et al. Superhydrophobic-omniphobic membrane with anti-deformablepores for membrane distillation with excellent wetting resistance[J]. Journal of Membrane Science, 2021, 620: 118768.

[75] Deka B J, Guo J, An A K, Robust dual-layered omniphobic electrospun membrane with anti-wetting and anti-scaling functionalised for membrane distillation application[J]. Journal of Membrane Science, 2021, 624: 119089.

[76] Woo Y C, Yao M, Shim W G, et al, Co-axially electrospun superhydrophobic nanofiber membranes with 3D-hierarchically structured surface for desalination by long-term membrane distillation[J]. Journal of Membrane Science, 2021, 623: 119028.

[77] Ren L F, Xia F, Shao J, et al. Experimental investigation of the effect of electrospinning parameters on properties of superhydrophobic PDMS/PMMA membrane and its application in membrane distillation[J]. Desalination, 2017, 404: 155-166.

[78] Attia H, Johnson D J, Wright C J, et al. Robust superhydrophobic electrospun membrane fabricated by combination of electrospinning and electrospraying techniques for air gap membrane distillation[J]. Desalination, 2018, 446: 70-82.

[79] Deng L, Liu K, Li P, et al. Engineering construction of robust superhydrophobic two-tier composite membrane with inter-locked structure for membrane distillation[J]. Journal of Membrane Science, 2020.

[80] Woo Y C, Tijing L D, Shim W G, et al. Water desalination using graphene-enhanced electrospun nanofiber membrane via air gap membrane distillation[J].Journal of Membrane Science, 2016, 520: 99-110.

[81] Radwan A B, Mohamed A M A, Abdullah A M, et al. Corrosion protection of electrospun PVDF-ZnO superhydrophobic coating[J]. Surface and Coatings Technology, 2016, 289: 136-143.

[82] Cui M, Xu C, Shen Y, et al. Electrospinning superhydrophobic nanofibrous poly(vinylidene fluoride)/stearic acid coatings with excellent corrosion resistance[J]. Thin Solid Films, 2018, 657: 88-94.

[83] Wang L F, Zhao Y, Wang J M, et al. Ultra-fast spreading on superhydrophilic fibrous mesh with nanochannels[J]. Applied Surface Science, 2009, 255(9): 4944-4949.

[84] Lv W Y, Mei Q, Xiao J, et al. 3D multiscale superhydrophilic sponges with delicately designed pore size for ultrafast oil/water separation[J]. Advanced Functional Materials, 2017, 27(48): 1704293.

[85] Hong S K, Bae S, Jeon H, et al. An underwater superoleophobic nanofibrous cellulosic membrane for oil/water separation with high separation flux and high chemical stability[J]. Nanoscale, 2018, 10: 3037-3045.

[86] Zhang J Y, Fang W, Zhang F, et al. Ultrathin microporous membrane with high oil intrusion pressure for effective oil/water separation[J]. Journal of Membrane Science, 2020, 608: 118201.

[87] 赵昕，任宝娜，胡苗苗，等.特殊浸润性纳米纤维膜材料在油水分离中的研究进展[J].材料工程，2021, 49(10): 43-54.

[88] Qu M, Ma L L, Wang J X, et al. Multifunctional superwettable material with smart pH responsiveness for efficient and controllable oil/water separation and emulsified wastewater purification[J]. ACS Applied Materials & Interfaces, 2019, 11(27) : 24668-24682.

[89] Li J J, Zhou Y N, Jiang Z D, et al. Electrospun fibrous mat with pH-switchable superwettability that can separate layered oil/water mixtures[J]. Langmuir the ACS Journal of Surfaces & Colloids, 2016, 32(50): 13358.

[90] Qu R X, Liu Y N, Zhang W F, et al. Aminoazobenzene@Ag modified meshes with large extent photo-response: Towards reversible oil/water removal from oil/water mixtures[J].Chemical Science, 2019, 10: 4089-4096.

[91] Ou R W, Wei J, Jiang L, et al. Robust thermoresponsive polymer composite membrane with switchable superhydrophilicity and superhydrophobicity for efficient oil-water separation[J]. Environmental Science & Technology, 2016, 50(2): 906-914.

[92] Liao Y, Loh C H, Tian M, et al. Progress in electrospun polymeric nanofibrous membranes for water treatment: Fabrication, modification and applications[J]. Progress Polymer Science, 2018, 77: 69- 94.

[93] Choi G R, Park J, Ha J W, et al. Superamphiphobic web of PTFEMA fibers via simple electrospinning without functionalization [J]. Macromolecular Materials and Engineering, 2010, 295(11): 995-1002.

[94] Liu Z J, Wang H Y, Wang E Q. et al. Superhydrophobic poly(vinylidene fluoride) membranes with controllable structure and tunable wettability prepared by one-step electrospinning[J]. Polymer, 2016, 82: 105-113.

[95] Huang Y X , Wang Z, Hou D, et al. Coaxially electrospun super-amphiphobic silica-based membrane for anti-surfactant-wetting membrane distillation[J]. Journal of Membrane Science, 2017, 531: 122-128.

[96] Ganesh V A, Dinachali S S, Nair A S, et al. Robust superamphipho-bic film from electrospun TiO_2 nanostructures[J]. ACS Applied Materials & Interfaces, 2013, 5(5): 1527-1532.

[97] Wang N, Zhu Z G, Sheng J L, et al. Superamphiphobic nanofibrous membranes for effective filtration of fine particles[J]. Journal of Colloid and Interface Science, 2014, 428: 41-48.

[98] Wang J L, Raza A, Yang S, et al. Synthesis of superamphiphobic breathable membranes utilizing SiO_2 nanoparticles decorated fluorinated polyurethane nanofibers[J]. Nanoscale, 2012, 4: 7549-7556.

第 9 章　超润湿材料的应用

9.1　构造法比较

超润湿材料的制备主要有水热法、溶胶-凝胶法、沉积法、涂覆法、刻蚀法、静电纺丝法等，各构造方法的比较见表 9-1。

表 9-1　各构造法的优缺点

方法	优点	不足
水热法	通过水热法合成的产物具有纯度高、分散性好、晶形好且可控、成本低等特点，便于大规模生产	工艺要求较高
溶胶-凝胶法	溶胶-凝胶反应条件容易控制，反应前驱体种类多样，可广泛地应用于超疏水表面的制备	制备工艺路线比较长，耗时长，生产效率低下，生产过程有溶剂污染，制备的涂层存在裂纹性和厚度限制，得到的表面结构可控性差
沉积法	所需设备便宜，形成的表面一般重复性和耐酸碱性较好	制备过程中使用的化学物质具有毒害性，表面耐磨性较差
涂覆法	操作简单，易于制备实现量产	机械稳定性差
刻蚀法	生成的粗糙结构较为均匀，所得超疏水表面的稳定性和耐蚀性较好，可形成持久的疏水表面	制备时间长，制备条件可控性稍差，可能会降低基底强度、难以刻蚀化学性质非常稳定或者硬度过大的衬底等，成本较高，难以实现广泛的生产和应用
静电纺丝法	使用设备简单，易操控	有机纳米纤维的种类有限，所制备的超疏水表面性能较差

9.2　建筑领域的应用

9.2.1　水热法

水热法合成采用的主要装置为高压反应釜，它是实现高温高压水热合成的基本设备。近年来，水热设备有了很大的改进和发展。采用微波加热源和用高强度有机材料制作的双层反应釜(由聚四氟乙烯内芯和不锈钢外套两部分构成)，即形成了所谓的微波-水热法，聚四氟乙烯内芯不仅可以提供密闭的反应空间，而且还能够耐强酸强碱等腐蚀性化学物质，可以满足合成一些材料所需要的特殊条件。目前，对于单组分和多组分的复合材料纳米晶体都可以使用水热法实现可控合成。水热法所合成的纳米晶粒分散性好、尺寸分布均匀。根据所加入的原料配比量，还可以合成具有一定化学计量比组成的复合材料。以下是使用水热法制备超润湿材料的一些例子。

杨文芳等[1]通过模板法在聚偏氟乙烯上面形成了微纳米粗糙结构从而制得了超疏水PVDF 薄膜。PVDF 薄膜虽然具有良好的化学稳定性，但其作为建筑膜材料没有自清洁性能，所以用四氟化碳对 PVDF 膜进行低表面能改性，使得表面接枝了更多的含氟基团，制得了接触角高达 166°的 PVDF 薄膜，并具有良好的自清洁性能。

占彦龙等[2]以正硅酸乙酯(TEOS)为交联剂、二月桂酸二正辛基锡(DOTDL)为催化剂，利用聚二甲基硅氧烷(PDMS)与聚四氟乙烯(PTFE)超细粉杂合固化在玻璃基体上制得具有一定透明度的自清洁超疏水涂层。通过实验发现水滴从高处滴落到超疏水涂层表面会弹起说明该涂层具有较低的黏附力和较好的自清洁性能，且该涂层具有一定的透光度，可将其用于自清洁玻璃基材表面。

钱志强等[3]利用一步水热法在镁合金表面构筑了超疏水表面，制备过程如图 9-1 所示，镁合金是第三大工程金属材料，因其良好的性能所以在航天航空领域有广泛的应用，但是镁合金的化学性质活泼，抗腐蚀性能较差。而在其表面构筑一层超疏水材料可以增强它的抗腐蚀性。以硬脂酸、三水硝酸铜和无水乙醇为原料采用一步水热法在镁合金表面制备了超疏水涂层，通过实验测得最佳水热反应温度为 80℃、水热时间为 30 min。将制得的超疏水镁合金放在空气中两个月发现接触角仍然有 150℃，表明该超疏水表面在空气中具有良好的稳定性。

图 9-1　AZ31B 镁合金超疏水表面制备过程示意图[3]

刘雷等[4]使用酸刻蚀和沸水浴相结合的方法制备了具有微纳米粗糙结构的铝合金表面，然后使用全氟辛基三氯硅烷进行低表面能修饰，最后在铝合金表面制得了一层超疏水防护膜。随后进行机械耐久性和化学耐久性测试发现，即使经历 900 cm 的砂纸摩擦或 10 次砂砾冲击，铝合金表面仍然近乎超疏水，说明该防护膜具有良好的机械稳定性。化学稳定性的测试将铝合金放置于不同 pH 的酸碱溶液中以及有机溶剂中，浸泡一定时间取出测量接触角发现变化不大，说明它具有良好的化学稳定性。

张万强等[5]通过水热法制备出了超疏水铜网，将纯铜网置于纯水中于 80℃下反应 24 h，由于纯水中含有氧气所以铜会发生反应生成氧化铜，此时会形成粗糙结构，铜网在不同温度下反应 24 h 的 SEM 图如图 9-2 所示。随后以乙醇为溶剂配制的 0.01 mol/L 十二硫醇溶液修饰 24 h，最后得到接触角达到 155°、滚动角达到 5°的超疏水铜网。该铜网具有良好的油水分离性能。

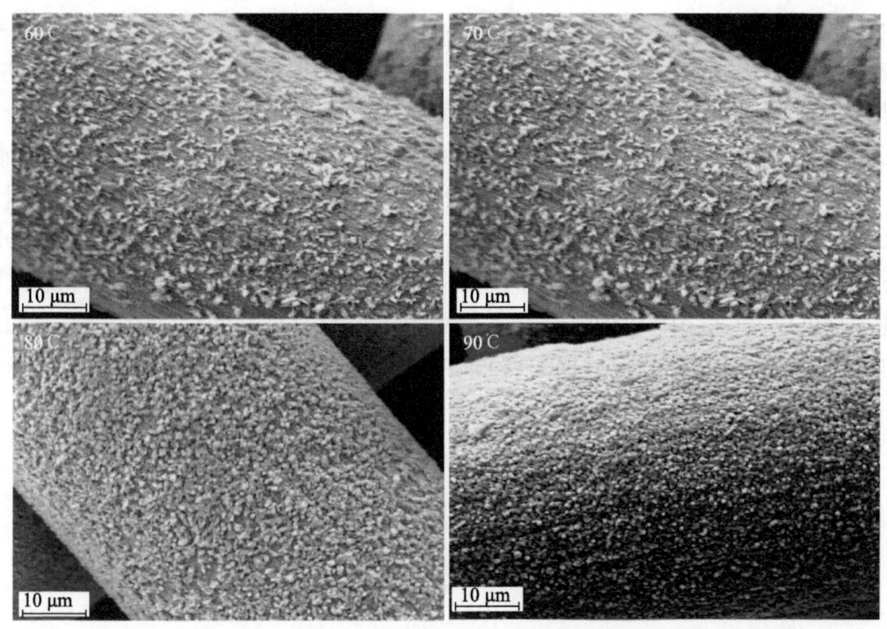

图 9-2　铜网在不同温度下反应 24 h 的 SEM 图[5]

Wang 等[6]制造了具有分层粗糙结构的 TiO_2 涂层，花卉结构采用单步水热法制备在氧化物基材上，随后改性得到超疏水材料。所得涂层在空气中表现出超疏水性，在水下也表现出超疏水性，从而在水下具有优异的自洁性能。Yuan 等[7]在 AZ61 合金上使用镀镍-磷表面作为预处理，并用水热反应处理，最后进行改性。表面显示的最大 WCA 为 155.6°±0.3°，并且具有出色的自清洁能力。

9.2.2　溶胶-凝胶法

溶胶-凝胶法是一种以水解缩合为反应，将前驱体形成溶胶-凝胶的新型制备杂化材料的方法，它具有操作简便、反应温度低、低污染、影响小、易于成膜的等特点。溶胶-凝胶法作为一种迅速兴起的制备功能材料的技术，能够将不同种类的添加剂、有机功能材料等分散在溶胶基质中，经过热处理后变得致密，同时这种均匀分布的状态仍旧保持不变，并且表现出材料的独特性。

付国永[8]使用环氧树脂为基础涂层，以纳米氧化铝颗粒构造粗糙度，然后以聚二甲基硅氧烷作为低表面能物质对 Al_2O_3 环氧涂层进行浸涂，制得超疏水复合涂层。通过测试发现该种涂层具有良好的稳定性，主要包括耐热老化稳定性、耐溶剂性、机械稳定性和冻融稳定性，而建筑材料最需要的就是这种特性。

高英力等[9]借鉴稀土长余辉发光材料吸光蓄光发光特性与超疏水材料自清洁特性，以水泥基胶凝材料为主体，制备出既可以在白天吸光夜间发光，也可以在雨季排水除尘的新型超疏水改性自发光水泥基功能材料。且通过实验优选出综合性能最优的材料配比进行疏水改性，研究发现最优材料配比为 30%发光粉、5%反光粉和 0.44 的水胶比。超疏水涂层材料对自发光试件的力学性能与发光性能没有影响，氟硅烷疏水剂处理试件的疏水性能比硅烷类疏水剂处理试件更优，接触角高达 159.8°。自发光超疏水试件表面粗糙度较大，经过氟化处理后，SiO_2 表面成功接入了氟链并形成低表面能的烷基链，随着反应的进行，烷基链不断延长并在基体表面形成大量的微纳米复合二级结构。

Zhang 等[10]制备了一种由聚甲基丙烯酸烃乙酯(PHEMA)水凝胶组成的超疏水纳米涂层，经过实验证明在 80℃下，该涂层也比聚氯乙烯水管的抗黏附性能好。矿物质附着在水管中，会导致设备损坏和效率低下，如换热器和冷凝塔。虽然一般的超疏水涂层也能防止矿物质附着，但是这些材料的超疏水性往往在水中浸泡一段时间后就会丧失。而通过实验可以看到，由 PHEMA 制备的涂料不仅具有良好的抗黏附性能，而且具有较好的稳定性。该材料的制备过程和表面结构如图 9-3 所示。

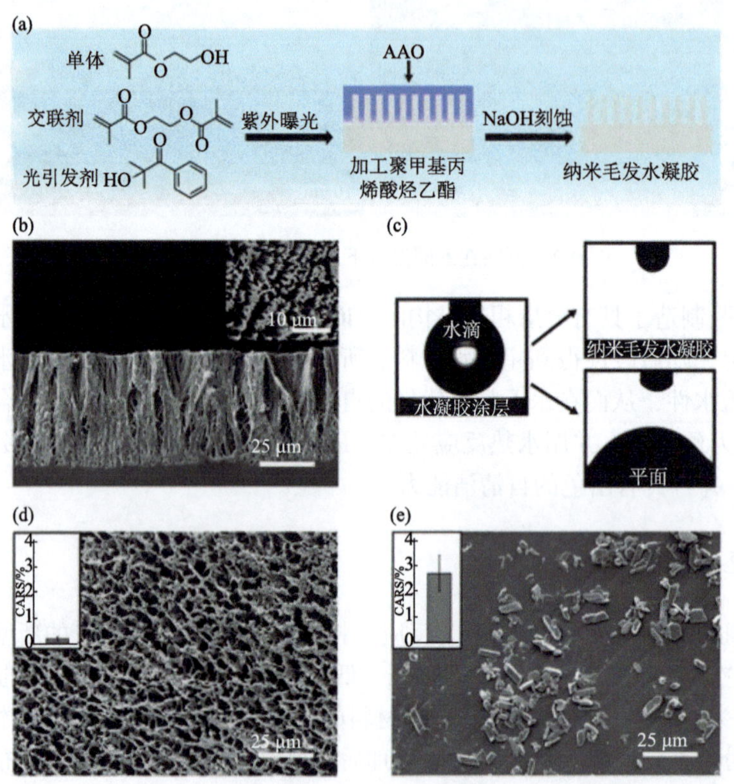

图 9-3 超亲水纳米水凝胶涂层的制备和表征[10]

(a)使用复制成型方法的纳米毛发水凝胶涂层的制造工艺示意图；(b)从侧视图和顶视图扫描纳米毛发水凝胶涂层的电子显微镜图；(c) 水接触角照片；(d)纳米毛和(e)扁平水凝胶涂层上的矿物晶体附着力的 SEM 图

林倩倩等[11]以钛酸丁酯为钛源，利用溶胶-凝胶法，通过掺杂聚二甲基硅氧烷(PDMS)，在玻璃基材表面制备了 TiO_2-PDMS 复合薄膜，该薄膜具有超亲水性，将其覆盖在建筑物表面可以加快水分的蒸发，从而实现建筑室内温度的调节，同时还能实现建筑表面的自清洁。测试结果表明：在有散水的条件下，构筑物表面可长期保持超亲水状态，涂膜与未涂膜的构筑物相比，其内部温度平均低 7℃左右，实现了构筑物内部温度的有效调节。相比传统的调节温度的方式，使用该种材料明显更加节能环保。

刘盛友等[12]通过新型低成本的 Al_2O_3 溶胶在铝基底上制备了超疏水 Al_2O_3 薄膜，该薄膜与去离子水的接触角达到 153.2°，具有较高的疏水性和较低的黏附性，提高了铝基底的耐海水腐蚀性，对空白基底的缓蚀率达到 97.9%，对其进行海水腐蚀模拟测试，发现该超疏水涂层对于金属的腐蚀防护作用明显。

刘群等[13]采用溶胶-凝胶法制备了超疏水超亲油不锈钢表面，将乙醇与氨水混合后加入正硅酸乙酯获得二氧化硅溶胶，将不锈钢网放入壳聚糖的乙酸溶液中浸泡 10 min 后取出再放入二氧化硅溶胶中浸泡 10 min，其中壳聚糖的作用是为了提高二氧化硅附着沉积在基材表面的成功率。随后放入甲基三氯硅烷的正己烷溶液浸泡 10 min，最终得到超疏水超亲油的不锈钢，通过油水分离实验测得不锈钢网的油水分离效率高达 99%，且经过 50 次的分离后效率还能达到 96%。在含油废水及海上漏油处理方面展现出良好的应用潜力。

丁鹏等[14]利用化学刻蚀和溶胶-凝胶法相结合的方法制备了具有微纳二级粗糙结构的超疏水不锈钢网，先将不锈钢网浸入刻蚀液中发生化学反应制备粗糙结构，然后将具有粗糙结构的不锈钢网浸泡在制备好的二氧化硅溶胶中，使得二氧化硅沉积在不锈钢表面，最终制得具有超疏水超亲油性能的不锈钢网。

Hao 等[15]以四乙氧基硅烷和甲基三乙氧基硅烷为前驱体，使用溶胶-凝胶法制备出超疏水二氧化硅薄膜。Takeda 等[16]采用溶胶-凝胶法制备了透明氧化铝薄膜，经过热处理和全氟辛基三氯硅烷修饰后得到超疏水表面。

9.2.3　沉积法

沉积法是通过在基底表面沉积目标物质从而制得具有特殊润湿性能的基底，主要分为电沉积法和气相沉积法。电沉积法是将阳极和阴极(通常是被涂覆的基体)浸在含有金属离子的电解液中，在两个电极之间施加一定的电势，阳极发生氧化反应而溶解，阴极发生还原反应使金属离子沉积在其表面形成涂层。气相沉积法是把含有构成薄膜元素的气态反应剂或液态反应剂的蒸气及反应所需其他气体引入反应室，在衬底表面发生化学反应，并把固体产物沉积到表面生成薄膜的过程。

刘洋等[17]通过沉积熔融法将金属颗粒附着在基材上制备了超疏水表面，在实验过程中使用超声振动将金属颗粒充分分散在液体中，采用的低表面能物质是十七氟癸基三甲氧基硅烷。该超疏水涂层在钢、铝合金和黄铜上的超疏水性能较好，可广泛用于建筑材料上。

袁志庆等[18]通过在铜表面沉积蜡烛灰成功制备了纳米结构超疏水涂层，对其进行抑冰性能测试，水滴在普通铜表面 2 s 就会结冰，而在超疏水涂层表面需要 50 s，这是因为涂层表面的微纳米结构中的空气会形成空气垫，且空气的热传导系数远远小于铜的，体现了该涂层较好的抑冰性。

张雪梅等[19]将硬脂酸修饰后的粉煤灰用环氧树脂黏接在不锈钢网骨架表面，制备了超疏水不锈钢网，制备流程如图 9-4 所示。对其进行耐磨实验，结果显示该材料具有良好的机械稳定性和超疏水耐久性。随后进行油水分离实验测得的每次油水分离效率都高于 94%，且经过 10 次的油水分离后分离效率没有明显降低，所以该种材料在工业生产和生活中对含油废水中油类有机物分离具有良好的应用前景和实用价值。

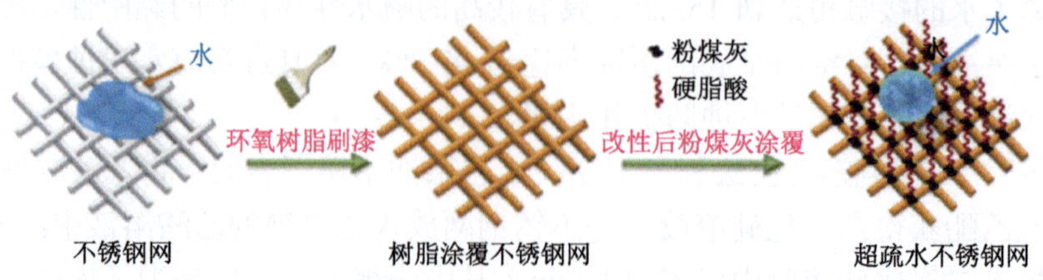

图 9-4 超疏水不锈钢网制备流程示意图[19]

Cai 等[20]使用蜡烛灰和甲基三甲氧基硅烷采用气相沉积法制备了透明超疏水薄膜。该薄膜具有优异的热稳定性和良好的防潮性能，接触角大于 165°，且有约 90%的透光率。

9.2.4 涂覆法

在实际生产中，涂覆技术简单来讲就是往其表面覆盖一层膜，古代时，人们一般仅仅用刷子在材料表面手工刷涂，到现在大型的涂覆机自动涂覆，这是科学技术不断进步的结果。

马伟伟[21]发明了一种建筑外墙用泡沫水泥保温板用疏水自清洁涂料及其制备方法。该方法分为制备超疏水填料和制备疏水自清洁涂料两个步骤，制得的涂料可以滚涂、喷涂、刷涂到发泡水泥保温板上，常温干燥后就可以得到疏水自清洁涂层。此涂层可广泛应用于建筑外墙体系，传统的防水措施是为了防止水对建筑物某些部位的渗透而从建筑材料上和构造上所采取的手段。超疏水材料具有独特的疏水性，其疏水性能远远超过防水卷材和防水涂料等传统产品，在建筑物内外墙、地下室、玻璃及金属框架等的防水和防沾污方面具有巨大的应用潜力。

李月光等[22]使用溶胶-凝胶法在纳米氧化锌颗粒表面构建微-纳米级粗糙结构，制备出具有超疏水性质的纳米氧化锌溶液，将其涂在路面上，经实验发现路面的抗滑性能和抗结冰性能明显提高了。

Zhang 等[23]以环氧树脂为黏合剂，使用纳米二氧化硅和十二烷基三甲基硅烷制备了一种超疏水、超亲油的纳米涂层(MSHO)，制备流程如图 9-5 所示。该涂层具有良好的

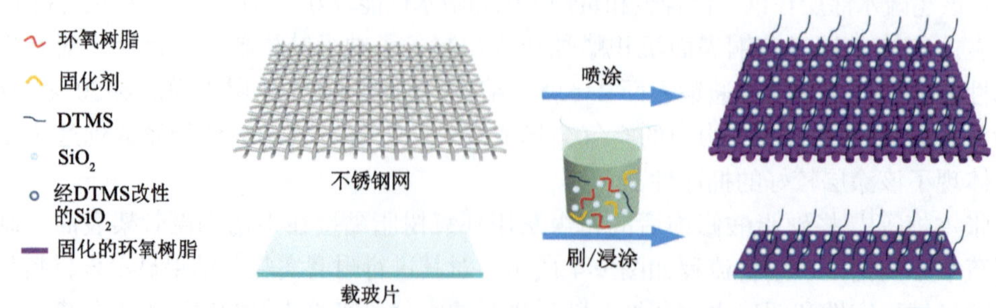

图 9-5 通过一步沉积法制备 MSHO 的示意图[23]

自清洁性且无毒，该材料非常适合喷涂到金属的建筑材料表面。因为金属材料一般会需要涂润滑油来保持其性能，而一般的超疏水涂层在受到油层污染后其疏水性能会降低甚至丧失。而实验证明该材料覆盖油层后还具有良好的自清洁性能。

蒋卫中等[24]以双酚 A 环氧树脂及氟化物改性二氧化硅为原材料，制备了一种超疏水疏油涂层，经实验检测该涂层与不锈钢底材附着力较好，且具有良好的耐盐雾和耐老化性能，当然该涂层的耐磨性能和自清洁性能也比较好，适用于以不锈钢为主要建筑材料的建筑物中。

刘朝杨等[25]以纳米二氧化硅及聚合物为原材料采用喷涂法在基材表面形成均一涂层，经过实验证明该涂层具有良好的透明性，而且稳定性和结合性也很好，主要用于以玻璃为基材的表面。

于辉等[26]通过乳液聚合法制备了改性 SiO_2 微球-含氟聚合物混合涂膜液，然后将其喷涂在低碳钢表面形成超疏水表面。制备流程如图 9-6 所示，实验研究表明喷涂后的表面在流体输送时可以减少摩擦阻力，从而减少能源的消耗。同时还能抑制酸的腐蚀和降低金属表面结垢的速率，所以该材料适合用于金属管道中。

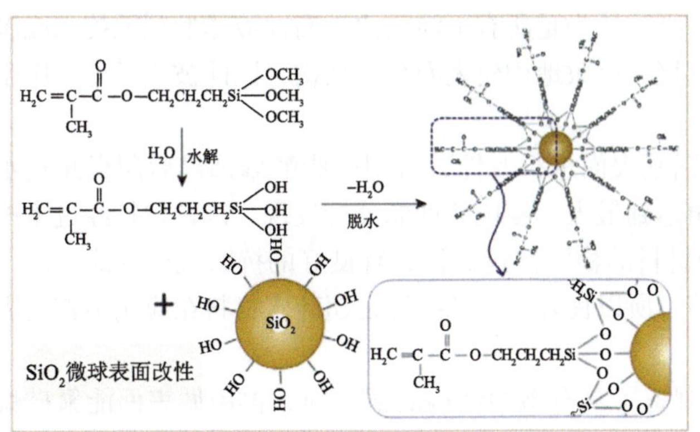

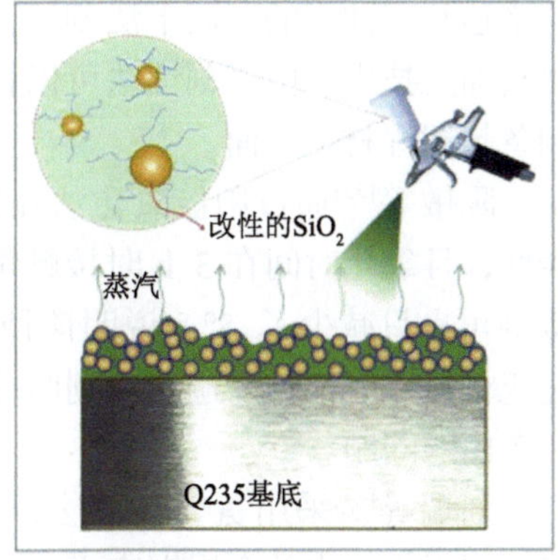

图 9-6　SiO_2 微球表面改性及喷涂过程示意图[26]

李怡雯等[27]采用四甲氧基硅烷和甲基三乙氧基硅烷共缩合制得了超疏水减反射涂层，该涂层的平均透光率达到了 97%，接触角高达 164°，说明该种涂层具有良好的超疏水性能和减反射性能，对于需要长期暴露于太阳光下的建筑材料有着巨大的应用价值。且通过实验检测发现该涂层经过 1080 h 的紫外光照射，其结构也没有被破坏，说明它的抗紫外耐久性能也较好。

叶向东等[28]以 PDMS 和 SiO_2 为主要原材料制备了一种专门用于建筑表面的超疏水材料，将涂层喷涂于建筑墙体表面，然后对其进行各种性能测试。喷涂后表面接触角达到 152°。在自清洁测试中发现该涂层不仅对液态污染物有着良好的清洁能力，而且对于炭黑粉末等颗粒污染物也有很好的自清洁效果。

郭于田等[29]先制备出流动性好的混合胶将其喷涂在木材表面，随后将经过低表面能修饰剂修饰过的超疏水二氧化硅粒子喷涂在木材表面，等丙酮挥发后即得到超疏水木片。经过试验测试发现该木片具有良好的耐摩擦性能。

Zhang 等[30]通过均质化的 α-纤维素和十一烯酰氯反应生成纤维素衍生物，然后将反应制备的乙醇悬浮液喷涂在纸表面，干燥后得到具有优良稳定性的超疏水表面，并且制备的超疏水纸具有特殊的光反应特性。Zhu 等[31]分别用甲基三甲氧基硅烷(MTMS)和全氟辛基三乙氧基硅烷(PFOTES)对纤维素微纳颗粒(CNCmp)进行改性，然后将疏水改性后的 CNCmp 喷涂在定性滤纸表面。结果表明，MTMS 疏水改性后制备的滤纸与 PFOTES 疏水改性 CNCmp 制备的超疏水效果相似。但是，由于 MTMS 更便宜，更具有实用的价值。Li 等[32]对二氧化硅颗粒表面的十八烷基三氯基团进行了改性，提高了其疏水性，然后通过喷涂方法使纸基表面具有超疏水性能，并且纸张表面的物理性质不会受到影响。

9.2.5 刻蚀法

广义上来讲，刻蚀是通过溶液、反应离子或其他机械方式来剥离、去除材料的一种统称，是微加工制造的一种普适叫法。对于刻蚀工艺，可分为两大类：湿法刻蚀和干法刻蚀。湿法刻蚀，是一个纯粹的化学反应过程，利用溶液和预刻蚀材料之间的化学反应来达到刻蚀目的；而干法刻蚀，则被认为是所有不涉及化学腐蚀液体的刻蚀技术或者材料加工技术。由于刻蚀法可以直接、有效地构建表面粗糙结构，因此被广泛地应用于制备超润湿材料表面。

阮敏等[33]通过阳极氧化法在铝基表面进行改性，再用硬脂酸修饰最后制得超疏水表面，且氧化时间在 3 h 时接触角达到最大。经抗磨性能分析发现，该种材料经过摩擦接触角也只减少了 5°，说明该种材料的稳定性较好且具有良好的抗磨抗蚀性能。由于建筑材料一般都难以避免受到摩擦，所以良好的抗摩擦性是超疏水材料在应用中首先需要考虑的问题。

刘瑞等[34]采用氨气腐蚀法，制备了具有微纳结构的铜表面，再用低表面能氟硅烷修饰制得超疏水的金属铜表面。对其进行覆冰实验发现，超疏水金属铜表面的结冰时间大大延长了，且由于表面的超疏水性可以在结冰后轻易地去除掉。

钱晨等[35]将 2024 铝合金在 0.5 mol/L 硫酸和 0.01 mol/L 草酸钛钾混合溶液中进行阳极氧化制得超疏水表面，且在氧化时间为 90 min 时，接触角达到最大。将其浸泡在 3.5%氯化钠溶液中测量其抗腐蚀性能，在浸泡 14 天后发现相比没有进行疏水处理的铝合金表面，处理后的铝合金表面的耐腐蚀性能明显更好，其保护效率高达 99.92%。

熊静文等[36]采用高速电火花切割技术构造出表面粗糙结构，再通过浸泡硬脂酸乙醇溶液降低表面自由能制备了具有超疏水特性的铜基体表面。铜在含有氯离子的环境中很容易腐蚀，将超疏水铜基体浸泡于 NaCl 溶液中测量其耐腐蚀性能可以看到相比未处理过的铜超疏水铜具有良好的耐腐蚀性能，其原因是仿生分层亚微米结构内充满空气，空气层充当了阻挡层以阻挡水和其他腐蚀性物质。

郑顺丽等[37]采用电化学阳极氧化法与十四酸修饰相结合的方式在铝基底上制备了超疏水涂层。通过实验得到最佳阳极氧化电压为 20 V，具有良好的低黏附性和稳定性。随后对其进行机械稳定性测试发现经过喷砂处理后接触角仅仅降低了 4°，涂层仍然具有良好的超疏水性，即具有较好的机械稳定性。

杨统林等[38]采用氯化铜刻蚀的方法在铁表面构造出粗糙结构，用硬脂酸作为低表面能物质进行疏水改性，制备了具有超疏水特性的铁表面。且通过实验测得制备的超疏水铁表面最适宜的条件是：$CuCl_2$ 浓度为 0.005 mol/L，硬脂酸质量分数为 0.5%，刻蚀时间为 15 min。随后对该表面进行稳定性测试，发现温度变化对超疏水性没有太大影响，但是 pH>11 时会使得表面失去超疏水性，这是因为硬脂酸在碱性条件下会发生中和反应，但是酸性条件没有影响。同时可以得到超疏水铁表面对水滴黏附力很小且自清洁能力较强。

赵树国等[39]通过电化学阳极氧化法制得了超疏水铝合金表面，采用的电解液是中性环保的 NaCl 溶液。且该表面的润湿性能会发生改变，刚完成电化学刻蚀时，合金表面表现出良好的亲水性，当放置 12 天后变为超疏水，这主要有 3 个方面的原因：①放置一定天数后会吸附空气中有机物使得表面自由能降低；②刚刻蚀完表面会残留水分，所以当水滴到合金表面会迅速和残留水分结合；③放置一段时间后表面粗糙结构捕获的空气会使得水不能对合金表面润湿。进行加热处理会使得合金表面重新呈现出亲水性，这是因为加热使得吸附的有机化合物分解，当放置一段时间表面重新呈现出疏水性。

Li 等[40]通过电化学刻蚀结合氟烷基硅烷修饰的方法制备了超疏水镁合金表面，制备机理如图 9-7 所示，通过测试发现使用该方法制得的镁合金不仅具有良好的超疏水性能，而且还具有优良的抗磨损性能和自清洁性能。电化学刻蚀的最佳时间为 6 min，且通过电化学刻蚀后必须还要经过氟烷基硅烷改性才能制得超疏水表面。

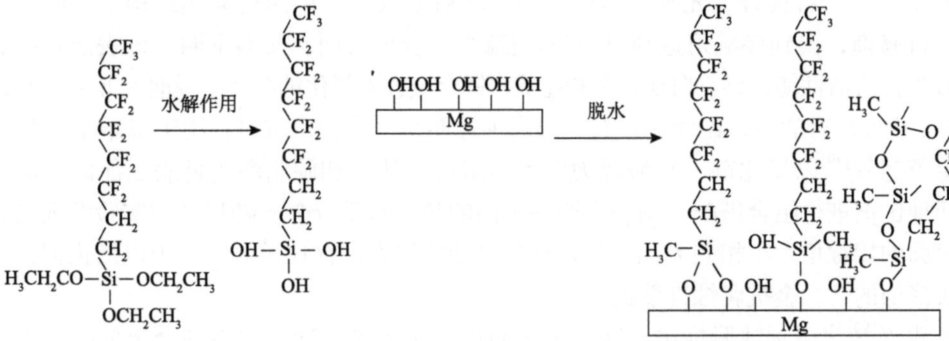

图 9-7 镁合金表面自组装 FAS 膜的形成机制[40]

安华[41]以硫酸铜为电解质溶液采用电化学刻蚀的方法制得了具有粗糙结构的铜表面，随后使用十七氟辛基三乙氧基进行低表面能修饰，最后制得以铜为基底的超疏水铜表面，该方法操作简单，且制得的超疏水表面具有较高的稳定性。

包晓慧等[42]以硝酸钠为电解质溶液，铝基复合材料为阳极，等面积的铜为阴极，进行电化学蚀刻，然后放在氟硅烷/乙醇溶液中浸泡 1 h，最后制得铝基复合材料超疏水表面。该材料在电流密度为 6 A/cm^2 时既具有很高的接触角，又有较低的滚动角。

刘戈辉等[43]以盐酸和对甲苯磺酸（TSA）为刻蚀剂，涂覆硬脂酸后制得了超疏水铝表面，当 TSA 浓度为 0.2 mol/L，刻蚀时间为 8 min 时，获得的超疏水表面接触角最大，为 167.9°，滚动角为 6.3°，进行稳定性测试发现该表面不仅具有良好的机械稳定性，还具有化学稳定性。测试化学稳定性时使用的是氯化钠溶液模拟海洋环境，所以该种材料可用于海洋中，耐海水腐蚀。

张晓东等[44]采用电化学沉积法和刻蚀法相结合的方法制备了超疏水铜表面，研究了电沉积电压和时间对超疏水性能的影响，得出了最佳沉积电压和时间分别为 8 V 和 12 h。然后使用氯化钠溶液测量制得的超疏水铜表面的耐腐蚀性能，最后得出结论：通过该方法制得的超疏水铜表面不仅具有良好的超疏水性能，并且耐腐蚀性能也很优良。

朱凯等[45]使用电化学活化和化学蚀刻法在不锈钢表面制造了微纳米复合孔洞结构，然后使用硫酸和氧化铬进行染色处理，在蚀刻时间为 1 h、活化时间为 3 min 的条件下，不锈钢片具有最佳疏水性能，进行刻蚀后再使用全氟辛基乙氧基硅烷进行低表面能改性处理最终制得具有超疏水性能的彩色不锈钢表面。

包晓慧等[46]使用电化学刻蚀的方法在碳化硅增强复合材料表面制备超疏水薄膜，使用的低表面能修饰剂为氟烷基硅烷，且通过实验测得最佳刻蚀时间为 10 min，最佳电流密度为 6 A/cm^2。相较于金属基底，金属基复合材料具有强度高、稳定性好等优点。

孙晶等[47]先使用电化学刻蚀的方法在铝基表面制备出微纳米级别的粗糙结构，随后将其在硫酸和高锰酸钾的混合溶液中进行电解处理使其着色，最后使用氟硅烷降低表面能，得到彩色超疏水铝表面。主要对着色电压和时间进行了研究，得出最佳着色电压和着色时间分别为 10 V、3 min。

朱亚利等[48]将镁合金先在盐酸中刻蚀，然后放入氨水中制得粗糙结构，再使用硬脂酸进行修饰，得到接触角达到 154°的超疏水镁合金表面。实验证明，该表面具有低黏附力和自清洁性能，将空白镁合金和超疏水镁合金放入氯化钠溶液中浸泡 8 h 发现超疏水镁合金表面没有盐渍，说明它具有耐盐腐蚀性能，可作为建筑材料用于海洋环境中。

卫英慧等[49]以氯化铜、硫酸锌为电解质溶液，油酸和硬脂酸为低表面能修饰剂，对这四种试剂进行组合搭配，制备出四种不同的超疏水镁合金。随后经过实验发现虽然四种表面的接触角大小相差无几，但是在抗腐蚀性能方面存在差异，其中以氯化铜刻蚀硬脂酸修饰的镁合金抗腐蚀性能最好。

杨武等[50]使用刻蚀煅烧法对镁合金表面进行超疏水处理，先将镁合金依次放入盐酸和氨水中进行刻蚀，随后放入电阻炉中煅烧一定时间，最后用硬脂酸进行低表面能处理得到超疏水镁合金。

张方东[51]利用电化学刻蚀与氟硅烷改性相结合的方法制备了超疏水超疏油锌表面，经过试验测得最佳刻蚀时间为 20 min，最佳刻蚀电流密度为 0.4 A/cm^2。最后制得的锌基表面接触角达到 150°，且该表面具有良好的疏油性能。

周强[52]利用电化学刻蚀的方法在铝基表面制备了粗糙结构，然后在高锰酸钾和硫酸的混合溶液中进行电解着色，随后使用氟硅烷进行修饰，最后得到颜色亮丽的金黄色超疏水铝基表面。

李娟[53]使用电化学刻蚀的方法在铝基表面制备出粗糙结构，随后使用硬脂酸作为低表面能修饰剂制得接触角达到 160°的超疏水铝，并对铝基超疏水润湿性调控的可逆性进行了研究，发现温度变化会导致铝基低黏附超疏水表面逐渐向高黏附超疏水表面转变。

Ma 等[54]通过电化学刻蚀的方法制备了超疏水的 GH4169 镍高温合金，以不同种类的电解质溶液制备了超疏水镍基高温合金，其表面粗糙结构如图 9-8 所示，并对这两种材料进行了稳定性测试，结果表明除了耐磨性能外，这两种超疏水材料的性能相差不多。且以硝酸钠为电解质溶液制备的超疏水镍基高温合金耐磨性能比以氯化钠为电解质溶液的好。

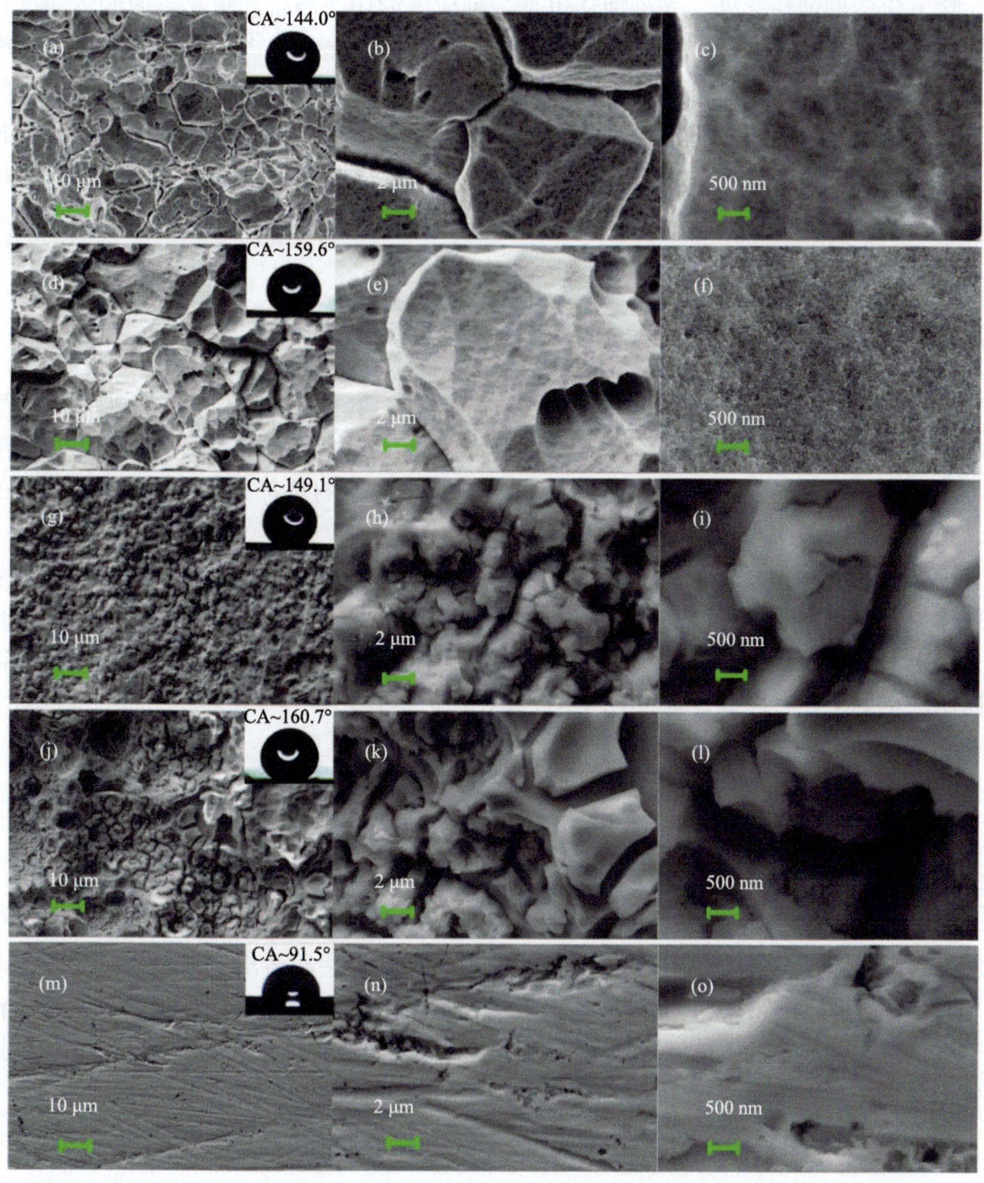

图 9-8　不同工艺下 GH4169 表面的 SEM 图[54]

(a～f) 在 $NaNO_3$ 溶液中电化学腐蚀的 GH4169 表面；(g～l) 在 NaCl 溶液中电化学腐蚀的 GH4169 表面；(m～o) 未加工的 GH4169 表面

Zhou 等[55]以磷酸和氢氟酸的混合溶液作为电解质溶液采用电化学刻蚀的方法制备了超疏水硅片，刻蚀过程中以硅为阳极、石墨为阴极。随着刻蚀时间的增加，超疏水性能也逐渐升高，刻蚀时间达到 7 h 时超疏水性能最好。通过接触角的测量发现该种材料具有超疏水超亲油和油下超疏水性，还将制备后的硅分别放置在空气和油中两个月再测量接触角变化的情况，发现接触角大小几乎没有变化，说明它具有良好的稳定性。

除了化学刻蚀法之外，光刻蚀法也是一种成熟的用于制备超疏水表面的方法，包括软光刻[56-59]、X 射线光刻[60]、电子束光刻[61, 62]和纳米光刻[63, 64]等，常被用于微电子、传感器和医学等领域，具有加工精度高、能实现超疏水表面润湿性准确定量调控等优点，但是该方法工艺要求较高、成本较高。Yang 等[65]使用纳米压印光刻和热处理相结合的方法制备了接触角高达 160°的超疏水木材表面。Zahner 等[66]在超疏水表面利用掩膜紫外光刻技术制备了多种超亲水图案，该图案可通过滴加染色水溶液到表面来观察，该材料可以用于水分收集。

9.2.6 其他

邵建文等[67]发现低表面能物质修饰层在光照条件下易分解，但是一些太阳能装置必须在室外工作，这就要有良好的抗紫外线性能，可以用氧化锆硅氧烷和聚对苯二甲酸乙二醇酯制备超疏油表面，且经过一系列实验证明这两种材料都具有良好的抗紫外线的超疏油性，可以用在太阳能板等室外装置上。

王婷婷[68]利用十六烷基三甲氧基硅烷为改性剂直接对 SiO_2 进行改性，同时以环氧树脂作为复合材料的骨架，使其成为可以有固定形状且具有涂抹性和吸附性的超疏水材料。通过一系列实验发现，SiO_2 环氧树脂超疏水材料疏水性能好，将该材料涂覆在需要防水的基底上，可以提升基底的防水性能，保护基底。

9.3 工业及农业领域的应用

9.3.1 纺织品

通过对荷叶效应的深入研究，实验人员通过多种方法制备出了具有荷叶超疏水自清洁效应的纺织面料。此类面料具备如下特性：①透气，允许水汽分子透过；②不沾水，水滴落到面料表面上能够形成水珠，裹挟面料表面的灰尘一起下落；③衣物表面达到纳米级别的粗糙程度，而不是仅在于以纤维为最小单位[69]。

各种制备方法的原理及简介在前面已经提及，所以本节中只按制备方法对其进行分类。

9.3.1.1 水热法

徐林等[70]采用溶胶-水热法，在涤纶织物表面原位生成微纳米结构 TiO_2，采用氟硅烷（1*H*,1*H*,2*H*,2*H*-全氟辛基三乙氧基硅烷）对织物表面进行低表面能修饰，进行修饰后的涤纶接触角达到 153°，且用六种测试液进行测试后发现整理后的涤纶表面还具有良好的防污性能，并且具有抗紫外线的性能。

刘亚东等[71]以水热法合成纳米 CuS/RGO，引入低表面能物质聚二甲基硅氧烷，制备无污染的超疏水纺织品。实验证明，处理后的棉织物表面的静态接触角达到 158°，具有良好的疏水性能，且此时棉织物的紫外线透过率几乎为 0，具有良好的抗紫外线性能。在自清洁性能测试中发现，水滴在织物表面滚动时会带走表面的灰尘，说明具有良好的自清洁性能。

9.3.1.2　溶胶-凝胶法

廖正芳等[72]用正硅酸乙酯水解生成二氧化硅粒子，再用六甲基二硅氮烷进行改性，最后加入单宁酸加强其疏水性制得一种疏水性涂液。可将其喷涂在织物上，发现喷涂后的织物表面不仅疏水，而且对于各种液体都能像水滴一样使其不能黏附在织物表面，所以将此种涂层应用在织物上可以实现织物表面的清洁。

皇甫志杰等[73]采用溶胶-凝胶法制备了纳米 SiO_2 粒子，将其整理到棉织物表面构建微纳级粗糙结构，后采用不同低表面能疏水剂如十六烷基三甲氧基硅烷、辛基三乙氧基硅烷、十二烷基三甲氧基硅烷及其复合物进行无氟化修饰，协同构建棉织物超疏水表面。还将其运用到其他材料表面制备超疏水表面，如图 9-9 所示。对织物表面进行耐水冲击测试和耐洗涤测试，对实验结果分析可知，经过多次水冲击和洗涤后织物表面的接触角还是保持在 150°以上，即保持了较好的超疏水性。

图 9-9　水滴在各种被喷涂后的表面的照片，插图为对应 WCA 图片[73]

盛宇等[74]采用溶胶-凝胶法制备了聚二甲基硅氧烷/SiO_2-TiO_2 复合材料，然后通过浸轧烘工艺将其覆盖在织物表面，处理前后棉织物表面形貌如图 9-10 所示。整理后的织物表面的接触角达到 157°，且滚动接触角为 9°，由于 TiO_2 本身具有一定的抗紫外线性能，所以整理后的织物具有良好的耐紫外超疏水耐久性。Singh 等[75]使用溶胶-凝胶法在棉织物上合成超疏水涂层。先将棉织物浸泡在三乙氧基乙烯基硅烷和聚二甲基硅氧烷混合溶液中，在 120℃下固化 1 h 得到 PTEVS/PDMS 涂层棉织物，随后通过连续的离子层吸附反应法涂覆 AgBr，得到具有光催化活性的超疏水棉织物。

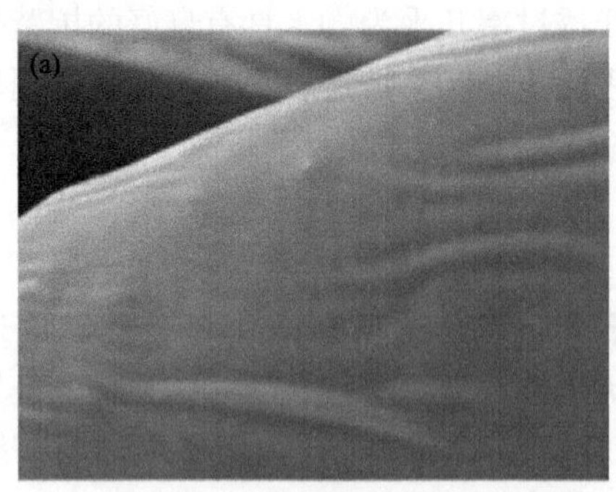

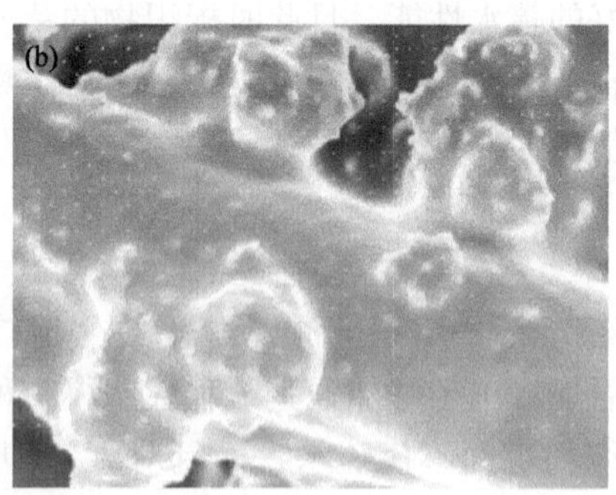

图 9-10　棉织物的场发射扫描电子显微镜图[74]
(a) PDMS 处理棉织物 (×10000)；(b) PDMS/SiO_2-TiO_2 处理棉织物 (×5000)

Dong 等[76]使用正硅酸乙酯和全氟十二烷基三乙氧基硅烷（PFDTES）形成的溶胶-凝胶对 PET 进行改性。改性 PET 是一种优良的超疏水过滤材料，其 WCA 和 SA 分别为 163.2°和 6.2°。Yang 等[77]通过将 TiO_2 溶胶与钛酸四丁酯和甲基丙烯酸六氟丁酯（HFBMA）与（3-巯基丙基）三乙氧基硅烷（MPTES）的 PHFBMA-MPTES 共聚物反应，制备了含氟 TiO_2 溶胶。随后，将棉织物浸入氟化溶胶中，制备好的棉织物水接触角约为 152°。Zhang 等[78]将多巴胺自聚合和溶胶-凝胶法结合起来，在 PDA 改性织物表面原位生长 SiO_2，然后在织物上涂覆一层 PDMS，并成功获得 PDMSSiO$_2$-PDA@fabric，棉织物与水的接触角为 155°。制备的织物与 SiO_2 具有更强的界面结合力，使织物在各种极端条件下具有更好的耐受性和功能耐久性。

9.3.1.3　沉积法

侯成敏等[79]采用自由基聚合合成水性环氧树脂，经七氟丁酸改性后，与氨基纳米二氧化硅杂化组装，在棉织物表面构筑了超疏水表面。改性前后棉织物表面疏水效果对比图如图 9-11 所示，该种材料可以减少含氟聚合物的脱落和有毒有机溶剂的使用。经过实验证明该种材料经水浸泡后超疏水性没有太大的改变，但是需要注意的是，在碱性条件下会使得织物失去疏水性能。

吉婉丽等[80]先将氢氧化镁凝胶沉积到棉纤维上，随后将含有 $Mg(OH)_2$ 的棉纤维浸渍到聚二甲基硅氧烷（PDMS）溶液中，获得具有阻燃性能的超疏水织物。通过实验可以发现该织物的阻燃性和隔热性能很好，但是由于 $Mg(OH)_2$ 的加入会使得织物的手感发生变化，变得比较硬挺，手感较差，这也是需要改进的地方。

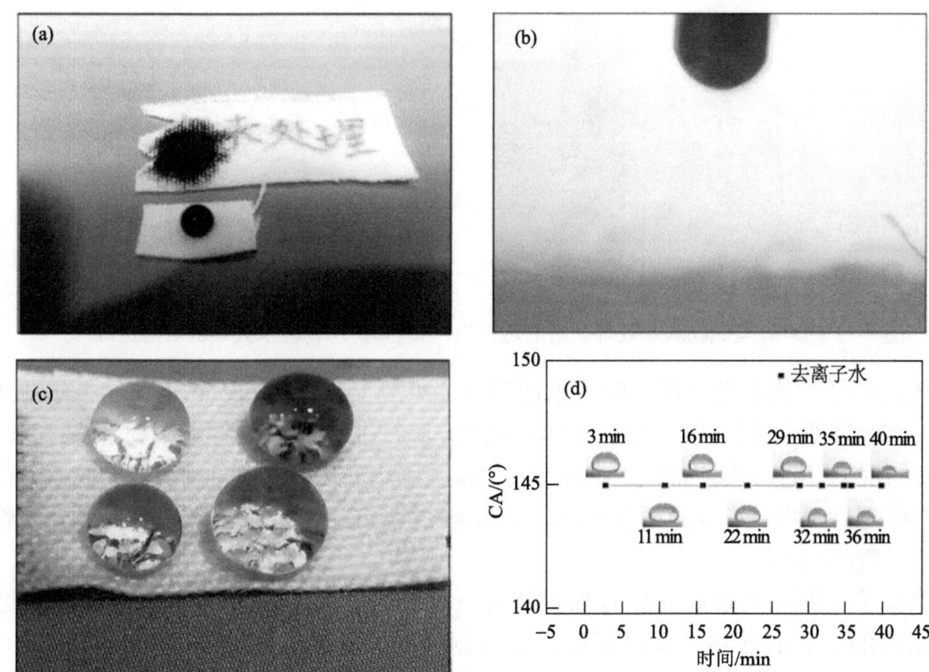

图 9-11　棉织物改性前后的疏水效果对比图[79]

(a)墨水在改性前后棉织物对比照片；(b)未改性棉织物的接触角照片；(c)不同水溶液在改性棉织物上的接触角照片；(d)改性棉织物疏水效果与不同时间的液滴变化图

阮玉婷等[81]基于多巴胺和金属离子 Fe^{3+}对棉织物进行表面改性，制备出超疏水超亲油棉织物，对其稳定性和耐久性进行测试可得该种改性棉织物具备良好的耐有机溶剂、耐 pH 值稳定性以及耐水洗性能。可将其用于油水分离，实验证明该织物的油水分离效率优异。

郑果林等[82]采用了一种新的方法制备超疏水表面，避免了有机溶剂和含氟试剂的使用。采用有机硅树脂将十八胺黏附在织物表面，且通过实验测的有机硅树脂和十八胺的最佳使用质量分数分别为 3%和 2.5%，对棉织物进行疏水性能和耐摩擦性能测试发现，该超疏水表面的静态接触角高达 158°，且经过 500 次的机械摩擦后接触角仍然有 145°，说明该超疏水材料具有良好的超疏水性能和耐摩擦性能。

王雪梅等[83]利用乳液缩聚法制备了二氧化硅微胶囊并将其与有机硅树脂乳液混合，将其覆盖于织物表面制得具有超疏水性能和防紫外性能的织物涂层。通过实验发现，微胶囊中紫外吸收剂含量在 6%时紫外吸收性能达到最好，防紫外性能最好。不仅如此，该涂层的耐磨损性能、耐老化性能、耐高温、耐酸碱性能都较好。所以该新型织物涂层可用于户外服装、帐篷、窗帘等户外防护纺织品。

洪剑寒等[84]采用 2-甲基-2-丙烯酸十八烷基酯(SMA)对真丝针织物进行表面接枝改性，提高了真丝针织物的疏水性能，在一定程度上解决了真丝织物难以护理的问题。通过测试可以看出，处理后的织物的透气性有着一定的提高，但是透湿率有所降低，测试结果如图 9-12 所示。

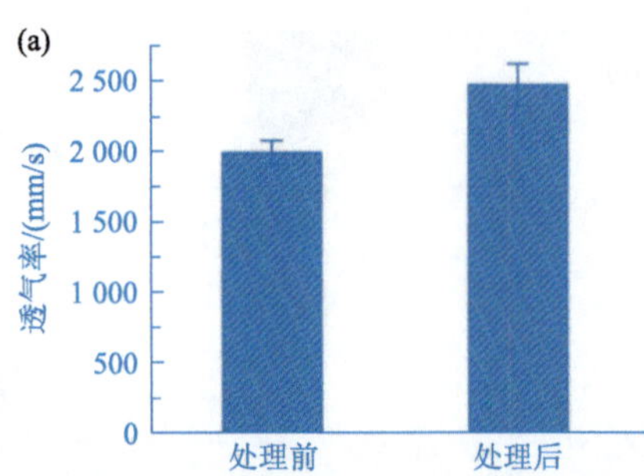

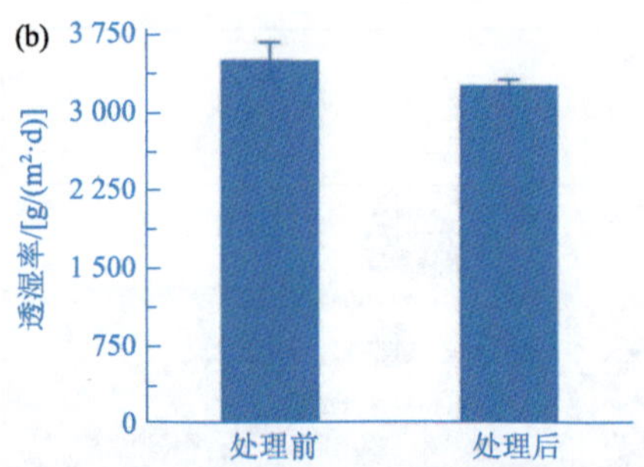

图 9-12　(a)真丝织物疏水处理前后的透气性；(b)真丝织物疏水处理前后的透湿率[84]

林兴焕等[85]将长链丙烯酸酯疏水剂通过轧烘焙工艺整理到织物表面制得超疏水棉织物。实验证明最佳长链丙烯酸酯质量分数为 8%，因为过高会影响织物手感；烘焙温度选择 180℃，过高会使得棉织物强力受到损失。用异丙醇和甘油对其进行疏水性能测试得到整理后织物具有优异的拒水性。虽然透气性会有所降低但是处理后织物透气性仍然有原织物的 88%。

郑振荣等[86]用烷基氯硅烷对棉织物进行气相沉积，在棉织物表面生成具有微观粗糙结构的低表面能物质聚硅氧烷，最后制得的织物具有超疏水和自清洁性能。经过实验测得甲基三氯硅烷和二甲基二氯硅烷的最佳体积比为 5∶1，最佳气相沉积时间为 120 min。

Hsieh 等[87]使用气相沉积的方法合成了一种含有微纳米粗糙结构的超疏水碳织物，水接触角达到 170°左右。Pour 等[88]采用气相沉积二甲基二氯硅烷(DMDCS)对聚酯织物进行了改性，在聚酯纤维表面形成了一层表面能较低、结构稍粗糙的涂层。处理后的织物表现出超疏水性，WCA 大于 150°。这种超疏水涤纶织物具有优异的油水分离性能，即使重复使用 20 次，分离效率仍能保持在 98.9%。Xue 等[89]结合气相沉积和浸涂方法制备了超疏水棉织物。首先将 60 件棉织物放入气相 3-巯基丙基三乙氧基硅烷(MPTES)中，使棉织物表面被含有—SH 基团的硅烷结构覆盖。然后在紫外线照射下，将织物浸入含有八乙烯基多面体低聚半硅氧烷(OV-POSS)、季戊四醇四(3-巯基丙酸酯)(PETMP)和 2,2 二甲氧基-2-苯乙酮(DMPA)的混合物中，在纤维上形成多面体低聚硅氧烷(POSS)聚合物层。

9.3.1.4　涂覆法

郝丽芬等[90]以 3 -缩水甘油醚氧丙基三甲氧基硅烷、聚羧基/甲基倍半硅氧烷纳米球乳液和交联型氨基硅乳为构筑基元，以棉织物为成膜基质，以化学键为驱动力，通过改进的层层自组装(LBL)技术制得了一种耐久性超疏水涂层，制备流程如图 9-13 所示。3-缩水甘油醚氧丙基三甲氧基硅烷质量分数为 0.7%时，处理后织物的疏水性最强，聚羧基 / 甲基倍半硅氧烷纳米球乳液固含量为 1%时疏水性最好。对其进行耐水洗性能测试可以看到，皂洗 25 次后接触角仍然有 141°，这主要是因为棉纤维基质与超疏水涂层直接发生了化学键合作用。Guo[91]等将亲水性埃洛石黏土纳米管(HNTs)用长链硅烷改性形成疏水纳米管，然后将改性的纳米管与固化剂混合并喷涂到目标基材表面。固化后得到超疏水棉织物。Zhang 等[92]采用浸涂法制备了以改性 Zn 纳米颗粒和聚苯乙烯为原料的超疏水棉织物纺织品。Lee 等[93]通过纳米颗粒沉积和十八烷基三氯硅烷改性制备了超疏水棉织物。Cao 等[94]采用浸涂法，分两步将有机改性硅胶(Ormosil)和聚二甲基硅氧烷(PDMS)沉积到棉织物表面，使棉织物具有优异的超疏水性能，水接触角大于160°，滑动角度小于 10°。在这种制备过程中，Ormosil 在织物表面提供纳米或微米级的粗糙结构，而 PDMS 提供最外层的低表面能。Zhao 等[95]将聚酯织物浸入含有PDMS、二月桂酸二辛锡(DOTDL)和固体石蜡的溶液中 24 h，然后取出聚酯织物并在烘箱中干燥，以去除溶剂，制备超疏水聚酯。经过化学改性后，织物的 WCA 约为157°。Li 等[96]将棉氨纶织物放入含有十八烷基三甲氧基硅烷(OTMS)和正硅酸乙酯(TEOS)的乙醇溶液中。超声波辐射 2 h 后，在纤维表面沉积了含有低表面能硅和 TiO_2 纳米颗粒的微/纳米粗糙结构，织物的 WCA 达到 158°，并且制备的超疏水织物具有良好的机械耐磨性。Qin 等[97]通过简单的多步浸渍工艺制备了具有双重涂层结构的超疏水棉织物。同一疏水组分液体多次浸渍有利于进一步提高超疏水性，在一定程度上改善涂层均匀性。Chen 等[98]通过 2-羟乙基-2-溴代异丁酸酯(HEBiB)引发的原子转移自由基聚合(ATRP)过程，将全氟辛基丙烯酸酯(TFOA)聚合成聚合物(PTFOA)。然后将 PTFOA 的末端羟基和聚己内酯(PCL)的末端羧基酯化，制备了低表面能超疏水 PTFOA-PCL 球形嵌段聚合物。最后，将 PTFOA-PCL 溶解在氯仿中，通过静电装置将溶液雾化并喷洒到棉织物表面，制备的棉织物的 WCA 和 SA 分别为 164°和 6.8°。

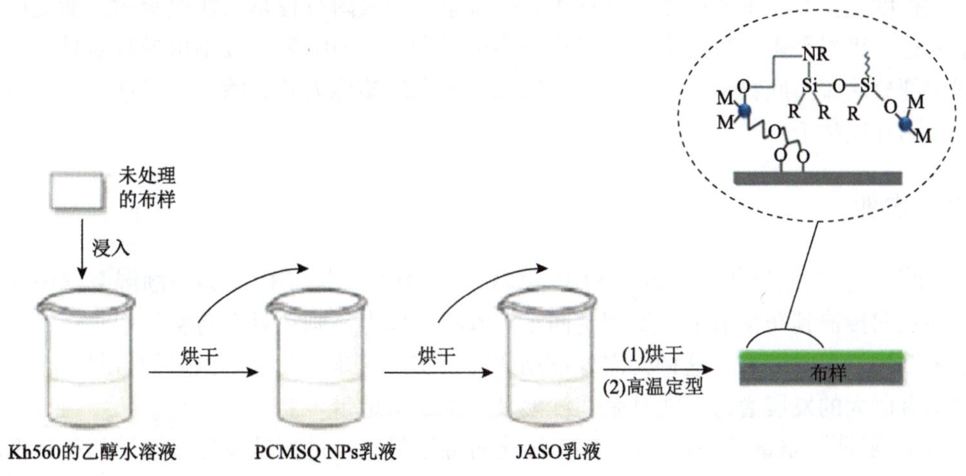

图 9-13　LBL 整理棉织物工艺流程示意图[90]

9.3.1.5　刻蚀法

Cheng 等[99]通过酶刻蚀和甲基三氯硅烷修饰相结合的方法制备了以多种织物(真丝、棉织物、羊毛织物)为基材的超疏水表面，其制备流程的简单示意图如图 9-14 所示，通过测试发现经过这种处理后的织物具有良好的机械稳定性和化学稳定性，同时有良好的自清洁性能和油水分离性能。为在织物表面进行酶蚀刻制造粗糙结构提供了参考方法。

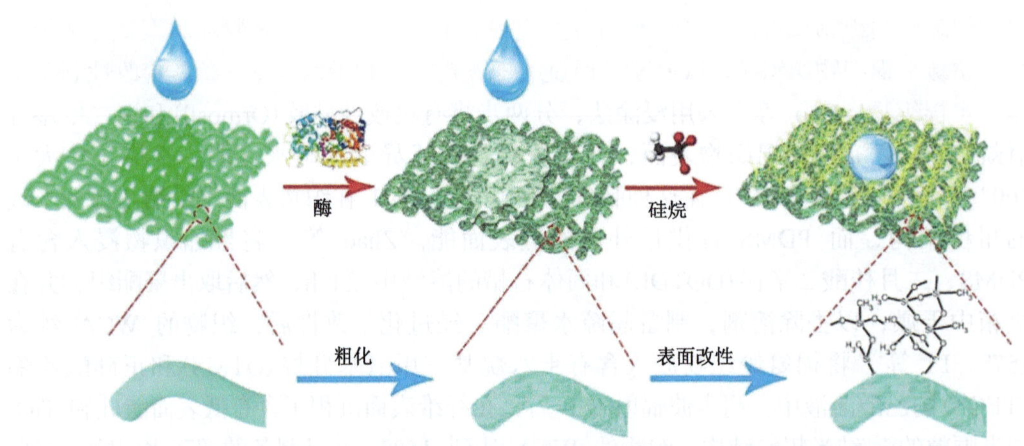

图 9-14 用于构建具有特殊润湿性的无氟织物的流程示意图[99]

商显芹等[100]通过实验发现纤维素酶主要是通过纤维素吸附区（CBD）与纤维素纤维发生结合，且这个吸附是多分子层吸附。织物对蛋白质的吸附量受到 pH 值的影响，在 pH=4.88 时吸附量最大，这一结果说明纤维素酶和靛蓝之间的吸附性能高于酶与纤维之间的吸附能力，表面活性剂的存在会降低纤维素酶和织物之间的吸附效能。

谈旭[101]发现木质纤维原料的酶解转化过程中，影响酶解得率的最关键因素是纤维素酶在底物上的吸附，但是木质纤维中的木质素也会对纤维素酶进行吸附，而且木质素在很大程度上会对酶水解产生抑制作用。纤维素酶的吸附过程是由快速吸附渐渐变得缓慢最后达到吸附平衡。且这个吸附过程分为可逆和不可逆吸附，其中可逆吸附是指酶解过程中部分酶脱离底物又回到溶液中，这部分脱离的酶称为游离酶。不可逆吸附是指酶牢固吸附在底物上。

9.3.2 农业

詹晓力等[102]通过研究发现并利用了蜘蛛丝周期性纺锤结构能够在潮湿空气中收集水汽并定向传输到纺锤节上，实现定向水汽收集。仙人掌刺也具有将空气中水汽自顶端收集传输到根部的能力，这种无需外部动力即可实现液体连续铺展搬运的材料，在农业领域具有巨大的发展潜力，尤其是在沙漠及其他缺水地带。

吕延晓等[103]制备了一种新型 UV 固化防雾涂料，经过测试发现该涂层的雾化度较低且透光率较高，防雾性能很好。该防雾涂料可以用于农用薄膜，例如温室大棚薄膜，因为大棚薄膜内表面形成雾状水滴会降低农用薄膜透光率，影响农作物生长。而此防雾涂料可提高农用薄膜透光率，能够很好地解决这一问题。

唐昆等[104]采用光固化逐层成形 3D 打印法在光敏树脂基底上制备了各向异性超疏水功能表面，其中制备的长方体阵列表面液滴定向输送过程如图 9-15 所示。经过实验检测发现制备的样品可以实现液滴的定向输送，其在沙漠及其他干旱地区有较大的应用潜力。

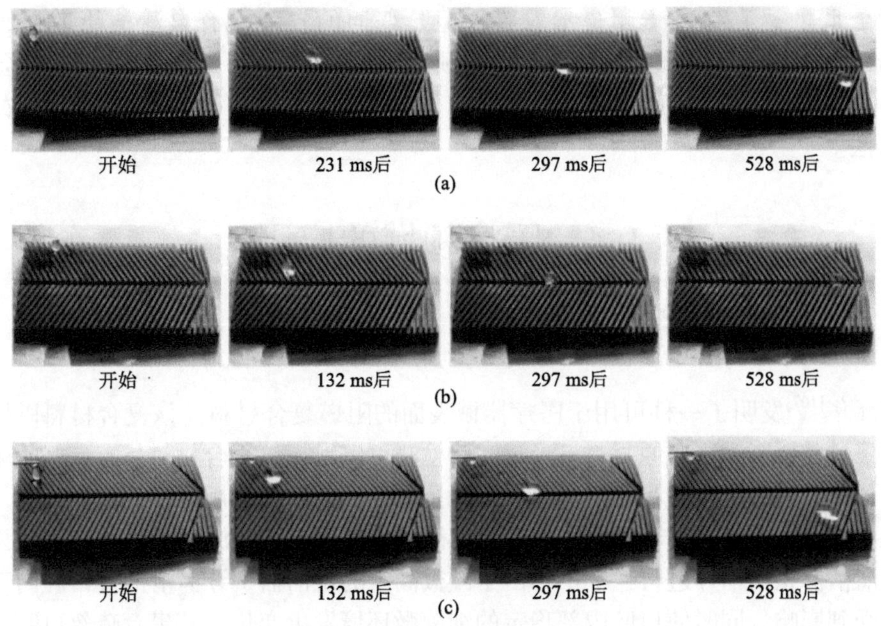

图 9-15　长方体阵列表面液滴定向输送过程[104]

(a) w_2=0.3 mm，s_{p2}=1 mm；(b) w_2=0.7 mm，s_{p2}=0.7 mm；(c) w_2=1 mm，s_{p2}=0.3 mm

李帅等[105]采用环氧改性有机硅溶于乙酸丁酯和乙醇混合溶剂制备稀溶液，然后将其喷涂在铝基表面制备了超疏水表面。对实验结果进行分析可以得出，在及时脱除热力除霜后冷表面残留液滴的情况下，可以延缓二次结霜，同时还能实现霜液的有效脱除。这将在农业领域有较大的应用前景，因为大棚薄膜上的雾气会降低光的透过率从而使农作物的光合作用速率降低。若将该材料用于大棚薄膜上，则可以提高农作物的生长速度。

刘春增等[106]通过喷涂法将聚二甲基硅氧烷和纳米二氧化硅固定在农膜表面，制备了一种具有超疏水性、高稳定性和防尘性能的农膜。除尘效果对比如图 9-16 所示。虽

图 9-16　纯薄膜和超疏水薄膜清洗表面粉尘前后的图像[106]

(a) 纯薄膜清洗前；(b) 超疏水薄膜清洗前；(c) 纯薄膜清洗后；(d) 超疏水薄膜清洗后

然普通农膜的透光率高于超疏水农膜，但是普通的农膜没有自清洁能力，而传统的机械除尘方法不仅耗时耗力而且操作烦琐，若不除尘，则农膜的透光率会大幅降低，从而导致农作物产量降低。因此，使用超疏水农膜是一个有效解决农膜积尘的方法。

9.4 医疗领域的应用

9.4.1 医疗器件

刘泽华[107]发明了一种可用于医疗器械表面的阻燃复合材料，该复合材料以聚四氟乙烯和聚酰胺树脂为主要原材料。经过实验检测可以发现该复合材料具有良好的耐热阻燃效果，在受热时形变较小，且具有较好的抗腐蚀性能，与医用导管的附着性好。

金小婷等[108]采用溶胶-凝胶法制备了一种超疏水凝胶纳米涂层，可以用于牙齿及口腔的自清洁。正畸治疗进行过程中，由于佩戴固定的矫治器，牙齿清洁及口腔内部的自洁能力受到影响，同时使口腔内部稳定的细菌微环境发生变化。若患者疏忽口腔清洁，导致致病菌过度增殖，影响口腔内部菌群的平衡生长，导致致病性菌斑堆积，会引起口腔感染。超疏水材料用在义齿及牙齿矫治器中可以使得义齿及矫治器表面具有良好的自清洁效果，而且会使得残留在义齿表面的食物残渣能够很轻易地被清洗掉，从而降低口腔感染的风险。

吕延晓等[103]发明的一种新型光固化防雾涂料可用于医疗领域中一次性的面罩护目镜。因为医护人员口罩本身的热气和患者呼吸的热气，以及因空气中的潮气都可能使透明面罩护目镜雾化，导致视线模糊，影响操作，所以在面罩护目镜透明基材上采取防雾措施显得尤其必要。

周宝玉等[109]通过实验证明用电化学沉积法制备氢氧化铜纳米结构时，电解质浓度在 0.5 mol/L、温度 5℃、时间 2000 s、电流密度 4 mA/cm^2 时，制得的超疏水材料的接触角高达 168°，且冷凝液滴会频繁地自移除，液滴的粒径在此时也达到最小。应用在医学护目镜上时可以使得护目镜上的热气快速地移除。

Li 等[110]制造了一种超疏水表面固定碳纳米纤维的材料(CNFs)，该材料可用作止血材料，因为当血液和该材料接触时会快速凝结，且由于该种材料具有超疏水性，血液凝块与 CNFs 接触小，导致凝块形成后会自发脱落，如图 9-17 所示。与传统的止血纱布相比，这种材料不仅可以避免造成不必要的失血而且可以避免以往传统纱布在止血后撕落造成的二次出血。除此之外，CNFs 表面具有良好的抗菌性能，可以有效地防止伤口感染。

谢超等[111]利用蜡烛灰构建了一个具有多孔网状纳米结构的涂层，然后用化学气相沉积法对其进行改性制备出超疏水疏油的涂层。通过对比实验发现，比起其他材料该涂层具有更好的抗菌性能，可以抑制细菌往涂层表面的吸附，用于医疗中可以降低伤口感染的风险。

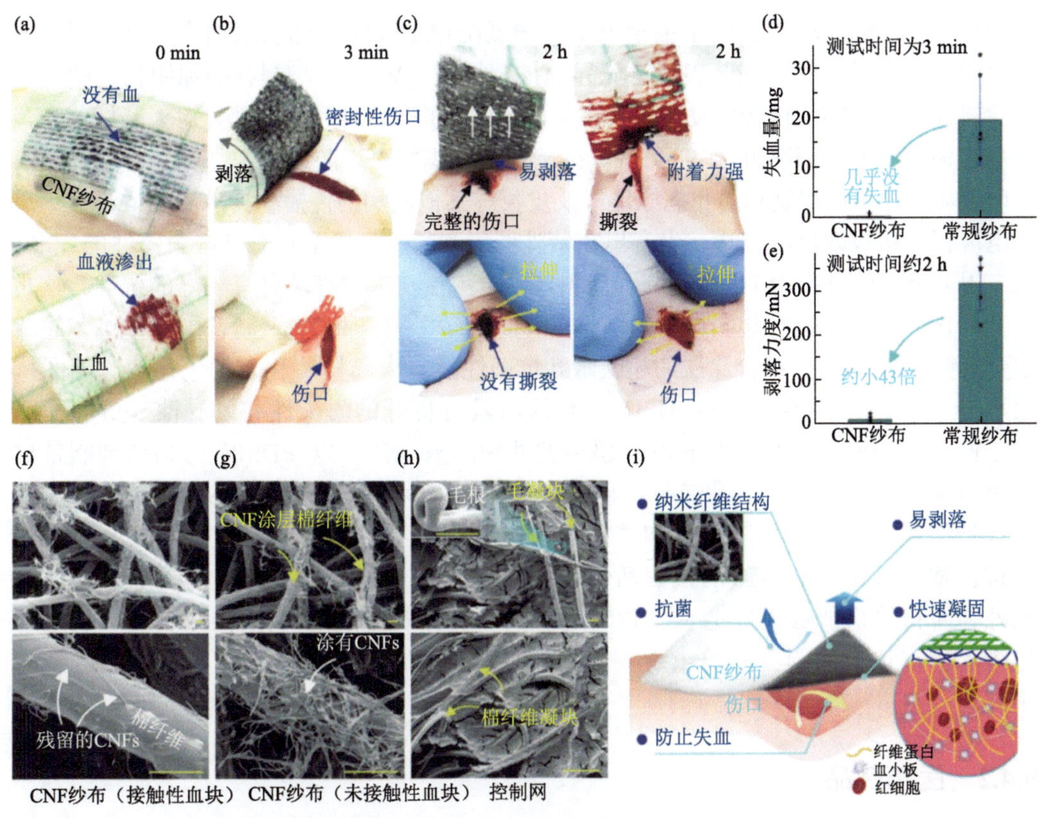

图 9-17　超疏水 CNFS 止血性能测试示意图及表面 SEM 图[110]

Ishizaki 等[112]使用化学气相沉积(CVD)制造了微图案化的超疏水和超亲水表面。紫外线处理模式具有超亲水区域(—OH 和—COOH 官能团)，而三甲基甲氧基硅烷(TMMOS)处理区域表现出超疏水性。小鼠 3T3 细胞在表面上孵育 1 h 和 24 h，在超亲水区域上显示出选择性结合和生长， Piret 等[113]在微图案化的超疏水/超亲水硅纳米线阵列上培养中国仓鼠卵巢(CHO)细胞 3 h，随后细胞生长 48 h。通过使用十八烷基三氯硅烷(OTS)在阵列上产生超疏水区域，其表观接触角为 160°。CHO 细胞的结合和生长在超疏水区域被完全抑制，所有结合都发生在超亲水区域。结合的细胞表现出细胞质投射，其保持在超亲水区域内。Lima 等[114]使用超疏水表面来制造含有药物或细胞的水凝胶珠。例如，将右旋糖酐-甲基丙烯酸酯和聚 N-异丙基丙烯酰胺(pNIPAAM)与模型蛋白胰岛素或白蛋白混合的小(5～10 μL)水滴限制在超疏水表面上，随后进行 UV 固化。交联颗粒在 48 h 内表现出温度响应型的药物递送。Liu 等[115]制备了含纳米银的氟化多层聚乙烯亚胺/聚丙烯酸(PEI/PAA)抗菌超疏水涂层。实验表明，银离子促进了多级微/纳米结构的建立，这对于超疏水涂层的形成至关重要。研究结果还表明，超疏水涂层可以通过产生持续的银离子流来防止细菌黏附并杀死细菌。实验结果证明，银离子可与生物酶中的硫醇基团结合，破坏细菌的呼吸链，进而产生活性氧(ROS)，从而导致氧化应激和细胞损伤，从而获得抗菌性能。虽然浸渍 7 天后超疏水性能下降，但 Ag NPs 会产生连续的银离子通量，以破坏细菌细胞并降低细菌黏附，对防止细菌黏附具有一定的长期应用价值。Agbe 等[116]制备了银聚甲基氢硅氧烷(Ag-PMHS)超疏水纳米复合涂层，该涂层对临床相关的浮游细菌表现出优异的抗菌性能。Wu 等[117]制备的棉织物上的超疏水涂层含有 Ag NPs 和硬脂酸银。该涂层具有良好的耐水性和耐酸性，对大肠杆菌和金黄色葡萄球菌的抗菌率可达 99.99%。抗菌超疏水织物可以防止纺织品受到微生物的攻击而损坏，还可以控制和防止病原体以及皮炎等其他疾病的传播和扩散。Wang 等[118]采用电沉积和接枝改性的方法，生产出在紫外照射和酸碱环境下具有良好稳定性的 ZnO/聚二甲基硅氧烷(PDMS)抗菌超疏水涂料。复合涂层对大肠杆菌具有较好的抗性，这是由光催化活性和超疏水共同作用的结果。Raeisi 等[119]在棉织物上制备了一种抗菌超疏水壳聚糖/TiO_2 涂层。结合涂层的超疏水和抗菌性能，大肠杆菌和金黄色葡萄球菌的抗菌率进一步提高到 99.8%和 97.3%。且涂层具有良好的耐久性和耐受性，可耐受恶劣条件，例如浸入盐和酸溶液以及超声波处理。Ye 等[120]以 PDMS 为黏结剂制备抗菌超疏水涂料，将氟化介孔二氧化硅 NPs(F-MSN)和季铵功能化 MSN(Q-MSN)黏附在各种纺织品表面。由于疏水和杀菌的协同作用，制备的纺织品不仅对大肠杆菌和金黄色葡萄球菌具有有效的抗菌活性，而且还具有显著的憎水性和细菌屏蔽性能。此外，所得涂层能够很好地承受砂纸的磨损、洗涤和强酸/强碱性，并表现出稳定的超疏水性。该方法制备的棉织物在医疗保护、抗菌设备和食品包装中具有良好的应用前景。

9.4.2 医药药品

杨红娟等[121]将药物溶解或混悬于 PVA 中，经水溶胶流涎法进行涂膜干燥、分剂量而制成一种含药薄膜。可分别经口腔、眼睛、阴道、皮肤或黏膜创伤、烧烫伤或炎症表面覆盖等各种途径给药，发挥局部或全身性的治疗作用。PVA 在药膜中充当永久性的载体，其作用是将各种药物成分分散其中。不同组分的药物将形成不同功效的药膜，如口腔膜和眼药膜等。

聚乙烯醇改性薄膜简称水溶膜、PVA 膜，水溶膜可用于生产医院感染隔离袋。目前国内水溶膜生产工艺主要包括湿法流延工艺、干法造粒吹膜工艺和干法流延工艺。杨豪安[122]调研发现水溶膜的生产最早用湿法流延工艺，但是由于生产成本高，被干法吹塑取代。国内目前政策已经推出相关标准，要求医院推广使用洗衣袋、医院感染隔离袋，所以对于水溶膜的需求将持续上升。

9.5 防污、军事及航海领域的应用

9.5.1 传感器

吴云影等[123]采用微波等离子 CVD 方法制备超疏水性薄膜，对石英晶体振荡器(QCM)传感器电极表面进行改性，然后经过实验测量了覆盖超疏水薄膜后 QCM 传感器对水分子的吸附、对甲醛和一些其他有机分子的响应特性，得出了这样一个结论：在

QCM 上覆盖一层超疏水薄膜会使得 QCM 对有机分子的灵敏度提高，以及在高湿度环境下对有机分子进行选择性吸附。

赵桢[124]将甲基苯丙胺适配体通过化学沉积在玻璃基底上，并对其进行疏水化处理。以此来制备了一种叫作反应润湿性传感器的新型传感器单元，其原理是基于检测物与传感器的反应引起表面润湿性变化来作为传感信号进行分析检测。

苗笑梅等[125]在加热条件下采用氢化硅烷化反应对多孔硅表面进行改性，单纯的多孔硅表面由于存在形成大量具有强反应活性的硅氢基团，导致其在使用过程中会与空气中的氧和水分子发生反应，影响多孔硅的稳定性。但是对其进行改性后经过实验检测可以发现多孔硅在空气中以及碱性环境中的稳定性大大增加，由于传感器需要良好的灵敏度，所以这一材料的制备使得其在传感器方面的应用可能大大增加。

9.5.2　军事领域

季银炼[126]利用溶液刻蚀-沸水法制备了具有纳米结构的铝基表面，水滴与其形成的接触角达 161.1°。通过微细观可视化观测，揭示结霜前期纳米结构超疏水表面的凝结-冻结特性，并与接触角为 86.5°的裸露铝表面进行了对比分析。发现超疏水表面的液滴从 17 min 开始冻结，直到 26 min 才全部冻结，而裸露表面的液滴在 4 min 内就全部冻结，说明这种材料具有良好的防冰性能，若用于飞机上，可以去除飞机表面的冰，提高飞行器的安全性。

邓科[127]认为超疏水材料在军事领域上的应用前景很大，因为超疏水材料可作为舰船、潜艇、深海装备等涂层，防止被盐雾、海水锈蚀侵害；还可用于防海洋生物附着，相比传统涂料依靠释放有毒物质杀死附着生物，超疏水材料更加环保。

Liu 等[128]运用电化学刻蚀的方法在航空钢表面制备了超疏水钝化膜，制备过程如图 9-18 所示，并且由于钝化膜的存在使得该涂层具有较好的稳定性。该方法使用的电解质溶液是硝酸钠。最后经过一系列的稳定性测试发现，处理后的航空钢具有良好的热稳定性、耐紫外线性能和防冰性能，但是抗磨损性能并不是很好，这是需要进一步改进的地方。

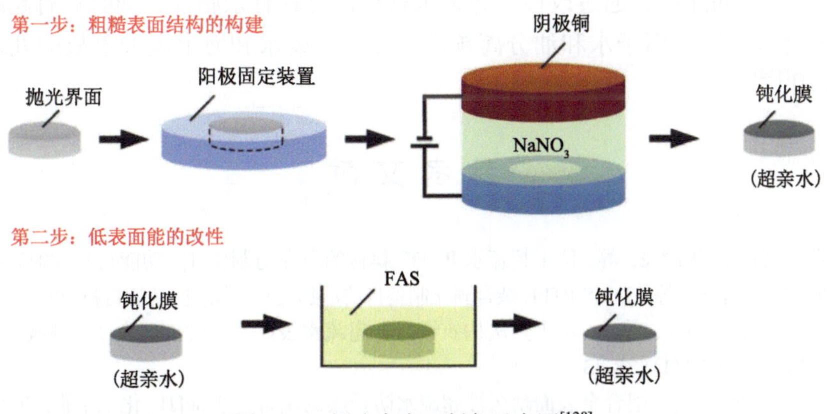

图 9-18　超疏水表面制备示意图[128]

9.5.3 航海领域

张娟芳等[129]通过实验观察到不论是在水面的滑行、跳跃还是快速掠过，水黾都既不会滑破水面更不会浸湿腿部，被美誉为池塘中的“溜冰者”。根据这一现象科学家经过论证得出水黾特殊腿部微纳米结构和水面间形成的“空气垫”阻碍了水滴的浸润，让它们实现了自然界版的“水上漂”。利用新型超疏水材料制成的超级浮力材料可以使船表面具有超疏水性并因此在其表面形成具体版的“空气垫”以改变船与水的接触状态，防止船体表面被水浸湿进而使其在水中运行时的阻力更小，提高速度节省了能源。

段辉等[130]采用酸碱两步催化的表面凝胶化技术，制备出了水的接触角达到 155°的超疏水材料，其具有优良的防附着特性，已广泛应用于军事船舶领域。连峰等[131]采用激光刻蚀技术制备了具有微/纳双层结构的超疏水 Ti_6Al_4V 表面，其有很好的防污损和防附着特性。若用于水上水下的移动设备，可有效地减少设备所受到的阻力，提高使用寿命和行驶速度。

9.6 小　　结

在未来很多工业领域中，超润湿体系有着很多潜在的应用价值，但是目前制备的超润湿材料仍然存在制备工艺复杂、成本高昂、力学性能差等缺点[132]。其次，在制备过程中，用到的低表面能物质都比较昂贵，多为含氟或硅烷化合物。最后，在技术方面，主要是表面涂层的耐用性及耐老化问题，许多超疏水结构因不牢固，较易被破坏而丧失超疏水性。因此，在材料的选择、制备工艺及后处理上，还需进一步深入研究解决。如何使性能降低或被破坏后的超疏水表面自动恢复或重新生成超疏水表面的研究将是此领域的重要研究方向[133]。超疏水材料具有强大的自清洁能力、超疏水性，基于不同的纳米材料，超疏水材料在制备过程中也可被赋予光催化性能。超疏水材料的应用范围很宽，如被应用于服装面料中，通过改变纺织品的表面特性，可以获得具有防水自洁功能的服装；用于船壳中可以提高船舶的速度；应用于流体运输，则可降低在流体运输中因为摩擦带来的能耗；通过改性，超疏水材料也可具有亲脂性，同时具有超疏水性，亲脂/疏水材料可广泛用于水和油分离领域，在含油废水和海上溢油事故的处理中发挥着重要作用[134]。

参 考 文 献

[1] 杨文芳, 张仲达, 张健飞, 等. 仿生超疏水 PVDF 膜材的研究与制备[J]. 功能材料, 2017, 48(7): 6.
[2] 占彦龙, 李文, 李宏, 等. PDMS/PTFE 杂合固化制备自清洁超疏水涂层[J]. 功能材料, 2017, 48(6): 6.
[3] 钱志强, 葛飞, 刘海宁, 等. 一步水热法构筑镁合金超疏水表面及其性能研究[J]. 聊城大学学报(自然科学版), 2019, 32(1): 38-43.
[4] 刘雷, 张粤, 李霞, 等. 铝合金表面耐久性超疏水防护膜的制备与表征[J]. 化工学报, 2020, 71(10): 4750-4759.

[5] 张万强, 樊静文, 练艳艳, 等. 水热法制备超疏水铜网及其油水分离性能研究[J]. 许昌学院学报, 2020, 39(2): 69-72.

[6] Wang H, Guo Z. Design of underwater superoleophobic TiO_2 coatings with additional photo-induced self-cleaning properties by one-step route bio-inspired from fish scales[J]. Applied Physics Letters, 2014, 104(18): 665.

[7] Yuan J, Wang J, Zhang K, et al. Fabrication and properties of a superhydrophobic film on an electroless plated magnesium alloy[J]. RSC Advances, 2017, 7(46): 28909-28917.

[8] 付国永. 高强度建筑疏水材料的制备及其应用[J]. 新型建筑材料, 2019, 46(11): 143-146.

[9] 高英力, 何倍, 蒋正武, 等. 超疏水改性自发光水泥基材料的性能与微结构[J]. 建筑材料学报, 2020, 23(1): 9.

[10] Zhang T, Wang Y, Zhang F, et al. Bio-inspired superhydrophilic coatings with high anti-adhesion against mineral scales[J]. NPG Asia Materials, 2018, 10(3): e471.

[11] 林倩倩, 梁文憧, 胡大海, 等. 利用超亲水材料进行构筑物温度调节的应用研究[J]. 化学与生物工程, 2014, 31(2): 61-63, 74.

[12] 刘盛友, 刘长松, 程千会. Al_2O_3 超疏水薄膜的制备及其耐腐蚀性研究[J]. 表面技术, 2017, 46(12): 238-244.

[13] 刘群, 杨玮婷, 李阳凡, 等. 不锈钢网超疏水改性及在油水分离中的应用研究[J]. 河南理工大学学报: 自然科学版, 2018, 37(6): 149-154.

[14] 丁鹏, 台秀梅, 杜志平. 耐腐蚀超疏水超亲油不锈钢网的制备及其在油水分离过程中的应用[J]. 日用化学工业, 2018, 48(5): 272-277.

[15] Hao Y, Pi P, Cai Z Q, et al. Facile preparation of super-hydrophobic and super-oleophilic silica film on stainless steel mesh via sol-gel process[J]. Applied Surface Science, 2010, 256(13): 4095-4102.

[16] Takeda K, Sasaki M, Kieda N, et al. Preparation of transparent super-hydrophobic polymer film with brightness enhancement property[J]. Journal of Materials Science Letters, 2001, 20(23): 2131-2133.

[17] 刘洋, 欧阳清, 栾红伟. 沉积熔融法制备超疏水微结构表面[J]. 中国材料进展, 2020, 39(1): 59-63.

[18] 袁志庆, 黄娟, 彭超义, 等. 超疏水铜表面的制备及其抑冰性能研究[J]. 功能材料, 2016, 47(B06): 13-17.

[19] 张雪梅, 王航, 郝彬彬, 等. 粉煤灰超疏水不锈钢网的制备及油水分离[J]. 精细化工, 2020, 37(6): 1153-1157.

[20] Cai Z, Lin J, Hong X. Transparent superhydrophobic hollow films (TSHFs) with superior thermal stability and moisture resistance[J]. RSC Advances, 2018, 8(1): 491-498.

[21] 马伟伟. 超疏水表面的制备及其在建筑防水领域中的应用探索[J]. 中国建筑防水, 2018(22): 5-9.

[22] 李月光, 许荣华, 伊书国. ZnO 超疏水表面材料用于路面抗凝冰技术性能研究[J]. 武汉理工大学学报: 交通科学与工程版, 2018, 42(2): 221-225.

[23] Zhang Z H, Wang H J, Liang Y H, et al. One-step fabrication of robust superhydrophobic and superoleophilic surfaces with self-cleaning and oil/water separation function[J]. Scientific Reports, 2018, 3869.

[24] 蒋卫中, 龚红升, 冼成安, 等. 耐磨超疏水疏油复合涂层的制备及性能[J]. 广州化工, 2016, 44(16): 60-62, 72.

[25] 刘朝杨, 程璇. 透明超疏水疏油涂层的制备及性能[J]. 功能材料, 2013, 44(6): 870-873.

[26] 于辉, 聂赛, 张玉全, 等. 抽水蓄能机组过流表面超疏水涂层的制备及其阻垢防腐性能研究[J]. 表面技术, 2020, 49(8): 249-256, 267.

[27] 李怡雯, 郝丽琴, 王红宁, 等. 有机硅烷共缩合制备抗紫外超疏水减反射涂层[J]. 化工进展, 2019, 38(8): 3829-3837.

[28] 叶向东，蔡东宝，侯俊文，等．超疏水、自清洁涂层对建筑墙体的防护[J]．复合材料学报，2018, 35(12)：3271-3279.

[29] 郭于田，孙晓晗，许月伟，等．在木材表面制备一种稳定且耐久的超疏水涂层的方法[J]．广东化工，2018, 45(12)：19-20.

[30] Zhang S, Li W, Wang W, et al. Reactive superhydrophobic paper from one-step spray-coating of cellulose-based derivative[J]. Applied Surface Science, 2019, 497(15): 143816.1-143816.6.

[31] Zhu Z D, Zheng X M, Fu S Y, et al. Effect of silane modified cellulosic micro-nano particles on superhydrophobicity of material[J]. Chung-kuo Tsao Chih/China Pulp and Paper, 2018, 37(12): 14-20.

[32] Li J, Wan H, Ye Y, et al. One-step process to fabrication of transparent superhydrophobic SiO_2 paper[J]. Applied Surface Science, 2012, 261: 470-472.

[33] 阮敏，陈莹，范士林，等．电化学阳极氧化法制备铝基超疏水材料[J]．湖北理工学院学报，2019, 35(6)：53-57.

[34] 刘瑞，李录平，龚妙．铜基超疏水表面防覆冰/抗霜冻特性分析[J]．化工进展，2019, 38(S01)：166-171.

[35] 钱晨，王华. 2024 铝合金超疏水表面的制备及其耐蚀性能[J]．表面技术, 2019(10)：238-243.

[36] 熊静文，朱继元，胡小芳．超疏水铜表面的制备及其耐腐蚀性能研究[J]．涂料工业，2017, 47(9)：12-17.

[37] 郑顺丽，李澄，项腾飞，等．阳极氧化法制备铝基超疏水涂层及其稳定性和耐蚀性的研究[J]．材料工程, 2017, 45(10): 71-78.

[38] 杨统林，邱祖民，肖建军，等．超疏水铁表面的制备及其自清洁性能研究[J]．现代化工，2018, 38(6)：87-92.

[39] 赵树国，陈阳，马宁，等．电化学刻蚀法制备铝合金超疏水表面及其润湿性转变[J]．表面技术，2018, 47(3)：115-120.

[40] Li X, Yin S, Huang S, et al. Fabrication of durable superhydrophobic Mg alloy surface with water-repellent, temperature-resistant, and self-cleaning properties[J]. Vacuum, 2020, 173: 109172.

[41] 安华．电化学刻蚀铜箔制备超疏水材料[J]．广东化工, 2012, 39(18)：49-50.

[42] 包晓慧，明平美，毕向阳．电化学蚀刻法制备铝基复合材料超疏水表面[C]．厦门：第 16 届全国特种加工学术会议论文集(上), 2015.

[43] 刘戈辉，邢敏，于婷，等．TSA 协同 HCl 化学刻蚀铝片构筑低粘附超疏水表面及其稳定性[J]．表面技术, 2019, 48(12)：140-149, 159.

[44] 张晓东，丰少伟，陈宇，等．电化学法制备铜基超疏水结构及其耐蚀性能研究[J]．表面技术，2019, 48(11)：327-332.

[45] 朱凯，秦静，王海人，等．基于微纳米孔洞结构的彩色超疏水不锈钢表面的制备[J]．电镀与精饰，2018, 40(11)：37-41.

[46] 包晓慧，明平美，毕向阳．碳化硅颗粒增强复合材料超疏水表面的制备[J]．无机材料学报，2016, 31(4)：383-387.

[47] 孙晶，周强，任元，等．铝基彩色超疏水表面制备[J]．电加工与模具, 2015(5)：35-37.

[48] 朱亚利，范伟博，冯利邦，等．超疏水镁合金表面的防黏附和耐腐蚀性能[J]．材料工程，2016, 44(1)：66-70.

[49] 卫英慧．超疏水镁合金制备及其耐腐蚀性研究[J]．稀有金属材料与工程，2017, 46(12)：6.4006-4011.

[50] 杨武，杨康，郭昊，等．镁基底表面超疏水防腐膜的制备[J]．西北师范大学学报：自然科学版, 2013, 49(2)：55-59.

[51] 张方东．电化学刻蚀法制备锌基超疏水/超疏油表面[D]．大连：大连理工大学, 2014.

[52] 孙晶, 周强, 任元, 等. 铝基彩色超疏水表面制备[J]. 电加工与模具, 2015(5): 3.
[53] 李娟. 铝基超疏水表面润湿性能调控及应用研究[D]. 大连: 大连理工大学, 2016.
[54] Ma N, Cheng D, Zhang J, et al. A simple, inexpensive and environmental-friendly electrochemical etching method to fabricate superhydrophobic GH4169 surfaces[J]. Surface and Coatings Technology, 2020, 399: 126180.
[55] Zhou Y, Qua K, Zhang L, et al. Superhydrophobic silicon fabricated by phosphomolybdic acid-assisted electrochemical etching[J]. Química Nova, 2019, 42: 792-796.
[56] Bo H, Lee J, Patankar N A. Contact angle hysteresis on rough hydrophobic surfaces[J]. Colloids & Surfaces A: Physicochemical & Engineering Aspects, 2016, 248(1-3): 101-104.
[57] Joseph P, Tabeling P. Direct measurement of the apparent slip length[J]. Physical Review E: Statistical Nonlinear & Soft Matter Physics, 2005, 71(3): 035303.
[58] Yong C J, Bhushan B. Dynamic effects induced transition of droplets on biomimetic superhydrophobic surfaces[J]. Langmuir, 2009, 25(16): 9208-9218.
[59] Reyssat M , QuéRé D. Contact angle hysteresis generated by strong dilute defects[J]. The Journal of Physical Chemistry B, 2009, 113(12): 3906-3909.
[60] Fürstner R, Barthlott W, Neinhuis C, et al. Wetting and self-cleaning properties of artificial superhydrophobic surfaces[J]. Langmuir, 2005, 21(3): 956-961.
[61] Choi Y W, Han J E, Lee S, et al. Preparation of a superhydrophobic film with UV imprinting technology[J]. Macromolecular Research, 2009, 17(10): 821-824.
[62] Lee S M, Kwon T H. Effects of intrinsic hydrophobicity on wettability of polymer replicas of a superhydrophobic lotus leaf[J]. Journal of Micromechanics & Microengineering, 2007, 17(4): 687-692.
[63] Wang J Z, Zheng Z H, Li H W, et al. Dewetting of conducting polymer inkjet droplets on patterned surfaces[J]. Nature Materials, 2004, 171-176.
[64] Wong T S, Huang P H, Ho C M. Wetting behaviors of individual nanostructures[J]. Langmuir, 2009, 25(12): 6599-6603.
[65] Yang Y, He H, Li Y, et al. Using nanoimprint lithography to create robust, buoyant, superhydrophobic PVB/SiO_2 coatings on wood surfaces inspired by red roses petal[J]. Scientific Reports, 2019, 9(1): 9961.
[66] Zahner D, Abagat J, Svec F, et al. A facile approach to superhydrophilic-superhydrophobic patterns in porous polymer films[J]. Advanced Materials, 2011, 23(27): 3030-3034.
[67] 邵建文, 杨付超, 郭志光. 仿生超疏油材料在苛刻工况条件下的应用[J]. 化学进展, 2018, 30(12): 2003-2011.
[68] 王婷婷. SiO_2/环氧树脂纳米超疏水材料的制备及其性能研究[J]. 云南化工, 2019, 46(5): 54-55.
[69] 王宇捷. 荷叶效应及其在生活中的应用[J]. 当代化工研究, 2018(9): 122-123.
[70] 任煜, 张红阳, 徐林, 等. 涤纶织物表面 TiO_2 / 氟硅烷超疏水层构筑及其性能[J]. 纺织学报, 2019, 40(12): 86-92.
[71] 刘亚东, 王黎明, 徐丽慧, 等. 基于纳米 CuS/RGO 制备超疏水多功能棉织物[J]. 印染, 2019, 45(19): 19-24.
[72] 廖正芳. 基于单宁酸制备可喷涂超疏水材料[J]. 精细化工, 2020, 37(5): 893-897, 918.
[73] 皇甫志杰, 郝尚, 张维, 等. 棉织物仿生无氟超疏水表面的构建[J]. 针织工业, 2020(1): 39-43.
[74] 盛宇, 徐丽慧, 孟云, 等. 用 SiO_2/TiO_2 复合气凝胶制备超疏水光催化防紫外线织物[J]. 纺织学报, 2019, 40(7): 90-96.
[75] Singh A K, Singh J K. Fabrication of durable superhydrophobic coatings on cotton fabrics with photocatalytic activity by fluorine-free chemical modification for dual-functional water purification[J]. New Journal of Chemistry, 2017, 41(11): 4618-4628.

[76] Dong W, Qian F, Li Q, et al. Fabrication of superhydrophobic PET filter material with fluorinated SiO_2 nanoparticles via simple sol-gel process[J]. Journal of Sol-Gel Science and Technology, 2021, 98: 224-237.

[77] Yang M P, Liu W, Jiang C, et al. Fabrication of superhydrophobic cotton fabric with fluorinated TiO_2 sol by a green and one-step sol-gel process[J]. Carbohydrate Polymers, 2018, 197: 75-82.

[78] Zhang J, Zhang L, Gong X. Design and fabrication of polydopamine based superhydrophobic fabrics for efficient oil-water separation[J]. Soft Matter, 2021, 17(27): 6542-6551.

[79] 侯成敏, 李娜, 董海涛, 等. 水溶性含氟聚合物杂化纳米 SiO_2 制备超疏水材料及性能[J]. 功能材料, 2019, 50(8): 8091-8096.

[80] 吉婉丽, 钟少锋, 余雪满. 阻燃超疏水棉纤维的制备及性能[J]. 应用化学, 2020, 37(3): 301-306.

[81] 阮玉婷, 杨芸宇, 王亚博, 等. 多巴胺改性超疏水棉织物的制备及应用[J]. 印染, 2020, 46(4): 11-16.

[82] 郑果林, 苏青春, 刘帅, 等. 棉织物表面的超疏水功能改性整理与性能表征[J]. 高分子材料科学与工程, 2020, 36(7): 158-162.

[83] 王雪梅, 车晓刚, 李勇迪, 等. 超疏水防紫外双功能水性织物涂层的制备及性能研究[J]. 涂料工业, 2019, 49(9): 1-6.

[84] 洪剑寒, 王春秀, 姚菊明. 超疏水真丝织物的制备与性能[J]. 印染, 2018, 44(21): 6-9, 21.

[85] 林兴焕, 李杉杉, 穆童, 等. 无氟超疏水棉织物的制备及应用[J]. 印染, 2018, 44(17): 6-10.

[86] 郑振荣, 吴涛林. 超疏水棉织物的简易制备技术[J]. 纺织学报, 2013, 34(9): 94.

[87] Hsieh C T, Chen W Y, Wu F L. Fabrication and superhydrophobicity of fluorinated carbon fabrics with micro/nanoscaled two-tier roughness[J]. Carbon American Carbon Committee, 2008, 46(9): 1218-1224.

[88] Pour F Z, Karimi H, Avargani V M. Preparation of a superhydrophobic and superoleophilic polyester textile by chemical vapor deposition of dichlorodimethylsilane for water-oil separation[J]. Polyhedron, 2019, 159: 54-63.

[89] Xue C H, Fan Q Q, Guo X J, et al. Fabrication of superhydrophobic cotton fabrics by grafting of POSS-based polymers on fibers[J]. Applied Surface Science, 2018. 465(JAN.28): 241-248.

[90] 郝丽芬, 杨娇娇, 许伟, 等. 层层自组装法制备织物表面 耐久超疏水涂层与性能[J]. 陕西科技大学学报, 2019(2): 68-73.

[91] Guo D, Chen J, Hou K, et al. A facile preparation of superhydrophobic halloysite-based meshes for efficient oil-water separation[J]. Applied Clay Science, 2018, 156(MAY): 195-201.

[92] Zhang M, Wang C, Wang S, et al. Fabrication of superhydrophobic cotton textiles for water-oil separation based on drop-coating route[J]. Carbohydrate Polymers, 2013, 97(1): 59-64.

[93] Lee Y J, Lee D J. Impact of adding metal nanoparticles on anaerobic digestion performance: A review[J]. Bioresource Technology, 2019, 292: 121926.

[94] Cao C, Ge M, Huang J, et al. Robust fluorine-free superhydrophobic PDMS-ormosil@fabrics for highly effective self-cleaning and efficient oil-water separation[J]. Journal of Materials Chemistry A, 2016, 4(31): 12179-12187.

[95] Zhao Y, Liu E, Fan J , et al. Superhydrophobic PDMS/wax coated polyester textiles with self-healing ability via inlaying method[J]. Progress in Organic Coatings, 2019, 132: 100-107.

[96] Li J, Yan L, Tang X, et al. Robust superhydrophobic fabric bag filled with polyurethane sponges used for vacuum-assisted continuous and ultrafast absorption and collection of oils from water[J]. Advanced Materials Interfaces, 2016, 3(9): 1500770.

[97] Qin H, Li X, Zhang X, et al. Preparation and performance testing of superhydrophobic flame retardant cotton fabric[J]. New Journal of Chemistry, 2019, 43(15): 5839-5848.

[98] Chen X, Cao X, Chen G, et al. Fabrication of superhydrophobic surfaces via poly (methyl methacrylate)-modified anodic aluminum oxide membrane[J]. Journal of Coatings Technology & Research, 2014, 11 (5): 711-716.

[99] Cheng Y, Zhu T, Li S, et al. A novel strategy for fabricating robust superhydrophobic fabrics by environmentally-friendly enzyme etching[J]. Chemical Engineering Journal, 2019, 355: 290-298.

[100] 商显芹, 郝龙云, 房宽峻, 等. 酸性纤维素酶与靛蓝染色织物吸附性能的研究[J]. 染整技术, 2008, 30 (10): 11-13.

[101] 谈旭. 绿液预处理杨木磨木木质素的结构及其对纤维素酶吸附的影响[D]. 南京: 南京林业大学, 2016.

[102] 詹晓力, 金碧玉, 张庆华, 等. 多功能超润湿材料的设计制备与应用[J]. 化学进展, 2018, 30 (1): 87-100.

[103] 吕延晓. 一种新型光固化防雾涂料[J]. 精细与专用化学品, 2012, 20 (1): 1-4.

[104] 唐昆, 李典雨, 陈紫琳, 等. 3D 打印制备各向异性超疏水功能表面的定向输送性能[J]. 表面技术, 2020, 49 (9): 157-166.

[105] 李帅, 钱晨露, 李栋, 等. 超疏水表面融霜演化行为及排液特性[J]. 制冷学报, 2020, 41 (1): 48-55.

[106] 刘春增, 马晴晴, 米庆华, 等. 超疏水低密度聚乙烯透明农膜的制备与防尘性能研究[J]. 塑料工业, 2019, 47 (7): 88-92, 18.

[107] 刘泽华. 一种用于医疗器械表面的阻燃复合材料: CN104725946A[P]. 2015.

[108] 麻健丰, 金小婷. 超疏水材料在口腔医学中的应用[J]. 口腔医学研究, 2020, 36 (9): 803-807.

[109] 周宝玉, 杨辉, 冯伟, 等. 超疏水材料表面冷凝液滴自移除及液滴尺寸分布规律[J]. 表面技术, 2020, 49 (5): 170-176, 190.

[110] Li Z, Milionis A, Zheng Y, et al. Superhydrophobic hemostatic nanofiber composites for fast clotting and minimal adhesion[J]. Nature Communications, 2019, 10 (1): 5562.

[111] 谢超, 洪国辉, 杨伟强, 等. 利用蜡烛灰制备超疏水疏油抗菌涂层[J]. 高等学校化学学报, 2019, 40 (2): 379-384.

[112] Ishizaki T, Saito N, Takai O. Correlation of cell adhesive behaviors on superhydrophobic, superhydrophilic, and micropatterned superhydrophobic/superhydrophilic surfaces to their surface chemistry[J]. Langmuir, 2010, 26 (11): 8147-8154.

[113] Piret G, Galopin E, Coffinier Y, et al. Culture of mammalian cells on patterned superhydrophilic/superhydrophobic silicon nanowire arrays[J]. Soft Matter, 2011, 7 (18): 8642-8649.

[114] Lima A C, Song W, Blanco-Fernandez B, et al. Synthesis of temperature-responsive dextran-MA/PNIPAAm particles for controlled drug delivery using superhydrophobic surfaces[J]. Pharmaceutical research, 2011, 28 (6): 1294-1305.

[115] Liu T, Yin B, He T, et al. Complementary effects of nanosilver and superhydrophobic coatings on the prevention of marine bacterial adhesion[J]. ACS Applied Materials & Interfaces, 2012, 4 (9): 4683.

[116] Agbe H, Sarkar D K, Chen X G, et al. Silver-polymethylhydrosiloxane nanocomposite coating on anodized aluminum with superhydrophobic and antibacterial properties[J]. ACS Applied Bio Materials, 2020, 3 (7): 4062-4073.

[117]Wu Y, Wu X, Yang F, et al. The preparation of cotton fabric with super hydrophobicity and antibacterial properties by the modification of the stearic acid[J]. Journal of Applied Polymer Science, 2021: 50717.

[118] Wang T, Lu Z, Wang X, et al. A compound of ZnO/PDMS with photocatalytic, self-cleaning and antibacterial properties prepared via two-step method - ScienceDirect[J]. Applied Surface Science, 2021, 550: 149286.

[119] Raeisi M, Kazerouni Y, Mohammadi A, et al. Superhydrophobic cotton fabrics coated by chitosan and

titanium dioxide nanoparticles with enhanced antibacterial and UV-protecting properties[J]. International Journal of Biological Macromolecules, 2021, 171: 158-165.
[120] Ye Z, Li S, Zhao S, et al. Textile coatings configured by double-nanoparticles to optimally couple superhydrophobic and antibacterial properties[J]. Chemical Engineering Journal, 2020: 127680.
[121] 杨红娟, 郝喜海, 吴叙锐. 水溶性 PVA 载体薄膜应用的现状与展望[J]. 包装与食品机械, 2007, 25(2): 8-11.
[122] 杨豪安. 中国聚乙烯醇改性薄膜近 20 年来发展现状及前景[J]. 绿色包装, 2018(5): 69-71.
[123] 吴云影, 陈桐滨. 超疏水性薄膜在 QCM 传感器中的应用[J]. 表面技术, 2010, 39(5): 111-114.
[124] 赵桢. 基于亲疏水表面界面力学的化学传感器[D]. 厦门: 厦门大学, 2019.
[125] 苗笑梅, 毛克羽, 裴勇兵, 等. 超疏水多孔硅的制备及表面稳定性[J]. 高等学校化学学报, 2020, 41(7): 1499-1504.
[126] 季银炼, 张钧波. 结霜前期纳米结构超疏水表面的凝结-冻结特性[J]. 中国表面工程, 2017, 30(6): 18-25.
[127] 邓科. 超疏水材料: 武器装备"护身符"[N]. 中国航天报, 2003.
[128] Liu Z, Zhang F, Chen Y, et al. Electrochemical fabrication of superhydrophobic passive films on aeronautic steel surface[J]. Colloids and Surfaces A: Physicochemical and Engineering Aspects, 2019, 572: 317-325.
[129] 张娟芳, 吴永民, 余江龙. 超疏水材料的应用状况和市场前景分析[J]. 经济师, 2014(10): 265-266, 270.
[130] 段辉, 汪厚植, 赵雷, 等. 采用表面凝胶化技术制备超疏水性涂膜[J]. 膜科学与技术, 2007(6): 23-27.
[131] 连峰, 谭家政, 张会臣. 超疏水钛合金表面制备及其抗海洋生物附着性能[J]. 稀有金属材料与工程, 2014, 43(9): 5.
[132] 文刚, 郭志光, 刘维民. 仿生超润湿材料的研究进展[J]. 中国科学: 化学, 2018, 48(12): 1531-1547.
[133] 刘成宝, 李敏佳, 刘晓杰, 等. 超疏水材料的研究进展[J]. 苏州科技学院学报(自然科学版), 2018, 35(4): 1-8.
[134] 王婷婷. 超疏水材料发展概况[J]. 云南化工, 2019, 46(5): 104-105.

第 10 章　海洋防污涂层

10.1　海洋防污领域的现状

海洋污损是指海洋里的生物对浸泡在海水中物体表面进行附着和生长[1-3]。船舶、水下装备、海上钻井和海上平台等海洋工程设备长期处于海洋环境中，这些设备的表面会遭到海洋生物如藻类、藤壶、贻贝等的附着并黏附在表面[4]。这些生物的黏附会对海洋设备造成严重的影响，导致海洋设备的表面磨损、粗糙度增加、腐蚀加速、使用寿命缩短等不同的问题。污损生物附着在船舶表面会跟着船舶的行驶被带入另一区域，造成外来物种的入侵，导致当地的生态平衡被破坏。据统计，全世界每年由于海洋生物的污损造成的经济损失高达数千亿美元[5,6]。

为了降低污损带来的危害，目前已经有很多海洋防污的方法，比如电化学防污法、外加电位防污法、涂装防污涂料等[7]。

10.1.1　电化学防污法

海水电解法、电解 Cu-Fe/Cu-Al 阳极防污法和 $Cu-Cl_2$ 综合防污法都是利用电化学原理产生防污物质(Cl_2ClO^+、Cu^{2+})来抗污的方法[8]。目前，美、英、日本等国已经有可以生产阳极防污装置的企业，专门为海滨电厂、海洋石油平台、炼油厂、海军舰船、民用船舶等冷却水管系统提供防污设备[9]，可参见图 10-1。这些阳极防污装置虽然不会对环境造成太大的污染，但是制造成本高，制造难度大，不利于大面积推广[10]。

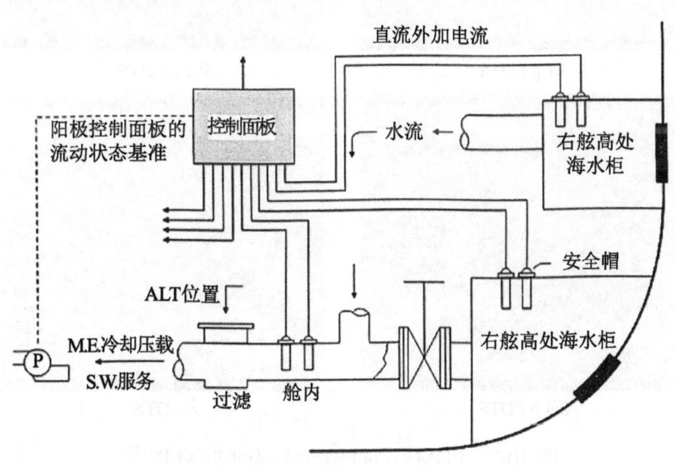

图 10-1　Cuproban 防污防腐系统[9]

10.1.2 外加电位防污法

外加电位电化学防污法是一种在电化学性能稳定、导电率高的氮化钛电极上施加一定的电位，利用电化学反应直接杀死生物细胞，从而达到海洋防污的技术[7]。日本的研究人员将 0.8 V 电位施加在以钛为基体的氮化钛涂层上，实验 30 min 之后，附着在电极上的微生物有 98.7%可被杀死，而且海水 pH 值没有发生变化，也没有 Cl_2 产生现象[11]。目前这种防污技术处于实验阶段，而且因制备成本高、能耗大的问题，限制了其大规模应用。

10.1.3 涂装防污涂料

在众多防污技术中，涂装防污是最经济、有效和简单的解决海洋生物污损问题的手段[12]。防污涂料的种类有很多，有低表面能涂料[13-16]、天然和合成防污剂涂料[17,18]、导电防污涂料[19,20]等。如 Xu 等[21]以含两种官能团(炔基和 2-溴丙酸盐)的聚丙烯酸酯炔烃为原料，通过可逆加成-碎裂-链转移-均聚反应制备了一种新型三官能团丙烯酸酯炔烃单体，用原子转移法制备了 B-PFMA-PEO 不对称分子刷，并通过抗蛋白质和细胞吸附实验表明不对称分子刷涂层具有较好的防污性能。

Arukalam 等[22]将氧化锌超声分散于乙酸乙酯中，在含有聚二甲基硅氧烷(PDMS)的容器中加入乙酸乙酯，以降低 PDMS 的黏度。此后将全氟己基三氯硅烷添加到 PDMS 溶液中，搅拌后添加十六烷基三甲氧基硅烷、分散的氧化锌溶液和固化剂制备防污涂层，见图 10-2。该涂层表面即使完全被水润湿(即在 $\cos\theta=1$ 时)，仍然能保持良好的防污性能。

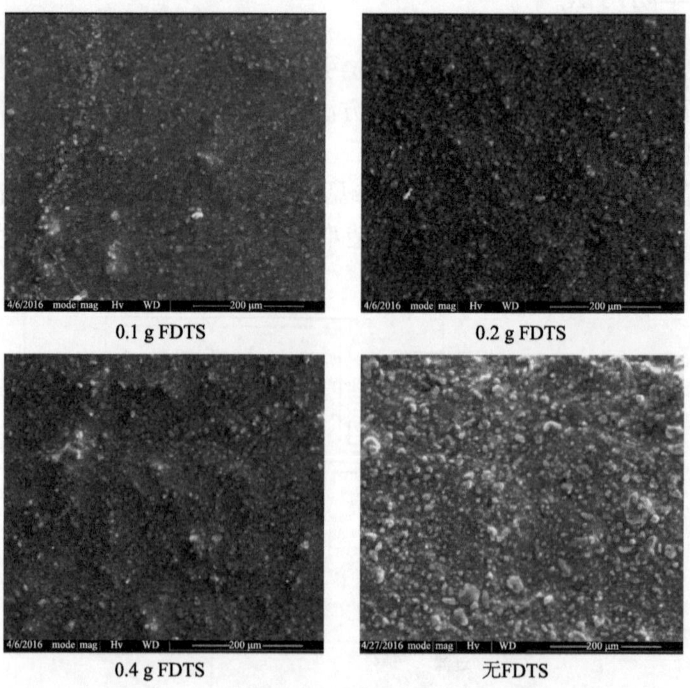

图 10-2 PDMS-ZnO 纳米涂层的 SEM 图[22]

目前采用的海洋防污涂层大多是通过添加汞、砷、铜等毒性化合物来达到抗污的目的[23,24]。这些涂层虽然具有防污效果，但也带来了严重的污染问题[25]。因此 2008 年国际海事组织发布条令全面禁止了三丁基锡(TBT)类防污涂料的使用[26]，未来海洋防污的研究方向将会聚焦清洁环保型的新型海洋防污涂层。

科学家开始从自然界中获取解决海洋污损问题的思路，仿生防污材料逐渐引起了研究人员的注意。在许多海洋生物(如海豚、鲨鱼等)中，它们的皮肤表面很少被其他生物寄生聚居，进一步的研究发现这些生物都存在着各不相同但却又极为有效的防污机制，包括物理性质(表面能、微观结构等)、化学性质(表皮黏液、生物酶等)、机械清理、生活习性(蜕皮、海淡水洄游等)，以及各种防污机制的协同作用[27]。这为研究海洋防污涂层提供了非常重要的思路。例如，一些海洋生物的表皮的微结构，可以使不同尺寸的海洋生物在表面的吸附接触点降低，从而导致附着物更容易从表面脱附[28-30]。通过模仿特殊功能表面，哈佛大学 Aizenberg 课题组首次制备出光滑多孔表面，称为超光滑表面[31]。超光滑表面通过将低表面能的液体注入多孔结构，得到更加稳定的固/液复合膜层，表面粗糙度能够达到分子级别。同时环境液滴在其表面的滞后角低于 2.5°，滑动角低于 5°。液滴极易在其表面上漂浮移动形成一种特殊的 Wenzel 状态。超光滑表面的特殊的界面润湿性能，使它能够应用到海洋防污[32]、防覆冰[33]、油水分离[34]等不同领域。

10.2　超光滑表面

10.2.1　性能特点

与超疏水表面相比，超光滑表面具有滑动阻力小、耐压性强、污垢难以附着、修复快速等优异性能[35]。

(1) 滑动阻力小[36,37]。超光滑表面具有低表面能与低黏度的润滑介质，可以使其表面非常光滑，滑动阻力较小。虽然超光滑表面在静态接触角上比超疏水表面有一定的劣势，但超光滑表面具有较低的滞后角和滑动角。例如液滴在超光滑涂层表面的滑动角[38]可以低到 2.5°，滑动临界尺寸为 20 μm[39,40]。而液滴在超疏水涂层上的滑动临界尺寸是几毫米，见图 10-3[41]。

(2) 不易附着性。光滑表面中润滑介质覆盖基底，得到一层光滑的膜层，膜层隔离基底与外界介质的接触。光滑膜层可以有效减少生物附着[42]、沉积结垢[43]、冰晶形核[44]、液滴冷凝[40]。由于润滑性能，附着在表面的液滴、微生物等，在很小的剪切力推动下就能移除[45-48]。有研究表明，使用全氟润滑剂制备的光滑涂层，可以使冰附着力下降两个数量级[31]。

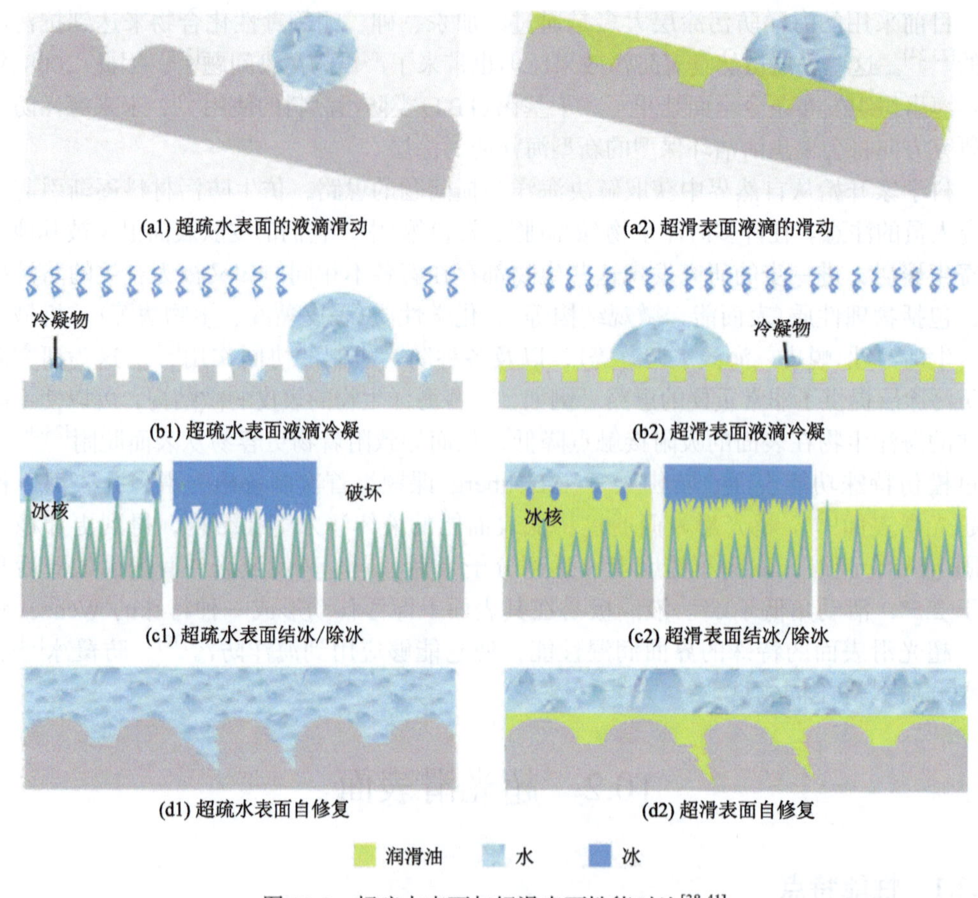

图 10-3 超疏水表面与超滑表面性能对比[38-41]

(3) 耐压性强。超疏水表面可承受的水压是 7.09×10^5 Pa，而超光滑表面可承受的水压高达 6.79×10^7 Pa[38]，超光滑表面的耐压性随液体表面张力降低而急速下降。Rowthu 以 Al_2O_3 为基底，注入润滑油得到的超光滑涂层能够承受 350 MPa 摩擦压力[49]。

(4) 快速修复功能[50]。粗糙基底有较好的储存润滑油能力，当基材受到磨损时，润滑油被释放并快速填充“伤口”[51]。据研究报道，制备的光滑涂层能够在磨损发生的 150 ms 内释放润滑液，实现磨损面修复，而且可以多次自动修复[52]。

(5) 透光性能的可调性。当涂层表面的粗糙结构尺寸在衍射的极限以下时，可以使用透光率和折射率不同的润滑介质来调节光线的反射或透射率[53,54]。

10.2.2 构建机理

猪笼草叶子的边缘是由微观粗糙结构和亲水组分组成，表面可以储存一定量的水形成一层水膜，从而能够让昆虫滑落进瓶身[38]。Aizenberg 等提出了构建超光滑涂层的三个原则[31]：①环境液体与润滑剂不互溶；②基材/润滑剂的化学亲和力比基材/环境液体的要高；③基材表面三维结构有一定的储存润滑剂能力。同时满足上述三个原则能制备性能稳定的超光滑涂层，见图 10-4 和图 10-5。

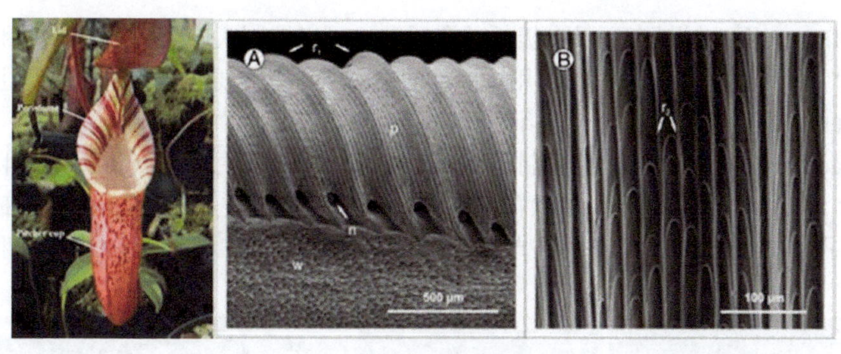

图 10-4　捕食昆虫的猪笼草[38]

A、B 是猪笼草的 SEM 图

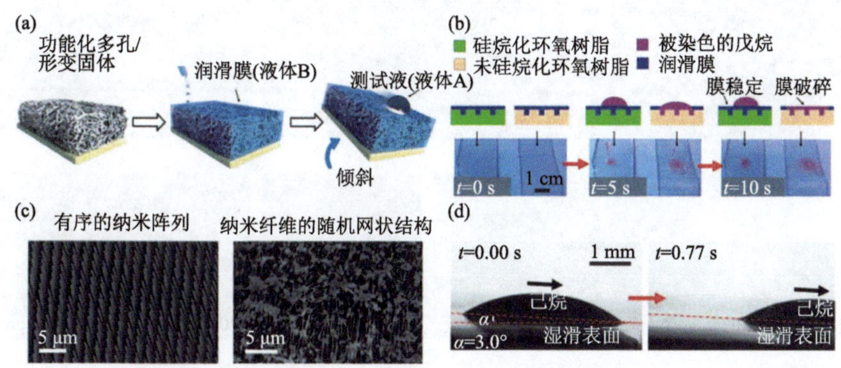

图 10-5　(a)制备超光滑涂层的原理图；(b)杂化和非杂化环氧基板润滑涂层的稳定性和位移；(c)多孔/纹理表面的 SEM 图；(d)接触角的迁移率[31]

10.2.3　SLIPS 涂层的构建

研究发现，海豚等大型动物的表皮都具有不同形态的微纳米结构，其皮肤可分泌出黏液进行防污，这些黏液属于低表面能液体。这类的海豚等大型动物的表皮的特殊润湿状态使其具有自清洁性能[55]。所以，表面粗糙度和化学组成是决定液体与表面接触角大小的主要因素[56-58]。基于这一原理，实验人员制备了一系列具有表面微/纳米结构的防污涂层，并对其防污性能进行研究。通过模仿鱼类表皮可分泌黏液的特点[59]，在防污涂层中添加油类物质，使海洋生物不易在表面黏附，达到抗污的效果。

10.2.4　粗糙微/纳米结构基底构建

基底是储存并吸附润滑液的容器，一方面要求其可以阻止润滑液损失，另一方面又不会影响润滑液的流动。目前构建粗糙结构基底的方法有刻蚀法、化学沉积法、电化学法、溶胶-凝胶法等。

10.2.4.1　刻蚀法

Doll 等[60]用刻蚀法制备出层状微纳尖峰结构化表面，注入中等黏度的全氟聚醚，得到 SLIPS 表面。材料表面具有极低的滞后角，可以抑制人工合成纤维细胞和成骨细胞的黏附。该方法的特点是在不使用抗菌剂的情况下，只需要构造粗糙结构和注入不相溶液体就可以避免生物黏附和预防细菌植入。

Rykaczewski 等[61]用刻蚀法制备了表面粗糙的硅微柱（图 10-6）。材料用溶液（H_2SO_4：H_2O_2=4：1）清洗刻蚀的微孔，并用十八烷基三氯硅烷进行功能化处理，最后注入全氟油，得到了超光滑表面。该材料光滑表面具有提高低表面张力液体滴状冷凝的性能。

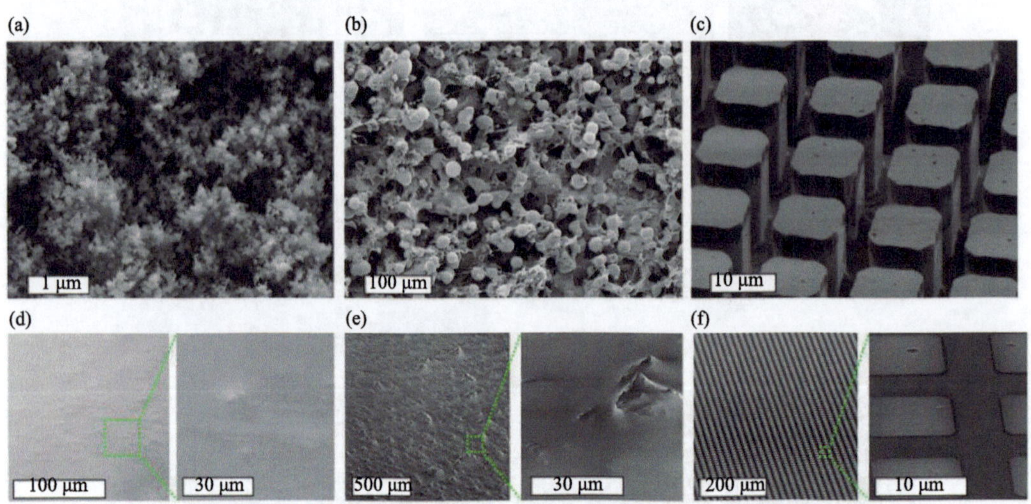

图 10-6 (a)氧化铝-二氧化硅纳米结构；(b)超致密的纹理；(c)光刻蚀的硅微柱；(d)Krytox 浸渍纳米结构；(e)Krytox 浸渍的超致密纹理；(f)Krytox 浸渍微孔[61]

10.2.4.2 化学沉积法

Miranda[62]等通过化学气相沉积 1,3,5,7-四甲基环四硅氧烷（D_4^H）和改性（3-氨基丙基）三乙氧基硅烷在硅片上制备了粗糙结构。在粗糙结构上注入氟化疏水离子液体[EMI][TFSI]，制备了光滑 SLIPS 表面（图 10-7）。在基板倾斜角低于 5°的条件下，附着在上面的水和各种低表面张力物质容易滑出，[EMI][TFSI]的稳定性较好，即使暴露在高温、真空和紫外线等条件下都能保持良好的润滑性能。

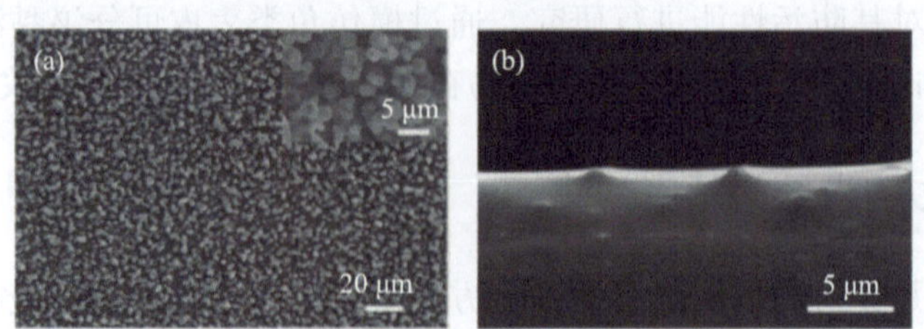

图 10-7 (a)D_4^H涂层的俯视图和(b)注入[EMI][TFSI]后涂层的横截面图的 SEM 图[62]

10.2.4.3 层层自组装法

层层自组装是利用带电基板在带相反电荷中的交替沉积制备自组装多层膜[63]。

Sunny 等[64]使用带负电荷的 SiO_2 纳米颗粒和带正电荷的聚电解质逐层沉积形成纳米级的表面粗糙结构，然后进一步用氟化硅进行表面功能化，并渗透到氟化油中，在不同材料的表面形成光滑、高度排斥的涂层。所制备的材料表面能够有效地将润滑剂固定到纳米多孔涂层中，并提供一个稳定的液体界面，从而排斥水、低表面张力液体和复杂液体，其具有机械稳定性，数天时间内连续暴露于空气仍然保持抗蛋白性能(图 10-8)。

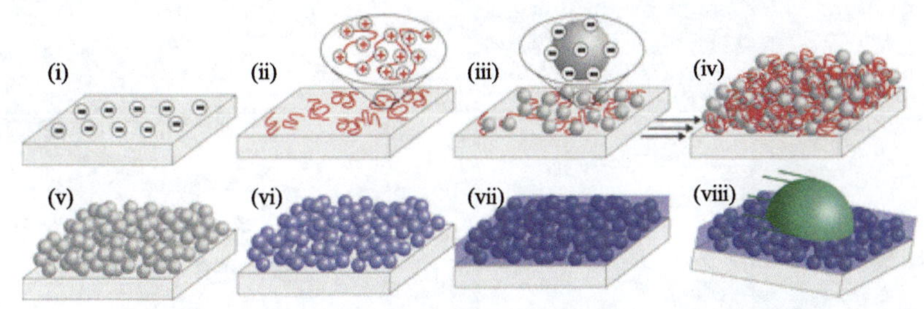

图 10-8　用 LBL 法制备光滑涂层的逐层工艺示意图[64]

(ⅰ)将负电荷引入基板，随后(ⅱ)吸附带正电荷的聚电解质和(ⅲ)带负电荷的二氧化硅纳米粒子，(ⅳ)形成混合薄膜。(ⅴ)煅烧产生多孔 SiO_2 涂层。(ⅵ)用氟化硅烷对表面进行共价功能化，(ⅶ)氟化润滑剂进入涂层，(ⅷ)表面光滑，排斥液体轻松滑出基板

10.2.4.4　电化学法

Wang 等[65]采用电化学法，将铝箔放在高氯酸/乙醇中，温度为 5℃，在双电极电池外加电压 20 V 下进行电化学抛光 3 min，铝箔为工作电极，不锈钢电极是负电极。电解抛光后的铝箔在双电极电池中进行阳极氧化，铝基板为工作电极，不锈钢电极为负电极。铝基板在 0.3 mol/L 草酸水溶液中，阳极氧化电压为 120V 下阳极化 150 s。最后将浸入 1%(体积分数)聚氟乙烯/乙醇溶液中 5 min 进行改性，注入过量的润滑剂聚氟乙烯，得到光滑多孔表面(图 10-9)。该表面可以抑制硫酸盐还原菌(SRB)的黏附，且可以抑制腐蚀介质对底层基底的侵蚀。

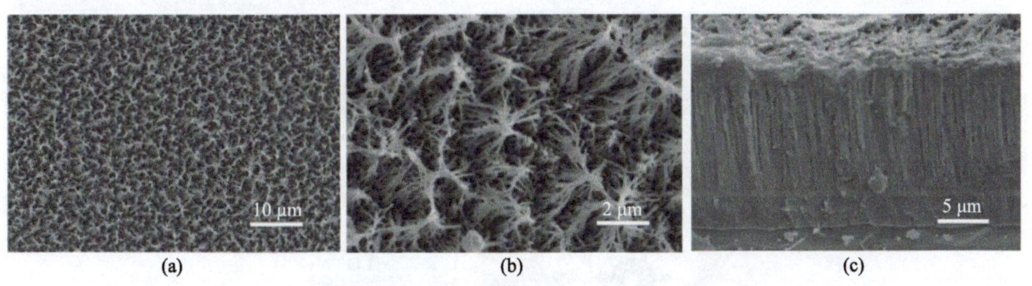

图 10-9　(a)、(b)阳极氧化后铝表面形成的氧化铝涂层的俯视图和(c)横截面图[65]

10.2.4.5　聚合物多孔膜

Shillingford 等[66]在棉或活性聚酯上原位聚合二氧化硅微粒获得粗糙基底。其将制备的样品浸入甲醇、异丙醇、氢氧化铵和四乙氧基硅烷的混合液中，在常温下搅拌、分离，用甲苯冲洗。最后对粗糙的硅微粒表面进行氟硅烷化处理，使织物表面超疏水

(图 10-10)。这些经过氟硅烷化的纳米结构织物具有防水、防油、防灰尘和防泥性能。

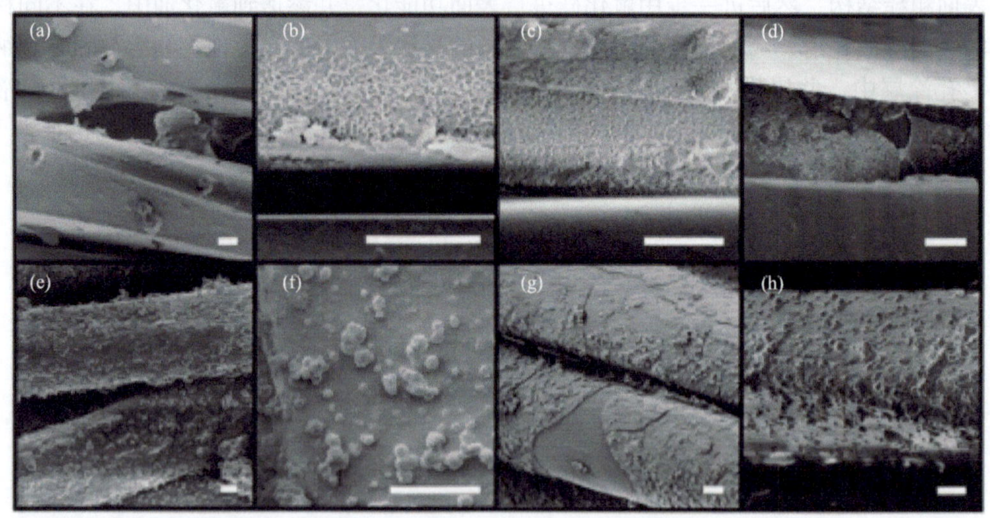

图 10-10　织物处理的扫描电子显微镜表征图(比例尺：2μm)[66]

10.2.4.6　溶胶-凝胶法

溶胶-凝胶法就是将含高学活性组分的化合物经过溶液、溶胶、凝胶而固化，再经热处理得到氧化物或其他固体化合物的方法[67]。Ma 等[68]利用溶胶-凝胶法制备了具有花状纳米纹理结构的氧化铝薄膜，然后用全氟化合物(1*H*,1*H*,2*H*,2*H*-全氟二烷基膦酸)对其进行改性，得到低表面能表面，其使用的膦酸官能团化合物对水非常稳定，易与金属氧化物表面发生杂化而不是自缩合。该方法制备的涂层具有良好的疏水性、透光率和抗蛋白性能(见图 10-11 的接触角)，在防结冰、防污、自清洁窗口以及光学装置等领域具有重要的参考意义。

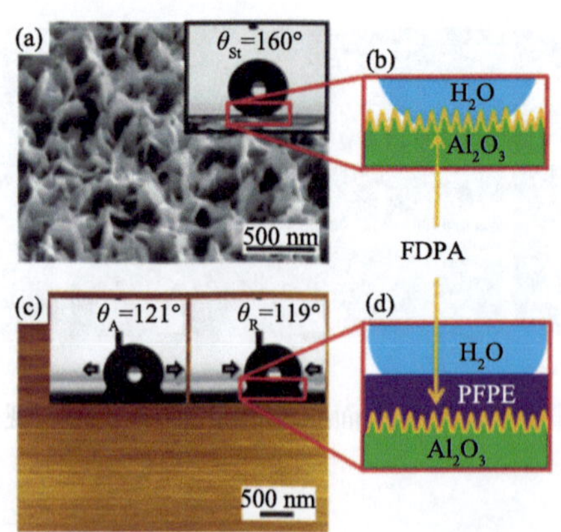

图 10-11　(a)纳米结构氧化铝凝胶薄膜的 SEM 图及改性后，在该纳米结构上形成水滴的形状；(b)在“Wenzel”状态下改性纳米结构表面的水滴示意图；(c)改性纳米结构的 AFM 图和水滴在其前进角和后退角的显微图；(d)漂浮在(c)表面的水滴示意图[68]

10.2.5　涂层润滑剂的选择

超光滑涂层吸附的润滑剂与外界环境介质接触，因此它的物理化学性能决定超光滑涂层的物化性能。制备超光滑表面可使用的润滑剂有很多种已被报道，如硅油[69]、全氟聚醚[70]、离子液体[71]、矿物油[72]等。研究表明，超光滑涂层润滑剂的选择可从以下方面考虑。

(1) 低表面能，赋予涂层表面疏液和防附着能力。常见润滑液的表面能[73]：硅油为 20～22 N/m，全氟聚醚为 17～19 N/m，离子液体为 34 N/m，矿物油为 28 N/m。为了提高疏液性能，通常可选择表面能低的润滑剂如全氟聚醚[38]。需要注意的是，润滑剂表面能过低会降低涂层稳定性。当环境介质与润滑涂层接触时，形成润滑涂层-环境介质-环境气体的三相界面，从公式(10-1)可知，环境液体表面能较高时，润滑剂表面能过低会导致其包覆在水滴表面，造成液滴无法移动、润滑剂损失等[40,72]。

$$S_{\mathrm{ol(V)}} = \gamma_{\mathrm{lv}} - \gamma_{\mathrm{ol}} - \gamma_{\mathrm{ov}} \tag{10-1}$$

(2) 不互溶性，提高超光滑涂层在液体环境中的稳定性。润滑油的互溶性有一定的限制使用范围。Sett[39]研究了一系列低表面张力液体与超光滑涂层上广泛使用的润滑油的相容性，见图 10-12。研究发现大多数润滑剂是可混溶的，如离子液体可与甲苯等混溶[73]。所以构建稳定的超光滑涂层需要考虑选择与其他液体不互溶的润滑剂。在长期使用过程中，需要注意性能稳定的润滑剂也依然会发生流失[74]。如全氟聚醚润滑剂在浸泡至液体中 16 h 之后，润滑剂的损失量达到(52±46) ng/cm^2。故即使是化学惰性很好的润滑膜层，也要注意润滑剂缓慢流失过程的影响[75]。

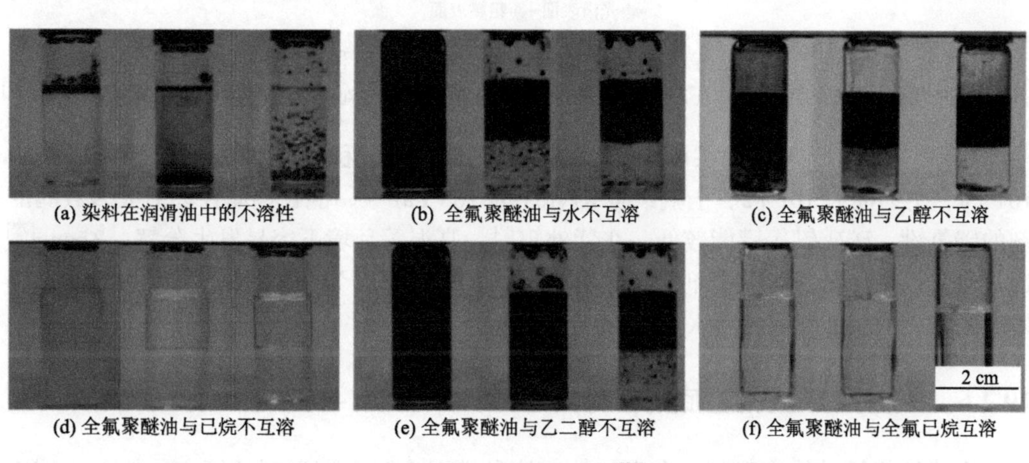

(a) 染料在润滑油中的不溶性　(b) 全氟聚醚油与水不互溶　(c) 全氟聚醚油与乙醇不互溶
(d) 全氟聚醚油与己烷不互溶　(e) 全氟聚醚油与乙二醇不互溶　(f) 全氟聚醚油与全氟己烷互溶

图 10-12　互溶性研究[39]

(3) 低黏度流动性，降低流动阻力，提高动态修复能力。润滑油的黏度会影响环境介质在表面的运动。当环境液体与表面接触时，环境液体与低黏度润滑液的界面剪切力小，易发生移动。需要注意的是，黏度过低同样也会使光滑涂层的稳定性降低[76]。Smith[77]认为，在室温下，离子液体的黏度远低于全氟聚醚，但是液滴在它表面的滑动速度大，滑动角更小。Yeong[78]通过模板法制备了粗糙表面，然后注入不同黏度

(100×10^{-3} Pa·s、500×10^{-3} Pa·s、1000×10^{-3} Pa·s)、不同量(2%、8%、15%)的硅油，形成超光滑涂层。其研究发现，黏度低和较少填充量的硅油具有更好的防覆冰性能。Howell[75]采用气相色谱法结合流动液体(闭合回路中的水)和共聚焦显微镜，对流动环境中表面润滑层的润滑油损失进行了研究，其研究结果表明，在测试条件下(流速、时间、润滑剂类型，见图 10-13)，都没有发现变形结构表面和变形表面之间的润滑剂损失有明显差异。研究还发现，润滑油的稳定性高度依赖于保持表面的液体状态，任何空气/水界面通过润滑剂层，会导致从表面去除的润滑剂量显著增加，这是由于空气/水界面上形成了一层润滑剂包覆层，然后将包裹润滑剂的液体带走，反而浸没于水中的水-润滑液界面流失较少。所以润滑剂黏度主要影响液滴在表面的吸附和运动状态，在一定程度上也影响油膜抵抗环境冲击。

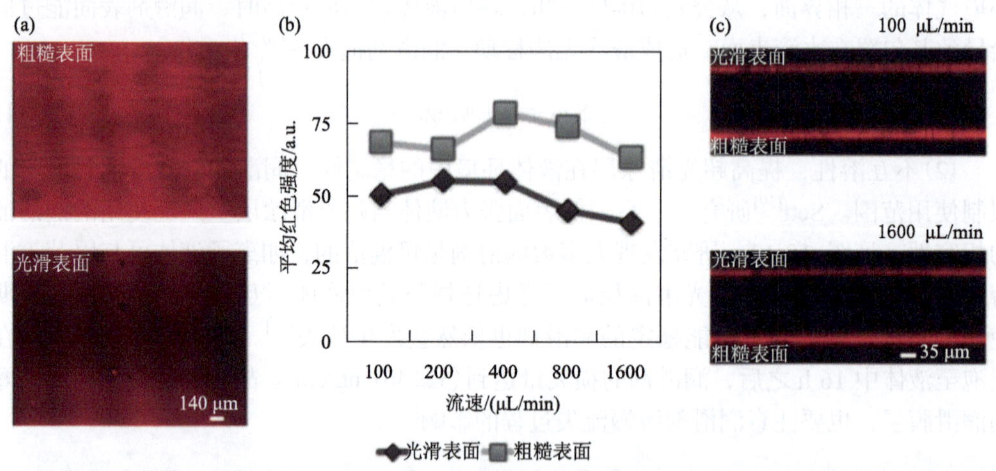

图 10-13 (a)由上而下分别是覆盖染色荧光 Krytox 103 的粗糙表面和光滑表面；(b)在不同流动速率下，两种表面的平均红色强度；(c)在流动率 100 μL/min 和 1600 μL/min 下，两种表面的共焦横截面[75]

(4)难挥发性，增强涂层耐久性。润滑剂的性能比较稳定，蒸气压也较低(硅油为 101 Pa、矿物油为 102 Pa、全氟聚醚 Krytox 为 108 Pa)[35]，能长期储存。但大多数润滑剂的碳氢键、碳碳键等键能较低，在紫外辐射、高温等环境下容易发生分解。Zhang[79]通过研究以全氟聚醚为润滑剂的超光滑表面，发现在温度为 65～75℃下，润滑油的挥发导致超光滑表面变成超疏水表面。

10.2.6 粗糙微/纳结构基底的修饰

构建的粗糙结构空隙间会存在气体，这种情况会阻碍润滑剂的填充，故需要使用低表面能物质预处理，促进润滑剂在粗糙结构中的铺展与润湿[80]；而且低表面能基团的修饰可以降低涂层表面能。目前常使用的化学修饰剂主要是硅烷偶联剂、含氟化合物等。

常用的硅烷偶联剂有十二烷基硅氧烷[81]、γ-氯丙基三乙氧基硅烷[82]、乙烯基三(β-甲氧乙氧基)硅烷[83]等，这类化合物分子中间存在着亲有机和亲无机的两种不同基团，可以有效连接无机和有机界面，提高涂层与基底的结合力[84]。

常用的含氟化合物有二氟碳化合物(C_2F_8)[65]、氟硅烷[79]等。这类物质可以降低基底的表面能，同时氟化物和氟化润滑剂的相容性很好，对润滑剂的填充有促进作用。

Liu 等[85]在硅柱上使用不同官能团(如氟化物、氨基、甲基、羟基)进行修饰，制备了具有不同性质的基底，然后把润滑剂浸润到硅基材中得到超光滑涂层，研究表明长链氟化物修饰的涂层疏水性能最好。Howell 等[75]制备了表面粗糙的基底，然后对比使用氟化处理的表面与没有任何处理的表面，发现经过氟化处理的表面灌注 Krytox 103 润滑剂，粗糙结构的残余润滑油有 0.05 g±0.01 g，而没有处理的表面的残余油只有 0.003 g，说明经过氟化修饰后能够有效增加润滑剂的润湿和吸附。

10.3 杂化基底光滑涂层的制备及性能

10.3.1 概述

船舶等海洋设备与海水长期接触，其表面会受到海洋生物如藻类、藤壶、贻贝等的黏附。这些生物的黏附会对海洋设备造成严重的影响[5,6]。发展一种经济有效的防污涂层对于减少经济损失有很重要的意义。近年来，防污涂层的研究主要集中在超疏水材料领域。超疏水涂层防污机理主要是由于材料表面具有疏水性，可降低表面与水滴的接触面积，减少微生物在涂层表面的吸附过程。同时利用超疏水涂层对水的滚动角较小，微生物在表面还没有形成牢固黏附就被冲刷掉，从而达到防污的目的[86]。但是在水下环境，超疏水涂层的防污性能并不是很好。因为在此环境下涂层表面的液滴处于“Wenzel”状态[87]。即便接触角很大，液滴与表面的接触面积是变大的，这些水珠会黏附在材料表面使得微生物被黏附。

自哈佛大学 Aizenberg 课题组[31]首次制备出光滑多孔表面 SLIPS 以来，对超光滑表面的理论研究也越来越深入，但在实际应用还需要解决很多问题。因为制备方法大多通过浸润法制备，而这类方法需要先通过复杂的方法构建高度粗糙表面，对制造过程条件要求严格，所以目前难以大规模使用。还有，该方法所需要使用的低表面能液体成本高昂。目前使用的比较多的是全氟聚醚，很多处理过程需要用含氟或硅烷化合物来降低粗糙表面的表面能，使粗糙表面更充分地被浸润。由于润滑剂会因为过程中的冲刷、挥发等原因流走，导致超光滑涂层的稳定性降低。以不同配比的十六烷基三甲氧基硅烷、四乙氧基硅烷、二甲基二甲氧基硅烷的硅烷偶联剂水解缩合反应构建具有粗糙结构的杂化涂层，浸泡润滑剂后得到超光滑涂层，所制备涂层不需要使用价格昂贵的含氟润滑油来浸润，仅使用价格便宜、稳定、低黏附的硅油作为润滑油，把它浸润到已经构建好的杂化粗糙涂层中，由于润滑剂可以很好地隔绝水滴在基材上的黏附作用，有效提升了涂层的防污性能[88]，而且该方法制备简单，对设备要求不高，原料易得，成本较低，利于大规模生产，涂层附着力采用划格试验法，按照 GB/T 9286—1998 的标准进行测试[89]；此外有研究表明利用多巴胺和亲水性的二氧化硅颗粒可以构建微尺度结构实现超疏水性[90]。

因此，基于模仿海洋生物表皮的特殊润滑属性，开展对超光滑涂层的制备及其性能的研究对海洋防污领域有着重要的作用。

10.3.2 杂化基底光滑涂层的制备

10.3.2.1 硅氧烷溶胶

称取一定量的四乙氧基硅烷(TEOS)、二甲基二甲氧基硅烷(DMOS)、十六烷基三甲氧基硅烷(HDTMS)和异丙醇于圆底烧瓶中，在温度为 35 ℃下混合搅拌 30 min。将水与冰醋酸的混合溶液缓慢滴加到混合物中，搅拌 2 h。反应结束后，把得到的溶胶放在室温下陈化 3 d。此反应过程中各反应物的质量比如表 10-1 所示。

表 10-1 溶胶组分质量比

	HDTMS	TEOS	DMOS	异丙醇	冰醋酸	水
A	1	3.1	4.4	9.7	0.2	4.3
B	1.5	3.1	4.4	9.7	0.2	4.3
C	2	3.1	4.4	9.7	0.2	4.3
D	2.5	3.1	4.4	9.7	0.2	4.3

10.3.2.2 杂化涂层

用喷枪(HD-180)把陈化 3 d 的溶胶喷涂在玻璃载片上，放置在空气中 1 h，120℃的烘箱中固化 2 h，得到杂合涂层。按表 10-1 不同组分比例制备的杂化涂层分别标记为 HS-A、HS-B、HS-C 及 HS-D。

10.3.2.3 超光滑杂化涂层

用上述所制备的 HS-A、HS-B、HS-C 及 HS-D 四种杂化涂层浸润在黏度为 100 mPa·s 的硅油中，2 h 后取出，在 5000 r/min 下离心 2 min 去除多余的硅油，得到超光滑涂层。所制备的四种超光滑涂层以 SHS-A、SHS-B、SHS-C 及 SHS-D 标示。

10.3.3 杂化基底光滑涂层的性能

10.3.3.1 微观形貌

杂化涂层表面的比表面积与粗糙度有关，影响其对润滑油的吸附和储油能力，同时可以提高涂层的稳定性。硅烷偶联剂 HDTMS 和 DMOS 的硅烷氧基与无机物形成牢固的化学键，有机官能团对有机物具有良好的成键能力，用硅烷偶联剂可以对无机和有机两种界面形成强结合力。TEOS 在酸催化的作用下，发生缩聚反应形成二氧化硅网络结构[91]。HDTMS 和 DMOS 在酸催化剂的作用下，发生缩聚反应形成三维网络结构。HDTMS、DMOS 和 TEOS 三种混合物分散在异丙醇溶液中，硅烷偶联剂进入无机 SiO_2 网络中形成硅烷偶联剂-SiO_2 杂化涂层(图 10-14)，涂层的粗糙表面结构可以有效增强基底的储油能力。

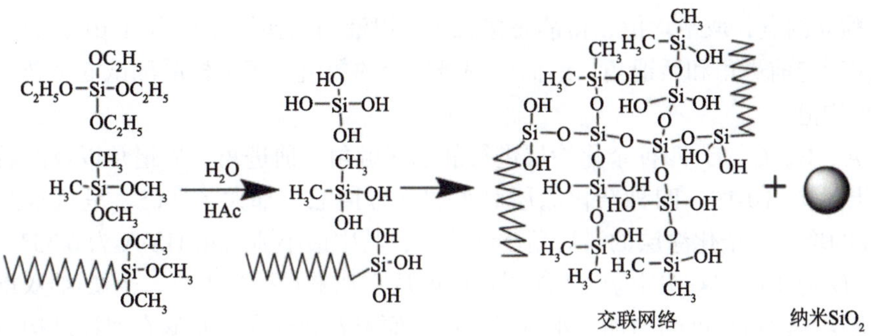

图 10-14　HDTMS、DMOS 和 TEOS 的水解共缩合示意图

采用冷场发射扫描电镜对杂化涂层表面形貌进行测量分析，参数为加速电压 15 kV，放大倍率 5000。A、B、C、D 四种方法制备的杂化涂层的表面形貌如图 10-15 所示，可见 A、B、C、D 的表面粗糙度逐渐增大。形成这种结构的原因是硅烷偶联剂 HDTMS 属于长碳链烷基硅氧烷，碳链 R 为保护基团，$Si(OCH_3)_3$ 作为结合基团。碳官能团的增多有利于相邻保护基团的收敛作用，使碳链竖直定向排列、紧密排列和堆砌[78]，提高涂层的厚度和表面的粗糙度。并且，碳链的增加会形成空间位阻阻碍水分子向内部扩散，提高涂层的稳定性。随着 HDTMS 的添加量增大，形成的表面粗糙度也增加。

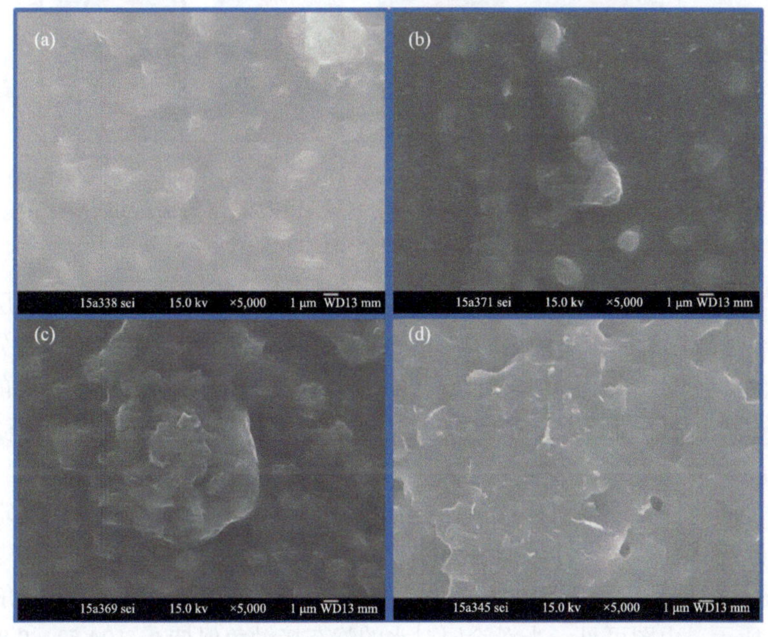

图 10-15　HS-A、HS-B、HS-C 以及 HS-D 四种不同的杂化涂层 SEM 图

10.3.3.2　润湿性能

玻璃基底经过硅烷偶联剂处理后，形成的杂化涂层具有粗糙结构，此时基底表面由亲水性变成疏水性。通过接触角仪进行接触角测定，测试液滴为 4 μL，每个样品测

试 6 个独立的点，取平均值，得静态接触角。以液滴的初始体积为 4 μL，通过水滴加减液滴法测定前进角和后退角，继而得到滞后角的数值，每个样品测试 6 个独立的点，然后取平均值。

对 A、B、C、D 四种杂化涂层进行静态接触角、前进角、后退角以及滞后角的测试，结果见图 10-16。四种杂化涂层对水的静态接触角都大于 90°，呈疏水性。随着 HDTMS 的增大，杂化涂层的滞后角逐渐增大，其中最小滞后角 HS-A 为 6.33°，最大滞后角 HS-D 为 10°。这是因为由于涂层粗糙度从宏观来看是微米级，非微-纳双重结构，故随着涂层表面粗糙度的增加，水滴对涂层表面附着力变大，水滴在粗糙结构中产生机械锚定效应，影响水滴在涂层表面运动行为，使得滞后角变大。

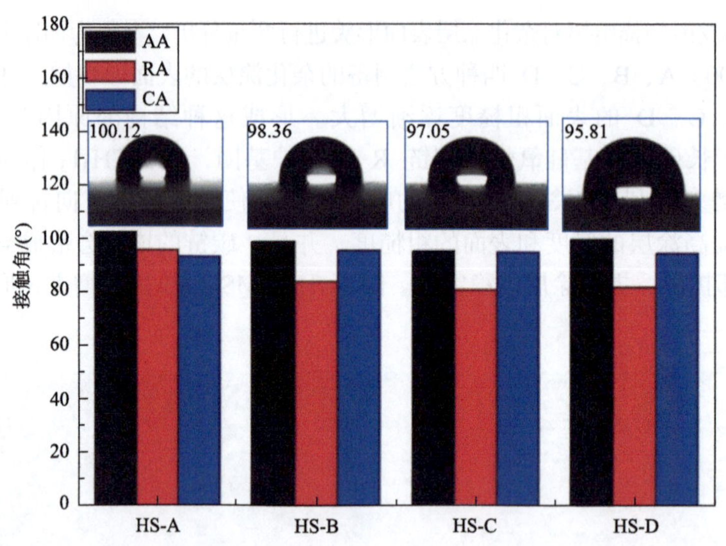

图 10-16　杂化涂层 HS-A、HS-B、HS-C、HS-D 对水的前进角（AA）、后退角（RA）、静态接触角（CA）

润滑剂在涂层表面的润湿性能对形成超光滑涂层非常重要。如杂化涂层的表面是疏油性的，会导致润滑剂难于铺展润湿。因此，在制备超光滑涂层之前，首先要测量杂化涂层对油的接触角，从图 10-17 可以看出，所制备的杂化涂层对正十六烷的接触角为 14.1°，具有超亲油性。润滑剂在涂层上可以快速铺展，填充涂层表面的由微粗糙结构形成的孔隙。

超光滑表面与外界环境直接接触的是润滑剂，故润滑剂的性能直接决定着超光滑涂层性能。硅油具有难挥发性、低表面能、润滑性等性能。四种杂化涂层浸泡在黏度为 100 mPa·s 的硅油后，对水的静态接触角、前进角、后退角以及滞后角测试结果如图 10-18 所示。由图可见，光滑涂层对水的静态接触角保持在 104.5° ± 0.8°左右，呈现疏水性。与杂化涂层相比，四种润滑涂层的滞后角都明显变小，滞后角为 3° ± 0.5°。杂化涂层吸附硅油后，光滑涂层上的固-液界面取代之前的粗糙微观结构上的固-固界面，硅油对杂化涂层形成隔离，避免水滴的机械锚固效应，因此水滴极易在其表面上滑动。超低的滞后角可以使液滴在光滑表面不易黏附，从而达到防污效果。

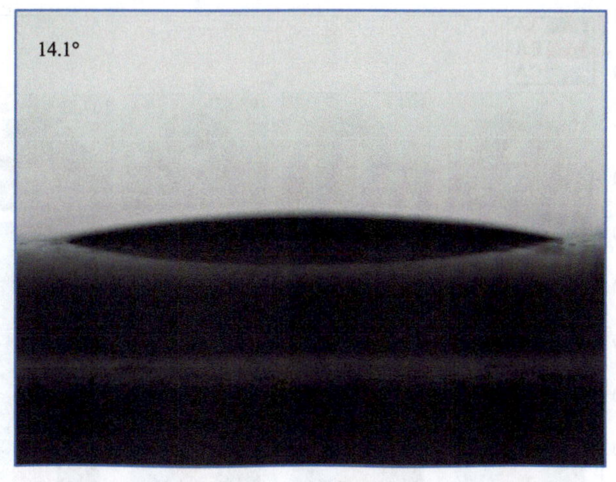

图 10-17　杂化涂层对正十六烷的接触角

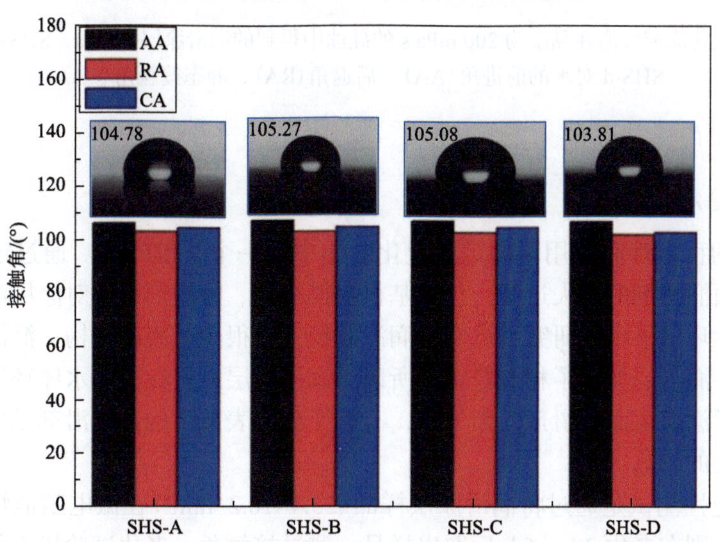

图 10-18　润滑涂层 SHS-A、SHS-B、SHS-C、SHS-D 对水的前进角(AA)、后退角(RA)、静态接触角(CA)

不同黏度的润滑油会影响环境介质在光滑表面的移动。当液滴与光滑表面接触，环境液体与低黏度润滑油的界面剪切力小，易发生移动。但黏度过低会降低光滑涂层的稳定性，润滑剂发生流失[76]。用 A、B、C、D 四种杂化涂层浸泡在黏度为 200 mPa·s 的硅油中，如图 10-19 所示，可发现浸泡在黏度为 100 mPa·s 的硅油和浸泡在黏度为 200 mPa·s 的硅油中制备的润滑涂层对水的静态接触角影响不大，保持在 104°～106°之间；但浸泡在黏度为 100 mPa·s 的硅油中制备的润滑涂层的滞后角(3° ± 0.5°)比浸泡在黏度为 200 mPa·s 的硅油中制备的润滑涂层的滞后角(3.8° ± 0.4°)小。

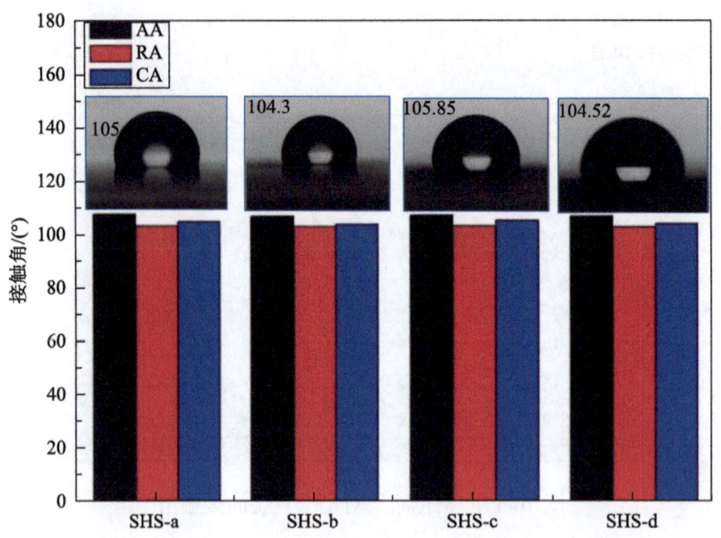

图 10-19 杂化涂层浸泡在黏度为 200 mPa·s 的硅油中得到的润滑涂层 SHS-a、SHS-b、SHS-c、SHS-d 对水的前进角(AA)、后退角(RA)、静态接触角(CA)

10.3.3.3 涂层的稳定性

1. 老化稳定性

润滑层的稳定性和使用周期是工业化应用中的一个关键问题。通过定量分析研究了超光滑表面润滑剂的损失过程，包括基材粗糙结构、润滑剂黏度对涂层润滑剂损失的影响。在自然环境下中，研究人员发现润滑油损失量很少，表面结构、润滑剂黏度之间无显著差异，润滑层保持了相对稳定。所以将润滑涂层放置在流动水体环境和老化试验机中，考察了涂层表面润滑剂的损失量，有利于分析表面结构、润滑剂黏度等因素对涂层表面稳定性的影响。

老化稳定性测试是通过将润滑涂层样品($25.4\times76.2\ mm^2$)在微电脑氙灯老化试验机里老化，并分别在老化 3 h、6 h 后取出样品，测试接触角，老化试验机工作参数设置为湿度 50%、温度 65℃、暴晒 550 W/m^2、启用淋雨和转盘功能。

老化试验结果显示不同表面结构及不同润滑剂黏度的润滑涂层稳定性有明显的差异，如表 10-2 所示。其中润滑涂层 SHS-C 和 SHS-c 的稳定性最好，在老化 6 小时之后，仍然保持疏水性能。而其他润滑涂层在经过 6 h 的老化测试后，涂层表面已经不平滑均匀，目视可见到表面的润滑油和杂化涂层已经被喷淋冲刷掉了，如涂层 SHS-A，表面的润滑油被冲刷掉之后，杂化涂层被暴露出来，测得的接触角为 97.5°。图 10-15 证明随着 HDTMS 的添加量的增加，粗糙度也增大，从而提高了涂层的化学稳定性。涂层的化学稳定性是随着 HDTMS 的添加量的增加而逐渐增大的，但由于涂层 HS-D 的厚度过大，导致力学性能不佳，易被水冲刷，影响涂层的稳定性。同时，对于不同黏度的润滑涂层，如 SHS-C 与 SHS-c，涂层 SHS-c 的稳定性比 SHS-C 好，较低黏度的润滑剂在涂层表面上的流动性更大。

表 10-2 不同表面类型、润滑剂黏度的润滑涂层老化测试前后的接触角

	老化前/(°)	老化 3 h 后/(°)	老化 6 h 后/(°)
SHS-A	104.78	104.3	103.9、97.5、56.6
SHS-B	105.27	104.08	102.6、96.5、86.1
SHS-C	105.08	104.81	104.3、101.9、98.2
SHS-D	104.81	102.94	71.1、70.93、61.5
SHS-a	104.44	102.2	93.3、58.16、56.0
SHS-b	104.3	96.47	73.8、51.8、50.2
SHS-c	104.85	104.2	102.8、102.7、101.66
SHS-d	104.52	103.2	66.6、64.9、63.0
玻璃片	94.63	92.8	92.5、62.6、52.55

2. 力学性能

涂层与基材之间的附着力对稳定性至关重要，只有当涂层与基材的附着力有一定的牢固程度时，涂层才能使在实际应用中起到作用。

涂层附着力采用划格试验法，按照 GB/T 9286—1998 的标准进行测试[89]。以未浸泡硅油的杂化涂层为测试对象，用划格法测得四种不同杂化涂层与基底的附着力。如表 10-3 所示，可见涂层 HS-C 与基材的附着力相对好，达到了 1 级，即涂层剥落少于 5%，其他涂层与基材的附着力较差。

表 10-3 四种杂化涂层与基材的附着力

	HS-A	HS-B	HS-C	HS-D
附着力等级	2	3	1	3

3. 蒸发稳定性

将四种杂化涂层浸泡硅油得到的超光滑涂层与纯玻璃片浸泡硅油得到的涂层(Glass-Oil)进行稳定性测试。将润滑涂层样品(25.4×76.2 mm^2)放在烘箱中进行蒸发干燥，设置温度为 100℃，干燥 20 h，其中每蒸发干燥 4 h，取出测量润滑涂层表面润滑剂的质量损失。如图 10-20 所示，因为纯玻璃表面比较光滑，储油能力不高，在蒸发干燥过程中硅油的损失速度较快。而杂化涂层因为具有三维粗糙结构，硅油可以储存在粗糙结构孔道中，能够减少硅油的挥发。HS-A、HS-B、HS-C、HS-D 四种杂化涂层的粗糙度是逐渐增大的，对硅油的储存能力也是逐渐增大的。

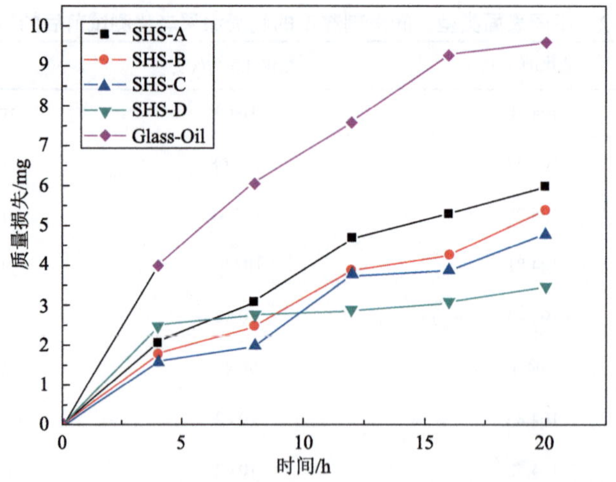

图 10-20　在 100℃加热蒸发条件下，涂层质量损失随时间的变化

4. 水流稳定性

所制备的光滑涂层主要是应用在海洋防污中，其所处环境是在流动的水体环境中，因此探究流动的水体环境对润滑涂层稳定性影响有重要的参考价值。

水流稳定性测试实验将 A、B、C、D 四种方法制备的润滑涂层一起放在装有 1000 mL 水的 2000 mL 烧杯中，样品在贴着烧杯内壁，使它们与烧杯中心的距离保持一样，水流搅拌速度为 20 r/min。每隔一天取出样品，自然晾干之后进行后续测试，搅拌时间为 7 d。测得润滑涂层润湿性能的结果如图 10-21 所示，在流动冲刷下，不同表面类型、润滑剂黏度光滑涂层的接触角出现不同程度的下降，其中浸泡硅油的纯玻璃涂层 (Glass+Oil) 由于玻璃表面比较光滑，储油能力不足，在流动水体环境下，硅油流失很快，接触角下降程度最大。而光滑涂层 SHS-C 和 SHS-c 由于杂化涂层的表面结构粗糙，

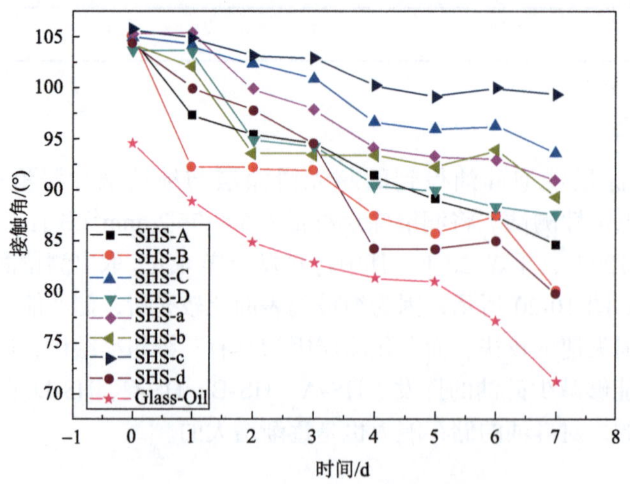

图 10-21　水流下光滑涂层的接触角变化

储油能力强，杂化涂层与基材的附着力比其他杂化涂层好，形成的超光滑涂层的性能相对稳定，经过水流动冲刷之后，接触角降低的幅度较小。对比相同表面类型不同黏度润滑剂制备的光滑涂层，浸泡黏度为 200 mPa·s 的硅油的光滑涂层 SHS-c 的稳定性比浸泡黏度为 100 mPa·s 的硅油的光滑涂层 SHS-C 的稳定性要好，因此低黏度的润滑剂更容易受到流体剪切而造成流失。

5. 涂层透明度

海洋设备在水下环境工作过程中，某些实验场景要求涂层不影响观察设备的透光率以便观测。而目前已有的研究对涂层的光学透明性仍然有很大的提升空间，开发的防污涂层光学透明性较差，难以满足在要求透明度高的玻璃表面使用。为此，制备的光滑涂层不仅具有疏水性、润滑性以及抗污性能，同时还要具有良好的光学透明性，有很好的应用前景。

涂层透明度可通过紫外-可见吸收光谱仪(UV-6100)测定涂层的透光率获得，HS-A、HS-B、HS-C、HS-D 四种不同杂化涂层的透光率测试结果如图 10-22 所示。由于杂化涂层粗糙的微观结构使得表面的光散射变强，降低了涂层的透明度(透光率<70%)。而四种不同杂化涂层的透明度随着 HDTMS 的添加量的增加而逐渐降低，见图 10-23。这也进一步证明了 HDTMS 添加量的增加导致表面粗糙度增加，光散射增强，透明度降低。而浸泡硅油形成光滑涂层之后，硅油浸润到粗糙结构上，填充了粗糙结构的孔隙结构，从而减低了光散射损失，同时降低了表面的折射率和反射率，提高了涂层的透光率，在可见光范围内具有优异的透明性能。透光率基本大于 80%，接近纯玻璃。SHS-D 由于 HDTMS 的添加量较多，碳基官能团基较多，相邻碳基官能团的位阻作用，导致膜层厚度变大，从而影响涂层的透光率。

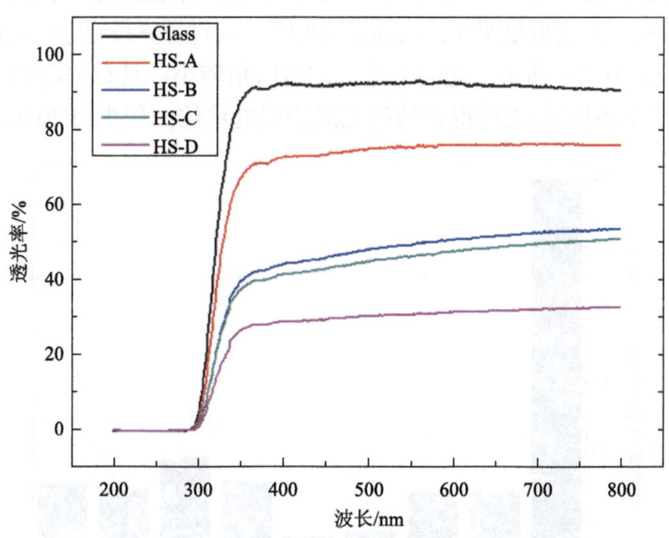

图 10-22　杂化涂层 HS-A、HS-B、HS-C、HS-D 的透光率

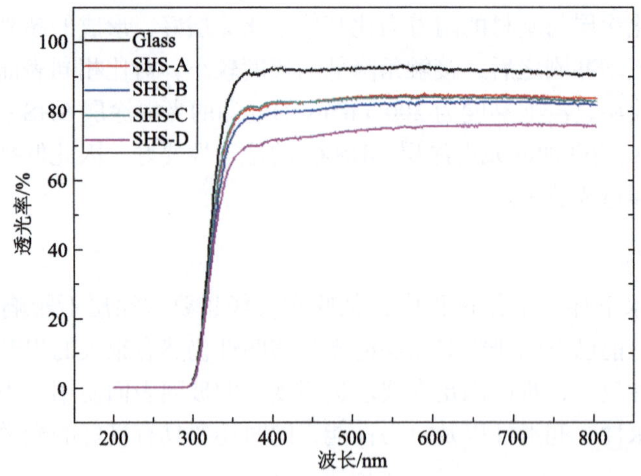

图 10-23 光滑涂层 SHS-A、SHS-B、SHS-C、SHS-D 的透光率

6. 抗蛋白质黏附

海洋污损对船舶以及海洋平台等海洋设备造成了严重的影响，据统计，全世界每年由于海洋生物的污损造成的经济损失高达数千亿美元[5,6]。而海洋污损的形成是从蛋白质黏附开始，然后是藻类、贻贝、藤壶等生物的黏附[92]。

抗蛋白黏附测试主要是采用牛血清白蛋白(BSA)作为模型污染物进行实验[93]。配制浓度为 0 g/L、0.2 g/L、0.4 g/L、0.6 g/L、0.8 g/L、1.0 g/L、1.2 g/L 的 BSA 溶液制作 BSA 标准吸附曲线。将得到的光滑涂层(1.8×1.8 cm^2)浸泡在 5 mL 牛血清白蛋白(BSA)溶液中(1 g/L PBS 缓冲液，pH 为 7.4)，在常温下培养 24 h 后，取出样品。通过紫外-可见吸收光谱仪 UV-6100 在 278 nm 下测定溶液的吸光度，然后根据标准曲线，计算涂层表面 BSA 吸附量。每个样品进行 5 次重复实验，取其平均值[90]。通过计算得到涂层表面单位面积的蛋白质吸附量，如图 10-24 所示。超光滑涂层的滞后角较小，具有一定的疏水性和抗污性能，四种杂化涂层浸泡硅油之后得到的超光滑涂层的单位面积蛋白质吸附量明显降低。

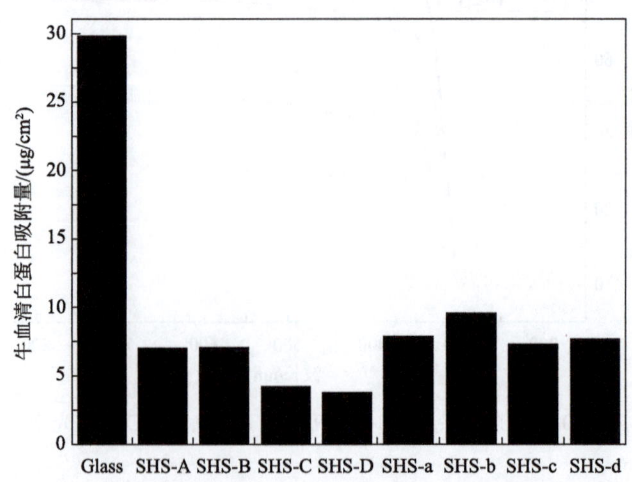

图 10-24 不同涂层浸泡硅油得到光滑涂层的蛋白质吸附量

讨 论 题

10.1 如何实现多孔杂化基底光滑涂层的润滑液的自动补液?

10.2 如何进一步提高涂层的透明度并且能维持一定的表面粗糙结构?

10.3 可否设计利用周围的环境液体作为超光滑杂化涂层的润滑液?

参 考 文 献

[1] 许凤玲, 刘升发, 侯保荣. 海洋生物污损研究进展[J]. 海洋湖沼通报, 2008(1): 146-152.

[2] Nurioglu A G, Esteves A C C, With G D. Non-toxic, non-biocide-release antifouling coatings based on molecular structure design for marine applications[J]. Journal of Materials Chemistry B, 2015, 3(32): 6547-6570.

[3] 刘登良. 海洋涂料与涂装技术[M]. 北京: 化学工业出版社, 2002.

[4] 潘珊珊, 孙秀花, 王科, 等. 环境友好海洋防污涂料的新进展[J]. 合成材料老化与应用, 2018, 47(3): 87-93, 104.

[5] Lindholdt A, Dam-Johansen K, Olsen S M, et al. Effects of biofouling development on drag forces of hull coatings for ocean-going ships: A review[J]. Journal of Coatings Technology and Research, 2015, 12(3): 415-444.

[6] 桂泰江. 海洋防污涂料的现状及发展趋势[J]. 现代涂料与涂装, 2005, 8(5): 28-29.

[7] 吴始栋. 船舶防污技术发展现状[J]. 船舶物资与市场, 2001(4): 46-49.

[8] 李昕. 无毒防污涂料的研究进展[J]. 涂料工业, 2005, 35(4): 38-41.

[9] 吴始栋. 海水电解防污系统和 Cu-Al 阳极防污防腐系统在舰船上的应用[J]. 船舶物资与市场, 2010(5): 33-36.

[10] 张军. 铜、铝阳极电解防污防腐技术研究[C]. 南昌: 中国腐蚀与防护学会腐蚀控制和表面技术学术年会, 1992.

[11] 张文毓. 钛及钛合金防污技术国内外研究现状[J]. 全面腐蚀控制, 2016, 30(7): 20-24.

[12] Serrano Â, Sterner O, Mieszkin S, et al. Nonfouling response of hydrophilic uncharged polymers[J]. Advanced Functional Materials, 2013, 23(46): 5706-5718.

[13] Wang X, Yan G, Bo B, et al. The preparation and properties of a transparent coating based on organic silicone resins[J]. Anti-Corrosion Methods and Materials, 2015, 62(1): 48-52.

[14] Liu C, Ma C, Xie Q, et al. Self-repairing silicone coatings for marine anti-biofouling[J]. Journal of Materials Chemistry A, 2017, 5.

[15] 高志强, 江社明, 张启富, 等. 含氟低表面能海洋防污涂料的研究进展[J]. 电镀与涂饰, 2017(6): 4-10.

[16] Chen H, Wang L, Yeh J, et al. Reducing non-specific binding and uptake of nanoparticles and improving cell targeting with an antifouling PEO-*b*-PγMPS copolymer coating[J]. Biomaterials, 2010, 31(20): 5397-5407.

[17] 郑绍军, 王瑜, 朱瑞, 等. 人工合成类天然产物防污剂的研究进展[J]. 中国腐蚀与防护学报, 2016, 36(5): 389-397.

[18] 于良民, 李霞, 王利, 等. 吲哚类防污剂及其在海洋防污涂料中的应用[J]. 化工新型材料, 2006, 34(4): 57-59.

[19] 吴始栋. 用导电涂膜防止海生物附着[J]. 船舶物资与市场, 2000(3): 36-37.

[20] 王献红，孙祖信，耿延候. 导电聚苯胺防污防腐涂料的制备方法: CN1073608C[P]. 1999-5-5.

[21] Xu B, Liu Y, Sun X, et al. Semifluorinated Synergistic nonfouling/fouling-release surface[J]. ACS Applied Materials & Interfaces, 2017: acsami.7b03258.

[22] Arukalam I O, Oguzie E E, Li Y. Fabrication of FDTS-modified PDMS-ZnO nanocomposite hydrophobic coating with anti-fouling capability for corrosion protection of Q235 steel[J]. Journal of Colloid and Interface Science, 2016, 484: 220-228.

[23] Thomas, L. Tributyltin exposure causes decreased granzyme B and perforin levels in human natural killer cells[J]. Toxicology, 2004, 200 (2-3) : 221-233.

[24] 金晓鸿. 海洋污损生物防除技术和发展（Ⅲ）——世界防污技术的历史和发展[J]. 材料开发与应用, 2006, 21 (1) : 44-46.

[25] Dafforn K A, Lewis J A, Johnston E L. Antifouling strategies: History and regulation, ecological impacts and mitigation[J]. Marine Pollution Bulletin, 2011, 62 (3) : 453-465.

[26] Yebra D M, Kiil S, Dam-Johansen K. Antifouling technology—Past, present and future steps towards efficient and environmentally friendly antifouling coatings[J]. Progress in Organic Coatings, 2004, 50 (2) : 75-104.

[27] Ralston E, Swain G. Can biomimicry and bioinspiration provide solutions for fouling control[J]. Marine Technology Society Journal, 2011, 45 (4) : 216-227.

[28] Brennan A B, Baney R H, Carman M L, et al. Surface topographies for non-toxic bioadhesion control: US7650848[P]. 2010-1-26.

[29] Schumacher J F, Carman M L, Estes T G, et al. Engineered antifouling microtopographies - effect of feature size, geometry, and roughness on settlement of zoospores of the green alga ulva[J]. Biofouling, 2007, 23 (1) : 8.

[30] Magin C M, Long C J, Cooper S P, et al. Engineered antifouling microtopographies: the role of Reynolds number in a model that predicts attachment of zoospores of *Ulva* and cells of *Cobetia marina*[J]. Biofouling, 2010, 26(6): 719-727.

[31] Samaha M, Gadelhak M. Polymeric slippery coatings: Nature and applications[J]. Polymers, 2014, 6 (5) : 1266-1311.

[32] Damle V G, Tummala A, Chandrashekar S, et al. "Insensitive" to touch: Fabric-supported lubricant-swollen polymeric films for omniphobic personal protective gear[J]. ACS Applied Materials & Interfaces, 2015, 7 (7) : 4224.

[33] Yin X, Zhang Y, Wang D, et al. Integration of self-lubrication and near-infrared photothermogenesis for excellent anti-icing/deicing performance[J]. Advanced Functional Materials, 2015, 25 (27) : 4237-4245.

[34] Hou X, Hu Y, Grinthal A, et al. Liquid-based gating mechanism with tunable multiphase selectivity and antifouling behaviour[J]. Nature, 2015, 519 (7541) : 70-73.

[35] 吴德权，张达威，刘贝，等. 超滑表面（LIS/SLIPS）的设计与制备研究进展[J]. 表面技术，2019, 48 (1) : 90-101.

[36] Chen W, Fadeev A Y, Meng C H, et al. Ultrahydrophobic and ultralyophobic surfaces: Some comments and examples[J]. Langmuir, 1999, 15 (10) : 3395.

[37] Mathieu, Delmas, Marc, et al. Contact angle hysteresis at the nanometer scale[J]. Physical Review Letters, 2011, 106 (13) : 136102-136102.

[38] Wong T S, Kang S H, Tang S K Y, et al. Bioinspired self-repairing slippery surfaces with pressure-stable omniphobicity[J]. Nature, 2011, 477 (7365) : 443-447.

[39] Sett S, Yan X, Barac G, et al. Lubricant-infused surfaces for low surface tension fluids: Promise *vs* reality[J]. ACS Applied Materials & Interfaces, 2017, 9 (41) : acsami.7b10756.

[40] Anand S, Paxson A T, Dhiman R, et al. Enhanced condensation on lubricant-impregnated nanotextured surfaces[J]. ACS Nano, 2012, 6(11): 10122-10129.

[41] Miljkovic N, Enright R, Wang E N. Effect of droplet morphology on growth dynamics and heat transfer during condensation on superhydrophobic nanostructured surfaces[J]. ACS Nano, 2012, 6(2): 1776-1785.

[42] Xiao L, Li J, Mieszkin S, et al. Slippery liquid-infused porous surfaces showing marine antibiofouling properties[J]. ACS Applied Materials & Interfaces, 2013, 5(20): 10074-10080.

[43] Charpentier T V J, Neville A, Baudin S, et al. Liquid infused porous surfaces for mineral fouling mitigation[J]. Journal of Colloid & Interface Science, 2015, 444: 81-86.

[44] Zhu L, Xue J, Wang Y, et al. Ice-phobic coatings based on silicon-oil-infused polydimethylsiloxane[J]. Applied Materials & Interfaces, 2013, 5(10): 4053-4062.

[45] Howell C, Vu T L, Lin J J, et al. Self-replenishing vascularized fouling-release surfaces[J]. ACS Applied Materials & Interfaces, 2014, 6(15): 13299-13307.

[46] Solomon B R, Khalil K S, Varanasi K K. drag reduction using lubricant-impregnated surfaces in viscous laminar flow[J]. Langmuir, 2014, 30(36): 10970-10976.

[47] Carlson A, Kim P, Amberg G, et al. Short and long time drop dynamics on lubricated substrates[J]. Europhysics Letters, 2013, 104(3): 34008.

[48] Zhang J, Wang A, Seeger S. Nepenthes pitcher inspired anti-wetting silicone nanofilaments coatings: Preparation, unique anti-wetting and self-cleaning behaviors[J]. Advanced Functional Materials, 2014, 24(8): 1074-1080.

[49] Rowthu S, Hoffmann P. Perfluoropolyether impregnated mesoporous alumina composites overcome the dewetting-tribological properties trade-off[J]. ACS Applied Materials & Interfaces, 2018, 10(12): 10560-10570.

[50] Vogel N, Belisle R A, Hatton B, et al. Transparency and damage tolerance of patternable omniphobic lubricated surfaces based on inverse colloidal monolayers[J]. Nature Communications, 2013, 4: 2167.

[51] Ishino C, Reyssat M, Reyssat E, et al. Wicking within forests of micropillars[J]. Europhysics Letters, 2007, 79(5): 56005.

[52] Li Y, Li L, Sun J. Bioinspired self-healing superhydrophobic coatings[J]. Angewandte Chemie International Edition, 2010, 49(35): 6129-6133.

[53] Xiu Y, Xiao F, Hess D W, et al. Superhydrophobic optically transparent silica films formed with a eutectic liquid[J]. Thin Solid Films, 2009, 517(5): 1610-1615.

[54] Han J T, Kim S Y, Woo J S, et al. Transparent, conductive, and superhydrophobic films from stabilized carbon nanotube/silane sol mixture solution[J]. Advanced Materials, 2010, 20(19): 3724-3727.

[55] 王科，于雪艳，陈绍平，等. 硅油对低表面能有机硅防污涂料性能的影响[J]. 涂料工业，2009, 39(5): 39-42.

[56] Kota A K, Li Y, Mabry J M, et al. Superoleophobic surfaces: hierarchically structured superoleophobic surfaces with ultralow contact angle hysteresis[J]. Advanced Materials, 2012, 24(43): 5837-5837.

[57] Tuteja A, Choi W, Ma M, et al. Designing superoleophobic surfaces[J]. Science, 2007, 318(5856): 1618-1622.

[58] Wang J, Liu M, Ma R, et al. *In situ* wetting state transition on micro- and nanostructured surfaces at high temperature[J]. ACS Applied Materials & Interfaces, 2014, 6(17): 15198-15208.

[59] 黄智慧，马爱军，汪岷. 鱼类体表黏液分泌功能与作用研究进展[J]. 海洋科学, 2009, 33(1): 90-94.

[60] Doll K, Fadeeva E, Schaeske J, et al. Development of laser-structured liquid-infused titanium with strong biofilm-repellent properties[J]. ACS Applied Materials & Interfaces, 2017, 9(11): 9359-9368.

[61] Rykaczewski K, Paxson A T, Staymates M, et al. Dropwise condensation of low surface tension fluids on omniphobic surfaces[J]. Scientific Reports, 2014, 4(3): 4158.
[62] Miranda D F, Urata C, Masheder B, et al. Physically and chemically stable ionic liquid-infused textured surfaces showing excellent dynamic omniphobicity[J]. APL Materials, 2014, 2(5): 056108.
[63] 赵悦. 复合结构荧光量子点微球的制备及其应用研究[D]. 郑州: 河南大学, 2015.
[64] Sunny S, Vogel N, Howell C, et al. Lubricant-infused nanoparticulate coatings assembled by layer-by-layer deposition[J]. Advanced Functional Materials, 2014, 24(42): 6658-6667.
[65] Wang P, Lu Z, Zhang D. Slippery liquid-infused porous surfaces fabricated on aluminum as a barrier to corrosion induced by sulfate reducing bacteria[J]. Corrosion Science, 2015, 93: 159-166.
[66] Shillingford C, Maccallum N, Wong T S, et al. Fabrics coated with lubricated nanostructures display robust omniphobicity [J]. Nanotechnology, 2014, 25(1): 014019.
[67] 郑晓红. 掺杂 $BiFeO_3$ 的制备及多铁性研究[D]. 南京: 东南大学, 2012.
[68] Ma W, Higaki Y, Otsuka H, et al. Perfluoropolyether-infused nano-texture: A versatile approach to omniphobic coatings with low hysteresis and high transparency[J]. Chemical Communications, 2012, 49(6): 597-599.
[69] Wei C, Zhang G, Zhang Q, et al. Silicone oil-infused slippery surfaces based on sol-gel process-induced nanocomposite coatings: A facile approach to highly stable bioinspired surface for biofouling resistance[J]. ACS Applied Materials & Interfaces, 2016, 8(50): acsami.6b09879.
[70] Wang H, Xue Y, Ding J, et al. Durable, self-healing superhydrophobic and superoleophobic surfaces from fluorinated-decyl polyhedral oligomeric silsesquioxane and hydrolyzed fluorinated alkyl silane[J]. Angewandte Chemie, 2011, 123(48): 11635.
[71] Weisensee P B, Wang Y, Qian H, et al. Condensate droplet size distribution on lubricant-infused surfaces[J]. International Journal of Heat & Mass Transfer, 2017, 109(Complete): 187-199.
[72] Preston D J, Song Y, Lu Z, et al. Design of lubricant infused surfaces[J]. ACS Applied Materials & Interfaces, 2017: acsami.7b14311.
[73] Pfruender H, Jones R, Weuster-Botz D. Water immiscible ionic liquids as solvents for whole cell biocatalysis[J]. Journal of Biotechnology, 2006, 124(1): 182-190.
[74] Vorobev A. Dissolution dynamics of miscible liquid/liquid interfaces[J]. Current Opinion in Colloid & Interface Science, 2014, 19(4): 300-308.
[75] Howell C, Vu T L, Johnson C P, et al. Stability of surface-immobilized lubricant interfaces under flow[J]. Chemistry of Materials, 2015, 27(5): 1792-1800.
[76] Kim J H, Rothstein J P. Droplet impact dynamics on lubricant-infused superhydrophobic surfaces: The role of viscosity ratio[J]. Langmuir, 2016: acs.langmuir.6b01994.
[77] Smith J D, Dhiman R, Anand S, et al. Droplet mobility on lubricant-impregnated surfaces[J]. Soft Matter, 2012, 9(6): 1772-1780.
[78] Yeong Y H, Wang C, Wynne K J, et al. Oil-infused superhydrophobic silicone material for low ice adhesion with long term infusion stability[J]. ACS Applied Materials & Interfaces, 2016: acsami.6b11184.
[79] Zhang J, Wu L, Li B, et al. Evaporation-induced transition from nepenthes pitcher-inspired slippery surfaces to lotus leaf-inspired superoleophobic surfaces[J]. Langmuir, 2014, 30(47): 14292-14299.
[80] Redón R, Vázquez-Olmos A, Mata-Zamora M E, et al. Contact angle studies on anodic porous alumina[J]. Journal of Colloid & Interface Science, 2005, 287(2): 664-670.
[81] 甄广全. WD-10 在石质文物表面封护中的应用[J]. 化工新型材料, 2001, 29(9): 48-50.
[82] 彭以元, 毛雪春, 彭雪萍. 硅烷偶联剂 KBM602 的合成工艺研究[J]. 江西师范大学学报(自然科学

版), 1998(2): 153-157.

[83] 田瑞亭. γ-氯丙基三乙氧基硅烷的合成研制[J]. 山东化工, 2001(4): 3-4, 8.

[84] 高红云, 张招贵.硅烷偶联剂的偶联机理及研究现状[J]. 江西化工, 2003(2): 30-34.

[85] Liu H, Ding Y, Ao Z, et al. Fabricating surfaces with tunable wettability and adhesion by ionic liquids in a wide range[J]. Small, 2015, 11(15): 1782-1786.

[86] Eifert A, Paulssen D, Baier T, et al. Simple fabrication of robust water-repellent surfaces with low contact-angle hysteresis based on impregnation[J]. Advanced Materials Interfaces, 2014, 1(3): 1300138.

[87] Wenzel R N. Resistance of solid surfaces to wetting by water[J]. Transactions of the Faraday Society, 1936, 28(8): 988-994.

[88] 陈捷. 含氟润滑油超光滑表面防覆冰性能研究[D]. 杭州: 浙江工业大学, 2015.

[89] 黄秉升. 漆膜附着力测定和漆膜划格试验[J]. 表面技术, 2000, 29(3): 28-29.

[90] Li F, Du M, Zheng Q. Dopamine/silica nanoparticle assembled, micro-scale porous structure for versatile superamphiphobic coating[J]. ACS Nano, 2016, 10(2): acsnano.6b00036.

[91] Plata D L, Briones Y J, Wolfe R L, et al. Aerogel-platform optical sensors for oxygen gas[J]. Journal of Non-Crystalline Solids, 2004, 350: 326-335.

[92] Chen K, Zhou S, Wu L. Self-healing underwater superoleophobic and anti-biofouling coatings based on the assembly of hierarchical microgel spheres[J]. ACS Nano, 2015, 10(1): acsnano.5b06816.

[93] 韦存茜. 氟硅超浸润表面的构建及其在防污/防覆冰领域中的应用[D]. 杭州: 浙江大学, 2017.

第 11 章　抗污传感器

11.1　概　　述

生物和化学传感器具有灵敏度高、选择性好和可靠性强等优点，在生物分子检测、重金属离子监测等领域具有非常广泛的应用，已经成为生产、生活中的一个重要组成部分。但是传统的生物和化学传感器受限于识别元件与靶标之间反应可能性低的不足，在检测超低浓度靶标时比较困难。超润湿技术可以将待测物质进行浓缩富集，从而大大提高其在某一区域内的浓度。如图 11-1 所示，在超润湿区域设计相应的传感反应，将超润湿技术与不同的传感技术相结合，可以实现对超低浓度靶标的检测[1]。此外，一些超疏水、超亲水和两性转换等超润湿表面应用在传感器上还可以起到提高灵敏度、扩大检测范围等作用[2, 3]。

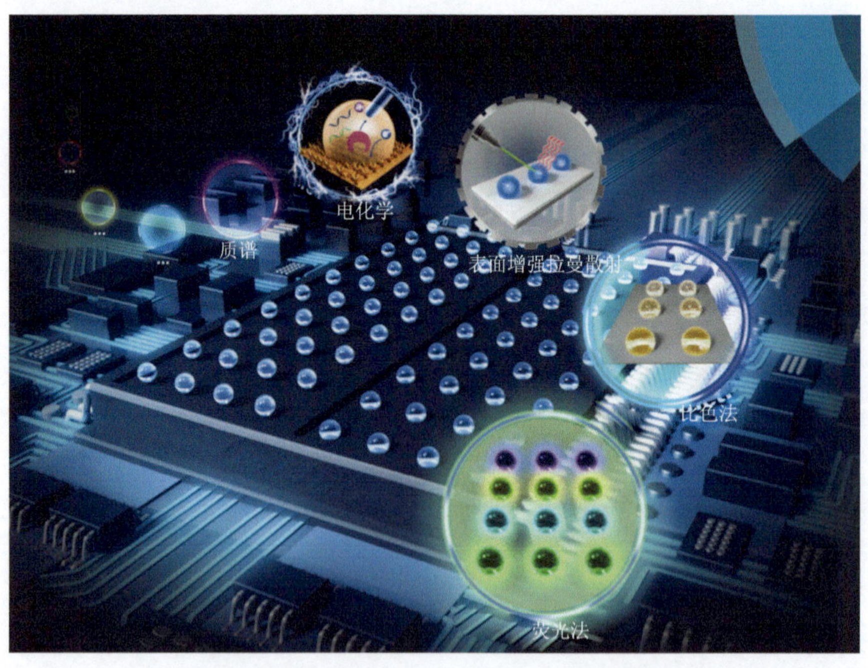

图 11-1　超润湿技术与不同传感技术的联用[1]

早在 2015 年，张学记等[4]就设计了一种超疏水基底上的超亲水微孔表面，实现了对 DNA 的超痕量检测，随后将其应用在其他传感器上，先后实现了对 miRNA-141、前列腺特异性抗原等生物分子的超痕量检测。此外，他们还将基于超疏水基底的超亲水微孔引入到柔性胶带上，制得柔韧性出色的微芯片，可以通过肉眼对包括铬、铜和镍在内的多种重金属离子进行定性和定量分析。本章总结了近年来超润湿技术在生物和化学传感器上的应用，并对超润湿技术在不同传感器上的作用与优势，按基底材料不同进行了具体分析。

11.2　玻璃基材传感器

玻璃是一种常见的构建超润湿表面尤其是超疏水表面的基底材料，目前常见的在玻璃上构建超疏水表面的方法有化学气相沉积法、相分离法、层层 (layer-by-layer，LBL) 自组装法、模板法、刻蚀法、等离子体法和溶胶-凝胶法等[5]。考虑到将其应用于传感领域时需要对超疏水玻璃表面进行超亲水微图案的构建、探针的固定等一系列后续处理，研究者们通常选择含氯或氟的低表面能物质进行改性，以便后续的等离子体刻蚀或紫外线处理等操作。

2015 年，王树涛课题组[4]先用三步模板法在玻璃基板上制备了一层树枝状纳米二氧化硅涂层，来增加玻璃表面的粗糙度，随后将其浸渍在十八烷基三氯硅烷 (octadecytrichlorosilane，OTS) 的乙醇溶液中进行表面改性，获得了超疏水表面。最后，用光掩模将其覆盖后，在紫外光照射下，暴露区域由于 OTS 的降解具有超亲水性，而被覆盖区域则保持超疏水性，制备过程如图 11-2 (a) 所示。通过在超疏水基板上制作超亲水微孔，完成了核酸敏感检测平台的构建。利用微孔与周围衬底之间的润湿性差异，驱使水溶液中的痕量分析物聚集在超亲水微孔内。由于冷凝富集效应，实现了 DNA 的超痕量荧光检测，检测限为 2.3×10^{-16} mol/L。该课题组构建的超润湿微芯片具有富集和检测双重功能，克服了传统亲水性 DNA 微阵列检测超痕量 DNA 样品的局限性，并为超痕量分子检测提供了一个简单、高灵敏且通用的传感平台[图 11-2 (b)]。

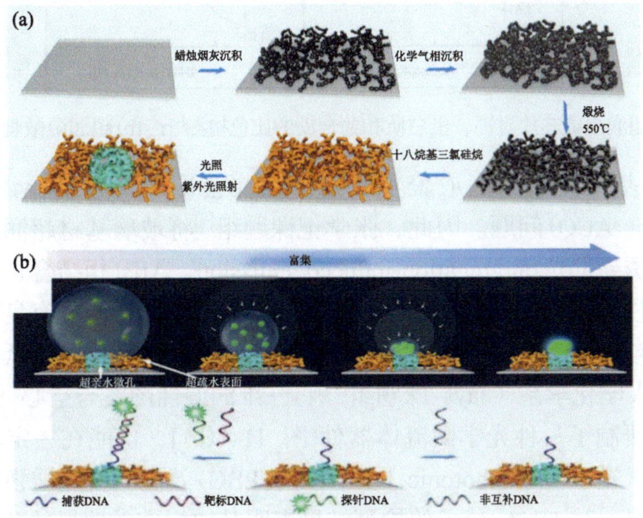

图 11-2　(a) 超润湿表面的制备过程[4]；(b) 超亲水微孔浓缩富集液滴及 DNA 检测示意图[4]

此后，王树涛课题组[6]还于 2017 年用这种玻璃基材构建的超润湿表面进行了用于微重力应用的生物传感平台概念验证研究。基于理论模型，超亲水微管的毛细管力可以控制微滴抵消重力行为，从而可以操纵液滴。通过比色法检测，可以实现对葡萄糖、钙和蛋白质等常见生理标记物的直接裸眼观察监测[图 11-3(a)]。张学记课题组[7]也于 2018 年利用玻璃基材超润湿表面制备了用于游离前列腺特异性抗原(free prostate-specific antigen，f-PSA)检测的微芯片。在将生物素化的 f-PSA 抗体(biotinylated capture antibody，Ab1-biotin)固定在修饰了链霉亲和素(streptavidin，SA)的微孔上后，分别加入 f-PSA 和异硫氰酸荧光素(fluoresceinisothiocyanate，FITC)标记的 f-PSA 抗体(FITC-labeled antibody，Ab2-FITC)。在液滴蒸发过程中伴随着免疫反应，形成夹心结构，最终获得均匀荧光斑点用于 f-PSA 检测，检测限低至 10 fg/mL。随后，该课题组[8]还于 2020 年对这种超润湿表面进行了一定改进，取消了传统的圆形超亲水微孔。选择具有微刺状几何不对称的形状，制备了一种超润湿微刺(superwettable microspine，SMS)芯片[图 11-3(b)]，能够自发地定向输送水滴。SMS 芯片的几何不对称所产生的拉普拉斯压力的梯度提供了主要的驱动力，而纳米微刺的超亲水性也有助于液滴的定向输送。多微通道 SMS 芯片实现了前列腺特异性抗原(prostate-specific antigen，PSA)敏感荧光检测，检出限为 1.0×10^{-12} g/mL。

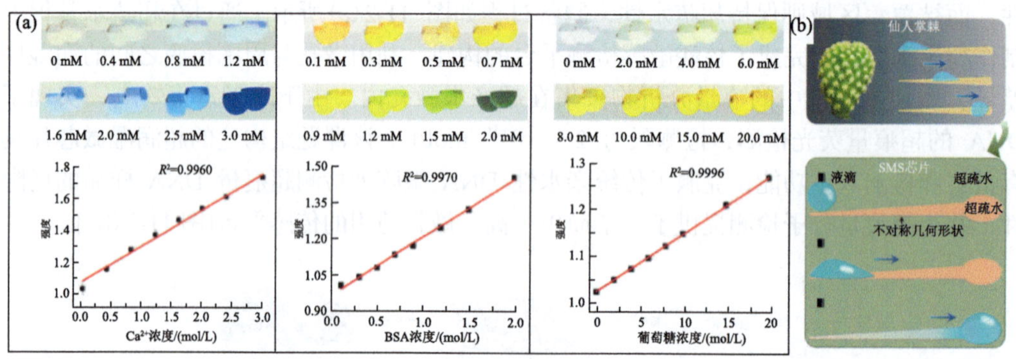

图 11-3 (a)超润湿微芯片对钙、蛋白质和葡萄糖的比色检测[6]；(b)超润湿微刺芯片示意图[8]

传统的荧光基团在高浓度或聚集状态下往往会出现聚集诱导淬灭(aggregation-caused quenching，ACQ)问题。因此，张学记课题组[9]将玻璃基材超润湿微芯片的蒸发诱导富集与聚集诱导发光(aggregation-induced emission，AIE)相结合，开发了一种基于 AIE 的超润湿微芯片[图 11-4(a)]。该芯片 microRNA-141 的检测具有良好的重现性、敏感性和特异性。与传统荧光探针相比，在高信噪比的情况下，检测限低至 1 pmol/L。此外，比利时鲁汶大学化学系 Clays 课题组[10]将三维润湿性图案与空心 SiO_2 球状胶体光子晶体相结合，研制了一种光学微流体器件[图 11-4(b)]，也能在一定程度上增强荧光强度。该器件基于光子带隙(photonic band gap，PBG)效应的荧光增强实现了高灵敏实时特异性生物检测，对 DNA 分子的检测结果表明其比标准玻璃板的荧光增强可达 150 倍，能实现对 DNA 分子的高灵敏分析。

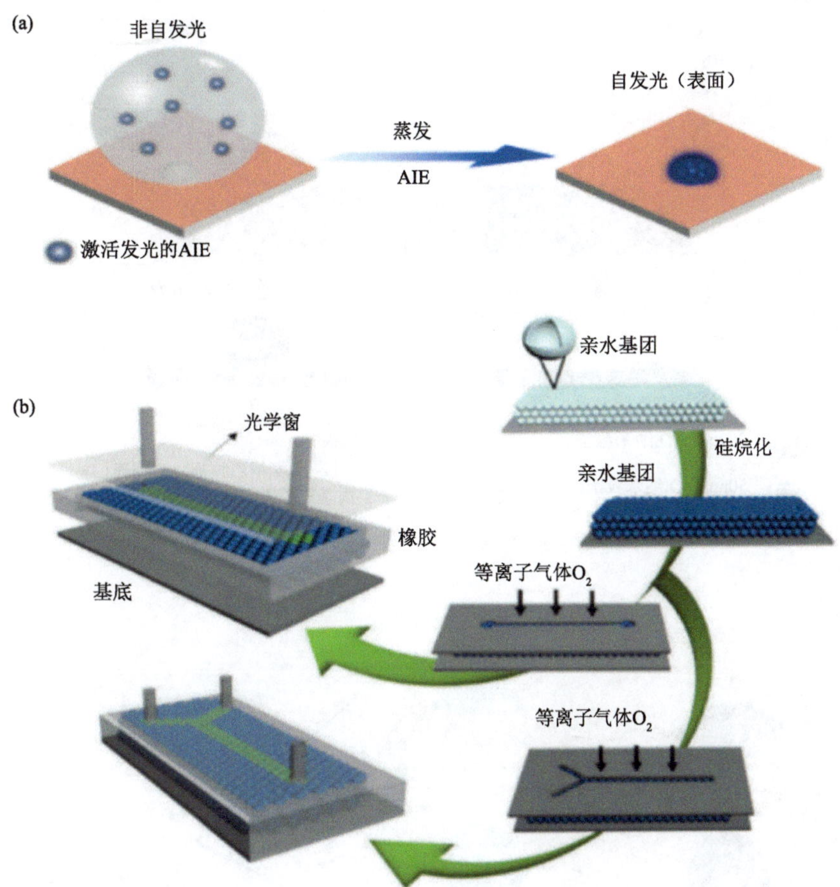

图 11-4　(a)基于 AIE 的超润湿芯片[9]；(b)基于超润湿图案空心球胶体光子晶体的光学微流控器件制备示意图[10]

在玻璃基材上除了可以进行表面超疏水改性，还可以通过选择合适的改性物质实现在超亲水与超疏水之间的切换。夏帆课题组[11]利用 3-[2-(2-氨基乙胺基)乙胺基]丙基三甲氧基硅烷((3-[2-(2-aminoethylamino)ethylamino])propyl trimethoxy silane，AEPTMS)和辛基三甲氧基硅烷(octyl trimethoxy silane，OTMS)对已经具有一定表面粗糙度的玻璃进行表面改性，改性后玻璃表面的润湿性可随 pH 值的变化而变化[图 11-5(a)]。基于该表面设计的即时检测(point-of-care testing，POCT)平台可根据接触角(contact angle，CA)实现对 pH、尿素和葡萄糖的检测，不仅拥有高的准确性，还具有快速、直观和低成本的优势。此后，高中锋课题组[12]利用这种 pH 响应的玻璃表面制备了超润湿芯片，通过夹心免疫分析法实现了基于接触角对 PSA 的可视化检测。这种芯片能在 1 s 内对 pH 发生响应，在最佳反应条件下，通过分析接触角和相应颜色从蓝色到橙色再到红色的变化，PSA 的最低检出限为 3.2 pg/mL[图 11-5(b)]。该方法既适用于血清中 PSA 的检测，也适用于肿瘤患者和健康人群的检测。

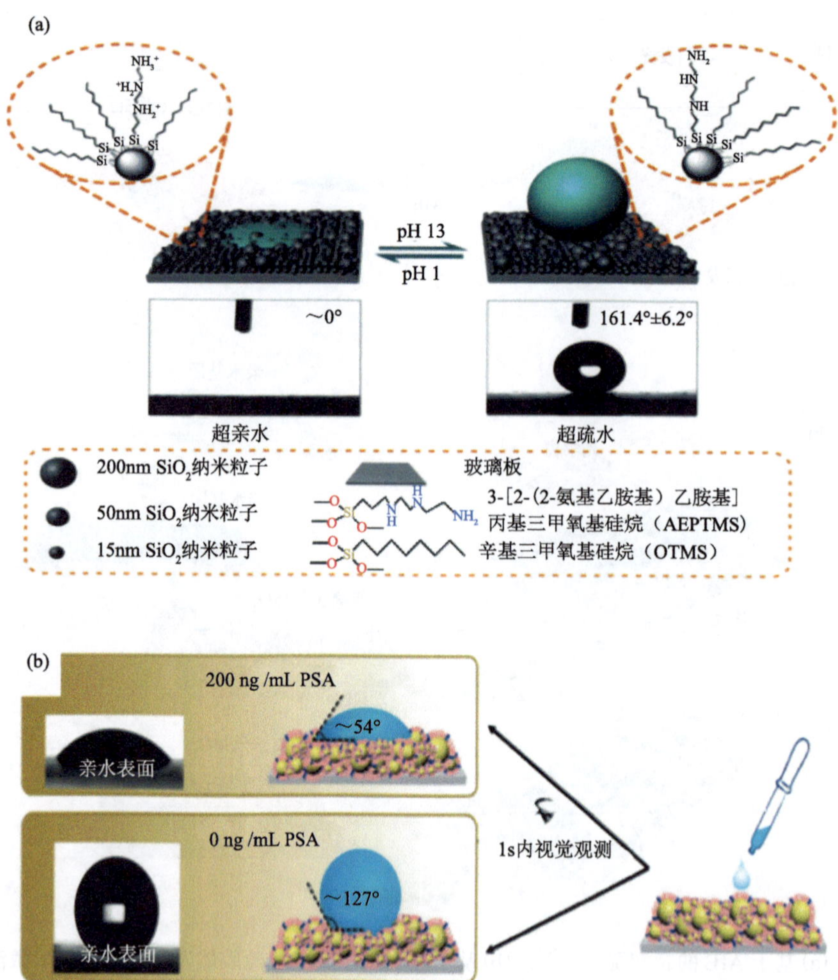

图 11-5 (a) pH 响应的超润湿表面性质随 pH 值在超疏水和超亲水之间切换的工作原理[11]；(b) 基于接触角的前列腺特异性抗原检测原理图[12]

11.3 金属基材传感器

目前，已经有比较成熟的技术可用于金属表面的超疏水改性，包括阳极氧化、刻蚀、电沉积等[13]表面粗糙化技术和随后的低表面能物质表面改性技术。在超疏水金属表面进一步进行区域化超亲水处理，不仅可以具有出色的机械耐久性和耐酸碱性能，还可以拥有超润湿表面优异的控制液滴的能力，可采用表面增强拉曼散射法(surface-enhanced Raman scattering，SERS)[14]、荧光法[15]等多种检测方法进行检测。

赖跃坤课题组[14]在阳极氧化钛基材上进行三氯乙烯基硅烷(trichlorovinylsilane，TCVS)的水解制备了超疏水涂层，通过一步式紫外线诱导的硫代烯点击反应实现超亲水区域改性，制备了超润湿微阵列芯片[图 11-6(a)]。随后通过电化学沉积在超亲水区域沉积银纳米颗粒，即可利用表面增强拉曼散射法实现对罗丹明 6G(Rhodamine 6G，

R6G)的检测。超湿润微阵列可以使具有优越的 SERS 性能的银纳米颗粒更好地沉积在超亲水区域，以及使水溶液更好地浓缩，提高了对 R6G 检测的灵敏度。该超润湿微阵列芯片的平均表面增强因子可达 3.48×10^5，在 0.03 cm^2 的面积上可以实现对 7 μL 染料溶液中 R6G 的检测，检测限低至 10^{-14} mol/L。

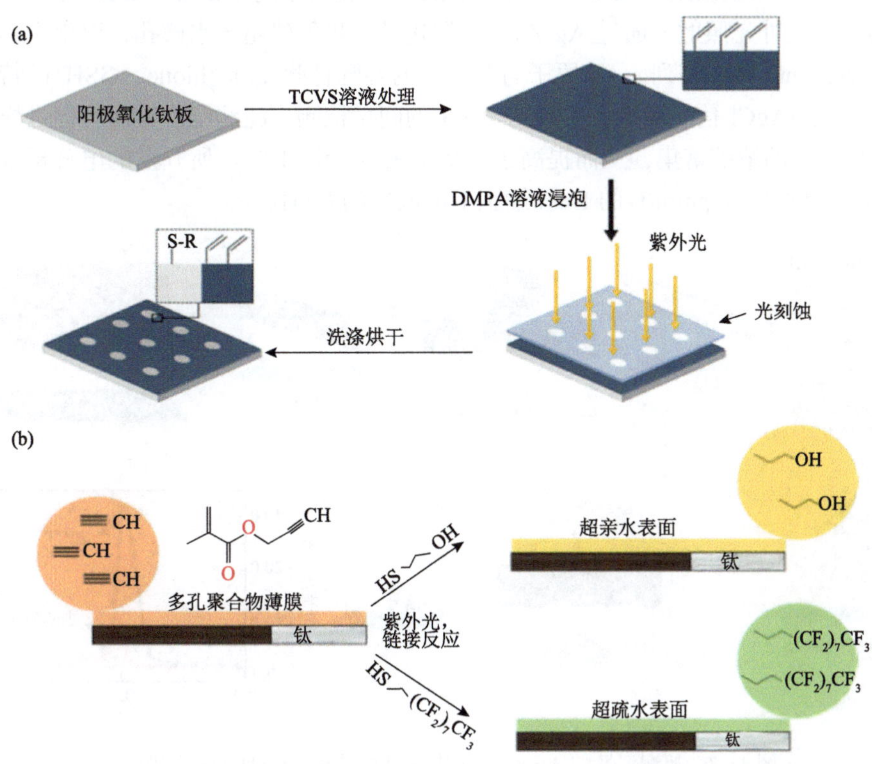

图 11-6 (a) 阳极氧化钛表面超疏水-超亲水微阵列制作示意图[14]；(b) 钛基材上点击化学反应制备超润湿表面示意图[15]

此后，赖跃坤课题组[15]还使用快速点击化学反应的方法，制备了高效超润湿微芯片。该研究先使用甲基丙烯酸炔丙酯-二甲基丙烯酸乙烯酯在金属钛基材上制备了薄膜，然后通过快速硫醇-炔点击化学反应创建超亲水或超疏水表面[图 11-6(b)]。通过光掩模可以在超疏水表面上制备超亲水微孔阵列，由于高的润湿性差异，水滴倾向于固定在超亲水区域中。溶解在水滴中的分子在蒸发后均匀地富集在超亲水区域中，结合荧光成像技术，该微芯片可以实现对水中的邻苯二甲醛检测，在 10^{-7}～10^{-2} mol/L 的浓度范围内线性相关系数可达 0.994，最低的检测浓度可以达到 10^{-7} mol/L。

11.4 ITO 基材传感器

除金属外，金属氧化物也是一种构建超润湿表面的良好基材。其中，氧化铟锡

(indium tin oxide，ITO)由于具有高的导电率、机械硬度和良好的化学稳定性，成为众多研究者的优先选择。对 ITO 进行表面改性制备超润湿表面，可以实现电化学检测[16-18]、SERS[19]检测、荧光检测[20]等多种检测策略。

王华课题组[16]将具有光催化作用的 Ag-ZnO 纳米棒分散到十八烷基三氯硅烷(OTS)基质中，以沉积到氧化铟锡(ITO)基底上，从而产生超疏水的 Ag-ZnO-OTS 涂层。覆盖光掩膜后，在紫外光照射下通过 Ag-ZnO 光催化进一步创建超亲水微孔，以生产具有超润湿性的 Ag-ZnO 微孔阵列。Ag 原子与含巯基的谷胱甘肽(glutathione，GSH)的特定相互作用将使 Ag/AgCl 信号减少，实现对 GSH 的间接检测。超润湿性界面可促进样品滴中 GSH 分析物的浓缩富集，从而提高了分析灵敏度(图 11-7)。所开发的电分析策略可用于检测低至约 27.30 pmol/L 的 Hela 细胞上清液中的 GSH。

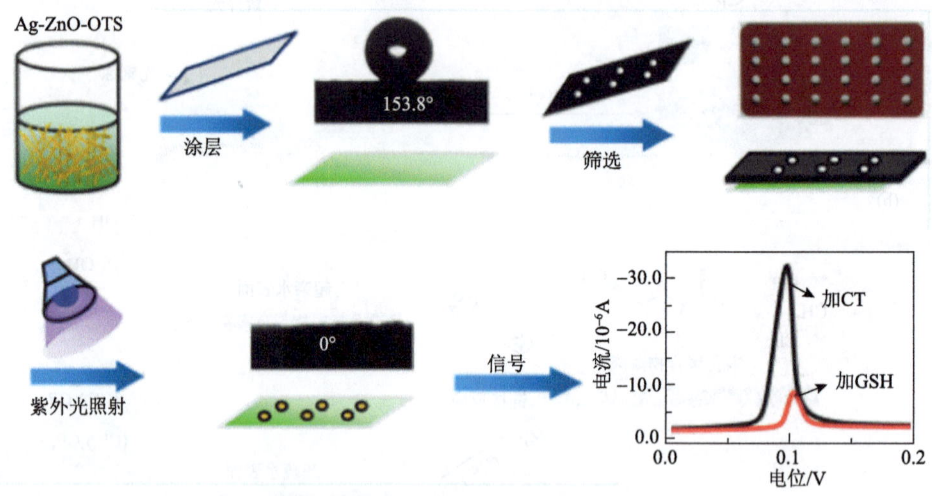

图 11-7　超润湿性的 Ag-ZnO 微孔阵列的制备与 GSH 的检测[16]

张学记课题组[19]通过将超润湿表面与纳米树突状金结构相结合制备了一种超润湿纳米树突状金底物，用于直接 SERS 检测多种浓度的 miRNA[图 11-8(a)]。首先通过磁控溅射将钛和金溅射在氧化铟锡基板的导电面上，以增强金纳米结构的附着力，将基板浸泡在 H_2SO_4 和 $HAuCl_4$ 的水溶液中进行室温下恒电位沉积，获得高度分支的纳米树枝状金结构，纳米树突状金底物为增强拉曼信号提供了许多热点，并且给表面提供了足够的粗糙度，使其具有超亲水性。随后通过将基材浸入十二烷基硫醇溶液中 24 h，可以实现超疏水改性，改性的纳米树枝状金基底的接触角为 151.1°±1.5°。最后通过用自制的光掩模在氧等离子体中以 100 W 照射这种超疏水性基底 120 s，从而获得超亲水性阵列。这种超润湿表面上的超亲水阵列为同时检测多个浓度提供了可行性，并且由于在同一底物上进行检测而显著提高了可重复性，使平均相对标准偏差降至 5%。通过简单修改此类超湿性 SERS 生物传感器，可以 10^{-12} mol/L 的检测限实现对 miRNA 的灵敏检测。

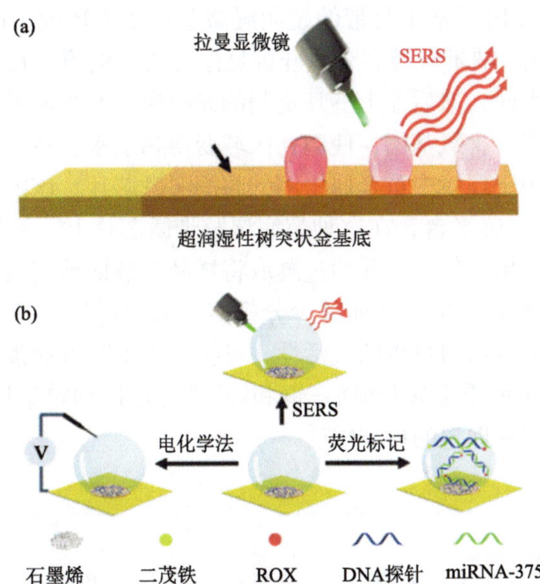

图 11-8　(a)直接检测多种分析物的超润湿性纳米树突状金 SERS 传感器的示意图[19]；(b)基于纳米树突状金/石墨烯的液滴生物传感器的示意图[20]

基于相似的超润湿制备方式，张学记课题组[17]还制备一种集成了超疏水-超亲水微图案和纳米树枝状电化学生物传感器的超润湿微芯片来检测前列腺癌生物标志物，可以在单个微芯片上灵敏和选择性地检测包括 miRNA-375、miRNA-141 和前列腺特异性抗原的前列腺癌生物标志物。该课题组[18]使用上述改性方法，还提出了一种基于双 DNA 步行策略的超润湿电化学生物传感器，用于微滴中食源性微生物 ssDNA 的超灵敏检测。超润湿表面大大降低了样品的使用体积，同时，基于双 DNA 步行器的信号放大效应，检测限大大降低，对 *E. coli* O157：H7 ssDNA 的超灵敏检测可达到 30 amol/L 的检测限和广泛的检测线性范围。同时，该课题组[20]还在 ITO 基材上开发出了一种基于纳米树突状金/石墨烯的生物传感器[图 11-8(b)]，该传感器可以在单个微滴中执行荧光、SERS 和电化学三峰 miRNA 检测。这种具有超润湿性的界面可以实现石墨烯与探针 DNA 的精确沉积，通过检测探针 DNA 与靶分子的特异性结合引起的电化学、拉曼和荧光响应信号的变化，实现对前列腺癌特异性生物标志物 miRNA-375 的定量检测。

11.5　胶带基材传感器

在柔性基材上进行超润湿改性不仅可以具有超润湿表面的优异的微液滴控制能力，还可以拥有良好的柔韧性，制备的传感器件可拓展于可穿戴和便携式传感设备，并有望设计成智能传感器。目前常用于超润湿表面改性的柔性基材是胶带，在胶带上进行超润湿改性后可将其灵活应用于各种环境和场景。

张学记课题组[21]提出了基于胶带的超润湿微芯片用于环境中的重金属检测策略。首先是用刮墨棒将 SiO_2 纳米颗粒和全氟硅烷悬浮液均匀地覆盖在胶带表面，待乙醇挥发后制得一层超疏水表面，然后盖上一片定制的光掩模，在光掩模的微孔区域进行氧气等离子体刻蚀处理，引入含氧基团，使微孔区域变得超亲水，最后将指示剂锚定在超亲水微孔中，即制得可用于环境中重金属检测的超润湿微芯片。该团队成功将柔性的超亲水-超疏水胶带开发为传感平台，在这种超润湿胶带微芯片上，毛细管辅助超亲水微管可直接将指示剂限定在指定位置，并通过蘸取将样品溶液拖动到测试区域。超疏水基质可将微滴限制在超亲水微孔中，从而减少分析溶液的消耗量。基于胶带的微芯片在拉伸、弯曲和扭力方面也显示出卓越的灵活性，可扩展应用至可穿戴和便携式传感设备。该装置成功用肉眼对多种重金属(如铬、铜和镍)进行定性和定量比色分析(图 11-9)，并具有良好的线性范围和理想的检测限。

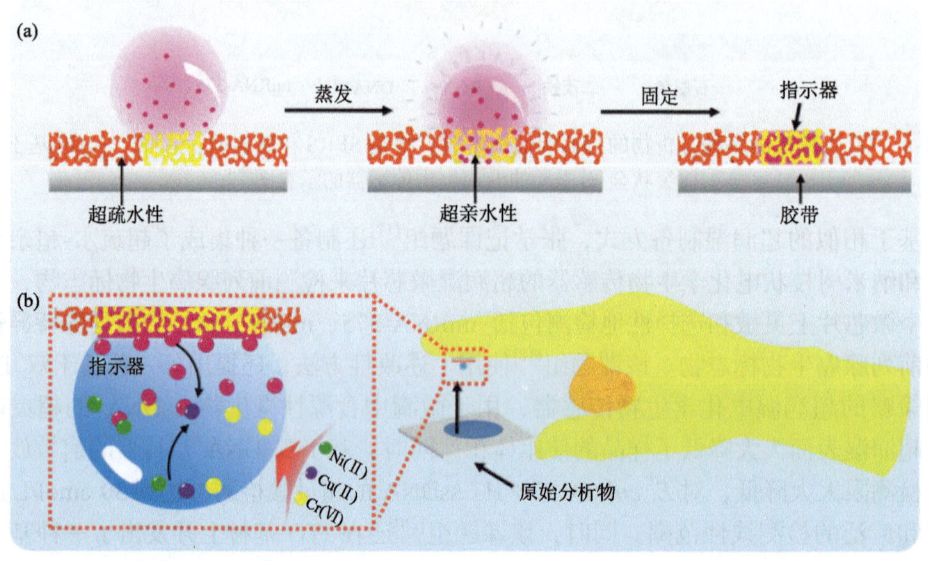

图 11-9 (a)超亲水微孔对液滴捕获与检测示意图[21]；(b)基于柔性胶带的指尖传感器用于重金属检测示意图[21]

此后，张学记课题组[22]基于上述柔性基底超润湿传感器的思路，又开发了基于柔性的超润湿表带作为汗液的采集和传感平台。该研究演示了一种结合超疏水-超亲水微阵列和纳米比色生物传感器的柔性粘贴，用于汗液中 pH 值、氯离子、葡萄糖和钙的原位取样和分析[图 11-10(a)]。该课题组[23]还将胶带传感器粘贴于尿不湿上，在渗透到基于胶带的微阵列中(包埋有显色指示剂)的尿液与指示剂发生显色反应后，利用智能手机辅助的比色软件可以快速检测多种目标物(如葡萄糖、亚硝酸盐、蛋白质和苯丙酮酸)[图 11-10(b)]。作为一种用户友好的即时护理检测方法，这种基于胶带的传感器非常适合对尿失禁患者和婴儿进行早期疾病预警。

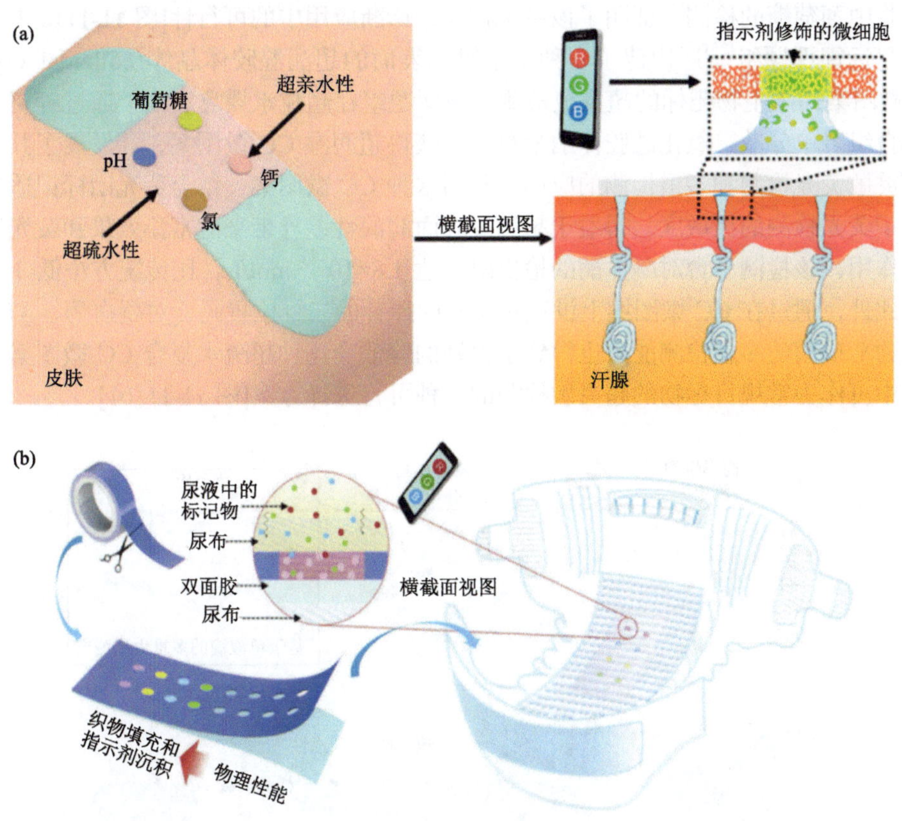

图 11-10　(a)柔性超润湿表带皮肤汗液的收集与检测示意图[22]；(b)纸尿裤传感器快速尿液分析示意图[22]

11.6　其他材料传感器

可用于制备超润湿表面的基材还有许多，导电碳纱、聚二甲基硅氧烷甚至天然材料蝶翼等都由于其柔性导电、可拉伸或本身即具有超润湿性等优点被应用于制备超润湿表面，并具有极大的传感潜力。

Lee 课题组[24]基于可伸缩聚二甲基硅氧烷的超润湿基底，结合真空的液滴操纵实现了单液滴多重生物测定。该课题组开发了一种带有超双疏(superamphiphobic，SPO)-超双亲(superamphiphilic，SPI)图案聚二甲基硅氧烷(polydimethylsiloxane，PDMS)衬底的液滴操作系统，用于单液滴样品的多重生物测定。所述 SPO 基板是通过在 PDMS 基板上连续喷涂黏合剂和氟化二氧化硅纳米颗粒制备。随后将其置于带有图案掩模的氧等离子体中以形成 SPI 图案。SPO 层对低表面张力和黏性生物流体液滴(如乙二醇、血液、二甲基亚砜和藻酸盐水凝胶)表现出极强的液体排斥性(接触角>150°)。相比之下，SPI 表现出较强的液体吸附力(接触角约为 0°)。利用液滴操纵系统，可以精确地操纵各种液滴并将其分配到 SPO PDMS 基板上预设的 SPI 图案中。该系统能够从单个液滴样本中检测多种目标物，包括葡萄糖、尿酸和乳酸等。最后，通过分别对患糖尿病和健康小鼠血浆中葡萄糖的检测，证明了该系统在临床诊断应用中的可行性[图 11-11(a)]。

赵远锦课题组[25]还构建了一种基于蝶翼表面的超润湿胶体晶体(colloidal crystal，CC)微图案用于生物靶标的超灵敏检测。该课题组在超疏水蝶翼表面上通过等离子体刻蚀和自组装单分散二氧化硅胶体纳米粒子，获得超润湿 CC 微图案，并发展了其对目标物超灵敏荧光检测和多重检测的应用。利用这种 CC 微图案，结合荧光团标记适配体，提高了荧光检测的灵敏度。得益于超润湿表面润湿性差异带来的富集效果和荧光增强的综合作用，该检测平台对凝血酶的检出限可达 1.8×10^{-13} mol/L，比传统方法低 3 个数量级。此外，通过在 CC 微图案上设置对应不同探针的二维位置码，对凝血酶、ATP 和金黄色葡萄球菌的多重检测能力也得到了很好的验证。这种超疏水复合 CC 微图案在实际应用中可作为常规目标物的超灵敏检测的一种可行选择方案[图 11-11(b)]。

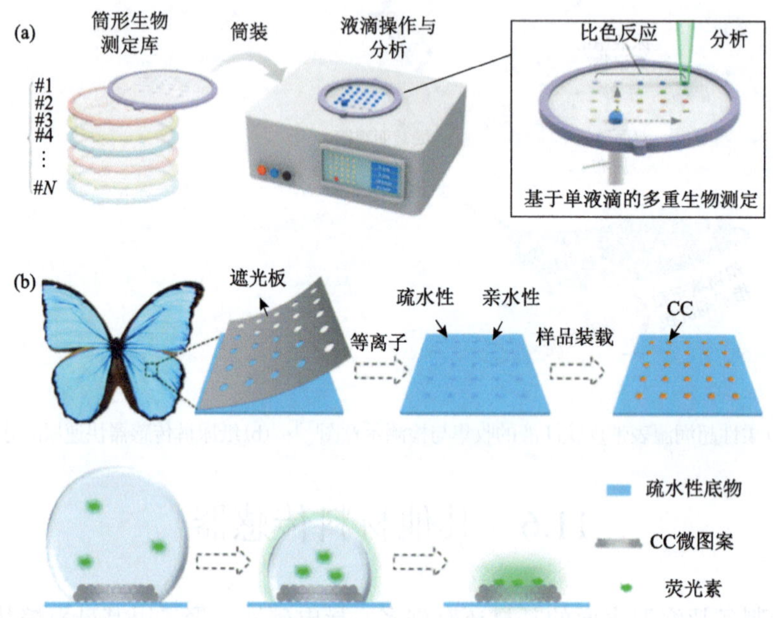

图 11-11　(a)基于真空探针的单液滴多重检测装置示意图[24]；(b)基于蝶翼的超润湿微芯片的制备示意图及用于生物大分子荧光检测示意图[25]

Wang 课题组[26]通过在多壁碳纳米管(multi-walled carbon nanotubes，MWCNTs)上沉积聚二甲基硅氧烷(polydimethylsiloxane，PDMS)成功在玻碳电极上制备了一种超疏水自清洁界面，由于其优异的界面性质，该传感平台在检测过程中，很大程度上避免了单质硫对电极的毒害(图 11-12)，能够实现 0.5～5 μmol/L 浓度范围内硫化氢的有效检测，检测限低至 5.09 nmol/L，并实现了对油田废水中硫酸盐还原菌(sulfate-reducing bacteria，SRB)产生的内源性硫化氢进行现场免预处理定量检测与定时监测。值得注意的是，该润湿传感平台对两种代表性细菌(大肠杆菌与金黄色葡萄球菌)表现出了良好的抗细菌黏附性能，另对 SRB 的培养基也展现出了良好的拒液性，这为该传感平台在复杂 SRB 存在环境中的间接检测提供了基础。

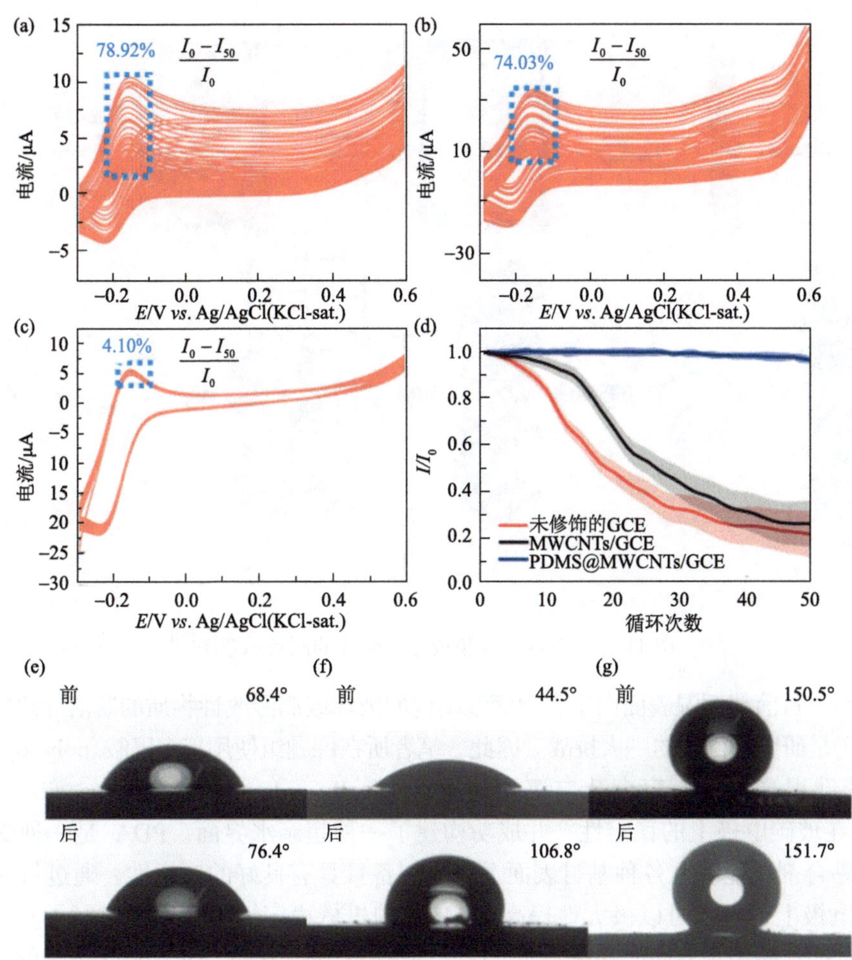

图 11-12　GCE(a)、MWCNT/GCE(b)与超疏水 PDMS@MWCNT/GCE(c)在含有硫化物溶液中电化学稳定性对比；(d)不同电极在循环试验中的氧化峰电流；GCE(e)、MWCNT/GCE(f)、PDMS@MWCNT/GCE(g)测试前后润湿性对比[26]

Chinnuswamy 课题组[27]提出了一种基于导电碳纱的柔性超亲水电化学免疫传感策略，用于对汗液中的皮质醇进行高度选择性和灵敏的检测(图 11-13)。首先在导电碳纱(conductive carbon yarns，CCY)上溅射氧化锌(ZnO)种子层，之后用水热法生长高度有序的氧化锌纳米棒(ZnO nanorods，ZnO NRs)并固定特定的皮质醇抗体，制备了一种免疫传感器。该传感器能够检测浓度范围在 1 fg/mL～1 μg/mL 的皮质醇，线性系数大于 0.99 的同时检测限低至 0.098 fg/mL。此外，ZnO NRs 集成导电碳纱还表现出出色的机械稳定性和超亲水性能，有助于汗液样品的收集。

综上，得益于超润湿表面特有的微液滴控制能力和浓缩富集效应，近些年基于超润湿的微量样品分析的研究发展迅猛。超润湿表面的微液滴控制能力能够有效减少分析样品的用量，对样品中被检测物进行浓缩富集是改善传感器灵敏度、达到更低检测限的重要方式。因此，无论是在检测分析领域还是在生物医学应用领域都越来越受到人们的重视。

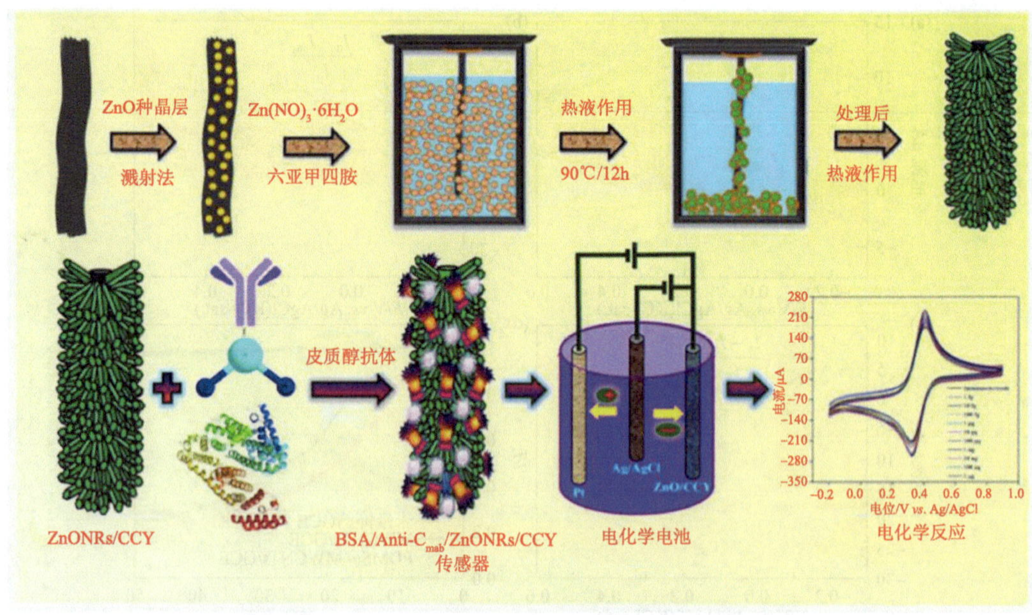

图 11-13 ZnO NRs 集成导电碳纱的制备示意图[27]

然而，目前超润湿表面由于表面润湿结构的破坏或润湿改性物质的脱落导致的润湿稳定性差仍是研究者面临的一大挑战。因此，笔者所在课题组使用聚多巴胺(polydopamine，PDA)辅助提高垂直有序介孔二氧化硅膜(vertically-ordered mesoporous silica films，VMSF)在玻碳电极上的稳定性，并成功构建了一种超亲水界面。PDA 是一种受贻贝启发的强黏合剂，能够在各种基材表面上稳定制备且具有良好的亲水性。通过将 PDA 引入玻碳电极上，不仅可以极大地提高 VMSF 的机械稳定性，还能同时赋予复合膜界面超亲水性能。超亲水界面能够在表面形成一层水层，而污染物与水层中水分子的交换是一种熔不利过程，因此，该超亲水界面能够有效抑制蛋白质和细菌等物质的黏附，从而保持自身的信号稳定性(图 11-14)。同时，在介孔孔道内电化学沉积金纳米颗粒(gold nanoparticle，AuNP)后，该界面在保持超亲水性的同时能够实现金的稳定电化学响应，从而构建了一种对乙酰氨基酚(acetaminophen，APAP)的比率型电化学检测平台。该传感平台能够实现浓度范围在 10～200 μmol/L 的 APAP 的高灵敏检测，检测限低至 3.29 μmol/L。

除了采用新型界面黏合剂——多巴胺辅助提高界面润湿稳定性外，笔者课题组在新型的润湿界面构建方式上也进行了相关探索。在 VMSF 的外表面通过共价键合的方式固定上生物基抗污材料——硫酸盐软骨素(CS)，以增强 VMSF 外表面的亲水性[图 11-15(a)～(c)]与生物相容性。通过这种方式，构建的亲水电化学传感界面的稳定性与长效抗污能力得到了显著的增强。由于 VMSF 的尺寸选择效应与 CS 亲水性产生的协同抗污能力，该复合界面在含蛋白质废水中浸泡 14 h 后仍然保持着良好的检测性能[图 11-15(d)]。此外，由于 CS 与铜离子之间存在着络合作用，与 VMSF 的带负电表面形成了良好的协同富集作用，有效提升了对铜离子的检测灵敏度。最终实现了在多种实际环境中(海水、湖水、河水、水管水、蛋白质废水、土壤浸出液、牛奶等)中的痕量铜离子长效离散监测。

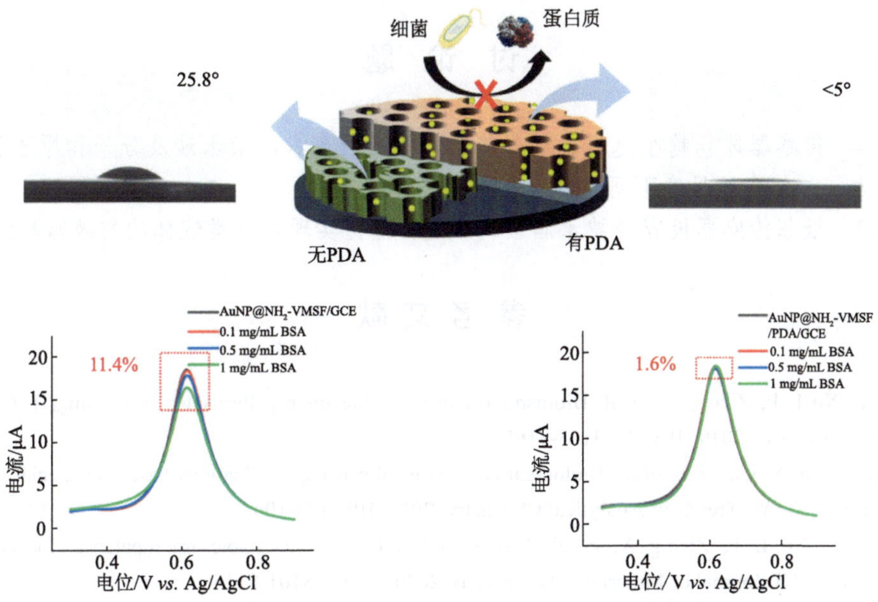

图 11-14　借助 PDA 辅助提高 VMSF 亲水性与防污性示意图

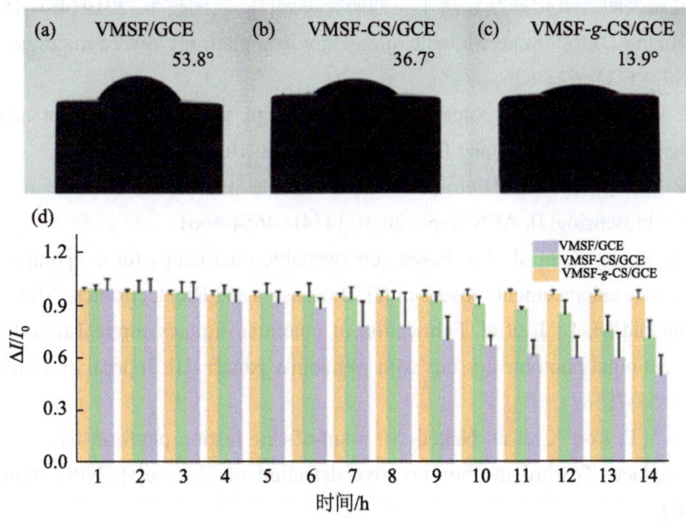

图 11-15　不同修饰电极的接触角测试[(a) VMSF/GCE；(b) VMSF-CS/GCE-非交联；(c) VMSF-*g*-CS/GCE-交联]；(d) 在含蛋白质废水中不同电极的长效抗污能力测试

基于超润湿的传感设备正在向小型化、一体化、多功能、高通量的方向快速发展，并已成功应用于环境检测和各类生理生化标志物的快速分析中，有望为个体医疗监测、临床快速诊断、疾病早期筛查、环境污染物分析等提供可行的检测策略。在选择更合适的改性物质或设计更稳定的粗糙结构后，相信超润湿表面在传感中的应用会朝多模式检测、快速灵敏响应和智能传感等方向前进，进一步为生产生活提供便利。

讨 论 题

11.1 传感器体积越小越好，纳米传感器的表面疏水或亲水涉及分子和原子层面相互作用力，如何在该尺度下研究这类材料的表面特性?

11.2 纸基传感器极容易被水润湿和渗透，如何实现对这类液体的有效富集?

参 考 文 献

[1] Xu T, Xu L P, Zhang X, et al. Bioinspired superwettable micropatterns for biosensing[J]. Chemical Society Reviews, 2019, 48(12): 3153-3165.

[2] Zhan S, Pan Y, Gao Z F, et al. Biological and chemical sensing applications based on special wettable surfaces[J]. TrAC Trends in Analytical Chemistry, 2018, 108: 183-194.

[3] Yang Y, Xu L P, Zhang X, et al. Bioinspired wettable-nonwettable micropatterns for emerging applications[J]. Journal of Materials Chemistry B, 2020, 8(36): 8101-8115.

[4] Xu L P, Chen Y, Yang G, et al. Ultratrace DNA detection based on the condensing-enrichment effect of superwettable microchips[J]. Advanced Materials, 2015, 27(43): 6878-6884.

[5] 鲍田, 王东, 玻璃表面二氧化硅基超疏水膜的研究进展[J]. 表面技术, 2019(48): 156-164.

[6] Xu T, Shi W, Huang J, et al. Superwettable microchips as a platform toward microgravity biosensing[J]. ACS Nano, 2017, 11(1): 621-626.

[7] Chen Y, Xu L P, Meng J, et al. Superwettable microchips with improved spot homogeneity toward sensitive biosensing[J]. Biosensors and Bioelectronics, 2018, 102: 418-424.

[8] Chen Y, Li K, Zhang S, et al. Bioinspired superwettable microspine chips with directional droplet transportation for biosensing[J]. ACS Nano, 2020, 14(4): 4654-4661.

[9] Chen Y, Min X, Zhang X, et al. AIE-based superwettable microchips for evaporation and aggregation induced fluorescence enhancement biosensing[J]. Biosensors and Bioelectronics, 2018, 111: 124-130.

[10] Zhong K, Khorshid M, Li J, et al. Fabrication of optomicrofluidics for real-time bioassays based on hollow sphere colloidal photonic crystals with wettability patterns[J]. Journal of Materials Chemistry C, 2016, 4(33): 7853-7858.

[11] Gao Z F, Sann E E, Lou X, et al. Naked-eye point-of-care testing platform based on a pH-responsive superwetting surface: Toward the non-invasive detection of glucose[J]. NPG Asia Materials, 2018, 10(4): 177-189.

[12] Gao J B, Sann E E, Wang X Y, et al. Visual detection of the prostate specific antigen via a sandwich immunoassay and by using a superwettable chip coated with pH-responsive silica nanoparticles[J]. Microchimica Acta, 2019, 186(8): 1-9.

[13] Chobaomsup V, Metzner M, Boonyongmaneerat Y. Superhydrophobic surface modification for corrosion protection of metals and alloys[J]. Journal of Coatings Technology and Research, 2020, 17(3): 583-595.

[14] Guo F, Yang H, Mao J, et al. Bioinspired fabrication SERS substrate based on superwettable patterned platform for multiphase high-sensitive detecting[J]. Composites Communications, 2018, 10: 151-156.

[15] Huang J, Yang H, Mao J, et al. Rapid and controllable design of robust superwettable microchips by a click reaction for efficient *o*-phthalaldehyde and glucose detection[J]. ACS Biomaterials Science &

Engineering, 2019, 5 (11) : 6186-6195.

[16] Liu M, Feng L, Zhang X, et al. Superwettable microwell arrays constructed by photocatalysis of silver-doped-ZnO nanorods for ultrasensitive and high-throughput electroanalysis of glutathione in hela cells[J]. ACS Applied Materials & Interfaces, 2018, 10 (38) : 32038-32046.

[17] Lee M, Oh K, Choi H K, et al. Subnanomolar sensitivity of filter paper-based SERS sensor for pesticide detection by hydrophobicity change of paper surface[J]. ACS Sensors, 2018, 3 (1) : 151-159.

[18] Zhang X, Wu T, Yang Y, et al. Superwettable electrochemical biosensor based on a dual-DNA walker strategy for sensitive *E. coli* O157: H7 DNA detection[J]. Sensors and Actuators B: Chemical, 2020, 321: 128472.

[19] Song Y, Xu T, Xu L P, et al. Superwettable nanodendritic gold substrates for direct miRNA SERS detection[J]. Nanoscale, 2018, 10 (45) : 20990-20994.

[20] Song Y, Xu T, Xu L P, et al. Nanodendritic gold/graphene-based biosensor for tri-mode miRNA sensing[J]. Chemical Communications, 2019, 55 (12) : 1742-1745.

[21] He X, Xu T, Gao W, et al. Flexible superwettable tapes for on-site detection of heavy metals[J]. Analytical Chemistry, 2018, 90 (24) : 14105-14110.

[22] He X, Xu T, Gu Z, et al. Flexible and superwettable bands as a platform toward sweat sampling and sensing[J]. Analytical Chemistry, 2019, 91 (7) : 4296-4300.

[23] He X, Pei Q, Xu T, et al. Smartphone-based tape sensors for multiplexed rapid urinalysis[J]. Sensors and Actuators B: Chemical, 2020, 304: 127415.

[24] Han H, Lee J S, Kim H, et al. Single-droplet multiplex bioassay on a robust and stretchable extreme wetting substrate through vacuum-based droplet manipulation[J]. ACS Nano, 2018, 12 (2) : 932-941.

[25] Shao C, Chi J, Chen Z, et al. Superwettable colloidal crystal micropatterns on butterfly wing surface for ultrasensitive detection[J]. Journal of Colloid and Interface Science, 2019, 546: 122-129.

[26] Wang Z, Jin X, Guo W, et al. An indirect detection strategy-assisted self-cleaning electrochemical platform for in-situ and pretreatment-free detection of endogenous H_2S from sulfate-reducing bacteria (SRB) [J]. Journal of Hazardous Materials, 2022: 129296.

[27] Madhu S, Anthuuvan A J, Ramasamy S, et al. ZnO nanorod integrated flexible carbon fibers for sweat cortisol detection[J]. ACS Applied Electronic Materials, 2020, 2 (2) : 499-509.

第 12 章 抗覆冰涂层

12.1 概述

结冰、结霜是一种自然的现象。它美得让人陶醉、怡人惬意，也让人头疼不已，处处惊险(图 12-1)。比如 2008 年春冬季节[1]，我国遭受了百年难得一遇的罕见冰冻灾害，致使一亿多人受灾，大片电力措施瘫痪，经济损失高达上千亿。因此，防霜和除冰技术对于目前来讲仍是一种迫切需要的技术。基于此，中国、美国、芬兰等国家已经成立了专门的研究机构对防霜和除冰技术进行了大量的研究。

图 12-1 冰霜、冰城和冰冻灾害图

当下防霜和除冰技术主要有四大类型[2, 3]：热能除冰、机械除冰、化学除冰和涂层防冰。这四种技术各有优点，也各有缺陷。热能除冰[4]主要以加热的方式实现防霜和除冰，这种方式虽然简单有效，但是设备造价高，能耗高，并且存在不少隐患，无法大范围使用。机器除冰[5]主要是依靠机械力来实现除冰，设备简单易行，能耗低，使用较为普遍，但是对使用环境要求较高，会对设备造成不可逆的损害，影响寿命。化学除冰[6-8]

是依赖化学试剂来实现除冰的，它虽然极大地改善了冰雪天气带来的恶劣的影响，但是大量使用化学试剂会导致设备腐蚀、土地盐碱化、水中生态破坏[9,10]。涂层防冰是指利用涂层的特殊结构和化学组成来实现防霜和除冰的。与上述三种防霜和除冰技术相比，该技术具有成本低廉、可广泛使用、环境友好、能耗小等特点，因此成为研究者们关注的重点。

对于涂层防冰技术，目前主要是以具有特殊润滑性材料来制备防霜-除冰涂层。这类防霜-除冰涂层的设计大多基于仿生原理，例如荷叶[11]、鱼[12]、猪笼草[13]、蝴蝶[14]、企鹅[15]等产生的自然现象，如图 12-2 所示。独特的结构和表面组成使得生物具有特殊的自然适应性，例如荷叶和鱼鳞具有自清洁能力、猪笼草可以收集水分、蝴蝶可以实现水滴的定向运输、企鹅表面绒毛的疏冰能力。

图 12-2　自然界具有特殊润湿性和低黏附力的表面

防霜和除冰涂层的分类方法很多，总的来说，主要有以下几种分类方法。

1）按照涂层时效类别分类

可分为牺牲类型和非牺牲类型两大类。牺牲防霜-除冰涂层由于使用的防冰剂不同，又可分为无机型和有机型两类。生活中常见的牺牲防霜-除冰涂层一般是有机涂层，比如多元醇、油脂等。无机型的牺牲涂层是指用无机盐为基料生产的涂料，主要以离子盐为主。非牺牲型防霜-除冰涂层是指通过表面的微观结构的构筑或者表面改性赋予表面特殊润湿性，又或者采取润滑油策略来实现降低冰点和冰黏附力从而达到防霜-除冰的效果。

2）按照基料的类别分类

可分为有机、无机、有机-无机复合防霜-除冰涂层三大类。有机防霜-除冰涂层一般是以有机高分子材料为基料，有机表面改性剂改变表面性质的涂层。无机防霜-除冰涂层目前多采用以金属氧化物，或者硅酸盐、碳酸盐为主要物质制备。有机-无机防霜-除冰涂层是以有机材料和无机材料共同作为基料，形成的复合涂层。目前多数的防霜-除冰涂层是有机-无机复合涂层。

3)按照表面是否注液的类别分类

可分为光滑注液防霜-除冰涂层和非注液防霜-除冰涂层。光滑注液防霜-除冰涂层可分为注油和注水两大类，随着环保意识的增强，注水防霜-除冰涂层更具有前景。非注液防霜-除冰涂层又可分为亲水类和疏水类防霜-除冰涂层两大类。亲水类防霜-除冰涂层是指表面水接触角小于 90°的表面涂层，它可进一步细分为亲水和超亲水这两类防霜-除冰涂层。亲水类防霜-除冰涂层在现在的防霜-除冰领域有着更为明显的优势。疏水类防霜-除冰涂层是指涂层表面接触角大于 90°的涂层，它可细分为疏水和超疏水防霜-除冰涂层。目前这类防霜-除冰涂层的研究成果较多。

4)按照氟含量进行分类

可分为含氟和无氟防霜-除冰涂层两大类。目前研究领域内多数为含氟涂层，但是随着环保意识的增强，无氟化更具有前景。

12.2 光滑注液涂层

光滑注液涂层可在防霜-除冰领域应用。光滑注液涂层可以使过冷液滴轻松地滚落，也能轻易地去除聚冰。它作为防霜-除冰涂层具有以下特点：

(1)有效地降低水的冰点，降低冰在基材表面的黏附力。由于目前大多数基材表面的结霜结冰的条件普遍是零度左右，且冰的黏附力大，不易脱除，因此涂层需要具备降低水的冰点和降低冰黏附力的性能。

(2)光滑注液涂层的透明度高，不影响材料表面的外观形象。室外材料表面的装饰，能够让人处于舒适的环境之中，因此涂层的透明性，极大地保留材料表面装饰效果。

(3)抗压稳定性好，具有自修复性能。由于防霜-除冰涂层是应用在室外的，因而要求涂层要具备一定的抗压性能和自我修复性能。

(4)克服了防荷叶超疏水材料的缺陷。冰在凝结和融化过程中往往伴随着体积的变化，从而导致表面微观结构的受损，同时微观结构能够与冰形成锚定作用，导致抗冰失效，而光滑注液涂层则很好地避免了这一缺陷。

(5)存在注液流失及环境影响的问题。目前多数的光滑注液涂层以灌注油为主，其所带来的问题是润滑油的流失和对环境的影响。但是注水涂层可以很好地避免这一问题。

目前光滑注液防霜-除冰涂层主要包括光滑注油涂层和光滑注水涂层两大类。①光滑注油涂层。它是一种以油为介质，以多孔涂层为基底的光滑涂层。多孔涂层是以刻蚀法、自组装、溶胶-凝胶法和液质分离等方法制备的。这种多孔表面内部具有较大的空间，可增强储油能力，达到增加光滑涂层使用寿命的目的。②光滑注水涂层。它是一种可直接应用于各种基材的防霜-除冰涂层，是一种自润滑液态水层的光滑防霜-除冰涂层。

12.3　非注液涂层

非注液防霜-除冰涂层是以表面润湿性和表面形貌为核心的一类的抗冰涂层。它作为防霜-除冰涂层具有以下的特点：

⑴能够有效地降低水的冰点及降低冰的黏附力。由于目前大多数材料是不具备降低水的冰点以及减少冰的黏附力的性能，因此无法防霜-除冰。所以涂层需要具备有效的延缓结冰时间和形成低冰黏附力的表面。

⑵合成方法简单，便于实现商业化。目前在飞机关键部位多数喷涂超亲水或亲水涂料，起到防覆冰的效果。

⑶其表面具有特殊的结构，可以形成稳定的气-液-固三相界面。由于水滴在基材表面的结冰与其接触面积、接触时间有关，所以低表面能够使得水滴保持较高的接触角而易于滚落，从而起到抗冰效果。

⑷在极端条件下，会丧失防覆冰性能。由于冰冻和融化往往伴随着体积的变化，因此会导致表面微观结构的破坏，同时丧失部分表面润湿性能。另外一旦材料表面结冰，冰与表面会形成锚定结构，使得冰更加难于清除。

它目前主要分为两大类：亲水类和疏水类。而亲水类防霜-除冰涂层又分为亲水型和超亲水型这两类。同理，疏水类防霜-除冰涂层也可分为疏水型和超疏水型这两类。

⑴亲水型防霜-除冰涂层。它主要由亲水聚合物附着在基材表面或者接枝功能性分子如生物抗冻蛋白构成，涂层表面的亲水基团增强了分子间作用，吸附水蒸气，从而降低液滴冰点或者功能性分子降低冰点从而达到防霜-除冰的效果。

⑵超亲水型防霜-除冰涂层。它在化学组成上同样由一些亲水性的聚合物或者功能性分子构成，但不同的是超亲水表面水的接触角小于 10°。超亲水表面相较于亲水表面具备更强的亲水性，使得表面水润滑层形成得更加完全、稳定性更强。

⑶疏水型防霜-除冰涂层。它是由低表面能的物质和一定粗糙结构所构成的表面涂层。水的接触角大于 90°。目前主要应用的低表面能物质主要有含氟物质和含硅物质，所以这也可以分为疏水型氟基防霜-除冰涂层、疏水型硅基防霜-除冰涂层和疏水型氟硅基防霜-除冰涂层。疏水型防霜-除冰涂层主要以保持较高的水接触角、减少水与材料表面的接触时间和接触面积，实现延缓结冰时间。同时由于低表面能，冰的黏附力较小，在自然外力下即可实现脱落。可用于输电线路导(地)线、杆塔结构或绝缘子等设施。

⑷超疏水型防霜-除冰涂层。它与憎水型的防霜-除冰涂层具备同样的化学组成，但是超疏水具备更加完美的微观结构。水的接触角超过 150°，滑动角小于 10°。超疏水型防霜-除冰涂层表现出比疏水型更加优越的防覆冰性能，这归因于表面微观结构的二元协同界面，但也因为表面粗糙结构，在较为极端的条件下，超疏水型防霜-除冰涂层会丧失防覆冰性能。

12.4 性 能 检 测

12.4.1 原理

在过去十年中，有关防冰和疏冰表面的理论研究已经取得了重大进展。如图 12-3 所示，显示了液相和固相中自推进、弹跳、润湿、成核和桥接的各个阶段的冷冻过程。通过该研究发现，防霜和除冰技术在不同的阶段有不同的做法，在液体阶段，应该考虑防冰性能；而在固体阶段，应该考虑疏冰性能[16]。

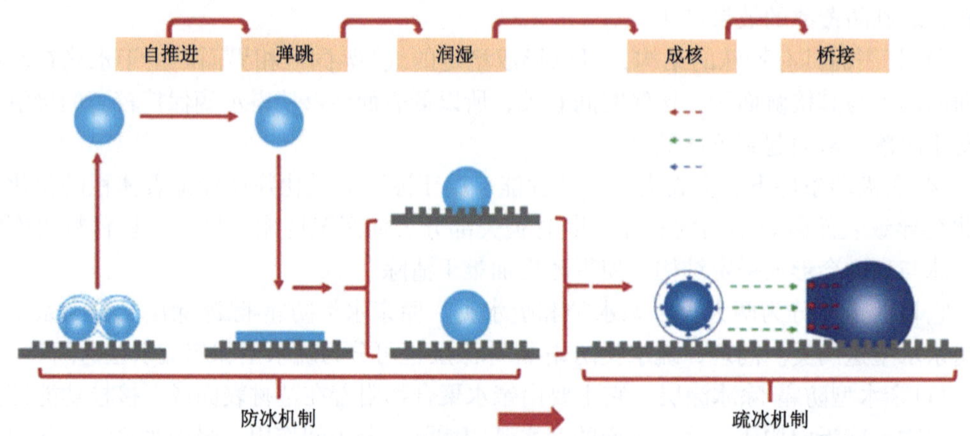

图 12-3 防冰和疏冰的机制，包括自推进、弹跳、润湿、成核和桥接的过程[16]

防冰性是指水滴直接从材料表面滚落而不结冰。疏冰性是指冰在基材表面的脱落或延缓结冰的时间。影响防覆冰性能的因素有很多，主要包括表面润湿性、分子间作用力、表面形貌等。

目前多数的防冰研究主要集中在凝聚诱导水滴自推进上，影响自推进过程的主要因素有基材表面的粗糙度、化学性质、结露条件等。Zhang 等[17]验证了亲水涂层有利于成核，疏水涂层有助于自推进。所以控制表面粗糙度来优化自推进过程是必不可少的。Lv 及其同事[18,19]还发现与纳米表面相比，分级的超疏水表面具有最优的自推进功能。为了防止结冰，降低水滴与基材的接触时间显得尤为重要。表面设计应使水滴在最短的接触时间内从基材表面离开。如图 12-4 所示，水滴在碰撞过程中，Cassie-Baxter 润湿模型会不可逆转地转变为 Wenzel 模型，这将导致表面丧失抗黏性能，不利于防冰性能，而具有分级的超疏水 Cassie-Baxter 模型，润湿性稳定且防水性增强。另外，超疏水涂层表面上凝聚的液滴具有初始动能，可以实现液滴的滚落。

疏冰主要是抑制冰核的形成和降低冰的黏附力。抑制冰核形成的关键因素在于连续清除过冷的微滴冷凝物，防止冰成核并控制温度(降低冰点)；降低冰的黏附力主要在于基材表面的控制[20]。

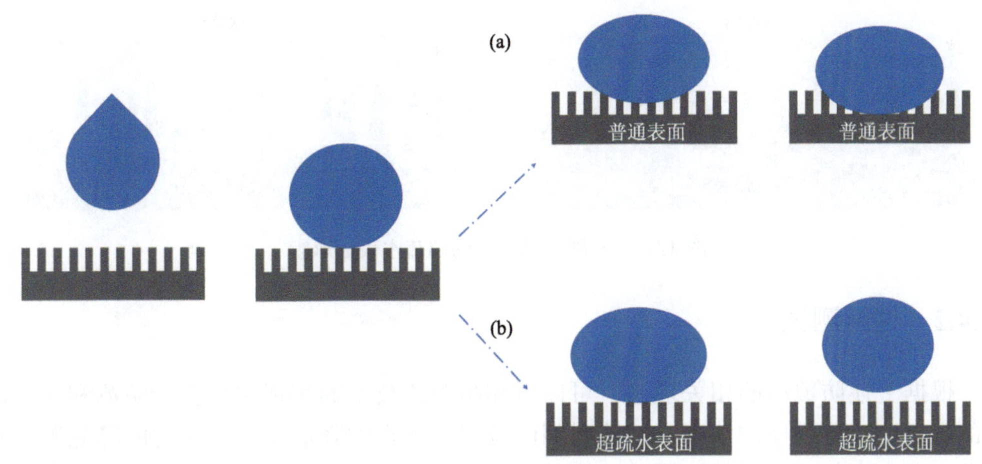

图 12-4　水滴碰撞过程

(a) 普通表面；(b) 超疏水表面

分级纳米结构被空气填充的超疏水表面可以有效防止液滴击穿纹理结构，并减少表面的接触面积使得液滴易于滚落。根据液体成核的理论，液滴从液态转变为稳定的固态需要克服的能垒为

$$\Delta G=\left(\pi r^3\big/_{3\Omega}\Delta g+\pi r^2\gamma_{\rm sf}\right)f\left(\theta\right) \tag{12-1}$$

式中，$f(\theta)=2-3\cos\theta+(\cos\theta)^3$，$r$ 是液滴半径，$\gamma_{\rm sf}$ 是固液界面的比表面能，Δg 是液相与固相之间的吉布斯自由能密度之差，θ 是接触角。

从上面的公式可以看出，ΔG 与 $f(\theta)$ 成正比，$f(\theta)$ 是 θ 的单调递增函数，所以当接触角θ很大时，可以增加结晶过程的能垒，从而延长过冷冷凝水的结冰时间。另外，超疏水涂层的多尺度结构有很好的绝热效果，液滴在超疏水涂层上保持 Cassie-Baxter 状态的热损失速率比 Wenzel 状态的要小得多，能够有效地延长结冰时间。

基材表面水的润湿性与冰的黏附性被认为是呈正相关的，即水的润湿性越好，冰的黏附力越好。但经大量研究后发现[16,21-23]，这种相关性只在接触角滞后的情况下才成立。降低冰的黏附力在于减小冰与基材表面的有效接触面积形成 Cassie 冰或者 Cassie 霜。

另外，分子间作用力和基材表面形貌对于疏冰也有着重要的影响，基材表面与冰的相互作用力主要有范德瓦耳斯力、氢键、静电力。其中氢键和静电力对冰的附着力影响较为显著。基材表面含有强极性基团如羟基等，会和水生成强氢键作用，增强冰的附着[24]。如聚四氟乙烯这种基材表面的介电常数很低，也能具有很好的防覆冰性[25-29]。表面形貌对于冰的附着的影响较为复杂，水滴在接触涂层表面时，会被涂层表面微观结构内的空气阻隔，使接触面积变小，同时也减小了冰与固体表面的接触面积，使冰未附着便已经滚落，而且空气良好的绝热效果能够有效延长基材表面的热损失时间。水结冰的过程中，体积会膨胀增大，此时极大的内应力会造成原有微观结构的破坏[30,31]，如图 12-5 所示。基材表面一旦形成冰，就会与基材表面形成锚定作用力，冰就更难去除[32]。另外低温和高湿度的条件下表面微观的防覆冰性能的效果会大打折扣。

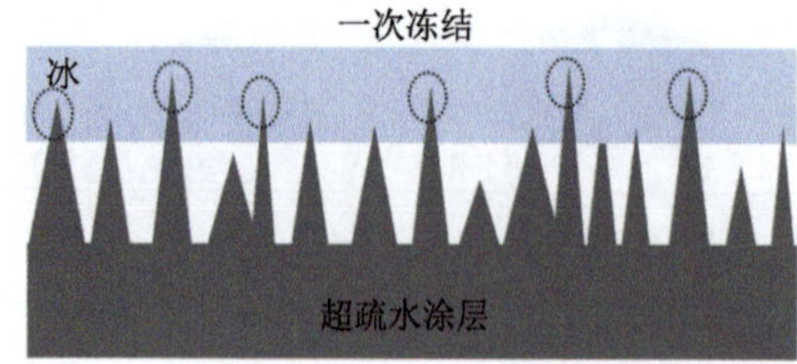

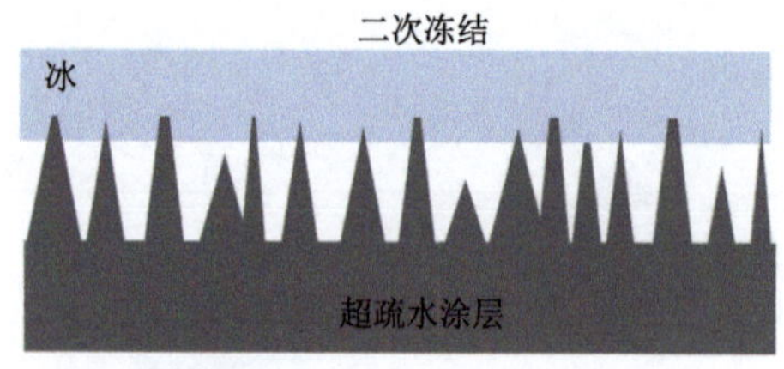

图 12-5 不同冻结次数的超疏水表面形貌

12.4.2 性能测试

根据上述防覆冰的相关理论，可以得知防覆冰技术的实现主要在于防冰和疏冰性能的提升，这些性能的体现是结冰时间的延缓、冰点的降低和冰黏附力的降低等。基于此，研究者们对材料的防覆冰性能的检测开发了多种方法，既有静态的检测，也有动态的测试。比如防结雾性能的检测、结冰时间的检测、冰黏附力的测试、抗冻雨测试等。

防霜-除冰涂层的性能与表面形貌和表面组成是相关的，涂层的形貌与组成一般由 SEM 和红外等手段检测，这里将不再展开描述，而主要介绍防霜及防覆冰性能的检测方式。

1）防冰性能的检测

防冰的关键在于尽可能快地清除材料表面的冷凝物或者说冷凝物与材料表面尽可能短地接触。目前研究界对于防冰的理论研究较为深入，比如 Boreyko 及其同事[33]证实了冷凝微滴自推进受到表面粗糙度、化学性质和凝露条件下表面依旧保持超疏水能力的影响，但是对于防冰性能的检测手段相对较少。目前的检测多数是以水滴的润湿性、记录水滴撞击材料的停留时间和材料的防结雾性能等来反映防冰性能。关于水滴的润湿性的检测，现阶段主要以接触角仪进行测定。而水滴的撞击材料表面的停留时间则通过高速相机记录水滴从一定高度撞击材料表面的过程，由此得出水滴的停留时间。如 Yi 等[34]制备了一种高性能的超疏水氟化硅@聚二甲基硅氧烷涂料，水接触角为 155.3°，滑动角为 2°。该涂层具有非常短的冲击液滴接触时间，仅为 10.2 ms，即使在低温条件下（−10℃），液滴也能迅速反弹，由此得出了涂层具有良好的防冰性能。

众所周知，液滴冷凝过程是结冰过程的一部分，液滴的状况将直接影响材料表面的覆冰情况。材料表面的结雾状况与液滴冷凝过程息息相关，因此材料表面的防结雾性能会直接影响防覆冰性能。目前对于材料表面的防结雾性能的检测一般将样品放置实验台，间隔一定时间记录样品表面结雾量，而实验台的温度通过低温测量池控制、实验环境湿度以加湿器控制，并且采用相应的温湿检测器实时监控实验的温度、湿度。王强峰[35]研究了亲水、疏水、超疏水、超亲水表面的防结雾性能，发现超疏水表面独特的空气隔热作用能够有效地延缓液滴冷凝时间，而超亲水表面则能迅速地形成水膜，将其他液滴顺利汇聚流出表面。

2) 疏冰性能的检测

涂层具备延缓结冰时间的性能，与涂层的绝热作用相关。涂层的绝热作用的验证，目前多采用差式扫描量热仪(DSC)进行测定。具体实施是将 6～12 mg 的水放置在未处理和涂层处理过的铝制坩埚内，以 10℃的速率降温至−70℃，从而得到相应的结果。如 Zhang[36]通过 DSC 研究了多元醇注液薄膜的防冻性能（图 12-6），发现具有多元醇浸渍的薄膜具有优异的降凝固点的效果(结晶点低至−36.8℃)，能够有效地抑制水滴成核过程。

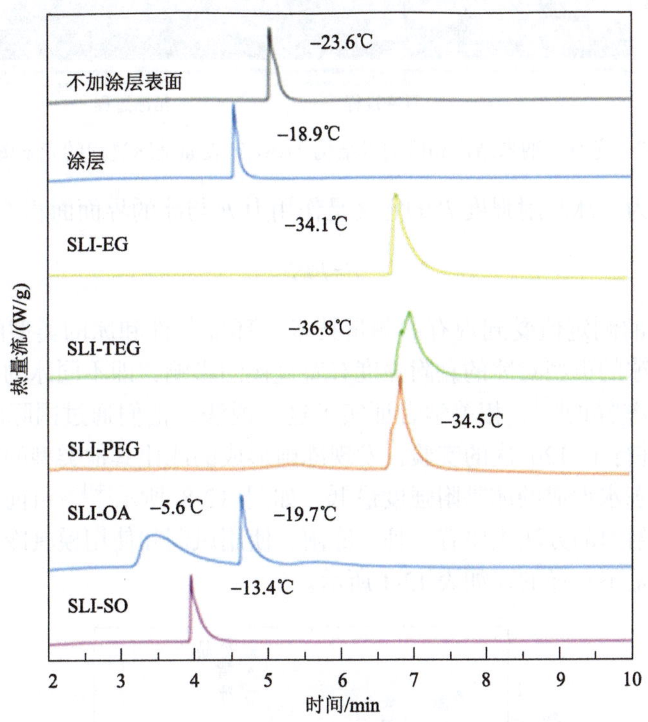

图 12-6　置于空白坩埚中的过冷水滴的 DSC 曲线[36]

坩埚附有涂层薄膜、乙二醇(EG)、三甘醇(TEG)、聚乙二醇(PEG400)、油酸(OA)和硅油(SO)液体注入薄膜

结冰时间的测定一般是水滴在涂层表面通过接触角仪及简易低温装置共同测定或者简易的低温池测定。同一涂层水滴的结冰时间并不是恒定不变的，它有赖于测试条件的设定，因为不同条件的设定，意味着热量流失速率是不一样的。如 Shen 等[37]观察了水滴在分级微纳米超疏水表面的−10℃冻结过程(图 12-7)，得出了超疏水表面具有很高的防冰潜力的结论。

防覆冰的有效策略在于表面的低冰黏附强度，而表面的冰黏附强度的有效性测定是衡量表面防覆冰性能好坏的保障。低冰黏附表面一般是指冰黏附强度低于 60 kPa 的表面[38,39]。而冰黏附强度低于 20 kPa 时，表面形成的冰可在自然外力的情况下脱落[38,40,41]。冰黏附强度低于 10 kPa 的表面被定义为超低冰黏附表面[38,42]。

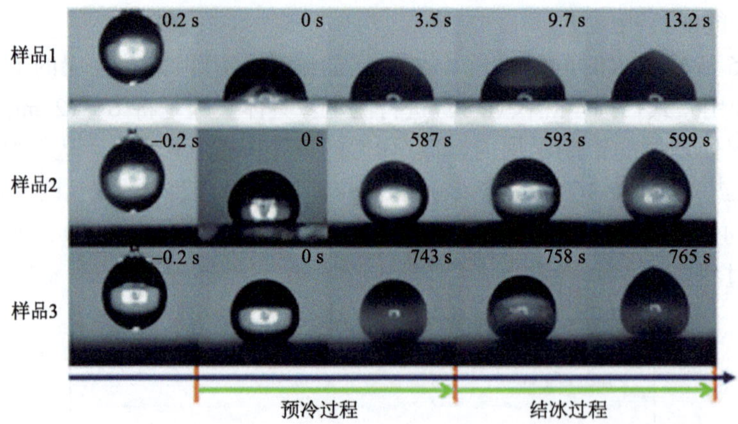

图 12-7 光滑、纳米结构和微纳米结构 Ti_6Al_4V 表面结冰过程的光学图像[37]

目前普遍认为，冰黏附强度 P 的定义是作用力 F 与冰的界面面积 S 之比，即

$$P=F/S \tag{12-2}$$

冰黏附强度的测定值受到现有的测量技术、环境条件和冰的类型的影响。一直以来人们都认为，冰的类型对冰的黏附强度有着直接的影响，即不同冰的类型所测定的冰黏附强度是存在差异的[43]。相关学者证实了这一说法，他们通过国际防结冰材料实验室(AMIL)设施进行了 126 次的实验，发现冻雨形成的冰比其他类型的冰具有更高的冰黏附强度，而静态水形成的冰黏附强度最低，如图 12-8 所示[44]。目前，最常用产生冰用于研究低冰黏附力的方法主要有三种：冻雨、使用风洞和使用模具冷冻水。这三种方法产生的冰类型是不一样的，如表 12-1 所示。

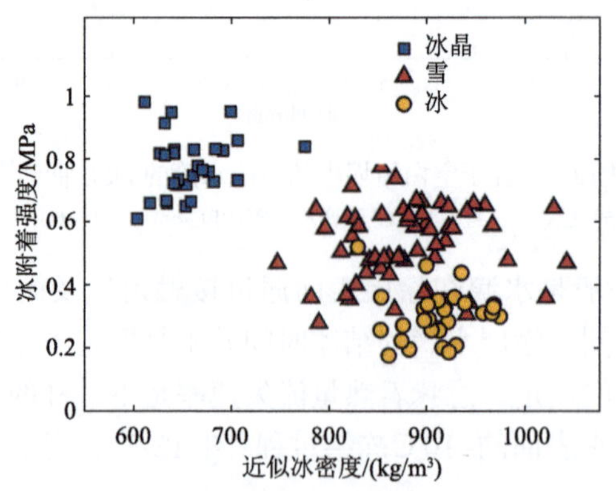

图 12-8 三种不同冰类型的冰黏附强度的测试结果[44]

表 12-1 冰类型及其产生方式

常用方法	冰的类型	冰的别称	文献
冻雨	冰晶	坚硬的霜冰	[45, 46, 47, 38]
风洞	雪	碰撞冰	[48, 49, 50, 38]
模具	冰	静态冰	[51, 52, 53, 54, 38]

冰黏附强度的测定并没有一个统一的标准，多数是自我设置的实验标准，所以多数研究结果无法进行有效的对比[38]。目前有几种测定冰黏附强度的方法，请参阅表 12-2。

表 12-2　不同冰黏附测试的概述

综述文献(年)(参考文献)	冰黏附强度测试
Sayward (1975) [43]	纯拉伸试验、纯搭接剪切试验、平板扭剪试验、圆柱扭剪试验、剥离试验、起泡试验、解理试验、锥形试验、弯曲片试验、小面积拉伸试验、搭接拉伸剪切试验、多平面 - 板扭剪切试验、轴向圆柱剪切试验、辊剥离试验和组合模式试验
Kasaai 和 Farzaneh (2004) [55]	简单剪切试验、搭接剪切试验、拉伸试验、剪切拉伸联合试验、剥离试验、冲击试验、激光散裂试验、划痕试验、原子力显微镜试验、电磁拉伸试验
Makkonen (2012) [56]	美国陆军寒冷地区科学与工程实验室(CRREL)试验安排(扭矩试验)、芬兰 VTT 技术研究中心试验安排(水平剪切试验)
Schulz 和 Sinapius (2015) [57]	拉伸试验、横向剪切试验、弯曲试验、离心试验
CIGRE TB 631 (2015) [58]	拉力试验、离心室试验、滑动重量试验、冰推脱试验、导体冰拉脱试验
Work 和 Lian (2018) [59]	离心机黏附测试、计算离心机黏附测试、仪器化离心机黏附测试、推动测试、旋转剪切测试、0°锥形测试、搭接剪切测试、拉伸测试、梁测试、起泡测试、激光剥落测试和剥离测试

虽然测量冰黏附强度的技术及装置多种多样，但使用最为广泛的冰黏附强度的测试是水平剪切测试[40, 41, 51, 52, 60]、垂直剪切测试[39, 61-65]、离心测试[53, 66, 67]和拉伸测试[48, 49, 68, 69]，以下将对这几种测试进行简单的描述。水平剪切测试是指将样品置于水平位置，冰位于样品之上，使用力检测器于平行表面的力使得冰与样品分离的测试，见图 12-9(a)。垂直剪切测试的定义与水平剪切测试的定义是相近的，唯一的不同在于整个设备旋转了 90°，见图 12-9(b)。正如定义，水平和垂直剪切测试是以力检测器来记录冰从样品表面脱落瞬间的最大峰值。另外垂直剪切测试虽受到重力的影响，但可通过计算减去重力的影响。水平和垂直剪切测试是一种既经济又方便的检测方式，但是这种剪切测试也存在一些缺陷，比如检测过程中，由于检测器的位置，导致力的分布不均，并且内聚破坏比较容易发生。

拉伸试验以拔除的方式进行的测试，即使用垂直于表面的力使得冰与样品分离，见图 12-9(c)。由于检测方式的原因，拉伸试验通常会导致冰内聚破坏。与此同时，拉伸应力程度也取决于检测器力探针的角度和力探针与样品之间的距离，由于这种不确定因素的存在，往往在实验研究中需要说明试验的设置条件和相关信息。

离心试验是一种动态测试的方法，是利用向心加速度，将横梁样品上的冰甩出，通过记录冰剥落的时间和角度，来得到离心力，见图 12-9(d)。这种离心试验的装置既简单又经济，但是需要比剪切测试更为复杂的设置。同时，它对样品是要求的，需要类似梁状样品，另外它不能产生应力应变曲线[59]，而且由于离心时剧烈的转动，会导致损坏表面的涂层[55]。

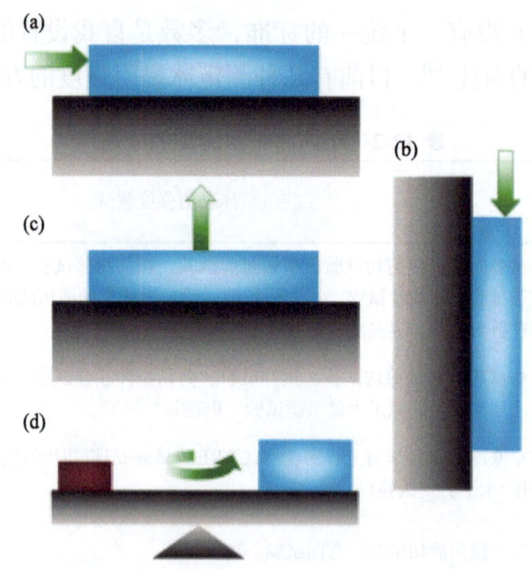

图 12-9　四种最广泛使用的冰附着强度测量测试方法的示意图

(a)水平剪切试验；(b)垂直剪切试验；(c)拉伸试验；(d)离心附着试验。对于所有方法，冰位于较大的表面上，施加在冰上的力用箭头表示。(d)中的配重在左侧

虽然上述方式是最为常用的测试方法，但是冰黏附强度的测试标准并没有统一，使得许多研究成果无法进行比对，所以需要一个统一的标准。该标准既要经济易于在实验室中应用，同时还可以对不同的防冰应用的测试进行相关的扩展。目前学术界对于冰黏度强度测试的标准化、规范化主要有两种呼声：Work 和 Lian[59]建议冰附着力测试的前进方向要么是开发一种新的测试方法，要么是使用搭接剪切测试并测试大量样品。Schulz 和 Sinapius[57]建议应根据测试目的选择测试方法，但没有给出进一步的建议。虽然这两种想法都具有很好的指导性，但是对于学术界来讲是难以统一标准的。所以Rønneberg[38]认为可以通过选择一个共同的参考：在−10℃的温度下进行测试，在给定的冷冻水样品中，以给定的力检测器的距离和相同的加载速率下进行水平剪切测试，如图 12-10 所示。并在多个实验室进行足够的类似测试，来获得可以比较的研究数据。

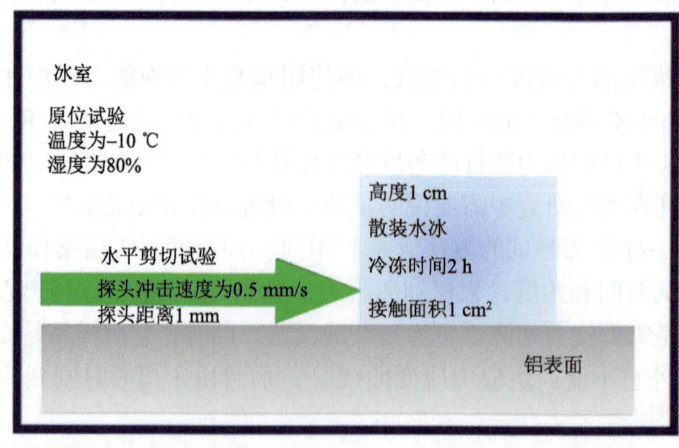

图 12-10　为提高冰黏附研究的可比性而提出的参考测试示意图(包括所有实验细节)[38]

3) 抗结霜性能检测

材料表面抗结霜性能的检测有多种多样，普遍来讲，是将样品置于实验环境中，观察表面结霜情况。一般用到的仪器设备多为低温设备和加湿器等。比如 Feng 等[70]通过冰箱研究了其制备的超疏水铝合金的抗结霜性能，能够观察到超疏水铝合金能够有效地抑制霜的沉积，证实其具有良好的抗结霜性能。

4) 其他测试

对于材料的防覆冰性能的测试并不只在于一些停留在实验室的测试，它还有一些针对现场环境的测试(图 12-11)，比如 Li 等[71]通过模拟冻雨环境观察了超疏水涂层与疏水涂层的结冰情况，发现超疏水涂层具有更加良好的抗结冰性能。无独有偶，Cao 等[72]将多孔超疏水纳米粒子-聚合物复合材料应用于卫星天线及铝板上，并在实验室和开放环境下观察它的抗结冰性能，发现经过处理的天线和铝板具有更好的防结冰性能。

图 12-11　(a) 超疏水 PDMS/疏水二氧化硅纳米粒子涂层绝缘体和(b) RTV 硅橡胶涂层绝缘体在实验室不同时间间隔内在–5°C 下结冰的评估[71,72]。在开放环境“冻雨”中测试表面的抗冰能力：(c) 裸铝板、(d) 超疏水纳米复合涂层铝板、(e) 卫星天线天线。未处理天线(左侧)上覆盖的冰和超疏水纳米复合材料处理天线(右侧)上没有积冰。(f) 为(e) 图中红色方形标记的放大视图[72,73]

12.5　实际应用

12.5.1　牺牲类防霜-除冰涂层

牺牲类防霜-除冰涂层是一类较早开发的防霜-除冰涂层，目前主要应用多元醇、离子盐、油脂等物质作为防冰剂，硅酸盐等作为载体。Ijaz 等[74]采用负载 SBS 的硅藻土为载体，填充乙酯/丙酮混合试剂作为防冰剂，制备了疏水性的防冰涂层，当水滴接触涂层时，涂层会缓慢地释放防冰剂，降低冰点，达到延缓结冰的效果。Ayres 等[75,76]通过溶胶-凝胶法制备了一种含环氧基的缓释抗冰涂层，当涂层出现水凝结，涂层分解产生释放丙三醇和三丙二醇，降低冰点，同时还具备润滑表面的效果，使得冰能够在自然外力的条件下，轻易滑落。这类型的涂层短期抗冰效果优异，但随着时间的推移，抗冻剂会损耗完，同时面临着环境破坏的问题[9,10]。

12.5.2 非牺牲类防霜-除冰保护涂层

正如前面所述，非牺牲类的防霜-除冰涂层是以特殊润湿性为核心的一类防霜-除冰涂层，主要包括亲水型、疏水型、超亲水型和超疏水型。

12.5.2.1 亲水型防霜-除冰涂层

亲水型防霜-除冰涂层防覆冰的原理主要体现在两点：①亲水表面降低了水的冰点，延缓了水滴结晶，减少了表面结冰量[77]；②亲水表面富含大量的亲水基团，易于捕捉空气中的水汽，形成光滑的水膜[78]，降低了冰与表面的黏附力，使得在自然外力下，冰能够轻易脱落。亲水表面制备在于亲水物质的附着，以及相关功能分子的绑定。Jeong 等[79]利用单宁酸处理铝表面，接枝抗冻蛋白(AFP)。实验结果显示，接枝抗冻蛋白后明显地降低了冰点，而且单宁酸处理表面，用于接枝的方法适用于各种基底。另外Gwak 等[80]将改性后的抗冻蛋白绑定在铝片表面，形成光滑的亲水表面。经过试验结果发现，其冰点降低至−20.5℃。但是亲水型的防霜-除冰涂层无法耐受极端低温条件，在极端低温条件下，由于涂层与水的亲和力较强，所以容易形成坚固的冰层。

另外有研究表明[81]，亲水表面冰的成长机制是以不断产生新的冰核，同时冰核不断增长来实现的。其次，与光滑亲水表面相比，亲水粗糙表面形成的冰核数量更多，且冰核成长速度更快。换句话说，对于亲水表面，粗糙表面的加成将加速覆冰的形成(图 12-12)。这为设计光滑的亲水表面在防覆冰领域的应用提供了有利的指导。由于亲水光滑表面能够有效地降低水的冰点且冰与表面有着较小的黏附力，因此亲水光滑表面在防覆冰领域有着广阔的前景。

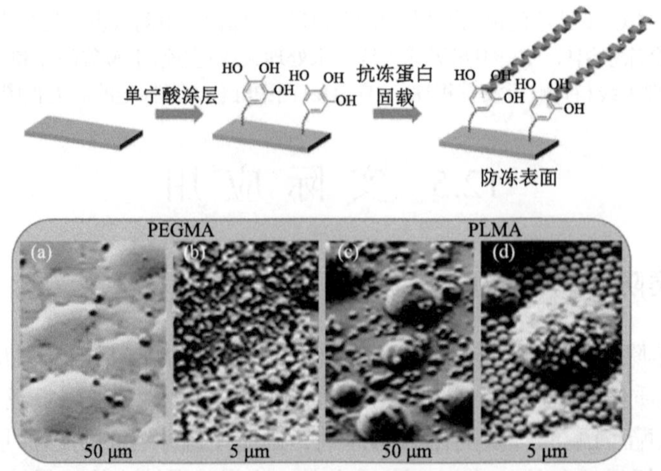

图 12-12 TA 介导 AFP 固定的示意图[79]和不同表面冰生长机制[(a)和(b)是亲水表面 PEGMA-1000 nm 颗粒不同放大倍数的冷冻液滴 SEM 图，(c)和(d)是疏水表面 PLMA-1000 nm 颗粒不同放大倍数的冷冻液滴 SEM 图][81]

12.5.2.2　超亲水型防霜-除冰涂层

超亲水型防霜-除冰涂层是指水的接触角小于 10°的一类表面涂层，相较于亲水型的防霜-除冰涂层，具有更强的亲水性，能够快速地捕获空气中的水分子，形成光滑的水层。目前多数超亲水防霜-除冰涂层是以小分子亲水化合物为单体，以聚合交联的方式合成亲水涂料或者以金属氧化物为基础制备薄膜材料[80,82,83]。Chen 等[84]在弱碱条件下，利用多巴胺修饰的透明质酸的交联反应，在固体表面沉积了一层多巴胺-透明质酸复合物。低温测试表明，该超亲水涂层的自润湿水层能够在−42℃下仍然保持液态[图 12-13(a)]。由于自润湿水层的存在，使得表面变得光滑，具有低冰黏附力，通过测试发现它比未修饰的表面的冰黏附力降低了一个数量级。该涂层的厚度是可控的，并且制备过程中无需使用有机溶剂，环保且经济。

另外超亲水涂层也会通过添加商用抗冻剂，如多元醇、两性离子等亲水性物质或部分寒冷地区生物的抗冻蛋白等物质来达到抗结冰的作用[36, 83-85]。Jumg 等[85]将改性后的抗冻蛋白接枝在铝片表面，有效地降低了铝片表面水的冰点，经过测试发现，水滴在接枝抗冻蛋白的铝片表面的结冰温度可降至−25℃。

超亲水型防霜-除冰涂层是亲水型的加强版，而且多数的合成材料是水溶性的，使用过程中也无有机废料产生，所以在防覆冰领域具有广阔的前景。虽然这类涂层具有许多优势，但是也无法长期在低温高湿条件下抑制冰晶的产生，另外超亲水涂层水亲和力强，所以一旦结冰就会形成致密的不易去除的雨凇[图 12-13(b)～(d)][83]。

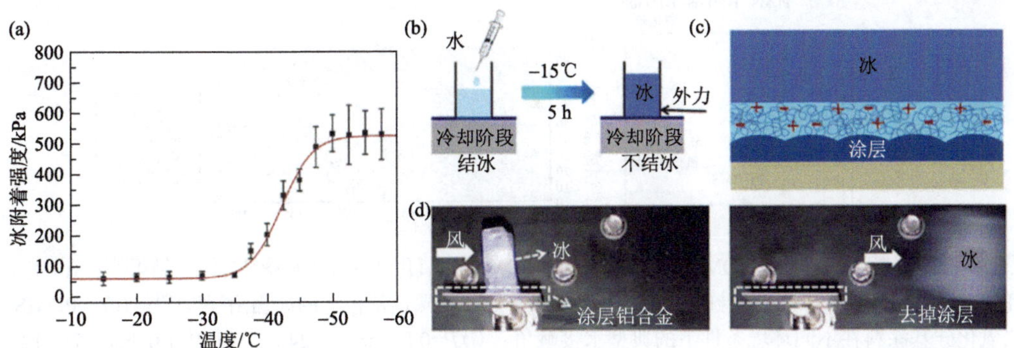

图 12-13　(a)不同温度下水性润滑层表面的冰附着强度[84]；(b)用于测试冰附着强度的程序的示意图[83]；(c)通过引入水性润滑层减少冰黏附的机制[83]；(d)在风洞中测试了具有水性润滑层的防冰涂层的有效性，防冰层上的冰可以被强风吹散，箭头表示风向[83]

12.5.2.3　疏水型防霜-除冰涂层

疏水型防霜-防霜除冰涂层是指水的静态接触角大于 90°、小于 150°的一类表面。已知冰的表面黏附性与表面润湿性相关，同时表面化学组成与形貌共同影响疏冰性能[86]。目前用于制备疏水表面的物质主要依赖于低表面能的物质，例如含氟[87-90]、有机硅[52, 64, 91-94]、无机材料[88, 92]等。

1）氟基疏冰材料

聚四氟乙烯（PTFE）作为常用的低表面能材料可涂在金属或金属氧化物表面。Yang 等[87]研究了初始 PTFE、喷砂 PTFE 板、PTFE 涂层、硫化硅橡胶涂料和氟化聚氨酯涂料等含氟聚合物防覆冰性能，发现光滑表面的含氟聚合物材料可以显著降低冰黏附强度，然而与超疏水涂层相比会出现更多的积冰[图 12-14（d）]。Liu 等[88]也研究了氟化 PDMS 和氟化 PDMS/二氧化硅纳米粒子涂层的抗冰和疏冰性能，氟化 PDMS 和二氧化硅的引入，极大地改善了疏水性，提高了抗结冰性能[图 12-14（a）、（c）]，但是不添加二氧化硅纳米粒子氟化 PDMS 冰黏附强度更低[图 12-14（b）]，尤其是在低温低压条件下。因此，可以通过光滑表面减少冰和粗糙表面的机械结合强度。另外，Akhtar 等[89]将石墨烯和氟相结合开发了一种坚固的氟化石墨烯防冰涂层，石墨烯能使分子间氢键网络破裂，氟能增加水层的封闭度，从而增加冰核形成的自由能垒，延长结冰的时间。由于具备优良的机械性能，该涂层即使在恶劣的环境下也能表现出优异的防覆冰性能。但是含氟聚合物会氧化降解产生污染，包括全氟烷基酸和全氟磺酸盐，会威胁环境及人类健康[20]。因此寻找其他氟化物质或者无氟化防覆冰涂层是最有利于生态可持续发展的[90]。

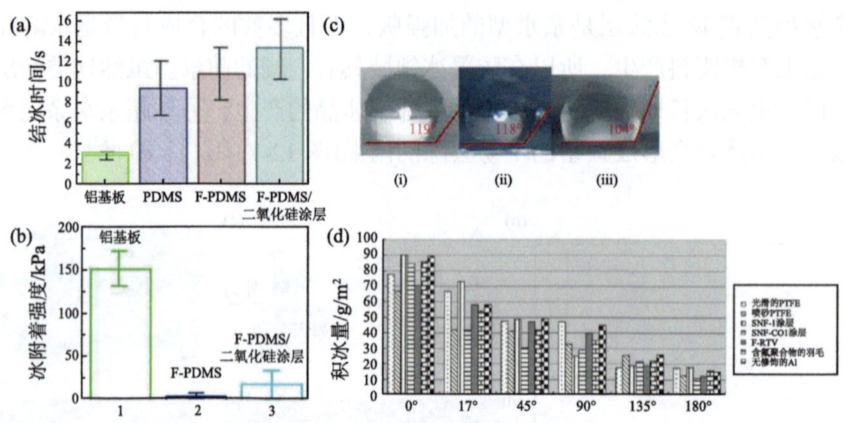

图 12-14 （a）铝基板、原始 PDMS、F-PDMS 和 F-PDMS /二氧化硅涂层的水滴结冰测试结果[88]；（b）基于 F-PDMS 和 F-PDMS/二氧化硅的涂料在铝基板和未处理的裸铝基板上的冰黏附强度[88]；（c）F-PDMS/二氧化硅基涂料在不同环境条件下的典型水接触角：（i）P=0.5 bar、T=24℃，（ii）P=1.0 bar、T=−12℃，（iii）P=0.5 bar、T=−12℃[88]；（d）PTFE 材料在不同角度的结冰结果[87]

2）硅基疏冰材料

据相关研究表明，冰对涂层的黏附力由涂层的玻璃化转变温度、柔软程度和表面能高低共同决定。即涂层在结冰时，在表面柔韧性和外力的作用下，可使涂层发生形变，产生的内应力足以使冰脱落，达到疏冰的效果。而无氟化的倡导，有机硅的低表面能、较低的玻璃化转变温度和介电常数，良好的柔韧性，这些优良的特性都使它成为制备仿覆冰材料的候选之一以及很好的替代材料[91]。Wu 等[92]利用不同尺度的有机硅-环氧杂化树脂、聚二甲基硅氧烷（PDMS）和纳米二氧化硅粒子制备了一种无氟有机硅树脂涂层，发现具有多尺度纳米二氧化硅涂层比单一尺度的纳米二氧化硅涂层具有更好的防覆冰性能[图 12-15（a）、（b）]，即使经过紫外老化处理和沙蚀后，多尺度纳米二氧化硅涂层冰黏附强度依旧低于阈值(100 kPa)，有望成为可持续性防覆冰材料。另外该团队[93]还研发一种基于生物的透明环氧防冰涂层，硅烷疏水剂的添加减少了生物环氧水分的吸收，增强了生物基环氧树脂的玻璃化转变温度和抗冰性能，−20℃时涂层表现出远低于憎冰涂层的标准阈值(<100 kPa)[52,94]的冰黏附强度(～50 kPa)，−15℃下过冷水测试未发生结冰现象，抗冰性能优异。室温下可固化，绿色又环保，使得它的实际潜在应用价值很大。防覆冰涂层是长时间暴露于室外环境的，难免会遭到损伤，而具有自修复功能的涂层，则能很好地延续涂层的寿命。Zhuo 等[64]将具有动态金属-配体配位键的 Fe-py-PDMS 和商业 PDMSSylgard 184 混合形成渗透聚合物网络，制备了一种超低冰黏附强度的新型疏冰材料[图 12-15(c)]。它抗蠕变性能良好，展现出超低冰黏附强度，仅为(6.0±0.9) kPa，即使经过 50 次的结冰/除冰循环后，冰黏附强度仍非常低，小于 12 kPa[图 12-15(d)]。同时，它还展现出了短时间内的机械损伤自我修复性能，这也为防覆冰涂层长期有效使用提供了一种设计策略。

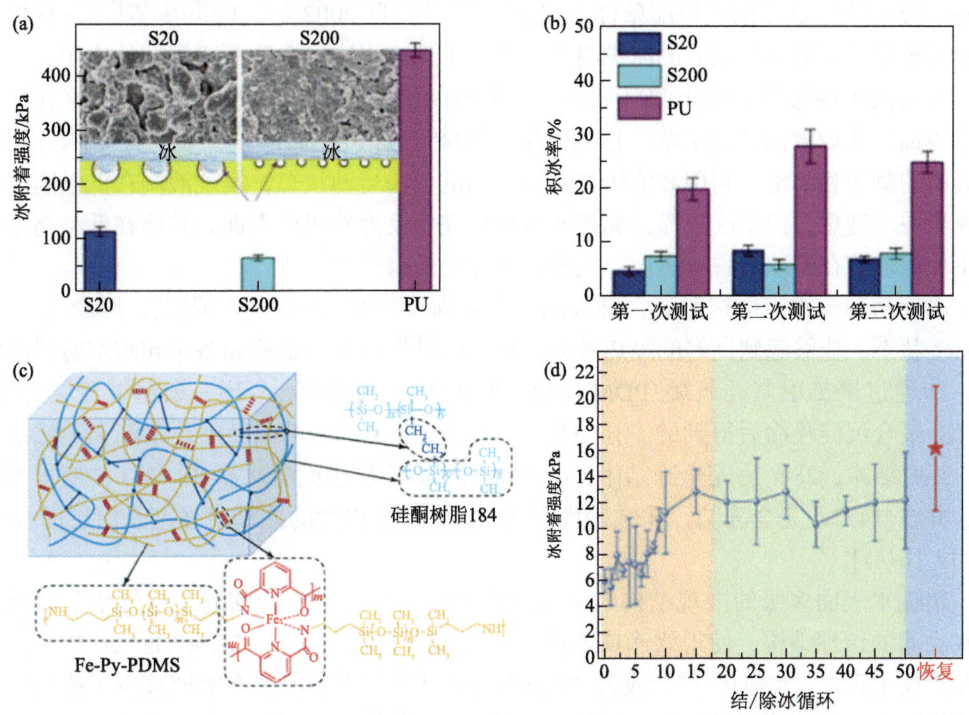

图 12-15　(a) S20 和 S200 涂层的冰附着强度，插图是涂层表面结冰机制的示意图[92]；(b) S20 和 S200 涂层的积冰结果[92]；(c) Fe-Py-PDMS 和 Sylgard 184 组成的自修复 IPN 弹性体[64]；(d) 在结冰/除冰循环期间和自愈后的冰附着强度[64]

S20、S200 分别为单一尺度和多尺度的纳米二氧化硅涂层

3) 氟硅基疏冰材料

虽然含氟物质会给环境带来影响，但是有关研究发现氟硅聚合物涂层比单一硅聚合物或氟聚合物涂层防覆冰性能效果要强[95-97]。Li 等[96]通过聚甲基氢硅氧烷(PMHS)与甲基丙烯酸十三氟辛基酯(13FMA)和乙烯基三乙氧基硅烷(VTES)进行连续氢化硅烷

化，合成具有不同接枝密度的自交联氟化三乙氧基硅烷(FVPS)，含氟物质的引入，增强了疏水性，即使−15℃的过冷水滴也能轻易滚落，且冰的剪切强度可降至(83±2) kPa。Sandhu 等[97]用固体全氟烷烃(PFA)代替烷烃注入聚二甲基硅氧烷中，实现了再生除冰表面。PFA 的注入降低了表面能，增强了自清洁性和环境稳定性。涂层的提升有赖于 PFA 的低表面能和实现凝胶的溶胀结构。强疏水性和弱分子间键合有利于降低冰的黏附强度(仅为 19.6 kPa)。上述的研究证实了硅氟的协同作用对增强防覆冰性能的重要性。

12.5.2.4　超疏水型防霜-除冰涂层

超疏水型防霜-除冰涂层是指静态接触角大于 150°、滑动角小于 10°的特殊润湿性表面，该涂层的特性主要取决于低表面能和粗糙的微观结构[98-100]。超疏水表面与液滴具有较大的排斥和较小的接触面积，是较为理想的防覆冰的表面，但是仍然存在表面结构易于破坏[31,101]和不耐受极端条件的问题[30,102,103]。自 2002 年，Laforte 等[104]首次提出了超疏水涂层可能具有较低的冰黏附力，推进了超疏水涂层在防覆冰领域的应用。

较高的水接触角、较小的接触面积、极短的接触时间，使得过冷液滴凝聚并易于滚落表面，实现液滴的自滚落，达到防结冰性能。Haji-Akbari 等[105]研究了液滴在超疏水表面的凝聚和滚落，利用数值仿真计算液滴的相关运动状态，发现液滴在低黏附表面的凝聚并不理想，但是液滴撞击超疏水表面则完全反弹并脱离表面，并能在低温高湿条件下使得液滴在结冰前脱离表面，实现防结冰的效果[106,107]。

水滴与超疏水表面接触时，会被超疏水表面纹理结构中的空气阻隔，形成 Cassie-Baxter 状态，能够起到良好的隔热效果。Hong 等[108]通过一锅法制备了超疏水防覆冰涂层，即通过聚二甲基硅氧烷(PDMS)和交联的聚[六氟双酚 A-环三磷腈共聚物]微球(PHC)聚合沉淀喷涂后得到的。在−15℃和相对湿度为 70%的条件下，水滴在纯铝滑片上 7 s 后结冰，28 s 后完全冻结[图 12-16(a)]。而涂层表面的水滴在 1231 s 变得不透明，并在 1472 s 完全冻结，比纯表面慢 50 倍，并且铝片的冰黏附强度是涂层的 5 倍[图 12-16(c)]。

超疏水表面多级的微观结构与空气形成多相复合结构，特殊的“空气垫”以及超疏水表面的纹理结构，使得水滴或者冰晶在超疏水表面上呈现 Cassie-Baxter 状态，并且在涂层上形成“Cassie 霜”或者“Cassie 冰”[32,109,110]，因此有效地减少了冰与表面的接触面积，显著地降低了冰与材料表面的黏附力[111]。Xie 等[112]通过乙酸锌水热处理铝基底、氟烷基硅烷(FAS-17)改性获得了具有纳米锥的超疏水表面。表面静态接触角高达 160.2°±0.4°，滑动角仅为 1°±0.5°。表面纳米锥的毛细管黏附力较低(4.1 N)，使冲击液滴与表面的接触时间极短，仅为 10.6 ms，同时也表现出了优异的疏冰性能和高稳定性，−10℃下的冰黏附强度仅为 45 kPa。Chen 等[113]利用带环氧基的氟化丙烯酸酯与氨基改性 Fe_3O_4 纳米粒子交联形成超疏水涂层。Fe_3O_4 纳米粒子具有特殊的磁热效应，能够抑制结冰，加速融冰过程，缩短融冰时间，特别在高频感应加热器中可观察到明显的温升效应，通过磁热效应有助于提升涂层的主动除冰性能。

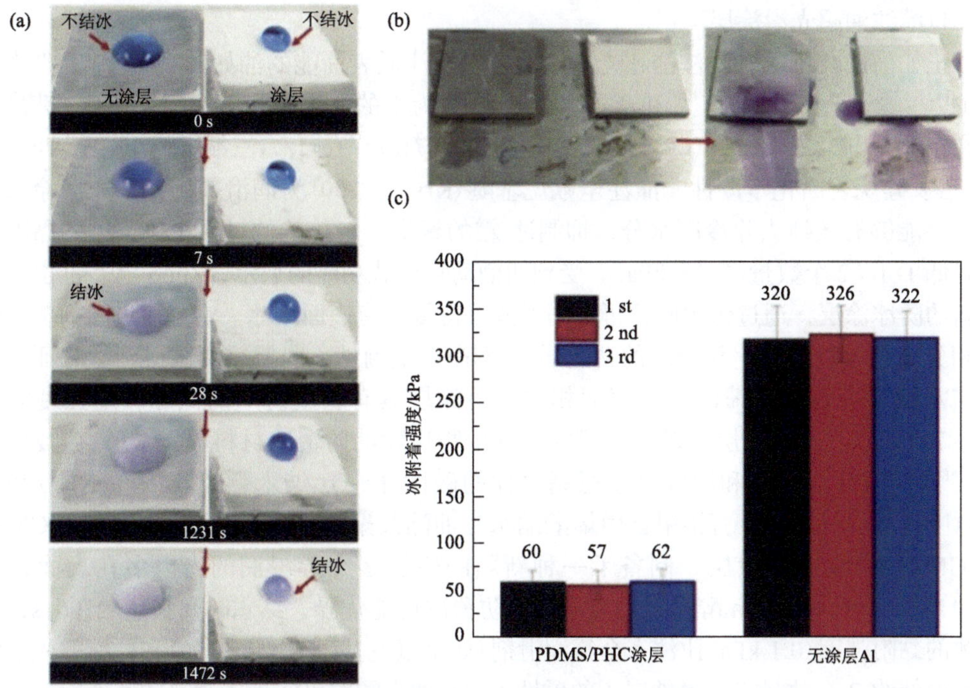

图 12-16　(a)静态防冰实验；(b)裸露和 PDMS/PHC 涂层铝的动态实验；(c)无涂层 Al 和 PDMS/PHC 涂层的冰附着强度[108]

虽然超疏水涂层具有优良的防覆冰性能，但是随着研究的深入，不少研究者们发出了不一样的声音。Kulinich 等[31]分别制备了掺有 ZrO_2 纳米粉的全氟烷基甲基丙烯酸共聚物涂层、1*H*,1*H*,2*H*,2*H*-全氟癸基三乙氧基硅烷(FAS-17)表面改性经过 H^+刻蚀的铝片和硬脂酸(SA)表面改性经过 H^+刻蚀的铝片三种超疏水表面，实验发现表面微观结构会在反复结冰除冰的过程中遭到破坏，导致防覆冰性能变弱；另外在高湿度及低温条件下，表面结冰会增强冰的附着强度(锚定效应)。为验证超疏水是不是对抗冰真正有效性，Bharathidasan 等[114]制备了从亲水表面到超疏水表面的一系列涂层，测试亲水性(聚氨酯和 PMMA)、疏水性(有机硅)、超疏水性(有机硅和基于 PMMA 的纳米复合涂料)和未处理表面，发现超疏水表面可以延迟过冷水结冰，但性能却较差；疏水表面比超疏水表面具有更低的冰黏附强度，而疏水表面更加光滑，得出结论：低表面能的光滑表面具有更低的冰黏附强度。

12.5.2.5　光滑注液涂层

近几年来，随着研究的深入，人们发现超疏水材料在防覆冰领域的缺陷(锚定效应)[31,101]，逐渐地将研究重心转向仿猪笼草的超光滑涂层。光滑的注液多孔表面(SLIPS)可以使过冷的液滴轻松地滑落，也可以轻易地去除聚冰[115]。与超疏水材料相比，超光滑表面上冰的附着强度显著降低。根据注入液体超光滑涂层可分为注油和注水光滑涂层。

1）灌注油超光滑涂层

正如前面介绍的，灌注油超光滑涂层是以灌注低表面能的油如含氟聚合物[116-120]，硅油[121-123]、液体石蜡[125-126]和离子液体[65,124]等为主的一类超光滑涂层。Kim 等[116]通过在铝片上电沉积聚吡咯（PPy）形成纹理[图 12-17（a）～（c）]，（三氟甲氟-1,1,2,2-四氢辛基）三氯硅烷表面化学改性，灌注全氟烷基醚（Krytox 100）为润滑剂制备了光滑涂层。该涂层能够有效地去除冷凝水分，抑制冰/霜的聚集，与传统的材料相比，冰的黏附强度降低了 1～2 个数量级（15 kPa）。受到两栖动物皮肤功能的启示，Zhuo 等[65]推出了一种新的防冰涂层，通过仿生腺体再生润滑液来持续响应表面结冰。它是通过溶剂蒸发诱导相分离技术制备的。新涂层的功能通过擦拭/再生测试、防覆冰测试得到了验证。与超疏水涂层和普通浸渍的光滑表面相比，该涂层具有长期有效的低冰黏附强度的表面（<70 kPa）。这类涂层为进一步研究受到生物启发的防覆冰材料提供了灵感。Zhang 等[36]通过喷涂、固化和灌注基于氨基改性的磁性 Fe_3O_4 纳米颗粒（MNP@NH_2）和对[聚（甲基）丙烯酸乙二醇酯-甲基丙烯酸缩水甘油酯共聚物]共价交联杂化物[P（PEGMA-*co*-GMA）]杂化分级涂层，制备了一种新颖的磁性多元醇浸润的光滑多孔表面，如图 12-17（d）所示，多元醇渗透的光滑表面防覆冰性能优异，结霜时间长达 2700 s，超低冰的黏附强度（0.1 kPa）比注入全氟润滑剂（如全氟烷基醚 Krytox 100）和硅酮的光滑灌注表面低约 2 个数量级。另外嵌入的磁性 Fe_3O_4 纳米颗粒可实现主动热防冰性能，与被动防冰形成协同作用，这种所展示的概念为防覆冰领域的发展提供了更全面的途径。

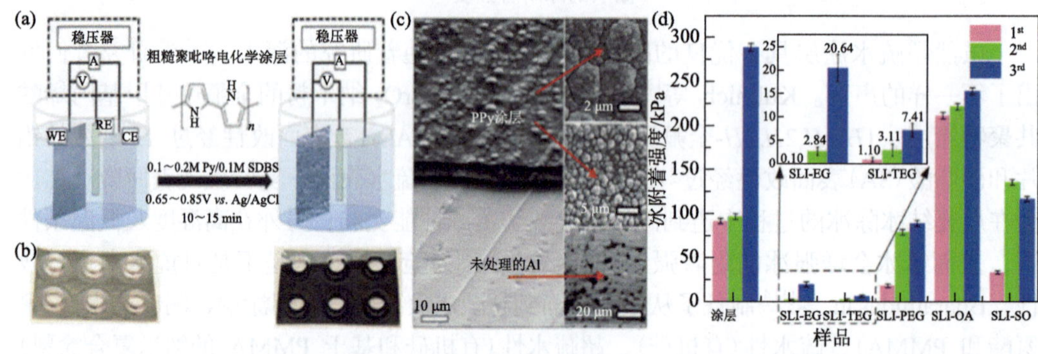

图 12-17 （a）电沉积法处理铝表面制备具有纳米结构 PPy 涂层的示意图[116]；（b）左图是未处理铝表面，右图是处理后的表面[116]；（c）铝表面处理前后的 SEM 图[116]；（d）冰在不同基材表面上的附着强度，插图显示 SLI-EG 和 SLI-TEG 的放大倍数示意图[36]

2）灌注水超光滑涂层

灌注水超光滑涂层是以亲水性物质为基础，通过捕获空气中的水汽，形成自润湿水层的一类超光滑涂层[82,83]。Chen 等[127]基于贻贝的原理运用高度亲水性的偶联物[聚丙烯酸-多巴胺（PAA-DA）]修饰固体基质构建可自我维持的水润滑层，实现了极低的冰附着力，冰点降至−27℃，冰的附着强度可保持在 25 kPa，并且恶劣的环境下涂料稳定性和耐久性也很出色。水自润湿性涂层具有防覆冰的优异性能且环境友好，它具有巨大应用前景。于是人们研究了不同温度条件对水润湿水层的影响。Dou 等[83]通过聚氨酯和不同比例的二羟甲基丙酸(DMPA)、异佛尔酮二胺(IPDA)混合反应制备了具有水润性防冰涂层[图 12-18(a)]，风洞受控的条件下防冰涂层的冰可以通过风来吹散。涂层水润湿层消失的过程分为三个阶段：①在−15～−53℃时水润湿层自由水冻结，冰的黏附强度保持在 27 kPa；②−53℃进入边界润湿状态，−53～−60℃范围内冰的黏附强度迅速提高到 200 kPa，接近不含亲水组分的聚氨酯；③−60℃之后水润湿层消失，冰的黏附强度急剧上升，然后在 700 kPa 达到饱和[图 12-18(b)]。实验结果说明灌注水超光滑涂层具备耐受极端温度条件的性能。此外该涂层具有长期有效性，且适用不同基材[图 12-18(c)、(d)]，从而可以看出灌注水光滑涂层在防覆冰领域具备巨大的前景。

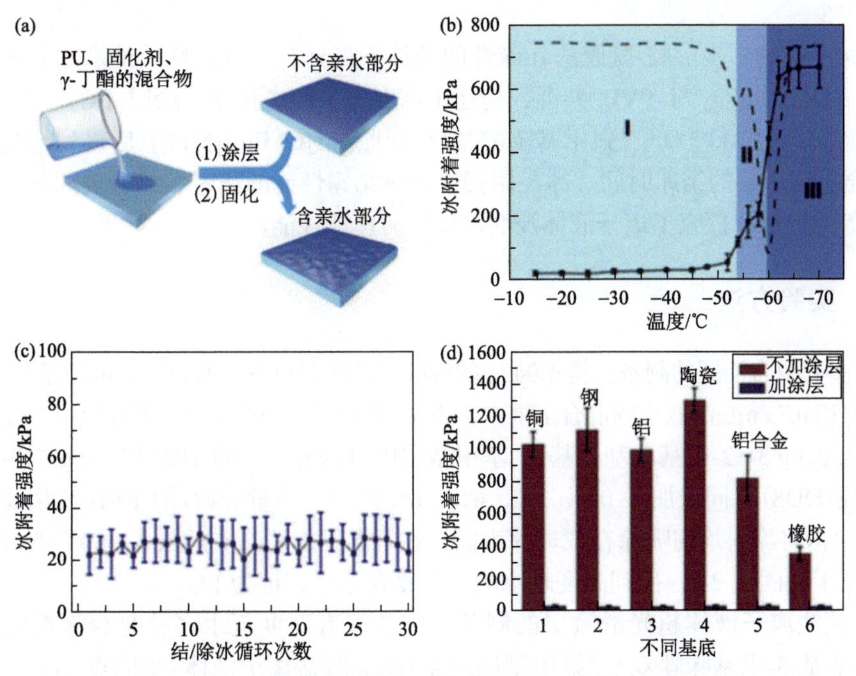

图 12-18　(a)涂层的制备示意图；(b)涂层不同温度下的冰黏附强度；(c)涂层冰黏附强度随着结冰/除冰的变化；(d)不同基材旋涂涂层前后的冰黏附强度变化[83]

12.6　多孔基底离子液体浸润涂层防覆冰性能

12.6.1　概述

探究了离子液体浸润涂层防覆冰性能的研究。离子液体由正负离子构成，是一种室温下为液态的有机盐。离子液体具有不挥发性、蒸气压低、化学性质稳定、可设计性、可溶解性和无污染等特性，被称为“绿色溶剂”。因为离子液体具有的优异特性，使它在有机合成(烷基化、氢化等)等领域有巨大应用前景。而离子液体在涂层上也具有应用价值，如作为润滑剂。Miranda 等[125]通过化学气相沉积 1,3,5,7-四甲基环四硅氧烷在基底表面形成微观结构，随后用(3-氨基丙基)三乙氧基硅烷进行表面改性，通过旋涂方式注入1-乙基-3-甲基咪唑鎓双(三氟甲基磺酰基)酰亚胺(EMI)，研究了非极性液体的动态去湿性能，证明离子液体可作为润滑液形成超光滑涂层。Akhtar 等[89]通过模板法，以 TEOS 为原料制备了多孔结构的反蛋白石，采用气相沉积三氯-十二烷基硅烷(Dod)、丁基(氯)二甲基硅烷(But)和 *N*-(3-三乙氧基甲硅烷基丙基)-4,5-二氢咪唑(Imi)表面改性，制备混合单层涂层，分别浸泡1-乙基-3-甲基咪唑双(三氟甲基磺酰基)酰亚胺{[EMIM][NTf_2]}、1-丁基-3-甲基咪唑双(三氟甲基磺酰基)酰亚胺{[BMIM][NTf_2]}和1-己基-3-甲基咪唑鎓双(三氟甲基磺酰基)酰亚胺{[HMIM][NTf_2]}，研究了不同长度碳链烷基改性剂对多孔吸附涂层吸附离子液体稳定性的影响。但离子液体在防覆冰领域的研究目前较少。

首先可通过一步溶胶-凝胶法在碱性的条件下将具有氨基改性的纳米二氧化硅粒子 HD-103@DDS@SiO_2 与 PVB 共混，构建了高度疏水的多孔复合涂层 LC，浸润离子液体 1-辛基-3-甲基咪唑双(三氟甲基磺酰基)酰亚胺盐([OMlm][NTf_2])后得到超光滑涂层 SLC。通过对涂层的结冰时间、冰黏附强度和抗结霜性能的测定，结合表面润湿性和化学组成等的分析，探究了离子液体浸润涂层的防覆冰性能。

12.6.2 实验方法

(1)多孔复合涂层的制备：将1.04 g的硅酸四乙酯(TEOS)加入到6 mL乙醇、0.5 mL去离子水和0.75 mL浓氨水的混合溶液中，于水浴锅40℃、900 r/min搅拌反应15 min，再依次加入0.3 g 3-(2-氨基乙基氨基)丙基甲基二甲氧基硅烷(HD-103)和0.4 g二甲基二乙氧基硅烷(DDS)，同时加入0%、2%、4%、6%和8%(质量分数)的 PVB 水浴搅拌反应2 h。用喷枪将涂料均匀喷涂在载玻片表面，在常温下放置2 h后放入150℃的鼓风干燥箱中高温干燥固化2 h，得到高度疏水的多孔复合涂层，记为LC。

(2)灌注离子液体超光滑涂层的制备：将负载有高度疏水多孔复合涂料的载玻片浸入1-辛基-3-甲基咪唑双(三氟甲基磺酰基)酰亚胺盐离子液体(凝固点−84℃)中浸润2 min，然后将涂层缓慢取出，垂直静置至涂层表面无润滑油滴落，得到超光滑涂层，记为 SLC。用同样的方法将空白载玻片进行处理，得到离子液体浸润载玻片，记为[OMlm][NTf_2]-Glass。将空白载玻片记为 Glass。

12.6.3 表征

12.6.3.1 红外光谱

PVB、HD-103@DDS@SiO_2 和 PVB@HD-103@DDS@SiO_2 采用溴化钾压片法制样后，用 NICOLET 6700 傅里叶变换红外光谱仪测定。

12.6.3.2 表面元素分析

采用X射线光电子能谱仪 Nexsa 检测涂层表面元素组成。

12.6.3.3　表面形貌表征

采用 G500 高分辨热场发射扫描电镜(Field-Emission-SEM)观察涂层的表面形貌。

12.6.3.4　力学性能

涂层的硬度测试采用铅笔硬度法，参照 GB/T 6739—1996 操作方法测试。涂层附着力测试采用划格子法，参照 GB/T 9286—1998 操作方法测试。

12.6.3.5　结冰时间

接触角利用光学接触角仪(DSA-X)测试，选用 3 μL 的水滴为测试液滴，在样品涂层表面随机选用五个不同的点进行静态接触角测试，取平均值为该涂层样品的静态接触角。涂层表面水滞后角的测定是通过光学接触角仪平台的倾斜，使涂层倾斜一定角度来测定的。选用 5 μL 的液滴为测试液滴，随机选用样品的三个点进行测试，取平均值为该样品的滞后角。滞后角数值大小与液滴即将滚落时平台所倾斜的角度相等。

水滴在涂层表面的结冰时间的测定通过接触角仪及简易低温装置共同测定。环境湿度为 60%±5%，低温测量平台温度为–20℃±0.5℃，将样品放入低温平台，达到热力学平衡后，滴加 10 μL 冰水，开始计时。由于冰和水的反射率存在差异，可看到透明中心开始转移，此时为开始结冰时间，直到液滴完全凝固，形状稳定，记录最终结冰时间。

12.6.3.6　表面附着强度

将样品 Glass、HC 和 MSDS-SHC 固定在制冷台表面，在样品表面上方放置一个底面直径 12 mm、高 30 mm 的中空圆柱体模具。调节制冷台温度至–20℃，注入占模具 3/4 体积的冰水，冰冻 2 h。使用测力计缓慢拉动模具，直到模具被拉离样品表面，记录拉动过程的最大拉力，重复实验三次，取平均值为该样品的冰黏附力。

12.6.3.7　抗结霜

采用低温制冷台和加湿器共同测定，温度设定为–15℃，相对湿度为 70% ± 5%，随时记录涂层表面的结霜情况。

12.6.3.8　抗冻雨结冰

将制冷台置于密闭环境中，通过氮气控制密闭容器湿度为 10%±2%，从而减少空气湿度对实验的影响，实验环境温度为 26℃。制冷台倾斜 30°放置，将样品固定在制冷台表面，样品底端边缘超出制冷台 0.5 cm，以保证多余的水滴流出制冷台。在样品上方 10 cm 处放置过冷水装置，通过注射泵控制水滴的注射速度。将制冷台温度降至–17℃，保持 1 min。控制注射泵以一定的速率滴加过冷水，记录样品的覆冰情况。覆冰率为覆冰面积与总面积之比。

12.6.3.9　水流稳定性

将离子液体浸润的多孔涂层 SLC 固定在水流下方 35 cm 处倾斜 60°的样品台上，水流速度为 9 cm/s。称量不含油涂层的质量 m_x 和含油涂层质量 m_y，含油量等于 m_y-m_x。分别将样品置于水流下冲刷 20 s、40 s、60 s、600 s 和 1200 s。将冲刷过后的样品置于 100℃的烘箱 1 h，使样品表面的水蒸干。在进行涂层的称重，记为 m_s。涂层保油率 δ 用公式(12-3)计算：

$$\delta = \frac{m_s - m_x}{m_y - m_x} \times 100\% \tag{12-3}$$

将冲刷后的涂层 SLC 进行冰黏附强度的测试，以检验水流冲刷稳定性。

12.6.4　防覆冰性能

12.6.4.1　SHC 的制备

图 12-19 展示了氨基和烷基基团改性纳米二氧化硅粒子和水解缩合的过程。通过预先水解的方式制备碱性纳米硅溶胶，然后加入 3-(2-氨基乙基氨基)丙基甲基二甲氧基硅

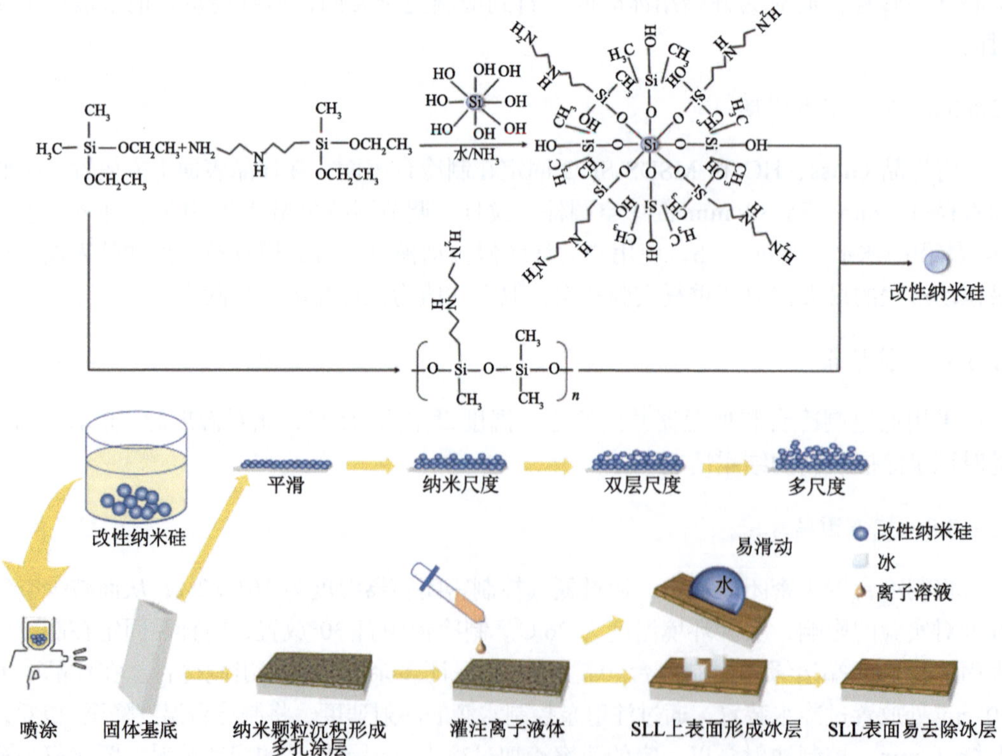

图 12-19　纳米二氧化硅改性合成图、浸润离子液体涂层制备过程、多尺度粗糙结构堆积示意图和涂层抗冰示意图

烷对纳米二氧化硅进行改性，引入氨基极性基团。加入 DDS 进行疏水性改性，同时加入不同含量(质量分数)的 PVB(0%、2%、4%、6%、8%)共混，形成硅溶胶，然后喷涂和高温固化。氨基的引入使得涂层能够吸附离子液体(极性相似)；水解缩合形成的网络结构增强了杂化涂层的机械性能；团聚堆积的纳米二氧化硅粒子有利于形成多尺度粗糙结构。因此制备形成的涂层具有多孔结构、多尺度粗糙结构，将其浸润离子液体 1-辛基-3-甲基双三氟磺酰亚胺盐后形成亲水性的超光滑涂层。

12.6.4.2　红外分析

涂层 LC 进行红外光谱分析(图 12-20)，480 cm^{-1} 处产生的吸收峰是 ν(Si—O)的弯曲振动峰。800 cm^{-1} 处出现的吸收峰是 ν(Si—O)和 ν(C—H)的振动峰和卷曲振动峰。1099 cm^{-1} 及 1261 cm^{-1} 是 ν(Si—O—Si)的伸缩振动峰，表明 TEOS、DDS 和 3-(2-氨基乙基氨基)丙基甲基二甲氧基硅烷发生了水解缩合反应。1413 cm^{-1} 处出现 ν(C—N)的伯酰胺振动吸收峰以及 1670 cm^{-1} 和 3467 cm^{-1} 处出现的峰是伯胺和仲胺的振动吸收峰表明 3-(2-氨基乙基氨基)丙基甲基二甲氧基硅烷改性成功。2900 cm^{-1} 处的峰是 ν(C—H)的对称伸缩振动峰。通过红外光谱可知，用溶胶-凝胶法得到了无机-有机多孔复合材料。

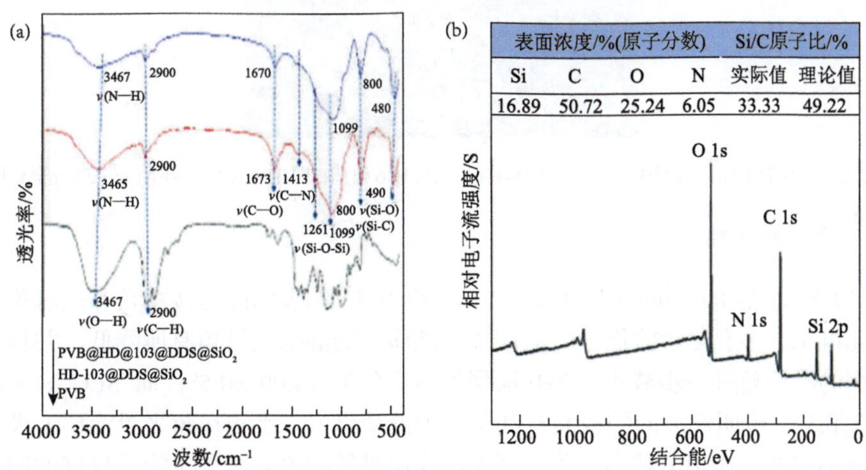

图 12-20　(a)多孔涂层 LC 的红外光谱；(b)涂层 LC 的表面元素 XPS 光电子能谱，插表为表面元素的定量分析

12.6.4.3　表面形貌

如图 12-21 所示，PVB 的加入量对涂层表面形貌有一定的影响。没有 PVB 时，涂层表面由改性纳米 SiO_2 堆积形成多尺度表面，表面结构较为致密。PVB-2 涂层由纳米二氧化硅球堆积和 PVB 胶黏架桥，形成相较于 PVB-0 涂层较为平整的表面，且存在微纳米尺寸结构[图 12-21(b)]。PVB-4 涂层中也可以观察到由纳米二氧化硅球堆积和 PVB 胶黏架桥作用形成粗糙微纳表面结构，而且涂层 PVB-4 出现大量微米孔道，形成微米多孔结构表面[图 12-21(c)]。而涂层 PVB-6 表面由类椰菜花结构堆积而成，形成了多尺度的多孔结构[图 12-21(d)]。涂层 PVB-8 表面呈现一种更大尺度的微米多孔结构

[图 12-21(e)]。改性纳米二氧化硅和 PVB 相互作用形成不同表面形貌结构涂层原因在于，PVB 的加入导致改性纳米二氧化硅形成多尺度微纳米结构的间隙被 PVB 所填平，从而形成涂层 PVB-2 的形貌结构。随着 PVB 的增加，纳米二氧化硅沿着 PVB 进行堆积，形成微米级的多孔结构如 PVB-4，当 PVB 含量与纳米二氧化硅的含量达到一定平衡时，就会形成一种多尺度且较为均匀的多孔结构如 PVB-6；而当超出这个量时，表面形貌受到 PVB 的影响更大，形成一种微米级的类网状的大尺度多孔结构。

根据上述分析，选 LC-PVB-6 作为接下来防覆冰实验的研究。

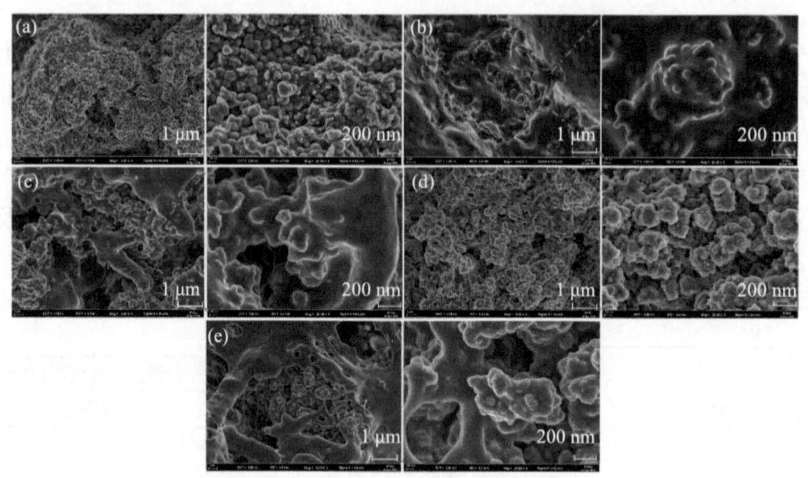

图 12-21　PVB-0(a)、PVB-2(b)、PVB-4(c)、PVB-6(d)和 PVB-8(e)的 SEM 图及局部放大图

12.6.4.4　表面润湿性

表 12-3 中列出了不同样品(Glass、LC 和 SLC)的表面静态接触角和接触角滞后数据。由此可见，多孔复合涂层 LC 灌注离子液体后的静态接触角有所降低，并且液滴在涂层表面的滞后角进一步减小。多孔涂层的滞后角为 14.00°±0.5°，而 SLC 表面滞后角为 1.00°±0.5°，说明润滑液的浸润有利于减少滑动阻力。水滴在超光滑涂层上极其不稳定，在极小的外力作用下就会滚落。超光滑涂层极低的 SA 赋予了涂层良好的润滑性能和自清洁性能。

表 12-3　不同样品的表面静态接触角和接触角滞后数据

样品	Glass	LC	SLC
WCA	26.99	135.74	65.48
SA	12.00±0.5	14.00±0.5	1.00±0.5

12.6.4.5　力学性能

涂层硬度和黏附力是衡量涂层力学性能的两个重要指标，涂层力学性能的决定了涂层的实际应用价值。

对未浸润的涂层多孔复合涂层 LC 进行测试铅笔硬度测试，测试结果为 3H。按照国家标准 GB/T 9286—1998 测试，表明涂层与基底的黏附等级达到 0 级。该涂层展示出优异的黏附力，硬度为 3H，属于质地较软的涂层基底，具有一定缓冲能力，这证明涂层具有良好的力学性能。这主要归结于 PVB 的加入提高了涂层的黏附力，同时也改善了涂层的硬度。

12.6.4.6　防覆冰性能

抗结冰性和疏冰性是评价防覆冰涂层的性能的两个重要指标，抗结冰性能可以通过水滴在涂层表面的结冰时间界定，疏冰性能则是通过测定冰黏附强度来判断。通过对比 Glass、LC 和 SLC 的结冰时间和冰黏附强度，研究了涂层的防覆冰性能。

1) 抗结冰性能

通过延长结冰时间来达到抗冰的效果，是涂层实现有效抗冰重要方式。通过光学接触角仪和低温台共同测定水滴在涂层表面的结冰时间，从而研究抗结冰性能。如图 12-22 所示，空白样 Glass 上的水滴在 63 s 时就完全结冰，高度疏水涂层 LC 结冰时间是 Glass 的 7 倍。从结冰过程来看，高度疏水的表面初始的润湿状态符合 Cassie-Baxter 模型，随着冰冻时间的增加，Cassie-Baxter 模型就会转为 Wenzel 模型，导致丧失抗冰性能。对于超光滑涂层 SLC，完全结冰时间为 330 s，是空白样 Glass 的 10 倍。涂层 SLC 能够实现水滴在低温高湿条件下不冻结，原因在于表面存在抗冻润滑介质，阻隔了水与基材表面的接触增大成核能垒，从而实现了延长结冰时间的效果。实验表明，多孔复合材料涂层 LC 和超光滑涂层 SLC 都具备有效延长结冰时间的性能，其中 SLC 抗结冰性能更加优越。

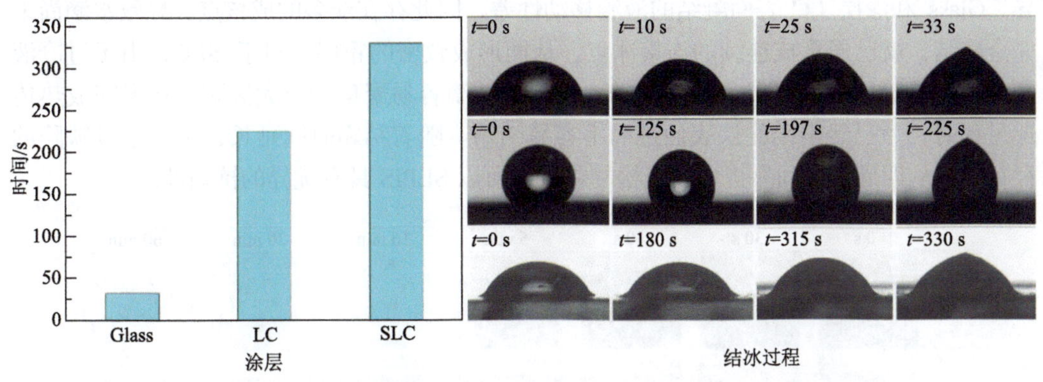

图 12-22　结冰时间及水滴在 Glass、LC 和 SLC 表面结冰的过程图

2) 疏冰性能

不同样品的冰黏附强度存在较大的差异(图 12-23)。冰在裸露的玻璃片上的黏附强度最大，其次是多孔复合材料涂层 LC，最小的是 SLC。涂层 LC 的冰黏附强度为 256.546 kPa，与空白玻璃片的冰黏附强度接近。涂层 LC 之所以有这么大的冰黏附强度，是由于 LC 表面多尺度(多孔)粗糙结构与冰形成了机械铆钉作用，极大增强了涂层与冰之间相互作用力。冰与涂层的分开是以冰断裂的方式和涂层微结构破坏进行的，而不是冰与涂层界面剪切分开，所以大大增加了冰黏附强度。而 SLC 由于涂层表面有一层离子液体润滑层进行阻隔，导致冰与涂层固体基底结构无法接触，故显示出极低的冰黏附强度。

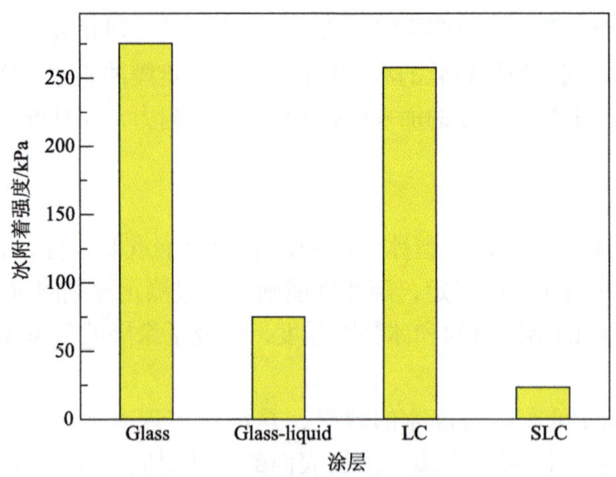

图 12-23 冰在不同表面附着强度的比较

12.6.4.7 抗结霜性能

防覆冰的实际环境是冰霜共存，对不同样品的涂层进行了抗结霜性能比较。在密闭的环境中，控制湿度 RH=70%±5%，低温制冷台温度为−15℃，将不同的样品放于制冷台上，记录结霜情况。由图 12-24 可以看出，样品之间存在明显的差距，Glass 在 63 s 时就已经形成霜层，涂层 LC 和 SLC 分别在 8 min 和 17 min 才被霜完全覆盖。Glass 和涂层 LC 完全结霜时间比 SLC 要早得多，同时 SLC 与 Glass 和涂层 LC 的结霜方式也存在着差异。Glass 和涂层 LC 表面凝结的液滴移动性差，因此存在众多的成核点，导致水滴尚未完全冻结，就已经形成连续的连接冰点，从而形成致密的霜层。对于 SLC，由于过冷液滴在超光滑涂层表面可以方便地移动，使得小液滴容易聚集变成大液滴，在未完成热传递过程时，就已经滑出涂层表面进而不容易结霜。随着结霜时间延长，由于边缘缺陷的存在，霜从四周向中间靠拢形成疏松的霜层，所以 SLPIS 具有优异的抗霜性能。

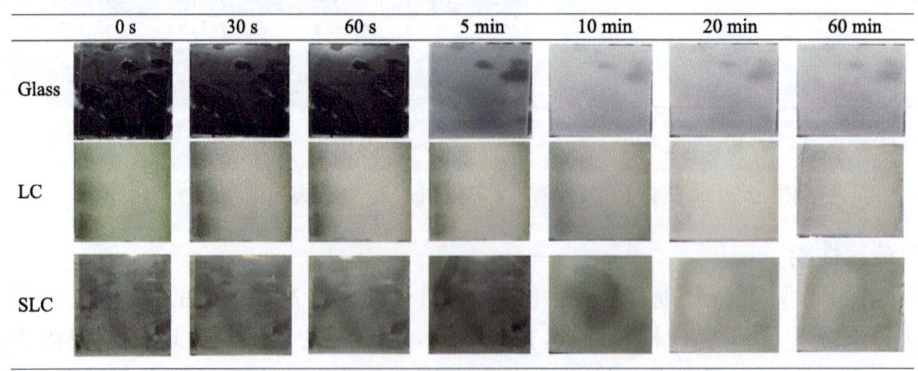

图 12-24 Glass、LC 和 SLC 在低温(−15℃)高湿(RH=70%±5%)环境下的结霜过程

12.6.4.8 模拟冻雨实验

冻雨是一种极易结冰的过冷水，当它与低于冰点的物质接触时会立刻冻结。由于

冻雨是一种危险的灾害天气，它不仅仅会影响出行和交通运输，同时也会潜在带来生命危险。如图 12-25 所示，当接触材料表面为亲水状态时如 Glass，过冷水会迅速在表面形成冰，并且完全覆盖表面。而高度疏水性的涂层表面，由于有大的接触角滞后性，导致水滴会挂在涂层表面从而形成冰核，冰核与冰核之间会随时间的延长发生连接，最终涂层被冰完全覆盖。离子液体浸润的空白玻片 Glass-liquid 在 2 min 中内能够实现有效抗击冻雨，但是由于玻片表面没有储存油的多孔结构，所以油层很快就被消耗，导致抗冰性能丧失，快速被冰覆盖。而多孔涂层 SLC 在 20 min 时，才开始出现结冰现象，这是因为涂层 SLC 表面具备多孔结构，能够有效地储备润滑介质，实现涂层表面长期有效地被油浸润，从而实现长效抗冰。在润滑介质吸附充足的情况下，即使由于小液滴在涂层表面没有及时移除而导致在涂层表面形成冰晶，虽然对涂层液滴的滑落产生了一定的阻力，但冰也会从涂层表面滑落，这是因为润滑介质(离子液体、硅油等)起到了降低冰黏附强度的作用。随着实验的进行，会发现涂层 SLC 最终被冰所覆盖，这主要由于涂层表面吸附的润滑介质损耗过多，导致涂层丧失了良好的润滑性能，无法实现抗冰。

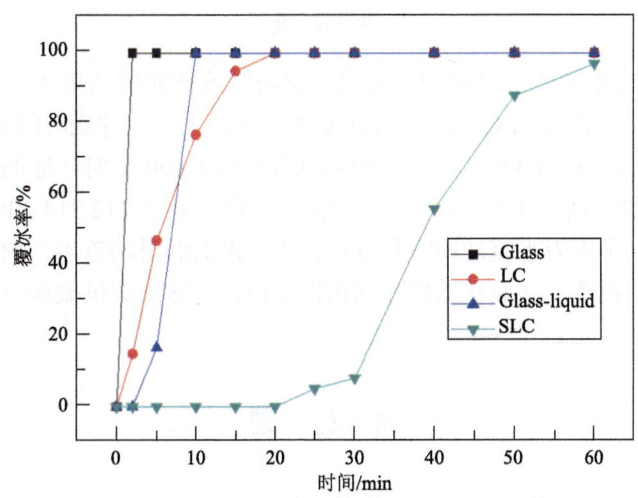

图 12-25　不同涂层在模拟冻雨环境下的覆冰率

12.6.4.9　水流稳定性

液体灌注超光滑涂层提供了优异的防覆冰性能，其中起到主要关键作用的是润滑液。润滑液能够有效地阻隔液滴与基体粗糙表面之间的接触，改变液滴的成核方式，增大成核能垒，从而延缓结冰，并且能够减少接触面积和降低冰黏附强度，实现疏冰。这种涂层在防覆冰领域优越的性能让人瞩目，然而防覆冰涂层的耐久性也是需要解决的关键问题之一。

图 12-26(a)展现了经过不同时间水流冲刷涂层保油率的实验结果。作为润滑油浸润超光滑多孔涂层 SLC 的对照组，油浸润空白玻片由于不具备多孔结构和粗糙结构的黏附来保留润滑油，在水流冲刷 20 s 后，润滑油就已经完全流失。从实验结果图中可知，油浸润多孔涂层 SLC 经过 20 s 的冲刷，油的保留率仍在 90%以上，经过 600 s 冲

刷后，油保留率仍然能够保留 38.06%的较好水平，这得益于涂层表面的多尺度多孔结构能够有效地截留润滑油，实现一定程度的存储润滑介质。

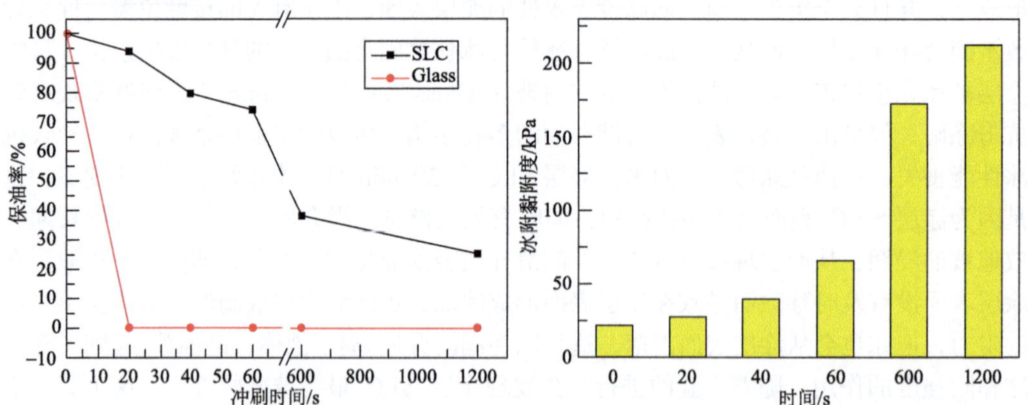

图 12-26 (a) Glass 和 LC 两种表面随着水流冲刷涂层保油率的变化；(b) SLC 表面冰黏附强度随水流冲刷的变化

图 12-26(b) 为水流冲击时间增加造成涂层防覆冰性能的结果图。从图中可见，随着冲刷时间的增长，涂层 SLC 表面的冰附着力逐渐增大，在冲刷时间 60 s 内涂层冰黏附强度仍旧能够保持在 70 kPa 以下。当冲刷时间达到 600 s 时，冰的附着强度达到了 172.505 kPa，冲刷时间为 1200 s 时，冰的附着强度达到了 212.314 kPa，接近涂层 LC 的冰黏附强度。这是因为水流冲刷时间越长，所带走的润滑油越多，剩余的润滑油已经无法实现涂层表面覆盖，从而裸露出表面粗糙结构，与冰形成机械铆钉作用，增强了冰的附着强度。

讨 论 题

12.1 在极低温情况下，如何考虑防覆冰效果？

12.2 牺牲类涂层润滑液的消耗较大，定时补充成本高，能否设计某种仿生物条件，让基底自发形成润滑液？

参 考 文 献

[1] 陆佳政, 蒋正龙, 雷红才, 等. 湖南电网 2008 年冰灾事故分析[J]. 电力系统自动化, 2008, 32(11): 16-19.

[2] Farzaneh M, Ryerson C C. Anti-icing and deicing techniques[J]. Cold Regions Science and Technology, 2011, 65(1): 1-4.

[3] Dalili N, Edrisy A, Carriveau R. A review of surface engineering issues critical to wind turbine performance[J]. Renewable and Sustainable Energy Reviews, 2009, 13(2): 428-438.

[4] 吴盛麟. “重覆冰区除冰综合措施的研究”阶段成果讨论会在汉召开[J]. 高电压技术, 1990(2): 95.

[5] 申屠刚. 电力系统输电线路抗冰除冰技术研究进展综述[J]. 机电工程, 2008, 25(7): 75-78.

[6] Burtwell M. Assessment of the performance of prewetted salt for snow removal and ice control[J]. Transportation Research Record, 2001, 1741(1): 68-74.

[7] Fitch G M, Roosevelt D. Environmental implications of the use of "ice ban" as a prewetting agent for sodium chloride[J]. Transportation Research Record Journal of the Transportation Research Board, 2000, 1700(1): 32-37.

[8] Fay L, Shi X. Environmental impacts of chemicals for snow and ice control: State of the knowledge[J]. Water, Air, & Soil Pollution, 2012, 223(5): 2751-2770.

[9] Shi X, Akin M, Pan T, et al. Deicer impacts on pavement materials: Introduction and recent developments[J]. The Open Civil Engineering Journal, 2009, 3.

[10] Hassan Y, El Halim A O A, Razaqpur A G, et al. Effects of runway deicers on pavement materials and mixes: comparison with road salt[J]. Journal of Transportation Engineering, 2002, 128(4): 385-391.

[11] Barthlott W, Neinhuis C. Purity of the sacred lotus, or escape from contamination in biological surfaces[J]. Planta, 1997, 202(1): 1-8.

[12] Liu M, Wang S, Wei Z, et al. Bioinspired design of a superoleophobic and low adhesive water/solid interface[J]. Advanced Materials, 2009, 21(6): 665-669.

[13] Chen H, Zhang P, Zhang L, et al. Continuous directional water transport on the peristome surface of nepenthes alata[J]. Nature, 2016, 532(7597): 85-89.

[14] Zheng Y, Gao X, Jiang L. Directional adhesion of superhydrophobic butterfly wings[J]. Soft Matter, 2007, 3(2): 178-182.

[15] Wang S, Yang Z, Gong G, et al. Icephobicity of penguins spheniscus humboldti and an artificial replica of penguin feather with air-infused hierarchical rough structures[J]. The Journal of Physical Chemistry C, 2016, 120(29): 15923-15929.

[16] Furmidge C G L. Studies at phase interfaces. I. The sliding of liquid drops on solid surfaces and a theory for spray retention[J]. Journal of Colloid Science, 1962, 17(4): 309-324.

[17] Zhang S, Huang J, Tang Y, et al. Understanding the role of dynamic wettability for condensate microdrop self-propelling based on designed superhydrophobic TiO_2 nanostructures[J]. Small, 2017, 13(4): 1600687.

[18] Lv C, Hao P, Yao Z, et al. Condensation and jumping relay of droplets on lotus leaf[J]. Applied Physics Letters, 2013, 103(2): 021601.

[19] He M, Zhou X, Zeng X, et al. Hierarchically structured porous aluminum surfaces for high-efficient removal of condensed water[J]. Soft Matter, 2012, 8(25): 6680-6683.

[20] Zhang S, Huang J, Cheng Y, et al. Bioinspired surfaces with superwettability for anti-icing and ice-phobic application: Concept, mechanism and design[J]. Small, 2017, 13(48): 1701867.

[21] Sarshar M A, Swarctz C, Hunter S, et al. Effects of contact angle hysteresis on ice adhesion and growth on superhydrophobic surfaces under dynamic flow conditions[J]. Colloid and Polymer Science, 2013, 291(2): 427-435.

[22] Gao L, Mccarthy T J. Teflon is hydrophilic. comments on definitions of hydrophobic, shear versus tensile hydrophobicity, and wettability characterization[J]. Langmuir, 2008, 24(17): 9183-9188.

[23] 陈捷. 含氟润滑油超光滑表面防覆冰性能研究[D]. 杭州: 浙江工业大学, 2015.

[24] Matsumoto K, Daikoku Y. Fundamental study on adhesion of ice to solid surface: Discussion on coupling of nano-scale field with macro-scale field[J]. International Journal of Refrigeration, 2009, 32(3): 444-453.

[25] Ryzhkin I A, Petrenko V F. Physical mechanisms responsible for ice adhesion[J]. The Journal of Physical Chemistry B, 1997, 101(32): 6267-6270.

[26] Petrenko V F, Ryzhkin I A. Surface states of charge carriers and electrical properties of the surface layer of ice[J]. The Journal of Physical Chemistry B, 1997, 101(32): 6285-6289.

[27] Petrenko V F, Qi S. Reduction of ice adhesion to stainless steel by ice electrolysis[J]. Journal of Applied Physics, 1999, 86(10): 5450-5454.

[28] Petrenko V F. The effect of static electric fields on ice friction[J]. Journal of Applied Physics, 1994, 76(2): 1216-1219.

[29] Petrenko V, Peng S. Reduction of ice adhesion to metal by using self-assembling monolayers (SAMs)[J]. Canadian Journal of Physics, 2011, 81: 387-393.

[30] Varanasi K K, Hsu M, Bhate N, et al. Spatial control in the heterogeneous nucleation of water[J]. Applied Physics Letters, 2009, 95(9): 094101.

[31] Kulinich S A, Farhadi S, Nose K, et al. Superhydrophobic surfaces: Are they really ice-repellent?[J]. Langmuir, 2011, 27(1): 25-29.

[32] Antonini C, Innocenti M, Horn T, et al. Understanding the effect of superhydrophobic coatings on energy reduction in anti-icing systems[J]. Cold Regions Science and Technology, 2011, 67(1): 58-67.

[33] Boreyko J B, Chen C H. Self-propelled dropwise condensate on superhydrophobic surfaces[J]. Physical Review Letters, 2009, 103(18): 184501.

[34] Shen Y, Wu Y, Tao J, et al. Spraying fabrication of durable and transparent coatings for anti-icing application: Dynamic water repellency, icing delay, and ice adhesion[J]. ACS Applied Materials & Interfaces, 2019, 11(3): 3590-3598.

[35] 王强峰, 张庆华, 詹晓力. 改性 PAMAM 超亲水聚合物的制备及其防覆冰性能研究[J]. 功能材料, 2018, 49(11): 174-179.

[36] Zhang G, Zhang Q, Cheng T, et al. Polyols-infused slippery surfaces based on magnetic Fe_3O_4-functionalized polymer hybrids for enhanced multifunctional anti-icing and deicing properties[J]. Langmuir, 2018, 34(13): 4052-4058.

[37] Shen Y, Jie T, Tao H, et al. Superhydrophobic Ti_6Al_4V surfaces with regular array patterns for anti-icing applications[J]. RSC Advances, 2015, 5(41): 32813-32818.

[38] Rønneberg S, He J, Zhang Z. The need for standards in low ice adhesion surface research: A critical review[J]. Journal of Adhesion Science and Technology, 2019, 34(3): 319-347.

[39] He Z, Vågenes E T, Delabahan C, et al. Room temperature characteristics of polymer-based low ice adhesion surfaces[J]. Scientific Reports, 2017, 7: 42181.

[40] Jing C, Jie L, Min H, et al. Superhydrophobic surfaces cannot reduce ice adhesion[J]. Applied Physics Letters, 2012, 101(11): 41-932.

[41] Beemer D L, Wang W, Kota A K. Durable gels with ultra-low adhesion to ice[J]. Journal of Materials Chemistry A, 2016, 4(47): 18253.

[42] He Z, Xiao S, Gao H, et al. Multiscale crack initiators promoted super-low ice adhesion surfaces[J]. Soft Matter, 2017, 13(37): 6562-6568.

[43] Sayward J M. Seeking Low Ice Adhesion[M]. The Laboratory, 1979.

[44] Rønneberg S, Laforte C, Volat C, et al. The effect of ice type on ice adhesion[J]. AIP Advances. 2019, 9(5): 055304.

[45] Dotan A, Dodiuk H, Laforte C, et al. The relationship between water wetting and ice adhesion[J]. Journal of Adhesion Science and Technology, 2009, 23(15): 1907-1915.

[46] Laforte C, Beisswenger A. Icephobic material centrifuge adhesion test[C]. Proceedings of the 11th International Workshop on Atmospheric Icing of Structures, IWAIS, Montreal, QC, Canada. 2005: 12-16.

[47] Guerin F, Laforte C, Farinas M-I, et al. Analytical model based on experimental data of centrifuge ice

adhesion tests with different substrates[J]. Cold Reg Sci Technol, 2016, 121: 93-99.

[48] Kulinich S A, Farzaneh M. Ice adhesion on super-hydrophobic surfaces[J]. Applied Surface Science, 2009, 255 (18) : 8153-8157.

[49] Kulinich S A, Farzaneh M. How wetting hysteresis influences ice adhesion strength on superhydrophobic surfaces[J]. Langmuir the ACS Journal of Surfaces & Colloids, 2009, 25 (16) : 8854.

[50] Kulinich S A, Farzaneh M. On ice-releasing properties of rough hydrophobic coatings[J]. Cold Regions Science and Technology, 2011, 65 (1) : 60-64.

[51] Meuler A J, Smith J D, Varanasi K K, et al. Relationships between water wettability and ice adhesion[J]. ACS Applied Materials & Interfaces, 2010, 2 (11) : 3100-3110.

[52] Golovin K, Kobaku S, Lee D H, et al. Designing durable icephobic surfaces[J]. Science Advances, 2016, 2 (3) : e1501496.

[53] Sarkar D K, Farzaneh M. Superhydrophobic coatings with reduced ice adhesion[J]. Journal of Adhesion Science and Technology, 2009, 23 (9) : 1215-1237.

[54] Irajizad P, Al-Bayati A, Eslami B, et al. Stress-localized durable icephobic surfaces[J]. Materials Horizons, 2019, 6 (4) 758.

[55] Kasaai M R, Farzaneh M. A critical review of evaluation methods of ice adhesion strength on the surface of materials[C]. International Conference on Offshore Mechanics and Arctic Engineering, 2004, 37459: 919-926.

[56] Makkonen L. Ice adhesion: Theory measurements and countermeasures[J]. Journal of Adhesion Science and Technology, 2012, 26 (4-5) : 413-445.

[57] Schulz M, Sinapius M. Evaluation of different ice adhesion tests for mechanical deicing systems[R]. SAE Technical Paper, 2015.

[58] Farzaneh M, Jakl F. Coatings for Protecting Overhead Power Network Equipment in Winter Conditions: Working Group B2. 44[M]. Cigré, 2015.

[59] Work A, Lian Y. A critical review of the measurement of ice adhesion to solid substrates[J]. Progress in Aerospace Sciences, 2018, 98 (APR.) : 1-26.

[60] Upadhyay V, Galhenage T, D Battocchi, et al. Amphiphilic icephobic coatings- sciencedirect[J]. Progress in Organic Coatings, 2017, 112: 191-199.

[61] He Z, Xiao S, Gao H, et al. Multiscale crack initiator promoted super-low ice adhesion surfaces[J]. Soft Matter, 2017, 13 (37) : 6562-6568.

[62] Wang C, Zhang W, Siva A, et al. Laboratory test for ice adhesion strength using commercial instrumentation[J]. Langmuir the ACS Journal of Surfaces & Colloids, 2014, 30 (2) : 540-547.

[63] He Z, Zhuo Y, He J , et al. Design and preparation of sandwich-like polydimethylsiloxane (PDMS) sponges with super-low ice adhesion[J]. Soft Matter, 2018, 14 (23) : 4846-4851.

[64] Zhuo Y Z, Hakonsen, et al. Enhancing the mechanical durability of icephobic surfaces by introducing autonomous self-healing function[J]. ACS Applied Materials & Interfaces, 2018, 10: 11972-11978.

[65] Zhuo Y, Feng W, Xiao S, et al. One-step fabrication of bioinspired lubricant-regenerable icephobic slippery liquid-infused porous surfaces[J]. ACS Omega, 2018, 3 (8) : 10139-10144.

[66] Jellinek H. Adhesive properties of ice[J]. Journal of Colloid Science, 1959, 14 (3) : 268-280.

[67] Yeong Y H, Sokhey J, Loth E. Ice adhesion on superhydrophobic coatings in an icing wind tunnel[J]. Contamination Mitigating Polymeric Coatings for Extreme Environments, 2019: 99-121.

[68] Menini R, Farzaneh M. Elaboration of Al_2O_3/PTFE icephobic coatings for protecting aluminum surfaces[J]. Surface and Coatings Technology, 2009, 203 (14) : 1941-1946.

[69] Janjua Z A, Turnbull B, Choy K L, et al. Performance and durability tests of smart icephobic coatings to

reduce ice adhesion[J]. Applied Surface Science, 2017, 407: 555-564.

[70] Feng L, Yan Z, Shi X, et al. Anti-icing/frosting and self-cleaning performance of superhydrophobic aluminum alloys[J]. Applied Physics A, 2018, 124 (2): 142.

[71] Li J, Zhao Y, Hu J, et al. Anti-icing performance of a superhydrophobic PDMS/modified nano-silica hybrid coating for insulators[J]. Journal of Adhesion Science and Technology, 2012, 26 (4-5): 665-679.

[72] Cao L, Jones A K, Sikka V K, et al. Anti-icing superhydrophobic coatings[J]. Langmuir, 2009, 25 (21): 12444-12448.

[73] Latthe S S, Sutar R S, Bhosale A K, et al. Recent developments in air-trapped superhydrophobic and liquid-infused slippery surfaces for anti-icing application[J]. Progress in Organic Coatings, 2019, 137: 105373.

[74] Ijaz A, Miko A, Demirel A L. Anti-icing agent releasing diatomaceous earth/SBS composites[J]. New Journal of Chemistry, 2018, 42 (11): 8544-8552.

[75] Ayres J, Simendinger W H, Balik C M. Characterization of titanium alkoxide sol-gel systems designed for anti-icing coatings: I. Chemistry[J]. Journal of Coatings Technology and Research, 2007, 4 (4): 463-471.

[76] Ayres J, Simendinger W H, Balik C M. Characterization of titanium alkoxide sol-gel systems designed for anti-icing coatings: II. Mass loss kinetics[J]. Journal of Coatings Technology and Research, 2007, 4 (4): 473-481.

[77] Liu J, Zhu C, Liu K, et al. Distinct ice patterns on solid surfaces with various wettabilities[J]. Proceedings of the National Academy of Science, 2017, 43 (114): 11285-11290.

[78] Daniel D, Mankin M N, Belisle R A, et al. Lubricant-infused micro/nano-structured surfaces with tunable dynamic omniphobicity at high temperatures[J]. Applied Physics Letters, 2013, 102 (23): 5602-334.

[79] Jeong Y, Jeong S, Nam Y K, et al. Development of freeze-resistant aluminum surfaces by tannic acid coating and subsequent immobilization of antifreeze proteins[J]. Bulletin of the Korean Chemical Society, 2018, 39 (4): 559-562.

[80] Gwak Y, Park J I, Kim M, et al. Creating anti-icing surfaces via the direct immobilization of antifreeze proteins on aluminum[J]. Scientific Reports, 2015, 5: 12019.

[81] Chanda J, Ionov L, Kirillova A, et al. New insight into icing and de-icing properties of hydrophobic and hydrophilic structured surfaces based on core-shell particles[J]. Soft Matter, 2015, 11 (47): 9126-9134.

[82] Chen J, Dou R, Cui D, et al. Robust prototypical anti-icing coatings with a self-lubricating liquid water layer between ice and substrate[J]. ACS Applied Materials & Interfaces, 2013, 5 (10): 4026-4030.

[83] Dou R, Chen J, Zhang Y, et al. Anti-icing coating with an aqueous lubricating layer[J]. ACS Applied Materials & Interfaces, 2014, 6 (10): 6998-7003.

[84] Chen J, Luo Z, Fan Q, et al. Anti-ice coating inspired by ice skating[J]. Small, 2014, 10 (2): 4693-4699.

[85] Jung W, Gwak Y, Davies P L, et al. Isolation and characterization of antifreeze proteins from the antarctic marine microalga pyramimonas gelidicola[J]. Marine Biotechnology, 2014, 16 (5): 502-512.

[86] Meuler A J, McKinley G H, Cohen R E. Exploiting topographical texture to impart icephobicity[J]. ACS Nano, 2010, 4 (12): 7048-7052.

[87] Yang S, Xia Q, Zhu L, et al. Research on the icephobic properties of fluoropolymer-based materials[J]. Applied Surface Science, 2011, 257 (11): 4956-4962.

[88] Liu J, Wang J, Mazzola L, et al. Development and evaluation of poly (dimethylsiloxane) based composite coatings for icephobic applications[J]. Surface and Coatings Technology, 2018, 349: 980-985.

[89] Akhtar N, Anemone G, Farias D, et al. Fluorinated graphene provides long lasting ice inhibition in high humidity[J]. Carbon, 2019, 141: 451-456.

[90] Jiang J, Zhang G, Wang Q, et al. Novel fluorinated polymers containing short perfluorobutyl side chains

and their super wetting performance on diverse substrates[J]. ACS Applied Materials & Interfaces, 2016: 10513-10523.

[91] Jellinek H, Kachi H, Kittaka S W, et al. Ice releasing block-copolymer coatings[J]. Colloid & Polymer Science, 1978, 256(6): 544-551.

[92] Wu X, Zhao X, Ho J, et al. Design and durability study of environmental-friendly room-temperature processable icephobic coatings[J]. Chemical Engineering Journal, 2019, 355: 901-909.

[93] Wu X, Zheng S, Bellido-Aguilar D A, et al. Transparent icephobic coatings using bio-based epoxy resin[J]. Materials & Design, 2018, 140: 516-523.

[94] Hejazi V, Sobolev K, Nosonovsky M. From superhydrophobicity to icephobicity: Forces and interaction analysis[J]. Scientific Reports, 2013, 3: 2194.

[95] Li Y, Luo C, Li X, et al. Submicron/nano-structured icephobic surfaces made from fluorinated polymethylsiloxane and octavinyl-POSS[J]. Applied Surface Science, 2016, 360: 113-120.

[96] Li X, Li Y, Ren L, et al. Self-crosslinking coatings of fluorinated polysiloxanes with enhanced icephobicity[J]. Thin Solid Films, 2017, 639: 113-122.

[97] Sandhu A, Walker O J, Nistal A, et al. Perfluoroalkane wax infused gels for effective, regenerating, anti-icing surfaces[J]. Chemical Communications, 2019, 55(22): 3215-3218.

[98] Zhai L, Cebeci F C, Cohen R E, et al. Stable superhydrophobic coatings from polyelectrolyte multilayers[J]. Nano Letters, 2004, 4(7): 1349-1353.

[99] Samaha M, Gad-eL-Hak M. Polymeric slippery coatings: Nature and applications[J]. Polymers, 2014, 6(5): 1266-1311.

[100] Wang N, Xiong D, Deng Y, et al. Mechanically robust superhydrophobic steel surface with anti-icing, UV-durability, and corrosion resistance properties[J]. ACS Applied Materials & Interfaces, 2015, 7(11): 6260-6272.

[101] Farhadi S, Farzaneh M, Kulinich S A. Anti-icing performance of superhydrophobic surfaces[J]. Applied Surface Science, 2011, 257(14): 6264-6269.

[102] Varanasi K K, Deng T, Smith J D, et al. Frost formation and ice adhesion on superhydrophobic surfaces[J]. Applied Physics Letters, 2010, 97(23): 268.

[103] Narhe R D, Beysens D A. Nucleation and growth on a superhydrophobic grooved surface[J]. Physical Review Letters, 2004, 93(7): 076103.

[104] Laforte C, Laforte J L, Carrière J C. How a solid coating can reduce the adhesion of ice on a structure[C]. Proceedings of the International Workshop on Atmospheric Icing of Structures (IWAIS), 2002.

[105] Haji-Akbari A, Debenedetei P G . Direct calculation of ice homogeneous nucleation rate for a molecular model of water[J]. Proceedings of the National Academy of Sciences of the United States of America, 2015, 112(34): 10582-10588.

[106] Liu F, Pan Q. Facile fabrication of robust ice-phobic polyurethane sponges[J]. Advanced Materials Interfaces, 2015, 2(15): 2196-7530.

[107] Jing G, Martin A, Yatvin J, et al. Permanently grafted icephobic nanocomposites with high abrasion resistance[J]. Journal of Materials Chemistry A, 2016, 4: 11719-11728.

[108] Hong S, Wang R, Huang X, et al. Facile one-step fabrication of PHC/PDMS anti-icing coatings with mechanical properties and good durability[J]. Progress in Organic Coatings, 2019, 135: 263-269.

[109] Karmouch R, Ross G G. Experimental study on the evolution of contact angles with temperature near the freezing point[J]. The Journal of Physical Chemistry C, 2010, 114(9): 4063-4066.

[110] Boreyko J B, Srijanto B R, Nguyen T D, et al. Dynamic defrosting on nanostructured superhydrophobic

surfaces[J]. Langmuir, 2013, 29(30): 9516-9524.

[111] Gong G, Gao K, Wu J, et al. A highly durable silica/polyimide superhydrophobic nanocomposite film with excellent thermal stability and abrasion-resistant performance[J]. Journal of Materials Chemistry A, 2014, 3(2): 713-718.

[112] Xie Y, Chen H, Shen Y, et al. Rational fabrication of superhydrophobic nanocone surface for dynamic water repellency and anti-icing potential[J]. Journal of Bionic Engineering, 2019, 16(1): 27-37.

[113] Cheng T, He R, Zhang Q, et al. Magnetic particle-based super-hydrophobic coatings with excellent anti-icing and themnoresponsive deicing performance[J]. Journal of Materials Chemistry A. 2015, 3(43): 21637-21646.

[114] Bharathidasan T, Kumar S V, Bobji M S, et al. Effect of wettability and surface roughness on ice-adhesion strength of hydrophilic, hydrophobic and superhydrophobic surfaces[J]. Applied Surface Science, 2014, 314: 241-250.

[115] Wang J, Kato K, Blois A P, et al. Bioinspired omniphobic coatings with thermal self-repair function on industrial materials[J]. ACS Applied Materials & Interfaces, 2016, 8(12): 8265-8271.

[116] Kim P, Wong T-S, Alvarenga J, et al. Liquid-infused nanostructured surfaces with extreme anti-ice and anti-frost performance[J]. ACS Nano, 2012, 6(8): 6569-6577.

[117] Zhu G H, Cho S-H, Zhang H, et al. Slippery liquid-infused porous surfaces (slips) using layer-by-layer polyelectrolyte assembly in organic solvent[J]. Langmuir, 2018, 34(16): 4722-4731.

[118] Heale F L, Parkin I P, Carmalt C J. Slippery liquid infused porous TiO_2/SnO_2 nanocomposite thin films via aerosol assisted chemical vapor deposition with anti-icing and fog retardant properties[J]. ACS Applied Materials & Interfaces, 2019, 11(44): 41804-41812.

[119] Liu M, Hou Y, Li J, et al. Transparent slippery liquid-infused nanoparticulate coatings[J]. Chemical Engineering Journal, 2018, 337: 462-470.

[120] Liu Y, Tian Y, Chen J, et al. Design and preparation of bioinspired slippery liquid-infused porous surfaces with anti-icing performance via delayed phase inversion process[J]. Colloids and Surfaces A: Physicochemical and Engineering Aspects, 2020, 588: 124384.

[121] Luo H, Yin S, Huang S, et al. Fabrication of slippery Zn surface with improved water-impellent, condensation and anti-icing properties[J]. Applied Surface Science, 2019, 470: 1139-1147.

[122] Ma Q, Wang W, Dong G. Facile fabrication of biomimetic liquid-infused slippery surface on carbon steel and its self-cleaning, anti-corrosion, anti-frosting and tribological properties[J]. Colloids and Surfaces A: Physicochemical and Engineering Aspects, 2019, 577: 17-26.

[123] Zhou X, Lee Y-Y, Chong K S L, et al. Superhydrophobic and slippery liquid-infused porous surfaces formed by the self-assembly of a hybrid ABC triblock copolymer and their antifouling performance[J]. Journal of Materials Chemistry B, 2018, 6(3): 440-448.

[124] Tas M, Memon H, Xu F, et al. Electrospun nanofibre membrane based transparent slippery liquid-infused porous surfaces with icephobic properties[J]. Colloids and Surfaces A: Physicochemical and Engineering Aspects, 2020, 585: 124177.

[125] Miranda D F, Urata C, Masheder B, et al. Physically and chemically stable ionic liquid-infused textured surfaces showing excellent dynamic omniphobicity[J]. APL Materials, 2014, 2(5): 056108.

[126] Charpentier T, Neville A, Baudin S, et al. Liquid infused porous surfaces for mineral fouling mitigation[J]. Journal of Colloid & Interface Science, 2015, 444: 81-86.

[127] Chen J, Li K, Wu S, et al. Durable anti-icing coatings based on self-sustainable lubricating layer[J]. ACS Omega, 2017, 2(5): 2047-2054.

第 13 章　超疏水棉织物

13.1　酶的结构组成及产生

13.1.1　酶的结构

酶的本质是一种蛋白质，因此酶同样拥有蛋白质的一级、二级和三级结构，某些种类的蛋白酶拥有四级结构[1]。酶的一级结构是指不同种类的氨基酸通过共价键即肽键或链内二硫键形成的肽链，主要强调的是氨基酸序列的不同。蛋白质分子的二级结构通常是指肽链主链或一段肽链主链骨架原子的相对空间盘绕、折叠位置，不涉及氨基酸残基侧链的构象。蛋白质的二级结构通常包括 α 螺旋、β 折叠、β 转角和随机线圈四种结构，每个蛋白质分子中都含有这四种二级结构，只是相对含量有一定的差异。蛋白质的二级结构的具体含量可以通过圆二色性光谱[2]或是傅里叶变换红外光谱[3]测得并分析其变化。蛋白质的三级结构是在二级结构的基础上进一步盘绕、折叠形成的。三级结构主要依靠各种次级键维持其结构上的稳定，如通过氨基酸残基侧链基团之间的疏水相互作用、氢键、盐键、静电相互作用等[4]。四级结构是指数条具有独立三级结构的多肽链通过非共价键相互连接而成的聚合体结构。在具有四级结构的蛋白质中，每一条具有独立三级结构的肽链称为亚基，缺少一个亚基或亚基单独存在的蛋白质都不具有活性[5]。纤维素酶和蛋白酶是众多酶中目前应用最多的两种酶。

13.1.2　纤维素酶的种类

纤维素酶是降解天然纤维素生成葡萄糖和纤维二糖的一组酶的总称，它是一种多组分复合酶系。现已确定纤维素酶含有三种主要组分，即外切型-β-葡聚糖酶(也称纤维二糖水解酶、C1 酶或 CBH)、内切型-β-葡聚糖酶(也称 CMC 酶、Cx 酶、EG)和纤维二糖酶(也称 β-葡萄糖苷酶或 BG)。许多细菌、放线菌和真菌都能产生纤维素酶。目前，应用于纤维素酶生产的菌株包括曲霉属、木霉属、青霉属等，其中最主要的是木霉属中的里氏木霉，它可产生高活力的内切型-β-葡聚糖酶和外切型-β-葡聚糖酶，但纤维二糖酶活力不是很高，而曲霉属菌种如黑曲霉产生的纤维二糖酶活力较高[6-8]。

13.1.3　纤维素酶的生产

自然界中，原生动物、软体动物、许多微生物(细菌、放线菌、真菌)和昆虫都能产生纤维素酶，其中通过微生物发酵法制备纤维素酶的应用最广泛，据初步统计，现已发现有几种能够降解纤维素的微生物。目前，应用于纤维素酶生产的细菌包括芽孢杆菌属和纤维素黏菌属等，此类纤维素酶一般存在于细胞内或吸附在胞壁上，很少分泌到胞外，提取纯化困难，成分单一，催化作用较弱，工业应用受到限制[9]。产纤维素酶的真菌主要有漆斑苗属、青霉属、曲霉属、根霉属、木霉属和镰孢菌属等。丝状真菌的产酶效率较高，多为孢外体，酶系组分完全，易于分离提纯等，成为研究最多的纤维素降解菌类。特别是木霉属的真菌，其中最重要的是里氏木霉[10]。从 20 世纪 60 年代末开始，研究人员就从里氏木霉的野生型菌株出发，开展了一系列的诱变育种工作，取得了明显的成果，得到了许多品质优良的突变株，其中 Rut-30、QM9414、MCG77 是至今研究得较多、应用得较广泛的菌株。里氏木霉菌株的不足之处在于所产纤维素酶系中外切葡聚糖酶和内切葡聚糖酶的活力较高，纤维二糖酶的活力普遍较低[11]，而海藻曲霉、黑曲霉等曲霉属菌株，能生产较高活力的纤维二糖酶[12,13]。近年来，通过基因工程的方法构建高产纤维素酶的工程酶成为研究的一大热点，关于纤维素酶基因的克隆和表达已有大量的报道[14,15]。

13.1.4　蛋白酶的种类

蛋白酶是水解蛋白质肽链的一类酶的总称。按其水解多肽的方式，可以将其分为内肽酶和外肽酶两类。内肽酶将蛋白质分子内部切断，形成分子量较小的际和胨。外肽酶从蛋白质分子的游离氨基或羧基的末端逐个将肽键水解，而游离出氨基酸，前者为氨基肽酶，后者为羧基肽酶。按其活性中心和最适 pH 值，又可将蛋白酶分为丝氨酸蛋白酶、巯基蛋白酶、金属蛋白酶和天冬氨酸蛋白酶。按其反应的最适 pH 值，可分为酸性蛋白酶、中性蛋白酶和碱性蛋白酶。工业生产上应用的蛋白酶，主要是内肽酶[16]。按其来源分可分为有胃蛋白酶、胰蛋白酶、组织蛋白酶、木瓜蛋白酶和枯草杆菌蛋白酶等。蛋白酶对所作用的反应底物有严格的选择性，一种蛋白酶仅能作用于蛋白质分子中一定的肽键，如胰蛋白酶催化水解碱性氨基酸所形成的肽键。蛋白酶分布广，主要存在于人和动物消化道中，在植物和微生物中含量丰富。由于动植物资源有限，工业上生产蛋白酶制剂主要利用枯草杆菌、栖土曲霉等微生物发酵制备。

13.1.5　蛋白酶的生产

蛋白酶广泛存在于动物胰脏、细菌、霉菌中，在酵母、链孢霉、曲霉、担子菌等真菌中也存在碱性蛋白酶。中性蛋白酶广泛存在于曲霉、芽孢杆菌、链霉菌等中，许多曲霉除生产中性蛋白酶外还产生碱性和酸性蛋白酶及外肽酶。芽孢杆菌中有的菌株还同时可生产碱性蛋白酶。但也有些芽孢杆菌只产中性蛋白酶一种。细菌的中、碱性蛋白酶通常是用液体深层培养法生产，而霉菌蛋白酶则更适于采用固体培养法生产，固体培养不易污染，易于培养，节省能源，单位容器产量高，在日本和欧洲不少工厂广为采用。但需要注意的是，在两种培养方式下，同一菌种所产蛋白酶即使在相同活性水平下，有时固体培养的实用效果更好。微生物生产蛋白酶与生长期有关，芽孢杆菌中性蛋白酶在对数生长期与细胞生长同步产生，而碱性蛋白酶则在对数生长期末芽孢形成时大量生成，芽孢形成起到产酶的触发作用。不能形成芽孢的突变株一般不能大量合成碱性蛋白酶，丧失蛋白酶合成能力的突变株不能形成芽孢。曲霉固体培养时，蛋白酶活性在分生孢子老熟时达到最大值，液体培养时当菌体衰老自溶时，蛋白酶活性达到高峰。菌种突变或培养条件变化能使产酶期或酶系组成发生变动[17]。

13.2　酶的应用

酶刻蚀法是指通过酶刻蚀基底表面，改变基底表面的粗糙程度进而改变基底的疏水性。

酶的用途十分广泛，在食品、饲料、医药、纺织、洗涤剂和造纸等众多行业领域有着很大的应用价值。如在食品行业中，进行酒精发酵时添加纤维素酶可显著提高酒精的出酒率及原料的利用率，降低溶液的黏度，缩短发酵时间；在纺织行业中，棉织物整理过程中添加纤维素酶，能够使整理后的棉织物手感和外观获得很大改善，织物表面的绒毛被除去，颜色更加鲜艳光洁；在医药行业中，可用胃蛋白酶治疗消化不良，用酸性蛋白酶治疗支气管炎，用胰凝乳蛋白酶对外科化脓性创口的净化以及胸腔或腹腔间浆膜粘连的治疗；在洗涤剂行业中，欧洲加酶洗衣粉的比例达到 80%左右，美国加酶洗衣粉的比例达到 45%，日本加酶的洗衣粉比例也达 60%以上。然而目前对酶制剂用于改善材料润湿性的研究还不够深入。

13.2.1　单一酶的应用

姜俊[18]以沙比利、美国樱桃、樟子松、黄松和枫木为主要原料，分别用脂肪酶和木聚糖酶对其进行处理，研究这五种不同树种木材的表面润湿性能变化规律；根据单一酶处理木材得出的最佳工艺条件，再用混合酶采用两步法处理这五种不同树种木材，测量和计算其表面自由能和胶合强度，分析木材表面胶合强度与表面润湿性能的关系。试验结果表明：选用的五种木材经过脂肪酶和木聚糖酶处理后，纤维素的结晶度比未处理前略有降低、木材表面的羟基和烃基等主要化学基团比未处理前明显增多、酶处理后的木材表面变得粗糙和部分纹孔膜发生破坏，从而使木材表面润湿性能提高、胶合性能有所改善。相同的处理温度、时间和 pH 值条件下（T=50℃、t=8 h、pH=6.2），脂肪酶处理木材后接触角比未处理木材的接触角显著降低；说明酶的使用可以改变木材的润湿性。在同样条件下，随着酶量的增加，不同树种木材的接触角发生不同程度的变化，但效果都非常显著。随着酶量的增加，阔叶木材的接触角整体变化呈逐渐增大趋势，但阔叶树种木材之间接触角随用量的不同变化范围不同；针叶木材接触角变化呈下降趋势，表明酶用量与木材的树脂含量有直接关系。对于树脂少的木材，酶的用量也相对较少，此时酶发挥出最大活性，但随着酶量增多，酶和木材之间不再反应，反而会抑制酶的催化作用，降低了酶的催化效率；由此可见，酶用量并不是越多越好，应根据选择材料的类别而定。

王雪飞[19]研究了脂肪酶对麦秸(WS)外表面亲脂类物质作用以及脂肪酶处理前后麦秸外表面性能的变化，旨在去除麦秸外表面亲脂类物质，改善外表面润湿性。当 pH 值为 7.64、反应时间为 10 h、温度为 49.6 ℃、酶量为 7 kU/g WS 时，亲脂类物质的去除率达到 61.64%；在 pH 值为 7.64、反应时间为 6 h、温度为 49.6℃、酶量为 7 kU/g WS 时，脂肪酶处理麦秸的乙酰化增重百分比为 14.06%，表面胶合强度为 0.60 MPa，内结合强度为 0.083 MPa。麦秸外表面 SEM 图显示：原麦秸表面光滑、致密、无破损；缓冲液处理麦秸外表面有“水泡”似的凸起、褶皱，不均匀；而脂肪酶处理后麦秸表面亲脂类层有明显的疏松、破裂，并部分发生大块脱落，暴露其下层纤维纹理组成，所形成的粗糙结构为润湿性能的改善提供了基础。外表面 EDS 分析显示：C 元素的百分含量增加，从而 O 元素的百分含量稍有下降，而 Si 元素的质量百分比由原来的 7.83%下降到 3.91%，原子百分比由原来的 3.96%下降到 1.92%，含量明显下降，这是因为麦秸表层的 SiO_2 随亲脂类物质层的脱落而大量脱落，同时这也是导致 O 元素百分比变化的一个原因。TG 分析显示，脂肪酶除去麦秸外表面的亲脂类物质后，使得麦秸表面的亲水性基团充分暴露，其润湿性能得到改善，从而其内结合水的含量高于原麦秸，且脂肪酶在提高麦秸外表面润湿性能的同时，不改变麦秸纤维素、半纤维素的热解性能。

传统羊毛防毡缩加工多采用氯化-树脂法，加工中产生的可吸收有机卤化物(AOX)毒性高，环境污染大。王平[20]在反胶束体系和水相体系中，应用重组 *T. fusca* 角质酶对羊毛织物进行预处理；比较了 Savinase 蛋白酶与木瓜蛋白酶在羊毛防毡缩整理效果上的差异；考察了 *Bacillus subtilis* 菌产角蛋白酶、脂肪酶 L3126 和 Lipex 100L 预处理对羊毛蛋白酶改性加工的影响。在低浓度 H_2O_2 氧化预处理的基础上，结合角质酶、蛋白酶处理，对羊毛表面酶法改性效果与机理进行了研究。角质酶反胶束体系预处理对羊毛蛋白酶加工有促进作用，处理后羊毛失重率增加。仅角质酶反胶束体系处理，羊毛表面类脂去除程度有限，织物表面接触角大于氢氧化钾/甲醇处理样。在角质酶反胶束体系处理中，受含水量、表面活性剂与角质酶浓度、纤维表面可及度等因素影响，羊毛角质酶处理效果有待提高。

王生等[21]用 TG 酶对羊毛表面进行了改性，探讨了 TG 酶改性工艺对织物断裂强力、润湿性能、抗毡缩性能、白度和热稳定性能的影响。羊毛织物的润湿性能可以通过芯吸高度来评价，结果表明：羊毛原布的芯吸高度仅为 1.20 cm，织物基本不能被润湿。当羊毛经等离子体和蛋白酶处理后，芯吸高度较原布显著提高，这是因为等离子体对羊毛纤维表面进行了刻蚀，羊毛鳞片层遭到破坏，在其大分子上引入了水溶性基团，同时蛋白酶对羊毛进行催化水解，缩短了水分进入纤维内部的行程，织物润湿性能提高。羊毛经过 TG 酶处理后，润湿性能进一步提升，这是因为在 TG 酶的催化作用下，羊毛纤维中谷氨酰胺基与赖氨酸发生交联，纤维内部引入新的共价键，蛋白质分子内或分子间的网络结构增强，在纤维内部形成一定的凝胶特性，而凝胶具有较强的水合作用，因此其润湿性能提高[22]。

棉纤维主要成分是纤维素，从棉纤维的纤维素分子结构来看，棉纤维本身应该有很好的润湿性。但没有经过处理的棉织物的润湿性仍然很差，这是因为棉纤维中还含有少量的和纤维素共同生长的杂质，称为纤维素共生物或纤维素伴生物，这些纤维素共生物主要集中在棉纤维外表面的角质层，从而使原棉织物表现为疏水性[23,24]。对于棉织物润湿性的主要影响因素有许多种看法：一是认为果胶质是影响棉纤维润湿性的主要因素[25]；二是认为棉蜡是影响棉纤维润湿性的主要因素[26]；三是认为棉纤维的吸水性能与其天然蜡含量之间没有关系，但决定吸水性能的主要是残留蜡的物理分布状态[27]；四是认为棉纤维的物理结构及其初生胞壁的完整性的破坏程度及其纤维外表面组成的化学变化是影响棉纤维润湿性的主要因素[28]。事实上，影响棉纤维润湿性的机理非常复杂，至今还没有文献对其作详细而肯定的报道。万清余等[29]探讨了果胶酶与纤维素酶处理的工艺条件对棉纤维果胶质去除和润湿性的影响。棉织物先经过热水预处理，以便润湿织物并去除织物中可能含有的酸或防腐剂等，以免除其对酶的伤害，然后用酶溶液进行处理，再经氧漂水洗干燥后测定果胶酶和纤维素酶处理的效果。结果表明：果胶酶对果胶质的去除作用较大，而纤维素酶对果胶质的去除作用不大，这是由酶的专一性所决定的，但纤维素酶对果胶酶去除果胶质有一定的协同作用。果胶酶的作用比较专一，除了去除果胶质外，对纤维表面上的其他成分几乎没有去除，对纤维表面的物理状态也没有多大的改变作用。

聚酰亚胺(PI)纤维作为一种新兴的有机合成纤维，近年来广泛应用于航空航天、军事、汽车及建筑行业[30-32]。PI 纤维本体是由苯环、五元杂环、酰亚胺环、羧基等结构单元形成的有序线性高分子聚合物[33,34]。PI 纤维具有突出的热稳定性，优异的机械性能，良好的电绝缘性和低介电性能[35,36]。然而，作为有机合成纤维，PI 纤维表面惰性基团较多且比表面积较小，导致纤维的润湿性较差且较难均匀分散在水介质中，大大限制了 PI 纤维的进一步推广应用[37-39]。因此，对 PI 纤维进行表面处理，克服其表面缺陷，对增强 PI 纤维亲水性能极为重要。常用于提高 PI 纤维润湿性的化学法和物理法会在一定程度上使纤维损失部分优良性能[40]。近年来，生物酶催化法由于具有催化能力强、产物纯度高以及绿色环保等优点，在改善纤维的表面活性和润湿性方面得到了较为广泛的应用。

历世能[41]使用生物酶/H_2O_2 体系对芳纶纤维进行表面处理，在纤维表面引入甲基丙烯酸缩水甘油酯(GMA)基团，发现纤维的表面自由能得到提高，润湿性能和拉伸性能均呈现不同程度的提升，同时保持了纤维稳定的热学性能。崔丽丽等[42]采用生物酶催化引发甲基丙烯酸缩水甘油酯表面接枝聚对苯二甲酰对苯二胺(PPTA)纤维，发现纤维的表面粗糙度和蠕变性能得到改善，且保持了自身的优良性能。Xu 等[43]使用生物酶作为催化剂将壳聚糖接枝于羊毛纤维织物上，织物的亲水性、热稳定性和染色性能等均得到了不同程度的改善。以上研究表明，通过生物酶催化来改善合成纤维润湿性和分散性并保持纤维本身出色的性能是可行的。李志强等[44]为了进一步提高 PI 纤维的润湿性及其在水介质中的分散性，首先探究了在辣根过氧化物酶(HRP)催化作用下在 PI 纤维表面生长磷酸单酯长链(PMOEs)结构，比较了表面修饰前后纤维在水介质中的分散稳定性及纤维对极性溶剂的接触角。采用扫描电子显微镜(SEM)、原子力显微镜(AFM)和 X 射线光电子能谱仪(XPS)对纤维表面的物理和化学结构变化进行了分析，通过热重分析仪(TG)和 X 射线衍射仪(XRD)对纤维的热学性能和结晶性能进行了表征，并对纤维成纸孔径分布变化进行了分析。结果表明，在 HRP 催化作用下通过自由基反应在 PI 纤维表面成功生长出了 PMOEs 网状结构并得到 PI-PMOEs 纤维，与 PI 纤维相比，当 PMOEs 加入量为 25.6 g 时，PI-PMOEs-3 纤维与去离子水的接触角降低了 13.6°，与乙醇的接触角降低了 9.9°，纤维分散度增加了 40%，纤维的亲水性能得到显著改善。

13.2.2 复合酶的应用

刘铭华[45]在酶前处理中通过加入表面活性剂对棉织物毛效性能的影响进行了研究。表面活性剂对棉织物处理后，棉织物的毛效由 5.1 cm 提升至 8.5 cm；经过 3 次水洗洗去残留的表面活性剂后，棉织物的毛效降低了 3 cm。说明前处理后残留的表面活性剂会对棉织物造成假毛效效应，明显影响棉织物的润湿性能。然后在果胶酶精炼过程中加入纤维素酶，会使棉织物精炼后的毛效由 8.1 cm 提高至 9.4 cm，棉织物的顶破强力①保持在 740.0 N 左右不变，说明果胶酶精炼过程中加入纤维素酶能提高酶精炼效果，并且不会对棉织物顶破强力造成影响。将传统碱精炼与复合酶精炼处理后的棉织物润湿等性能进行对比，发现传统碱精炼后棉织物上果胶含量为 0.08%、蜡质含量为 0.11%，复合酶精炼后棉织物上果胶含量为 0.10%、蜡质含量为 0.32%。碱精炼后棉织物毛效为 8.7 cm，酶精炼后棉织物毛效达到 9.0 cm，碱精炼处理的棉织物强力为 742.0 N，酶精炼处理的棉织物强力为 746.1 N。说明酶精炼处理后的棉织物物理机械性能优于碱精炼处理，而且能保留棉织物上部分蜡质，提高棉织物的手感。

王平等[46]研究了果胶酶、纤维素酶、蛋白酶、脂肪酶在棉针织物酶精炼过程中对织物润湿性的影响。结果表明，单独使用果胶酶进行酶精炼效果并不理想，精炼后在室温环境下晾干的织物毛效都很低，织物的润湿性基本没有改善。这可能是因为果胶位于蜡质和类脂物等非纤维素组分的下面，这些物质有可能通过物理作用阻挡果胶酶和果胶质接触，由于果胶酶对纤维中的蜡质并无分解作用，无法改变织物纤维的形貌和化学组成，使得最终织物的润湿性很差。单独使用纤维素酶时，在浓度较高的条件下处理棉织物，棉织物的润湿也有所改善，这是因为纤维素酶能部分去除纤维表面的疏水性物质。在纤维素酶与果胶酶共同作用于棉织物时，能较大程度改善棉织物的润湿性。纤维素酶在溶液中可能具有两方面的作用，一方面纤维素酶渗透进纤维表层，与棉初生胞壁接触后与纤维素分子发生水解反应，使得棉纤维表面的结构松动，形成了较大的空隙，使果胶酶更易与果胶接触发生反应，增强了果胶酶的裂解作用，使初生胞壁中的果胶质分解而去除；另一方面，棉籽壳等杂质通过微小的纤维附着在织物上，酶精炼过程中随着纤维素酶对这些细小纤维的水解，使得织物上的籽壳有所松动或部分脱落，也会使织物的吸水性增加。棉纤维中的杂质除了果胶质和蜡质、类脂物外，还包括蛋白质等，在棉织物酶精炼过程中添加蛋白酶并没有提高织物的润湿性能，原因可能在于棉纤维中的蛋白质主要存在于棉纤维的胞腔内，蛋白酶很难与纤维蛋白质接触，导致对棉织物的润湿性没有提高。脂肪酶对织物润湿性的提高作用不明显，因为棉纤维中棉蜡的主要成分为高级脂肪醇和高级脂肪酸等，而脂肪酶主要作用于酯键，故织物润湿性改进较小。范雪荣

---

① 织物顶破强力指在规定条件下以环状体或流体作用于织物平面的垂直方向，使织物扩张而致破裂所需的顶力或压力。顶破强度是衡量织物抵抗局部垂直力破坏的指标，如衣服的膝部和肘部、手套、袜子和鞋子头部的受力情况等。

等[47]也研究了果胶酶、纤维素酶、木聚糖酶和漆酶单一及混合处理对亚麻、棉织物上果胶和木质素的去除作用及前处理效果。果胶酶对果胶的去除效果较显著，漆酶对木质素的去除效果较好，木聚糖酶对木质素的去除效果居于漆酶和果胶酶之间。不同的酶对果胶和木质素的去除有一定程度的协同作用，尤其是木聚糖酶和漆酶混合，能显著提高木质素的去除效果。

王强等[48]研究了自制碱性果胶酶、中性纤维素酶、中性-碱性蛋白酶和自制木聚糖酶及其组成的复合生物酶制剂在精炼过程中对棉针织物润湿性和染色性能的影响，并与传统碱精炼工艺进行了对比。结果表明，经碱精炼后织物润湿性和白度均好于酶精炼织物，但顶破强力损失较大，虽然棉织物在单一酶精炼后润湿性都有了一定程度的提高，但和碱精炼相比还有较大差距。又探究了如何在保证织物顶破强力的基础上，进一步提高织物的润湿性能。首先探究了不同用量的果胶酶与纤维素酶复合对润湿性能的影响，结果表明，随着纤维素酶用量的增加，强力损失也随之增加，这是因为当用量增加时，纤维素酶在破坏纤维表面的同时也损伤了纤维内部，造成了织物的顶破强力损失。此外，在复合相同纤维素酶用量条件下，果胶酶用量 8 g/L 与 4 g/L 相比，并没有显著地改善织物的精炼效果。综合考虑润湿性、强力损失和应用成本，初步确定复合酶组成为 4 g/L 果胶酶、0.5 g/L 纤维素酶。为进一步提高复合酶精炼效果，在果胶酶、纤维素酶复配基础上，再与不同用量的蛋白酶、木聚糖酶分别复配。复配蛋白酶处理的织物润湿性好于只有果胶酶和纤维素酶的联合精炼效果，且润湿性随着蛋白酶用量增加而提高，但织物顶破强力损失也随之增大。此外，果胶酶与木聚糖酶组成的复合酶在改善润湿性方面较单一果胶酶好，木聚糖酶的添加使得织物的润湿性有了一定程度的提高，并且对顶破强力的影响较小。

13.3　超疏水棉织物制备

13.3.1　概述

棉织物作为全球生产和生活中需求量最大的纺织材料之一，是工业上制造衣物最常用的材料[49,50]。棉纤维中的纤维素大分子是由若干个葡萄糖通过 β-(1,4)-苷键彼此连接而成的，每个葡萄糖含有 3 个亲水性的羟基[51]，这些存在的基团使得棉织物对水的亲和力大且容易润湿，限制了穿着体验和其他领域的应用。由于超疏水棉织物具有的特殊性和良好的穿着体验，使其在拒水[52]、抗紫外[53]、防覆冰[54]、阻燃[55]及油水分离[56,57]等领域具有非常高的应用价值。超疏水织物的制备同样需要具备两个前面提及的疏水材料特点：粗糙表面和低表面能。目前的超疏水棉织物制备存在不足的地方：制备流程复杂、原料价格高、生产条件严苛，因此难以进行大规模应用；为降低棉织物表面能，使用含氟试剂及有机溶剂进行处理会造成环境问题，而且在自然界中长期累积会对环境和生物体造成严重危害[58]，不符合低碳绿色生活理念，因此研究利用纤维素酶对棉织物进行刻蚀产生粗糙结构，然后利用具有长链基团的硅氧烷，通过物理浸渍的方法对刻蚀织物进行改性降低表面能，替代含氟物质，简化处理工艺得到的超疏水棉织物有非常大的应用价值。

13.3.2 实验

13.3.2.1 纤维素酶刻蚀构造粗糙结构

表面微纳粗糙结构的形成是制备疏水表面必不可少的一个条件。纤维素酶与棉织物中的纤维素之间发生温和的水解反应，进而使纤维原本的平整结构产生微纳米粗糙结构。

分别用丙酮、无水乙醇和去离子水对棉织物进行超声清洗，除去织物表面的油脂和不溶颗粒物等杂质，将材料放入烘箱烘干备用。将烘干处理好的棉织物裁剪为 3 cm×6 cm 的长条，用乙酸-乙酸钠缓冲液和液体纤维素酶混合配制不同浓度的溶液作为酶刻蚀液，将裁剪好的样品放入酶刻蚀液中并保持恒温条件，此过程中纤维素酶分子会吸附到纤维素的非结晶区，与纤维素发生水解反应，促使纤维原本的平整表面产生微纳级别的粗糙结构。刻蚀结束后用无水乙醇和去离子水对棉织物进行超声清洗，使残留在纤维表面的酶分子失活终止水解反应，烘干待进一步处理。

13.3.2.2 长链基团硅氧烷低表面能改性

需要注意的是，酶刻蚀尽管过程绿色低碳，但是只能改变织物的表面粗糙度和微观结构，织物仍然保持亲水状态，还需进一步的研究。

取等量的硅烷偶联剂加入乙醇水溶液中，烷氧基与水发生水解生成硅烷醇基，将处理的棉织物(均为最佳刻蚀条件处理物质)放入浸渍，生成的硅醇会通过氢键或与织物上的—OH 发生脱水缩合。在织物的表面上接枝硅氧烷的长侧链基团，可使织物的表面能相应地降低。浸渍后，使用无水乙醇清洗，放入烘箱在 80℃烘干固化后得到超疏水棉材料(图 13-1)。

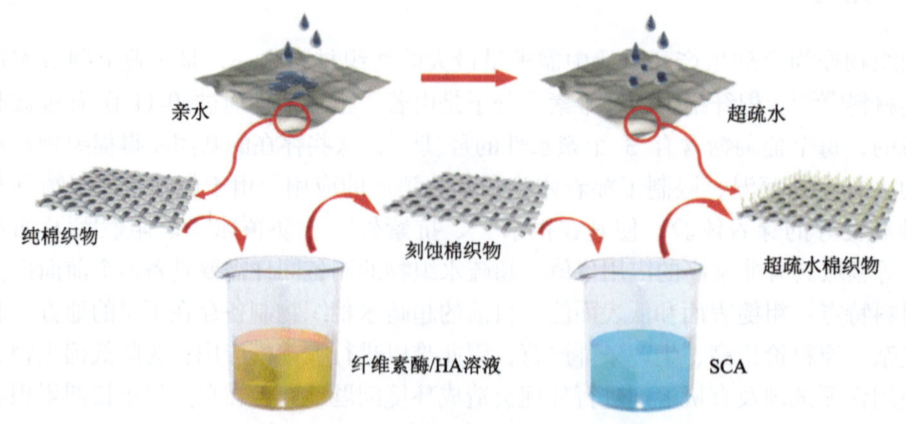

图 13-1 酶刻蚀制备超疏水棉织物

13.3.3 表征

13.3.3.1 表面形貌

将待测样品用导电胶粘贴于样品台上，测试前进行喷金处理。通过冷场发射扫描电子显微镜观察织物表面的微观形貌，放大倍数：400～10000。

13.3.3.2 表面元素

通过冷场发射扫描电子显微镜配套的能量色散 X 射线光谱仪(EDS)对整理前后织物表面的元素组成、含量及分布进行了测试。通过傅里叶变换红外光谱仪，在全反射(ATR)模式下对样品表面元素及官能团进行了测试。红外光谱测试频率范围为 4000～500 cm^{-1}，扫描次数为 32 次。通过 X 射线光电子能谱仪对织物表面的元素进行测试。

13.3.3.3 物理性能

白度变化进行测试：采用全自动白度计，测试方法为 GB 8425—87《纺织品白度的仪器评定方法》；万能拉力计测试断裂强度，测试方法根据 GB 3923.1—2013《纺织品 织物拉伸性能　第 1 部分：断裂强力和断裂伸长率的测定(条样法)》，用实验室搭建的装置对整理前后织物的透气性能进行测试，根据水分的损失和加热时间计算织物的透气性能，探究改性修饰前后织物物理性能的变化。

13.3.3.4 润湿性能

将原始棉织物和超疏水棉织物粘贴在样品台上，然后将样品台放入盛有去离子水的烧杯中使水面完全浸没织物，静置 1 min 后取出，观察织物的润湿情况；选取四种液体：去离子水(亚甲基蓝染色)、人造血液、咖啡和牛奶，用滴管分别吸取后滴落在原始棉织物和超疏水棉织物表面，观察液滴在织物表面的润湿和铺展情况。

13.3.3.5 抗污性能

将织物用双面胶固定于样品台上，样品台的一端放在培养皿边缘，另一端放在培养皿底部，使织物具有一定的倾斜度。用滴管分别吸取去离子水(亚甲基蓝染色)、牛奶、咖啡等液体，将上述液体滴落在织物表面，观察液滴对织物的润湿铺展情况。

13.3.3.6 稳定性

超疏水织物在应用过程中会遇到长时间浸水、摩擦以及洗涤的情景，需要对织物的耐久性进行评估。将织物完全浸没在液体中，每 24 h 取出织物在室温下晾干并测量织物接触角，评估织物的拒水稳定性；将样品粘贴在玻璃片表面并固定在耐摩擦试验机载物台上，在 100 g 砝码的载荷下，用 1000 目砂纸对织物进行磨损实验，每次摩擦行程为 10 cm，每摩擦 100 次测量织物接触角并更换新的砂纸，评估织物的耐摩擦稳定性；将浓缩洗涤剂与 150 mL 水混合模拟家用洗衣液，将样品放入洗涤剂中置于磁力搅拌器上模拟家用洗衣机的洗涤过程，40 min 后取出并用去离子水冲洗残留的洗涤剂，室温下晾干后测量织物接触角，评估材料的耐洗涤性能。

13.3.4 性能

13.3.4.1 刻蚀条件

酶刻蚀产生粗糙结构过程的本质是纤维素酶催化纤维素发生水解反应，纤维素酶中的外切酶(C1 酶)作用于纤维素分子非还原性末端，水解后生成纤维二糖，内切酶(Cx 酶)作用于纤维素分子的任意部位，水解生成葡萄糖小分子和纤维寡糖[59]。酶活性是影响水解反应的一个重要因素，在反应过程中如何有效保持酶活性对酶刻蚀后的表面形貌和效率有重要的影响。

纤维素酶能将羧甲基纤维素钠降解成寡糖和单糖，与 DNS 试剂发生显色反应，反应后溶液的颜色深度与酶解反应产生的还原糖量成正比，还原糖的生成量与酶活成正比，可以采用纤维素酶(CMC)活性检测法测定酶的活性，探究温度、pH、刻蚀时间对处理的织物表面形貌的影响。

13.3.4.2 刻蚀温度

蛋白质的活性与温度有关，纤维素酶的本质可以看作有生物催化活性的蛋白质。温度低时，活性较弱，因此温度越低，酶活性越弱，但是低温情况下不会使蛋白质变性；随着温度升高，参与反应的目标化合物更容易与酶发生接触从而提高催化反应效率；当温度过高时，蛋白质会发生失活产生不可逆的结构破坏，导致酶活性失去。

取 25 mL 液体纤维素酶配成水溶液，搅拌均匀后移入 250 mL 容量瓶，用去离子水定容，得到纤维素酶溶液 10%(*V*/*V*)，取 10 mL 酶溶液和 20 mL 0.8%(*w*/*V*)的羧甲基纤维素钠溶液，稀释酶溶液至 100 mL，分别取 2 mL 稀释后的酶溶液和 2 mL 的羧甲基纤维素钠溶液加入七支试管(灭活后的酶溶液作为空白对照)，在 20～80℃(每 10℃为一个梯度)水浴环境下反应 30 min，然后加入 5 mL DNS 试剂，并将试管移入沸水浴中加热 5 min，结束后迅速取出冷却至室温，定容至 25 mL，用空白对照组调零，测量不同温度下的酶溶液在 550 nm 处的吸光度，每个温度测量两组。

酶活：

$$\frac{\left(\frac{A_1+A_2}{2}-A_0\right)\times K+C_0}{180.2}\times\frac{n\times 1000}{30\times V}\frac{\left(\frac{A_1+A_2}{2}-A_0\right)\times K+C_0}{180.2}\times\frac{n\times 1000}{30\times V} \tag{13-1}$$

式中，A_1、A_2 分别为测得的反应后溶液的吸光度；A_0 为空白样的吸光度；K 为葡萄糖标准曲线的斜率；C_0 为葡萄糖标准曲线的截距；180.2 为葡萄糖分子的摩尔质量，g/mol；n 为酶液的稀释倍数；1000 为 mg 换算成 μg 的换算因子；V 为参与反应的酶液的量(mL)；30 为反应时间(min)。

由图 13-2 可见，随着温度逐渐升高，纤维素酶的活性先升后降，当温度从 20℃升至 40℃，酶活性从 7244.17 U/g 上升至 9742.21 U/g，有所提高；继续升温，可以看到酶活性迅速下降，温度升至 80℃时，体系溶液中可观察到出现浑浊现象，可判断此时酶绝大部分发生了不可逆变性，酶活性降低至 3665.92 U/g。实验测定了 30～50℃区间内酶活性的变化，数据显示 38℃时酶活性达到最大值，此时酶活性为 9742.21 U/g；在 40℃±2℃范围内，酶活性都能够保持在 9500 U/g 以上，因此确定刻蚀温度控制在 40℃±2℃，在设定的优化温度下保温 48 h 后，酶活性降低至 7719.14 U/g，但依然能够对棉织物产生刻蚀效果。

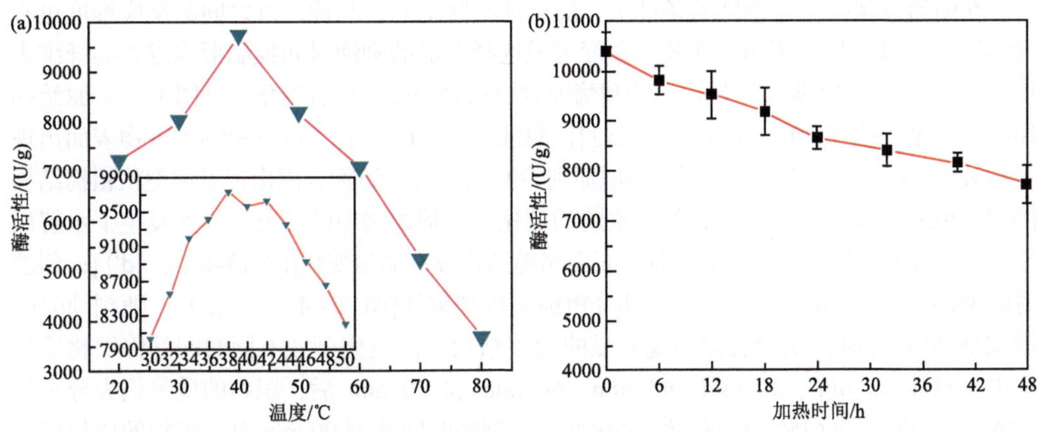

图 13-2　(a) 酶活性随温度的变化；(b) 40℃下酶活性随时间的变化

13.3.4.3　溶液 pH

溶液的 pH 对酶的活性也会产生影响。绝大多数酶只能在很窄的 pH 范围内保持其高效的催化活性，如果超出适宜的 pH 范围，酶的结构就会部分或者大部分受到破坏，导致酶活性降低。用稀盐酸和 NaOH 调控溶液的酸碱度，分别配制了范围在 pH=1～13 的溶液，与纤维素酶混配，按照酶活性测定步骤测定酶活。

由图 13-3 可见，纤维素酶活性关联 pH 的变化趋势，随着 pH 的增大，纤维素酶活

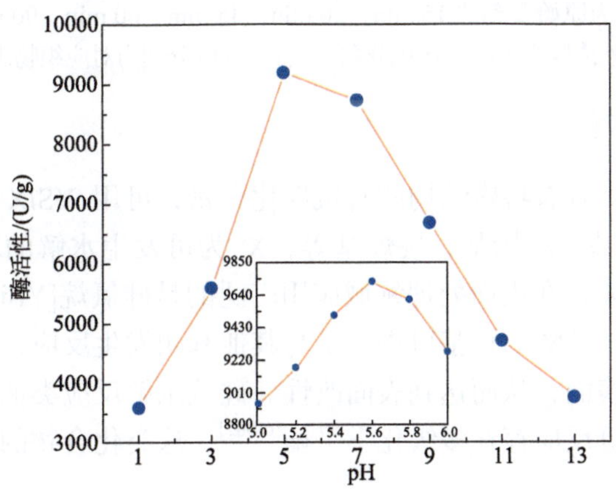

图 13-3　活性随溶液 pH 的变化

性呈现先升后降趋势。pH=1 时，酶活性为 3609.66 U/g，因为这种情况下溶液酸性过强，破坏了纤维素酶的结构，导致活性较低；pH=5 时，酶活性上升至 9202.20 U/g；pH 增加至 7 时，酶活性略有下降，为 8742.21 U/g；当溶液 pH=13 呈碱性环境下，酶活性迅速降至 3786.49 U/g。研究进一步测定了 pH=5～6 区间内酶活性的变化，pH=5.6 时，酶活性达到最大，为 9729.36 U/g；pH 在 5.2～6 范围内，酶活性能够保持在 9000 U/g 以上。

13.3.4.4 刻蚀时间

在酶活性保持一定范围的条件下，酶刻蚀时间不同，与棉纤维之间的反应程度也有所不同，所以要从经济和工业效率角度考虑选择合适的刻蚀时间控制形成需要的纤维表面形貌。通过 SEM 观察原始棉织物和酶蚀刻棉织物的微观形貌变化，见图 13-4。原始棉织物的纤维表面光滑[图 13-4(a)、(a′)]，酶蚀刻 15 min 后，可以观察到织物表面出现了褶皱[图 13-4(b)、(b′)]，蚀刻时间增加到 30 min 时，织物表面出现了沟壑状粗糙结构[图 13-4(c)、(c′)]，这是因为在纤维素酶的催化下，棉织物中的部分纤维素发生了水解反应。当刻蚀时间增加到 45 min 时，表面粗糙结构没有明显变化[图 13-4(d)、(d′)]；刻蚀时间增加到 60 min，已经产生的部分粗糙结构被破坏[图 13-4(e)、(e′)]；随刻蚀时间增加到 90 min 时，织物表面出现明显的沟壑结构。测量酶刻蚀不同时间的棉织物质量损失，刻蚀 15 min、30 min、45 min、60 min 和 90 min 后，织物的质量损失分别为 4.86%、7.52%、8.61%、9.28%和 14.05%，当刻蚀时间达到 90 min 时，织物的质量损失过大，会对纤维本身的力学强度造成影响，因此选择最佳刻蚀时间为 30 min。

图 13-4 (a)～(f)分别为原始及刻蚀 15 min、30 min、45 min、60 min、90 min 的棉织物表面放大 1000 倍的 SEM 图(酶溶液浓度为 10%，体积分数)；(a′)～(f′)分别为对应织物表面放大 10000 倍的形貌

13.3.4.5 低表面能处理

硅烷偶联剂是一类具有特殊结构的有机硅化合物，可用 $YSiX_3$ 表示，其中 Y 是活性基团，如巯基、氨基、乙烯基、烷烃基等，X 为可发生水解的基团，如烷氧基、卤素、酰胺基等。近年来，在表面处理领域应用广泛的是硅氧烷[$YSi(OR)_3$]，硅氧烷的烷氧基水解后生成硅醇，硅醇的羟基可进一步与其他基团发生反应，这样就把相应活性基团接枝到需要改性的表面，从而达到表面改性。硅烷水解反应类似于多元弱酸盐的水解过程，分步反应，并且反应存在多级化学平衡[60-62]，这类化合物的水解过程可用下列的反应式表示：

$$\left.\begin{aligned} Y-Si-(OR)_3+H_2O &\xrightarrow{\text{水解}} Y-Si-(OR)_2(OH)+R(OH) \\ Y-Si-(OR)_2(OH)+H_2O &\xrightarrow{\text{水解}} Y-Si-(OR)(OH)_2+R(OH) \\ Y-Si-(OR)(OH)_2+H_2O &\xrightarrow{\text{水解}} Y-Si-(OH)_3+R(OH) \end{aligned}\right\} \quad (13\text{-}2)$$

因为水解生成的硅羟基极性很强，而且硅醇分子间可形成相互作用力强的氢键，甚至无需催化剂就可发生脱水缩合，生成含有 Si—O—Si 结构的硅氧烷和聚硅氧烷[63-65]，由水解反应式可见，若反应过程只用水为溶剂，水解反应会向右进行，硅醇虽然能生成更多，同时也加快硅醇分子缩聚，但由于硅烷偶联剂在水中的溶解度较小，不利于二者混合；若溶剂只用乙醇，会相应抑制水解反应；此外，硅烷偶联剂侧链烷氧基数目越多，生成的硅醇越稳定[63]。

1. 硅氧烷侧链长度

按侧链烷基碳原子数，选择了甲基三甲氧基硅烷(MTMS)、异丁基三甲氧基硅烷(ITMS)、正辛基三甲氧基硅烷(OTMS)、十二烷基三甲氧基硅烷(DTMS)和十六烷基三甲氧基硅烷(HDTMS)，它们水解后的—Si—O—Si—键具有稳定性，烷基侧链具有较低的表面能，是比较有效的低表面能修饰剂。实验分别对原始棉织物和酶刻蚀棉织物浸渍处理，研究烷基侧链碳链长度对疏水性能的影响。采用制备参数为：醇水比为 49∶1，溶液 pH 控制在 7.0，硅烷偶联剂的浓度为 10%(体积分数)，水解时间 60 min，浸渍时间 30 min。浸渍后的棉织物采用乙醇作为清洗剂，50℃预烘 5 min，80℃干燥 10 min。

不同类型的硅烷偶联剂处理后织物的水接触角测试数据如图 13-5 所示，经 DDMS 处理后，原始棉织物和酶刻蚀棉织物的接触角没有变化仍为 0°，原因是甲基的碳原子链过短，不能让棉织物的表面能低于水的表面能，即使接枝官能团后材料表面仍表现为亲水性。经 ITMS 处理后，原始棉织物的接触角为 67.3°，而酶刻蚀棉织物的接触角为 92.3°，这是因为异丁基的碳原子链更长并且有侧链，所以表面能比甲基低，能够提高

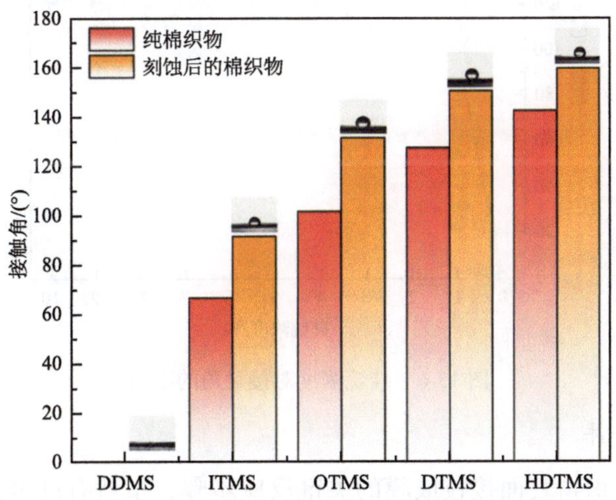

图 13-5　不同侧链长度硅氧烷处理后织物的接触角

织物的疏水性能，根据 Wenzel-Cassie 模型润湿理论，材料表面粗糙度越大，其疏水效果越好，酶刻蚀织物表面修饰后出现沟壑结构，形成的新表面粗糙度比原始织物更大，故疏水性能更好。由图可见随着碳原子数增加，接触角也随之增大，HDTMS 的碳原子数最多，修饰后织物的接触角也最大。HDTMS 修饰后的原始棉织物和酶刻蚀棉织物的接触角分别为 133.2°和 149.6°，具有良好的疏水效果。

2. 硅烷偶联剂浓度

在保持其他条件不变的情况下，硅烷偶联剂的浓度会影响水解生成硅醇的量，硅醇的量会影响低表面能处理的接枝效率。改变硅烷偶联剂的体积分数以研究硅烷偶联剂浓度对疏水性能的影响。制备参数为：醇水比为 49∶1，pH=7，水解时间 60 min，浸渍时间 30 min，硅烷偶联剂的浓度为 1%～10%(体积分数)。浸渍后的棉织物用乙醇做清洗剂，50℃预烘 5 min，80℃干燥 10 min。

不同浓度硅烷偶联剂处理后棉织物的接触角如图 13-6 所示。当硅烷偶联剂浓度从 0 增加至 1%时，接触角急速增大；继续向体系溶液中加大硅烷偶联剂含量，接触角随着硅烷偶联剂含量的增大而逐渐增大；当硅烷偶联剂浓度为 5%时，可看到 HDTMS 处理织物的接触角达到 150.5°，DTMS 处理的织物接触角为 138.5°，OTMS 处理织物的接触角为 121.3°；当浓度增加至 7%时，OTMS 的接触角达到最大值(128.2°)但变化不大，DTMS 和 HDTMS 的接触角分别为 139.4°和 149.7°，无明显增大；进一步增大硅烷浓度至 10%，OTMS 和 HDTMS 的接触角分别下降至 122.7°和 148.6°，DTMS 的接触角增加至 140.4°，没有较大幅度的变化。这是由于当浓度较低时，水解生成的硅醇分子较少，与织物反应接枝后降低表面能的能力有限；浓度过高时，虽然生成大量的硅醇分子，但同时另外的缩聚反应加剧，导致硅醇的量减少，不利于硅醇与棉织物进行表面接枝。

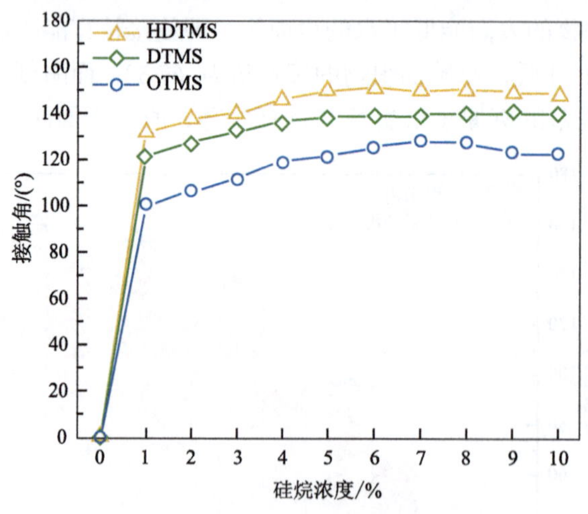

图 13-6　硅烷浓度对接触角的影响

3. 硅烷水解条件

硅烷水解是在织物表面接枝成膜的关键反应步骤，虽然有许多文献对硅烷偶联剂的水解条件进行了实验研究，但由于针对的领域和硅烷偶联剂种类的不同，最佳水解条件也有所不同。硅烷水解过程中，缩聚反应和水解反应是同时存在并且相互竞争[66]，在中性条件下硅烷偶联剂的水解和缩聚反应速率比较慢，而在酸性条件可以有效促进水解反应，在碱性条件则利于缩聚反应[67-69]。改变水解溶液的 pH 以研究硅烷偶联剂浓度对疏水性能的影响，具体制备参数为：醇水比为 49：1，水解时间 60 min，硅烷偶联剂的浓度为 5%，浸渍时间 30 min，pH 控制范围为 3～11。浸渍后的棉织物用乙醇作清洗剂，50℃预烘 5 min，80℃干燥 10 min。

不同 pH 的溶液中水解后的接触角如图 13-7(a)所示。随着溶液 pH 增大，接触角数值呈“M”型变化：在酸性环境下 pH=5 时，反应 2 min 溶液体系出现了白色浑浊现象，这是生成了聚硅氧烷，因为酸性条件能够很大程度加速水解反应速率，在短时间内快速生产大量硅醇，这时会导致硅醇浓度升高并进一步促进了缩聚反应的发生，最终导致硅醇含量降低，浸渍后棉织物的接触角为 145.3°；当 pH=7 时，可以有效促进水解，同时不会造成反应体系的硅醇浓度迅速升高，使水解/缩聚反应保持相对平衡，水解 60 min 后溶液体系才出现少量浑浊，浸渍后棉织物的接触角为 154.3°；在碱性环境下，向体系中加入硅烷偶联剂后立即观察到白色浑浊产生，说明此时已经发生缩合反应生成了聚硅氧烷，当 pH=11 时，加入硅烷偶联剂后 10 s 内溶液就变为白色泡沫状物质，此时溶液体系迅速失去流动性，不利于对织物进行浸渍处理，将溶胶包覆在棉织物表面处理后，棉织物接触角为 132.4°；在中性条件下，虽然硅烷偶联剂仍然会发生水解，但因为缺少了酸碱的催化促进作用，水解反应发生得十分缓慢，90 min 后溶液依然保持澄清状态，生成少量的硅醇，处理后棉织物的接触角为 150.5°。

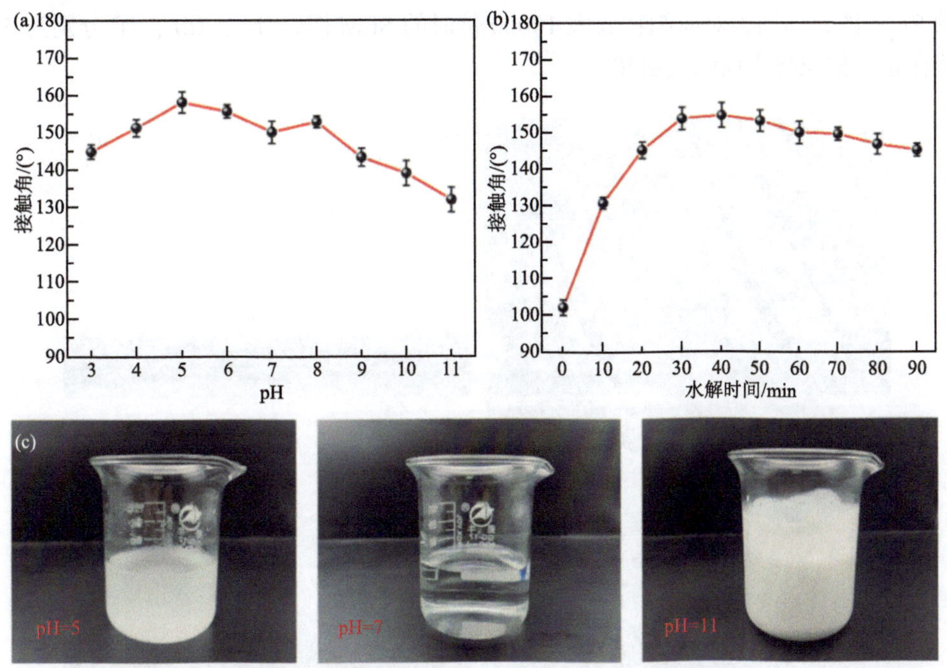

图 13-7　(a)水解液 pH 对接触角的影响；(b)水解时间对接触角的影响；(c)不同 pH 条件下水解 60 min 后的 HDTMS 溶液状态

HDTMS 在 pH=5 的条件下水解不同时间后的接触角如图 13-7(b)所示，用未水解的 HDTMS 对棉织物进行处理，由于 HDTMS 的甲氧基无法与纤维素发生反应，只有部分 HDTMS 通过物理吸附的方式与织物结合，因此织物表面接触角仅为 102.6°；随着水解时间的增加，HDTMS 的硅烷氧基发生水解反应生成硅烷醇基，水解时间为 30 min 时，处理后棉织物接触角达到 154.3°，水解 40 min 后，接触角达到最大值 155.2°，进一步延长水解时间，已生成的硅醇会发生自缩聚反应，导致接触角减小。表 13-1 列举了最佳制备工艺参数，供有兴趣读者参考。

表 13-1 超疏水棉织物最佳制备工艺参数

工艺参数	参数值	工艺参数	参数值
酶溶液浓度	10%(体积分数)	硅烷偶联剂浓度	5%(体积分数)
刻蚀液 pH	5.5±0.5	水解液 pH	5.5±0.5
刻蚀温度	40℃±2℃	水解时间	30 min
刻蚀时间	30 min	浸渍时间	30 min

13.3.4.6 表面形貌

通过扫描电子显微镜(SEM)对不同处理手段后棉织物微观表面形貌进行观察。图 13-8(a)、(c)、(e)分别为原始棉织物、酶刻蚀棉织物和超疏水棉织物放大 2000 倍时的 SEM 图，插图为对应织物放大 10000 倍时的 SEM 图，(b)、(d)、(f)分别为 5 μL 水滴在相应棉织物表面的接触角。

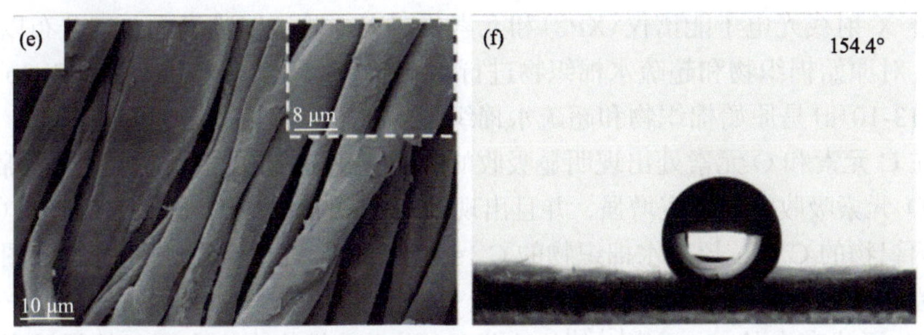

图 13-8　原始、酶刻蚀、超疏水棉织物表面形貌及对应水接触角

由图可见，原始棉织物表面呈现平整光滑的状态，仅存在均匀分布的沟壑结构，此时棉织物表面为超亲水状态，水滴落在表面立即发生润湿，表面的接触角为 0°；经纤维素酶刻蚀后的棉织物表面沟壑结构加深，并且可观察到形成了很多不规则坑凹粗糙结构，但此时棉织物表面仍表现为超亲水，接触角为 0°；经 HDTMS 浸渍处理后，可以观察到棉织物表面已经覆盖有均匀的硅烷涂层，说明 HDTMS 成功地接枝到了织物表面，水滴在织物表面保持球状，接触角为 154.4°，表面修饰后棉织物表面具超疏水性。

13.3.4.7　表面组成

采用傅里叶变换红外光谱（FTIR）对棉织物表面元素和官能团进行表征，图 13-9 是原始棉织物、酶刻蚀棉织物、超疏水棉织物表面的红外光谱图。由图可见，酶刻蚀前后棉织物的红外光谱相同无变化，均出现纤维素分子的特征峰，1000～1200 cm^{-1}、3550～3100 cm^{-1} 和 1617 cm^{-1} 处的吸收峰分别为纤维素大分子、纤维素分子内氢键以及—COO 的伸缩振动，2917 cm^{-1} 和 1316 cm^{-1} 处的峰分别对应 C—H 的变形振动及伸缩振动，刻蚀前后没有出现新峰，仅 C—H 伸缩振动峰强度有一定程度减弱，说明酶刻蚀步骤并没有改变棉织物的整体化学组成；HDTMS 浸渍后的超疏水棉织物在 2910 cm^{-1} 处的峰发生明显变化，并且在 874 cm^{-1} 处出现了新的特征峰，分别对应—CH_2 的伸缩振动以及 Si—C 键的伸缩振动[70]，这是由于 HDTMS 长链成功接枝到织物表面，降低了织物表面能。

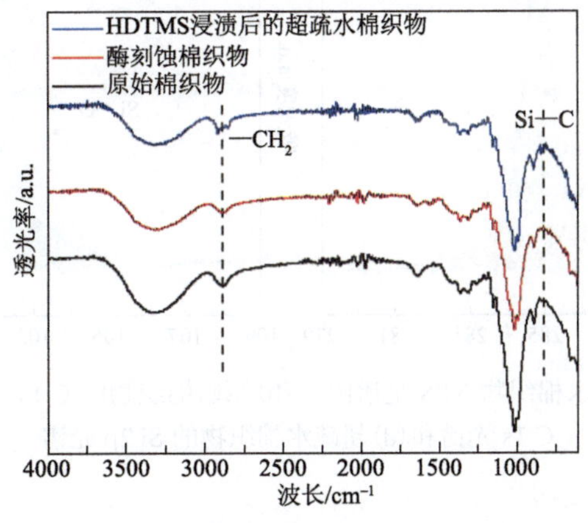

图 13-9　原始、酶刻蚀、超疏水棉织物红外光谱图

通过 X 射线光电子能谱仪(XPS)和元素分布表征验证织物表面元素分布以及化学键类型。对原始棉织物和超疏水棉织物进行 XPS 全谱测试，并对 C 1s 和 Si 2p 进行表征，图 13-10(a)是原始棉织物和超疏水棉织物的 XPS 全扫图谱，由图可见：原始棉织物仅在 C 元素和 O 元素处出现明显吸收峰；由于 HDTMS 的引入，超疏水棉织物 C 元素和 O 元素吸收峰有一定增强，并且出现 Si 元素的吸收峰。图 13-10(b)～(d)分别为原始棉织物的 C 1s、超疏水棉织物的 C 1s 和 Si 2p 分峰拟合图，通过 C 1s 图谱可以看出，原始棉织物在 284.8 eV、286.2 eV、288.7 eV 处分别出现以 C—C、C—OH、O—C—O 形式存在的 C 元素[71,72]，这些 C 元素是织物中含有羟基的纤维素分子骨架；超疏水棉织物在 286.2 eV 处的 C—O 峰减弱，在 288.1 eV 处出现以 C—H 存在的 C 元素[73]，说明 HDTMS 成功接枝到织物表面；通过 Si 2p 图谱可以看出，超疏水织物表面出现 Si—O 形式存在的 Si 元素，说明 HDTMS 与纤维发生了反应，通过化学键接枝到了织物表面，而且表面 Si 元素均匀分布在纤维表面，如图 13-11(a)所示，原始棉织物表面仅含有 C、O 元素，而超疏水棉织物增加了 Si 元素，如图 13-11(b)、(c)所示及表 13-2 的元素含量分析。

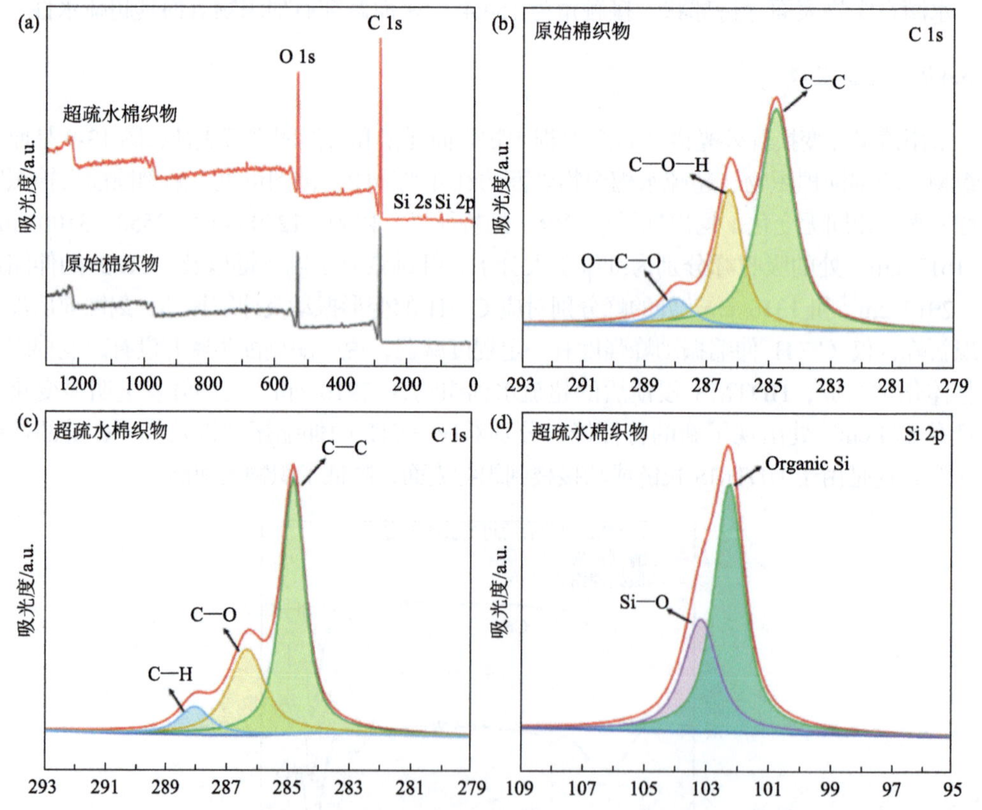

图 13-10 (a)原始、超疏水棉织物 XPS 全谱图；(b)原始棉织物的 C 1s 光谱；(c)超疏水棉织物的 C 1s 光谱和(d)超疏水棉织物的 Si 2p 光谱

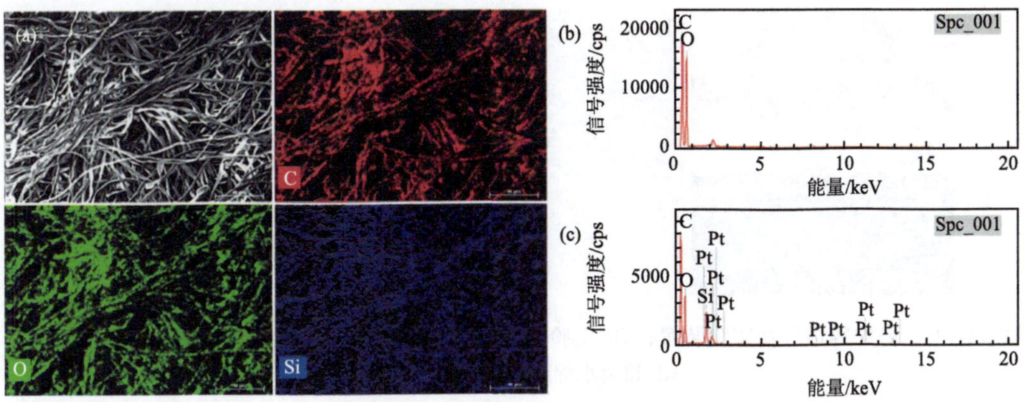

图 13-11　(a) 超疏水棉织物的元素分布图；(b) 原始棉织物和 (c) 超疏水棉织物的 EDS 能谱

表 13-2　棉织物各元素含量分析

织物名称	原子含量/%			
	C	O	N	Si
原始棉织物	55.47±0.09	43.84±0.14	0.69±0.05	0
超疏水棉织物	65.88±0.15	23.48±0.18	0.84±0.03	10.10±0.07

13.3.4.8　物理性能

白度、断裂强度及透气性是织物品质评级中的重要评定参数，对织物的加工性能和穿用性能紧密相关，通过全自动白度测试仪和万能拉力测试机对不同处理方式后制备的织物白度和断裂强度进行测定；透气性则是在烧杯中加入 50 mL 去离子水，分别将原始棉织物和超疏水棉织物样品封住杯口并在 100℃下加热 30 min，停止加热，待水冷却后读取剩余液体体积，并通过蒸发掉的去离子水体积和蒸发时间计算水蒸气通过织物的速率[式(13-3)]，通过该速率判断织物的透气性。实验装置图见图 13-12，结果见表 13-3。

$$V = \frac{V_1 - V_2}{t} \tag{13-3}$$

式中，V_1、V_2 分别为加热前后去离子水的体积，t 为加热时间。与原始织物相比，酶刻蚀处理后的白度下降 0.38%，径向和纬向强度分别下降 28.88%和 28.14%；硅烷偶联剂处理后的白度下降 0.42%，强度分别下降 25.03%和 24.69%，凭肉眼无法观察到织物的白度变化，超疏水棉织物外观与原始棉织物相差无几，表明该方法不会改变织物外观；径纬向断裂强度均有所下降，仍可保证织物的穿用性能；去离子水在 100℃下蒸发 30 min 后，盖有超疏水棉织物烧杯中的去离子水剩余体积仅比原始织物多 2 mL，故疏水处理对织物的透气性没有明显影响，不会影响超疏水棉织物在服装或其他领域中的应用。

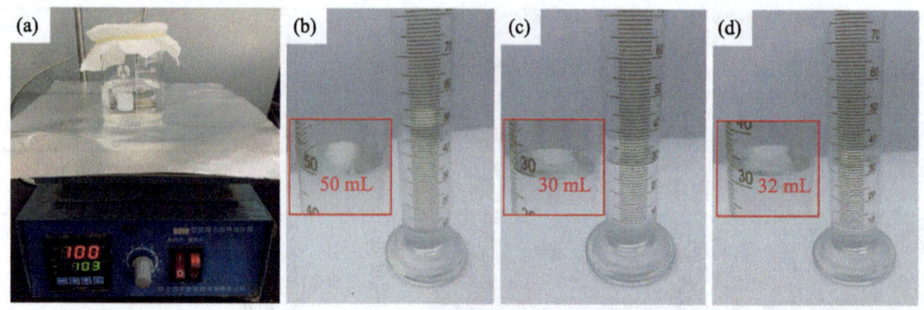

图 13-12 (a)织物透气性实验装置；(b)实验前去离子水体积；(c)原始棉织物实验后剩余体积；(d)超疏水棉织物实验后剩余体积

表 13-3 原始、酶刻蚀、超疏水棉织物物理性能变化

织物名称	白度/%	断裂强度/(kPa/m^2)		透气性		
		径向	纬向	加热前 V_1/mL	加热后 V_2/mL	速率/(mL/min)
原始棉织物	87.51	64.24	41.40	50	30	1.5
酶刻蚀棉织物	87.13	45.69	30.63	—	—	—
超疏水棉织物	87.09	46.16	31.18	50	33	0.6

13.3.4.9 润湿性能

修饰后织物本身的润湿和铺展性能是评价其应用的一个重要指标，原始棉织物会被水迅速润湿变为浅灰色，而修饰后的超疏水棉织物表面出现许多小气泡形成光亮的“银镜”，阻止了水与织物之间的接触，使织物不会被润湿，如图 13-13(b)所示，1 min 后将样品从水中取出，玻璃片上的原始棉织物已经完全被水润湿；而相对的超疏水棉织物依然干燥没有被水浸润，并且可见到织物表面没有水滴残留，如图 13-13(c)所示；将原始棉织物和超疏水棉织物一起放入水中，原始棉织物被润湿后沉入水底，超疏水棉织物不会被水润湿而漂浮在水面，如图 13-13(d)所示。

生活中可经常碰到棉纺织品在接触到液体时迅速被润湿的情景，这种情况会影响棉衣物的穿着体验，包括许多液体润湿织物后形成污染物难以去除。研究选择了常见的几类液体作为污染物对原始棉织物和超疏水棉织物的润湿性能进行测试。如图 13-14 所示，四种污染物滴落在原始棉织物表面的瞬间就发生了铺展，不到 1 s 便在织物表面完全铺展，在 3 s 内沿织物纤维扩散润湿，织物被污染；当污染物滴落在超疏水织物表面时，其液滴难以润湿织物，织物经过 60 s 后液滴依然保持球状，此时非常容易抖落液滴让织物表面保持清洁。

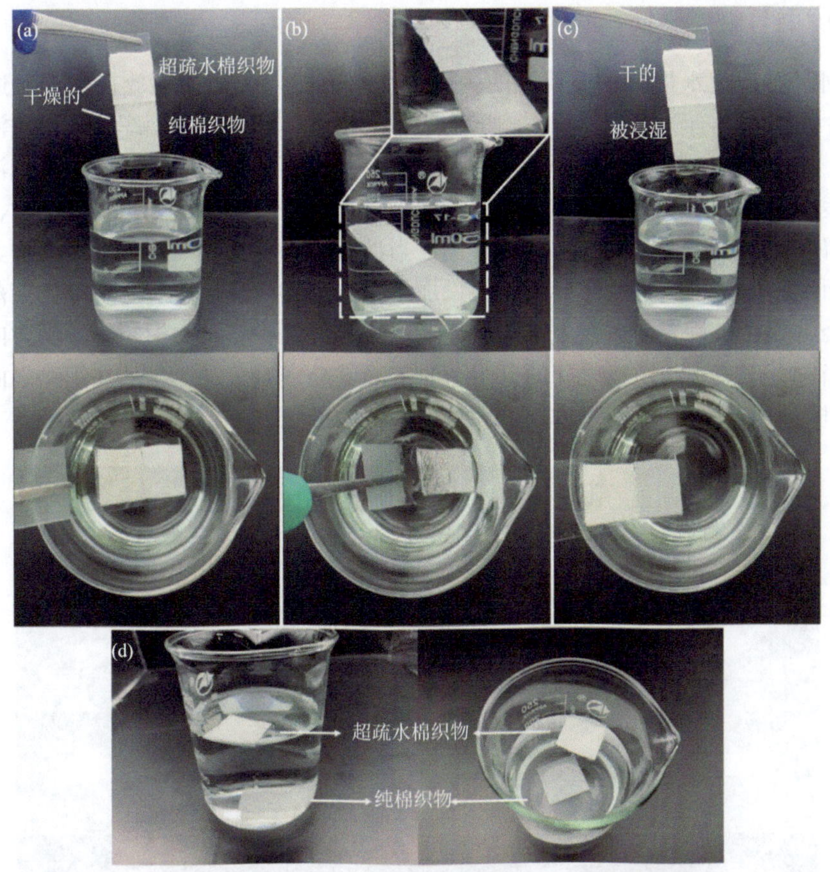

图 13-13　原始棉织物和超疏水棉织物浸入水中的润湿情况

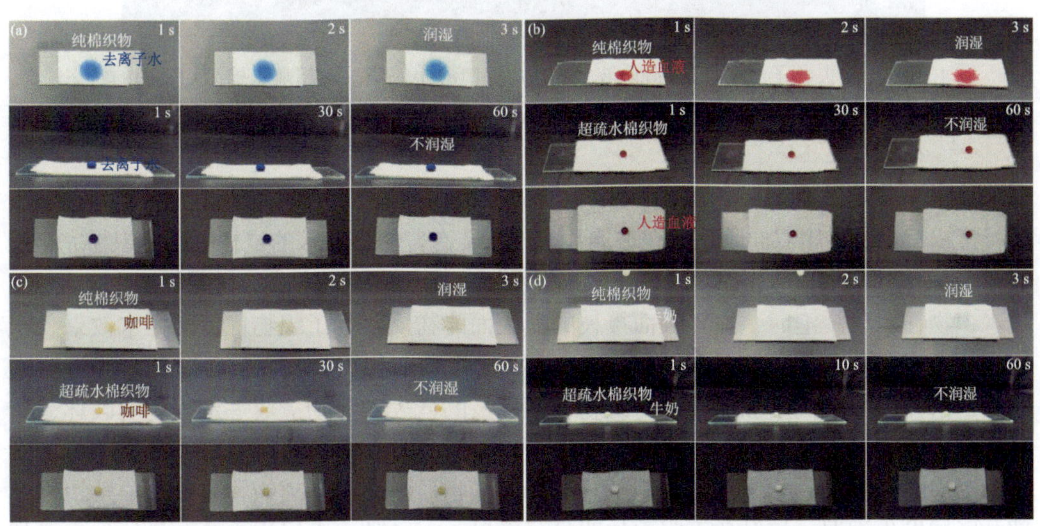

图 13-14　(a)去离子水、(b)人造血液、(c)咖啡和(d)牛奶对织物的润湿情况

13.3.4.10 抗污染性能

将固定有超疏水棉织物玻璃片的一端放在培养皿内，另一端放在培养皿边缘，并让玻璃片和织物具有一定倾斜角，测试不同污染物液体滴落在倾斜织物表面时液滴的运动状态。如图 13-15 所示，当去离子水和人造血液滴落到织物表面时，可见到液滴立刻从织物表面滚落，在织物表面不会残留；而咖啡和牛奶液体滴落到织物表面时，液滴会首先停留在织物表面，继续增加液滴数量，当液滴体积增加到一定程度时因重力才会从织物表面滚落，这是因为咖啡和牛奶中添加了添加剂导致其黏度有所增加，滴落在织物表面后会黏附在织物表面，在液滴体积逐渐增大的过程中，重力沿织物倾斜方向的分离增加，当它大于液滴与织物之间的黏附力时液滴就会发生滚动，虽然在织物表面有部分残留，但用去离子水冲洗即可方便地冲洗掉残留的液滴。

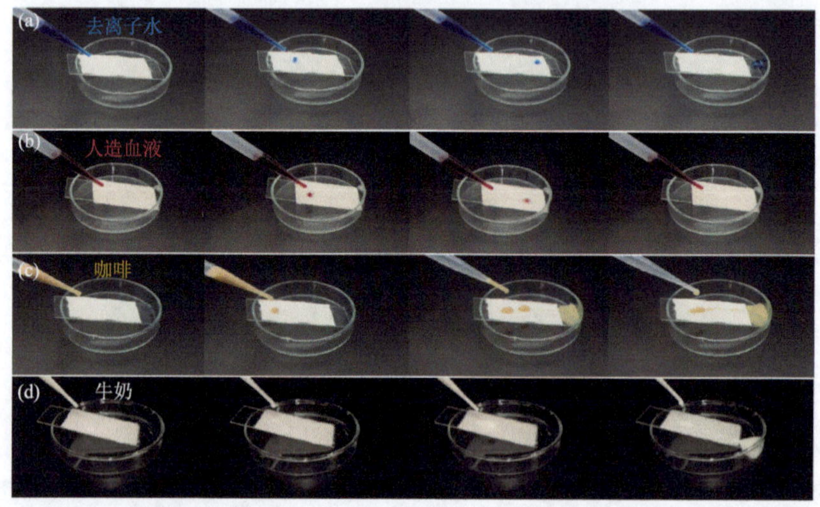

图 13-15 (a)去离子水、(b)人造血液、(c)咖啡和(d)牛奶滴落在超疏水棉织物表面的状态

13.3.4.11 疏水稳定性

1)水下稳定性测试

将超疏水织物用双面胶粘贴在玻璃片上放入装有普通自来水的烧杯中，使织物完全浸没在水面下，同时每间隔 24 h 取出，在室温下晾干并测量其接触角，结果见图 13-16。超疏水织物在水下浸泡时，由于表面接枝的低表面能物质赋予了织物优良的拒水效果，织物表面会形成一层微小气泡组成的“银镜”，水能完全与织物表面接触，随着浸泡时间增长，水体环境中离子和压力会对织物表面接枝的低表面能物造成一定程度的破坏，导致疏水性能有所下降，接触角逐渐减小；浸泡 72 d 后，织物的接触角降低至 149.6°，随着浸泡时间的进一步增加，由于部分低表面能物质已经被剥离织物表面，导致织物此部分区域发生润湿，接触角下降更加明显，经过 140 d 的水下浸泡实验，虽然失去了超疏水效果，但接触角保持在 141°，仍具有良好的拒水性，因此将超疏水织物应用在户外用品时具有非常好的应用价值。

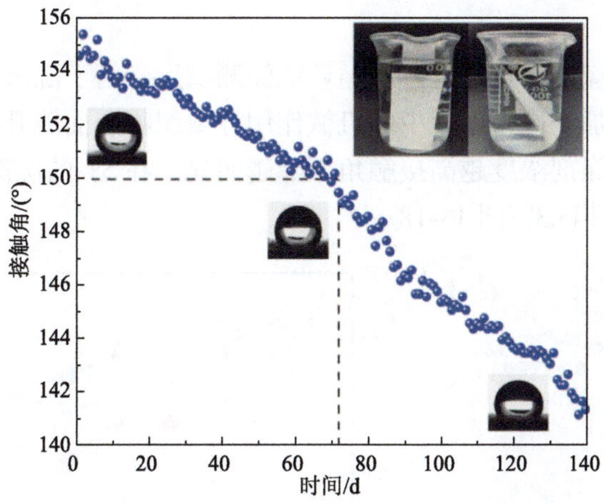

图 13-16　水下浸泡不同时间后超疏水织物表面的接触角变化

2)摩擦测试

伴随着摩擦循环次数的增加，经过粗糙的砂纸摩擦后，织物表面会观察到产生了许多不规则绒毛，可以视为产生了另一种纳微结构，但接着的摩擦测试会破坏形成的涂层让其剥离织物，所以接触角先略有增大然后减小，但质量损失持续增大，经 300 次摩擦后织物已经可观察到明显的破损，大部分纤维和疏水涂层已经剥离胶带表面，但剩余纤维部分接触角保持在 150°以上，具有超疏水效果(图 13-17)。

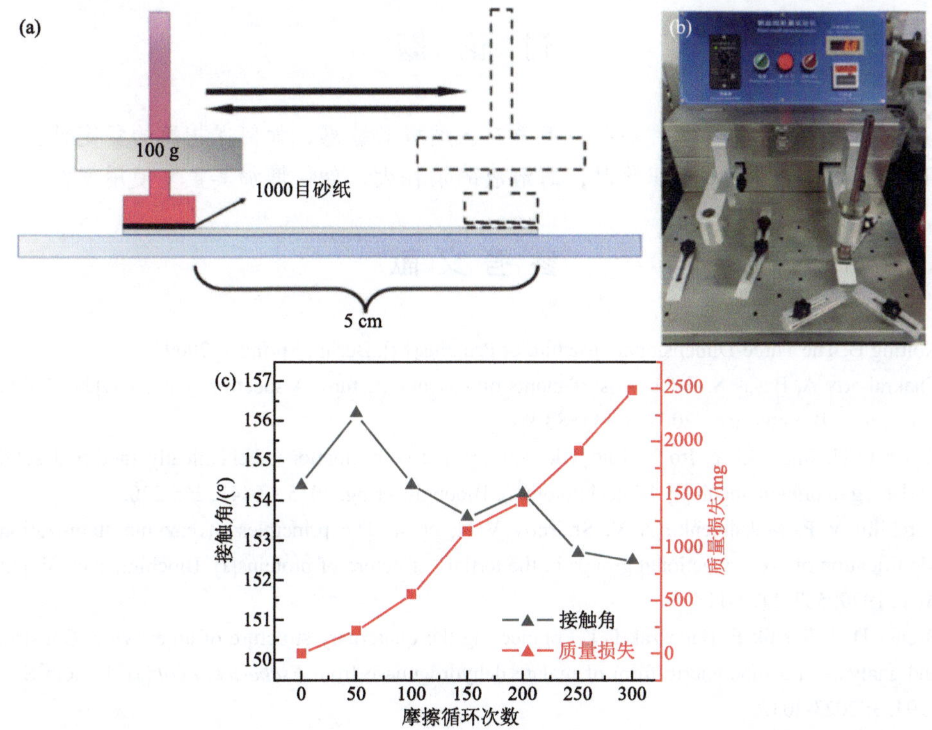

图 13-17　(a)耐摩擦实验过程示意图；(b)耐摩擦实验装置；(c)织物的接触角和质量损失随摩擦循环次数的变化

3) 耐洗涤测试

在不同浓度的洗涤剂中经过 10 次循环洗涤测试后，由于洗涤剂对低表面能化合物的化学键造成破坏，加上搅拌过程中的机械作用导致织物表面能升高，织物的接触角有不同程度的下降，洗涤剂浓度越高接触角下降越明显，在 5%的洗涤剂中洗涤 40 min 后织物的接触角降低至 143.3°(图 13-18)。

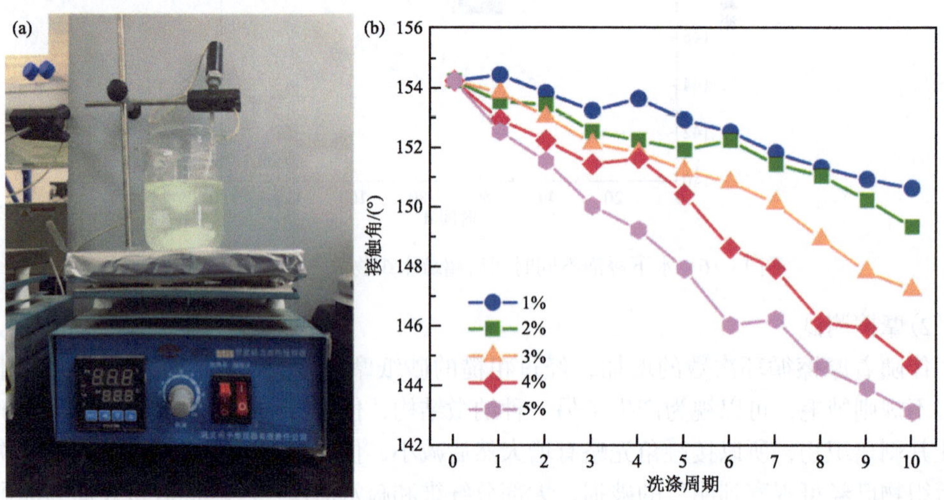

图 13-18　(a)洗涤实验装置；(b)接触角在不同浓度(质量分数)洗涤剂中随洗涤周期的变化

讨 论 题

13.1　酶法虽然处理条件温和，但是对温度极其敏感，如何保护酶的稳定性？

13.2　酶刻蚀超疏水棉织物时，酶溶液的消耗大，如何增加其重复使用率？

参 考 文 献

[1] Nölting B. The Three-Dimensional Structure of Proteins[M]. Berlin: Springer, 2009.

[2] Chakraborty A, Basak S. Effect of surfactants on casein structure: A spectroscopic study[J]. Colloids & Surfaces B: Biointerfaces, 2008, 63(1): 83-90.

[3] Kwon O H, Imanishi Y, Ito Y. Catalytic activity and conformation of chemically modified subtilisin Carlsberg in organic media[J]. Biotechnology & Bioengineering, 2015, 66(4): 265-270.

[4] Torchilin V P, Maksimenko A V, Smirnov V N, et al. The principles of enzyme stabilization Ⅳ. Modification of 'key' functional groups in the tertiary structure of proteins[J]. Biochimica et Biophysica Acta, 1979, 567(1): 1-11.

[5] Breiter D R, Resnik E, Banaszak L J. Engineering the quaternary structure of an enzyme: Construction and analysis of a monomeric form of malate dehydrogenase from *Escherichia coli*[J]. Protein Science, 1994, 3: 2023-2032.

[6] Béguin P, Aubert J P. The biological degradation of cellulose[J]. FEMS Microbiology Reviews, 1994, 13(1): 25-58.

[7] Lee Y H, Fan L T. Kinetic studies of enzymatic hydrolysis of insoluble cellulose: (Ⅱ). Analysis of extended hydrolysis times[J]. Biotechnology & Bioengineering, 2010, 25(4): 939-966.
[8] Tomme P, Tilbeurgh H V, Pettersson G, et al. Studies of the cellulolytic system of *Trichoderma reesei* QM 9414[J]. European Journal of Biochemistry, 1988, 170(3): 575-581.
[9] 王翾. 微生物纤维素酶及其降解纤维素机理的研究进展[J]. 陕西农业科学, 2010, 56(3): 86-88.
[10] 王巧兰, 郭刚, 林范学. 纤维素酶研究综述[J]. 湖北农业科学, 2004(3): 14-18.
[11] Duff S, Cooper D G, Fuller O M. Effect of media composition and growth conditions on production of cellulase and β-glucosidase by a mixed fungal fermentation[J]. Enzyme and Microbial Technology, 1987, 9(1): 47-52.
[12] Stockton B C, Mitchell D J, Grohmann K, et al. Optimum β-D-glucosidase supplementation of cellulase for efficient conversion of cellulose to glucose[J]. Biotechnology Letters, 1991, 13(1): 57-62.
[13] 夏黎明. 固态发酵生产高活力纤维二糖酶[J]. 食品与发酵工业, 1999(2): 3-7.
[14] Grajek W, Gervais P. Influence of water activity on the enzyme biosynthesis and enzyme activities produced by *Trichoderma viride* TS in solid-state fermentation[J]. Enzyme & Microbial Technology, 1987, 9(11): 658-662.
[15] 徐茂军. β-葡萄糖苷酶对豆奶及豆奶粉中大豆异黄酮糖苷化合物的转化作用研究[J]. 中国食品学报, 2005, 5(4): 28-33.
[16] 李莉, 张声, 林华, 等. 基质金属蛋白酶和组织金属蛋白酶抑制剂表达失衡与胃癌浸润转移的关系[J]. 癌症, 2002, 21(3): 305-310.
[17] 胡学智, 王俊. 蛋白酶生产和应用的进展[J]. 工业微生物, 2008, 38(4): 13.
[18] 姜俊. 不同酶处理条件的木材表面特性研究[D]. 南京: 南京林业大学, 2008.
[19] 王雪飞. 脂肪酶改善麦秸表面润湿性能的研究[D]. 南京: 南京林业大学, 2009.
[20] 王平. 羊毛表面生物酶改性及机制研究[D]. 无锡: 江南大学, 2010.
[21] 王生, 张瑞萍, 贺良震, 等. TG 酶改性羊毛织物的性能[J]. 印染, 2012, 38(8): 9-13.
[22] 张瑞萍. 转谷氨酰胺酶对羊毛的改性研究[D]. 上海: 东华大学, 2011.
[23] Lenting H B M, Zwier E, Nierstrasz V A. Identifying important parameters for a continuous bioscouring process[J]. Textile Research Journal, 2002, 72(9): 825-831.
[24] 刘昌龄, 王秀玲. 碱性果胶酶: 成本有效, 对环境有利的前处理的关键[J]. 印染译丛, 2000(4): 41-44.
[25] Hartzell M M, Hsieh Y L. Enzymatic scouring to improve cotton fabric wettability[J]. Textile Research Journal, 1998, 68(4): 233-241.
[26] 尤近仁. 棉针织物煮练工艺与除杂和毛效关系的探讨[J]. 针织工业, 1995 (4): 39-42.
[27] M. 刘温, S. B. 塞洛. 印染基本原理和前处理[M]. 杨如馨, 顾平, 译. 北京:纺织工业出版社, 1989.
[28] Hartzell M M, Hsieh Y L. Enzymatic scouring to improve cotton fabric wettability[J]. Textile Research Journal, 1998, 68(4): 233-241.
[29] 万清余, 范雪荣. 果胶质的去除及其对棉织物润湿性的影响[J]. 针织工业, 2004(1): 89-92.
[30] 左琴平, 林红, 陈宇岳. 聚酰亚胺纤维的开发及应用进展[J]. 纺织导报, 2018(5): 4.
[31] 张楠. 聚酰亚胺纤维纸基高温烟气过滤材料的制备及性能研究[D]. 西安: 陕西科技大学, 2019.
[32] 文谧, 付志兵, 邓才波, 等. 氧化石墨烯/聚酰亚胺复合薄膜的制备及阻水性能[J]. 复合材料学报, 2019, 36(1): 26-33.
[33] Zhang M, Niu H, Wu D. Polyimide fibers with high strength and high modulus: Preparation, structures, properties, and applications[J]. Macromolecular Rapid Communications, 2018, 39: 1800141.
[34] Yang C, Dong J, Fang Y, et al. Preparation of novel low-κ polyimide fibers with simultaneously

excellent mechanical properties, UV-resistance and surface activity using chemically bonded hyperbranched polysiloxane[J]. Journal of Materials Chemistry C, 2018, 6(5): 1229-1238.

[35] Facile method for fabricating low dielectric constant polyimide fibers with hyperbranched polysiloxane[J]. Journal of Materials Chemistry C, 2017, 5(11): 2818-2825.

[36] Wang Y, Wang W, Ding X, et al. Multilayer-structured Ni-Co-Fe-P/polyaniline/polyimide composite fabric for robust electromagnetic shielding with low reflection characteristic[J]. Chemical Engineering Journal, 2020, 380: 122553.

[37] Song S X, Zhen X L, Zhang M Y, et al. Foam forming: An effective method to prepare polyimide fiber-based paper[J]. Paper and Biomaterials, 2019, 4(3): 39-44.

[38] Yang T, Han E, Wang X, et al. Surface decoration of polyimide fiber with carbon nanotubes and its application for mechanical enhancement of phosphoric acid-based geopolymers[J]. Applied Surface Science, 2017, 416: 200-212.

[39] Zhang L, Han E, Wu Y, et al. Surface decoration of short-cut polyimide fibers with multi-walled carbon nanotubes and their application for reinforcement of lightweight PC/ABS composites[J]. Applied Surface Science, 2018, 442: 124-137.

[40] Chen L, Long Z, Zhang Y, et al. Modification of dry - spun Suplon polyimide fibers by mixed-acid oxidation and their effects on the properties of polypropylene-resin-based composites[J]. Journal of Applied Polymer Science, 2017, 134(25): 44932-44936.

[41] 厉世能. 芳纶纤维的老化及表面处理的研究[D]. 苏州: 苏州大学, 2012.

[42] 崔丽丽, 胡祖明, 于俊荣, 等. 生物酶催化接枝处理 PPTA 纤维表面研究[J]. 高科技纤维与应用, 2015, 40(5): 38-43.

[43] Xu L, Zhang N, Wang Q, et al. Eco-friendly grafting of chitosan as a biopolymer onto wool fabrics using horseradish peroxidase[J]. Fibers and Polymers, 2019, 20(2): 261-270.

[44] 李志强, 王发阳, 王士华, 等. 辣根过氧化物酶催化表面修饰聚酰亚胺纤维及其润湿功能性[J]. 中国造纸, 2020, 39(7): 10.

[45] 刘铭华. 酶前处理对棉织物润湿性能影响及工艺研究[D]. 上海: 东华大学, 2018.

[46] 王平, 王强, 范雪荣, 等. 酶精练对棉针织物润湿性的影响[J]. 染整技术, 2003, 25(1): 6-9.

[47] 范雪荣, 纪惠军, 王强, 等. 生物酶处理对亚麻/棉织物杂质的去除作用[J]. 纺织学报, 2006, 27(9): 71-74.

[48] 王强, 范雪荣, 高卫东, 等. 棉针织物复合生物酶精练加工[J]. 纺织学报, 2006, 27(7): 27-30.

[49] Guo W, Wang X, Huang J, et al. Construction of durable flame-retardant and robust superhydrophobic coatings on cotton fabrics for water-oil separation application[J]. Chemical Engineering Journal, 2020, 398: 125661.

[50] Liu L, Huang Z, Ying P, et al. Finishing of cotton fabrics by multi-layered coatings to improve their flame retardancy and water repellency[J]. Cellulose, 2018, 25: 4791-4803.

[51] 袁芳. 含有支化聚乳酸侧链的梳状聚合物的制备、表征及应用研究[D]. 天津: 天津大学, 2012.

[52] Bae G Y, Min B G, Jeong Y G, et al. Superhydrophobicity of cotton fabrics treated with silica nanoparticles and water-repellent agent[J]. Journal of Colloid & Interface Science, 2009, 337(1): 170-175.

[53] Huang J Y, Li S H, Ge M Z, et al. Robust superhydrophobic TiO_2@fabrics for UV shielding, self-cleaning and oil-water separation[J]. Journal of Materials Chemistry A, 2015, 3(6): 2825-2832.

[54] Li X, Wang G, Moita A S, et al. Fabrication of bio-inspired non-fluorinated superhydrophobic surfaces with anti-icing property and its wettability transformation analysis[J]. Applied Surface Science, 2020, 505: 144386.

[55] 陈淑嫔, 李红强, 赖学军, 等. 超疏水阻燃织物的研究进展[J]. 涂料工业, 2020, 50(12): 83-88.

[56] Lu X, Li Z, Liu Y, et al. Titanium dioxide coated carbon foam as microreactor for improved sunlight driven treatment of cotton dyeing wastewater[J]. Journal of Cleaner Production, 2020, 246(Feb.10): 118949.1-118949.9.

[57] 陈春晖, 许多, 李治江, 等. 疏水亲油复合棉织物的制备及其性能[J]. 现代纺织技术, 2022, 30(4): 115-123.

[58] 李霞. 全氟辛烷磺酸和全氟辛酸等全氟化合物的环境及健康危害引起国际社会高度重视[C]//中国环境科学学会. 2007 中国环境科学学会学术年会优秀论文集(下卷). 北京: 中国环境科学出版社, 2007.

[59] 宋桂经, 孙彩云. 纤维素酶及其在纺织工业上的应用[J]. 印染助剂, 1995, 12(3): 3.

[60] Subramanian V, Ooij W V J C. Effect of the amine functional group on corrosion rate of iron coated with films of organofunctional silanes[J]. Corrosion, 1998, 54(3): 204-215.

[61] 张先亮, 唐红定, 廖俊. 硅烷偶联剂: 原理、合成与应用[M]. 北京: 化学工业出版社, 2012.

[62] 陈世容, 瞿晚星, 徐卡秋. 硅烷偶联剂的应用进展[J]. 有机硅材料, 2003, 17(5): 4.

[63] 王斌, 霍瑞亭. 硅烷偶联剂水解工艺的研究[J]. 济南纺织化纤科技, 2008(2): 33-36.

[64] 周宁琳. 有机硅聚合物导论[M]. 北京: 科学出版社, 2000.

[65] Abdelmouleh M , Belgacem M N , Boufi S, et al.Studies of interactions between silane coupling agents and cellulose fibers with liquid and solid-state NMR[J]. Magnetic Resonance in Chemistry, 2010, 45(6): 473-483.

[66] Zhang W, Pan F S, Yang M B, et al. Influence of KH-550 Silane Treatment on the Corrosion Resistance of AZ31 Magnesium Alloy[C]. 重庆: 中美材料国际研讨会, 2008.

[67] 董金美, 李颖, 文静, 等. KH550 硅烷偶联剂的水解工艺研究[J]. 盐湖研究, 2020, 28(3): 6.

[68] 李方文, 吴建锋, 徐晓虹, 等. 丙基三甲氧基硅烷的水解[J]. 化学工业与工程, 2008, 25(3): 203-207.

[69] 刘佳, 姚光晔. 硅烷偶联剂的水解工艺研究[J]. 中国粉体技术, 2014(4): 4.

[70] Voulgaris C, Panou A, Amanatides E, et al. RF power effect on TEOS/O_2 PECVD of silicon oxide thin films[J]. Surface and Coatings Technology, 2005, 200(1-4): 351-354.

[71] Shchukarev A V, Korolkov D V. XPS Study of group IA carbonates[J]. Central European Journal of Chemistry, 2004, 2(2): 347-362.

[72] Nohira H, Tsai W, Besling W, et al. Characterization of ALCVD-Al_2O_3 and ZrO_2 layer using X-ray photoelectron spectroscopy[J]. Journal of Non-Crystalline Solids, 2002, 303(1): 83-87.

[73] 杨雪. 棉织物自修复超疏水功能化研究[D]. 无锡: 江南大学, 2021.

第 14 章　超疏水不锈钢网

直流电流在一定的外加电压下通过电解池时，在阴阳两极分别发生还原反应和氧化反应，这一电化学过程被称为电解。电解反应过程中阳极发生溶解，进而获得具有所需形状和尺寸的工件的工艺方法称为电化学刻蚀。利用电化学刻蚀后的金属基材继续修饰低表面能物质就可以得到超疏水材料。

14.1　电化学原理

电化学刻蚀可以选择不同的阴极材料，阳极则为需要加工的基材，如图 14-1 所示，以阴极 Cu 在 NaCl 溶液中电解加工 Fe 为例，其中阳极 Fe 发生电化学溶解，阴极析出 Cu 单质。电解加工过程中，工件阳极可借助于成形工具，阴极被高速溶解，从而使被加工金属表面达到设计所需的形貌。

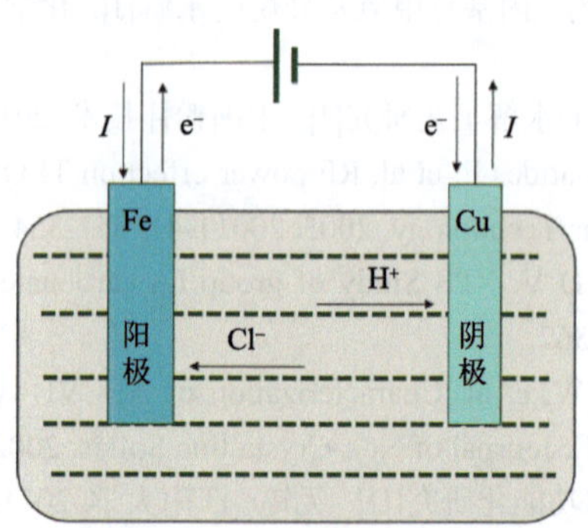

图 14-1　电化学刻蚀示意图

在实际的电解加工过程中，研究不仅关注电解加工的基本原理，同样也关注工件的几何参数和被加工表面质量在电解加工过程中的变化规律。电解加工过程基于法拉第定律，主要与电压、电流密度、电解液等参数有关。

1. 法拉第定律

作为电解加工的基本定律，法拉第定律不仅能用于定性分析，还能用于定量计算，可以清晰地呈现出电化学加工的工艺规律。在电极的两相界面处(如金属 / 溶液界面上)发生电化学反应的物质质量与通过界面上的总电量成正比，公式为

$$M=KQ=KIt \tag{14-1}$$

式中，M为阳极溶解金属的质量(g)；K 为单位电量溶解元素质量，即元素的质量电化当量[g/(A·s)]；Q 为两相界面上通过的电量(A·s)；I 为电流强度(A)；t 为电化学反应时间(s)。

2. 电解加工参数

1)电流密度

电解加工中的重要加工参数之一是电流密度，电流密度 i 对工件的表面粗糙度及加工效率有着直接的影响，同时对材料加工精度有间接的影响。

通常情况下，金属基体的加工效果随着电流密度的增大而变得更为明显。极化现象会随电流密度的增加而越来越严重，过大的双电层反电势使电流密度无法继续加大；当浓差极化增大到一定程度时，若体系中的电解液没有提供足够高的流速，阳极溶解的过程将受到一定的阻碍；同时过大的电流密度会导致电极间发热量增多，或产生短路等，对金属基体加工效果有很大的影响。所以要合理地选择电流密度。

2)加工电压

在电解加工过程中，由电源提供的金属基体和阴极之间的电压称为加工电压，它可消除欧姆压降和双电层反电势，并建立两极间所需的电流场，提供电解所需电流密度。对高温耐热合金这种分解电压低的体系，所需提供电压值较低，一般为 10～15 V；对钛合金钝性溶解这种分解电压高的体系，所需的电压一般在 20 V 上。在选定电解液电导率和电流密度的条件下，加工间隙随加工电压的升高而增大，这样容易产生比较大加工误差；并且加工电压的升高加大了焦耳热损失，造成能耗损耗加大。因此，在确保了电流密度所需加工条件的情况下，应尽量选取更小的加工电压，以保证最小间隙的正常加工，并能够降低能耗。

3)电解液

电解液是电化学反应发生的载体，是电解池最重要的组成部分，具有如下作用。

(1)电解液中的导电离子作为电流的传送介质；同时，与阴阳两极共同组成电化学反应体系，实现电解加工。

(2)及时将加工区的反应热带走，避免其因温度过高引起沸腾等，确保了电解过程的正常进行。

(3)及时将电解产物带走，同时控制电极极化，确保了电解过程的持续进行。

目前，NaCl、$NaNO_3$ 及 $NaClO_3$ 等中性电解液的应用较为常见。NaCl 电解液中含有的活性离子使得阳极在电解过程中不会发生钝化，因此称之为活性电解液，其优点是通用性好、安全性高、过程稳定、成本低；但其不足之处在于精度较低、腐蚀较为严重、易于腐蚀设备。$NaNO_3$ 和 $NaClO_3$ 电解液在电解加工的过程中会出现钝化，因此被称为钝性电解液或非线性电解液。此外，虽然 $NaClO_3$ 电解液的腐蚀性较弱，但加工效率低；而 $NaClO_3$ 电解液虽然可获得更高的加工精度，但由于成本较高难以广泛应用。由以上分析可知，电化学刻蚀试验首先要根据试验要求选择适合的电解液，依据法拉第定律选择合适的加工参数。

14.2 电化学应用

目前存在许多制备超疏水表面的方法，这些方法都存在各自的缺点。如溶胶-凝胶法制备的涂层容易产生裂缝而且生产效率低；水热法工艺要求较高，不适合大规模生产；模板法所需的模板昂贵且容易损坏；化学刻蚀法使用的试剂具有一定的环境危害性；气相沉积法形成的表面机械稳定性不好。相对而言，电化学刻蚀法有着这些方法相对突出的优点。电化学刻蚀法使用的试剂一般为氯化钠，具有环境友好性，并且工艺条件温和、成本低、操作简单等优点，适合大规模生产。

Wang 等[1]最早使用电化学刻蚀的方法刻蚀硅表面制得了超疏水硅，静态接触角达到 160°，硅可用于电子器件集成，而引入超疏水硅可以保护它们免受环境中水分的影响。Ma 等[2]以氯化钠中性溶液为电解液，使用电化学刻蚀的方法成功地在铝镁合金上制备了微纳粗糙结构，随后通过氟硅烷改性制备了超疏水铝镁合金表面。此材料的最佳刻蚀电流密度为 1 A/cm^2，使用的试剂具有环境友好性，并且稳定性好，适合大规模应用。Li 等[3]以 0.2 mol/L 的 NaCl 和 0.2 mol/L 的 $NaNO_3$ 混合溶液为电解质溶液，在 0.5 A/cm^2 的电流密度条件下刻蚀 6 min，制得接触角达到 162°的超疏水镁合金表面，该表面具有良好的抗冰、自清洁和耐高温性能，在 260℃的环境下接触角仍能保持在 155°。Cheng 等[4]成功使用电化学刻蚀的方法在 GH4169 镍基高温合金上制备了超疏水表面，CA≈160°，并研究了不同电解质对超疏水表面性能的影响，研究发现使用 NaCl 或 $NaNO_3$ 为电解质溶液对材料的接触角的影响不大。但是使用 $NaNO_3$ 为电解质溶液制备的超疏水表面机械稳定性要高于以 NaCl 为电解质制备的超疏水镁合金表面。Yang 等[5]使用电化学刻蚀的方法在铝表面刻蚀出粗糙结构，随后将材料浸泡在 0.05 mol/L 的硬脂酸乙醇溶液中，成功制得了 CA≈162°的超疏水铝表面。Song 等[6]使用电化学刻蚀加沸水浸泡的方法，制备了超疏水铝，随后再次使用电化学刻蚀和掩模加工方法在超疏水铝基底上刻蚀出超亲水图案，该二次电化学刻蚀法成功地在超疏水基底上制备了超亲水图案，并成功应用于水汽收集，为解决干旱地区的用水问题提供了一个思路。赵树国等[7]使用电化学刻蚀的方法制备了超疏水 5083 铝合金板，电解液为 0.2 mol/L 的 NaCl 水溶液，加工参数为 1 A/cm^2 的电流密度，加工时间为 300 s，并且研究者发现该表面的接触角会随着在空气中的放置时间增长而增大。在放置 12 天时接触角达到最大值 152°。但是高温处理会影响接触角，让其数值降低，这是因为具有微纳米粗糙结构的铝合金，其表面会吸附空气中的有机物，从而导致接触角的上升，而高温却会让有机物分解导致接触角下降直至成为超亲水表面。张方东[8]采用电化学刻蚀和氟硅烷修饰的方法制备了超疏水锌基表面，并考察了刻蚀时间、电流密度等加工参数对接触角的影响。最佳刻蚀时间为 5 min，最佳刻蚀电流密度为 0.05 A/cm^2，制得超疏水表面的接触角达到 150°，随后使用相同的方法制备了锌基超疏油表面，甘油的接触角能达到 158°，十六烷的接触角为 150°。周强[9]使用电化学刻蚀的方法制备了超疏水铝，随后使用电解着色法制备了彩色超疏水铝。电解液不同，制备的超疏水铝颜色也不相同。电解液为高锰酸钾时，制备的超疏水铝呈现出金黄色；电解液为镍盐时，制备的超疏水铝为黑色。李娟[10]使用电化学刻蚀法在铝表面制备了粗糙结构，然后使用硬脂酸为低表面能修饰剂，成功制备了接触角为 164°的超疏水铝。这体现出电化学刻蚀相比于化学刻蚀的优势，若是使用化学刻蚀钛并在其表面形成微纳米级别的粗糙结构，必须使用强酸或强碱试剂，后续的试剂处理会对环境造成很大的污染，并且实验过程中采用了危险试剂，具有一定安全隐患，难以大规模使用。

14.3 应 用 方 向

14.3.1 耐腐蚀

超疏水固体表面能有效防止水或其他液体物质的腐蚀，电化学刻蚀法制备的超疏水金属表面，能有效防止酸碱性腐蚀物质对输送管道内壁的腐蚀，从而减少经济损失，具有非常重要的应用价值。李松梅等[11]使用电化学刻蚀法制备了超疏水铝表面，并在氯化钠溶液中进行电位极化和交流阻抗测试，显示出该超疏水表面具有良好的抗腐蚀性能。Guo 等[12]利用电化学刻蚀和化学刻蚀相结合的方法制备了超疏水铝表面，电化学测试结果表明：超疏水表面的腐蚀电流密度相比普通铝表面降低了两个数量级以上；超疏水表面的缓蚀效率高达 99%，浸泡溶液为 NaCl，说明该超疏水表面耐海水腐蚀性能好，可大规模应用于海洋环境。Yu 等[13]以硬脂酸为低表面能修饰剂，使用电化学刻蚀的方法制备了锆基金属玻璃超疏水表面，该表面的缓蚀效率达到了 99%，而且还具有良好的耐高温和自清洁性能。

14.3.2 抗冰和定向运输

在大雪等低温天气条件时，金属表面会出现结冰现象，这不仅会影响机器的正常运行，还会给机器造成损害。研究表明超疏水表面有着良好的防冰性能，这会大大减少因结冰带来的经济损失。而在干旱地区，利用超疏水表面进行水滴的定向运输对于水资源的有效利用有着重大的意义。

Liu 等[14]使用电化学刻蚀的方法在航空钢表面形成了粗糙的钝化膜，经过低表面能改性后接触角达到 165°，将该超疏水材料置于−20℃的环境中模拟雨水冲击，测量其抗冰性能。实验发现，经过 15 min 的冲击，超疏水表面未形成冰，而普通航空钢表面大部分被冰覆盖。Yang 等[15]使用电化学刻蚀的方法制备了超疏水铝表面，再利用光刻技术在该表面形成了一条弧形路径线，实现了水滴的定向运输。

14.3.3 自清洁

Wang 等[16]以铍铜合金为基底，采用电火花加工(EDM)和电化学刻蚀相结合的方法得到了具有分层微纳米粗糙结构的表面，再经过硬脂酸改性得到接触角达到 167°的超疏水表面。将石英砂颗粒均匀地散布在该表面上，并使基材倾斜 5°。将水滴在基材上，该表面的石英砂颗粒被完全带走且没有留下水迹，证明该超疏水表面有良好的自清洁性能。Dong 等[17]利用电化学刻蚀氟硅烷修饰的方法制备了超疏水钛表面，研究者将人工污垢扩散到制备的超疏水表面上，当水滴滚过表面时，沿着水滴流动的轨迹留下清洁表面，水滴含有人工污垢，说明污垢被成功地移除。Yu 等[18]以黄铜为基底，采用电化学刻蚀和化学刻蚀相结合的方法制备了具有二级粗糙结构的超疏水表面。通过高速相机拍摄发现水滴滴落在表面会回弹，且不会在表面留下水迹。

14.4 应用优势

在众多制备超疏水表面的方法中，电化学刻蚀法是最方便、最廉价、最易规模化制备的方法之一。相比于其他方法，电化学刻蚀法的优点是：①过程简单，所需仪器设备少；②通过控制电化学参数可以控制厚度和表面形貌；③基材表面的形状和尺寸没有限制；④电化学反应可以在温和的条件下进行，能耗相对较低。

但同时也要注意该方法的局限：电化学反应只能在导电表面上进行。为了将该方法推广到绝缘材料，需要通过化学或物理沉积进行预处理，使表面导电。这些附加步骤会使工艺复杂化，并增加制造成本。

对于无机材料而言，一个限制是很少有无机材料通过电化学过程被制备成微米或纳米结构，只能选择有限的基体材料。因此，以低成本或利用特殊工艺(如催化、导电等)制备疏水表面是未来的一个主要研究方向。

14.5 超润湿不锈钢网的制备

不锈钢网表面的粗糙结构可通过电化学刻蚀来实现，然后分别使用氟硅烷和全氟辛酸钠对其进行改性，制备超疏水和超亲水疏油不锈钢网(图 14-2)。分析刻蚀前后不锈

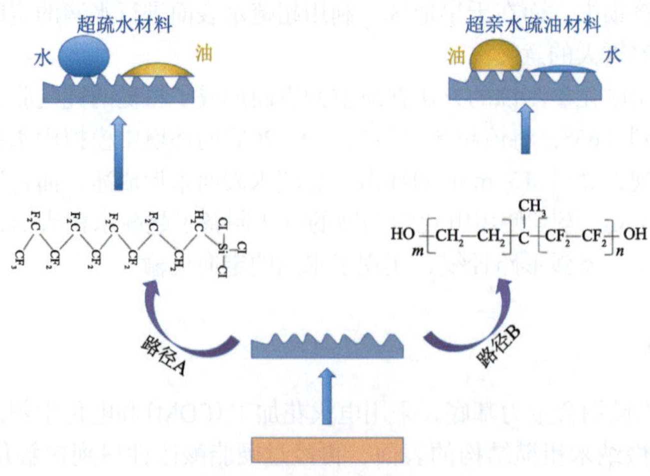

图 14-2 制备工艺示意图

路径 A：超疏水材料；路径 B：超亲水疏油材料

钢网表面的润湿性和微观形貌，对比改性前后不锈钢网表面的化学成分。同时测试刻蚀电流密度、刻蚀时间和刻蚀液浓度三个因素对表面微观形貌和润湿性能的影响。分析表面化学成分组成对润湿性能的影响。

14.5.1　实验

作为生活中常见的材料，不锈钢网广泛应用于各个领域。相比于其他材料，不锈钢网具有应用范围广、稳定性高、机械强度高、耐腐蚀性能好等优点。市场上有多种不锈钢网，本节使用的是 500 目的 304 不锈钢网，具体化学成分如表 14-1 所示。

表 14-1　304 不锈钢网的化学组分表(%，质量分数)

元素	铁(Fe)	铬(Cr)	碳(C)	氧(O)	镍(Ni)
含量	61.13	10.24	8.13	3.70	0.53

14.5.1.1　表征仪器

使用光学接触角仪(DSA-X)测量表面接触角。使用扫描电子显微镜(SEM)对表面形貌进行表征，并对表面进行 EDS 测试，观察表面元素的分布及变化情况，测试条件为 10 kV 的加速电压。使用 X 射线光电子能谱仪(XPS)对不锈钢网表征其表面元素和组成变化。使用傅里叶变换红外光谱仪研究不锈钢网表面官能团。使用热重分析仪(TG)对制备的超润湿不锈钢网进行耐高温测试。

14.5.1.2　实验原理

如图 14-1 所示，用电化学刻蚀进行刻蚀，刻蚀液为 1 mol/L 的氯化钠溶液。不锈钢网为阳极，对其进行刻蚀，阴极为和不锈钢网面积相同的铜板，铜板厚度为 1 mm。随着刻蚀的进行，在不锈钢网表面形成微纳米粗糙结构，在阳极不锈钢网上发生以下氧化反应：

$$Fe-3e^- \longrightarrow Fe^{3+} \qquad Fe-2e^- \longrightarrow Fe^{2+} \tag{14-2}$$

$$Fe^{3+}+2H_2O \longrightarrow FeOOH\downarrow+3H^+ \qquad Fe^{2+}+2H_2O \longrightarrow Fe(OH)_2\downarrow+2H^+ \tag{14-3}$$

由于 FeOOH 和 $Fe(OH)_2$ 都呈现出红棕色，所以随着刻蚀时间的增长，溶液中的铁离子和沉淀物逐渐增多，刻蚀液也由原来的澄清透明慢慢向红棕色变化，如图 14-3 所示，其中图 14-3(a)～(d)分别为刻蚀 0、5 min、10 min、20 min 后的氯化钠液体。在刻蚀后的不锈钢网表面也会沉积少量的 FeOOH，由刻蚀前后不锈钢网 Fe 2p 的高分辨率 XPS 谱图(图 14-4)可知，原始不锈钢网表面铁的化合物主要为 FeO 和 Fe_2O_3，而刻蚀后不锈钢网表面存在新的铁化合物，即 FeOOH，说明电化学刻蚀过程不锈钢网表面的成分也发生了变化。这一反应会使阳极不锈钢网表面生成微纳米级别的粗糙结构。同时在阴极会发生如下还原反应：

$$2H^{+}+2e^{-}\longrightarrow H_2\uparrow \tag{14-4}$$

$$O_2+2H_2O+4e^{-}\longrightarrow 4OH^{-} \tag{14-5}$$

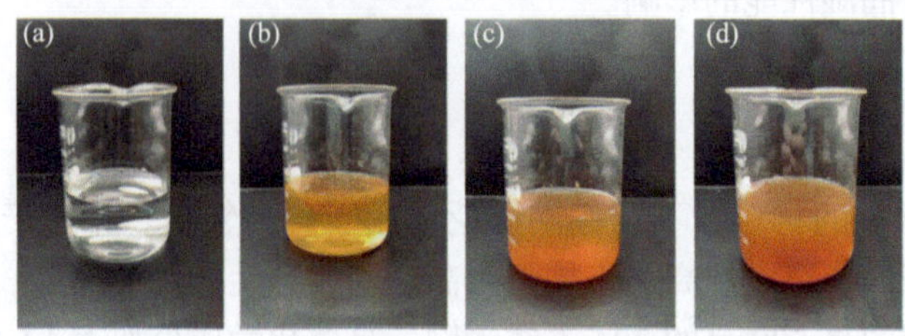

图 14-3　刻蚀液随刻蚀时间增长的变化情况

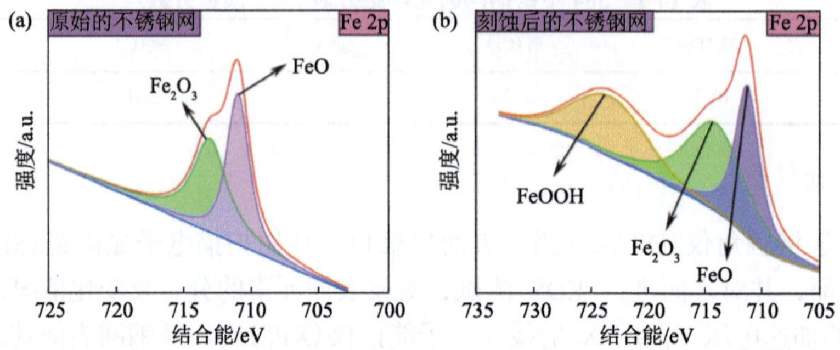

图 14-4　刻蚀前后不锈钢网 Fe 2p 的高分辨率 XPS 谱图

14.5.1.3　制备方法

根据前面所提到的机理，制备超润湿不锈钢网首先需要制备出微纳米粗糙结构。本节的实验采用电化学刻蚀的方法制备粗糙结构，随后对不锈钢网进行改性，即分别使用 FAS 乙醇溶液、FS-50 乙醇溶液对不锈钢网进行改性，分别得到超疏水、超亲水疏油不锈钢网。

1. 超疏水不锈钢网的制备

1) 预处理

超疏水不锈钢网的制备方法如图 14-5 所示，将 500 目的不锈钢网剪成 3 cm×4 cm 的长方形，接着使用 1000 目和 1500 目的砂纸对其进行打磨抛光处理，再使用去离子水超声清洗 30 min，去除附着在不锈钢网表面的杂质。清洗后在 80℃下真空干燥 20 min，烘干备用。

2) 电化学刻蚀

取一定量氯化钠溶解于 500 mL 去离子水中，得到 1 mol/L 的氯化钠水溶液，作为电化学刻蚀的电解质溶液。接着用预处理好的不锈钢网为阳极，面积与之相同的铜板为阴极进行电化学刻蚀。直流电源电流为 0.3 A，刻蚀 20 min，刻蚀完成后，室温下超声清洗 20 min，80℃真空干燥 20 min。随后在不锈钢网表面喷涂一层 SIS 黏合剂，具体方式为：取 0.20 g 热塑体苯乙烯-异戊二烯-苯乙烯嵌段共聚物(SIS)加入 50 mL 四氢呋喃(THF)

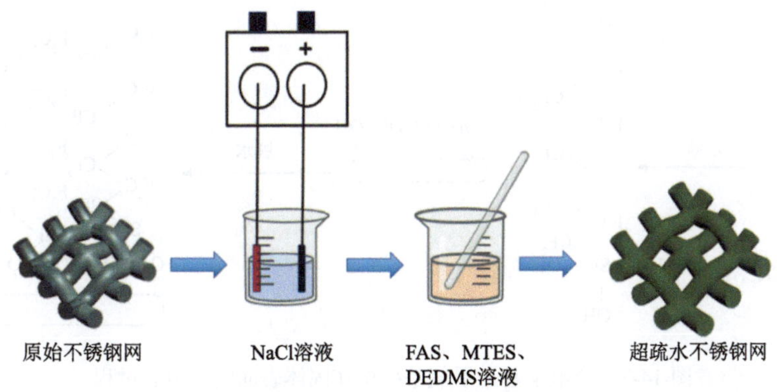

图 14-5　超疏水不锈钢网制备示意图

中，在室温下磁力搅拌 40 min 得到混合溶液。取定量的溶液在 0.2 MPa 的压力下用喷枪喷涂在不锈钢网上，接着在室温下干燥 2 h，得到具有微纳米粗糙结构的不锈钢网。其中 SIS 起到保护不锈钢网粗糙结构的作用。

3）超疏水改性

用量筒量取 50 mL 无水乙醇倒入烧杯中，再取 2.5 mL 全氟辛基三甲氧基硅烷（FAS）边搅拌边加到乙醇溶液中，以同样的方法滴加 0.1 mL 甲基三乙氧基硅烷（MTES）和 0.2 mL 二乙氧基二甲基硅烷（DEDMS）。在室温下磁力搅拌 1 h，得到均匀的混合溶液。将具有粗糙结构的不锈钢网浸泡在已经配制好的溶液中，在室温下液相沉积 2 h，随后用乙醇冲洗，然后在 80℃下真空干燥 40 min，得到接触角达到 155°左右的超疏水不锈钢网。修饰剂为全氟辛基三甲氧基硅烷，其分子结构式如图 14-6 所示，它含有大量的低表面能基团，如—CF_2、—CF_3、—CH_2 和—CH_3。其中 Si—OCH_3 与水反应生成硅醇（Si—OH），反应式如下：

$$CF_3(CF_2)_7Si(OCH_3)_3+3H_2O \longrightarrow CF_3(CF_2)_7Si(OH)_3+3CH_3OH \tag{14-6}$$

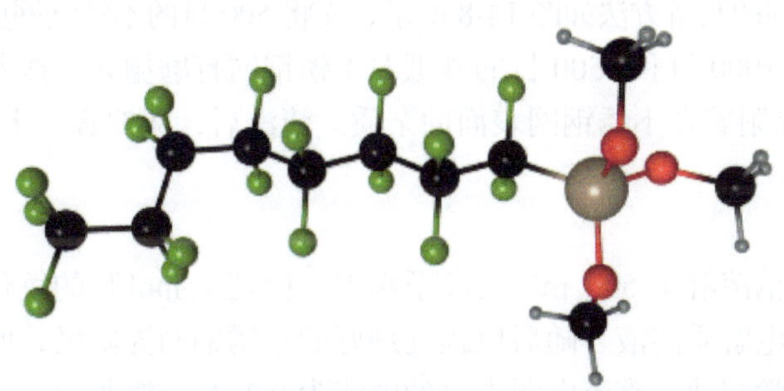

图 14-6　全氟辛基三甲氧基硅烷分子模型

反应生成的硅醇基与铁网表面的羟基发生脱水缩合反应，同时各硅烷分子中的硅醇基之间也会发生脱水反应。氟硅烷分子在不锈钢网表面自组装形成一层单分子膜。其自组装过程如图 14-7 所示。

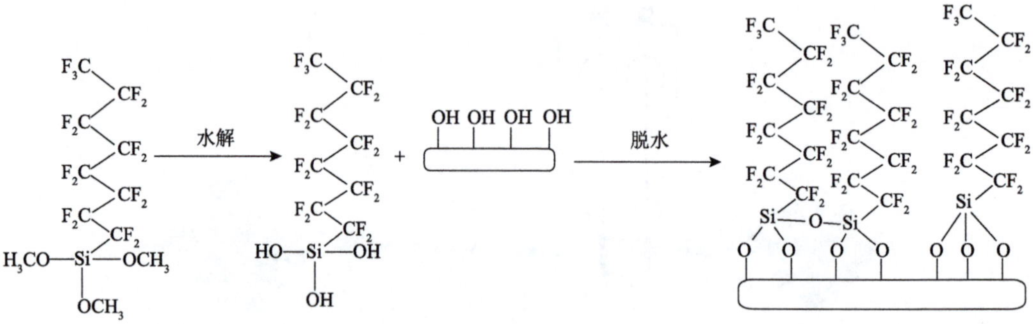

图 14-7 全氟辛基三甲氧基硅烷在固体表面的自组装过程

2. 超亲水疏油不锈钢网的制备

超亲水疏油不锈钢网粗糙结构的制备方法与前面相同，但是使用的修饰剂不同，以 FS-50 表面活性剂为修饰剂。制备流程如图 14-8 所示。

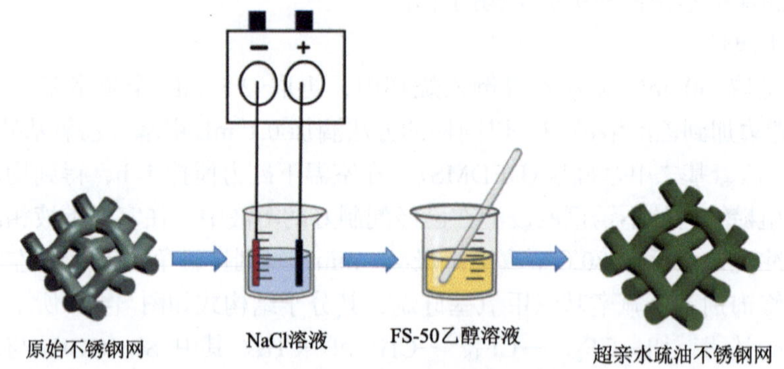

图 14-8 超亲水疏油不锈钢网制备示意图

1) 预处理

超疏水不锈钢网的制备方法如图 14-8 所示，先将 500 目的不锈钢网剪成 3 cm×4 cm 的长方形，随后使用 1000 目和 1500 目的砂纸对不锈钢网打磨抛光，接着用去离子水超声清洗 30 min，去除附着在不锈钢网表面的杂质。清洗后，80℃真空干燥 20 min，烘干备用。

2) 电化学刻蚀

取一定量氯化钠溶解于 500 mL 去离子水中，得到 1 mol/L 的氯化钠水溶液，将其作为电化学刻蚀的电解质溶液。随后以预处理好的不锈钢网为阳极，面积与之相同的铜板为阴极进行电化学刻蚀。直流电源提供的电流为 0.3 A，刻蚀 20 min，刻蚀完成后在室温下超声清洗 20 min，在 80℃下真空干燥 20 min。随后在不锈钢网表面喷涂一层 SIS 黏合剂，具体方式为：先取 0.20 g 热塑体苯乙烯-异戊二烯-苯乙烯嵌段共聚物(SIS)加入 50 mL 四氢呋喃(THF)中，在室温下磁力搅拌 40 min，得到均匀混合溶液。取 20 mL 溶液在 0.2 MPa 的压力下使用喷枪将其喷涂在不锈钢网上，在室温下干燥 2 h，得到具有微纳米粗糙结构的不锈钢网。其中 SIS 起到保护不锈钢网粗糙结构的作用。

3）亲水疏油改性

量取 50 mL 乙醇置于烧杯中，使用磁力搅拌机边搅拌边往里加入 5 mL FS-50 溶液和 3 mL 水，搅拌 2.5 h 得到均匀的混合溶液，将具有微纳米粗糙结构的不锈钢网置于混合溶液中液相沉积 5 h，随后取出不锈钢网使用乙醇反复冲洗，在 80℃真空干燥 30 min，得到超亲水疏油不锈钢网。

14.5.2　性能

14.5.2.1　表面微观形貌与润湿性

1. 超疏水不锈钢网

图 14-9 为原始不锈钢网、氟硅烷改性的不锈钢网和超疏水不锈钢网的接触角图，原始不锈钢网表现出亲水性能，其接触角为 55°；而仅使用氟硅烷修饰不经过电化学刻蚀的不锈钢网水接触角为 113°，表现出疏水性能，但没达到超疏水的效果；经过电化学刻蚀和氟硅烷两步修饰后的不锈钢网接触角达到了 161°，表现出超疏水效果。这是因为经过电化学刻蚀的不锈钢网形成了大量的粗糙结构，根据 Cassie-Baxter 方程可知，当表面粗糙度增加时疏水表面会更加疏水。图 14-10 为刻蚀前后不锈钢网表面的扫描电镜对比图，可以观察到原始不锈钢网表面比较平整，存在一些因为砂纸打磨留下的划痕，而经过电化学刻蚀后的不锈钢网表面区域明显形成大量的微纳米级别的粗糙结构。

图 14-9　(a) 原始不锈钢网、(b) 只经过超疏水改性的不锈钢网和 (c) 超疏水不锈钢网接触角图

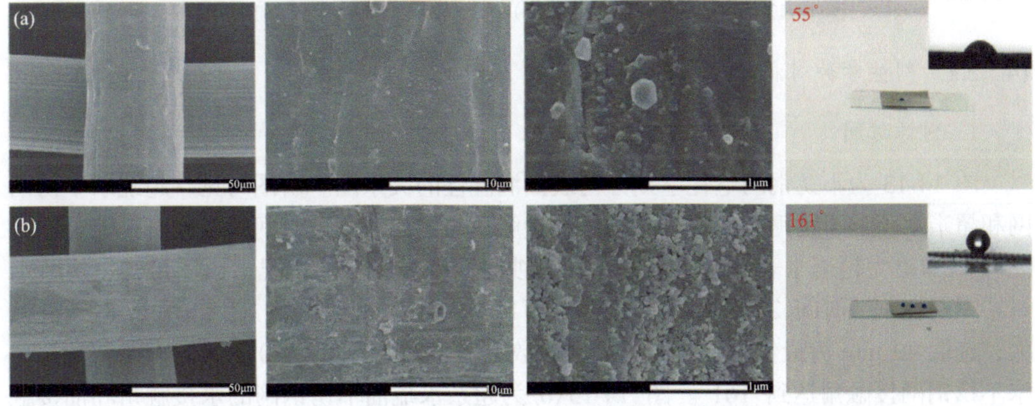

图 14-10　(a) 原始不锈钢网和 (b) 超疏水不锈钢网的 SEM 图及接触角图

2. 超亲水疏油不锈钢网

图 14-11 为原始不锈钢网、只经过亲水疏油改性的不锈钢网和超亲水疏油不锈钢网的水和油接触角图。可以看出，原始不锈钢网呈现出超亲油亲水，其中油滴在不锈钢网表面会迅速铺展开，水接触角约为 55°。只经过氟碳表面活性剂改性的不锈钢网油接触角增加到 84°，而水接触角下降到 0°，此时表现出亲水疏油。而电化学刻蚀后再进行改性得到的不锈钢网油接触角达到 137°，水接触角达到 0°，呈现超亲水疏油。图 14-12 所示为原始不锈钢网和超亲水疏油不锈钢网的 SEM 图，可以看出，相比原始不锈钢网，超亲水疏油不锈钢网表面增加了大量的微纳粗糙结构。

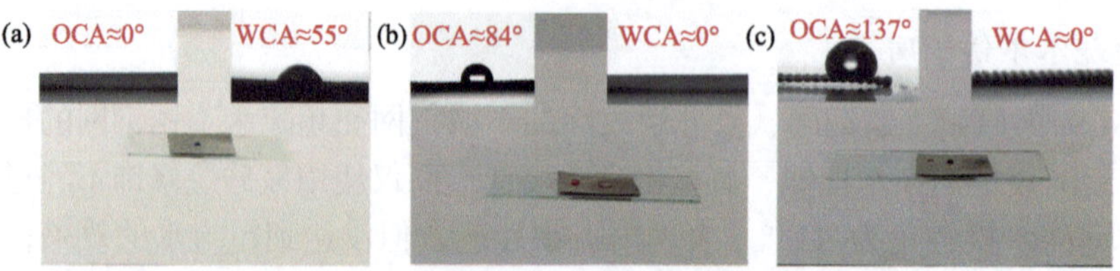

图 14-11 (a)原始不锈钢网、(b)只经过亲水疏油改性不锈钢网和(c)超亲水疏油不锈钢网接触角图

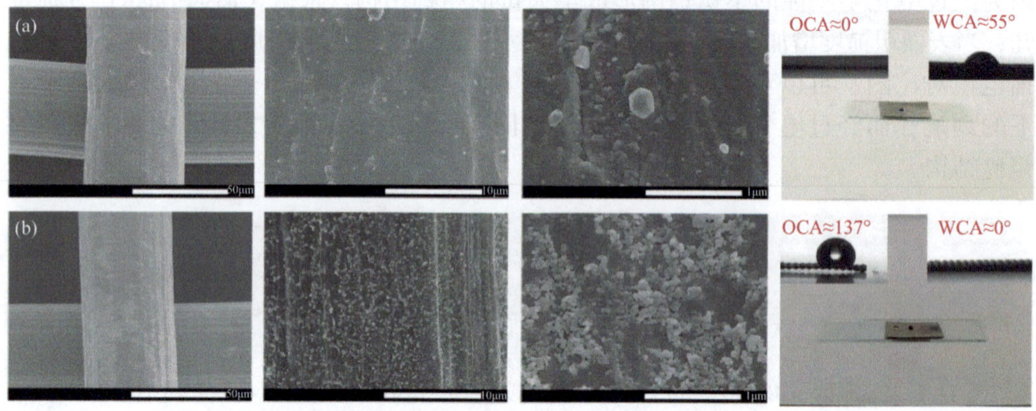

图 14-12 (a)原始不锈钢网和(b)超亲水疏油不锈钢网的 SEM 图

14.5.2.2 刻蚀参数对润湿性能影响

1. 刻蚀时间

图 14-13 为不锈钢网电化学刻蚀与表面润湿性的关系图。由图可见，超疏水不锈钢网和超亲水疏油不锈钢网的水接触角和油接触角与电化学刻蚀时间的变化有一定关联。图 14-13(a)为超疏水表面的水接触角随刻蚀时间增长的变化情况。由图可知，超疏水不锈钢网在刻蚀时间 20 min 前，接触角随着刻蚀时间一直增大，在 20 min 时达到最大；选取 20 min 为最佳刻蚀时间，其他参数不变，刻蚀时间为 20 min 时，制备的超疏水不锈钢网接触角达到 161°。图 14-13(b)为超亲水疏油不锈钢网的水接触角和油接触角随刻蚀时间的变化情况，由图可知，水接触角随着刻蚀时间的增加迅速减小，当刻蚀时间为 20 min 时，水接触角达到 0°，此时为超亲水的；而油接触角也在蚀刻时间为 20 min 时达到最大，约为 137°。可见对于两种不锈钢网最佳刻蚀时间都为 20 min，这

是因为在刻蚀时间为 20 min 时，钢网表面形成的粗糙结构数量达到最多。图 14-14 为刻蚀不同时间的不锈钢网表面的粗糙结构图，可以看出，刻蚀时间较长或较短都会导致形成的微纳粗糙结构减少。

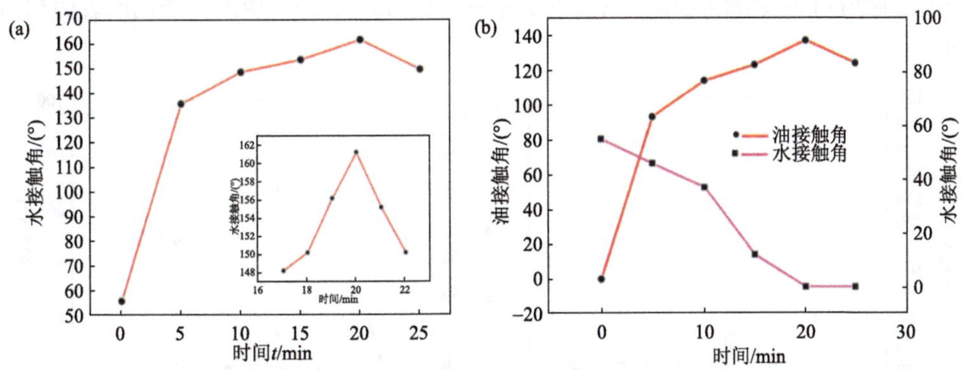

图 14-13　(a)超疏水不锈钢网表面和(b)超亲水不锈钢网表面的接触角随刻蚀时间的变化

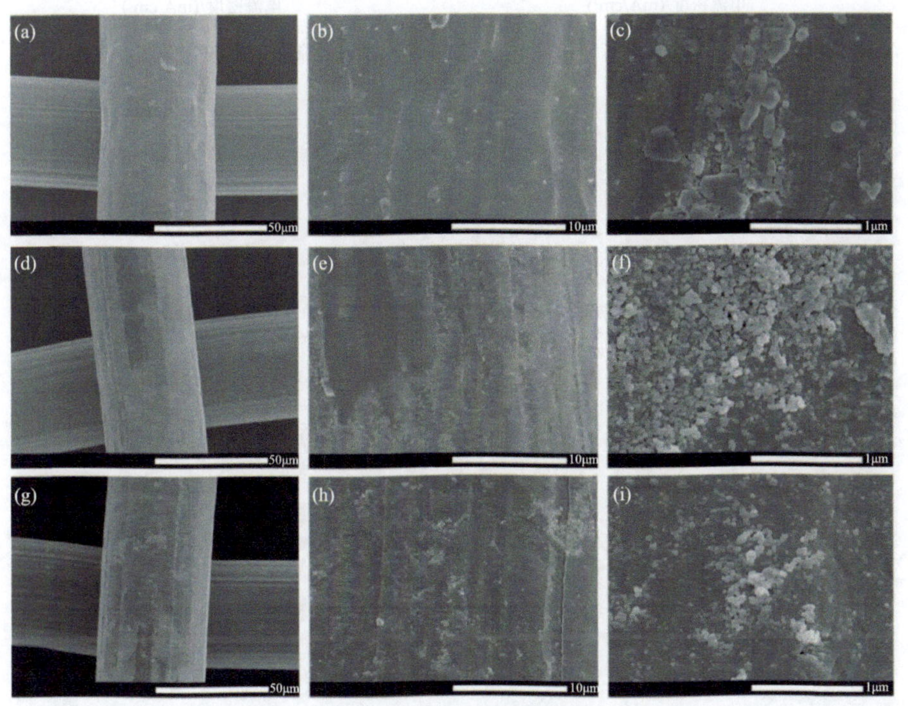

图 14-14　不同刻蚀时间的不锈钢网表面 SEM 图

(a)～(c) 10 min；(d)～(f) 20 min；(g)～(i) 25 min

2. 刻蚀电流密度

电流密度是电化学刻蚀加工的重要参数，该参数直接影响电化学加工表面的形貌和粗糙度，对后面的表面的润湿性能有直接的影响。通过不同电流密度下加工金属基底表面的水接触角和油接触角来衡量电流密度对加工表面润湿性的影响。电化学刻蚀时电解液浓度为 0.1 mol/L，刻蚀时间为 20 min，电流密度为研究变量，具体数据如图 14-15

所示。图 14-15(a)为超疏水不锈钢网的水接触角与电流密度的关系图，由图可知，接触角先随电流密度的增大而增大，在电流密度为 20 mA/cm^2 时，接触角达到最大值；超过 20 mA/cm^2 后，随着刻蚀电流密度的增大接触角减小。图 14-15(b)为超亲水疏油不锈钢网的水接触角和油接触角与电流密度的关系图。图 14-16 为相应的不锈钢网表面扫描电镜图。

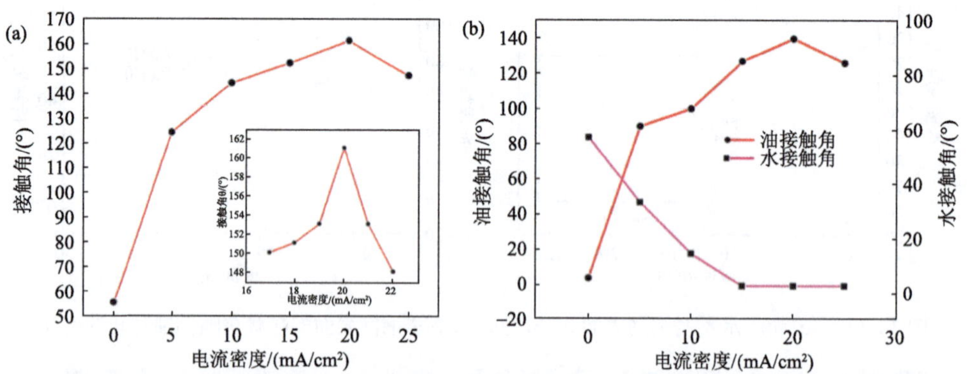

图 14-15 (a)超疏水不锈钢网和(b)超亲水疏油的接触角随电流密度的变化

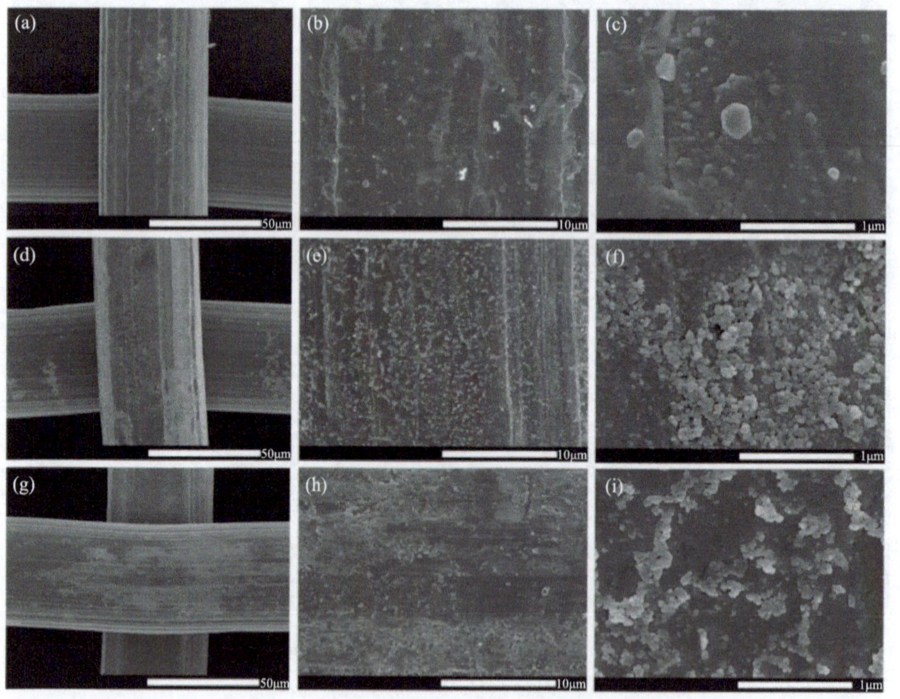

图 14-16 不同电流密度刻蚀后不锈钢网表面 SEM 图

(a)～(c) 0.02 A/cm^2；(d)～(f) 0.05 A/cm^2；(g)～(i) 0.4 A/cm^2

3. 刻蚀液浓度

由图 14-17 可知，电解液浓度的变化对不锈钢网表面润湿性能影响不大，研究选择

5 种不同浓度的氯化钠水溶液进行电化学刻蚀，设置电流密度为 20 mA/cm^2，电化学刻蚀时间为 20 min。

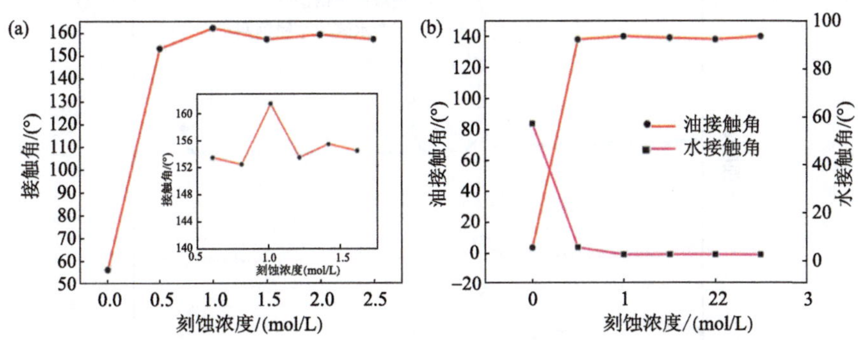

图 14-17　(a)超疏水不锈钢网和(b)超亲水疏油的接触角随刻蚀液浓度的变化

14.5.2.3　表面化学成分对润湿性能影响

为探究不锈钢网表面生成的粗糙结构具体成分，以及对比表面修饰改性前后制得的超润湿不锈钢网的表面化学成分变化，通过 X 射线衍射仪(XRD)、X 射线能谱仪(EDS)、X 射线光电子能谱仪(XPS)和傅里叶变换红外光谱(FTIR)研究不锈钢网表面的化学成分。

1. XRD 分析

图 14-18 所示为原始不锈钢网、超疏水不锈钢网和超亲水疏油不锈钢网三种材料的 XRD 谱图。在 2θ=43.47°、50.62°、74.42°处分别有 3 个衍射峰，分别对应于 Fe(111)、Fe(200)和 Fe(220)面的特征峰。从 X 射线衍射光谱图中可知，超疏水不锈钢网表面、超亲水疏油表面和原始不锈钢网表面的晶体结构没有明显的差别，因此可以说明晶体结构不是影响表面疏水性或者反常润湿性的原因。

2. EDS 分析

图 14-19 所示为三种不锈钢网表面的 EDS 分析图，由图(a)可看出原始不锈钢网的主要成分为 Fe、Cr、C、Ni。通过对比发现，超疏水不锈钢网和超亲水疏油不锈钢网表面的 Fe 含量下降，这是由于在刻蚀过程中有部分铁转变为了铁离子溶解在电解液中，而 Cr、Ni 的含量基本不变。同时可以看出，相比于原始不锈钢网表面，超疏水不锈钢网和超亲水疏油不锈钢网多出了 F 元素，说明氟硅烷和氟碳表面活性剂已经成功通过化学键或弱相互作用力键合到了不锈钢网表面。超疏水不锈钢网表面比超亲水疏油不锈钢网多了 Si 元素，证实氟硅烷接枝到了表面。图 14-20 为超疏水不锈钢网表面和超亲水疏油不锈钢网表面 EDS 分布图，可以看出，在超疏水不锈钢网表面 Fe、Cr、Ni、Si 和 F 元素均匀地分布在表面上，而 Fe、Cr、Ni 和 F 元素均匀分布在超亲水疏油表面，说明制备方法可以形成均匀的涂层或吸附层。

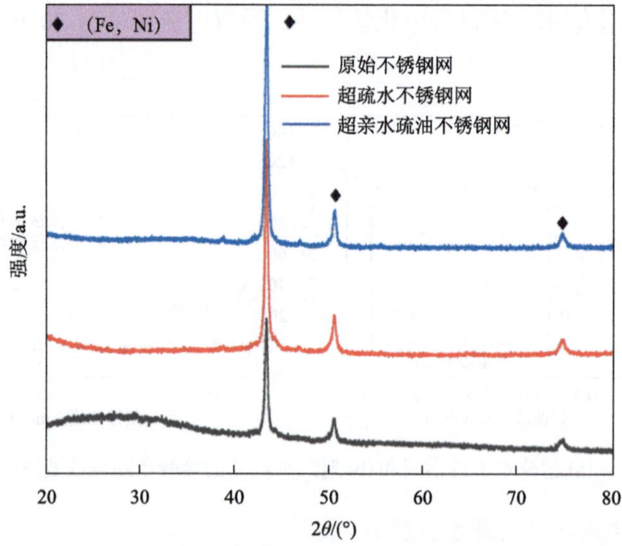

图 14-18　原始不锈钢网、超疏水不锈钢网和超亲水疏油不锈钢网的 XRD 图

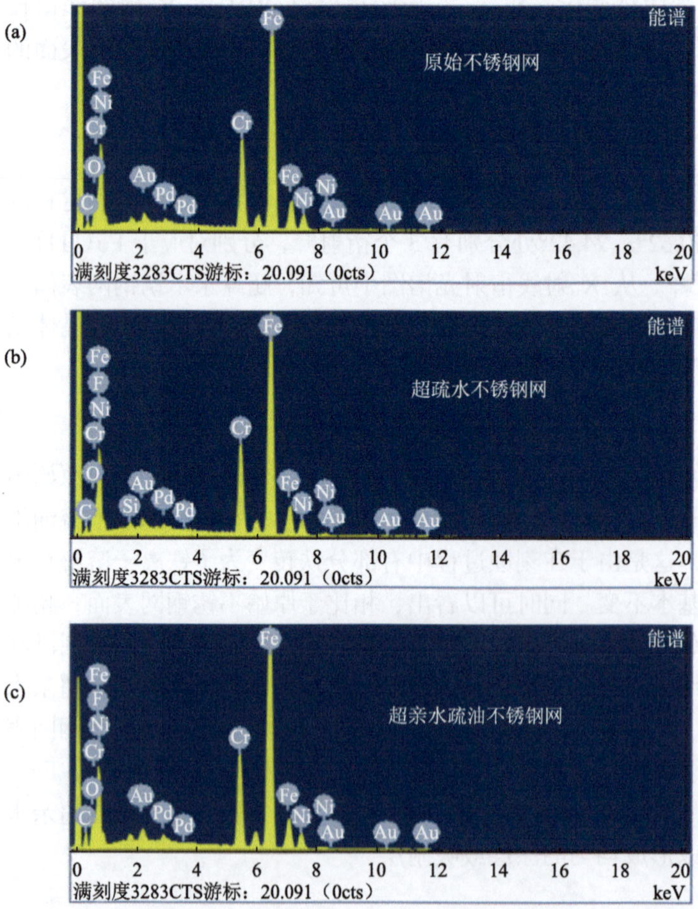

(a) 原始不锈钢网

满刻度3283CTS游标：20.091（0cts）　keV

成分	wt%
Fe	61.13
Cr	16.22
C	8.13
O	3.70
Ni	6.52

(b) 超疏水不锈钢网

满刻度3283CTS游标：20.091（0cts）　keV

成分	wt%
Fe	60.25
Cr	16.00
C	8.07
O	3.28
Ni	6.42
F	1.74
Si	3.23

(c) 超亲水疏油不锈钢网

满刻度3283CTS游标：20.091（0cts）　keV

成分	wt%
Fe	58.25
Cr	16.30
C	5.95
O	1.41
Ni	6.57
F	2.74

图 14-19　(a)原始不锈钢网、(b)超疏水不锈钢网、(c)超亲水疏油不锈钢网的 EDS 图

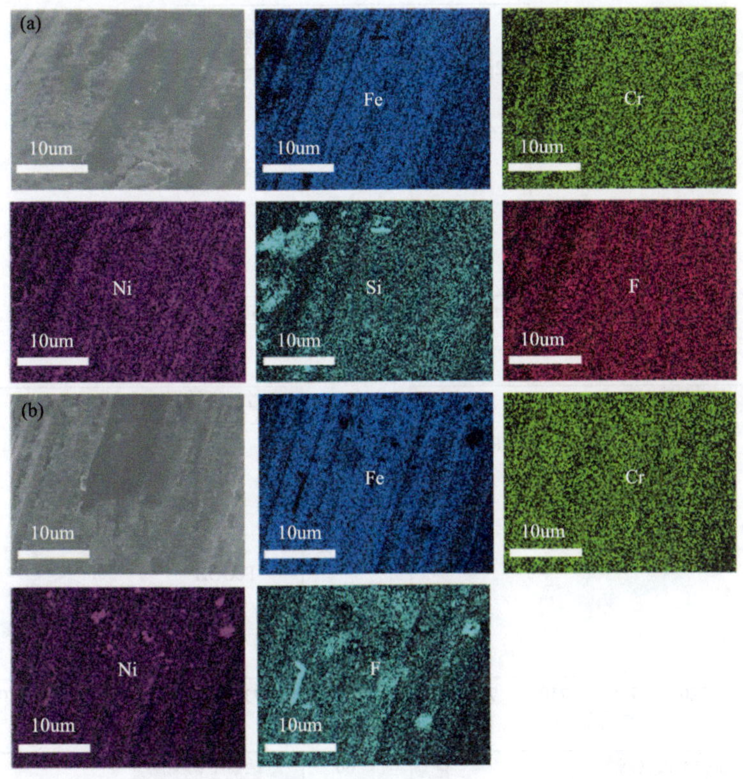

图 14-20　(a) 超疏水不锈钢网和 (b) 超亲水疏油不锈钢网的 EDS 元素分布图

3. XPS 分析

图 14-21 为采用 X 射线光电子能谱仪 (XPS) 对原始不锈钢网、超疏水不锈钢网和超亲水疏油不锈钢网 3 种表面进行的全光谱和窄光谱扫描，以弄清不锈钢网表面化学成分的变化信息。全谱对比如图 14-21 (a) 所示，可见超疏水不锈钢网和超亲水疏油不锈钢网相比原始不锈钢网多了 F 元素，这说明修饰剂中的含氟基团使不锈钢呈现出特殊润湿性。

分析各元素的窄谱扫描结果，图 14-21 (b) 和 (c) 为原始不锈钢网和刻蚀后的不锈钢网中 Fe 元素窄扫描光谱的拟合处理结果。显示：①原始不锈钢网中的 Fe 的化合物主要为 FeO 和 Fe_2O_3；②刻蚀后的不锈钢网表面形成新化合物，即 FeOOH。图 (d) 和 (e) 显示了刻蚀前后两种样品中 O 元素的窄扫描光谱，531.51 eV 的结合能对应的应为 M—OH 形式，相应的化合物为 FeOOH; 529.96 eV 的结合能对应的应为 M—O 形式，相应的化合物为 FeO 和 Fe_2O_3，该结果与 Fe 元素的窄扫描光谱的结果相一致，证实了刻蚀前后不锈钢网表面确实有新化合物的生成。此外，还对超疏水不锈钢网和超亲水疏油不锈钢网中 C 元素进行窄谱分析，如图 (f) 和 (g) 所示，293.8 eV 对应的为—CF_3 形式；292.2 eV 的结合能对应为—CF_2 形式；288.5 eV 的结合能对应为—COO—；286 eV 的结合能对应为—CO—；284.8 eV 的结合能对应为—C—C—。XPS 光谱表明氟硅烷和氟碳表面活性剂成功组装在不锈钢网表面，氟原子的引入从而使不锈钢网呈现出特殊润湿性。

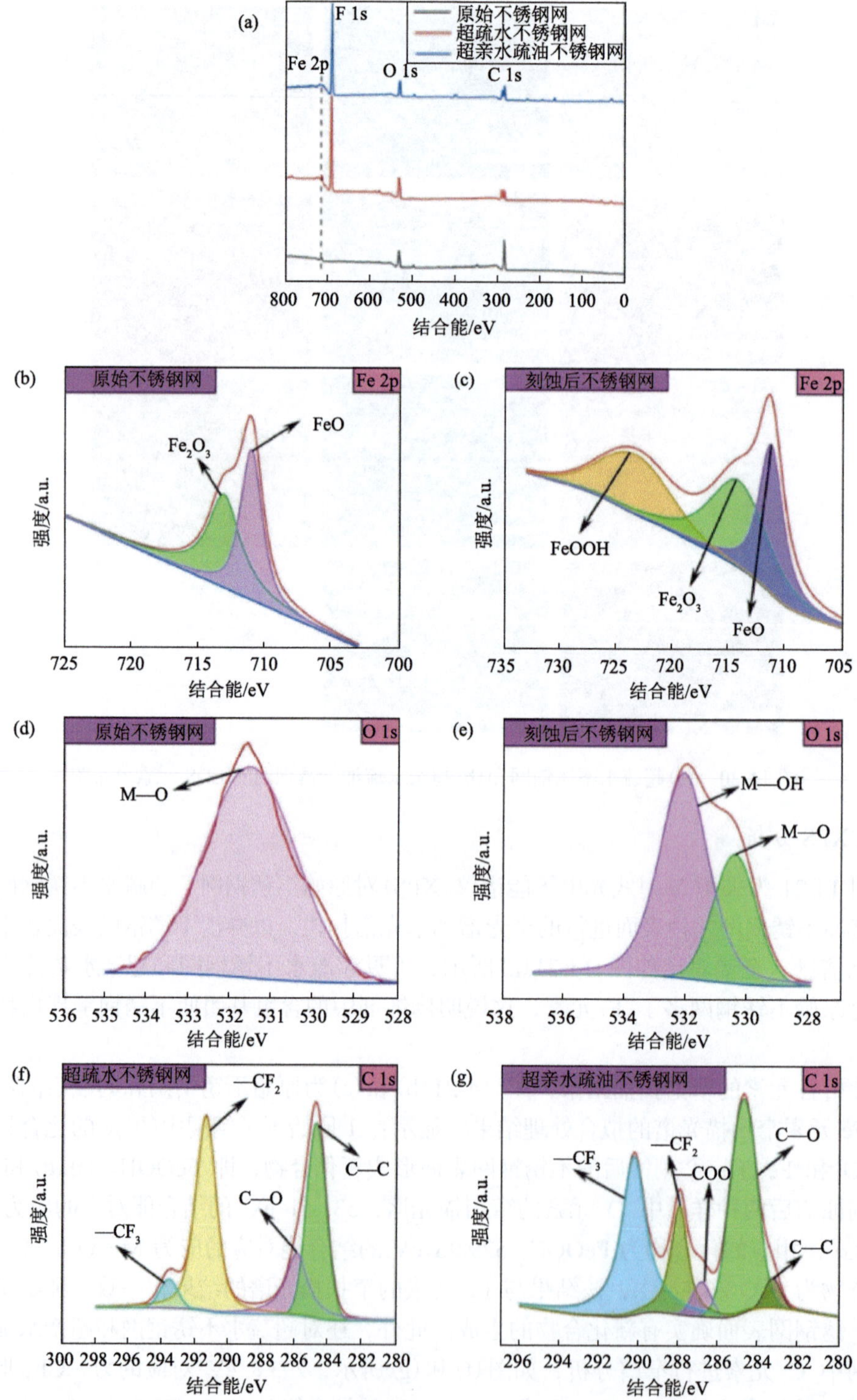

图 14-21　(a) 原始不锈钢网、超疏水不锈钢网和超亲水疏油不锈钢网的 XPS 光谱；(b，c) 原始和刻蚀后不锈钢网的 Fe 2p 拟合光谱；(d，e) 原始和刻蚀后不锈钢网的 O 1s 拟合光谱；(f) 超疏水不锈钢网的 C 1s 拟合光谱；(g) 超亲水疏油不锈钢网的 C 1s 拟合光谱

由上面的分析可知，刻蚀前后不锈钢网表面的化学物质组成发生改变，从两种样品的 Fe、O 元素的窄谱分析可知，样品表面新形成的化学物质主要有 FeO、Fe_2O_3、FeOOH 等形态，并且有文献也提出不锈钢网表面的氧化膜可以有效提高钢网的耐腐蚀性能。

4. 红外光谱分析

图 14-22 所示为三种不锈钢网的红外光谱图，从图中可以看出，相比于原始不锈钢网，超疏水不锈钢网在 1092 cm^{-1}、1061 cm^{-1} 和 1234 cm^{-1} 处存在新的吸收峰，表明表面存在—CF_2 和—CF_3 基团，说明氟硅烷在对不锈钢网表面进行键合。

超亲水疏油不锈钢网相比于原始不锈钢网在 1633 cm^{-1} 和 3400 cm^{-1} 处存在新的吸收峰，是属于—OH 基团的弯曲振动和拉伸振动，在 1705 cm^{-1} 处存在的新吸收峰对应于—COO—基团的弯曲振动和拉伸振动，和超疏水不锈钢网一样，在 1092 cm^{-1}、1061 cm^{-1} 和 1234 cm^{-1} 处也存在吸收峰，说明在超亲水疏油不锈钢网表面也存在—CF_2 和—CF_3 基团。综上所述，在超亲水疏油不锈钢网表面同时存在亲水的高表面能基团和疏油的低表面能基团，从而使得不锈钢网呈现出超亲水性疏油特性。

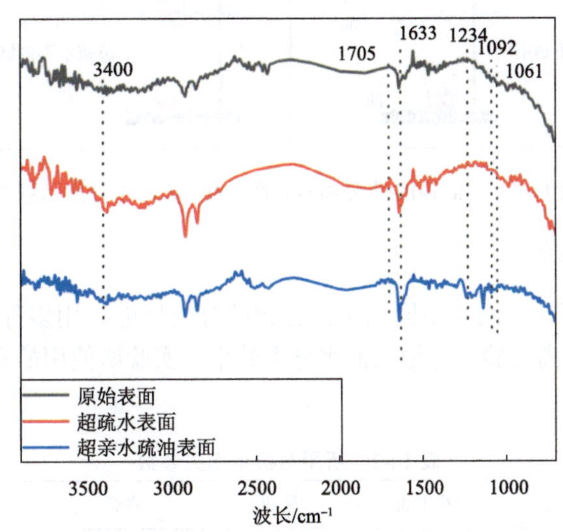

图 14-22 原始表面、超疏水表面和超亲水疏油的傅里叶红外光谱图

14.6 油水分离

由于钢铁、食品、化工等行业在生产中产生的油水混合物急剧增加，有效分离油水混合物已经成为研究人员面临的非常有价值的课题。基于前文所述，使用前面制备的两种超润湿不锈钢网对油水混合物进行分离测试，对不同密度、黏度的油水混合物进行分离测试以研究这类体系材料对环保的促进作用。

14.6.1 超疏水不锈钢网

14.6.1.1 油水分离装置

采用实验室自制的油水分离装置，装置示意图见图 14-23。对于轻油(密度小于水)，使用超疏水不锈钢网进行油水混合物的分离，分离时需将装置倾斜一定角度[如图 14-23(a)所示]，倾倒油水混合物，密度大的水先接触不锈钢网，由于钢网的超疏水性会阻拦水通过网格，装置倾斜轻油会接触表面并渗过。对于重油/水混合物，只需垂直放置分离装置[如图 14-23(b)所示]即可，由于油的密度大于水，油处于下层，可以直接接触滤网，不锈钢网的亲油性使得油迅速透过滤网进入下面的接收容器，而水则无法通过，从而实现油水分离。

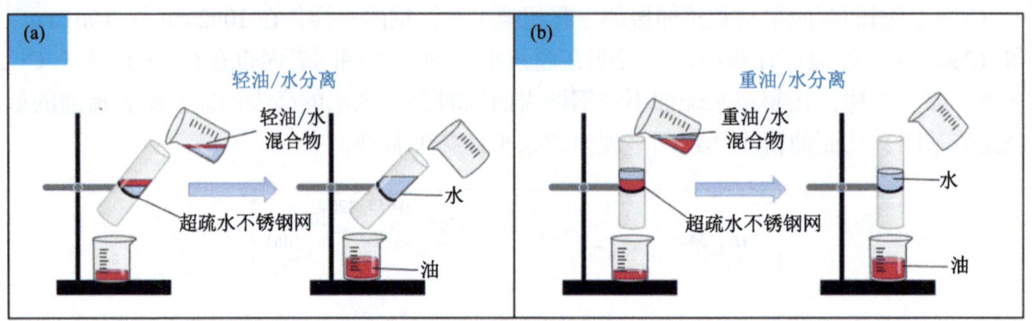

图 14-23 (a)轻油/水分离示意图；(b)重油/水分离示意图

14.6.1.2 油水分离性能

为研究超疏水不锈钢网对不同油水混合物的分离性能，用多种不同密度/表面张力的油水混合物进行分离实验，并记录油水分离效率。实验所使用的有机相物质各物理参数见表 14-2。

表 14-2 所用有机相相关参数

油种类	正己烷	花生油	柴油	十六烷	二氯甲烷	四氯化碳
表面张力/(mN/m)	17.92	34.53	26.82	27.53	28.12	26.77
密度/(g/cm^3)	0.66	0.91	0.81	0.77	1.33	1.60

将正己烷、花生油、柴油、十六烷、二氯甲烷、四氯化碳分别和水混合。轻油以十六烷为例，各取水和十六烷 30 mL 置于烧杯中，使用苏丹红对油进行染色、甲基蓝对水进行染色，机械搅拌 10 min，然后将混合均匀的混合物倾倒入油水分离装置中，分离过程如图 14-24(a)所示，水的密度大于十六烷，水最先接触不锈钢网，因不锈钢网疏水特性，故水不能透过表面，随后油与不锈钢网接触，可以轻易渗透不锈钢网，从而实现油水分离。重油分离以四氯化碳为例，分取水和四氯化碳各 30 mL，进行染色处

理后机械搅拌 10 min 混合，随后将混合物倒入油水分离装置，分离过程如图 14-24(b) 所示，因为四氯化碳的密度比水大，所以接触不锈钢网直接透过，由于不锈钢网的超疏水性导致水层液体无法透过钢网，从而实现油水分离。从图中可以看出，重油轻油都能被高效分离，说明制备的超疏水不锈钢网可以实现较好的油水分离。

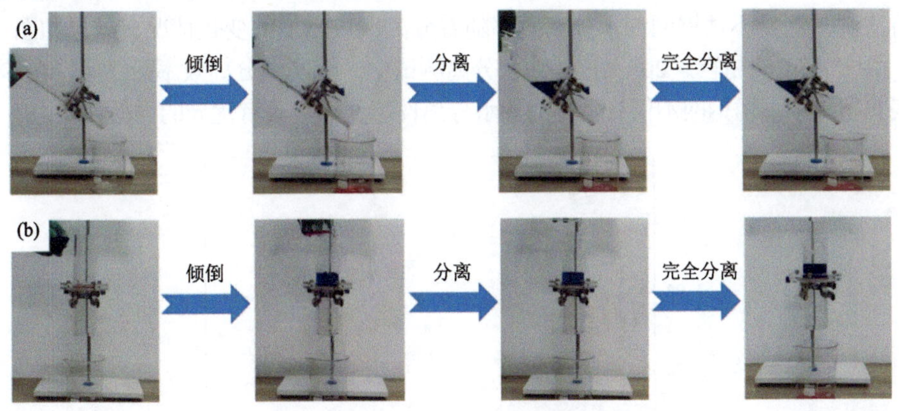

图 14-24　超疏水不锈钢网油水分离图

(a) 轻油/水混合物；(b) 重油/水混合物

对于油水分离，分离效率是评价油水分离性能的重要参数，可通过以下公式计算油水分离效率：

$$\eta = \frac{V_0}{V} \times 100\% \tag{14-7}$$

式中，η 表示油水混合物的分离效率，V_0 表示分离后油的体积，V 表示分离前油的体积。

图 14-25 为对于不同油水混合物的分离效率图。由图可知，对于重油和轻油，超疏水不锈钢网都有较好的油水分离效率，实验的 6 种油水混合物的分离效率均高于 95%。其中四氯化碳和水的混合物的分离效率达到了 97.5%，柴油和水的混合物分离效率最低，但也达到了 96.5%。

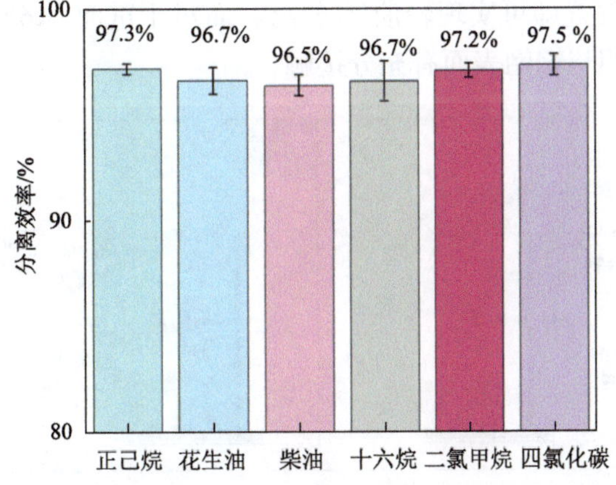

图 14-25　超疏水不锈钢网对不同有机溶液的分离效率

14.6.1.3 循环使用效果

对于工程应用，不仅需要超疏水不锈钢网有良好的油水分离性能，还需要测试钢网循环使用效果，并且在多次循环使用后仍保持良好的油水分离效率。对不锈钢网进行 20 次的连续油水分离实验，采用的有机相为四氯化碳，每次分离测试后用去离子水对不锈钢网表面进行清洗，测量不锈钢网油水分离效率随着分离次数增加的变化情况，结果如图 14-26 所示。由图可知，在连续 20 次连续油水分离测试中，钢网的分离效率始终保持在 90%以上，表明超疏水不锈钢网不仅有良好的油水分离性能，而且具有优异的再循环能力。

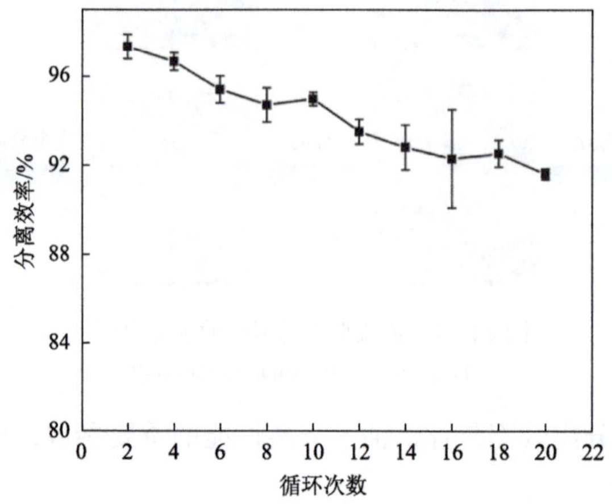

图 14-26 超疏水不锈钢网的循环使用测试

14.6.2 超亲水疏油不锈钢网

14.6.2.1 油水分离装置

与超疏水体系不同，超亲水疏油不锈钢网对于油和水的润湿性能与超疏水不锈钢网相反，使用分离装置对超亲水疏油不锈钢网的油水分离性能进行测试，如图 14-27 所示。与超疏水不锈钢网轻油/水分离测试不同，超亲水疏油不锈钢网可以很容易分离水相，只需将装置垂直放置即可实现轻油/水分离。而对于重油/水分离，将装置倾斜一定角度，这样才能使水相与钢网表面有充分接触。

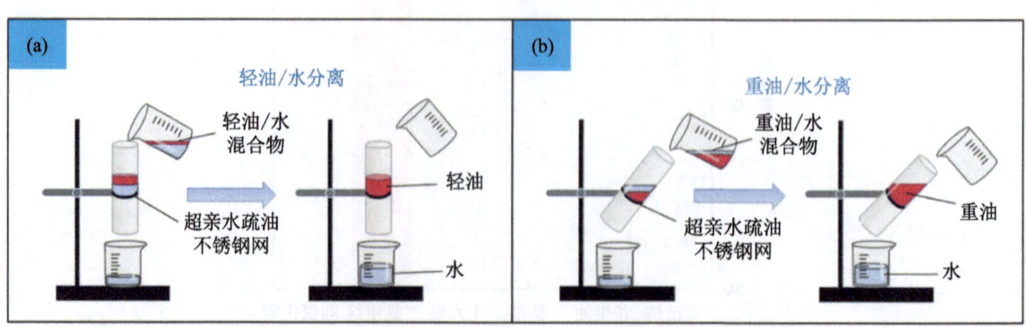

图 14-27 (a)轻油/水分离示意图；(b)重油/水分离示意图

14.6.2.2　油水分离性能

将正己烷、花生油、柴油、十六烷、二氯甲烷、四氯化碳分别和水混合。轻油以十六烷为例，各取水和十六烷 30 mL 置于烧杯中，使用苏丹红对油进行染色、甲基蓝对水进行染色，机械搅拌 10 min，随后将混合均匀的油水混合物倾倒入油水分离装置中，分离过程如图 14-28(a)所示。由于不锈钢网具有超亲水性，水可以迅速渗透不锈钢网进入下面的烧杯从而实现油水分离。重油分离以四氯化碳为例，分别取 30 mL 水和四氯化碳，对其进行染色处理后机械搅拌 10 min，随后将混合物倒入油水分离装置中，分离过程如图 14-28(b)所示。从图中可以看出，无论重油轻油都能被高效分离，说明制备的超亲水疏油不锈钢网具有良好的油水分离性能。

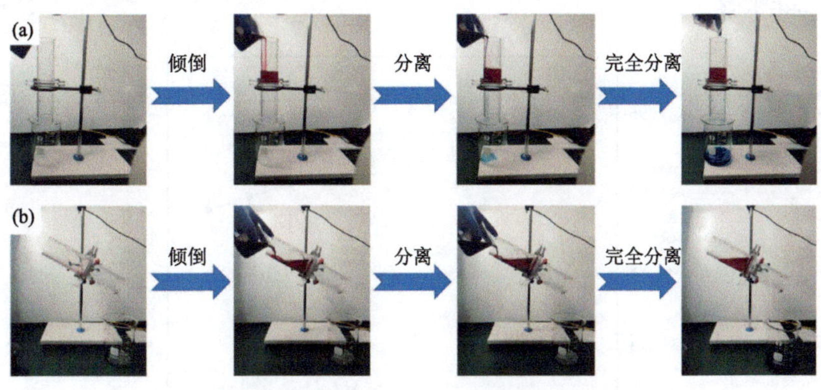

图 14-28　超亲水疏油不锈钢网油水分离图

(a)轻油/水混合物分离图；(b)重油/水混合物分离图

图 14-29 为不同油水混合物的分离效率图。从图中可见，超疏水不锈钢网对于重油和轻油都有较好的油水分离效率，上述 6 种油水混合物的分离效率均高于 95%。正己烷和水的混合物分离效率最高，达到了 97.5%，十六烷和水的混合物分离效率最低，但也达到了 95%，总体而言，超亲水疏油不锈钢网无论对轻油/水混合物还是重油/水混合物都有较好的油水分离性能。

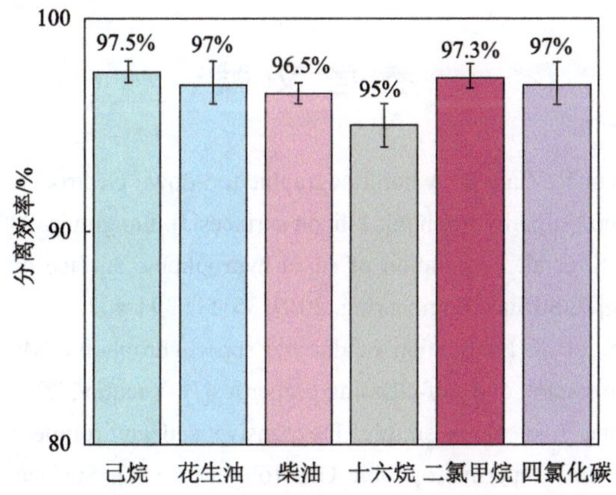

图 14-29　超亲水疏油不锈钢网对不同油液的分离效率

14.6.2.3　循环使用效果

实际使用不仅需考虑超亲水疏油不锈钢网有良好的油水分离性能，还需要考虑不锈钢网循环使用效果。对超亲水疏油不锈钢网进行 20 次的连续油水分离实验，实验所用有机相为十六烷，每次分离测试后使用去离子水对不锈钢网表面进行清洗，测量不锈钢网油水分离效率变化情况，测试结果如图 14-30 所示。由图可见，在连续 20 次油水分离测试中，不锈钢网的分离效率始终保持在 90%以上，表明超亲水疏油不锈钢网对轻油类有机物不仅有良好的油水分离性能，而且具有优异的再循环能力。但需要注意的是，材料的超亲水特性来源于含氟物质在其表面的吸附而非化学键合，在长效稳定上不如超疏水不锈钢网，循环 20 次后由于含氟物质会流失导致体系特别是多组分重油的分离效率进一步下降。

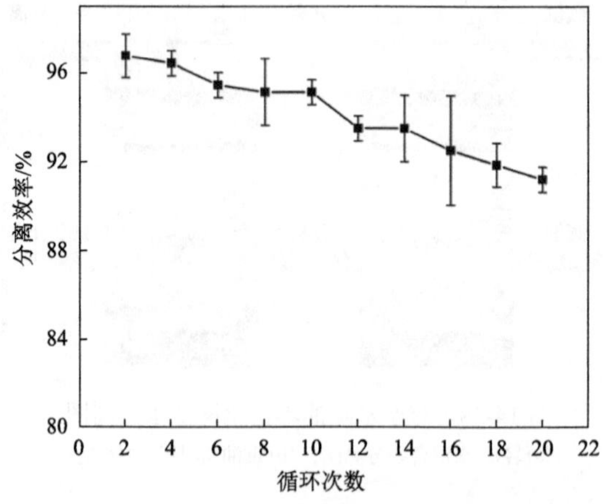

图 14-30　超亲水疏油不锈钢网的循环使用能力

讨 论 题

超疏油不锈钢网含氟物质对环境影响大，可考虑哪些物质替换含氟物？

参 考 文 献

[1] Wang M F, Raghunathan N, Ziaie B. A nonlithographic top-down electrochemical approach for creating hierarchical (micro-nano) superhydrophobic silicon surfaces[J]. Langmuir, 2007, 23(5): 2300-2303.

[2] Ma N, Chen Y, Zhao S, et al. Preparation of super-hydrophobic surface on Al-Mg alloy substrate by electrochemical etching[J]. Surface Engineering, 2019, 35(5): 394-402.

[3] Li X, Yin S, Huang S, et al. Fabrication of durable superhydrophobic Mg alloy surface with water-repellent, temperature-resistant, and self-cleaning properties[J]. Vacuum, 2020, 173: 109172.

[4] Ma N, Cheng D, Zhang J, et al. A simple, inexpensive and environmental-friendly electrochemical etching method to fabricate superhydrophobic GH4169 surfaces[J]. Surface and Coatings Technology, 2020, 399: 126180.

[5] Yang X, Liu X, Lu Y, et al. Controlling the adhesion of superhydrophobic surfaces using electrolyte jet machining techniques[J]. Scientific Reports, 2016, 6(1): 1-9.

[6] Yang X, Song J, Liu J, et al. A twice electrochemical-etching method to fabricate superhydrophobic-superhydrophilic patterns for biomimetic fog harvest[J]. Scientific Reports, 2017, 7(1): 1-12.

[7] 赵树国，陈阳，马宁，等. 电化学刻蚀法制备铝合金超疏水表面及其润湿性转变[J]. 表面技术，2018, 47(3): 115-120.

[8] 张方东. 电化学刻蚀法制备锌基超疏水/超疏油表面[D]. 大连：大连理工大学, 2014.

[9] 周强. 铝基彩色超疏水表面制备[D]. 大连：大连理工大学, 2016.

[10] 李娟. 铝基超疏水表面润湿性能调控及应用研究[D]. 大连：大连理工大学, 2016.

[11] 李松梅，李彬，刘建华等. 铝合金表面用化学刻蚀和阳极氧化法制备的超疏水膜层的耐蚀性能[J]. 无机化学学报, 2012, 28(8): 1755-1762.

[12] Guo F, Duan S, Wu D, et al. Facile etching fabrication of superhydrophobic 7055 aluminum alloy surface towards chloride environment anticorrosion[J]. Corrosion Science, 2021. 182: 109262.

[13] Yu M, Zhang M, Sun J, et al. Facile electrochemical method for the fabrication of stable corrosion-resistant superhydrophobic surfaces on Zr-based bulk metallic glasses[J]. Molecules (Basel, Switzerland), 26(6): 1558.

[14] Liu Z, Zhang F, Chen Y, et al. Electrochemical fabrication of superhydrophobic passive films on aeronautic steel surface[J]. Colloids and Surfaces A: Physicochemical and Engineering Aspects, 2019, 572: 317-325.

[15] Yang X, Liu X, Li J, et al. Directional transport of water droplets on superhydrophobic aluminium alloy surface[J]. Micro & Nano Letters, 2015, 10(7): 343-346.

[16] Wang H, Chi G, Wang Y, et al. Fabrication of superhydrophobic metallic surface on the electrical discharge machining basement[J]. Applied Surface Science, 2019, 478: 110-118.

[17] Dong S, Wang Z, An L, et al. Facile fabrication of a superhydrophobic surface with robust micro-/nanoscale hierarchical structures on titanium substrate[J]. Nanomaterials, 2020, 10(8): 1509.

[18] Yu Z, Zhou C, Liu R, et al. Fabrication of superhydrophobic surface with enhanced corrosion resistance on H62 brass substrate[J]. Colloids and Surfaces A: Physicochemical and Engineering Aspects, 2020, 589: 124475.

第 15 章　亲水/疏油涂层

15.1　亲水/疏油涂层的应用

亲水/疏油涂层由于具有特殊的反常润湿性能，逐渐在很多领域得到应用。

15.1.1　抗雾

因雾气是水汽在固体表面凝结形成，所以在理论上亲水表面同样可以防雾。这是因为在亲水表面上，水汽凝结在表面后，会因水分子与亲水表面间的相互作用形成均匀分布的水膜，这样液滴就不会出现，自然雾气就难以出现[1,2]。然而亲水表面通常有许多亲水性基团，表面能较高[3,4]，会导致其很容易吸附空气中的烃类分子，从而使表面润湿性发生严重变化而失去防雾能力。但若亲水表面兼具疏油性，就可在一定程度减少烃类污染物的吸附，同时保持亲水性。所以基于此设计思路，已有研究在开发防雾的亲水/疏油涂层[5]。例如，Howarter 和 Youngblood 等[6]研究了一种亲水/疏油的聚乙二醇(PEG)涂层玻璃，其具有良好的抗雾能力。他们将三种具有不同润湿性的载玻片置于沸水体系(图 15-1)。因空白载玻片本身的亲水性，所以没有被雾化。但是当空白载玻片被环境体系中的油污染后，亲水性下降后出轻微的雾化现象；疏水性载玻片由于疏水性而表现出明显的雾化现象；改性后的 F-PEG 表面为亲水/疏油表面，具有抗油污能力和良好的亲水性，因此其表面凝结成水膜而没有起雾。此外，Wang 等[5]开发了一种可以减轻烃类污染的亲水/疏油涂层，也具有防雾功能，其中的 Z-tetraol 表面因为疏水性导致防雾能力很差，Zdol 和 Z-03 表面在第一天表现出优异的防雾性能，但在第 14 天 Zdol 表面仍保持良好的防雾性，而 Z-03 基本失去防雾性能。这主要是因为 Z-03 最初是一种亲水亲油表面，在测试过程中陆续吸附的油污分子使得该表面失去亲水性，对这三种表面进行的 XPS 测试也证明了这一观点。

图 15-1　从左至右：疏水性载玻片、F-PEG 改性表面载玻片、空白清洁载玻片的抗雾性能[6]

15.1.2 自清洁

受荷叶效应的启发，各种超疏水自清洁涂层被陆续开发出来，这些涂层可以有效地防尘。然而，绝大部分的超疏水涂层表现出对水的排斥，而对油类化合物表现出亲油性，这会导致这些超疏水自清洁涂层容易被污染而失去自洁能力[7,8]。为了解决这个问题，不同的亲水/疏油表面陆续被尝试开发作为下一代自清洁表面。例如，Howarter 等[9]开发的一种涂有亲水疏油 F-PEG 涂层的材料，其表现出优异的自清洁能力，将染色的油和水依次放置在表面上，然后稍微倾斜样品，所有的油滴可被水很容易冲洗掉。Pan 等[10]将基材从载玻片扩展到棉织物，通过用全氟辛基三氯硅烷(PFTEOS)处理棉布，得到超亲水超疏油的棉布，实验表明这种材料自清洁能力良好(图 15-2)。

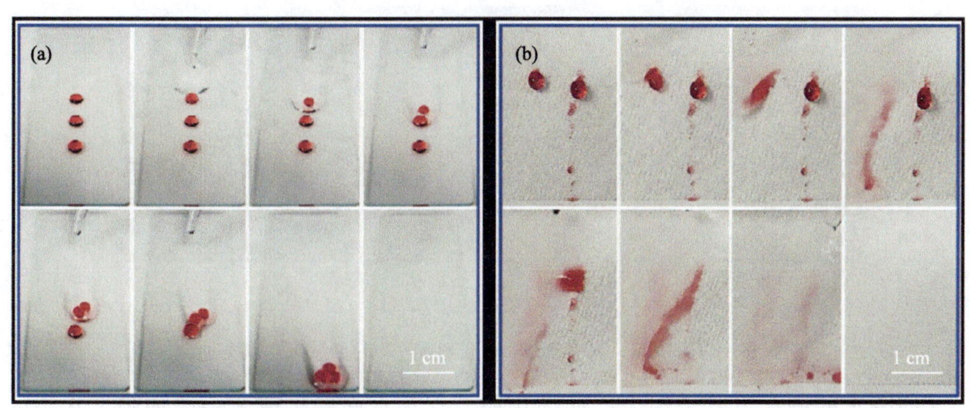

图 15-2 TFTE-HPC 涂层(附载于载玻片)和 TFTE-HPC 织物的自清洁过程[10]

15.1.3 有机/生物防污

有机或生物污染是指一些有机物或生物附着在固体表面上，有机物分子或生物排泄物直接破坏表面原有的功能。通常亲水表面具有良好的防污性能，可用于有机和生物的防污。这是因为亲水表面在表面形成水膜，可以阻止有机污染物或微生物的吸附，进而达到防污的效果[11,12]。然而，亲水表面在干燥环境下很容易被有机物破坏，所以防污表面还需考虑具有一定的疏油功能以防止油污。基于此思路，Zhu 等[13]合成了一种亲水/疏油的聚合物膜，该聚合物膜不仅可防止有机物和生物的吸附，同时有很高的水通量，合成的 PVDF@30wt% AP1 膜在经过长达两小时的过滤测试后，仍可保持防污能力几乎不变。

15.2 特殊润湿材料在油水分离中的应用

15.2.1 含油废水的危害

随着人类社会的能源消耗继不断增大，工业发展也非常迅速，但是工业排放的废物会对环境和生态系统产生有害影响，其中含油废水是亟须解决的问题之一[14-16]。含油废水指的是工业生产过程中产生的含有机烃类物质的废水。在工业生产过程中，譬如精细化工化学、石油、装备工业等，会产生大量含油废水[17]（图 15-3），这给自然环境的保护带来了巨大的挑战。

图 15-3 含油污水的危害

(a、f)石油泄漏；(b)生态破坏；(c)河流污染；(d、e)污水排放

含油废水的危害主要表现为：油类物质漂浮在水面后生成了一层油膜，水中的溶解氧减少，致使水体中缺氧，也会影响水生植物的光合作用而使水质变臭，破坏水资源的利用价值，包括可能燃烧的安全问题。含油污水对人类的伤害也是不可忽视的，污水中的有毒物质被摄入后会对人体的各种组织和器官造成不同程度的损伤。而且废水的易挥发性物质分解会污染大气，进而影响到人体健康[18-20]。

15.2.2 含油废水的分类

含油废水之所以很难处理，主要原因是它由复杂的分散相(油或水的悬浮液滴)和连续相(悬浮液的介质)组成[21,22]。含油废水中的有机物成分复杂，并且种类繁多。根据分散相中液滴的大小(直径)对含油废水进行分类：大于 150 μm 的液滴定义为浮油，是含油废水的主要油组分；将 20～150 μm 的液滴定义为分散油，这部分油在水中是不稳定的；将小于 20 μm 的液滴定义为乳化油，这类油在水中比较稳定，非常难分离；溶解油以分子状态溶解在水中，占油总量的极小部分，也是最难处理的[23]。

15.2.2.1 常见油水分离技术

含油废水的来源不一，所以处理起来有一定困难。目前常用的油水分离方法有：

(1)重力法 主要利用油与水的密度差异以及互不相溶性实现分离[24]。主要针对废水中的浮油及部分分散油。优点是处理浓度范围大、运行稳定、处理工艺简单、除油效果良好；缺点是工艺占地面积大，出水中含油量多。

(2) 吸附法　包括物理吸附和化学吸附。二者的主要区别在于是否通过共价键的作用。物理吸附对污染物没有选择性，依靠范德瓦耳斯力吸附；而化学吸附对污染物可以具有选择性。

(3) 生物法　主要包括活性污泥和生物过滤。这两种方法都是通过微生物对油的吸附、分解来达到油水分离的效果。但油类有机物成分复杂，微生物分解不完全，容易导致出水含油量高，产生的污泥量大[25,26]。

(4) 气浮法　非极性分子的气泡能与污水中疏水性的非极性油结合在一起，通过气泡的浮出作用，油被气泡带出水体达到去除效果。

(5) 絮凝法　加入合适种类的絮凝剂，与水中的油滴发生吸附、架桥、中和等反应，形成大颗粒絮状物，通过后续处理去除水中的油类物[27]。

(6) 膜分离法　在膜两侧浓度差、压力差或电位差等外界推动作用下，利用组分在膜中的迁移速度不同，通过渗透作用实现分离的目的。该法具有能耗低、分离效率高、过程简单、适用范围广、易于放大等特点。但是膜污染问题和循环利用率低限制了其在乳状液分离中的应用[28]。

15.2.2.2　润湿材料的应用

上述常见的油水分离方法存在分离效率低、操作困难、耗时长、耗能高等缺点。因此，开发高效、节能、环境友好型的油水分离技术是十分有必要。近年来，基于超润湿材料开发的分离方法，因其低成本、高效率和环境友好的优势，迅速成为研究热点之一[29-31]。润湿性是固体表面的特殊性质，取决于材料的表面形态和化学成分[32]。在实现上可以通过调节表面结构或表面能实现润湿性调控，包括超疏水、超亲水、超疏油和超亲油的材料。这些材料可以通过设计表面润湿性和调整孔径来实现分层和油水混合物的分离。当膜的孔径足够小时，材料可以分离油包水型乳液和水包油型乳液[33,34]。

根据固体表面对油相和水相浸润性的不同，特殊浸润性具体包括以下四种：超疏油、超亲油、超疏水和超亲水四种[35]。将其应用到油水分离领域需通过借助二元协同效应[36] (表面化学组成、微观结构与润湿性的关系) 来获得特殊浸润性分离材料。如超疏水/超亲油材料选择性地将油相从混合物中分离，是典型的“除油”型分离材料；超亲水/超疏油材料则可将水相分离出来，是典型的“除水”型分离材料 (图 15-4)[37]。在此基础上引入功能化官能团，可以实现智能调控油水分离。

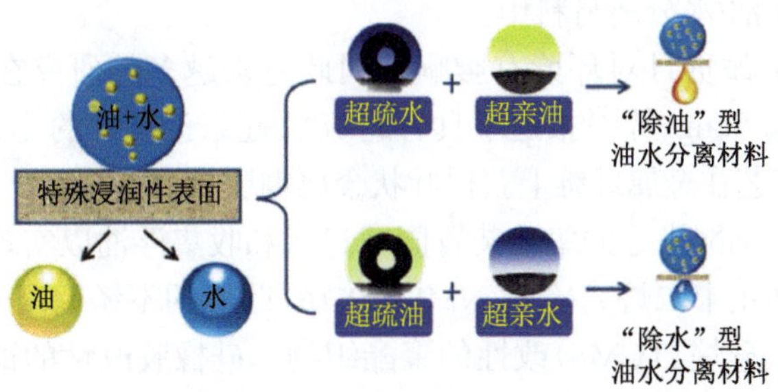

图 15-4　特殊浸润性油水分离材料的分类[37]

1. “除油”型油水分离材料

超疏水性-超亲油性材料是经典的“除油”材料，可以允许油相通过而阻止水相流过，从而高效率实现水和油的分离。如图 15-5 所示[38]，这些超疏水-超亲油膜水接触角大于 150°，倾斜角(滑动角)小于 10°。

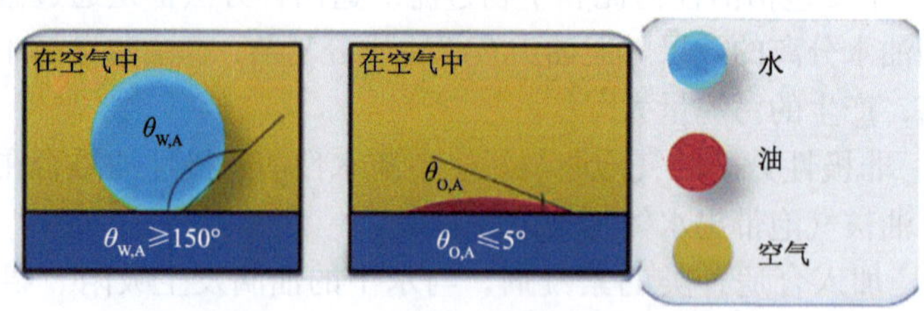

图 15-5 超疏水-超亲油示意图[38]

通常可以采用两种策略：一是调整具有低表面能化学成分的粗糙多孔材料；二是在疏水表面上构建双尺度粗糙结构[39]。为了获得超亲液表面，固体表面张力应接近相应液体的表面张力。构建超疏液表面，一般需要固体表面张力低于对应液体表面张力的 1/4。水的表面张力为 72.8 mN/m，常见油类的表面张力为 20～40 mN/m[40]。大多数固体满足表面张力的要求后，可通过构建相应的粗糙结构，获得超疏水/超亲油表面。2004 年，江雷等[41]率先通过喷涂和固化方法制造了涂覆低表面能的聚四氟乙烯(PTFE)的不锈钢网，在微纳米复合结构作用下不锈钢网具有超疏水-超亲油性。受此工作启发，更多的科研团队都致力于制造这种类型的膜。通常含氟聚合物由于低表面能而常被作为修饰剂。Zhang 等[42]通过浸涂和气相沉积工艺将聚苯胺(PANI)和 PTES 对棉织物进行改性。如图 15-6(a)所示，涂覆的棉纤维覆盖了 PANI-PTES 涂层，并具有微纳米级粗糙度；所制备的织物同时具有超疏水性和超亲油性，可用于除油[图 15-6(b)]；此外经过 600 次刮擦循环，该织物仍保持超疏水性和 93%以上的分离效率[图 15-6(c)]，具有很好的耐久性。Cheng 等[43]采用静电纺丝方法制造了用于破乳的超疏水膜。在高压电场下，在电纺丝过程中将聚二甲基硅氧(PDMS)涂层的聚偏氟乙烯(PVDF)纳米纤维和有 PVDF 纳米凸起的 PDMS 微球复合，同时不对称复合膜减小传质的阻力，其制备的不对称复合膜表现出超快的渗透性和约 99.6%的分离效率。其他基于含氟聚合物的超疏水-超亲油材料，例如 FAS/TiO_2 改性的织物[44]、FAS 改性的聚氨酯泡沫[45]、PTFE 纳米粒子改性的滤纸[46]、SiO_2-TMS 改性的 PVDF 膜[47]、全氟十二烷硫醇/PDA 改性的海绵[48]等，已被广泛应用在油/水分离材料中。

含氟聚合物价格昂贵且对环境有影响，因此越来越多的研究在开发不含氟的新的超疏水-超亲油材料。Song 等[49]报道了具有超疏水/超亲油特性的 STA 改性不锈钢网，通过化学氧化还原工艺在金属纤维上获得叶状金属铜层[图 15-6(d)]。如图 15-6(e)～(g)所示，使用改性不锈钢网搭建的集油装置同时过滤和收集浮油以实现油水分离。此外，非氟超疏水材料包括正十二烷基硫醇(NMD)/PDA 改性的不锈钢网、PDMS-SiO_2/PS 改性的滤纸、三氯甲基硅烷(TCMS)改性的聚酯织物、硅橡胶改性的铜网等[50-55]已被报道用于分离各种类型的油水混合物。

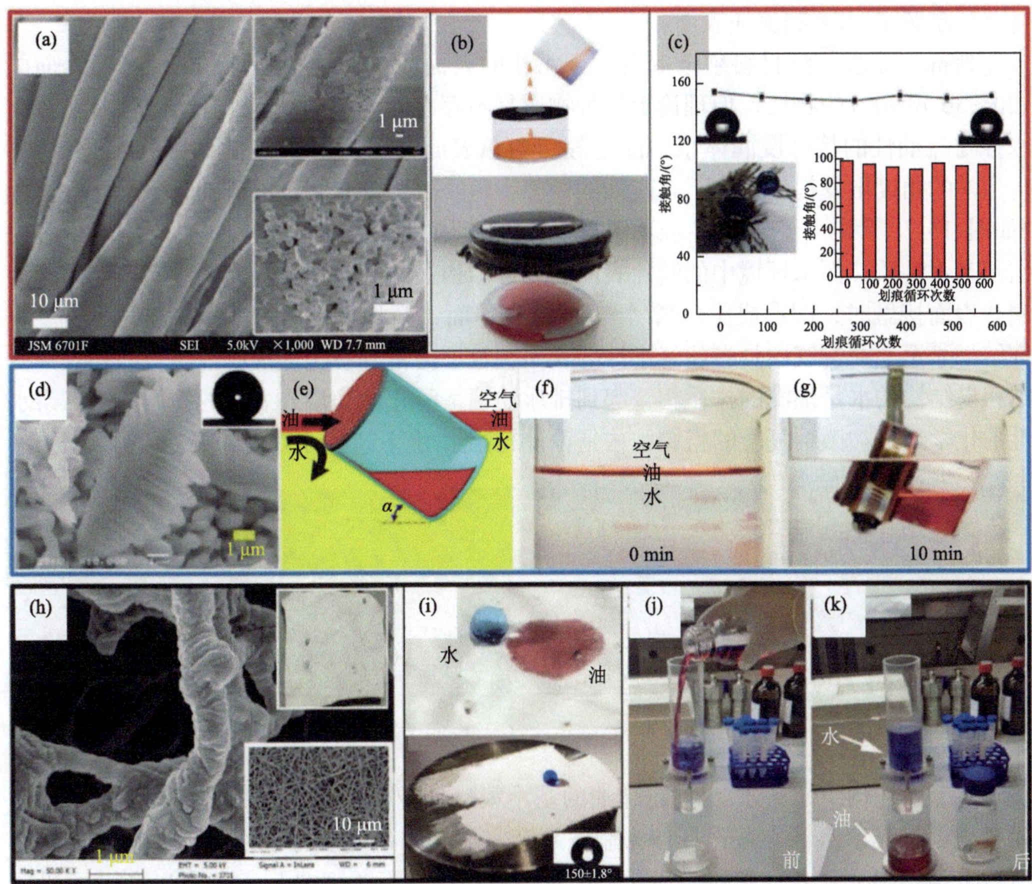

图 15-6 超疏水-超亲油应用示例图[45,49,54]

除上述改性多孔基质如网状物、海绵、纺织品、滤纸等制备的超疏水油水分离材料外，一些块状超疏水材料也被用于分离油水。Qing 等[54]通过电纺丝烧结策略制备了由聚四氟乙烯纳米纤维组成的超疏水/亲油聚四氟乙烯纳米纤维膜[图 15-6(h)]，经过 30 次的磨损测试，该膜仍然具有超疏水性，且材料表现出优异的力学性能[图 15-6(i)]；此外，如图 15-6(j)、(k)所示，其分离效率和通量相当高，具有优异的耐腐蚀性能和热稳定性，能够承受恶劣环境条件下的工业油水分离。

2. “除水”型油水分离材料

“除水”型油水分离材料指的是亲水/疏油表面材料，能够选择性地将水从油水混合物中分离出来，其相对“除油”型油水分离材料具有明显的优势。第一，超亲水性保护材料不易受油垢的影响；第二，由于水的密度通常大于油的密度，水相在下面沉降，更适合于重力驱动的油/水分离，节省能耗。因此，开发具有超疏油/超亲水特性的“除水”型油水分离表面是十分必要的[55]。“除水”型材料制备思路：①制备超亲水/水下超疏油表面；②通过控制表面的分散性和非分散性表面自由能，制备空气中亲水/疏油表面，又称之为“反常”润湿。

1) 超亲水-水下超疏油表面

制备“除水”型材料须选取既大于水相的表面能(72 mN/m)又小于油相的表面能(20～30 mN/m)的物质，但理论上这种物质是不存在的，因此只能通过构筑同时具有亲水性与疏油性的特殊浸润体系。江雷等[56]对鱼表面覆盖的鱼鳞开展了系统的研究，从仿生学的角度出发提出了水下超疏油的概念：鱼鳞表面具有精细的微纳米分级复合结构(如图 15-7 所示)，由亲水性羟基磷灰石、蛋白质以及黏液所构成，因此在空气中表现出超亲水性质；而水环境中的鳞片表面的复合结构被水分子快速、充分浸润，当油滴与鳞片表面接触时，即形成了鱼鳞/水/油的复合界面，鳞片展现出水下超疏油的性质。研究结果显示，在空气中具有超亲水性的表面在水下通常具有超疏油的性质，即陷入到微纳粗糙结构的水是油滴的排斥相，起到排斥油滴、防止油滴渗入表面的作用。所以亲水性的化学组成和微纳复合的粗糙结构是设计超亲水/水下超疏油表面的关键因素。

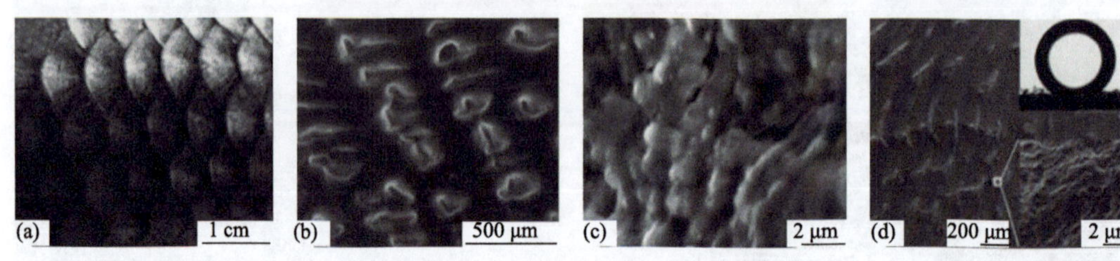

图 15-7 鱼鳞表面微观结构 SEM 图[56]

基于上述构筑超亲水/水下超疏油的基本策略，越来越多的此类材料表面被报道。无机物由于其亲水性常被选择作为制备超亲水性和水下超疏油油水分离的亲水材料。Gondal 等[57]通过喷涂工艺将二氧化钛纳米颗粒覆盖在不锈钢网上，从图 15-8(a)可见，网格表面覆盖了均匀的二氧化钛纳米颗粒，表面构建了微/纳米尺度的粗糙度。涂层网

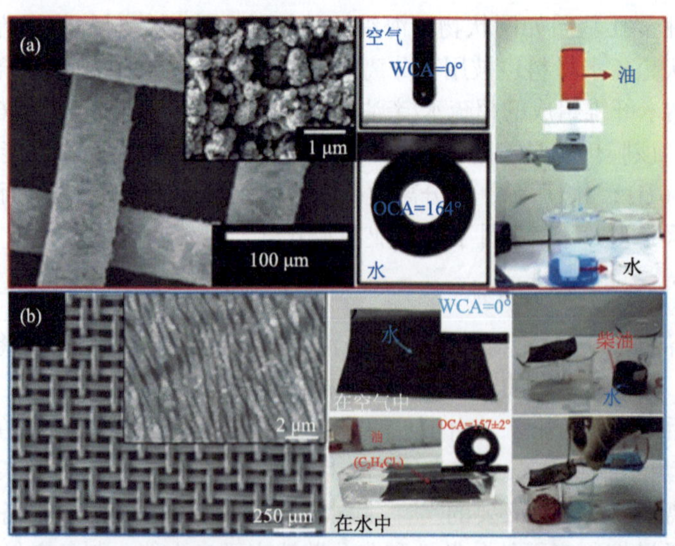

图 15-8 (a) 纳米二氧化钛涂层网格的 SEM 图、CA 测量和油水分离测试[57]；(b) 激光处理后不锈钢网的 SEM 图、CA 测量和油水分离测试[61]

在空气中呈超亲水性，其水下疏油接触角高达 164°，且油水混合物的分离效率高达 99%。其他由无机物制备的超亲水/水下超疏油材料还有氧化石墨烯(GO)改性网[58]、NiOOH 改性网[59]、硅酸盐/TIO_2 改性网[60]等。构建分层表面粗糙结构是另一种有效方法。Yin 等[61]用一步飞秒激光法制备了超亲水/水下超疏油的不锈钢网[图 15-8(b)]，制备的材料表面具有周期性的纳米波纹结构，可以用于分离食用油、柴油、原油、十六烷等油水混合物。Li 等[62]通过飞秒激光辐照合成了由超薄铝箔组成的多功能膜，该膜具有大孔隙率的微孔阵列并覆盖有纳米结构，具有超亲水性和水下超疏油性。

亲水聚合物常被用于制备超亲水/水下超疏油分离材料。Xue 等[63]通过浸渍法制备了超亲水/水下超疏油聚丙烯酰胺(PAM)水凝胶包覆网，在油/水/固体系中表现出较低的油黏性，可分离高黏度的原油/水混合物[图 15-9(a)]。

Shi 等[64]将硅烷偶联剂 KH550 与多巴胺共聚，将纳米粒子接枝至 PVDF 膜表面，KH550 的氨基充当多巴胺衍生物之间的桥梁，表面产生大量的羟基和氨基，使疏水性的 PVDF 膜具有超亲水和水下超疏油特性，超亲水 PVDF 膜分离效率高达 99%，具有优异的抗污性能。利用多巴胺的普适性可应用到很多的有机-无机杂化材料表面改性。Gao 等[65]采用简单的穿孔法制备了有超亲水性和水下超疏油特性的多孔硝化纤维素膜(p-NC)，如图 15-9(b)所示，双尺度孔隙膜可用于分离油水混合物。基于亲水性聚合物的其他超亲水/水下超疏油材料，如聚乙烯醇水凝胶涂层[66]、纤维素水凝胶涂层尼龙网[67]等也被研究应用到油水分离技术中。

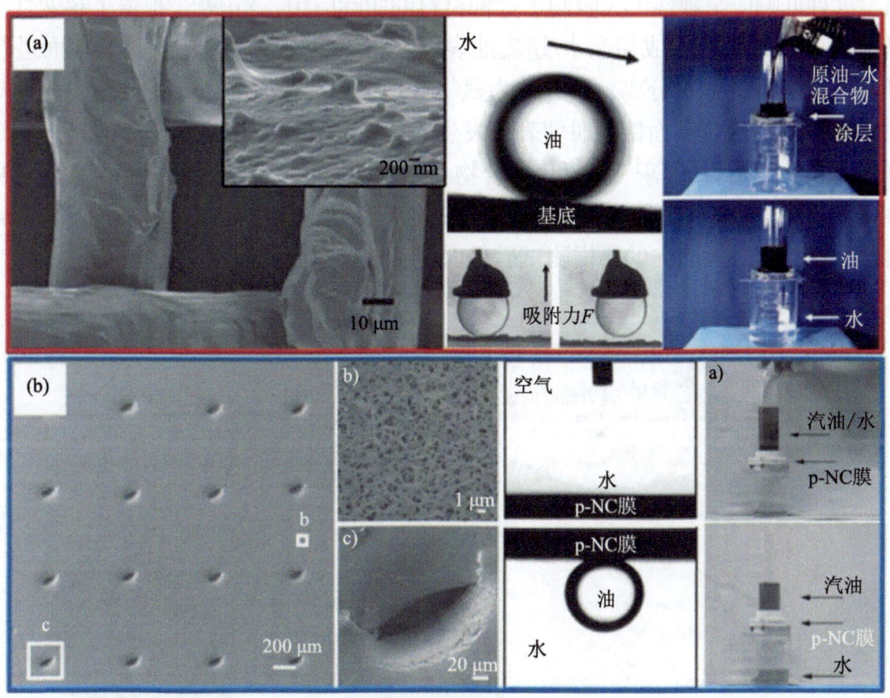

图 15-9 (a) PAM 水凝胶包覆网的 SEM 图、CA 测量和油水分离测试[63]；(b) 多孔硝化纤维素膜 SEM 图、CA 测量，p-NC 膜的油水分离测试[65]

2) 空气中亲水-疏油表面

超亲水/水下超疏油表面在用水预润湿后对油具有很强的排斥性，可分离水与油混合物，同时避免油污染。但是这种材料只有在水下才是超疏油的，而在空气中则呈现超亲油，因为其依赖于表面水膜的形成，故应用有一定受限[68]。同时，这种表面具有超两亲性，在存储、运输过程中很容易被油脂污染[69]。为解决上述问题，开发在空气中和水下均具有稳定的疏油性和亲水性的特殊润湿材料具有非常大的价值，由于亲水性和拒油性的“反常”润湿性，所以亲水-疏油膜可避免油垢，可通过“除水”方式进行油水分离，无需用水预先润湿。

虽然亲水性与疏油性难以共存，但是仍然有研究成功地制备了在空气中同时具有亲水性与疏油性的表面材料。Okada 等[70]利用氟代烷基丙烯酸低聚物(FAAO)首次制备了一种油的接触角大于水的表面，这一“反常”现象的原因，论文中归结于由具有两种不同润湿性基团分子构成的材料在与水相接触时，亲水基团翻转至材料表面使材料呈现亲水性，但是材料与油类接触时不会发生翻转现象，所以油类的接触角较大，这一理论称之为“涂层翻转”理论，也叫作表面重构或表面重组。Yang 所在课题组[71]以及 Kota 课题组[72]分别成功制备了具有超亲水/超疏油性能的表面，表面的抗油污能力大幅度提高。实验是将亲水性物质和疏油性物质共混涂膜，这种制备方法因为物理共混与基材的结合不牢，另一方面难以控制表面响应性，从而导致表面对水的响应时间较长。Yang 课题组得到的表面水滴由超疏状态到超亲状态的时间大约是 9 min，而 Kota 课题组制备的表面响应时间长达 25 min，这种低响应灵敏性大大限制了这种材料的实际应用。Xu 等[73]报道了超两性涂层，其暴露在氨气气氛中会变成超亲水/超疏油表面，将该涂层应用于纺织品的表面进行功能化，可实现非常规的油水分离，研究认为氨气处理在超双疏表面生成了铵盐，而铵盐与水之间的相互作用在水与表面接触时使表面发生重构或者将水引至亲水层，但是这一解释没有得到任何实验证明。Li 等[74]将氟化聚合物与亲水性单元以及纳米粒子混合，通过喷涂的方法在各种基材上形成类似钢筋混凝土结构的超疏油/快速响应超亲水性表面(图 15-10)，其耐久性即使在超过 400 m 的磨损测试后仍保留了该材料分离油水混合物的能力。

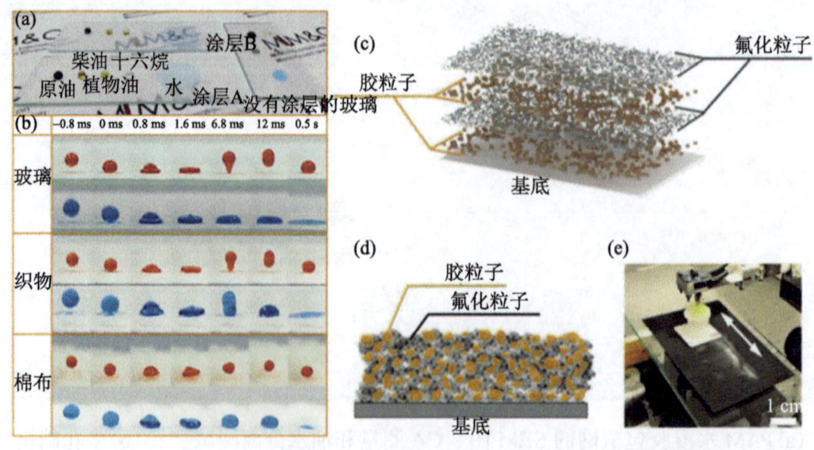

图 15-10 (a)、(b)在涂层玻璃、织物和棉布上润湿的时间序列图像；(c)制作带有两个固液(SL)的表面；(d)增强的叠加结构的横截面示意图；(e)使用加速摩擦计测试机械性能[74]

Liu 等[75]将磁性纳米颗粒、短链氟基团和亲水性诱导的单元引入 2D 或 3D 基底，来制备多功能的超疏油/超亲水表面。将理论计算与表面微观形貌、成分表征相结合，研究了润湿性形成机理。该材料具有优异的防油垢能力，可以通过“除水”方式直接用于油水分离，提出了一种溶剂响应的润湿性转变机制，可在 10 s 内将超疏油/超亲水表面可逆地转化为超疏油/超疏水表面[图 15-11(a)]。通过对水和油的可切换表面润湿性，实现了轻油或重油/水的自由分离、W/O 乳液和 O/W 乳液的破乳作用。因此，超疏油/超亲水表面有望用于多任务处理油水分离。Lu 等[76]将含有适量的二(3-三甲氧基甲硅烷基丙基)胺以及 3-氨基丙基三乙氧基硅烷的乙醇溶液与含有纳米二氧化钛粒子的全氟辛酸钠溶液共混制成膜液，喷涂至基材表面，构筑了具有光催化活性的超亲水/超疏油表面网膜，该网膜不仅可进行油水分离，而且可用二氧化钛的光催化活性实现对表面吸附污染物的降解[图 15-11(b)]。Amirpoor 等[77]研究了亲水树脂与全氟辛酸钠(PFOA)、二氧化硅、二氧化钛对表面润湿性的影响，通过浸涂的方法在不锈钢网上构建超亲水/超疏油纳米复合涂层，OCA 和 WCA 分别为 144º 和 0º，优化的纳米复合涂料涂层对油和水的油/水分离效率达到了 96% ± 1%，在 15 个分离循环后，仍可以保持高分离效率[图 15-11(c)]。

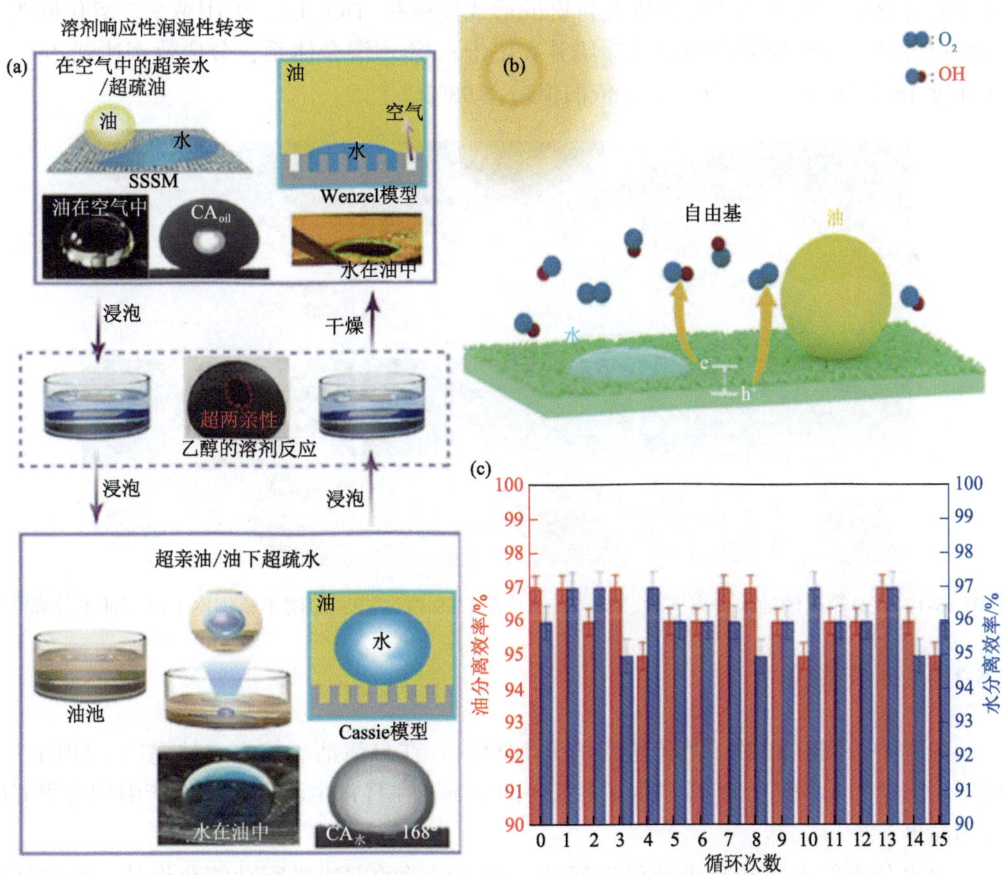

图 15-11 (a)润湿性转变前后，溶剂响应性润湿性转变过程的示意图以及 SSSM 表面上油和水的 CA 图像[75]；(b)超亲水和超疏油润湿行为的示意图[76]；(c)涂层网的可回收性[77]

对比超疏水/超亲油涂层，亲水/疏油涂层应用在油水分离方面具有很多特殊的优势。由于超疏水/超亲油涂层这种材料具有天然的亲油性，非常容易被油性物质所污染；当处理的含油废水中油性物质的密度小于水相时，超疏水/超亲油材料的分离效率和选择性就会受到明显的影响。亲水/疏油涂层可以优秀地避免这两方面的问题。因为这种材料具有良好的疏油性，有机物分子难以黏附在表面；另外，其亲水性可以在固体表面形成水膜，进一步防止有机物的污染。当使用亲水/疏油涂层处理油密度小于水密度的含油废水时，水先接触涂层且润湿形成一层水膜，而当上面漂浮的油接触到涂层时会被很好地截留。Raza 等[78]合成了一种超亲水/疏油的 x-PEGDA@PG-8 NF 膜，具有超快的油水分离速度和高效的分离效率；使用这种膜连续分离了 10 L 的油水混合溶液后，膜的分离效率没有发生明显变化。Yang 等[79]利用壳聚糖中的氨基与全氟辛酸中的羧基进行酸碱反应，通过离子键将低表面能的氟碳链接枝到涂层表面，再利用纳米二氧化硅提高表面粗糙度，制备了可以高效分离含油废水的超亲水/超疏油表面(图 15-12)。经过测试，这种超亲水/超疏油表面可以分离多种有机物油水混合物质，包括正十六烷、植物油等。Shen 等[80]使用 $Ti(OBu)_4$ 和氟碳表面活性剂(Zonyl FSN-100)在 DMF 中进行缩合反应，将表面活性剂以共价键的形式接枝在 TiO_2 层，采用纳米二氧化硅改变表面粗糙度，从而研究使用这种涂层分离正十六烷-水混合体系，分离效率达到 99%，在连续 16 次分离之后，分离效率依旧保持在 98%以上。

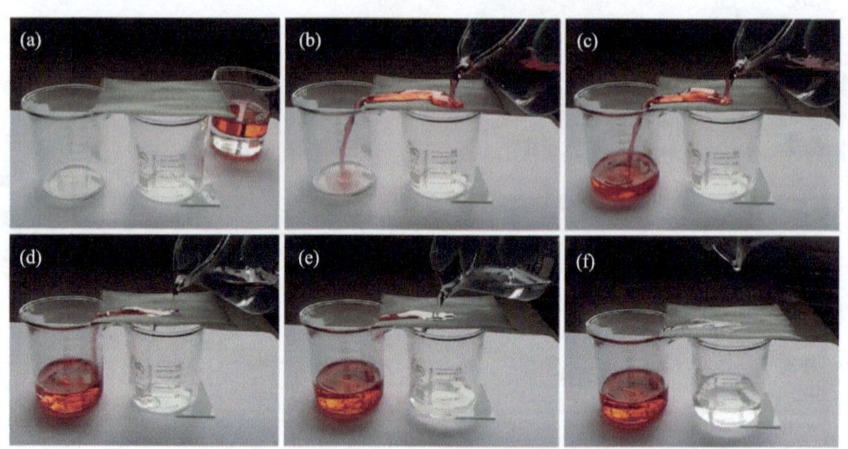

图 15-12 (a)简单的油水分离实验装置，(b～f)在 CTS-PFO/SiO_2 涂层不锈钢网上进行油水分离[79]

15.2.3 研究意义

各种特殊润湿材料，尤其是亲水/疏油材料，在自清洁、抗雾、抗腐蚀、印刷、传感器、医学和非均相分离等方面有着重要的影响，在日常生活和工业生产中均有很好的应用前景。

油水分离的本质涉及界面科学问题，通过科学的方法进行功能化设计，就能使材料具备特殊浸润性，可以实现油水混合物的高效、选择性、可控分离。

15.3　气相沉积法制备亲水/疏油无纺布

15.3.1　概述

通过控制合适的表面化学基团分布和类型，可制备出更亲水的表面，即超亲水/疏油表面。Pan 等[10]改进了共价键接枝法，用气相沉积法，通过气相硅烷偶联反应，使基材表面的羟基与气态的十三氟辛基三乙氧基硅发生硅烷偶联反应，合成的涂层油接触角(正十六烷)约为 151°，水接触角约为 0°。尽管这种方法不产生含氟废液，但是难点就是难以控制偶联的氟碳链数目，反应一旦过度，涂层就会丧失亲水性。因此，就要重新构建涂层的亲水基团的组成和分布。根据 Owens 等修改的杨氏方程，可知出现这种亲水性失去是亲水基团被大量消耗，导致涂层的极性表面张力下降所致。所以可改变涂层亲水基团的组成，在保证可以接枝足够数目的疏油基团的同时，保留存在一定数目的极性基团，从而实现亲水/疏油平衡控制。

基于上述思路，采用聚天冬氨酸、聚丙烯酸、聚乙烯醇三种聚合物混合，构成涂层的基本组成；通过纳米二氧化硅构成表面粗糙结构，最后通过全氟辛基三乙氧基硅烷在固体表面接枝氟碳链降低表面能，形成亲水疏油表面(图 15-13)。

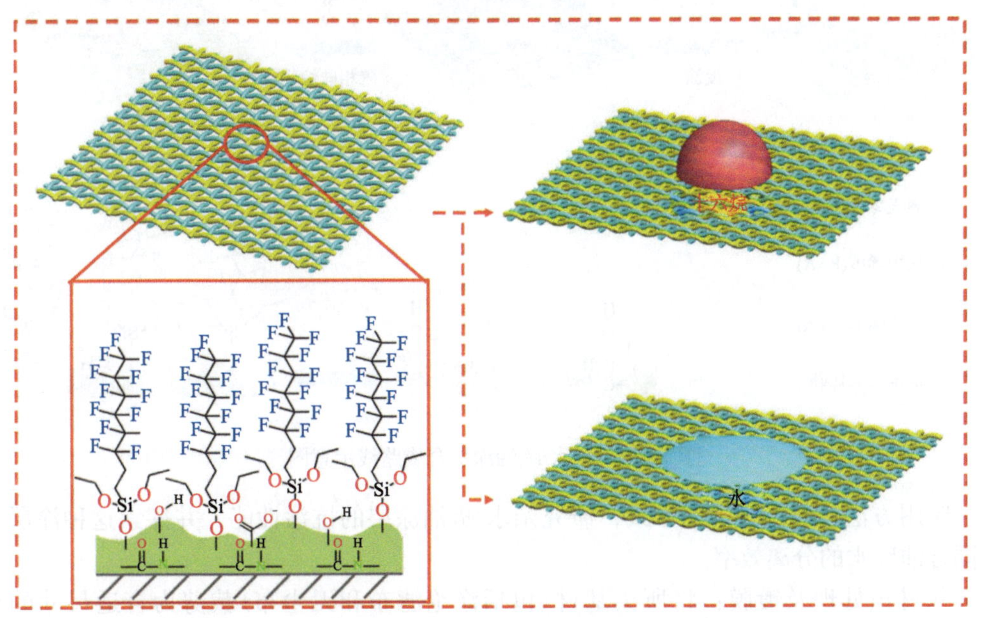

图 15-13　亲水/疏油涂层示意图

15.3.2　样品制备方法

实验原理：用含极低表面张力的试剂对亲水表面进行修饰，降低其色散表面张力；同时表面也要保留一定数量的亲水基团，使材料表面兼具亲水和疏油的性质。

基本思路：用聚丙烯酸、聚乙烯醇和聚天冬氨酸三种聚合物组合(表 15-1)，这些聚合物中的羧酸基用于与全氟辛基三乙氧基硅烷反应，引入含氟基团以降低材料的亲油性；而未反应的亲水基团，如羟基、酰胺基，提供涂层的亲水性，最后合成出亲水/疏油涂层(图 15-14)。

表 15-1　涂膜液组成(质量分数)

成分	PASP/%	PAA/%	PVA/%	SiO_2/%
PAA/SiO_2	0	10	0	5
PVA/SiO_2	0	0	2	1
PASP/SiO_2	6	0	0	3
PAA/PVA/SiO_2	0	10	2	4
PASP/PAA/SiO_2	6	10	0	5.3
PASP/PVA/SiO_2	6	0	2	2.7
PASP/PAA/PVA/SiO_2	6	10	2	6

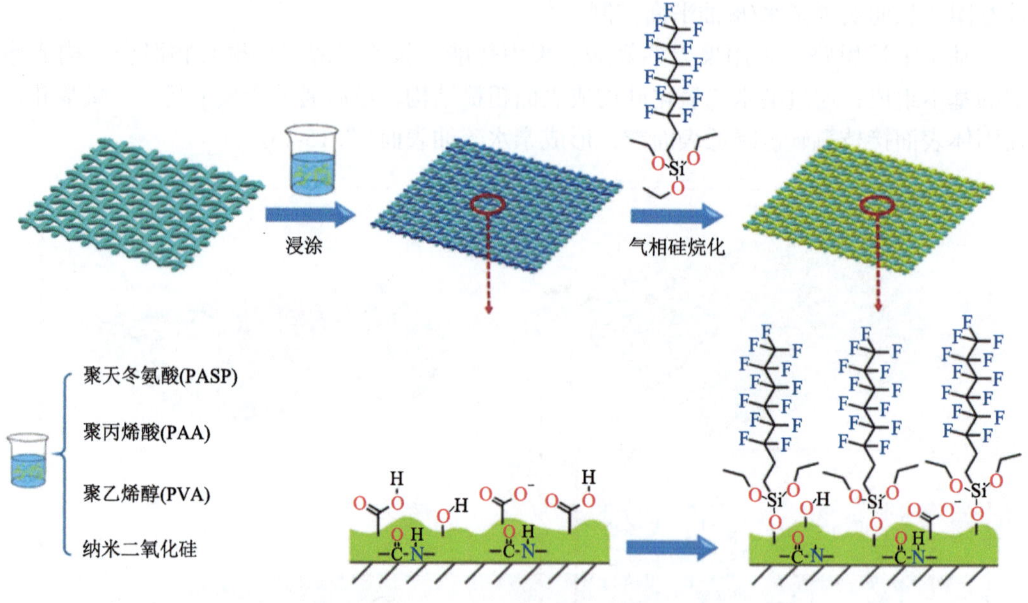

图 15-14　亲水/疏油涂层合成路线示意图

应用方法：通过直观的方式，研究亲水/疏油涂层的抗污性能，并探索这种涂层对不同含油废水的分离效率。

基材预处理及镀膜：将所买基材(包括涤纶滤布和无尘布)裁剪为合适尺寸的小片，采用去离子水冲洗浸泡 10 min，然后采用无水乙醇浸泡 3～5 min，65℃烘干；最后将清洗干净的基材浸泡于上述所制备的涂膜液中，浸泡 10 min，取出后常压条件下 65℃干燥固化 1 h。

烷基化反应：将经过涂膜液修饰的基材置于真空干燥器中，加入 150～300 μL 硅烷偶联剂，使用真空油泵抽真空至−100 kPa 以上，处于恒定温度条件下反应 72 h 时间，取出，使用无水乙醇冲洗。

15.3.3 性能

15.3.3.1 亲水/疏油滤布表面的微观形貌

涂层的粗糙程度对润湿性能有着重要的影响，为了提高滤布表面的粗糙程度，引入了纳米 SiO_2 进行修饰。使用 SEM 表征了涂层表面的粗糙结构。图 15-15 为没有经过处理的滤布、PASP/PAA/PVA/72 h 反应涂层和 PASP/PAA/PVA/SiO_2/72 h 反应涂层的 SEM 图。从图中可以看出，没有经过处理的涤纶滤布的纤维丝外观十分光滑，直径在 50～100 nm 之间，相互之间有较大的空隙。当使用 PASP/PAA/PVA 涂膜液处理后，可以发现在纤维丝的边界处出现一些褶皱。但粗糙结构仍不明显。此外一个较大的变化是因为聚合物黏附在滤布表面，降低了滤布的孔径。然而当使用 PASP/PAA/PVA/SiO_2 涂膜液处理时，可发现纤维表面形成大量无规则突起结构，其堆积尺寸在 10 μm 以下。由此可以证明引入纳米 SiO_2 之后，这类粒子可以有效地提高表面的粗糙度，形成多尺度的微纳米级的微观结构，而这种结构是有效提高疏油接触角的重要因素之一。

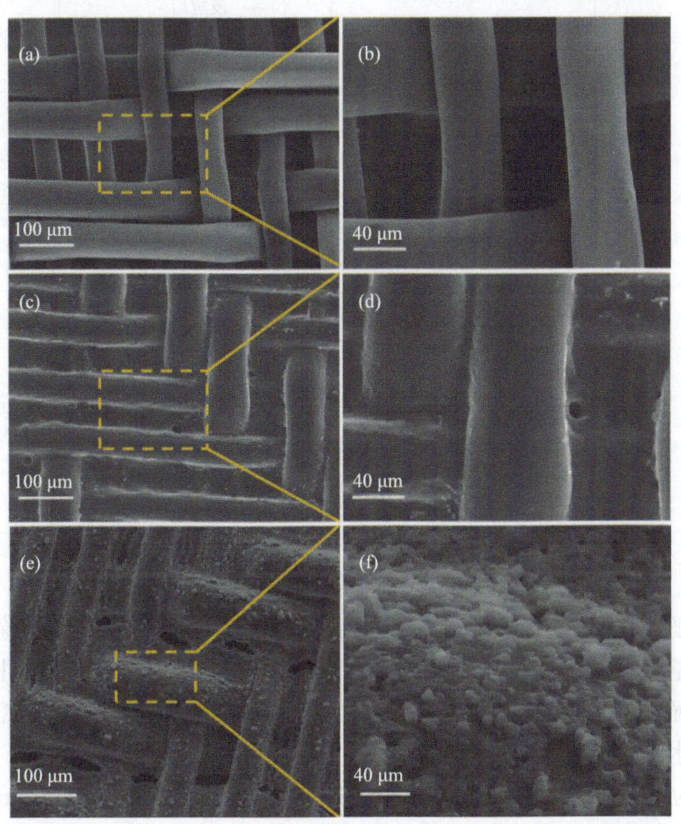

图 15-15 没有经过处理的滤布(a、b)、PASP/PAA/PVA/72 h 反应涂层(c、d)和 PASP/PAA/PVA/SiO_2/72 h 反应涂层(e、f)的 SEM 图

15.3.3.2 表面元素分布

根据江雷课题组的二元协同理论，涂层表面元素组成对润湿性会产生重要影响。采用气相硅烷化反应，将全氟辛基三乙氧基硅烷中的氟碳链接枝到经过涂膜液预处理的滤布表面。图 15-16 为空白滤布和经过反应的滤布的 XPS 能级图。由图可知，反应前后的变化主要体现在：反应后的涂层在 688.26 eV 处出现明显的一个峰，其归属于 F 1s。根据 XPS 测试的结果，反应前 F 的含量为 1.74%，经过反应后，涂层 F 原子含量提高至 34.66%，这说明在 72 h 的十三氟辛基三乙氧基硅烷的真空气相硅烷化反应作用下，大量的氟碳链被接枝到涂层中的羧基和羟基上，涂层中具有大量—CF_2—和—CF_3 官能团，导致涂层中的 F 原子占比出现明显的提升。另一个出现的明显变化是硅原子占比的变化。反应前的涂层中 Si 原子含量为 15.62%，反应后降低为 5.56%。这是因为硅烷化反应后，较长的氟碳链覆盖在涂层表面，而 XPS 测试的深度较浅(几个纳米)，最后导致了涂层中 Si 原子占比下降。这个结果也说明起到降低涂层色散力表面能作用的基团是氟碳链，而并非纳米 SiO_2。

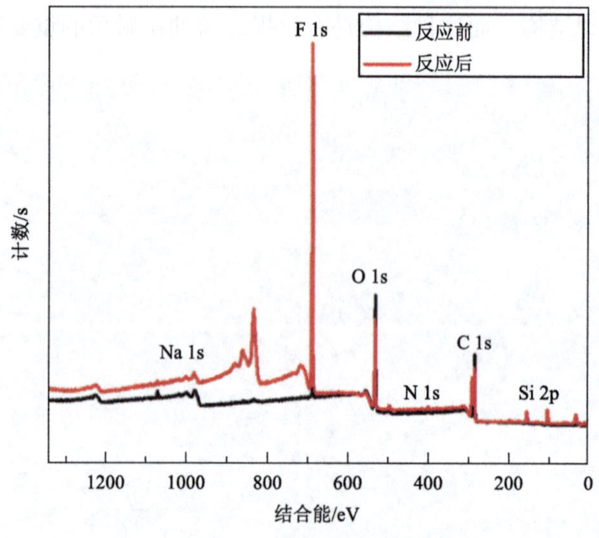

图 15-16 反应前后的 XPS 数据

15.3.3.3 表面润湿性

根据亲水/疏油的理论，产生这种反常润湿现象的原因可以归结为涂层中既包含在最上层的疏油基团，又存在位于下层的亲水基团，并且两种基团在数量上保持一定的平衡。为了充分阐明这种亲水/疏油的反常润湿现象，实验用水和一种典型的油——正十六烷测试该油水混合物在亲水/疏油滤布表面的接触角。

图 15-17 为 PASP/PAA/PVA/SiO_2/72 h PFTEOS 滤布初始和稳定(10 min)后的水接触角和正十六烷接触角。从图中可见，水的初始接触角为 104.0°，经历一定的平衡时间后完全润湿了滤布。在 10 min 时，水的接触角小于 3°。而正十六烷初始接触角超过 110°。稳定时正十六烷接触角为 99.76°。所以水的接触角稳定后，远远小于正十六烷的接触

角，说明本节所描述的方法可以成功地制备亲水疏油涂层。

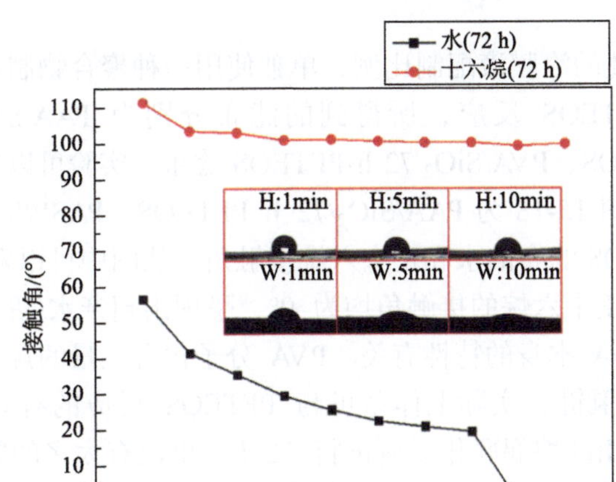

图 15-17　PASP/PAA/PVA/SiO_2/72 h PFTEOS 滤布初始和稳定(10 min)后的水接触角和正十六烷接触角

目前解释亲水/疏油现象的模型有液体渗透模型和涂层翻转模型。根据测试的 10 min 内水和正十六烷在 PASP/PAA/PVA/SiO_2/72 h PFTEOS 滤布接触角的变化曲线，可看出在接触滤布后的 2 min 内正十六烷接触角变化较大，然后趋于稳定；然而水的接触角变化则相反，在开始的几分钟内下降较快，并最终趋于 0°。从接触角变化曲线来看，亲水/疏油滤布并不满足液体渗透模型所描述的现象。液体渗透模型认为：出现亲水/疏油现象的原因除了与液体与材料表面之间的相互作用力有关以外，还与有机相的分子体积有关。因为正十六烷的分子半径远大于水，导致测量接触角时，水分子与涂层中的亲水基团快速作用而发生渗透，同时正十六烷分子因体积较大，被截留在了涂层表面。故当正十六烷长时间与涂层接触时，最终的结果也是渗透涂层，使得材料整体呈现亲油性。这显然与本节所测得的正十六烷接触角变化曲线不符，后者在 1～2min 内已经趋于平衡。

然而，涂层翻转模型与观察到的涂层润湿现象较为吻合。涂层翻转理论依据能量最低原理，认为当涂层与空气接触时，亲油基团氟碳链处于涂层的最上层，亲水基团被包埋在涂层内部。当水分子接触涂层时，会引起涂层表面化学组成的重构，通过水分子与涂层亲水基团的相互作用，亲水基团转移到涂层的上层，从而整体宏观上使涂层表现出亲水性。这一模型很好地解释了与十六烷的接触角变化相比，水的接触角出现一个明显的下降过程。当十六烷接触涂层表面时，因为表面存在大量氟碳链基团，故接触角快速达到平衡状态。但是水分子接触涂层表面时，与涂层中下层的亲水基团作用并发生迁移，但是这一过程需要较长时间才达到平衡，因此导致了涂层的水接触角始终处于下降状态。

15.3.3.4　不同聚合物对润湿性的影响

在所描述的合成反常润湿涂层的方法中，选用三种聚合物制备涂膜液。每一种聚合物在实现亲水/疏油润湿现象的过程中，都起到了不同的作用，因此探索不同聚合物构成涂层的润湿性，进一步说明使用这三种聚合物预处理涤纶滤布，并与硅烷偶联剂反应的必要性。

根据表 15-1 所述的涂膜液配制比例，单独使用一种聚合物制备涂膜液，用于预处理滤布，然后与 PFTEOS 反应，所得到的滤布分别为 PAA/SiO_2/72 h PFTEOS、PASP/SiO_2/72 h PFTEOS、PVA/SiO_2/72 h PFTEOS 滤布。实验可以更好地阐明每种聚合物各自起到的作用。图 15-18 为 PAA/SiO_2/72 h PFTEOS、PASP/SiO_2/72 h PFTEOS 和 PVA/SiO_2/72 h PFTEOS 滤布的水和正十六烷接触角。从图中可以发现，PAA/SiO_2/72 h PFTEOS 滤布的水和正十六烷的接触角均为 0°，呈现出超亲水/超亲油的润湿性。这种润湿现象的原因与 PVA 本身的特性有关。PVA 分子包含大量的羟基，但是成膜后，会形成分子内和分子间氢键，实际上体系可与 PFTEOS 反应的有效活性基团数目并不多，这导致了即使气相硅烷偶联化反应进行 72 h，也没有太多的氟碳链接枝在涂层表面。根据本章介绍的理论，氟碳链起到了降低色散表面张力的功能。但因没有足够的氟碳链覆盖涂层表面，导致材料表面能很高，从而出现亲水/亲油的现象。

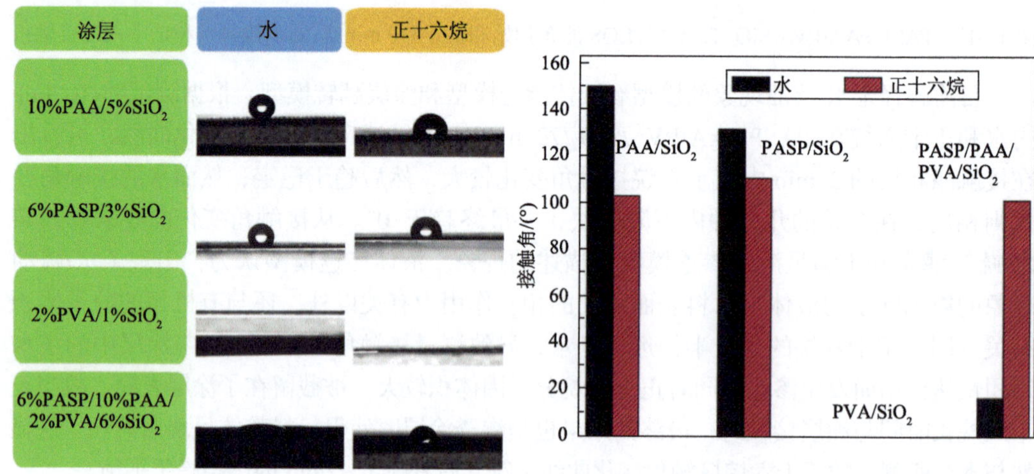

图 15-18 PAA/SiO_2/72 h PFTEOS、PASP/SiO_2/72 h PFTEOS、PVA/SiO_2/72 h PFTEOS 和 PASP/PAA/PVA/SiO_2/72 h PFTEOS 涂层的润湿性及接触角测量

从图 15-18 中可知，PAA/SiO_2/72 h PFTEOS 滤布的水接触角为 150°，正十六烷接触角为 100.9°，是一种疏水/疏油材料。同样的，水在 PASP/SiO_2/72 h PFTEOS 滤布表面的接触角为 136.18°，正十六烷的接触角为 111.39°。出现该现象的原因可归结于经过与 PFTEOS 进行硅烷化反应后，PAA 或 PASP 处理的滤布表面羧基偶联了氟碳链，羧基变成了酯基，该过程改变了涂层的表面能组成。如前所述，涂层的表面张力由两部分组成，一是色散表面张力，二是极性表面张力。偶联的氟碳链降低了色散力部分，同时羧基基团的减少降低了极性表面张力部分。于是，最终得到是 PAA/SiO_2/72 h PFTEOS、PASP/SiO_2/72 h PFTEOS 两种疏水/疏油的滤布。尽管硅烷化反应消耗了 PASP/PAA/PVA/SiO_2/72 h PFTEOS 滤布表面的羧基，但来源于 PVA 的羟基和来源于 PASP 的酰胺基保证了涂层中存在足够数量的亲水基团，进而与水分子作用出现亲水特性，因此以这种方法处理的涤纶滤布出现了亲水/疏油的反常润湿现象。

为验证上述假设，用 XPS 测试了 PAA/SiO_2/72 h PFTEOS 和 PASP/SiO_2/72 h PFTEOS 滤布的表面元素组成和分布(图 15-19)。

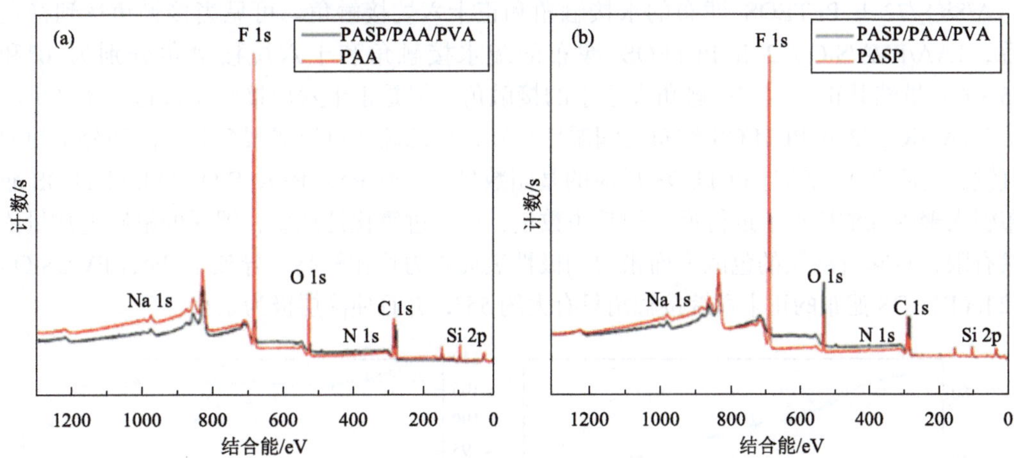

图 15-19 PAA/SiO_2/72 h PFTEOS、PASP/SiO_2/72 h PFTEOS 和 PASP/PAA/PVA/SiO_2/72 h PFTEOS 滤布的 XPS 能谱图

表 15-2 为上述三种滤布的表面元素占比数据。对比数据可见，与 PASP/PAA/PVA/SiO_2/72 h PFTEOS 滤布相比，PAA/SiO_2/72 h PFTEOS 和 PASP/SiO_2/72 h PFTEOS 滤布最大的不同在于 F 原子的占比。根据测试，PAA/SiO_2/72 h PFTEOS 和 PASP/SiO_2/72 h PFTEOS 滤布表面 F 原子占比分别为 47.80%和 46.51%，而 PASP/PAA/PVA/SiO_2/72 h PFTEOS 滤布表面 F 原子占比仅为 34.66%。从制备过程可知，在反应过程中唯一引入的氟原子来源于硅烷化反应中的 PFTEOS，说明更高的氟原子占比意味着更多的氟碳链接枝在涂层表面，并消耗了羧基。因此 PAA/SiO_2/72 h PFTEOS 和 PASP/SiO_2/72 h PFTEOS 滤布表面因为接枝了更多的氟碳链，消耗了大量亲水基团，改变了表面能组成，最终导致疏水/疏油的润湿现象。

表 15-2 PASP/PAA/PVA/SiO_2/72 h PFTEOS、PAA/SiO_2/72 h PFTEOS 和 PASP/SiO_2/72 h PFTEOS 滤布表面元素分布

占比/%	C 1s	O 1s	N 1s	F 1s	Si 2p	Na 1s	Cl 2p
PASP	34.92	11.18	1.05	46.51	6.25	0.08	0.00
PAA	28.83	14.13	0.00	47.80	9.13	0.12	0.00
PASP/PAA/PVA	40.80	17.06	1.16	34.66	5.56	0.37	0.39

15.3.3.5 双聚合物构成的涂层的润湿性

为了研究是否可以使用两种聚合物实现亲水/疏油的润湿现象，根据表 15-3 涂膜液组成，从 PAA、PASP 和 PVA 中选择两种制备涂膜液，采用相同的反应条件，探究涂层的润湿性。按照涂膜液的成分和反应过程，命名为 PAA/PVA/SiO_2/72 h PFTEOS、PASP/PAA/SiO_2/72 h PFTEOS 和 PASP/PVA/SiO_2/72 h PFTEOS 滤布。为了保证与最优的 PASP/PVA/SiO_2/72 h PFTEOS 滤布的粗糙度接近，在这三种双聚合物涂层中的纳米 SiO_2

与聚合物的质量比为 1：3。

图 15-20 为 PAA/PVA/SiO_2/72 h PFTEOS、PASP/PAA/SiO_2/72 h PFTEOS 和 PASP/PVA/SiO_2/72 h PFTEOS 滤布的水接触角和正十六烷接触角。可见当接触角达到稳定后，PAA/PVA/SiO_2/72 h PFTEOS 滤布的疏水接触角和十六烷接触角分别为 0°和 55.19°。虽然其正十六烷接触角大于水的接触角，但是正十六烷接触角远远低于 90°。从 PVA/SiO_2/72 h PFTEOS 滤布的润湿性得知，聚乙烯醇可形成很多分子内和分子间的氢键，这降低了能够与 PFTEOS 反应的基团数量。尽管 PAA/PVA/ SiO_2/72 h PFTEOS 滤布引入聚丙烯酸增加了进行反应的基团数量，但经过氟化处理后，偶联的氟碳链数量依然有限，意味着涂层的色散表面张力和极性表面张力均比较高，导致了 PAA/PVA/SiO_2/72 h PFTEOS 滤布的正十六烷接触角只有大约 55°，并且使涂层极为亲水。

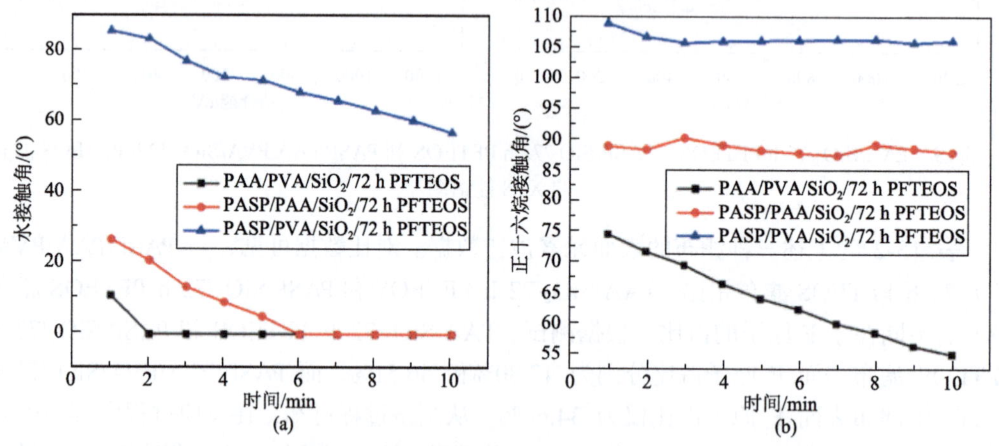

图 15-20 PAA/PVA/SiO_2/72 h PFTEOS、PASP/PAA/SiO_2/72 h PFTEOS 和 PASP/PVA/SiO_2/72 h PFTEOS 滤布的水接触角 (a) 和正十六烷的接触角 (b)

为了验证这一猜想，使用 XPS 测试了 PAA/PVA/SiO_2/72 h PFTEOS 滤布的表面元素组成情况。如表 15-3 所示，相比 PASP/PAA/PVA/SiO_2/72 h PFTEOS 滤布，PAA/PVA/SiO_2/72 h PFTEOS 滤布表面元素中氟原子占比为 17.33%，明显较前者低；与之相对应的氧原子占比明显较高。说明 PAA/PVA/SiO_2/72 h PFTEOS 滤布没有偶联足够多的氟碳链，无法实现真正的亲水/疏油润湿性。要实现这种表面，需要在保证亲水性的同时引入更多的氟碳链。对于 PAA/PVA/SiO_2/72 h PFTEOS 滤布，增加 PVA 意味着提高亲水性，降低氟碳链的数目；增加聚丙烯酸，可能会引入过多的氟碳链，降低疏水性。因此仅使用聚丙烯酸和聚乙烯醇无法相互配合形成亲水疏油涂层。

表 15-3 PAA/PVA/SiO_2/72 h PFTEOS、PASP/PAA/SiO_2/72 h PFTEOS、PASP/PVA/PAA/SiO_2/72 h PFTEOS 滤布表面元素组成

占比/%	C 1s	O 1s	N 1s	F 1s	Si 2p	Na 1s	Cl 2p
PAA/PVA/SiO_2	50.74	25.27	0.29	17.33	5.81	0.57	0.00
PASP/PAA/SiO_2	42.55	22.52	1.48	24.32	7.42	1.71	0.00
PASP/PVA/PAA/SiO_2	40.80	17.06	1.16	34.66	5.56	0.37	0.39

PASP/PAA/SiO_2/72 h PFTEOS 滤布的润湿性可从图 15-20 看到，这种滤布的水接触角为 0°，正十六烷接触角为 88.1°。尽管其正十六烷接触角大于水的接触角，表现出亲水的润湿性，但是其正十六烷接触角依旧小于 90°，说明这种涂层的疏油性较差。出现这种现象的原因与 PASP 和 PVA 本身的性质有关。PASP 分子单体较大，即使分子中的羧基与 PFTEOS 反应，接枝了氟碳链，但氟碳链仍然无法包裹 PASP 的亲水基团。这就导致涂层无论是色散表面张力还是极性表面张力均会提高，从而同时提高亲水性和亲油性，接触角变化曲线验证了这一猜想。对比图 15-20 中水和正十六烷在 10 min 内接触角的变化可以发现，水在 PASP/PAA/SiO_2/72 h PFTEOS 滤布表面的接触角下降远比 PASP/PAA/PVA/SiO_2/72 h PFTEOS 滤布快得多，说明前者的亲水性更强；相比之下，前者稳定的正十六烷接触角小于后者 10°左右，表示其亲油性更强。从表 15-3 可以看出，尽管 PASP/PAA/SiO_2/72 h PFTEOS 滤布的 F 原子占比为 24.32%，高于 PAA/PVA/SiO_2/72 h PFTEOS 滤布，但远低于 PASP/PVA/PAA/SiO_2/72 h PFTEOS 滤布。O 原子占比为 22.52%，介于二者之间，并且 N 原子占比也略有提高。这说明该涂层表面没有足够数量的低表面能官能团来降低材料的表面张力，更多的亲水基团暴露出来。

PASP/PVA/SiO_2/72 h PFTEOS 滤布的润湿性见图 15-20，该滤布水和正十六烷的稳定接触角分别为 57.19°和 106.25°(因为此涂层分布不均匀，故此数据仅作为参考)。与 PASP/PVA/PAA/SiO_2/72 h PFTEOS 滤布相比，这种涂层展现出了更好的疏油性。然而其亲水性不足，在水接触滤布 10 min 后，接触角仍保持在 50°以上。另外 PASP 和 PVA 两种聚合物并不能完全地互溶，在水溶液中，两者出现明显的分层现象。如图 15-21 所示，使用涂膜液处理滤布出现了涂层分布不均匀的现象，这导致了纳米 SiO_2 的不均匀聚集。而这种涂层的润湿性恰恰可能就是这种分布不均匀的纳米 SiO_2 所致。因此仅调整 PASP 与 PVA 的比例无法制备出合适的反常润湿涂层，需要引入其他聚合物。

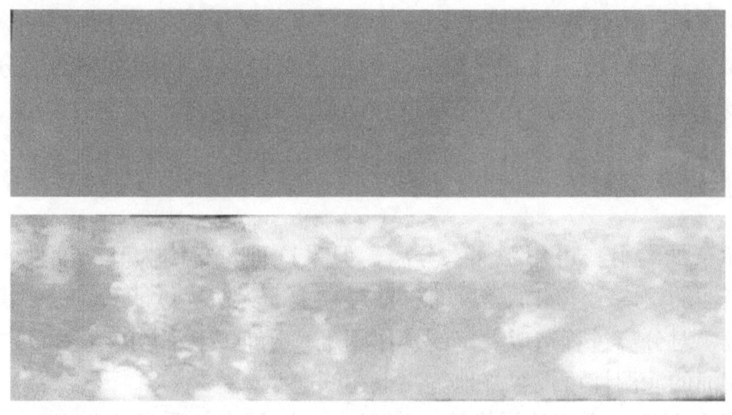

图 15-21　PASP/PVA/PAA/SiO_2/72 h PFTEOS(上)和 PASP/PVA/SiO_2/72 h PFTEOS(下)滤布外观

综上所述，PASP、PVA 和 PAA 三种聚合物相互配合，才能制备具有最佳亲水/疏油润湿性的涂层。单独使用一种，或选其中的两种，可能无法实现反常润湿，会产生涂层分布不均匀的现象。

15.3.4 抗油污应用

因 PASP/PVA/PAA/SiO_2/72 h PFTEOS 涂层的 OCA>90°(特指表面能>27.5 mN 的油性物质)，对油性物质有一定的抗拒力，可用于作为抗油性物质污染材料。即使出现油污黏附在涂层表面的现象，由于涂层具有超亲水性，在不使用油性溶剂或者去污剂的情况下，仅用水冲洗即可去除油污染物。为了说明亲水/疏油涂层的这种性质，使用菜籽油、正己烷作为模型污染物进行试验。

以正己烷为模型污染物的抗污试验，将苏丹红染料溶于正己烷，并滴加到 PASP/PVA/PAA/SiO_2/72 h PFTEOS 涤纶滤布(被水预润湿)上。然后将沾染油污的滤布浸入到纯水中，从图 15-22 中可以看出，PASP/PVA/PAA/SiO_2/72 h PFTEOS 涤纶滤布在水中浸洗 15 s 左右，油污因为滤布亲水特性轻松去除。

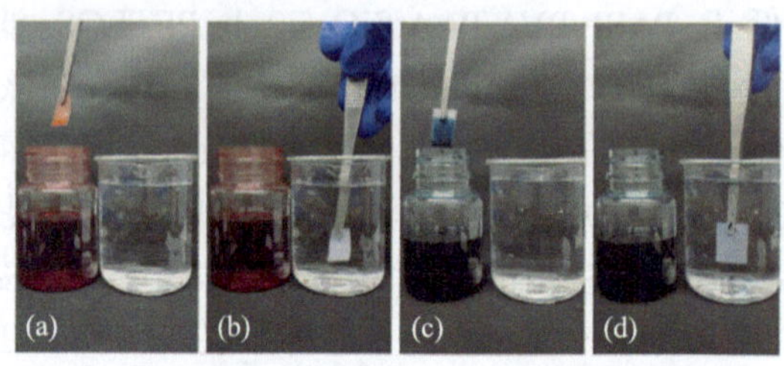

图 15-22　预润湿的 PASP/PVA/PAA/SiO_2/72 h PFTEOS 滤布的防污性能

(a，b) 正己烷；(c，d) 菜籽油

使用被蓝色油性染料染色的菜籽油作为模型污染物。从图 15-22 中可见，滤布在水中浸洗 1 min 左右可以去除大部分的油污(仍有少量残余)。和正己烷相比，涂层对菜籽油的抵抗性明显弱于正己烷。造成这样结果的原因可能是污染物的组分不同。正己烷是一种非极性的溶剂，不含任何亲水基团，待涂层浸入水中后，由于涂层的亲水性，涂层表面形成一层水膜，促使沾染在涂层表面的正己烷脱离[81]。而菜籽油成分复杂，部分分子中包含极性基团，这些分子与涂层中的羟基等形成氢键，较难脱落。

15.3.5 油水分离应用

超疏水超亲油的材料可用于油水分离。但是这种材料因为其亲油性，易被油性物质所污染；当油的密度小于水的密度时，油层在上而无法穿过滤布，通常需采用倾斜装置或其他手段，对分离过程造成一定的操作困难。然而，PASP/PVA/ SiO_2/72 h PFTEOS 滤布的亲水疏油的润湿性可以很好地解决上述问题。

先采用正十六烷为模型油污染物，以正十六烷与水的质量比为 1∶1 配制含油废水。图 15-23 阐述了油水分离过程，以及进行多次分离的效率变化情况。如图 15-23 所示，为更直观地观察油水分离过程，油相用苏丹红染成红色，使用甲基蓝将水相染成蓝色。将混合溶液从上方倒入。可以看到因为滤布亲水/疏油的润湿性，在重力的作用下水润湿滤布并渗透进入下方的容器中。正十六烷则无法润湿滤布，最终被截留在上方。经过 20 次连续的油水分离操作，正十六烷的截留率依旧保持在 98%左右。

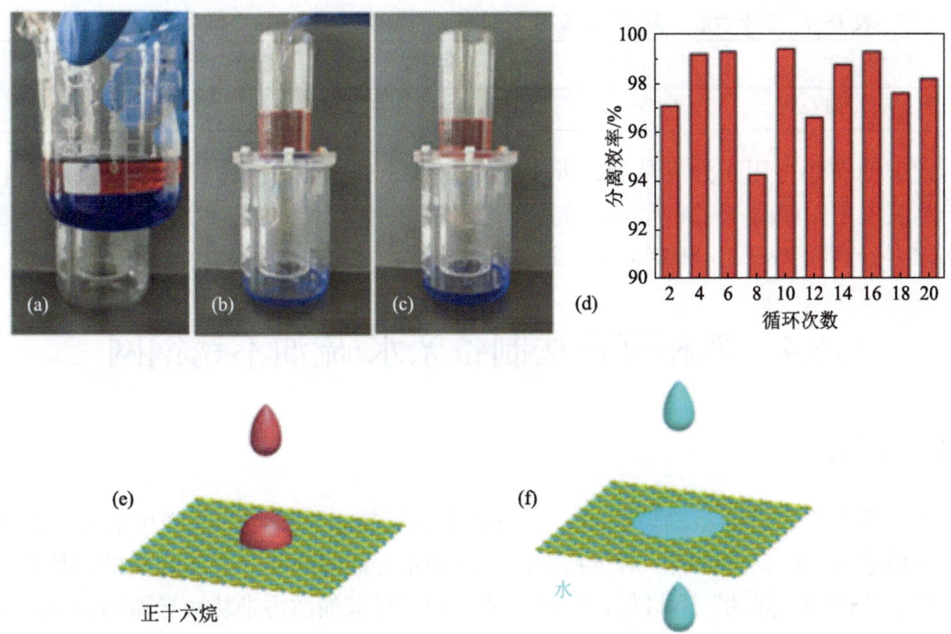

图 15-23　油水分离过程(a～c)；进行 20 次正十六烷-水分离的分离效率变化情况(d)以及示意图(e，f)

据统计，目前的含油废水来源十分广泛，包括油气田开发、石油泄漏事故等[82,83]。因为来源不同，这就要求开发的油水分离滤布能够适应不同含油废水的分离要求。进一步实验研究合成的亲水/疏油滤布截留不同黏度的油性物质的能力。除了正十六烷，还选择菜籽油、矿物油、泵油作为污染物模型。图 15-24 为 PASP/PVA/PAA/SiO_2/72 h PFTEOS 滤布对于菜籽油-水、矿物油-水、泵油-水三种混合体系的分离效率图，表 15-4 为正十六烷、菜籽油、矿物油和泵油的黏度。可以发现，随着油黏度的升高，滤布的分离效率呈现下降趋势，但下降幅度几乎可以忽略。即使黏度最大的泵油或者矿物油，滤布的分离效率也在 97%以上。

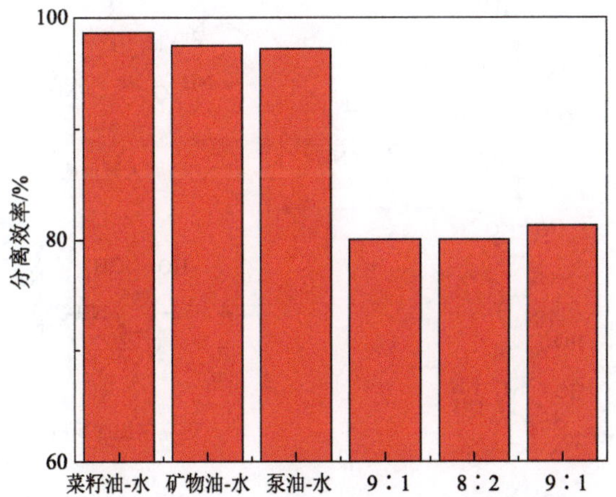

图 15-24　PASP/PVA/PAA/SiO_2/72 h PFTEOS 滤布对于菜籽油-水、矿物油-水、泵油-水和不同比例水包油(正十六烷)乳液的分离效率

表 15-4 正十六烷、菜籽油、矿物油和泵油的黏度(以下为 25℃条件下的黏度)

物质名称	正十六烷	菜籽油	矿物油	泵油
黏度/(10^{-3} Pa · s)	3.059	12.42～12.88	约 22.5	77.4～94.6

此类滤布还可用于分离乳液，即不具备显著油水界面的混合物。将水包油乳液倒入分离装置中，如图 15-24 所示，对于正十六烷-水体积比 9∶1、8∶2、7∶3 的乳液的分离效率分别为 79.9%、80.0%和 81.2%。

15.4 液相沉积法制备亲水/疏油不锈钢网

15.4.1 概述

在工业生产和石油运输过程中，引发的水污染越来越多尤其是产生的大量含油污水对环境造成了巨大的负担。对于特殊润湿性油水分离材料，一开始开发的多是具有疏水性和亲油性的“除油”型材料，但是亲油表面容易被油污污染从而导致通量下降和分离效率降低，而具有亲水-疏油性的“除水”型表面材料能够阻隔油滴接触表面，因此具有抗污染能力，在工业中有广泛的应用前景。

受海洋贻贝的启发，众多研究利用多巴胺的二次化学反应特性[84,85]，在基底表面修饰制备超润湿材料。在弱碱性条件下，多巴胺(DA)能氧化自聚合形成聚多巴(PDA)，最特殊的是，多巴胺自聚合几乎可以在所有物体表面形成涂层，并且具有良好的稳定性，其表面富含大量的亲水基团如羟基等，被大量用于亲水化改性。并且多巴胺分子可发生迈克尔加成反应与席夫碱反应(图 15-25)，拓展了贻贝仿生表面化学修饰方法的应用领域[86-88]。

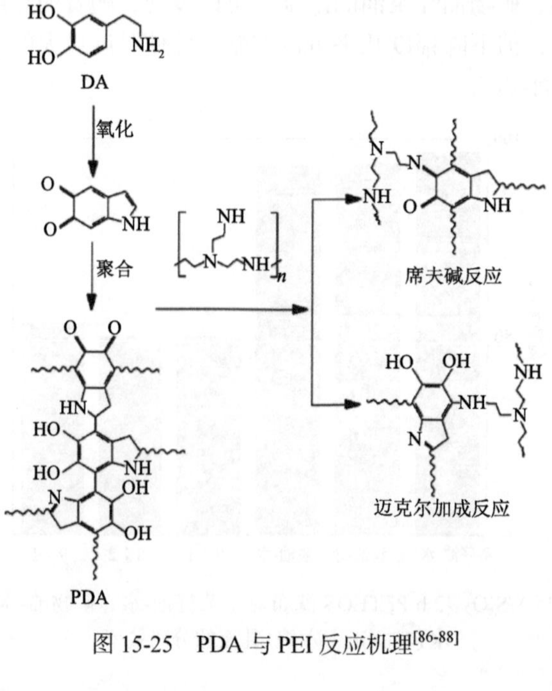

图 15-25 PDA 与 PEI 反应机理[86-88]

15.4.2　样品制备方法

(1)材料表面预处理：市售 300 目不锈钢网裁剪成 5 cm × 5 cm 方块大小形状，然后分别置于纯水、乙醇、纯水中超声清洗 15 min，浸入无水乙醇中预润湿；微孔纤维素滤膜用纯水浸泡预润湿。

(2)聚多巴胺膜制备：配制 30 mmol/L 的 tris-HCl 缓冲液 100 mL，用氢氧化钠溶液调节其 pH=8.5，然后将 0.2 g 盐酸多巴胺(DA)加入缓冲液中搅拌均匀，再将预润湿的不锈钢网(微孔滤膜)放入其中，超声处理 2 min 去除膜表面的气泡使膜与溶液充分接触，在水平旋转振荡仪上振荡沉积 24 h，用纯水清洗，去除未稳定附着的聚多巴胺颗粒，50℃干燥 4 h，得到聚多巴胺沉积膜，记为 PDA-M，并将其储存在纯水中。

(3)聚多巴胺膜改性：取 0.3 g 的聚乙烯亚胺(PEI)溶解在 100 mL 水中，将制备好的 PDA-M 浸入，振荡沉积反应 12 h，取出用纯水清洗，所得到的网膜记为 PDA/PEI-M，并将其储存在纯水中。

15.4.3　性能

15.4.3.1　微观形貌

不锈钢网具良好的力学支撑性能，表面平滑[图 15-26(a)]。将不锈钢网浸泡沉积

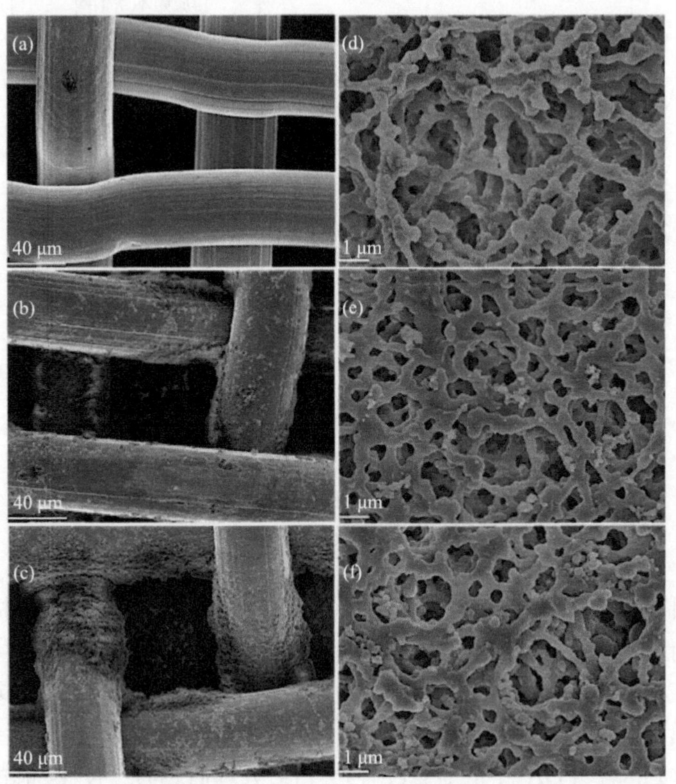

图 15-26　(a，d)未处理不锈钢网与微孔滤膜；(b，e)聚多巴胺沉积膜；(c，f)聚乙烯亚胺-聚多巴胺沉积膜

后，网丝表面形成了大量的聚多巴胺颗粒[图 15-26(b)]，这使其表面粗糙度增加；经过聚乙烯亚胺的修饰，交联涂层在基膜表面的涂覆面积及厚度都有所增加，网丝表面的粗糙度也进一步增大[图 15-26(c)]。选用的微孔滤膜具有孔隙率高、微孔结构均匀、流速快等优点，如图 15-26(d)所示的空白滤膜 SEM 图，可以看出滤膜的多层复合结构，类似多层叠置的筛网，每层都有很多无规则的小孔，在孔径连接处存在一些凸起物。经过多巴胺沉积后[图 15-26(e)]，滤膜孔径有所减小，同时可以看到一些聚多巴胺颗粒分散在表面，随着 PEI 的进一步修饰，膜孔径进一步减少，表面聚集更多的颗粒，粗糙度明显提高[图 15-26(f)]。

15.4.3.2　表面官能团

用傅里叶变换红外光谱仪对不锈钢网基底沉积聚多巴胺以及聚乙烯亚胺前后的组成进行分析。如图 15-27 所示，相比于未处理的不锈钢网表面(1#)，聚多巴胺沉积膜(2#)与 PDA-PEI 沉积复合膜(3#)出现了多处新峰，在 3378 cm^{-1} 处的宽峰是 PDA 的酚羟基官能团(—OH)以及表面的氨基官能团(—NH)所致；在 1630cm^{-1} 处峰对应于苯环的共振，1510 cm^{-1} 对应 N—H 的弯曲振动，1122 cm^{-1} 对应与伯胺及仲胺的 C—N 伸缩振动，证明了 PDA 的存在。随着 PEI 的进一步处理，在 PDA-PEI 复合膜(3#)的光谱中，吸收峰的相对强度有所增加，这主要是由于接枝了含有大量氨基与亚氨基的 PEI 分子。

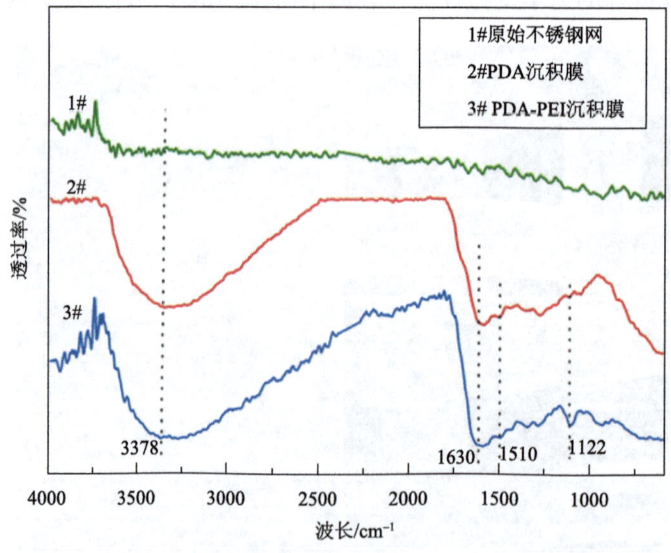

图 15-27　不锈钢网在改性前后的傅里叶红外光谱图

为了定量研究原始底物和改性复合膜的化学组成，利用 XPS 进行分析。图 15-28 为不锈钢网改性前后的 X 射线光电子能谱图，表 15-5 为不锈钢网改性前后主要元素含量的百分比。可见在材料改性前后均具有 C、N、O 三种元素，与原始不锈钢基材(1#)相比，聚多巴胺沉积膜(2#)的光谱图中观察到强烈的 N 1s 峰信号，其 N 1s 元素含量从 5.06%增加至 7.72%，这归因于 PDA 中的氮；在经过 PEI 处理后(3#)，N 1s 峰的强度进一步增加，其含量增加至 11.4%，N/O 比例更高，说明了聚乙烯亚胺分子(PEI)的成功修饰。

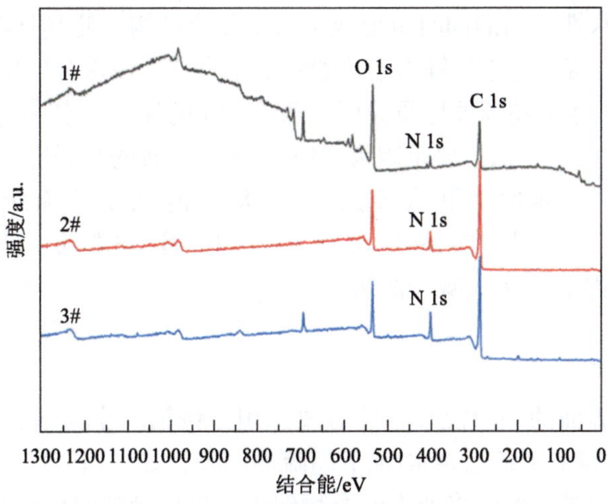

图 15-28 不锈钢网在改性前后的 X 射线光电子能谱

表 15-5 材料表面主要考察元素含量(%)

样品	C 1s	N 1s	O 1s	其他	N/O
1#	47.32	5.06	31.77	—	0.16
2#	73.87	7.22	17.96	—	0.40
3#	67.91	11.4	14.41	—	0.79

15.4.3.3 润湿性

亲水性的化学组成和微纳粗糙结构是设计超亲水/水下超疏油表面的关键因素。基于不锈钢网与微孔滤膜为基底制备的网膜，如图 15-29 所示，具有超亲水/水下超疏油的性质。从不锈钢网基底改性[图 15-29(a)]可见，对于原始不锈钢网来说，水的接触角(WCA)为 121.5°，水下油接触角(UOCA)为 120.6°。当经过 PDA 与 PEI 的沉积修饰

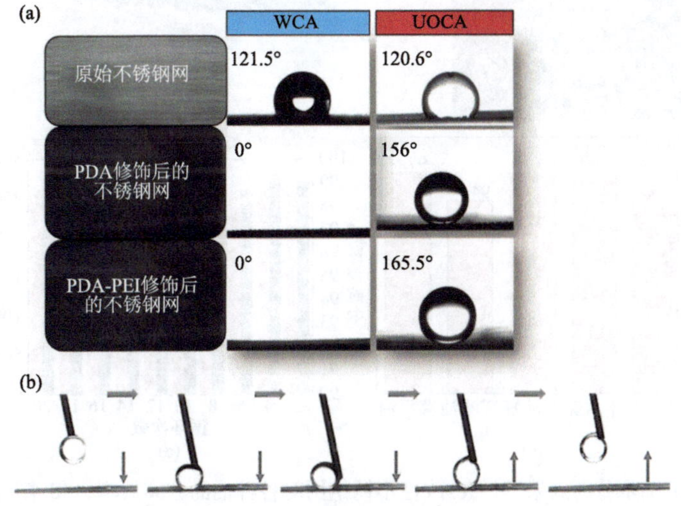

图 15-29 (a)不锈钢网改性前后接触角测量结果；(b)水下抗油污测试

后，表面引入了亲水性基团的同时也形成了微纳复合结构，使其具超亲水性(水接触角为 0°)，水与膜表面接触时迅速铺展形成稳定的水合层，该水合层作为抵御油的天然屏障，使膜具有优异的水下超疏油性质。可见随着 PEI 的加入，水下疏油角度进一步提高(从 156°提高至 165.5°)，这主要是因为 PEI 与聚多巴胺的交联进一步提高了表面的粗糙度，引入了更多的亲水性基团(氨基)，所以水下油接触角会有所增大。此外，如图 15-29(b)所示，水下油滴对 PDA-PEI 复合表面的黏附性非常低，且油滴可在其表面自由滑动(滚动角<10°)，可大大减少油污。

15.4.3.4 油水分离性能

对具有明显相界面的油水混合物的分离选用不锈钢网作为基底，通过沉积聚多巴胺-聚乙烯亚胺沉积膜来制备超亲水/水下超疏油网膜，如图 15-30(a)、(b)所示，分离操作前将改性膜预润湿，然后将油水混合物倒入，水接触到网后迅速通过，而油相(染红)被阻挡在网上方，以此实现了油水混合物的分离。对正庚烷、正十六烷、石油醚、矿物油、菜籽油的油水混合物进行分离，除了矿物油由于本身黏度相对较高导致分离效率略有下降外，其他油水分离效率普遍在 97%以上[图 15-30(c)]，说明该网膜的油水分离具有普遍适用性，可用于分离领域。膜的重复使用性和水通量是油水分离网膜的一个重要参考因素，进行了 20 次正庚烷-水混合物分离循环实验[图 15-30(d)]，每次循环实验后用去离子水简单地冲洗表面，从结果可见，经过 20 个循环实验，油水分离效率依然保持在 99%以上，膜通量稳定地保持在 25000L/(m^2·h)。

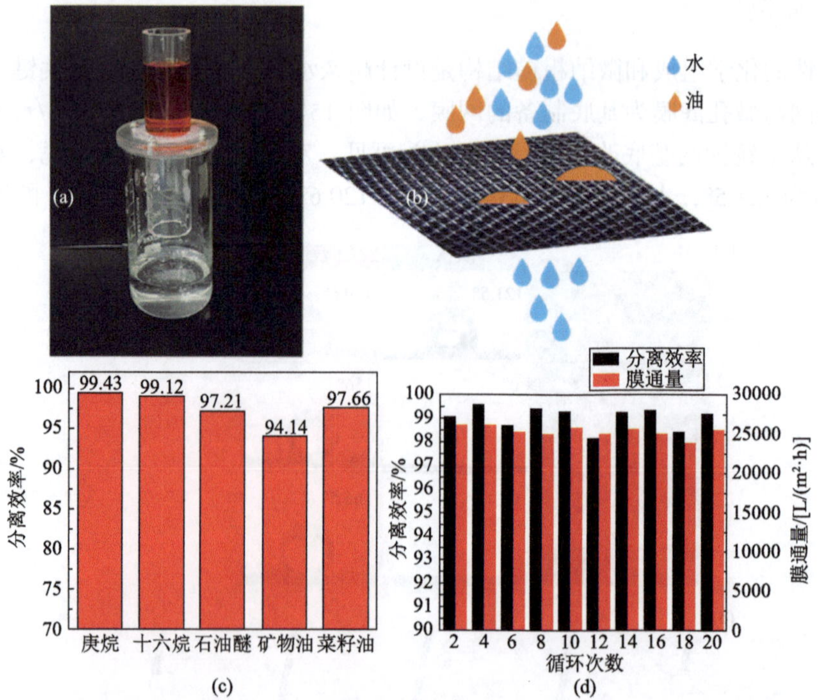

图 15-30 (a，b)油水分离效果图；(c)改性不锈钢网对各种油的分离效率；(d)循环次数对膜通量及其分离效率的影响

对于乳液的分离，采用孔径约为 0.45 μm 混合纤维素酯微孔滤膜作为基底。将改性的聚多巴胺-聚乙烯亚胺沉积膜固定在上述油水分离装置，已制备好的水包油乳液从装置上侧倒入，在重力的作用下过滤。由于改性滤膜具有超亲水/水下超疏油的性质以及小孔径，乳液中的油滴被阻隔在滤膜的上方，水相会慢慢通过滤膜，完成破乳和分离。图 15-31 为水包油乳液分离前后的宏观和微观对比图，白色的乳液经过分离后，滤液澄清透明。从光学显微镜照片可以看到，分离前乳液(左侧)中含有大量的微米尺度的油滴，然后经过分离后(右侧)的光学显微镜照片中则观察不到油滴的存在，视野内非常干净。

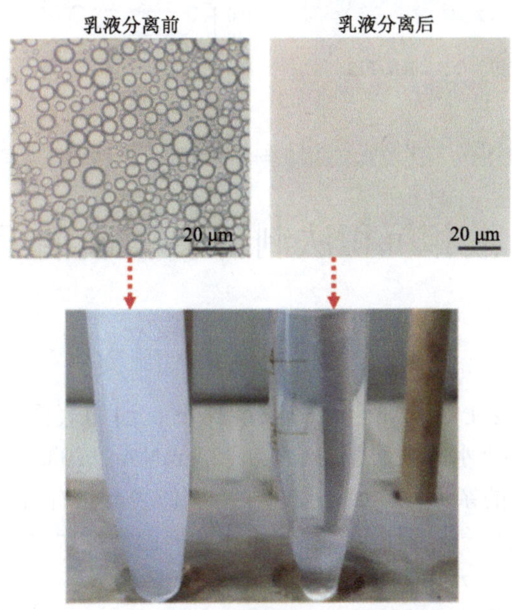

图 15-31　油水乳液分离前后的宏观和微观对比图

15.4.3.5　染料吸附性能

改性后的混合纤维素酯微孔滤膜不仅具有高效的油水乳液分离能力，还有对水相中阴离子型染料优异的吸附能力，这主要是因为其三维多孔结构具有极大的比表面积，包括聚乙烯亚胺交联反应后存在大量氨基，复合滤膜表面的氨基在低 pH 环境下会发生质子化。使用油水分离装置固定滤膜，将 15 mg/L 的甲基蓝溶液倒在复合滤膜上，质子化的氨基和甲基蓝染料中的磺酸根基团通过电荷相互作用，使染料吸附在复合滤膜上[图 15-32(a)]。为了使复合滤膜有更好的染料吸附效果，将 PEI 的用量提高至 6 g/L，从吸附效果上来看，过滤前甲基蓝溶液为深蓝色，而通过改性复合滤膜过滤后变得十分澄清[图 15-32(b)]。此外，使用紫外可见分光光度计对甲基蓝染料被吸附前后的溶液进行测量，从谱图[图 15-32(c)]上可见，过滤前的甲基蓝溶液的最大吸收约出现在 600 nm 处，然而经过本次过滤吸附之后在此处释放，并且随着 PEI 的用量增加至 6 g/L 后，滤液在此处的吸收峰已经消失。

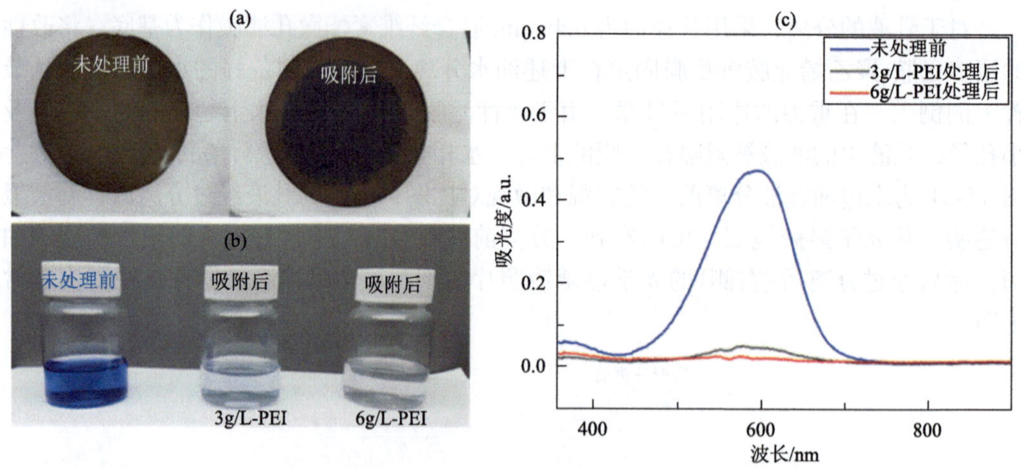

图 15-32 (a，b)染料吸附效果图；(c)甲基蓝染料溶液被吸附前后的紫外可见吸收光谱图

15.5 液相沉积法制备亲水/疏油无纺布

15.5.1 概述

根据固体表面润湿性基本理论，一般情况下，油的表面张力(如正十六烷约为27.5 mN/m，20℃)远小于水的表面张力(约为 72.7 mN/m，20℃)，因此对于特定的固体表面，往往是具有更好的亲油性，如果要求某一固体表面具有疏油性，那么该表面往往也一定具有疏水性。在空气中具有亲水/疏油性的表面往往很难存在，继而研究人员把更多注意力放在了超亲水/水下超疏油表面的研究上来。但是，对于超亲水/水下超疏油材料表面来说，只有在水下才是超疏油的，而在空气中会变得超亲油，对表面水膜的形成与维持非常依赖，故灵活性较低。近年来，已经有一些科研人员开发了这类在空气中同时具有亲水性与疏油性的材料[70-72]，不过多数材料对于水的亲液性响应时间较长，并且多数相关研究工作并没有对“反常”润湿这类现象做出一个合理的、统一的模型解释，这大大限制该材料在油水分离等领域的应用。Wang 等[89]提出了一种基于“极性”的方案，通过向多孔膜中注入高极性液体来控制纳米纤维膜的超润湿性。Li 等[74]通过调节固体表面的极性分量与非极性分量成功制备了具有快速响应的亲水性与疏油性的反常润湿表面。

基于上述“极性”的方案对反常润湿现象的理论解释，即通过使固体表面具有足够低的色散表面自由能分量(非极性分量)以及足够高的非色散表面自由能分量(极性分量)可实现亲水疏油表面的构筑。以壳聚糖(CS)和聚乙烯亚胺(PEI)作为成膜物质，通过掺杂纳米粒子来构筑微纳粗糙结构以及添加 FS-50(一种聚电解质——含氟表面活性剂)来降低涂层表面的色散表面自由能分量，制备了在空气中同时具有亲水性与疏油性的“反常”润湿涂层。值得的注意的是，水可在该表面快速铺展达到 0°，具有快速亲水响应性。

15.5.2　样品制备方法

(1)基材的预处理：基材为无尘布，首先将其裁剪成合适大小，然后浸泡在纯水、乙醇中各自 10 min(不锈钢网采用超声处理)，之后鼓风干燥备用。

(2)涂膜液的制备：向含有 45 g 水的烧杯中添加 0.5 g 聚乙烯亚胺(PEI)并超声分散 3 min，加入 1.5 g 冰乙酸和 1 g 壳聚糖(CS)，磁力搅拌 2 h；另取一烧杯，分别加入 39 g 水与 2 g 纳米二氧化硅(NPs)，超声分散 30 min，得到纳米颗粒悬浮液。机械搅拌下将纳米粒子悬浮液倒入上述 CS/PEI 乙酸水溶液中得到 CS/PEI/NPs 共混液。之后将含有 6.5 g FS-50 和 5 g 乙醇的溶液加入共混液中，继续搅拌 2 h 得到最终的涂膜液。

(3)基材的镀膜处理：将无尘布浸泡在上述涂膜液中 10 min，取出后悬挂 30 s 沥除多余涂液，常温晾置 30 min，置于 70℃鼓风干燥箱中干燥 3 h。

15.5.3　性能

15.5.3.1　微观形貌

对于未处理过的布料，其纤维表面比较光滑[图 15-33(a)～(c)]，织物由细小的纤维有规律地编织而成，层次清楚。对于 CS/PEI/SiO_2/FS-50 改性布，可以看到涂膜树脂黏附在纤维表面，由于成膜液的固化，纤维间发生了黏结[图 15-33(d)、(e)]。可以明显地在纤维丝表面看到大量的无规则纳米级别的凸起结构[图 15-33(f)]，这是由引入了纳米二氧化硅颗粒聚集产生的，进一步增加了表面的粗糙度。

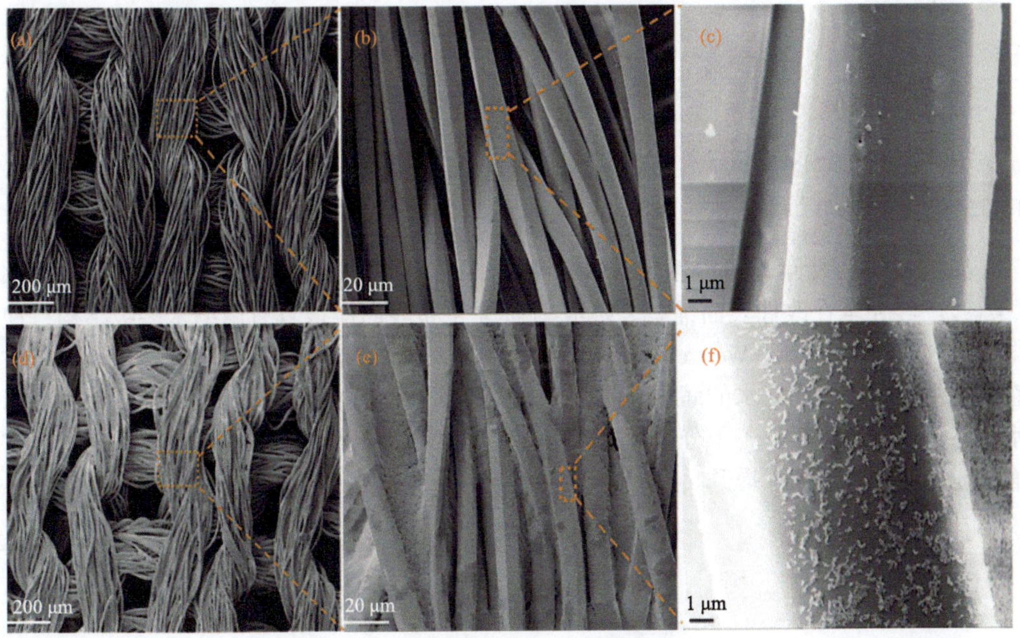

图 15-33　(a)～(c)未处理的无尘布的 SEM 图；(d)～(f)CS/PEI/SiO_2/FS-50 无尘布的 SEM 图

15.5.3.2 元素分布

表 15-6 为无尘布改性前后主要考察元素的含量，图 15-34 为无尘布改性前后的 X 射线光电子能谱图。对于未处理的无尘布(1#)，主要出峰位置大约在 284 eV 和 532 eV 处，分别对应的是 C 1 和 O 1s 的特征峰。而经过改性后(2#)，相比未处理的无尘布表面，除了固有的 C 1s、O 1s 峰外，新出现了几个明显的元素峰，分别是 F 1s(约 689 eV 处)、N 1s(约 399 eV 处)、Si 2p(约 103 eV 处)，其中 F 1s 最为明显，这说明 FS-50 成功修饰到了材料表面。此外，N 1s、Si 2p 分别来源于壳聚糖、聚乙烯亚胺的氨基基团以及纳米二氧化硅。

表 15-6 材料表面主要考察元素含量百分比(%)

样品	C 1s	N 1s	O 1s	Si 2p	F 1s
1#	72.32	0.58	25.49	0.62	0
2#	42.45	3.81	23.18	7.91	20.97

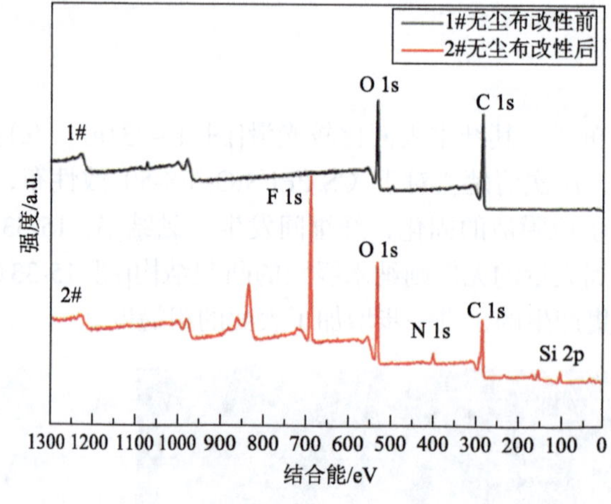

图 15-34 无尘布改性前后的 X 射线光电子能谱图

15.5.3.3 润湿性

如图 15-35 所示，可以看到布料对菜籽油、正十六烷、矿物油呈疏液状态，而水(染蓝)已经完全在改性表面铺展。亲水-疏油无尘布表面应该具有微纳米多级结构，使得水与表面接触时处于 Wenzel 状态，而油与改性表面接触时处于 Cassie 状态。值得注意的是，该改性表面对水的润湿响应性非常快，在 0.5 s 内水滴即可完全铺展达到超亲水状态(0°)而无需等待若干分钟，这一优点使得该改性表面材料在油水分离、抗污等方面的应用效率将会大大提升。

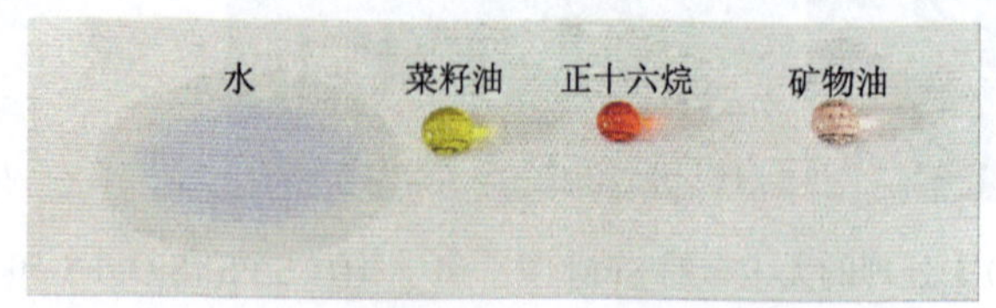

图 15-35 油和水在改性材料表面的润湿行为

油和水的接触角可用式(15-1)和式(15-2)表示，式中用上标 p 和 d 分别表示极性分量和非极性分量(色散分量)，下标 s 和 l 分别代表固体和液体，下标 w 和 o 分别代表水和油。

$$\cos\theta_{\mathrm{o}} = \frac{2\sqrt{\gamma_{\mathrm{sv}}^{\mathrm{d}}}}{\sqrt{\gamma_{\mathrm{lv}}^{\mathrm{d}}}} - 1 \tag{15-1}$$

$$\cos\theta_{\mathrm{w}} = \frac{2\sqrt{\gamma_{\mathrm{sv}}^{\mathrm{d}}\gamma_{\mathrm{lv}}^{\mathrm{d}}} + 2\sqrt{\gamma_{\mathrm{sv}}^{\mathrm{p}}\gamma_{\mathrm{lv}}^{\mathrm{p}}}}{\gamma_{\mathrm{lv}}^{\mathrm{p}} + \gamma_{\mathrm{lv}}^{\mathrm{d}}} - 1 \tag{15-2}$$

因此对某一固定表面进行改性时，若能够让该表面具有足够高的极性表面自由能分量，包括足够低的色散表面自由能分量，那么亲水性和疏油性就可共存。在对亲水-疏油表面的制备工艺中，选择了 FS-50 来实现其“反常”润湿性(图 15-36)。该氟化物的疏液尾端氟碳链能够显著降低涂层表面的色散表面自由能分量，它的亲水端可提供极高的极性表面自由能分量。另外，该氟化物在乙醇或水相中带负电，可与带正电荷的聚电解质吸附，所以选择具有阳离子聚合物特性的壳聚糖(CS)和聚乙烯亚胺(PEI)作为成

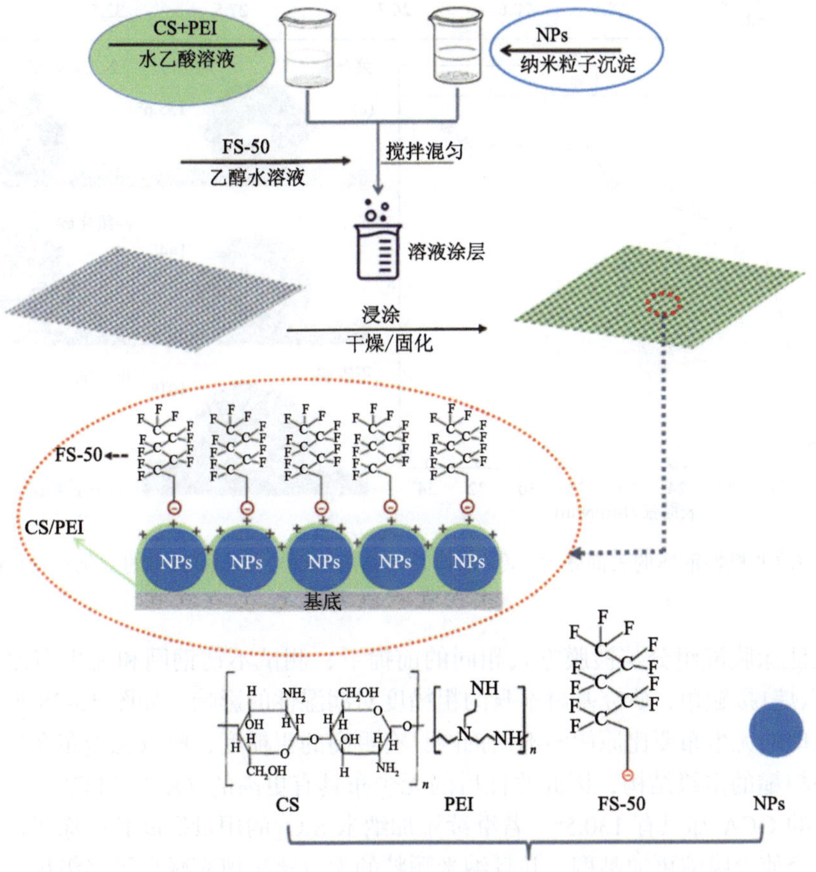

图 15-36　亲水-疏油涂层合成工艺示意图

膜物以吸附 FS-50，并且 CS 和 PEI 本身具有的亲水基团也进一步加强了改性表面的亲水性。在成膜树脂中掺杂纳米粒子可显著提高改性表面粗糙度，进一步提高其亲水-疏油性与机械性能。

为了进一步探究改性表面的亲水/疏油性，选择了不同表面张力的非极性液体来探究改性表面(无尘布作为基材)对这些液体的润湿行为。从图 15-37(a)和(b)可见，对于非极性液体来说，随着液体表面张力的增大，其疏油角往往也是增大且呈一定的规律性。表面张力较高的菜籽油的疏油角可高达 155.6°，而表面张力较低的正庚烷只有 101°，表面张力更低的正己烷甚至已经完全在改性表面铺展[图 15-37(c)]。对于这种润湿行为，从上述对亲水/疏油现象的解释机理上可以理解其原因：表面张力越低的油类物质，若要使其在某一表面呈现疏液状态，那么该表面就需更低的色散表面自由能分量。故制备的改性表面的色散表面自由能分量对于正己烷来说仍然很高，无法使正己烷在改性表面呈疏液状态；而对于菜籽油来说，该表面的色散表面自由能分量已经足够低，能够使其在表面呈现疏液状态。

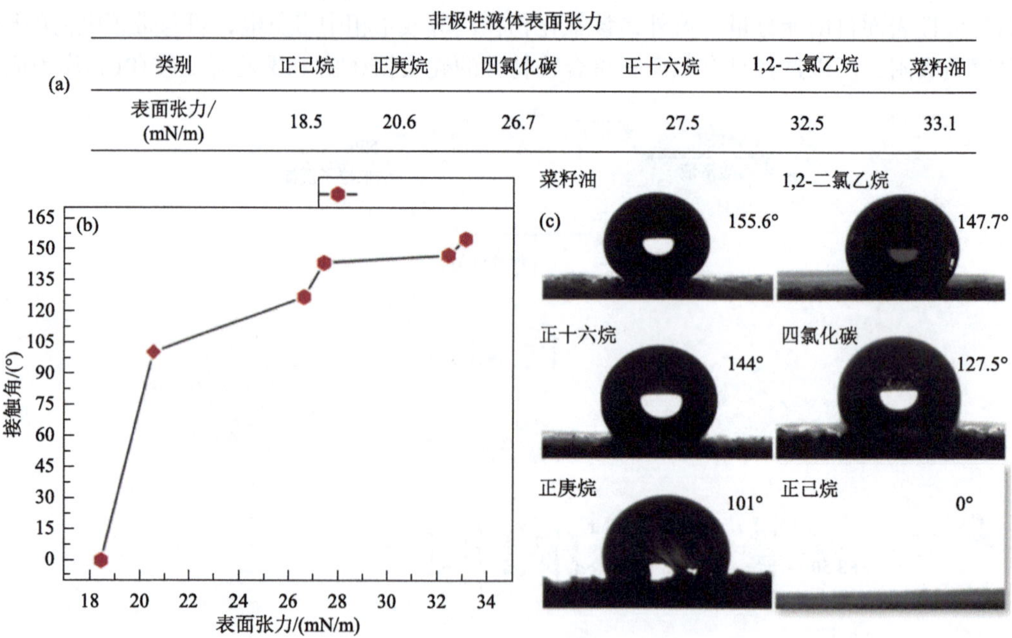

(a) 非极性液体表面张力

类别	正己烷	正庚烷	四氯化碳	正十六烷	1,2-二氯乙烷	菜籽油
表面张力/(mN/m)	18.5	20.6	26.7	27.5	32.5	33.1

图 15-37 (a)非极性液体的表面张力；(b)非极性液体的接触角随表面张力的变化；(c)各种非极性液体的接触角示意图

在保证涂膜液组分与镀膜方式相同的前提下，测试不锈钢网和无尘布改性表面的油(正十六烷)接触角，研究基材本身的粗糙度对润湿性的影响。如图 15-38 所示，明显看出未处理的无尘布要比原始的不锈钢网具有更高的粗糙度，所以无尘布在经过改性后形成更加粗糙的多级结构，因此改性后的无尘布具有更高的 OCA(144°)，而改性不锈钢网表面的 OCA 却只有 130.5°。若继续添加纳米 SiO_2 的用量提高其在涂膜液的组分占比，不仅会使涂膜液更加黏稠，并且纳米颗粒的大量聚集填充减少了多级粗糙结构的形成，反而会降低粗糙度。

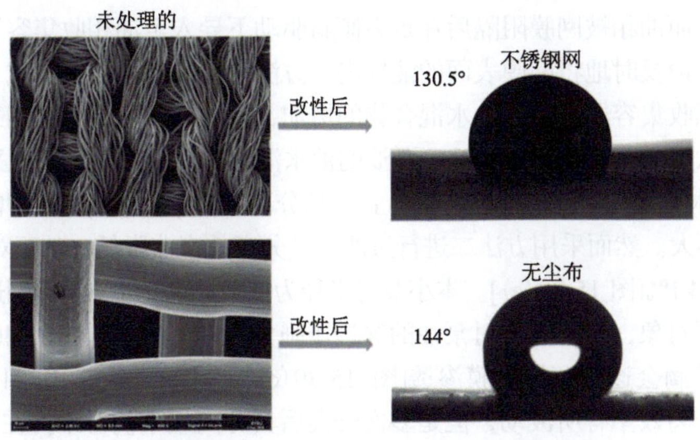

图 15-38　不同基材对疏油接触角的影响

15.5.3.4　油水分离性能

将 CS/PEI/SiO_2/FS-50 改性不锈钢网作为油水分离过滤材料(无尘布支撑性能较差，不适合油水分离)，取含有 30 mL 水与 30 mL 油的混合物作为过滤对象，进行油水分离实验。在实验过程中发现，过滤方式的不同对其分离效率影响非常大。此次实验中采用两类过滤方式[图 15-39(b)]，方法一是采用左右倾斜式过滤，水相快速渗透网膜进入水

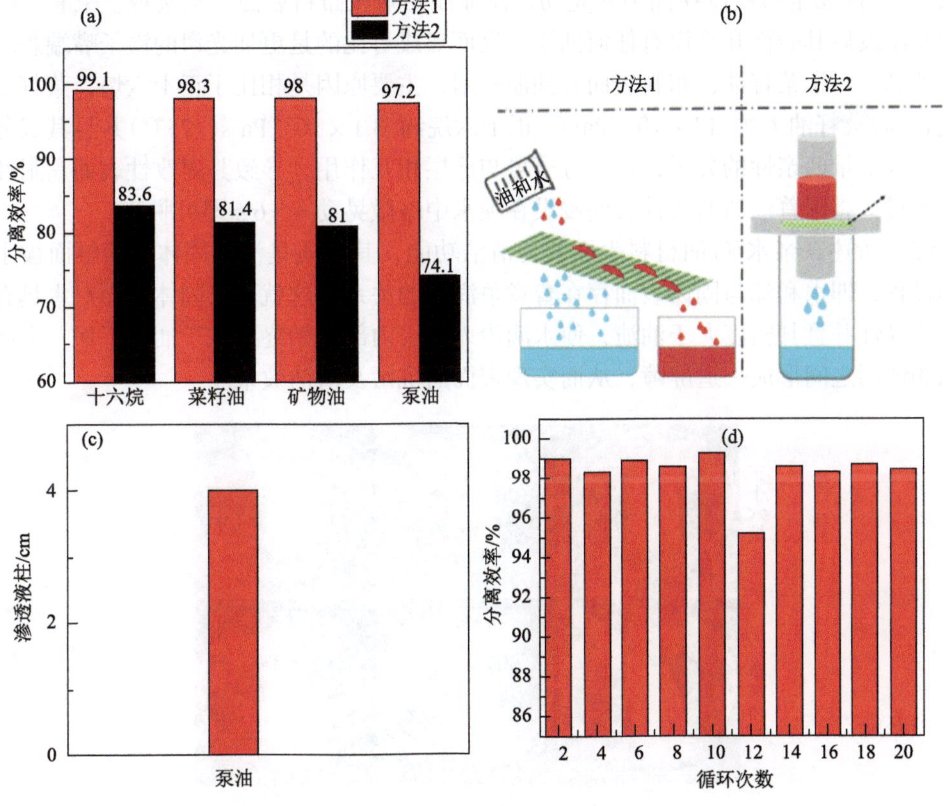

图 15-39　(a，b)不同分离方式的油水分离效率；(c)渗透液柱；(d)循环使用效率

相收集容器中，而油相被网膜阻隔后在重力倾斜驱动下导入至油相收集容器中，该方法可一边过滤除水一边及时地将网膜表面的油导出。方法二是采用上下过滤式，虽然水相快速渗透，但是油相收集容器中随着油水混合物的增加，油柱逐渐增高。分别采用两种过滤方式对含有正十六烷、菜籽油、矿物油、泵油的油水混合物进行过滤，发现采用方法一过滤对各类油的油水分离效率普遍在 98%以上，且分离效率随油的黏度的增加略微有所减少，但是变化不大。然而采用方法二进行过滤，其分离效率非常低，甚至对泵油-水混合物的效率下降至 74.1%[图 15-39(a)]。本小节对半径为 2 cm 的改性不锈钢网进行了测试，选用泵油作为液压对象，发现表面对泵油的穿透压强大概在 4 cm 左右(约 40 mL)，当大于这个数值时，液滴会逐渐穿透网膜渗透[图 15-39(c)]。从图 15-39(d)可以看出，虽然循环过滤过程中分离效率有所波动，但是多次分离后其分离效率仍可维持在 98%左右。

15.5.3.5 自清洁性能

为考察材料自清洁性能，选用正十六烷(染红)和菜籽油作为模型污染物。如图 15-40 所示，采用淋洗观察其抗污效果，使改性无尘布固定在载玻片，预先在布料表面滴加油润湿，在当水滴至表面与油接触时，水并非越过或绕过油滴，而是潜入到油滴的下面将其取代，同时水滴通过其流动性和较高的密度，使油渍悬浮于水上面并将油带离无尘布表面，以此实现表面自清洁，整个过程只需要 2～3 s。采用蘸洗的方式(图 15-41)，将改性无尘布浸没在油中并晃动，使油渍黏附在布料表面。从宏观上来看，改性无尘布浸没后其表面几乎没有任何油渍，反而形成对比的是更加光滑的镊子嘴端黏附了少许油滴。对于菜籽油，布料表面有油渍黏附，主要原因是相比于正十六烷，菜籽油的黏度较高(菜籽油大约 13×10^{-3} Pa·s，正十六烷约 3.1×10^{-3} Pa·s，25℃)并且其成分复杂，包含少量两亲性的分子，这些分子可与涂层相互作用，导致其对改性表面黏附性提高。不过，将附着油渍的改性表面浸没在纯水中略微晃动 4～6 s 即可脱落。

综上所述，亲水/疏油材料表面的自清洁功能，其本质是油与固体的接触面被水取代的过程，即水和油与固体表面存在着竞争润湿的关系。这就要求固体表面对水具有更强的选择性并且其密度大于油渍，使水滴渗入涂层内部并始终存在于油污下面，进而在表面和油污之间形成一道屏障，从而实现表面的抗污及清洁效果。

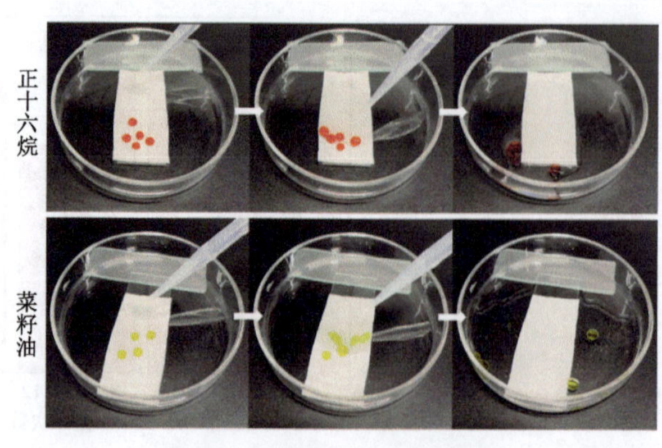

图 15-40 淋洗自清洁效果图

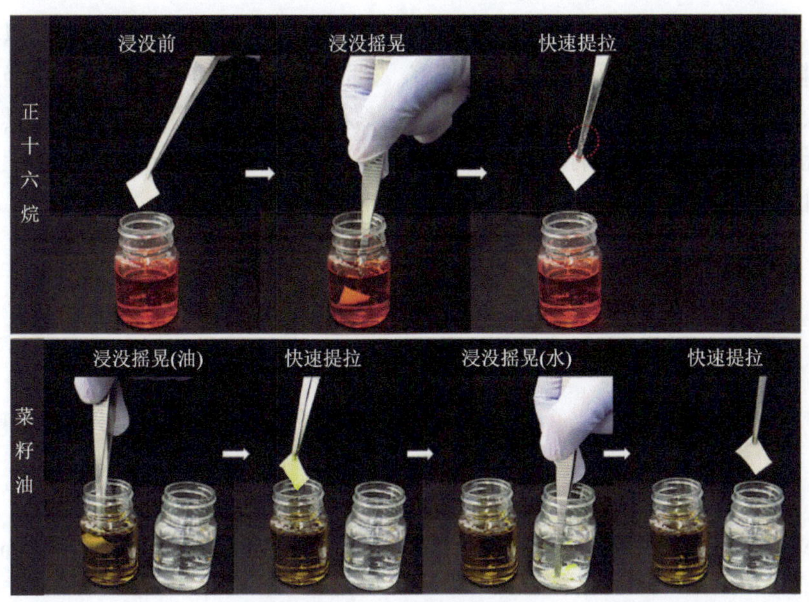

图 15-41 蘸洗自清洁效果图

15.5.3.6 散装油中水相收集

对 CS/PEI/SiO_2/FS-50 无尘布进行机械磨损试验，结果如图 15-42(a)所示，在磨损之前无尘布表面正十六烷的油接触角(OCA)为 144°，前 20 次循环磨损对其油接触角没什么影响，然而在 20 次之后，油的接触角下降较快，在经过 100 次往返磨损后油的接触角下降至 100.5°，在整个磨损试验过程中水接触角(WCA)一直保持 0°超亲水状态(其他基材损耗情况与之类似)。涂层的氟化物组分(FS-50)在经过涂层干燥固化后，其氟碳链会迁移至材料表面用以疏油，所以经过磨损后涂层表面最外层会消耗掉一部分氟化

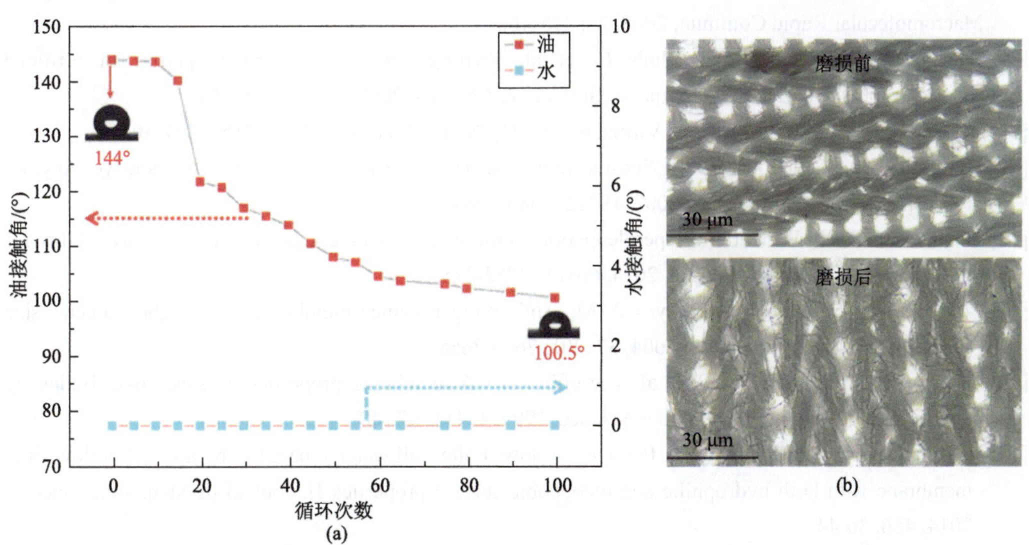

图 15-42 (a)摩擦损耗对改性表面润湿性的影响；(b)磨损前后改性表面的光学显微镜图

物。此外，布料表面经过磨损后，纤维丝会发生脱落、移位[图 15-42(b)]，以及涂层的硅化物损耗，所以改性表面粗糙度有所下降，进而影响疏油角。虽然疏油角经过磨损后有所下降，但是在 100 次循环磨损后仍然能够保持亲水/疏油性，说明涂层具有一定的耐摩擦性能，这主要归因于纳米二氧化硅与成膜物质的共混复配在一定程度上提高了涂层的机械性能。

讨 论 题

反常润湿涂层的稳定性一直是其缺陷，怎么样实现长效效果？

参 考 文 献

[1] Briscoe B J, Galvin K P. The effect of surface fog on the transmittance of light[J]. Solar Energy, 1991, 46(4): 191-197.

[2] Grosu G, Andrzejewski L, Veilleux G, et al. Relation between the size of fog droplets and their contact angles with CR39 surfaces[J]. Journal of Physics D: Applied Physics, 2004, 37(23): 3350-3355.

[3] Shimomura H, Gemici Z, Cohen R E, et al. Layer-by-layer-assembled high-performance broadband antireflection coatings[J]. ACS Applied Materials & Interfaces, 2010, 2(3): 813-820.

[4] Zhang L, Li Y, Sun J , et al. Mechanically stable antireflection and antifogging coatings fabricated by the layer-by-layer deposition process and postcalcination[J]. Langmuir the ACS Journal of Surfaces & Colloids, 2008, 24(19): 10851-10857.

[5] Wang Y, Knapp J, Legere A, et al. Effect of end-groups on simultaneous oleophobicity/hydrophilicity and anti-fogging performance of nanometer-thick perfluoropolyethers (PFPEs) [J]. RSC Advances, 2015, 5(39): 30570-30576.

[6] Howarter J, Youngblood J. Self-cleaning and next generation anti-fog surfaces and coatings[J]. Macromolecular Rapid Commun, 2008, 29: 455-466.

[7] Fürstner R, Barthlott W, Neinhuis C, et al. Wetting and self-cleaning properties of artificial superhydrophobic surfaces[J]. Journal of Surfaces & Colloids, 2005, 21(3): 956-961.

[8] Blossey R. Self-cleaning surfaces: Virtual realities[J]. Nature Materials, 2003, 2(5): 301-306.

[9] Howarter J A, Youngblood J P. Self-cleaning and anti-fog surfaces via stimuli-responsive polymer brushes[J]. Advanced Materials, 2007, 19(22): 3838-3843.

[10] Pan S, Guo R, Xu W. Durable superoleophobic fabric surfaces with counterintuitive superwettability for polar solvents[J]. AIChE Journal, 2014, 60(8): 2752-2756.

[11] Akthakul A, Salinaro R F, Mayes A M. Antifouling polymer membranes with subnanometer size selectivity[J]. Macromolecules, 2004, 37(20): 7663-7668.

[12] Combe C, Molis E, Lucas P, et al. The effect of CA membrane properties on adsorptive fouling by humic acid[J]. Journal of Membrane Science, 1999, 154(1): 73-87.

[13] Zhu X, Tu W, Wee K H, et al. Effective and low fouling oil/water separation by a novel hollow fiber membrane with both hydrophilic and oleophobic surface properties[J]. Journal of Membrane Science, 2014, 466: 36-44.

[14] Ismail N H, Salleh W N W, Ismail A F, et al. Hydrophilic polymer-based membrane for oily wastewater treatment: A review[J]. Separation and Purification Technology, 2020, 233: 116007.

[15] Al-Husaini I S, Yusoff A R M, Lau W J, et al. Fabrication of polyethersulfone electrospun nanofibrous membranes incorporated with hydrous manganese dioxide for enhanced ultrafiltration of oily solution[J]. Separation and Purification Technology, 2019, 212: 205-214.

[16] Kang L, Wang B, Zeng J, et al. Degradable dual superlyophobic lignocellulosic fibers for high-efficiency oil/water separation[J]. Green Chemistry, 2020, 22(2): 504-512.

[17] Shannon M A, Bohn P W, Elimelech M, et al. Science and technology for water purification in the coming decades[J]. Nature, 2008, 452(7185): 301-310.

[18] Dai J, Tian Q, Sun Q, et al. TiO_2-alginate composite aerogels as novel oil/water separation and wastewater remediation filters[J]. Composites Part B: Engineering, 2019, 160: 480-487.

[19] Zhou C, Chen Z, Yang H, et al. Nature-inspired strategy toward superhydrophobic fabrics for versatile oil/water separation[J]. ACS Applied Materials & Interfaces, 2017, 9(10): 9184-9194.

[20] Chen J, Zhou Y, Zhou C, et al. A durable underwater superoleophobic and underoil superhydrophobic fabric for versatile oil/water separation[J]. Chemical Engineering Journal, 2019, 370: 1218-1227.

[21] Shi H, He Y, Pan Y, et al. A modified mussel-inspired method to fabricate TiO_2 decorated superhydrophilic PVDF membrane for oil/water separation[J]. Journal of Membrane Science, 2016, 506: 60-70.

[22] Paixão M V G, de Carvalho Balaban R. Application of guar gum in brine clarification and oily water treatment[J]. International Journal of Biological Macromolecules, 2018, 108: 119-126.

[23] Kwon G, Post E, Tuteja A. Membranes with selective wettability for the separation of oil-water mixtures[J]. MRS Communications, 2015, 5(3): 475-494.

[24] 张鑫阳.关于高效聚结除油技术的探讨[J].化工管理, 2018(3)： 123-123.

[25] 陈平，王晨，刘明伟，等.含油废水处理技术的研究进展[J]. 当代化工, 2016, 45(6): 1286-1288.

[26] 刘清栋. 不同多孔介质对油水分离效率影响实验研究[D]. 大庆：东北石油大学, 2011.

[27] 卢磊，高宝玉，岳钦艳，等. 油田聚合物驱采出污水絮凝过程研究[J]. 环境科学，2007(4)：4761-4765.

[28] Eom J H, Kim Y W, Yun S H, et al. Low-cost clay-based membranes for oily wastewater treatment[J]. Journal of the Ceramic Society of Japan, 2014, 122(1429): 788-794.

[29] Xu C L, Wang Y Z. Novel dual superlyophobic materials in water-oil systems: Under oil magneto-fluid transportation and oil-water separation[J]. Journal of Materials Chemistry A, 2018, 6: 2935-2941.

[30] Ge M, Cao C, Huang J, et al. Rational design of materials interface at nanoscale towards intelligent oil-water separation[J]. Nanoscale Horizons, 2018, 3(3): 235-260.

[31] Chen C, Weng D, Mahmood A, et al. Separation mechanism and construction of surfaces with special wettability for oil/water separation[J]. ACS Applied Materials & Interfaces, 2019, 11(11): 11006-11027.

[32] Feng L, Zhang Y, Xi J, et al. Petal effect: A superhydrophobic state with high adhesive force[J]. Langmuir, 2008, 24(8): 4114-4119.

[33] Wei Y, Qi H, Gong X, et al. Specially wettable membranes for oil-water separation[J]. Advanced Materials Interfaces, 2018, 5(23): 1800576.

[34] Kwon G, Post E, Tuteja A. Membranes with selective wettability for the separation of oil-water mixtures[J]. MRS Communications, 2015, 5(3): 475-494.

[35] Cebeci F Ç, Wu Z, Zhai L, et al. Nanoporosity-driven superhydrophilicity: A means to create multifunctional antifogging coatings[J]. Langmuir, 2006, 22(6): 2856-2862.

[36] Jiang L, Feng L. Bioinspired intelligent nanostructured interfacial materials[M]. World Scientific, 2010.

[37] Xue Z, Cao Y, Liu N, et al. Special wettable materials for oil/water separation[J]. Journal of Materials

Chemistry A, 2014, 2(8): 2445-2460.

[38] Baig U, Faizan M, Sajid M. Multifunctional membranes with super-wetting characteristics for oil-water separation and removal of hazardous environmental pollutants from water: A review[J]. Advances in Colloid and Interface Science, 2020, 285: 102276.

[39] Yong J, Chen F, Yang Q, et al. Superoleophobic surfaces[J]. Chemical Society Reviews, 2017, 46(14): 4168-4217.

[40] Tuteja A, Choi W, Ma M, et al. Designing superoleophobic surfaces[J]. Science, 2007, 318(5856): 1618-1622.

[41] Feng L, Zhang Z, Mai Z, et al. A super-hydrophobic and super-oleophilic coating mesh film for the separation of oil and water[J]. Angewandte Chemie, 2004, 116(15): 2046-2048.

[42] Zhou X, Zhang Z, Xu X, et al. Robust and durable superhydrophobic cotton fabrics for oil/water separation[J]. ACS Applied Materials & Interfaces, 2013, 5(15): 7208-7214.

[43] Cheng X Q, Jiao Y, Sun Z, et al. Constructing scalable superhydrophobic membranes for ultrafast water-oil separation[J]. ACS Nano, 2021, 15(2)： 3500-3508.

[44] Huang J Y, Li S H, Ge M Z, et al. Robust superhydrophobic TiO_2@fabrics for UV shielding, self-cleaning and oil-water separation[J]. Journal of Materials Chemistry A, 2015, 3(6): 2825-2832.

[45] Zhang X, Li Z, Liu K, et al. Bioinspired multifunctional foam with self-cleaning and oil/water separation[J]. Advanced Functional Materials, 2013, 23(22): 2881-2886.

[46] Du C, Wang J, Chen Z, et al. Durable superhydrophobic and superoleophilic filter paper for oil-water separation prepared by a colloidal deposition method[J]. Applied Surface Science, 2014, 313: 304-310.

[47] Ju J, Wang T, Wang Q. A facile approach in fabricating superhydrophobic and superoleophilic poly (vinylidene fluoride) membranes for efficient water-oil separation[J]. Journal of Applied Polymer Science, 2015, 132(24): 42077.

[48] Wang Y, Shang B, Hu X, et al. Temperature control of mussel-inspired chemistry toward hierarchical superhydrophobic surfaces for oil/water separation[J]. Advanced Materials Interfaces, 2017, 4(2): 1600727.

[49] Song J, Huang S, Lu Y, et al. Self-driven one-step oil removal from oil spill on water via selective-wettability steel mesh[J]. ACS Applied Materials & Interfaces, 2014, 6(22): 19858-19865.

[50] Cao Y, Zhang X, Tao L, et al. Mussel-inspired chemistry and michael addition reaction for efficient oil/water separation[J]. ACS Applied Materials & Interfaces, 2013, 5(10): 4438-4442.

[51] Wang S, Li M, Lu Q. Filter paper with selective absorption and separation of liquids that differ in surface tension[J]. ACS Applied Materials & Interfaces, 2010, 2(3): 677-683.

[52] Zhang J, Seeger S. Polyester materials with superwetting silicone nanofilaments for oil/water separation and selective oil absorption[J]. Advanced Functional Materials, 2011, 21(24): 4699-4704.

[53] Crick C R, Gibbins J A, Parkin I P. Superhydrophobic polymer-coated copper-mesh; Membranes for highly efficient oil-water separation[J]. Journal of Materials Chemistry A, 2013, 1(19): 5943-5948.

[54] Qing W, Shi X, Deng Y, et al. Robust superhydrophobic-superoleophilic polytetrafluoroethylene nanofibrous membrane for oil/water separation[J]. Journal of Membrane Science, 2017, 540: 354-361.

[55] 袁腾. 超亲水超疏油复合网膜的制备及其油水分离性能研究[D]. 广州: 华南理工大学, 2015.

[56] Xue Z X, Liu M J, Jiang L. Recent developments in polymeric superoleophobic surfaces[J]. Journal of polymer science Part B: polymer Physics, 2012, 50, 1209-1224.

[57] Gondal M A, Sadullah M S, Dastageer M A, et al. Study of factors governing oil-water separation process using TiO_2 films prepared by spray deposition of nanoparticle dispersions[J]. ACS Applied Materials & Interfaces, 2014, 6(16): 13422-13429.

[58] Dong Y, Li J, Shi L, et al. Underwater superoleophobic graphene oxide coated meshes for the separation of oil and water[J]. Chemical Communications, 2014, 50(42): 5586-5589.

[59] Li J, Cheng H M, Chan C Y, et al. Superhydrophilic and underwater superoleophobic mesh coating for efficient oil-water separation[J]. RSC Advances, 2015, 5(64): 51537-51541.

[60] Zhang L, Zhong Y, Cha D, et al. A self-cleaning underwater superoleophobic mesh for oil-water separation[J]. Scientific Reports, 2013, 3: 2336.

[61] Yin K, Chu D, Dong X, et al. Femtosecond laser induced robust periodic nanoripple structured mesh for highly efficient oil-water separation[J]. Nanoscale, 2017, 9(37): 14229-14235.

[62] Li G, Fan H, Ren F, et al. Multifunctional ultrathin aluminum foil: Oil/water separation and particle filtration[J]. Journal of Materials Chemistry A, 2016, 4(48): 18832-18840.

[63] Xue Z, Wang S, Lin L, et al. A novel superhydrophilic and underwater superoleophobic hydrogel-coated mesh for oil/water separation[J]. Advanced Materials, 2011, 23(37): 4270-4273.

[64] Shi H, He Y, Pan Y, et al. A modified mussel-inspired method to fabricate TiO_2 decorated superhydrophilic PVDF membrane for oil/water separation[J]. Journal of Membrane Science, 2016, 506: 60-70.

[65] Gao X, Xu L P, Xue Z, et al. Dual - scaled porous nitrocellulose membranes with underwater superoleophobicity for highly efficient oil/water separation[J]. Advanced Materials, 2014, 26(11): 1771-1775.

[66] Fan J B, Song Y, Wang S, et al. Directly coating hydrogel on filter paper for effective oil-water separation in highly acidic, alkaline, and salty environment[J]. Advanced Functional Materials, 2015, 25(33): 5368-5375.

[67] Lu F, Chen Y, Liu N, et al. A fast and convenient cellulose hydrogel-coated colander for high-efficiency oil-water separation[J]. RSC Advances, 2014, 4(61): 32544-32548.

[68] Ma L, He J, Wang J, et al. Functionalized superwettable fabric with switchable wettability for efficient oily wastewater purification, *in situ* chemical reaction system separation, and photocatalysis degradation[J]. ACS Applied Materials & Interfaces, 2019, 11(46): 43751-43765.

[69] Wang T, Si Y, Luo S, et al. Wettability manipulation of overflow behavior via vesicle surfactant for water-proof surface cleaning[J]. Materials Horizons, 2019, 6(2): 294-301.

[70] Okada A, Nikaido T, Ikeda M, et al. Inhibition of biofilm formation using newly developed coating materials with self-cleaning properties[J]. Dental Materials Journal, 2008, 27(4): 565-572.

[71] Yang J, Zhang Z, Xu X, et al. Superhydrophilic–superoleophobic coatings[J]. Journal of Materials Chemistry, 2012, 22(7): 2834-2837.

[72] Kota A K, Kwon G, Choi W, et al. Hygro-responsive membranes for effective oil-water separation[J]. Nature Communications, 2012, 3(1): 1-8.

[73] Xu Z, Zhao Y, Wang H, et al. A superamphiphobic coating with an ammonia-triggered transition to superhydrophilic and superoleophobic for oil-water separation[J]. Angewandte Chemie International Edition, 2015, 54(15): 4527-4530.

[74] Li F, Wang Z, Huang S, et al. Flexible, durable, and unconditioned superoleophobic/superhydrophilic surfaces for controllable transport and oil-water separation[J]. Advanced Functional Materials, 2018, 28(20): 1706867.

[75] Liu L, Pan Y, Jiang K, et al. On-demand oil/water separation enabled by magnetic super-oleophobic/super-hydrophilic surfaces with solvent-responsive wettability transition[J]. Applied Surface Science, 2020, 533: 147092.

[76] Lu J, Zhu X, Miao X, et al. Photocatalytically active superhydrophilic/superoleophobic coating[J]. ACS

Omega, 2020, 5 (20) : 11448-11454.

[77] Amirpoor S, Moakhar R S, Dolati A. A novel superhydrophilic/superoleophobic nanocomposite PDMS-NH_2/PFONa-SiO_2 coated-mesh for the highly efficient and durable separation of oil and water[J]. Surface and Coatings Technology, 2020, 394: 125859.

[78] Raza A, Ding B, Zainab G, et al. *In situ* cross-linked superwetting nanofibrous membranes for ultrafast oil-water separation[J]. Journal of Materials Chemistry A, 2014, 2 (26) : 10137-10145.

[79] Yang J, Song H, Yan X, et al. Superhydrophilic and superoleophobic chitosan-based nanocomposite coatings for oil/water separation[J]. Cellulose, 2014, 21 (3) : 1851-1857.

[80] Shen T, Li S, Wang Z , et al. Rare bi-wetting TiO_2-F/SiO_2/F-PEG fabric coating for self-cleaning and oil/water separation[J]. RSC Advances, 2016, 6 (116) : 115196-115203.

[81] Wang D, Liu H, Yang J, et al. Seawater-induced healable underwater superoleophobic antifouling coatings[J]. ACS Applied Materials & Interfaces, 2019, 11 (1) : 1353-1362.

[82] Schwarzenbach R P, Egli T, Hofstetter T B, et al. Global water pollution and human health[J]. Annual Review of Environment and Resources, 2010, 35: 109-136.

[83] Shannon M, Bohn P, Elimelech M, et al. Science and technology for water purification in the coming decades[J]. Nature, 2008, 452: 301-310.

[84] Delparastan P, Malollari K G, Lee H, et al. Direct evidence for the polymeric nature of polydopamine[J]. Angewandte Chemie, 2019, 58 (4) : 1077-1082.

[85] Li H, Peng L, Luo Y, et al. Enhancement in membrane performances of a commercial polyamide reverse osmosis membrane via surface coating of polydopamine followed by the grafting of polyethylenimine[J]. RSC Advances, 2015, 5 (119) : 98566-98575.

[86] 吕嫣. 基于多巴胺辅助共沉积技术的高性能复合纳滤膜研究[D]. 杭州: 浙江大学, 2018.

[87] Lee H A, Park E, Lee H. Polydopamine and its derivative surface chemistry in material science: A focused review for studies at KAIST[J]. Advanced Materials, 2020, 32 (35) : 1907505.

[88] Chew N G P, Zhao S, Malde C, et al. Superoleophobic surface modification for robust membrane distillation performance[J]. Journal of Membrane Science, 2017, 541: 162-173.

[89] Wang Y, Di J, Wang L, et al. Infused-liquid-switchable porous nanofibrous membranes for multiphase liquid separation[J]. Nature Communications, 2017, 8 (1) : 1-7.

第 16 章 超疏水/超双疏涂层

16.1 概 述

16.1.1 理论研究

超疏水和超双疏表面在微纳米尺度上都需要一定的粗糙度，液滴在材料表面上想要获得 Cassie 润湿状态，除了低表面能，还需要粗糙的材料表面存在空气困于[1,2]细小缝隙的结构。由此研究者提出各种构建超疏水和超双疏表面的方法。

构建超疏水和超双疏表面的常见方法可分为“自顶向下”或“自底向上”构建方法[3]。“自顶向下”是通过印刷、模塑和雕刻的粗糙化来制造超疏水和超双疏表面，以产生超疏水和超双疏所需的粗糙表面。但是，“自底向上”方法涉及将较小的模块自组装以形成更大、更复杂的对象。这些构建的方法可分为粗糙性材料表面疏液化处理和在超疏水/超双疏材料表面构造粗糙度。

大多数方法都是在材料纳米和微米尺度的表面形貌上来产生 Cassie 态液滴所需的粗糙度。如粗糙材料疏液性不充分，可以利用涂覆聚合物涂层或自组装单分子膜(SAMs)进行进一步修饰以降低表面能。当这些涂层被破坏时，会因为涂覆层的剥落或破损导致材料失去超疏液性能。虽然可以让涂层很好地黏附在基材上，但构建稳定性良好的超疏液涂层表面并不能百分百能达到理想状态。通常对已经超疏水/超双疏材料进行表面粗糙化处理(不依赖于化学表面改性)是更容易操作的，可以制备出机械和热力学上更持久的超疏水或超双疏表面。2003 年，Blossey[4]提出，在考虑大规模使用或工业应用时，机械和热力学性质都是很重要的性能。

由于超疏水和超双疏材料稳定性方面缺乏统一的标准化测试方法，因此很难进行对比[5]。在该领域发表的众多论文中，并没有提供关于超疏水和超双疏材料表面稳定性的数据，特别是在早期关于摸索制备方法的论文中。

16.1.2 制备方法

16.1.2.1 光刻技术和模板法

通过光刻可将大尺度或微尺度/纳米尺度的形貌转移到基底上。这种方法通过预先设计的图案进行印迹、沉积或刻蚀来实现，进一步可细分为 X 射线光刻[6]、电子束光刻[7,8]、光学光刻[9-12]、微触点印刷[13-16]、胶体光刻[17]、纳米压痕技术[18-21]。

Suh 等[22]通过毛细管力研究纳米图案后，Jeong 等利用光刻图案的印迹产生聚苯乙烯(PS)和聚甲基丙烯酸甲酯(PMMA)的微纳米尺度图案，并在硅基板上进行自旋喷涂[23]。在涂层聚合物的玻璃化转变温度以上，打印出具有微尺寸形貌的聚二甲基硅氧烷(PDMS)模具，该方法可用于聚氨酯丙烯酸酯模具微图案表面的纳米尺寸结构，产生层次分明的表面，最终得到多尺度超疏水表面的静态接触角为 161°，液滴易在材料表面滚动脱落(图 16-1)。该技术有一定局限性：只能运用在高玻璃化转变温度的聚合物上来制备疏水表面。

图 16-1　微纳米级 PMMA 结构[23]

(a)微柱，直径 30 μm，高度 50 μm，间距 40 μm；(b)与该表面接触的水滴；(c)纳米柱，直径、高度和间距分别为 100 nm、450 nm 和 400 nm；(d)图(c)的放大倍数

牺牲模板是一种利用光刻工艺在所需表面上用模具压制柔软/流动的聚合物，借此来复制所需表面特征的技术。在聚合物硬化后，模板(商用无机膜母板)[24-32]会溶解只留下已刻有图案的材料。

Autumn 等[33]开发了一种模仿壁虎黏脚毛的方法。Jin 等[34]为模仿细毛的独特结构用模板法制作了一层聚苯乙烯(PS)纳米管(图 16-2)。在纳米多孔氧化铝膜上涂上一层薄 PS 层，然后室温下用碱性溶液将模板溶解，形成静态接触角为 162°的超疏水表面。

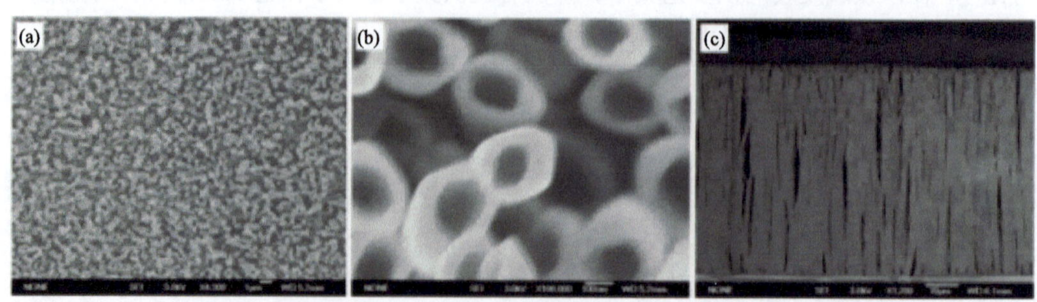

图 16-2　(a)聚苯乙烯纳米管层俯视图；(b)图(a)的放大图；(c)截面图[34]

16.1.2.2　等离子体和化学刻蚀

等离子体刻蚀法和化学刻蚀法都是在表面上诱导随机粗糙度的方法。这些技术可作为表面粗糙化的主要方法之一，可与其他技术如光刻相结合，以增加额外定点区域的微纳米级粗糙度。等离子体刻蚀是通过在气体放电中产生的反应性离子轰击表面来完成的，可构建明确的形貌特征，包括带有陡峭墙壁的深沟[35-48]。

Balu 等[49]运用等离子体技术对非晶态纤维素进行选择性刻蚀，在纤维素纸上产生纳米级粗糙度（图 16-3），随后通过等离子体增强型气相沉积法沉积了一层薄氟碳薄膜，制备出具低滚动角和 166°静态接触角的超疏水膜。

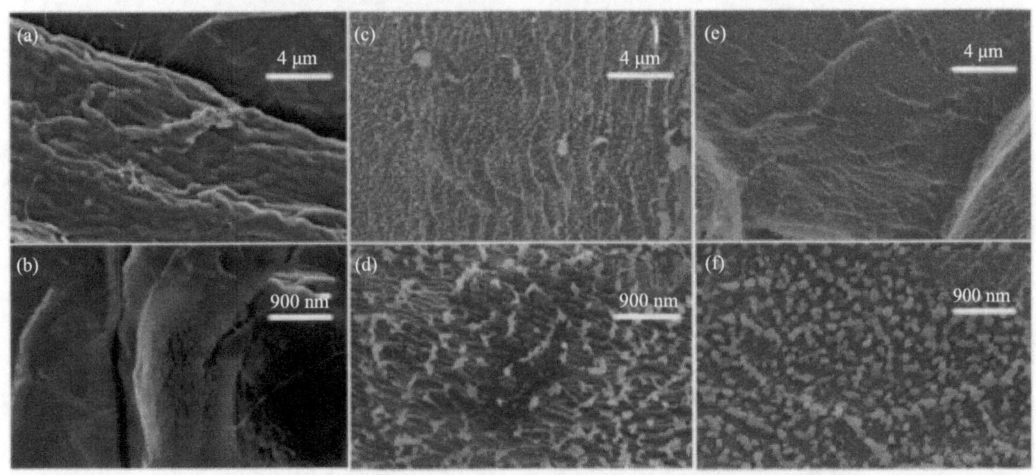

图 16-3　(a)、(b)纸张表面在氧等离子体刻蚀前；(c)、(d)氧等离子体蚀刻之后；(e)、(f)沉积 PFE(四氟乙烯)涂层之后[49]

化学刻蚀通过将目标表面浸入腐蚀/反应性化学混合物中产生表面粗糙度[50-53]。这种处理常用于金属和玻璃表面。Qian 等[51]对多晶铝、铜和锌进行了化学刻蚀，产生微尺度和纳米尺度的粗糙度，氟烷基硅烷涂层被应用于产生所需的疏水表面，用浓盐酸蚀刻 90 s 可以得到锌超疏水表面(图 16-4)。涂覆的表面具有超疏水性能，静态接触角约为 155°，滚动角约为 6°，但要考虑涂层损坏时容易产生缺陷，其长期性能受到氟化层降解的限制。

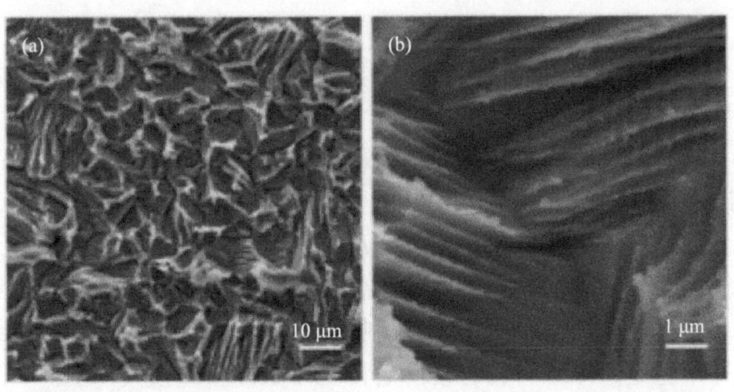

图 16-4　用 4.0 mol/L HCl 溶液在室温下腐蚀 90 s 的粗糙锌表面[51]

16.1.2.3 化学沉积

在化学沉积中包括化学气相沉积(CVD)、化学浴沉积(CBD)和电化学沉积(ECD)，都是通过采用湿化学或电化学导电基质沉积固体金属和氧化物[52-60]。

润湿性可切换的 ZnO 纳米棒[61]被报道后，Liu 等[54]通过金催化化学气相沉积法制备了超疏水的 ZnO 亚微米厚薄膜(图 16-5)，该亚微结构上的纳米结构组成的分层形貌表面静态接触角为 164°。紫外照射下可实现超亲水表面切换，将其置于黑暗环境或加热可恢复超疏水性能。

图 16-5 (a)、(b) Ni 催化的 ZnO 膜；(c)、(d) Au 催化下的超疏水 ZnO 薄膜，呈现出层次结构[54]

Hosono 等[59]利用 CBD 方法获得金属氢氧化物纳米针阵列(图 16-6)，用 $CoCl_2 \cdot 6H_2O$ 和 NH_2CO 浸泡在水溶液中来将水镁石型氢氧化钴的单晶针沉积在玻片上。经月桂酸物理吸附修饰表面能后，得到水接触角为 178°的超疏水表面。

16.1.2.4 胶体组装和层层沉积

胶体组装是指胶体颗粒紧密排列在表面上通过化学吸附或物理吸附自发组装的过程[62,63]。改变聚集颗粒的大小可以产生多层粗糙结构[64]，这些方法的组合可以获得超疏水表面[64-79]所需的层次结构。

Zhang 等[77]利用胶体组装生成了具有分层粗糙度的不规则二元结构，扩展了 Velikov 等[80]早期的工作。负载了 $CaCO_3$ 的直径大约为 790 nm 的水凝胶球通过浸渍涂层沉积在硅晶片上，作为第二次浸渍涂层中应用的 300 nm 二氧化硅或聚苯乙烯粒子自组装的模板(图 16-7)，在溅射包覆 30 nm 金属后，使十六硫醇(HDT)自组装单分子膜获得了超疏水性。除了结构上的稳定性限制外，金-硫醇键在暴露于紫外线辐射和氧气后在热力学上并不稳定，导致材料容易降解以至于表面质量损失[81,82]。

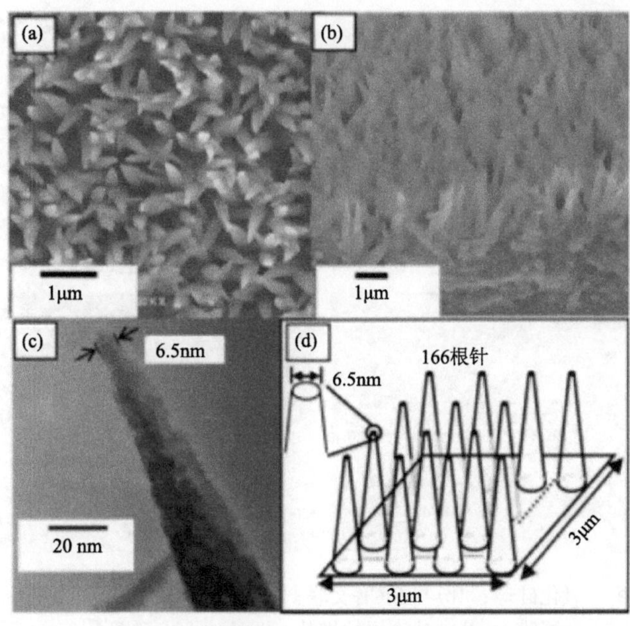

图 16-6 (a)、(b)和(c)水镁石型氢氧化钴膜；(d)膜表面结构模型示意图[59]

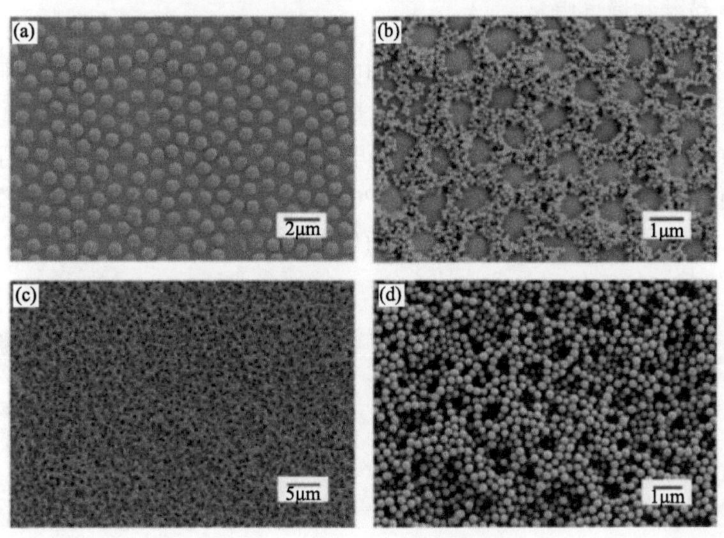

图 16-7 (a) $CaCO_3$-PNIPAM 颗粒 SEM 图，0.1wt%分散液涂覆在硅片上；(b)二元胶体组合直径 296 nm SiO_2 纳米球形离子涂覆在(a)所制硅片上；(c)低倍数、(d)高倍数 SEM 图(2.0wt% 296nm SiO_2 纳米球涂覆在 $CaCO_3$-PNIPAM 上)[77]

使用表面电荷交替的胶体和聚合物的静电吸引力[67,81-86]的逐层静电组织薄膜技术(LBL)已被用于在预备的基底上涂敷多层薄膜，它们与胶体颗粒结合在一起，以增加表面粗糙度。

Zhang 等[87]利用在二氧化硅球涂层的基底上沉积聚二烯丙基二甲基氯化铵(PDDA)/水玻璃多层膜，产生分级粗糙度(图 16-8)，通过化学气相沉积法引入氟烷基硅烷，静态水接触角为 157°，滑动角较低。

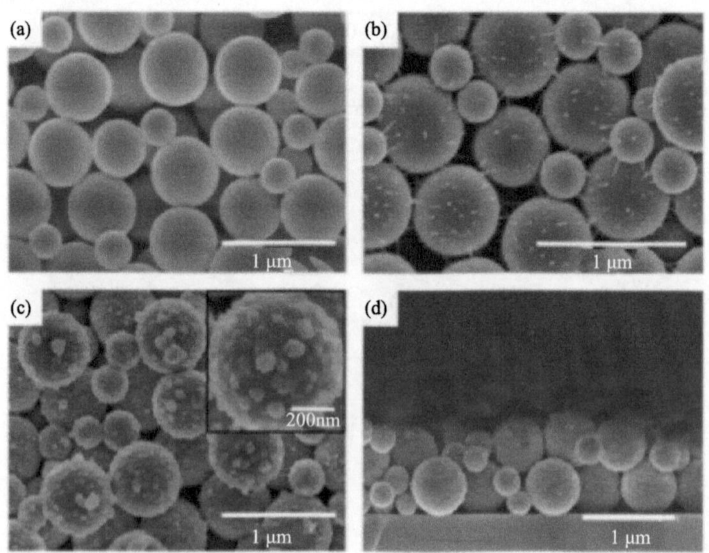

图 16-8 (a)表面沉积二氧化硅球；(b)与 $SiCl_4$ 交联；(c)通过 LBL 沉积法涂覆 5 层 PDDA/水玻璃多层膜；(d)硅球涂层的横截面图的放大倍数图[87]

16.1.2.5 静电纺丝和静电喷雾

在静电纺丝中，在挤出喷嘴和接地的集电板之间施加电势；当聚合物被喷射出来时，溶剂迅速蒸发，聚合物在收集板上形成纤维垫，这些纤维可被进一步化学修饰[88-92]。

继静电纺丝研究[88]之后，Ma 等[93]将静电纺丝与 CVD 相结合，产生了用于织物上的超疏水表面。通过静电纺丝，聚己内酯(PCL)垫具有纤维形态，可控制珠状形貌的形成(图 16-9)，引入全氟烷基甲基丙烯酸乙酯(PPFEMA)后实现了低表面能，静态接触角为 175°。

图 16-9 聚己内酯垫静电纺丝制备[93]

(a)～(c)纤维形态；(d)～(f)增加串珠结构。比例尺为 10 μm

电喷涂更适合聚合物沉积[94]。在电喷涂中，聚合物溶液从保持高电位的毛细管喷嘴喷射到所需基材上，电场迫使喷射出的聚合物形成微小的液滴[95-100]。

Burkarter 等[101]通过电喷雾技术将聚四氟乙烯(PTFE)悬浮液沉积在掺杂氟氧化锡(FTO)涂层玻璃载玻片上，从而制备了微纳米级超疏水表面(图 16-10)，静态接触角高达 167°，滑动角为 2°。

图 16-10　电喷涂聚四氟乙烯(沉积时间 20 min)[101]

16.1.2.6　聚四氟乙烯表面

聚四氟乙烯(PTFE)因其极低的表面能和广泛的可用性使其成为制造超疏水表面的合适材料，但是也存在加工含氟聚合物困难及其成本高昂。为制备足够粗糙的超疏水聚四氟乙烯表面，一种简单的方法是将聚四氟乙烯悬浮液与热稳定性较低的第二种胶体悬浮液混合，如聚苯乙烯或聚甲基丙烯酸甲酯[102]，对于后一种球体比 PTFE 胶体大得多的情况，则形成了具有超疏水性能的反蛋白石 PTFE 结构(图 16-11)，有着静态水接触角约为 170°，孔的大小和密度可调节的疏水表面。另一种方法是使用嵌入的盐晶体，取代牺牲的聚合物球[103]。

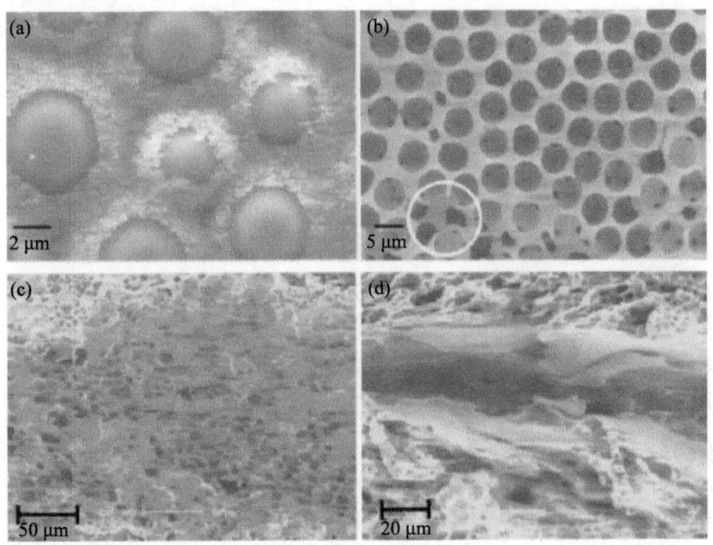

图 16-11　(a)较大的聚苯乙烯球与较小的聚四氟乙烯胶体共沉积，(b)导致多孔表面的水接触角约为 170°，接触角滞后可以忽略不计；(c)在载荷下平移抛物面尖端的机械试验，在压力高达 120 MPa 下，仍能保留一些表面粗糙度；(d)在 290 MPa 下进行的机械测试会导致 PTFE 薄膜从其支架上分层[102]

在不同的压力下，通过在样品上横向平移抛物线的不锈钢点来测试这些层的机械稳定性[104]。当压力达到 120 MPa 时，样品只受到轻微的结构损伤，而薄膜在更高的压力下由于基材分层而失效[图 16-11(d)]。水滴在摩擦压力 1 MPa 以上，样品都在 Wenzel 状态，并有更高的接触角滞后，它们的润湿性能无论是静态接触角和接触角滞后仍优于上述方法制备的疏水表面。

第二种方法使用 PTFE，是对喷涂技术[105]的轻微修改。图 16-12 显示了另一种沉积策略。通过增加喷雾的飞行时间，水从悬浮的水滴中蒸发，形成干燥的固体团聚体，产生的表面非常类似于荷叶的结构。最近的一种创造超疏水性所需粗糙度的方法是用不同等级的砂纸简单地粗化 PTFE[106]。

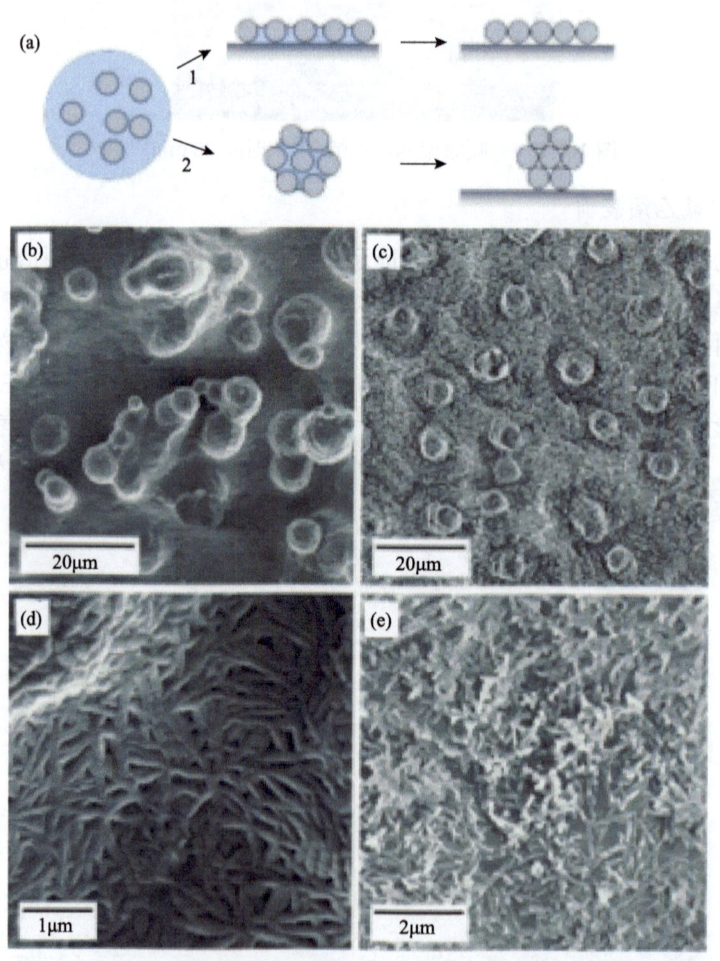

图 16-12 (a)聚四氟乙烯薄膜形成示意图。在方法 1 中，悬架湿润表面。在随后的干燥过程中，毛细管力将胶体球拉到一起，从而帮助薄膜的形成。在方法 2 中，这种情况发生在悬浮下降的飞行阶段，导致形成干燥的团块沉积在表面上。(b，d)所得到的结果与荷叶(c，e)的微观(b，c)和纳米(d，e)纹理非常相似[105]

16.2　气相法制备超疏水涂层

16.2.1　概述

在“荷叶效应”的原理被发现之后[107]，有关超疏水性的研究一直备受研究人员的关注。织物由于其自带的多孔性、柔软性、粗糙性及亲水性，一直是人们用于修饰成为超疏水材料的重要基材之一（图 16-13）。气相硅烷化反应是一种可大规模应用的方法，使硅烷偶联剂中的氟碳链或脂肪链接枝到聚丙烯酸的羧酸基上，从而实现材料表面能的降低。

图 16-13　常见的自然界超疏水材料和人造超疏水织物

16.2.2　实验方法

(1) 涂膜液的制备：按照表 16-1 所述比例配制聚丙烯酸水溶液；然后加入适量纳米 SiO_2（纳米二氧化硅与聚丙烯酸的质量比保持为 1∶2），超声分散 1 h。最后采用机械搅拌 2 h。

表 16-1　涂膜液组成（质量分数）

成分	PAA/%	SiO_2/%
PAA/SiO_2	5	2.5
PA	5	0

(2) 基材预处理及镀膜处理：将市售的滤布或无尘布裁剪为合适尺寸的小片，采用去离子水浸泡 10 min，用无水乙醇浸泡 3～5 min，烘干备用；将清洗干净的基材浸泡于涂膜液中 10 min，取出后常压下 65℃干燥固化 1 h。

(3) 硅烷化处理：将处理的基材置于真空干燥器中，加入 300 μL 的硅烷偶联剂。用真空泵抽真空至−100 kPa 以上，置于室温条件下反应 24～72 h。反应结束后，取出用无水乙醇冲洗。

16.2.3 测试与表征

16.2.3.1 油水分离性能

混合物配制：对于油水分离实验，按照质量比 1∶1 配制四氯化碳-水混合体系，使用 K7065 油溶性染料将四氯化碳染成蓝色。对于分离两种互不相溶的有机溶液，配制质量比 1∶1 的乙二醇-四氯化碳混合体系。

油水分离实验过程：本实验使用 PA/SiO_2/72 h OTES 无尘布作为分离膜材料。如图 16-14 搭建的分离装置，将滤布置于两个带法兰的有机玻璃管之间，并使用垫片密封。然后将混合液从上管倒入，称量通过滤布一相的质量，计算滤布的分离效率。油水分离效率计算公式：$\eta=(m_1/m_0)\times100\%$。其中 m_1 为过滤之后截留的水的质量；m_0 为过滤之前水的质量，通过分析天平直接称量可得。有机溶剂分离效率与此式相同。测量滤布的耐久性，采用重复分离四氯化碳-水混合液 20 次，并记录分离效率。

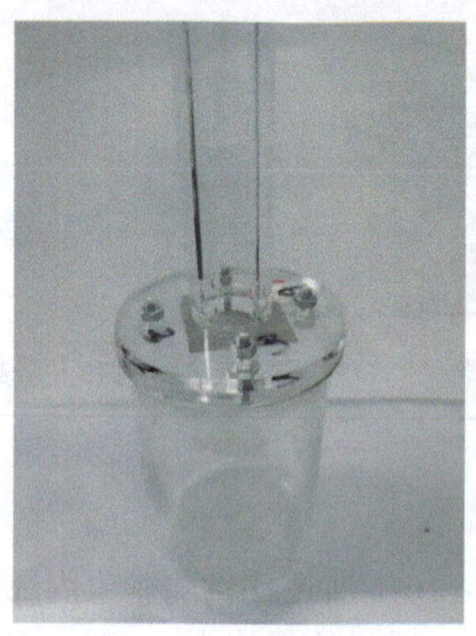

图 16-14 分离装置

16.2.3.2 抗污性能测试

如图 16-15 所示，将 PA/SiO_2/72 h FTEOS 无尘布置于图中倾斜的载玻片上，然后将甲基蓝、硫酸铜作为模型污染物置于无尘布上，使用去离子水冲洗，观察无尘的抗污性能，并使用相机记录。

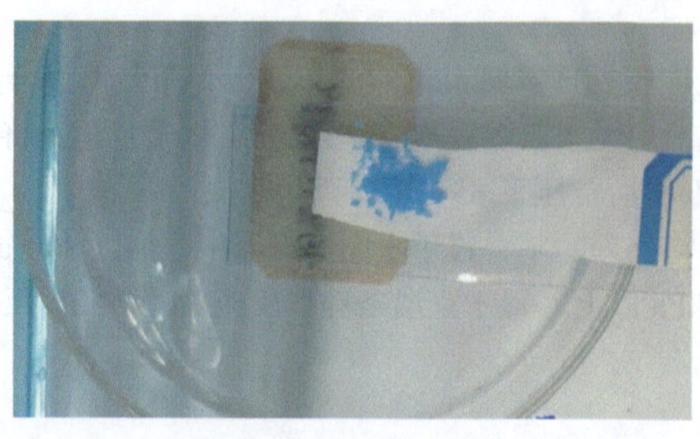

图 16-15 抗污实验装置

对于菜籽油和酱油，将图 16-15 中倾斜的载玻片改为水平摆放，将超疏水无尘布平铺在载玻片上，使用胶头滴管在无尘布上滴加污染物，然后再用滴管吸取，观察残留状态，并使用相机记录。

16.2.3.3　无损转移性能

液滴转移实验过程：使用 PA/SiO_2/72 h PFTEOS 无尘布(以下均以超疏水滤布代替)，结合一种具有超光滑涂层的玻璃搭建微滴转运装置。将一滴 5 μL 的水滴(已使用甲基蓝染色)滴加至超疏水无尘布表面，将超光滑表面置于其上。下移超光滑表面，直至液滴接触超光滑表面后，再缓慢上升光滑表面，观察并用摄像机记录液滴转移的过程。

具备超光滑涂层的玻璃的制备方法：首先使用四乙氧基硅烷(TEOS)、二甲基二甲氧基硅烷(DMOS)、十六烷基三甲氧基硅烷(HDTMS)制备硅氧烷溶胶溶液，经过老化后喷涂于载玻片上，形成纳米杂化涂层，最后浸润 100 mPa·s 硅油，得到超光滑涂层。

利用超光滑无尘布进行溶质的无损浓缩：采用硫酸铜和咖啡粉两种具有代表性的物质作为模型溶质；首先对于硫酸铜，配制其质量浓度为 5%水溶液，然后将约 0.5 mL 的硫酸铜溶液滴在 PA/SiO_2/72 h PFTEOS 无尘布表面，最后将无尘布置于加热台上加热，加热温度为 90℃，观察并使用相机记录液滴缩小的过程。对于咖啡粉，根据正常人们饮用的咖啡的浓度配制混合液，静置至室温后，采用与硫酸铜溶液相同的方式进行实验，观察并记录咖啡液滴缩小的过程。实验过程中，使用无任何处理的载玻片作为对比试验。

16.2.4　性能

16.2.4.1　表面微观形貌

图 16-16 为没有经过处理的滤布、PAA/72 h PFTEOS 滤布和 PAA/SiO_2/72 h PFTEOS 滤布的 SEM 图。从图中可见，没有经过处理和经过不含纳米 SiO_2 的涂膜液处理的涤纶滤布二者外观极为相似，从整体看十分光滑，直径在 50～100 nm 之间。引入纳米 SiO_2 之后，纤维的直径没有发生显著变化，但是纤维的表面不再光滑，出现很多尺寸在 2～5 μm 的突起结构。这些突起结构与纤维丝共同构成多级结构，促进涂层的抗水性。

图 16-17 为 PAA/72 h PFTEOS 无尘布和 PAA/SiO_2/72 h PFTEOS 无尘布的 SEM 图，与滤布相比，无尘布的纤维直径较小，且比滤布更加密集无序。当无尘布使用 PAA 涂膜液处理后可以发现纤维之间发生了黏结，出现因聚丙烯酸固化而在纤维表面产生的凹陷结构。通过这些对比可以发现，这些凸起微观结构显然是引入的纳米 SiO_2 颗粒聚集引起的，同时也证明引入 SiO_2 即可明显改变滤布或者无尘布的微观表面结构，大大提高粗糙度。

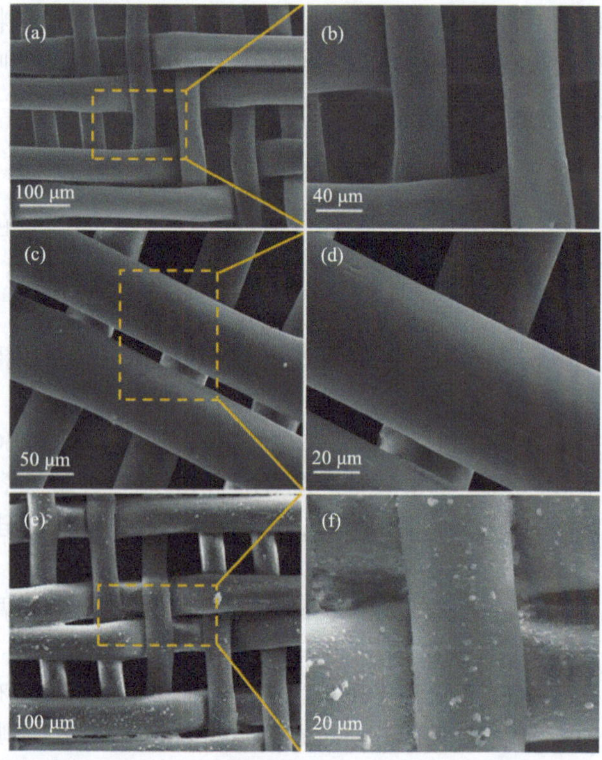

图 16-16　未处理滤布(a，b)、PAA/72 h PFTEOS 滤布(c，d)和 PAA/SiO_2/72 h PFTEOS 滤布(e，f)的 SEM 图

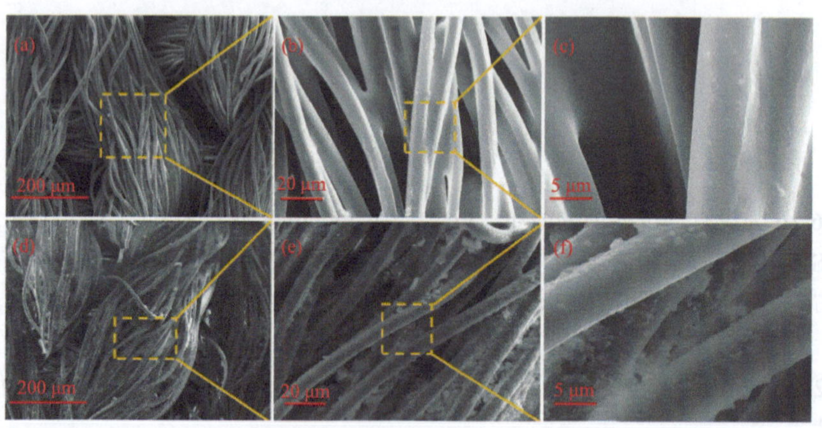

图 16-17　PAA/72 h PFTEOS 无尘布(a～c)和 PAA/SiO_2/72 h PFTEOS 无尘布(d～f)的 SEM 图

16.2.4.2　表面组成分析

构建超疏水涂层的策略分为两步，第一步为使用 PAA/SiO_2 涂膜液预处理基材；第二步为采用气相硅烷化反应，将硅烷偶联剂中的疏水基团接枝到涂层表面。其中，第二步是降低涂层表面能的至关重要的一步。图 16-18 为 PAA/SiO_2 涤纶滤布以及 PAA/SiO_2/72 h PFTEOS 滤布的 XPS 能谱图。从图中可以看出，对于 PAA/SiO_2 涤纶滤

布，主要出峰位置在 284.81 eV、532.47 eV 和 103.69 eV 处，分别对应 C 1s、O 1s、Si 2p 的特征峰。尽管它在 688.52 eV 处也有峰，对应的是 F 1s，但是根据原子比测试结果显示，反应前 F 原子占比在 7%左右，远低于经过反应的涂层，说明这部分 F 元素可能来自于涂膜液中自带的氟元素。对于经过硅烷化反应后，PAA/SiO_2/72 h PFTEOS 滤布的 XPS 能谱图出峰位置在 290.95 eV、532.42 eV、688.13 eV 和 103.14 eV，分别对应 C 1s、O 1s、F 1s 和 Si 2p 的特征峰。与反应之前相比，主要变化在于 F 元素的原子比，经过反应，涂层中 F 原子占比达到 44.6%。

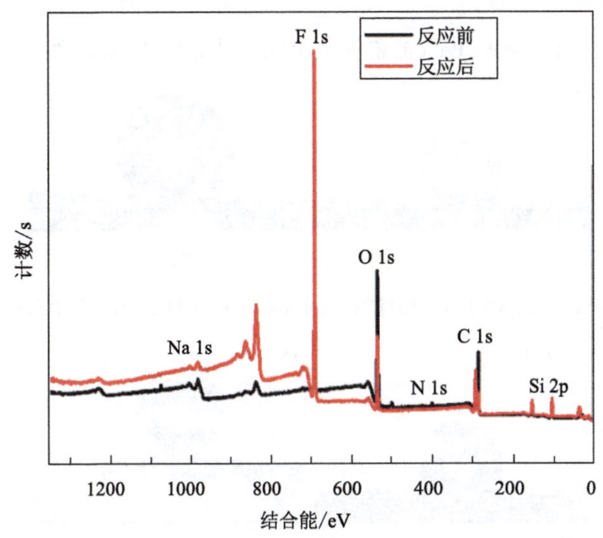

图 16-18　经过 PFTEOS 硅烷化反应前后的涂层的 XPS 数据

16.2.4.3　润湿性分析

1. 粗糙度对润湿性的影响

涂层的粗糙度对其润湿性有至关重要的作用。为提高粗糙度的策略有两种：一是引入纳米 SiO_2，通过纳米粒子在滤布或无尘布的纤维上聚集，以构建两级微观结构；二是对比不同纤维丝排布方式对材料润湿性的影响。

图 16-19 为 PAA 涂覆涤纶滤布和无尘棉纺布的 SEM 图的对比。从图中可以看出，经过 PAA 处理，构成涤纶滤布和无尘布纤维丝仍然比较光滑。无论根据传统的 Wenzel 模型还是 Cassie 模型，这种情况下的无尘布都将拥有更强的疏水性。图 16-20 为 PAA/72 h PFTEOS 滤布和 PAA/72 h PFTEOS 无尘布的水接触角测试情况。从图中可以看出，PAA/72 h PFTEOS 无尘布的水接触角为 153.03°，远远大于 PAA/72 h PFTEOS 滤布的 129.93°。

尽管使用无尘布可以获得合适的微观结构，从而获得超疏水性，但涤纶滤布在工业应用和生活中使用更广泛。图 16-21 为 5% PAA/0% SiO_2/72 h PFTEOS 和 5% PAA/2.5% SiO_2/72 h PFTEOS 滤布的水接触角测试结果。其中，5% PAA/2.5% SiO_2/72 h PFTEOS 滤布的水接触角为 157.14，超过了 150°，远远大于不引入纳米 SiO_2 的滤布，后者的水接触角仅为 129.93。

图 16-19　PAA 滤布(a)和 PAA 无尘布(b)的 SEM 图

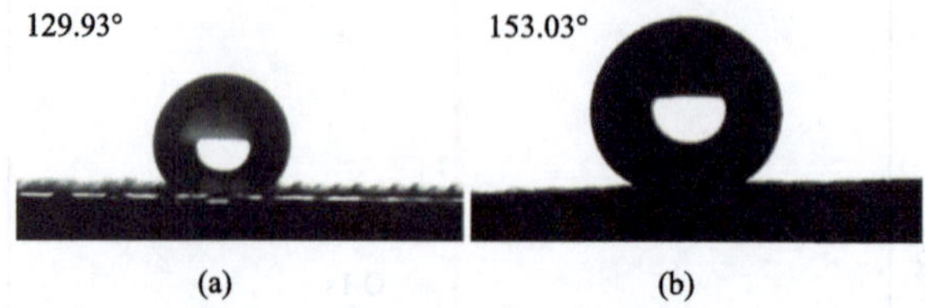

图 16-20　PAA/72 h PFTEOS(a)滤布和 PAA/72 h PFTEOS(b)无尘布的水接触角

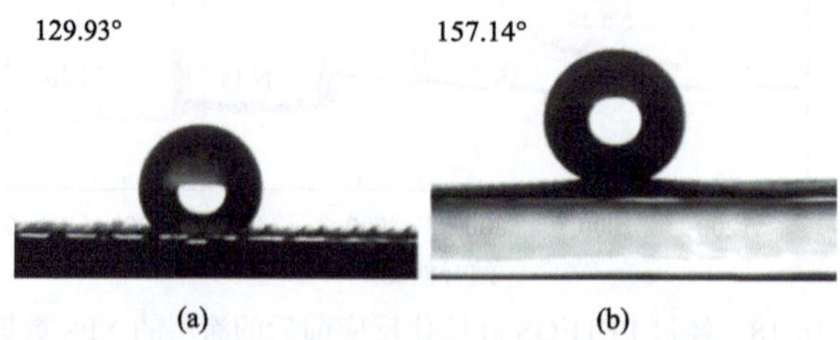

图 16-21　5% PAA/0% SiO_2/72 h PFTEOS(a)和 5% PAA/2.5% SiO_2/72 h PFTEOS(b)滤布的水接触角

综上所述，可知对于粗糙度原本就比较高的无尘布，只需要使用聚丙烯酸涂膜液预处理，然后通过气相硅烷化反应，接枝低表面能官能团即可获得超疏水材料。

2. 反应时间对润湿性的影响

除了构建合适的微观粗糙结构，表面化学组成对材料的润湿性有着决定性的作用。因此，采用两步法修饰基材的表面。

第一步使用 PAA 溶液预处理，这是为了在基材表面有足够的活性基团与硅烷偶联剂反应；无尘布表面天然纤维素尽管有足够的羟基，但是为了涂层的均匀性使用 PAA 溶液进行了预处理。第二步，在真空环境下放置基材和硅烷偶联剂，后者会挥发成气态分子并与涂层表面的羧基反应，将低表面能基团偶联在材料表面。显然，涂层上能够偶联的低表面能官能团的数目直接决定了材料的表面能，进而影响润湿性。气相沉积中最直接的能有效控制低表面官能团数目的手段是控制反应的持续时间。

图 16-22 为分别经过 24 h、48 h 和 72 h 硅烷化反应的滤布的水接触角，分别命名为 PA/SiO_2/24 h PFTEOS 滤布、PA/SiO_2/48 h PFTEOS 滤布和 PA/SiO_2/72 h PFTEOS 滤布。从图中可以看出，经过 24 h 和 48 h 反应的涂层的水接触角分别为 104.21°和 141.15°。

但是，当反应时间达到 72 h，涂层接触角超过 150°，成为超疏水涂层。这说明，反应时间的增加可以有效让羧基与更多的 PFTEOS 反应，接枝更多的氟碳链，从而降低表面能实现超疏水。

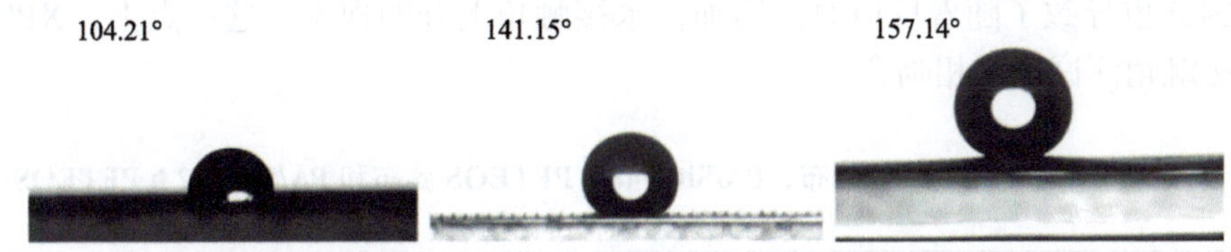

图 16-22　经过 24 h(a)、48 h(b)、72 h(c)硅烷化反应的滤布的水接触角

图 16-23 为 PA/SiO_2/24 h PFTEOS 滤布、PA/SiO_2/48 h PFTEOS 滤布和 PA/SiO_2/72 h PFTEOS 滤布的 XPS 能谱图，表 16-2 为 PAA/SiO_2/24 h PFTEOS 滤布、PA/SiO_2/48 h PFTEOS 滤布和 PA/SiO_2/72 h PFTEOS 滤布的表面元素组成和占比情况。从 XPS 能谱图中可以看出，三者的主要区别在 532.52 eV 和 688.28 eV 两处的峰，这两处分别是 O 1s

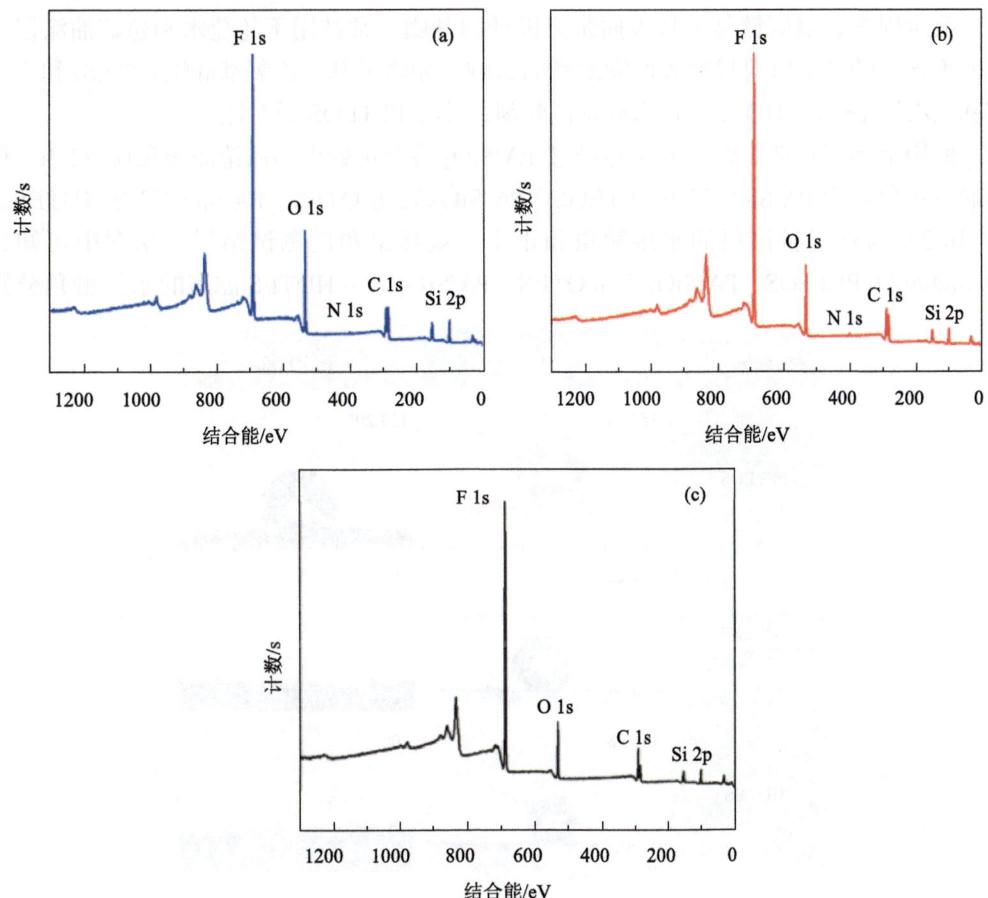

图 16-23　PA/SiO_2/24 h PFTEOS 滤布(a)、PA/SiO_2/48 h PFTEOS 滤布(b)和 PA/SiO_2/72 h PFTEOS 滤布(c)的 XPS 能谱图

和 F 1s 的元素特征峰。从表 16-2 中可以发现，随着反应时长的增加，O 元素占比明显降低，F 元素占比明显上升。这应该是随着反应时间增加，越来越多的羧基与 PFTOES 反应，导致了更多的氟碳链接枝在涂层表面。而氟碳链是一种常见的降低材料表面能的基团，因此也导致了随着反应时间增加，水接触角上升的现象。这一点上，XPS 测试结果与接触角测试结果相吻合。

表 16-2　PAA/SiO_2/24 h PFTEOS 滤布、PA/SiO_2/48 h PFTEOS 滤布和 PA/SiO_2/72 h PFTEOS 滤布的表面元素组成和占比情况

反应时间	C 1s	O 1s	F 1s	Si 2p	N 1s
24 h	31.47	21.36	34.03	12.17	0.98
48 h	33.16	17.08	38.78	9.82	1.16
72 h	30.16	14.71	44.60	10.53	0.00

3. 不同疏水基团对润湿性的影响

众所周知，氟碳链是一种表面张力极低的基团，常被用于超疏水和超疏油涂层。研究不含氟的碳氢链对材料表面润湿性的影响，如将辛基三乙氧基硅烷(OTES)和十六烷基三乙氧基硅烷(HDTES)作为硅烷偶联剂，并与 PFTEOS 做对比。

使用上述三种偶联剂，分别与经过 PA/SiO_2 溶液预处理的涤纶滤布反应 72 h，得到的滤布分别为 PA/SiO_2/72 h PFTEOS、PA/SiO_2/72 h OTES、PA/SiO_2/72 h HDTES。图 16-24 为这三种涂层的水接触角和正十六烷接触角的测试结果。从图中可知，PA/SiO_2/72 h PFTEOS、PA/SiO_2/72 h OTES、PA/SiO_2/72 h HDTES 滤布的水接触角分别

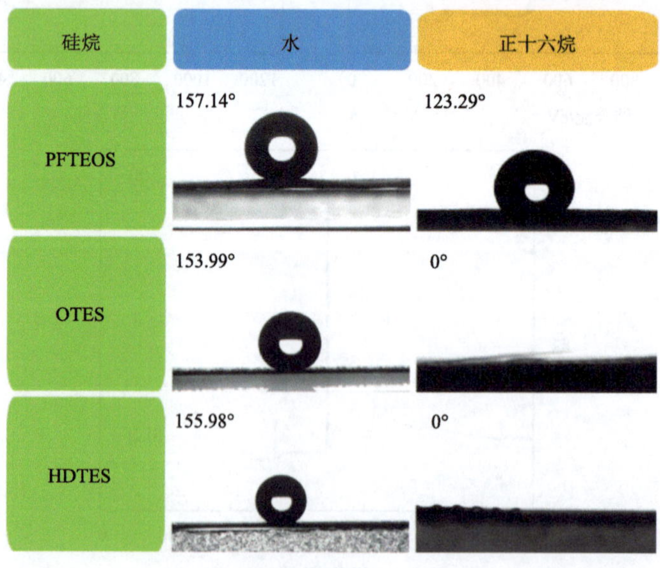

图 16-24　PA/SiO_2/72 h PFTEOS、PA/SiO_2/72 h OTES、PA/SiO_2/72 h HDTES 涂层的水接触角和正十六烷接触角

为 153.99°、155.98°、157.14°。因此，正辛基、十六烷基和全氟辛基都可以将表面能降低到合适的程度，以实现超疏水。

从图 16-24 可以看出，对于 PA/SiO_2/72 h PFTEOS 滤布，其正十六烷接触角为 123.29°。相比之下，正十六烷完全可以润湿 PA/SiO_2/72 h OTES、PA/SiO_2/72 h HDTES 滤布。这种情况与预期的完全一致，尽管正十六烷基、正辛基可以降低材料的表面能，但这两种基团修饰的材料的表面能还是过高，而使用 PFTEOS 修饰材料，将氟碳链偶联到基材表面可进一步降低涂层的表面能，从而获得了疏油性。

16.2.4.4 油水分离

超亲水/超疏油材料因其对水和油有着截然不同的润湿性可应用在油水分离领域，使用这种材料可以在不消耗外部能量的情况下完成油和水的分离，很好地克服了当前分离手段的不足之处，具有处理效率高、不产生二次污染的优势。

根据图 16-25 可知，PA/SiO_2/72 h OTES 无尘布的水接触角为 158.82°，正十六烷接触角为 0°。由此可以看出，合成的 PA/SiO_2/72 h OTES 无尘布具备超疏水/超亲油的润湿性(以下超疏水/超亲油滤布特指 PA/SiO_2/72 h OTES 无尘布)。采用了比水密度更大的四氯化碳作为模型油污，进行油水分离实验，从而使四氯化碳正常透过无尘布而水被截留在滤布上方。图 16-26 为 PA/SiO_2/72 h OTES 无尘布分离四氯化碳-水混合物的过程及分离效率结果。从图中可以看出，初始的分离效率为 99.1%，连续进行 10 次分离后，分离效率为 99.5%；即使经过 20 次分离，这种超疏水/超亲油无尘布的分离效率依旧保持在 98%左右。

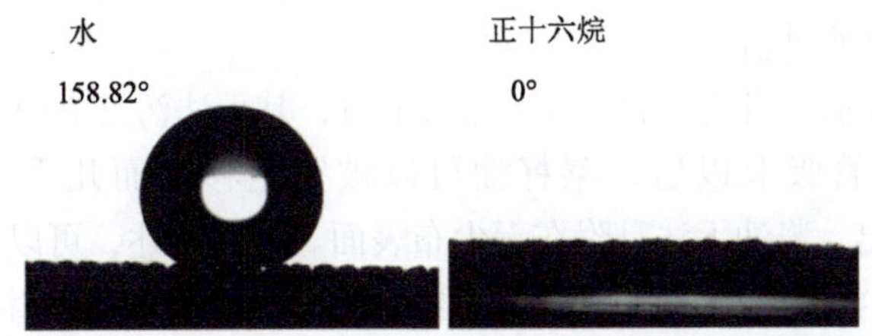

图 16-25 PA/SiO_2/72 h OTES 无尘布的水接触角和正十六烷接触角

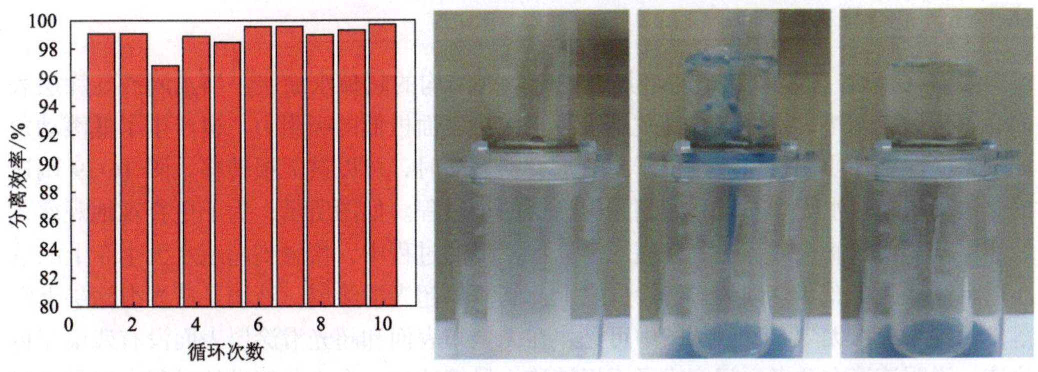

图 16-26 PA/SiO_2/72 h OTES 无尘布分离四氯化碳-水混合物的过程及分离效率结果

鉴于乙二醇具有类似水的极性，图 16-27 为乙二醇在 PA/SiO_2/72 h OTES 无尘布表面的润湿状态，从图中可以看出，乙二醇的接触角为 153.44°。因此，理论上，这种超疏水/超亲油无尘布可以分离互不相容的有机溶剂混合物。

图 16-27 乙二醇在 5% PA/2.5% SiO_2/72 h OTES 无尘布表面的润湿状态

16.2.4.5 抗污性

有多级微观结构且低黏附力的超疏水涂层，水滴落在涂层表面会形成气垫而迅速滚落。如果涂层表面具有亲水的污染物，则会被滚落的水滴带走[108]。因此，根据前面的涂层表面的微观形貌分析得知，本小节所述涂层具有 5～100 μm 两级微观结构。再加上通过气相硅烷化反应，降低了涂层的表面能，使得 PAA/SiO_2/72 h PFTEOS 无尘布的 WCA>150°，并且正十六烷接触角为 120.27°。这意味着这种无尘布具有一定的抗污能力，并且可以仅仅使用去离子水即可去除残存在无尘布表面的污染物。

以甲基蓝和硫酸铜为模型污染物的抗污试验，分别将适量的硫酸铜和甲基蓝放置在 PAA/SiO_2/72 h PFTEOS 无尘布表面，然后使用去离子水冲洗。从图 16-28(a)和(b)中发现，当水接触到硫酸铜或甲基蓝时，甲基蓝和硫酸铜立刻开始溶于水。由于涂层的超疏水性，导致水滴在很小的倾斜度就会在重力的作用下自由滚动，原本置于涂层表面的甲基蓝和硫酸铜均被水冲洗。

如图 16-28(c)所示，当菜籽油被置于涂层上时，其无法污染 PAA/ SiO_2/72 h PFTEOS 无尘布；当使用滴管吸取以后，菜籽油可以被完全移除而几乎不留任何残余。从图 16-28(d)可以看出，酱油无法黏附在无尘布表面。综上所述，可以发现 PAA/SiO_2/72 h PFTEOS 超疏水无尘布对溶于水的盐(如硫酸铜等)、有机物和部分生活常见的调味品有良好的抗污染和自清洁能力。

16.2.4.6 无损转移

根据 Cassie 模型可知，对于具有特定微观结构的超疏水涂层，当水滴滴在涂层表面后，会形成气垫，这种气垫导致了水滴与涂层表面极低的吸附力，也产生了低滚动角的现象。这种性质使得当液滴位于超疏水材料表面时，可以被无损转移。图 16-29 阐述的是液滴从超疏水无尘布转移到超光滑涂层的全过程。如图所示，为了更直观地观察，使用甲基蓝将水滴染成蓝色。在超光滑涂层下降的过程中，接触到超疏水无尘布上的液滴，迅速从无尘布转移到超光滑涂层之上。当倾斜超光滑涂层，液滴又从光滑涂层上滑落，回到超疏水无尘布上。从图中可见，在无尘布表面和超光滑涂层表面没有残留蓝色痕迹，说明液滴在两者之间完成了无损转移。尽管这是一个十分简易的过程，但是可以为痕量物质的收集提供思路。

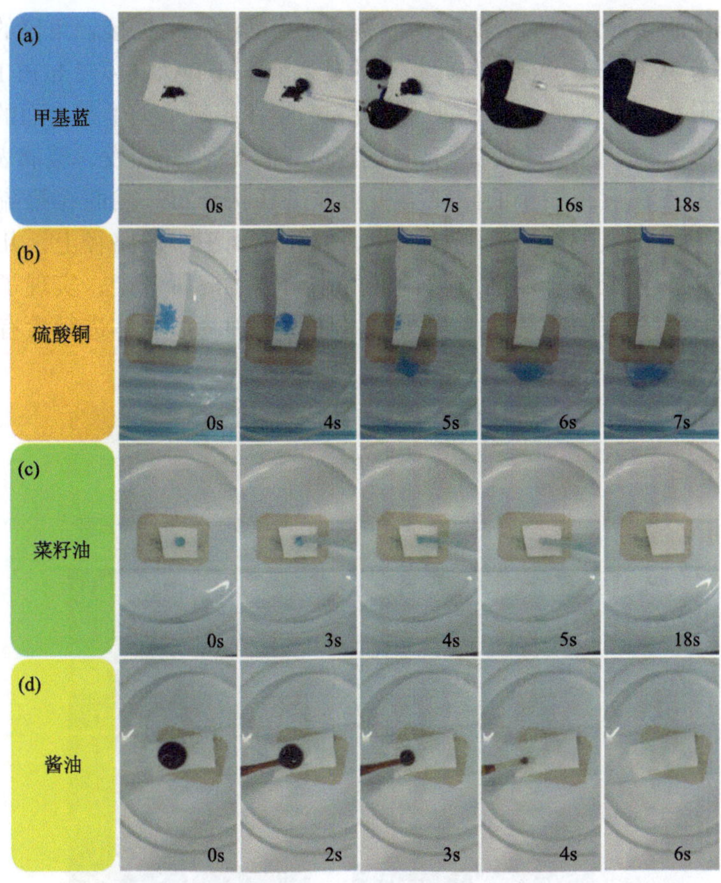

图 16-28 甲基蓝(a)、硫酸铜(b)、菜籽油(c)、酱油(d)抗污实验

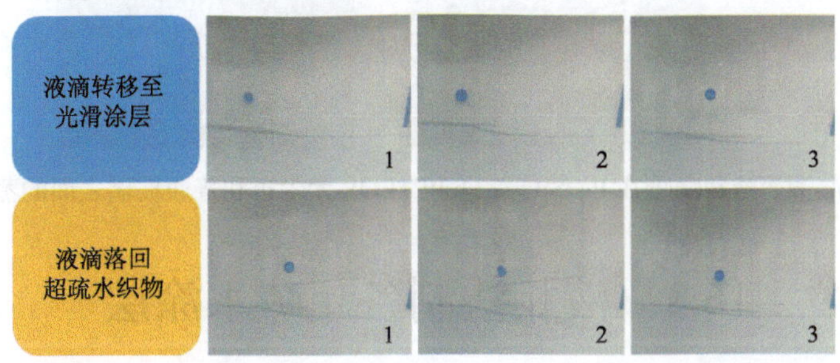

图 16-29 液滴从超疏水无尘布转移到超光滑涂层的全过程

由前文分析可知，PA/SiO_2/72 h PFTEOS 无尘布具有良好的抗污性能。结合 16.2.4.3 小节的润湿性分析，当含有溶质的溶液被滴在超疏水无尘布表面并开始蒸发时，在液滴缩小的同时，溶质会被浓缩于体积变小的液滴之中而不会残存在无尘布表面。这一性质将使得超疏水无尘布可以用于无损溶液浓缩。使用 PA/SiO_2/72 h PFTEOS 无尘布浓缩硫酸铜溶液和咖啡溶液。图 16-30 为硫酸铜溶液和咖啡在 PA/SiO_2/72 h PFTEOS 无尘布和普通玻璃表面的蒸发浓缩过程。从图中可见，当硫酸

铜溶液和咖啡液滴接触到玻璃表面时，液滴铺在表面上，根据接触角仪的测试结果，其接触角分别为 39.82°和 38.6°；与此相对的是，液滴在 PA/SiO_2/72 h PFTEOS 无尘布表面保持球形形状。经过测试，硫酸铜溶液和咖啡在超疏水无尘布表面的接触角分别为 155.97°和 157.69°。然后经过 30 min 的连续 90℃的加热蒸发，玻璃表面上硫酸铜或咖啡的液滴最终在液滴缩小的路线上析出并呈环状分布。然而在超疏水无尘布表面，虽然硫酸铜溶液或咖啡液滴同样缩小，但在液滴缩小的路径上，几乎没有溶质析出，所有的硫酸铜或咖啡均随着液滴的变小而被溶液所带走，实现了没有溶质损失的浓缩。这一实验表明超疏水无尘布可以作为一种溶液载体进行含有贵重或有毒有害物质的溶液的浓缩。

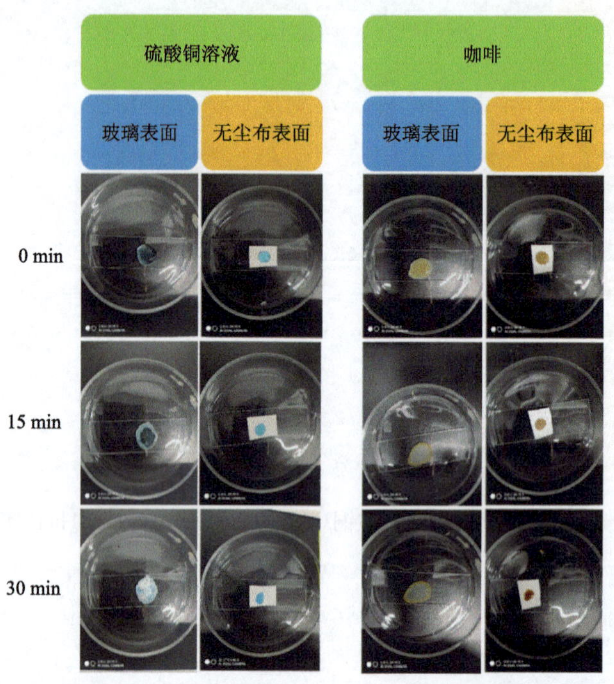

图 16-30 硫酸铜溶液和咖啡在 PA/SiO_2/72 h PFTEOS 无尘布和普通玻璃表面的蒸发浓缩过程

16.3 液相法制备超疏水涂层

16.3.1 概述

针对超疏水材料机械耐久性差等问题，基于聚偏氟乙烯为反应试剂，通过简易的方法制备了耐摩擦的不含氟硅烷的超疏水材料，以甲基甲酰胺作为分散剂，以挥发性的氨水作为催化剂，而硅酸四乙酯通过吸附挥发的碱发生溶胶-凝胶反应，生成纳米 SiO_2，构造材料表面粗糙度；加入三种不同分子量的硅烷偶联剂和聚偏氟乙烯（PVDF），协同降低体系的低表面能，对聚酯纤维无纺布表面进行改性。

16.3.2 实验方法

称取 5 g *N,N*-二甲基甲酰胺，取 50 mL 无水乙醇和 6 mL 硅酸四乙酯加入 250 mL 烧杯，超声振荡 2～3 min 充分混合。量取 10 mL 无水乙醇，加入 6 mL 25.28%氨水，混合后加入振荡完成的溶液中，用保鲜膜密闭，搅拌反应 2 小时，然后加入 30 mL 乙酸乙酯混合均匀，加入 2.3 g 苯基三乙氧基硅烷、2.1 g 异丁基三乙氧基硅烷和 1.85 g 乙基三乙氧基硅烷(与硅酸四乙酯摩尔比约为 1∶1)，继续搅拌反应 1 h，溶液中加入 1 g PVDF，超声振荡 30 min，得到超疏水涂膜液。

将聚酯纤维无纺布布块用去离子水和无水乙醇浸泡冲洗，烘干；加入上述制备的涂膜液中静置 10 min，取出在 200℃烘箱干燥 1 h，将聚酯纤维布料取出用乙醇冲洗 2～3 遍，65℃下烘 10 min。

16.3.3 表征

16.3.3.1 表面形貌

使用扫描隧道显微镜(Quanta 400F)对涂层的表面形貌进行表征，测试样品均贴在导电胶上，真空镀膜仪喷金处理，10 kV 的加速电压。

16.3.3.2 表面元素

使用 X 射线光电子能谱(XPS，Nexsa)对涂层表面的化学元素进行表征，傅里叶变换红外光谱仪进行表面红外分析。

16.3.3.3 表面润湿性

在室温下使用光学接触角仪(DSA-X，Guangzhou Betop Scientific Ltd)，分别以 5 μm、20 μm 的液滴测量所处理的超疏水聚酯纤维无纺布的水静态接触角和滑动角，在每个样品上随机选取 6 个不同的位置测量其水接触角，计算取平均值作为最后的测量结果。

16.3.3.4 油水分离

分别使用石油醚、矿物油和四氯化碳与水配制体积比为 2∶1 的混合体系，使用苏丹红将油性有机溶剂石油醚、矿物油和四氯化碳染成红色，使用硫酸铜使水染成蓝色。油水分离装置见图 16-31。

16.3.3.5 抗污性能

以硫酸铜、甲基蓝和菜籽油作为污染物模型，分别放置适量样品在倾斜的超疏水聚酯纤维无纺布上，然后用胶头滴管吸去离子水冲洗，记录冲洗时间，观察无纺布的抗污性能，并使用相机拍摄抗污效果图。

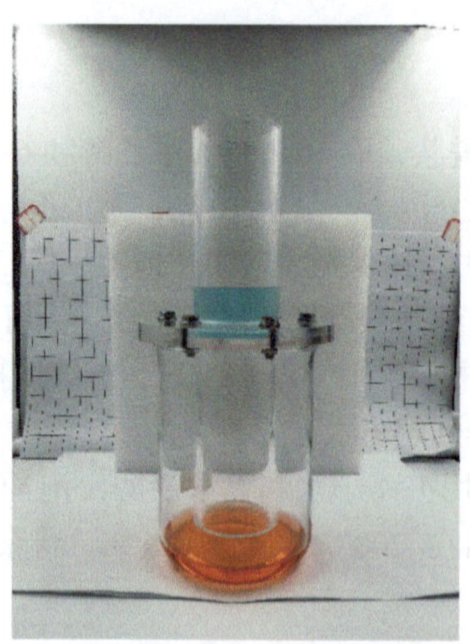

图 16-31　油水分离装置

将超疏水无纺布水平放置，用胶头滴管滴加适量的酱油，然后再用胶头滴管将酱油尝试吸回去，观察其表面酱油的残留情况，并使用相机拍摄抗污效果图。抗污实验装置见图 16-32。

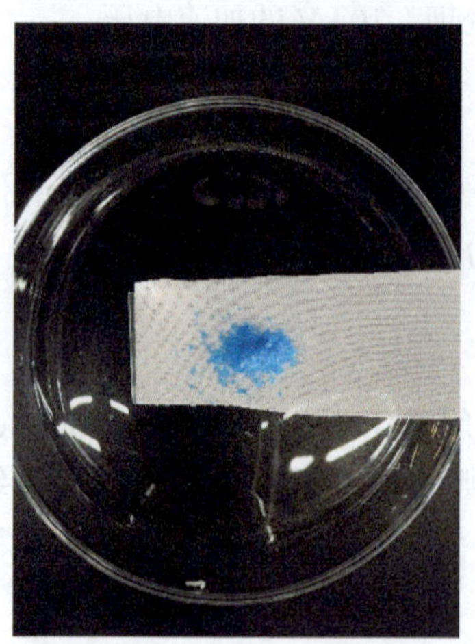

图 16-32　抗污实验装置

16.3.3.6　稳定性评估

配备 pH=1 的硫酸溶液、pH=13 的氢氧化钠溶液和 3.5%(质量分数)的氯化钠溶液来浸泡超疏水无纺布来评估涂层的化学稳定性。

通过紫外氙灯老化机以 500 W/m^2、70%湿度、70℃的条件对超疏水无纺布进行抗老化性能测试。利用摩擦试验机，以 1000 目砂纸为摩擦介质、500 g 载荷，垂直纤维的方向对超疏水涂层进行机械稳定性测试。通过透明胶带对超疏水无纺布粘贴剥离，每剥离 10 次更换新的胶带，评估涂层的牢固性。

16.3.3.7　无损浓缩

利用超疏水无纺布进行溶质浓缩：配制一定浓度硫酸铜水溶液，然后将 60 μm 的硫酸铁溶液滴在超疏水无纺布表面上，接着将无纺布放置在 60℃的加热器上加热 20 min，观察并记录液滴浓缩前后的变化。

16.3.4　性能

16.3.4.1　微观形貌

图 16-33(a) 和 (b) 为未处理的无纺布 SEM 图，(c)～(f) 为 TEOS/PTES/BTES/ETES/PVDF 无纺布的 SEM 图。如图所示，未处理的无纺布纤维表面相当光滑，直径约为 30 μm；经过超疏水涂膜液涂覆后的涤纶无纺布，纤维的尺寸没有明显改变，但是纤维表面变得粗糙，黏附一些尺寸 2～5 μm 的突起结构，还有部分突起结构尺寸小于 1 μm。在无纺布纤维表面的无规则突起结构显然是纳米 SiO_2 在纤维表面聚集，同时也证明微纳结构 SiO_2 提高粗糙度是构造超疏水表面的条件之一。

图 16-33　未处理无纺布(a，b)、TEOS/PTES/BTES/ETES/PVDF 超疏水无纺布(c)～(f)的 SEM 图

16.3.4.2　红外分析

图 16-34 是所制备的超疏水涂层的傅里叶变换红外光谱分析图。无纺布表面经疏水化后，在波长为 790 cm^{-1}、1079 cm^{-1}、1265 cm^{-1} 和 1628 cm^{-1} 处形成吸收峰。790 cm^{-1} 处是由 v(Si—C) 和 $v(C—H)_n$ 的伸缩振动峰和卷曲振动峰；1079 cm^{-1} 与 1265 cm^{-1} 处为 v(Si—O—Si) 的伸缩振动峰，表明硅酸四乙酯(TEOS)水解出的纳米 SiO_2 与苯基三乙氧基硅烷(PTES)、异丁基三乙氧基硅烷(BTES)和乙基三乙氧基硅烷(ETES)之间进行了水解缩合硅烷化反应，生成有机-无机复合材料，从而降低了材料表面的表面能。

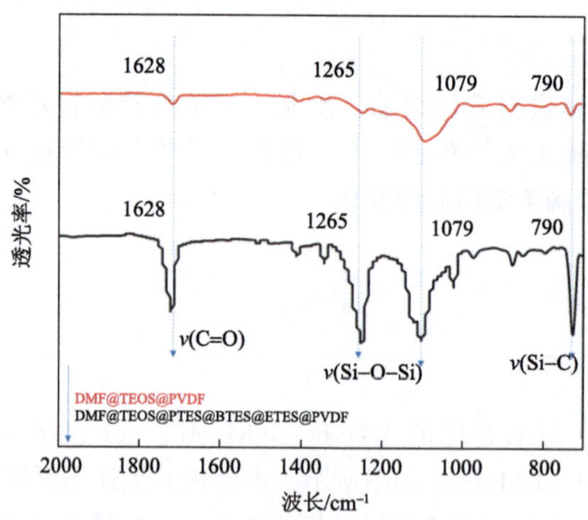

图 16-34　超疏水涂层的红外光谱

16.3.4.3　表面组成

低表面能化学成分是构造超疏水涂层的重要因素，如图 16-35 和表 16-3 所示，未经处理的原始布料的表面主要是 C 1s(284.78 eV) 和 O 1s(532.13 eV) 峰。经疏水化处理后，C 1s 峰的强度从 75.6%降到 16.19%，O 1s 峰的强度从 19.98%提高到 37.08%，出现其他增高的峰为 Si 2p(103.69 eV)、F 1s(688.41 eV)，元素含量分别为 19.49%、25.44%，Si、F 元素峰的出现证明聚酯纤维无纺布附着上纳米 SiO_2 和聚偏氟乙烯(PVDF)，O 元素的增多说明体系经过苯基三乙氧基硅烷、异丁基三乙氧基硅烷和乙基三乙氧基的偶联化反应降低表面能，这是实现涂层超疏水化的关键因素。

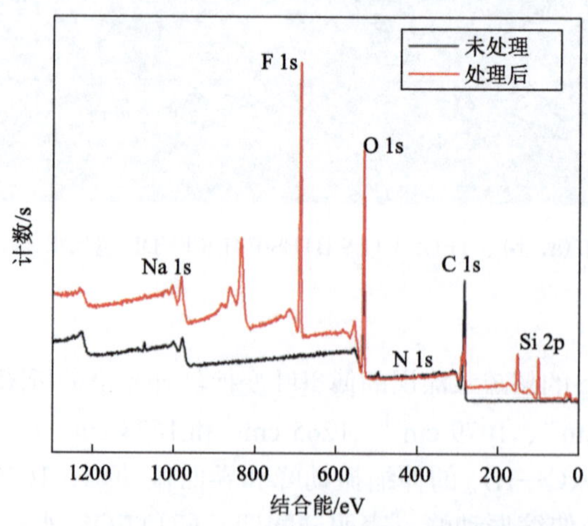

图 16-35　经过表面疏水化处理前后的聚酯纤维无纺布 XPS 数据

表 16-3　经过表面疏水化处理前后的聚酯纤维无纺布各元素含量分析

样品	原子百分比/%					
	C	O	N	Na	Si	F
原始布料	75.6	19.98	2.54	1.15	0.74	
超疏水	16.19	37.08	1.39	0.43	19.49	25.44

16.3.4.4　润湿性分析

1. 硅烷偶联剂的用量

通过苯基三乙氧基硅烷这种低表面能的偶联剂来研究硅烷偶联剂的用量对材料的润湿性的影响；利用溶胶-凝胶法制备超疏水涂膜液，然后对聚酯纤维无纺布在液相进行疏水改性。第一，配制等量的硅酸四乙酯在 *N,N*-二甲基甲酰胺和无水乙醇的混合溶液中进行碱性水解，提供粗糙的环境，其中的 *N,N*-二甲基甲酰胺这种极性较高的溶液可保持制备后的涂膜液均匀性和涂层涂覆的均匀性；第二，设置八组实验分别加入不同量的苯基三乙氧基硅烷，其与硅酸四乙酯的摩尔比分别为 0、0.85、1、1.15、1.3、1.45、1.6、1.75，进行水解缩合反应，降低体系的表面能，然后加入聚偏氟乙烯树脂，最后对聚酯纤维无纺布进行修饰。

实验结果如图 16-36 所示，在一定范围内，偶联在涂层表面的低表面能分子的数量通过降低表面能影响涂层的疏水性。硅烷摩尔比从 0.85、1、1.15、1.3、1.45、1.6、1.75 对应制备出的超疏水材料的疏水角分别为 133.9°、135.4°、138.9°、140.35°、145.9°、152.15°、153.3°，疏水角随着硅烷用量的增加而增大；滚动角大都在 40°附近波动。而不添加硅烷制备的超疏水无纺布的疏水角为 128.1°，角度低于添加硅烷制备的超疏水无纺布，证明硅烷对于通过降低低表面能来制备超疏水材料具备关键作用。

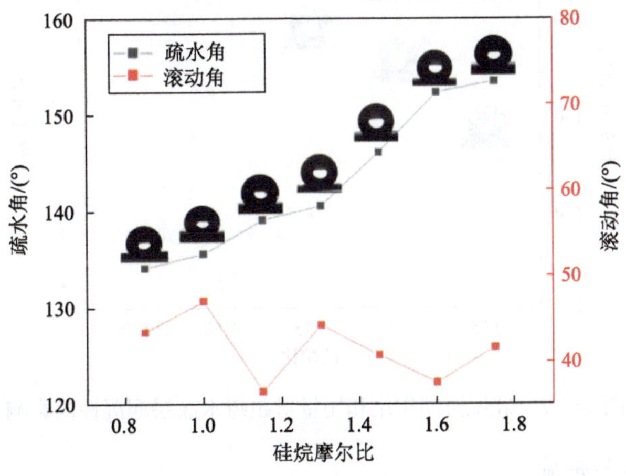

图 16-36　不同摩尔比的硅烷用量对超疏水涂层疏水性的影响

2. 不同分子量硅烷协同

使用苯基三乙氧基硅烷(PTES)、异丁基三乙氧基硅烷(BTES)、乙基三乙氧基硅烷

(ETES)三种具有不同官能团、不同分子量的硅烷复合使用，三种官能团的摩尔比均相同，比例1∶1∶1。

首先，以硅烷比硅酸四乙酯为1.5倍的用量探究不同硅烷是否可协同发生作用，降低体系的表面能，达到疏水效果。通过逐步添加PTES、BTES、ETES，分别测试和对比其制备超疏水无纺布的水接触角和滚动角，如表16-4所示。

表16-4　逐步添加不同硅烷对超疏水涂层的润湿性影响

	PTES	PTES、BTES	PTES、BTES、ETES
水接触角/(°)	132.9	143.8	153.77
水滚动角/(°)	36	34.2	20.7

随着PTES、BTES、ETES的逐步添加，其制备的超疏水接触角有明显的提升，从132.9°、143.8°到153.3°，水接触角以10°上升，水滚动角也有明显的改善，三种硅烷协同使用的水滚动角为20.7°。对比图16-33(d)的1.6倍苯基三乙氧基硅烷用量制备的超疏水无纺布的水接触角和水滚动角都有所改善，特别是水滚动角低了大概13°。而且三种复合涂膜液由于使用分子量更低的异丁基三乙氧基硅烷、乙基三乙氧基硅烷，溶解稳定性更好，长时间保持均一的溶液体系。接着，探究了不同硅烷用量对于超疏水涂层的水接触角和水滚动角的影响，分别是0.75、1.00、1.25、1.50、1.75倍硅酸四乙酯的摩尔量，三种硅烷之间的摩尔比同样为1∶1∶1。测得水接触角分别为135.87°、143.3°、146.63°、153.77°、153.3°，总体对比单一的苯基三乙氧基硅烷会有稍许改善；水滚动角分别为35.1°、26.1°、31.5°、20.7°，总体大概降低了10°(图16-37)。

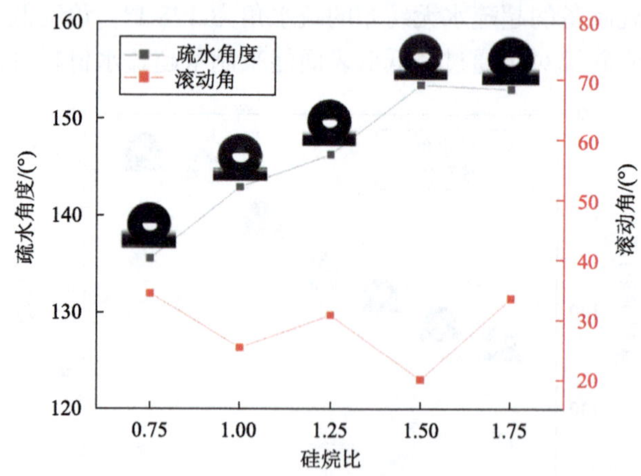

图16-37　硅烷协同作用和用量对超疏水涂层润湿性的影响

3. 不同水解缩合介质

探究加入不同极性的溶剂对硅烷偶联化进而对超疏水涂层的润湿性的影响，分别为石油醚(极性0.01)、对二甲苯(极性2.5)、异丙醇(极性4)、正丙醇(极性4.3)、乙酸乙酯(极性4.3)、丁腈(极性6.2)、乙二醇(极性6.9)、二甲亚砜(极性7.2)。制备出的超疏水无纺布的水接触角和滚动角如图 16-38 所示，以极性 4.3 的乙酸乙酯为界，低于极性 4.3 的溶剂制备出来的超疏水无纺布涂膜液分布不均，烘干之后明显有大量粉末脱落，极性越低，这种现象越明显，涂膜液的溶解稳定性越差。

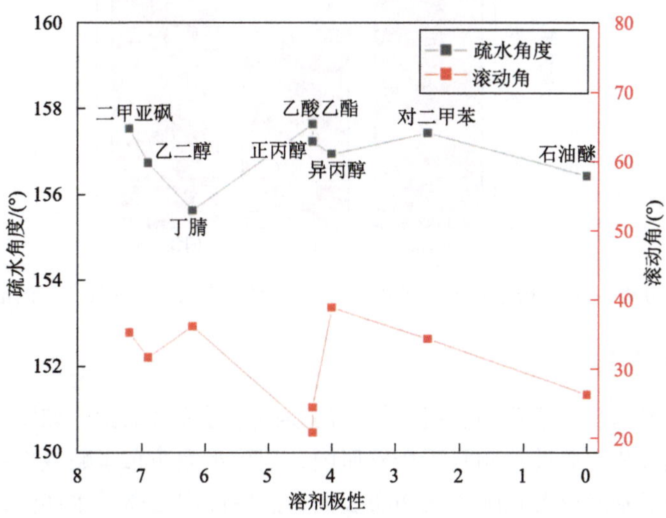

图 16-38 探究不同极性的溶剂对超疏水涂层的疏水角影响

16.3.4.5 油水分离

以制备的超疏水无纺布进行油水分离。图 16-39(a)为定制的油水分离装置，超疏水无纺布夹在中间，用螺丝螺母固定好；如图 16-39(b)所示，为了便于观察实验现象，先用硫酸铜将水染成蓝色，用苏丹红将油性溶剂染成红色；准备工作就绪后，将混合溶液从上方倾倒即可实现油水分离。

测试计算方法是采用石油醚、矿物油和四氯化碳作为油污模型，其中石油醚的密度比水小，四氯化碳的密度大于水，而矿物油属于黏度较高的液体。每组实验均连续进行 20 次油水分离来汇算分离效率。分离效率如图 16-39(c)如示，石油醚-水分离效率为 99.24%，四氯化碳-水分离效率为 97.46%，矿物油-水分离效率稍低，也能达到 96.04%。这说明超疏水无纺布对油水混合物具有很好的油水分离效果。

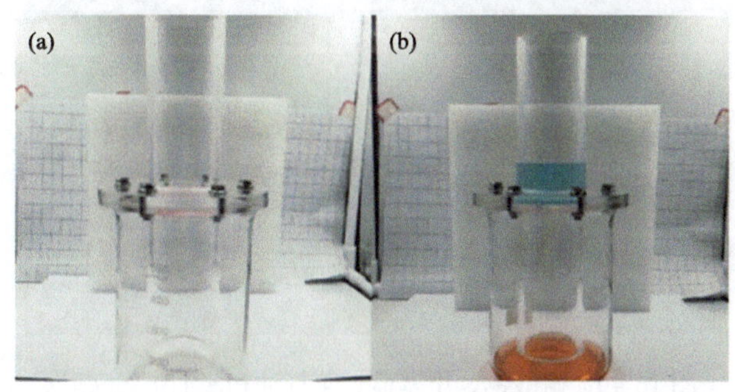

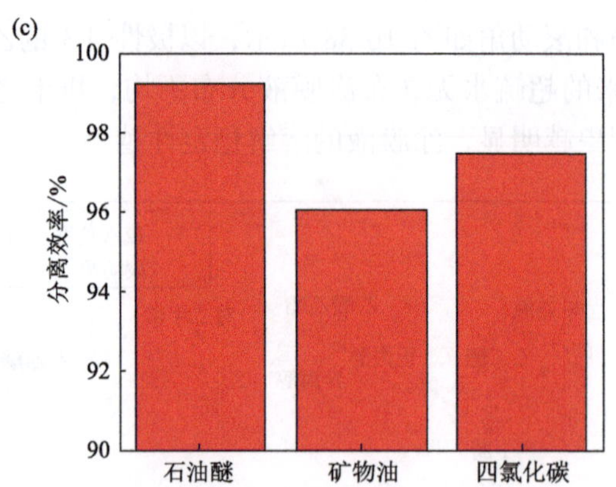

图 16-39 (a)油水分离装置；(b)油水分离过程；(c)石油醚、矿物油和四氯化碳的油水分离效率结果

16.3.4.6 抗污性分析

以硫酸铜、甲基蓝、菜籽油、酱油作为污染物进行抗污试验。如图 16-40 所示，准备好培养皿和载玻片，载玻片倾斜于培养皿内，超疏水无纺布紧贴载玻片。首先分别将适量的硫酸铜和甲基蓝放置超疏水无纺布表面，然后使用去离子水冲洗，用秒表记录时间。如图 16-40(a)、(b)所示，当水沿着斜面滑动到硫酸铜或甲基蓝时，由于甲基蓝和硫酸铜均为水溶性固体，遇水即溶，最终随水滚动带走。甲基蓝固体颗粒较细，容易黏附在超疏水无纺布表面，需要较长时间才能冲洗干净，即使经半分钟后，仍然有少量残留，所以相比硫酸铜，超疏水无纺布抗颗粒较小的甲基蓝的能力较差。

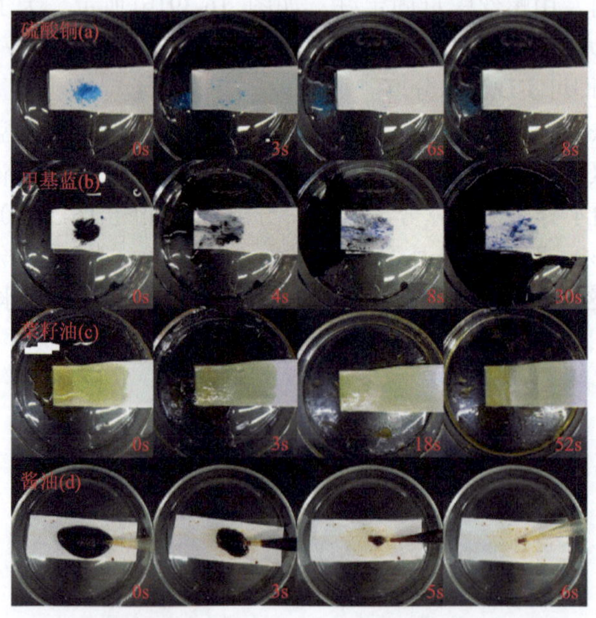

图 16-40 硫酸铜、甲基蓝、菜籽油和酱油抗污实验

接着探究对菜籽油的抗污效果，如图 16-40(c)所示，当菜籽油滴加在超疏水无纺布时，马上发生浸润铺展开来；用水冲洗一段时间，仍然不能将其完全清洗掉，发现对菜籽油没有明显的抗污性能。最后，对酱油进行抗污试验。如图 16-40(d)所示，滴加酱油在超疏水无纺布表面后，对酱油呈一定疏液效果。然后使用胶头吸管吸取，可较大程度移除酱油，但是仍然还有少量残留。这是因为酱油虽然主要是水溶性混合体系，但是含有有机物，易对无纺布黏附。

16.3.4.7　化学稳定性

分别用浓硫酸、氢氧化钠和氯化钠配制 pH=1 硫酸溶液、pH=13 氢氧化钠溶液和 3.5%氯化钠溶液，接着分别对超疏水无纺布进行酸碱盐液浸泡处理，探究其在酸碱盐下涂层的化学稳定性。第一，用 pH=1 的硫酸溶液浸泡布料。如图 16-41(a)所示，前 7 天每天测试水接触角和滚动角，水接触角没有明显变化，均在 150°～155°范围，而滚动角呈明显上升，从 20°升到 34°左右；之后每隔 7 天取一次数据，随着酸的侵蚀，发现水接触角缓慢降到 150°以下，仍然保持较好疏水效果，但是滚动角表现较差；最后浸泡 24 天后，发现超疏水无纺布失去疏水性能，滴加水珠在布料表面很快被浸润。

接着，用 pH=13 的氢氧化钠溶液浸泡超疏水无纺布。如图 16-41(b)所示，前 7 天每天测试无纺布的润湿情况，水接触角均保持在 152°～158°，而滚动角也有明显上升；之后每隔 7 天取一次数据，随着碱的作用，水接触角慢慢下降，滚动角效果较差，上升到 35°；最后浸泡 31 天后，超疏水无纺布失去疏水性能，容易被水润湿。然而，超疏水无纺布对于盐溶液非常耐受，如图 16-41(c)，经过 120 天以上的浸泡，其水接触角和滚动角仍非常稳定。

使用平时常用的无水乙醇、极性较大的 *N,N*-二甲基甲酰胺和极性较弱的正己烷对超疏水无纺布的有机溶剂耐受性进行考究。如图 16-42(a)～(c)所示，经过无水乙醇、*N,N*-二甲基甲酰胺和正己烷 100 天以上浸泡，超疏水无纺布的水接触角仍保持稳定，而水滚动角的效果比不浸泡之前更好。

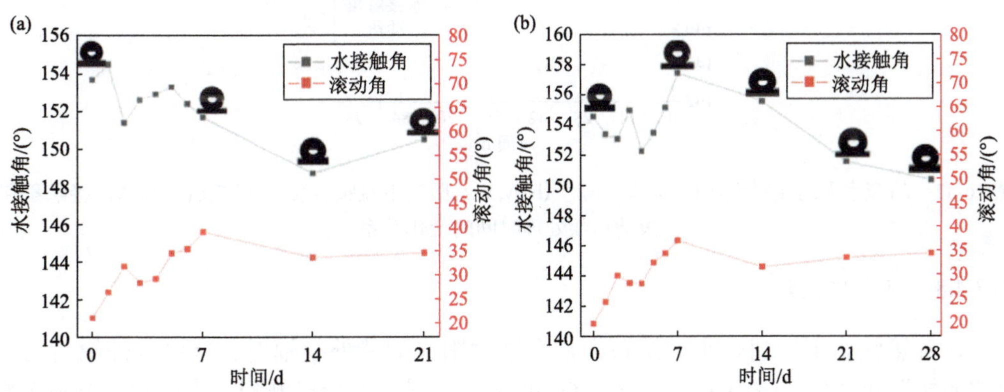

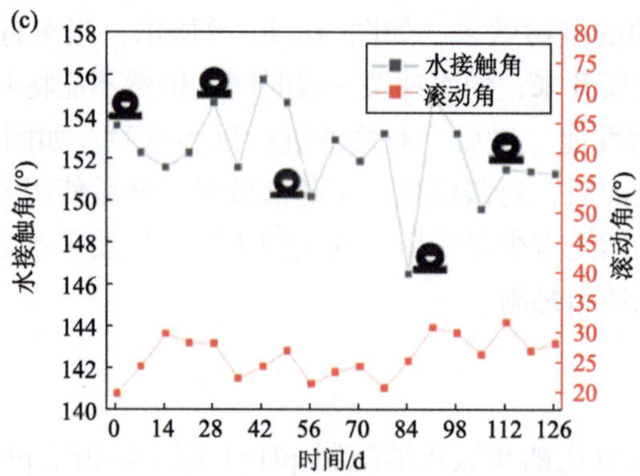

图 16-41　超疏水无纺布浸泡在(a) pH=1 的硫酸溶液、(b) pH=13 的氢氧化钠溶液、(c) 3.5%氯化钠溶液后，测试水接触角和滚动角随处理时间的变化关系

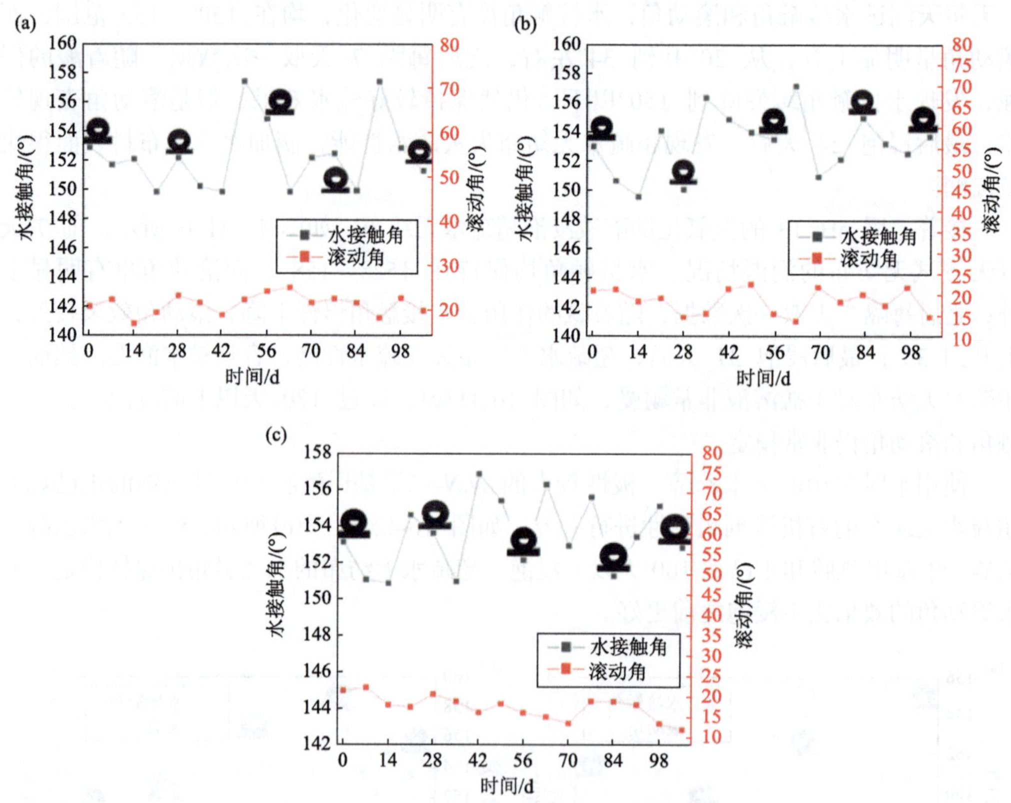

图 16-42　超疏水无纺布浸泡在(a)无水乙醇、(b) *N,N*-二甲基甲酰胺、(c)正己烷后，测试水接触角和滚动角随处理时间的变化关系

16.3.4.8　抗老化试验

在自然状态下，超疏水无纺布常常会受太阳光的紫外线辐射，这些紫外辐射具有足够的能量使高分子链中 C—C、C—O 和 Si—O 键等共价键断裂，进而破坏超疏水涂层表面的微纳米结构和低表面能化学成分。在此，将超疏水无纺布置于紫外氙灯老化机

内，在 500 W/m^2、70℃、70%湿度的条件下进行 24 h 老化试验，每隔 6 h 测其水接触角(WCA)和水滚动角(WSA)。如图 16-43 所示，经过 24 h 紫外辐射，水接触角没有明显变化，仍保持 150°以上；水滚动角在 12 h 前稳定在 20°，最后上升到 32.7°。表面制备的超疏水涂层具有较好的抗紫外老化性能，经 24 h 的紫外辐射仍具备超疏水性。

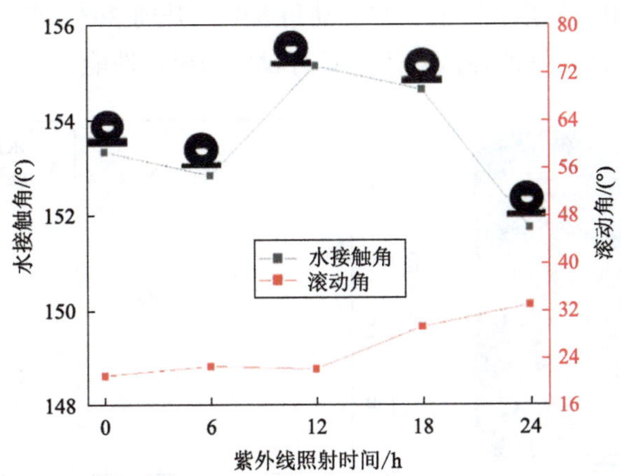

图 16-43　对超疏水无纺布进行紫外老化试验后，水接触角和水滚动角随辐射时间的变化

16.3.4.9　机械稳定性

1) 水冲击试验

对超疏水无纺布进行物理稳定性能测试是对其表面施加外力冲击，来评价超疏水无纺布的耐冲击性能。如图 16-44(a)所示，搭建水冲击试验装置，水流流量大概为 200 L/h，冲击高度 30 cm，对超疏水布料进行水冲击，前期每天测一次接触角，经过 7 天的测试正常后，每隔一周测一次数据。水接触角基本能维持在 150°以上，水滚动角从 20.7°上升到 40°。经测试，以该试验条件下进行水冲击 40 天后，布料的疏水效果才失效。

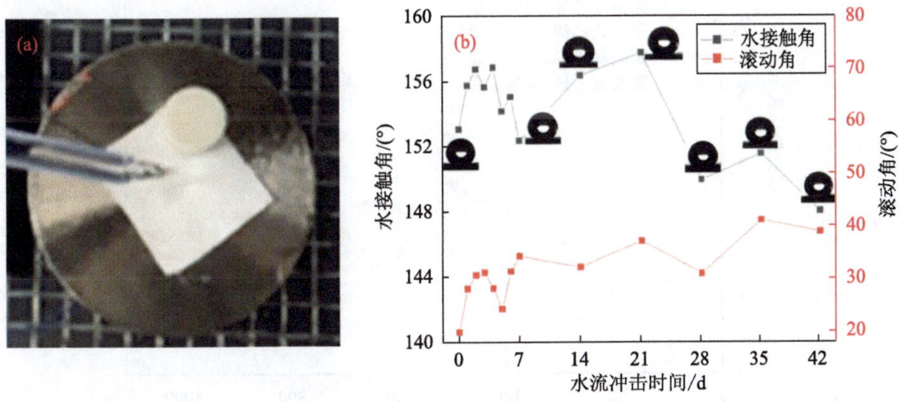

图 16-44　超疏水无纺布进行水冲击试验(a)及测得的水接触角和水滚动角随水冲击时间的变化(b)

2) 耐摩擦试验

超疏水无纺布在应用过程中，难免会受到外界摩擦，所以要求材料需具备一定的耐摩擦性能。如图 16-45(a)所示，运用摩擦试验机对超疏水布料进行耐摩擦测试。摩擦头为 2×2 cm，载荷 500 g，摩擦介质为 1000 目砂纸，每次摩擦路程为 10 cm，每摩擦 50 次测 1 轮水接触角和滚动角数据。发现经过 300 次摩擦试验后，水接触角呈轻微的下降趋势，但是均维持 150°以上，水滚动角逐渐上升到 36°，表明超疏水无纺布经多次摩擦后，涂层仍维持较好的疏液效果，具有较好的机械性能。

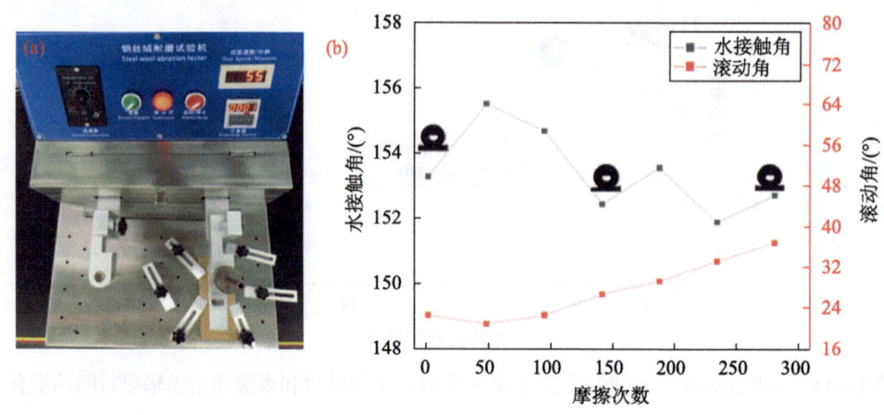

图 16-45　对超疏水无纺布进行耐摩擦试验(a)及测试水接触角和水滚动角随摩擦次数的变化(b)

接着，探究对比不同低表面能物质(聚偏氟乙烯、聚全氟乙丙烯和聚全氟乙烯)、不同石墨含量对超疏水材料的耐摩擦性能影响。试验条件：摩擦头为 2×2 cm，载荷 500 g，摩擦介质为 1000 目砂纸，每次摩擦路程为 10 cm，每摩擦 100 次测 1 轮接触角数据。由图 16-46 可知，聚全氟乙丙烯的耐摩擦性能明显比聚偏氟乙烯强，聚全氟乙烯

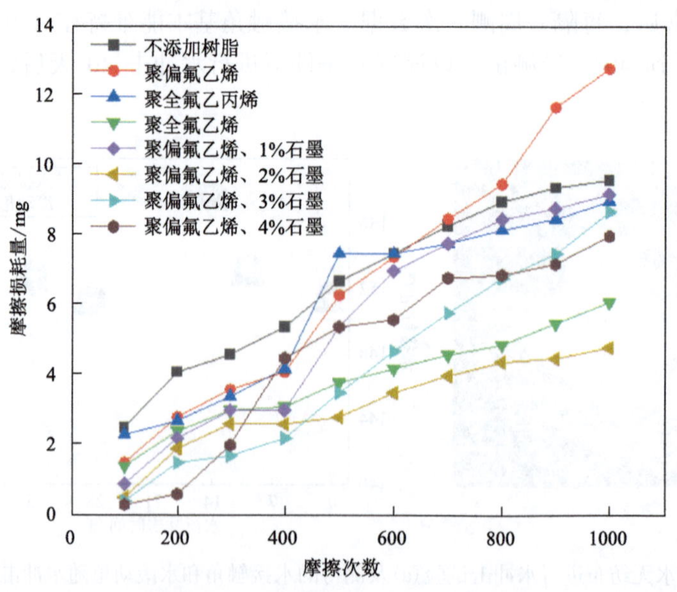

图 16-46　对添加不同的低表面能及不同石墨含量(质量分数)的超疏水材料的摩擦对比图

表现最为优越，前 300 次摩擦，聚全氟乙丙烯的摩擦损耗量会比聚偏氟乙烯大，但 300 次摩擦后，聚全氟乙丙烯的摩擦损耗量远低于聚偏氟乙烯，但是不添加任何树脂的疏水涂层的摩擦损失量却不大，可猜想摩擦脱落损耗的是树脂；添加石墨后的耐摩擦性能会大大提高，虽然前 300 次摩擦损耗量与聚偏氟乙烯相差不大，但是 300 次摩擦后，添加石墨后的摩擦损耗量明显低于聚偏氟乙烯；不同石墨含量的超疏水材料的耐摩擦性能相似；

从图 16-47 可以看出，石墨、石墨烯和碳化硅对超疏水涂层的耐摩擦性能都有明显的提升，其中石墨对提高超疏水涂层的耐摩擦性能较好，碳化硅次之，然后是石墨烯。

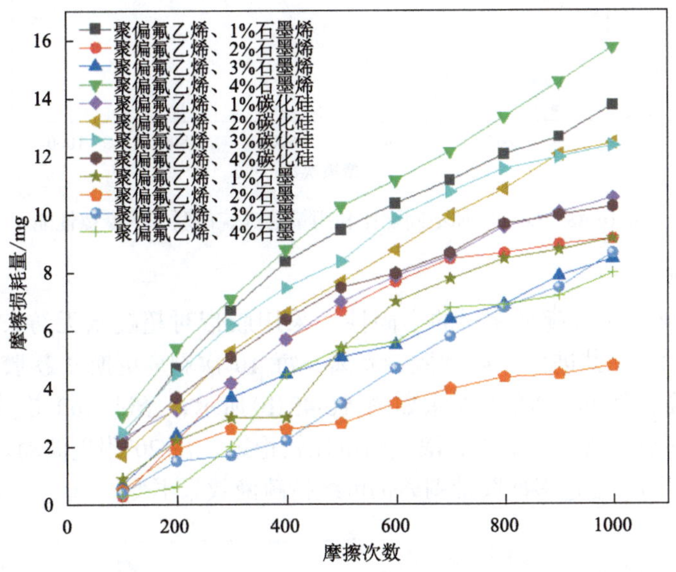

图 16-47　对比不同摩擦添加剂对超疏水涂层的摩擦性能影响

为了探究不同分子量的硅烷偶联剂的配比和用量对超疏水涂层的耐摩擦性能，选用分子量分别为 240.37、220.38 和 192.33 的苯基三乙氧基硅烷、异丁基三乙氧基硅烷和乙基三乙氧基硅烷，首先控制硅烷偶联剂与硅酸四乙酯的反应摩尔比是 1∶1，进行了四组实验；第一，苯基三乙氧基硅烷、异丁基三乙氧基硅烷和乙基三乙氧基硅烷配比为 1∶1∶1，第二，其他三组是苯基三乙氧基硅烷、异丁基三乙氧基硅烷和乙基三乙氧基硅烷单独与硅酸四乙酯反应。由图 16-48 可知，添加硅烷偶联剂的分子量越高，制备出来的超疏水涂层的耐摩擦性能越好。其中添加乙基三乙氧基硅烷的超疏水涂层经 1 轮摩擦试验后，布料就已经明显出现破损；摩擦 5 轮后，总计摩擦损耗量为 27.4 mg，异丁基三乙氧基硅烷次之，最好为苯基三乙氧基硅烷。三种硅烷偶联剂配合使用制备的超疏水涂层的耐摩擦性能表现适中，但经 1000 次摩擦后仍有较高摩擦损耗量，达 29.1 mg，表现不如单添加异丁基三乙氧基硅烷。

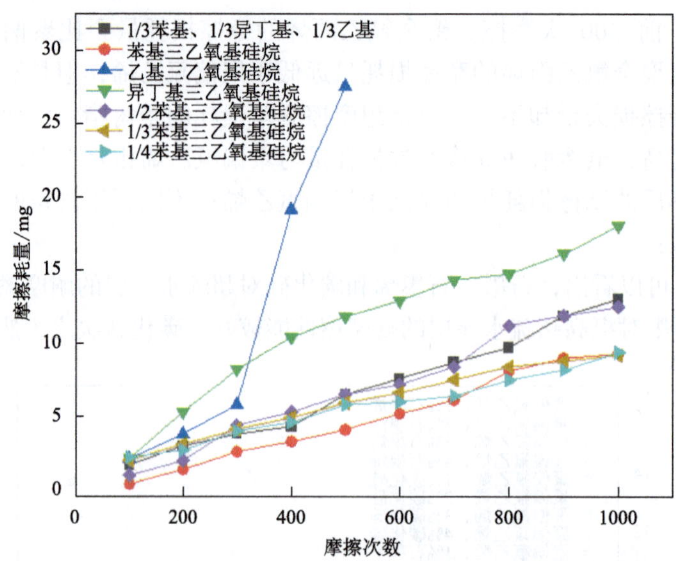

图 16-48　探究添加不同配比和用量的硅烷偶联剂的摩擦性能

3) 胶带剥离试验

为了考察制备的超疏水涂层的牢固性，采用胶带对超疏水无纺布进行剥离，如图 16-49(a)所示，总共进行 100 次胶带剥离，每 10 次剥离更换 1 次胶带，每剥离 20 次测量一轮水接触角和滚动角。结果如图 16-49(b)所示，经过 100 次胶带剥离，水接触角基本没有改变，稳定在 154°，滚动角也比较稳定，在 20°附近波动。表明制备的超疏水涂层较为牢固，经过多次胶带剥离仍可维持疏液效果不变。

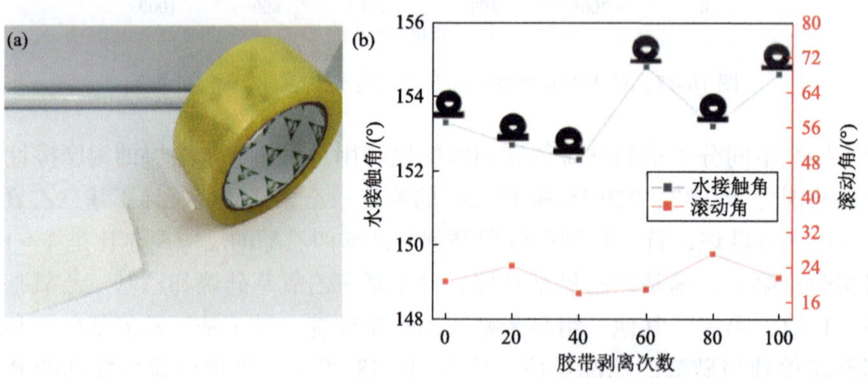

图 16-49　(a)剥离试验过程；(b)经过剥离后，超疏水无纺布表面的水接触角和水滚动角的变化

16.3.4.10　无损浓缩

应用超疏水无纺布进行溶液溶质无损浓缩：配制一定浓度硫酸铜溶液，滴加 60 μL 在疏水布料上，如图 16-50(a)所示，经过 60℃加热 20 min 溶液溶剂蒸发，液滴由原来的浅蓝色变成深蓝色，如图 16-50(b)所示，液滴在浓缩过程不黏附在超疏水布料上，没有溶质损耗。实验表明，超疏水可以应用在水溶性物质溶液的浓缩。

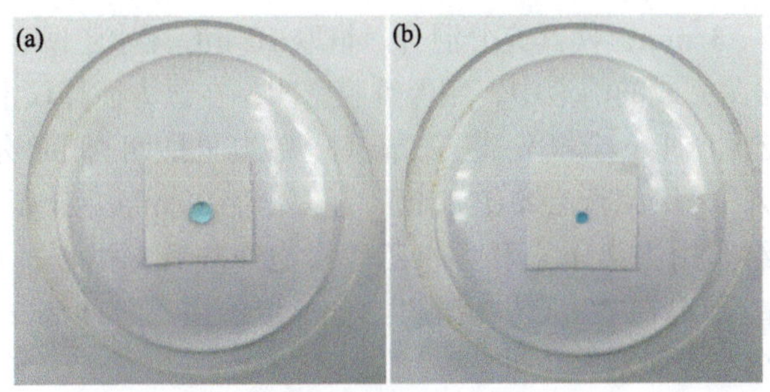

图 16-50　超疏水无纺布对硫酸铜溶液进行溶质无损浓缩

分离装置如图 16-51 所示，一面是超疏水无纺布，中间夹着过滤棉，另一面是反常润湿无纺布(亲水疏油)，两边通过胶管衔接，油水混合物从一端输入，然后进行油水分离。如果超疏水无纺布作为里层，反常润湿无纺布作为外层，里层截留的是水，油透过去里层与外层之间的夹缝；如果超疏水无纺布作为外层，反常润湿无纺布作为里层，里层截留的是油，水则可透到里层与外层之间的夹缝当中。在此以矿物油-水混合物作为试验对象，经过 20 次重复过滤，截留油的效率为 97.6%，截留水的效率为 96.1%

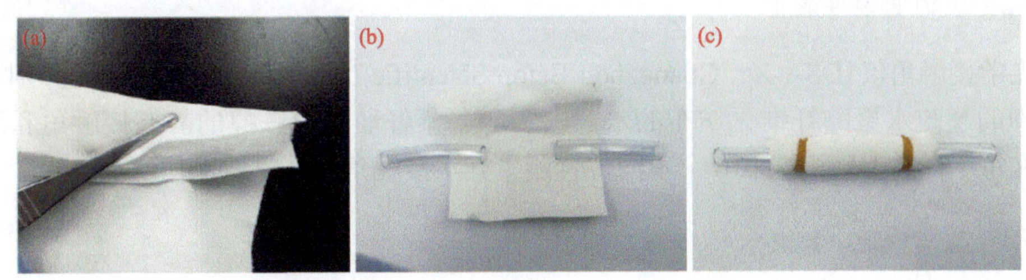

图 16-51　结合超疏水和反常润湿无纺布组装油水分离装置

16.4　液相法制备超双疏涂层

16.4.1　概述

超双疏材料能够很好地疏水疏油，因而可以应用在油性的工作环境。

针对解决超疏水材料机械耐久性差等问题，制备方法基于聚偏氟乙烯制备耐摩擦的超双疏材料，以甲基甲酰胺作为分散剂，以挥发性的氨水作为催化剂，而硅酸四乙酯通过吸附挥发的碱发生溶胶-凝胶反应作为成膜剂，再增添纳米 SiO_2 颗粒，构造表面粗糙度；接着，加入全氟辛基三乙氧基硅烷和聚偏氟乙烯(PVDF)，协同降低体系的低表面能，在聚酯纤维无纺布表面进行疏水化改性，聚偏氟乙烯在此处同时起到提高机械稳定性、耐老化等性能。

16.4.2　实验方法

称取 5 g *N*,*N*-二甲基甲酰胺，取 50 mL 无水乙醇和 6 mL 硅酸四乙酯，加入 250 mL

烧杯中，超声振荡 2～3 min，使其充分混合。量取 10 mL 无水乙醇，加入 6 mL 25.28% 氨水，混合后加入振荡完成的溶液中，用保鲜膜密闭，在磁力搅拌仪上搅拌反应 2 h。然后加入 30 mL 乙酸乙酯、1 g 全氟辛基三乙氧基硅烷(与硅酸四乙酯摩尔比约 1∶1)，搅拌反应 1 h，溶液中加入 1 g 聚偏氟乙烯(PVDF)，超声振荡 30 min 后，得到超双疏涂膜液。

将聚酯纤维无纺布用去离子水和无水乙醇浸泡冲洗后，烘干；加入上述制备的涂膜液中静置 10 min。取出在 200℃烘箱下烘 1 h。取出用乙醇冲洗 2～3 遍，在 65℃下烘 10 min，完成无纺布表面双疏化处理。

16.4.3 测试与表征

16.4.3.1 表面形貌表征和组成分析

使用扫描隧道显微镜(Quanta 400F)对涂层的表面形貌进行表征，测试样品均贴在导电胶上，真空镀膜仪喷金处理。

使用 X 射线光电子能谱(XPS，Nexsa)对涂层表面的化学元素进行表征。

16.4.3.2 表面润湿性表征

光学接触角仪(DSA-X，Guangzhou Betop Scientific Ltd)以 5 μm 和 20 μm 分别测量所处理的超疏水聚酯纤维无纺布的水、乙二醇、菜籽油和丙三醇的静态接触角和滑动角，在每个样品上随机选取 6 个不同位置测量其水接触角，计算取平均值。

16.4.3.3 抗污性能测试

以乙二醇、丙三醇、牛奶、菜籽油、正十六烷和煤油作为污染物模型，分别放置适量污染物在倾斜的超双疏聚酯纤维无纺布上，用胶头滴管吸去离子水冲洗，记录冲洗时间，观察抗污性能，并使用相机拍摄。

将超双疏无纺布水平放置，滴加适量的酱油，然后用胶头滴管将酱油尝试吸回去，观察其表面酱油的残留情况，并使用相机拍摄。

16.4.3.4 化学稳定性与物理稳定性

配备 pH=1 的硫酸溶液、pH=13 的氢氧化钠溶液来浸泡无纺布来评估涂层的化学稳定性。通过紫外氙灯老化机以 500 W/m^2、70%湿度、70℃的条件对无纺布进行抗老化性能测试。利用摩擦试验机，以 1000 目砂纸为摩擦介质、500 g 载荷，垂直纤维的方向对涂层进行机械稳定性测试。通过透明胶带对无纺布粘贴剥离，每剥离 10 次更换新的胶带，评估涂层的牢固性。

16.4.4 性能

16.4.4.1 微观形貌

图 16-52(a)是原始的聚酯纤维无纺布，图 16-52(b)～(d)为经过处理的 TEOS/SiO_2/

PFDTES/PVDF 超双疏无纺布。可见聚酯纤维无纺布经超双疏涂膜液涂覆后，纤维表面黏附堆积了大量的微纳米颗粒，表面结构疏松，尺寸均在 3 μm 以下。

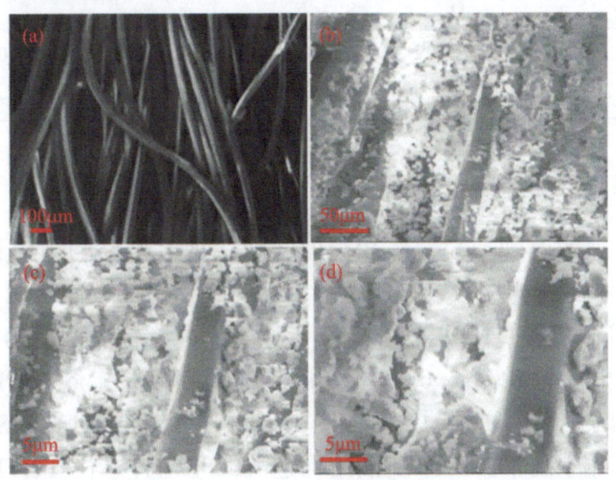

图 16-52　原始聚酯纤维无纺布(a)以及不同放大倍数的 TEOS/SiO_2/PFDTES/PVDF 超双疏无纺布(b～d)的 SEM 图

16.4.4.2　表面元素

如图 16-53 和表 16-5 所示，未经任何处理的原始布料的表面主要是 C 1s(284.78 eV)和 O 1s(532.13 eV)峰。布料表面经涂覆处理后，C 1s 峰的强度从 75.6%降到 45.78%，O 1s 峰的强度从 19.98%提高到 25.25%，出现了其他增高的峰为 Si 2p(103.39 eV)、F 1s(687.88 eV)，元素含量分别为 9.05%、17.17%，Si 元素的峰的出现证明聚酯纤维无纺布附着上纳米 SiO_2，为涂层表面提供粗糙的微纳米结构，新的 F 特征峰说明涂层已经接枝上氟硅烷，降低了体系的表面能。两者协同作用赋予无纺布表面超双疏性能。

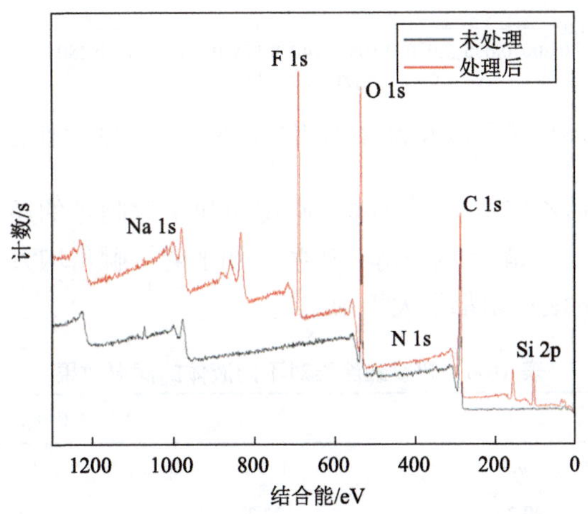

图 16-53　经过表面超双疏水化处理前后的聚酯纤维无纺布 XPS 数据

表 16-5 经过表面超双疏化处理前后的聚酯纤维无纺布各元素含量分析

样品	原子百分比/%					
	C	O	N	Na	Si	F
原始布料	75.6	19.98	2.54	1.15	0.74	
超双疏	45.78	25.25	1.7	0.46	9.65	17.17

16.4.4.3 表面润湿性

构造超双疏涂层的原理与超疏水相类似，即微观上粗糙的结构和低表面能这两个因素。不过与超疏水涂层相比较，超双疏涂层需要更粗糙的表面结构和更低的表面能。全氟辛基三乙氧基硅烷(PFDTES)起到与纳米 SiO_2 偶联降低表面能的作用。对 PFDTES 的用量进行探究，分别为 0.035、0.07、0.14 和 0.28 倍硅摩尔量的 PFDTES，以水和乙二醇测试其水和油的接触角和滚动角。如图 16-54 所示，当 PFDTES 的摩尔量为 0.07 倍时，制备的涂层疏水疏油，疏水疏油角均达 150°以上；当 PFDTES 的量少于 0.07 倍，以 0.035 倍为例，制备出来的涂层疏水疏油达不到超双疏的效果，疏水角为 146.5°，疏油角为 134.4°；水和油的滚动角没有明显变化。

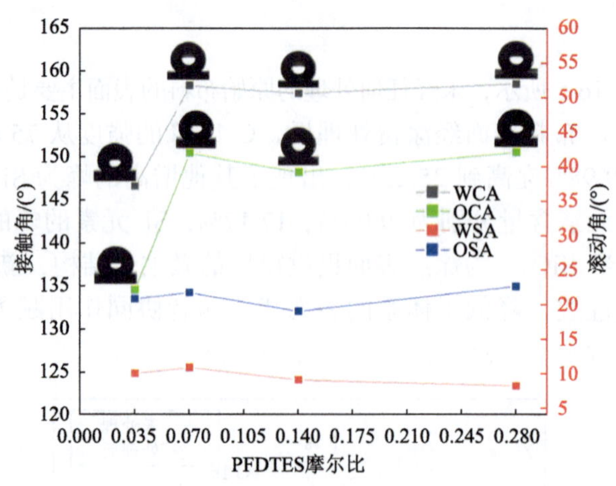

图 16-54 不同摩尔比的硅烷用量对超双疏涂层润湿性的影响

使用不同液体包括乙二醇、丙三醇、矿物油和水对制备的超双疏涂层进行疏液分析，如表 16-6 所示，乙二醇、丙三醇、矿物油和水的接触角均大于 150°，达到超疏水超疏油效果，但是油的滚动角都稍大于 15°。

表 16-6 超双疏涂层对不同液体的润湿效果

	乙二醇	丙三醇	矿物油	水
接触角/(°)	150.3	150.7	151.2	158.2
滚动角/(°)	20.7	22.3	18.9	10.8

16.4.4.4　抗污性能

将超双疏无纺布分别浸入天蓝色的乙二醇、深蓝色的丙三醇、牛奶、菜籽油、浅红色的正十六烷和深红色的石油醚中[图 16-55(a1)～(f1)]，稍后从液体中取出来，如图 16-55(a2)、(b2)、(c2)所示，超双疏无纺布光亮如新，没有受到乙二醇、丙三醇和牛奶的污染；而菜籽油、正十六烷和石油醚会润湿超双疏无纺布，但是经过无水乙醇漂洗后，可以洗去其污迹，烘干后可恢复超双疏[图 16-55(d2)～(f2)]。

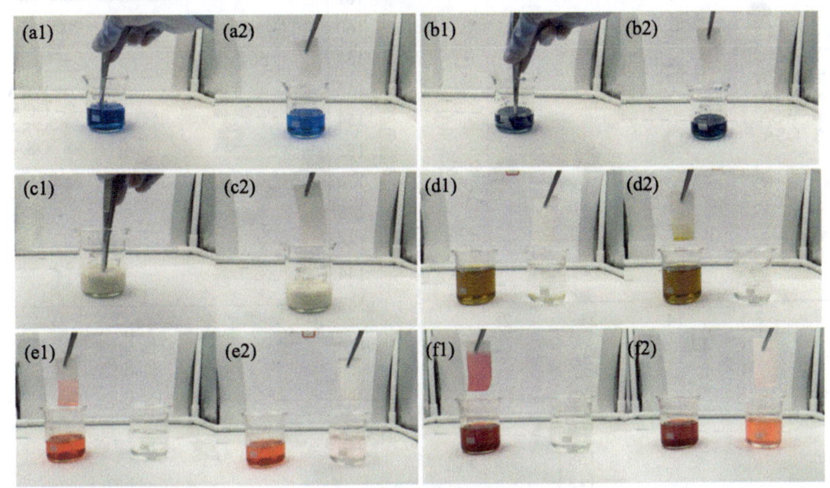

图 16-55　将超双疏无纺布浸入天蓝色的乙二醇、深蓝色的丙三醇、牛奶、菜籽油、浅红色的正十六烷和深红色的石油醚中进行抗污实验

16.4.4.5　化学稳定性

使用 pH=1 的硫酸溶液和 pH=13 的氢氧化钠溶液分别对超双疏无纺布进行浸泡处理，探究其水接触角(WCA)、水滚动角(WSA)、油接触角(OCA)和油滚动角(OSA)随酸碱浸泡时间的变化。如图 16-56 所示，分别经过三周的酸碱浸泡处理，每周测试一轮水和油的接触角与滚动角，发现接触角只有轻微的降低，仍保持良好的双疏性；水滚动角和油滚动角大概上升 10°。

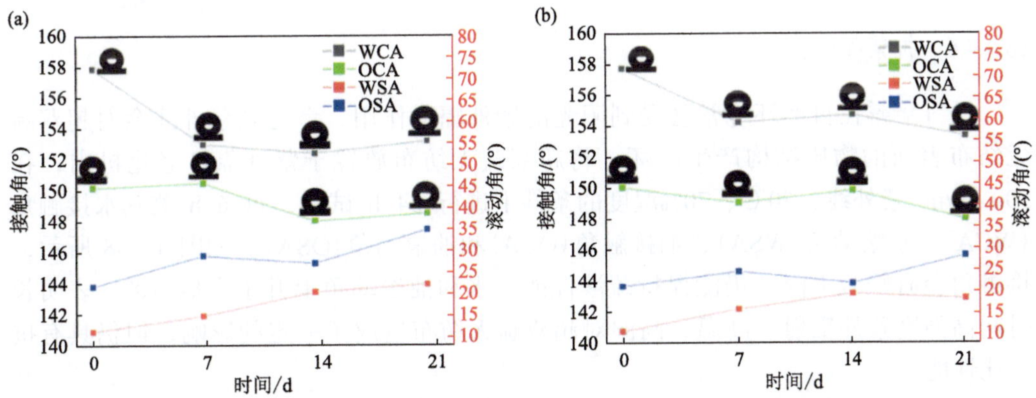

图 16-56　超双疏无纺布浸泡在(a) pH=1 的硫酸溶液、(b) pH=13 的氢氧化钠溶液后，测试水的和油的接触角与滚动角随处理时间的变化关系

使用常见的无水乙醇、极性较强的 *N,N*-二甲基甲酰胺和极性较弱的正己烷浸泡处理超双疏无纺布来探究其耐有机物性能。如图 16-57 所示，经过无水乙醇、*N,N*-二甲基甲酰胺和正己烷 28 天的浸泡测试后，超双疏无纺布的水接触角和油接触角均维持良好的效果，其中油滚动角甚至有略微的降低。表明超双疏无纺布能较长时间在有机溶剂中保持稳定性。

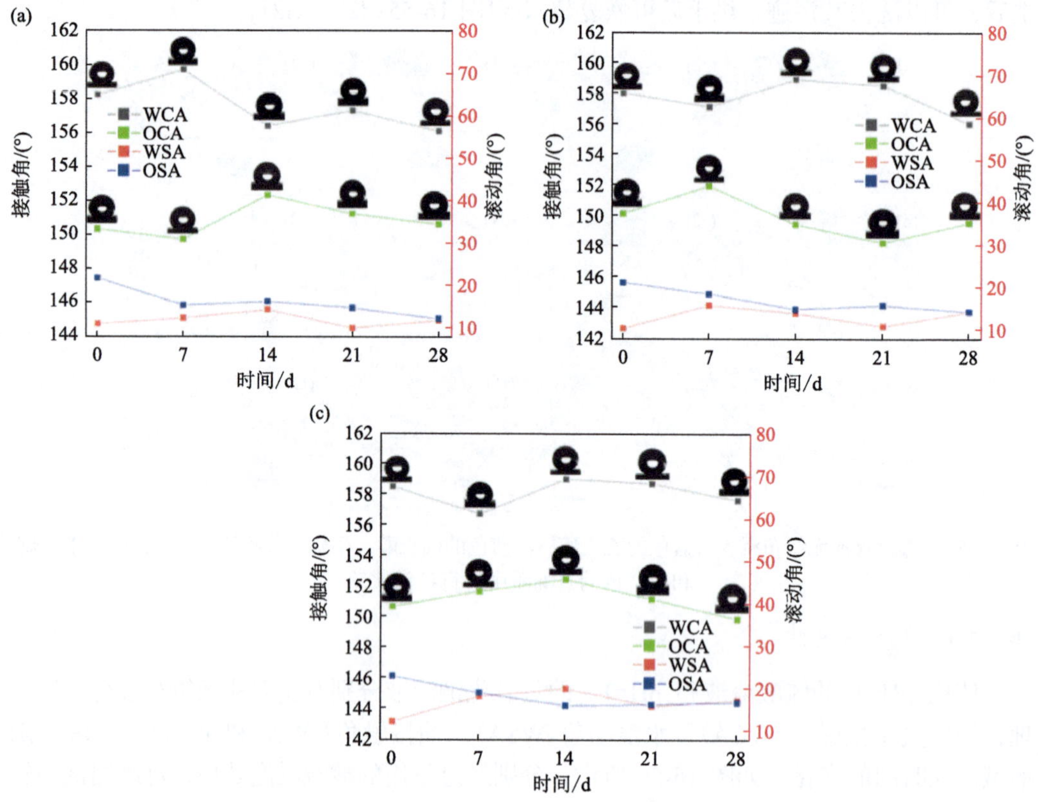

图 16-57 超双疏无纺布浸泡在(a)无水乙醇、(b)*N,N*-二甲基甲酰胺、(c)正己烷后，测试水的和油的接触角和滚动角随处理时间的变化关系

16.4.4.6 抗紫外老化

材料暴露在自然环境常会受到阳光的紫外辐射作用，考虑到紫外线会对超双疏无纺布表面的物质结构产生破坏，将超双疏无纺布放置于紫外氙灯老化机内，在 500 W/m^2 紫外线、70℃、70%湿度的条件下进行 24 h 试验，每 6 h 测其水接触角(WCA)、水滚动角(WSA)、油接触角(OCA)和油滚动角(OSA)。如图 16-58 所示，接触角会有轻微下降，仍能保持疏液性能，水和油滚动角上升了大概 10°，表明长时间高强度紫外辐射、高温、高湿对超双疏无纺布造成了一定的影响，但仍具有抗老化性能。

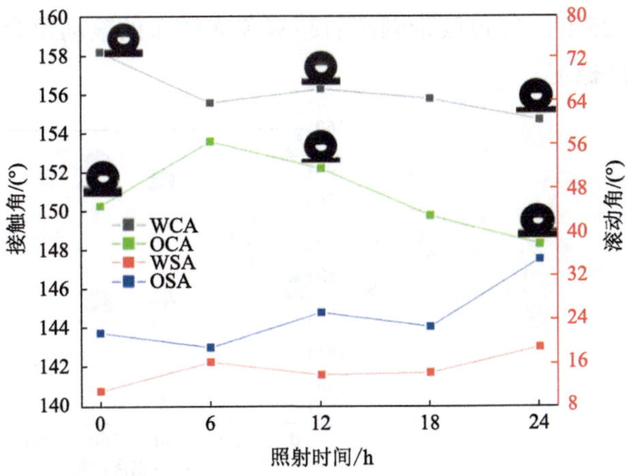

图 16-58　500 W/m^2 紫外线、70℃、70%湿度的环境对超双疏无纺布进行老化测试

16.4.4.7　机械稳定性

利用砂纸摩擦试验、胶带剥离试验和水冲击试验来探究超双疏无纺布的机械性能。如图 16-59(a)所示的摩擦试验机，试验条件：500 g 砝码、摩擦介质为 100 目砂纸、摩擦头为 2×2 cm，每次摩擦来回的路程为 10 cm，每摩擦 50 次测量水和油接触角与滚动角数据。实验结果见图 16-59(b)，经过 300 次摩擦，CA 略有下降，大概保持 150°左右；而 WSA 和 OSA 分别从 10.8°和 20.7°增加到 47.3°和 53°。经 300 次的循环摩擦后，超双疏无纺布表面微纳米结构受一定破坏，变得凹凸不变，出现毛刺，但是对水和油仍具有疏液作用。

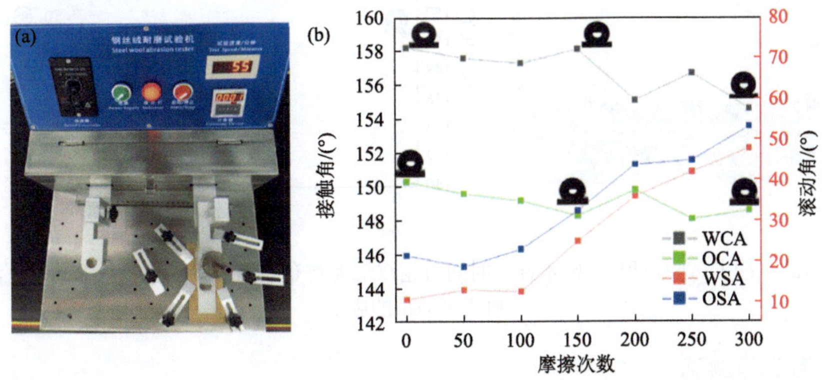

图 16-59　(a)摩擦试验机；(b)对超双疏无纺布进行摩擦试验，并测量其水接触角、水滚动角、油接触角和油滚动角

对超双疏无纺布进行胶带剥离试验考察涂层的牢固性。总共进行 100 次胶带剥离，每 10 次剥离换 1 次胶带，每 20 次测量一轮水接触角、水滚动角、油接触角和油滚动角。结果如图 16-60 所示，经过 100 次胶带剥离，水接触角和油接触角没有明显变化，保持在 150°以上；水滚动角从 10.8°上升到 19.8°；油滚动角在前 40 次剥离，略微

下降，最后上升到 25.1°。经过胶带剥离后超双疏无纺布的滚动角会受到一定影响，但是疏水疏油仍能保持稳定。

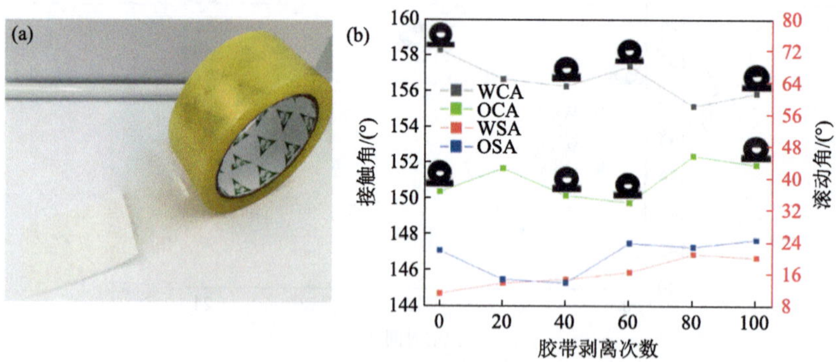

图 16-60 (a)剥离试验过程；(b)经过剥离后，超双疏无纺布表面的水接触角、水滚动角、油接触角和油滚动角的变化

如图 16-61(a)搭建水冲击试验装置，水流流量大概为 200 L/h，落水高度差 30 cm，对涂层进行 28 天水冲击。结果如图 16-61(b)如示，水接触角和油接触角略有下降，在 5°内，但仍具一定疏液性能；水滚动角和油滚动角分别上升到 34°、47.8°，液滴在表面滚动受限，超双疏无纺布表面经 28 天水冲击会受到一定程度的破损，但仍具有抑液性能。

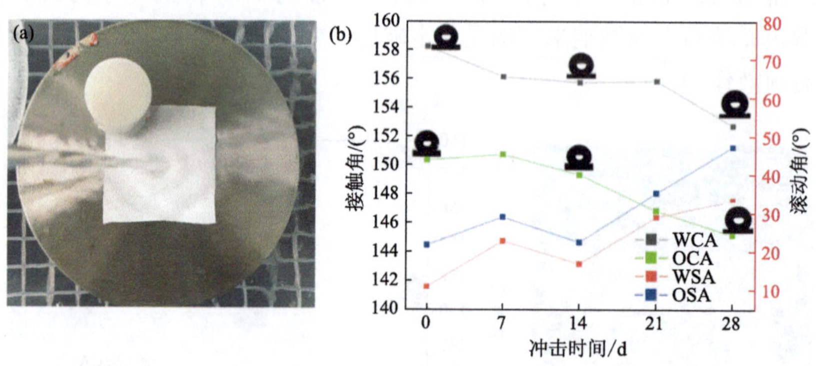

图 16-61 (a)水冲击试验过程；(b)水冲击时间对超双疏无纺布表面水接触角、水滚动角、油接触角和油滚动角的影响

16.4.4.8 耐洗涤测试

如图 16-62(a)配制质量分数为 0.5%的浓缩洗衣液溶液，超双疏无纺布放置于上述溶液中，在磁子搅拌器中以转数 500 r/min 进行洗涤试验，每次洗涤 30 min，总共洗涤 12 轮。结果如 16-62(b)所示，水接触角和油接触角分别从 158.2°和 150.3°下降至 150.7°和 140°；而水滚动角和油滚动则分别从 10.8°和 21.6°上升到 32.4°和 54°，说明随着洗涤次数的增加，洗衣液与涂层作用使得涂层表面的粗糙结构和低表面化学物质脱落，造成疏液效果降低。

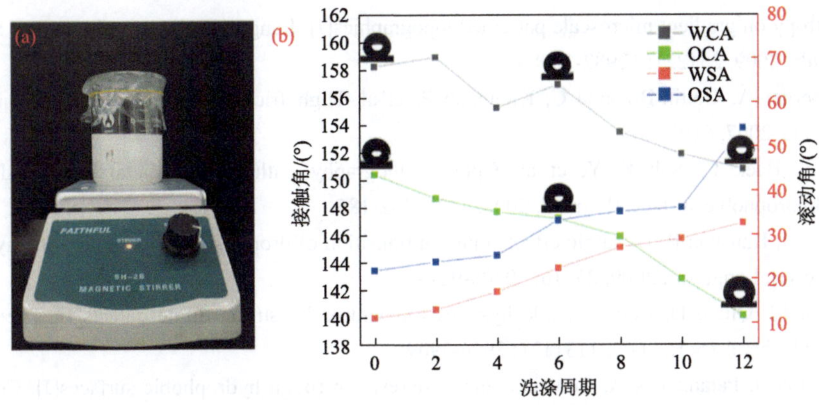

图 16-62 (a)布料洗涤装置；(b)超双疏表面的水接触角、水滚动角、油接触角和油滚动角随洗涤周期的变化

讨 论 题

16.1 气相法对裸露在气体环境的物体表面修饰效果好，但是对具有内部孔道的表面修饰效果差，能用什么方法对微纳孔道的物体进行修饰？

16.2 超双疏涂层需要使用氟化物实现效果，从环保角度，能筛选出一种无氟化合物取代吗？

参 考 文 献

[1] Quere D. Wetting and roughness[J]. Annual Review of Materials Research, 2008, 38: 71-99.

[2] Cassie A B D, Baxter S. Wettability of porous surfaces[J]. Transactions of the Faraday Society, 1944, 40: 546-551.

[3] Li X M, Reinhoudt D, Crego-Calama M. What do we need for a superhydrophobic surface? A review on the recent progress in the preparation of superhydrophobic surfaces[J]. Chemical Society Reviews, 2007, 36(8): 1350-1368.

[4] Blossey R. Self-cleaning surfaces-virtual realities[J]. Nature Materials, 2003, 2(5): 301-306.

[5] Milionis A, Loth E, Bayer I S. Recent advances in the mechanical durability of superhydrophobic materials[J]. Advances in Colloid & Interface Science, 2016: 57-79.

[6] Fürstner R, Barthlott W, Neinhuis C, et al. Wetting and self-cleaning properties of artificial superhydrophobic surfaces[J]. Langmuir, 2005, 21(3): 956-961.

[7] Wong T S, Huang P H, Ho C M. Wetting behaviors of individual nanostructures[J]. Langmuir, 2009, 25(12): 6599-6603.

[8] Wang J Z, Zheng Z H, Li H W, et al. Dewetting of conducting polymer droplets on patterned surfaces[J]. Nature Materials, 2004, 3(3): 171-176.

[9] Kwon Y, Patankar N, Choi J, et al. Design of surface hierarchy for extreme hydrophobicity[J]. Langmuir, 2009, 25(11): 6129-6136.

[10] Long C J, Schumacher J F, Brennan A B. Potential for tunable static and dynamic contact angle

anisotropy on gradient microscale patterned topographies[J]. Langmuir: the ACS Journal of Surfaces & Colloids, 2009, 25 (22) : 12982-12989.

[11] Steinberger A, Cottin-Bizonne C, Kleimann P, et al. High friction on a bubble mattress[J]. Nature Materials, 2007, 6 (9) : 665.

[12] Kim T, Baek C, Suh K Y, et al. Optical lithography with printed metal mask and a simple superhydrophobic surface[J]. Small, 2008, 4 (2) : 182-185.

[13] Yong C J, Bhushan B. Dynamic effects induced transition of droplets on biomimetic superhydrophobic surfaces[J]. Langmuir, 2009, 25 (16) : 9208-9218.

[14] Reyssat M, Quéré D. Contact angle hysteresis generated by strong dilute defects[J]. The Journal of Physical Chemistry B, 2009, 113 (12) : 3906-3909.

[15] He B, Lee J, Patankar N A. Contact angle hysteresis on rough hydrophobic surfaces[J]. Colloids and Surfaces A: Physicochemical and Engineering Aspects, 2004, 248 (1-3) : 101-104.

[16] Jung Y C, Bhushan B. Mechanically durable carbon nanotube-composite hierarchical structures with superhydrophobicity, self-cleaning, and low-drag[J]. ACS Nano, 2009, 3 (12) : 4155.

[17] Zhang X, Zhang J, Ren Z, et al. Morphology and wettability control of silicon cone arrays using colloidal lithography[J]. Langmuir: the ACS Journal of Surfaces & Colloids, 2009, 25 (13) : 7375.

[18] Lee S M, Kwon T H. Effects of intrinsic hydrophobicity on wettability of polymer replicas of a superhydrophobic lotus leaf[J]. Journal of Micromechanics and Microengineering, 2007, 17 (4) : 687.

[19] Choi Y W, Han J E, Lee S Y, et al. Preparation of a superhydrophobic film with UV imprinting technology[J]. Macromolecular Research, 2009, 17 (10) : 821-824.

[20] Barthlott W, Neinhuis C, Cutler D, et al. Classification and terminology of plant epicuticular waxes[J]. Botanical Journal of the Linnean Society, 1998, 126 (3) : 237-260.

[21] Lee S M, Kwon T H. Mass-producible replication of highly hydrophobic surfaces from plant leaves[J]. Nanotechnology, 2006, 17 (13) : 3189.

[22] Suh K Y, Kim Y S, Lee H H. Capillary force lithography[J]. Advanced Materials, 2001, 13 (18) : 1386-1389.

[23] Jeong H E, Lee S H, Kim J K, et al. Nanoengineered multiscale hierarchical structures with tailored wetting properties[J]. Langmuir, 2006, 22 (4) : 1640-1645.

[24] Deng X, Mammen L, Butt H J, et al. Candle soot as a template for a transparent robust superamphiphobic coating[J]. Science, 2012, 335 (6064) : 67-70.

[25] Kim T, Baek C, Suh K Y, et al. Optical lithography with printed metal mask and a simple superhydrophobic surface[J]. Small, 2008, 4 (2) : 182-185.

[26] Jung Y C, Bhushan B. Mechanically durable carbon nanotube-composite hierarchical structures with superhydrophobicity, self-cleaning, and low-drag[J]. ACS Nano, 2009, 3 (12) : 4155.

[27] Zhang X, Zhang J, Ren Z , et al. Morphology and wettability control of silicon cone arrays using colloidal lithography[J]. Langmuir: the ACS Journal of Surfaces & Colloids, 2009, 25 (13) : 7375.

[28] Lee S M, Kwon T H. Effects of intrinsic hydrophobicity on wettability of polymer replicas of a superhydrophobic lotus leaf[J]. Journal of Micromechanics and Microengineering, 2007, 17 (4) : 687.

[29] Sun M H, Luo C X, Xu L P, et al. Artificial lotus leaf by nanocasting[J]. Langmuir, 2005, 21: 8978-8981.

[30] Cho W K, Choi I S. Fabrication of hairy polymeric films inspired by geckos: Wetting and high adhesion properties[J]. Advanced Functional Materials, 2008, 18 (7) : 1089-1096.

[31] Lee W, Jin M K, Yoo W C, et al. Nanostructuring of a polymeric substrate with well-defined nanometer-scale topography and tailoredsurface wettability[J]. Langmuir, 2004, 20 (18) : 7665-7669.

[32] Neto C, Joseph K R, Brant W R. On the superhydrophobic properties of nickel nanocarpets[J]. Physical Chemistry Chemical Physics, 2009, 11(41): 9537-9544.

[33] Autumn K , Liang Y A , Hsieh S T , et al. Adhesive force of a single gecko foot-hair[J]. Nature, 2000, 405(6787): 681-685.

[34] Jin M H, Feng X J, Feng L, et al. Superhydrophobic aligned polystyrene nanotube films with high adhesive force[J]. Advanced Materials, 2005, 17(16): 1977-1981.

[35] Berendsen C W J, Škereň M, Najdek D, et al. Superhydrophobic surface structures in thermoplastic polymers by interference lithography and thermal imprinting[J]. Applied Surface Science, 2009, 255(23): 9305-9310.

[36] Winkleman A, Gotesman G, Yoffe A, et al. Immobilizing a drop of water: Fabricating highly hydrophobic surfaces that pin water droplets[J]. Nano Letters, 2008, 8(4): 1241-1245.

[37] Manca M, Cortese B, Viola I, et al. Influence of chemistry and topology effects on superhydrophobic CF_4-plasma-treated poly(dimethylsiloxane)[J]. Langmuir: the ACS Journal of Surfaces & Colloids, 2008, 24(5): 1833.

[38] Teshima K, Sugimura H, Inoue Y, et al. Transparent ultra water-repellent poly(ethylene terephthalate) substrates fabricated by oxygen plasma treatment and subsequent hydrophobic coating[J]. Applied Surface Science, 2005, 244(1-4): 619-622.

[39] Teshima K, Sugimura H, Inoue Y, et al. Wettablity of poly(ethylene terephthalate) substrates modified by a two-step plasma process: Ultra water repellent surface fabrication[J]. Chemical Vapor Deposition, 2004, 10(6): 295-297.

[40] Wu Y, Bekke M, Inoue Y, et al. Mechanical durability of ultra-water-repellent thin film by microwave plasma-enhanced CVD[J]. Thin Solid Films, 2004, 457(1): 122-127.

[41] Cicala G, Milella A, Palumbo F, et al. Morphological and structural study of plasma deposited fluorocarbon films at different thicknesses[J]. Diamond and Related Materials, 2003, 12(10-11): 2020-2025.

[42] Wu Y, Kuroda M, Sugimura H, et al. Nanotextures fabricated by microwave plasma CVD: Application to ultra water-repellent surface[J]. Surface & Coatings Technology, 2003, 174: 867-871.

[43] Wu Y, Sugimura H, Inoue Y, et al. Preparation of hard and ultra water-repellent silicon oxide films by microwave plasma-enhanced CVD at low substrate temperatures[J]. Thin Solid Films, 2003, 435(1/2): 161-164.

[44] Fresnais J, Benyahia L, Poncin-Epaillard F. Dynamic (de) wetting properties of superhydrophobic plasma-treated polyethylene surfaces[J]. Surface & Interface Analysis, 2010, 38(3): 144-149.

[45] Kim J, Kim C J. Nanostructured surfaces for dramatic reduction of flow resistance in droplet-based microfluidics[C]. Fifteenth IEEE International Conference on Micro Electro Mechanical Systems. IEEE, 2002.

[46] Shiu J Y, Kuo C W, Chen P, et al. Fabrication of tunable superhydrophobic surfaces by nanosphere lithography[J]. Chemistry of Materials, 2004, 16(4): 561-564.

[47] Lim H, Jung D H, Noh J H, et al. Simple nanofabrication of a superhydrophobic and transparent biomimetic surface[J]. Chinese Science Bulletin, 2009, 54(19): 3613-3616.

[48] Minko S, M Müller, Motornov M, et al. Two-level structured self-adaptive surfaces with reversibly tunable properties[J]. Journal of the American Chemical Society, 2003, 125(13): 3896-900.

[49] Balu B, Breedveld V, Hess D W. Fabrication of “roll-off” and “sticky” superhydrophobic cellulose surfaces via plasma processing[J]. Langmuir: the ACS Journal of Surfaces and Colloids, 2008, 24(9): 4785.

[50] Shen P, Uesawa N, Inasawa S, et al. Characterization of flowerlike silicon particles obtained from chemical etching: Visible fluorescence and superhydrophobicity[J]. Langmuir, 2010, 26(16): 13522-13527.

[51] Qian B, Shen Z. Fabrication of superhydrophobic surfaces by dislocation-selective chemical etching on aluminum, copper, and zinc substrates[J]. Langmuir: the ACS Journal of Surfaces & Colloids, 2005, 21(20): 9007-9009.

[52] Lee J P, Choi S, Park S. Extremely superhydrophobic surfaces with micro- and nanostructures fabricated by copper catalytic etching[J]. Langmuir, 2011, 27(2): 809-814.

[53] Kim B S, Shin S, Shin S J, et al. Control of superhydrophilicity/superhydrophobicity using silicon nanowires via electroless etching method and fluorine carbon coatings[J]. Langmuir: the ACS Journal of Surfaces & Colloids, 2011, 27(16): 10148.

[54] Liu H, Feng L, Zhai J , et al. Reversible wettability of a chemical vapor deposition prepared ZnO film between superhydrophobicity and superhydrophilicity[J]. Langmuir, 2004, 20(14): 5659-5661.

[55] Li M, Zhai J, Liu H, et al. Electrochemical deposition of conductive superhydrophobic zinc oxide thin films[J]. The Journal of Physical Chemistry B, 2003, 107(37): 9954-9957.

[56] Lu X B, Liang B, Zhang Y J, et al. Asymmetric catalysis with CO_2: Direct synthesis of optically active propylene carbonate from racemic epoxides[J]. Journal of the American Chemical Society, 2004, 126(12): 3732-3733.

[57] Wang J, Li A, Chen H, et al. Synthesis of Biomimetic superhydrophobic surface through electrochemical deposition on porous alumina[J]. Journal of Bionic Engineering, 2011, 8(2): 122-128.

[58] He G, Wang K. The super hydrophobicity of ZnO nanorods fabricated by electrochemical deposition method[J]. Applied Surface Science, 2011, 257(15): 6590-6594.

[59] Hosono E, Fujihara S, Honma I , et al. Superhydrophobic perpendicular nanopin film by the bottom-up process[J]. Journal of the American Chemical Society, 2005, 127(39): 13458-13459.

[60] Wu X, Zheng L, Wu D. Fabrication of superhydrophobic surfaces from microstructured ZnO-based surfaces via a wet-chemical route[J]. Langmuir, 2005, 21(7): 2665-2667.

[61] Zhao N, Shi F, Wang Z, et al. Combining layer-by-layer assembly with electrodeposition of silver aggregates for fabricating superhydrophobic surfaces[J]. Langmuir, 2005, 21(10): 4713-4716.

[62] Larmour I A, Saunders G C, Bell S. Assessment of roughness and chemical modification in determining the hydrophobic properties of metals[J]. New Journal of Chemistry, 2008, 32(7): 1715-1220.

[63] Feng X, Feng L, Jin M, et al. Reversible super-hydrophobicity to super-hydrophilicity transition of aligned ZnO nanorod films[J]. Journal of the American Chemical Society, 2004, 126(1): 62-63.

[64] Zhao Y, Li M, Lu Q, et al. Superhydrophobic polyimide films with a hierarchical topography: Combined replica molding and layer-by-layer assembly[J]. Langmuir, 2008, 24(21): 12651-12657.

[65] Hsieh C T, Chen W Y, Wu F L, et al. Fabrication and superhydrophobic behavior of fluorinated silica nanosphere arrays[J]. Journal of Adhesion Science and Technology, 2008, 22(3-4): 265-275.

[66] Cheng S, Ge L Q, Gu Z Z. Fabrication of super-hydrophobic film with dual-size roughness by silica sphere assembly[J]. Thin Solid Films, 2007, 515(11): 4686-4690.

[67] Lai Y, Huang Y, Wang H, et al. Selective formation of ordered arrays of octacalcium phosphate ribbons on TiO_2 nanotube surface by template-assisted electrodeposition[J]. Colloids and Surfaces B: Biointerfaces, 2010, 76(1): 117-122.

[68] Sato O, Kubo S, Gu Z Z. Structural color films with lotus effects, superhydrophilicity, and tunable stop-bands[J]. Accounts of Chemical Research, 2009, 42(1): 1-10.

[69] Bravo J, Zhai L, Wu Z, et al. Transparent superhydrophobic films based on silica nanoparticles[J].

Langmuir, 2007, 23 (13): 7293-7298.

[70] Lvov Y, Ariga K, Onda M, et al. Alternate assembly of ordered multilayers of SiO_2 and other nanoparticles and polyions[J]. Langmuir, 1997, 13 (23): 6195-6203.

[71] Ling X Y, Phang I Y, Vancso G J, et al. Stable and transparent superhydrophobic nanoparticle films[J]. Langmuir, 2009, 25 (5): 3260-3263.

[72] Manca M, Cannavale A, Marco L D, et al. Durable superhydrophobic and antireflective surfaces by trimethylsilanized silica nanoparticles-based sol-gel processing[J]. Langmuir: the ACS Journal of Surfaces & Colloids, 2009, 25 (11): 6357-6362.

[73] Liu Y, Chen X, Xin J H. Super-hydrophobic surfaces from a simple coating method: A bionic nanoengineering approach[J]. Nanotechnology, 2006, 17 (13): 3259.

[74] Lai Y, Lin Z, Huang J, et al. Controllable construction of ZnO/TiO_2 patterning nanostructures by superhydrophilic/superhydrophobic templates[J]. New Journal of Chemistry, 2010, 34 (1): 44-51.

[75] Amigoni S, Elisabeth T, Dufay M , et al. Covalent layer-by-layer assembled superhydrophobic organic-inorganic hybrid films[J]. Langmuir, 2009, 25 (18): 11074-11077.

[76] Motornov M, Sheparovych R, Lupitskyy R, et al. Superhydrophobic surfaces generated from water-borne dispersions of hierarchically assembled nanoparticles coated with a reversibly switchable shell[J]. Advanced Materials, 2008, 20 (1): 200-205.

[77] Zhang G, Wang D, Gu Z Z, et al. Fabrication of superhydrophobic surfaces from binary colloidal assembly[J]. Langmuir: the ACS Journal of Surfaces & Colloids, 2005, 21 (20): 9143-9148.

[78] Shen Y, Wang J, Kuhlmann U, et al. Supramolecular templates for nanoflake-metal surfaces[J]. Chemistry: A European Journal, 2009, 15 (12): 2763-2767.

[79] Telford A M, Hawkett B S, Such C, et al. Mimicking the wettability of the rose petal using self-assembly of waterborne polymer particles[J]. Chemistry of Materials, 2013, 25 (17): 3472-3479.

[80] Velikov K P, Christova C G, Dullens R P A, et al. Layer-by-layer growth of binary colloidal crystals[J]. Science, 2002, 296 (5565): 106-109.

[81] Vericat C, Benitez G A, Grumelli D E, et al. Thiol-capped gold: From planar to irregular surfaces[J]. Journal of Physics Condensed Matter, 2008, 20 (18): 184004.

[82] Vericat C, Vela M E, Benitez G, et al. Self-assembled monolayers of thiols and dithiols on gold: New challenges for a well-known system[J]. Cheminform, 2010, 39 (5): 1805-1834.

[83] Soeno T, Inokuchi K, Shiratori S . Ultra-water-repellent surface: fabrication of complicated structure of SiO_2 nanoparticles by electrostatic self-assembled films[J]. Applied Surface Science, 2004, 237 (1-4): 539-543.

[84] Jindasuwan S, Nimittrakoolchai O, Sujaridworakun P, et al. Surface characteristics of water-repellent polyelectrolyte multilayer films containing various silica contents[J]. Thin Solid Films, 2009, 517 (17): 5001-5005.

[85] Zhai L, Cebeci F C, Cohen R E, et al. Stable superhydrophobic coatings from polyelectrolyte multilayers[J]. Nano Letters, 2004, 4 (7): 1349-1353.

[86] Han J T, Xu X, Cho K. Diverse access to artificial superhydrophobic surfaces using block copolymers[J]. Langmuir, 2005, 21 (15): 6662-6665.

[87] Zhang L, Chen H, Sun J, et al. Layer-by-layer deposition of poly (diallyldimethylammonium chloride) and sodium silicate multilayers on silica-sphere-coated substrate-facile method to prepare a superhydrophobic surface[J]. Chemistry of Materials, 2007, 19 (4): 948-953.

[88] Ma M, Hill R M, Lowery J L, et al. Electrospun poly (styrene-block-dimethylsiloxane) block copolymer fibers exhibiting superhydrophobicity[J]. Langmuir, 2005, 21 (12): 5549-5554.

[89] Zhu M, Zuo W, Yu H, et al. Superhydrophobic surface directly created by electrospinning based on hydrophilic material[J]. Journal of Materials Science, 2006, 41 (12): 3793-3797.

[90] Wang N, Zhao Y, Jiang L. Low-cost, thermoresponsive wettability of surfaces: Poly (*N*-isopropylacrylamide) / polystyrene composite films prepared by electrospinning[J]. Macromolecular Rapid Communications, 2008, 29 (6): 485-489.

[91] Zmh A, Yzz B, Mk C, et al. A review on polymer nanofibers by electrospinning and their applications in nanocomposites[J]. Composites Science and Technology, 2003, 63 (15): 2223-2253.

[92] Acatay K, Simsek E, Ow-Yang C, et al. Tunable, superhydrophobically stable polymeric surfaces by electrospinning[J]. Angewandte Chemie International Edition, 2004, 43: 5210-5213.

[93] Ma M, Mao Y, Gupta M , et al. Superhydrophobic fabrics produced by electrospinning and chemical vapor deposition[J]. Macromolecules, 2005, 38 (23): 9742-9748.

[94] Zheng J, He A, Li J, et al. Studies on the controlled morphology and wettability of polystyrene surfaces by electrospinning or electrospraying[J]. Polymer, 2006, 47 (20): 7095-7102.

[95] Mizukoshi T, Matsumoto H, Minagawa M, et al. Control over wettability of textured surfaces by electrospray deposition[J]. Journal of Applied Polymer Science, 2010, 103 (6): 3811-3817.

[96] Gu G, Tian Y, Li Z, et al. Electrostatic powder spraying process for the fabrication of stable superhydrophobic surfaces[J]. Applied Surface Science, 2011, 257 (10): 4586-4588.

[97] Li Z, Zheng Y, Cui L. Preparation of metallic coatings with reversibly switchable wettability based on plasma spraying technology[J]. Journal of Coatings Technology and Research, 2012, 9 (5): 579-587.

[98] Wu W, Wang X, Liu X, et al. Spray-coated fluorine-free superhydrophobic coatings with easy repairability and applicability[J]. ACS Applied Materials & Interfaces, 2009, 1 (8): 1656.

[99] Burkarter E, Saul C K, Thomazi F, et al. Electrosprayed superhydrophobic PTFE: A non-contaminating surface[J]. Journal of Physics D: Applied Physics, 2007, 40 (24): 7778-7781.

[100] Sahoo B N, Sabarish B, Balasubramanian K. Controlled fabrication of non-fluoro polymer composite film with hierarchically nano structured fibers[J]. Progress in Organic Coatings, 2014, 77 (4): 904-907.

[101] Burkarter E, Saul C K, Thomazi F, et al. Superhydrophobic electrosprayed PTFE[J]. Surface & Coatings Technology, 2007, 202 (1): 194-198.

[102] Van Der Wal P, Steiner U. Super-hydrophobic surfaces made from Teflon[J]. Soft Matter, 2007, 3 (4): 426-429.

[103] Zhang Y Y, Ge Q, Yang L L, et al. Durable superhydrophobic PTFE films through the introduction of micro- and nanostructured pores[J]. Applied Surface Science, 2015, 339 (jun. 1): 151-157.

[104] van der Wal B P. Static and dynamic wetting of porous Teflon® surfaces[M]. Groningen: University Library Groningen [Host], 2006.

[105] Poetes R, Holtzmann K, Franze K, et al. Metastable underwater superhydrophobicity[J]. Physical Review Letters, 2010, 105 (16): 166104.

[106] Nilsson M A, Daniello R J, Rothstein J P. A novel and inexpensive technique for creating superhydrophobic surfaces using teflon and sandpaper[J]. Journal of Physics D: Applied Physics, 2010, 43 (4): 045301.

[107] Neinhuis W B. Purity of the sacred lotus, or escape from contamination in biological surfaces[J]. Planta, 1997, 202 (1): 1-8.

[108] Feng L, Li S, Li Y, et al. Super-hydrophobic surfaces: From natural to artificial[J]. Advanced Materials, 2002, 14 (24): 1857-1860.

第 17 章　界面科学展望

浸润特性的调控可以说是改变材料表界面的重要手段，在民用、军事航天、航海、工业催化、建筑材料、医疗等领域具有巨大的应用价值。

以自然赋予科技灵感，以先进仪器和制备技术为手段，调控润湿界面材料将在各个领域发挥作用。

17.1　未来的研究方向

当然，基于对当前的技术进行探讨，未来可以从以下几个方面进行更深入的创新性研究。

1) 智能型相应界面润湿调控材料

目前绝大部分的材料的润湿性调控很难做到适应环境的变化而调控润湿性，可以展望引入某种生物特性的材料形成特殊表面进行适应性调控。

2) 空间环境下界面润湿机理

探讨的润湿现象基本上基于液固界面，但当研究对象延伸至类似真空环境时，气固界面的形成和对气体的吸附可能会对此类材料的研发会起到意想不到的作用。例如捕捉气体分子形成稳定的气膜，气膜的形成有助于隔绝热，形成良好的保护层。

3) 界面材料的生物降解性及安全性

随着界面材料的使用越来越广泛，也就意味着这类材料会长久地在生活中的各种场景存在，但其在使用后，会随着损耗、磨损、冲击等各种情况被排放到自然环境中去，它们的使用能否被环境接受、是否不影响未来生态环境、是否可被持续性发展会作为研发这类材料的重要考虑因素之一。这类物质很多会被是否可生物降解最终转化成二氧化碳、水和其他代谢过程产物，是考察这类物质作为环境可接受的生物降解的重要考量。

并且很多界面材料不可避免地会接触人体和生物体，所以对于生物体的安全性也是很重要的因素，一是考虑这类界面物质不会对接触的人体皮肤和人体组织造成伤害，二是考虑这类物质进入生物体后是否会被长期积累或者被生物体通过自身的循环进行生物降解。

17.2　未来的发展趋势

1) 微观与宏观界面的相结合

从目前越来越深入的化学研究来看，很多的研究都深入到原子层面，这一方面是当前科技仪器越来越先进的结果，另一方面也是得益于计算机和量子力学理论的迅速发展。但不可忽略的一点，我们所关注的界面材料的超润湿现象，既是微观上不同分子结构和不同官能团互相作用的结果，但也要纳入考虑这些分子和原子构筑的宏观材料表面影响的结果。所以在未来的研究中，需要不断地建立微观模型和对应的宏观模型界面，通过计算机和量子力学模拟预示可能发生的现象，这里会产生无数的可能性，也是界面科学的迷人之处。

2）静态与动态过程的相结合

界面科学是一门交叉学科，在前面的讨论中，可以不断地看到动态接触角，静态接触角这些名词，而我们提及的界面现象可以是静态的固-液界面，也可以是动态固-气界面，这就需要研究人员针对实际现象，结合化学动力学和化学热力学，不断地研究和揭示原子、分子在界面的碰撞、吸附、化学反应各自过程。目前从研究的角度来看，静态结构过程更容易被表述和研究，但实际过程中，界面材料与接触介质都处于动态过程，相信随着科技手段的不断发展，研究人员借助先进的计算机模拟和微观动态过程追踪技术，能更好地研究复杂系统发生的界面现象。

附　　录

附录 I　水在不同材料表面的润湿情况

1. 水在不同布料表面的润湿情况

图 I-1　水滴在 87%锦纶+13%氨纶上

图 I-2　水滴在纯棉上

图 I-3　水滴在弹力麻布上

图 I-4　水滴在涤纶上

图 I-5　水滴在涤棉上

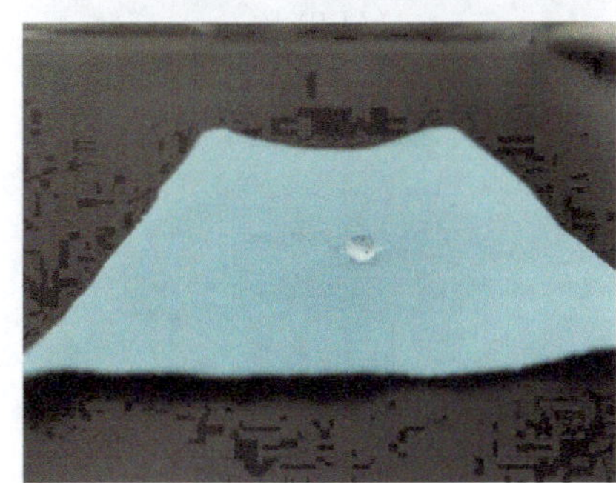

图 I-6　水滴在莱卡(由 Spandex 聚氨基甲酸酯纤维制成的面料)上

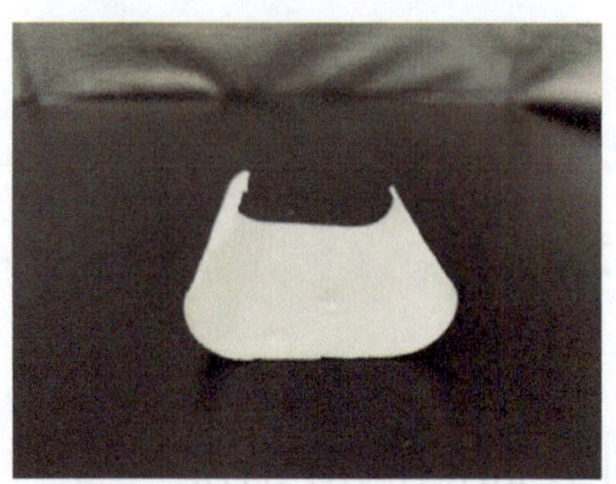

图 I-7 水滴在莱卡棉(95%的棉+5%的莱卡)上

图 I-8 水滴在麻布上

图 I-9 水滴在皮革上

图 I-10 水滴在羊绒上

2. 水在不同塑料表面的润湿情况

图 I-11 水滴在丙烯腈-丁二烯-苯乙烯共聚物(ABS)上

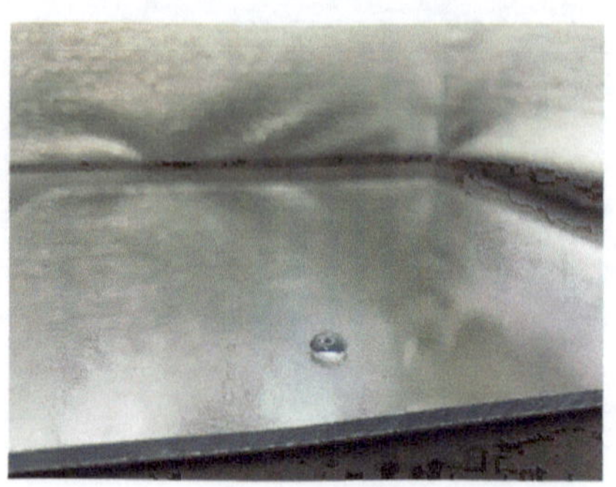

图 I-12 水滴在涤纶树脂(PET)上

图 I-13 水滴在浇铸尼龙(MC-PA6)上

图 I-14 水滴在聚氨酯(PU)上

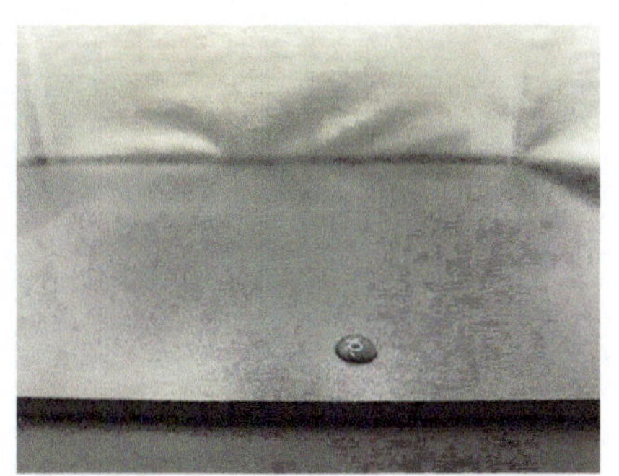

图 I-15　水滴在聚苯基硫醚(PPS)上

图 I-16　水滴在聚苯乙烯(PS)上

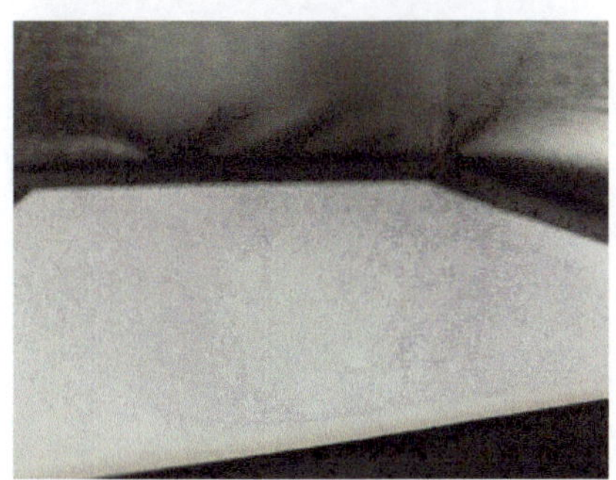

图 I-17　水滴在聚丙烯(PP)上

图 I-18　水滴在聚氯乙烯(PVC)上

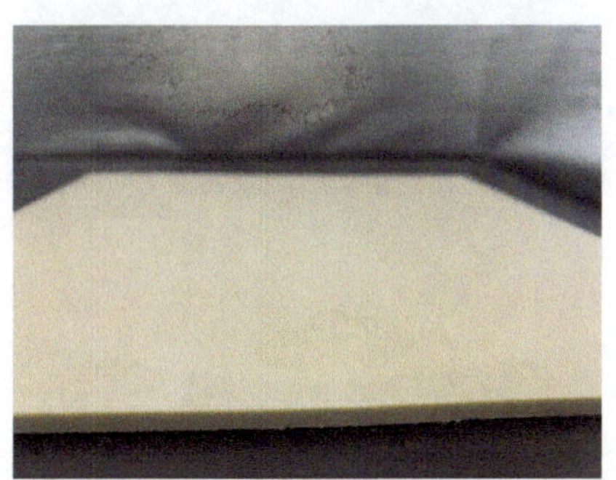

图 I-19　水滴在聚醚醚酮(PEEK)上

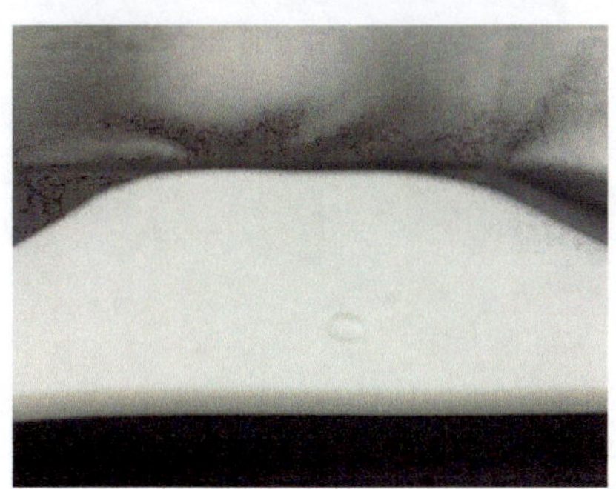

图 I-20　水滴在聚四氟乙烯(PTFE)上

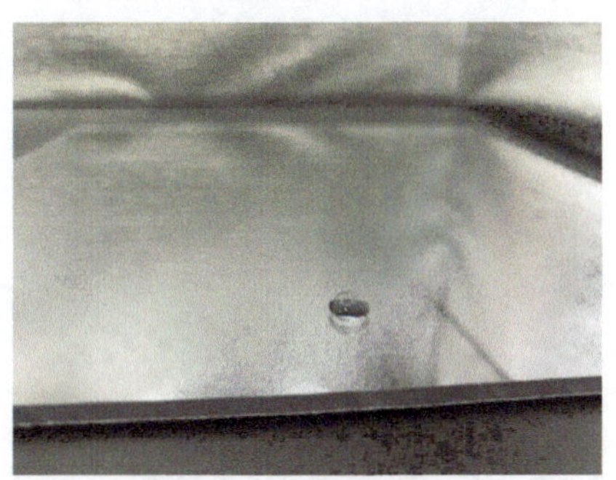

图 I-21　水滴在聚碳酸酯(PC)上

图 I-22　水滴在聚乙烯(PE)上

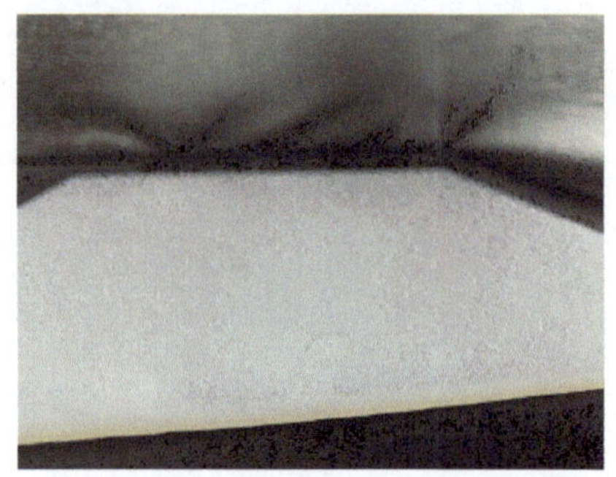

图 I-23 水滴在尼龙 6(PA6)上

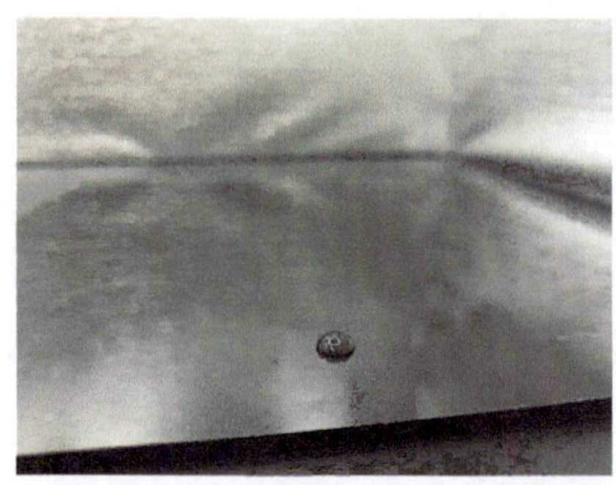

图 I-24 水滴在缩醛树脂(POM)上

3. 水在不同金属表面的润湿情况

图 I-25 水滴在 304 不锈钢上

图 I-26 水滴在碲(Te)上

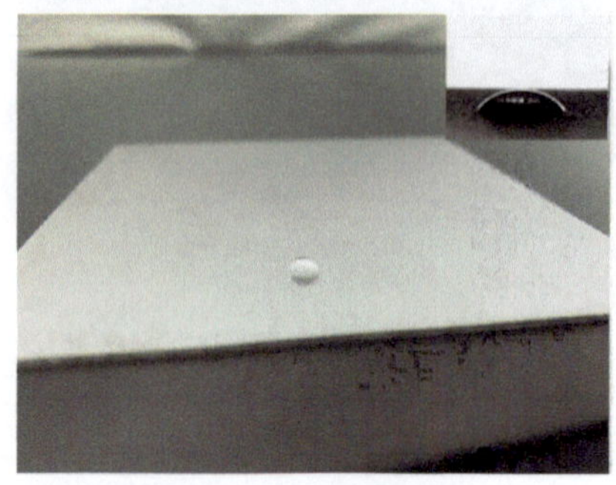

图 I-27 水滴在铬(Cr)上

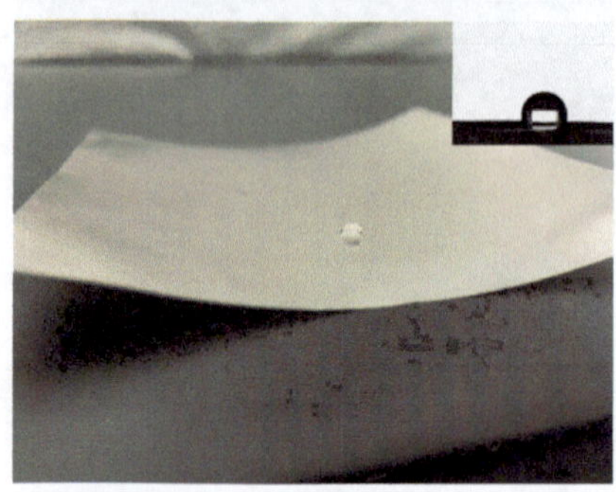

图 I-28 水滴在钴(Co)上

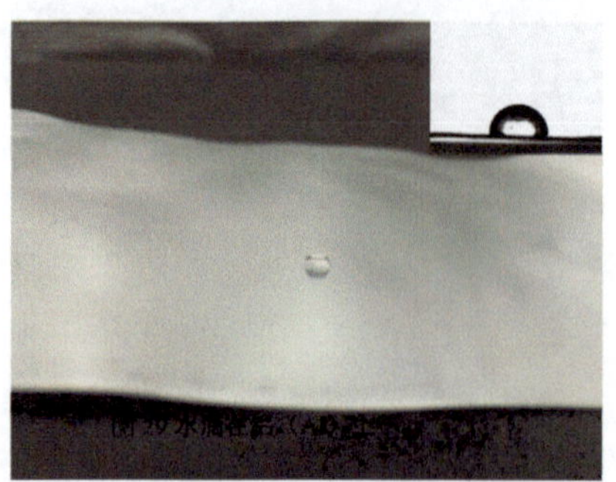

图 I-29 水滴在铝(Al)上

图 I-30 水滴在钼(Mo)上

图 I-31　水滴在镍(Ni)上

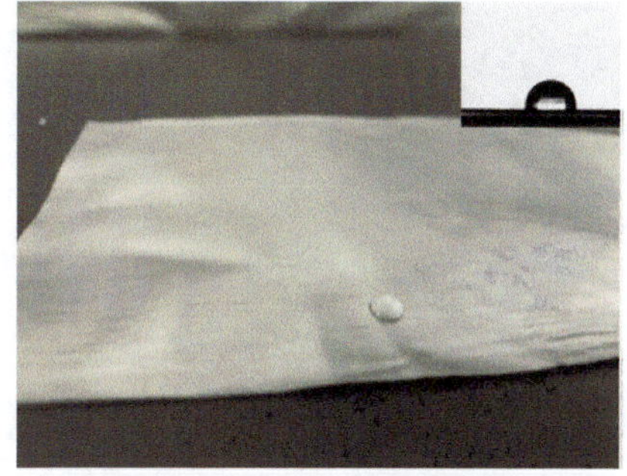

图 I-32　水滴在铅(Pb)上

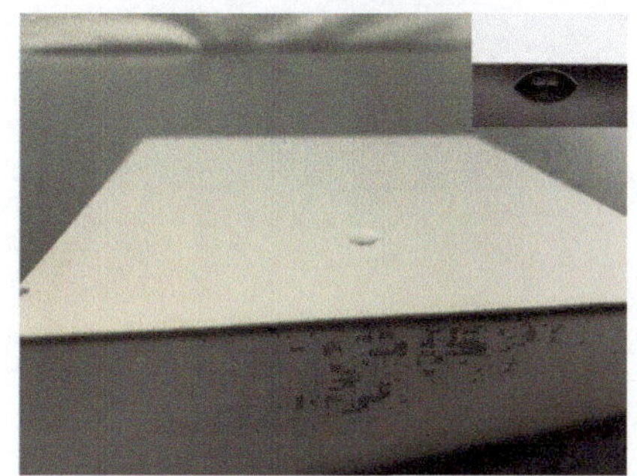

图 I-33　水滴在钛(Ti)上

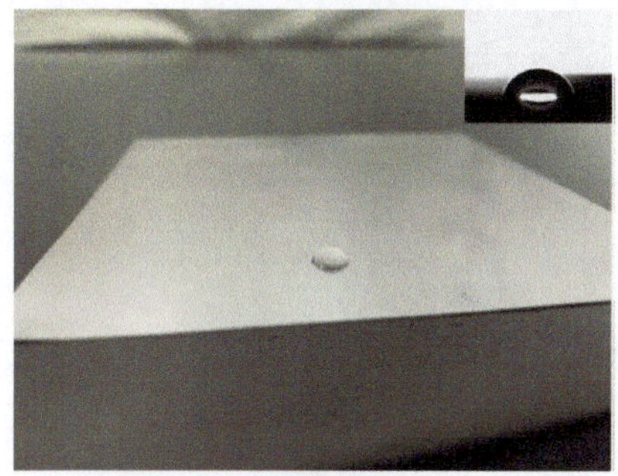

图 I-34　水滴在钽(Ta)上

图 I-35　水滴在锑(Sb)上

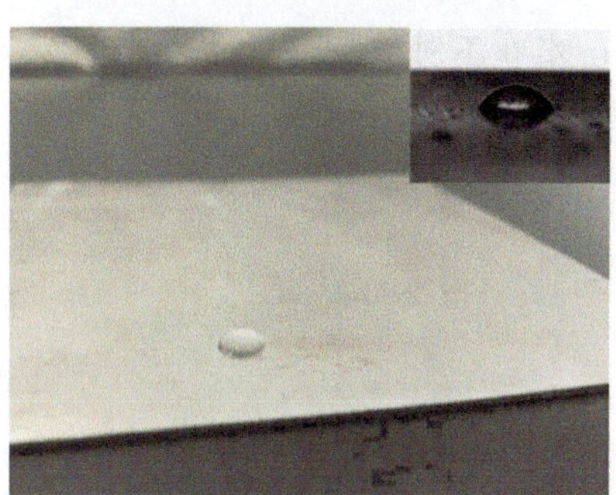

图 I-36　水滴在铁(Fe)上

图 I-37　水滴在钨(W)上

图 I-38　水滴在锡(Sn)上

图 I-39　水滴在锌(Zn)上

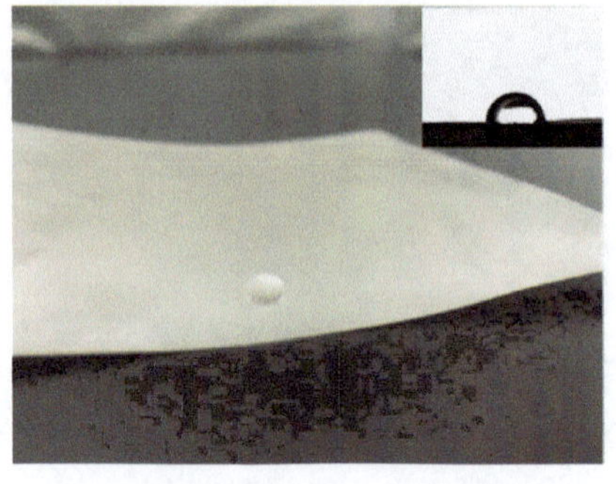

图 I-40　水滴在银(Ag)上

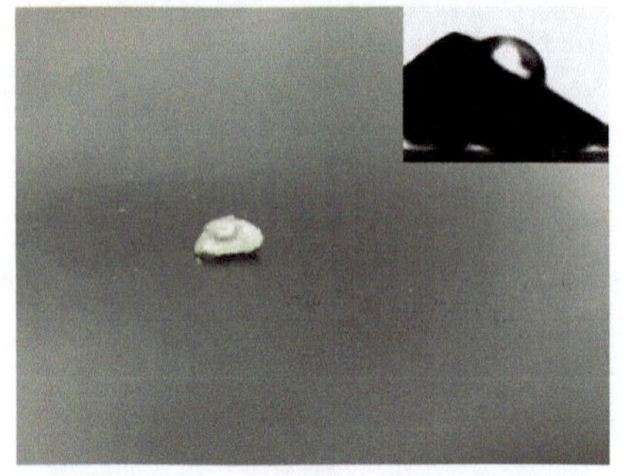

图 I-41　水滴在锗(Ge)上

4. 水在不同矿石表面的润湿情况

图 I-42　水滴在石墨上

图 I-43　水滴在方铅矿上

图 I-44　水滴在闪锌矿上

图 I-45　水滴在辰砂上

图 I-46　水滴在辉钼矿上

图 I-47　水滴在黄铁矿上

图 I-48　水滴在辉锑矿上

图 I-49　水滴在黄铜矿上

图 I-50　水滴在萤石上

图 I-51　水滴在赤铁矿上

图 I-52　水滴在锡石上

图 I-53　水滴在石英上

图 I-54　水滴在钨矿石上

图 I-55　水滴在磁铁矿上

图 I-56　水滴在铝土矿上

图 I-57　水滴在滑石上

图 I-58　水滴在石棉上

图 I-59　水滴在高岭土上

图 I-60　水滴在云母上

图 I-61　水滴在正长石上

图 I-62　水滴在斜长石上

图 I-63　水滴在方解石上

图 I-64　水滴在白云石上

图 I-65　水滴在重晶石上

图 I-66　水滴在石膏上

图 I-67　水滴在磷石灰上

图 I-68　水滴在辉上岩上

图 I-69　水滴在玄武岩上

图 I-70　水滴在闪长岩上

图 I-71　水滴在安山岩上

图 I-72　水滴在花岗岩上

图 I-73　水滴在流纹岩上

图 I-74　水滴在砾岩上

图 I-75　水滴在砂岩上

图 I-76　水滴在页岩上

图 I-77　水滴在石灰岩上

图 I-78　水滴在大理石上

图 I-79　水滴在石英岩上

图 I-80　水滴在板岩上

图 I-81　水滴在千枚岩上

图 I-82　水滴在片岩上

图 I-83　水滴在片麻岩上

附录Ⅱ 实验室安全知识

附Ⅱ.1 化学实验安全操作

1. 常见的隐患

(1)实验使用仪器安装不规范、仪器漏气。

(2)易燃、易爆试剂放置在火源附近。

(3)湿手、湿物触碰电源或电源附近有水源。

(4)倾倒液体时俯视容器。

(5)嗅闻气体俯向容器直接嗅闻。

(6)做使用有毒或有恶臭气体的实验时，未在通风橱内进行。

(7)取用实验药品用手直接拿取。

(8)玻璃仪器随意放置，导致仪器破损。

(9)裁剪结束后刀把没有放下，导致割伤。

(10)实验剩余药品随意丢弃。

2. 处理错误示例图片

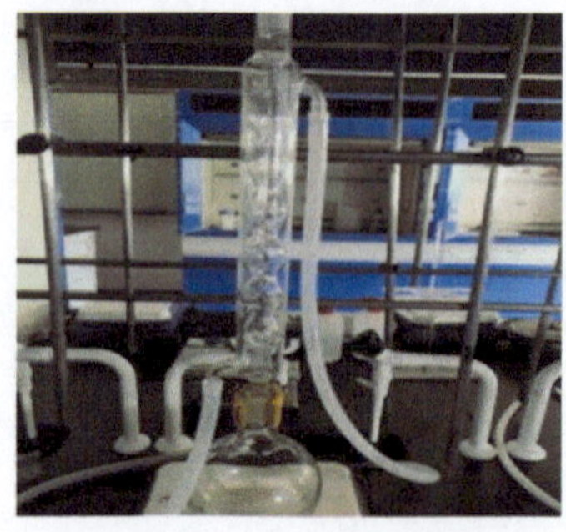

图Ⅱ-1 玻璃仪器未固定

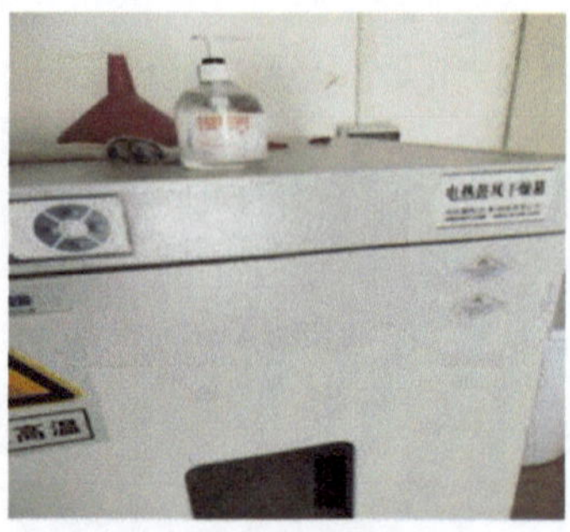

图Ⅱ-2 酒精凝胶放置在烘箱上方

图Ⅱ-3 插座附近墙体渗水

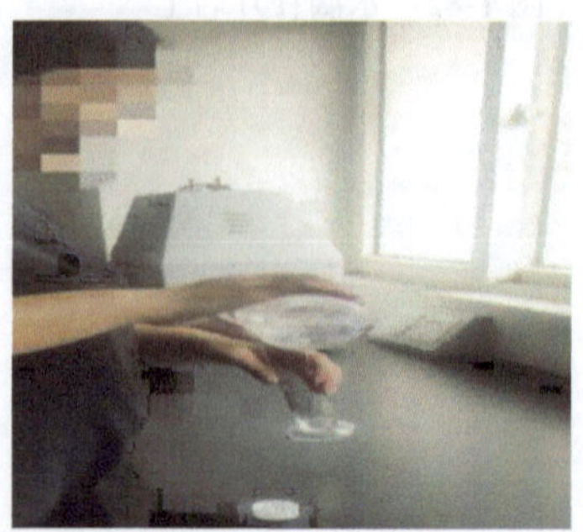

图Ⅱ-4 倾倒液体时俯视容器

图Ⅱ-5　直接嗅闻液体气味

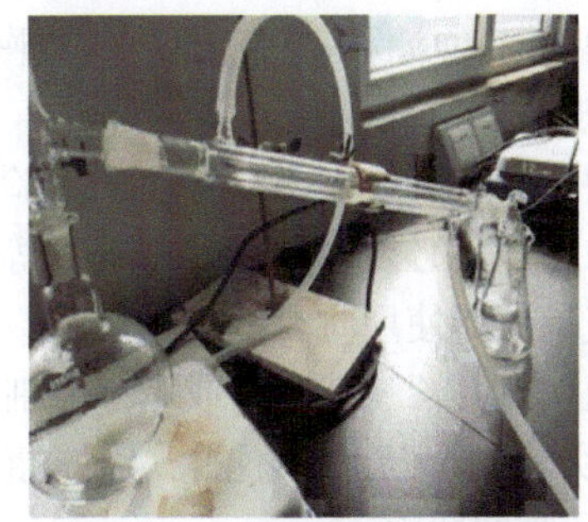
图Ⅱ-6　开放进行有毒气体实验

图Ⅱ-7　用手直接拿取

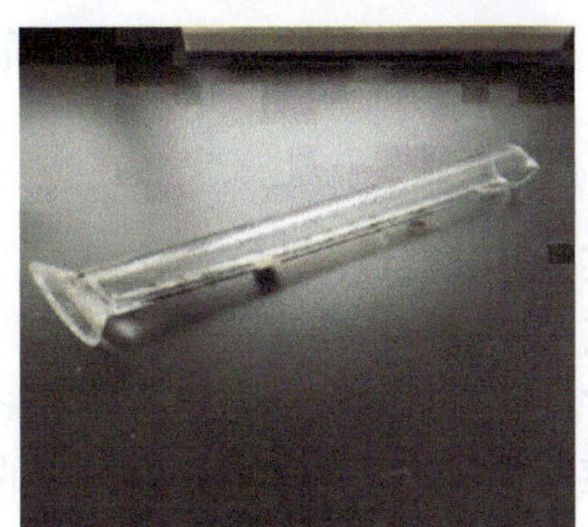
图Ⅱ-8　量筒用完随意放置

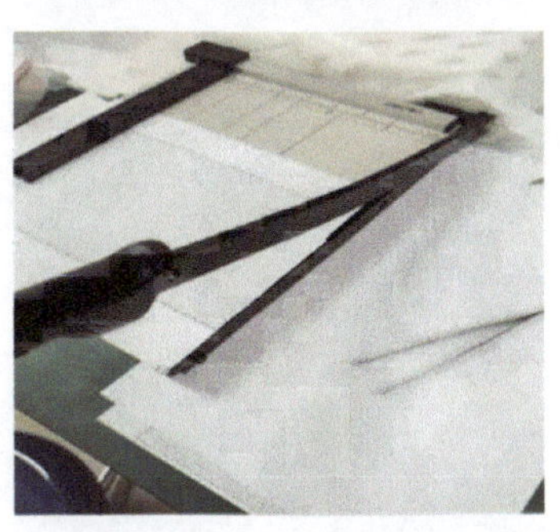
图Ⅱ-9　裁剪后刀把没有放下

图Ⅱ-10　实验剩余药品随意丢弃

3. 标准处理要求说明

(1)实验开始前，检查仪器是否完整无损，装置是否安装正确稳妥，实验过程中应经常注意仪器有无漏气、碎裂，反应是否正常进行等情况。

(2)使用易燃、易爆试剂一定要远离火源，例如使用氢气时要禁烟火且必须提前检查氢气的纯度。

(3)要注意用电安全，禁止用湿手或湿物接触电源；在进行带电实验尤其是使用220 V电压进行实验时，一旦出现触电、断路、短路的情况，应采取正确的抢救方法和检查程序，防止意外事故或连锁事故的发生，能用安全电压(36 V)代替的尽量用安全电压；实验结束后应及时切断电源。

(4)加热或倾倒液体时，勿俯视容器以防液滴飞溅造成伤害，给试管加热时，勿将管口对着自己或他人，以免药品喷出伤人。

(5) 嗅闻气体应保持一定的距离，慢慢地用手把挥发出来的气体少量地煽向自己鼻腔，切勿俯向容器直接嗅闻。

(6) 做使用有毒或有恶臭气体的实验时，应在通风橱内进行操作。

(7) 取用药品必须选用药匙或吸管等专用器具，禁止用手直接拿取。

(8) 玻璃仪器使用时要按操作规程，轻拿轻放，以免破损而造成伤害。

(9) 使用打孔器、裁剪器或用小刀割胶塞或胶管等材料时，需谨慎操作以防割伤。

(10) 实验剩余药品既不能放回原瓶，也不能随意丢弃，更不能拿出实验室，要放回指定的回收容器内。

附Ⅱ.2 危险化学品的使用

1. 常见的隐患

(1) 实验室仪器设备没有操作规程。

(2) 实验室试剂柜无清单无台账。

(3) 常用化学试剂和不常用的化学试剂混合储存在一起。

(4) 使用化学试剂时，未穿戴相应的防护物品，如护目镜、防护服和防护手套。

(5) 实验操作完毕后，未将化学试剂收好。

2. 处理错误示例图片

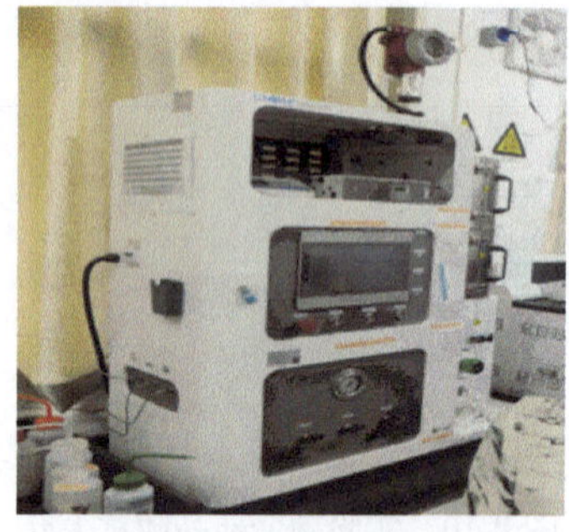

图Ⅱ-11 催化仪器无操作规程

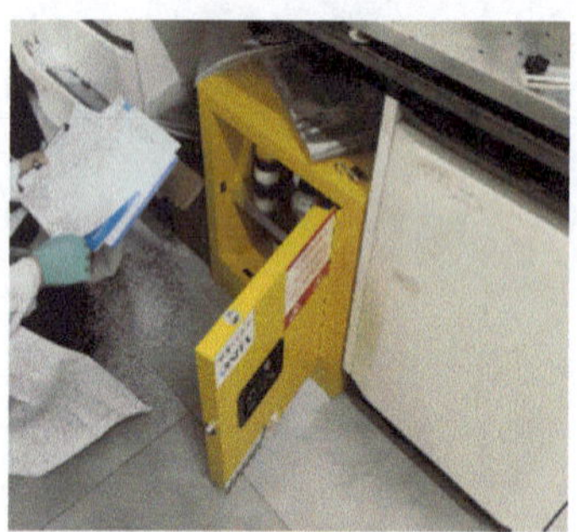

图Ⅱ-12 试剂柜无台账

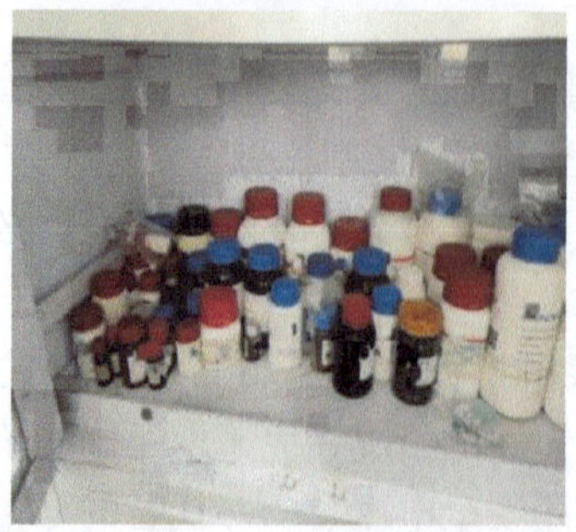

图Ⅱ-13 常用和不常用试剂混放

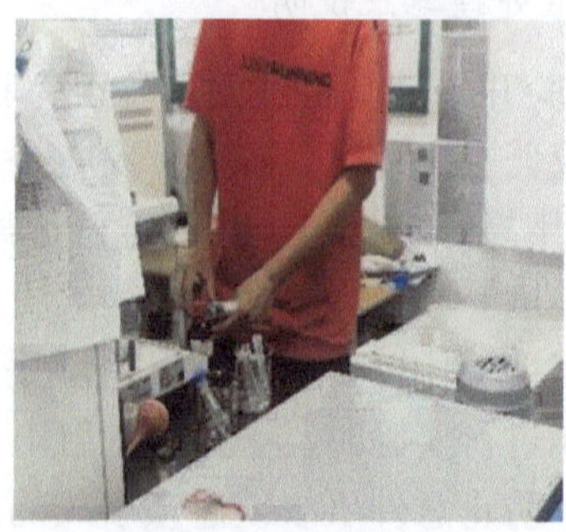

图Ⅱ-14 未穿实验服、戴手套

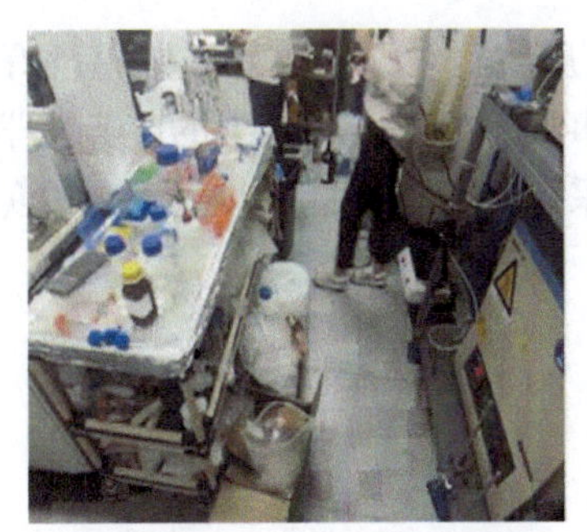

图Ⅱ-15　化学试剂未收好

3. 标准处理要求说明

(1) 实验室从事人员和实验室操作人员必须熟悉各种化学试剂的名称、性质、保管方法和使用方法，掌握试剂在不同实验操作过程中的操作顺序和方法，并学习实验室内的各种实验操作设备、仪表和检测设备的性能和操作，在实验操作过程中，按照实验的项目，严格控制实验时间、实验温度和反应剂量，确保反应安全正确地进行，防止意外事故的发生。

(2) 各种易燃、易爆、剧毒和腐蚀性的试剂存量不应过多，应以实验室实验所要求的用量按计划实施购买，试剂存放量最多不超过一周的使用量，实验室操作人员要做好试剂领用登记记录表，严格执行相应的试剂管理规章制度，实验室负责人要留有试剂相关的详细使用记录；对剧毒性或腐蚀性试剂要经过实验室负责人审批，做好试剂领取凭证和完整的使用记录领取表；对化学危险品库房的检查每天至少一次，对化学性质不稳定易分解变质的化学品要由专人定期测温、化验并做好相关记录。

(3) 实验室需要把不常用的化学试剂建立单独的储存空间集中起来统一管理，保证实验室安全和方便管理试剂的取用，对危险化学品存量较多的实验室，应建立单独的临时库房集中管理，确保有足够的空间进行检测以防危险事故的发生。

(4) 使用化学试剂时，应穿戴相应的防护物品，如护目镜、防护服和防护手套，保持使用环境有通风设备尽快排出易燃易挥发试剂。不许穿戴露脚趾和踝关节的鞋子和衣服，避免沾上不慎洒落或碰翻的危险化学试剂，对操作使用化学危险品时可能发生的中毒、着火或爆炸等意外事故要有相应的应急预案，实验室须配备诸如苏打水、稀硼酸水和清水一类的救护物品和药水，人体一旦接触到化学腐蚀试剂的部位要立即用清水冲洗，并根据伤情决定是否送医。

酸沾染皮肤处理：若皮肤不慎沾上浓硫酸，先用布擦去，然后立即用大量冷水冲洗，然后涂上 3%～5%的碳酸氢钠溶液，以防灼伤皮肤，若情况危急，做相应处理后应当立即送医检查就诊。

碱沾染皮肤处理：若不慎将碱液沾染在皮肤上，应该立即用大量水冲洗，再涂上硼酸或者醋即可，若不慎沾染在衣服上，应用洗衣粉清洗即可。

(5) 在实验操作完毕后，应将化学试剂收好，并整理好工作台面和地面，擦拭干净防止残留液体和固体等引发事故，对实验室产生的废弃化学试剂及有毒有害的液体不可随意倾倒、掩埋等，应集中采用废液桶收集回收处理，以免对环境产生危害，剧毒溶液须单独回收。

附Ⅱ.3　压力气瓶的使用

1. 常见的隐患

(1) 实验场所内易燃气体气瓶的存放数量过多。
(2) 压力气瓶未放置在阴凉通风处。
(3) 压力气瓶肩部的标签信息不完整。
(4) 压力气瓶瓶体缺少防震圈。
(5) 压力气瓶挪动时手执着开关阀移动。
(6) 气瓶周围放置易燃物。
(7) 存储气瓶的气瓶颜色不对。
(8) 开启气门时将头或身体对准气瓶总阀。

2. 处理错误示例图片

图Ⅱ-16　气瓶存放过多

图Ⅱ-17　气瓶放置在阳光照射的地方

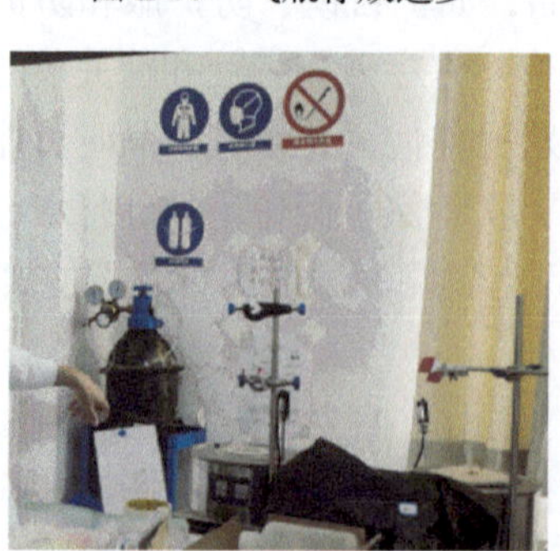

图Ⅱ-18　气瓶无安全周知卡

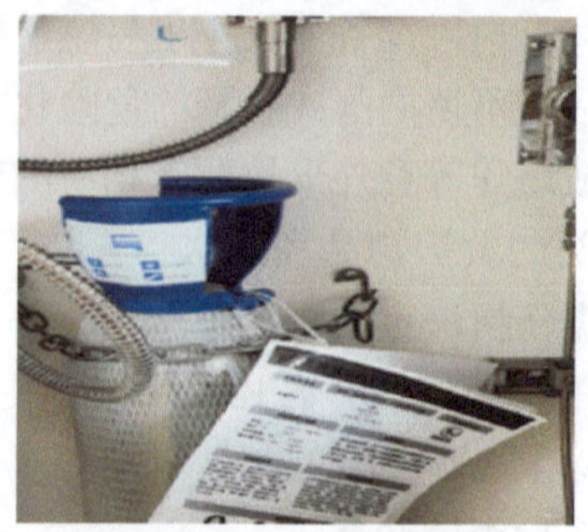

图Ⅱ-19　气瓶无防震圈

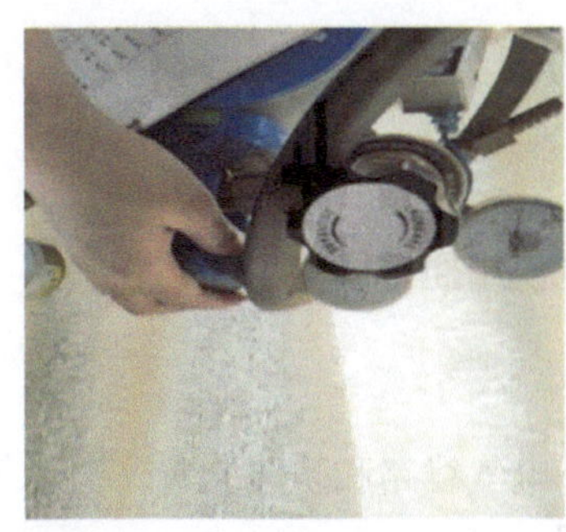

图Ⅱ-20　手持开关阀移动气瓶

图Ⅱ-21　气瓶周围放置塑料制品

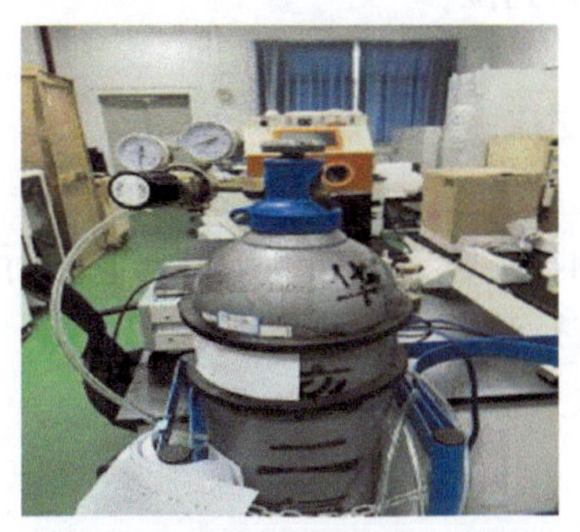

图Ⅱ-22　二氧化碳气瓶颜色应为铝白色

图Ⅱ-23　身体面对气瓶开启气门

3. 标准处理要求说明

(1)压力气瓶应直立放置，并应加装固定环和使用时固定，实验场所内易燃气体气瓶的存放数量不得超过两瓶。

(2)压力气瓶应储存在阴凉通风处的防火仓库，要远离热源、避免曝晒和强烈震动，放置须平稳避免震动，运输时更不允许在地面滚动。

(3)压力气瓶肩部的标签必须保证下述信息的完整性：制造厂、制造日期、气瓶型号、工作压力、气压实验压力、气压实验日期及下次送验日期、气体容积和气瓶重量等，如上述信息不完整，严禁购买和使用气瓶。

(4)压力气瓶安全附件(如气瓶瓶帽、防震圈等)必须配置齐全，并保证压力气瓶瓶体和瓶阀的清洁性，不能沾有油污等易燃品。

(5)气瓶应在固定区域放置，不得随意挪动；必须挪动时应用特制的担架或小推车，也可以用手平抬或垂直转动，禁止手执着开关阀移动。

(6)充装有互相接触后可引起燃烧、爆炸气体的气瓶(如氢气瓶和氧气瓶)，不能同车搬运或同存一处，也不能与其他易燃易爆物品混合存放。

(7)氧气瓶一定要防止与油类接触，且不可让其他可燃性气体混入氧气瓶；禁止使用存储其他可燃性气体的气瓶来充灌氧气。

(8)开启气门时不能将头或身体对准气瓶总阀，以防阀门或气压表冲出伤人。废气瓶按规定保留 0.05 MPa 以上的残余压力以防重新充气时气体倒灌，可燃性气体剩余 0.2～0.3 MPa，氢气应保留 2 MPa。

附Ⅱ.4 仪器设备的安全用电

1. 常见的隐患

(1) 电气设备的安装不合理，大功率设备用电使用插排供电。
(2) 乱拉乱接电线。
(3) 使用保护盒破损的插座。
(4) 实验室内电气线路和用电装置未使用防爆电气线路和防爆装置。
(5) 设备电源裸露部分绝缘装置损坏继续使用。
(6) 高压、高频设备未进行定期检修或未检修到位。
(7) 在实验室内抽烟、使用明火。
(8) 使用电器仪表时，未了解要求使用的是交流电还是直流电。
(9) 实验时，实验电路未准备好就接通电源。
(10) 电气仪表或电动机使用过程中发出异响、焦味，未切断电源对其进行操作。
(11) 发生触电时，未切断电源就对其患者进行救助，导致再次触电。
(12) 用电仪器设备着火时，使用水或泡沫灭火器灭火。

2. 处理错误示例图片

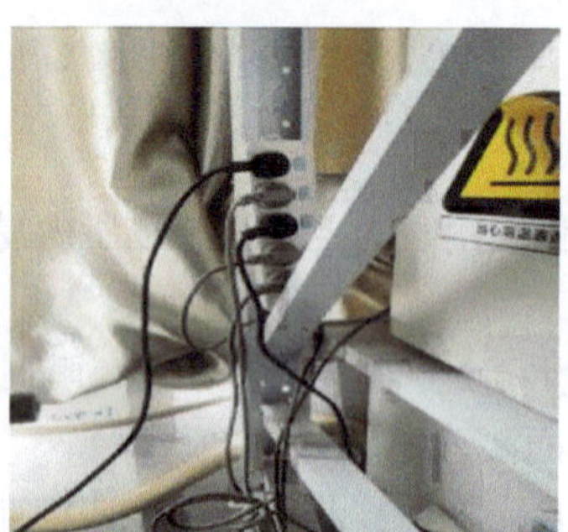

图Ⅱ-24 插排并联多个烘箱

图Ⅱ-25 乱接电线

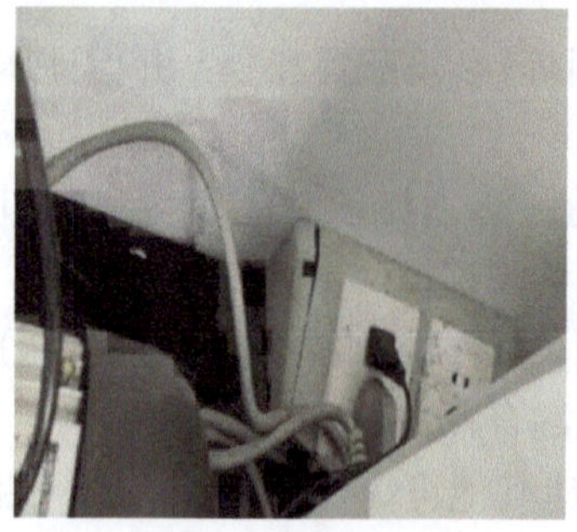

图Ⅱ-26 插座破损

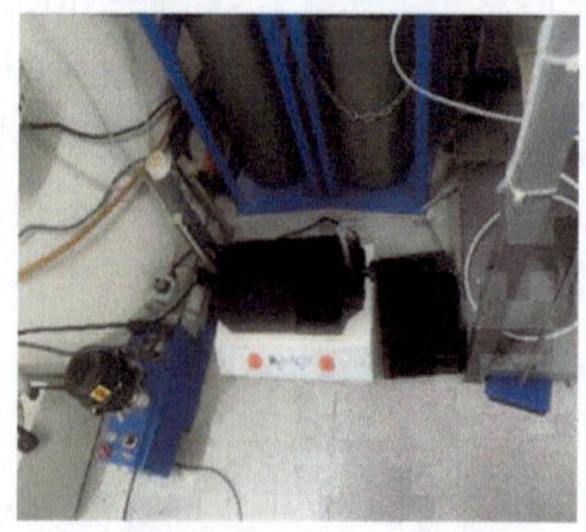

图Ⅱ-27 电线未进行保护

图Ⅱ-28　使用插头绝缘部分损坏的设备

3. 标准处理要求说明

(1)实验室内电气设备的安装和使用必须符合安全用电规定，大功率设备用电必须使用专线，严禁共用，谨防超负荷用电着火。

(2)保险丝要与设备用电量相符，安全通电量应大于用电功率，不可乱拉乱接电线和超负荷使用以免电器着火引起火灾。

(3)用电线路、配电盘、板、箱、柜等装置和线路系统中的各种开关、插座、插头等均应定期检查并维护，熔断装置内的熔丝必须与线路容量相匹配，严禁用其他导线替代。

(4)实验室内可能会散布易燃、易爆气体或粉体，所以电器线路和用电装置均应按规定使用防爆电气线路和防爆装置。

(5)电源裸露部分要有绝缘装置，所有电器金属外壳都必须保护接地，禁止湿手或湿物接触电器设备。

(6)高压、高频设备和相关防护措施要定期检修，保证设备接地安全并定期检查、测量接地电阻，线路接点必须牢固，电路元件两端接头不可互相接触以防短路。

(7)禁止在实验室内抽烟和使用明火取暖，必须用火的实验场所须经批准，两人以上才能使用。

(8)使用电器仪表前应先了解电器仪表要求的使用电源(交流电/直流电，三相电/单相电)及电压的大小(380 V、220 V、110 V或6 V)，检查电器功率是否符合要求及直流电器仪表的正、负极。

(9)实验先连接好电路再接通电源，实验结束后先切断电源再拆电路。

(10)电器仪表或电动机使用过程中如有不正常声响、局部温升或焦味，应立即切断电源检查确保无误后再操作。

(11)若发生触电应迅速切断电源，用绝缘体将电线移开，将患者恢复呼吸立即送医治疗。

(12)用电仪器设备或线路发生故障着火时，应立即切断电源，疏散人员并用沙子、二氧化碳或四氯化碳灭火，禁止用水或泡沫灭火器等灭火，当火无法扑灭时立即拨打119火警电话。

附Ⅱ.5　高压容器的安全防护

1. 常见的隐患

(1)压力容器没有操作规程。

(2)使用高压设备前未戴防护眼镜、防护面具和防护手套等。

(3)使用时未填写操作运行记录。

(4)气瓶用完只关减压器，未关开关阀。

(5)减压器和配套压力表有损坏或异常现象未停止工作状态就拆卸螺栓或压盖。

(6)未对压力表和管路进行定期检查。

2. 处理错误示例图片

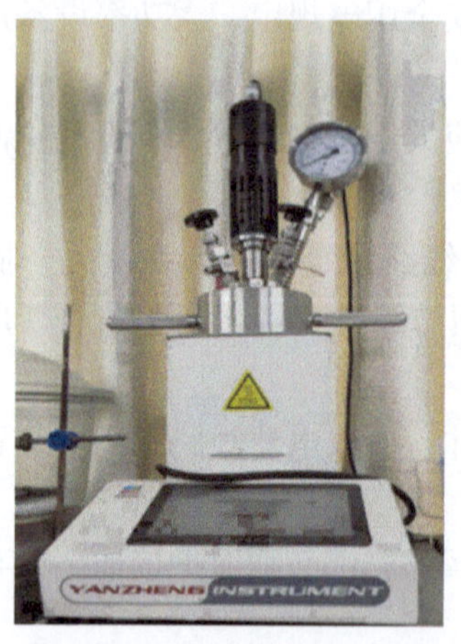

图Ⅱ-29　高压反应斧无操作规程

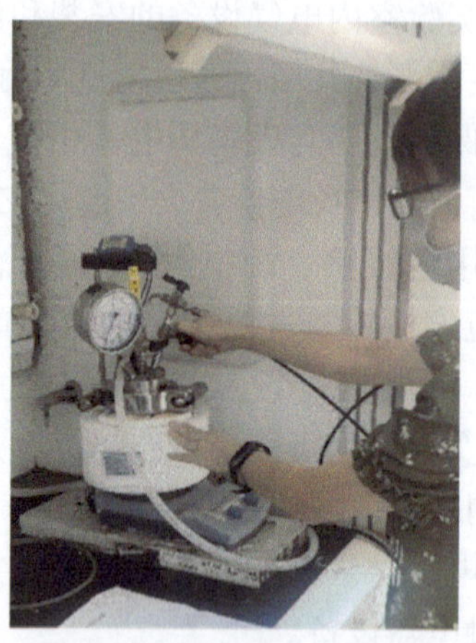

图Ⅱ-30　未戴防护眼镜、防护面具和防护手套

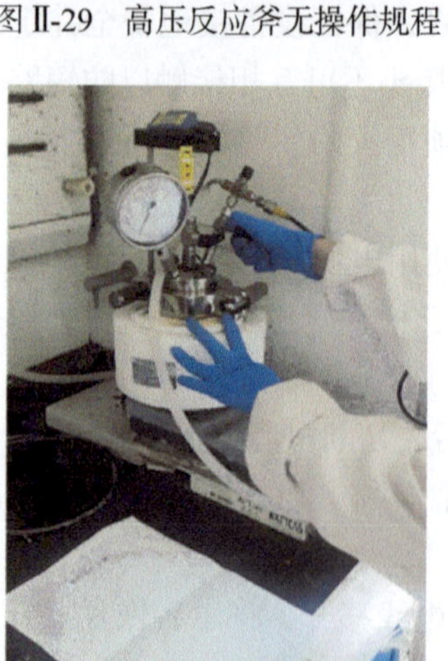

图Ⅱ-31　使用时未填写操作运行记录

图Ⅱ-32　气瓶用完只关减压器，未关开关阀

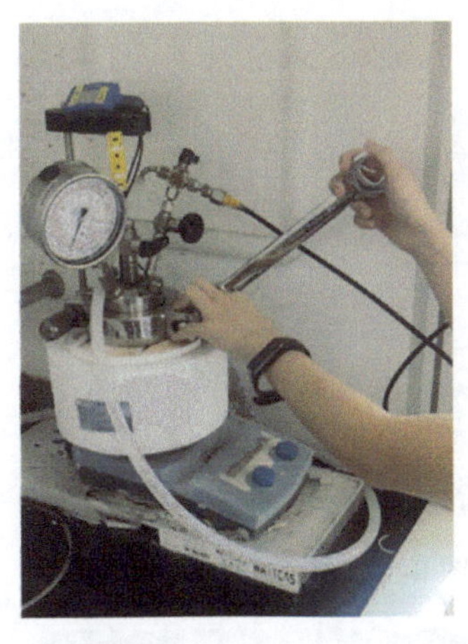

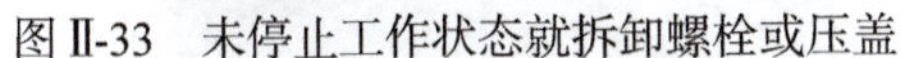

图Ⅱ-33　未停止工作状态就拆卸螺栓或压盖

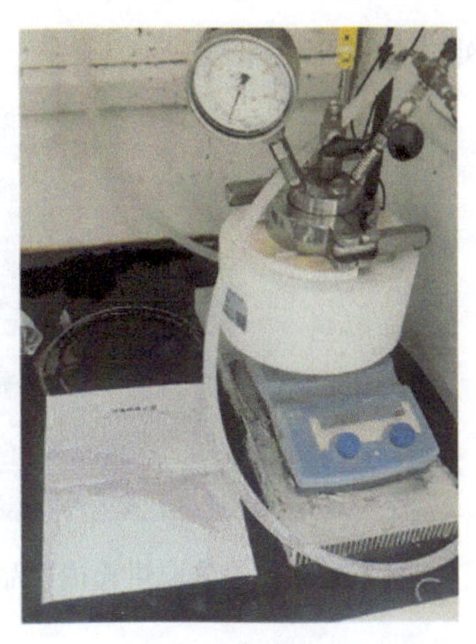

图Ⅱ-34　未对压力表和管路进行定期检查

3. 标准处理要求说明

(1)高压储气容器和一般受压的玻璃仪器使用不当会导致爆炸，使用前需掌握压力容器的基本常识和操作规程，未经培训不得使用。

(2)设备使用前确保充足有效的防护措施，比如安装防护板或防护墙，戴防护眼镜、防护面具和防护手套等，建议压力容器在防护措施充分的专用高压室进行。

(3)使用时要严格遵守安全操作规程，掌握操作方法、顺序及对排除一般故障的技能，并认真如实地填写操作运行记录。

(4)高压容器上选用合适量程的专用减压阀，不得随意改装，气压表不混用并在使用前检查是否漏气，开、关减压器和开关阀时动作必须缓慢，使用时先开开关阀后开减压器，用完先关开关阀放尽余气，再关减压器，切不可只关减压器，而不关开关阀气瓶。

(5)使用过程中发现泄漏现象要先停止工作状态后再拆卸螺栓或压盖等，发现减压器和配套压力表有损坏或异常现象时应立即联系专业人员修理。

(6)每月定期检查管路漏气和压力表运行情况，加强对设备的定期维护。定期检查压力容器防爆膜是否处于有效状态。

附Ⅱ.6　高温实验的安全保护措施

1. 常见的隐患

(1)高温实验未戴防高温手套，徒手拿取烘箱内的干燥物品。

(2)取放加热物品时徒手直接接触。

(3)水/油浴锅加入的水/油过多或水位过低未进行补充。

(4)大量固体析出的反应因使用磁力搅拌不均发生爆沸。

(5)高温反应操作台面放置易燃品。

2. 处理错误示例图片

图Ⅱ-35 徒手拿取烘箱内物品

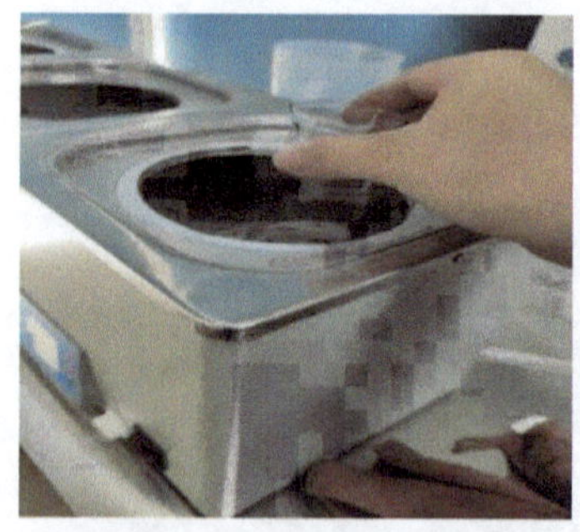

图Ⅱ-36 徒手拿取加热物品

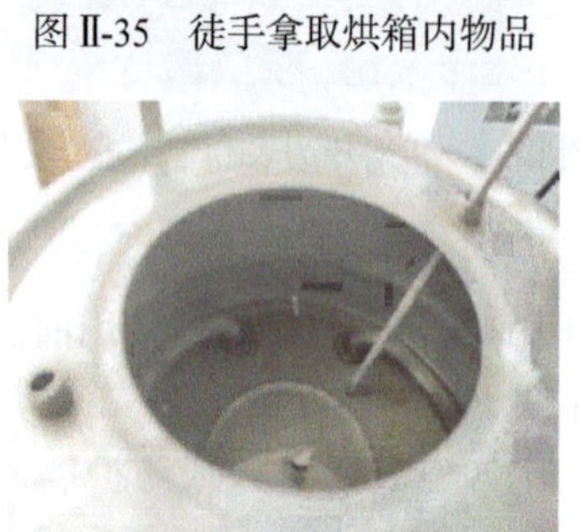

图Ⅱ-37 水浴锅内水位过低

图Ⅱ-38 固体析出的实验使用磁力搅拌

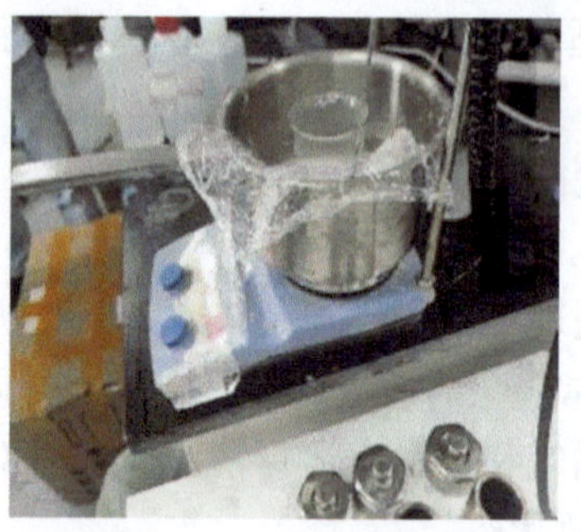

图Ⅱ-39 高温反应放置塑料

3. 标准处理要求说明

(1)高温实验必须戴防高温手套，不可徒手拿烘箱内的干燥物品等。

(2)取放加热物品时应用夹子，避免手直接接触。

(3)水/油浴锅加入的水/油不可超过锅体积的 2/3，注意水位并及时补充。

(4)控温在 180～230℃，建议更换新的甲基硅油，旧油有可能混入杂质而自燃，温度超过 230℃的反应只能使用电热套或沙浴进行，大量固体析出反应需要使用机械搅拌，以免因磁力搅拌不均而受热不良发生爆沸，甚至发生冲料。

(5)高温反应的操作台面要保持整洁空旷，准备好灭火毯，随时以防可能发生的危险，反应期间不得擅自离开。

附录Ⅲ　物理量名称及符号表

符号	物理量名称	符号	物理量名称
γ、σ	表面张力	θ	接触角
r	毛细管的半径	θ_e	本征接触角
h	毛细管中液面上升的高度	θ_w	Wenzel 状态下的表观接触角
ρ	测量液体的密度	θ_o	空气中油的接触角
g	重力加速度	θ_{ow}	水下油的接触角
m	质量	θ_a	前进角
ω	接触圆宽度	θ_r	后退角
A	黏附张力	α	滚动角
S	铺展系数	γ_{ls}	液-固界面张力
$\mathrm{d}G$	表面自由能	γ_{gs}	气-固界面张力
t	毛细管插入液体中的深度	γ_{gl}	气-液界面张力
p_m	毛细管中气泡最大压力	γ_{sv}	固-气界面的表面张力
Δp	压差	γ_{so}	固-油界面的表面张力
Δd	液面的高度差	γ_{ov}	油-气界面的表面张力
P_o	液滴顶点 O 处的静压力	γ_{sw}	固-水界面的表面张力
d_e	悬滴的最大直径	γ_{ow}	油-水界面的表面张力
d_s	离顶点距离为 d_e 处悬滴截面的直径	W_a	黏附功
b	液滴顶点 O 处的曲率半径	W_i	浸润功
z	以液滴顶点 O 为原点，液滴表面上 P 的垂直坐标	f_s	固液接触界面与总接触界面的面积比

附录Ⅲ

附录Ⅳ 表面测试仪器介绍

序号	名称	图片	功能介绍
1	表面张力仪		用于测量液体表面张力值的专业测量/测定仪器，通过白金板法、白金环法、最大气泡法、悬滴法、滴体积法以及滴重法等原理，实现精确液体的表面张力值的测量。利用软件技术，可以测得随时间变化而变化的表面张力值
2	界面张力仪	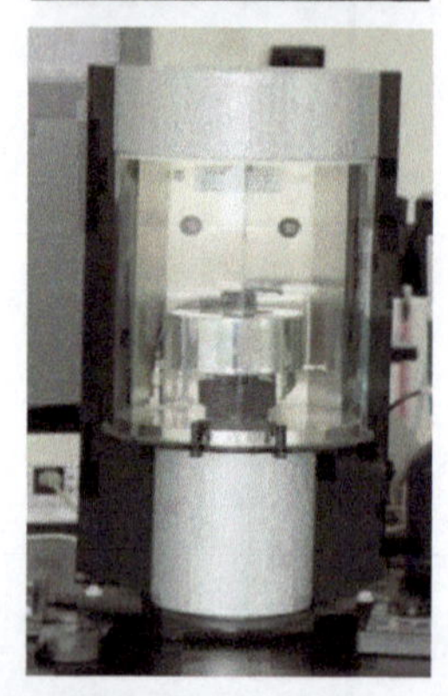	基于圆环法(白金环法)，测量各种液体的表面张力(液-气相界面)及液体的界面张力(液-液相界面)
3	接触角测试仪	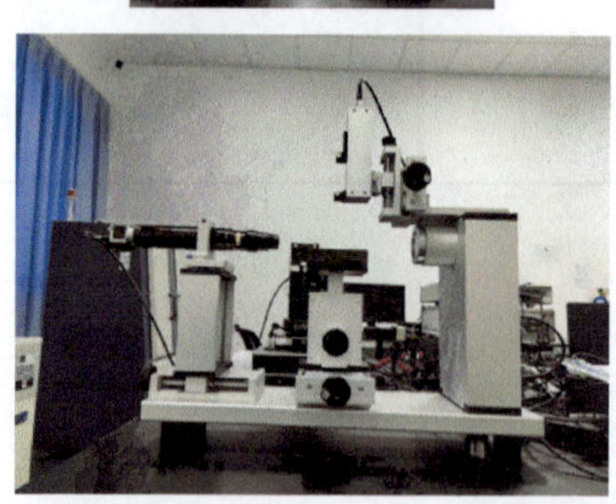	用于测量液体对固体的接触角，即液体对固体的浸润性，可以测量各种液体对各种材料的接触角
4	流变仪	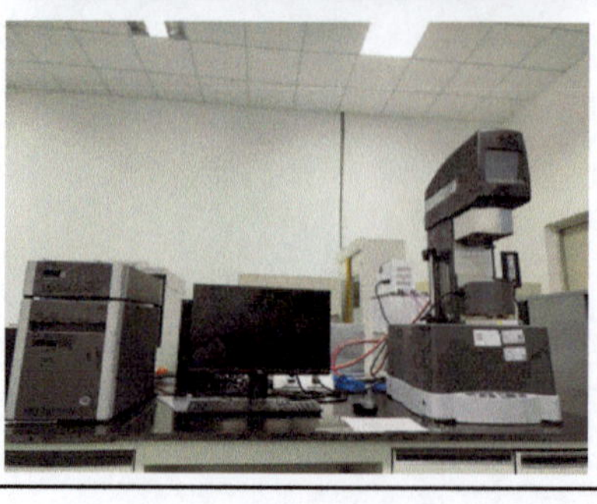	用于测试原油、高分子溶液黏度、黏度与温度、剪切速度等因素的关系，软件可以自动得到各种因素间的关系曲线

续表

序号	名称	图片	功能介绍
5	扫描电镜		冷场发射扫描电子显微镜对真空条件要求高，束流不稳定，发射体使用寿命短，仅局限于单一的图像观察，应用范围有限；而热场发射扫描电子显微镜不仅连续工作时间长，还能与多种附件搭配实现综合分析
6	表面粗糙度测量仪	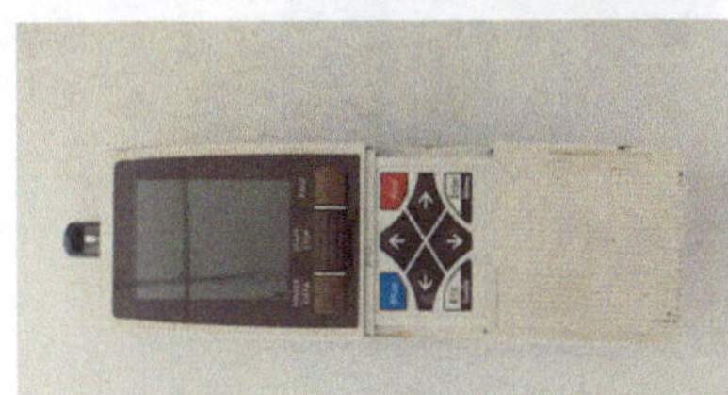	可对多种零件表面的粗糙度进行测量，包括平面、斜面、外圆柱面、内孔表面、深槽表面及轴承滚道等，实现了表面粗糙度的多功能精密测量
7	原子力扫描电镜(AFM)	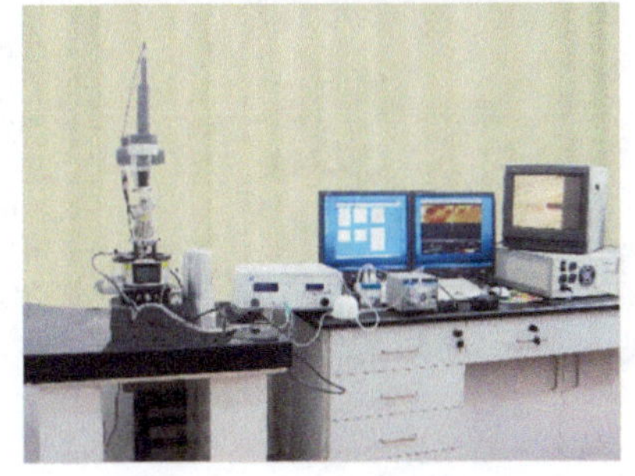	用来研究包括绝缘体在内的固体材料表面结构的分析仪器。可以提供真正的三维表面图
8	轮廓测量仪	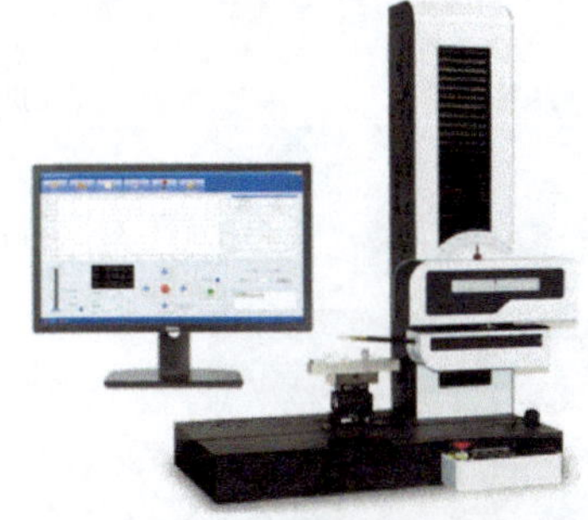	测量各种机械零件素线形状和截面轮廓形状的精密设备。仪器采用微机控制，自动实现测量循环，自动消除安装误差，直接显示所测零件的形状及参数，并可打印图形和数据，供产品质量检测及工艺分析
9	比表面测试仪		用于测定粉体的比表面(单位质量粉体颗粒外部表面积和内部孔结构的表面积之和)

续表

序号	名称	图片	功能介绍
10	Zeta 电位仪		Zeta 电位仪可用于测定分散体系颗粒物的固-液界面电性(ζ电位)，也可用于测量乳状液液滴的界面电性，也可用于测定等电点、研究界面反应过程的机理
11	激光粒度仪		通过颗粒的衍射或散射光的空间分布(散射谱)来分析颗粒大小的仪器
12	X 射线光电子能谱	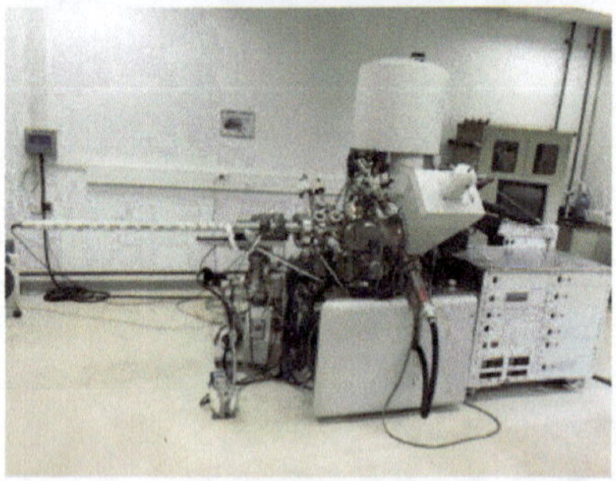	可准确地测量原子的内层电子束缚能及其化学位移，为化学研究提供分子结构和原子价态方面的信息，还能为电子材料研究提供各种化合物的元素组成和含量、化学状态、分子结构、化学键方面的信息，还能给出表面、微小区域和深度分布方面的信息
13	拉曼光谱	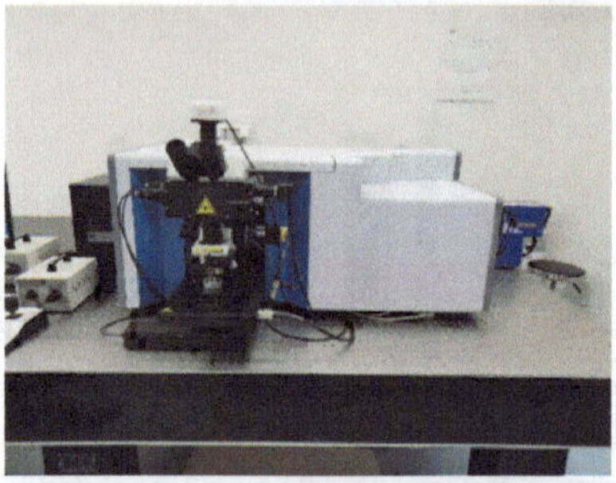	对与入射光频率不同的散射光谱进行分析以得到分子振动、转动方面信息，通过对拉曼光谱的分析可以知道物质的振动转动能级情况，从而可以鉴别物质，分析物质的性质
14	化学气相沉积仪		将两种或两种以上的气态原材料导入到一个反应室内，使它们相互之间发生化学反应，形成一种新的材料并沉积到基体表面上

附录Ⅳ

续表

序号	名称	图片	功能介绍
15	溅射仪		溅射仪为一种镀膜装置，能够被扫描电镜、电子探针等仪器用来对试样进行制备
16	静电纺丝机	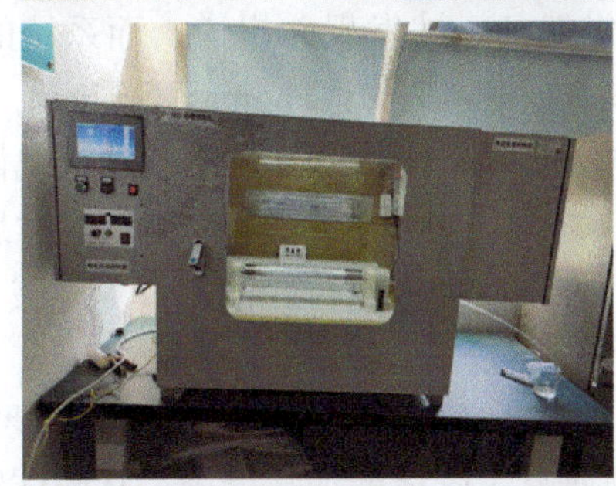	基于高压静电场下导电流体产生高速喷射的原理发展而来，聚合物溶液在几千至几万伏的高压静电场下克服表面张力而产生带电喷射流，溶液射流在喷射过程中干燥，并保持一定电荷量，最终落在接收装置上形成纤维。静电纺制造的纳米纤维层具有孔隙率高、比表面积大、吸附性强、过滤性强以及良好的力学性能
17	X射线衍射仪		X射线衍射仪是一种最常见、应用面最广的射线衍射分析仪器。可以获得分析对象的粉末X射线衍射图谱。可用于物品的物相定性或定量分析、晶体结构分析、材料的织构分析、宏观应力或微观应力的测定、晶粒大小测定、结晶度测定等，在材料科学、物理学、化学、化工、冶金、矿物、药物、塑料、建材、陶瓷中有广泛应用

附录V　胶体与界面科学发展简史

胶体与界面科学涉及学科众多，本附录仅针对物理化学、胶体化学、表面化学相关的发展史历程，如有遗漏和不足之处，还望后续者能补全补缺，让更多的人了解和记住历史上为胶体与界面科学发展做出贡献的科技工作者和科学家。

胶体和表面在 19 世纪后半叶成为物理化学家的研究对象，但并没有充分了解其本质。进入 20 世纪后，随着观测技术的进步，推进了定量研究，这一领域才开始快速发展。在 20 世纪初，胶体吸引了很多研究者的兴趣。最初研究者的兴趣在于金属溶胶和硫化物等无机物胶体，但随着生物化学的发展，兴趣转移到了蛋白质这样的大分子，但当时主流的观点认为蛋白质是小分子的胶体，关注蛋白质胶体也源于这个观点。胶体是具有很大表面积的体系。

胶体粒子从戴维和法拉第时代就已经被发现并报道，而系统的研究是从英国化学家托马斯·格拉罕姆开始的。托马斯·格拉罕姆(Thomas Graham，1805—1869)，就读于苏格兰大学，历任伦敦大学教授(1837～1855 年)。他在进行气体扩散的研究之后转向胶体研究，被称作近代胶体化学之父。1861 年，他以糊状的意思引入了“胶体”这个词，将用膜分离胶体和结晶质的方法命名为透析。他制备了硅酸、氧化铝、氢氧化铁等各种物质的胶体，并将溶液称作溶胶。

在 19 世纪末期之前，哈迪(W. B. Hardy，1864—1934)和弗罗因德利希(H. M. F. Freundlich，1880—1941)等详细地研究了胶体的加盐凝固，从胶体置于电场中就会向电极移动的实验确认了胶体粒子带电荷。胶体在电场中的移动被称作电泳(electrophoresis 或 cataphoresis)。

1757 年，本杰明·富兰克林(Benjamin Franklin，1706—1790)观察到海面上的油膜有镇波的效果，并于 1774 年发表了对此的考察。19 世纪后半叶，物理学家对表面张力测定及其理论研究达到了鼎盛期。1891 年，德国艾格尼丝·泡克尔斯(Agenes Pockels，1862—1935)就水面上的油膜考察了表面张力和表面积的关系，发现在某个临界面积以上和以下表面张力有很大差异，在瑞利的介绍下，泡克尔斯将研究结果发表在 *Nature* 上。她手工制作的测定表面张力的装置可以说是后来朗格缪尔(Langmuir)开发的著名装置的原型。

同时期，瑞利也在做同样的研究。1899 年，他揭示了难溶性物质如果有充分的表面积，就会在液体表面展开，形成一个分子厚度的单分子膜。他于 1904 年获诺贝尔物理奖。

1898 年，布瑞迪希(Georg Bredig，1868—1944)以在水中于金属电极之间通电弧电流的方式制备了金属胶体的溶胶。用这个方法在水溶液中制备了铂、金、银等的溶胶。

胶体粒子产生光散射自 1869 年发现以来以“丁铎尔现象”而广为人知。在 19 世纪 70 年代，瑞利对光散射进行了详细研究，证明散射光的强度与波长的 4 次方成反比。1907 年，米氏(Mie，1869—1957)提出了散射粒子的大小与波长相关性的理论。1947 年，德拜将瑞利的理论应用于高分子溶液，将光散射用于高分子分子量的测定。

利用丁铎尔现象在显微镜下观察胶体粒子的是化学家席格蒙迪(Richard Adolf Zsigmondy，1865—1929，出生在维也纳，曾在维也纳、慕尼黑、柏林的多个大学学习。在慕尼黑大学取得博士学位后，在柏林、格拉茨的几个大学及耶拿的玻璃公司工作过，后受聘为格丁根大学教授。以金胶体、有色玻璃研究、基于光散射理论探明胶体状态等业绩闻名)。他与物理学家西登托夫(Henry F. W. Siedentopf，1872—1940)合作开发了超倍显微镜。光线通过胶体溶液体系，用显微镜可以在与光线成直角方向观测散射光。超倍显微镜于 1903 年被报道后，立即被用于胶体的观测，确认了微小粒子的存在。基于此，1907 年沃尔夫冈・奥斯特瓦尔德(Wolfgang Ostwald，1883—1943)定义“胶体是物质以 0.2～1 μm 粒径的大小分散的体系”。席格蒙迪于 1925 年获诺贝尔化学奖。

特奥多尔・斯韦德贝里(Theodor Svedberg，1884—1971)：出生于瑞典的巴尔博，曾在乌普萨拉大学学习，后来又任该大学教授、物理化学研究所所长。对胶体粒子确认了布朗运动的实验依据。开发了超速离心分离技术，为胶体化学的发展做出了贡献，使确定蛋白质等高分子的分子量成为可能，为生物化学、生物物理学、高分子化学的发展做出了很大贡献。还有，和蒂塞利乌斯一起作为电泳法的开拓者而闻名于世。他于 1926 年获诺贝尔化学奖。

阿尔内・带塞利乌斯(Arne Wilhelm Kaurin Tiselius，1902—1971)：瑞典化学家。乌普萨拉大学毕业后，给斯韦德贝里当助手继续研究工作，1938 年任乌普萨拉大学教授。在蛋白质溶液的电泳研究，特别是电泳装置的开发方面，氨基酸及蛋白质分解溶液的吸附分析等领域取得了业绩。他于 1948 年获诺贝尔化学奖。

单分子膜的研究从 19 世纪末到 20 世纪初由瑞利(Rayleigh，1842—1919)和泡克尔斯(Pockels)开始，接着在第一次世界大战前由马塞兰(Marcelin)继续进行，但大的发展是由欧文・朗格缪尔(Irving Langmuir，1881—1957)带来的。1917 年，朗格缪尔设计了一种通过压力差直接测定表面压的仪器——“Langmuir 膜天平”，详细研究了表面压与表面积之间的关系，厘清了存在两类膜网的机理。欧文・朗格缪尔出生于纽约，在哥伦比亚大学学习金属工学后，到格丁根大学师从能斯特获得博士学位。1909 年进入美国通用电气(GE)公司的研究所，在这里一直持续致力于改善电灯泡的寿命而进行在加热金属灯丝存在的条件下气体热传导的研究，查明了电灯泡寿命依赖于钨丝的蒸发。由此得以认识到灯丝与气体相互作用的重要性，提出了单分子吸附层的概念，他也因此成为固体表面化学研究的开拓者。另外，还进行了水面上的油膜研究，在单分子膜的研究方面也是先驱性人物，与布洛杰特一起开发了单分子膜制备的方法。他于 1932 年获诺贝尔化学奖。

国内相关发展历程

傅鹰(1902—1979)，胶体化学家、表面化学家和化学教育家。祖籍福建省福州市。1916 年入北京汇文学校读书，1919 年考入燕京大学化学系，1922 年赴美国就读于密歇根大学化学系，师从美国著名胶体化学家巴特尔(F. E. Bartell)教授，1928 年获博士学位。

傅鹰先生于 1929 年发表的博士论文，曾对著名的特劳贝(Traube)规则进行了修改和补充。特劳贝认为，吸附量随溶质(同系物)的碳链增加而增加。而傅鹰却用硅胶从溶液中的吸附实验证明，在一定的条件下，吸附量随溶质的碳链增加而减少。傅鹰的论文引起了美国化学界的注意。1951 年，美国化学家 Cassid 所著的《吸附和色谱》一书，引述了傅鹰这一成果，并指出这一理论具有普遍意义。傅鹰在进行液体对固体湿润热的研究中指出，湿润热是总表面能变化的度量，不是自由表面能变化的度量。度量自由表面能变化的应是黏附力，不能完全依靠湿润热的大小来判断液体对固体的吸附程度，并于 1929 年首创了利用湿润热测定固体粉末比表面的热化学方法。1944～1950 年，傅鹰第二次赴美期间主要从事吸附作用的研究，并协助巴特尔指导博士研究生。他发现了溶液中多分子层吸附现象，将著名的 BET 多层吸附公式由气相中的吸附合理地推广并应用于溶液中的吸附，还提出了计算活度系数的方法。傅鹰还是著名的化学教育家，他知识渊博，熟知科学史，“科学给人以知识，科学史给人以智慧”正是出自他之口。这一阶段，刚刚成长起来的中国现代化学家所进行的研究工作多在国外进行，且接触当时前沿学科的研究成果甚少。在 20 世纪 30～40 年代，中国化学家在十分艰苦的战争环境中开展研究工作，取得零星成果，在世界上显示了中国人的聪明才智，但没有形成系统的深入研究，所以这一时期也是中国现代化学艰难的成长时期。

张高勇(1942—2007)，中国工程院院士，主持了酰胺类表面活性剂的性能研究与工程开发；他所领导的科研团队参加了我国洗涤用品工业“八五”以来的科技发展规划的编制及国家中长期科技发展规划战略研究中轻纺科技问题研究。历年来，获国家技术发明奖三等奖 1 项，国家科技进步奖三等奖 2 项，部级科技进步奖一等奖 2 项。

陈克复，中国工程院院士，主要研究方向为纤维悬浮液流动力学及流变学、中高浓制浆技术、纸页成形技术、涂料与涂布技术。在工程方面的研究方向有中高浓制浆漂白技术、纸页成形技术、制浆造纸清洁生产技术与装备、现代造纸机的关键技术与装备。在理论方面的研究领域有化工流体力学、纤维悬浮液流变学，获国家技术发明奖二等奖、国家科技进步奖一等奖和国家科技进步奖三等奖各 1 项，教育部优秀成果奖 2 项。

江雷，中国科学院院士，获 2005 年国家自然科学奖二等奖，从事仿生功能界面材料的制备及物理化学性质的研究，揭示了自然界中具有特殊浸润性表面的结构与性能的关系，提出了“二元协同纳米界面材料”设计体系。

房喻，中国科学院院士，提出了“连接臂层屏蔽/富集效应”，主要从事功能表界面与凝胶化学研究。聚焦薄膜荧光传感研究，发展了单层化学、组合设计和界面限域动态聚合等敏感薄膜创制策略，揭示了“动态传能、特异结合、微环境效应”传感新机制，首创了叠层式传感器结构，打破了国外垄断，率先发展了化学组装共轭高分子膜，解决了凝胶推进剂雾化效率低和高能量固液悬浮体系长期稳定化难等关键问题。

彭孝军，精细化工专家，中国科学院院士，长期从事精细化工领域研究。代表性成果：荧光染料识别与响应调控的理论与应用基础研究，从母体结构、识别基团、作用机理三个方面，揭示了通过染料激发态调控实现荧光比例发射与响应的理论规律，显示出对专一性识别和比例荧光响应向实用化目标发展的重要指导价值，针对染料与客体的作用，提出利用染料激发态分子内氢键给体和受体间相互依托的六元环，调控氢键质子的酸性的方法，阐明了诱导氟离子选择性脱除质子、抑制染料激发态质子转移、实现氟的颜色和比例荧光响应的机理，解决了复杂环境中众多阴离子和水对氟响应干扰的国际难题。

附录Ⅵ　不同温度下水的蒸汽压、密度、黏度、表面张力、折光率

温度/℃	蒸汽压 p/Pa	密度 ρ/(g/cm^3)	黏度 η/(mPa·s)	表面张力 $\sigma\times10^{-3}$/(N/m)	折光率 n_D（钠光 589.3 nm）
0	610.527	0.99984	1.7910	75.64	1.3339
1	656.793	0.99990	1.7313		
2	705.860	0.99994	1.6728		
3	757.992	0.99997	1.6191		
4	813.459	0.99998	1.5674		
5	872.391	0.99997	1.5188	74.92	1.33388
6	935.057	0.99995	1.4728		
7	1001.72	0.99991	1.4283		
8	1072.66	0.99985	1.3860		
9	1147.75	0.99978	1.3462		
10	1227.74	0.99970	1.3077	74.22	1.33370
11	1312.52	0.99961	1.2713	74.07	1.33365
12	1402.39	0.99950	1.2363	73.93	1.33359
13	1497.45	0.99938	1.2028	73.78	1.33352
14	1598.25	0.99925	1.1709	73.64	1.33346
15	1705.05	0.99910	1.1404	73.49	1.33339
16	1817.85	0.99895	1.1111	73.34	1.33331
17	1950.65	0.99878	1.0828	73.19	1.33324
18	2063.58	0.99860	1.0559	73.05	1.33316
19	2196.91	0.99841	1.0299	72.90	1.33307
20	2337.98	0.99821	1.0050	72.75	1.33299
21	2486.64	0.99800	0.9810	72.59	1.33290
22	2643.57	0.99777	0.9579	72.44	1.33281
23	2809.04	0.99754	0.9358	72.28	1.33272
24	2983.57	0.99730	0.9142	72.13	1.33263
25	3167.43	0.99705	0.8937	71.97	1.33252
26	3361.17	0.99679	0.8737	71.82	1.33242
27	3565.03	0.99652	0.8545	71.66	1.33231
28	3779.83	0.99623	0.8360	71.50	1.33219
29	4005.69	0.99599	0.8180	71.35	1.33208
30	4243.16	0.99565	0.8007	71.18	1.33196
31	4492.62	0.99535	0.7840		
32	4755.02	0.99503	0.7679		

续表

温度/℃	蒸汽压 p/Pa	密度 ρ/(g/cm^3)	黏度 η/(mPa·s)	表面张力 $\sigma\times10^3$/(N/m)	折光率 n_D (钠光 589.3 nm)
33	5030.48	0.99471	0.7523		
34	5319.68	0.99438	0.7371		
35	5623.28	0.99404	0.7225	70.38	1.33131
40	7376.46	0.99222	0.6560	69.56	
45	9583.90		0.5883	68.74	
50	12334.54	0.98804	0.5494	67.91	
60	19917.13	0.98322	0.4688	66.18	
80	47346.19	0.97181	0.3547	62.6	
100	101332.32	0.95836	0.2818	58.9	

附录Ⅶ　元素字母表

元素序号	元素符号	中文名	英文名	原子量
1	H	氢	hydrogen	1.00794(7)
2	He	氦	helium	4.002602(2)
3	Li	锂	lithium	6.941(2)
4	Be	铍	beryllium	9.0121831(3)
5	B	硼	boron	10.811(7)
6	C	碳	carbon	12.0107(8)
7	N	氮	nitrogen	14.0067(2)
8	O	氧	oxygen	15.9994(3)
9	F	氟	fluorine	18.998403163(6)
10	Ne	氖	neon	20.1797(6)
11	Na	钠	sodium(符号来自拉丁语 natrium)	22.98976928(2)
12	Mg	镁	magnesium	24.3050(6)
13	Al	铝	aluminium	26.9815385(7)
14	Si	硅	silicon	28.0855(3)
15	P	磷	phosphorus	30.973761998(5)
16	S	硫	sulfur/sulphur	32.065(5)
17	Cl	氯	chlorine	35.453(2)
18	Ar	氩	argon	39.948(1)
19	K	钾	potassium(符号来自德语 kalium)	39.0983(1)
20	Ca	钙	calcium	40.078(4)
21	Sc	钪	scandium	44.955908(5)
22	Ti	钛	titanium	47.867(1)
23	V	钒	vanadium	50.9415(1)
24	Cr	铬	chromium	51.9961(6)
25	Mn	锰	manganese	54.938044(3)
26	Fe	铁	iron(符号来自拉丁语 ferrum)	55.845(2)
27	Co	钴	cobalt	58.933194(4)
28	Ni	镍	nickel	58.6934(4)
29	Cu	铜	copper(符号来自拉丁语 cuprum)	63.546(3)
30	Zn	锌	zinc	65.38(2)
31	Ga	镓	gallium	69.723(1)
32	Ge	锗	germanium	72.64(1)

续表

元素序号	元素符号	中文名	英文名	原子量
33	As	砷	arsenic	74.921595(6)
34	Se	硒	selenium	78.971(8)
35	Br	溴	bromine	79.904(1)
36	Kr	氪	krypton	83.798(2)
37	Rb	铷	rubidium	85.4678(3)
38	Sr	锶	strontium	87.62(1)
39	Y	钇	yttrium	88.90584(2)
40	Zr	锆	zirconium	91.224(2)
41	Nb	铌	niobium	92.90637(2)
42	Mo	钼	molybdenum	95.95(1)
43	Tc	锝	technetium	[98.9072]
44	Ru	钌	ruthenium	101.07(2)
45	Rh	铑	rhodium	102.90550(2)
46	Pd	钯	palladium	106.42(1)
47	Ag	银	silver(符号来自拉丁语 argentum)	107.8682(2)
48	Cd	镉	cadmium	112.414(4)
49	In	铟	indium	114.818(3)
50	Sn	锡	tin(符号来自拉丁语 stannum)	118.710(7)
51	Sb	锑	antimony(符号来自拉丁语 stibium)	121.760(1)
52	Te	碲	tellurium	127.60(3)
53	I	碘	iodine	126.90447(3)
54	Xe	氙	xenon	131.293(6)
55	Cs	铯	caesium/cesium	132.90545196(6)
56	Ba	钡	barium	137.327(7)
57	La	镧	lanthanum	138.90547(7)
58	Ce	铈	cerium	140.116(1)
59	Pr	镨	praseodymium	140.90766(2)
60	Nd	钕	neodymium	144.242(3)
61	Pm	钷	promethium	144.9(2)
62	Sm	钐	samarium	150.36(2)
63	Eu	铕	europium	151.964(1)
64	Gd	钆	gadolinium	157.25(3)
65	Tb	铽	terbium	158.92535(2)
66	Dy	镝	dysprosium	162.500(1)
67	Ho	钬	holmium	164.93033(2)
68	Er	铒	erbium	167.259(3)

续表

元素序号	元素符号	中文名	英文名	原子量
69	Tm	铥	thulium	168.93422(2)
70	Yb	镱	ytterbium	173.054(5)
71	Lu	镥	lutetium	174.9668(1)
72	Hf	铪	hafnium	178.49(2)
73	Ta	钽	tantalum	180.94788(2)
74	W	钨	tungsten(符号来自德语 wolfram)	183.84(1)
75	Re	铼	rhenium	186.207(1)
76	Os	锇	osmium	190.23(3)
77	Ir	铱	iridium	192.217(3)
78	Pt	铂	platinum	195.084(9)
79	Au	金	gold(符号来自拉丁语 aurum)	196.966569(5)
80	Hg	汞	mercury(符号来自拉丁语 hydrargyrum)	200.59(2)
81	Tl	铊	thallium	204.3833(2)
82	Pb	铅	lead(符号来自拉丁语 plumbum)	207.2(1)
83	Bi	铋	bismuth	208.98040(1)
84	Po	钋	polonium	[208.9824]
85	At	砹	astatine	[209.9871]
86	Rn	氡	radon	[222.0176]
87	Fr	钫	francium	[223.0197]
88	Ra	镭	radium	[226.0245]
89	Ac	锕	actinium	[227.0277]
90	Th	钍	thorium	232.0377(4)
91	Pa	镤	protactinium	231.03588(2)
92	U	铀	uranium	238.02891(3)
93	Np	镎	neptunium	[237.0482]
94	Pu	钚	plutonium	[239.0642]
95	Am	镅	americium	[243.0614]
96	Cm	锔	curium	[247.0704]
97	Bk	锫	berkelium	[247.0703]
98	Cf	锎	californium	[251.0796]
99	Es	锿	einsteinium	[252.0830]
100	Fm	镄	fermium	[257.0591]
101	Md	钔	mendelevium	[258.0984]
102	No	锘	nobelium	[259.1010]
103	Lr	铹	lawrencium	[262.1097]
104	Rf	𬬻	rutherfordium	[267.1218]

续表

元素序号	元素符号	中文名	英文名	原子量
105	Db	𨧀	dubnium	[268.1257]
106	Sg	𨭎	seaborgium	[269.1286]
107	Bh	𨨏	bohrium	[274.1436]
108	Hs	𨭆	hassium	[277.1519]
109	Mt	鿏	meitnerium	[278]
110	Ds	𫟼	darmstadtium	[281]
111	Rg	𬬭	roentgenium	[282]
112	Cn	鿔	copernicium	[285]
113	Nh	鿭	nihonium	[284]
114	Fl	𫓧	flerovium	[289]
115	Mc	镆	moscovium	[288]
116	Lv	𫟷	livermorium	[292]
117	Ts	鿬	tennessine	[294]
118	Og	鿫	oganesson	[295]

附录Ⅶ

附录Ⅷ 思考题参考答案

第 1 章

1.1 水黾为什么可以轻易地在水面上移动?

参考答案：基于其腿部绒毛形成的疏水效应。水黾腿上有大量定向排列的刚毛，并且形成了纳米沟槽，这种纳米微观结构具有优异的疏水性能。

1.2 举例说出自然界中具有代表性的亲水或疏水效果的动植物。

参考答案：荷叶的自清洁作用(疏水作用)；鲨鱼的快速游动(亲水作用)；昆虫翅膀(各向异性的浸润性)；蚊子复眼的防雾(疏水作用)。

1.3 什么是超亲液表面?

参考答案：接触角 $\theta<10°$的固体表面。

1.4 什么是超疏水材料?

参考答案：接触角 $\theta>150°$且滚动角 $\alpha<10°$时的固体表面。

1.5 空气中可产生的极端润湿状态有哪些?

参考答案：超亲水、超疏水、超亲油和超疏油。

1.6 润湿性可调控材料可从哪些设计点入手?

参考答案：除了表面成分和表面形貌外，可从气体环境、光、电、磁、热等入手实现表面浸润性的变化。

1.7 发展润湿调控材料的意义有哪些?

参考答案：实现自清洁、防雾、抗结冰、液体减阻、防反射、可逆性黏附等各种特殊功能特性。

1.8 在铁锅表面倒一些油并加热，铁锅表面为什么不容易生锈?

参考答案：油容易在金属表面铺展润湿，形成一层膜隔绝空气，避免金属表面裸露与空气的氧气发生氧化。

1.9 我们所常用的胶黏剂为什么不容易黏结塑料件?

参考答案：塑料件通常为低表面能物质，空气中的水汽通常不容易在其表面铺展，而胶黏剂主要成分为氰基丙烯酸乙酯，这类物质通过与水分子形成交联固化而形成黏附，所以在塑料件表面用胶黏剂效果不理想。

1.10 在水果和蔬菜的运输中，如何保持物品新鲜?

参考答案：包装箱内层进行疏水处理，如涂上光油或上蜡，目的是减少这类果蔬运输过程失水。同时，为减少果蔬的呼吸作用产生的乙烯气体，还可在夹层加入气体乙烯吸收剂。

1.11 请解释缓蚀剂的作用机理。

参考答案：金属表面与介质接触后，表面金属有变为金属离子的倾向，这个化学或者电化学的过程就是金属的腐蚀过程。为保护金属表面，通常可以在表面涂覆一层保护膜或者保护层，起到防止电化学或者化学腐蚀的作用。缓蚀剂通常含有电负性较大的基团以及 O、N、S、P 等原子并具有碳氢链结构，这类分子电负性较大基团吸附在金属表面后，就改变了双电层的结构，提高了金属离子的活化能，而碳氢链则在表面形成定向排列，形成一层疏水薄膜，让其环境介质不容易与金属表面接触，使得腐蚀反应变慢或者抑制，这种疏水效应起到很好的缓蚀作用，具有用量少、见效快等特点。

1.12　古话说“水银泻地，无孔不入”，这句话反映了什么样的科学道理？“水银泻地”有什么危害？

参考答案：水银(汞 Hg)的表面张力是 485.5 mN/m(20℃)，其密度达到 13.59 g/cm^3，所以在其落地时，容易分溅成很多细小的液滴(这是表面张力高的原因)，这些小液滴因密度大，非常容易渗入孔道导致不容易吸出。由于水银容易挥发，在这种情况下的水银液滴会快速挥发，人体如果吸入就会导致中毒。

1.13　什么是界面化学？

参考答案：界面化学是研究发生在界面的各种化学现象的学科。

1.14　什么是界面科学？

参考答案：界面科学是研究发生在界面的各种现象(物理或者化学现象)的学科。

1.15　界面科学与其他学科的关系是什么？

参考答案：现代科学中的各种工程技术、日常生活现象很多都是从界面现象开始，这导致界面科学在一定程度上与各个学科都有关联，是真正意义上的交叉学科。傅鹰先生在胶体科学中说过“没有任何科学是孤立的”，这段话也指出科学领域各个学科的关联性。

1.16　查阅文献，解释为什么蜘蛛丝可以收集水。

参考答案：蜘蛛丝由湿敏亲水鞭毛蛋白组成，放大的蜘蛛丝可以观察到纺锤节结构，水在蜘蛛丝上凝结并移动时，会发生结构性润湿重建，从而发生方向性集水，其驱动力来自结构性润湿重建导致的表面能梯度和 Laplace 压力差，包括其几何结构——纺锤节结构。

1.17　准备两个硬币，一杯自来水，一杯滴加三四滴洗洁精的自来水，两个塑料滴管。分别用滴管在硬币表面逐滴滴加，哪个硬币表面能承载更多的液体？为什么？

参考答案：滴加自来水的硬币表面能承载更多液体。硬币金属表面属于高能表面，会吸附液体覆盖表面，水在硬币表面有收缩减小表面积的趋势，所以纯的自来水滴加，可以加较多的水滴；而加入表面活性剂的自来水，其表面张力会明显降低，导致滴加到硬币表面时，液体会快速润湿铺展。

1.18　润湿现象如何在节约能源方面起到作用？举例说明。

参考答案：热电厂要用到很多冷凝管，水蒸气在接触冷凝管时如果冷凝成液滴并在冷凝管表面铺展，一个影响是形成的水膜会降低热交换效率，二是时间长了会腐蚀管道。对冷凝管外壁采用疏水化合物(十八烷基二硫化物)，可使得管壁变为疏水，水滴形成液滴后会迅速沿管壁滑落，提高热效率。而对管内壁生产无机垢，通常采用酸分解清除，也可以在管道内壁提前修饰低表面能物质形成抗润湿性，降低生垢的影响。

1.19　润湿剂的定义是什么？润湿剂具有什么样的特点？

参考答案：润湿剂是能加速液体润湿固体表面的活性物质或表面活性剂。这类润湿剂具有一定的支链结构，且具有极性基团。这类润湿剂通常为阴离子表面活性剂和非离子表面活性剂。

1.20　为什么具有支链结构的非离子表面活性剂润湿性能优异?

参考答案：当润湿剂的浓度大于临界胶束浓度时，在温度不变的条件下，润湿时间(WOT)取决于其扩散系统 D 和每克表面活性剂在空气/水溶液界面所占据的面积 S，Fowkes 公式可转化为

$$\lg\text{WOT} = K - 2\lg C - C^1 - \lg D$$

式中，K 取决于被润湿材料的物理特性及每克表面活性剂在空气/水溶液界面所占据的面积 S，C 是表面活性剂的初始浓度，C^1 是产生给定 WOT 所需要的固-液界面上的表面活性剂浓度，D 是表观扩散系数。

$$S = Na / \text{MW}$$

其中，N 为阿伏伽德罗常数，a 为分子量为 MW 的表面活性剂在空气/水溶液界面的分子面积。

从上式可见，在空气/水溶液界面有最大的分子表面积并且分子量较小的表面活性剂具有较好的润湿时间。

1.21　请阐述洗涤与润湿的联系。

参考答案：洗涤的目的是去除界面上吸附的污垢，这类污垢通常具有很大的表面能，用水或者去污剂消除这些污垢粒子首先要求液体能在污垢粒子和吸附界面间铺展，加入的洗涤液中的表面活性剂能显著降低界面张力，如果洗涤液能完全在污垢粒子和界面间铺展，这可以预见污垢会脱离界面进入洗涤液体中，在这个过程中，洗涤液在固体表面的润湿铺展起到很重要的作用。

第 2 章

2.1　Wenzel 模型的优势和缺点在哪里?

参考答案：考虑到实际物体表面为粗糙状态，引入粗糙度因子，但其前提是假设固体表面被液体完全充满，而实际情况下，液固界面间还存在气垫层。

2.2　Cassie-Baxter 模型增加了哪些方面的考虑?

参考答案：考虑了固体表面存在不同组成润湿状态不同的情况。

2.3　超疏水表面的构筑有哪些方式?

参考答案：一种方法是在具有低表面能的材料基底表面上构筑微纳多级的粗糙结构；另一种方法是在具有粗糙结构的表面用低表面能物质进行修饰。

2.4　什么是表面自由能?

参考答案：表面自由能是在恒温、恒压、恒体积情况下，可逆地增加体系的表面积所做的非体积功。

2.5　表面张力有哪些测定方法?

参考答案：表面张力的测定方法分为静态法和动态法。静态法主要有毛细管上升

法、旋滴法、悬滴法、最大气泡压力法、Wilhelmy 吊片法等；动态法包括振荡射流法、毛细管波法等。

2.6　简述表面自由能的热力学定义。

参考答案：狭义定义：保持体系温度、压力、组成不变时，增加单位表面积，体系 Gibbs 自由能的变化；

或者广义定义：保持体系相应变量不变时，增加单位表面积，体系热力学函数的变化。

2.7　简述固体表面自由能的定义。

参考答案：形成单位固体新表面外力做的可逆功。

2.8　高表面能固体的特点?

参考答案：高表面能固体有减少表面的趋势，所以更容易被外界物质吸附从而降低表面能。

2.9　前进角与后退角的关系？滞后现象的影响因素？

参考答案：前进角与后退角的差值代表了在一定倾斜度的固体表面，液体相对移动的滞后性。

影响因素一般包括热力学和动力学因素。

2.10　如何使得某一固体表面具有亲水和疏油性？从公式解释。

参考答案：需要同时具备足够高的极性表面自由能分量以及足够低的色散表面自由能分量。

$$\cos\theta_{\mathrm{o}}=\frac{2\sqrt{\gamma_{\mathrm{sv}}^{\mathrm{d}}}}{\sqrt{\gamma_{\mathrm{lv}}^{\mathrm{d}}}}-1 \tag{1}$$

$$\cos\theta_{\mathrm{w}}=\frac{2\sqrt{\gamma_{\mathrm{sv}}^{\mathrm{d}}\gamma_{\mathrm{lv}}^{\mathrm{d}}}+2\sqrt{\gamma_{\mathrm{sv}}^{\mathrm{p}}\gamma_{\mathrm{lv}}^{\mathrm{p}}}}{\gamma_{\mathrm{lv}}^{\mathrm{p}}+\gamma_{\mathrm{lv}}^{\mathrm{d}}}-1 \tag{2}$$

式中，上标 p 和 d 分别表示极性分量和非极性分量(色散分量)，下标 s、l、v 分别代表固体、液体、气体，w 和 o 分别代表水和油。由公式(1)可见，要使得体系疏油，固体非极性分量的表面自由能要低于液体的，这要求表面能修饰或吸附含氟物质或碳氢链物质；要使得体系亲水，则要求固体表面的极性表面自由能和色散表面自由能具有一定的平衡值，也就是说表面吸附的极性基团和非极性基团(多实验采用含氟基团)数目要保持一定的相对数量。

附录Ⅷ

2.11　请阐述一下液体的黏附功、浸润功、铺展系数与接触角的关系。

参考答案：在三相界面，在恒温恒压下，假设液相位移增加了面积 $\mathrm{d}A_{\mathrm{ls}}$、气固面积减少了 $\mathrm{d}A_{\mathrm{gs}}$、气液的面积扩大了 $\mathrm{d}A_{\mathrm{gl}}$，假设体系表面均一使得接触角的变化忽略不计，平衡态时，根据杨氏公式，体系的自由能变化为

$$\mathrm{d}G=\gamma_{\mathrm{ls}}\mathrm{d}A_{\mathrm{ls}}+\gamma_{\mathrm{gs}}\mathrm{d}A_{\mathrm{gs}}+\gamma_{\mathrm{gl}}\mathrm{d}A_{\mathrm{gl}}$$

因为 $dA_{ls}=-dA_{gs}$，$dA_{gl}=dA_{ls}\cos\theta$，有

$$dG=\gamma_{ls}dA_{ls}-\gamma_{gs}dA_{ls}+\gamma_{gl}dA_{ls}\cos\theta$$

$$\frac{dG}{dA_{ls}}=\gamma_{ls}-\gamma_{gs}+\gamma_{gl}\cos\theta$$

平衡时，$\frac{dG}{dA_{ls}}=0$，有

$$\gamma_{ls}-\gamma_{gs}+\gamma_{gl}\cos\theta=0$$

将其代入黏附功、浸润功、铺展系数 S 的公式，有

黏附功 $W_a=\gamma_{gl}\times(1+\cos\theta)$

浸润功 $W_i=\gamma_{gl}\times\cos\theta$

铺展系数 $S=\gamma_{gl}\times(\cos\theta-1)$

因此，只要接触角小于或等于 180°，黏附一定是自发的；而接触角小于等于 90°，浸润是可自发。而对铺展而言，接触角等于 0°时，铺展才会自发进行。

2.12　一些液体表面张力不大，却不能在高能表面铺展，为什么?

参考答案：这是高能表面的自憎现象。某些极性液体，其分子结构中含有极性基团和碳氢链，则可能会在固体表面吸附时发生定向排列的吸附层，其碳氢链朝向空气，把表面降为低能表面，形成的新表面的表面张力低于液体的表面张力，导致吸附液体本身也不能在表面铺展。

2.13　生活中冲奶粉、冲咖啡、冲泡粉末药剂等会遇到颗粒物的润湿问题，颗粒之间的润湿请用接触角理论解释一下。

参考答案：因为此类颗粒物属于密集堆积体系，彼此间充满空隙，液体润湿的过程也就是取代原来气固界面的过程，类似于毛细管作用的过程，可用 Washburn 方程解释。

$$x^2=\frac{rt}{2\eta}\gamma_{lg}\cos\theta$$

其中，x 为液体移动距离，r 为毛细管半径，t 为时间，η 为液体黏度，θ 为接触角，γ_{lg} 为液体表面张力。

从方程可见，液体黏度越小，移动距离越大。与铺展不同，这里的液体表面张力越大，越有利于驱动液体移动。而当接触角大于 90°时，液体不能移动，也就是润湿过程很长或者难以实现短时润湿；当接触角小于 90°时，会产生压力差，液体可润湿颗粒物表面并移动一定距离。

2.14 固体临界表面张力 γ_C 与润湿的关系是什么？

参考答案：随着合成技术的发展，越来越多低能固体表面材料被合成，根据Zisman 的研究，同系有机液体在同一固体表面的接触角随着表面张力的降低而变小，并且 $\cos\theta$ 与液体表面张力 γ_l 作图，外延至 $\cos\theta=1$ 处，可求得固体临界表面张力 γ_C，若液体表面张力小于 γ_C，则液体可在此表面自行铺展；若大于 γ_C，则液体无法在该表面自行铺展润湿。固体临界表面张力 γ_C 是表征低能固体表面可被润湿的一个重要经验参数。

2.15 如何测定液体在固体粉末表面的接触角？

参考答案：根据 Washburn 方程，

$$x^2 = \frac{rt}{2\eta}\gamma_{lg}\cos\theta$$

针对特定的多孔堆积的粉末，上式可修改为

$$h^2 = \frac{CRt}{2\eta}\gamma_{lg}\cos\theta$$

其中，h 为液面在 t 时间内上升的高度，C 为毛细因子，R 为多孔堆积的粉末的毛细孔道的平均半径，假设粉末堆积密度恒定不变，CR 可看作定值，选择一个已知表面张力和黏度且能完全润湿粉末的液体，测定 h^2-t 的关系图，应得线性关系，可由斜率求得 CR 值，在不更换固体粉末和保持相同堆积密度的条件下，更换待测液体，先测待测液体的黏度和表面张力，同理做不同时间 h^2 对 t 的关系图，则可求得该待测液体对固体粉末的接触角 θ。

2.16 表面和界面的含义有区别吗？

参考答案：有。表面通常指气-固界面、气-液界面；界面通常指液-固界面、液-液界面、固-固界面。

2.17 松软土壤雨后容易塌陷，为什么？

参考答案：根据 Laplace 公式，雨后，堆积的土壤颗粒间本来的空气被水替代，这个过程中如果缝隙足够小，就会产生压差 Δp 而且数值巨大，从而形成凹液面导致坍塌。

2.18 物理吸附与化学吸附的本质区别？

参考答案：物理吸附与化学吸附的本质区别在相互作用力的区别。物理吸附的作用力一般是范德瓦耳斯力，而化学吸附则是形成了新的化学键。

2.19 范德瓦耳斯力分为几种？

参考答案：范德瓦耳斯力分为色散力、静电力、诱导力。色散力普遍存在于极性或非极性分子间。而静电力和诱导力存在于极性分子间。

2.20 吸附热的物理意义？

参考答案：表征吸附剂与吸附质的相互作用力(亲和力)，吸附热大意味着两者的亲和力大。

2.21　Langmuir 等温线通常用来表征什么材料?

参考答案：表征单分子层的物理吸附和化学吸附，通常用来定量描述多孔材料。某些疏水型固体通常不能用 Langmuir 等温线描述。

2.22　表面张力与表面自由能的区别?

参考答案：它们是对同一表面现象从力学和热力学角度的描述，表面张力应用在解释界面现象的各种力学平衡，表面自由能反映现象的本质和解释相关的各种热力学体系的关系。

2.23　如何实现超双疏界面?

参考答案：从热力学角度，需要固体的表面自由能远小于液体的表面自由能。超双疏体系通常引入氟碳链；超疏水体系常常在表面引入碳氢链。同时固体表面具有一定粗糙微结构。

2.24　超亲水/水下疏油表面的构造?

参考答案：

水下接触角的杨氏方程可表述为

$$\cos\theta_{\mathrm{ow}} = \frac{\gamma_{\mathrm{ov}}\cos\theta_{\mathrm{o}} - \gamma_{\mathrm{wv}}\cos\theta_{\mathrm{w}}}{\gamma_{\mathrm{ow}}}$$

已知油的表面张力小于水的表面张力，因此对于亲水表面来讲，$\gamma_{\mathrm{ov}}\cos\theta_{\mathrm{o}}$ 小于 $\gamma_{\mathrm{wv}}\cos\theta_{\mathrm{w}}$。所以空气中亲水表面在水下通常是疏油的，表面的疏油性会随着空气中亲水性的增加而增加。

2.25　超疏水或超双疏表面的构造原理?

参考答案：降低固体表面自由能，在表面引入低表面能物质；超双疏表面通常引入含氟物质，并在表面构筑一定的微观结构。

2.26　超亲水/水下超疏油表面的构造原理?

参考答案：表面构造微纳结构形貌，引入极性基团，在水下表面能捕获一层水分子于表面微结构中。

2.27　超亲水/超疏油表面的构造原理?

参考答案：引入低表面能基团如氟碳链，同时表面保留一定数量的亲水基团，并且在表面构建一定的微纳结构形貌。

2.28　设计一种表面活性剂结构，使其润湿效果最好，并作解释(该参考答案不固定)。

参考答案：对高能表面，设计含长链碳氢链(双链或树状大分子)；对低能表面，设计含氟链化合物。

2.29　试述一下超亲水/超疏油表面的构造原理。

参考答案：

目前有实验证明的是液体渗透模型，液体渗透模型是一种基于间隙及表面的亲水基团和疏水基团所提出的理论模型。液体渗透模型的提出者 Brown 等基于此，认为表面超亲水/超疏油的形成是由于亲水基团在于双疏表面的底部，水分子在亲水基团的吸引下透过双疏分子层的间隙而实现超亲水性；而对于油，由于疏水基团的拦截而无法透过，导致超疏油性。

2.30　高分子聚合物的碳氢链引入杂原子会影响润湿性，请给以下基团对表面张力降低的影响排序：①—CF_3；②—CF_2H；③—CFH_2。

参考答案：表面张力由大到小的顺序③ > ② > ①。

2.31　物理吸附与化学吸附的主要区别是什么？

参考答案：物理吸附通常用范德瓦尔斯力引起，无选择性，任何固体可以吸附任何气体；化学吸附由分子间形成新的化学键，有选择性，通常会发生放热反应。

2.32　物理吸附与化学吸附的共同特点是什么？

参考答案：都能达到吸附平衡。

2.33　固体表面张力越低，则越难被液体浸润，这说法是对还是错？

参考答案：对。

2.34　润湿液体在毛细管中上升的高度与液体表面张力成正比还是反比？

参考答案：正比。

2.35　已知 20℃下，V=0.0563 cm^3，V/R^3=10.22，所用液体密度为 0.9982 g/cm^3，求对应的表面张力。

参考答案：根据$\gamma = F \cdot \frac{V\rho g}{R}$，$F$ 值可查阅相关数据表，将各项值代入，求得表面张力。

第 3 章

3.1　水热法的概念？

参考答案：水热法(hydrothermal synthesis)是指在较高温度(100～1000℃)和较高压力(1 MPa～1 GPa)条件下，在水溶液或蒸汽等流体中进行有关化学反应的合成方法。

3.2　水热法的原理是什么？

参考答案：用氧化物或者氢氧化物或凝胶体作为前驱体，以一定的填充比进入高压釜，在加热过程中溶解度随温度升高而增大，最终导致溶液过饱和，并逐步形成更稳定的新相。反应过程的驱动力是最后可溶的前驱体或中间产物与最终产物之间的溶解度差。

3.3　水热法的反应器使用过程要注意什么？

参考答案：因为是带压反应，所以首先要注意实验安全，要注意水热釜使用时的安全操作规程，定期检查水热反应釜的密封性和注意操作规范。

3.4　水热法的优点有哪些？

参考答案：①工艺较简单，不需要高温处理，相对降低能耗；②适用性广泛，既可制备出超微粒子，又可制备粒径较大的单晶，还可以制备无机陶瓷薄膜；③原料相对价廉易得，成本相对较低；④可调节晶体生长的环境气氛。

3.5　如何考虑水热法前驱体的选择？

参考答案：前驱体与最终产物在溶液中应有一定的溶解度差，以推动反应向粉体生成的方向进行。

3.6　水热氧化法要注意什么问题？

参考答案：因反应需要高温反应，注意高温安全。高温时注意控温和不要产生加热液体的爆沸。

3.7　水溶法中的矿化剂起到什么作用？

参考答案：通常是一类在水中的溶解度随温度的升高而持续增大的化合物，如一些低熔点的盐、酸和碱，加入矿化剂不仅可以提高溶质在水热溶液中的溶解度，而且可以改变其溶解度温度系数。

3.8　使用内衬底材质为聚四氟乙烯的水热反应釜，应该注意什么问题？

参考答案：聚四氟乙烯可以很好耐酸碱，但使用时使用温度应低于聚四氟乙烯的软化温度(最好控制在200℃以下)。

3.9　水热法有什么局限性？

参考答案：水热法往往只适用于氧化物功能材料或少数一些对水不敏感的化合物的制备与处理，而对其他一些对水敏感(与水反应、水解、分解或不稳定)的化合物材料的制备与处理就不适用。

3.10　水热法若选用过氧化氢做溶剂，需要注意什么？

参考答案：过氧化氢在加热过程中会产生气体，极易导致釜内压力增大。这类实验过程选用反应釜必须配置压力表和排气阀，开釜时需要先泄压(参见附录Ⅱ实验安全知识)。

3.11　水热法反应釜使用安全操作规范？

参考答案：投料前应先检查反应釜是否有污染，将高压釜内壁、搅拌、冷却盘管、温度探头套管以及接合面等用清洁剂清洗干净；然后检查压力表和排气阀，再检查密封性。

3.12　根据实验室安全，水热釜操作区域一般要贴什么标志进行安全警示？

参考答案：(1)

(2)对于使用水热釜进行催化氢化反应：对所使用的气瓶钢瓶，检查气瓶是否按照要求正确放置，气瓶安全附件是否完整，气瓶信息是否完全，操作规程上有明确的安全标示和气瓶时使用状态指示牌。

第 4 章

4.1　溶胶-凝胶法的概念？

参考答案：溶胶-凝胶法是通过水解缩合反应，将前驱体形成溶胶-凝胶的一种新型的制备杂化材料的方法。

4.2　溶胶-凝胶法的原理？

参考答案：将金属醇盐或者无机盐又或者两者的混合物作为前驱体，经过有机溶剂或者水的溶解形成均匀的混合物，在催化剂(如酸、碱)的作用下，前驱体水解或醇解，形成多价的水解(醇解)产物后进行缩合，形成溶胶。在水解阶段，金属成分可任意组合或掺杂，获得各种性能的复合溶胶体系。然后改变条件(如 pH 值、温度或蒸发溶剂)，使溶胶粒子进一步长大，形成空间网状结构，这时体系失去流动性，形成“凝胶”。

4.3　溶胶-凝胶法滴加水时，要注意什么问题？

参考答案：金属醇盐遇水容易发生水解凝固，因此滴加速率会明显地影响溶胶时间，注意滴加时速度不能过快，否则容易生成沉淀。滴加时要通过搅拌方式使得反应均匀。

4.4　溶胶-凝胶法使用的催化剂适用范围？

参考答案：常用的催化剂有醋酸、盐酸、硫酸、氨水、氢氧化钠。使用这类物质要注意 pH 值，当 pH 值较高时，盐类的水解速度较低，而聚合速度较大，且易于沉淀，粉体粒径易粗化；随着 pH 值的减小，金属离子水解速度快，聚合度较小，凝胶粒子小；但 pH 值过低，溶液酸度过高，金属离子络合物的稳定性下降。

4.5　溶胶-凝胶法制备疏水涂层时如何控制表面粗糙度？

参考答案：考虑引入长链硅烷偶联剂和有支链的硅烷偶联剂混合反应，碳链增长有利于阻止水往内层扩散，支链的增多使得碳链间堆砌更密集；降低滴加催化剂的速度和加大搅拌，可控制生产较小粒径胶体粒子。

4.6　溶胶-凝胶法制备超亲水材料要常引入哪类粒子？超双疏常引入哪类物质？

参考答案：常用溶胶-凝胶法制备二氧化钛纳米颗粒；超双疏除生产二氧化硅粒子外，常引入低表面能物质如含氟类化合物。

4.7　溶胶-凝胶法用在腐蚀防护上的优势是什么？

参考答案：该方法制备的溶胶可以涂覆在保护表面上，并且生成的凝胶与基底的结合力较强，不容易剥离，可以耐受一定程度的机械应力，并且施工方便。这是溶胶-凝胶法的优势。

4.8　溶胶-凝胶法制备的超疏水和超亲水表面可以防雾吗？

参考答案：都可以防雾。超亲水表面一般采用二氧化钛形成超亲水表面，在表面形成一层水膜，防止表面形成水滴；而超疏水表面则是降低水滴在表面的附着力，让其在表面难以形成冰核，超疏水表面能够在更低的温度下保持镜面干净不结冰，而超亲水表面适用温度一般在−5℃以内。

4.9　防冰和疏冰的区别？

参考答案：防冰性是指水滴直接从材料表面滚落而不结冰。疏冰性是指冰在基材表面的脱落或延缓结冰的时间。

4.10　溶胶-凝胶法的一个缺点是陈化时间过长，试想有什么方法解决？

参考答案：根据反应机理，通过调整 pH 值、控制陈化温度或蒸发溶剂，可使溶胶粒子进一步长大，形成空间网状结构。

4.11　溶胶-凝胶法中硅烷偶联剂的使用要注意什么？

参考答案：硅烷偶联剂遇水很快发生水解，所以在原料混合阶段注意溶剂要除水，并且在加水和催化剂的阶段注意反应体系用搅拌方式，让体系水解反应更均匀。

4.12　溶胶和凝胶有什么区别？

参考答案：溶胶具有一定的流动性，凝胶则是失去流动性。

4.13　溶胶有什么特点？

参考答案：高度分散性，热力学不稳定性，多相体系。

4.14　凝胶形成的条件是什么？

参考答案：降低其在溶剂中的溶解度；形成的胶体粒子不发生沉降，彼此间连接形成骨架。

4.15　影响溶胶-凝胶形成的因素？

参考答案：溶剂、反应温度、前驱体、催化剂。

第 5 章

5.1　沉积法的概念？

参考答案：通过置换反应或阴极还原在基体材料上沉积纳米颗粒等以形成粗糙结构，基于不同的材料和沉积条件能够获得不同的表面形貌，诸如纳米针状物、纳米颗粒物等，从而使基材表面具有不同的润湿特性。

5.2　沉积法的分类？

参考答案：可划分为以下三类：物理气相沉积(physical vapor deposition，PVD)，化学气相沉积(chemical vapor deposition，CVD)和等离子体气相沉积(plasma chemical vapor deposition，PCVD)。

5.3　化学气相沉积法的原理？

参考答案：以化学反应为基础，利用气态的先驱反应物质，通过原子分子间化学反应在基片表面形成固态薄膜的一种技术。CVD 实质上是一种气相物质在高温下通过化学反应而生成固态物质并在衬底上的成膜方法。挥发性的金属卤化物或金属有机化合物等与 H_2、Ar 或 N_2 等载气混合后，均匀地输运到反应室内的高温衬底上，通过化学反应在衬底上形成薄膜。

5.4　电化学沉积的原理？

参考答案：在电场作用下，在一定的电解质溶液(镀液)中由阴极和阳极构成回路，通过发生氧化还原反应，使溶液中的离子通过扩散、对流、电迁移等不同的形式运动到阴极或者阳极(工件)表面，同时进一步结晶以沉积到阴极或者阳极表面上而得到所需镀层的过程。

5.5　化学气相沉积法的缺点是哪些？有什么改进的思路？

参考答案：化学沉积法所用设备昂贵，使用的气体一般具有危险性，难以进行局部沉淀；改进的思路：设备可以考虑采用低能耗工艺，气体一般通过降低使用温度和采用耐腐蚀耐高压的装置作为反应容器，要想进行更好的局部沉积可以结合液相沉积法（电化学沉积法）。

5.6　电化学沉积的优势和缺点是什么？

参考答案：与化学气相沉积法相比，电化学沉积的优势在于可通过调整电沉积参数精确控制表面粗糙结构的形成，使制备的表面更均匀，制备过程易于控制；缺点就是电化学沉积只适合用于导电基体。

5.7　化学气相沉积法在固体表面生长晶体薄膜的驱动力是什么？

参考答案：在 CVD 反应中基体和气相间要保持一定的温度差和浓度差，由二者决定的过饱和度产生晶体生长的驱动力。

5.8　电化学沉积的关键步骤是哪个？

参考答案：新晶核的生成和晶体的成长是电沉积过程中非常关键的步骤，主要取决于吸附表面的扩散速率和电荷传递反应速率，这两个步骤会直接影响涂层晶粒的大小。

5.9　化学气相沉积法和电化学沉积法制备超疏水材料的特点？

参考答案：化学气相沉积法制备超疏水材料所需气体试剂量少，只要保留在气相中的表面都可以进行修饰疏水效果，材料适用范围广，但不能同步控制材料表面粗糙度；电化学沉积法可以有效控制处理材料表面的粗糙度，但只适用于可导电材料。

5.10　沉积法在服装领域应用的优势是什么？

参考答案：沉积法可以有效地控制织物表面沉积的物质种类和浓度，而且织物表面具有很大表面积和原始粗糙度来吸附修饰剂，同时沉积法可以有效控制表面沉积层厚度而不影响原来织物的穿着要求。

5.11　为什么化学气相沉积的内应力低？

参考答案：化学气相沉积是利用气相法，让反应物质在物体表面进行化学反应，生长出层状薄膜，薄膜生长过程中彼此间相互作用力小，故内应力小，更为稳定。物理气相沉积则是在表面成核生长，类似彼此间堆砌成膜，故内应力大。

5.12　什么是电极的法拉第过程？

参考答案：电荷经过电极溶液界面进行传递而引起的某种物质发生氧化或还原反应时的法拉第过程，其规律符合法拉第定律，所引起的电流称法拉第电流。

第 6 章

6.1　涂覆法的概念？

参考答案：通过喷射或者其他手段在固体表面覆盖一层膜。

6.2　热喷涂的原理？

参考答案：分四个阶段：①喷涂材料被加热达到熔化或半熔化状态；②融滴雾化阶段，喷涂材料熔化后，在高速气流的作用下，熔滴被击碎成小颗粒呈雾状；③飞行阶段，细小的雾状颗粒在气流的推动下向前飞行，颗粒获得一定的动能；④在产生碰撞瞬间，颗粒的动能转化成热能赋予基材，并沿预处理的凹凸不平表面产生变形，变形的颗粒迅速冷凝并产生收缩，呈扁平状黏结在基材表面。

6.3　涂覆法效果的影响因素主要有哪些？

参考答案：主要附着力、黏度、细度。其中附着力影响涂料对基材表面的吸附，黏度影响着成膜效果，细度影响成膜后的光泽和平整度。

6.4　涂覆法中热喷涂为什么成为其工业应用中的重要方法？

参考答案：工业领域中涉及很多金属表面处理，因这些表面可以承受一定的高温和一定机械强度冲击，根据二元协同理论，疏水材料要达到好的效果，其表面必须构筑一定的粗糙度，而利用热喷涂可以把金属粉末颗粒高温熔解并喷到金属表面，这里金属颗粒接触到表面时就会受冷形成不同层级的微纳粗糙结构并具有很好的机械强度，对修饰金属表面有非常好的效果，因此在金属零部件表面热处理占据重要的地位。

6.5　在金属材料表面通过涂覆法形成超亲水表面有哪些特点？

参考答案：通常目前采用一些带有亲水基团的有机物和无机物粒子混合，涂覆在基材表面，这类方法因为有机物来源广泛，可选择种类多，所以能够搭配形成不同效果。但是因为有机物耐高温和耐化学腐蚀性弱，这类修饰后的金属材料亲水效果一般持续时间不够长，重复使用次数不如热喷涂材料。

6.6　浸涂法有哪些特点？适合用于哪些材料？缺点是什么？

参考答案：操作简单，效率高，涂覆涂料损耗小。适合用于一些小金属件的加工。尤其适合一些部件的内表面处理。不适合用于涂覆涂料干燥速度快的，因为涂料干燥速度过快，容易产生局部不均匀表面涂层。

6.7　旋转涂覆仪(匀胶机)的工作原理？使用过程要注意什么？

参考答案：通过高速旋转离心让涂覆液均匀铺展在物件表面。其涂覆效果与液体的黏度相关，黏度过低，高转速容易使部分表面没有形成涂层；黏度过高，过低转速容易形成不同后的涂层。

6.8　旋转涂覆仪的真空泵的作用？

参考答案：产生真空度，使得基片(被处理的材料)被牢牢吸附，同时注意真空泵需要用无油真空泵，因为有油污会导致真空管道堵塞。

6.9　热喷涂的材料预处理步骤请查阅资料，并简述各步骤作用。

参考答案：第一步用有机溶剂脱脂，目的是清洗表面的有机污染物。第二步用砂纸等的方法清除金属表面的氧化膜层，以便让后面熔融状态的涂层材料与基体更好的黏结融合。第三步表面粗化处理(喷砂，磨纹)等手段让表面粗糙度增大，增加涂层与基体的结合面。第四步对被处理的基体(通常指金属基体和无机材料基体)进行预热，以提高与喷射的涂层液滴的结合强度。

6.10　热喷涂常用的喷涂粉末有哪些？

参考答案：金属粉末、合金粉末、无机粉末、塑料粉末。

6.11　超音速热喷涂有什么特点？

参考答案：利用丙烷、丙烯等碳氢系燃气或氢气与高压氧气在燃烧室内，或在特殊的喷嘴中燃烧产生的高温、高速燃烧焰流，燃烧焰流速度可达 5 Ma(马赫，1500 m/s)以上，涂层不仅结合强度高，且致密，耐磨损性能优越，其耐磨损性能大幅度超过等离子体喷涂层，与爆炸喷涂层相当，也超过了电镀硬铬层、喷熔层。

6.12 热喷涂的优点有哪些?

参考答案：①适用范围广，喷涂材料多样化，被喷涂表面可以是金属或非金属。②工艺灵活，可在作业室内处理，也可在室外对被处理表面施工作业。③涂层厚度可控。④生产效率非常高。

第 7 章

7.1 电化学蚀刻的原理?

参考答案：是根据电化学原理，将所刻蚀材料作为阳极，在中性电解液和电流的作用下进行氧化还原反应，从而在材料表面形成具有微纳结构的粗糙表面。

7.2 酶蚀刻法的概念?

参考答案：利用生物酶在织物表面形成粗糙结构，同时利用改性方面在表面接枝一定官能团，形成润湿调控材料的方法。

7.3 使用电化学蚀刻法要注意什么问题?

参考答案：注意用电过程的安全。禁止用手触摸润湿物品。

7.4 化学蚀刻剂常用的有哪些成分?

参考答案：化学刻蚀剂中一般包括三种成分：①腐蚀剂；②改性剂(如乙醇、丙三酮)，用以减弱电离作用，使刻蚀过程更可控；③氧化剂。

7.5 刻蚀液的黏度对刻蚀的影响有哪些?

参考答案：刻蚀液的黏度越小，流动性能越好，蚀刻过程越易进行。

7.6 电化学刻蚀区域要张贴什么类型的安全标识?

参考答案：高压设备和相关防护措施要定期检修，保证设备接地安全并定期检查、测量接地电阻，所有电器金属外壳都必须保护接地(参见附录 2 实验安全知识)。

7.7 当电化学刻蚀设备发生着火情况，应该采用什么手段灭火?

参考答案：用沙子、二氧化碳或四氯化碳灭火，禁止用水或泡沫灭火器等灭火。

7.8 刻蚀法中常用腐蚀剂和氧化剂这类危险化学品，应该怎么管理和使用?

参考答案：刻蚀法常用的硫酸、硝酸、盐酸等属于酸性强、氧化性强的化学试剂，这类试剂应该在实验时做好安全防护措施，如戴手套、配好防护目镜、防止液体飞溅这类情况发生，同时要严格执行相关的试剂管理制度，登记相关试剂的使用量，专人管理。同时在相关的操作规程里进行相关安全标识警示。例如，下列标识用于存放区域和用区域张贴。

7.9　化学刻蚀和电化学刻蚀的区别？

参考答案：化学蚀刻不需要通过电流来处理表面；电化学蚀刻则需要外电源导入以实现表面加工目的。

7.10　刻蚀法对于需要保留的表面如何保护？

参考答案：通常使用覆盖膜覆盖保留的表面，隔绝其与化学试剂或电解液的接触，待刻蚀完成后，通过浸泡溶解或揭开覆盖膜让保留表面重新裸露。

7.11　激光刻蚀法的原理？

参考答案：是将高能量激光光束(一般为紫外激光、光纤激光)聚焦成极小光斑照射到材料表面上，激光光束在焦点处具有很高的功率密度，可使被照射的材料表面在光电或光热的作用下引发一系列的化学键断裂和反应。

第8章

8.1　静电纺丝法的原理？

参考答案：将聚合物溶液加上几千至几万伏的高压静电，从而在毛细管和接地的接收装置间产生一个强大的电场力。当电场力施加于液体的表面时，会在表面产生电流，同种电荷相斥导致了电场力与液体的表面张力的方向相反。这样，当电场力施加于液体的表面时，将产生一个向外的力，对于一个半球形状的液滴，这个向外的力与表面张力的方向相反。如果电场力的大小等于高分子溶液或熔体的表面张力时，带电的液滴就悬挂在毛细管的末端并处在平衡状态。随着电场力的增大，毛细管末端呈半球状的液滴在电场力的作用下将被拉伸成圆锥状，锥角为49.3°，这就是泰勒(Taylor)锥。当电场力超过一个临界值后，排斥的电场力将克服液滴的表面张力形成射流，而在静电纺丝过程中，液滴通常具有一定的静电压并处于一个电场当中。因此，当射流从毛细管末端向接收装置运动时，就会出现加速现象，这也导致了射流在电场中的拉伸，最终在接收装置上形成具有固态性质的无纺布状的纳米纤维。

8.2 聚合物分子量对静电纺丝的影响有哪些?

参考答案：聚合物分子量(molecular weight)对溶液的流变学和电学性质如溶液黏度、表面张力、导电性和介电强度等有显著影响，分子量的高低是决定能否进行电纺得到纳米材料的一个重要因素。

8.3 纺丝液黏度对静电纺丝的影响?

参考答案：当高分子溶液浓度增加，超过一个临界值后，分子间的缠联程度增加，溶液张力松弛的时间比较长。缠结的高分子在电场力作用下，被牵伸取向而在微球间形成纤维，抑制了静电纺丝过程中溶液射流的断裂，由此可得连续的纤维。

8.4 纺丝液表面张力对静电纺丝的影响?

参考答案：当静电力大于溶液的表面张力时才能形成喷射细流，且在喷射过程中，表面张力促使射流形成串珠结构，而静电力可促进射流拉伸变细。因此，可通过降低溶液的表面张力来提高纺丝效果。

8.5 溶剂对静电纺丝的影响?

参考答案：溶液静电纺丝首先要让聚合物溶解于溶剂中，现在有部分研究也采用无溶剂体系则更为环保。

8.6 纺织品的润湿要考虑哪些因素?

参考答案：纺织品具有较大表面积和微观上的粗糙结构，按照 Cassie-Baxter 模型，体系要达到平衡态实际需要一定时间，液体对其表面的铺展过程需要足够的时间将纤维中的空气置换出来才能形成完全润湿铺展。

8.7 静电纺丝过程的溶剂后续处理要注意什么?

参考答案：静电纺丝过程经常使用有机溶剂增大对聚合物的溶解度，通常这里有机溶剂属于易燃易挥发的，使用化学试剂时，应穿戴相应的防护物品，如护目镜、防护服和防护手套，并且使用环境要保持通风，尽快排除溶剂挥发产生的尾气，如尾气具有一定毒性，通风设备尾端要连接尾气处理装置。

8.8 使用静电纺丝设备中要注意什么? 需设置什么警示标识?

参考答案：纺丝之前检查高压线是否有电线裸露，如果发生电弧、火花现象应立即停止运行；这类设备属于带电设备，使用过程涉及溶剂挥发需要注意通风，通常需要设置以下警示标识：

8.9　静电纺丝涉及高温、高压，请简述实验安全注意事项。

参考答案：要注意用电安全，注意高温操作安全。在操作前，相应操作规程和操作区域要设置警示标识，对设备进行用电安全检查。要注意用电安全，禁止用湿手或湿物接触电源；在进行带电实验尤其是使用 220 V 以上高压电压进行实验时，一旦出现触电、断路、短路的情况，应采取正确的抢救方法和检查程序，防止意外事故或连锁事故的发生。高压、高频设备和相关防护措施要定期检修，保证设备接地安全并定期检查、测量接地电阻，线路接点必须牢固，电路元件两端接头不可互相接触以防短路。高温反应的操作台面要保持整洁空旷，准备好灭火毯之类的应急装备，随时以防可能发生的危险，反应期间不得擅自离开。并标识以下标识。

8.10　一维纳米材料的制备方法有哪些？

参考答案：气相沉积法、液相沉积法、静电纺丝法。

8.11　静电纺丝法中一个工业化扩展难题就是聚合物在目前可供选择的溶剂中溶解度不够理想，请试述一下你的解决思路。

参考答案(无固定答案)：因该工艺涉及溶剂，并且常涉及溶剂的干燥挥发，一个设想是用超临界溶剂溶解高分子，这样在制造过程溶剂因是常见的气体挥发，就无需考虑引入有机溶剂的环境影响，更为绿色环保。一是继续开发对聚合物有更大溶解度的有机溶剂，并且这里溶剂更容易挥发。

索 引

G

H

J

K

L

Y

Z

其　他

致　谢

本书酝酿了将近 2 年，到撰写时才发现即使是一个很细的研究方向，如果把应用和基础研究结合起来，涉及的内容其实也是很庞大的，非常考量人的耐心和细致，这里特别要感谢我的研究生李瑞、李国滨、李金辉、黎根盛，他们的研究工作为本书内容奠定了基础，也非常感谢中山大学广东新材料产业基地联合研究中心参与研究的工作人员和研究生：林顺姣、靳计灿、黎根盛、王伟贤、刘景、王义珍、林锐、张理仁、金熙、王奎宇、王朋辉、殷素芳等，他们给予了非常多时间和精力参与本书的撰写工作，也非常感谢在撰写过程中我的父母、爱人、女儿给予的支持。人生确实很有意思，我在 2002 年报读研究生直到博士毕业时确实是朝着表面活性剂的应用去念书的，但毕业时对自己的未来规划还是一直懵懵懂懂，没有一个比较清晰的规划，但接近十五年过去了，从事了很多不同的研究和课题，最后发现所有的研究最终指向了界面科学领域，觉得在这个领域可以发掘不少有意义的课题，这时才真正体会到科学研究确实需要时间的沉淀和个人的积累体悟，等到了这一步，科学研究才能真正做出有意义有价值的东西留给后继者不断更新深化，我认为科技工作者的人生最大的意义就在于此。

为了丰富本书，也感谢在撰写过程给予意见的朋友们，他们为本书提出了宝贵的指导意见；为尽力让内容丰富，也非常感谢在此过程中给予宝贵资料的人士：黄平先生提供了关于洗涤方面的意见，贾振高工提供了喷涂设备图片，孙宵航副教授团队提供了静电纺丝机图片，冯琳副教授团队提供了溅射仪图片，张伟海先生提供了植物实物图片，刘想先生提供了蛛丝网实物图片，李志刚先生提供了高能等离子体喷涂、超音速火焰喷涂、爆炸喷涂设备实物图片，胡强博士提供了沉积设备实物图片，附录Ⅱ的内容来源于在中山大学参与实验室安全管理工作时积累的图片资料，也感谢为本书出版给予宝贵意见的出版社朋友，还有感谢单位的各位领导和同事的大力支持。